Nr. 52
S. 18709–19080

1962
26. Dezember

Chemisches Zentralblatt

Vollständiges Repertorium für alle Zweige der reinen und angewandten Chemie

1830 gegründet. 1897—1945 von der Deutschen Chemischen Gesellschaft fortgeführt. Im Auftrage der Deutschen Akademie der Wissenschaften zu Berlin, der Chemischen Gesellschaft in der DDR, der Akademie der Wissenschaften zu Göttingen und der Gesellschaft Deutscher Chemiker (in der BRD)

herausgegeben von Prof. Dr. Heinrich Bertsch und Prof. Dr. Dr. h. c. Wilhelm Klemm

133. Jahrgang
1962

Chefredakteure: Dr. Eugen Klever und Dr. Willi Barz

Akademie-Verlag GmbH., Berlin — Verlag Chemie, GmbH., Weinheim/Bergstr.

Inhalt

Sprachenbezeichnung in den Referaten des Chemischen Zentralblattes

(Abkürzungen laut DIN-Normblatt 1502 Beiblatt 1)

Albanisch = alb.
Bulgarisch = bulg.
Chinesisch = chin.
Dänisch = dän.
Deutsch = dt.
Englisch = engl.
Estnisch = estn.
Finnisch = finn.
Flämisch = fläm.
Französisch = franz.
Griechisch = griech.
Irisch = ir.
Italienisch = ital.
Japanisch = jap.
Lateinisch = lat.
Litauisch = litau.
Niederländisch = niederl.
Norwegisch = norw.
Persisch = pers.
Polnisch = pol.
Portugiesisch = port.
Rumänisch = rum.
Russisch = russ.
Schwedisch = schwed.
Serbokroatisch = serbokroat.
Slowakisch = slowak.
Slowenisch = slowen.
Spanisch = span.
Tschechisch = tschech.
Türkisch = türk.
Ukrainisch = ukrain.
Ungarisch = ung.

Chemisches Zentralblatt

1962 **Bibliographien** **Nr. 52**

Neue Bücher

Geschichte. Unterricht

The World of Learning 1961—62. Twelfth Edition. London: Europa Publications LTD. 1962. (XIV + 1359 S.) £ 7.00.
Umfassende Zusammenstellung aller wissenschaftlichen u. kulturellen Institutionen der Welt. Nach einleitenden Kapiteln über Entstehung, Organisation u. Aufgaben der UNESCO u. anderer internationaler Organisationen folgen, alphabet. nach Ländern geordnet, Angaben über Akademien, Universitäten, Forschungsinstitute, Museen, Kunstgalerien u. dergleichen. — Alphabet. Verzeichnis der Institutionen. G. BAUER

A_2. Optisches Verhalten der Materie

C. K. Jørgensen, *Absorption Spectra and Chemical Bonding in Complexes.* Oxford, London, New York, Paris: Pergamon Press 1962. (XII + 352 S.) 70 s.
Besondere Berücksichtigung finden die Elemente der Nebengruppen. Zahlreiche Tabellen u. Skizzen ergänzen den Textteil. Über 900 Literaturzitate werden mitgeteilt. H. CZECH

A_7. Gleichgewichte. Kinetik

—, *Catalysis. Vol. 7. Oxydation, Hydration, Dehydration and Cracking Catalysts.* Herausgegeben von **Paul H. E. Emmett.** New York. Reinhold Publishing Corporation. 1960. (VI + 378 S.) $ 13.50.
Der vorliegende Band vervollständigt die Buchreihe über „Catalysis". Er enthält 4 Kapitel über die katalyt. Oxydation, 1 Kapitel über Hydrierung/Dehydrierung und 1 Kapitel über Crackkatalysatoren. — Inhaltsfolge: *Crackkatalysatoren* (**L. B. Ryland, M. W. Tamele** u. **J. N. Wilson,** 91 S., 183 Literaturhinweise), *Katalyt. Dehydrierung u. Hydrierung* (**M. E. Winfield,** 90 S., 291 Literaturhinweise), *KW-Stoffoxydation* (**J. K. Dixon** u. **J. E. Longfield,** 98 S., 209 Literaturhinweise), *Oxydation von* NH_3, HN_3 *u.* CH_4, *CO u.* SO_2 (**J. K. Dixon** u. **J. E. Longfield,** 65 S., 141 Literaturhinweise), *Mechanismus der katalyt. Oxydation* (**J. K. Dixon** u. **J. E. Longfield,** 15 S., 16 Literaturhinweise), *Vermischte katalyt. Oxydationen* (**J. K. Dixon** u. **J. E. Longfield,** 5 S., 49 Literaturhinweise), *Autorenregister* (7 S.), *Sachregister* (3 S.). G. REISNER

D. Makromolekulare Chemie

Houben-Weyl, *Methoden der organischen Chemie.* Vierte, völlig neu gestaltete Auflage. Herausgegeb. von **Eugen Müller,** Tübingen, unter besonderer Mitwirkung von **O. Bayer, H. Meerwein** u. **K. Ziegler.** Band XIV/1: *Makromolekulare Stoffe,* Teil 1, bearbeitet von **H. Bartl** u.a. mit 65 Abbildungen u. 177 Tabellen. Stuttgart: Georg Thieme Verlag 1961. (LXIV + 1360 S.) DM 287,—.
Der 1. Teil des 2 Teile umfassenden Bandes „Makromolekulare Stoffe" bringt, angefangen von einfachen Vorschriften zur Herst. von makromol. Verbb. bis zu physikal.-chem. Unterss. über den Rk.-Ablauf u. die Analytik das den Fachmann Interessierende. Als Besonderheit muß erwähnt werden, daß auch die Verff., die vorwiegend techn. Interesse haben, mit Einzelheiten der Verf.-Technik u. Beschreibung der Variationsmöglichkeiten mitgeteilt werden. Hervorgehoben werden muß ferner der 24 Seiten lange Artikel über Bemerkungen zur Nomenklatur u. Terminologie makromol. Stoffe. Die Vielfalt der behandelten Probleme kann hier auch nicht annähernd gewürdigt werden. Der Teil 1 berichtet über: Herst. makromol. Stoffe durch Polymerisation von Vinyl- u. Divinyl-Verbb. (App., Lsgm., die Auslösung von Polymerisationen, die Unterbrechung, Isolierung, Charakterisierung u. a. werden auf über 100 Seiten behandelt). — Allg. zur Polymerisation von Vinyl- u. Divinyl-Verbb. in heterogener Phase: Emulsions-, Perl-, Suspensions- u. Fällungspolymerisation (allg. Technik, Emulgatoren, die Auslösung, Erniedrigung des Molgew. durch Regler, Herst. konz. Latices u. a. werden auf über 400 Seiten abgehandelt). — Spezielle Polymerisations-Verff. für die wichtigsten Monomeren (Monoolefin-KW-Stoffe; Divinyl-Verbb., z. B. Butadien u. 2-Cl-Butadien; Styrol; Halogenolefine; Vinylacetate u. höhere Vinylester; Vinyläther, ungesätt. Nitrile; Acrylsäure u. Methacrylsäure u. deren Derivv.; α,β-ungesätt. Aldehyde u. Ketone; Vinylsulfonsäure u. Derivv.; N-Vinylpyrrolidon, N-Vinylcarbazol u. Vinylpyridine; Allyl-Verbb. u. Copolymerisationen von Vinyl-Verbb. mit CO u. von Vinyl-Verbb. u. ähnlichen mit SO_2. — Über 600 Seiten). Umfassende Literaturzitate sind jedem, auch dem speziellsten Thema beigegeben. Das 101 Seiten umfassende Autorenregister u. das 55 Seiten große Sachregister ermöglichen schnelle Orientierung u. erlauben sehr spezielle Fragestellung. Die Ausstattung entspricht ganz dem, was man vom „Houben-Weyl" gewöhnt ist. H. CZECH

E_5. Tierchemie. Tierphysiologie. Tierpathologie

Rudolf Schenck, *Das Licht im Grundsystem des Kohlenhydratstoffwechsels.* Mit 19 Abbildungen in 28 Einzeldarstellungen und 16 Tabellen. Darmstadt: Dr. Dietrich Steinkopff Verlag. 1960. (XII + 136 S.) brosch. DM 35,—; geb. DM 38,—.
Der „Beitrag zur Chemie des angeregten Wasserstoffes" behandelt u. a. Respiration, Assimilation, die WARBURGsche Schnellverbrennung, Energetik der Assimilationsvorgänge, Wrkg. der Lichtenergie, Chemie des angeregten H u. Lichtenergiegleichgewichte im Kohlenhydratstoffwechsel. H. CZECH

VII. Agrikulturchemie. Schädlingsbekämpfung

J. Bärner, Bibliographie der Pflanzenschutz-Literatur. 1954. II. Teil. Herausgeg. von der Biologischen Bundesanstalt für Land- und Forstwirtschaft in Berlin. Berlin, Hamburg: Paul Parey. 1962. (XXXIII—XLI + 243 S.) DM 45,—.

Hans Fürst, Chemie und Pflanzenschutz. 3., vollständig überarb. Aufl. Leipzig: Deutscher Verl. für Grundstoffindustrie. 1962. (178 S. m. 18 Abb.) 8°. DM 13,—.

D. Keith Kevan, Soil animals. New York: Philosophical. 1962. (237 S. m. Abb.) $ 10.—.

—, 1. Internationale Arbeitstagung der Arbeitsgemeinschaft „Toxikologie von Pflanzenschutzmitteln" der Deutschen Akademie der Landwirtschaftswissenschaften zu Berlin vom 28. bis 30. November 1960 in Berlin. Berlin: Deutsche Akademie der Landwirtschaftswissenschaften. 1962. (159 S.) 8° = Deutsche Akademie der Landwirtschaftswissenschaften zu Berlin. Tagungsberichte. Nr. 42. DM 5,95.

VIII. Metallurgie. Korrosion

A. I. Beljajew, Metallurgie der leichten Metalle. 5. Aufl. Moskau: Metallurgisdat. 1962. (442 S. m. Abb.) 1 Rbl. 10 Kop. [russ.]

W. I. Borissow, Laboratoriumspraxis der Metallkunde und thermischen Behandlung. Moskau: Verl. der Hochschule. 1962. (152 S.) 26 Kop. [russ.]

W. Ss. Ssokolow, Die Defektoskopie der Materialien. Lehrbuch der gewerblichen Defektoskopie der Metalle. 2., überarb. Ausg. Moskau: Gossenergoisdat. 1961. (328 S.) 2 Rbl. 9 Kop. [russ.]

Ss. I. Tarabajew, Salzsäure-Methode in der Blei- und Zinkmetallurgie. Alma-Ata: Verl. der Akad. der Wiss. der KasachSSR. 1962. (196 S. m. Abb.) 90 Kop. [russ.]

Ss. M. Winarow, Flugzeugmetallkunde. Lehrbuch. Moskau: Maschgis. 1962. (220 S.) 85 Kop. [russ.]

—, Anwendung von Polymeren in der Antikorrosionstechnik. Moskau: Maschgis. 1962. (319 S. m. Abb.) 1 Rbl. 15 Kop. [russ.]

—, Handbuch der Wärmetechnik der Eisenmetallurgie. Moskau: Metallurgisdat. 1954. (782 S.) 2 Rbl. 94 Kop. [russ.]

XI. a) Farben. Anstriche. Lacke. Naturharze

S. Ss. Didjukow, Lack- und Farbenüberzüge. Handbuch. Moskau: Maschgis. 1962. (216 S. m. Abb.) 54 Kop. [russ.]

XI. b) Plaste (Kunstharze, Plastische Massen)

Russel Bliss Akin, Acetal resins. New York: Reinhold; London: Chapman & Hall. 1962. (XI + 178 S. m. Taf. u. Abb.) 50 s.

XVI. Nahrungs-, Genuß- und Futtermittel

Cowper Henderson Chalmers, Bacteria in relation to the milk supply. 4th edit. London: Edward Arnold. 1962. (VIII + 309 S. m. Abb., Tab. u. Diagr.) 30 s.

Max Gärtner a Andrej Šepitka, Kontrola výroby kyseliny mliečnej. (Kontrolle der Produktion von Milchsäure.) Praha: SAV. 1962. (256 S. m. 51 Abb.) ca. Kčs. 32.—.

Ausgewertete Bibliographie-Fachzeitschriften

Belgien	Bibliographie de Belgique — Belgische Bibliographie	England	British Books (Incorporating the Publishers Circular & Booksellers Record)
ČSSR	Bibliography of Publikations Dealing with the Polarography method		British National Bibliography
	Bulletin — Die Neuesten Forschungsergebnisse der Tschechoslowakischen Wissenschaft	Frankreich	Bibliographie de la France
	Nové Knihy (Neue Bücher)	Griechenland	Greek Bibliography
	Novinky (Neuheiten)	Italien	Bibliografia Nazionale Italiana
Dänemark	Danske Bogmarked	Niederlande	Nieuwsblad voor de Boekhandel
Deutschland	Börsenblatt für den Deutschen Buchhandel — Frankfurter Ausgabe	Österreich	Österreichische Bibliographie
	Börsenblatt für den Deutschen Buchhandel — Leipziger Ausgabe	Schweiz	Schweizer Buch. Serie A und Serie B
	Deutsche Bibliographie. Wöchentliches Verzeichnis. Ausgabe II. [Frankfurt/Main]	UdSSR	Bücherverzeichnis des Jahres (Книжная летопись)
	Deutsche Nationalbibliographie. Reihe A: Neuerscheinungen des Buchhandels [Leipzig]		Neue Bücher (Новые книги)
		USA	Publishers' Weekly

CHEMISCHES ZENTRALBLATT

VOLLSTÄNDIGES REPERTORIUM FÜR ALLE ZWEIGE DER REINEN UND ANGEWANDTEN CHEMIE

1830 gegründet
1897—1945 von der Deutschen Chemischen Gesellschaft fortgeführt

Im Auftrage der Deutschen Akademie der Wissenschaften zu Berlin,
der Chemischen Gesellschaft in der DDR,
der Akademie der Wissenschaften zu Göttingen
und der Gesellschaft Deutscher Chemiker (in der BRD)
herausgegeben von

Prof. Dr. **Heinrich Bertsch** und Prof. Dr. Dr. h. c. **Wilhelm Klemm**

133. JAHRGANG

1962

SEITE 17633—19080

Chefredakteure: Dr. Eugen Klever und Dr. Willi Barz

1962

AKADEMIE-VERLAG GMBH · BERLIN
VERLAG CHEMIE · GMBH · WEINHEIM/BERGSTR.

Heft-Nr.	Seitenzahl	Ausgabedatum
49	17633—17992	5. Dezember 1962
50	17993—18348	12. Dezember 1962
51	18349—18708	19. Dezember 1962
52	18709—19080	26. Dezember 1962

Herausgeber: Prof. Dr. Heinrich Bertsch, Berlin, u. Prof. Dr. Dr.h.c. Wilhelm Klemm, Münster.
Chefredakteure und verantwortlich für den Inhalt: Dr. Eugen Klever, Berlin W 30, Geisbergstraße 39
Fernsprecher: 249541, und Dr. Willi Barz, Berlin N 4, Schiffbauerdamm 19, Fernsprecher: 425571.

Verlag: Akademie-Verlag GmbH, Berlin W 8, Leipziger Str. 3—4 (Fernsprecher: 22 0441, Telex-Nr. 011773 Postscheckkonto Berlin 350 21), und Verlag Chemie, GmbH, Weinheim/Bergstr. (Fernsprecher: Weinheim 3635 [Sammelnummer]; Fernschreiber: 0465516 chemieverl wnh; Postscheckkonten: Frankfurt/M. 145314 u. Berlin [West] 7430). Bestellnummer 1007/133. Das Chemische Zentralblatt erscheint wöchentlich. Preis des Jahrganges einschl. Autoren-, Patent-, Sach- u. Formelregister: DM 1200,—; einseitig bedruckte Ausgabe: DM 1350,—. Abgabe der Zeitschrift nur mit sämtlichen Registern.
Abbestellungen nur bis spätestens 6 Wochen vor Ablauf des Kalenderjahres.

Satz und Druck: VEB Leipziger Druckhaus, Leipzig, III/18/203. 4/62.
Veröffentlicht unter der Lizenznummer ZLN 5002 des Ministeriums für Kultur, Hauptverwaltung Verlagswesen.
Printed in Germany.

Abkürzungsverzeichnis

A	Ampère
A.	Äthylalkohol
Å	Ångström
a	Jahr (nur für Dimensionen)
Abb.	Abbildung(en)
abs.	absolut(e)
Ae.	Diäthyläther
akt.	aktiv(e)
allg.	allgemein(e)
App.	Apparat(e), Apparatur(en)
asymm.	asymmetrisch(e)
at	Atmosphäre, technisch
atm	Atmosphäre, physikalisch
Atomgew.	Atomgewicht
ausg.	ausgegeben
AZ.	Acetylzahl
bar	Bar
bes.	besonders, besondere, insbesondere
Best.	Bestimmung(en)
Bibl.	Bibliographie(n)
bin.	binär
Bldg.	Bildung(en)
bzgl.	bezüglich
Bzl.	Benzol
Bzn.	Benzin
bzw.	beziehungsweise
C.	Chem. Zentralblatt (nur bei Zitaten)
c	Curie
ca.	zirka
cal	Calorie (Grammcalorie)
Chlf.	Chloroform
const	constans
cP	Centipoise
cSt	Centistokes
$D._4^{20}$	Dichte (bei 20° gemessen u. bezogen auf Wasser von 4°)
D	Debye
d	Tag (nur für Dimensionen)
DAB.	Deutsches Arzneibuch
dad.gek.	dadurch gekennzeichnet
Darst.	Darstellung(en)
Deriv.	Derivat
Derivv.	Derivate
Dest.	Destillation(en)
dest.	destillieren, destilliert(e)
d.h.	das heißt
DK	Dielektrizitätskonstante
DL	Dosis letalis
DTA	Differentielle Thermoanalyse
$E^{1\%}_{1\,cm}$	Extinktion (1%ige Lsg.; 1 cm Schichtdicke)
Eig.	Eigenschaft
Eigg.	Eigenschaften
Einfl.	Einfluß, Einflüsse
Einw.	Einwirkung(en)
EMK	Elektromotorische Kraft
Entw.	Entwicklung(en)
Ep.	Erstarrungspunkt
Epp.	Erstarrungspunkte
eV	Elektronenvolt
evtl.	eventuell
EZ.	Esterzahl
°F	Grad Fahrenheit
F.	Schmelzpunkt
FF.	Schmelzpunkte
Fl.	Flüssigkeit
Fll.	Flüssigkeiten
fl.	flüssig(e)
g	Gramm
Geh.	Gehalt(e)
gek.	gekennzeichnet(e)
gesätt.	gesättigt(e)
Geschw.	Geschwindigkeit(en)
Gew.	Gewicht(e)
ggf.	gegebenenfalls
Ggw.	Gegenwart
h	Stunde (nur für Dimensionen)
Herst.	Herstellung(en)
Hz	Hertz
I.E.	Internationale Einheit
i.m.	intramuskulär(e)
inakt.	inaktiv(e)
I.P.	Isoelektrischer Punkt
IR	Infrarot (Ultrarot)
i.v.	intravenös(e)
J	Joule
JZ.	Jodzahl
°K	Grad Kelvin
kcal	Kilogrammcalorie
Koeff.	Koeffizient(en)
Koll.	Kolloid(e)
koll.	kolloid(e), kolloidal(e)
Kondens.	Kondensation(en)
Konst.	Konstante(n)
konst.	konstant(e)
Konstit.	Konstitution(en)
Konz.	Konzentration
Konzz.	Konzentrationen
konz.	konzentriert(e)
korr.	korrigiert(e)
Kp.	Siedepunkt
Kpp.	Siedepunkte
krist.	kristallisiert(e)
KW-Stoff	Kohlenwasserstoff
KW-Stoffe	Kohlenwasserstoffe
Labor.	Laboratorium, Laboratorien
l.c.	loco citato
Leg.	Legierung
Legg.	Legierungen
lösl.	löslich(e)
log	Logarithmus (allgemein)
Lsg.	Lösung
Lsgg.	Lösungen
Lsgm.	Lösungsmittel (Ein- u. Mehrzahl)
m	Meter
m	molar (Konzentrationsangabe)
Meth.	Methode(n)
Min.	Minute(n) (allgemein)
min	Minute (nur für Dimensionen)
Mitt.	Mitteilung(en)
mkr.	mikroskopisch(e)
ml	Milliliter
$m\mu$	Millimikron
Mol	Grammolekül(e)
Mol.	Molekül
Moll.	Moleküle
mol.	molekular(e)
Molgew.	Molekulargewicht(e)
Mol.-Refr.	Molekularrefraktion(en)
n	normal (Konzentrationsangabe)
n-	normal (Isomerieangabe)
n_D^{20}	Brechungsindex (bei 20° u. D-Linie)
nachst.	nachstehend(e)
Nachw.	Nachweis(e)
Nd.	Niederschlag
Ndd.	Niederschläge
Oe	Oerstedt
opt.-akt.	optisch-aktiv(e)
p	Pond
PAe.	Petroläther
pH	Wasserstoffionenkonzentration (negativer dekad. Logarithmus)
pK	Dissoziationskonstante (negativer Logarithmus)
ppm	parts per million
Präp.	Präparat
Präpp.	Präparate
prim.	primär(e)
Prior.	Priorität(en), Unionspriorität(en)
Prod.	Produkt
Prodd.	Produkte
qual.	qualitativ(e)
quant.	quantitativ(e)

quart.	quartär(e) (Bindigkeit)
quatern.	quaternär(e)
°R	Grad Réaumur
r	Internationale Röntgeneinheit
rac.	racemisch(e)
rad	Einheit der absorbierten Strahlendosis
°Rank.	Grad Rankine
Red.	Reduktion
Redd.	Reduktionen
red.	reduziert(e)
Ref.	Referat
Reff.	Referate
rem	roentgen-equivalent-men
rep	roentgen-equivalent-physical
R_F	Retentionsfaktor (anteilmäßige Steighöhe)
RhZ.	Rhodanzahl
Rk.	Reaktion
Rkk.	Reaktionen
S	Sedimentationskonstante
s	Sekunde (nur für Dimensionen)
s.	siehe
schm.	schmelzend(e)
sd.	siedend(e)
Sek.	Sekunde(n), allgemein
sek.	sekundär(e)
sog.	sogenannt(e)
Spezif.Gew.	Spezifisches Gewicht
Std.	Stunde(n) (allgemein)

std.	stündig(e)
symm.	symmetrisch(e)
Synth.	Synthese(n)
Syst.	System(e)
SZ.	Säurezahl
t	Tonne, metrisch
Temp.	Temperatur(en)
tern.	ternär(e)
tert.	tertiär(e)
u.	und
u.a.	und andere, unter anderem
u.dgl.	und dergleichen
U/min	Umdrehungen pro Minute
ungesätt.	ungesättigt(e)
unlösl.	unlöslich(e)
unsymm.	unsymmetrisch(e)
Unters.	Untersuchung
Unterss.	Untersuchungen
USP.	United States Pharmacopeia
usw.	und so weiter
UV	Ultraviolett
V	Volt
Val	Grammäquivalent
Verb.	Verbindung
Verbb.	Verbindungen
verd.	verdünnt(e)
Verf.	Verfahren (Einzahl)
Verff.	Verfahren (Mehrzahl)
Verh.	Verhalten
Vers.	Versuch
Verss.	Versuche
Verw.	Verwendung(en)
Vf.	Verfasser(in) (Einzahl)
Vff.	Verfasser(innen) (Mehrzahl)

Vgl.	Vergleich(e)
vgl.	vergleiche
Vol.	Volumen, Volumina
Vork.	Vorkommen (Ein- u. Mehrzahl)
vorl. Mitt.	vorläufige Mitteilung(en)
Vorr.	Vorrichtung(en)
vorst.	vorstehend(e)
VZ.	Verseifungszahl
W	Watt
W.	Wasser
Wrkg.	Wirkung(en)
wss.	wässerig(e)
X	X-Einheit
z.B.	zum Beispiel
Zers.	Zersetzung(en)
z.T.	zum Teil
Zus.	Zusammensetzung(en)
♂	männlich (im biolog. Sinne)
♀	weiblich im biolog. Sinne
°	Grad Celsius
%ig.	prozentig
‰ig.	promillig
~	angenähert, etwa gleich mit, rund
≧	gleich oder größer als
≦	gleich oder kleiner als
>	größer als
<	kleiner als
≙	entspricht
∞	unendlich
∅	Durchmesser

Griech. Abkürzungen

$[\alpha]_D^{20}$	Opt. Drehung, spezifische (gemessen mit D-Linie bei 20°)
λ	Wellenlänge
λ_{max}	maximale Wellenlänge
λ_{min}	minimale Wellenlänge
μ	Mikrometer (auch Mikron genannt)
μg	Mikrogramm (auch Gamma genannt)
Ω	Ohm

Kurzzeichen der Vorsätze für Einheiten

T	Tera-	10^{12} Einheiten
G	Giga-	10^{9} Einheiten
M	Mega-	10^{6} Einheiten
k	Kilo-	10^{3} Einheiten
h	Hekto-	10^{2} Einheiten
da	Deka-	10^{1} Einheiten
d	Dezi-	10^{-1} Einheiten
c	Zenti-	10^{-2} Einheiten
m	Milli-	10^{-3} Einheiten
μ	Mikro-	10^{-6} Einheiten
n	Nano-	10^{-9} Einheiten
p	Pico-	10^{-12} Einheiten

Patent-Abkürzungen

D. A. S.	Deutsche Auslegeschrift
D. B. P.	Deutsches Bundes-Pat.
D. P. [DDR]	Deutsches [DDR] Patent
D. R. P.	Deutsches Reichs-Pat.
A. P.	Amerikanisches Patent
Aust. P.	Australisches Patent
Belg. P.	Belgisches Patent
Can. P.	Canadisches Patent
Dän. P.	Dänisches Patent
E. P.	Englisches Patent
Finn. P.	Finnisches Patent
F. P.	Französisches Patent
Ind. P.	Indisches Patent
It. P.	Italienisches Patent
Jap. A. S.	Japan. Auslegeschrift
Jug. P.	Jugoslawisches Patent
Niederl. P.	Niederländ. Patent
Norw. P.	Norwegisches Patent
Oe. P.	Österreichisch. Patent
Poln. P.	Polnisches Patent
Schwed. P.	Schwedisches Patent
Schwz. P.	Schweizer Patent
Tschech. P.	Tschechoslowakisches Patent
UdSSR. P.	Sowjetisches Patent
Ung. P.	Ungarisches Patent

Für die fachliche Rechtschreibung in den Referaten und Registern des Chemischen Zentralblattes ist die 2. Auflage (Verlag Chemie GmbH Weinheim/Bergstr. u. VDI-Verlag GmbH Düsseldorf; 1959) der „Rechtschreibung der technischen und chemischen Fremdwörter" von Jansen-Mackensen bestimmend.

Dr. Eugen Klever und Dr. Willi Barz, Chefredakteure

Namenregister

Patentregister

	Nr.	Seite

Belgische Patente (Belg.P.)

	Nr.	Seite
Belg.P.	544335	18982
Belg.P.	547413	18939
Belg.P.	552232	18981
Belg.P.	558390	19020
Belg.P.	559258*	18982
Belg.P.	561449*	18982
Belg.P.	561908*	18982
Belg.P.	562308	18938
Belg.P.	566562*	19051
Belg.P.	568025	18969
Belg.P.	568265*	18983
Belg.P.	568696*	18983
Belg.P.	568731	19032
Belg.P.	568838*	18983
Belg.P.	570545*	18940
Belg.P.	570903*	19072
Belg.P.	963915	18968

Canadische Patente (Can.P.)

	Nr.	Seite
Can.P.	556397*	19000
Can.P.	557141*	19000
Can.P.	557142*	19000
Can.P.	558997*	18941
Can.P.	559409*	19000

Dänische Patente (Dän.P.)

	Nr.	Seite
Dän.P.	86137	18967

Englische Patente (E.P.)

	Nr.	Seite
E.P.	816341	18939
E.P.	825016*	18940
E.P.	825477*	18983
E.P.	827464	19028
E.P.	828523	19031
E.P.	829704	19075
E.P.	830226	19030
E.P.	830937	18967
E.P.	832088	19032
E.P.	834457	18967
E.P.	835584	19028
E.P.	835949	19027
E.P.	836193	19078
E.P.	836294	18960
E.P.	837457	19027
E.P.	837545	19080
E.P.	837764	19031
E.P.	838338	19020
E.P.	838963	19030
E.P.	838964	19030
E.P.	839573*	18983
E.P.	841131	19080
E.P.	842084	18964
E.P.	843617	19034
E.P.	843883*	18982
E.P.	845632*	18982
E.P.	845819	19049
E.P.	845820	19049
E.P.	845848	19056
E.P.	846915	18968
E.P.	847028	19033
E.P.	847241	19079
E.P.	847398	19057
E.P.	847489	19057
E.P.	847870	19057
E.P.	848064	19036
E.P.	848312	19056
E.P.	849036	19032
E.P.	849132	19029
E.P.	849341	18973
E.P.	850178	19032
E.P.	850501	19050
E.P.	850763	19029
E.P.	850818	19056
E.P.	850854	19056
E.P.	851130	18966
E.P.	851522	19056
E.P.	852138	19033
E.P.	852468	19057
E.P.	852590	19057
E.P.	853640	19035
E.P.	855240	19035
E.P.	855501*	18969
E.P.	855504	18981
E.P.	855802	19021
E.P.	856312	19037
E.P.	856859	19028
E.P.	856869	19027
E.P.	856913	19030
E.P.	857017	18961
E.P.	857507	19035
E.P.	858440	19017
E.P.	859703	19072
E.P.	860377	19012
E.P.	864287	18999
E.P.	866082	18997
E.P.	866423	18932
E.P.	866742	18997
E.P.	867898	18997
E.P.	868560	18960
E.P.	869058	18934
E.P.	869912	18997
E.P.	870967	18998
E.P.	871198	18933
E.P.	872290*	18969
E.P.	872348	19011
E.P.	874217*	18941
E.P.	874271	18998
E.P.	874627	19039
E.P.	874752*	19051
E.P.	875189*	18969
E.P.	876027*	18942
E.P.	877873	19054
E.P.	879872*	18941
E.P.	886949*	18942
E.P.	887228*	18942

Französische Patente (F.P.)

	Nr.	Seite
F.P.	72989	19019
F.P.	73409	19027
F.P.	1178707	19037
F.P.	1182227	18973
F.P.	1182307	19020
F.P.	1184249	19023
F.P.	1185880	18961
F.P.	1191201*	19000
F.P.	1200539	18934
F.P.	1201750	18967
F.P.	1202284	19078
F.P.	1202400	18964
F.P.	1202570	19037
F.P.	1202580	19018
F.P.	1203404	19020
F.P.	1203567	19018
F.P.	1205292	19021
F.P.	1205758	18973
F.P.	1206092	19037
F.P.	1206747	18973
F.P.	1208293	19037
F.P.	1209560	19022
F.P.	1211902	19022
F.P.	1213488	19022
F.P.	1213851	19079
F.P.	1213982*	18969
F.P.	1214084	19021
F.P.	1215798	18961
F.P.	1216522	18973
F.P.	1217615	18981
F.P.	1220393	19022
F.P.	1220880	18964
F.P.	1220992	18968
F.P.	1223391	19028
F.P.	1224392	19033
F.P.	1226284	19061
F.P.	1227130	19028
F.P.	1228620	19050
F.P.	1230060*	18969
F.P.	1231178	19032
F.P.	1231715	18996
F.P.	1231946	19033
F.P.	1232906	19040
F.P.	1233255	19050
F.P.	1233256	19050
F.P.	1234285	19000
F.P.	1235708	19000
F.P.	1235803	19000
F.P.	1237909	19033
F.P.	1239960	19000
F.P.	1245039	18999
F.P.	1248301	18997
F.P.	1248707	18997
F.P.	1251023	18997
F.P.	1269757	18960

Holländische Patente (Holl.P.)

	Nr.	Seite
Holl.P.	96050	19020
Holl.P.	98231*	18969
Holl.P.	98904	19033
Holl.P.	99583*	19051
Holl.P.	99702*	18941
Holl.P.	99708*	18941
Holl.P.	99735*	18942
Holl.P.	99736*	18941
Holl.P.	99752*	18940
Holl.P.	99755*	18941
Holl.P.	99760*	18941
Holl.P.	99767*	18940
Holl.P.	99788*	19054
Holl.P.	100624*	19044
Holl.P.	100684*	18940
Holl.P.	100696*	18940
Holl.P.	100697*	18942
Holl.P.	100744*	18940
Holl.P.	100759*	18941
Holl.P.	100776*	18940
Holl.P.	100777*	19040
Holl.P.	100780*	18941
Holl.P.	100925*	18941
Holl.P.	100943*	18940
Holl.P.	100955*	19054
Holl.P.	100970*	18940
Holl.P.	100976*	18940
Holl.P.	100987*	18942

Indische Patente (Ind.P.)

	Nr.	Seite
Ind.P.	62760	19060
Ind.P.	62895	18961
Ind.P.	64963*	18969
Ind.P.	65194*	18940
Ind.P.	65196*	18940
Ind.P.	65402*	19054
Ind.P.	65422*	18940
Ind.P.	66405*	19044
Ind.P.	66460*	18941

Italienische Patente (It.P.)

	Nr.	Seite
It.P.	533947	18998
It.P.	536105	18967

Japanische Auslegeschriften (Jap.A.S.)

	Nr.	Seite
Jap.A.S.	1836/1960	19037
Jap.A.S.	2191/1960	19023
Jap.A.S.	4795/1960	19026
Jap.A.S.	5083/1960	19037
Jap.A.S.	5992/1960	18960
Jap.A.S.	6134/1960	18960
Jap.A.S.	6639/1960	19037
Jap.A.S.	8346/1960	18964
Jap.A.S.	8949/1960	19053
Jap.A.S.	9436/1960	18960

Österreichische Patente (Oe.P.)

	Nr.	Seite
Oe.P.	211544	19027
Oe.P.	211548	19028
Oe.P.	211603	18981
Oe.P.	211835	18939
Oe.P.	212010	19028
Oe.P.	212305	18981
Oe.P.	212570	19026
Oe.P.	213546	19061
Oe.P.	213832	18939
Oe.P.	213908	19060
Oe.P.	214458	19009
Oe.P.	214462	19008
Oe.P.	214464	18997
Oe.P.	214567	19060
Oe.P.	215063	19062
Oe.P.	215394	19059
Oe.P.	215435	19009
Oe.P.	215443	19008
Oe.P.	215676	18998
Oe.P.	215949	19059
Oe.P.	217428*	18969
Oe.P.	219003	19071
Oe.P.	219204*	18941
Oe.P.	219205*	18941
Oe.P.	219556	19071
Oe.P.	219776*	18941

Portugiesische Patente (Port.P.)

	Nr.	Seite
Port.P.	38141	18997

Schwedische Patente (Schwed.P.)

	Nr.	Seite
Schwed.P.	167802	18974

Chemisches Zentralblatt

1962 Nr. 52 26. Dezember

A. Allgemeine, physikalische und anorganische Chemie

Über Feldtheorien mit entarteten Grundzuständen. K. Baumann, G. Eder und W. Thirring. (Ann. Physics **16.** 14—25. Okt. 1961. Vienna, Univ., Inst. for Theor. Phys.; engl.) — Eine Modell-Feldtheorie vom Supraleitungstyp wird exakt gelöst. Die Lösung wird mit der von BARDEEN-COOPER-SCHRIEFFER verglichen. J.-M. SPAETH. 10□

Die Beschreibung der superfluiden Fermi-Systeme mit anisotropen Eigenschaften. A. Klein. (Nuovo Cimento [10] **23.** 919—22. 1/3. 1962. Orsay, Labor. de Phys. Theor. et Hautes Energies; engl.) — Es wird eine allg. Lösung des Problems gegeben, wie ein Syst. mit isotroper HAMILTON-Funktion anisotropes Verh. zeigen kann, z. B. eine Vorzugsachse im Grundzustand. M. WIEDEMANN. 10□

Störungsbehandlung von Paarungskräften in Vielfermionensystemen. M. Bolsterli. (Physic. Rev. [2] **122.** 1946—48. 15/6. 1961. Minneapolis, Minn., Univ. of Minnesota, School of Phys.; engl.) — Einführung einer nichtkanon. Transformation. HERBERT WEBER. 10□

Fermionenähnliche Behandlung von Fermionenpaaren. J. Osada. (Nuovo Cimento [10] **24.** 301—15. 16/4. 1962. São Paulo, Univ., Dep. of Phys.; engl.) — Es wird eine bessere Näherungsgleichung für die Energie eines Vielfermionen-Syst. mit starken Wechselwrkg. gegeben. M. WIEDEMANN. 10□

The World of Learning 1961—62. Twelfth Edition. London: Europa Publications LTD. 1962. (XIV + 1359 S.) £ 7.00.

Umfassende Zusammenstellung aller wissenschaftlichen u. kulturellen Institutionen der Welt. Nach einleitenden Kapiteln über Entstehung, Organisation u. Aufgaben der UNESCO u. anderer internationaler Organisationen folgen, alphabet. nach Ländern geordnet, Angaben über Akademien, Universitäten, Forschungsinstitute, Museen, Kunstgalerien u. dergleichen. — Alphabet. Verzeichnis der Institutionen. G. BAUER

A_1. Kernphysik und Kernchemie

Zerfallsasymmetrie von Höhenstrahlmyonen. S. N. Sen Gupta und M. S. Sinha. (Proc. physic. Soc. **79.** 1183—96. 1/6. 1962. Calcutta, Bose Inst.; engl.) — Mit Hilfe einer Mehrplatten-Nebelkammer untersuchen Vff. die Zerfallsasymmetrie der Höhenstrahlmyonen in 2 verschiedenen Energiebändern. Die Verss. liefern keinen Beweis für die Zunahme des Polarisationsgrades mit ansteigendem Impuls der Myonen. Die abs. Größe der beobachteten Polarisation ist mit einem K/π-Verhältnis von ca. 5% im Pionenbereich von 0,2—5,6 GeV verträglich. GERHARD SCHMIDT. 90□

Streuung von μ-Mesonen an den Kernen von Brom und Silber. George H. Rawitscher. (Physic. Rev. [2] **124.** 1978—81. 15/12. 1961. New Haven, Conn., Yale Univ.; engl.) — Berechnung des Querschnitts für elast. Streuung u. des Polarisationsasymmetriefaktors für v/c-Werte von 0,4; 0,6 u. 0,7 (Vgl. mit Emulsionsmessungen). HERBERT WEBER. 90□

Test der Isotopenspinerhaltung nach einer experimentellen Grenze von σ(d + d → ^{4}He + π^0). John A. Poirier und Morris Pripstein. (Physic. Rev. [2] **122.** 1917—18. 15/6. 1961. Berkeley, Calif., Univ. of California, Lawrence Radiat. Labor.; engl.) — Mit 460-MeV-Deuteronen wurde für $d + d \rightarrow {}^4He + \pi^0$ bei $\Theta_{c.m.} = 90^0$ ein differentieller Querschnitt (obere Grenze) von $(18 \pm 2{,}3) \cdot 10^{-34}$ cm²/sterad erhalten. Es wird gefolgert, daß mindestens 93,5% Isotopenspinerhaltung vorliegt. HERBERT WEBER. 90□

Theorie der Erhaltung des Isotopenspins aus d + d-Reaktionen. K. R. Greider. (Physic. Rev. [2] **122.** 1919—20. 15/6. 1961. La Jolla, Calif., Univ. of California; engl.) — Berechnung des Querschnittes für $d + d \rightarrow {}^4He + \pi^0$ nach der Impulsapproximation (vgl. vorst. Referat). HERBERT WEBER. 90□

Experimentelle Abschätzung der $\pi^+ \rightarrow \pi^0 + e^+ + \nu$-Zerfallswahrscheinlichkeit. A. F. Dunaitsev, V. I. Petrukhin, Yu. D. Prokoshkin und V.I. Rykalin. (Nuovo Cimento [10] **24.** 405—10. 1/5. 1962. Dubna, Joint Inst. for Nucl. Res.; engl.) — Positive π wurden in einem Scintillator gebremst, der für Pionenstops eine selektive Empfindlichkeit besaß. Mittels zweier ČERENKOV-Gesamtabsorptionsspektrometer wurden Koinzidenzen zwischen den γ-Zerfallsquanten des π^0 gemessen. Für das Verhältnis $(\pi^\pm \to \pi^0 + e^\pm + \nu)/(\pi^\pm \to \mu^\pm + \nu)$ ergab sich $< 7 \cdot 10^{-8}$. M. WIEDEMANN. 90□

K_2^0 und das Äquivalenzprinzip. Myron L. Good. (Physic. Rev. [2] **121.** 311—13. 1/1. 1961. Madison, Wis., Univ. of Wisconsin; engl.) — Vf. zeigt, daß die Folgerungen aus Beobachtungen über K^0 u. $\overline{K}^0$ (Gravitationsmassen, Strangeness) das Äquivalenzprinzip von EINSTEIN bestätigen. HERBERT WEBER. 90□

Regeneration von neutralen K-Mesonen und ihre Massendifferenz. R. H. Good, R. P. Matsen, F. Muller, O. Piccioni, W. M. Powell, H. S. White, W. B. Fowler und R. W. Birge. (Physic. Rev. [2] **124.** 1223—39. 15/11. 1961. Berkeley, Calif., Univ. of California, Lawrence Radiat. Labor.; engl.) — Messungen über die Transmission in Pb- u. Fe-Platten in einer Propan-Blasenkammer u. über die nucleare Beugung liefern starke Beweise für die Richtigkeit der Teilchenmischungstheorie von GELL-MANN u. PAIS (C. **1956.** 1488). Für die K_1–K_2-Massendifferenz wird ein Wert von $0{,}84^{+0{,}29}_{-0{,}22}$ in Einheiten von $\hbar/\tau_1$ erhalten, wobei τ_1 die mittlere Lebensdauer von K_1 ist. HERBERT WEBER. 90□

Strahlungsmodi des leptonischen Zerfalls von K-Mesonen. Donald E. Neville. (Physic. Rev. [2] **124.** 2037—46. 15/12. 1961. Chicago, Ill., Univ. of Chicago, Dep. of Phys.; engl.) — Berechnung der γ-Spektren für die Zerfälle $K \to \mu\nu\gamma$ u. $K \to e\nu\gamma$ sowie $\pi \to \mu\nu\gamma$ u. $\pi \to e\nu\gamma$. HERBERT WEBER. 90□

Über die Prüfung von Parameter-Dispersionsbeziehungen. H. M. Fried und D. L. Pursey. (Physic. Rev. [2] **124.** 1281—82. 15/11. 1961. Los Angeles, Calif., Univ. of California; engl.) — Es wird gezeigt, daß parametr. Dispersionsbeziehungen für bestimmte GREEN-Funktionen, die von NISHIJIMA (C. **1961.** 1795) auf der Basis der Störungstheorie behandelt wurden, für den speziellen Fall von Zerfallsprozessen existieren. HERBERT WEBER. 90□

Elementare und zusammengesetzte Teilchen. M. T. Vaughn, R. Aaron und R. D. Amado. (Physic. Rev. [2] **124.** 1258—68. 15/11. 1961. Philadelphia, Pa., Univ. of Pennsylvania, Dep. of Phys.; engl.) — Unters. der Elementarteilchenversionen nach dem LEE-Modell (C. **1955.** 8301) u. nach der Erweiterung dieses Modells. HERBERT WEBER. 90□

Ein Modell der Leptonen. Elektromagnetische Wechselwirkung und schwache Wechselwirkung. Kuo-Hsien Tzou. (C. R. hebd. Séances Acad. Sci. **251.** 2895—97. 19/12. 1960; franz.) — Das Leptonenmodell wird mit elektromagnet. u. schwacher Wechselwrkg. gekoppelt. Erforderlich ist die Vierkomponententheorie des Neutrinos. Die mit Elektron u. Myon assoziierten Neutrinos haben entgegegesetzte Helizität. M. WIEDEMANN. 90□

Einführung in die Gammagraphie. 2. Mitt. Allgemeine Gesetzmäßigkeiten. Sekundär- und Reabsorptionseffekte. H. Tellez-Plasencia. (Sci. Ind. photogr. [2] **32.** 329—38. Okt. 1961. Paris, C.N.R.S., Inst. Nat. de Rech. Chim. Appl.; franz.) — 1. vgl. C. **1960.** 10119. — Es werden folgende Effekte untersucht: Wrkg. der Sekundärelektronen (δ-Strahlung); Reabsorption der Sekundärelektronen durch Fluorescenzstrahlung, durch Modifizierung des COMPTON-Effektes, durch Bremsstrahlung, die durch Primärelektronen längs ihres Durchganges hervorgerufen wird, durch charakterist. Strahlung, die durch die gleichen Primärelektronen hervorgerufen wird, durch γ-Strahlung, die bei der Vernichtung von Positronen entsteht u. durch Leuchtstrahlung, die durch den MALLET-ČERENKOV-Effekt gebildet wird. — 16 Literaturhinweise. W. GÜNTHER. 90□

Untersuchungen der Bremsstrahlung von Elektronen im Energiebereich von 10^{11}—10^{12} eV. J. Benisz, Z. Chylinski und W. Wolter. (Acta physica polon. **18.** 143—52. 1959. Kraków, Inst. of Nucl. Res.; engl. — C. **1962.** 9967.) J.-M. SPAETH. 90□

Untersuchung der Bremsstrahlung und Paarerzeugung bei Energien $>10^{11}$ eV. E. Lohrmann. (Physic. Rev. [2] **122.** 1908—16. 15/6. 1961. Chicago, Ill., Univ. of Chicago, Dep. of Phys.; engl.) — Paarerzeugung u. Bremsstrahlung oberhalb 100 GeV wurden in Kernemulsionen an 91 prim. Elektron–Positron-Paaren energiereicher Kaskaden u. an den ersten sek. Paaren untersucht. Als mittlere freie Weglänge für direkte Paarerzeugung wurde $L = 12^{+7}_{-4}$ cm für eine mittlere Elektronenenergie von 160 GeV erhalten. Die Konversionslänge von Photonen von 320 GeV in Kernemulsion beträgt 35 ± 5 mm. HERBERT WEBER. 90□

Eine mögliche chemische Reaktion von Orthopositronium mit Sauerstoff. D. A. L. Paul. (Canad. J. Physics **37.** 1059—60. Sept. 1959. Kingston, Ontario, Roy. Mil. Coll.

of Canada, Dep. of Phys.; engl.) — Über den Einfang von Orthopositronium durch O_2 in fl. N_2 bei tiefen Temp. wurden 2 weitere Messungen ausgeführt (PAUL, Canad. J. Physics **36**. [1958.] 640). Trägt man den Kehrwert der Lebensdauer τ_2 gegen die O_2-Konz. auf, so kann man eine gerade Linie durch die Punkte legen. Es wird angenommen, daß sich eine Verb. $(e^+e^-)O_2$ bildet. F. HAENSCHKE. 90 □

Über die Bestimmung des g-Faktors des freien Elektrons. P. S. Faragó. (Arch. des Sci., Sonderh. **10** (**162**). 88—92. 1957. Budapest, Inst. central pour les rech. phys.; franz.) C. GOTTFRIED. 90

Schätzung der Nucleonenmassendifferenz aus den neuen Formfaktoren von Hofstadter. H. Katsumori und M. Shimada. (Physic. Rev. [2] **124**. 1203—04. 15/11. 1961. Osaka, Osaka Gakugei Univ., Dep. of Phys.; engl.) — Vers. einer Erklärung der beobachteten Nucleonenmassendifferenz in Termen der elektromagnet. Eigenenergie (vgl. HOFSTADTER u. HERMAN, C. **1962**. 5174). HERBERT WEBER. 90 □

Dispersionsbeziehungen von geladenen Mesonen und Nucleonen bei festen Nucleonen. A. Minguzzi. (Nuovo Cimento [10] **9**. 1114—16. 16/9. 1958. Bologna, Ist. di Fis. del Univ.; Ist. Naz. di Fis. Nucl.; engl.) — Im Falle einer festen Nucleonenquelle kann das Energiespektrum als Punktspektrum plus einem Kontinuum von der niedrigsten Mesonenmasse bis unendlich dargestellt werden. Für diesen Grenzfall werden die Dispersionsbeziehungen für geladenes Meson u. Nucleon abgeleitet. M. WIEDEMANN. 90 □

Möglicher Effekt der kollektiven Korrelation zwischen Vakuumnucleonen in der Pionenphysik. Osamu Hara. (Physic. Rev. Letters **6**. 425—27. 15/4. 1961. Minneapolis, Minn., Univ. of Minnesota, School of Phys.; engl.) — Die internucleon. Kraft zwischen Vakuumnucleonen infolge der Pionen ist überwiegend anziehend. Der Einfl. auf die Struktur des Vakuums u. die Pionenphysik wird diskutiert. M. WIEDEMANN. 90 □

Reichweite der Proton-Antiproton-Vernichtung nahe 1,0 GeV. Osamu Hara. (Physic. Rev. [2] **124**. 2052. 15/12. 1961; engl.) — Druckfehlerberichtigung zur C. **1961**. 14529 referierten Arbeit. HERBERT WEBER. 90 □

Versuch zur Bestimmung der n-n-Streulänge aus der Reaktion D(n, p)2 n. K. Ilakovac, L. G. Kuo, M. Petravić und I. Šlaus. (Physic. Rev. [2] **124**. 1923 bis 1928. 15/12. 1961. Zagreb, Yugoslavia, Inst. Ruder Bošković; engl.) — Der energiereiche Teil des Protonenspektrums unter 4° bei der Rk. D(n, p)2 n bei 14,4 MeV wurde unter Benutzung des Formalismus der Endzustands-Wechselwrkg. analysiert. Dabei wurde nur die n-n-Wechselwrkg. im Endzustand berücksichtigt. Für die n-n-Streulänge wurde $a_{nn} = (-22 \pm 2)$ f erhalten. HERBERT WEBER. 90 □

Neutronen-„Fluß". W. R. Harper. (Nature [London] **191**. 695. 12/8. 1961. London; engl.) — Vf. nimmt Bezug auf eine Arbeit von STRETCH (vgl. C. **1962**. **7034**), in der Einwände gegen den Ausdruck „Neutronfluß" erhoben worden waren, u. führt aus, daß vom rein mathemat. Standpunkt aus nichts gegen den Begriff „Fluß" spricht. C. GOTTFRIED. 90

Ein Kriterium der nichtlinearen Stabilität von Kernreaktoren. Henri B. Smets. (Bull. Cl. Sci., Acad. roy. Belgique [5] **45**. 102—07. 1959. MIT, Dep. Nucl. Engng.; franz.) — Asymptot. Stabilitätsbetrachtung eines Reaktors, der einer plötzlichen Reaktivitätsänderung unterworfen ist. GERHARD SCHMIDT. 90 □

Neutronenspektren in heterogenen Plattenreaktoren. 2. Mitt. Wolf Häfele. (Nukleonik [Berlin] **2**. 240—46. Nov. 1960. Karlsruhe, Kernforschungszentrum, Inst. für Neutronenphys. u. Reaktortechn.; dt.) — 1. vgl. C. **1961**. 10817. — Vf. verallgemeinert die Resultate verschiedener anderer Autoren, die das Neutronenspektrum eines unendlich großen, homogenen Reaktors unter Verw. des sog. Schwergasmodells gegeben haben. Die Verallgemeinerung betrifft den Übergang vom unendlichen homogenen Medium zum endlichen, heterogenen Plattenreaktor. Es ist möglich, die Spektren bis zu einem bestimmten Wert des Absorptionsparameters der Brennstoffplatten anzugeben. GERHARD SCHMIDT. 90 □

Resonanzabsorption von ^{238}U in Mischungen mit moderierenden Bestandteilen C. Steinert. (Atomkernenergie **6**. 345—50. Sept. 1961. Oberhausen, Babcockwerke Atomenergieabt.; dt.) — Vf. ergänzt herkömmliche Meth. zur Näherungsberechnung des effektiven Resonanzintegrals von ^{238}U bes. in Mischungen mit moderierenden Komponenten. Die Meth. von CREUTZ (vgl. C. **1956**. 2360 u. 2361) wird beibehalten, weil für sie analyt. Ausdrücke für den Vol.- u. Oberflächenterm des effektiven Resonanzintegrals existieren oder abgeleitet werden konnten. GERHARD SCHMIDT. 90 □

Spaltquerschnitte als Funktion der Neutronentemperatur. C. G. Campbell und D. J. Lockey. (Proc. int. Conf. peaceful Uses Atomic Energy **4.** 258—61. 1956. Harwell; Newcastle; engl.) — Eine mit dem zu untersuchenden Material gefüllte Spaltkammer u. die mit BF_3 gefüllte Proportionalionisationskammer befanden sich in einem Graphitmoderator, dessen Temp. 25—700° K betrug. Das Verhältnis der Zählraten wurde ermittelt u. hieraus in dem entsprechenden Temp.-Bereich die Spaltquerschnitte von ^{239}Pu u. ^{235}U bestimmt. Die Übereinstimmung mit den theoret. Daten zeigt, daß die Doppler-Verbreiterung vernachlässigt werden kann u. die Neutronen im Gleichgewicht mit einem Moderator eine Maxwell-Verteilung annehmen. M. Wiedemann. 90□

Reichweite-Energie-Beziehungen für Protonen in Be, C, Al, Cu, Pb und Luft. R. M. Sternheimer. (Physic. Rev. [2] **124.** 2051. 15/12. 1961; engl.) — Errata zu den C. **1960.** 5057 u. C. **1961.** 3217 referierten Untersuchungen. Herbert Weber. 90□

Die unelastische Streuung von Protonen an ^{12}C. E. J. Squires. (Nuclear Physics [Amsterdam] **6.** 504—16. April 1958. Harwell, AERE; engl.) — Für die unelast. Streuung von 180-MeV-Protonen an ^{12}C, wobei der Kern im 4,43-MeV-Zustand zurückbleibt, werden die differentiellen Wirkungsquerschnitte u. die Polarisation berechnet. Es wurden Wellenfunktionen des Schalenmodells u. Nucleon-Nucleon-Phasenverschiebungen verwendet, die der Streuung freier Nucleonen an Nucleonen entnommen sind. Der Absorptionsanteil des Potentials des opt. Modells wird berücksichtigt. Die Übereinstimmung mit den Meßwerten ist gut, wenn L-S-Kopplung benutzt wird. M. Wiedemann. 90□

Bestimmung des Kernquadrupolmomentes von ^{14}N. Yoshifumi Kato und Osamu Nakahara. (J. physic. Soc. Japan **14.** 690—91. Mai 1959. Osaka, Municipal Tech. Res. Inst.; Kyoto, Univ., Dep. of Phys.; engl.) — Das ^{14}N-Quadrupolmoment Q wurde aus den experimentellen Daten an NH_3 erneut bestimmt durch Berechnung des Feldgradienten am N-Kern unter Verw. der Mol.-Orbitale von Duncan (C. **1958.** 1779) u. unter Berücksichtigung des Effektes der Kernschwingungen auf den Beitrag der Protonen zum Feldgradienten. Es ergab sich $Q = 1{,}08 \cdot 10^{-26}$ für schwingenden Kern bzw. $1{,}06 \cdot 10^{-26}$ cm² für stat. Kern. Dieser Wert liegt zwischen den von anderen Autoren unter Verw. der Daten aus NF_3 u. HCN erhaltenen Werten. G. Winkhaus. 95□

Elektrische Kernquadrupolmomente von ^{121}Sb und ^{123}Sb. F. Les. (Acta physica polon. **20.** 775—82. 1961. Cracow, Inst. of Phys., Jagellon. Univ.; engl.) — Es wurde die Hyperfeinstruktur der Linie ($5p^3\ ^2P^0_{1/2}—5p^2\ 6s\ ^2P_{3/2}$) des Sb I mit $\lambda = 3030$ Å mittels einer Schülerschen Hohlkathodenröhre als Lichtquelle u. einem Fabry-Perot-Interferometer mit mehrschichtigen dielektr. Spiegeln untersucht. Die Quadrupolkopplungs-Konst. wurde für das $5p^2\ 6s\ ^2P_{3/2}$-Niveau des $^{121}_{51}Sb$-Kerns bestimmt u. daraus das elektr. Quadrupolmoment des ^{121}Sb-Kerns erhalten. Das Quadrupolmoment von ^{123}Sb wurde aus dem Quotienten Q_{123}/Q_{121} berechnet. Die Ergebnisse sind ohne Sternheimer-Korrekturen: $Q(^{121}Sb) = (-0{,}54 \pm 0{,}08) \cdot 10^{-24}$ cm²; $Q(^{123}Sb) = (-0{,}69 \pm 0{,}10) \cdot 10^{-24}$ cm². H. Laue. 95□

Strahlungseinfang schneller Neutronen. B. C. Diven. (Progr. nuclear Energy, Ser. I **3.** 125—32. 1959. Los Alamos, N. Mex., Univ. of California; engl.) — Die Einfangquerschnitte wurden durch nahezu 100%ig. Erfassung der γ-Strahlung mittels eines großen Fl.-Scintillators (Triäthylbenzol + Terphenyl) bestimmt, in dessen Zentrum sich die Probe befand. Durch Kombination von gepulstem Bündel u. Flugzeittechnik wurde die Energieabhängigkeit für *Fe, Ni, Zr, Nb, Mo, Au* u. ^{238}U im Bereich von 175—1000 keV Neutronenenergie ermittelt. M. Wiedemann. 103□

Messungen der Strahlungseinfangquerschnitte für schnelle Neutronen. A. I. Leipunsky, O. D. Kazachkovsky, G. Y. Artyukov, A. I. Baryshnikov, T. S. Belanova, V. I. Galkov, Y. Y. Stavissky, E. A. Stumbur und L. E. Sherman. (Progr. nuclear Energy, Ser. I **3.** 108—24. 1959; engl.) — Bericht über Arbeiten aus den Jahren 1950—1957, bei denen Einfangquerschnitte nach 3 Meth., der Aktivierung, der Messung der γ-Intensität u. der Schwächung des Neutronenbündels, bestimmt wurden. M. Wiedemann. 103□

Einige Aktivierungsquerschnitte für 14,7-MeV-Neutronen. J. Kantele und D. G. Gardner. (Nuclear Physics [Amsterdam] **35.** 353—62. Juni 1962. Fayetteville, Ark., Univ. of Arkansas, Dep. of Chem.; engl.) — Vff. vergleichen einige Aktivierungsquerschnitte von *B, O, F, Al, P* u. *Cu* für 14,7-MeV-Neutronen unter Verw. von β-Durchfluß-Proportionalzähler u. NaJ(Tl)-Scintillationsspektrometer. Die abs. Werte dieser Querschnitte werden mit Hilfe der Querschnittswerte der (n 2n)-Rk. an ^{63}Cu u. ^{65}Cu erhalten. Der Querschnitt der Rk. $^{27}Al(n, p)$ ändert sich nicht wesentlich als eine Funktion der Neutronenenergie nahe 14 MeV. Gerhard Schmidt. 103□

Die Bildung der schweren Elemente durch Neutroneneinfang in einem schnellen Zeitmaß. Peter Fong. (Physic. Rev. [2] **120.** 1388—93. 15/11. 1960. Utica, N.Y., Utica Coll. of Syracuse Univ., Dep. of Phys.; Cambridge, Mass., MIT, Labor. for Nucl. Sci.; engl.) — Das mathemat. Problem der Bldg. der schweren Elemente durch Neutroneneinfang wird ersatzweise durch eine partielle Differentialgleichung gelöst, welche die Form der Kontinuitätsgleichung annimmt. Jedes Glied der Isobarenreihe muß bei dieser Betrachtung einzeln behandelt werden. Gerhard Schmidt. 103□

γ—γ-Winkelkorrelation bei der Reaktion ^{14}N (p,γ)^{15}O. S. Gorodetzky, A. Gallmann, M. Croissiaux und R. Armbruster. (Nuclear Physics [Amsterdam] **6.** 517—24. April 1958. Strasbourg, Inst. de Rech. Nucl.; franz.) — Vgl. C. **1960.** **9448.** — Mit der Resonanzenergie von 1,060 MeV wurde die Rk. ^{14}N(p, γ)^{15}O durchgeführt. Die γ-γ-Winkelkorrelation für die Kaskade 8,34 MeV → 5,27 MeV 0 wurde in zwei verschiedenen Ebenen unter Verw. von NaJ(Tl)-Kristallen gemessen. Hieraus wird auf einen Drehimpuls von $J = 3/2$ für das 5,2-MeV-Niveau geschlossen, doch kann $5/2^+$ nicht ausgeschlossen werden. M. Wiedemann. 103□

Messungen der Energieabhängigkeit des Wirkungsquerschnittes der Cl(n, γ)-Reaktion. N. T. Kashukeev, Yu. P. Popov und F. L. Shapiro. (Reactor Sci. Technol. **14.** 76—84. Mai 1961. Moscow, Lebedev Physic. Inst. of the Acad. of Sci. of the USSR; engl.) — Vff. untersuchten die Energieabhängigkeit des Wrkg.-Querschnittes der (n, γ-Rk. des natürlichen Cl-Isotopengemisches im Energiebereich $E_n = 20$ bis 20000 keV. Die Parameter des 405-eV-Niveaus wurden zu $\sigma_0 \Gamma_\gamma = 90 \pm 8$ GeV, $g\Gamma_n = (2{,}4—4{,}0) \cdot 10^{-2}$ eV bestimmt. Eine weitere Resonanz wurde bei 4,3 ± 0,5 keV mit $\sigma_0 \Gamma_\gamma = 60 \pm 20$ GeV gefunden. Für die Energie des negativen Niveaus von Cl wurde ein Wert von $E = -210 \pm 10$ eV erhalten. H. Schroeder. 103□

Innere Bremsstrahlung aus ^{32}P und ^{90}Y. M. A. Hakeem und Max Goodrich. (Nuclear Physics [Amsterdam] **31.** 322—34. März 1962. Louisiana State Univ., Dep. of Phys. and Astronomy; engl.) — Für den erlaubten β-Strahler ^{32}P u. den erstverbotenen β-Strahler ^{90}Y werden die Spektren der inneren Bremsstrahlung mit einem Scintillationsspektrometer aufgenommen, die Ergebnisse werden mit den Theorien der einzelnen β-Übergänge verglichen. H.-D. Freyer. 103□

Reaktionen von α-Teilchen mit Zinn-124. R. L. Hahn und J. M. Miller. (Physic. Rev. [2] **125.** 2208. 15/3. 1962; engl.) — Vgl. C. **1962.** 11441. — Berichtigung der l. c. wiedergegebenen Daten der Querschnittsmessungen für die (α, pn)-Reaktionen. Gerhard Schmidt. 103□

Experimentelle und berechnete Querschnitte der Reaktion ^{209}Bi(p, xn)Po bei Bombardierung mit 135-MeV-Protonen. B. N. Beljajew, A. W. Kaljamin und A. N. Murin. (Доклады Академии Наук СССР [Ber. Akad. Wiss. UdSSR] **140.** 337—39. 11/9. 1961. Chlopin-Radium Inst. der Akad. der Wiss. der UdSSR; russ.) — Vff. bestimmten die Bldg.-Querschnitte der Isotope ^{200}Po bis ^{209}Po u. die relativen Ausbeuten von ^{200}Po, ^{201}Po, ^{203}Po, ^{205}Po u. ^{206}Po. Kurt Winkler. 103□

Energiereiche γ-Übergänge geringer Intensität beim Zerfall ^{214}Bi(RaC) $\xrightarrow{\beta}$ ^{214}Po(RaC′). Ulrich Hauser. (Z. Physik **150.** 593—98. 8/4. 1958. Heidelberg, Univ., II. Phys. Inst.; dt.) — Vgl. C. **1962.** 9599. — Mit einem mit Deuterium gefüllten Proportionalzählrohr als γ-Spektrometer wurde nach energiereichen γ-Zerfällen des ^{214}Po (RaC′) gesucht. Fünf intensitätsarme γ-Linien wurden nachgewiesen. Drei dieser Linien entsprechen direkten γ-Zerfällen zum Grundzustand von Niveaus, die aus dem α-Zerfall von ^{214}Po gefordert werden. A. Blaschette. 103□

Anisotropie der Spaltstücke $I_{0°}/I_{90°}$ bei der ^{233}U-Spaltung mit 100—1000-keV-Neutronen. W. A. Schigin. (Доклады Академии Наук СССР [Ber. Akad. Wiss. UdSSR] **140.** 351—53. 11/9. 1961. Kurtschatow-Inst. für Atomenergie der Akad. der Wiss. der UdSSR; russ.) — Vf. untersucht die Abhängigkeit der Winkelanisotropie der Spaltstücke von der Energie der Neutronen im angegebenen Intervall. Das Target (~ 2 mg pro cm²) wurde unter einem Winkel von 45° zum Protonenstrahl angeordnet (Neutronenquelle T u. ^{7}Li). Kollimatorringe u. eine drehbare Kammer ermöglichen eine Best. von $I_{0°}/I_{90°}$ (Zahl der Spaltstücke in Neutronenrichtung/Zahl der Spaltstücke senkrecht zur Neutronenrichtung) durch unabhängige Registrierung der Impulse. Es wird die Möglichkeit einer Korrektur auf Nullwert, Neutronenstreuung u. Streuung des Kollimationswinkels angegeben. Bei Neutronenenergien von 85—1000 keV beträgt $I_{0°}/I_{90°}$ 1,02 bis 1,09. Resultate gestatten keine Aussagen über eine Beziehung zwischen Anisotropie u. Änderung des Spaltquerschnittes. Kurt Winkler. 103□

Fragmentmassen-Winkelkorrelation bei der ^{238}U + n-Spaltung. J. H. Manley. (Nuclear Physics [Amsterdam] **33.** 70—82. Mai 1962. Los Alamos, N. Mex., Univ. of

California, Los Alamos Scient. Labor.; engl.) — Vf. untersucht den $^{238}U(n, f)$-Prozeß zwischen 1,2 u. 1,7 MeV Neutronenenergie. Zur Identifizierung der einzelnen Fragmente u. ihrer Winkelverteilung für verschiedene Reichweitegruppen wird eine photograph. Emulsionstechnik verwendet. Der Anteil totaler Spaltungen in jeder Gruppe erweist sich als von der Neutronenenergie unabhängig. Die Winkelverteilungen sämtlicher Gruppen stimmen mit früheren Messungen ohne Massendiskriminierung mit Ausnahme der Gruppe nahezu gleicher Fragmentmasse überein. Gerhard Schmidt. 103□

Kinetik der spontanen Spaltung von ^{252}Cf. A. B. Smith, A. M. Friedman und P. R. Fields. (Physic. Rev. [2] **102**. 813—15. 1/5. 1956. Lemont, Ill., Argonne Nat. Labor.; engl.) — Mit einer Doppelionisationskammer bestimmen Vff. die Modi der spontanen Spaltung von ^{252}Cf [$\tau_{1/2}$ (Spaltung) = 66 Jahre]. Die wahrscheinlichsten Energien der leichten u. schweren Fragmente ergeben sich zu 107 bzw. 79 MeV. Die Ergebnisse werden mit der Kinetik anderer Spaltprozesse verglichen.
Gerhard Schmidt. 103□

Massenzuordnung des 44-Minuten-Californium-245 und des neuen Isotops Californium-244. Alfred Chetham-Strode jun., Gregory R. Choppin und Bernard G. Harvey. (Physic. Rev. [2] **102**. 747—48. 1/5. 1956. Berkeley, Calif., Univ. of California, Radiat. Labor. and Dep. of Chem.; engl.) — Der 44-min-Cf-α-Strahler wird auf der Basis von Melk-Verss., Anregungsfunktionen u. Zerfallsschemata-Unterss. der Massenzahl 245 neu zugeordnet. ^{245}Cf zerfällt unter Emission von (7,11 ± 0,02)-MeV-α-Teilchen (ca. 30%) u. unter Hüllelektroneneinfang (ca. 70%). Das neue Nuclid ^{244}Cf wird ebenfalls identifiziert, es zerfällt unter Emission von (7,17 ± 0,02)-MeV-α-Teilchen mit einer Halbwertszeit von 25 ± 3 Minuten. Gerhard Schmidt. 103□

Trennung und Anwendung stabiler Isotope. 2. Mitt. **Herstellung von Gasproben zur massenspektrometrischen Bestimmung von Isotopenhäufigkeiten.** Ingeborg Maaß. (Chem. Techn. **10**. 17—22. Jan. 1958. Leipzig, Inst. für Angew. physik. Stofftrennung; dt.) — 1. vgl. C. **1962**. 15481. — Für die Herst. von gasförmigen Proben zur massenspektrometr. Best. von Isotopenhäufigkeiten wurden die folgenden Meth. erprobt u. z. T. verbessert: Für die Best. des D-Geh. die Umsetzung von H_2O zu H_2 mit Zn, zu Äthan mit $Zn(C_2H_5)_2$ oder zu CH_4 durch Zers. von CH_3MgJ u. die Oxydation organ. Substanzen mit O_2 oder $K_2Cr_2O_7$; für die ^{13}C-Best. die Verbrennung organ. Stoffe am Hochspannungsfunken, die Umwandlung von $CHCl_3$ zu CO_2 u. die Naßverbrennung; für die ^{15}N-Best. die Umwandlung von Ammoniumsalzen zu N_2 mit NaOBr, die Zers. von NH_4Cl über CuO u. die partielle Zers. organ. N-Verbb. unter besonderer Berücksichtigung des Phenylhydrazins; für die ^{18}O-Best. die Umwandlung von H_2O in CO_2 u. die therm. Zers. organ. Substanzen durch H_2 oder nach Schütze-Unterzaucher.
L. Wiesner. 104□

Trennung und Anwendung stabiler Isotope. 7. Mitt. **Trennung stabiler Isotope durch chemischen Austausch.** 1. Teil. Klaus Wetzel und Günter Kretzschmann. (Chem. Techn. **12**. 263—66. Mai 1960. Leipzig, Inst. für phys. Stofftrennung; dt.) — Vff. behandeln die allg. Prinzipien des chem. Umtausch-Verf., das wegen der hohen elementaren Trenneffekte, der großen Materialdurchsätze sowie wegen des meist geringen Energieverbrauches zu den wirksamsten Anreicherungsprozessen für die stabilen Isotope der leichteren Elemente gehört. Im einzelnen wird auf die Trenneffekte u. die Multiplikation des elementaren Trenneffektes bei Isotopenaustausch-Rkk. (Erzeugung des Gegenstromes u. Phasenumkehr) eingegangen. — 35 Literaturangaben.
U. Skurnia. 104□

Die Trennung von radioaktivem Arsen von mit Protonen bestrahltem Germanium. Kazuo Saito, Shigerô Ikeda und Makoto Saito. (Bull. chem. Soc. Japan **33**. 884—87. Juli 1960. Tanachi, Tokyo, Univ., Inst. of Nuclear Study; Katahira-cho, Sendai, Tohoku Univ., Inst for Iron, Steel and other Metals; engl.) — Durch Dest. des Ge als $GeCl_4$, Dest. des As als $AsCl_3$ u. anschließende Extraktion des As aus schwach saurer Lsg. als Diäthyldithioamidocarbonat (I) in CCl_4 konnte aus protonenbestrahltem Ge prakt. trägerfreies ^{74}As isoliert werden. — Der Ge-Träger, in Form von reinstem Metall, bedeckt mit einer 20-μ-Al-Folie, oder als Oxid, mit einer Lsg. von Glyptal in Essigester angerührt u. auf Al-Blech getrocknet, wurde 2—5 Std. lang mit Protonen von 10—14 MeV bestrahlt. Es entstehen einige sehr kurzlebige As-Isotope, sehr wenig ^{73}As, ^{69}Ge, ^{71}Ge, einige Ga-Isotope u. ^{74}As in einer Ausbeute von ca. 1 mc. Die Bestrahlung wird 4 mal wiederholt. Der Träger (10 g) wird in 30 ml Königswasser gelöst u. $GeCl_4$ unter Zusatz von 50 ml 6n HCl im Cl_2-Strom abdest., bis das Vol. 1 ml beträgt. Die Dest. wird 3 mal wiederholt. Nach Entfernung des Cl_2 im N-Strom wird As nach Zusatz von 10 ml 10n

HCl u. 5 ml 9n HBr abdestilliert. Die Hauptmenge findet sich in den ersten 5 ml. Das Destillat wird mit 2 ml 1n H_2SO_4 u. 5 ml 15n HNO_3 zur Trockne abgedampft, der Rückstand mit 1 ml 12n HCl u. 15 ml W. aufgenommen, mit 3 ml 10%ig. KJ-Lsg. u. 1 g Na_2SO_3 versetzt u. das pH der Lsg. mit 5 ml 10%ig. CH_3COONa u. verd. Ammoniak auf 5 eingestellt. Dann wird die Lsg. in Ggw. von ca. 0,5% (größerer Überschuß) Na-I mit CCl_4 ausgeschüttelt. Das radioakt. As kann mit 8n HNO_3, 6n HCl oder verd. Ammoniak reextrahiert werden. — Das Konversionselektronenspektrum von ^{74}As wurde aufgenommen. W. BETCKE. 104□

Die Anwendung radioaktiver Isotope. 1. Mitt. Anwendung in der Technik. C. G. Clayton. (Res. appl. in Ind. **12.** 149—54. April 1959. Harwell, A.E.R.E., Isotope Div.; engl.) — Übersicht. A. BLASCHETTE. 106□

Die Anwendung radioaktiver Isotope. 2. Mitt. Anwendung in der Metallurgie. C. G. Clayton. (Res. appl. in Ind. **12.** 172—78. Mai 1959; engl.) — 1. vgl. vorst. Referat. — Übersicht. — 36 Literaturangaben. A. BLASCHETTE. 106□

Subkritischer Reaktor aus natürlichem Uran und leichtem Wasser. C. Sánchez del Río, E. Rodríguez Mayquez, J. Cuevas und J. Montes. (An. Real Soc. españ. Física Quím., Ser. A **56.** 131—36. Mai/Juni 1960. Madrid, Junta de Energ. Nucl., Div. de Fís.; span.) — Vff. beschreiben einen subkrit. Reaktor aus 2 t U-Stäben in leichtem W., der vor allem für Übungszwecke benutzt wird. Die Anordnung wird schemat. in einer Abb. gezeigt. R. K. MÜLLER. 110□

Messungen an einer subkritischen Anordnung aus natürlichem Uran und leichtem Wasser. M. A. Vigón und C. E. Granados. (An. Real Soc. españ. Física Quím., Ser. A **56.** 249—56. Sept./Okt. 1960. Madrid, Junta de Energ. Nucl., Dep. de Fís.; span.) — Vgl. vorst. Referat. — In der l. c. beschriebenen Anordnung werden Messungen der radialen Verteilung des Wärmeflusses durchgeführt. Es ergeben sich $B^2 = \alpha^2 - \gamma^2 = (0{,}95 \pm 1{,}08)\cdot 10^{-4}$ cm^{-2} u. der therm. Nutzungsfaktor f = 0,886. R. K. MÜLLER. 110□

Entwicklung eines simulierten Hochtemperatur-Kernloops. J. P. McGee, N. H. Coates und G. E. Fasching. (U. S. Dep. Interior, Bur. Mines, Inform. Circ. **1960.** Nr. 7981. 1—17. Morgantown, W. Va., Bur. of Mines, Div. of Solid Fuel Technol.; engl.) — Als Modell für durch Kern-Rkk. erzeugte Wärme wurde in einem Haufen aus Graphitkugeln Wärme durch elektr. Induktion hervorgerufen u. auf einen umlaufenden He-Strom mit Temp. von 2300—2500° F u. 250 at übertragen. Fragen der Undichtigkeiten, der Lötstoffe, der Reinigung des He, des Verlustes von C aus dem Graphit usw. wurden untersucht. M. WIEDEMANN. 110□

Nucleare Grundlagen für Standort- und Gebäudewahl von Kernreaktoren. G. Blässer und K. Wirtz. (Nukleonik [Berlin] **3.** 210—32. Okt. 1961. Karlsruhe, Kernforschungszentrum, Inst. für Neutronenphys. u. Reaktortechn.; dt.) — Die atmosphär. Ausbreitung von Verunreinigungen, die zu einem bestimmten Zeitpunkt u. an einem bestimmten Ort ausgestoßen wurden, läßt sich angenähert durch die SUTTON-Formel beschreiben. Findet die Abgabe von Aktivitäten kontinuierlich in einem längeren Zeitraum statt, so werden statist. Mittelungsprozesse wirksam. Das künftige Ziel von Standortwahl u. Gebäudekonstruktion einer Reaktoranlage wird zweifellos sein, die Umgebung der Anlage auch beim maximal anzunehmenden Unfall unberührt von allen Folgen zu halten. GERHARD SCHMIDT. 110□

Standortwahl und größter anzunehmender Unfall bei Reaktoranlagen. E. Stauber. (Atomkernenergie **6.** 165—70. April 1961. Frankfurt/M., AEG-Kernenergieanlagen; dt.) — Vf. empfiehlt zur Sicherheitsbeurteilung des Standortes von Reaktoranlagen die Bewertung der Unfallauswirkungen. Auf die Grundlagen zur Berechnung der Strahlenbelastung von Personen durch den Unfall wird eingegangen. W. MENZ. 110□

Sicherheitsprobleme von Kernenergieanlagen. Schutzbehälter in Kavernen. T. Leardini und M. Cadeddu. (Energia nucleare **7.** 517—25. Aug. 1960. Venezia, Soc. Adriat. di Elettricita, Serv. Termoelettrico, Sez. Nucl.; ital.) — Sicherheitsprobleme bei der Verlegung von Druckwasserreaktoren ins Gestein mit den erforderlichen Tests. GERHARD SCHMIDT. 110□

Relativistische Behandlung von Raketenantrieben und maximale Endgeschwindigkeit einer Rakete bei Berücksichtigung kernphysikalischer Daten. 2. Mitt. Trutz Foelsche. (Atompraxis **5.** 21—25. Jan. 1959. New Mexico, Holloman Air Force Base, Air Force Missile Dev. Center; engl.) — 1. vgl. Atompraxis **12.** [1958.] 431. — Als Beispiel für ein realisierbares Antrieb-Syst. wird eine „Pseudo"-Photonenrakete betrachtet. Bei dieser wird ein Brennstoff mit niedrigem Massenkonversionsfaktor als Energiequelle benutzt u. als Treibmittel ausschließlich die erzeugte Wärme- u. γ-Strahlung, während die massebehafteten Verbrennungs-Prodd. der Energiequelle ausgeschieden werden müßten. Die obere Grenze der Endgeschw., die eine Rakete erreichen kann, liegt bei wenigen Zehnteln der Licht-Geschw., wenn Spaltungs- oder Verschmelzungsprozesse der Kerne als Energiequelle u. Spaltungs- oder Verschmelzungs-Prodd. als Antriebspartikel voll ausgenutzt werden könnten. Gerhard Schmidt. 110□

Energie der Radionuclide für Raumgeschosse. D. G. Harvey und J. G. Morse. (Nucleonics [New York] **19.** 69—72. April 1961. Martins Comp., Nucl. Div.; engl.) — Diskussion des *SNAP*-Programms, bei dem die beim radioakt. Zerfall entwickelte Wärme in elektr. Energie umgewandelt wird. So liefert z. B. *SNAP*-1A eine Leistung von 125 W. Gerhard Schmidt. 110□

Kompakte Reaktoren für die Weltraumfahrt. H. M. Dieckamp, R. Balent und J. R. Wetch. (Nucleonics [New York] **19.** 73—76. April 1961. Atom. Internat.; engl.) — Übersicht über die Charakteristika der verschiedenen Reaktoren vom *SNAP*-Typ. Diese Reaktoren verwenden stark angereichertes U in homogener Mischung, die über thermoelektr. Syst. erzielte Leistung ist <100 kW. Gerhard Schmidt. 110□

Hochtemperaturmaterialien für Raketenreaktoren. Donald P. MacMillan. (Nucleonics [New York] **19.** 85—88. April 1961. LASL; engl.) — Bei dem durch Spaltung getriebenen Raketenreaktor stellen die Brennelemente wegen der hohen Arbeits-Temp. $>2000^0$ die kritischste Komponente der Materialfragen dar. Die festen Brennelemente des Reaktors vom Rover-Typ werden besprochen. Gerhard Schmidt. 110□

Schübe aus Kernexplosionen. J. W. Eerkens. (Nucleonics [New York] **19.** 100. April 1961. Berkeley, Calif., Univ. of California; engl.) — Konstruktion von Raumfahrtraketen mit nuclearem Antrieb (Projekt Orion u. Martins-Raketenmodelle). Gerhard Schmidt. 110□

Vergleich der Herstellungsmethoden von Radium-Beryllium-Quellen. W. M. Permjakow. (Радиохимия [Radiochemie] **2.** 255—58. 1960; russ.) — Die Schütt- u. die Preßmeth. sind die besten hinsichtlich der Neutronenausbeute u. des Arbeitsschutzes. Um die Möglichkeit des Emanationsaustrittes auszuschließen, ist es zweckmäßig, die Quelle in einen Glasbehälter einzuschmelzen, der aus einem chem. resistenten u. borfreien Glas hergestellt ist. Die chem. Herst.-Meth. ergibt die ideale Mischung beider Komponenten u. eine gut reproduzierbare Neutronenausbeute. Wegen der verhältnismäßig kleinen Be-Konz. in der Quelle ist die Neutronenausbeute 6mal kleiner als bei nach anderen Meth. hergestellten Quellen. J. Alexandrow. 112□

Anordnung zur Untersuchung der Wirkung von γ-Strahlen auf Halbleitermaterialien. B. M. Konowalenko, Ss. M. Rywkin, I. D. Jaroschetzki und L. P. Bogomasow. (Атомная Энергия [Atomenergie] **9.** 408—09. Nov. 1960; russ.) — Eine ^{60}Co-Quelle befindet sich in einem Spezialhalter auf dem Boden eines $2{,}5\times0{,}6\times2{,}9$ m großen, mit W. gefüllten Behälters. Über dem Halter befindet sich ein Cu-Rohr, in das eine Kammer mit den Proben (Boden 2 mm) auf die Quelle herabgelassen wird. Die Dosisleistung wurde nach der Fe^{2+}/Fe^{3+}-Meth. bestimmt. Die höchste Dosis, unmittelbar über der Quelle, betrug 128 r/s. G. Ewald. 112□

Eine Methode zur Verbesserung der Auflösung von Massenspektrometern und anderen analytischen Instrumenten. B. R. F. Kendall. (Rev. sci. Instruments **32.** 758—60. Juni 1961. Ottawa, Canada, Nat. Res. Council, Radio and Electr. Engin. Div.; engl.) — Zur Verbesserung der Output-Auflösung bei Spektrometern, bei denen die Auflösung nahe beieinander liegender Peaks nicht möglich ist, wird empfohlen, durch Kopplung der Meßanlage mit einer Analogschaltung, deren Output successiv approximierend zur Identität mit dem Gerät-Output gebracht wird, überlagerte oder teilweise überlagerte Peaks zu analysieren. W. Reusse. 112□

β-Spektrometer mit hoher Durchlässigkeit. Zdeněk Plajner und Vlastislav Brabec. (Československ. Časopis Fysiku **10.** 115—21. 1960. Praha, ČSAV, Úst. jad. výzk.; tschech.) — Vff. beschreiben ein β-Spektrometer vom Slätis-Siegbahn-Typ mit Zwischenbild, das außer für die Unters. von β-Strahlen auch für Konversionselektronenspektren u. für Photospektren bis zu 2 MeV verwendet werden kann. Bei einer Strahlenquelle von 2 mm wird ein maximales Auflösungsvermögen von 1,2% erreicht. Die maximale Durchlässigkeit beträgt 8%. R. K. Müller. 112□

Bestimmung des ^{239}Pu-Gehaltes von bestrahltem natürlichen Uran mittels α-Spektrometrie. R. Bertrand. (Reactor Sci. Technol. **14.** 49—50. April 1961. Mol, Centre d'Etudes Nucl.; franz.) — Um den ^{239}Pu-Geh. von neutronenbestrahltem Natururan zu bestimmen, wird die α-Aktivität von Proben mittels Gitter-Ionisationskammer u. nachgeschaltetem 256-Kanal-Diskriminator gemessen. Die Proben werden wie folgt präpariert: Auflösung in HNO_3 im Überfluß, Zugabe von Tetraäthylenglykol, Pipettieren u. Trocknung des Nd. mit IR bei 80^0 u. Calcinierung bei 500^0 während 5—10 Minuten.

In einer als Beispiel mitgeteilten Meßkurve wird die Verteilung des ^{239}Pu-Geh. über den Querschnitt eines Barrens von 12,5 mm Ø mitgeteilt, das Diagramm läßt die Abnahme des Pu-Geh. nach dem Inneren des Barrens hin erkennen. W. REUSSE. 112☐

Aktivitätsverlust bei betatronbestrahlten Proben infolge Diffusion. H. Fuchs und K. H. Lindenberger. (Nuclear Instruments Methods [Amsterdam] **7.** 219—20. Mai 1960. Heidelberg, Univ., Physikal. Inst.; engl.) — Bei der γ-Bestrahlung von ^{12}C entsteht nach der Rk. ^{12}C(γ, n) ^{11}C der Positronenstrahler ^{11}C. Vergleicht man die unter gleichen Bedingungen erzielbare Aktivität bei reinem Graphit u. bei Polyäthylen (I), dann erhält man bei I negative Abweichungen. Die Ursache dafür besteht in der Bldg. von KW-Stoffen durch die mit einer Rückstoßenergie von 100 kV auf H-Atome treffenden ^{11}C-Kerne. Die KW-Stoffe diffundieren u. gehen für die Aktivitätsmessung verloren. W. REUSSE. 112☐

Bei nuclearen Konvertern verwendete Fühler. Otto Orient. (Élelmezési Ipar [Verpflegungs-Ind.] **16.** 59—64. Febr. 1962. Budapest, Zentralforsch.-Inst. Lebensmittelind.; ung.) — Vf. berichtet über verschiedene Arten von für Labor.-Zwecke u. Industrie entwickelten, als nucleare Fühler anwendbaren Detektoren, wie auch über einen Ionisationsfühler zum Nachw. von β-Strahlung großer Energie. Es wurde auch ein mit Ne–Br gefülltes GEIGER-MÜLLER-Zählrohr langer Lebensdauer (10^{12} Impulse) hergestellt, dessen Plateau von 500—700 V reicht, mit einer Steilheit von 0,02% per V. K. GÄRTNER. 112

Neutronenflußmessungen im Energiebereich von 100 keV bis 4 MeV mit einem modifizierten Langzähler. E. Tochilin und R. V. Alves. (Nuclear Instruments Methods [Amsterdam] **8.** 225—29. Aug. 1960. San Francisco, Calif., U. S. Naval Radiol. Defense Labor.; engl.) — Es werden Meßergebnisse am langen Proportionalzähler mitgeteilt. Untersucht wurde der Einfl. des therm. Schildes auf die registrierte Teilchenzahl. Es wurde mit Neutronen der Geschw. 0,1—4 MeV gearbeitet. Es wird gezeigt, daß die Impulsrate keine signifikanten Unterschiede zeigt, wenn der Zähler mit einer B_2O_3-gefüllten Al-Hülle oder Paraffin oder mit einer 0,020 in. dicken Cd-Umhüllung betrieben wird. Die Impulszahl ist energieunabhängig. Vgl.-Messungen mit In-Folien ergaben gleiche Ergebnisse. W. REUSSE. 112☐

Strahlengang in einem Neutronenspektrometer bei Einkristalluntersuchungen. Hans Dachs. (Z. Kristallogr., Kristallgeometr., Kristallphysik, Kristallchem. **115.** 80—92. Mai 1961. München, Univ.-Inst. für Kristallographie u. Mineralogie; dt.) — Bei der Neutronenbeugung trifft ein kollimierter Neutronenstrahl nach Monochromatisierung durch Reflexion an einem Kristall auf das Objekt, im vorliegenden Fall einen Einkristall. Dieser ist mit einem Zählrohr gemeinsam zu einem Goniometer kombiniert. Ist die Drehachse gleichzeitig eine Zonenachse, dann können durch Drehung alle Netzebenen dieser Zone zur Reflexion gebracht werden. Kann das Zählrohr gegen die Drehachse des Kristalls geneigt werden, dann können auch Reflexe in höheren Schichtlinien vermessen werden. Sowohl für diese nach dem equi-inclination-Prinzip arbeitenden wie auch für normale Spektrometer werden für die Berechnung des Strahlenganges Beziehungen abgeleitet. Diese können auch zur Abschätzung der Auswirkung von Justrierfehlern herangezogen werden. W. REUSSE. 112☐

Eine Methode zur Messung von γ-Spektren in ungerichteten γ-Feldern. L. C. Thompson. (Nuclear Instruments Methods [Amsterdam] **9.** 175—80. 1960. Athens, Ga., Univ. of Georgia; engl.) — Vf. entwickelte eine Meth. zur Analyse der Impulshöhenverteilungen von γ-Strahlen unter festem Raumwinkel in ungerichteten γ-Feldern mit Hilfe eines Scintillationszählers, der hinter einem geöffneten Kollimator innerhalb einer Bleiabschirmung angeordnet ist; dabei werden Durchdringung u. Streuung der Strahlung am Kollimatorrand ausgeschaltet. H.-D. FREYER. 112☐

Messung der durch α-Strahlung von ^{210}Po in Luft und Wasser induzierten Luminescenz. M. Duquesne und I. Kaplan. (J. Physique Radium **21.** 708—16. Okt. 1960. Paris, Inst. du Radium, Labor. Curie; franz.) — Beschreibung einer Meßanordnung zur Best. der pro α-Teilchen in der Scintillatorsubstanz erzeugten Photonen. Die Empfindlichkeit der App. wird dadurch charakterisiert, daß selbst die äußerst schwache Luminescenz in W. im Bereich von 2200—5200 Å registriert werden kann, die auf 2—3 Photonen pro α-Teilchen von 2,5 MeV geschätzt wurde. In Luft ergab sich eine radiochem. Ausbeute von $6 \cdot 10^{-4}$ Photonen pro Ionenpaar im gleichen Wellenlängenbereich. Diese Luminescenz ist auf den N_2-Geh. der Luft zurückzuführen. WOLFGANG WAGNER. 112☐

Radioluminescenz durch β-Strahlung. G. Parolini. (Energia nucleare **6.** 571—87. Sept. 1959. Roma, Ist. di Fis. Tecnica, Fac. d'Ingegneria; engl.) — Die Messungen an ZnS, CdS(Cu) dienen zur Best. des Einfl. verschiedener physikal. Parameter auf die Lichtemission, die durch β-Strahlung angeregt worden ist. Die Ergebnisse sind in befriedigender Übereinstimmung mit der Theorie. GERHARD SCHMIDT. 112☐

Eine kombinierte Ringbecher-Bohrloch-Scintillationsdetektor-Meßanordnung zur schnellen Bestimmung sehr geringer spezifischer Aktivitäten Gammaquanten emittierender Radionuclide. 2. Mitt. A. Pfau und H. C. Heinrich. (Atompraxis **5.** 100—109. 1959. Hamburg, Univ., Physiol.-Chem. Inst.; Mariensee b. Hannover, MPI für Tierzucht u. -ernähr.; dt.) — 1. vgl. C. **1962.** 16567. — Es wird eine Meßanordnung, bestehend aus Ringbecher-Bohrloch-Scintillationszähler in 10 cm allseitiger Bleiabschirmung u. Zählgerät, beschrieben, die es ermöglicht, sehr geringe spezif. Aktivitäten ($< 10^{-10}$ c/ml) in biolog. Material ohne bes. Anreicherung in kurzer Zeit direkt zu bestimmen. Die Meßanordnung sichert einen konst. Nulleffekt über 24 Std. bei einer Schwankung von $< \pm 1\%$ u. erlaubt, eine ^{60}Co-Grenzaktivität von $1{,}45 \cdot 10^{-13}$ (c/ml) bei $\pm 10\%$ mittlerem statist. Fehler in 1 Std. Zählzeit im maximalen Ringbecher-Vol. von 1500 ml direkt u. unmittelbar in einer integralen Messung zu ermitteln. Bei einer Zählzeit von ca. 4 Std. ist es möglich, unter den gleichen Bedingungen $7{,}5 \cdot 10^{-14}$ noch zu erfassen. Größere ^{60}Co-Aktivitäten lassen sich relativ schnell in ca. 10 Min. bei $\pm 2{,}6\%$ mittlerem statist. Fehler messen. Die hohe Empfindlichkeit der Meßanordnung macht in bes. geeignet für die Erfassung einer radiakt. Verseuchung in lebenden Organismen mit Hilfe von Exkretionsmessungen. Wolfgang Krüger. 112 □

Auflösungsvermögen der Photomultiplier in Scintillationsspektrometern. Josef Kajfosz und Jiří Kopecký. (Českoslov. Časopis Fysiku **8.** 210—18. 1958; tschech. Czechoslov. J. Physics **8.** 171—80. 1958. Praha, Ústav jad. fys. Českoslov. akad. věd; engl.) — Vgl. C. **1961.** 16726. — Die Betrachtung der Faktoren, welche das Auflösungsvermögen der Scintillationsspektrometer für die γ-Stahlung bedingen, führt zu dem Ergebnis, daß die Halbbreite des Photomultipliers am meisten durch die Zahl der auf die erste Dynode des Multipliers auffallenden Photoelektronen, die photoelektr. Ausbeute der Photokathode u. die Fokussierung der Photoelektronen in das Verstärker-Syst, des Mulipliers beeinflußt wird. Die anderen Parameter, bes. der Verstärkungsgrad, sind von bedeutend geringerem Einfluß. — Mathemat. Begründung der einzelnen Faktoren u. Berechnung der optimalen Arbeitsspannung des Photomultipliers. J. Tůmová. 112 □

Tritiumbestimmung mittels flüssiger Scintillatoren und Photomultiplier-Gleichstrommessungen. Torbjörn Westermark, Björn Grapengiesser, Hans Lindroth und Nadim Ghanem. (Nuclear Instruments Methods [Amsterdam] **9.** 357—59. 1960. Stockholm, KTH, Div. of Phys. Chem.; engl.) — Um T-Proben von 3 μc Aktivität u. mehr in einfacher Weise messen zu können, wird bei der beschriebenen App. die Probe in einem fl. Scintillator gelöst u. die Lsg. unmittelbar auf die Photokathode eines Photomultipliers aufgesetzt. Es werden Eichkurven für folgenden Ansatz mitgeteilt: 0,5 ml T-W. in 4,5 ml *p-Dioxan* mit *Diphenyloxazol.* Bei Zufügen von *Naphthalin* erhält man die 5,5fache Empfindlichkeit. Die Beziehung zwischen Photomultiplierstrom u. T-Geh. der Probe ist linear, die relative Empfindlichkeit nimmt mit wachsender Betriebsspannung am Multiplier steil zu. Weitere Verss. wurden mit T-markiertem Polystyrol durchgeführt, wobei als Scintillator Xylol/POPOP verwendet wurde. W. Reusse. 112 □

Die Möglichkeit einer strahlungschemischen Kernspurkammer. Torbjörn Westermark. (Nuclear Instruments Methods [Amsterdam] **9.** 360. 1960; engl.) — Es wird die Möglichkeit der Sichtbarmachung radiochem. Wrkg. u. ihrer Auswertung als Meßmittel für Strahlungsintensitäten erörtert. So können z. B. Polymerisationserscheinungen bei Bestrahlung mit energiereichen Strahlen, die mit hohem G-Wert erfolgt, unter Umständen mkr. oder elektronenmkr. als Kernspurbahnen sichtbar gemacht werden. Als bes. günstig, weil mit $G \sim 10^7$ ablaufend, wird die Polymerisierung von *Acrylonitril* behandelt, zumal das Polymer im Monomer unlösl. ist. Bes. gut sichtbare Bahnen sind bei Verw. von α-Teilchen zu erwarten. W. Reusse. 112 □

Einführung in den Aufbau von Diskriminatorschaltungen. Jürgen Schulz. (Kerntechnik **2.** 53—57. Febr. 1960. Ulm, Telefunken-Forsch.-Inst.; dt.) — Detaillierte Einführung in den Aufbau u. die Wirkungsweise von Integral-, Differential- u. Mehrkanaldiskriminatoren mit Schaltungsbeispielen. U. Drehmann. 112

Apparatur für die ständige Messung der Intensitätsänderungen der Höhenstrahlung. I. Lehraus, P. Mokrý und B. Slavík. (Českoslov. Časopis Fysiku **10.** 297—302. 1960. Praha, Fys. ústav. Českoslov. akad. věd; tschech., Auszug: russ., engl.) — Beschreibung der tschechoslowak. Variante des kub. Teleskops u. Neutronenmonitors für Messungen der Höhenstrahlung. Die App. besteht aus 2 kub. Teleskopen mit Geiger-Müller-Zähler für den Nachw. der μ-Mesonen u. 2 Detektoren der nucleon. Komponente mit Neutronenproportionalzähler. J. Tůmová. 112 □

F.-M.-Kammer für den Zenitwinkelnachweis von Luftschauerteilchen. Takashi Imai, Koichi Kamata, Shinkichi Kawasaki und Kazuaki Murakami. (Sci. Pap. Inst. physic. chem. Res. [Tokyo] **55.** 49—52. 1/3. **1961**; engl.) — Mittels zweier übereinander angeordneter Fukuin-Miyamoto-Kammern von 45 kg Gew., Gasentladungskammern, bei denen die Entladung sich entlang der elektr. Kraftlinie ausbreitet, da zwischen den aus leitendem Glas bestehenden Elektroden an der Spitze u. am Boden ein pulsierendes elektr. Feld angelegt wird, konnte bei einem Flug der Zenitwinkel der Schauerteilchen auf 10^0 genau bestimmt werden. M. Wiedemann. 112 □

Hodoskopsystem für Versuche über die Streuung von Höhenstrahl-μ-Mesonen. 3. Mitt. **Theorie des Hodoskops.** M. A. Meyer, J. A. M. de Villiers und A. J. van der Walt. (Nuclear Instruments Methods [Amsterdam] **12.** 180—86. Juni 1961. Potchefstroom, University, South Africa, Phys. Dep.; engl.) — 2. vgl. C. **1960.** 6730. — Mittels des Hodoskops wird die Richtung der Bahn des Mesons vor u. nach der Streuung durch 3 Syst. bestimmt, die aus 2 Reihen gekreuzter Zähler bestehen u. zwischen denen sich der Streuer befindet. Das Syst. eignet sich für Energien <600 MeV, doch kann der Bereich bis auf einige GeV ausgedehnt werden. M. Wiedemann. 112 □

Die Trennung von π^+-Mesonen mittels einer Flugzeitmethode. G. M. Lewis, E. Gabathuler und R. E. Azuma. (Nuclear Instruments Methods [Amsterdam] **8.** 230—32. Aug. 1960. Glasgow, Univ., Dep. of Natural Philosophy; engl.) — Es wird ein mit Verzögerungsstrecken ausgerüsteter Koinzidenzkreis beschrieben, der die Flugzeit langsamer π^+-Mesonen bei gleichzeitiger Ggw. von Protonen u. Elektronen zu messen erlaubt. W. Reusse. 112 □

Die optischen Eigenschaften eines langsamen Choppers und einer Flugzeitmeßanordnung. E. Maliszewski. (Nuclear Instruments Methods [Amsterdam] **9.** 341—46. 1960. Warszawa, Polish Acad. of Sci., Inst. of Nucl. Res.; engl.) — Die aus einem Reaktor austretenden therm. Neutronen durchlaufen einen Be-Block u. treffen dann auf einen Chopper, der mittels rotierender Schlitze in einer Cd-plattierten Stahltrommel das Neutronenbündel in Impulse auflöst. Die Rotations-Geschw. kann bis auf 12000 U/min gebracht werden. Die Neutronenimpulse treffen auf Kristallmonochromatoren (Cu oder Fe_3O_4), durchlaufen einen Kollimator u. werden in einem 100-Kanal-Flugzeitanalysator mit dem Meßbereich 20—17920 μs analysiert. W. Reusse. 112 □

Dickenmessung an Blechen und Rohren und Feststellung von Ablagerungen in Rohren mittels Gammarückstreuung. Th. Franke. (Kerntechnik **1.** 85—87. Sept. 1959. Wildbad/Schwarzw., Labor. Prof. Dr. Berthold; dt.) — Das Gerät arbeitet mit der γ-Rückstreuung von ^{137}Cs, wobei die Strahlenquelle zum Detektor durch einen Schwermetallkonus abgeschirmt ist. Die Dicken-Best. ist an Stahlblechen u. -rohren bis zu 18 mm möglich. Bei einer Wandstärke von 15 mm Stahl beträgt die Meßgenauigkeit 2—3%. Gerhard Schmidt. 112 □

Ein autoradiographischer Effekt. Stuart McLean. (Nature [London] **191.** 690—92. 12/8. 1961. Cleveland, Ohio, Gen. Electr. Co., Lamp Res. and Dev. Operation; engl.) — Gelegentlich anderer Verss. mit Röntgenfilmen beobachtete Vf. autoradiograph. Effekte von vielen gewöhnlichen Substanzen oder Gemischen solcher Substanzen, die nun genauer untersucht werden. Zu diesem Zweck wurde ein Gemisch von *Al*-Feilspänen u. „Glyphal“ in Löcher eines Holzblockes gepreßt u. auf diesen der Röntgenfilm so angebracht, daß zwischen Block u. Film ein Abstand von ca. 1 mm bestand. Nach 48 Std. war nach Entwickeln des Films deutlich ein Belichtungseffekt zu beobachten. Analoge Verss. in *Luft*, im Vakuum, in *Ar*-, H_2-, *He*-, *Kr*- oder CH_4-Atmosphäre ergaben den gleichen Effekt, nur wechselten die Intensitäten; die höchste Intensität wurde in H_2-Atmosphäre erhalten. Bei Änderung der Vers.-Temp. wird z. T. die Intensität, z. T. die Form des Flecks verändert. Wird ein exponierter, aber nicht entwickelter Film mit einem nicht belichteten Film für 24 Std. in Kontakt gebracht, dann tritt Strahlungsübertragung von dem belichteten zu dem nicht belichteten Film auf. Der Effekt trat auch noch auf, wenn zwischen Film u. Substanz ein Abstand von bis zu 3 in. vorhanden war. Zur genaueren Feststellung der den Effekt verursachenden Strahlung sind weitere Verss. in Vorbereitung. C. Gottfried. 112

Ein autoradiographischer Effekt. A. H. Meleka und W. Barr. (Nature [London] **191.** 692. 12/8. 1961. London, Brit. Iron and Steel Res. Assoc., Metal Phys. Sect.; engl.) — Vgl. vorst. Referat. — Vff. berichten, daß sie einen ähnlichen Effekt erhielten, als sie Röntgenfilme dem Dampf von H_2O_2 aussetzten. Auch der Strahlungsübertragungseffekt wurde beobachtet. C. Gottfried. 112

Radiographie mittels Rückstoßatomen. Čestmír Jech. (Českoslov. Časopis Fysiku **10.** 294—96. 1960. Praha, Ústav. fys. chem. Českoslov. akad. věd;

tschech., Auszug: russ., engl.) — Beschreibung der Meth. mit Ra in einer Glasunterlage als Strahlenquelle. Prakt. Unterss. zeigen eine Unterscheidungsfähigkeit von 100Å Schichtstärke bei Objekten mit einer Gesamtstärke zwischen 100—1000 Å u. 1—10 μg/cm² Flächengewicht. J. TŮMOVÁ. 112□

A_2. Optisches Verhalten der Materie

Atmosphärische Parameter von ϰ-Cassiopeiae. Leo Houziaux. (Publ. astronom. Soc. Pacific **73.** 164—66. April 1961. California Inst. of Technol., Carnegie Inst. of Washington, Mount Wilson and Palomar Observ.; engl.) — An Hand des von Vf. u. SAHADE erhaltenen Spektrums von K-Cassiopeiae, auf dem in Absorption die H-Linien von Hβ bis H 18 sowie die Linien O II, C III, N II, Si III, Si IV, Mg II, He I u. Fe III auftreten, u. unter Zugrundelegung der Kriterien von CAYREL bestimmte Vf. die effektive Temp., die Oberflächenschwerkraft u. die Turbulenz in der Atmosphäre des Sterns. C. GOTTFRIED. 113

Messung der interplanetarischen Elektronendichte von der Erde aus. M. J. Buckingham. (Nature [London] **193.** 538—39. 10/2. 1962; engl.) — Die Verdunklung (Abschirmung) von Radioquellen durch den Mond, die bei mehreren Frequenzen gemessen werden kann, gibt Aufschluß über die Elektronendichte. Die entsprechenden Formeln werden angegeben u. diskutiert. M. WIEDEMANN. 113□

Über die Berechnung einer unteren Energiegrenze aus einer antisymmetrisierten Wellenfunktion. Françoise Combet Farnoux. (C. R. hebd. Séances Acad. Sci. **254.** 3986—88. 4/6. 1962; franz.) — Verallgemeinerung der SLATER-Formel für $I_1 = \int \Phi^* H \Phi \, d\tau$ auf das Integral $I_2 = \int \Phi^* H^2 \Phi \, d\tau$ (H = HAMILTON-Operator; Φ = beliebige normierte Wellengleichung eines Syst. aus p-Elektronen). Die Anwendung auf das *Li*-Atom (p = 3) ergibt bei Verw. von MORSEschen Einelektronenfunktionen $-\sqrt{I_2} = -15{,}067\ W_H$, $I_1 = -14{,}843\ W_H$ (W_H = Energie des H-Atoms im Grundzustand). A. BLASCHETTE. 114□

Analytische Hartree-Fock-Selbstkonsistenzfeld-Wellenfunktionen für einige $1s^1 2s^1 2p^6$-Konfigurationen. Lester M. Sachs. (Physic. Rev. [2] **124.** 1283—89. 15/11. 1961. Argonne, Ill., Argonne Nat. Labor.; Chicago, Ill., Illinois Inst. of Technol.; engl.) — Analyt. HF-SCF-Lsgg. wurden nach der Matrix-Meth. für die Zehn-Elektronen-Systeme F^-, *Ne* u. Na^+ erhalten. Für F^- u. Na^+ wurden Lösungen auch für den Fall der Ggw. einer überlagerten Potentialkugel erhalten. Diamagnet. Susceptibilitäten wurden berechnet. HERBERT WEBER. 114□

Erste Ionisierungsenergie der Elemente, die durch ihre f-, d-, s-Elektronen der inneren Schalen (3—7) charakterisiert sind. Rose Aynard. (C. R. hebd. Séances Acad. Sci. **252.** 3949—51. 19/6. 1961; franz.) — Es wird der funktionelle Zusammenhang zwischen dem Atomradius u. der Anzahl der f-, d- oder s-Elektronen der inneren Schalen diskutiert. Je nach Betrachtung der durch f-, d- oder s-Elektronen charakterisierten Elemente ergeben sich drei verschiedene parabol. Kurven mit unterschiedlicher Krümmung am Scheitel. Mit Hilfe der Beziehung der Kurven zur Atomzahl u. zur Ionisierungsenergie E kann letzere berechnet werden. Für die Atomzahl 113 wird E = ca. 10,5 eV berechnet. H. SCHIBILLA. 114□

Über die Polarisation der Rekombinationsstrahlung. B. A. Lyssow, L. P. Belowa und L. I. Korowina. (Журнал Экспериментальной и Теоретической Физики [J. exp. theoret. Physik] **40.** 1160—65. April 1961. Moskau; russ., Auszug: engl.) — Es wird gezeigt, daß die Strahlung, die dem Einfang eines relativist. Elektrons in die K-Schale folgt, teilweise ellipt. polarisiert ist. Für die Intensität des nichtpolarisierten Teils wird eine Formel angegeben. M. WIEDEMANN. 114□

Formale Theorie von Rearrangementstößen. Marvin H. Mittleman. (Physic. Rev. [2] **122.** 1930—31. 15/6. 1961. Livermore, Calif., Univ. of California, Lawrence Radiat. Labor.; engl.) — Im Hinblick auf die Kern- u. Atomstreuung wird ein neuer Formalismus der Übergangsamplitude für allg. Rearrangementstöße wiedergegeben. Die Orthogonalitätsschwierigkeiten werden beseitigt, indem nur Übergänge zwischen untereinander orthogonalen Zuständen in den Übergangsamplituden enthalten sind. HERBERT WEBER. 114□

Die Berechnung der Wechselwirkungsenergie zweier gleichartiger einfach negativ geladener Ionen mit edelgasartiger Elektronenstruktur im Fermi-Amaldischen Modell. T. Tietz. (Ann. Physik [7] **7.** 425—28. 1961. Łódź, Univ., Inst. für Theoret. Phys.; dt.) A. BLASCHETTE. 114□

Fortsetzung der Versuche über die Anregung von Spektren durch hochfrequente Impulse. L. Minnhagen, B. Petersson und L. Stigmark. (Ark. Fysik **16.** Nr. 45.

541—44. 1960. Lund, Univ., Phys. Labor.; engl.) — Vgl. C. **1959.** 8036. — Es wurde ein neuer Verstärker konstruiert, der zwei wassergekühlte 25-kW-Trioden enthielt. Die Anodenspannung der Röhren wurde beim Impuls-Verf. auf 20 kV gegenüber dem Normalwert von 12 kV gesteigert. Das Spektrum des *Xe* im Vakuum-UV wurde aufgenommen u. viele neue Linien beobachtet. M. WIEDEMANN. 118□

Einfluß der Temperatur auf das Absorptionsspektrum von Stickstoffoxid. W. N. Iwanow. (Оптика и Спектроскопия [Optik u. Spektroskopie] **7.** 813—15. Dez. 1959; russ.) — Vf. untersuchte Absorptionsspektren von NO im Temp.-Intervall zwischen 20 u. 1020°. Der Temp.-Einfl. auf die Absorptionsbanden des γ-Syst. äußert sich in folgendem: Mit zunehmender Temp. von 20—1020° erscheinen nacheinander die Banden (0.1), (0.2), (0.3), (0.4) des γ-Systems. Die Temp. beeinflußt die Bandenintensität. Bis 420° findet keine Dissoziation von NO statt. Oberhalb 420° wird therm. Zerfall beobachtet, der offenbar von Wasserspuren katalysiert wird. Die Existenz der NO_2-Absorptionsbanden im Spektrum bei 620—1020° zeugt von einer erheblichen Stabilität der NO_2-Moleküle. G. RUDAKOFF. 118□

Das komplexe Bandensystem von MnF im nahen Ultraviolett. S. V. Krishna Rao, S. Paddi Reddy und P. Tiruvenganna Rao. (Proc. physic. Soc. **79.** 741—44. 1/4. 1962. Waltair, Andhra Univ., Dep. of Phys.; engl.) — Vff. untersuchen das komplexe Bandenspektrum von MnF im nahen UV unter hoher Dispersion u. geben für die beobachteten Multipletts u. Spitzen eine von anderen Arbeiten abweichende, neue Analyse. Der Übergang $^7\Pi - ^7\Sigma$ stimmt mit der Analyse von BACHER (Helv. physica Acta **21.** [1948.] 379) überein. Der niedrigere Zustand der beiden Syst. wird als Grundzustand des MnF-Mol. identifiziert. W. SOBIESKI. 118□

Intramolekularer Energieübergang in organischen Ytterbiumchelaten. G. A. Crosby und M. Kasha. (Spectrochim. Acta [London] **10.** 377—82. Febr. 1958. Tallahassee, Fla., Florida State Univ., Dep. of Chem.; engl.) — Der $^2F_{5/2} \rightarrow {}^2F_{7/2}$-Intramultiplett-Übergang wurde bei dem Tris-dibenzoylmethan-Yb^{3+}-Chelat als Luminescenzemission beobachtet. Auf Anregung der breiten Π–Π^*-Absorptionsbande des Chelats mit Licht von 3650 Å wurde eine einzelne starke Luminescenzlinie bei 9710 ± 40 Å erhalten. Die Übergangsfrequenz stimmt mit früheren Beobachtungen in bezug auf den einzigen Intramultiplettübergang beim Yb^{3+} gut überein. Der intramol. Energieübergang ist ungewöhnlich insofern, als die scheinbare elektron. Energiedifferenz zwischen dem Anfangs- u. dem Endzustand über 10000 cm^{-1} liegt. Der Mechanismus des Energietransports wird diskutiert. W. BETCKE. 118□

Theorie der Photoanregung in Festkörpern. A. Meessen. (J. Physique Radium **22.** 135—41. März 1961. C.P.N.L., Univ. de Louvain; franz.) — Die Theorie der opt. Absorption (A) durch Photoanregung wird zusammengefaßt u. weiter untersucht. Es ergibt sich eine Unterscheidung zwischen „schrägen" u. „vertikalen" Übergängen (Ü), die durch verschiedene Auswahlregeln charakterisiert werden. Die Berechnungen der Größe u. Spektralverteilung der A. ergeben folgende Ergebnisse: 1. Vertikal-Ü ergeben eine ca. 100mal größere A als schräge Ü; 2. die Fundamental-A in Isolatoren u. Halbleitern ist eine Vertikal-Übergangs-A.; 3. Vertikal-Ü sind nicht erlaubt für (Alkali)-Metalle. 4. Es wird Übereinstimmung zwischen beobachteter u. berechneter Photoanregungs-A für schräge Ü erreicht mit der richtigen Größenordnung für den Potentialvariationsparameter U_G. J.-M. SPAETH. 119□

Durchlässigkeit und Reflexionsvermögen von Goldmohrniederschlägen im Gebiet von 15—100 μ. Louis Harris. (J. opt. Soc. America **51.** 80—82. Jan. 1961. Cambridge, Mass., MIT, Dep. of Chem.; engl.) — Es wurde der Verlauf von Durchlässigkeit u. Reflexionsvermögen verschiedener Goldmohr-Ndd. im Gebiet von 15—100 μ mit einem Gitterspektrometer gemessen. Die red. Leitfähigkeit/Flächeneinheit wird mit dem Whirlwind Computer berechnet. Die unterschiedlichen Herst.-Bedingungen werden mit dem unterschiedlichen Verh. im IR verglichen. Die starke Absorptionsänderung im Gebiet von 15—80 μ ist mit einem „Condenser"-Effekt verknüpft.
H. LINDBERG. 119□

Zur Struktur der Excitonenbanden von Alkalihalogeniden. Fred Fischer und Rudolf Hilsch. (Nachr. Akad. Wiss. Göttingen, math.-physik. Kl., IIa math.-physik.-chem. Abt. **1959.** 241—54; dt.) — Vgl. C. **1961.** 13080 u. C. **1962.** 7782. — Die Struktur der Excitonenbanden der *Jodide von Li, Na, K, Rb, Cs* sowie von *RbCl* u. *CsBr* wird an Hand von Absorptionsmessungen an möglichst störungsfreien Aufdampfschichten bei 14° K im UV bis 158 mμ untersucht. Unter Benutzung der Temp.-Verschiebung der Banden wird im Vgl. mit den Spektren des Dampfes der freien Moll. ein Zusammenhang der Atomterme mit denen des Kristalls nachgewiesen. Für die Lage u. die Zahl der Excitonenbanden (5 beim NaCl-, 6 beim CsCl-Typ) ist sowohl die Punktsymmetrie des

Gitters als auch die Spin–Bahn-Aufspaltungsenergie maßgebend. Im Spektrum aller Jodide findet sich der Dublettabstand der Jod-^{2}P-Terme, bei den Cs-Halogeniden erscheint das Spin–Bahn-Dublett des 6^2P-Zustandes der Cs-Atome als Doppelbande. Die langwelligste Excitonenbande entspricht der ersten Anregungsstufe, eine (bei dickeren Schichten erscheinende) Bande im Gebiet der kurzwelliger liegenden „Stufe" wird der zweiten Anregungsstufe eines wasserstoffähnlichen Excitonen-Serienspektrums zugeschrieben. Die Kante der Kontinuumabsorption u. die Bindungsenergie des Excitons im Grundzustand werden mit Hilfe einer Wasserstoff-Serienformel für die Jodide sowie für *NaCl*, *KCl* u. *AgCl* berechnet. Schließlich ergeben sich mit ε_∞ als DK red. effektive Massen zwischen 0,2 u. 0,5 m_e. J. Rudolph. 119□

Die piezooptischen Eigenschaften einiger Alkalihalogenide des Steinsalztypus. Hermann Leibssle. (Z. Kristallogr., Kristallgeometr., Kristallphysik, Kristallchem. **114.** 457—67. Dez. 1960. Tübingen, Univ., Miner. Inst.; dt.) — Nach der stat. Meth. von Pockels [1889] wurden die piezoopt. Konst. von *LiF*, *LiCl*, *NaF*, *NaCl*, *NaBr*, *NaJ*, *KF*, *KCl*, *KBr*, *KJ*, *RbCl*, *RbBr* u. *RbJ* gemessen. Zu den Messungen wurden die einfachsten Schnitte, nämlich Schnitt (1 0 0) mit den Kantenrichtungen [0 0 1], [1 0 0] u. [0 1 0] u. Schnitt (1 1 0) mit den Kantenrichtungen [0 0 1], [1 1 0] u. [$\bar{1}$ 1 0] verwendet. Dabei dienten die nach (1 0 0) u. (1 1 0) geschnittenen rechtwinkligen Parallelepipede zur Festlegung der relativen Verzögerung u. je 2 nach (1 0 0) geschnittene Parallelepipede zur Messung der abs. Verzögerung. Aus den piezoopt. Daten wurden mit Hilfe der Gleichung $\Delta n = (q_{11} + 2q_{12})n^3/2$ die durch einen hydrostat. Druck verursachten Änderungen der Brechungs-Koeff. Δn berechnet. Hierbei ergab sich, daß n bei Anwendung eines hydrostat. Druckes zunimmt, u. zwar steigt n bei festem Anion bzw. Kation mit wachsenden Ionenabständen. Bemerkenswert ist der berechnete große Unterschied von Δn sowohl zwischen Fluoriden u. Chloriden, als auch zwischen Bromiden u. Jodiden. C. Gottfried. 119

Absorptionsspektrum von Cu-verfärbtem Kupfer(I)-oxid. Masakazu Hayashi. (J. physic. Soc. Japan **14.** 681. Mai 1959. Sapporo, Univ., Fac. of Sci., Dep. of Phys.; engl.) — Gegenüber einem normalen Cu_2O-Film (0,1 mm dick), der drei Absorptionsbanden bei 637, 628 u. 607 mμ besitzt, zeigt ein (nach einer therm. Vakuumbehandlung bei 900°) überschüssiges Cu enthaltender Cu_2O-Film statt der 607-mμ-Bande eine neue um 576 mμ, die mit der kurzwelligen Grenze der lichtelektr. Empfindlichkeit von Cu–Cu_2O-Photozellen (575 mμ) zusammenfällt. J. Rudolph. 119□

Spektrophotometrische Untersuchungen an der gelben Serie des Cu_2O bei tiefen Temperaturen. S. Nikitine, J. B. Grun und M. Sieskind. (Physics Chem. Solids **17.** 292—300. Jan. 1961. Strasbourg, Univ., Inst. de Phys. Labor. de Spectroscop. et d'Opt. du Corps solide; engl.) — Es wurden die „gelben" Serien der Absorptionslinien in Cu_2O-Kristallen mit Hilfe spektrophotometr. Meth. bei verschiedenen Temp. bis hinab zu der Temp. des fl. He untersucht. Die Oscillatorstärke der ersten Linie (n = 2) beträgt $f_2 = 2{,}8 \cdot 10^{-6}$. Für die allererste Linie der Serie wurde auch die relative Oscillatorstärke $f_0(n)$ bestimmt. Im Falle der „gelben" Serie des Cu_2O handelt es sich um ein verbotenes Excitonenspektrum. G. Talsky. 119□

Über die Entstehung der Farbe in Kupferrubingläsern. Atma Ram und S. N. Prasad. (Proc. nat. Inst. Sci. India, Part A **26.** 12—25. Dez. 1960. Calcutta, Central Glass and Ceram. Res. Inst.; engl.) — Entgegen der üblichen Ansicht, daß die rote Farbe von Cu-Rubingläsern durch koll. Aggregate von metall. Cu hervorgerufen wird, gelangen Vff. zu dem Ergebnis, daß koll. Aggregate von CuO die Färbung bedingen. H. Moenke. 119□

Einfluß mechanischer Behandlungen reiner Cadmiumsulfidkristalle auf ihr Lichtabsorptionsspektrum bei tiefer Temperatur. Evgueni Gross, Marguerite Bancie-Grillot, Edmond Grillot und Boris Razbirine. (C. R. hebd. Séances Acad. Sci. **250.** 4340—42. 27/6. 1960. Paris, Fac. des Sci.; Leningrad, Fac. de Phys.; franz.) — Vff. untersuchten erneut die bereits von Gross u. Mitarbeitern (vgl. C. **1959.** 11466 u. früher) an CdS-Kristallen beobachtete komplexe Struktur an der Grenze der Lichtabsorption bei 4,2° K. Zur Verw. gelangten Kristalle, die teils nach der Meth. von Grillot (vgl. J. Physique Radium **17.** [1956.] 671) durch Sublimation, teils nach der Meth. von Frerichs (vgl. Physic. Rev. [2] **72.** [1947.] 594) durch Synth. aus der Gasphase erhalten worden waren. Es wurde beobachtet, daß mechan. nicht vorbehandelte Kristalle stets die komplexe Struktur an der Absorptionsgrenze erkennen ließen, daß diese aber vollständig fehlte, wenn die Kristalle vor den Messungen mechan., z. B. durch Polieren, vorbehandelt worden waren. Es werden verschiedene Erklärungen für diese Beobachtungen diskutiert. C. Gottfried. 119

Die optischen Eigenschaften von Cadmiumselenideinkristallen. R. B. Parsons, W. Wardzynski und A. D. Yoffe. (Proc. Roy. Soc. [London], Ser. A **262.** 120—31. 13/6. 1961. Cambridge, Univ., Cavendish Labor., Phys. and Chem. of Solids; engl.) — Für die Unters. wurden reine CdSe-Einkristalle, die durch Sublimation in Ar dargestellt wurden, verwendet. Plättchen von $< 1\,\mu$ Dicke zeigen bei der Temp. des fl. He scharfe Absorptionsbanden im Sichtbaren (2 Banden im roten Gebiet bei 6784 u. 6687 Å, eine im grünen bei 5490 Å), deren Lage bei der Temp. des fl. N_2 nach 6820, 6725 u. 5510 Å verschoben ist. Absorptionsspektren von dotiertem CdSe zeigen, daß bei Zugabe von 25% CdS die Absorptionskante gegenüber reinem CdSe nach kürzeren, bei Zugabe von CdTe dagegen nach längeren Wellen verschoben wird. Aus der Lage der Banden u. der Form der Absorptionskurven von CdSe-Kristallen konnten Rückschlüsse auf die Bandenstruktur gezogen werden. Es treten 2 Niveaus nahe der oberen Kante des Valenzbandes mit einem Energieunterschied von ca. 0,026 eV auf, die durch die Kristallfeldaufspaltung beeinflußt werden, während die tieferen Niveaus ($\Delta E = 0{,}41$ eV) in Spin-Orbital-Wechselwrkg. treten. Die Existenz der beiden Niveaus dicht an der Kante des Valenzbandes gibt Anlaß für den starken Dichroismus. Die Linienspektren, die darüber hinaus beobachtet wurden, sind auf Übergänge vom Valenz- zu Niveaus dicht am Leitungsband zurückzuführen. Die Banden u. Linien treten dicht an der opt. Absorptionskante auf. G. Herzog. 119□

Untersuchungen der Rotationsdispersion und Absorption von Dichloro-bis-[propylendiamin]-kobalt(III)-chlorid. Mary Martinette und Constance Gonzalez. (Trans. Illinois State Acad. Sci. **52.** 72—75. 1959. Chicago, Ill., Mundelein Coll.; engl.) — Vff. verfolgen die Rotationsdispersion u. Absorption von cis-Dichloro-bis-[propylendiamin]-kobalt(III)-chlorid (I) über einen Bereich von 300—800 mμ u. stellen Zirkulardichroismus fest. An Hand der Meßergebnisse wird auf das Vorliegen zweier opt.-akt. Formen von I geschlossen. U. Skurnia. 119□

Spektrochemische Untersuchung von mikroskopischen Kristallen. 20. Mitt. **Der Dichroismus von Tris-[äthylendiamin]-kobalt(III) und -chrom(III).** Shoichiro Yamada und Ryutaro Tsuchida. (Bull. chem. Soc. Japan **33.** 98—103. Jan. 1960. Osaka, Univ., Fac. of Sci., Dep. of Chem.; engl.) — 19. vgl. C. **1961.** 10441; vgl. auch C. **1962.** 12549. — Mit der von Tsuchida u. Kobayashi [1938] entwickelten mkr. Meth. bestimmten Vff. quant. bei Zimmer-Temp. an Einkristallen von *DL*-$[Co\,en_3]Cl_3 \cdot 3\,H_2O$, *DL*-$[Co\,en_3]Br_3 \cdot 3\,H_2O$, *D*-$[Co\,en_3]Br_3 \cdot 2\,H_2O$ u. *DL*-$[Cr\,en_3]Cl_3 \cdot 3\,H_2O$ den Dichroismus im Sichtbaren u. im UV. Ganz allg. ist bei den beiden komplexen Ionen $[Co\,en_3]^{3+}$ u. $[Cr\,en_3]^{3+}$ der Dichroismus sehr ähnlich. Bei allen Verbb. wurden 2 Absorptionsbanden gefunden. Beim $[Co\,en_3]^{3+}$-Ion ist für die 1. Absorptionsbande die z- etwas stärker als die x-Absorption. Für die 2. Absorptionsbande ist die α- einige Male stärker als die z-Absorption u. außerdem die Polarisation stärker ausgeprägt als für die 1. Absorptionsbande. Die opt.-akt. Form des Ions zeigt den gleichen Typ von Dichroismus wie die racem. Komplexe. Bei dem $[Cr\,en_3]^{3+}$-Ion ist für die Bande bei 454 mμ die z-Absorption ca. 1,5mal stärker u. für die Bande bei 350 mμ ist die α-Absorption ca. 3mal stärker als die z-Absorption. Die Meßergebnisse werden in Beziehung zu dem elektron. Zustand u. der opt. Rotationsdispersion der komplexen Ionen diskutiert. C. Gottfried. 119

Die Mieschen Streufunktionen bei einem Brechungsindex von 2,105. Milton Kerker und Egon Matijevic. (J. opt. Soc. America **51.** 87—92. Jan. 1961. Potsdam, N.Y., Clarkson Coll. of Technol., Dep. of Chem.; engl.) — Die streng berechneten Werte der Intensitätsfunktion (Winkelverteilungsfunktion) u. des totalen Streu-Koeff. K für $n = 2{,}105$ u. $\alpha = 0{,}2 - 15{,}0$ ($\alpha = 2\,\pi r/\lambda$ mit r = Teilchenradius u. λ = Wellenlänge der Strahlung im Medium) werden tabellar. wiedergegeben. Die Anwendbarkeit der Penndorfschen Näherungs-Meth. (C. **1959.** 5693) zur schnellen Berechnung von Näherungswerten von K in zu interpolierenden Gebieten für n wird diskutiert.
H. Lindberg. 119□

Infrarotspektren von Salzlösungen. Je. N. Wassenko, A. P. Tschernjawskaja und N. W. Tschernaja. (Известия Академии Наук СССР, Серия Физическая [Nachr. Akad. Wiss. UdSSR, physik. Ser.] **22.** 1125. Sept. 1958. Lwow-Lemberg, Polytechn. Inst.; russ.) — Um den Einfl. der Ionen auf ein Lsgm. zu untersuchen, wurde Formamid (I); mit bekanntem IR-Spektrum) ausgewählt u. darin KNO_3 sowie KBr gelöst, wonach die Bande C—N im Gebiet 1200—1500 cm^{-1} untersucht wurde. Es tauchten Banden bei ca. 1325, 1345 u. 1365 cm^{-1} auf, die nicht klar zu deuten waren, da sie sowohl der Valenzschwingung C—N als auch der Anionschwingung NO_3 zugeschrieben werden konnten. Die Messungen im selben cm^{-1}-Gebiet bei KBr in I ergaben klare neue Banden bei 1330 u. 1350 cm^{-1}, die nur als Absorption des I in Ggw. von K^+ u. Br^-, die die Struktur des I in fl. Zustand verändern, zu deuten sind. Gesätt.

Lsgg. derselben Salze in W. ergaben eine merkbare Absorption im selben Gebiet, die für reines W. nicht kennzeichnend ist. A. v. WILPERT. 120□

Deformationsschwingungen δ(OH) bei starken Wasserstoffbindungen. Ja. I. Rysskin und G. P. Stawitzkaja. (Оптика и Спектроскопия [Optik u. Spektroskopie] **7.** 834—36. Dez. 1959; russ.) — Vff. untersuchten Absorptionsspektren von einigen kristallinen sauren Salzen. Dabei zeigte es sich, daß der Einfl. der H-Bindung auf die δ(OH)-Schwingung beim Übergang von langen zu kurzen H-Bindungen sich radikal ändert. Die letzteren beeinflussen die Anharmonizität u. Frequenz der δ(OH)-Schwingungen nur relativ schwach. Diese Erscheinungen wurden mit der Donator-Acceptor-Theorie der H-Bindung interpretiert. G. RUDAKOFF. 120□

Schwingungszuordnung und Bestimmung der Kraftkonstanten von S_8 durch Normalkoordinatenbehandlung. D. W. Scott und J. P. McCullough. (J. molecular Spectroscopy **6.** 372—78. April 1961. Bartlesville, Okla., US Dep. of the Inter., Petrol. Res. Center, Thermodynam. Labor.; engl.) — Es wird eine FG-Matrizenberechnung für das ringförmige S_8-Mol. unter Berücksichtigung von Torsionskräften um die S—S-Bindung durchgeführt. Die erhaltene Schwingungszuordnung entspricht den beobachteten IR- u. RAMAN-Frequenzen. Für 8 S (krist.; rhomb.) → S_8 (Dampf) ergibt sich $\Delta H^0_{298,16}$ = 24,51 kcal/Mol. Die Kraft-Konst. werden für ein modifiziertes Valenzkraftfeld u. für ein UREY-BRADLEY-Feld mit Torsionseffekten berechnet.
A. BLASCHETTE. 120□

Infrarotspektren von im festen Stickstoff suspendiertem Ammoniak. George C. Pimentel, Mikhail O. Bulanin und Mathias van Thiel. (J. chem. Physics **36.** 500—06. 15/1. 1962. Berkeley, Calif., Univ. of California, Dep. of Chem.; engl.) — Vff. berichten über Unterss. des IR-Spektrums von in festem N_2 suspendiertem NH_3 nach der Meth. der Matrixisolation für eine Temp. von 20° K. Durch Änderung des Mol-Verhältnisses läßt sich zeigen, daß monomeres NH_3 in festem N_2 bei 3440, 3332, 1620 bis 1632, 1143 u. 970 cm^{-1} Absorptionslinien aufweist. Die völlig symm. Schwingungen ν_1 u. ν_2 sind mit Halbwertsbreiten von 1 bzw. 1,5 cm^{-1} relativ scharf. Die Schwingung ν_2 zeigt kein Anzeichen einer Inversion oder freien Rotation. Der Anlaß zur Bewegung in der N_2-Matrix scheint dabei größer zu sein als der in einer Inertgasmatrix beobachtete. Weiterhin werden Ergebnisse über die H-Bindung in dimerem u. polymerem NH_3 mitgeteilt. Für das Dimere wurden Absorptionen bei 3404, 1004,5 u. 987 cm^{-1} sowie wahrscheinlich bei 3313, 3246 u. 3237 cm^{-1} beobachtet. G. M. NEUMANN. 120□

Infrarotspektren von an Übergangsmetallen, ihren Salzen und Oxiden adsorbiertem Stickstoffoxid. L. M. Rojew und A. N. Terenin. (Оптика и Спектроскопия [Optik u. Spektroskopie] **7.** 756—62. Dez. 1959; russ.) — Vgl. C. **1961.** 1118. — Vff. untersuchten IR-Spektren von an Übergangsmetallen, ihren Salzen u. Oxiden adsorbiertem NO im Bereich 1600—2300 cm^{-1}. Die Adsorption an *Fe* erfolgt vorwiegend unter Bldg. von NO^+ (2008 cm^{-1}). Am *Ni* wird eine kovalente oder koordinative Bindung zum NO betätigt (1735 u. 1850 cm^{-1}). *Cr* bindet NO sowohl wie Fe als auch wie Ni. Zwischen Fe_2O_3 u. NO wird eine VAN DER WAALSsche Wechselwrkg. beobachtet, wobei N_2O_2 dimer fixiert wird. Allg. wurde festgestellt, daß an Oxiden NO entweder an die Sauerstoff- oder an die Metallionen gebunden wird. Die Spektren von NO, welches an Co^{2+}, Mn^{2+} u. Cr^{2+} adsorbiert wurde, sind in der Anzahl der Banden ähnlich. Jedes dieser Ionen hat eine ungerade Anzahl d-Elektronen. Die Spektren dieser Ionen mit NO besitzen jeweils 3 Absorptionsbanden oberhalb 1800 cm^{-1}.

Versuche: Als Trägersubstanz fungierte Al_2O_3-Gel (spezif. Oberfläche: 300 m²/g). Die Metalle wurden so aufgetragen, daß zunächst entsprechende Metallcarbonyle aufgedampft u. dann bei ca. 150° zersetzt wurden. Die Salze wurden durch Eintragen des Al_2O_3-Gels in entsprechende Lsg. u. Belassen desselben darin für die Dauer von 5 bis 10 Std. hergestellt. Die so präparierten Al_2O_3-Gele enthalten 5—20% Salz. Die Oxide von Fe u. Cr wurden als gelartige Ndd. gefällt (spezif. Oberfläche: 100 m²/g). NiO wurde durch Zers. von $Ni(NO_3)_2$ erhalten. G. RUDAKOFF. 120□

Optische und Infrarotspektren der Ferrite und Granaten. Kenneth A. Wickersheim. (J. appl. Physics, Suppl. zu **32.** Nr. 3. 205S—212S. März 1961. Malibu, Calif., Hughes Res. Labor.; engl.) — Bericht über die vielfältigen Anwendungen der Spektroskopie auf die Unters. magnet. Stoffe, speziell von Ferriten u. Granaten. Diskutiert werden die IR-Atomspektren, die IR-Schwingungsspektren, die Verunreinigungsspektren u. die Spektren im Sichtbaren der Übergangsmetall- u. Seltenen-Erd-Ionen. Genauer besprochen wird noch die opt. Unters. der Austauschwechselwrkg. Eisen-Seltene Erden in den Granaten. C. GOTTFRIED. 120

Bestimmung der Struktur des HDSe-Moleküls aus seinem Mikrowellenrotationsspektrum. W. G. Wesselago. (Известия Академии Наук СССР, Серия Физическая [Nachr. Akad. Wiss. UdSSR, physik. Ser.] **22.** 1150—53. Sept. 1958. Physikal. Lebedew-Inst. der Akad. der Wiss. der UdSSR; russ.) — Das Rotationsspektrum des Mol. HDSe wurde bei der Temp. von Trockeneis u. 10^{-2} mm Hg untersucht. Es wurden 10 Übergänge im Bereich 8000—43000 MHz beobachtet, die in der Tabelle für die Übergänge $1_{10}—1_{11}$ bis $12_{66}—12_{67}$ dargestellt sind. Die Meßgenauigkeit der Frequenzen lag bei 10^{-5} u. niedriger, bei den stärksten Linien bei $5 \cdot 10^{-6}$. Die Linien gehörten vorwiegend dem Q-Zweig an, die Linien des R- u. P-Zweiges waren viel schwächer. Das Dipolmoment des asymm. Mol. HDSe wurde zu 0,62 Debye ermittelt. Die Berechnung der Parameter des HDSe ergab die Werte: $r_{Se-D} = 1{,}446 \pm 0{,}001$ Å; $r_{Se-H} = 1{,}452 \pm 0{,}001$ Å; $\varphi = 90°$. A. v. WILPERT. 121□

Kernquadrupolresonanz von ^{14}N in festem N_2. T. A. Scott. (J. chem. Physics **36.** 1459—65. 15/3. 1962. Gainesville, Fla., Univ. of Florida, Dep. of Phys.; engl.) — Unters. der reinen Kernquadrupolresonanz von ^{14}N in der festen α-Phase von N_2 im Temp.-Bereich von 1,5—34,5° K. Die Resonanzfrequenz bei 4,2° K beträgt 3,4873 ± 0,0001 MHz. Linienform u. Relaxationszeiten bei 4,2° K werden diskutiert. Eine hydrostat. Kompression auf 130 atm bei 4,2° K ergibt für $(d\nu/dp) = 33$ Hz/atm. Ferner wurde die Temp.-Abhängigkeit der Resonanzfrequenz unterhalb 20° K nach der modifizierten Theorie von BAYER, in der die Vol.-Ausdehnung berücksichtigt wird, analysiert. Die Torsionsfrequenz der Oscillation des N_2-Mol. wurde zu $\nu_t = 1{,}12 \cdot 10^{12}\,s^{-1}$ u. die Quadrupolresonanz ohne Nullpunktsschwingungen zu $\nu_0 = 4{,}16$ MHz bestimmt. Die Resonanzfrequenz nimmt mit Annäherung an den Umwandlungspunkt bei 35,6° K schnell ab. In der β-Phase wurde eine reine Quadrupolresonanz nicht beobachtet. G. M. NEUMANN. 121□

Eine strahlungslose regenerierbare Thermolumineszenzerscheinung. N. Grögler und H. Stauffer. (Helv. physica Acta **32.** 284—86. 31/8. 1959. Bern, Univ., Phys. Inst.; dt.) — Vgl. C. **1961.** 8923 u. C. **1962.** 7397. — Beim raschen Aufheizen bzw. Abkühlen (20—500°) von Proben des Kaolinminerals *Dickit* in Ggw. verschiedener Gase (Luft, O_2, N_2, Ar, He u. CO_2) tritt ein Luminescenzleuchten auf. Die Lichtsummen der strahlungslos regenerierbaren Thermoluminescenz u. des Abkühlleuchtens hängen von Art u. Druck des Gases ab. Gegenüber Luft sind die Effekte verstärkt bei N_2, Ar, He u. verkleinert in O_2 u. CO_2. Auch Druckerhöhung bei konst. Temp. nach Evakuierung durch Zufuhr der verschiedenen Gase gibt in jedem Falle eine Luminescenz des Dickits. Als Ursache für die Effekte werden temp.- u. druckabhängige Adsorptionsvorgänge angenommen. Das Abkühlungsleuchten ist eine mit Gasadsorption gekoppelte Chemoluminescenz, bei der die Adsorptionsenergie Elektronen anregt, die teils unter Emission rekombinieren, teils in Haftstellen eingefangen werden. Beim Aufheizen erfolgt Thermoluminescenz mit Leerung der Haftstellen sowie Gasdesorption. J. RUDOLPH. 125□

Messung der Verlustgröße in einem Elektrolumineszenzkondensator. Je. Je. Bukke. (Известия Академии Наук СССР, Серия Физическая [Nachr. Akad. Wiss. UdSSR, physik. Ser.] **25.** 528—30. April 1961; russ.; Auszug: engl.) — Zur Best. der Energieausbeute von Elektroluminescenzvorgängen ist die Kenntnis der von dem betreffenden Phosphor ausgestrahlten u. der von ihm absorbierten Energie notwendig. Die Messung der absorbierten Energie führt zu einer Best. der elektr. Verlustgröße im Elektroluminescenz-Kondensator. Die beste Möglichkeit zur Messung dieser Größe bietet ein dynam. Wattmeter. Vf. beschreibt ein von ihm für derartige Messungen gebautes Gerät. Es besitzt in seinem beweglichen Teil einen ähnlichen Aufbau wie ein Spiegelgalvanometer. Die feste Induktionsspule wird von einem der an den Elektroluminescenzkondensator angelegten Spannung proportionalen Strom durchflossen u. ist für eine Leistung von 50 W ausgelegt. E. WINKLER. 125□

Abhängigkeit der Luminescenzausbeute bei der α- und γ-Anregung von CsJ(Tl)-Kristallen von der Tl-Konzentration. Ju. A. Zirlin, Ss. N. Komnik und L. M. Ssoifer. (Оптика и Спектроскопия [Optik u. Spektroskopie] **6.** 422—24. März 1959; russ.) — Die Luminescenz von CsJ(Tl)-Einkristallen nach α- u. γ-Bestrahlung wurde an Plättchen mit steigendem Tl-Geh. zwischen 0,005 u. 0,5% überprüft. — Bei der α-Bestrahlung wird bei 0,1% Tl das Intensitätsmaximum erreicht, u. eine weitere Steigerung des Tl-Geh. ist ohne Einfluß. Bei der γ-Bestrahlung wird bei 0,01—0,03% Tl ein scharfes Maximum erreicht, u. mit weiter steigendem Tl-Geh. geht der Maximalwert langsam zurück. Das Luminescenzverhältnis α/γ erreicht gleichfalls bei 0,1% Tl das Maximum ($\alpha/\gamma \approx 0{,}55$) u. ändert sich weiter nicht mehr. Der niedrige α/γ-Wert bei geringer Tl-Konz. wird auf die großen spezif. Energieverluste der α-Teilchen zurückgeführt. J. TŮMOVÁ. 125□

Zum Nachleuchtverhalten von Sauerstoffluminophoren nach Ultraviolettanregung. 1. Mitt. H. Witzmann, H. Anderson und G. Wenske. (Z. physik. Chem. [Leipzig]

219. 357—68. Juni 1962. Greifswald, Univ., Inst. für phys. Chem.; dt.) — In einer App. mit abgewandeltem Sektorenblendenprinzip wurden die Abklingkurven des Nachleuchtens von Luminophoren aufgenommen u. die Abkling-Konst. $\tau_{1/2}$, $\tau_{1/e}$ u. $\tau_{1/10}$ bestimmt. Untersucht wurden die Rekombinationsstrahler ZnS/Cu (Zn, Ag, Ni), CaO/Pr, Sb (Pr 10^{-4} bis 10^{-5} g/g CaO u. 10^{-2} bis 10^{-5} g Sb/g CaO), Zentrenstrahler $SrO \cdot 4\, B_2O_3$/Cu (Cu, Pb; Mn, Pb), $SrO \cdot 3\, B_2O_3$/Mn, Ag (Mn, Pb), $Ca_3(PO_4)_2$/Tl, Mn, (Zn, Be)SiO_4/Mn (Mn, Pb) u. Konfigurationsstrahler mit komplizierten Abklingfunktionen, wie $3\, BeO \cdot B_2O_3$/Sb, Mn (Sb, Mn, As), $Sb_2O_3-Sb_2O_4$/Mn, $2\, BeO \cdot B_2O_3$/Sb, Mn, $BeO \cdot B_2O_3$/Sb, Mn, $BeO \cdot 2\, B_2O_3$/Sb, Mn, $BeO \cdot 4\, B_2O_3$/Sb, Mn u. $BeO \cdot 6\, B_2O_3$/Sb, Mn.

CH. WEISKE. 125□

Zur Luminescenz des Systems Strontiumoxid–Ceroxid. H. Witzmann und G. Herzog. (Z. physik. Chem. [Leipzig] **219.** 369—86. Juni 1962. Greifswald, Univ., Inst. für phys. Chem.; dt.) — 4 Std. lang auf 1050° geglühtes $SrO(SrCO_3)/CeO_2$ zeigte optimale Intensität der Fluorescenz bei Einw. von UV-Licht bei Aktivator-Konzz. von $2{,}5 \cdot 10^{-2}$ bis 1 g Ce/g SrO. Die Emissionsbande erstreckt sich über den Wellenlängenbereich von 380—650 nm mit einem Maximum bei 460 nm. Bei Anregung mit langwelligem UV-Licht wurde eine Absorptionskante im nahen UV beobachtet. Die Luminescenzfähigkeit des Ce-aktivierten SrO-Phosphors wird der Existenz von Ce(III)-Ionen im Gitter zugeschrieben Die relative Quantenausbeute (bezogen auf Mg–Wolframat) beträgt Q = 0,2. Zusätze von $1{,}2 \cdot 10^{-1}$ g Cl^-, $1{,}2 \cdot 10^{-1}$ g NaCl, $1{,}1 \cdot 10^{-1}$ g CaF_2 u. $1{,}1 \cdot 10^{-1}$ g F^-/g SrO löschen die Luminescenz. Co_2-Einw. setzt die Intensität der Luminescenz stark herab.

CH. WEISKE. 125□

Luminescenzspektren der dreiwertigen Uranionen. L. N. Galkin und P. P. Feofilow. (Оптика и Спектроскопия [Optik u. Spektroskopie] **7.** 840—41. Dez. 1959; russ.) — Vff. berichten über Luminescenzspektren von U^{3+}, das in künstlichen *Ca-*, *Sr-* u. *Ba-Fluorid*-Einkristallen eingeschlossen wurde. Die Aufnahmen erfolgten bei +20 u. —150°. Bei tiefer Temp. aufgenommene Spektren zeichnen sich durch ihre ausgeprägte Struktur aus. Für alle Spektren charakterist. ist eine äußerst schmale u. intensive Bande, die beim Übergang vom *CaF_2–U* (2,22 μ) zum *SrF_2–U* (2,20 μ) u. zum *BaF_2–U* (2,19 μ) monoton nach kürzeren Wellenlängen verschoben wird.

G. RUDAKOFF. 125□

C. K. Jørgensen, *Absorption Spectra and Chemical Bonding in Complexes.* Oxford, London, New York, Paris: Pergamon Press 1962. (XII + 352 S.) 70 s.

Besondere Berücksichtigung finden die Elemente der Nebengruppen. Zahlreiche Tabellen u. Skizzen ergänzen den Textteil. Über 900 Literaturzitate werden mitgeteilt. H. CZECH

A_3. Elektrizität. Magnetismus. Elektrochemie

Über die Besonderheiten des Verhaltens mehrfach geladener Ionen im Plasma. A. W. Gurewitsch. (Журнал Экспериментальной и Теоретической Физики [J. exp. theoret. Physik] **40.** 1825—31. Juni 1961. Physikal. Lebedew-Inst. der Akad. der Wiss. der UdSSR; russ., Auszug: engl.) — Vf. zeigt rechnerisch, daß unter bestimmten Bedingungen mehrfach geladene Ionen sich in einem einfach ionisierten Plasma, das sich in einem konst. elektr. Feld befindet, in einer Richtung bewegen, die der Bewegung der gewöhnlichen, einfach geladenen Ionen entgegengesetzt ist. Die Geschw. dieser Ionen kann der gerichteten Geschw. von Elektronen angeglichen werden, ihre Energie übersteigt die therm. Energie von einfach geladenen Ionen u. Elektronen um 1—3 Größenordnungen.

G. EWALD. 131□

Dreifachresonanzerscheinung im Plasma. T. J. Bellanca, R. S. Elliott und J. J. Erlinger. (Nature [London] **192.** 543—44. 11/11. 1961. Los Angeles, Calif., Univ. of California; engl.) — Kurzer Bericht über die theoret. Voraussetzungen u. techn. Maßnahmen zur Verwirklichung 3facher Resonanzerscheinungen im Plasma.

D. FORST. 131□

Rotierende asymmetrische Gebilde bei Niederdruckglimmentladungen. Jiří Kracík, Pavel Kocian und Josef Kravárik. (Českoslov. Časopis Fysiku **10.** 81. 1960. Poděbrady, Fys. ústav. fak. radiotechn.; tschech.) — In mit Wechselstrom betriebenen Leuchtröhren erscheint oftmals ein langsam rotierender leuchtender „Strang"; Vff. konnten dieselbe Erscheinung auch bei Gleichstromentladungen (Länge des Rohres 16 cm, ∅ 1,7 cm, Elektronen-Konz. 10^7 cm^{-3}) beobachten, die im Zusammenhang mit der Strom–Spannung-Charakteristik diskutiert wird J. TŮMOVÁ. 131□

Über elektrodenlose Hochfrequenzentladungen in einer Capillare. Shigeo Takemoto und Mineo Kasai. (J. physic. Soc. Japan **13.** 1410. Nov. 1958. Tohoku Univ., Dep. of Phys.; Tohoku Electr. Power Co.; engl.) — In hantelförmigen Entladungsröhren (∅ der Kugeln 50 mm; ∅ u. Länge der Capillare 0,1—1 mm bzw. 15 mm; Druck 10^{-4} bis 10^{-2} Torr) treten starke Entladungen auf, wenn sie parallel zur elektr. Komponente in ein Hochfrequenzfeld (30—100 MHz) gebracht werden; die Plasmadichte ist so hoch, daß die Innenflächen der Glascapillare in wenigen zehntel Sek. beschädigt wird. Langzeitige Entladungen erfordern Quarzglas. Wird die Röhre parallel zur magnet. Feldkomponente orientiert, so tritt lediglich eine schwache Luminescenz in den beiden Kugeln auf. A. BLASCHETTE. 131 □

Elektrischer Durchschlag zwischen eng benachbarten Elektroden in Luft. L. H. Germer. (J. appl. Physics **30.** 46—51. Jan. 1959. Murray Hill, N.J., Bell Telephone Labor., Inc.; engl.) — Der Elektronenstrom, der zwischen dicht benachbarten Elektroden in Luft bereits vor dem Durchschlag einsetzt, wurde nach 2 verschiedenen Meth. gemessen. Dieser Feldemissionsstrom ändert sich in weiten Grenzen; seine Maximalwerte liegen in der Größenordnung von 10^{-7} A. Es wird gezeigt, daß bei den geringen Elektrodenabständen, wie sie für einen Durchschlag bei Spannungen unterhalb 300 V notwendig sind, die für den Durchschlag benötigten Ionen aus der Anodenoberfläche stammen. L. ROTH. 131 □

Über die Restionisation eines im Vakuum sich ausdehnenden Gases. Ju. P. Raiser. (Журнал Экспериментальной и Теоретической Физики [J. exp. theoret. Physik] **37.** 580—82. Aug. 1959; russ.) — Beim raschen Erhitzen einer Substanz auf eine Temp. von der Größenordnung 10^5 Grad bildet sich eine Gaswolke, die dann in das Vakuum zerfliegt. Das beim Erhitzen hoch ionisierte Gas erleidet bei dieser Ausdehnung zugleich mit der Abkühlung eine Rekombination, die sich aus der Photorekombination u. der Rekombination durch Dreierstöße unter Beteiligung von Elektronen zusammensetzt. Die Gleichungen für diesen Vorgang werden auf den Fall von *Fe*-Dämpfen angewandt, die auf 116000° erhitzt werden. Die Restionisation ist um so größer, je kleiner die Masse der verdampften Substanz u. je höher die Anfangserhitzung ist. R. K. MÜLLER. 131 □

Alkalidampfplasmen. M. A. Hakeem und Harry S. Robertson. (J. appl. Physics **31.** 2063—64. Nov. 1960. Coral Gables, Fla., Univ. of Miami, Dep. of Phys.; engl.) — Experimentelle Unters. der positiven Säule von Entladungen in K-, Rb- u. Cs-Dämpfen im Stromstärkenbereich von 0—300 mA u. im Druckbereich von 10^{-2} bis 2 Torr in der Absicht, ein Labor.-Plasma ohne feste oder bewegliche Schichten zu erhalten. Schichten-Bldg. u. Oscillationen konnten nur bei Stromstärken unter 1 mA u. sehr niedrigen Drücken beobachtet werden. F. LENZ. 131 □

Verdopplung des Massenspektrums von Cäsium. M. P. Glasunow, W. A. Kisselew und W. L. Litwakow. (Журнал Аналитической Химии [J. analyt. Chem.] **16.** 498. Juli/Aug. 1961; russ., Auszug: engl.) — Bei der massenspektrometr. Analyse mit Cs, das aus den ^{235}U-Spalt-Prodd. abgetrennt worden war, wurde eine Verdopplung des Spektrums mit den Linien 133, 135, 137 beobachtet, die auf eine Ionisation der Cs-Atome im Bereich der Linse zurückgeführt wird. M. WIEDEMANN. 131 □

Elektroneneinfang bei schnellen Stößen. D. R. Bates. (Proc. Roy. Soc. [London], Ser. A **247.** 294—301. 30/9. 1958; engl.) — Vf. zeigt, daß bei der Behandlung von Elektroneneinfängen bei schnellen Stößen zwischen Atomen der Kern–Kern-Wechselwrkg.-Term durch einen anderen ersetzt werden müßte. M. WIEDEMANN. 131 □

Bildung von Hydrazin unter dem Einfluß einer elektrischen Entladung. A. Jogarao und B. S. R. Sastri. (J. sci. ind. Res. [New Delhi], Sect. B **18.** 38—39. Jan. 1959. Karaikudi, Central Electrochem. Res. Inst.; engl.) — Die Bldg. von N_2H_4 aus NH_3 wurde in verschiedenen Entladungstypen untersucht. In einer Ozonisatorentladung (3750 V, 50 Hz, 1 Std.) nimmt die Ausbeute mit steigender Strömungs-Geschw. v (75—455 mg NH_3/min) von 0,75 auf 0,15% ab. Die Spannung (3000—12000 V) ist ohne großen Einfluß. In einer GEISSLER-Röhre (2100 V, v = 231,2) werden mit intermittierendem Strom (Halbwellenentladung) bessere Ausbeuten (0,12%) als mit Wechselstrom (0,6%) erhalten. Ähnliche Verhältnisse ergeben sich mit einem kugelförmigen Gefäß, in dem das NH_3 senkrecht zum Entladungsraum strömt. A. BLASCHETTE. 131 □

Magnetische Kräfte und relativistische Geschwindigkeiten in stationären Elektronenstrahlen. B. Meltzer. (J. Electronics and Control [1] **4.** 350—54. April 1958. Edinburgh, Univ.; engl.) — Von der LORENTZ-Gleichung ausgehende theoret. Untersuchung. M. GUERLIN. 131 □

Hinreichende und notwendige Bahnbedingungen für dichte Elektronenstrahlbündel. B. Meltzer und A. R. Lucas. (J. Electronics and Control [1] **4.** 454—56. Mai 1958; engl.) — Die in einer früheren Arbeit (LUCAS, MELTZER u. STUART, C. **1959.** 14318) mitgeteilten Bedingungen dafür, daß eine gegebene Schar von Elektronenbahnen zu einem laminaren, rotationsfreien, elektrostat. u. nichtrelativist. Bündel gehören, sind zwar hinreichend, aber nicht notwendig. Dies wird an einem Beispiel demonstriert. Die damaligen lediglich hinreichenden Bedingungen werden durch eine notwendige Bedingung ergänzt (vgl. auch Lucas, C. **1959.** 15250). F. Lenz. 131 □

Bemerkung zu: Magnetische Kräfte und relativistische Geschwindigkeiten in stationären Elektronenstrahlen. J. M. Winwood. (J. Electronics and Control [1] **5.** 161–62. Aug. 1958. Salfords, Mullard Res. Labor.; engl.) — Hinweis auf Fehler in der Arbeit von Meltzer (vgl. vorst. Reff.), die auf der Nichtbeachtung relativist. Korrekturen beruhen. Gerhard Schulze. 131 □

Antwort auf einen Brief von J. M. Winwood. B. Meltzer. (J. Electronics and Control [1] **5.** 348–49. Okt. 1958; engl.) — Es wird gezeigt, daß die von Winwood (vgl. vorst. Ref.) geäußerte Kritik auf Trugschlüssen beruht. Ferner wird eine relativist. Korrektur 2. Ordnung abgeleitet. D. Jörchel. 131

Magnetische Kräfte zwischen bewegten Ladungen, die zu einer Begrenzung in Bündeldurchmessern führen. J. M. Winwood. (J. Electronics and Control [1] **6.** 258–60. März 1959. Salfords, Surrey, Mullard Res. Labor.; engl.) — Theoret. Diskussion der elektr. u. magnet. Kräfte in bewegten Bezugs-Syst. im Hinblick auf das Zusammenhalten von Elektronenstrahlbündeln unter der Einw. der magnet. Kräfte der bewegten Ladungen. Es wird gezeigt, daß eine in einem Bezugs-Syst. verschwindende resultierende Kraft auch in einem anderen dagegen gleichförmig bewegten Bezugs-Syst. verschwindet. Eine Argumentationsweise von Meltzer wird kritisiert, die darin besteht, daß einer bewegten Ladung zusätzlich zu ihrer unveränderten elektr. Coulomb-Kraft eine magnet. Lorentz-Kraft zugeschrieben wird. F. Lenz. 131 □

Kinematische Elektronenbündelung durch sinusförmige wandernde und stehende Wellen in Wechselwirkungsbereichen kurzer Ausdehnung. Hellmut Golde. (J. Electronics and Control [1] **9.** 285–302. Okt. 1960. Seattle, Wash., Univ. of Washington, Dep. of Electr. Engng.; engl.) — Theoret. Unters. der Wechselwrkg. einer Elektronenströmung mit einer fortschreitenden oder stehenden elektromagnet. Welle, wie sie in Mikrowellenerzeugern, -verstärkern u. -beschleunigern eine Rolle spielt. Die Rück-Wrkg. der Elektronenströmung auf die Welle u. Raumladungseffekte werden vernachlässigt. Auch wenn der Raum, in welchem die Welle auf die Elektronenströmung wirkt, nur wenige Wellenlängen lang ist, kann bei synchroner Wechselwrkg., d. h. bei Gleichheit von Phasen-Geschw. der Welle u. Elektronen-Geschw. eine maximale Wechselstromstärke erzielt werden, die gleich dem 1,4fachen des Gleichstromes ist. Wenn bei nichtsynchroner Wechselwrkg. die Elektronen-Geschw. kleiner als die Phasen-Geschw. der Welle ist, kann sogar eine noch etwas bessere Bündelungs-Wrkg. erzielt werden. Unter diesen Arbeitsbedingungen ist ein stabiler Betrieb mit geringerer Geschw.-Verbreiterung möglich als bei synchroner Wechselwirkung. F. Lenz. 131 □

Über die Fokussierung des relativistischen Elektronenstrahlbündels im schnell bewegten Magnetfeld. Z. I. Gutzunajew. (Журнал Технической Химии [J. techn. Physik] **31.** 389–93. April 1961. Moskau, Univ., Lehrstuhl für statist. Phys. u. Mechan., Phys. Fak.; russ.) — Die relativist. hydrodynam. Gleichungen einer idealen geladenen Fl. in Ggw. eines elektromagnet. Feldes werden auf ein Elektronengas angewandt, das sich in einem gegebenen äußeren Magnetfeld befindet, das axiale Symmetrie besitzt u. sich längs der Symmetrieachse ändert. Die Fokussierung des beschleunigten Elektronenbündels wird ermittelt. M. Wiedemann. 131 □

Fokussierung ausgedehnter intensiver Elektronenstrahlenbündel durch periodische komplementäre magnetische und elektrische Felder. P. I. Strelnikow, A. I. Fedorenko und B. M. Tscherny. (Журнал Технической Физики [J. techn. Physik] **31.** 394–99. April 1961. Charkow, Physik.-Techn. Inst. der Akad. der Ukrain. SSR; russ.) — Die fokussierenden Eigg. eines Syst., bei dem gleichzeitig magnet. u. elektr. Felder wirken, werden experimentell untersucht. Ein Elektronenbündel kann auf 100 kV beschleunigt werden, der Strom beträgt 10 A; es ändert seinen Durchmesser (10 mm) zwischen W-Kathode u. Kollektor auf 1 m Abstand nicht. Die Anordnung ist skizziert u. genau beschrieben, die Felder sind berechnet. Die Elektronenimpulse dauerten 2 μs. Im Solenoid wirkte ein longitudinales Magnetfeld von 415 Oe, das period. (Periode 5,6 cm) erreichte 586 Oe, das elektr. (Periode 2,8 cm) 1500 V. M. Wiedemann. 131 □

Fokussierung von lamellaren Elektronenstrahlbündeln mit Bandleiterleitungen. William E. Waters. (J. appl. Physics **31.** 1814–20. Okt. 1960. Washington, D.C., Diamond Ordnance Fuze Labor.; engl.) — Berechnung der Eigg. eines elektrostat. period. Fokussierungs-Syst. für bandförmige Elektronenstrahlbündel. Das Bündel verläuft zwischen 2 ebenen Elektrodenreihen, die wie die Sprossen zweier Leitern gleichabständig u. symm. zueinander in bezug auf die Mittelebene des Bündels angeordnet sind. Alle Sprossen liegen auf gleichem Potential. Außerhalb der Sprossen sind auf beiden Seiten durchgehende ebene Elektroden angeordnet, die auf einem anderen Potential als die Sprossen liegen, so daß das fokussierende elektrostat. Feld beiderseits zwischen Leitersprossen hindurchgreift. Die paraxialen Elektronenbahnen können unter der Voraussetzung einer laminaren Strömung unter Berücksichtigung der Raumladung berechnet werden. Ein Ausdruck für die Abhängigkeit der Perveanz von Anordnung u. Abmessung der Elektroden wird abgeleitet u. die Welligkeit der Bündeloberfläche, die Elektronenplasmafrequenz sowie andere Bündelcharakteristiken diskutiert. F. LENZ. 131□

Elektronengruppierungen im beschleunigenden Feld. B. G. Tarassow. (Вестник Московского Университета, Серия III [Nachr. Moskauer Univ., Ser. III] **16.** Nr. 3. 35—42. Mai/Juni 1961. Lehrstuhl für Schwingungstheorie; russ.) — In einer Vakuumröhre passierten die Elektronen von der Kathode ausgehend die Gitter des Modulators u. gelangten dann in den mit einem Ni-Zylinder verbundenen Kollektor. Die Modulation erfolgte mit der Frequenz $3 \cdot 10^9$ Hz. Die Amplitude der 9. Harmon. wurde in Abhängigkeit von der beschleunigenden Spannung, dem Weg der Elektronen u. a. Parametern bestimmt. Die Übereinstimmung der theoret. Formeln für die einzelnen Harmon. mit den Daten ist befriedigend. M. WIEDEMANN. 131□

Verteilung der Teilchen im geladenen Bündel in Clustersystemen. W. K. Grischin. (Атомная Энергия [Atomenergie] **11.** 183—84. Aug. 1961; russ.) — Der Einfl. der Raumladung auf die Teilchenverteilung u. -bewegung wird untersucht. Ferner wird die Stabilität der Verteilung geprüft. Es ergibt sich, daß in Cluster-Syst. der zirkulierende Strom in Einzelströme aufgespalten wird. Das Eigenfeld bewirkt ferner Phasenschwingungen. M. WIEDEMANN. 131□

Bedingungen der Entstehung eines Potentialminimums im Elektronenbündel, das sich in einem elektrischen Bremsfeld bewegt. G. Ja. Mjakischew. (Вестник Московского Университета, Серия III [Nachr. Moskauer Univ., Ser. III] **15.** Nr. 5. 19—27. Sept./Okt. 1960. Lehrstuhl der allg. Phys.; russ.) — Theoret. Ableitung der Bedingungen. M. WIEDEMANN. 131□

Berechnung der parametrischen Verstärkung an einem Elektronenbündel bei gegebenem Pumpfeld. N. T. Kutzowa und W. P. Martynow. (Вестник Московского Университета, Серия III [Nachr. Moskauer Univ., Ser. III] **16.** Nr. 1. 16—21. Jan./Febr. 1961. Lehrstuhl für Funktechnik; russ.) — Die parametr. Wechsel-Wrkg. eines Elektronenbündels mit einer Modulationsfrequenz w für die Geschw. u. Stromdichte mit einem elektr. Pump-Feld der Frequenz 2w wird behandelt. Die parametr. Verstärkung hängt von der Amplitude des Pumpfelds u. auch den Phasenbeziehungen ab. Der Einfl. der Raumladung führt zu einer Umgruppierung des Bündels u. einer Verringerung der Verstärkung. M. WIEDEMANN. 131□

Über die Raumladungsdivergenz eines axialsymmetrischen Bündels. E. R. Harrison. (J. Electronics and Control [1] **4.** 193—200. März 1958. Harwell, Atom. Energy Res. Establ.; engl.) — Die allg. Annahmen, die für gewöhnlich gemacht werden, um den Einfl. von Raumladungen in einem axialsymm. Strahl abzuschätzen, werden überprüft. Es wird gezeigt, daß, mit einigen Einschränkungen, die Annahmen übereinstimmen mit einer koaxialen zylindr. leitenden Grenze. Für kleine Divergenzwerte in einem ursprünglich parallelen Strahl wird eine hyperbol. Lsg. vorgeschlagen. M. GUERLIN. 131□

Verbreiterung eines Elektronenbündels durch die Raumladung. Michel Boivin. (J. Physique Radium, Physique appl. Suppl. zu: J. Physique Radium **21.** 171 A—172 A. Nov. 1960. Paris, Fac. des Sci., Labor. de Chim. Phys.; franz.) — Berechnung des Verlaufs der Bündelberandung unter Berücksichtigung der Raumladung mit Hilfe einer Störungsrechnung. Dabei wird näherungsweise angenommen, daß die Strömung laminar u. die Bündelberandung eine Elektronenbahn ist. Das schrittweise Näherungs-Verf. wird auf den Strahlerzeuger eines Elektronenbeschleunigers für 1 MeV angewandt u. in befriedigender Übereinstimmung mit experimentellen Daten gefunden. F. LENZ. 131□

Die komplexe Formulierung der Gleichungen für zweidimensionalen Raumladungsfluß. Peter T. Kirstein. (J. Electronics and Control [1[**4.** 425—33. Mai 1958. Stanford, Calif., Stanford Univ., W. W. Hansen Labor. of Phys., Microwave Labor.; engl.) — Vgl. C. **1961.** 15656. — Die Wrkg.-Funktion einer 2dimensionalen Elektronenströmung, in welcher die Raumladungsdichte längs der Stromlinien konst. ist, gehorcht einer bei Verw. kompelxer Koordinaten relativ einfachen partiellen Differentialgleichung. Spezielle Lsgg. für den Fall eines homogenen Magnetfeldes senkrecht zur Strömungsebene werden angegeben u. diskutiert. Darunter ist eine period. Lsg., deren Strömung der im Fall period. Fokussierung vorliegenden ähnelt. Ferner wird eine neue Lsg. der von

WALKER (Proc. physic. Soc. **58.** [1950.] 1017) angegebenen Differentialgleichung mitgeteilt, welche einem zweidimensionalen Raumladungsfluß entspricht, dessen Stromlinien logarithm. Spiralen sind. F. LENZ. 131 □

Kinetische Theorie der Raumladung. 2. Mitt. **Elektronenstoßdämpfung im Magnetron (und Diode).** Louis Gold. (J. Electronics and Control [1] **6.** 209—35. März 1959. Lexington, Mass., MIT, Lincoln Labor.; jetzt: Boston, Edgarton, Germeshausen and Greer, Inc.; engl.) — Vgl. C. **1959.** 7024. — Detaillierte phänomenolog. Behandlung des Beitrags der Elektronenstreuung zum Verh. von Magnetron u. Diode. Die Theorie enthält als Grenzfälle den früher behandelten Fall starker Streuung u. die klass. Theorie der konservativen Bewegung. Es werden verallgemeinerte Bahnbeziehungen für die nichtkonservative Bewegung abgeleitet u. die elektr. Feld- u. Ladungsverteilung für verschiedene Kombinationen von Magnetfeld, Stoßfrequenz u. Laufzeit ausgewertet. Für den Zusammenhang zwischen Strom u. Spannung wird eine Parameter-Darst. gegeben, welche eine numer. Berechnung gestattet. Sie ermöglicht die Erklärung der Abrundung der aus der Theorie der konservativen Bewegung bekannten scharfen Kante in der Abhängigkeit des Anodenstroms im stat. Magnetron von der magnet. Feldstärke. F. LENZ. 131 □

Auswirkung von Magnetfeldern auf die Eigenschaften des Reflexklystrons. Morris E. Brodwin und James W. Davis. (Rev. sci. Instruments **32.** 223—24. Febr. 1961. Evanston, Ill., Northwestern Univ.; engl.) — Die Messungen an 3 verschiedenen Reflex-Klystron-Typen (723 A/B, X-13 u. 2K39) lassen darauf schließen, daß eine Magnetsteuerung der Frequenz ebenso wirksam ist wie eine Bremssteuerung. Der große magnet. Einstellbereich der 2K39 läßt vermuten, daß eine geometr. Anordnung möglich ist, mit der ein großes Frequenzgebiet, bei nur geringen Änderungen der Ausgangsspannung, eingestellt werden kann. Das magnet. Stabilisierungs-Syst. ist in seinen Steuerelementen unabhängig von der Klystronspannungsversorgung u. kann für verschiedene Typen benutzt werden, was sich für die Stabilisierung des Hochspannungsmillimeterklystrons als bes. günstig erweist. H. SCHIBILLA. 131 □

Einfluß der Streuung der Elektronengeschwindigkeit auf die Strahlung sich gleichförmig bewegender Elektronenbündel in wellenleitenden Systemen. L. G. Lomise und O. M. Kurbanow. (Журнал Технической Физики [J. techn. Physik] **31.** 657—64. Juni 1961. Moskau, Inst. für Radiotechnik u. Elektronik; russ.) — Die Strahlung eines sich gleichförmig bewegenden Elektronenbündels wird unter Beachtung der Streuung der Geschw. der Elektronen berechnet. Dabei wird der Fall eines rechteckigen Wellenleiters mit zueinander senkrechter Orientierung von Wellenleiter u. Elektronenbündel u. der eines zylindr. Wellenleiters, in dem sich das Bündel entlang der Achse bewegt, diskutiert. Die Berechnung ist für die Übergangs- u. die ČERENKOV-Strahlung von Bedeutung. M. WIEDEMANN. 131 □

Berechnung der Atompolarisation für den Fall polarer Moleküle. Jean Barriol und Albert Daum. (J. Chim. physique Physico-Chim. biol. **58.** 819—24. Sept. 1961. Nancy, Fac. des Sci., Labor. de Chim. Théor.; franz.) — Es wird auf statist.-mechan. Wege eine Beziehung zwischen der Atompolarisierbarkeit α_A u. den Grundschwingungsfrequenzen eines polaren Mol. abgeleitet u. explizit auf *HCl*, H_2O u. NH_3 angewandt. Sie führt zusätzlich zu einer Erweiterung der Beziehung von THOMAS u. KUHN. Für NH_3 wurde die Molpolarisation zu $4\pi N\alpha_A/3 = 0{,}35$ gemessen; hieraus ergibt sich die scheinbare Partialladung der Atome zu $0{,}73 \cdot 10^{-10}$ elektrostat. Einheiten. Der partielle Ionencharakter der N–H-Bindung nimmt mit zunehmendem Kernabstand ab. A. BLASCHETTE. 132 □

Theorie der dielektrischen Polarisation in nichtpolaren fluiden Systemen. A. Ishara. (Physica [Utrecht] **27.** 857—71. Sept. 1961. New York, N.Y., Polytechn. Inst. of Brooklyn, Dep. of Phys. and Microwave Res. Inst.; engl.) — Die Abweichung der DK nichtpolarer fluider Syst. von der CLAUSIUS-MOSSOTTI-Beziehung wird unter Berücksichtigung der Wechselwrkg. zwischen induzierten Dipolen berechnet. Die KIRKWOODsche Theorie wird dabei auf nicht kugelförmige Moll. ausgedehnt, indem eine Integralgleichung für die Berechnung der induzierten Dipolmomente abgeleitet u. für den Fall starrer sphär. u. nichtsphär. Moll. gelöst wird. Voraussetzung ist die Kenntnis der Paarverteilungsfunktion. Die DK ergibt sich damit als Funktion der Mol.-Anisotropie. Die Rotationsfluktuation besteht aus 2 Anteilen, die der opt. u. der geometr. Anisotropie zuzuordnen sind. A. BLASCHETTE. 132 □

Einfluß der Quadrupolmomente auf die Dielektrizitätskonstante einer Dipolflüssigkeit. A. R. Ferchmin. (Acta physica polon. **18.** 133—41. 1959. Posen, Univ., Inst. Theor. Phys.; franz.) — Die Theorie von ONSAGER wird auf Fll. angewandt, deren

Moll. Dipol- u. Quadrupolmomente haben. Korrekturen zur ONSAGER-Formel werden ermittelt. G. KELBG. 132□

Einflüsse starker elektrischer Felder auf dielektrische Flüssigkeiten. E. T. Pierce. (J. appl. Physics **30.** 445—46. März 1959. Weybridge, Surrey, Vickers-Group Res. Establ.; engl.) — Die Beschaffenheit einer durch eine Düsenringelektrode zerstäubten Fl. bei ca. 5 kV wird experimentell untersucht. G. KELBG. 132□

Elektrooptische Effekte zum Nachweis von Feldverteilungen in Dielektrika. K. W. Böer. (Mber. dtsch. Akad. Wiss. Berlin **1.** 272—79. 1959. Berlin, Humboldt-Univ., II. Phys. Inst. u. Dt. Akad. der Wiss.; dt.) — Mit Hilfe elektroopt. Effekte kann der Verlauf elektr. Felder im Innern von Dielektrika direkt sichtbar gemacht werden. In photoleitenden *CdS*-Einkristallen treten danach charakterist. inhomogene Felder auf, die mit dem Feldverlauf einer Gasentladung Ähnlichkeit haben. Mit der Annahme einer elektr. Anregung von Ladungsträgern aus Störtermen läßt sich die gefundene Erscheinung erklären. H. SCHIBILLA. 132□

Hochdruckuntersuchungen an Bariumtitanatkeramik. Martin Richard. (Ann. Physik [7] **8.** 333—41. 1961. Berlin-Oberschöneweide; dt.) — An festen Lsgg. von $BaTiO_3$ mit $SrTiO_3$ u. $PbTiO_3$ wurde der Einfl. eines hydrostat. Druckes bis 4000 kp/cm² auf die DK u. den Verlustwinkel untersucht. Außer dem Zeit-Verh. dieser Größen bei Anlegung bzw. Wegnahme des Drucks wurde an einer Probe mit einer CURIE-Temp. von 45° die Verschiebung der Kurven der DK u. der Verluste über der Temp. durch den Druck gemessen. Aus den Ergebnissen wird auf eine Behinderung der Bewegung von Domänenwänden durch den Druck geschlossen. A. BLASCHETTE. 132□

Anomale Temperaturabhängigkeit der Gitterkonstanten von ferroelektrischem Natriumnitrit. Sadao Hoshino und Iwao Shibuya. (J. physic. Soc. Japan **16.** 1254—55. Juni 1961. Tokyo, Univ., Inst. for Solid State Phys.; engl.) — An Einkristallen von rhomb. $NaNO_2$ (I) wurden zwischen 5 u. 250° (Genauigkeit: ±0,2°) die Gitterdimensionen auf ±0,0001 Å genau bestimmt; verwendet wurden die Reflexe mit den Indices 400, 060 u. 006. Mit steigender Temp. nehmen a u. b zu, während c abnimmt. Anomalien im Gang der Gitter-Konst. treten bei 163° u. 178° auf. Unterhalb 163° ist I ferroelektr. (Raumgruppe Im 2 m), oberhalb 178° paraelektr. (Im m m). Zwischen 163 u. 178° liegt eine neue Modifikation mit unbekannter Struktur vor. Die Gitterdimensionen sind graph. wiedergegeben. G. GATTOW. 133□

Bestimmung der Feldstärke der Feldverdampfung und -ionisierung im Feldionenmikroskop. Erwin W. Müller und Russell D. Young. (J. appl. Physics **32.** 2425—28. Nov. 1961. University Park, Pa., Pennsylvania State Univ., Dep. of Phys.; engl.) — In Feldionenmikroskopen mit W-Spitzen wurde das Verhältnis der Feldstärke der Feldverdampfung zur Feldstärke bei besten Abbildungsbedingungen gemessen. Dieses Verhältnis beträgt 1,27 bei 1000 Å u. 1,0 bei 40 Å Radius. Der Absolutwert der Feldstärke einer 1000-Å-Spitze ist 440 MV/cm. Die Feldverdampfung ist vom Radius unabhängig. Eine Ausnahme bilden Radien unterhalb von 150 Å, wo der Einfl. der spezif. Freien Oberflächenenergie merklich wird. Große Spitzenradien eignen sich vorzugsweise für Material, das leicht feldverdampft; während bei kleinen Radien die Feldverdampfung bei besten Abb.-Bedingungen studiert werden kann.
M. DRECHSLER. 134□

Eine einfache Methode, um über eine Feldelektronenquelle unbekannter Abmessungen geometrische Informationen aus Strom–Spannungskennlinien zu erhalten. F. M. Charbonnier und E. E. Martin. (J. appl. Physics **33.** 1897—98. Mai 1962. McMinnville, Oreg., Linfield Res. Inst.; engl.) — Auf der Grundlage der FOWLER-NORDHEIM-Gleichung wird eine Meth. beschrieben, um aus Strom–Spannungskennlinien der Feldelektronenemission einer Quelle unbekannter Abmessungen eine Aussage über die Größe des emittierenden Bereiches zu erhalten. Die Meth. ist nur anwendbar, falls die Elektronenaustrittsarbeit größer als 4 eV ist. Ist sie kleiner, so muß die Austrittsarbeit genau bekannt sein. Eine experimentelle Nachprüfung mit *W*-Spitzen ergab eine Übereinstimmung innerhalb eines Fehlers von 20%. M. DRECHSLER. 134□

Die Messung der Feldelektronenemissionskennlinien von Whiskern. Allan J. Melmed. (J. chem. Physics **36.** 1101. 15/2. 1962. Wilmington, Del., E. I. du Pont de Nemours & Co., Engng. Res. Labor.; engl.) — Die Messung der Kennlinien von Whiskern, die nach GOMER in Feldelektronenmikroskopen gewachsen waren, bezog sich bisher auf jeweils mehrere Whisker. Durch eine magnet. Ablenkung des Mikroskopbildes gelingt es, den Emissionsstrom von einem Whisker in einen FARADAY-Käfig zu lenken. So konnten Strom–Spannungskennlinien log I/V² gegen 1/V von einzelnen *Ni*-Whiskern gemessen werden. M. DRECHSLER. 134□

Sekundärelektronenemission von MgO-Kristallen bei Beschuß mit relativistischen Elektronen. Martin A. Pomerantz, Romas A. Shatas und William C. Schieve. (J. appl. Physics **31.** 2036—39. Nov. 1960. Swarthmore, Pa., Bartol Res. Foundation of the Franklin Inst.; engl.) — Messung des Sekundäremissionsfaktors von ca. 250 μ dicken MgO-Einkristallen bei Beschuß mit 1,3 MeV-Elektronenimpulsen aus einem Linearbeschleuniger. Die sonst bei Nichtleitern auftretende störende Oberflächenladung spielt hier keine Rolle, weil sich die Leitfähigkeit des Targetmaterials unter dem Elektronenbeschuß ausreichend erhöht. Nach Anbringen eines Korrekturfaktors, der die Mehrfachstreuung der schnellen Elektronen berücksichtigt, ergibt sich der Sekundäremissionsfaktor zu $0{,}09 \pm 0{,}02$, im Vgl. zu Al, für das unter sonst gleichen Vers.-Bedingungen ein Sekundäremissionsfaktor von $0{,}023 \pm 0{,}003$ gemessen wird.
F. Lenz. 134□

Über einige Gesetzmäßigkeiten der Sekundärelektronenemissionen dünner Metall- und Halbleiterschichten. I. M. Bronstein und B. Ss. Fraiman. (Доклады Академии Наук СССР [Ber. Akad. Wiss. UdSSR] **135.** 1097—1100. 11/12. 1960. Leningrad, Pädagogisches Herzen-Inst.; russ.) — Experimentelle Unters. des Sekundäremissions-Koeff. σ u. des Rückstreu-Koeff. η von Targets, die aus einer aufgedampften Schicht auf einer aufgedampften Schicht auf einer massiven Unterlage bestehen, in Abhängigkeit von der Schichtdicke. Die Sekundärelektronen werden teils direkt vom Primärstrahl ausgelöst, aber auch die rückgestreuten schnellen Elektronen lösen beim erneuten Durchgang durch die Oberflächenschicht Sekundärelektronen aus (vgl. Bronstein u. Ssegal, C. **1959.** 14006). σ in Abhängigkeit von η (mit der variierten Schichtdicke als Parameter), ergibt Kurven, deren verschiedenartige Gestalt von den Werten σ u. η des reinen Unterlagenmaterials, des reinen Schichtmaterials, der Reichweite der Sekundärelektronen u. den Auslösewahrscheinlichkeiten durch den Primärstrahl u. die schnellen reflektierten Elektronen in beiden Materialien abhängt. An *Pb* auf *Al*, Pb auf *Si*, *Ti* auf *Be*, Ti auf *Ag*, *Si* auf Ti, Ti auf Si, *Ca* auf *Be*, Be auf Ca, Ba auf Ti, Ti auf Ba werden solche Kurven aufgenommen u. die Schichtdickenabhängigkeit der aufgezählten Größen bestimmt u. diskutiert. Besteht Schicht oder Unterlage aus einem Alkali- oder Erdalkalimetall, so wird die Gestalt der $\sigma(\eta)$-Kurven auch durch die Erniedrigung der Austrittsarbeit beeinflußt.
F. Lenz. 134□

Innere Autoelektronenemission (Feldemission). A. Chynoweth. (Успехи Физических Наук [Fortschr. physik. Wiss.] **75.** 169—96. Sept. 1961; russ.) — Zusammenfassende Übersicht über die Theorie der inneren Autoelektronenemission (AEE) sowie über die experimentellen Daten über die Rolle der AEE beim Durchschlag von Dielektrika, bei der Ionisation lokaler Niveaus; über die AEE aus Elektroden u. bei Elektrolumineseenzprozessen; über Tunnelübergänge zwischen lokalen Zentren; über die AEE in Gleichrichtern u. bei p-n-Übergängen. — 99 Literaturangaben (Übersetzung aus Progression Semiconductors **4.** [1960.] 95).
E. Klever. 135□

Experimentelle Bestimmung der Feldelektronenstromdichtekennlinien von Siliciumemittern. R. L. Perry. (J. appl. Physics **33.** 1875—83. Mai 1962. McMinnville, Oreg., Linfield Res. Inst.; engl.) — Zur Unters. der Feldelektronenemission von Si-Spitzen wurden Feldelektronenmikroskope verwendet. Die Strom (I)–Spannungs (V)-Werte wurden mit Hilfe der Spitzengeometrie, die aus Schattenaufnahmen mit einem Elektronenmikroskop bestimmt wurde, in die fundamentaleren Stromdichte–Feldstärke-Werte umgerechnet. Die Meßwerte stimmen teilweise mit der Theorie von Stratton überein. Die Kennlinien (log I gegen 1/V) bestehen teils aus einzelnen Geraden u. teils aus geknickten Geraden. Zur Deutung der Kennlinien wird diskutiert, ob Spuren von Bor dazu beigetragen haben können, n-Typ-Si an der Oberfläche in p-Typ-Si umzuwandeln. Oberhalb 1000° K wurden Anzeichen einer Oberflächenwanderung u. einer Feld-Temp.-Aufrauhung (build-up) gefunden. Bei Temp.-Anstieg von 300 auf 900° K wurde ein Anstieg des Feldelektronenstroms beobachtet.
M. Drechsler. 135□

Feldelektronenemission von Silicium und Germanium. Felddesorption und Oberflächenwanderung. F. G. Allen. (Physics Chem. Solids **19.** 87—99. 9 Tafeln. April 1961. Murray Hill, N.J., Bell Telephone Labor.; engl.) — Einkristallspitzen aus Ge u. Si wurden hergestellt u. mit Feldelektronenmikroskopen abgebildet. Die Reinigung erfolgte 1. durch Erhitzen (Si ca. 1550° K), 2. durch Felddesorption. Durch die Felddesorptionsreinigung wurden an der Oberfläche Änderungen in der Konz. der Verunreinigungen vermieden. Das Felddesorptionsbild von Ge formt sich bei Heizen des Kristalls auf 480° in das Bild um, das bei Ge allein durch Erhitzen im Hochvakuum erhalten wird. Die Aufrauhungen der Oberfläche im Feld u. bei erhöhter Temp. (build-up) werden untersucht. Eine nennenswerte Oberflächendiffusion findet an reinem Ge oberhalb 250° u. an reinem Si oberhalb 800° statt. Strom–Spannungs-Kennlinien der Feldelektronenemission wurden für Si u. Ge gemessen. Die Meßwerte können durch die bestehenden Emissionstheorien nicht ausreichend beschrieben werden. M. DRECHSLER. 135□

Einfluß interelektronischer Stöße auf die Leitfähigkeit in nichtpolaren Kristallen. Yoshiki Uchiyama. (Progr. theoret. Physics [Kyoto] **21.** 938–39. Juni 1959. Tokyo, Univ., Fac. of Sci., Dep. of Phys.; engl.) — Die Beweglichkeit wird in Abhängigkeit vom elektr. Feld u. der Gitter-Temp. berechnet, dabei werden Elektron–Elektron-Stöße berücksichtigt. Die Daten über die Elektronenbeweglichkeit werden mit Messungen an *Si*- u. *Ge*-Kristallen verglichen. Die interelektron. Stöße herrschen vor, sobald die Zahl der Elektronen $10^{16}/cm^3$ bei Zimmer-Temp. übersteigt.
M. WIEDEMANN. 135□

Bestimmung der Diffusionskonstanten, der Driftbeweglichkeit und der Lebensdauer von Minoritätsladungsträgern in Halbleitern aus Laufzeitmessungen. G. Richter und T. K. Dzong. (Mber. dtsch. Akad. Wiss. Berlin **8.** 468–70. 1960. Physikal.-techn. Inst.; dt.) — Vgl. C. **1962.** 2995. — An einem Sb-dotierten Ge-Kristall wurde die Laufzeit t_m bei Variation der Feldstärke E u. des Emitter–Kollektor-Abstandes x gemessen. Aus dem Diagramm x^2/t_m^2 über $1/t_m$ ergibt sich eine Diffusions-Konst. $D = 70 \pm 5$ cm²/Vs u. aus der Darst. $(x^2/t_m^2 - 2\,D/t_m)$ über E^2 erhält man die Beweglichkeit u. die Lebensdauer der Minoritätsladungsträger. L. KERSTIN. 135□

Die Infrarotabsorption von dotierten Germanium- und Siliciumeinkristallen. R. Ritschl und A. Röseler. (Mber. dtsch. Akad. Wiss. Berlin **2.** 690–91. 1960; dt.) — An Si- u. Ge-Einkristallen, die mit B bzw. Sb dotiert waren, wurden die Absorptionen vom Ausläufer der Grundgitterabsorption bis zur Wellenlänge $\lambda = 25\,\mu$ gemessen. Bei n-leitendem Ge unterscheiden sich der gemessene u. der theoret. Wert der Absorption um etwa den Faktor 10^2. Dagegen steigt im langwelligen Teil des Spektrums von n-leitendem Si die Absorption der freien Ladungsträger entsprechend der Theorie für n- u. p-leitendes Material proportional zu $\lambda^{3/2}$ an. Das p-leitende Si zeigt Absorptionsminima bei $\lambda = 3{,}5\,\mu$ u. $4{,}5\,\mu$ im Kontinuum der freien Ladungsträger. Quant. liegt der Unterschied zwischen Theorie u. Experiment in der gleichen Größenordnung wie bei Ge. Das Verhältnis der gemessenen zur theoret. Absorption zeigt unabhängig vom Leitungstyp eine lineare Abhängigkeit von der Ladungsträgerzahl. G. TALSKY. 135□

Druckabhängigkeit des Widerstandes von Germanium. A. Michels, J. Van Eck, S. Machlup und C. A. Ten Seldam. (Physics Chem. Solids **10.** 12–18. April 1959. Amsterdam, Gemeente Univ., Van der Waals-Labor.; engl.) — Der Einfl. des hydrostat. Drucks auf den Widerstand eines Ge-Einkristalls vom p-Typ (spezif. Widerstand ca. 80 $\Omega\cdot$cm bei 293° K) wurde bis zu 270 atm im Temp.-Bereich von 125 bis —150° untersucht. In Übereinstimmung mit früheren Unterss. ergab sich im Eigenleitungsbereich eine Vergrößerung des Bandabstandes um $5{,}4\cdot10^{-6}$ eV/atm. Im Bereich der Störstellenleitung sinkt der Widerstand schwach mit dem Druck, eine Zunahme der Löcherbeweglichkeit von 9 ppm/atm ergebend. H.-P. RETTIG. 135□

Erzeugungs-Rekombinationsrauschen von mit Ni dotiertem Ge in dem Temperaturbereich von 350–100°K und Einfangwirkungsquerschnitte von Ni in Ge. F. M. Klaassen, J. Blok und H. C. Booy. (Physica [Utrecht] **27.** 48–66. Jan. 1961. Amsterdam, FU, Phys. Labor.; engl.) — Vff. behandelten zuerst theoret. das Erzeugungs-Rekombinationsrauschen von mit Ni dotierten Ge-Kristallen vom p-Typ u. vergleichen hierauf die erhaltenen Ergebnisse mit eigenen Messungen. Zu den Messungen wurde Ni in Ge vom n-Typ in Konzz. von 10^{13}–10^{15} cm^{-3} eindiffundiert, worauf die Kristalle schnell abgekühlt wurden, um ein Ausscheiden von Ni zu verhindern. Da bekannt ist, daß auch oberflächliche Leerstellenniveaus eingeführt werden, wurde, um zu verhindern, daß diese Niveaus Elektronen vom Valenzband aufnehmen, die anfängliche Donator-Konz. so hoch gewählt, daß diese Niveaus u. auch ein Teil des tieferen Ni-Niveaus gefüllt werden. In einem Kryostat wurden in einer Atmosphäre von trocknem N_2 das Rauschen, die Leitfähigkeit u. der HALL-Effekt in dem Temp.-Bereich von 350–100° K gemessen. Aus den erhaltenen Meßergebnissen wurden die Wrkg.-Querschnitte des Elektroneneinfangs von neutralem u. einfach ionisiertem Ni zu $17{,}5\cdot10^{-16}$ cm² bzw. zu $2{,}2\cdot10^{-16}$ cm² gefunden; für die Wrkg.-Querschnitte des Defektelektroneneinfangs von einfach u. doppelt ionisiertem Ni wurden die Werte $3{,}5\cdot10^{-14}$ cm² bzw. $\geq 10^{-13}$ cm² erhalten. C. GOTTFRIED. 135

Rekombination an Kupfer- und Nickelzentren in Germanium vom p-Typ. B. H. Schultz. (Philips Res. Rep. **16.** 182–86. April 1961; engl.) — Die Rekombination an Cu-Zentren in p-Ge zeigt für teilweise u. für nicht kompensierte Kristalle eine verschiedene Temp.-Abhängigkeit. Unter der Annahme, daß $\sigma_n \approx 10^{-16}$ cm², kann das mit einer zusätzlichen Rekombination an neutralen Cu-Atomen erklärt u. so ein Widerspruch in der Literatur beseitigt werden. Die Cu-Konzz. bewegten sich zwischen 1,4 u.

$9{,}2 \cdot 10^{14}$ cm^{-3}, die Temp. zwischen 80 u. 390° K. Bei Ni bleibt der Widerspruch, daß (bei Best. der Rekombinationswerte durch Elektroneneinfangprozesse) das negative Ni-Ion einen größeren Einfangquerschnitt hat als das neutrale Ni-Atom. Die angegebenen Meßergebnisse stimmen mit denen von WERTHEIM (C. **1960.** 2089) gut überein.
W. SOBIESKI. 135□

Löcherbeweglichkeit und Kristallgröße in photoleitenden Bleisulfidfilmen. H. E. Spencer und J. V. Morgan. (J. appl. Physics **31.** 2024—27. Nov. 1960. Rochester, N.Y., Eastman Kodak Co., Apparatus and Optical Div.; engl.) — Vgl. C. **1961.** 1459. — Zwischen der Kristallitgröße u. den aus HALL-Effekt-, Rausch- u. Signalmessungen bestimmten Löcherbeweglichkeiten besteht eine Korrelation derart, daß die Löcherbeweglichkeit in Schichten aus größeren Kristallen größer ist. Erhöht man die Träger-Konz. in der PbS-Schicht durch Anlegen eines Querwechselfeldes, so läßt die Abhängigkeit der unter diesen Bedingungen gemessenen Beweglichkeit von der Frequenz des Querfeldes folgende Schlüsse zu: Die aus der Lsg. auf Quarz niedergeschlagenen Schichten sind im Innern u. an beiden Oberflächen p-Leiter. Die Oberflächenschichten auf der Luftseite sind in dünnen Filmen Verarmungsschichten, in dickeren Filmen Anreicherungsschichten. Auf der Quarzseite bleiben die Schichten mit zunehmender Dicke Verarmungsschichten.
F. LEN . 135□

Berechnung der Photoleitfähigkeit aus Wechselstromimpedanzänderungen, die in ZnS- und ZnCdS-Phosphoren induziert wurden. Hartmut Kallmann, Bernard Kramer und Peter Mark. (Physics Chem. Solids **10.** 59—63. April 1959. New York, N.Y., Univ., Dep. of Phys.; engl.) — Für 5 Phosphore vom ZnCdS-Typ wurde aus der Kapazitätsänderung u. dem Streufaktor, beide bestimmt bei verschiedenen Frequenzen u. Intensitäten, die Photoleitfähigkeit u. die Elektronendichte des Leitfähigkeitsbandes für homogene Anregung berechnet. Für inhomogene Anregung konnte nur die Abhängigkeit der Photoleitfähigkeit von der Anregung bestimmt werden. H.-P. RETTIG. 135□

Hochspannungsphotoeffekt. B. Goldstein und L. Pensak. (J. appl. Physics **30.** 155—61. Febr. 1959. Princeton, N.J., RCA Labor.; engl.) — Filme von *CdTe*, die durch Aufdampfen unter einem schrägen Winkel im Vakuum hergestellt wurden, zeigen eine Photospannung in der Größenordnung von 100 V/cm Filmlänge. Die Photospannung erreicht einen Sättigungswert bei großen Lichtintensitäten u. niedrigen Temperaturen. Bei allen anderen Lichtintensitäten u. Temp. ergibt sich dieselbe Abhängigkeit von der Lichtintensität, wie sie bei normalen p—n-Übergängen beobachtet wird. Der Kurzschlußstrom ändert sich linear mit der Lichtintensität u. ist nur schwach temperaturabhängig. An Hand der Ergebnisse wird vermutet, daß eine Reihe additiv geschalteter p—n-Übergänge (oder anderer Photoelemente) vorliegt. Die lineare Dichte der Photoelemente muß zwischen ca. 200/cm bei Zimmer-Temp. u. ca. 7000/cm bei — 70° liegen. Ein Entstehungsmechanismus zur Deutung des Effekts wird diskutiert, der auf der Annahme eines anisotropen Kristallwachstums wegen des schrägen Aufdampfens u. auf dem Einfl. des Restgases im Vakuumraum beruht.
L. ROTH. 135□

Photothermischer Effekt in Halbleitern. W. W. Gärtner. (Physic. Rev. [2] **122.** 1962. 15/6. 1961; engl.) — Textnachtrag zur C. **1962.** 3350 referierten Arbeit.
HERBERT WEBER. 135□

Über den Übergang zum metallischen Verhalten in Zinkoxid. J. F. Dewald. (Physics Chem. Solids **17.** 334—35. Jan. 1961. Murray Hill, N.J., Bell Telephone Labor. Inc.; engl.) — Das „Flachbandpotential" wird definiert als das Potential (in bezug auf eine Vgl.-Elektrode) des Halbleiters, bei dem die Bänder bis zur Oberfläche flach sind; unter diesen Bedingungen herrscht keine Ladung am Halbleiter, wenn die Oberflächenzustände nicht vorhanden sind. — Trägt man das Flachbandpotential (bzgl. Kalomel) von mit H_3PO_4 frisch geätzten ZnO-Kristallen gegen die Elektronendichte in einem Koordinaten-Syst. auf, so weist die kontinuierlich abfallende Kurve bei einer Elektronendichte von ca. 10^{18} cm^{-3} eine steile Zacke auf. Diese Unregelmäßigkeit wird diskutiert u. mit dem Übergang zum metall. Verh. gedeutet.
G. TALSKY. 135□

Physikalische Eigenschaften von Titannitrid im Homogenitätsbereich. G. W. Ssamssonow und T. S. Werchogljadowa. (Доклады Академии Наук СССР [Ber. Akad. Wiss. UdSSR] **138.** 342—43. 11/5. 1961. Inst. für Metallkeramik u. Speziallegg. der Akad. der Wiss. der UkrainSSR; russ.) — TiN, eine typ. Einlagerungsphase, hat einen breiten Homogenitätsbereich zwischen 30 u. 50 Atom-% N. In diesem Bereich wurde die Abhängigkeit der elektr. Leitfähigkeit u. der Mikrohärte von der N-Konz. an Proben untersucht, die durch 2—4std. Sintern von Ti-Pulver unter einem Druck von 2—4 t/cm² in N_2-Atmosphäre bei Temp. von 900—1300° hergestellt wurden. Die Mikrohärte nimmt stärker als proportional zur N-Konz. zu. Die Konz.-Abhängigkeit des spezif. elektr. Widerstandes ist im Gegensatz zu der bei Titancarbid beobachteten nicht linear. Die Temp.-Abhängigkeit des spezif. Widerstandes zeigt um so stärkere Abweichungen von einem linearen Anstieg mit der Temp., je weiter sich die Zus. von der stöchiometr. (50 Atom-%) entfernt. Die Ergebnisse werden dadurch gedeutet, daß eine Verminderung der N-Konz. zu einer Zunahme des Anteils der Ionenbindung führt.

F. LENZ. 136□

Die Struktur der magnetischen Substanzen. J. Villain. (Physics Chem. Solids **11.** 303—09. Okt. 1959. Gifs/Yvette, Seine-et-Oise, Centre d'Études Nucl. de Saclay; engl.) — Mit Hilfe der Mol.-Feldnäherungen u. der Annahmen von Austausch-Wechselwrkg. über räumlich unbegrenzte Gebiete u. der Bldg. von BRAVAIS-Gittern durch die magnet. Ionen werden die Strukturen magnet. Stoffe unterhalb der CURIE-Punkte T_c ermittelt. Diese T_c-Werte werden zunächst ohne die Annahme von Untergittern berechnet u. die Struktur bei T_c bestimmt. Unterhalb T_c soll dann keine wesentliche Änderung der Struktur auftreten. Bes. sind Fälle denkbar, bei denen unterhalb T_c keine Untergitter im Sinne von gleichgerichteten spontanen Magnetisierungen vorhanden sind. Eine eingehende Berechnung wird für das Quadratgitter, u. zwar unter Berücksichtigung von Wechselwrkg. zwischen den nächsten, übernächsten u. zweitübernächsten Nachbarn durchgeführt. H. FAHLENBRACH. 137□

Verluste in einer Eisen–Silicium-Legierung bei sehr niedrigen Frequenzen und hohen Kraftliniendichten. Daniel A. Wycklendt und Robert M. Kay. (J. appl. Physics, Suppl. zu **32.** Nr. 3. 368S—369S. März 1961. Milwaukee, Wis., Allis-Chalmers Mfg. Co.; engl.) — Die Verluste in Fe–Si-Bändern mit einem Si-Geh. von 3,2% u. einer (1 1 0)[0 0 1]-Textur, die mit rein sinusförmiger Induktion im Frequenzbereich von 0,02—100 Hz magnetisiert sind, werden angegeben. Kraftliniendichten von 10, 15 u. 17 kGauß werden angewendet. Die Vorr. zur Erregung der Proben wird beschrieben. Die Verluste im Bereich von 0,02—0,4 Hz werden aus Schleifenmessungen erhalten; Brückenmessungen werden im Bereich von 0,4—100 Hz durchgeführt. Die Messungen lassen einen scharfen Abfall im Verlust je Periode bei der Abnahme der Frequenz von 1,5 auf 0,02 Hz erkennen. Die nach unten gerichtete Konkavität der Verlust–Frequenz-Kurve ist somit auch bei sehr niedrigen Frequenzen hervorstechend. Dieser Effekt nimmt mit der Amplitude der Kraftliniendichte zu. H. HOCHSTEIN. 137□

Über ein elektronenoptisches Verfahren zur Messung des Magnetisierungszustandes ferromagnetischer Proben. Christoph Schwink. (Z. Physik **161.** 560—78. 1961. München, Univ., II. Physikal. Inst.; dt.) — Für kleine Proben u. niedrige Feldstärken, bei denen die ballist. oder magnetometr. Meth. versagt, schlägt Vf. ein elektronenopt. Verf. vor. Hiernach ist die Best. der Feldstärkenabhängigkeit der Magnetisierung durch Messung der magnet. Ablenkung eines Elektronenstrahls möglich. Dieses Verf. wird für die einfache geometr. Anordnung eines Zylinders mit Spalt mathemat. abgeleitet. Vgl.-Messungen (ballist.) an weichgeglühten *Ni*-Drähten ($\mu_a \approx 400$) ergaben gute Übereinstimmung (ca. 2% Abweichung). K. REICHEL. 137□

Untersuchung der Magnetisierung von ein- und zweikomponentigen ferromagnetischen Systemen. Ss. Ju. Brodskaja und M. A. Grabowski. (Известия Академии Наук СССР, Серия Геофизическая [Nachr. Akad. Wiss. UdSSR, geophysik. Ser.] **1961.** 1158—70. Aug. Inst. für Geophys. der Akad. der Wiss. der UdSSR; russ.) — Vgl. C. **1962.** 7790. — Für Syst. mit zwei ferromagnet. Komponenten, nämlich *Magnetit* u. *Pyrrhotin* verschiedener Korngröße, werden Formeln für die mittlere magnet. Susceptibilität u. die mittlere Sättigungsintensität bei der Magnetisierung in geschlossenen u. offenen magnet. Ketten abgeleitet. Der Vgl. mit den experimentellen Daten befriedigt. Ferner wird das tatsächlich auf die Körner der einzelnen Komponenten wirkende Feld ermittelt. M. WIEDEMANN. 137□

Wechselwirkungen und Verteilungen magnetischer Ionen in einigen Granatsystemen. R. M. Bozorth und S. Geller. (Physics Chem. Solids **11.** 263—67. Okt. 1959. Murray Hill, N.J., Bell Telephone Labor., Inc.; engl.) — Es werden die Mischgranate der chem. Zus. $^1/_3\, Ca_3Fe_2M_3^{4+}O_{12}$—$^2/_3\, Y_3Fe_5O_{12}$ untersucht, wobei M = *Si*, *Ge* u. *Sn* der Reihe nach eingesetzt wird. Messungen der spontanen Magnetisierung bei tiefen Temp. zeigen, daß ungefähr 95% der Si^{4+}- oder 85% der Ge^{4+}-Ionen dabei auf die Tetraederplätze des Granatgitters gehen. Dagegen bevorzugen die größeren Sn^{4+}-Ionen die Oktaederplätze. Bei den Granaten der Zus. $Ca_3Fe_2Ge_3O_{12}$ u. $Mn_3Fe_2Ge_3O_{12}$ ergeben die Susceptibilitäts–Temp.-Kurven Anzeichen von Antiferromagnetismus bei tiefen Temperaturen. Die Verbb. $Gd_3Co_2GaGe_2O_{12}$ u. $Gd_3Ni_2GaGe_2O_{12}$ waren im Bereich zwischen 1,3 u. 300° K paramagnetisch. Das CURIE-WEISS-Gesetz ergab allerdings

negative Θ-Werte. Dagegen ist $Gd_3Mn_2GaGe_2O_{12}$ ferrimagnetisch. $Mn_3Fe_2Si_3O_{12}$ ist nur sehr schwach ferrimagnet. mit einem magnet. Moment von 0,1—0,2 μ_B.
H. FAHLENBRACH. 137□

Die durch magnetische Dipole induzierten normalen Wellen bei Gadoliniumeisengranat. J. I. Kaplan. (Physics Chem. Solids **11.** 335—36. Okt. 1959. Washington, D.C., U. S. Naval Res. Labor.; engl.) — Vf. zeigt, daß die Folge einer Anordnung der Atommomente der Granate auf drei Untergitter mit gleichgerichteten Spins, die nach der NÉELschen Theorie des Ferrimagnetismus gefordert wird, eine Anisotropie magnet. Dipole ist, die zur Entstehung elektr. Wellen führt. Bes. wird gezeigt, daß solche Wellen bei der Untergruppenstruktur des Gd–Fe-Granats besonders ausgeprägt sein müssen. H. FAHLENBRACH. 137□

Die antiferromagnetische Struktur von NiMn. J. S. Kasper und J. S. Kouvel. (Physics Chem. Solids **11.** 231—38. Okt. 1959. Schenectady, N.Y., Gen. Electr. Res. Labor.; engl.) — Durch Unterss. der Neutronenbeugung u. der magnet. Susceptibilität zwischen 1,8 u. 300° K wird gezeigt, daß die intermetall. Verbindung NiMn antiferromagnet. ist u. einen sehr hohen NÉEL-Punkt oberhalb 600° K besitzt. Die magnet. Einheitszelle besitzt nach der Neutronenbeugung eine geringere Symmetrie als die tetragonale chem. Einheitszelle. Die Richtungen der Atommomente stehen senkrecht auf der c-Achse. In den Ebenen senkrecht zur c-Achse sind die Atommomente des Mn antiparallel zueinander ausgerichtet. Die Sättigungsmagnetisierung u. das Untergittermodell fordern für $Mn\ \mu = 4{,}0 \pm 0{,}1\ \mu_B$, für $Ni\ \mu < 0{,}6\ \mu_B$. Eine Diskussion der magnet. Kristallanisotropie führt zu einem Vgl. mit der des γ-Mn. H. FAHLENBRACH. 137□

Über die Beziehung zwischen dem Wasserstoffüberpotential und der magnetischen Susceptibilität von Kupfer-Nickel-Legierungen. Mitsuru Oikawa. (Bull. chem. Soc. Japan **28.** 626—29. Dez. 1955. Tokyo, Univ., Fac. of Engng., Labor. of Appl. Electrochem. and Photochem; engl.) — Zwischen dem H_2-Überpotential u. dem Aufbau des d-Bandes von Ni–Cu-Legg. ergaben sich Zusammenhänge. Bei den Legg. mit mehr als 60% Ni (positive Löcher im d-Band) ist das H_2-Überpotential sehr klein, weil durch die große Adsorptionsenergie infolge der starken Bindung zwischen dem d-Orbital des Metalls u. dem H-Atom die Aktivierungsenergie sehr klein ist. Bei Cu-reichen Legg. mit gefülltem d-Band ist eine solche Bindung Metallelektron–H-Atom noch mehr gegeben. Das H_2-Überpotential ist sehr groß. H. FAHLENBRACH. 137□

Spin-Gitter-Relaxation in Cer(III)-magnesiumnitrat. R. P. Hudson und R. S. Kaeser. (Nuovo Cimento [10] **19.** 1275—77. 16/3. 1961. Washington, D.C., Nat. Bur. of Stand., Cryogen. Phys. Sect.; engl.) — Die Relaxations-Meth. nach CASIMIR u. DU PRÉ unter Verw. einer Näherung von FINN, ORBACH u. WOLF wurde zur genaueren Best. von δ_1 (= Trennung zwischen Grundzustand u. 1. angeregtem Zustand) in *Cer(III)-magnesiumnitrat* benutzt. Die Messungen wurden bei 50 bzw. 100 Gauß zwischen 1,64 u. 2,12° K durchgeführt. Aus den Messungen lassen sich mit der verwendeten Meth. die Relaxationszeiten τ ableiten. τ zeigt annähernd exponentiellen Verlauf >2° K: $\tau = A \exp(\delta_1/k\,T)$. Es wurde für >2° K bestätigt, daß A mit wachsendem Feld abnimmt. Für δ_1/k ergab sich 36° K als untere Grenze. <2° K ist offenbar ein 2. Relaxationsprozeß von Bedeutung. Die Meßwerte lassen sich darstellen durch $1/\tau_{gem.} = 1/\tau_{expon.} + 1/\tau'$ mit $1/\tau' = 1{,}63 \cdot T^5$. τ' läßt sich befriedigend in 2 Komponenten zerlegen: $1/\tau' = 6{,}0 \cdot T + 0{,}111 \cdot T^9$. G. WINKHAUS. 137□

Verbotene $\Delta(M + m) = 0$ Übergänge im paramagnetischen Resonanzspektrum von Mn^{IV} im $SrTiO_3$ und Mn^{2+} im ZnS. K. A. Müller. (Helv. physica Acta **33.** 497 bis 501. 1/10. 1960. Genf, Batelle Inst.; dt.) — Vgl. C. **1959.** 10135. — Vf. mißt die verbotenen Übergänge $\Delta(M + m) = 0$ (M = Elektronenspin- u. m = Kernspinquantenzahl) für ein magnet. Hochfrequenzfeld, das parallel zum konst. Magnetfeld polarisiert ist, in $SrTiO_3$ u. ZnS. Es wird nachgewiesen, daß die Beobachtung der verbotenen Übergänge die direkte Best. des Spins einer Resonanz erlaubt, sofern die Magnetfeldmessungen hinreichend genau sind. Die experimentell ermittelten Werte werden mit den theoret. verglichen. M. GUERLIN. 137□

Hybridisierungseffekte zweiter Ordnung bei protonenmagnetischen Resonanzspektren von Methylzinnchloriden. G. P. Van der Kelen. (Nature [London] **193.** 1069—70. 17/3. 1962. Univ. of Ghent, Labor. for Gen. and Inorg. Chem.; engl.) — An Hand der protonenmagnet. Resonanzspektren von $(CH_3)_4Sn$ (I), $(CH_3)_3SnCl$, $(CH_3)_2 \cdot SnCl_2$, CH_3SnCl_3, gelöst in 10%ig. Konz. in $CDCl_3$ u. D_2O, u. von $(CH_3)_3SnBr$ u. dessen Pyridinkomplexes ermittelte Vf. die Kopplungs-Konst. J (zwischen Methylprotonen u. Metallatom), um deren Veränderung bei Änderung des Hybridisierungszustandes des Zentralmetallatoms bei fortschreitender Halogenierung zu verfolgen. Mit einer besonders verfeinerten Meßtechnik war es möglich, die Kopplung der verschiedenen Isotope

(^{117}Sn u. ^{119}Sn) zu bestimmen; die $J_{^{13}C-H}$-, $J_{^{117}Sn-H}$- u. $J_{^{119}Sn-H}$-Werte sind tabellar. angegeben. Die $J_{^{13}C-H}$-Werte nehmen mit zunehmender Halogensubstitution in I zu; die Art (bzw. die Elektronegativität) des Halogenatoms hat bei monosubstituiertem I keinen Einfluß. Die beim Lösen der Methylzinnchloride in D_2O infolge der Bldg. von Ionen, wie $(CH_3)_3Sn^+$, $(CH_3)_2Sn^{2+}$ u. CH_3Sn^{3+}, hervorgerufenen verschiedenen Hybridisierungszustände des Sn äußerten sich in sehr deutlichen Änderungen der J_{Sn-C-H}-Werte. Ebenfalls ließen sich auf diese Weise Wechselwrkg. mit dem Lsgm. unter Bldg. von Komplexen zwischen den Alkylzinnchloriden u. dem Lsgm. bei Verw. von D_2O nachweisen. U. SKURNIA. 137 □

Elektrische Leitfähigkeit des Systems KCl–SnCl$_2$. W. W. Rafalski. (Украинский Химический Журнал [Ukrain. chem. J.] **26.** 585—87. 1960. Inst. für allg. u. anorgan. Chem. der Akad. der Wiss. der UkrainSSR; russ.) — Vf. untersucht die elektr. Leitfähigkeit von KCl–SnCl$_2$ bei 300 u. 350°. Die Schmelzen enthielten 0—52 Mol-% KCl. In einer Tabelle werden für die verschiedenen KCl-Konzz. die spezif. Leitfähigkeit $\varkappa$, der abs. Temp.-Koeff. der Leitfähigkeit $\alpha = (\varkappa_{t_1} - \varkappa_{t_2})/(t_1 - t_2)$ u. der relative Temp.-Koeff. $\beta = (\varkappa_{t_1} - \varkappa_{t_2})/\varkappa_0 (t_1 - t_2)$ zusammengestellt ($\varkappa_0$ = spezif. Leitfähigkeit bei 300°). Die Kurven von $\varkappa_{300}$ u. $\varkappa_{350}$ als Funktion von c_{KCl} weisen ein Minimum, die von β ein Maximum bei 50 Mol-% KCl auf. Durch Vgl. mit dem Zustandsdiagramm des Syst. KCl–SnCl$_2$ schließt Vf., daß in der Schmelze eine geringer leitende Verb. der Zus. KCl · 2 SnCl$_2$ vorhanden ist. E. WINKLER. 138 □

Über die Struktur der Komplexverbindung SnCl$_4$·2 CH$_3$COOH·2 NH$_2$CH$_2$COOH. W. Klimow, T. Ssumarokowa und M. Ussanowitsch. (Журнал Общей Химии [J. allg. Chem.] **30** (**92**). 1334—36. April 1960. Inst. für Chem. der Akad. der Wiss. der KasachSSR; russ.) — Es wurde die Ionenüberführung von Lsgg. von $SnCl_4 \cdot 2\,CH_3COOH \cdot 2\,NH_2CH_2COOH$ in Essigsäure untersucht. Im Vers. wurde ein Elektrolysegefäß verwendet, das durch 2 dichte Glasdiaphragmen in 3 Räume getrennt war, die die 3%ig. Lsg. des Komplexes enthielten. Im mittleren Raum des Elektrolysegefäßes waren Glycin u. Essigsäure mit ^{14}C markiert. Glycin wanderte im Vers. zur Kathode u. reicherte sich im Katholyt an, so daß es in der Kationsphäre vorliegen muß; Essigsäure wanderte zur Anode u. reicherte sich im Anolyt an, so daß sie in der Sphäre des Anions gebunden ist. Für das Komplexsalz wird deshalb die Formel $[SnCl_4(CH_3COO)_2]^{2-}[(NH_3CH_2COOH)_2]^{2+}$ vorgeschlagen. HELMUT SCHÄFER. 138 □

Bestimmung der Dissoziationskonstanten von Arsensäure. W. G. Tschuchlanzew. (Журнал Физической Химии [J. physik. Chem.] **33.** 3·7. Jan. 1959. Swerdlowsk, Uraler polytechn. Kirow-Inst.; russ.) — Vf. berechnete die 3 Dissoziations-Konst. der Arsensäure durch Best. der Löslichkeit von $Zn_3(AsO_4)_2$, $Sr_3(AsO_4)_2$ u. Ag_3AsO_4 in starken Säuren bei bestimmten pH-Werten. Die Löslichkeits-Prodd. der Arsenate wurden mit den radioakt. Indicatoren ^{65}Zn, ^{90}Sr u. ^{110}Ag bestimmt. Der pH-Wert wurde potentiometr. mit einer Glaselektrode gemessen. Bei 20° errechneten sich die Dissoziations-Konst. zu $K_1 = 2{,}2 \cdot 10^{-3}$, $K_2 = 1{,}3 \cdot 10^{-6}$, $K_3 = 3 \cdot 10^{-12}$. Bei der Berechnung blieben die Aktivitäts-Koeff. von Zn^{2+}, Sr^{2+} u. Ag^+ unberücksichtigt. Der Fehler der Best. beträgt 15—40%. H.-J. LUNK. 139 □

Über die Existenzform des Kupfersulfids in eisenhaltigen Silicatschmelzen. S. Je. Waissburd und W. L. Cheifetz. (Журнал Прикладной Химии [J. angew. Chem.] **32.** 2153—57. Okt. 1959. Projekt- u. Forschungsinst. „Gipronikel"; russ.) — Das in Fe-haltigen Silicatschmelzen (SS) gelöste CuS befindet sich in nicht dissoziiertem Zustand, was aus dem Vgl. zwischen den Zers.-Spannungen des Cu_2O u. den Cu- u. Fe-Sulfiden ersichtlich ist. Durch die Ggw. von in Fe-haltigen SS gelöstem Fe- u. Cu-Sulfid in Mengen, die den S- u. Cu-Konzz. in industriellen Schlacken entsprechen, wird die thermodynam. Aktivität des Fe in der Schlacke nicht verändert. S. BARYSCHNIKOW. 139

Die Brennstoffelemente. Gegenwärtiger Stand des Problems der direkten Umwandlung chemischer Energie in elektrische Energie. Giuseppe Bianchi. (Chim. e Ind. [Milano] **43.** 271—77. März 1961. Milano, Univ., Ist. di Elettrochim. e Metallurg.; ital.) — Übersicht über neuere Ergebnisse bei der Entw. u. der Anwendung von Brennstoffelementen. — 29 Literaturangaben. G. PLATZER. 140 □

Wechselwirkung von Sauerstoff und von Anionen einer Lösung bei ihrer Adsorption an Platin. W. Je. Kasarinow und N. A. Balaschowa. (Доклады Академии Наук СССР [Ber. Akad. Wiss. UdSSR] **139.** 641—44. 21/7. 1961. Inst. für Elektrochem. der Akad. der Wiss. der UdSSR; russ.) — Es wurde die Adsorption von Br^- an platiniertem Pt aus sauren (H_2SO_4) NaBr Lsgg. ($3 \cdot 10^{-3}$- bis $5 \cdot 10^{-4}$-n)mit der Isotopen-Meth. u. durch Messung der Spannungskurven in Abhängigkeit von der Zeit untersucht. Die Verss. weisen darauf hin, daß die Br^--Absorption chem. Natur ist u. daß Brom u. Sauerstoff sich am oxydierten Pt austauschen können. W.-D. HEUSSNER. 141 □

Versuche zur Frage der Durchlässigkeit von Glaselektroden für Wasserstoffionen mit Hilfe von Tritiummarkierung. K. Schwabe und H. Dahms. (Mber. dtsch. Akad. Wiss. Berlin **1.** 279—85. 1959. Dresden, TH, Inst. für Elektrochem. u. physikal. Chem.; dt.) — Aus der Nachw.-Empfindlichkeit für Tritium von ca. 10^{-10} Curie wird eine obere Grenze angegeben, unter der der Anteil an der Stromleitung für den Durchtritt von H-Ionen durch die Glaselektrode liegen muß. Untersucht werden kölbchenförmige Glaselektroden aus MacInnes-Glas mit einem geringen TiO_2-Zusatz ($<2\%$) u. mit einem Durchmesser von 10 mm. An den 3 behandelten Glaselektroden lag der Stromanteil unter 0,01, 0,03 u. 0,05%. Daraus wird geschlossen, daß die Glaselektrode nicht für H-Ionen durchlässig ist. Ihr Potential ist als Phasengrenzpotential aufzufassen. H. Schibilla. 142□

Statistische Theorie der Doppelschicht an der Grenze Metall–Lösung. W. G. Lewitsch und W. A. Kirjanow. (Доклады Академии Наук СССР [Ber. Akad. Wiss. UdSSR] **131.** 1134—36. 11/4. 1960. Inst. für Elektrochem. der Akad. der Wiss. der UdSSR; russ.) — Gegenüber der von Gouy, Chapman u. Stern [1910—1924] für die Doppelschicht an der Grenze Metall–Lsg. aufgestellten Diffusionstheorie sind unter statist. Gesichtspunkt Einwände zu erheben, obwohl die Theorie durch zufällige Annäherungen oft richtige Werte liefert, wenn infolge kleiner Konz. der Lsg. u. fehlender Korrelation zwischen der Lage der Ionen eine Gibbssche Verteilung besteht. Eine allg. Theorie der Doppelschicht ermöglicht es, prinzipiell den Effekt der Korrelation der Ionen bei einem beliebigen Gesetz der Wechselwrkg. zwischen ihnen zu berücksichtigen. Die Theorie ermöglicht die Berechnung der Adsorption der Ionen an der Elektrode in der Nähe des Nulladungspunktes, deren Effekt allerdings gering ist. R. K. Müller. 142□

Einfluß der Temperatur auf die Polarisation bei pulsierendem Strom. G. G. Wrshossek und O. K. Kudra. (Украинский Химический Журнал [Ukrain. chem. J.] **26.** 562—64. 1960. Kiew, Polytechn. Lenin-Inst.; russ.) — Vff. untersuchen den Einfl. der Temp. (0—80°) auf die kathod. Polarisation der Hg-Tropfelektrode in 1,05n HCl-Lösung. Die Messungen wurden mit konst. Gleichstrom (i_G) u. mit pulsierendem Gleichstrom (i_P) durchgeführt. Als Anode diente eine gesätt. Kalomelelektrode. Die aufgenommenen I–V-Kurven wurden in ihrem geradlinigen Teil auf $I = 0$ extrapoliert Auf diese Weise wurden die Meßwerte E_1 (für i_G) u. E_2 (für i_P) erhalten. Bei 0° wurde für $E_1 = 1{,}435$, für $E_2 = 0{,}870$ V gemessen; bei 81° lagen die Meßwerte bei 1,310 u. 0,809 V. Danach sinkt die Erniedrigung der Polarisation ($E_1 - E_2$) durch (i_P) mit steigender Temp. allmählich. Mit der Verringerung der Überspannung des Wasserstoffs sinkt aber auch das Potential bei i_G (E_1) mit steigender Temperatur. Die für die relative Erniedrigung der Polarisation angegebenen Werte liegen im Temp.-Bereich von 0—80° zwischen 0,38 u. 0,39. Vff. führten die gleichen Messungen mit einer Pt-Elektrode als Anode durch. Bei diesen Verss. entstehen an beiden Elektroden gasförmige Rk.-Prodd.; es erhöhen sich hierbei sowohl die Meßwerte E_1 u. E_2 als auch deren Differenz $E_1 - E_2$. Die Werte für die relative Erniedrigung der Polarisation liegen im Temp.-Bereich von 0—80° zwischen 0,39 u. 0,37. In beiden Meßreihen ist der Einfl. von i_P der gleiche, die Erniedrigung der Polarisation betrug jeweils 40% der Spannung bei i_G. Vff. vermuten auf Grund dieser Ergebnisse, daß i_P einen gewissen Katalysatoreffekt auf die elektrolyt. Abscheidung von Gasen ausübt. Vff. untersuchten ferner den Einfl. der Elektrolyt-Konz. auf den depolarisierenden Effekt von i_P. Die Messungen wurden im Temp.-Bereich von 15—80° an 1,05-, 0,11-, 0,01- u. 0,001n HCl-Lsgg. mit der gesätt. Kalomelelektrode als Anode durchgeführt. Die Temp.-Abhängigkeit von ΔE wird graph. dargestellt. Es ergibt sich eine Schar paralleler Geraden. Nur bei 0,001n HCl-Lsg. werden bei höheren Temp. geringe Abweichungen festgestellt. E. Winkler. 142□

Die Rolle des Wasserstoffperoxids bei der Polarisation der Stahlelektrode in Lauge mit geringen Stromdichten. A. Ss. Afanassjew, A. N. Burmisstrowa und Je. N. Tschankowa. (Украинский Химический Журнал [Ukrain. chem. J.] **26.** 579—84. 1960. Dnepropetrowsk, Inst. für Metallurg., Lehrstuhl für physikal. Chem.; russ.) — Vff. untersuchten anod. u. kathod. Polarisationserscheinungen an Stahlelektroden in 1,86n NaOH bei 25°. Die für die Unterss. verwendeten Elektroden wurden in alkal. Lsg. einige Std. anod. mit 3—5 mA/cm² vorbehandelt. Der Elektrolyt für die eigentlichen Messungen wurde mit Luftsauerstoff gesätt. u. mit verschiedenen Mengen H_2O_2 versetzt. Bei Beginn, im Verlauf u. am Ende der Verss. wurde durch Titration die H_2O_2-Konz. ermittelt. Es wurde festgestellt, daß im Mechanismus der Sauerstoffelektrode an oxydierten Stahlelektroden das H_2O_2 eine bedeutende Rolle spielt. Bei geringen anod. u. kathod. Belastungen enthalten die Polarisationskurven einen Abschnitt, in dem die Stromdichte mit der Konz. an H_2O_2 in der Lsg. ansteigt. Der Grenzstrom wird bestimmt durch die Diffusions-Geschw. des Sauerstoffs u. der HO_2^--Ionen zur bzw. von der Elektrodenoberfläche. E. Winkler. 142□

Elektrodenpolarisation bei der elektrolytischen Abscheidung von Cadmium, Zinn und Antimon. P. N. Kowalenko und K. N. Bagdassarow. (Украйнский Химический Журнал [Ukrain. chem. J.] **26.** 573—78. 1960. Rostow am Don, Univ.; russ.) — Vff. untersuchten die Elektrodenpolarisation bei der elektrolyt. Abscheidung von Cd, Sn u. Sb auf verkupferten bzw. vernickelten Pt-Elektroden sowie auf Cr–Ni- u. Al-Elektroden bei Temp. von 288—373° K. Aus der Temp.-Abhängigkeit der Abscheidungsstromstärke wird die Aktivierungsenergie berechnet. Für Cd ergab sich bei Verw. einer Pt-Elektrode u. einem Kathodenpotential von 0,7 V im angegebenen Temp.-Bereich ein Mittelwert der Aktivierungsenergie von 10000 (cal/Mol). Die Aktivierungsenergie bei der Abscheidung von Sn u. Sb hängt in starkem Maße vom Elektrodenmaterial ab. So ergaben sich für Sn bei Verw. von verkupfertem Pt 6040 (cal/Mol), bei vernickeltem Pt 6280, bei Cr–Ni 6550 u. bei Al 12200. Die Kathodenpotentiale betrugen unter diesen Bedingungen 0,75; 0,70; 0,59 u. 1,13 V. Für die Abscheidung von Sb ergaben sich in der gleichen Vers.-Reihe als Aktivierungsenergien 6700, 6320, 6440 u. 13130. Die hohen Werte für die Aktivierungsenergie bei der Abscheidung von Sn u. Sb auf Al werden mit der Zerstörung der Passivierungsschicht auf der Elektrodenoberfläche u. einer nachfolgenden teilweisen Auflösung des Al erklärt. Die Red. des Cd an einer verkupferten Pt-Elektrode ist offensichtlich von einer chem. Polarisation begleitet, die durch Hemmung der Kristallisation des Cd hervorgerufen wird. Bei der Abscheidung von Sn u. Sb wird vorwiegend Konz.-Polarisation beobachtet. E. WINKLER. 142 □

Das Verhalten des Chromglycerinkomplexes an der Quecksilbertropfelektrode. A. Aziz Khan und Wahid U. Malik. (Current Sci. [Bangalore] **30.** 141—42. April 1961. Aligarh, India, Univ., Dep. of Chem.; engl.) — Durch 1std. Erhitzen von Glycin mit einer Cr^{3+}-Lsg. auf 90° bildet sich ein violetter Komplex, dessen Red. an der Hg-Tropfelektrode in Phosphatpuffer (pH 5,20—9,7), KCl u. HCl/KCl untersucht wurde. Der Komplex ließ sich reduzieren, es konnten aber keine reversiblen Stufen erhalten werden. Die Meßwerte ($E_{1/2}$ u. $E_{3/4}-E_{1/4}$) sind tabelliert. Nur in KCl konnte ein definiertes Plateau erhalten werden, aus dem aber trotzdem keine lineare Beziehung zwischen dem Halbstufenpotential u. log c des Glycins ermittelt werden konnte. K. ROSS. 142 □

Die elektrochemischen Grundlagen der Korrosion und des Schutzes von Metallen. T. P. Hoar. (J. appl. Chem. **11.** 121—30. April 1961. Cambridge, Univ.; engl.) — Die Arten der Anoden- u. Kathoden-Rkk., die gewöhnlich bei der Korrosion von Metallen in wss. Medien beobachtet werden, werden beschrieben, u. die Kombination dieser Rkk. in korrodierenden u. passivierten Syst. wird erörtert. Die grundsätzlichen Wege, auf denen die Korrosions-Geschw. zu- oder abnehmen, werden erörtert u. folgendermaßen klassifiziert: anod. Angriff u. kathod. Schutz; anod. Passivierung oder Schutz u. kathod. Aktivierung; anod. Hemmung u. Anregung; kath. Hemmung u. Anregung; Widerstandshemmung. Die Bedeutung der Anwendung elektrochem. u. anderer theoret. Grundsätze in der Praxis von Korrosion u. Korrosionsschutz wird herausgestellt.
H. HOCHSTEIN. 143 □

Zum Mechanismus der Entstehung und Entwicklung der Lochfraßkorrosion an nichtrostenden Stählen. I. L. Rosenfeld und I. Ss. Danilow. (Доклады Академии Наук СССР [Ber. Akad. Wiss. UdSSR] **139.** 414—17. 11/7. 1961. Inst. für physik. Chem. der Akad. der Wiss. der UdSSR; russ.) — Auf Grund einer Unters. der an nichtrostenden austenit. Stählen 1Ch18N9T [Einfl. von $NH_4Fe(SO_4)_2 \cdot 12\,H_2O$ als Passivator in 0,5%ig. NH_4Cl-Lsg. u. Einfl. von NH_4Cl als Aktivator in 0,5%ig. $NH_4Fe(SO_4)_2 \cdot 12\,H_2O$-Lsg.] aufgetretenen Erscheinungen von Lochfraßkorrosion wird geschlossen, daß diese als eine besondere Art von Spaltkorrosion angesehen werden muß.
H. HOCHSTEIN. 143 □

Einfluß der Elektrolysebedingungen auf die Formierung und das Wachsen von anodischen Oxidfilmen auf Aluminium. F. P. Saliwalow, M. N. Tjukina und N. D. Tomaschow. (Журнал Физической Химии [J. physik. Chem.] **35.** 879—86. April 1961. Inst. für phys. Chem. der Akad. der Wiss. der UdSSR; russ.; Auszug: engl.) — Proben aus Al-Blech (99,99%) wurden geschliffen, mit Al_2O_3 poliert, entfettet u. der Anodenoxydation in 4n H_2SO_4 bei Stromdichten von 25, 50 u. 100 mA u. 22, 25 u. 27 V unterworfen (Dauer der Elektrolyse: einige Sek. bis 120 Min.). Die gebildeten Oxidfilme wurden elektronenmkr. untersucht. Bei einer Stromdichte von 10 mA/cm², einer Spannung von 10 V u. bei einer Temp. von 20° ist der minimale Poren-∅ 70 Å, der maximale 170 Å (Schichtdicke 7 μ). Niedrige Temp. u. gute Durchmischung sind Voraussetzung für die Erhaltung von Poren mit gleichmäßigem Durchmesser. Der Oxidfilm hat Zellenstruktur. Die Dimensionen der Oxidzellen steigen proportional mit der Spannung (380—560 Å bei 25 mA/cm² u. 22 V; 370—720 Å bei 100 mA/cm² u. 27 V). Die Gesamtzahl n der Oxid-Zellen u. damit die Porenzahl pro Flächeneinheit werden mit der Erhöhung der Stromdichte i u. der Spannung E vermindert: n = 940·10^6 mm^{-2} bei i = 10 mA/cm^2 u. E = 10 V; n = 295·10^6/mm^{-2} bei i = 100 mA/cm^2, E = 27 V. Die Porosität beträgt 15,9% bei gewöhnlicher Anodenoxydation u. 3,98—5,37% bei „harter" Anodenoxydation. B. ATHANASS. 143□

Untersuchung von Anodenprozessen bei der Korrosionsrißbildung von Metallen. N. D. Tomaschow und N. I. Issajew. (Доклады Академии Наук СССР [Ber. Akad. Wiss. UdSSR] **132.** 409—12. 11/5. 1960. Inst. für physik. Chem. der Akad. der Wiss. der UdSSR; russ.) — Vgl. C. **1960.** 12924. — Unter automat. Registrierung des Potentials, Impulspolarisation durch einen Strom von π-Form u. Präzisionsmessung des Elektrodenpotentials an der Spitze des sich entwickelnden Risses wird die Korrosionsriß-Bldg. einer Leg. (I) mit 4,5 (%) Al, 1,1 Zn, 0,6 Mn, Rest Mg nach Ätzung mit 20%ig. NaOH bei 90° (30 Sek.) oder mit 24%ig. NaOH bei 80° (30 Min.) untersucht. In einer Lsg. von K_2CrO_4 + NaCl (20 bzw. 35 g/Liter) ist bei I nach Luftoxydation die anod. Polarisierbarkeit ziemlich hoch; bei Stromdichten bis 0,1 mA/cm^2 beträgt sie im Mittel 5800 (V·cm^2/A), im Riß dagegen höchstens 450—500; bei sehr kleinen Flächen (0,005 cm^2) kann sie sogar von 6·10^3 auf 15—20, bei anodisiertem I von 10^6 auf 20—25 im Riß abnehmen. Demnach ist die rasche Entw. der Risse auf sehr starke Abnahme der anod. Polarisierbarkeit u. Konzentrierung der effektiv arbeitenden Anodenzone in der Rißspitze zurückzuführen. R. K. MÜLLER. 143□

Lösung und Diffusion des durch Korrosion gebildeten Oxidfilms in Zircaloy. R. M. Treco. (J. electrochem. Soc. **109.** 208—11. März 1962. New Haven, Conn., United Nucl. Corp.; engl.) — Der bei einem Korrosions-Vers. mit W. (680° F, 3 Tage) auf Zircaloy-2 gebildete Oxidfilm läßt sich durch Anlassen bei 750° im Vakuum infolge der stattfindenden Diffusion entfernen. Die dadurch bedingte Zunahme der Härte u. der Einfl. des Erhitzens auf die Verteilung des O in der Leg. werden näher untersucht. Es wird gezeigt, daß nachfolgendes Beizen zur Entfernung des in die Oberflächenschicht diffundierten O geeignet ist. U. SKURNIA. 143□

Untersuchung des Einflusses von Antimon auf den Charakter der Passivierung von Blei in Schwefelsäurelösungen. E. Ss. Waissberg, Je. W. Kriwolapowa und B. N. Kabanow. (Журнал Прикладной Химии [J. angew. Chem.] **32.** 2354—57. Okt. 1959; russ.) — Vgl. C. **1950/54.** 2993 S. u. C. **1960.** 8776. — Wenn bei einem Pb–H_2SO_4-Akkumulator statt Pb eine Elektrode aus einer Pb–Sb-Leg. mit 8% Sb verwendet wird, nimmt die Passivierungs-Geschw. zu. Die Kurven der Änderung der Spannung E mit der Zeit t bei mit 2·10^{-4} A/cm^2 polarisierten Pb–Sb-Elektroden zeigen einen Abschnitt, in dem E konst. ist. Diese konst. E-Werte liegen nahe dem Gleichgewichtspotential der Rk. $Sb + H_2O \rightleftharpoons SbO^+ + 2\,H^+ + 3e$. Die Länge der waagerechten Kurvenstücke ist von der H_2SO_4-Konz. (2—11,37n) unabhängig, während sie bei den E—t-Kurven für reines Pb bei steigender H_2SO_4-Konz. abnimmt. Man kann nach diesen Ergebnissen die Abnahme der technolog. Kapazität der negativen Pb-Elektrode durch „Vergiftung" mit Sb nicht nur mit der geringeren Beladbarkeit der negativen Elektrode erklären. R. K. MÜLLER. 143□

Über die Instabilitätserscheinungen bei der katalytischen Zersetzung des Wasserstoffperoxids an Quecksilber. W. C. Gardiner. (Z. physik. Chem. Frankf. Ausg. [N. F.] **15.** Bonhoeffer-Gedenkband 75—92. April 1958. Göttingen, MPI für phys. Chem.; dt.) — Die katalyt. Zers. des H_2O_2 an einer Hg-Oberfläche wurde mit Hilfe elektrochem. Meth. untersucht. Dabei wurde bes. die Aufklärung des von BREDIG [1903] entdeckten oscillierenden Verh. u. der Ausbreitung von Aktivwellen auf dem passiven Metall berücksichtigt. Durch stationäre Strom–Spannungs-Messungen u. Einschaltkurven wurde der dynatronartige Charakter der Strom–Spannungs-Kurven bestimmt. Die Ergebnisse früherer Arbeiten über dieses Syst. werden unter Einbeziehung der vorliegenden Ergebnisse diskutiert. A. BLASCHETTE. 143□

A$_4$. Thermodynamik. Thermochemie

Einfluß von Leerstellen auf die thermodynamischen Eigenschaften regulärer Lösungen. A. N. Kirginzew. (Известия Сибирского Отделения Академии Наук СССР [Nachr. sibir. Abt. Akad. Wiss. UdSSR] **1960.** Nr. 9. 82—87. Inst. für Anorg. Chem., Sibir. Abt. der Akad. der Wiss. der UdSSR; russ.) — Ableitung der VAN LAAR-Gleichung unter Zugrundelegung der Theorie regulärer Lösungen. Die VAN LAAR-Gleichung führt für den Fall fester Lsgg. in die Gleichung der Theorie regulärer Lösungen. CH. WEISKE. 146□

Freie Oberflächenenergie eines verdünnten Gases. Takuji Tsuzuki. (J. physic. Soc. Japan **15.** 2197—2205. Dez. 1960. Yokohama, Municipal Univ. Kanazawa-ku;

engl.) — Vf. untersucht den Einfl. der Gefäßwandungen auf die freie Oberflächenenergie eines verd. Gases aus starren Kugeln. Dazu wird die freie Energie des Syst. als Funktion des Vol. u. der Oberflächendimensionen des Behälters dargestellt. Der Ausdruck für die freie Überschußenergie der Oberfläche des Gases (die Oberflächenspannung) wird sowohl in der Formulierung der klass. als auch der Quantenmechanik abgeleitet. In der letzteren ist dabei der klass. Durchmesser eines Mol. durch den effektiven Durchmesser ersetzt, der größer als der klass. ist. WOLFGANG WAGNER. 149□

Klassifizierung ternärer homoazeotroper Systeme. 1. Mitt. W. Malesiński. (Bull. Acad. polon. Sci., Sér. Sci. chim., géol. géogr. **6.** 105—09. 1 Tafel. 1958. Pol. Acad. of Sci., Inst. of Phys. Chem., Raw Org. Mat. Dep.; engl.) — 2. vgl. C. **1960.**16344. — Vf. diskutiert alle möglichen Lagen des Punktes W(x_1^0, x_2^0, x_3^0) inner- u. außerhalb des Konz.-Dreiecks ($x_1^0 + x_2^0 + x_3^0 = 1$). W dient als Bezugspunkt zur Berechnung der tern. azeotropen Zus. aus den bin. azeotropen Systemen. Es ergeben sich für die W-Koordinaten acht charakterist. Bereiche, denen acht Klassen von homoazeotropen, reguläre Lsgg. bildenden Syst. zugeordnet werden. A. BLASCHETTE. 150□

Schmelztemperaturen von Metallen bei sehr hohen Drücken. H. M. Strong. (Amer. Scientist **48.** 58—79. März 1960. Schenectady, N.Y., Gen. Electr. Co., Res. Labor.; engl.) — Allg. Überblick. Theoret. Grundlagen; Aufgabenstellungen; moderne Meth. zur Erzeugung u. Messung ultrahoher Drücke; Ergebnisse, bes. über die Druckabhängigkeit von Phasenumwandlungs-Temp.; prakt. Bedeutung dieser Forschungsrichtung, z. B. für die Geophysik. — 19 Literaturangaben. WOLFGANG WAGNER. 150□

Einfluß der Radioaktivität von Molybdänsäureanhydrid auf seine Verdampfungsgeschwindigkeit. Wikt. I. Spitzyn und I. Je. Simakow. (Доклады Академии Наук СССР [Ber. Akad. Wiss. UdSSR] **139.** 654—57. 21/7. 1961. Inst. für phys. Chem. der Akad. der Wiss. der UdSSR; russ.) — Unterss. bei 700 ± 2° an mit ^{99}Mo ($T_{1/2}$ = 68,3 h) markiertem MoO_3 zeigen, daß seine Verdampfungs-Geschw. in trockener Luft in linearer Abhängigkeit zur angewendeten Radioaktivität steht, die zwischen 1,0 u. 28,0 mc/g variiert. Die verdampfte Menge MoO_3 steigt maximal von 0,11 g auf 0,15 g/2 h im Bereich von 4,0—9,0 mc/g an. Vff. bestimmen den Einfl. von spezif. Radioaktivität mit einem Minimum bei 4—5 mc/g u. der Ladung der Oberfläche auf die Verdampfungs-Geschw. der Probe. W.-D. HEUSSNER. 150□

Metastabile flüssige Unmischbarkeit und halbfeste Kristallkeimbildung. Rustum Roy. (J. Amer. ceram. Soc. **43.** 670—71. Dez. 1960; engl.) — In silicat. Syst., in denen zwei nichtmischbare Fll. nebeneinander im Gleichgewicht vorliegen, sind diese oft metastabil. Verursacht durch den Abkühlungsvorgang treten zwei fl. Phasen in den Syst. CaO-TiO_2-SiO_2, Li_2O-Al_2O_3-SiO_2 u. a. auf, die begrenzt sind durch die makroskop. Phase. Es werden zwei Probleme diskutiert: 1. Die Möglichkeit der Fl.-Fl.-Trennung, auf der die erste Kristallkeim-Bldg. u. Kristallisation des Glases beruht; 2. die Hypothese des submkr. 2-Fll.-Systems. H. OPPERMANN. 150□

Thermodynamische Untersuchung einer Lösung von Bleinitrat in geschmolzenem Kaliumnitrat. Yves Doucet und Christian Janot. (C. R. hebd. Séances Acad. Sci. **244.** 1166—69. 25/2. 1957; franz.) — Lsgg. von $Pb(NO_3)_2$ (I) in geschmolzenem KNO_3 (Molenbruch von I 0,005—0,216) zeigen nach kryoskop. Messungen eine negative Abweichung vom RAOULTschen Gesetz, die ihren Ursprung wahrscheinlich in der Konfigurationsentropie hat (Ionen-Vol. von K^+ 10 Å³, von Pb^{2+} 2,5 Å³). Der Mischvorgang ist schwach exotherm. Die Schmelzwärme des KNO_3 ergibt sich durch Extrapolation zu 2690 cal. A. BLASCHETTE. 150□

Thermodynamische Analyse des Systems Anorthit-Åkermanit. E. Christiaan De Wys. (Mineralog. Mag. J. mineralog. Soc. **32.** 644—49. Dez. 1960. Kingston, N.Y., IBM Corp.; engl.) — Ausgehend von einer modifizierten Form der CLAUSIUS-CLAPEYRONschen Gleichung berechnet Vf. ein theoret. Diagramm für das obige Syst. u. vergleicht die experimentellen u. berechneten Liquiduskurven. Die beste Übereinstimmung ergibt sich für einen Wert für den VAN'T HOFFschen Faktor von i = 2, was bedeutet, daß die Schmelzen Ionencharakter besitzen. C. GOTTFRIED. 150

Über die Lösungswärmen von Kobalt- und Nickelperchlorathexahydrat. Ss. A. Schtschukarew, S. U. Borissowa und G. M. Orlowa. (Журнал Общей Химии [J. allg. Chem.] **30** (92). 1053—55. März 1960. Leningrad, Univ.; russ.) — Es werden die Lsg.-Wärmen für Ni- u. Co-Perchlorathexahydrat für Verdünnungen von 1:8 bis 1:1000 bestimmt. Für Lsgg. mit Verdünnungen von 1:400 bis 1:1000 sind die Lsg.-Wärmen der beiden Verbb. fast gleich u. konstant. Die Lsg.-Wärmen der Perchlorathexahydrate von Mg, Zn, Co u. Ni sind bei der Herst. konz. Lsgg. fast gleich. Bei der Herst. sehr verd. Lsgg. nehmen die Lsg.-Wärmen in der Reihenfolge Mg < Zn < Co < Ni zu. Die Ergebnisse werden graph. u. tabellar. angegeben. HELMUT SCHÄFER. 156□

Der Einfluß äußerer Faktoren auf die Ausbildung der Detonation in Knallgas-Dampf-Gemischen. L. B. Adler, E. C. Hobaica und J. A. Luker. (Combust. and Flame 3. 481—93. Dez. 1959. Syracuse, N.Y., Syracuse Univ., Res. Inst.; engl.) — *Knallgas*-Gemische (I) mit Dampf von 100° (II) wurden in Rk.-Rohren der Weite d = 1,10, 2,43 oder 7,37 cm gefüllt u. zur Entzündung gebracht. Die reflektierten Drücke wurden piezoelektr. in 2,35 m Entfernung vom Ort der Entzündung gemessen, so daß die Geschw. S der Vordetonationsflamme oscillograph. bestimmt werden konnte. Gezündet wurde entweder a) mit Funken der Intensität 180 oder 360 Millijoule (mJ) oder b) mit einem Chromnickelheizdraht der Leistung 9,4 ± 0,7 kW. Es ergab sich eine Abhängigkeit der Detonationsausbldg. von der Art der Entzündung nach a) oder b) u. von d. Die Art der Entzündung stellt nur in engen Rohren (großes Verhältnis Oberfläche/Vol.) einen die Detonation maßgeblich bestimmenden Faktor dar, weil die hier erhöhten Wärmeverluste die nach b) eingeleitete Rk. stärker hemmen als bei der nach a) eingeleiteten. In engen Rohren (d = 1,10 u. 2,43 cm) erwiesen sich Wärmeverluste als in erster Linie maßgebliche Faktoren, bei weiten (d = 7,37 cm) wird die Detonation im wesentlichen von der Wechselwrkg. zwischen d u. der Wand bestimmt, die dazu beiträgt, daß in weiten Rohren sich eine Detonation schwerer ausbildet: Wärmeverluste spielen hier weniger eine Rolle. Aus den Oscillogrammen werden Schlüsse über die Art der einzelnen Vorgänge gezogen; in Form von Kurven wird die Abhängigkeit der jeweiligen Maximaldrücke, bezogen auf die Ausgangsdrücke, vom Verhältnis I/II angegeben.
E. Roeder. 157 □

Die Brennerdurchmesser, die bei niedrigen Drücken einige schnelle Flammen zum Löschen bringen. Evelyn Anagnostou und A. E. Potter jun. (Combust. and Flame 3. 453—57. Dez. 1959. Cleveland, Ohio, Lewis Res. Center, Nat. Aeronaut. and Space Adm.; engl.) — An den stöchiometr. Gemischen *Propan* (I)/O_2, Äthylen/O_2, *Acetylen*/O_2, I/(50% O_2 + 50% N_2), H_2/O_2, H_2/(70% O_2 + 30% N_2) wurde der Einfl. des Brennerdurchmessers d auf die Ausbldg. der Flammen in der Weise beobachtet, daß festgestellt wurde, ob Rückschlagen oder Auslöschen der Flamme auftrat, wenn kurzzeitig der Gasstrom unterbrochen wurde. Auf dem Brenner war eine Messingplatte von 0,835 cm Dicke angebracht, die 18 Löcher zwischen d = 3,18 u. 1 mm Weite enthielt, durch die nacheinander die Gasgemische strömten. Bei den Messungen wurde zunächst eine geringe Menge Gasgemisch eingeleitet u. gezündet, die Gasströmungs-Geschw. v_g dann soweit allmählich erniedrigt, bis die Flamme entweder rückschlug oder erlosch. Im ersten Fall zeigte ein unter der Brenneröffnung angebrachtes Thermoelement eine Temp.-Steigerung, im zweiten Falle wurde der zum Erlöschen führende Druck p als der Mittelwert der Druckwerte genommen, bei denen Rückschlagen (p_r) bzw. Auslöschen (p_a) auftrat. p_r u. p_a unterscheiden sich um ca. 1—3 Torr. In Form von Kurven wird die Abhängigkeit von d von p im Bereich von 0,05—0,3 atm u. die der Verbrennungs-Geschw. von d angegeben. E. Roeder. 157 □

Flammenauslöschung durch konische, rechtwinklige Kanäle. A. L. Berlad, R. D. Rowe und C. H. Yang. (Combust. and Flame 3. 477—80. Dez. 1959. San Diego, Calif., Convair Sci. Res. Labor.; engl.) — Bei den Verss. drang eine Flamme abwärts senkrecht in ein Syst. von drei sich langsam verengenden rechtwinkligen Kanälen vor (9,95 cm hoch, 12,62 cm tief, Weite veränderlich von 1,522 auf 0,761 bzw. von 0,780 auf 0,260 bzw. von 0,280 auf 0 cm), in denen die Flammen bei genügend kleiner Weite der Kanäle erlosch. Dabei wurde dem brennenden Gasgemisch von Luft im stöchiometr. Verhältnis mit C_2H_2 (I) oder C_3H_8 im Augenblick der Entzündung zur Druckerhöhung ein inertes Gas (N_2) zugegeben, dessen Zutritt elektron. gesteuert wurde. Die Beobachtung der Flammen erfolgte durch Strichmarkenphotographie u. Schlierenaufnahmen. Gemessen wurde der sog. Keilauslöschungsabstand („wedge quenching distance") d_w, der sich als auf 1% reproduzierbar erwies. Es wurde bei Drücken unter 1 ata, z. B. 11 Torr, gearbeitet. Da die Werte von d_w fast denen in gleichmäßig weiten Rohren entsprach u. $d_w \sim$ d war, ist darauf zu schließen, daß die zur Auslöschung führende Instabilität der Flamme im wesentlichen vom Abstand der Wände in unmittelbarer Nähe der Rk.-Zone abhängt. Der Übergang einer stabilen Flamme bis zu deren Auslöschung ist ein stark zeitabhängiger Vorgang u. geschieht z. B. bei I innerhalb von 0,4 ms. E. Roeder. 157 □

Die Verbrennungsgeschwindigkeit von Wasserstoff-Luft-Gemischen und von Gemischen einiger Kohlenwasserstoffe mit Luft. T. G. Scholte und P. B. Vaags. (Combust. and Flame 3. 495—501. Dez. 1959. Geleen, Nederlands, Staatsminen in Limburg, Centraal Labor.; engl.) — Unter der Verbrennungs-Geschw. S eines Gasgemisches verstehen Vff. die Geschw., mit der eine große, flache Flammenfront gegenüber dem unverbrannten Gas in Richtung der Normalen fortschreitet. Gearbeitet wurde mit

Bunsenbrennern mit geeigneter aufgesetzter Düse. Die Flammen wurden nach einer modifizierten Schlieren-Meth. mit einer Hg-Hochdrucklampe beobachtet. Gemessen wurde S an den Gemischen von Luft mit H_2,*CH_4* (I), *C_2H_6* (II), *C_3H_8* (III), *n-C_4H_{10}* (IV), *C_2H_2* (V), *C_2H_4* (VI), *C_3H_6* (VII) u. *n-Buten*-(1) (VIII). Bei H_2 wurde mit den beiden Düsen-Ø 3 u. 5 mm gearbeitet, bei denen die Gasströmungs-Geschw. 900 u. 1550 bzw. 850 u. 1100 cm/s betrugen. Maximales S (S_{max}) wurde mit 280 cm/s bei $g = 42{,}4$ Vol.-% H_2 gemessen. Für die KW-Stoffe betrug S_{max} bzw. g: I (40,0; 10,05), II (43,3; 6,25), III (41,4; 4,3), IV (39,2; 3,45), V (150,2; 9,45), VI (70,0; 7,3), VII (45,6; 4,95), VIII (46,0; 3,5).
E. ROEDER. 157 □

Der Einfluß kleiner Mengen Wasserstoff und Wasserstoffverbindungen auf die Verbrennungsgeschwindigkeit der Flammen von Kohlenstoffmonoxid-Luft-Gemischen. T. G. Scholte und P. B. Vaags. (Combust. and Flame 3. 503—10. Dez. 1959; engl.) — Vgl. vorst. Referat. — An Brennern wurden mit a) bes. reinem, H_2-freiem *CO* (I), b) *CO*–*H_2*-Gemischen, c) *CO*–*D_2*-Gemischen die jeweiligen Verbrennungs-Geschw. S bei 20° gemessen, wobei die zugesetzten H_2- oder D_2-Mengen bis 4% betrugen. Bei a) mit 40 bis 55 Vol.-% I in Luft wurden bei Brennerdurchmessern von 7—10 mm u. verschiedener Gas-Geschw. $S = (S_0) = 14{,}5 \pm 1$ cm/s gemessen, bei b) wurde mit Geh. zwischen 35 u. 65 Vol.-% I gearbeitet u. die Beziehung gefunden: $S^2 = a \cdot [H_2] + b$, wo a u. b Konst. sind, die vom Geh. an I abhängen. a hat den maximalen Wert bei 45—55% I mit 1300 bis 1460 cm^2/s^2, b liegt hier zwischen 120 u. 210 cm^2/s^2. Wurde zu I mit 0,55 Vol.-% H_2 Wasserdampf zugesetzt, ergab sich S_{max} bei 47—50 % I mit 23,6; 43,4; 49,2 u. 51,1 cm/s bei 0,1; 0,20; 1,87 u. 2,30% Wasserzusatz, woraus sich die Beziehung ergab: $S^2 = S_0^2 + a[H_2] + {}^2/_3[H_2O]$, woraus sich wieder a bei Annahme von $S_0^2 = 200$ cm^2/s^2 berechnet. Wurde I mit bis zu 3% *CH_4* u./oder *C_3H_8* versetzt, ergab sich S^2 proportional $[H_2] + {}^2/_3\,[H_2O] + 2\,[CH_4] + 4\,[C_3H_8]$. Bei c) ergab sich für S^2 eine schwächere Zunahme von S^2 als bei b) im Verhältnis 0,54:1. E. ROEDER. 157 □

Die Verbrennungsgeschwindigkeit der Gemische von Wasserstoff, Kohlenmonoxid und Methan mit Luft. T. G. Scholte und P. B. Vaags. (Combust. and Flame 3. 511—24. Dez. 1959; engl.) — Vgl. vorst. Referate. — Von *H_2*, *CO* u. *CH_4* wurden die Verbrennungs-Geschw. v_b in Luft einzeln bzw. im Gemisch bestimmt, wobei noch der Einfl. geringer zugegebener Mengen an *N_2*, *CO_2* u. *O_2* studiert wurde. Die Abhängigkeit von v_b vom Geh. an H_2, CO u. CH_4 in den Mischungen wird an Hand eines Dreieckkoordinaten-Syst. erklärt, ebenso das Verhältnis dieser Komponenten mit Luft für maximales v_b. Bei Zugabe kleiner Mengen N_2, CO_2 oder O_2 ändert sich v_b im Verhältnis der zugegebenen Volumina. Der Einfl. eines Teils O_2 auf v_b ist entgegengesetzt gleich dem von 79/21 Teilen N_2. Es werden auf Grund der Verss. Formeln zur Berechnung von v_b in Abhängigkeit von der Gas-Zus. angegeben. E. ROEDER. 157 □

Theorie über die Verbrennung von Tropfen eines selbstantreibenden (monopropellant) Brennstoffes. F. A. Williams. (Combust. and Flame 3. 529—43. Dez. 1959. Cambridge, Mass., Harvard Univ., Pierce Hall.; engl.) — Vf. betrachtet ein Syst. aus solchen Stoffen, die in sich selbst verbrennen können, wie fl. *H_2O_2* oder *Propylnitrat*, bei denen von der Tropfenoberfläche beim Kp. des Tropfens Moll. in die umgebende, unendlich ausgedehnte inerte Atmosphäre entweichen, dabei erhitzt werden u. zur Rk. kommen u. dadurch die Tropfenoberfläche wieder erwärmen, so daß wieder mehr Moll. verdampfen usw. Die Bedingungen für den endlich auftretenden Gleichgewichtszustand unter besonderer Berücksichtigung der Diffusionsvorgänge werden mathemat. behandelt. E. ROEDER. 157 □

Der bei der Entzündung von Staubdispersionen mitwirkende Mechanismus. H. M. Cassel und I. Liebman. (Combust. and Flame 3. 467—75. Dez. 1959. Pittsburgh, Pa., U.S. Bur. of explosives Technol., Branch of Dust Explos.; engl.) — Nach eingehender theoret. Betrachtung der in Frage kommenden Probleme beschreiben Vff. ihre Verss., bei denen getrocknete Luft oder reines O_2 als Oxydantien für feinverteilte Staubdispersionen von *Al* (I), *Mg* (II) u. einer *Al–Mg-Leg.* (III) mit je 50% Al u. Mg benutzt wurden. Bei I erwies sich, daß die schützende Oxidschicht sich auch beim Schmelzen (F. 659,7°) hält, obgleich dabei eine Vol.-Zunahme um 6% erfolgt. Da es bis zu 1400° hinauf nicht möglich war, I in einem Ofen zu entzünden, ist anzunehmen, daß I auch im geschmolzenen Zustand die Schutzhaut behält. II dagegen (F. 651°) hat keine Schutzhaut u. entzündet sich bei 623°. Vff. benutzten Pulver mit kugelförmigen Partikeln von $d = 5$—$75\ \mu$ Ø. Um die Zeit der der hohen Temp. bis zur Entzündung ausgesetzten Teilchen auf 0,1—0,3 Sek. zu verkürzen, wurden diese in die heiße Zone des senkrecht stehenden 65 cm langen u. 2,7 cm weiten Ofens durch ein wassergekühltes Rohr eingeführt u. durch den Gasstrom sowie einen elektr. Vibrator aufgewirbelt. Es wurde die Entzündungs-Temp. T_e, d. h. die geringste, zur leuchtenden Aufflammung der Teilchen benötigten Umgebungs-Temp. für verschiedene Staub-Konzz. u. Teilchengrößen festgestellt. Dabei steigt T_e in Übereinstimmung mit der Theorie bei abnehmendem d, jedoch ist T_e bei genügend hohen Staub-Konzz. bei feineren Teilchen niedriger als bei gröberen. T_e ist bei Vorhandensein von Wolken niedriger als bei einem Einzelteilchen allein, was durch Einfl. der sonst reagierenden Nachbarteilchen zu erklären ist. T_e von **III** ist höher als von **II** bei sonst gleichem d. Die Differenz von T_e zwischen **II** u. **III** wächst mit zunehmendem d. Als Aktivierungsenergie wurden bei **II** 17700, bei **III** 18600 cal/Mol gefunden. Bei kleineren Staub-Konzz. geht die Entzündung von sporad. verteilten Zentren zuerst aus, wo sich zunächst kleine Flammen zeigen, deren Zahl sich mit der Staub-Konz. erhöht, u. die anschließend die ganze Wolke entzünden. Die Ausbldg. der kleinen Flammen wird als Folge der statist. Dichteverteilung in einer sonst einheitlichen Wolke erklärt, wie sie auch bei Aerosolen beobachtet wird. E. ROEDER. 157 □

Messung der thermischen Leitfähigkeit unter Verwendung des Peltier-Effektes. 2. Mitt. **Korrektur für die Abstrahlung vom Draht und Bestimmung der Strahlungsemission der Probe.** R. Simon, R. T. Bate und E. H. Lougher. (J. appl. Physics **31.** 2160—64. Dez. 1960. Columbus, Ohio, Battelle Mem. Inst.; engl.) — 1. vgl. HARMAN u. Mitarbeiter, C. **1960.** 12597. — Die l. c. entwickelte Theorie für das neue Meß-Verf. wird durch die angeführten Korrekturen erweitert. Die Strahlungsemission der Halbleiterprobe kann aus den gemessenen Temp. berechnet werden.

WOLFGANG WAGNER. 158 □

Thermische Leitfähigkeit von CaF_2-, MnF_2-, CoF_2- und ZnF_2-Kristallen. Glen A. Slack. (Physic. Rev. [2] **122.** 1962. 15/6. 1961; engl.) — Korrektur von theoret. Werten in der C. **1962.** 9620 referierten Arbeit. HERBERT WEBER. 158 □

Über die Ausbreitungsgeschwindigkeit des Schalles in Gas- und Flüssigkeitsgemischen. V. S. Vrkljan. (Rad jugosl. Akad. Znanosti Umjetnosti, Odjel mat., fizicke tehn. Nauke **8.** 55—58. 1961. Zagreb; serbokroat.) — Vgl. C. **1962.** 749. — Bei Fl. ist für $\varrho_{j,0}$ die Dichte des Einzelbestandteils in der Fl. einzusetzen. Aus der Ableitung weiterer Formeln wird durch Anwendung der NEWTON-LAPLACEschen Gleichung für die Schall-Geschw. obige Gleichung bewiesen. M. STRASCHILL. 159 □

Über die Ausbreitungsgeschwindigkeit des Schalles in Gemischen einatomiger Gase. V. S. Vrkljan. (Rad jugosl. Akad. Znanosti Umjetnosti, Odjel mat., fizicke tehn. Nauke **8.** 179—84. 1961; serbokroat.) — Vgl. vorst. Referat. — Es wird gezeigt daß die l. c. für Gasgemische aufgestellte Gleichung für die Ausbreitungs-Geschw. des Schalles auch dann gilt, wenn die einzelnen Gase mit einer verschiedenen Temp. zusammen gemischt worden sind. M. STRASCHILL. 159 □

Untersuchung des Widerstandskoeffizienten von sphärischen Körpern bei Ultraschallgeschwindigkeiten in Gasen mit verschiedenem Verhältnis der spezifischen Wärmen. G. I. Mischin. (Журнал Технической Физики [J. techn. Physik] **31.** 495—98. April 1961. Leningrad, Phys.-techn. Joffe-Inst. der Akad. der Wiss. der UdSSR; russ.) — Vf. untersucht den Widerstands-Koeff. von sphär. Körpern in einatomigen (*Ar*), zweiatomigen (*Luft*) u. mehratomigen Gasen (*Freon-12*) bei verschiedenen US-Geschw. (MACHsche Zahl M) u. REYNOLDS-Zahlen (Re) Ar: M 3—6,1, Re $6{,}5\cdot10^5$—$1{,}3\cdot10^6$, Fehler 0,7%; Luft M 2,5—6,0, Re $5{,}4\cdot10^5$—$1{,}3\cdot10^6$ (Zimmer-Temp.) u. Freon-12 (CCl_2F_2) M 2,9—10,4, Re $6{,}5\cdot10^5$—$2\cdot10^6$ (Temp. 16°, Druck 260 Torr, Fehler 0,4%). Mit abnehmendem Verhältnis der spezif. Wärmen γ fällt der Widerstandskoeffizient. Er nimmt bei den einzelnen Gasen mit wachsendem M ab. Es wird ein Ausdruck für den Widerstands-Koeff. abgeleitet, der den freien Widerstand, den Widerstand durch Druckverminderung am Ende der Körper u. den Widerstand durch Oberflächenreibung berücksichtigt. Experimentelle u. theoret. Werte nach dieser Formel stimmen in der Abhängigkeit des Widerstands-Koeff. von M u. γ gut überein.

D. HOENE. 159 □

A₅. Kolloidchemie. Grenzschichtforschung

Eine Bestimmung der elektrostatischen Freien Energie der Micellebildung. Arthur Veis und Charles W. Hoerr. (J. Colloid Sci. **15.** 427—36. Okt. 1960. Chicago, Ill., Armour and Co., Res. Div.; engl.) — Die Säuredissoziations-Konst. von $C_{10}H_{21}NH_3Cl$ u. $C_{12}H_{25}NH_3Cl$ (in Abwesenheit von Salzzusätzen) wurden durch pH-Best. wenig über- u. unterhalb der krit. Micelle-Konz. ermittelt. Die Differenz ΔpK (—1,10 bzw. —1,63) steht in Beziehung zur elektrostat. Arbeit der Micelle-Bldg. u. beträgt 2,53 kT bzw. 3,75 kT. Durch Vgl. dieser Werte mit denen für verschiedene micellebildende Moll. gleicher Kettenlängen nach anderen Meth. erhaltenen ($C_{10}H_{21}COOK$, $C_{12}H_{25}COOK$, $C_{12}H_{25}SO_3Na$) findet man eine Beziehung zwischen ΔK u. dem spezif. Effekt der ioni-

sierbaren Gruppe, der hinsichtlich der Oberflächengeometrie der Micelle u. der Übertragung elektrostat. Effekte durch den KW-Stoff-Micellenraum diskutiert wird.
H.-P. RETTIG. 161 □

Bestimmung der Größe kleiner Teilchen durch Lichtstreuung. Versuche mit kolloidalem Ludox-Siliciumdioxid. Gj. Deželić und J. P. Kratohvil. (Kolloid-Z. **173.** 38—48. Nov. 1960. Zagreb, Univ., Fac. of Med., Dep. of Appl. Biochem., Labor. of Phys. Chem.; engl.) — Die Teilchengröße von vier Ludoxproben wurde mittels Lichtdurchlässigkeits -u. Winkelstreu-Meth. bestimmt. Nach Beseitigung aggregierter Teilchen durch Zentrifugieren können alle Proben ohne Rücksicht auf ihr Alter zu Kalibrierungszwecken verwendet werden. Die scheinbaren Teilchendurchmesser der in W. verd. Proben waren kleiner als diejenigen der in 0,05m NaCl-Lsgg. verdünnten. Die Brechungsinkremente in beiden Fll. bei 3 Wellenlängen (578, 546, 436 nm) u. der Einfl. von Küvettenlänge u. -schwärzung auf die Lichtdurchlässigkeitsmessungen wurden untersucht. Unsymmetrien u. Depolarisationsgrade waren klein. Die Resultate deuten darauf hin, daß die Lichtstreuung der Ludox-Teilchen sehr nahe an der RAYLEIGH-Streuung liegt. Prakt. Konsequenzen für die Kalibrierung von Lichtstreuungsphotometern werden diskutiert. H.-P. RETTIG. 162 □

Stabilität von Emulsionen von Wasser in Öl. 1. Mitt. **Die Beziehung zwischen elektrokinetischem Potential und Stabilität.** W. Albers und J. Th. G. Overbek. (J. Colloid Sci. **14.** 501—09. Okt. 1959. Utrecht, Univ., van't Hoff Labor.; engl.) — Es wurden Emulsionen von W. in Bzl. mit wasserunlösl., benzollösl. ionisierbaren Stabilisatoren [St.; Oleate mehrwertiger Metalle, Petroleumsulfonate u. Ca-Didodecylcylsalicylat (I)] untersucht. Die in einer Leitfähigkeitszelle nach KOELMANS (Dissertation, Utrecht 1955) gemessene Leitfähigkeit der benzol. Lsgg. (St.-Konz. 10 mMol/Liter) liefert für alle St. Werte um $10^{-10} \Omega^{-1} cm^{-1}$. Aus der Elektrophorese von Emulsionen mit 0,005% W. (Durchmesser der Wassertropfen 1—4 μ, Feldstärke $\leq$100 V/cm) ergeben sich Grenzflächenpotentiale ζ, die zwischen Null (Ba-Oleat) u. 130 mV (**I**) liegen u. mit der Beständigkeit der Emulsionen gegen Koalescenz in keiner direkten Beziehung stehen. Obwohl nach theoret. Berechnungen Energieschwellen von über 15 kT zwischen 2 Tropfen mit dem Durchmesser 1 μ u. ζ >25 mV vorhanden sein müßten, flocken alle Emulsionen nach einigen Std. bis 20 Tagen aus; nur die mit Fe(III)- (**II**), Mg- (**III**), Pb- u. Cu(II)-Oleat (**IV**) sind mehrere Monate lang beständig. Die — von einigen Ausnahmen abgesehen — mit sinkendem ζ wachsende Beständigkeit wird mit sinkender Beweglichkeit der St.-Moll. in der Grenzfläche erklärt. Die nicht hydrolisierten Moll. sind in einer monomol. Grenzflächenschicht relativ hoher Ladung leicht beweglich u. bei Koalescenz in Bzl. löslich. Die Analyse von **II**-, **III**- u. **IV**-Oberflächenfilmen läßt auf Bldg. eines dicken, teilweise hydrolisierten Films schließen, der in keiner der beiden Phasen lösl. ist. Die ζ-Werte betragen hier 15 mV. R. JUNGE. 162 □

Stabilität von Emulsionen von Wasser in Öl. 2. Mitt. **Ladung als Faktor der Stabilisierung gegen Ausflockung.** W. Albers und J. Th. G. Overbeek. (J. Colloid Sci. **14.** 510—18. Okt. 1959; engl.) — 1. vgl. vorst. Referat. — Wegen der niedrigen DK der zusammenhängenden Phase liegt in W./Öl-Emulsionen die Dicke der auf den geladenen Wassertropfen befindlichen Doppelschicht in der gleichen Größenordnung wie der Tropfenabstand in Emulsionen mittlerer Konzentration. Wegen der weitreichenden elektr. Kräfte muß man zur Berechnung der Abstoßungsenergie E mehr als einen Nachbarn berücksichtigen. Vereinfachte Berechnungen für ein Tröpfchen u. seine 12 nächsten Nachbarn zeigen, daß E schon bei relativ geringer Wasser-Konz. stark vermindert wird. In der Sedimentschicht, wo die Konz. ca. 74% W. beträgt, ist E Null. In Syst. mit Öl als zusammenhängender Phase wird die Ausflockung sowohl durch BROWNsche Bewegung als auch durch Einfl. der Schwerkraft stark gefördert u. verläuft sehr rasch, wenn die Konz. der dispergierten geladenen Teilchen nicht sehr niedrig ist. R. JUNGE. 162 □

Über die Messung der Oberflächenspannung von Flüssigkeiten mit der Methode des maximalen Druckes in Gasblasen. W. W. Fessenko. (Журнал Физической Химии [J. physik. Chem.] **35.** 707—10. April 1961. Kiew, Inst. für Metallkeramiken u. Speziallegg. der Akad. der Wiss. der UdSSR; russ., Auszug: engl.) — Ausgehend von den Tabellen von BASHFORT [1883] u. ADAMS [1947] wurden Werte zur Best. des Krümmungsradius von Blasen mit Kontaktwinkeln von 100, 110, 120 u. 130° tabelliert. An Hand dieser Tabelle werden die Oberflächenspannungen von Ni bei 1470 u. 1700°, von Co bei 1520° u. von Fe bei 1650° mit He u. H_2 bestimmt. B. ATHANASS. 166 □

Über die verschiedenen elektrokinetischen Potentiale von carbonatischen Sedimentgesteinen verschiedener Genese und Zusammensetzung. T. Ss. Berlin und A. W. Chabakow. (Геохимия [Geochemie] **1961.** 195—208. Leningrad, Allunions Geol.

Forsch.-Inst.; russ., Auszug: engl.) — Vgl. C. **1961.** 2222. — Von 115 Proben verschiedener carbonat. Gesteine wurde nach der Meth. der Elektroosmose das elektrokinet. Potential bestimmt. Das elektrokinet. Potential der Carbonate ist von ihrem genet. Typ u. ihrer Reinheit bzw. dem Anteil u. der Art der nichtcarbonat. Beimengungen abhängig. Carbonate chemogener Entstehung haben ein positives u. die Carbonate biogener Entstehung ein negatives elektrokinet. Potential. Die Potentialwerte liegen zwischen +8,5 u. −4,5 mV bei Dispersion in H_2O u. zwischen +19 u. −17 mV bei Dispersion in 0,01 n KCl. Die Carbonate aus endoskeletten Resten von Belemniten zeigen ein positives elektrokinet. Potential. Das Ca/Mg-Verhältnis der Carbonate u. ihr Marmorisierungsgrad zeigen gewöhnlich keine erkennbare Beeinflussung. Zur Erkennung der Größe des Einfl. der nichtcarbonat. Beimengungen wurden kristalline Marmore mit verschiedenen Substanzen versetzt u. unter den gleichen Bedingungen dispergiert u. untersucht. Alle Beimengungen verschieben die Potentiale mit Erhöhung ihres Anteiles zu negativen Werten. Der isoelektr. Punkt (I.P.) der kristallinen Carbonate wird durch Beimengungen von 45—50% verschiedener SiO_2-Varietäten (Quarz, Carneol, Flint, Silicagel) u. Eisenglanz bei Dispersion in H_2O u. 35—45% in 0,01 n KCl erreicht. Ähnlich sind die Auswirkungen von Graphitbeimengungen. I.P. wird bei Zusätzen von Kaolinit, Hydroglimmer u. Montmorillonit von 15—20% (in H_2O) bzw. 1—5% (in 0,01 n KCl) erreicht. H.-J. Bautsch. 168□

Elektrokinetische Erscheinungen in Kohlenwasserstoffsystemen mit hydrophiler disperser Phase. Ju. F. Deinega, G. W. Winogradow und A. M. Wownenko. (Коллоидный Журнал [Kolloid-J.] **23.** 257—61. 1 Tafel. Mai/Juni 1961. Kiew, Inst. für allg. u. anorg. Chem. der Akad. der Wiss. der UkrainSSR; russ., Auszug: engl.) — Die elektrophoret. Verss. wurden mit plast. Na-, Ca-, Li-haltigen seifenartigen Schmiermitteln in Mineralöl durchgeführt. Bei wasserfreien Gelen tritt keine Elektrophorese auf, aber schon bei geringem Wasser-Geh. wandert das Dispersionsmittel zum negativen Pol. Dieser Einfl. wächst mit steigendem Wassergehalt. Der elektroosmot. Effekt ist am deutlichsten bei Na-, schwächer bei Ca- u. fehlt bei Li-Seifen. An der Anode entsteht dabei ein hochporöser Nd. von Seifenkristalliten. Das W. ist von Bedeutung bei der Bldg. der elektr. Doppelschicht an der Phasengrenze. Bei hohen Spannungen wandert das Dispersionsmittel zwischen 2 Kondensatoren mit Luftzwischenraum in Form von Tropfen zum negativen Pol. J. v. Schroeder. 168□

Untersuchung der Porenstruktur von elektrophoretischen Abscheidungen. I. Ss. Lawrow. (Коллоидный Журнал [Kolloid-J.] **23.** 295—98. Mai/Juni 1961. Leningrad, Technol. Lensowjet-Inst.; russ., Auszug: engl.) — Untersucht wurde die Dichte elektrophoret. Ndd. von $BaCaSr(CO_3)_3$ in Methanol–Aceton (1 : 3). Durch Variieren der Bedingungen wurden Ndd. mit der Dichte von 0,7—3,0 g/cm³ mit einem Poren-Vol. von 0,710—0,150 cm³/g erhalten. Störung der Aggregatbeständigkeit der Suspensionen bei Änderung der Zus. oder Art der elektrophoret. Abscheidung führt zur Porenvergrößerung u. Bldg. bröcklicher, wenig beständiger Struktur, Änderungen des elektr. Feldes wirken ähnlich. J. v. Schroeder. 168□

Einfluß der Isomerisierung auf die Beweglichkeitsanalyse. Karol J. Mysels und P. C. Scholten. (Science [Washington] **136.** 693—96. 25/5. 1962; engl.) — Am Beispiel der Elektrophorese wird in einer qual., theoret. Unters. dargelegt, daß in einem aus 2 Isomeren A u. B bestehenden Syst. ein 3. zusätzlicher Peak auftreten kann, wenn zwischen den beiden Isomeren eine Gleichgewichts-Rk. entsprechend $A \rightleftharpoons B$ stattfindet. Sein Auftreten hängt von der Schnelligkeit der Isomerisierungs-Rk., der Differenz der elektrophoret. Beweglichkeiten der beiden Isomeren u. von ihren Diffusions-Koeff. ab. P. Scharner. 168□

Adsorptionsisothermen und lineare Gas–Feststoff-Chromatographie. C. G. Scott. (Nature [London] **193.** 159—60. 13/1. 1962. Wirral, Cheshire, Lobitos Oilfields Ltd., Refinery; engl.) — Vf. weist auf die Ähnlichkeit im Kurvenverlauf von konvexen Verteilungsisothermen, die von Freeguard u. Stock (C. **1962.** 14453) bei höheren Partialdrücken gefunden wurden, u. den Adsorptionsisothermen, die bei der linearen Elution von KW-Stoffen an Gas–Feststoff-Säulen bei Temp. unter dem Kp. der KW-Stoffe erhalten werden, hin. Konvexe Isothermen entsprechen dem Typ III der BET-Klassifikation, bei dem die Adsorptionswärmen erheblich kleiner als die latenten Verdampfungswärmen des Adsorbats sind. Unterss. über die Veränderung von akt. Al_2O_3 mit NaOH zeigen, daß eine symm. Elution von KW-Stoffen bei unter dem Kp. der KW-Stoffe liegenden Säulen-Temp. durch Adsorptionswärmen gek. ist, die in der gleichen Größenordnung wie die Verdampfungswärmen liegen. Für Cyclohexan sind die Adsorptionswärmen nur wenig kleiner; die Aufgabe von extrem großen Proben ergibt Elutionskurven mit langgezogener Front u. steiler Rückseite. Es wurde bewiesen, daß dieser

Effekt auftritt, wenn die Al_2O_3-Oberfläche mit dem Modifizierungsmittel belegt ist. Wahrscheinlich hat die Modifizierung von Al_2O_3 zur Erzielung linearer Isothermen u. symm. Elutionskurven (temperaturkonst. Bedingungen) im üblichen Partialdruckbereich eine Verschiebung des Isothermentyps von II oder IV nach III zur Folge.

HANSJOACHIM THIELE. 177 □

Ionenaustausch in konzentrierten Elektrolytlösungen. 1. Mitt. **Das System Lithiumchlorid-Alkalichlorid-Dowex-50.** Walter A. Platek und Jacob A. Marinsky. (J. physic. Chem. **65.** 2113—17. Dez. 1961. Buffalo, N.Y., Univ. of Buffalo, Chem. Dep.; engl.) — Vff. untersuchten das Ionenaustausch-Verh. von Spurenkomponenten durch Best. der Selektivitätsänderung als Funktion der äußeren LiCl-Molalität unter Verw. von Dowex-50 in der Li^+-Form. Der Molalitätsbereich variierte zwischen 0,1 u. 13,5 mit NaCl, RbCl, CsCl u. HCl als Spurenkomponenten in Anfangs-Konzz. von 10^{-2} bzw. 0,1 (HCl) molal. Unterss. des Temp.-Einfl. im Bereich von 25—170° ermöglichte die Berechnung der thermodynam. Austauschfunktionen dieser Systeme. Die Ergebnisse werden auf der Grundlage der Ionenhydratation u. -bindung diskutiert.

W. HEIN. 177 □

Ionenaustausch in konzentrierten Elektrolytlösungen. 2. Mitt. **Das System Lithiumchlorid-Alkalichlorid-Zeolith.** Walter A. Platek und Jacob A. Marinsky. (J. physic. Chem. **65.** 2118—22. Dez. 1961; engl.) — 1. vgl. vorst. Referat. — Gleiche (1. c.) Unterss. mit LINDES „Molekularsieb" als Ionenaustauscher. Der Temp.-Einfl. auf die Austausch-Rkk. wurde im Bereich von 25—97,5° u. im geschmolzenen LiCl bei 650° untersucht. Die hier erhaltenen Ergebnisse werden mit denen des Austauschers auf Kunstharzbasis verglichen. W. HEIN. 177 □

Druckbeziehungen in gequollenen Ionenaustauschern. S. Lapanje. (Vestnik sloven. kem. Društva **1959.** 53—58. Ljubljana, Univ., Phys. Chem. Labor.; engl.) — Ausdrücke für die Einzeldrücke in Jonenaustauschern, die im Gleichgewicht mit reinem W. stehen, wurden abgeleitet u. für Na-Polystyrolsulfonsäureharze numer. berechnet. Die Werte (ca. $\pm 10^7$ dyn/cm²) liegen in der gleichen Größenordnung wie die Quellungsdrücke, die aus der thermodynam. Behandlung folgen. Die Gesamtsumme der Drücke ist fast Null, was in Anbetracht der halbquant. Natur der Theorie als zufriedenstellend angesehen wird. H.-P. RETTIG. 177 □

A_6. Strukturforschung

Eine neue Methode zur Darstellung von Silicatstrukturen. W. M. Meier. (Z. Kristallogr., Kristallgeometr., Kristallphysik, Kristallchem. **114.** 478—80. Dez. 1960. Pasadena, Calif., California Inst. of Technol., Gates and Crellin Labor. of Chem.; engl.) — Zur Darst. der Silicatstrukturen werden Holzbälle verwendet, in die unter Tetraederwinkel Holzdübel eingelassen sind u. die sich durch kurze Stücke von Kautschukschlauch verbinden lassen. C. GOTTFRIED. 181

Bedeutung der Beugungsversuche mit Röntgen-, Elektronen- und Neutronenstrahlen. B. Ottar. (Tidsskr. Kjemi, Bergves. Metallurgi **19.** 73—79. 8/7. 1959. Kjeller, Forsvarets Forskn.-Inst.; norw.) — Übersicht über die Entw. u. die Anwendungsgebiete der Röntgen-, Elektronen- u. Neutronenspektroskopie. Es erscheint möglich, Elektronenbeugungsbilder von Fll. durch Kondens.-Schock zu erhalten. — 37 Literaturangaben. R. K. MÜLLER. 181 □

Versuch zu einer Zielmethode in der Elektronenmikroskopie. O. K. Schabalina. (Физика Металлов и Металловедение [Metallphysik u. Metallkunde] **7.** 350—53. März 1959. Uraler Polytechn. Kirow-Inst.; russ.) — Beschreibung eines Zielpräparations-Verf. zur elektronenmkr. Unters. im Lichtmikroskop ausgewählter Bereiche von Metalloberflächen. Der ausgewählte Bereich wird durch Eindrücke mit der pyramidenförmigen Spitze eines Mikrohärteprüfers markiert. Ein Polystyrol-Primärabdruck der Oberfläche wird genommen u. auf der Kontaktseite mit einer dünnen zusammenhängenden Schicht aus Al (oder C oder Ti) bedampft. Diese wird mit Kollodium verstärkt u. unter dem Lichtmikroskop auf den elektronenmkr. Objektträger aufgebracht, wonach der Polystyrol-Primärabdruck in Bzl. abgelöst wird. F. LENZ. 181 □

Über einen leicht zu handhabenden elektronenmikroskopischen Netzobjektträger. W. Lippert. (Z. wiss. Mikroskop. mikroskop. Techn. **64.** 438—39. Okt. 1960. Frankfurt/M., MPI für Biophys.; dt.) — Die in der Elektronenmikroskopie gebräuchlichen Objektträgernetze werden durch Ringe, die den Außendurchmesser der normalen Objektträger 1 mm Höhe u. 0,4 mm Wandstärke besitzen, verstärkt. Das Ausstanzen der Netze u. ihr Eindrücken in diese Ringe geschieht mit einem einfachen

Hilfsgerät. Die mit solchen Ringen verstärkten Objektträgernetze sind leichter zu handhaben als unverstärkte Netze. Nach Gebrauch werden die Netze verworfen u. nur die Ringe nach Reinigung wieder verwendet. F. Lenz. 181 □

Präparation von Zinneinkristallen für die Druchstrahlungselektronenmikroskopie. J. T. Fourie, F. Weinberg und F. W. C. Boswell. (J. appl. Physics **31.** 1136. Juni 1960. Ottawa, Canada, Dep. of Mines and Techn. Surv. Mines Branch, Phys. Metallurg. Div.; engl.) — Beschreibung eines Verf. zur Herst. durchstrahlbarer Sn-Einkristalle aus dickeren durch Elektropolieren. F. Lenz. 181 □

Struktur von Filmen und direkte photographische Registrierung in der Feldmikroskopie. J. Adam, A. Benoit und J. C. P. Mignolet. (J. Chim. physique Physico-Chim. biol. **57.** 500—06. Juni 1960. Liège, Inst. W. Spring; franz.) — Diskussion der Möglichkeiten der Feldionenmikroskopie für die Unters. adsorbierter Schichten. Die bei der Beobachtung der Felddesorption gelieferten Informationen können direkt photograph. registriert werden, wenn man die Ionen auf eine photograph. Platte im Innern des Mikroskops fallen läßt. Eine App. wird beschrieben. F. Lenz. 181 □

Regelbarer synchronisierter Elektronenblitz für die Phasenkontrastmikroskopie. J. P. Schadé und F. C. De Waal. (Experientia [Basel] **16.** 162—63. 15/4. 1960. Amsterdam, Univ., Central Inst. for Brain Res.; engl.) — Kurze Beschreibung einer Schaltung für eine Elektronenblitzlichtlampe zur Beleuchtung bei mkr. Phasenkontrastaufnahmen, wobei die Lichtintensität durch wahlweise zuschaltbare Kondensatoren variiert werden kann. W. Reusse. 181 □

Variable Phasenkontrastanordnungen zur Messung der absoluten Lichtphase. R. Fleischmann und A. Lohmann. (Z. Physik **159.** 348—59. 1960. Erlangen, Univ., Phys. Inst.; Braunschweig, TH, Phys. Inst.; dt.) — Beschreibung neuer Verff. zur Messung der opt. Eigg. von phasenschiebenden Schichten. Dazu wird bei der Abb. eines period. Phasenobjektes der zu messende Phasenstreifen derart in die Beugungsebene eingebracht, daß er nur einen der diskreten Intensitätsbereiche überdeckt. Aus dem Kontrast in der Bildebene bzw. aus denjenigen Kompensationsmaßnahmen, die diesen Kontrast verschwinden lassen, kann die Phasenschiebung durch den zu messenden Phasenstreifen bestimmt werden. F. Lenz. 181 □

Die Parameter Y und ψ für die Äquiinklinationsmethode mit Anwendung auf das Einkristall-Zählerdiffraktometer. Charles T. Prewitt. (Z. Kristallogr., Kristallgeometr., Kristallphysik, Kristallchem. **114.** 355—60. Dez. 1960. Cambridge, Mass., MIT, Crystallogr. Labor.; engl.) — Ableitung allg. Ausdrücke für den Winkel Y zwischen den Projektionen des prim. u. des gebeugten Strahls u. dem Kristalldrehwinkel ψ. C. Gottfried. 181

Zur Bestimmung der Größe von Blöcken und von Mikrodeformationen nach der Methode der harmonischen Analyse. O. W. Bogorodski. (Известия Академии Наук СССР, Серия Физическая [Nachr. Akad. Wiss. UdSSR, physik. Ser.] **23.** 635—36. Mai 1959; russ.) — Bei der harmon. Analyse der Intensitätsverteilung von Streuungslinien zur Best. der Größe von Blöcken u. Mikrodeformationen kann man entweder die Form der Kurve der Umbildung der Fourier-Funktion f(x) analysieren oder die Größe der Fourier-Koeff. in Abhängigkeit vom Grade der Reflexion der Streuungslinien durch ein Flächen-Syst. untersuchen. Vf. geht von der Standard- u. der verbreiterten Streuungslinie aus u. wählt das Intervall der Zerlegung in die Fourier-Reihe so, daß die Intensität an den Enden beider Profile Null wird; dabei muß das Intervall für beide Profile gleich sein. Die Meth. wird in einem Diagramm erläutert. R. K. Müller. 181 □

Zur Theorie der diffusen Streuung von Röntgenstrahlen und langsamen Neutronen durch Mehrstofflegierungen. W. W. Geitschenko, W. M. Danilenko, M. A. Kriwoglas, S. A. Matyssina und A. A. Smirnow. (Известия Академии Наук СССР, Серия Физическая [Nachr. Akad. Wiss. UdSSR, physik. Ser.] **23.** 637—39. Mai 1959. Inst. für Metallphys. der Akad. der Wiss. der UkrainSSR; russ.) — Eine Gleichung für die Intensität der diffusen Streuung von Röntgenstrahlen u. langsamen Neutronen läßt sich in 2 Komponenten zerlegen. Die erhaltenen Teilgleichungen werden auf Kristalle mit geordnetem u. ungeordnetem Bravais-Typ angewandt, wobei verschiedene Gleichungen für den Untergrund u. für das Gitter von Mehrstoff-Legg. erhalten werden, die sich in ihrer Winkelverteilung unterscheiden. R. K. Müller. 181 □

Eine Methode zur Berechnung der Störung erster Ordnung eines Eigenvektors einer endlichen Matrix, mit Anwendung auf die Molekülorbitaltheorie. R. D. Brown und I. M. Bassett. (Proc. physic. Soc. **71.** 724—32. 1/5. 1958. Univ. of Melbourne, Australia, Dep. of Chem.; engl.) — Meth. zur rechner. Behandlung der inhomogenen Gleichung $(H - yI)c' = (H' - y'I)c$ (H = symm. Matrix, c = Eigenvektor, c' =

Störung 1. Ordnung, I = Einheitsmatrix, y = Eigenwert von c). Sie eignet sich zur Berechnung von Polarisierbarkeiten in der einfachen MO-Theorie u. zur Behandlung teilweise besetzter entarteter Orbitale. A. BLASCHETTE. 182□

Die Bedeutung der Hartreeschen Atomeigenfunktionen für die Quantenchemie. Kurt Artmann. (Z. Physik **150.** 573—89. 8/4. 1958. Hamburg, Univ., Inst. für Theoret. Phys.; dt.) — Vgl. C. **1959.** 9818. — Wird die Eigenfunktion des Einzelatoms bei der Berechnung der Mol.-Energie durch ein antisymmetrisiertes Prod. von Einelektronen-Eigenfunktionen (EEF) approximiert, so tritt ein vom Kernabstand unabhängiger Fehler, der sog. zwischenatomare Fehler (ZF) auf, der bei Verw. der exakten Atomeigenfunktion gleich Null wäre. ZF wird dann sehr klein, wenn als approximierende EEF die HARTREE-Funktionen benutzt werden. Bei Verw. von SLATER-Funktionen kann dieser Fehler jedoch einen merklichen Bruchteil der Bindungsenergie des Mol. ausmachen. ZA wird als Funktion des Kernabstands u. der in die EEF eingehenden Parameter für die homöopolare Konfiguration $1s^2 2s(u)$ des *LiH*-Mol. u. für das Li_2-Mol. berechnet. Die Verallgemeinerung auf *NaH*, *KH* u. *CsH* wird kurz behandelt. Die Hermitizität von Übergangselementen in der Meth. der Wechselwrkg. ganzer Syst. (l. c.) wird diskutiert. A. BLASCHETTE. 182□

Elektronegativitäten von Stickstoff, Phosphor, Arsen, Antimon und Wismut. A. L. Allred und A. L. Hensley jun. (J. inorg. nuclear Chem. **17.** 43—54. April 1961. Evanston, Ill., Northwestern Univ.; engl.) — Die relativen Elektronegativitäten der Elemente der 5. Hauptgruppe im dreiwertigen Bindungszustand wurden aus thermochem. Daten u. Messungen der kernmagnet. Resonanz ermittelt: *N* 3,04; *P* 2,19; *As* 2,18; *Sb* 2,06; *Bi* 2,16. Mit diesen Werten stehen die physikal. u. chem. Eigg. in Übereinstimmung, so die Kern- u. Quadrupolresonanz, die Ionisationspotentiale, die Bldg.-Enthalpien der Chloride u. Oxide, die elektr. u. therm. Leitfähigkeit, die Oxydationspotentiale sowie die Bldg.-Tendenz u. Stabilität der Pentahalogenide. — Die protonenmagnet. Resonanz der Verbb. vom Typ $(CH_3)_3M$ wurde ermittelt. In unendlich verd. Lsg. in CCl_4 oder 2.2-Dimethylpropan beträgt die chem. Verschiebung (ppm) bzgl. H_2O: $(CH_3)_3N$ 3,18; $(CH_3)_3P$ 4,50; $(CH_3)_3As$ 4,39; $(CH_3)_3Sb$ 4,53; $(CH_3)_3Bi$ 4,19. — 39 Literaturangaben. A. BLASCHETTE. 182□

Untersuchung über die Elektronendichteverteilung in Molekülen. Untersuchung der Polarität der Moleküle von Stickstoffmonoxid und Kohlenmonoxid. Monique Roux, Marguerite Cornille und Georges Bessis. (J. Chim. physique Physico-Chim. biol. **58.** 389—93. April 1961. Paris, Centre de Méc. Ondul. Appl.; franz.) — Die Elektronendichte, die Funktion δ (Differenz zwischen Elektronendichte im Mol. u. Summe der Dichten in den das Mol. bildenden Atomen) sowie, mit Hilfe von δ, die Dipolmomente der Moll. NO u. CO wurden nach der SCF-Meth. mit SLATER-Atomorbitalen unter Benutzung der IBM 704 berechnet. Es zeigte sich, daß die Bindung in den Moll. in einer Konz. der Elektronen an den Enden der Moll. besteht, wobei die Konz. an N u. C größer als an O ist. Die Vorzeichen der Momente (für NO nicht bekannt) können mit Hilfe von δ bestimmt werden (N^-O^+ u. C^-O^+). G. WINKHAUS. 182□

Hybridisierung und Bindungseigenschaften. Einflüsse der Hybridisierung zweiter Ordnung auf die σ-Bindung in Thionyl-, Sulfuryl-, Phosphor-, Phosphoryl- und Thiophosphorylhalogenide. H. A. Bent. (J. inorg. nuclear Chem. **19.** 43—50. Sept. 1961. Minneapolis, Minn., Univ. of Minnesota, Inst. of Technol., School of Chem.; engl.) — Die Einfl. der Orbitalhybridisierung u. elektronegativer Substituenten auf Bindungswinkel, -längen, -momente u. -dissoziationsenergien sowie auf die Kraft-Konst. u. die $^1H-^{13}C$-Kopplungs-Konst. werden an Hand der Literatur untersucht. Anscheinend konzentriert sich der s-Charakter eines Atoms in Orbitalen, die auf elektropositive Substituenten hin ausgerichtet sind. Diese Hybridisierung 2. Ordnung" vermag die Mol.-Gestalt von SOF_2, SO_2F_2, PX_3, OPX_3 u. SPX_3 ($X = F, Cl, Br$) z. T. zu erklären. — 37 Literaturangaben. A. BLASCHETTE. 182□

Die Elektronenstruktur des Graphits. J. Barriol. (J. Chim. physique Physico-Chim. biol. **57.** 837—43. Okt. 1960. Nancy, Fac. des Sci., Labor. de chim. théor.; franz.) — Übersicht über neuere Ergebnisse. — 13 Literaturangaben. C. GOTTFRIED. 182

Anwendung der Methode der Molekülbahnen auf das Gitter des Graphits. Jean Barriol und Jacques Metzger. (J. Chim. physique Physico-Chim. biol. **57.** 848—54. Okt. 1960. Nancy u. Marseille; franz.) — Vgl. vorst. Referat. — Anwendung von MO-Berechnungen auf ein Graphitband unendlicher Länge u. konst. Breite (12 Ringe). C. GOTTFRIED. 182

Atomstreufaktoren und die Verteilung der Elektronendichte in Galliumantimonid. N. N. Ssirota und Je. M. Gololobow. (Доклады Академии Наук СССР [Ber. Akad. Wiss. UdSSR] **138.** 162—64. 1/5. 1961. Akad. der Wiss. der BelorussSSR. Abt. für Festkörperphys. u. Halbleiter; russ.) — Unters. der Elektronendichteverteilung im GaSb-Gitter aus der Intensität der Reflexe in mit der K_α-Strahlung von Cu auf genommenen Beugungsdiagrammen. Die in Schaubildern dargestellte Elektronendichteverteilung in der 1 $\bar{1}$ 0-Ebene u. längs der [1 1 1] u. [3 3 1]-Richtung zeigt, daß in der Umgebung des Punktes 1/8 1/8 1/8 zwischen den nah benachbarten Atomen Ga 0 0 0 u. Sb 1/4 1/4 1/4 eine Elektronenbrücke besteht, ebenso eine etwas erhöhte Elektronendichte in der Umgebung des Punktes 3/4 3/4 3/4, während in der Umgebung der Mittelpunkte 5/8 5/8 5/8 u. 3/8 3/8 1/8 der Verbindungslinien zwischen den weiter entfernten Ga- u. Sb-Atomen die Elektronendichte prakt. bis auf Null absinkt. F. LENZ. 182□

Silicatschmelzen mit Anzeichen von Inostrukturen. E. Christiaan De Wys. (Mineralog. Mag. J. mineralog. Soc. **32.** 640—43. Dez. 1960. Kingston, N.Y., IBM Corp.; engl.) — Vff. stellten homogene Gläser der Zus. von *Diopsid* $CaMgSi_2O_6$ oder von *Spodumen* $LiAlSi_2O_6$ her, analysierten die Gläser zur Feststellung der exakten Zus. u. entglasten die Proben hierauf. Röntgenaufnahmen zeigten, daß es sich um die beiden vorst. Inosilicate handelte. Hierauf wurde ein Diopsid schnell bei einer Temp. von 1510° geschmolzen. Unters. der unterkühlten Schmelze ergab Abwesenheit von kristallinem Material. Elektronentransmissions-Unterss. ließen schlecht orientierte kettenähnliche Strukturen erkennen, deren Längen 500 Å u. darunter waren. Es gelang nicht, aus der Schmelze Glasfäden zu ziehen. Bei Spodumen konnten jedoch Fäden erhalten werden, die Si—O-Ketten von ca. 1000 Å enthielten. C. GOTTFRIED. 186

Über das Wachstum von ZnS-Einkristallen aus der Dampfphase. H. Hartmann und H. Treptow. (Mber. dtsch. Akad. Wiss. Berlin **2.** 670—74. 1960. Forsch.-Gemeinschaft der Dt. Akad. der Wiss., Phys.-Techn. Inst., Bereich Luminescenz-Forsch.; dt.) — Aus ZnS-Pulver, das in eine Glasampulle gebracht, evakuiert u. mit einem H_2S–HCl-Gemisch verschiedener Zus. (ca. 140 Torr) eingeschmolzen wurde, konnten beim Erhitzen auf 1240° über 400 Std. Betriebsdauer Einkristalle mit einem Vol. von 30 bis 40 mm^3 gezüchtet werden. Der Zusatz von HCl bewirkte, daß die prismat. Kristalle dicksäuliger u. größer wurden. Ein Optimum der Wrkg. lag bei 20—50% HCl-Anteil. — Die Prismen zeigten blaue u. grüne, selten schwach gelbe oder rote Luminescenz im UV; die tafeligen Kristalle wiesen ausschließlich blaue Luminescenz auf. Bei Verw. von H_2S allein als Trägergas konnte kaum eine Luminescenz beobachtet werden. G. TALSKY. 190□

Das hydrothermale Wachstum von Molybdänoxidwhiskern auf einer MoO_3–SiO_2-Schicht. James L. Callahan, Ralph H. Petrucci und Charles A. Brown. (J. Colloid Sci. **15.** 418—26. Okt. 1960. Cleveland, Ohio, Sohio Res. Labor.; engl.) — Wachst.Faktoren wurden beim Wachstum von MoO_3-Whiskern auf einer MoO_3 (3 Gew.-%) — SiO_2 (97 Gew.-%)-Schicht in einer Wasserdampf-Atmosphäre untersucht: H_2O-Dampfdruck (0—27,82 atm, 400°, Einw. über 72 Std.), Temp. (250—500°, 72 Std. bei 4,1 bis 5,78 atm), MoO_3-Konz. (0,01—90 Gew.-%), SiO_2-Oberflächengröße, Oxydationszustand des Mo u. der Einfl. zugesetzter Metalloxide (Na_2O, K_2O, Cs_2O, CuO, MgO, CaO, Fe_2O_3, NiO). Das Whiskerwachstum war im Druckbereich von 1—5 atm stark vom H_2O-Dampfdruck abhängig u. hatte bei 375° sowie für 10—30 Gew.-% MoO_3 ein Maximum u. wurde mit sinkender SiO_2-Oberfläche, bei Austausch des SiO_2 gegen Al_2O_3, bei Metalloxidzusatz u. bei Verw. niederer Mo-Oxide teilweise bzw. völlig unterdrückt. Die beobachtete Diffusion des MoO_3 über die SiO_2-Schicht ist vermutlich ein Oberflächenprozeß, der über die Bldg. eines wenig stabilen Komplexes von der Art der Molybdatokieselsäure verläuft. Der Zerfall des Komplexes an bestimmten Oberflächenstellen dürfte das beobachtete Einkristallwachstum bedingen. H.-P. RETTIG. 190□

Bildung von Diamant durch Explosionsstoß. Paul S. DeCarli und John C. Jamieson. (Science [Washington] **133.** 1821. 9/6. 1961. Menlo Park, Calif., Stanford Res. Inst., Poulter Labor.; Chicago, Ill., Univ., Dep. of Geol.; engl.) — Spektroskop. reiner Graphit wurde 1 μs lang einem Explosionsdruck von 300000 atm ausgesetzt. Durch röntgenograph. Verf. u. Elektronenbeugung konnte im Rk.-Prod. Diamant nachgewiesen werden. Vff. erläutern den Mechanismus der Diamant-Bldg. durch einfache Kompression des Graphits in Richtung der c-Achse. H. MOENKE. 190□

Eigenschaften von Graphit. 1. Mitt. Darstellung, Struktur und mechanische Eigenschaften. L. C. F. Blackman. (Res. appl. in Ind. **13.** 390—97. Okt. 1960. London, Imp. Coll. of Sci. and Technol., Dep. of Chem. Engng.; engl.) — 2. vgl. C. **1962.** 16960. — Übersicht. — 58 Literaturangaben. W. SOBIESKI. 190□

Elektronenmikroskopische Untersuchungen der Versetzungsstrukturen in Graphit. G. K. Williamson. (Proc. Roy. Soc. [London], Ser. A **257.** 457—63. 27/9. 1960. Berkeley, Calif., Central Electricity Generating Board, Nucl. Labor.; engl.) — Vf. untersuchte transmissionselektronenmkr. die Versetzungsstrukturen in dünnen Spaltblättchen natürlichen u. synthet. Graphits bis zu Temp. von 900°. Alle Versetzungen liegen parallel zur Schichtebene mit BURGERS-Vektoren in dieser Ebene, u. zwar treten alle Versetzungen paarweise auf mit Abständen von ca. 1000 Å u. mit BURGERS-Vektoren des Typs $^1/_3$ a ⟨1 0 $\bar{1}$ 0⟩, die zusammen eine Gittertranslation von a entlang den 3 koplanaren hexagonalen Achsen geben. Die Fläche zwischen diesen 2 Teilen enthält einen Packungsfehler, der der von LIPSON u. STOKES (vgl. Proc. Roy. Soc. [London], Ser. A **181.** [1943.] 101) diskutierten rhomboedr. Struktur entspricht. Die Packungsfehlerenergie ist ca. $^1/_{10}$ Erg/cm² u. ist im wesentlichen unabhängig von der Temp. bis 900°. Es wurden 2 Arten von Wechselwrkg. zwischen den Versetzungen beobachtet, von denen eine eine direkte Wechselwrkg. ist unter Bldg. eines Netzwerkes von verlängerten u. kontrahierten Knoten, während die andere eine indirekte Wechselwrkg. ist zwischen Versetzungen auf verschiedenen Gleitebenen. C. GOTTFRIED. 190

Elektronenmikroskopische Beobachtungen an additiv verfärbten KCl-Kristallen. Tadatosi Hibi und Tetsuhiko Tomiki. (J. physic. Soc. Japan **14.** 444—55. April 1959. Sendai, Tohoku Univ., Res. Inst. for Sci. Measurements u. Res. Inst. for Iron, Steel and other Metals; engl.) — An KCl-Kristallen, die a) im Vakuum von höheren Temp. (ca. 580°) auf 20° abgeschreckt wurden oder b) in Ggw. von K-Dampf von diesen Temp. rasch (im Sinne einer additiven Verfärbung) abgekühlt waren, werden elektronenmkr. (Abdruck-Verf.) verschiedene Arten von Kristallaufwachsungen an der Oberfläche sowie auch im Kristallinnern beobachtet. Im Fall b) wachsen die Kristallite an der Oberfläche in Ketten von Erhebungen oder in Form isolierter Protuberanzen. Die Kristallit-Bldg. im Innern sind ausgeprägter bei b) als bei a). An Hand der Beobachtungen wird der Mechanismus der F-Zentren-Bldg. bei der additiven Verfärbung diskutiert (primäre Adsorption von K auch an Versetzungen u. verstärkte Ionendiffusion an Versetzungen). J. RUDOLPH. 190□

Sukzessive elektronenmikroskopische Beobachtung von verfärbten und gebleichten KCl-Kristallen. Tadatosi Hibi und Keiji Yada. (J. physic. Soc. Japan **14.** 455—63. April 1959; engl.) — Vgl. vorst. Referat. — Mit Hilfe eines näher beschriebenen Zweistufenabdruck-Verf., das der BRADLEYschen Meth. ähnelt, konnten mehrere aufeinanderfolgende elektronenmkr. Aufnahmen gleicher Oberflächenbezirke an KCl-Kristallen, die einer Verfärbung durch Röntgenstrahlen u. anschließend einer opt. Bleichung unterworfen wurden, gemacht werden. Es zeigt sich deutlich, daß im Verlauf der Röntgenverfärbung Kristallitaufwachsungen auf der Kristalloberfläche erfolgen, die während der entfärbenden Bestrahlung mit sichtbarem Licht (über mehrere Tage) allmählich wieder durch einen dem Verfärbungsvorgang entgegengesetzt verlaufenden Prozeß verschwinden. J. RUDOLPH. 190□

Elektronenmikroskopische Beobachtungen an ultraviolettbestrahlten KCl-Einkristallen. Tetsuhiko Tomiki und Masayasu Ueta. (J. physic. Soc. Japan **14.** 602—08. Mai 1959; engl.) — Vgl. vorst. Referate. — An Hand von elektronenmkr. Bildern (Abdruckverfahren) von KCl-Kristallen, die auf der (001)-Ebene mit UV im Bereich der ersten Excitonenabsorptionsbande (H_2-Lampe) bestrahlt werden, wird gezeigt, daß Kristallit-Bldg. auf der bestrahlten Oberfläche u. ins Kristallinnere wellenförmig bis zu einer Tiefe von 5—7 μ fortschreitend als Folge der Bestrahlung auftreten. Die beobachteten Effekte werden unter dem Gesichtspunkt lokaler Überhitzung infolge Excitonenvernichtung u. von Ionenwanderungen an Oberflächen u. Gitterstörungen (Versetzungen) diskutiert. J. RUDOLPH. 190□

Einfluß von Beimengungen einiger Kationen auf die Sinterung spektralreinen Magnesiumoxids. P. P. Budnikow, T. N. Keschischjan und W. K. Janowski. (Доклады Академии Наук СССР [Ber. Akad. Wiss. UdSSR] **138.** 365—68. 11/5. 1961. Moskau, Chem.-technol. Mendelejew-Inst.; russ.) — Selbst geringe Verunreinigungen können starken Einfl. auf den Verlauf des Sintervorgangs haben. Geringe Zusätze (0,1—0,5 Atom-%) von Zr^{4+}-, Fe^{3+}- u. Sc^{3+}-Ionen führten zu einer Dichtezunahme u. nach dem Brennen zu einer stärkeren Schrumpfung der bei 1320° u. 1600° unter einem Druck von 1350 kp/cm² gepreßten MgO-Pastillen, während ein Zusatz von Ni^{2+} zu einem Zerspringen der Proben führt. Wenn die MgO-Proben rein sind, beginnt der Sintervorgang erst bei höheren Temp. (1320°) als in Ggw. der Zusätze. Die Mikrostruktur zeigt, daß die prakt. vollkommene Sinterung des MgO mit einem Zusatz von 0,2—0,5 Atom-% Zr^{4+}- oder anderer Kationen bei 1320° nicht zu einer merklichen Rekristallisation des MgO führt. Dagegen kommt es bei 1600° zu einer erheblichen Rekristallisation, bei welcher nicht die Kristallitgröße, aber die Menge der Zwischenkornsubstanz stark von der Menge des Zusatzes abhängt. Die Dichte der gesinterten Substanz ist keine monotone Funktion der Zusatzmenge, sondern zeigt ein deutliches Maximum. F. LENZ. 190□

Elektronenoptische und Elektronenbeugungsuntersuchung eines ungeordneten Strukturstadiums bei der Umwandlung Goethit–Haematit. J. D. C. McConnell und J. Lima-De-Faria. (Mineralog. Mag. J. mineralog. Soc. **32.** 898—901. Sept. 1961. Cambridge, Dep. of Miner. and Petrol.; engl.) — Als Ergänzung früherer röntgenograph. Unterss. (LIMA-DE-FARIA u. GAY), die starke Maxima als Satelliten der BRAGG-Maxima des Haematits ergeben hatten, u. die einer 32-Å-Periode zugeordnet wurden, wurden elektronenopt. u. Elektronenbeugungs-Meth. eingesetzt. Übereinstimmende Satellitenmaxima (SM) wurden im Elektronenbeugungsdiagramm festgestellt. Die den direkten (000)-Strahl flankierenden SM wurden zur Erzeugung eines direkten elektronenopt. Bildes des fehlgeordneten Zustandes benutzt. Derartige Photographien zeigen ein nahezu reguläres Syst. mit einem Abstand von ca. 30 Å. Auch Fehlstellen ließen sich so nachweisen. H. MOENKE. 190 □

Strukturänderungen des Kaolinits im Temperaturbereich 100—600° C. Olga Šarc-Lahodny und Miroslav Karšulin. (Rad jugosl. Akad. Znanosti Umjetnosti, Odjel mat., fizicke tehn. Nauke **8.** 185—204. 1961; serbokroat.) — Die Ansicht, daß im Kaolinit das energet. Verh. der OH-Ionen im Kristallgitter von der Art des Einbaues abhängig ist, wird bestätigt. Dabei wurde durch röntgenograph. Struktur-Unters. auf Grund von DEBYE-SCHERER-Diagrammen eine Gitteraufweitung zwischen 300 u. 600° festgestellt (Abb. u. Kurven). M. STRASCHILL. 195 □

Röntgenuntersuchung an der Inversion der Kristallform von Dicalciumsilicat. Takaharu Sasaki. (J. Sci. Hiroshima Univ., Ser. A **23.** 425—44. März 1960. Uoe, Yamaguchi, Ube Ind., Ltd., Central Res. Labor.; engl.) — Es wurde der Einfl. von FeO u. von schwach reduzierender Atmosphäre auf die β-γ-Inversion von Ca_2SiO_4 unter Zugabe verschiedener Stabilisatoren, bes. B- u. P-Verbb., geprüft. Auch die β-α'-Phasenumwandlung von stabilisiertem β-Ca_2SiO_4 wurde mit Hilfe der Hoch-Temp.-Röntgenbeugung untersucht. Die stabilisierende Wrkg. der zugesetzten Elemente ist stark von der Ionengröße abhängig, die Inversions-Temp. von der Art des zugesetzten Stabilisators. G. TALSKY. 195 □

Struktur des neuen Antiferromagnetikums $BiFeO_3$. A. I. Sasslawski und A. G. Tutow. (Доклады Академии Наук СССР [Ber. Akad. Wiss. UdSSR] **135.** 815—17. 1/12. 1960. Inst. für Halbleiter der Akad. der Wiss. der UdSSR; russ.) — Das bei 800° erhaltene polykristalline $BiFeO_3$ ist nach DEBYE-Aufnahmen hexagonal u. hat folgende Gitterparameter: $a = (5{,}569 \pm 0{,}002)$ u. $c = (6{,}920 \pm 0{,}004)$ kX; $D_{\text{röntg.}} = 8{,}39$, $D_{\text{pykn.}} = 8{,}31$; $Z = 3$. Bi^{3+} ist von 6 O im Abstand von 2,785 (kX) (Schicht), Fe^{3+} von 6 im Abstand von 1,978 (Schicht) u. O^{2-} von 4 O im Abstand von 2,785 (Schicht) umgeben. Beim Übergang von der hexagonalen Zelle in die rhombeodr. werden folgende Parameter erhalten: $a_{rh} = (3{,}952 \pm 0{,}001)$ kX, $\alpha_{rh} = 89° 36'$; $Z = 1$. Die Atomkoordinaten der rhomboedr. Zelle sind: Bi^{3+} (1a) 000; Fe^{3+} (1b) $^1/_2\,^1/_2\,^1/_2$; O^{2-} (3e) $0\,^1/_2\,^1/_2$, $^1/_2\,0\,^1/_2$, $^1/_2\,^1/_2\,0$. Das Koordinationspolyeder für Bi erscheint als Sauerstoffkubooktaeder, das von Fe als Sauerstoffoktaeder. Die Polyeder sind geringfügig verzerrt. H. HOCHSTEIN. 195

Strukturelle Untersuchungen an Sulfosalzen vom Lengenbach, Binnatal. W. Nowacki, H. Bürki, Y. Iitaka und V. Kunz. (Verh. schweiz. naturforsch. Ges. **140.** 103—05. 1960. Bern; dt.) — Vff. berichten zuerst über röntgenograph. Unterss. an Skleroklas, $PbAs_2S_4$. Aus den starken Interferenzen ergab sich orthorhomb. Symmetrie für die Pseudozelle mit den Dimensionen $a = 19{,}62$ (Å), $b = 7{,}89$; $c = 4{,}19$; mögliche Raumgruppen sind, $C_{2v}^9 - Pbn2$, $D_{2h}^{16} - Pbnm$ oder $C_{2h}^5 - P\,2_1/n$ mit $Z = 4$. Die wahre Zelle ist monoklin u. hat $a = 3 \cdot 19{,}62$ (Å); $b = 7{,}89$; $c = 11 \cdot 4{,}19 = 46{,}1$; $\beta = 90°$; Raumgruppe ist $C_{2h}^5 - P\,2_1/n$. Für die Pseudostruktur ergeben sich aus einer PATTERSON-Projektion u. Differenz-FOURIER-Synth. unter Zugrundelegung der Raumgruppe $C_{2h}^5 - P\,2_1/n$ die folgenden Parameter: Pb (x =) 0,1947; (y =) 0,0849; (z =) 0,2500; $As_{(1)}$: 0,1290; 0,5030; 0,7500; $As_{(2)}$: 0 0040; 0,8020; 0,2500; $S_{(1)}$: 0,2210; 0,3630; 0,7500; $S_{(2)}$: 0,1680; 0,6810; 0,2500; $S_{(3)}$: 0,0780; 0,9750; 0,7500; $S_{(4)}$: 0,0480; 0,3410; 0,2500. Die Struktur weist schichtartige Gebiete von Pb- u. S-Atomen parallel (100) auf, die durch Gebiete von As- u. S-Atomen getrennt sind. Parallel der c-Achse treten Ketten der Zus. $(AsS_2)_n$ auf. Es wurde weiter ein faseriges Sulfosalz aus dem Dolomit von Lengenbach untersucht. Die Nadeln bestehen aus 2 oder 1 u. 2 Mineralarten, u. zwar einer rhomb. Art mit $a = 8{,}38$ (Å); $b = 2\alpha\, 25{,}61$; $c = 7{,}89$ u. 2 monoklinen Arten mit $a = 8{,}38$ (Å); $b = 25{,}61$; $c = 7{,}89$; $\beta = 90° 25'$. Im 1. Fall sind mögliche Raumgruppen $C_{2v}^{11} - Cmm2$; $C_{2v}^{14} - Cm2m$; $D_2^6 - C222$ oder $D_{2h}^{19} - Cmmm$, im 2. Fall $C_s^1 - Pm$; $C_2^1 - P2$; $C_2^2 - P2_1$; $C_{2h}^1 - P2/m$ oder $C_{2h}^2 - P2_1/m$. Die Strukturen der beiden monoklinen Arten sind entweder ident. oder enantiomorph. Die monokline Art ist mit Dufrenoysit identisch. Aufnahmen an Lengenbachit ergaben eine monokline Zelle mit $a = 35{,}1_3$ (Å); $b = 11{,}5_2$; $c = 36{,}9_0$; $\beta = 92{,}6°$; Raumgruppe $C_{2h}^2 - P2_1/m$. — Hatchit ist triklin u. hat die Zelldimensionen $a = 9{,}27 \pm 0{,}09$ (Å); $b = 7{,}81 \pm 0{,}08$; $c = 8{,}01 \pm 0{,}07$; $\alpha = 66° 37'$; $\beta = 63° 27'$; $\gamma = 85° 06'$ (alle $\pm 14'$). C. GOTTFRIED. 195

Cahnit vom Capo di Bove, Rom. P. G. Embrey. (Mineralog. Mag. J. mineralog. Soc. **32.** 666—68. Dez. 1960. London, Brit. Museum, Dep. of Miner.; engl.) — Opt. u. röntgenograph. Unterss. eines als Gismondit bezeichneten Minerals vom Capo di Bove ergaben, daß es sich um Cahnit handelt. Die Pulveraufnahme war vollständig ident. mit der eines Cahnits von Franklin (N.J.). Die Raumgruppe ist $I\bar{4}$, die Zelldimensionen sind $a = 7{,}0952 \pm 0{,}0015$ Å u. $c = 6{,}1904 \pm 0{,}003$ Å mit $Z = 2$ [$Ca_2B(OH)_4AsO_4$]. Cahnit ist isostrukturell mit Zirkon, wobei Ca die Zr-Lagen besetzt u. abwechselnde $B(OH)_4$- u. AsO_4-Tetraeder die SiO_4-Lagen des Zirkons einnehmen. C. GOTTFRIED. 195

Beobachtung von Versetzungen in Einkristallen von Germanium. Masakazu Shoji, Shoji Tauchi, Tomokuni Mitsuishi und Masami Tomono. (J. physic. Soc. Japan **16.** 1253. Juni 1961. Kokubunji, Tokyo, Hitachi Centr. Res. Labor.; engl.) — Vff. bestimmten die Dichten von Versetzungslinien in Ge-Einkristallen auf röntgenograph. Wege. Die erhaltenen Werte werden mit Unters.-Ergebnissen verglichen, die an Ätzgrübchen der Art CP-4 u. vom Spiraltyp gewonnen wurden. G. GATTOW. 197 □

Konzentrationsschichten an den Phasengrenzflächen bei der Kristallisation von Legierungen. B. A. Mowtschan. (Известия Академии Наук СССР, Отделение Технических Наук, Металлургия и Топливо [Nachr. Akad. Wiss. UdSSR, Abt. techn. Wiss., Metallurgie Brennstoffe] **1960.** Nr. 2. 72—78. März/April. Kiew; russ.) — Mikroröntgenograph. Unters. der Verteilung der Konz. der Komponenten in der Umgebung der Phasengrenzfläche fl.–fest in verschiedenen Legg. (Al–Cu, Al–Zn, Al–Sn, Cu–Sn, Zn–Sn, Sn–Pb, Sn–Bi u. Al–Ag). In bestimmten Fällen treten in der Nähe der Phasengrenzfläche erhebliche Abweichungen von denjenigen Konz. der Komponenten auf, die sich aus dem Zustandsdiagramm für die Konz. in der fl. Phase ergeben würden. Dies ist bes. dort der Fall, wo die fl. Phase die Gestalt eines engen Kanals annimmt, der von festen Bereichen eingeschlossen ist. In dieser Weise können dort, wo benachbarte Dendriten beim Wachsen enge Zwischenräume bilden, Bereiche entstehen, in denen die eine Leg.-Komponente stark angereichert ist. Dies wird bes. am Beispiel von im Gleichgewicht u. im Nichtgleichgewicht auskrist. Al–Cu-Legg. demonstriert u. quant. untersucht. F. LENZ. 197 □

Untersuchungen im System Niob–Molybdän–Kohlenstoff. E. Rudy, F. Benesovsky und K. Sedlatschek. (Mh. Chem. **92.** 841—55. 1961. Reutte/Tirol, Metallwerk Plansee AG.; dt.) — An Hand von druckgesinterten, vakuumgeglühten u. lichtbogengeschmolzenen Legg. wurde das Syst. Nb–Mo–C röntgenograph. u. metallograph. untersucht u. eine Aufteilung der Phasenfelder bei 1900 bzw. 1500° vorgenommen. Die in den Rand-Syst. Nb–C u. Mo–C auftretenden Phasen wurden bestätigt. Die Existenz der früher beschriebenen hexagonalen γ'-MoC-Phase wird ebenfalls bestätigt, doch weist sie einen C-Defekt auf u. entspricht der Formel Mo_3C_2. Der Homogenitätsbereich der B1-Phase erstreckt sich von NbC bis rund 70 Mol-% Mo_3C_2 ($a = 4{,}30$ Å), in Schmelzproben bis 97 Mol-% Mo_3C_2 ($a = 4{,}272$ Å). Mo_2C vermag ca. 30 Mol-% Nb_2C aufzunehmen, während umgekehrt fast keine Löslichkeit besteht. Die Mischphasen-Bldg. von Nb_2C u. Mo_2C wird durch das Gleichgewicht B1-Mk–Metall–Mk unterbrochen. Aus dem Konodenverlauf werden für die Freie Bldg.-Energie von $MoC_{1-x}(Mo_3C_2)$ Werte zwischen 6 u. 9 kcal/Mol (1850°) errechnet. Auf Grund weiterer thermodynam. Überlegungen werden Voraussagen für andere Carbid-Syst. gemacht. H. HOCHSTEIN. 197

Alterungsvorgänge in Au–Ni-Legierungen. J. Sivertsen und C. Wert. (Acta metallurg. [New York] **7.** 275—82. April 1959. Urbana, Ill., Univ. of Illinois; Univ. of Minnesota; engl.) — Bei abgeschreckten Legg., bestehend aus 70% Au u. 30% Ni treten beim Tief-Temp.-Lagern Änderungen des elektr. Widerstandes, des Vol. u. des Elastizitätsmoduls unter Bldg. mindestens einer metastabilen Ausscheidung auf. Oberhalb der krit. Temp. von ca. 225° ist die Tief-Temp.-Phase instabil. Die metastabile Ausscheidung bildet sich etwa 10^4 mal früher als die Hauptphasenumwandlung. Die Tief-Temp.-Phase scheint entweder aus einer Ansammlung von Au oder Ni-Atomen oder aus Gebieten mit hoher geometr. Ordnung zu bestehen. Abgeschreckte Leerstellen bestimmen wesentlich die Rk.-Geschw.; die Ausscheidung wird jedoch nicht als Ansammlung von Leerstellen angesehen. G. TALSKY. 197 □

Differenzierte Phasenanalyse von komplexlegiertem Stahl vom Typ EJ 481. K. P. Ssorokina. (Заводская Лаборатория [Betriebs-Lab.] **27.** 253—56. 1961; russ.) — Untersucht wird ein Stahl vom Typ EI 481 mit 0,35 (%) C, 12,23 Cr, 7,55 Ni, 8,2 Mn, 1,14 Mo, 1,55 V u. 0,31 Nb nach einer neuentwickelten differenzierten Phasenanalysenmethode. Der Stahl enthält die ausgeschiedenen Carbide $Cr_{23}C_6$, *VC* u. *NbC*. Die Ausscheidung des anod. Nd. wird bei einer Stromdichte von 0,05 A/cm² in einem Elektrolyten durchgeführt, der aus HCl u. Methylalkohol besteht. $Cr_{23}C_6$ scheidet sich beim Kochen in einem Gemisch von HCl u. H_2O_2 aus. Die Trennung von VC u. NbC wird in kochender HNO_3 vorgenommen. Die Unters. zeigt, daß im Stahl EJ 481 das gesamte Nb unabhängig von der Wärmebehandlung als NbC gebunden ist, das kein Fe u. Cr enthält u. nur eine unbedeutende Menge Mo u. V löst. Das Maximum der VC-Ausscheidung entspricht einer 16std. Wärmebehandlung bei 670—790°. Das kub. $Cr_{23}C_6$ wird bei einer Erwärmung auf 650° u. höher ausgeschieden; das Ausscheidungsmaximum entspricht einer Alterungs-Temp. von 900° bei einer 16std. Behandlung. Das kub. $Cr_{23}C_6$ enthält geringe Mengen Mn, Mo u. V u. bis zu 40—50% Fe. H. HOCHSTEIN. 197 □

Aussehen der Akulow-Bitter-Struktur in plastisch verformten Metallen. E. Gaiginschi, Tr. Dumitrescu, Al. Gutman, M. Zugrăvel und A. Bîrjoianu. (Rev. roum. Métallurgie **5.** Nr. 1. 41—45. 9 Tafeln. 1960; engl.) — In einem magnet. Nullfeld wird das Aussehen der unter Wrkg. plast. Zugverformungen einer Stahlprobe mit 3% Si bewirkten plast. Verformung durch die Ggw. einer Art von Bändern gekennzeichnet, die den Gleitlinien ähnlich sind u. von denen einige frei, andere dagegen mit koll. Fe-Teilchen angefüllt sind. Es ist wahrscheinlich, daß diese plast. Verformung, welche eine gewisse innere Umwandlung begünstigt, zur Umwandlung der magnet. Phase in eine unmagnet. Phase u. umgekehrt führt. Der Mechanismus dieser Umwandlungen wird untersucht. In einem magnet. Nullfeld u. im Falle von lamellaren Einzelbezirksstrukturen kann unter bestimmten Bedingungen die durch Zug bewirkte plast. Verformung zu einer Verlängerung dieser Bezirke führen. H. HOCHSTEIN. 197 □

Magnetische und röntgenographische Untersuchungen an dünnen Eisenschichten. G. Becherer, O. Brümmer und H. Poser. (Exp. Techn. Physik **7.** 33—39. 1959. Halle-Wittenberg, Martin-Luther-Univ., Inst. für exp. Phys.; dt.) — Magnet. u. röntgenograph. Unterss. der dünnen bei 300° mit angenähert 30 Å Teilchengröße im Hochvakuum aufgedampften Fe-Schichten ergeben, daß die Existenz eines flächenzentrierten γ-Fe nicht feststellbar ist. Eine Erwärmung der Probe während der Struktur-Unters. ist durch Verw. der Röntgenfeinstruktur-Meth. prakt. ausgeschlossen. Aus dem Einfl. der Schichtdicke auf die Gitterverzerrung sowie auf den paramagnet. Anteil kann auf Grund eines ähnlichen Kurvenverlaufs ein Zusammenhang vermutet werden. Da die magnet. Sättigung der dünnen Schichten bereits bei ca. 8000 Gauß eintritt, die Teilchengröße aber mit ca. 43 Å bestimmt wird u. die γ-Modifikation nicht vorliegt, wird angenommen, daß ein großer Teil der Schicht sich ungeordnet „im eingefrorenen“ Zustand befindet. H. HOCHSTEIN. 197 □

Elastische Konstanten von β-Zinn von 4,2—300°K. J. A. Rayne und B. S. Chandrasekhar. (Physic. Rev. [2] **122.** 1962. 15/6. 1961; engl.) — Berichtigung von Formeln in der C. **1962.** 3014 referierten Arbeit. HERBERT WEBER. 200 □

Untersuchung von mit verschiedener Geschwindigkeit bei erhöhten Temperaturen deformiertem Stahl mit Hilfe von Röntgenmikrobündeln. M. Ja. Fuks und L. Ja. Goldstein. (Известия Академии Наук СССР, Серия Физическая [Nachr. Akad. Wiss. UdSSR, physik. Ser.] **23.** 629—34. Mai 1959; russ.) — Vgl. C. **1960.** 16022. — Stahl St 25 wird nach Normalglühen bei 860° u. Anlassen auf 620° verschiedenen Behandlungen unterworfen: langem Ziehen bei 450° (137, 15, 4 Std.), kurzem Ziehen bei 450°, Kaltverformung mit u. ohne anschließendes Anlassen auf 450°. Nicht verformte Proben u. Proben nach den verschiedenen Behandlungen werden mit Röntgenmikrobündeln untersucht. Bei den angewandten Verformungs-Geschw. ist die makroskop. Verformung von einem Schubmechanismus der Bldg. von Fragmenten begleitet. Die Diffusionsplastizität spielt dabei zwar eine Rolle, ist aber für den Mechanismus nicht entscheidend. R. K. MÜLLER. 200 □

Spaltbruch in Einkristallen von Ferrosilicium. Ryukichi Honda. (J. physic. Soc. Japan **16.** 1309—21. Juli 1961. Tokyo, Nat. Res. Inst. for Metals; engl.) — Blechproben eines Einkristalles aus einer Fe-Leg. mit 2,9% Si mit {1 1 0}-Oberflächen werden in den ⟨1 0 0⟩-, ⟨1 1 0⟩- u. ⟨1 1 1⟩-Richtungen bei —196° bis zum Bruch gestreckt. Die Zwillinge u. die Gleitlinien werden im Laufe dieser Streckung sowie auch nach dem Bruch beobachtet. Die nachfolgenden beiden Mechanismen, durch welche Gleitung oder Zwillings-Bldg. Spaltbruch verursacht, werden bestätigt. In ⟨1 0 0⟩-Richtung verursacht ein Zwilling, der durch Schneiden mit einem anderen Zwilling längs der ⟨1 1 0⟩-Richtung aufgehalten wird, eine Spaltung auf der {1 0 0}-Ebene. Bei Dehnung in der ⟨1 1 0⟩-Richtung verursachen zwei {1 1 0}-Gleit-Syst., die sich längs der ⟨1 0 0⟩-Richtung schneiden, eine Spaltung auf jeder der beiden {1 0 0}-Flächen parallel zur Schnittlinie. H. HOCHSTEIN. 200 □

Die durch Eindrücken einer Kugel in Kristalle aus einer Fe-Si-Legierung entstehenden Versetzungen. B. Šesták und S. Libovický. (Czechoslov. J. Physics **11.** 444—51. 1961. Prag, Tschechoslow. Akad. der Wiss., Inst. für Phys.; engl.) — Vgl.

C. **1961.** 8949. — Gleitlinien innerhalb der Fläche, die durch Eindrücken einer Stahlkugel verformt wurde, werden durch die Meth. der Sichtbarmachung von Versetzungen durch Ätzung der Oberfläche von Fe–Si-Legg. untersucht. Die Form der Gleitoberflächen wird geprüft; die Abmessungen der verformten Fläche werden in Abhängigkeit vom Si-Geh., von der Temp. u. Verformungs-Geschw. bestimmt. Die beobachtete Gleitung wird mikrophysikal. durch die Annahme erklärt, daß Teile der Schraubenversetzungen bei ihrer Wanderung eine Quergleitung zeigen. H. Hochstein. 200 □

Physikalisch-chemischer Einfluß flüssiger Medien auf den Verschleiß von Stahl und Hartlegierungen bei der Reibung an Gesteinen. L. A. Schreiner und K. M. Ssadilenko. (Доклады Академии Наук СССР [Ber. Akad. Wiss. UdSSR] **139.** 427 bis 429. 11/7. 1961. Inst. für Geol. u. Verarb. fossiler Brennstoffe der Akad. der Wiss. der UdSSR; russ.) — Untersucht wird der Verschleiß gehärteter Stähle u. von Hartlegg. bei der Reibung an Gestein in verschiedenen Flüssigkeiten. Die Verss. wurden mit Stahl U 8 u. der WC-Leg. WK 6 in der Hauptsache bei Reibung an Quarz durchgeführt. Hierbei zeigt sich u. a., daß die spezif. Verschleißarbeit des Stahles u. Quarzes in Lsgg. oberflächenakt. Stoffe (Dodecylaminoacetat u. Na-Oleat) gegenüber W. um das 2 bis 3 fache geringer ist. In Kerosin wird der Reibungs-Koeff. um das 7 fache u. der Verschleiß des Stahles um das 40 fache verringert. Zusätze oberflächenakt. Mittel erhöhen dabei den Verschleiß, weil sie die dispergierenden Eigg. des KW-Stoffes stärker erhöhen als die Schmiereigenschaften. Der Einfl. einer wss. CMC-Lsg. auf den Verschleiß unterscheidet sich von der Wrkg. der oberflächenakt. Stoffe u. der KW-Stoffe. Im gegebenen Falle hängt eine Verschleißverringerung mit der Abnahme der Reibungsunebenheit zusammen. In allen untersuchten Fll. tritt gleichzeitig mit einer Abnahme des Stahlverschleißes auch eine Abnahme des Quarzverschleißes auf. H. Hochstein. 200 □

Die plastische Verformung von monoklinem α-Plutonium. S. E. Bronisz und A. E. Gorum. (J. nuclear Mater. [Amsterdam] **4.** 353—55. Dez. 1960. Los Alamos, N. Mex., Sci. Labor. u. Univ. of California; engl.) — An feinkörnigen, polykristallinen Proben von α-Pu untersuchten Vff. den Einfl. der Temp. u. der Geschw. der plast. Verformung; sie bestimmten ferner die Verformungsarten, die einen Beitrag zum plast. Fließen liefern. Die Unterss. ergaben, daß α-Pu prim. durch Gleitung verformt wird, daß aber Zwillings-Bldg. u. Korngrenzengleitung ebenfalls zur Verformung beitragen. Die Korngrenzengleitung bei Zimmer-Temp. u. die Zunahme der Leichtigkeit von Zwillings-Bldg. bei steigender Temp. stehen in krassem Gegensatz zu dem Verh. anderer Stoffe. Als mögliche Erklärung dieser Erscheinung wird die komplizierte Kristallstruktur von α-Pu angesehen (vgl. Zachariasen u. Ellinger, C. **1958.** 3238).
C. Gottfried. 200

Die plastische Verformung von neutronenbestrahlten Kupferreinkristallen. Uwe Eßmann, Siegfried Mader und Alfred Seeger. (Z. Metallkunde **52.** 443—54. Juli 1961. Stuttgart, MPI für Metallforsch.; TH, Inst. für theoret. u. organ. Phys.; dt.) — Mechan. u. elektronenmkr. Unterss. der Verfestigung u. der Gleitlinien-Bldg. von neutronenbestrahlten Cu-Kristallen bei verschiedenen Temp. zeigen als wichtigste Folgen der Neutronenbestrahlung eine hohe u. stark temperaturabhängige krit. Schubspannung u. einen Fließbereich mit Ausbreitung von Lüdersbändern. Diese Ergebnisse werden auf durch die Neutronenbestrahlung im Kristall entstandene spezif. Fehlstellen zurückgeführt. Ihre Wechselwrkg. mit den Versetzungen u. ihr Abbau im Lauf der Verformung führen zu den Besonderheiten der Bestrahlungsverfestigung. F. Vier. 200 □

Kriechen in Zink-Einkristallen bei der Temperatur des flüssigen Stickstoffs. H. P. Stüwe. (J. appl. Physics **30.** 450—51. März 1959. Urbana, Ill., Univ.; engl.) — Vf. nimmt bezug auf analoge bei Zimmer-Temp. durchgeführte Verss. (vgl. C. **1959.** 3738), bei denen versuchsweise angenommen worden war, daß die Verunreinigungsatmosphäre in dem Modell von Cottrell u. Jawson (vgl. C. **1949.** E. 376) bei kurzen Bremsintervallen einer Versetzung auf ihrem Weg durch das Gitter gebildet wird u. berichtet zur Nachprüfung dieser Hypothese von bei der Temp. des fl. N_2 durchgeführten Kriechverss. an Zn-Einkristallen. Es wurde gefunden, daß die Ergebnisse die gleichen waren wie die bei Zimmer-Temp. erhaltenen. Darüber hinaus konnte weiter bestätigt werden, daß die krit. Schubspannung unabhängig von der Temp. ist. Da jedoch die Diffusions-Geschw. bei der tiefen Temp. gering ist, muß angenommen werden, daß sich die Verunreinigungsatmosphäre nicht während der Belastungszeit bildet, sondern schon in dem nicht verformten Gitter um solche Versetzungen vorhanden ist, wie sie auch in einem idealen Einkristall auftritt. Die sich bewegenden Versetzungen könnten dann von einer solchen schon vorhandenen Atmosphäre eingefangen werden oder auch durch Wechselwrkg. mit Spannungsfeldern der ursprünglich ruhenden Versetzungen.
C. Gottfried. 200

Schleiffestigkeit und spezifische Freie Grenzflächenenergie der Alkalihalogenide vom NaCl-Typus. W. von Engelhardt und S. Haussühl. (Kolloid-Z. **173.** 20—35. Nov. 1960. Tübingen, Univ., Miner. Inst.; dt.) — Die Schleiffestigkeit (SF) von Einkristallen von *LiF, LiCl, LiBr, NaF, NaCl, NaBr, NaJ, KF, KCl, KBr, KJ, RbF, RbCl, RbBr* u. *RbJ* wurde in verschiedenen Medien (Xylol, W., CH_3OH, A., Isopropanol, 2-Butanol, Pentanol, Octanol, Glykol, Äthylglykoläther) bestimmt. Zwischen dem unter genormten Bedingungen abgeschliffenen Vol. V u. der spezif. Freien Grenzflächenenergie γ gilt $\gamma = \text{const}\cdot V^{-2/3}$. Li- u. Na-Salze einerseits ($\gamma_{20} = 0{,}93\cdot V^{-2/3}\,\text{erg}\cdot\text{cm}^{-2}$) u. K- u. Rb-Salze andererseits ($\gamma_{20} = 0{,}68\cdot V^{-2/3}$) besitzen fast gleiche Konstanten. Höhere Plastizität führt zu erhöhter relativer SF, was die Unterschiede zwischen Ritzhärte u. SF erklärt. Polare Moll. erniedrigen die SF bis zu 50% der in unpolaren Medien gemessenen Werte. Aus der Änderung von SF mit der Konz. der polaren Moll. kann die Adsorptionswärme W_A der polaren Moll. an den Bruchflächen bestimmt werden. Für an LiF-Spaltflächen adsorbiertes Dodecylamin ergab sich eine mittlere W_A von 8 kcal/Mol. Die Anisotropie der SF ist bei den Alkylhalogeniden sehr von der Orientierung der Spaltflächen zur jeweiligen Schleiffläche abhängig. Die SF auf verschiedenen Flächen ist (1 1 1) > (1 1 0) > (1 0 0). H.-P. Rettig. 200□

Veränderung der mechanischen Charakteristiken des amorphen Selens unter der Einwirkung von γ-Strahlen. Ss. W. Starodubzew, I. A. Domorjad und L. P. Chisnitschenko. (Доклады Академии Наук СССР [Ber. Akad. UdSSR] **139.** 594 bis 595. 21/7. 1961; russ.) — An fadenförmiger, aus der Schmelze gezogenem amorphem Se wurde unter γ-Bestrahlung (Dosis $20\cdot10^6$ r) bei 17° der Elastizitätsmodul G u. die innere Reibung Q gemessen. G nimmt mit der Bestrahlungszeit bis zu einem Sättigungswert zu, während sich Q verringert. Die Ergebnisse werden aus der Struktur des Se erklärt. L. Kerstin. 200□

Mit dem Aufprall von Stahlkugeln auf Gesteine in Zusammenhang stehender Energieverlust. Michel Auberger und John S. Rinehart. (J. geophys. Res. **65.** 4157—64. Dez. 1960. Golden, Colo., School of Mines, Dep. of Mining Engng., Mining Res. Labor.; engl.) — Messungen des Wiederherstellungs-Koeff. (coefficient of restitution) für den Zusammenstoß von Stahlkugeln verschiedenen Durchmessers u. Plexiglas sowie *Granit, Sandstein, Kalkstein* u. *Marmor* von verschiedenen Fundorten. Die Ergebnisse führen zu einer Beziehung mit der Dämpfung der Scherwelle als Funktion der Frequenz im Frequenzbereich von 30—240 KHz. Die Dämpfung ist stark von den Hauptbestandteilen des Gesteins, ihrer Korngröße sowie der Natur u. Größe ihrer intergranularen Teilchen abhängig. Die Dämpfung nimmt mit der Anzahl von Korngrenzen pro Vol.-Einheit zu u. nimmt ab, wenn der intergranulare Zement aus Teilchen besteht, der einige wenige μ dick ist. In den meisten der untersuchten Gesteine ist die Scherdämpfung mehrere Male größer als die longitudinale Dämpfung. C. Gottfried. 200

A₇. Gleichgewichte. Kinetik

Methode zur qualitativen Diskussion der Lösungskurven von Differentialgleichungssystemen. S. Oberländer. (Abh. dtsch. Akad. Wiss. Berlin, Kl. Math., Physik Techn. **1960.** Nr. 7. 256—64. Berlin, Dt. Akad. der Wiss., Inst. für Angew. Math. u. Mech.; dt.) — Vortrag. Zur Auswertung von experimentellen Daten unter dem Gesichtspunkt eines vorgegebenen reaktionskinet. Modells wurde eine sog. „Prämissions-Meth." entwickelt, die hinsichtlich des Auftretens der unabhängigen Variablen u. der Anzahl der Gleichungen keine Einschränkungen kennt. Wolfgang Wagner. 220□

Colorimetrische und spektrophotometrische Bestimmungen von Komplexgleichgewichten. 1. Mitt. Antonin Tockstein. (Z. Chem. **1.** 180—88. 1961. Pardubice, ČSSR, TH für Chem.; dt.) — Vf. behandelt eine Anzahl colorimetr. u. spektrophotometr. Meth. u. die Möglichkeit ihrer Anwendung zur Best. der Komplex-Konst., der Zus. von Komplexen u. der Gleichgewichts-Konst. aus den Job-Kurven. Es wird gezeigt, daß je nach den Gegebenheiten des zu untersuchenden Syst. (Stabilität der Komplexe, Farbigkeit der Ausgangssubstanzen) u. der Rk.-Prodd. ein oder mehrere Verff. verwendet werden können. K. Ross. 223□

Stabilität der Komplexe von Magnesium, Calcium, Strontium und Barium in wäßriger Lösung. W. P. Wassiljew. (Журнал Неорганической Химии [J. anorg. Chem.] **3.** 2060—66. Sept. 1958. Iwanowo, Chem.-technol. Inst.; russ.) — Veränderungen der Beständigkeits-Konst. von Komplexen des Mg, Ca, Sr u. Ba mit verschiedenen, teils chelatartigen organ. u. anorgan. Liganden (OH^-, Alanat, Lactat, Acetat, JO_3^-, NO_3^- $C_2O_4^{2-}$, Malonat, $S_2O_3^{2-}$, Malat, Tartrat, Succinat, Nitridotriacetat, Citrat, $P_3O_9^{3-}$, $P_2O_7^{4-}$ $P_4O_{12}^{4-}$, Äthylendiamintetraacetat) werden in Abhängigkeit vom Kationen- u. Anionenradius untersucht. Die Stabilität der Komplexe kann mit der Vergrößerung des Zentralionradius abnehmen, zunehmen oder durch ein Maximum gehen. W.-D. HEUSSNER. 223□

Über die Löslichkeit von Erdalkaliphosphaten. W. G. Tschuchlanzew und K. W. Aljamowskaja. (Журнал Неорганической Химии [J. anorg. Chem.] **6.** 443—46. Febr. 1961. Uraler Polytechn. Kirow-Inst.; russ.) — Unters. der Löslichkeit von $Sr_3(PO_4)_2$ (I), $Ba_3(PO_4)_2$ (II), $Mg_3(PO_4)_2$ (III), $BaHPO_4$ (IV) u. $SrHPO_4$ (V) bei verschiedenen pH-Werten u. 19—20°. Als Lsgm. werden verd. HNO_3 bzw. HCl verwendet. Folgende Löslichkeits-Prodd. werden ermittelt: I $(4,04 \pm 1,03) \cdot 10^{-28}$, II $(3,42 \pm 2,17) \cdot 10^{-23}$, III $(1,68 \pm 0,82) \cdot 10^{-24}$, IV $(9,1 \pm 2,1) \cdot 10^{-8}$, V $(5,74 \pm 1,12) \cdot 10^{-7}$.
G. ENGELHARDT. 224□

Die Löslichkeit von Bleisulfat in Elektrolytlösungen bei 25°C. A. K. Shdanow und W. W. Jakowlew. (Узбекский Химический Журнал [Usbek. chem. J.] **1958.** Nr. 2. 5—10; russ.) — Es wurden Löslichkeits-Prodd. von $PbSO_4$ in $NaNO_3$, NaCl, NaBr u. Na-Acetat ($1 \cdot 10^{-3}$—3 Mol/Liter) bei 25° bestimmt. Die Löslichkeit u. das Löslichkeits-Prod. vergrößert sich in allen Salz-Lsgg. mit der Salzkonzentration. Die Lsg.-Fähigkeit der Salze steigt in der Reihe $NaNO_3 < NaCl < NaBr <$ Na-Acetat.
CH. WEISKE. 224□

Extraktion im Flüssigkeit–Flüssigkeit-System mit pulsierendem Strahl. Leopoldo Massimilla und Gennaro Volpicelli. (Ricerca sci. **30.** 2458—66. Dez. 1960. Napoli, Univ., Ist. di Chim. ind.; ital.) — Vff. untersuchen die pulsierende Strahldispersion von Fll. in einer dichteren Fl. unter Verw. von W. als dispergierender u. von Essigsäure (I; 0,25 Mol/ml) als dispergierter Phase in Bzl., Toluol, o-Xylol, n-Heptan oder Isoamylalkohol. Zur Dispersion dienen Düsen von 0,65, 1,00, 1,40, 2,00 u. 2,50 mm ∅; ein drehbarer Hahn ermöglicht die Regulierung der Frequenz (16, 32, 102 u. 204 Hz), des Durchflusses (1,8—4,2 ml/s) u. der Intensität (0,54—0,91) des pulsierenden Strahls. Durch Variieren dieser Parameter werden die Kurven für die Fraktionen des extrahierten I als Funktion der durchschnittlichen Ausfluß-Geschw. der Lsg. bestimmt u. mit den bei kontinuierlichem Strahl erhaltenen verglichen. Schließlich wird die mögliche Voraussage über die Extraktions-Wrkg. mit pulsierendem Strahl auf Grund der mit Hilfe des kontinuierlichen Strahls erzielten Ergebnisse bewiesen. G. PLATZER. 224□

Extraktion von Plutonium(IV) mit Tributylphosphat. 1. Mitt. **Abhängigkeit des Verteilungskoeffizienten von der Tributylphosphatkonzentration.** W. W. Fomin, Je. P. Maiorowa, M. I. Krapiwin und W. G. Judina. (Журнал Неорганической Химии [J. anorg. Chem.] **3.** 2113—16. Sept. 1958; russ.) — Aus einer 2 m salpetersauren Lsg. von $Pu(NO_3)_4$ läßt sich leicht mit einer 1,5 m Tributylphosphat-Lsg. in Bzl. Pu(IV) extrahieren, wobei eine Konz.-Abhängigkeit zwischen $\log \alpha_{Pu}$ u. $\log c_{TBP}$ beobachtet wird (scheinbarer Verteilungs-Koeff.). Dies macht sich durch eine Abweichung von den berechneten Werten für α bei höheren TBP-Konzz. bemerkbar. Vff. erklären diese Erscheinung mit dem Einfl. von nicht extrahierbarem Am. W.-D. HEUSSNER. 224□

Bestimmung der Stabilitätskonstante der $Ce(NO_3)_x^{3-x}$-Ionen durch Extraktion mit Tributylphosphat. W. W. Fomin, R. Je. Kartuschowa und T. I. Rudenko. (Журнал Неорганической Химии [J. anorg. Chem.] **3.** 2117—27. Sept. 1958; russ.) — Vgl. vorst. Referat. — Durch Unterss. an mit ^{144}Ce markiertem Ce zeigen Vff., daß Ce^{3+} aus salpetersaurer Lsg. mit Tributylphosphat in Form von $Ce(NO_3)_3 \cdot 3\,TPB$ extrahierbar ist. Der Verteilungs-Koeff. von Ce^{3+} ist bei den untersuchten Bedingungen prakt. unabhängig von der Ce^{3+}-Gesamtkonzentration. Logarithm. Abhängigkeiten werden zwischen Verteilungs-Koeff. u. wachsenden TBP-Konzz., bes. bei Vgl.-Messungen u. Verdünnungen mit CCl_4 u. Bzl. beobachtet. Die Beständigkeits-Konst. für $Ce(NO_3)^{2+}$ u. $Ce(NO_3)_2^{+}$ berechnen sich zu $11 \pm 2,5$ u. 32 ± 7. W.-D. HEUSSNER. 224□

Die Extraktion von Salpetersäure und Wasser durch Äthyl-n-propyl- und Di-n-propyläther. R. N. Masslowa und W. W. Fomin. (Журнал Неорганической Химии [J. anorg. Chem.] **6.** 738—45. März 1961; russ.) — Vgl. vorst. Referate. — Extraktions-Verss. von HNO_3 u. H_2O mit *Äthyl-n-propyläther* (ÄPÄ) bzw. *Di-n-propyläther* (DPÄ) ergeben bei Säure-Konz. bis zu 5 Mol/Liter die Bldg. eines hydratisierten Komplexes $HNO_3 \cdot H_2O \cdot ÄPÄ$ mit einer Beständigkeits-Konst. von $K = 0,0078$ bzw. $HNO_3 \cdot H_2O \cdot DPÄ$ mit $K = 0,004$. In geringem Maße bildet sich auch die wasserfreie Verb. $HNO_3 \cdot DPÄ$. Werden die Äther mit Bzl. verd., so verringert sich die spezif. Extraktionsfähigkeit sowie die Konz. der hydratisierten Solvate im Vgl. zur Konz. der wasserfreien Komplexe. Vff. erklären den Einfl. des Bzl. mit der Bldg. äquimol. Verbb. *Bzl.·Äther* u. *Bzl.·Äther·HNO₃*. Bei hohen Säure-Konz. können sich polymere Verbb. vom Typ $(HNO_3 \cdot \text{Äther})_n$ bilden. G. ENGELHARDT. 224□

Extraktion von Salpetersäure mit Tributylphosphat. W. B. Schewtschenko, N. Ss. Powitzki, A. Ss. Ssolowkin, I. W. Schilin, K. P. Lunitschkina und S. N. Zwetkowa. (Журнал Неорганической Химии [J. anorg. Chem.] **3.** 2109—12. Sept.

1958; russ.) — Vff. bestimmen die Verteilung von HNO_3 zwischen wss. u. organ. Phase, die zwischen 10—100% Tributylphosphat (TBP) enthält, in Abhängigkeit von der Ionenstärke der wss. Phase u. dem Verdünnungsgrad des extrahierenden Agens. Die Änderung der Gleichgew.-Konst. für den Komplex $HNO_3 \cdot TBP$ bei veränderten TBP-Konzz. u. Verdünnung des TBP mit Toluol, Kerosin, Bzl., CCl_4, CCl_2F–CCl_2F, o-, m- u. p-Xylol werden gemessen. W.-D. HEUSSNER. 224□

Der Isotopenaustausch. A. I. Brodski. (Химическая Наука и Промышленность [Chem. Wiss. Ind.] **4.** 423—34. **1959.** Akad. der Wiss. der UkrainSSR; russ.) — Übersicht. Behandelt werden: Isotopenverteilung, Austauschmechanismen, Struktur-Unterss. u. heterogener Austausch. — 92 Literaturangaben. CH. WEISKE. 225□

Isotopenaustausch von Schwefel in Polythionaten. W. A. Lunenok-Burmakina und I. F. Djakowa. (Украинский Химический Журнал [Ukrain. chem. J.] **23.** 303—05. 1957. Pissarshewski-Inst. für phys. Chem. der Akad. der Wiss. der Ukrain. SSR; russ.) — Der ^{35}S-Austausch zwischen Tri- (**I**) u. Tetrathionat (**II**) wurde durch Auflösen äquivalenter Mengen von markiertem $K_2S_3O_6$ (**Ia**) u. nicht akt. $Na_2S_4O_6 \cdot 2\,H_2O$ in W., 0 bis 2 std. Stehen dieser Lsg. bei 60°, anschließendem 2—4 Min. langem Aufkochen u. folgender Zers. des **I** mit $Cu(NO_3)_2$ untersucht. Die Aktivitätsverteilung in **Ia** war $KO_3S^{1/4}S^1S^{1/4}O_3K$, der Austausch des Sulfid-S erfolgte mit der gleichen Geschw. wie der des Sulfit-S. Der Gesamtaustausch zwischen **I** u. **II** betrug bei sofortiger Weiterverarbeitung der Lsg. 41% u. stieg nach 2 std. Stehen auf 78%. Zur Unters. des ^{35}S-Austausches zwischen **II** u. Pentathionat (**III**) wurden die gesätt. Lsgg. von markierten $Na_2S_4O_6 \cdot 2\,H_2O$ (**IIa**) u. nicht akt. K-**III** bei Raum-Temp. gemischt. Nach den Aktivitätsmessungen findet ein vollständiger Austausch der $[SSO_3]$-Gruppen zwischen **II** u. **III** statt. Der raschere Austausch im Vgl. zum Austausch zwischen **I** u. **II** wird der geringeren Stabilität der Bindung zwischen den Sulfid-S (S^{II}—S^{II}) in **II** u. **III** gegenüber der S^{II}–S^{VI}-Bindung in **I** zugeschrieben. Zwischen Dithionat (**IV**) u. akt. **I** konnte innerhalb 2 Std. bei 60° kein Isotopentausch festgestellt werden, was durch die große Stabilität der S^{VI}–S^{VI}-Bindung in **IV** erklärt wird. — Die Thiosulfatgruppen besitzen demnach in **I**—**III** eine große Beweglichkeit. — Darst. von **Ia** u. **IIa**: Behandlung von Thiosulfat mit akt. Sulfid-S ergab $Na_2S^{35}SO_3$ (**V**) daraus **Ia** mit H_2O_2. **IIa** wurde jodometr. aus **V** erhalten. U.-L. RAU. 225□

Der Mechanismus und sterische Verlauf der oktaedrischen Aquotisierung. 4. Mitt. **Die Aquotisierung von cis- und trans-Dichloro- sowie cis- und trans-Chlorohydroxo-bis-[äthylendiamin]-kobalt(III)-Salzen.** M. E. Baldwin, S. C. Chan und M. L. Tobe. (J. chem. Soc. [London] **1961.** 4637—45. Okt. London, Univ. Coll., William Ramsay and Ralph Forster Labor.; engl.) — 3. vgl. C. **1962.** 5585. — Die Geschw.-Konst. der solvolyt. Aquotisierung der Kationen *cis-* u. *trans-*$[Coen_2Cl_2]^+$ sowie *cis-* u. *trans-*$[Coen_2OH \cdot Cl]^+$ wurden bei verschiedenen Temp. ermittelt u. daraus die ARRHENIUS-Parameter berechnet. Die Rkk.-Prodd., $[Coen_2(H_2O)Cl]^{2+}$ u. $[Coen_2(H_2O)OH]^{2+}$, isomerisieren sich mit einer Geschw. zu Gleichgew.-Mischungen, die mit ihrer Bldg.-Geschw. größenordnungsmäßig vergleichbar ist. Die Isomerisierungs-Geschw. u. die Gleichgew.-Lagen wurden ermittelt. Nach Einführung einer Korrektur für diesen Isomerisierungseffekt ergibt sich, daß aus trans-$[Coen_2Cl_2]^+$ u. trans-$[Coen_2OHCl]^+$ in direkter Rk. 35 bzw. 75% des cis-Aquokomplexes entstehen, während die beiden cis-Isomeren ausschließlich cis-Aquo-Verbb. liefern.

Versuche: *Trans-Hydroxoaquo-bis-[äthylendiamin]-kobalt(III)-perchlorat-0,5-Wasser*, aus trans-$[Coen_2Cl_2]NO_3$ durch Behandeln mit der OH^--Form von Amberlite IR-A 400, Versetzen der wss. Lsg. mit 72%ig. $HClO_4$ (bis pH 3), Einengen durch Gefriertrocknung u. Fällen mit Pyridin. A. BLASCHETTE. 225□

Über die Kinetik der Hydrolyse einiger Pt(IV)-Komplexverbindungen. A. A. Grinberg und Ju. N. Kukuschkin. (Доклады Академии Наук СССР [Ber. Akad. Wiss. UdSSR] **132.** 1071—73. 11/6. 1960. Chlopin-Radium-Inst. der Akad. der Wiss. der UdSSR; russ.) — Vgl. C. **1960.** 4768. — Die Kinetik der Hydrolyse von Komplexen der Übergangsreihe wird auf Grund des titrierten Alkaliverbrauchs untersucht: $Na_2[PtCl_6]$ (**I**), $k[PtNH_3Cl_5]$ (**II**), $[Pt(NH_3)_2Cl_4]$ (**III**), $[Pt(NH_3)_3Cl_3]Cl$ (**IV**), trans-$[Pt(NH_3)_4Cl_2](NO_3)_2$ (**V**), $[Pt(NH_3)_5Cl]Cl_3$ (**VI**) u. $k[PtPyCl_5]$ (**VII**) (k = Kation, Py = Pyridin). Bei **II**, **V** u. annähernd bei **VI** verläuft die Hydrolyse in Abhängigkeit von der Alkali-Konz. (AK) wie eine Rk. 1. Ordnung, bei **VII** u. **IV** ist die Hydrolyse-Geschw. (HG) von der AK unabhängig. Die Abhängigkeit der HG von der Komplex-Konz. ist bei **VI** u. **VII** gleich 1, bei **II**, **IV** u. **V** 1,75. Die höchste HG zeigen **II**, **IV** u. **V**. Eine Red. von **I**, $[PtPyNH_3Cl_4]$ u. $[Pt \cdot Py(NH_3)_5]Cl_4$ durch Alkali wird bei den untersuchten Konzz. auch beim Erwärmen nicht beobachtet. Gei **II**, **IV** u. **V** scheinen Redoxprozesse u. Bldg. von Mol.-Verbb. vom Typ **IV**·$[Pt(NH_3)_3Cl]Cl$ vorzuliegen. Bei **II** wird folgender Mechanismus angenommen: $[PtNH_3Cl_5]^- + OH^- \rightarrow [PtNH_2Cl_5]^{2-} + H_2O$ (schnell) $\rightarrow [PtNH_2Cl_4H_2O]^-$ $(+ Cl^-)$ (langsam) → $[PtNH_3Cl_4OH]^-$ (schnell). Bei **VI** ist am wahrscheinlichsten: $[Pt(NH_3)_5Cl]^{3+}$ + OH^- → $[Pt(NH_3)_4NH_2Cl]^{2+}$ (+H_2O) (schnell) + OH^- → $[Pt(NH_3)_4NH_2OH]^{2+}$ (+ Cl^-) (langsam) + H_2O → $[Pt(NH_3)_5OH]^{3+}$ + OH^- (schnell); dieser Mechanismus erklärt auch den erhöhten Alkaliverbrauch. Bei **VII** nehmen Vff. folgenden Mechanimus an: $[PtPyCl_5]^-$ + H_2O → $[PtPyCl_4H_2O]^0$ (+Cl^-) (langsam) +OH^-→ $[PtPyCl_4OH]^-$ + H_2O (schnell). Die HG scheint in der Reihe **I** < **VII** < **II** zuzunehmen. Bei Nachprüfung von Verss. der Literatur (PEARSON, C. **1959**. 12152; BASOLO u. Mitarbeiter, C. **1960**. 4449) stellen Vff. fest, daß bei der Hydrolyse von trans-$[Pt\ en_2Cl_2]^{2+}$ mit zunehmender Cl^--Konz. in erheblichen Mengen $[Pt\ en_2]^{2+}$ auftritt u. daß diese Rkk. u. der Alkaliverbrauch etwa mit gleicher Geschw. verlaufen. R. K. MÜLLER. 225□

Die Hochtemperaturoxydation des Berylliums. 2. Mitt. **Die Reaktion mit Kohlendioxid und Kohlenmonoxid.** S. J. Gregg, R. J. Hussey und W. B. Jepson. (J. nuclear Mater. [Amsterdam] **2**. 225—33. Sept. 1960. Univ. of Exeter, Dep. of Chem.; engl.) — 1. vgl. C. **1961**. 9713. — Mit Hilfe radioakt. Indizierung wurde der Chemismus der Be-Hoch-Temp.-Oxydation in einer CO_2- u. CO-Atmosphäre untersucht. Folgende Rkk. wurden nachgewiesen: Be + CO_2 = BeO + CO; 2 Be + CO_2 = 2 BeO + C u. Be + CO = BeO + C. Das in der Oxidschicht gebildete Be_2C entsteht nach der Rk.: 2 Be + C = Be_2C u. nicht durch 4 Be + CO_2 = 2 BeO + Be_2C oder 3 Be + CO = BeO + Be_2C. Die Rkk. C + CO_2 ⇌ 2 CO konnten nicht nachgewiesen werden. Bei der Oxydation in einer CO_2/CO-Atmosphäre reagiert CO oberhalb einer unteren Konz.-Grenze. H. BIELEN. 225□

Einwirkung alkalischer Lösungen auf glasartige Silicate und Alumosilicate des Lithiums. Ss. K. Dubrowo. (Журнал Прикладной Химии [J. angew. Chem.] **33**. 27—34. Jan. 1960; russ.) — Die Angreifbarkeit glasartiger Li-Silicate (**I**) der Zus. LiO_2 · 1,4 SiO_2—Li_2O · 5 SiO_2, SiO_2-haltiger Pulver (**II**) u. glasartiger Li-Alumosilicate (**III**) durch LiOH- bzw. NaOH-Lsgg. wird durch die Erhöhung des SiO_2-Geh. in **I**, **II** u. **III** erniedrigt. Die Lsg.-Geschw. von **II** wird durch die Erhöhung der Glüh-Temp. bzw. die Erniedrigung der Konz. der Lauge verringert. Die Zerstörungs-Geschw. (ZG) von **III** durch Laugen wird, im Gegensatz zu ihrer ZG durch Säure-Lsgg., durch die Veränderung des Verhältnisses SiO_2/Al_2O_3 nur wenig beeinflußt. **I** u. **II** werden durch LiOH-Lsgg. stärker u. **III** schwächer als mit NaOH-Lsgg. zerstört. Die chem. Beständigkeit der **I** u. **III** ist der Beständigkeit der analogen Na-Silicat- u. Na-Alumosilicat-Verbb. überlegen. S. BARYSCHNIKOW. 225

Chemische Reaktionen im Reaktor. Paul Harteck und Seymour Dondes. (Z. physik. Chem., Frankf. Ausg. [N. F.] **15**. Bonhoeffer-Gedenkband 103—07. April 1958. Troy, N.Y., Rensselaer Polytechn. Inst., Chem. Dep.; dt.) — Vgl. C. **1961**. 6424. — Übersicht über die von Vff. durchgeführten strahlenchem. Verss. an CO_2, NO_2, NO, N_2O, $N_2 + O_2$. — 10 Literaturangaben. A. BLASCHETTE. 226□

Über die strahlungschemische Oxydation der schwefligen Säure. Richard Schrader und Siegfried Schönherr. (Naturwissenschaften **48**. 569. 1. Sept.-H. 1961. Freiberg, Bergakad., Inst. für Anorg. Chem.; dt.) — Aus der Konz.-Zeit-Abhängigkeit bei der Bestrahlung einer gesätt. wss. SO_2-Lsg. mit Röntgenstrahlen (2,73·10^{16} eV/min·ml) ergibt sich für die Oxydation zu H_2SO_4 ein G-Wert von 205 ± 12. A. BLASCHETTE. 226□

Ein wirksames System zur Blitzlichtphotolyse. R. J. Charlson, Halstead Harrison und R. Hardwick. (Rev. sci. Instruments **31**. 46—48. Jan. 1960. Stanford, Calif., Stanford Univ., Dep. of Chem. and Chem. Engng.; Los Angeles, Calif., Univ. of California, Dep. of Chem.; engl.) — Zur Unters. der Kinetik schneller photochem. Prozesse entwickeln Vff. eine App., bestehend aus einer ringförmigen Blitzröhre, einem Photomultiplier- u. einem Blitzstromkreis. Das Syst. vermag eine große Zahl von Photonen schnell an eine Absorptionszelle abzugeben (ca. 6·10^{16} Photonen/cm^3 bei einer $^1/_e$-Zeit von 5 μs u. 50 μs Abklingzeit) u. ist damit zur Erfassung schneller photochem. Rkk. geeignet. Es werden aus Verss. mit 4·10^{-5}m *Anthracen* in CCl_4 die absorbierten Lichtquanten als Funktionen der Konz. u. der Entladungsspannung angegeben. W. SOBIESKI. 226□

Kinetische Untersuchungen an dem System Thionin–Eisen. 2. Mitt. R. Hardwick. (J. physic. Chem. **66**. 349—50. Febr. 1962. Los Angeles, Calif., Univ. of California, Dep. of Chem.; engl.) — 1. vgl. C. **1959**. 15930; vgl. auch vorst. Referat. — Es wird ein Rk.-Mechanismus für die photochem. Red. des Farbstoffs Thionin (T) über das Semithionin (SI) zu Leukothionin (LT) in Ggw. von Fe(II) diskutiert, in dem die hemmende Wrkg. des bei der Rk. entstehenden Fe(III) nicht dessen Einfl. auf das Oxydationsgleichgewicht, sondern einer chem. Einw. zukommt. ST, das radikal. Charakter hat, konnte durch Elektronenspinresonanzmessungen als Zwischenprod. nicht nachgewiesen werden.

Es wird eine sehr große Disproportionierungs-Geschw. des ST in T u. LT angenommen, so daß die photochem. Red. des T in Ggw. von Fe(II) u. Fe(III) als eine direkte Red. von T zu LT bei minimaler stationärer ST-Konz. behandelt werden kann. W. BETCKE. 226☐

„Heiße" Chemie des Radiokobalts in Nitroamminkobalt-Komplexsalzen. Nobufusa Saito, Takeshi Tominaga und Hirotoshi Sano. (Bull. chem. Soc. Japan **33.** 1621—22. Nov. 1960. Tokyo, Hongo, Univ. of Tokyo, Fac. of Sci., Dep. of Chem.; engl.) — Bei Beschuß mit langsamen Neutronen können die äußeren Anionen von *Nitroamminkobalt(III)-nitraten* u. *-nitriten* die NH_3-Liganden in der Radiokobalt-Koordinationssphäre ersetzen. Nachst. kristalline Komplexe wurden 1—6 Std. lang bei Reaktor-Temp. u. einem Neutronenfluß von ca. $3 \cdot 10^{11}$ n/cm$^2 \cdot$s bestrahlt: *Hexamminkobalt(III)-nitrit* u. *-nitrat, Nitropentamminkobalt(III)-nitrit* u. *-nitrat, cis-* (I) u. *trans-Dinitrotetramminkobalt(III)-nitrat* (II), *Trinitrotriamminkobalt(III)*. Nach eintägigem Stehen bei Zimmer-Temp. wurden die bestrahlten Salze in W. gelöst u. die ^{60}Co-markierten Verbb. durch Papierelektrophorese, -chromatographie, Ionenaustausch u. Fällung getrennt. Eine Substitution der NH_3-Liganden durch äußere Anionen (NO_2^- u. NO_3^-) wurde fast immer beobachtet, sofern die Substitutions-Prodd. in wss. Lsg. ausreichend stabil waren. Markierte Komplexe, die weniger Anionen als Liganden enthielten als die Ausgangs-Prodd., wurden in der Praxis nicht nachgewiesen. Der Faktor R (= %-Geh. markierter Verbb. mit einem anion. Ligand mehr als der Targetkomplex/%-Geh. markierter Verbb. mit gleicher Zahl anion. Liganden wie der Targetkomplex) nimmt mit der elektr. Ladung des komplexen Ions der Ausgangs-Verb. bzw. mit der Anzahl benachbarter äußerer Anionen zu u. betrug für die aufgeführten Verbb. 19; 3; 0,5; 0,7; 0,08; 0,07 u. 0. Die Effekte werden als Folge einer elektrostat. Wechselwrkg. zwischen äußeren u. komplexen Anionen angesehen. Bemerkenswert ist das Auftreten von cis–trans-Isomerisierung; so wurde das cis-Isomere im bestrahlten **II** mit einem Anreicherungsfaktor von 23 $\pm$ 5, das trans-Isomere im bestrahlten **I** mit einem solchen von 80 $\pm$ 10 gefunden. HANS THIELE. 226☐

Die katalytische Aktivität von 10^{-10}g Fe^{3+}. Alfons Krause, S. Zieliński und D. Ginter. (Naturwissenschaften **49.** 105—06. 1. März-H. 1962. Poznań, Univ., Inst. für anorg. Chem.; dt.) — Fe^{3+}/V_2O_5-Katalysator, erhalten durch Befeuchten von V_2O_5-Pulver (aus NH_4VO_3 durch Glühen auf 800°) mit einem Korndurchmesser $<$0,12 mm mit $Fe(NO_3)_3$-Lsg. (0,01 g V_2O_5 mit 1 ml Fe-Lsg. entsprechender Konz.) zeigt bei 37° u. einer Fe^{3+}-Konz. $\geq 10^{-10}$ g Fe noch deutliche peroxydat. Wrkg. bei der Oxydation von Indigocarmin mit H_2O_2. Die peroxydat. Wrkg. wird wahrscheinlich durch die Bldg. von Metallperoxiden hervorgerufen. CH. WEISKE. 227☐

Über die Ursachen der Aktivität und der Desaktivierung des Skelett-Nickels bei der irreversiblen Katalyse. G. L. Dranischnikow. (Журнал Общей Химии [J. allg. Chem.] **29 (91).** 1740—44. Mai 1959. Archangelsk, Forsttechn. Inst.; russ.) — Die Aktivität des Skelett-Ni, eines Katalysators (KT) der irreversiblen ZELINSKY-Katalyse, ist durch die Ggw. von Wasserstoff im KT bedingt. Durch Dehydrierung wird der KT desaktiviert; die Entfernung des adsorbierten H_2 verringert die Aktivität des KT bedeutend; nach Entfernung des adsorbierten u. gelösten H_2 wird der KT vollständig desaktiviert. Die Aktivität des KT wird nach seiner Behandlung mit H_2 wiederhergestellt. Peroxidhaltige Stoffe setzen die Aktivität des KT stark herab. S. BARYSCHNIKOW. 227

Untersuchung des Mechanismus der Oxydation, der Hydrierung und elektrochemische Verbrennung an festen Katalysatoren. 1. Mitt. **Oxydation von Schwefeldioxid an der Oberfläche von Aktivkohle bei 20° in Gegenwart von Wasserdampf.** O. K. Dawtjan und Je. N. Owtschinnikowa. (Журнал Физической Химии [J. physik. Chem.] **35.** 713—18. April 1961. Odessa, Metschnikow-Univ., Lehrst. für phys. Chem.; russ., Auszug: engl.) — Meth. zur Best. der Adsorption u. Oxydation von an der Oberfläche adsorbiertem SO_2 an Aktivkohle bei 20° (SO_2–O_2-Gemisch mit 3% O_2). Die Meth. besteht aus: 1. Unters. der Adsorptions- u. Desorptionsisothermen von SO_2 in Ggw. von W.-Dampf. 2. Best. der Restadsorption. 3. Best. des oxydierten SO_2 (H_2SO_4). SO_2 wird von dem Katalysator an den akt. Zentren adsorbiert u. vom O_2 oxydiert; es bildet sich ein aktivierter Komplex. Falls die Trennungsenergie nicht ausreicht (bei niedriger Temp.), bildet sich auf der Oberfläche eine Verb., die den weiteren katalyt. Vorgang blockiert. Durch W. wird das chemisorbierte SO_3 desorbiert u. die akt. Zentren werden für neue Oxydationsprozesse frei. B. ATHANASS. 227☐

Über die Struktur eines Alumosilicatkatalysators. S. A. Markowa und T. I. Andrianowa. (Журнал Физической Химии [J. physik. Chem.] **35.** 809—11. April 1961. Inst. für phys. Chem. der Akad. der Wiss. der UdSSR; russ., Auszug: engl.) — Vff. beweisen durch IR-Spektrum, daß der Alumosilicatkatalysator, dargestellt aus SiO_2- u. Al_2O_3-Gel durch Glühen bei 500°, kein mechan. Gemisch aus den Hydraten von SiO_2

u. Al_2O_3 ist, sondern eine eigene Struktur besitzt, die ähnlich dem Montmorillonit ist (polymorphe Substitution einiger Si^{4+}-Ionen durch Al^{3+}-Ionen). Das Absorptionsspektrum des mechan. Gemisches setzt sich additiv aus den Spektren (λ_{max} 9,5 u. 12,5 μ) der Oxide zusammen. Im Gegensatz dazu ist das Absorptionsspektrum des Alumosilicatkatalysators keine Überlagerung der Spektren von SiO_2 u. Al_2O_3. B. Athanass. 227□

—, *Catalysis. Vol. 7. Oxidation, Hydration, Dehydration and Cracking Catalysts.* Herausgegeben von **Paul H. E. Emmett.** New York. Reinhold Publishing Corporation. 1960. (VI + 378 S.) $ 13.50.

Der vorliegende Band vervollständigt die Buchreihe über „Catalysis". Er enthält 4 Kapitel über die katalyt. Oxydation, 1 Kapitel über Hydrierung/Dehydrierung und 1 Kapitel über Crackkatalysatoren. — Inhaltsfolge: *Crackkatalysatoren* (**L. B. Ryland, M. W. Tamele** u. **J. N. Wilson,** 91 S., 183 Literaturhinweise), *Katalyt. Dehydrierung u. Hydrierung* (**M. E. Winfield,** 90 S., 291 Literaturhinweise), *KW-Stoffoxydation* (**J. K. Dixon** u. **J. E. Longfield,** 98 S., 209 Literaturhinweise), *Oxydation von NH_3, HN_3 u. CH_4, CO u. SO_2* (**J. K. Dixon** u. **J. E. Longfield,** 65 S., 141 Literaturhinweise), *Mechanismus der katalyt. Oxydation* (**J. K. Dixon** u. **J. E. Longfield,** 15 S., 16 Literaturhinweise), *Vermischte katalyt. Oxydationen* (**J. K. Dixon** u. **J. E. Longfield,** 5 S., 49 Literaturhinweise), *Autorenregister* (7 S.), *Sachregister* (3 S.). G. Reisner

A_8. Präparative anorganische Chemie. Komplexverbindungen. Metallorganische Verbindungen

Die Darstellung von Schwefel von hoher Reinheit. Thomas J. Murphy, W. Stanley Clabaugh und Raleigh Gilchrist. (J. Res. nat. Bur. Standards, A **64.** 355—58. Juli/Aug. 1960. Washington, D.C.; engl.) — Ca. 2,5 kg handelsüblicher Stangenschwefel wird geschmolzen, durch ein Glasfilter filtriert, mit 300 ml H_2SO_4 auf 150° erhitzt u. unter Rühren in 10—15 Min. Abständen 6 Std. lang mit 2 ml HNO_3 versetzt. Die Säureschicht färbt sich blauschwarz, so daß das Ende der Rk. mit den organ. Verunreinigungen nicht zu erkennen ist. Nach dem Abkühlen u. Abgießen der Säure wird wiederholt geschmolzen u. mit H_2O gewaschen. Dann wird S_8 durch Dest. von den nichtflüchtigen Verunreinigungen getrennt. Durch Extraktion mit H_2O im geschlossenen Rohr bei 125° wurde der Geh. an H_2SO_4 auf $2 \cdot 10^{-4}$% gesenkt. Meth. für die Best. der Restverunreinigungen, wie Se, Te, As, Fe, C, H_2SO_4 u. Verbrennungsrückstand werden beschrieben. Nach der Reinigung betrugen die Verunreinigungen $1{,}5 \cdot 10^{-3}$ Mol.-%. K. Ross. 253□

Schwefeldioxid-Piperidin-Komplexe. K. Sharada und A. R. Vasudeva Murthy. (Current Sci. [Bangalore] **29.** 130—31. April 1960. Bangalore, Indian Inst. of Sci., Dep. of Inorg. and Phys. Chem.; engl.) — Piperidin bildet mit SO_2 die Komplexe $(C_5H_{10}NH)_2SO_2$ bzw. $C_5H_{10}NH \cdot SO_2$, die sich in PAe. bei 0° durch Einw. der stöchiometr. Menge bzw. eines Überschusses an SO_2 darstellen lassen u. als weißes bzw. gelbes, stark hygroskop. Pulver anfallen. Oxydation der Verbb. mit J_2 bzw. Chloramin T zeigt den theoret. Verbrauch an Reagens. Die Verbb. besitzen bei 25° keinen merkbaren Dampfdruck u. zersetzen sich bei erhöhter Temperatur. G. Kirsten. 253□

Organometallische Verbindungen der 2. Gruppe. 3. Mitt. **Nichtsolvatisierte Organomagnesiumhalogenide.** D. Bryce-Smith und G. F. Cox. (J. chem. Soc. [London] **1961.** 1175—82. März. Reading, Univ., Dep. of Chem.; engl.) — 1. vgl. C. **1960.** 756; 2. vgl. J. chem. Soc. [London] **1960.** 3319. — Organomagnesiumhalogenide konnten im KW-Stoff-Medium durch Rk. einer Reihe von Alkyl- u. Arylhalogeniden mit Mg bei Abwesenheit der normalen Ätherkatalysatoren dargestellt werden. Die empir. Formel der frisch hergestellten, in den KW-Stoffen weitgehend lösl. Prodd. wird mit R_3Mg_2Cl angegeben u. ist damit den Prodd. ähnlich, die beim Entfernen des Ae. aus der gewöhnlichen Grignard-Lsg. erhalten werden. Nach Viscositätsmessungen wird eine lineare Assoziation, deren Assoziationsgrad von der Konz. abhängig ist, angenommen. Die Zus. der Prodd. verändert sich mit der Zeit. Sie reagieren im Gegensatz zu äther. Grignard-Verbb. mit Ti-Halogeniden unter Bldg. wirksamer Polymerisationskatalysatoren für Äthylen u. Propylen, die bei Normaldruck u. Raum-Temp. verwendet werden können. Als Lsgm. kamen *Isopropylbenzol, Tetrahydronaphthalin, Dekahydronaphthalin* (**D**) u. verschiedene *Benzinfraktionen* zur Anwendung. So konnte z. B. Brombenzol in **D** bei Rückfluß-Temp. (188°) in 95%ig. Ausbeute zu Phenylmagnesiumbromid umgesetzt werden. Im experimentellen Teil werden genaue Vers.-Daten für die Umsetzung von *n-Butylchlorid, -bromid-* u. *-jodid, Chlorbenzol, Methyl-* u. *Äthyljodid* u. *n-Propylbromid* mit Mg in verschiedenen KW-Stoffen u. Angaben für die Polymerisation von Äthylen u. Propylen gegeben. W. Winter. 282□

Subsolidusphasenbeziehungen im System $CaCO_3$–$MgCO_3$. Julian R. Goldsmith und Hugh C. Heard. (J. Geology **69.** 45—74. Jan. 1961. Chicago, Ill., Univ., Dep. of Geol.; Los Angeles, Calif., Univ., Inst. of Geophys.; engl.) — Vgl. C. **1962.** 6705. — Vff. untersuchten die feste Löslichkeit, den Grad der Unordnung u. die Zers.- Beziehungen im Syst. $CaCO_3$–$MgCO_3$ an 8 verschiedenen Mischungen von $CaCO_3$ u. $MgCO_3$ bei 10 bis 10000 bar u. 700—1200°. Die Spitze der Soliduslinie, die das Zweiphasenfeld von Mg-haltigen Calciten u. Dolomit begrenzt, liegt bei einer Temp. von 1075° u. der Zus. $Ca_{57}Mg_{43}$; oberhalb der Solvuslinie erstreckt sich ein Einphasengebiet von $CaCO_3$ bis $CaMg(CO_3)_2$. Die Löslichkeitslücke zwischen $MgCO_3$ u. $CaMg(CO_3)_2$ ist beträchtlich größer im Vgl. zu früher erhaltenen Ergebnissen, die Löslichkeit von Ca^{2+} in $MgCO_3$ u. von Mg^{2+} in $CaMg(CO_3)_2$ ist bei 1100° begrenzt. Regellose Anordnung der Kationen in stöchiometr. Dolomit ist zuerst bei ca. 1100° zu beobachten u. ist vollkommen bei ca. 1200°, bei welcher Temp. $CaMg(CO_3)_2$ eine Struktur vom Calcittyp besitzt. Diese Regellosigkeit wird durch Substitution von Ca^{2+} für Mg^{2+} über das ideale 1:1-Verhältnis in Dolomit begünstigt; der Ca-reichste Dolomit, der eine Ordnung zeigt, tritt an der Spitze der Solvuslinie auf. Es existiert demnach ein Gebiet, in dem bei Temp. oberhalb der Solvuslinie bei konst. Temp. Regellosigkeit auftritt, u. zwar gleichzeitig mit der Substitution von überschüssigem $CaCO_3$ in Dolomit. In abgeschreckten Proben nahe der Zus. des Dolomits wurden sowohl einfache Substitutionsregellosigkeit als auch Bldg. gemischter Schichten beobachtet. Vff. diskutieren die Beziehung dieser Hoch-Temp.- Gleichgewichtszustände zu den natürlich vorkommenden protodolomitähnlichen Tieftemperaturprodukten. Besprochen wird die Beziehung zwischen Calcit I u. Calcit II in dem System. In einem Anhang wird die therm. Dissoziation von Dolomit, Magnesit u. Calcit in geschlossenen Rohren behandelt; Daten über die P_{CO_2}-T-Beziehungen der 3 Mineralien sind tabellar. angegeben.

C. Gottfried. 283

Einige experimentelle Angaben über die Bildungsbedingungen von Danburit und Datolith. W. L. Barssukow und N. N. Derjugina. (Геохимия [Geochemie] **1961.** 252—57. Moskau, Vernadsky-Inst. für Geochem. u. analyt. Chem. der Akad. der Wiss. der UdSSR; russ., Auszug: engl.) — Im Autoklaven bildet sich bei Temp. von 300—400° u. Drücken von 300—350 atm in einem pH-Bereich von 6,3—8,0 aus Borax, $CaCl_2$, SiO_2 u. W. überwiegend Danburit, $CaB_2Si_2O_8$, mit Beimengungen von Datolith, CaB (OH|SiO_4). In einer stärker alkal. Umgebung bei pH-Werten von 8,0—8,5 bildet sich überwiegend Datolith. Die Bldg. der Borosilicate vollzieht sich unter der Wechselwrkg. borhaltiger Lsg. mit Kalksilicatgesteinen u. reinen Kalksteinen. Im letzten Fall ist nicht nur eine Zufuhr von B, sondern auch von Kieselsäure notwendig. H.-J. Bautsch. 283□

Darstellung und Eigenschaften von Scandiumdiborid. G. W. Ssamssonow. (Доклады Академии Наук СССР [Ber. Akad. Wiss. UdSSR] **133.** 1344—46. 21/8. 1960. Inst. für Metallkeramik u. Spezial-Legg. der Akad. der Wiss. der UkrainSSR; russ.) — Das durch 1 std. Erwärmen bei 1800—1850° entstandene ScB_2 wird 7—10 Min. bei 2000 bis 2050° u. 100 kg/cm² gepreßt. Das so behandelte ScB_2 hat eine Mikrohärte von 1742 $\pm$ 337 kg/mm²; D. 3,56 g/cm³, spezif. Widerstand = 7—15 $\mu\Omega$cm; Temp.-Koeff. der Thermokraft = 7,7 μV/Grad; Wärmeausdehnungs-Koeff. (bei 20—800°) = $9{,}48 \cdot 10^{-6}$; Strahlungs-Koeff. (bei 1035—1770° u. $\lambda = 650$ mμ) = 0,89; F. 2250°. Einige physik. Konst. für TiB_2, VB_2 u. CrB_2 werden zum Vgl. mit ScB_2 gleichfalls angegeben.

S. Baryschnikow. 299

Untersuchung der Komplexbildung zwischen Cer(III)-nitrat und Kaliumsalicylat. A. K. Bhattacharya und M. C. Saxena. (Current Sci. [Bangalore] **29.** 128. April 1960. Saugar, Univ. of Saugar, Dep. of Chem.; engl.) — Leitfähigkeits- u. pH-Messungen an wss. Lsgg. von $Ce(NO_3)_3$ (I) u. K-Salicylat (II) zeigen, daß bes. in verd. Lsgg. aus I u. II ein *1:3-Komplex* entsteht. Der *Komplex* fällt nach einiger Zeit aus der Lsg. aus u. besitzt eine Instabilitäts-Konst. von $2{,}468 \cdot 10^{-8}$ bei 29°. G. Kirsten. 304□

Die Bildung des Thoriumthiosalicylat-Komplexes. D. D. Sharma und Arun K. Bhattacharya. (J. Indian chem. Soc. **39.** 299—300. April 1962; engl.) — Vgl. vorst. Referat. — Mit Hilfe von Leitfähigkeits- u. pH-Titrationen u. aus der Jobschen Darst. der Leitfähigkeitswerte von Komponentengemischen verschiedener mol. Zus. wurde übereinstimmend festgestellt, daß Th^{4+} u. Thiosalicylsäure einen 1:1-Komplex bilden.

W. Betcke. 324□

Darstellung von Vinyllithium und einige Reaktionen. D. Seyferth und M. A. Weiner. (Chem. and Ind. **1959.** 402. 21/3. Cambridge, Mass., MIT, Dep. of Chem.; engl.) — Durch rasche Zugabe von 0,36 Mol Phenyl-Li in Ae. zu 0,09 Mol Tetravinylzinn, ½ std. Rühren unter N_2 u. Umsetzung des entstandenen *Vinyl-Li* (**III**) mit Aceton wird neben 94% ätherunlösl. *Tetraphenyl-Sn* (**V**; F. 226—228°) *Dimethylvinylcarbinol* [**I**; Kp. 95—98°; n_D^{25} 1,4162; 75% (Ausbeute)] erhalten. Analog entstehen durch Zugabe von Tri-n-butyl-SnCl (**IV**), $AsCl_3$ bzw. Triphenylfluorsilan *Tri-n-butylvinyl-Sn* (**II**; 74%), *Trivinylarsin* (51%) bzw. *Triphenylvinylsilan* (60%). Beim Carbonisieren des Ansatzes wird *Acrylsäure* (18%) gebildet. **III** ist in äther. Lsg. stabil; nach 18 std. Stehen der **III**-Lsg. werden bei der Rk. mit **IV** noch 72% **II** erhalten. Bei Durchführung der Rk. in PAe.

werden 75% II erhalten. Zur Unters., ob der Vinyl–Phenyl-Gruppenaustausch zwischen Sn u. Li eine Gleichgew.-Rk. ist u. die guten Ausbeuten auf die Unlöslichkeit von V zurückzuführen sind, werden je 0,36 Mol Phenyl-Li u. II in Ae. 2 Std. lang gerührt. Dabei wird keine unlösl. Organo-Sn-Verb. gebildet; nach Zugabe von 0,3 Mol Aceton u. 2std. Kochen, Hydrolysieren u. Dest. werden jedoch neben 63% I u. 12% II 73% *Tri-n-butyl-phenyl-Sn* ($Kp._{0,15}$ 116—118°; n_D^{20} 1,5152) erhalten. L. LAMZA. 327

Konduktometrische Untersuchungen der Bleiarsenitfällung als Funktion des pH-Wertes. Ram Sahai Saxena und G. P. Saxena. (Current Sci. [Bangalore] **30.** 140—41. April 1961. Kota, Rajasthan, Gov. Coll., Chem. Labor.; engl.) — Leitfähigkeitstitrationen der Lsgg. von $NaAsO_2$ (pH 9,85), $Na_4As_2O_5$ (pH 11,25) u. Na_3AsO_3 (pH 12,28) mit $Pb(NO_3)_2$ u. umgekehrt ergaben deutliche Knickpunkte in der Titrationskurve, die den Verbb. $Pb(AsO_2)_2$ (pH 9,85), $Pb_2As_2O_5$ (pH 11,25) u. $Pb_3(AsO_3)_2$ (pH 12,28) entsprechen. Zugabe von A. verbessert die Erkennbarkeit der Endpunkte. Wird $Pb(NO_3)_2$ vorgelegt u. mit $NaAsO_2$ oder den beiden anderen Lsgg. titriert, so bildet sich ein weißer Nd., der nach Überschreiten des Endpunkts koll. in Lsg. geht. Im umgekehrten Fall bildet sich zunächst ein Koll., das beim Erreichen des Endpunkts ausflockt. K. Ross. 328 □

Thermischer Zerfall von Tetraäthylblei und Hexaäthyldiblei. 2. Mitt. **Zersetzung von Gemischen des Tetraäthylbleis, Hexaäthyldibleis und Diäthylbleis.** G. A. Rasujew, N. Ss. Wjasankin und N. N. Wyschinski. (Журнал Общей Химии [J. allg. Chem.] **30** (**92**). 967—72. März 1960; russ.) — 1. vgl. C. **1961.** 14957. — Es wird der therm. Zerfall von Gemischen aus Tetraäthylblei (I) u. Hexaäthyldiblei (II) sowie II u. *Diäthylblei* (III) untersucht. Die Extinktion u. Zus. der Syst. werden in Abhängigkeit von der Rk.-Zeit graph. angegeben. Die Ergebnisse bestätigen die Auffassung über den stufenweisen Zerfall von I über II u. III zu Pb. Bei der Synth. von II nach HEIN u. KLEIN (Chem. Ber. **71.** [1938.] 2381) wird ein Gemisch von II u. III gebildet, wobei mit zunehmender Rk.-Zeit eine Verarmung des Gemisches an III durch dessen Disproportionierung zu II u. Pb eintritt. HELMUT SCHÄFER. 328 □

Niobphosphat und seine Hydrate. A. P. Schtin. (Известия Сибирского Отделения Академии Наук СССР [Nachr. sibir. Abt. Akad. Wiss. UdSSR] **1961.** Nr. 3. 68—74. Swerdlowsk, Uraler Abt. der Akad. der Wiss. der UdSSR; russ.) — Das gefällte Niobphosphat verliert durch längeres Auswaschen PO_4^{3-}-Ionen u. nähert sich in seiner Zus. der Formel $3\,Nb_2O_5 \cdot P_2O_5$. Das gefällte, mit Aceton u. W. gewaschene Salz hat nach Trocknen bei Zimmer-Temp. die Zus. $2\,Nb_2O_5 \cdot P_2O_5 \cdot 6\,H_2O$. Durch Erhitzen konnten Hydrate mit 6, 3 u. 1 H_2O nachgewiesen werden. Bei 900° verliert das amorphe Phosphat das letzte W. u. geht in kristallines Pyrophosphat über, wobei sich die Dichte von 2,832 auf 4,047 erhöht. J. v. SCHROEDER. 331 □

Über die Darstellung von Thiocyanatowolframaten(V). Herbert Funk und Heinz Böhland. (Z. Chem. **1.** 190. 1961. Halle-Wittenberg, Martin-Luther-Univ., Inst. für Anorg. Chem.; dt.) — Durch die Rk. von Alkaliwolframat mit Alkalithiocyanat (I) u. HCl unter Zugabe von geeigneten Aminen sowie durch Rk. von WCl_6 u. W-Oxidchloriden mit I werden Thiocyanatowolframate(V) gebildet. Die IR-Spektren deuten auf das Vorliegen von Isothiocyanatgruppen. Neben den in der Literatur beschriebenen Komplexen $(RH)_2[WO_2(NCS)_3]$ u. $(RH)_2[WO(NCS)_5]$, wobei R = Amin, konnten die weiteren Typen $RH[WO(OH)_2(NCS)_2]$, $RH[W(OH)_3(NCS)_3]$, $RH[WO(NCS)_4]$ u. $(RH)_4 \cdot [W_2O_3(NCS)_8]$ isoliert werden. K. Ross. 337 □

Guanylalkylharnstoffe und ihre Metallkomplexe. 6. Mitt. **Kobalt(III)-Komplexe.** R. L. Dutta, Bimanesh Sur und Nihar Ranjan Sengupta. (J. Indian chem. Soc. **37.** 573—77. Sept. 1960. Jadavpur, Calcutta, Indian Assoc. for the Cult. of Sci.; Dep. of Inorg. Chem.; engl) — 5. vgl. J. Indian chem. Soc. **37.** [1960.] 565; 3. vgl. C. **1962.** 6333. — Co(III) bildet mit Guanyl-N-alkylharnstoffen (R-GahH, R = Alkyl) Komplexbasen der Zus. $[Co(R\text{-}Gah)_3] \cdot n\,H_2O$, von denen sich rote Salze $[Co(R\text{-}GahH)_3]X_3 \cdot n\text{-}H_2O$ (X = Anion) ableiten lassen. Dargestellt u. untersucht wurden die Verbb. mit R = *Methyl, Äthyl, n-Butyl, Isobutyl, Isoamyl* u. *n-Hexyl.* Bei einigen Chloriden wurde die Leitfähigkeit gemessen u. als übereinstimmend mit dem für 3 : 1-Elektrolyte geforderten Wert gefunden. Alle Komplexe sind diamagnet.; es kann für sie eine oktaedr. Struktur mit kovalenten d^2sp^3-Hydridbindungen angenommen werden. — Die Einw. von KCN auf die $[Co(R\text{-}Gah)_3]$-Base (R = Methyl oder Äthyl) führt zu einer Dicyanokobalt-Komplexbase der Zus. $[Co(R\text{-}GahH)(R\text{-}Gah)(CN)_2]$. — Die Sulfate sind, mit Ausnahme der n-Hexyl-Verb., lösl. in W., aber unlösl. in A. u. Aceton. Die komplexen Chloride sind sehr leicht lösl. in W. u. A., aber unlösl. in Aceton. Ihre Löslichkeit nimmt mit wachsender Kettenlänge des Substituenten ab. Die Komplexbasen sind meist hygroskop., sie absorbieren CO_2 aus der Luft u. setzen aus NH_4-Salzen NH_3 in Freiheit. Bei 90° verlieren sie ihr H_2O u. bilden Anhydrobasen.

Versuche: *Tris-[guanyl-N*[1]*-methylharnstoff]-kobalt(III)-sulfat* (I), $[Co(C_3H_8N_4O)_3]_2 \cdot (SO_4)_3 \cdot 8\,H_2O$, durch Lösen von $CoSO_4 \cdot 7\,H_2O$ (2,5 g) u. Guanyl-N[1]-methylharnstoffsulfat (9 g) in 30 ml W., Alkalischmachen der Lsg. u. Oxydation der ausgefallenen Co(II)-Verb. mit 10 ml H_2O_2 u. anschließendes Durchleiten von Luft. Der Co(III)-Komplex kristallisiert beim Neutralisieren des Filtrats mit verd. H_2SO_4 gegen Lackmus in der Kälte in rosaroten Kristallen. — *Freie Base* (II), $[Co(C_3H_7N_4O)_3] \cdot 6\,H_2O$, aus I beim Verreiben mit $Ba(OH)_2$ in wenig W., Extraktion mit A., Aufnahme des A.-Rückstandes in Aceton u. Abziehen des Lsgm.; rote Kristalle. — *Chlorid*, $[Co(C_3H_8N_4O)_3]Cl_3 \cdot 4{,}5\,H_2O$, durch Neutralisieren einer Lsg. von II in Aceton mit HCl. — *Tris-[guanyl-N*[1]*-äthylharnstoff]-kobalt(III)-sulfat*, $[Co(C_4H_{10}N_4O)_3]_2(SO_4)_3 \cdot 10\,H_2O$; *freie Base*, $[Co(C_4H_9N_4O)_3] \cdot 0{,}5\,H_2O$ u. *Chlorid*, $[Co(C_4H_{10}N_4O)_3]Cl_3 \cdot 5\,H_2O$, werden entsprechend den Methyl-Verbb. erhalten. — Kobalt(III)-Komplex von Guanyl-N[1]-n-butylharnstoff, $[Co(C_6H_{13}N_4O)_3]$ (III), a) aus $CoSO_4 \cdot 7\,H_2O$ u. Guanyl-N[1]-n-butylharnstoffsulfat (IV) durch stark Alkalischmachen der Lsg. u. Oxydation des ausgefallenen gelben Co(II)-Komplexes mit H_2O_2 in der Wärme; Öl, das bei Kühlung mit Eiswasser krist.; Auskristallisation aus Aceton; b) aus $[Co(NH_3)_6]Cl_3$ u. IV. — *Sulfat*, $[Co(C_6H_{14}N_4O)_3]_2(SO_4)_3 \cdot 3\,H_2O$, aus III in alkohol. Lsg. durch Neutralisieren mit verd. H_2SO_4. — Analog wurden dargestellt: Kobalt(III)-Komplex von Guanyl-N[1]-isobutylharnstoff $[Co(C_6H_{13}N_4O)_3]$. — *Sulfat*, $[Co(C_6H_{14}N_4O)_3]_2 \cdot (SO_4)_3 \cdot 13{,}5\,H_2O$. — *Chlorid*, $[Co(C_6H_{14}N_4O)_3]Cl_3$, durch Neutralisieren der Lsg. der Base in Aceton mit HCl. — Kobalt(III)-Komplex von Guanyl-N[1]-isoamylharnstoff, $[Co(C_7H_{15}N_4O)_3] \cdot 0{,}5\,H_2O$, u. von Guanyl-N[1]-hexylharnstoff, $[Co(C_8H_{17}N_4O)_3] \cdot 2\,H_2O$. — $[Co(C_8H_{18}N_4O)_3]_2(SO_4)_3 \cdot 12\,H_2O$. — Dicyanokobalt(III)-Komplex von Guanyl-N[1]-methylharnstoff, $[Co(CH_3C_2N_4H_4O)\,(CH_3C_2N_4H_5O)(CN)_2]$, aus II oder ihren Salzen durch kurzes Erwärmen mit KCN auf dem Wasserbad. Gelbe Kristalle aus der goldgelben Lsg. beim Stehen im Exsiccator. — Die entsprechende Äthyl-Verb., $[Co(C_2H_5C_2N_4H_4O)(C_2H_5C_2 \cdot N_4H_5O)(CN)_2]$, krist. nur sehr langsam u. in schlechter Ausbeute. W. BETCKE. 355□

Herstellung von Metallcarbonylen über die Amalgame. Peter Ettmayer und Gerhard Janggg. (Mh. Chem. **92.** 832—40. 1961. Wien, TH, Inst. für chem. Technol. anorg. Stoffe; dt.) — Vgl. C. **1960.** 4339. — Bei der destillativen Abtrennung von Hg aus Ni- bzw. Fe-Amalgam bei niedrigen Temp. verbleiben feine Metallpulver, die mit CO zu den Metallcarbonylen reagieren. Vgl.-Verss. mit aus Oxalaten durch Red. mit H_2 erhaltenen Pulvern ergaben, daß das aus Ni-Amalgam erschwelte Pulver dem aus Ni-Oxalat gewonnenen in seiner Reaktivität bedeutend überlegen ist, Fe-Pulver aus Amalgam aber langsamer reagiert als das aus dem Oxalat. Die geringere Kornfeinheit des Amalgam-Fe-Pulvers ist durch eine Alterung des Amalgams während der Schwelbehandlung, die ein Kornwachstum der in Hg suspendierten Fe-Teilchen zur Folge hat, zu erklären. Ni dagegen wird bes. fein erhalten, da sich das Metall erst bei der Abtrennung des Hg aus den im Amalgam vorliegenden $NiHg_4$-Teilchen bildet. H. HOCHSTEIN. 356□

Die Reaktion von Natrium- oder Kaliumnitrit mit Rutheniumsalzen. M. Lederer und S. K. Shukla. (J. Chromatogr. [Amsterdam] **6.** 429—36. Nov. 1961. Roma, Ist. di Chim. Gen. ed Inorg.; Labor. di Cromatogr. del C.N.R.; Paris, Labor. Curie, Inst. du Radium; engl.) — Vff. untersuchten die Rk. zwischen Ru-Salzen u. $NaNO_2$ oder KNO_2 u. stellten die Bldg. zweier Verbb. fest, von denen die eine als Na- bzw. K-Salz des komplexen Anions $[Ru(NO)(NO_2)_4OH]^{2-}$ identifiziert werden konnte. Die reinen Nitrit-Komplexe sind gelbe Verbb. u. können durch 2fache Kristallisation aus W. rein erhalten werden. Ein stets auftretendes orangefarbenes Nebenprod. konnte nicht identifiziert werden. Als Unters.-Meth. wurde mit Erfolg die Papierelektrophorese bei 250 V/40 cm (Papier ARCHES Nr. 302) in 0,5n $NaNO_2$-Lsg. als Elektrolyt bzw. die Ionenaustauschchromatographie an WHATMAN-Diäthylaminoäthylcellulosepapier mit 0,5—1 n $NaNO_2$ als Laufmittel verwendet. M. FINKE. 363□

A₉. Mineralogische und geologische Chemie

Über die logarithmisch-normale Verteilung des Elementgehaltes in Eruptivgesteinen. D. A. Rodionow. (Геохимия [Geochemie] **1961.** Nr. 4. 324—27. Moskau, Inst. für Miner., Geochem. u. Kristallchem. der Seltenen Elemente der Akad. der Wiss. der UdSSR; russ., Auszug: engl.) — Bei der Verteilung der Elemente in den Eruptivgesteinen erscheinen das logarithm.-normale bzw. das normale Gesetz als Grenzgesetze. Ist die Verteilung der Elemente hauptsächlich an ein Mineral gebunden, so gilt das 1. Gesetz; bei einer Streuung der Elemente über mehrere Minerale gilt das 2. Gesetz. Zwischen diesen beiden Grenzverteilungsarten existieren unzählige Zwischenstufen entsprechend dem quant. Verhältnis der Elemente in den Mineralen u. der Anzahl der Minerale. H. Noack. 378

Besonderheiten der Verteilung einer Reihe seltener und flüchtiger Elemente in Gesteinen und Pegmatiten des Korosten-Plutons. O. D. Stawrow und T. A. Bykowa. (Геохимия[Geochemie] Nr. 4. **1961.** 328—31. Moskau, Allunions-Forsch.-Inst. für mineral. Rohstoffe; russ., Auszug: engl.) — Die Gleichmäßigkeit der Li-, Rb u. F-Verteilung in den Pegmatiten des Plutons von Korosten, wie auch die geolog. Daten zeigen, daß die Formierung der „Kammer"-Pegmatite von Volyn (UdSSR) in einem abgeschlossenen Syst. bei gradueller Anreicherung an Rb, Li u. F stattfand. Diese Elemente konzentrierten sich prim. aureolenförmig um die Pegmatitkörper. Die Verschiebung des Inversionspunktes von α- zu β-Quarz hängt mit dem erhöhten Li-Geh. zusammen. H. Noack. 378

Einige Besonderheiten der Scandiumkonzentration. A. D. Kalenow. (Геохимия [Geochemie] **1961.** Nr. 3. 243—51. Moskau, Forsch.-Inst. für Seltene Metalle; russ., Auszug: engl.) — Vgl. C. **1961.** 1855. — Die stärkste Sc-Konz. findet im pegmatit.-pneumatolyt. Bereich statt. Die verschiedenen Intrusiva, aus denen die Mineralisation abzuleiten ist, sind im wesentlichen Granite. Oft ist sie auch vorzufinden in Dioriten, Gabbros u. Amphiboliten. Es werden zwei Typen geochem. Provinzen der Sc-Konz. unterschieden. Den ersten Typ bilden Lagerstätten seltener Metalle pneumatolyt. u. hydrothermalen Ursprungs (Greisen Quarzgreisen mit Beryll, Wolframit, Cassiterit u. Molybdänit). Für alle Sc-Provinzen dieses Typs sind Fluorminerale (Topas u. Fluorit) charakteristisch. Das Sc ist im Wolframit, Cassiterit, Ferrimuskovit u. Beryll enthalten (< 0,1—0,6%). Der zweite Typ der Sc-Provinzen ist durch pegmatit. Gänge granit. Zus. charakterisiert, differenziert im Verlaufe metasomat. Vorgänge. Das Eindringen erzführender granit. Intrusionen in Alumosilicatgesteine begünstigt die Bldg. Sc-haltiger Absätze. Sc ist in den Provinzen des zweiten Typs in den Mineralen Orthit, Euxenit (0,1—0,5%), weniger im Gadolinit, Samarskit (0,2%), Zirkon, Chlopinit (0,8%), Thortveitit (24,9%) u. Befanamit enthalten. Provinzen des ersten Typs sind Zentral-Kasachstan, das Altai-Gebirge u. Ost-Transbaikal, des zweiten Typs Karelien u. der Ural. H.-J. Bautsch. 378 □

Zur Geochemie des Tantals und Niobs in hydrothermal-pneumatolytischen Prozessen. A. A. Beuss und A. A. Ssitnin. (Геохимия [Geochemie] **1961.** Nr. 3. 209—14. Moskau, Inst. für Miner., Geochem. u. Kristallchem. der Seltenen Elemente; russ., Auszug: engl.) — Im Gegensatz zu der Annahme einer begrenzten Mobilität von Ta u. Nb bei hydrothermal-pneumatolyt. Prozessen, zeigen die Ergebnisse der geochem. Unterss., daß Ta u. Nb typ. Elemente der an Granite geknüpften hochtemperierten postmagmat. Bldg. sind. Es sind dies die Erscheinungen der frühen Albitisierung u. Greisenbildung. Gegenüber den Anteilen im normalen Granit sind hier Ta u. Nb um das 10—20fache angereichert, bei einem Verhältnis Ta/Nb von 0,1—0,2. Die charakterist. Minerale in den albitisierten Graniten sind Columbit u. Tantalit, in den sauren u. ultrasauren albitisierten Graniten u. Gneisen hingegen Tantal–Columbit u. Mikrolith. Die Trennung von Ta u. Nb im Verlauf der hydrothermal-pneumatolyt. Prozesse, führt zu einer Konz. von Tantal in den albitisierten Graniten u. Gneisen bis auf das 40—100fache gegenüber dem Durchschnitts-Geh. in den Graniten. Die Ursachen hierfür liegen in der unterschiedlichen Mobilität u. Stabilität ihrer Fluoro- u. Oxofluorokomplexe. Ein ähnliches Verh. zeigen die beiden Elemente bei den Vorgängen der postmagmat. Metasomatose in Graniten u. Granitpegmatiten. H.-J. Bautsch. 378 □

Nochmals über Thallium in Manganmineralien. N. T. Wosskressenskaja und L. T. Ssobolewa. (Геохимия [Geochemie] **1961.** Nr. 3. 276—78. Moskau, Lomonossow-Univ., Lehrstuhl für Geochem.; russ.) — Vgl. C. **1962.** 5969. — Best. der Geh. an *Tl*, *Pb* u. *K* von 27 Manganerzproben aus der Lagerstätte Dshesdy (Zentral-Kasachstan). Die Werte liegen zwischen 10^{-4} bis 10^{-2}% Tl, 0,5—2,0% Pb u. 0,005—0,4% K. Auch für Braunit- u. Pyrolusiterze aus Ost-Karadshala liegen die Tl-Geh. bei 10^{-4}%. Bei Umrechnung auf den im Erz enthaltenen Psilomelananteil erhöhen sich die Geh. für Tl auf 0,01—0,03%, Pb auf 4,0—5,0% u. K auf 0,2—1,4%. Es wird angenommen, daß Pb, K, Tl, Ba u. Rb im Verlauf der Diagenese der Manganerze aufgenommen wurden. H.-J. Bautsch. 378 □

Petrochemische Besonderheiten der Differentiation und des Hybridismus der intrusiven Phase des Kaib-Granitmassivs. L. W. Dmitrijew. (Геохимия [Geochemie] **1961.** 215—28. Moskau, Vernadsky-Inst. für Geochem. u. analyt. Chem. der Wiss. der UdSSR; russ., Auszug: engl.) — Das Massiv liegt mit einer Oberflächenausdehnung von 25—30×35 km in proterozoischen u. paläozoischen Gesteinen. Es werden zwei Intrusionsphasen unterschieden, eine Hauptphase mit gleichkörnigen leukokraten Graniten u. eine endokontakte zweite Phase mit porphyr. Granitoiden melanokraterer Zusammensetzung. In allen Proben sind die Beziehungen der petrochem.

Parameter in Übereinstimmung mit ihrer quant. u. qual. mineralog. Zus. unabhängig von ihrer räumlichen Lage im Intrusiv. Bei den Unterss. heben sich zwei Gesteinsgruppen hervor. Für die erste Gesteinsgruppe, die in einiger Entfernung vom Kontakt u. niemals in den Dachregionen auftritt, sind die Veränderungen der petrochem. Hauptparameter u. der mineralog. Zus. unter Berücksichtigung der Abhängigkeit von der Tiefenlage der abgekühlten Schmelze streng gesetzmäßig. Für die zweite, an die Zone der Hybridfazies gebundene Gesteinsgruppe, ist die starke Änderung der Anteile einiger Elemente charakteristisch. Für die Gesteine der Differentiationslinie ist ein Anstieg der Alkalinität mit der Tiefe kennzeichnend. Die Zunahme der Alkalinität ist mit einer Abnahme der Basizität der Plagioklase verknüpft u. begünstigt das Auftreten der Biotit-Amphibol-Paragenesen in Verbindung mit dem Anstieg des freien (nicht feldspat. gebundenen) Kalk-Geh. in den Gesteinen. H.-J. Bautsch. 378□

Biogeochemische Untersuchungen im Tuwinischen Autonomen Gebiet. D. P. Maljuga und N. Ss. Petrunina. (Геохимия [Geochemie] **1961.** Nr. 3. 258—67. Moskau, Vernadsky-Inst. für Geochem. u. analyt. Chem. der Akad. der Wiss. der UdSSR; russ., Auszug: engl.) — Im Tuwinischen Autonomen Gebiet verläuft die Verwitterung der Minerale u. Gesteine auf den Nord- u. Südhängen unterschiedlich. Während auf der Südseite der Cu–Ni–Co-Vork. die Verwitterung über siallit.-carbonat. Prozesse abläuft u. die Verwitterungs-Prodd. eluviale Horizonte kastanienbraunen Bodens bilden, entstehen auf der Nordseite im Bereich des ewigen Frostbodens durch hierfür typ. Prozesse sialit.-tonige Verwitterungskrusten. Dadurch entstehen trotz gleicher stofflicher Zus. der Lagerstätten im Süden u. Norden unterschiedliche mineralog. Zus. in den neugebildeten Verwitterungskrusten u. damit unterschiedliche chem. Zus. des Bodens, W. u. in den Pflanzen. Die Unterss. zeigen, daß bei biogeochem. Prospektionen solche unterschiedlichen klimat. Bedingungen zu stark abweichenden Migrationsverhältnissen führen u. daher zu berücksichtigen sind. Die durch die Verwitterungsprozesse aus den prim. Arseniden u. Sulfiden von Co, Ni u. Cu hervorgegangenen sek. Mineralbildungen in den Böden sind fast ausschließlich Arsenate wie Erythrin, Annabergit, Trichalcit u. Skorodit. Es wurde beobachtet, daß die Assoziation Caragana–Artemisia–Alyssum an die Ausbisse der Erz–Granat-Skarne gebunden ist. Bei den Unterss. an Pflanzen erwies sich Alyssum biovulatum N. Busch als Ni-Konzentrator. Sein Gebundensein an die Zonen der Ni-Mineralisation kann für die Prospektion verwendet werden. H.-J. Bautsch. 378□

Zur Radioaktivität von Gesteinen des Pershan-Intrusivkomplexes. A. M. Uschakowa. (Геохимия [Geochemie] **1961.** Nr. 4. 354—57. Kiew, Univ.; russ., Auszug: engl.) — Untersucht wird die Radioaktivität der Gesteine des Intrusivkomplexes von Pershan, namentlich der Bruchzone von Suschtschano-Pershan. Dünne, ockerartige Schichten von dunkelgrauer, grüngelber oder brauner Farbe in Granitspalten zeigen eines bes. hohe Radioaktivität (bei einem durchschnittlichen U-Geh. von $25 \cdot 10^{-4}\%$ in den Graniten, variiert er in den dünnen Schichten zwischen $37-72 \cdot 10^{-4}\%$). Die sulfid- u. fluoridhaltigen dunkelgrauen Schichten sind am radioaktivsten. Minerale der U-Oxidgruppe sind durch das Verhältnis Th/U = 0,66 charakterisiert, während Th/U bei den grüngelben u. braunen Schichten bei 1,5 (durchschnittlich) liegt. Sie enthalten Autunit, Uranocircit, Clarkeit u. Soddyit. Die Verteilung der Radioelemente in den Intrusivgesteinen von Pershan, wie auch der accesor. Mineralisation zeigt den Einfl. der pneumatolyt.-hydrothermalen Prozesse bei der Zufuhr der Radioelemente. H. Noack. 378

Diffusion von Helium in Sedimentgesteinen. R. Newton und G. F. Round. (Геохимия [Geochemie] **1961.** Nr. 4. 332—53. Edmonton, Canada, Res. Council of Alberta, Petroleum Res. Div.; russ., Auszug: engl. — C. **1962.** 13328.) H. Noack. 378

Über eine graphische Methode zur Ermittlung der Differenz der Alter nach dem Blei-Uran-Verhältnis. G. I. Schesstakow und I. B. Iwanow. (Геохимия [Geochemie] **1961.** Nr. 3. 239—42. Akad. der Wiss. der UdSSR, Inst. für Geochem. der Sibir. Abt.; russ., Auszug: engl.) — Graph. Darst. der Altersbeziehungen nach den Verhältnissen $^{206}Pb/^{238}U$ u. $^{207}Pb/^{235}U$. Diese Meth. gestattet es, sehr einfach geochem. Probleme hinsichtlich der Metamorphose uranhaltiger Minerale zu lösen. H.-J. Bautsch. 378□

1000 Millionen Jahre alte Mineralien aus den östlichen Vereinigten Staaten und Kanada. G. R. Tilton, G. W. Wetherill, G. L. Davis und M. N. Bass. (J. geophys. Res. **65.** 4173—79. Dez. 1960. Washington, D.C., Carnegie Inst., Geophys. Labor. and Dep. of Terrestrial Magnetism; engl.) — Vff. berichten über das Vork. von mehr als ca. 1000 Millionen Jahre alten Mineralien in Gesteinen in Ontario, des apalachischen Gürtels von New York bis North Carolina u. unter Sedimenten in Michigan, Ohio u. West Virginia. Gemessen wurde das Alter von ***Muskovit, Biotit, Mikroklin*** u. ***Zirkon*** mit verschiedenen Meth. ($^{206}Pb/^{238}U$; $^{207}Pb/^{235}U$; $^{207}Pb/^{206}Pb$; $^{208}Pb/^{232}Th$; $^{40}K/^{40}Ar$; $^{87}Sr/^{87}Rb$). C. Gottfried. 378

Die Entstehung von sulfidischen Erzen. C. J. Sullivan. (Trans. Canad. Inst. Mining Metallurgy Mining Soc. Nova Scotia **62.** 321—27. 1959. Toronto, Kennco Exploration Ltd.; engl. — C. **1961.** 4285.) F. ENSSLIN. 378 □

Mineralogische Gegebenheiten und mögliche Entstehungsarten der Brunswick Mining and Smelting Erzkörper, Gloucester County, New Brunswick. R. L. Stanton. (Trans. Canad. Inst. Mining Metallurgy Mining Soc. Nova Scotia **62.** 339—51. 1959. Armidale, N.S.W., Univ. of New England; engl. — C. **1960.** 11237.) F. ENSSLIN. 378 □

Geophysikalische Methoden bei der mineralischen Erforschung des Rocky-Mountain-Grabens. Hans T. Lundberg. (Trans. Canad. Inst. Mining Metallurgy Mining Soc. Nova Scotia **62.** 172. 1959. Lundberg Explor. Ltd.; engl. — C. **1961.** 11650.) F. ENSSLIN. 378 □

Eine wismuthaltige Varietät von Bindheimit. D. I. Bothwell, R. J. Davis und A. A. Moss. (Mineralog. Mag. J. mineralog. Soc. **32.** 664—66. Dez. 1960. London, Brit. Museum, Dep. of Miner.; engl.) — Eine Pulveraufnahme eines als Wismutocker bezeichneten Minerals von Otgimboyo Ease, Karibib, ergab, daß es sich um gut krist. faserigen Bindheimit handelte. Die chem. Analyse lieferte die folgenden Werte: Bi_2O_3 9,7 (%); PbO 41,1; Sb_2O_5 30,0; CaO 1,0; Fe_2O_3 3,0; Na_2O 0,2; As_2O_5 0,1; Gew.-Verlust beim Glühen (850°) 4,5; in HBr u. $HClO_4$ unlösl. 8,0 (SiO_2 6,4). Der Oxydationszustand konnte nicht genau bestimmt werden, da aber bei HBr-Zusatz Br_2 in Freiheit gesetzt wurde, ist anzunehmen, daß einige der Elemente in höheren Oxydationsstufen vorliegen. Die Zelldimensionen dieses Minerals sind a = 10,4480 ± 0,0004 Å; es ist hoch orientiert mit der [1 1 0]-Achse als Faserachse. C. GOTTFRIED. 380

Humit und Chondrodit in einem kristallinen Lewisian-Kalkstein bei South Harris, Outer Hebrides. R. Dearnley. (Mineralog. Mag. J. mineralog. Soc. **32.** 910—11. Sept. 1961. London, Geol. Surv. and Museum; engl.) — Beschreibung der Fundstelle von Humit u. Chondrodit. Das Muttergestein besteht vorwiegend aus Kalkspat, Dolomit u. gerundetem, z T. serpentinisiertem Forsterit u. kommt linsenförmig im Bay-Steinigie-Paragneis vor. H. MOENKE. 380 □

Künstliche Verfärbung von Diamant. F. A. Raal. (Gemmologist **30.** 63—66. April 1961; engl.) — An Hand der vorliegenden Literatur bespricht Vf. kurz. die künstliche Verfärbung von Diamant u. die Unterscheidung künstlich angefärbter Steine von natürlichen farbigen Diamanten. C. GOTTFRIED. 380

Spessartingranat aus Californien. F. S. H. Tisdall. (Gemmologist **30.** 61—62. April 1961; engl.) — Vf. untersuchte einige Spessartine von der Little Three Mine, Ramona, Californien. Die gelblich-orange gefärbten Steine hatten eine Dichte von 4,17, der Brechungsindex war > 1,81. Mkr. konnten einige feste u. fl. Einschlüsse beobachtet werden. Eine im Spektrum auftretende breite Bande mit Zentrierung bis 5270 Å deutet auf einen geringen Geh. an Almandin hin. Weitere Banden treten bei 5020, 4820 u. ca. 4610 Å auf. Aus dem Spektrum muß auf einen größeren Geh. an Mn geschlossen werden. C. GOTTFRIED. 380

Entstehung der Gipslagerstätten in New Brunswick. J. Olaf Sund. (Trans. Canad. Inst. Mining Metallurgy Mining Soc. Nova Scotia **62.** 395—400. 1959; engl. — C. **1961.** 1857.) F. ENSSLIN. 380 □

Entstehung der Bänderstrukturen in einigen massiven Sulfidlagerstätten. K. D. Watson. (Trans. Canad. Inst. Mining Metallurgy Mining Soc. Nova Scotia **62.** 351—54. 1959. Los Angeles, Calif., Univ. of California, Dep. of Geol.; engl. — C. **1960.** 11237.) F. ENSSLIN. 380 □

Metamorphose und Metasomatose von Gesteinen der Moine-Serie durch einen Doleritstock in Glenmore, Ardnamurchan. B. C. M. Butler. (Mineralog. Mag. J. mineralog. Soc. **32.** 866—97. Sept. 1961. Oxford, Univ. Museum, Dep. of Geol. and Miner.; engl.) — Bei Glenmore, Ardnamurchan, wurden Moine-Arkosen durch einen kleinen Doleritstock metamorph umgewandelt u. teilweise verglast. Die Kontakt-Wrkg. erstreckt sich auf einen 6-Fuß-Bereich. Die Zus. der entstandenen Glassubstanz entspricht etwa der des tern. Minimums im Syst. $NaAlSi_3O_8$–$KAlSi_3O_8$–SiO_2. Die Gesteinsgläser wurden demnach durch fraktionierte Aufschmelzung der niedrigst schm. Arkosesubstanz gebildet. Bei Annäherung an den Kontakt nimmt als Ergebnis einer Alkalimetasomatose der Na_2O-Geh. zu, der K_2O-Geh. ab. Dagegen war in einem benachbarten Pelithorizont eine Zunahme von K_2O feststellbar. H. MOENKE. 385 □

Die lamprophyrischen Gänge des Hohen Baltoro (Karakorum). C. Viterbo und B. Zanettin. (Atti Mem. Accad. Patavina Sci. Lettere Arti, Mem. Cl. Sci. mat. natur. **71.** 75—112. 1 Tafel. 1958/59. Padova, Univ., Ist. di Miner.; ital.) — Vff. berichten über eine ausführliche petrograph. Unters. der in den Kalkgesteinen des obigen Gebietes auftretenden fem. Gänge. Es handelt sich um folgende Gesteine: *Pyroxen* u. *Biotit* enthaltende

Vogesite, amphibol- u. *biotithaltige Vogesite* sowie um *pyroxenhaltige* u. *amphibolhaltige Minette.* Eine Reihe von chem. Analysen sind angegeben. Die einzelnen Mineralien wurden opt. untersucht. C. GOTTFRIED. 385

Die geochemischen Besonderheiten der mittelkambrischen magmatischen Gesteine des östlichen Altai. Je. B. Wyssokoosstrowskaja. (Геохимия [Geochemie] **1961.** Nr. 3. 229–38. Leningrad, Allunions Forschungsinst. für Geol.; russ., Auszug: engl.) — Petrochem. Auswertung von 39 Analysen aus der Literatur von vulkanogenen u. intrusiven Gesteinen des mittleren Kambriums des Altai-Gebirges. Allg. Kennzeichen sind hohe CaO-Geh., so daß die Gesteine zur Kalkreihe zu rechnen sind. Sie entstanden im frühen Bldg.-Stadium der Altai-Sajan-Geosynklinale. Effusiva, subvulkan. u. pluton. Intrusionen bilden sich in drei geolog. verschiedenen Phasen, die in ihrem Chemismus spezif. Kennzeichen magmat. Differentiationsreihen aufweisen. Zur ersten Phase gehören Pyroxenite, Gabbros u. Gabbrodiorite, zur zweiten Diorite, Tonalite, Granodiorite u. Plagiogranite, zur dritten Albitgranitporphyre u. Plagiogranitporphyre. Die U-Geh. steigen von $1 \cdot 10^{-4}\%$ in den Pyroxeniten auf $3 \cdot 10^{-4}\%$ in den Granitporphyren. Auf Grund der charakterist. petrochem. Verhältnisse im Verlaufe der geolog. Entw. wird der gesamte mittelkambr. Komplex des Altai als Deriv. eines basalt. Magmas angesehen. H.-J. BAUTSCH. 385 □

Carbonatische Lava vom Fort-Portal-Bezirk in West-Uganda. O. von Knorring und C. G. B. Du Bois. (Nature [London] **192.** 1064–65. 16/12. 1961. Leeds, Univ., Dep. of Geol., Res. Inst. of African Geol.; Nairobi, Kenya, Mines and Geol. Dep.; engl.) — Die Lava vom Kalyango-Vulkan wurde mineralog., chem. u. spektrograph. untersucht. Das Gestein ist hellgrau u. enthält Biotit u. Einschlüsse von Klinopyroxen u. rotem Granat. Die dichte Grundmasse enthält Pyroxen, Olivin, Biotit, Magnetit, etwas Ilmenit, Apatit u. Calcit. Chem. Analyse ergab (1. Wert: Lava eines Ergusses von Fort Portal; 2. Wert: Zeolithreiche Lava derselben Fundstätte): SiO_2 12,99; 13,81; TiO_2 1,74; 1,96; Al_2O_3 3,03; 3,20; Fe_2O_3 7,93; 8,05; FeO 4,44; 4,33; MnO 0,40; 0,44; MgO 8,55; 8,65; CaO 35,97; 35,42; Na_2O 0,73; 1,03; K_2O 0,20; 0,17; H_2O+ 3,45; 3,76; H_2O- 1,65; 2,89; P_2O_5 3,32; 3,57; CO_2 14,79; 11,27; SrO 0,63; 0,60; BaO 0,15; 0,20; S 0,35; 0,40; F 0,3; 0,3. Spektrograph. Analyse der carbonathaltigen Lava ergab in ppm für dieselben Proben: Li 19; 14; Sc 13; —; V 200; 250; Cr 35; 30; Co 45; 25; Ni 45; 50; Ga 14; 12; Y 65; 85; Zr 550; 800; Nb 550; 550; Mo 7; 7; La 600; 600; Pb 40; 45. ERNST SCHULTE. 386 □

Durch kosmische Strahlung erzeugtes ^{50}V und ^{40}K im Eisenmeteoriten Aroos. Heinz Stauffer und Masatake Honda. (J. geophys. Res. **66.** 3584–86. Okt. 1961. San Diego La Jolla, Calif., Univ. of California, School of Sci. and Engng.; engl.) — Massenspektroskop. Best. von ^{50}V u. ^{40}K in Eisenmeteoriten ergaben für ^{40}K 0,49 ± 0,03 u. 0,54 ± 0,05 ppb. Der durch kosm. Strahlung erzeugte ^{50}V-Anteil beträgt 4,8 ± 0,4, 4,8 ± 0,9 u. 5,1 ± 0,8 ppb. H. MOENKE. 388 □

Entstehung des ^{129}Xe-Überschusses in Steinmeteoriten. P. M. Jeffery und J. H. Reynolds. (J. geophys. Res. **66.** 3582–83. Okt. 1961. Berkeley, Calif., Univ. of California, Dep. of Phys.; engl.) — Vgl. C. **1962.** 12224. H. MOENKE. 388 □

Jodgehalt von Meteoriten und ihr ^{129}J–^{129}Xe-Alter. Gordon G. Goles und Edward Anders. (J. geophys. Res. **65.** 4181–84. Dez. 1960. Chicago, Ill., Univ. of Chicago, Dep. of Chem.; Enrico Fermi Inst. for Nucl. Sci.; engl.) — Durch Neutronenaktivierung wurden der J- u. Te-Geh. in einer Anzahl von chondrit. Meteoriten bestimmt. Bronzit- u. Hypersthenchondrite enthalten 37–104 ppb J, Enstatit- u. C-haltige Chondrite 127–560 ppb J; die entsprechenden Te-Geh. betragen 0,42–0,73 bzw. 1,23–3,4 ppm. Aus den J-Häufigkeiten u. bekannten ^{129}Xe-Geh. wurden für 4 Meteorite die J–Xe-Zerfallsintervalle berechnet. C. GOTTFRIED. 388

Kosmogene Isotope im Jardymlin-Meteorit. L. K. Lewski. (Геохимия [Geochemie] **1961.** Nr. 4. 358. Leningrad, Labor. für Geol. des Präkambriums der Akad. der Wiss. der UdSSR; russ.) — Es werden Daten über den Geh. u. die isotope Zus. von He, Ne u. Ar gegeben, die aus dem Fe-Meteoriten von Jardymlin 1959 isoliert wurden. H. NOACK. 388

Bitumen in Pyriterzen und vererzten Gesteinen des Urals. Ss. N. Iwanow, G. A. Kuritzina und Je. A. Glebowskaja. (Геохимия [Geochemie] **1961.** Nr. 3. 268–73. Swerdlowsk, Ural-Zweigstelle der Akad. der Wiss. der UdSSR, Berggeolog. Inst.; russ., Auszug: engl.) — Die Sulfidpseudomorphosen aus einer Fauna in den Erzen einiger Pyritlagerstätten des Urals u. andere Beobachtungen machen es wahrscheinlich, daß die Erzlagerstätten als Ergebnis von Verdrängungsvorgängen aus Sedimentgesteinen hervorgegangen sind. A.–Bzl.-Extrakte zeigen die Ggw. von Bitumen u. Spuren von freiem S (0,002–0,084%). Der Bitumen-Geh. in den Pyriterzen ist für die einzelnen

Lagerstätten verschieden u. variiert zwischen 0,017 u. 0,197%. Der Durchschnitts-Geh. des Bitumens in den Erzen liegt bei 0,1%. In veränderten vulkanogenen Gesteinen, in denen die Erze auftreten, liegt der Bitumen-Geh. bei 0,05%, in Sulfiden der Golderz-Ganglagerstätten zwischen 0,02 u. 0,06%. Die IR-spektrometr. Unterss. des Bitumens aus den Pyritlagerstätten zeigen, daß es typ. Vertreter für Bitumen in Sedimentgesteinen verschiedenen Oxydationsgrades sind. Bitumen aus den sedimentären Schiefern der Lagerstätte III. Internationale weicht in der Zus. der Komponenten nicht von dem Bitumen aus dem Pyriterz dieser Lagerstätte ab. Der hohe Geh. an Bitumen in den Erzen der Pyritlagerstätten u. ihre charakterist. strukturellen Eigg. weisen deutlich auf die engen genet. Beziehungen zwischen den Lagerstätten dieses Typs u. den Sedimentgesteinen hin. H.-J. BAUTSCH. 390□

Sauerstoffisotopenverhältnis in dem „blauen Gletscher", Olympic Mountains, Washington, USA. Robert P. Sharp, Samuel Epstein und Irene Vidziunas. (J. geophys. Res. **65.** 4043—59. Dez. 1960. Pasadena, Calif., California Inst. of Technol., Div. of Geol. Sci.; engl.) — Vff. bestimmten das Verhältnis $^{18}O/^{16}O$ in einer großen Anzahl von Proben von Eis, Firn, Schnee u. Regen von dem „blauen Gletscher". Bestimmt wurde die Abweichung δ (‰) dieses Verhältnisses von dem mittleren Verhältnis von Ozeanwasser. Als Mittelwert von δ ergab sich —12,4 mit den Extremwerten —8,6 u. —19,2. C. GOTTFRIED. 393

Bestimmung der elektrischen Leitfähigkeit aus chemischen Analysen natürlicher Wässer. John Logan. (J. geophys. Res. **66.** 2479—83. Aug. 1961. Haiti, Internat. Cooperat. Admin., Operations Mission; engl.) — Statist. Prüfung verschiedener Verff., die eine Best. der elektr. Leitfähigkeit aus den chem. Analysen natürlicher Wässer gestatten. H. MOENKE. 393□

Bestimmung der primären Photosyntheseproduktion im Atlantischen Ozean nach der Isotopenmethode. Ju. I. Ssorokin. (Доклады Академии Наук СССР [Ber. Akad. Wiss. UdSSR] **131.** 941—44. 1/4. 1960; russ.) — Im Atlant. Ozean wurde an 49 Stationen die tägliche prim. Photosynth.-Produktion unter Verw. von ^{14}C ermittelt. In Tiefen bis 150 m wird die Abhängigkeit der Geschw. der Photosynth. von der Helligkeit in der untersuchten Tiefe bestimmt. Auf Grund dieser Unterss. können Gebiete hoher, mittlerer u. kleiner Produktivität (mit 0,8—3,0, 0,2—0,5 bzw. 0,1—0,2 g/m²) u. Gebiete einer „biolog. Wüste" (0,06 g/m²) unterschieden werden. Mit abnehmender Produktivität nimmt die Tiefe der trophogenen Schicht zu. R. K. MÜLLER. 393□

Eine Betrachtung über die Bildung des Sulfations in Thermalwässern. M. Ichikuni. (Geochim. cosmochim. Acta [London] **17.** 6—10. Aug. 1959. Tokio, Univ. Métropol., Fac. des Sci., Labor. de Chim.; franz.) — Der Säuregrad u. der Alkali-Geh. verschiedener Quellwässer von Tamagawa, Japan, sind eine Funktion der Cl^-- bzw. SO_4^{2-}-Konz.; sie lassen sich mit a $[Cl^-]$ + b $[SO_4^{2-}]$ (a u. b = individuelle Konst.) angeben. Die Unabhängigkeit der Cl^-- von der SO_4^{2-}-Konz. erlaubt den Schluß, daß die Bldg. von SO_4^{2-} aus H_2S u. SO_2 nach Abtrennung dieser Gase von der ursprünglichen magmat. Gaswolke u. an anderer Stelle erfolgte als die Bldg. von Cl^-. P. JACOB. 393□

Bleiisotope in Mangannieren. Tsaihwa J. Chow und C. C. Patterson. (Geochim. cosmochim. Acta [London] **17.** 21—31. Aug. 1959. Pasadena, Calif., California Inst. of Technol., Div. of Geol. Sci.; engl.) — Die Isotopen-Zus. von Pb in Meerwasser u. Ablagerungen auf dem Meeresboden erlauben Rückschlüsse auf geochem. Beziehungen zwischen U, Th u. Pb in angrenzenden kontinentalen Gebieten. An 34 Fundstellen im Atlantik u. Pazifik vom Meeresboden entnommene Mangannieren weisen Unterschiede im relativen Geh. an ^{206}Pb, ^{207}Pb u. ^{208}Pb auf (bezogen auf ^{204}Pb). Es besteht eine lineare Beziehung zwischen $^{206}Pb/^{204}Pb$ u. $^{206}Pb/^{207}Pb$. Die im Atlantik entnommenen Proben haben einen höheren ^{206}Pb-Geh. als die aus dem Pazifik. Die ^{206}Pb-Häufigkeit steigt im Pazifik von NW nach SO. Diese ozean. Blei-Geh. stammen aus Gesteins-Syst., deren U–Pb-Trennung ca. $4,5 \cdot 10^9$ Jahre zurückliegt. Aus dem Zusammenhang von Isotopen-Zus. u. Fundort sind Rückschlüsse auf Tiefseeströmungen möglich.
P. JACOB. 393□

Radioaktivität von Chlor-36 im Regen. O. A. Schaeffer, S. O. Thompson und N. L. Lark. (J. geophys. Res. **65.** 4013—16. Dez. 1960. Upton, Long Island, N.Y., Brookhaven Nat. Labor., Chem. Dep.; engl.) — Best. der ^{36}Cl-Aktivität in Regenwasser u. einigen Oberflächenwässern. Die relativ sehr hohe Aktivität ist ca. 3000mal größer als die geschätzte Erzeugungs-Geschw. durch kosm. Strahlen. Es wird angenommen, daß das ^{36}Cl durch Neutronenbestrahlung von Seewasser durch marine Kernexplosionen gebildet wird. C. GOTTFRIED. 396

B. Allgemeine und theoretische organische Chemie

Die Berechnungen genauer Normalkoordinaten. 1. Mitt. Allgemeine Theorie und deren Anwendung beim Methan. I. M. Mills. (Spectrochim. Acta [London] **16.** 35—48. Febr. 1960. Reading, Univ., Dep. of Chem.; engl.) — Vf. diskutiert eine Meth. zur Errechnung von zuverlässigen Schwingungspotentialfunktionen u. Normalkoordinaten für einfache mehratomige Moll. u. wendet die beobachteten Daten prakt. beim *Methan* an. Ein Programm für den Ferranti Mercury Computer für die Berechnungen wird beschrieben. M. Schüle. B 114□

Die Berechnung der Kraftkonstanten und Normalkoordinaten. 2. Mitt. Methylfluorid. Joan Aldous und I. M. Mills. (Spectrochim. Acta [London] **18.** 1073—91. Aug. 1962. Reading, Univ., Dep. of Chem.; engl.) — 1. vgl. vorst. Referat. — Die mathemat. Schwierigkeiten, die bei der Verbesserungs-Meth. der Berechnung der Kraft-Konst. u. der Normalkoordinaten auftreten können, werden beschrieben u. diskutiert. Die Meth. wurde unter Benutzung eines elektron. Rechengeräts auf das *Methylfluorid* (I)-Mol. angewandt. Die besten Werte der zwölf Kraft-Konst. im allgemeinsten harmon. Potentialfeld wurden mit experimentellen Daten (6 Schwingungsfrequenzen, 3 Coriolis-ζ-Konst. u. 2 Zentrifugalverzerrungs-Konst. D_J u. D_{JK} sowohl für I als auch für CD_3F) in Übereinstimmung erhalten. Die Berechnungen wurden mit u. ohne Anharmonizitätskorrekturen an den Schwingungsfrequenzen wiederholt. Die endgültigen, unter Berücksichtigung der Zuverlässigkeit der experimentellen Daten erhaltenen Kraft-Konst. werden kurz diskutiert. Ch. Zechel. B 114□

Die Luminescenz von Anthracenkristallen und ihre Temperaturabhängigkeit. L. E. Lyons und J. W. White. (J. chem. Soc. [London] **1960.** 5213—18. Dez. Sydney, Australia, Univ. of Sydney; engl.) — Das Luminescenzspektrum von krist. *Anthracen* (angeregt mit einer Hg-„schwarz"-Lampe) wurde bei verschiedenen Temp. zwischen 4 u. 300° K aufgenommen. Bei einigen Banden wurde eine erhebliche Zunahme, bei anderen eine Abnahme der Intensität mit steigender Temp. festgestellt. Zur Erklärung der Ergebnisse werden Zusammenhänge mit den elektron. Ursprungszentren im Kristall, der Art der Intensitätsverteilung, der Reabsorption u. dem therm. Abbau diskutiert. Die „Kanten"-Banden werden unter dem Gesichtspunkt der Wechselwrkg. zwischen Photonen u. Excitonen betrachtet. — O_2 hat einen geringen, aber definierten Effekt auf die Luminescenz. W. Betcke. B 118□

π-Komplexe. 1. Mitt. Ladungsübertragungsspektren von π-Komplexen aus Trinitrobenzol und polycyclischen aromatischen Verbindungen. Michael J. S. Dewar und Arthur R. Lepley. (J. Amer. chem. Soc. **83.** 4560—63. 20/11. 1961. Chicago, Ill., Univ. of Chicago, George Herbert Jones Labor.; engl.) — 2. vgl. C. **1962.** 18413. — Die Ladungsübertragungsspektren von π-Komplexen aus *Trinitrobenzol* u. *Acenaphthylen, Anthracen, Azulen, 1.2-Benzanthren, 1.12-Benzoperylen, 3.4-Benzotetraphen, 1.2-* u. *3.4-Benzopyren, Chrysen, Coronen, 1.2;5.6-, 1.2;3.4-, 1.2;7.8-Dibenzanthracen, 1.2;4.5-Dibenzopyren, Naphthacen, Perylen, Phenanthren, Picen, Pyren, Triphenylen, 10-Hydroxy-* u. *10-Methyl-10.9-borazarophenanthren* wurden in KBr gemessen (Wellenlängen der Ladungsübertragungsbanden tabellar. angegeben). Die Ergebnisse werden mit Hilfe einer einfachen MO-Theorie gedeutet; die MO-Parameter für B werden diskutiert. Ch. Zechel. B 118□

Versuche zur Erzeugung optischer Aktivität mit polarisierter β-Strahlung. T. L. V. Ulbricht und F. Vester. (Tetrahedron [London] **18.** 629—37. Mai 1962. Cambridge, Univ., Chem. Labor.; Saarbrücken, Univ. des Saarlandes, Inst. für organ. Chem.; engl.) — Vff. diskutieren verschiedene Mechanismen, die zur Erzeugung opt. Aktivität durch polarisierte β-Strahlung führen können. Die durch longitudinal polarisierte β-Strahlung erzeugte zirkular polarisierte Bremsstrahlung sowie magnet. Effekte u. Entropieaustauschvorgänge lassen jedoch bei der gegebenen Vers.-Anordnung nur geringfügige, nicht meßbare Einfl. auf die Stereospezifität der untersuchten Rkk. erwarten. Verschiedene Rkk., bei denen intermediär Carboniumionen oder freie Radikale gebildet werden u. die zu Prodd. mit asymm. C-Atom führen (Synth. der im Vers.-Teil beschriebenen Verbb. sowie die Aldol-Kondens. von *Acetaldehyd*, die Darst. von *Mandel-* bzw. *Milchsäurenitril* aus Benz- bzw. Acetaldehyd mit KCN), sowie Racemate (*DL-Alanin*) werden unter Einfl. der β-Strahlung untersucht. Die Rk.-Geschw. wird durch die Bestrahlung beschleunigt, die opt. Aktivität der gebildeten Verbb. beträgt $<0,02\%$.

Versuche (unter Bestrahlung mit β-Strahlen): ***Äthyl-α-chloräthyläther***, aus Acetaldehyd, abs. A. u. HCl-Gas bei —5 bis —20°; 80% (Ausbeute). — ***Indandion-(1.3)-[2-spiro-4']-2'-methyltetrahydropyranon-(6')***, F. 122—124° (Bzl.-PAe.), a) aus 600 mg 2-Allyl-2-methoxycarbonylmethylindandion-(1.3) u. HBr, 10 Min. bei 50°, 12 Std. bei Raum-Temp.; 270 mg; b) wie unter a) in Eisessig, 14 Std. bei Raum-Temp.; 340 mg. —

3-Methyl-2-phenyloxazolidin, Kp.$_{14}$ 135°, Kp.$_{751}$ 241°, aus Benzaldehyd u. *β*-Methylaminoäthanol, 12 Std. bei Raumtemperatur. — *Copolymerisat aus Styrol u. Maleinsäureanhydrid*, $(C_{12}H_{10}O_3)_n$, Kp.$_{10^{-4}}$ 140°, aus Styrol u. Maleinsäureanhydrid (1 : 1), 1 Std. bei 40—50° unter N_2-Atmosphäre. — *Mandelsäure*, F. 118°, aus dem Nitril mit rauchender HCl (3 oder 12 Std.). — *2-Acetoxytetrahydropyran* (*5-Acetoxypentanal*), Kp.$_5$ 60°, aus 5-Hydroxy-n-valeraldehyd (Kp.$_{10}$ 63—66°, aus Tetrahydrofurfurylalkohol) u. Keten, 40 Min. bei Raum-Temp.; unrein. A. TREDE. B 119 □

Lösungsmitteleffekte und Intensitäten von Raman-Banden. S. A. Tare und H. W. Thompson. (Spectrochim. Acta [London] **18.** 1095—97. Aug. 1962. Oxford, Phys. Chem. Labor.; engl.) — Vgl. FACER u. THOMPSON, Proc. Roy. Soc. [London], Ser. A **268.** [1962.] 68. 79. — Die Intensität der C=C- bzw. C=N-Schwingungsfrequenzen in den RAMAN-Spektren von *Propargylchlorid* u. *Vinylcyanid* wurden in Aceton, A., Diisopropyläther, n-Hexan, n-Butylchlorid, CH_2Cl_2, Cyclohexan, Chlf., 1.2-Dichloräthan, CCl_4, Fluor-, Chlor-, Brombenzol, Toluol, Bzl., Tetrachloräthylen, Methylbenzoat, Benzylalkohol, CH_2Br_2, Bromoform, symm.-Tetrabromäthan u. in einer 1 : 1 : 2-Mischung von CH_3OH/Trifluor-/Trichloräthan bestimmt. Die erhaltenen Intensitäten zeigen im allg. unter vergleichbaren Bedingungen eine Zunahme mit der Erhöhung des Brechungsindexes des Lösungsmittels. CH. ZECHEL. B 120 □

Raman-Spektrum und Schwingungszuordnung für das Trifluoracetation. Robert E. Robinson und Robert C. Taylor. (Spectrochim. Acta [London] **18.** 1093—95. Aug. 1962. Ann Arbor, Mich., Univ. of Michigan, Dep. of Chem.; engl.) — Das RAMAN-Spektrum der nahezu gesätt. wss. Lsg. von *Na-Trifluoracetat* (aus der Säure durch Neutralisation) wurde aufgenommen. Die Zuordnung der Schwingungsfrequenzen wird diskutiert. CH. ZECHEL. B 120 □

Acyllacton-Umlagerung. 19. Mitt. **Imid-Enamid-Tautomerie bei α-[Aminoäthoxymethylen]-γ-lactonen und bei β-Amino-β-äthoxyacrylsäureäthylester.** Friedhelm Korte und Kersten Trautner. (Chem. Ber. **95.** 295—306. 1962; dt.) — 18. vgl. C. **1962.** 17735. — Vff. nahmen die IR-Spektren folgender Verbb. zwischen 4000 u. 667 cm^{-1} auf: *2-Amino-3-carbäthoxy-5.5-dimethyl-4.5-dihydrofuran* (in KBr u. Chlf.), *α-[Aminoäthoxymethylen]-γ-isocaprolacton* (**II**, in KBr u. Chlf.), *β-Dimethylaminocrotonsäureäthylester*, *Acetimidsäureäthylester* (**I**), *α-Carbiminäthoxy-γ-isocaprolactonhydrochlorid* u. **I**-*Hydrochlorid* (in Chlf.); die Spektren dieser Verbb. sind angegeben sowie die IR-Hauptbanden von *β-Aminocrotonsäure-*, *β-Methylaminocrotonsäure-*, *2-Methyl-1.4.5.6-tetrahydropyridin-3-carbonsäure-* u. *2-Amino-4.5-dihydrofuran-3-carbonsäureäthylester*, *2.3-Dihydropyran*, *2-Amino-3-carbäthoxy-5-methyl-* u. *-5.5-dimethyl-4.5-dihydrofuran*, *α-[Aminoäthoxymethylen]-γ-butyrolacton* (**III**) u. *-γ-valerolacton* (**IV**), *α-Carbimimäthoxy-γ-butyro-* u. *γ-valerolactonhdrochlorid*, *Malonmonoimidsäurediäthylesterhydrochlorid*, *2-Amino-3-carbäthoxy-5.5-dimethyl-5.6-dihydro-4H-pyran* u. dessen *Hydrochlorid*, *α-Methyl-γ-butyrolacton*, *Äthylacetat*, *β-Amino-β-äthoxyacrylsäureäthylester* (**V**) u. dessen tautomerer Imidform. Die *β*-Amino-*β*-alkoxyacrylsäure-Derivv. weisen im Spektrum 3 charakterist. Hauptbanden bei 1660—1700 cm^{-1} [ν(C=O), konjugiert], 1610—1640 [ν(C=C), konjugiert] u. 1520 bis 1553 [$\delta(NH_2)$] auf, das gilt auch für die Enamide **II**—**IV** in KBr. Dagegen besitzen die Spektren von **II**—**V** in Chlf. (bzw. CCl_4) eine weitere ν C=O-Bande bei 1762—1780, die den Imidtautomeren zugeschrieben wird. Zur weiteren Stützung dieser Annahmen dienen die IR-Spektren der entsprechenden Hydrochloride, in denen die Imidformen fixiert sind. B. GNAUCK. B 120 □

Die Schwingungsspektren von $(CH_3)_3SiC{\equiv}CBr$ und $(CH_3)_3SiC{\equiv}CJ$. H. Buchert und W. Zeil. (Spectrochim. Acta [London] **18.** 1043—53. Aug. 1962. Karlsruhe, TH, Inst. für physikal. Chem. u. Elektrochem.; dt.) — Vgl. C. **1962.** 14447. — *Trimethylsilylbromacetylen* (Kp.$_{50}$ 48°, aus Trimethylsilylacetylen durch Zers. der mit C_2H_5MgBr erhaltenen GRIGNARD-Verb. mit Br_2 in Ae.; n_D^{20} 1,416$_2$; $D_4^{5,1}$ 1,181; Dipolmoment 0,90 D) u. *-jodacetylen* (Kp.$_{15}$ 53°, analog vorst. Verb.; n_D^{20} 1,5109; $D_4^{24,4}$ 1,452$_6$; 0,75 D) sind farblose, in unreinem Zustand bes. bei UV-Bestrahlung etwas zersetzlicher, gegen W. u. verd. Säuren beständige Flüssigkeiten. Ihre IR- u. RAMAN-Spektren wurden aufgenommen u. die Normalschwingungsfrequenzen zugeordnet; aus den Spektren wird auf eine Wechselwrkg. zwischen den π-Elektronen der C=C-Bindung u. den freien d-Bahnen der Si-Atome geschlossen. CH. ZECHEL. B 120 □

Infrarotspektren von Lösungen einiger saurer Salze von Carbonsäuren in Dimethylsulfoxid. D. Hadži und A. Novak. (Spectrochim. Acta [London] **18.** 1059—64. Aug. 1962. Ljubljana, Jugoslavia, Univ., Chem. Labor.; engl.) — Die IR-Spektren von ***K-Hydrogen-bis-phenylacetat*** (**I**), ***K-Hydrogen-bis-[p-chlorbenzoat]*** (**II**), ***K-Hydrogenmaleinat*** (**III**), ***K-Hydrogenphthalat*** (**IV**) u. ***K-Hydrogen-bis-[p-nitrobenzoat]*** (**V**) wurden in Dimethylsulfoxid (DSO)-Lsg. aufgenommen. Während die Spektren der krist. Verbb. bei I u. II intermol. u. symm., bei III intramol. u. symm., bei IV u. dem analogen *Ammoniumsalz* sowie bei V intermol. u. „Doppelminimum" (mit niedriger Potentialschwelle)-H-Bindungen anzeigen, lassen sich aus den Spektren in DSO bei I u. II intermol. u. asymm., bei III sowie bei IV u. dem NH_4-Salz intramol. u. symm. H-Bindungen nachweisen, während bei V keine Änderung eintritt. Die Änderungen des Typs der H-Bindungen wird diskutiert. — Die K-Salze wurden aus den entsprechenden Säuren u. K_2CO_3 in W. oder wss. A. hergestellt. Ch. Zechel. B 120 □

Die Infrarotcarbonylabsorption einiger p-Chinone und verwandter Substanzen. T. L. Brown. (Spectrochim. Acta [London] **18.** 1065—71. Aug. 1962. Urbana, Ill., Univ. of Illinois, Noyes Chem. Labor.; engl.) — Die integrierte Intensität der IR-C=O-Absorption von *Anthrachinon**, *1.5-Dichlor-**, *2.5-Dichlor-**, *1.8-Dichloranthrachinon, Anthron**, *Fluorenon-(9)**, *Cyclohexandion-(1.4)**, *Benzochinon* (I), *2.5-Dimethylbenzochinon, Naphthochinon-(1.4), 2-Methylnaphthochinon-(1.4), Xanthon, Thiaxanthon* u. *Flavon* wurden in CCl_4, Chlf. oder Tetrachloräthylen gemessen. In den mit * gek. Verbb. tritt nur eine einzige symm. Bande auf, während die Absorption der anderen Verbb. eine kompliziertere Multiplettstruktur besitzt. Aus dem Vgl. der integrierten Intensitäten läßt sich schließen, daß der Grund für die Hauptaufspaltung eine Fermi-Resonanz-Wechselwrkg. ist. Eine weitergehende Aufspaltung in I wird dem Umstand zugeschrieben, daß bei Zimmer-Temp. die niederfrequente nichtebene Spreizschwingung der C=O-Gruppe in einem beträchtlichen Teil der Moll. angeregt ist. Ch. Zechel. B 120 □

Geometrische Isomere von 1.2-Bis-[pyridyl-(2)]-äthylen. Takumi Katsumoto. (Bull. chem. Soc. Japan **32.** 1019—23. Okt. 1959. Nishinomiya, Kwansei Gakuin Univ., Chem. Labor.; engl.) — *1.2-Bis-[pyridyl-(2)]-äthylen* (I) ist zur cis-trans-Isomerie befähigt. Vf. identifiziert das zuerst von Lénárt [1915] hergestellte I, F. 120—121°, als *trans*-I u. trennte die bei Darst. aus Pyridin-2-aldehyd ($Kp._{17}$ 76—77°), α-Picolin (Kp. 129,3°) u. wasserfreiem $ZnCl_2$ bei 200° gleichzeitig sich bildenden Isomeren mittels Säulenchromatographie. — *cis*-I (F. 48,0—48,5°) ist im Gegensatz zur trans-Form hygroskop.; durch die H_2O-Aufnahme erfolgt evtl. eine Stabilisierung des Moleküls. Beide Formen kristallisieren in braunen Kristallen. — Zur Best. der cis- u. trans-Strukturen wurden UV- u. IR-Spektren (Abb.) aufgenommen. Im IR-Spektrum ist trans-I durch 2 Banden bei 968 u. 1318 cm^{-1} charakterisiert. Werner Schenk. B 123 □

Ein Meßverfahren zur Untersuchung von Fluorescenzabklingvorgängen. H. Schütz. (Z. Physik **156.** 27—37. 1959. Gießen, Justus-Liebig-Univ., Physikal. Inst.; dt.) — Die für Messungen von Luminescenzabklingzeiten bis 10^{-9} s entwickelte Meßmeth. arbeitet prinzipiell nach dem Verf. des Becquerelschen Phosphoroskops, wobei die Luminescenzerregung period. durch kurze Kathodenstrahlimpulse erfolgt u. die Abklingintensität der Luminescenz mit Hilfe einer Abtaströhre (ähnlich einer Fernsehaufnahmeröhre) in Zeitintervallen, die kurz gegen die Abklingzeiten sind, punktweise gemessen wird. Mit Hilfe dieser Meßanordnung werden An- u. Abklingverlauf der Fluorescenz gemessen für: *Anthracen, Naphthalin, Tetracen* in Chrysen (10^{-3} bis 10^{-5}) u. Anthracen in Naphthalin (10^{-1} bis 10^{-5}). Das Anklingen der Fluorescenz (Anklingzeiten in der Größenordnung ns) ist von Präp. zu Präp. verschieden. Bei den Mischsyst. ist die Abklingzeit von der Konz. abhängig; mitunter wird ein Knick der exponentiellen Abklingkurven beobachtet. Die Ursachen des Verh. werden kurz diskutiert. J. Rudolph. B 125 □

Massenspektren einiger deuterierter Äthane. Edith I. Quinn und Fred L. Mohler. (J. Res. nat. Bur. Standards, A **65.** 93—95. März/April 1961; engl.) — Die Massenspektren von C_2H_6, C_2H_5D, CHD_2CH_3, CH_2DCH_2D, CH_3CD_3, CHD_2CHD_2, C_2HD_5 u. C_2D_6 wurden bestimmt. Die erhaltenen Ergebnisse werden diskutiert; eine Verallgemeinerung wie bei deuterierten Methanen u. Äthylenen bzgl. der Wahrscheinlichkeit der Abspaltung von D oder H ist noch nicht möglich. W. Untze. B 131 □

Bildung photoelektrischer Ladungsträger in Anthracen. D. C. Hoesterey. (J. chem. Physics **36.** 557—58. 15/1. 1962. Rochester, N.Y., Eastman Kodak Co., Res. Labor.; engl.) — Vf. untersucht den Einfl. von auf die Oberfläche hochreiner *Anthracen*-Einkristalle (I) als Verunreinigung aufgebrachtem *Nitro-*, *1.3-Dinitro-*, *1.3.5-Trinitrobenzol*, J_2, *Anthron*, *Anthrachinon* u. *Triphenylamin* (II) sowie von durch UV-Beleuchtung u. Oxydation entstandenen oberflächlichen Verunreinigungen auf die Photoleitfähigkeit der Einkristalle. Die relativen Löcher- u. Elektronenströme sind tabellar. wiedergegeben. Es zeigte sich, daß Ladungsträger nur an der Oberfläche entstehen. Während II sich als wirkungslos erwies, bewirkten die anderen Verbb. (Lewis-Säuren gegenüber I) eine Verstärkung der Löcher- u. eine Verminderung der Elektronenströme gegenüber reinem I. Ch. Zechel. B 134 □

Photoionisation von aromatischen Kohlenwasserstoffen in Borsäuregläsern. P. Bennema, G. J. Hoijtink, J. H. Lupinski, L. J. Oosterhoff, P. Selier und J. D. W. Van Voorst. (Molecular Physics **2.** 431—35. Okt. 1959. Amsterdam, FU, Chem. Labor.; Leiden, Univ. of Leiden, Labor. for Theoret. Org. Chem.; engl.) — Vff. berichten über Messungen der Elektronenspinresonanz u. der Absorptionsspektren von *Diphenyl, Phenanthren, Triphenylen, 3.4-Benzpyren* (I), *Tetracen, Pyren, Perylen* (II) u. *Coronen* in Borsäuregläsern nach Bestrahlung mit UV-Licht eines Hg-Hochdruckbogens. Mit Ausnahme von 3.4-Benzpyren wurde Elektronenspinresonanz beobachtet, d. h. es findet Bldg. freier Radikale statt. Die Absorptionsspektren ähneln nach der Bestrahlung den Spektren der einfach positiven KW-Stoffionen, d. h. es findet Photoionisation statt. Darüber hinaus zeigt sich eine sehr große Ähnlichkeit der Spektren der einfach positiven u. der negativen KW-Stoffionen. Beim langsamen Erwärmen der gefärbten Gläser verschwindet die Verfärbung unter Phosphorescenzerscheinungen. Die Absorptionsspektren von I u. II zeigen vor der Bestrahlung eine Absorptionsbande, die der Bldg. kovalenter Komplexe von I u. II mit Borsäure zugeschrieben werden kann. G. M. NEUMANN. B 134 □

Analyse der NMR-Spektren von Acrylsäure und Äthylacrylat. Yoji Arata, Hiroshi Shimizu und Shizuo Fujiwara. (J. physic. Soc. Japan **15.** 2119. Nov. 1960. Tokyo, Chofu, Univ. of Electro-Commun.; Univ. of Tokyo, Fac. of Pharm. Sci. and Fac. of Sci., Dep. of Chem.; engl.) — Analyse der bei 56,4 MHz gemessenen NMR-Spektren der *Acrylsäure* u. ihres *Äthylesters*. Die chem. Verschiebungen u. die Spin–Kopplungskonst. sind aufgeführt. W. BETCKE. B 137 □

Magnetische Susceptibilitäten und Austauscheffekte in vier organischen freien Radikalen. J. H. Burgess, R. S. Rhodes, M. Mandel und A. S. Edelstein. (J. appl. Physics, Suppl. zu **33.** Nr. 3. 1352—53. März 1962. Stanford, Calif., Univ., Dep. of Phys.; engl.) — Vff. untersuchten die EPR-Intensitäten u. -Linienbreiten der freien Radikale *1.1-Diphenyl-2-pikrylhydrazyl* (I), *1.3-Bis-*[*diphenylen*]*-2-phenylallyl* (II), *Pikryl-N-aminocarbazyl* (III) u. *Wursters-Blau-Perchlorat* (IV) im Temp.-Bereich von 1,5—300° K bei Frequenzen von 25 MHz—10 kMHz u. stellten das Vorliegen antiferromagnet. Austausch-Kopplung fest. Bei hohen Temp. folgen alle Substanzen dem CURIE-WEISSschen Gesetz. Im Gegensatz zu I u. II durchläuft die Susceptibilität bei III u. IV bei niedrigen Temp. ein Minimum u. folgt dann abermals dem CURIE-WEISSschen Gesetz, jedoch mit positiver WEISSscher Konst., d. h. die Substanzen verhalten sich bei tiefen Temp. paramagnetisch. Zur Erklärung dieses Verh. wird ein Modell, das isolierte Spins in einem magnet. verd. Syst. enthält, vorgeschlagen. Die WEISSschen Konst. für hohe u. niedrige Temp. sowie die Temp. der Susceptibilitätsmaxima u. die magnet. Konzz. der vier freien Radikale werden angegeben. WOLFGANG KRÜGER. B 137 □

Protonenmagnetische Resonanz von Thiophenen. 2. Mitt. **Thiophen und deuterierte Thiophene.** Ragnar A. Hoffman und Salo Gronowitz. (Ark. Kemi **15.** 45—61. 1960. Uppsala, Univ., Inst. of Phys. and Chem.; engl.) — 1. vgl. Ark. Kemi **13.** [1958.] 279; 3. vgl. C. **1960.** 11954. — Kernmagnet. Resonanzspektren wurden von *Thiophen* (I), $D_{(2)}$-, $D_{(3)}$-, $D_{2(2.5)}$- (Kp. 83—84°, aus 2.5-Dibromthiophen durch Red. mit Zn in CH_3COOD; n_D^{20} 1,5265; 59%. Daneben $D_{(5)}$-2-Bromthiophen, Kp. 150—151°; n_D^{20} 1,5912; 25%), $D_{2(2.3)}$- (Kp. 83—84°, wie vorst. aus 2.3-Dibromthiophen; 6%. Daneben $D_{(2)}$-3-Bromthiophen, Kp. 159—160°; n_D^{20} 1,5905; 73%), $D_{2(2.4)}$-, $D_{2(3.1)}$-I (Kp. 83—84°, wie vorst. aus 2.4-Dibromthiophen; 4%. Daneben $D_{(2)}$-4-Bromthiophen, Kp. 159—160°; n_D^{20} 1,5910; 74%), *2-Äthoxy-* u. *3-Methoxythiophen* aufgenommen. Die Kopplungskonst. für I betragen J_{23} = 5,15 (Hz), J_{24} = 1,05, J_{25} = 2,75, J_{34} = 3,45. Die Kopplungskonst. der untersuchten Thiophen-Derivv. zeigen alle das gleiche Vorzeichen. Die Spektren sind graph. u. tabellar. wiedergegeben. W. UNTZE. B 137 □

Kernmagnetische Resonanzspektren von einigen Aconitum-Basen: Lucaconin und Luciduscúlin. Akira Suzuki, Takashi Amiya und Takeshi Matsumoto. (Bull. chem. Soc. Japan **34.** 455—56. März 1961. Sapporo, Hokkaido Univ., Fac. of Sci., Dep. of Chem.; engl.) — Von *Lucaconin* (I) u. *Luciduscúlin* (II) sind die NMR-Spektren in Pyridin-Lsg. angegeben. Die Gruppe R in der Formel von I wird auf Grund der Messungen als eine $-CH_2-O\cdot CH_3$-Gruppe angesehen. Eine Singulett-Bande bei 318 Hz von II wird einer CH_3-Gruppe zugeschrieben, die an einem quatern. C-Atom sitzt. W. UNTZE. B 137 □

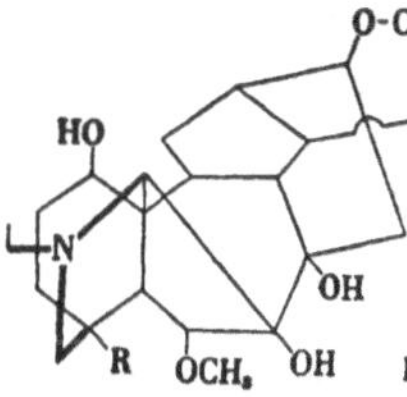

I

Die protonenmagnetischen Resonanzspektren einiger α-Acetoxyketone. Kenneth L. Williamson und William S. Johnson. (J. Amer. chem. Soc. **83.** 4623—27. 20/11. 1961. Madison, Wis., Univ. of Wisconsin, Dep. of Chem.; Stanford, Calif, Stanford

Univ., Dep. of Chem.; engl.) — Eine Unters. der NMR-Spektren von *2α-*, *2β-* (I), *4α-* u. *4β-Acetoxycholestan-3-on* u. von *3α-* u. *3β-Acetoxycholestan-2-on* ergab für benachbarte cis- u. trans-Protonen (an tetraedr. C-Atomen) Kopplungskonst., die größer als die meisten bisher beschriebenen waren: (für die Verbb. in obiger Reihenfolge) J_{ae} (Hz) 6,6; 7,4; 11,6; 4,7; 6,2; 2,5; J_{aa} 13,1; 9,5; —; —; 13,0; 2,5. Vff. führen das auf die größere Konformationsstarrheit des A-Ringes zurück. Die Verw. größerer Parameter in der Karplus-Gleichung erlaubt die Berechnung wechselseitig übereinstimmender Winkel zwischen den benachbarten Protonen in vorst. Verbb., aus denen hervorzugehen scheint, daß I in der verzerrten Konformation (vgl. Johnson u. Mitarbeiter, C. **1961.** 13482) vorliegt; Messungen der opt. Rotationsdispersion (Daten angegeben) scheinen das zu bestätigen. Weiterhin wurde festgestellt, daß die chem. Verschiebungen τ äquatorialer Protonen nicht immer bei niedrigeren Feldstärken als die der axialen gefunden wurden: τ (für die Verbb. in obiger Reihenfolge) 4,93; 4,88; 5,16; 5,20; 5,02; 5,33.

Ch. Zechel. B 137 □

Die elektrische Leitfähigkeit von Tetramethylammoniumpikrat in Methanol-n-Butanol-Gemischen. Filippo Accascina und Sergio Petrucci. (Ricerca sci. **29.** 1383—90. Juli 1959. Roma, Centro di Stud. per la Chim. gen., Sez. di Chim. analyt. e chim.-fis.; ital.) — Die elektr. Leitfähigkeit Λ von *Tetramethylammoniumpikrat* in reinem CH_3OH u. in 5 Gemischen von CH_3OH u. n-Butanol wurde bei 25° gemessen. Auf Grund der graph. u. in Tabellen wiedergegebenen Meßergebnisse wurde gefunden, daß die Assoziationskonst. K_A mit abnehmender DK des Lsgm.-Gemisches ansteigt u. nur eine schwache Assoziation (13,6) zu den Ionenpaaren in reinem CH_3OH (DK 32,66) resultiert. Im Gemisch mit der niedrigsten DK (24,35) u. einer Konz. von n-Butanol (51,41%) wird ein K_A-Wert von 55,0 ermittelt. Der $\log K_A$ ist eine lineare Funktion der reziproken DK. Für die Ionengröße a werden mit 3 verschiedenen Meth. nachst. Werte erhalten: 4,00 (Å) aus der Neigung der Geraden $\log K_A$-$(DK)^{-1}$, 4,17 aus den Fuoss-Onsager-Koeff. u. 4,53 aus den Grenzleitfähigkeiten. Die Abhängigkeit des Walden-Prod. ($\Lambda_0\eta$) von der DK bestätigt die Hypothese der Existenz eines Relaxationseffektes, der auf der Wechselwrkg. der Ionen u. der Lsgm.-Dipole beruht. G. Platzer. B 138 □

Die elektrische Leitfähigkeit von Tetraäthylammoniumpikrat in Methanol-n-Butanol-Gemischen bei 25°. Filippo Accascina und Lino Antonucci. (Ricerca sci. **29.** 1391—95. Juli 1959; ital.) — Vgl. vorst. Ref. u. C. **1961.** **431.** — Es wird die elektr. Leitfähigkeit Λ von *Tetraäthylammoniumpikrat* (I) in CH_3OH u. dessen Mischungen mit n-Butanol (II) gemessen. Die K_A-Werte steigen von 19,0 in CH_3OH bis 67,5 im Lsgm.-Gemisch (55,09% II) mit der niedrigsten DK (23,75) an. Der $\log K_A$ ändert sich linear mit reziproker DK. Die Abhängigkeit des Walden-Prod. von der Zus. des Lsgm. weist auf einen Relaxationseffekt hin, der auf der Wechselwrkg. der Ionen u. Lsgm.-Dipole basiert. Für die Ionengröße a werden nach 3 Meth. folgende Werte gefunden: 5,29 (Å) aus der Neigung der Geraden K_A-$(DK)^{-1}$, 5,19 aus den Fuoss-Onsager-Koeff. u. 5,34 aus den Grenzleitfähigkeiten. Aus dem geringeren Streubereich der a-Werte (ca. 2%) von I relativ zu der Tetramethyl-Verb. wird geschlossen, daß die Modellvorstellung (Kugeln in einem Kontinuum) für große Ionen besser gilt. G. Platzer. B 138 □

Sekundärwasserstoffisotopieeffekt in der Dissoziationskonstanten von Ameisensäure. R. P. Bell und J. E. Crooks. (Trans. Faraday Soc. **58.** 1409—11. Juli 1962. Oxford, Phys. Chem. Labor.; Upton, N.Y., Brookhaven Nat. Labor., Chem. Dep.; engl.) — Vff. berechnen unter Verwendung der beobachteten Schwingungsfrequenzen den Isotopieeffekt für die Dissoziationskonst. in wss. Lsg. von *HCOOH* u. *DCOOH*. Die Ergebnisse sind in Übereinstimmung mit dem Experiment ohne die Annahme irgendwelcher elektron. Unterschiede zwischen C—H- u. C—D-Bindungen.

D. Jörchel. B 139 □

Säure-Dissoziationskonstanten von Pyridin-2-aldehyd und Pyridin-2-aldoxim. R. W. Green und I. R. Freer. (J. physic. Chem. **65.** 2211—13. Dez. 1961. Sydney, Australia, Sydney Univ., School of Chem.; engl.) — Die Säure-Dissoziationskonst. bei Ionenstärken unter 0,001 im Temp.-Bereich von 5—60° wurden von *Pyridin-2-aldehyd* (I; $Kp._1$ 25°, n_D^{20} 1,5382, pK_1 4,13—3,25) u. *Pyridin-2-aldoxim* [II; F. 113°, pK_1 (NH^+) 3,88—3,38, pK_2 (NOH) 10,25—9,91] spektrophotometr. bestimmt. Die mit den betreffenden Gleichgewichten verbundenen Enthalpie-(ΔH^0) bzw. Entropieänderungen (ΔS^0) sind für I: 5,1 bis 9,1 (kcal/Mol) bzw. —0,7 bis +12,6 (cal/Grad·Mol) u. für II: (NH^+) +7,7 bis —0,7 bzw. +9,9—17,5; (NOH) 0,7—4,9 bzw. —44,3 bis —30,7.

Ch. Zechel. B 139 □

Anodische Reaktionen. 1. Mitt. Kolbe-Elektrosynthese von Äthan unter Verwendung von Wechselstrom. Christopher L. Wilson und William T. Lippincott. (J. electrochem. Soc. **103.** 672—75. Dez. 1956. Columbus, Ohio, Ohio State Univ.,

Mc Pherson Chem. Labor.; engl.) — 2. vgl. C. **1958**. 2976. — Die KOLBE-Elektrolyse von *K-Acetat* (**I**) mit 60 Hz-Wechselstrom in einigen Lsgm. wurde untersucht. Die Ergebnisse sind denen bei Verw. von Gleichstrom ähnlich, die Ausbeuten an C_2H_6 sind jedoch um 30—40% niediger, u. die krit. Stromdichte ist beträchtlich höher. Lsgm., in denen die C_2H_6-Ausbeute relativ hoch ist, sind Eisessig, Äthylenglykol u. W., am besten geeignet ist H_2SO_4 in Eisessig. Die C_2H_6-Ausbeute durchläuft bei einer 14m **I**-Lsg. ein Minimum u. steigt bei höheren **I**-Konzz. stark an. CO_3^{2-}-, SO_4^{2-}-, NO_3^-- oder J^--Ionen erniedrigen die C_2H_6-Ausbeute, Co^{2+}-, Cu^{2+} u. Fe^{3+}-Ionen sind ohne Einfl., Erhöhung der Temp. auf 50° erhöht, > 50° erniedrigt sie. Zusätze von Furan erhöhen die Stromausbeute der C_2H_6-Bldg. u. die Oxydationsausbeute (Verhältnis $2[C_2H_6]/[CO_2]$), dabei werden beträchtliche Mengen an 2.5-Diacetoxy-2.5-dihydrofuran gebildet. Zusätze von Bzl. sind ohne Einfl., jedoch wird Anisol als Zusatz, ohne Strom- u. Oxydationsausbeute zu ändern, zu o-Hydroxy- u. o-Acetoxyanisol umgewandelt. G. PÖTZSCHER. B 141 □

Der elektrochemische Abbau quartärer Ammoniumsalze. 2. Mitt. Der Mechanismus der Kupplungsreaktion. Sidney D. Ross, Manuel Finkelstein und Raymond C. Petersen. (J. Amer. chem. Soc. **82**. 1582—85. 5/4. 1960. North Adams, Mass., Sprague Electric Co., Res. Labor.; engl.) — 1. vgl. C. **1960**. **426**. — Es wurde die kath. Zers. einer Reihe quatern. Ammoniumnitrate in N.N-Dimethylacetamid oder Dimethylformamid (DMF) untersucht u. folgende Prodd. aus den Nitraten gefunden: 31,9% *Bibenzyl* (F. 51—52°) aus Benzyltriäthylammonium- (F. 108—110°) u. 35% aus Benzyldimethylanilinium- (F. 156—157°), 6% *Dicinnamyl* (F. 76°; Trinitrobenzolkomplex, F. 143—144°) aus Cinnamyldimethylanilinium- (F. 107—108°. Bromid, $C_{17}H_{20}NBr$, aus Cinnamylbromid mit Dimethylanilin), 15% *4.4'-Dimethoxybibenzyl* (F. 124°) aus p-Methoxybenzyltrimethylammonium- (Trifluoracetat), 26,1% *Difluorenyl-(9.9')* (F. 236—238°) aus Fluorenyl-(9)-trimethylammonium- ($C_{16}H_{18}N_2O_3$, F. 171 bis 175°) u. 30% (46% meso- u. 54% dl-) *2.3-Diphenylbutan* (**II**) aus α-Phenyläthyltrimethylammonium- (**I**). Die therm. Zers. von 1.1'-Azo-bis-[1-phenyläthan] ohne Lsgm. bzw. in DMF lieferte ähnliche Prod.-Verhältnisse an **II**. Der Rk.-Verlauf ist durch einen 1-Elektronenübergang an der Kathode gekennzeichnet, der zur Bldg. freier Radikale führt, die dann dimerisieren. Dies folgt aus dem Verh. des d-**I**, das nur opt.-inakt. Prodd. liefert.

Versuche: *α-Phenyläthyltrimethylammoniumnitrat* (**I**), F. 69—72°, a) durch Umwandlung des Halogenids in das Hydroxid, dessen Neutralisation mit HNO_3 u. Entfernen des W. im Vakuum; b) Behandeln des Halogenids mit der theoret. Menge an $AgNO_3$-Lsg. (Darst. der anderen Nitrate analog). *d*-I, $[\alpha]_D^{25}$ +22,6 (l = 1, 7%ig. in DMF), durch Umwandlung von d-α-Phenyläthylamin ($[\alpha]_D^{25}$ +31,3°; l = 1; 7,5% in A.) in d-α-Phenyläthyltrimethylammoniumjodid ($[\alpha]_D^{25}$ +12,1°; l = 1; 5%ig. in W.) u. dessen Umwandlung in d-**I**. *l*-I, $[\alpha]_D^{25}$ —18,4° (l = 1; 15%ig. in DMF), analog d-**I**. — *p-Methoxybenzyltrimethylammoniumjodid*, $C_{11}H_{18}JNO$, durch Behandeln von p-Methoxybenzyldimethylamin mit Überschuß an CH_3J in Aceton, Stehen u. Füllen mit Ae.; 88% (Ausbeute). — *-trifluoracetat*, durch Rühren des Jodids mit überschüssigem Ag_2O u. Neutralisation mit Trifluoressigsäure; 63%. — *meso-2.3-Diphenylbutan* (*meso*-**II**), F. 122 bis 124° (Methanol), durch langsame Zugabe einer Lsg. von α-Bromäthylbenzol in Ae. zu Mg u. 2½ std. Erhitzen unter Rückfluß, portionsweise Zugabe von H_2O-freiem CuCl, weiteres 45 Min. langes Erhitzen u. Zers. mit Eis/HCl unter Außenkühlung; 36,6%. Daneben aus der Mutterlauge der Aufarbeitung *dl*-**II**, $Kp._{0,1}$ 78—83°; n_D^{25} 1,5533; 32,7%. — *1.1'-Azo-bis-[1-phenyläthan]*, F. 72—74°, durch Red. von Acetophenonazin zum Hydrazin u. dessen Oxydation (7 Std.) mit HgO; 45—60%.

H.-P. RETTIG. B 141 □

Elektrochemisches Verhalten von 2-Chlorcyclohexanon und seinen Iminderivaten. Philip J. Elving und Robert E. Van Atta. (J. electrochem. Soc. **103**. 676—81. Dez. 1956. University Park, Pa., Pennsylvania State Univ.; engl.) — *2-Chlorcyclohexanon* (**I**, $Kp._8$ 79—80°, $D._4^{28}$ 1,1575) zeigt bei der polarograph. Red. zwischen pH 4,6 bis 10,5 eine pH-unabhängige, diffusionskontrollierte, irreversible Stufe bei 0,98 ± 0,03 V (gegen gesätt. Kalomel-Elektrode), die auf der Spaltung der C—Cl-Bindung beruht. Als Mechanismus wird die Bldg. eines Carbanions angenommen, das schnell mit dem Lsgm. unter Bldg. von Cyclohexanon (**II**) reagiert. Im pH-Gebiet von ≥ 9,5 (konz. NH_4OH) tritt eine zweite kinet. kontrollierte Stufe auf, die der Red. von 2-Iminocyclohexanol (**III**) zugeschrieben wird, das im Gleichgewicht mit dem aus **I** durch Hydrolyse gebildeten 2-Ketocyclohexanol (**IV**) steht. Die 1. Stufe nimmt mit der Zeit ab, die 2. Stufe dagegen zu. Bei der Makroelektrolyse in stark ammoniakal. Lsgg. reagiert **II** als Red.-Prod. von **I** mit NH_4OH unter Bldg. von **II**-Imin, das dann weiter zu Cyclohexylamin red. wird. Unter diesen Bedingungen wird **IV** zu **III** umgesetzt, das dann wahrscheinlich zu 2-Aminocyclohexanol red. wird. G. PÖTZSCHER. B 142 □

Polarographische Reduktion von Phenanthrolin. 3. Mitt. **p-Phenanthrolin.** Maria Teresa Falqui. (Ann. Chimica **49.** 1815—23. Okt./Nov. 1959. Cagliari, Univ., Ist. di Chim. generale; ital.) — 2. vgl. C. **1962.** 7836. — Vf. untersuchte die polarograph. Red. von *p-Phenanthrolin* (I) in gepufferter u. nicht gepufferter Lösung. In nicht gepufferter Lsg. wurden gute Red.-Stufen in n-KOH mit einem Halbstufenpotential von —1,54 V (gegen gesätt. Kalomelelektrode bei 25°) gefunden. In gepufferten Lsgg. bis zu pH-Werten von 10 (als Puffer wurden Citrat, Phosphat, Borat, Phthalat u. Glycin verwendet) wurden zwei Red.-Stufen beobachtet, wobei es sich bei der ersten Stufe um eine Adsorptionserscheinung zu handeln scheint; die Halbstufenpotentiale ändern sich regelmäßig mit steigendem pH-Wert. Bei pH-Werten > 10 u. für kleine Konzz. an I tritt nur eine Red.-Stufe auf, die sich mit steigender I-Konz. in 2 Stufen aufspaltet u. deren Abstand um so größer ist, je höher die Konz. von I ist. Diese Erscheinung ist charakterist. für die Bldg. einer dimeren Verbindung. Berechnet wurde die Dimerisierungskonst. für wachsende Konz. an I. C. GOTTFRIED. B 142

Dampf–Flüssigkeit-Gleichgewicht für das Äthan–Propan-System. D. E. Matschke und George Thodos. (J. chem. Engng. Data **7.** 232—34. April 1962. Evanston, Ill., Northwestern Univ., Technol. Inst.; engl.) — Vff. geben für das Dampf–Fl.-Gleichgewicht des Syst. *Äthan–Propan* (I) die Gleichgewichtszus. u. -konst. bei 0,50, 100, 120, 140, 160, 180 u. 200° bei Drücken (in P.S.I.A.) zwischen dem Dampfdruck von I u. dem krit. Druck bei der jeweiligen Zus., wobei Werte von PRICE (Ph. D. Dissertation Houston, Tex., Rice Inst. [1957]) mit aufgeführt werden. Die krit. Temp. u. Drücke in Abhängigkeit von der Zus. des Gemisches sind tabellar. wiedergegeben.
CH. ZECHEL. B 150 □

Dampf–Flüssigkeit-Gleichgewichtsdaten für binäre Mischungen. Tetrachlorkohlenstoff–1.1.2-Trichloräthan und 1.2-Dichloräthan–1.1.2-Trichloräthan. Frederick N. Kissell und Francis S. Manning. (J. chem. Engng. Data **7.** 205—06. April 1962. Pittsburgh, Pa., Carnegie Inst. of Technol., Dep. of Chem. Engng.; engl.) — Vff. ermittelten experimentell die Dampf–Fl.-Gleichgewichtsdaten der Syst. *CCl_4–1.1.2-Trichloräthan* (I, Kp. 113,7—114,1°) u. *1.2-Dichloräthan* (II)–I u. stellten fest, daß das Syst. I/II dem RAOULTschen Gesetz gehorcht. Die Aktivitätskoeff. des Syst. CCl_4–I können durch die MARGULESsche 2-Suffix-Gleichung ausgedrückt werden; die Konst. A wurde zu 0,153 ± 0,015 berechnet. Experimentelle Daten der Zus. der Phasen des Syst. CCl_4–I sind für den Temp.-Bereich 77,6—104,0° für 740 mm Hg Gesamtdruck angegeben. CH. ZECHEL. B 150 □

Zur Thermodynamik des Systems Diäthylamin–Triäthylamin. H. J. Bittrich und E. Kauer. (Z. physik. Chem. [Leipzig] **219.** 224—38. 1962. Leuna–Merseburg, TH Chem.; dt.) — Mit der RÖCK-SIEG-Umlauf-App. (vgl. C. **1958.** 7387) wurde der Dampfdruck p des reinen *Diäthylamins* (I) ($Kp._{760}$ 55,55°) im Temp.-Bereich 31,45 bis 60,60° (p = 300—900 Torr) u. des reinen *Triäthylamins* (II; $Kp._{760}$ 88,85°) im Temp.-Bereich 50—34,60° (p = 195—900 Torr) gemessen. Die Temp.-Abhängigkeit (T in °K) von p läßt sich durch die Gleichungen log p = 17,8305—2120,34/T—3,375 log T (für I) bzw. log p = 45,0133—2549,6/T—12,539 log T (für II) wiedergeben. Die Fl.–Dampf-Gleichgewichte der bin. Mischungen wurden über den gesamten Konz.-Bereich (p = 350 bis 850 Torr) aufgenommen u. daraus die p–x-Diagramme für 50—70° ermittelt. Die Partialdrücke, Aktivitätskoeff. u. deren Temp.-Abhängigkeit sowie die integrale molare Mischungsenthalpie ΔH^M, die freie molare Überschußenthalpie ΔG^E u. die molare Überschußmischungsentropie ΔS^E wurden daraus berechnet u. die Funktion ΔG^E = f(x) für den Temp.-Bereich 50—70° angegeben. CLAUS FISCHER. B 150 □

Über die Wärmekapazität des Glycerins. F. Ss. Omeltschenko. (Известия Высших Учебных Заведений (Краснодар), Пищевая Технология [Hochschulnachr. (Krasnodar), Nahrungsmittel-Technol.] **1962.** Nr. 3. 97—98. Krasnodar, Inst. für Lebensmittelind., Lehrstuhl für physik. u. Kolloidchemie; russ.) — Bei der angegebenen empir. Formel für die Wärmekapazität des Glycerins im Temp.-Intervall 0—250° beträgt die Fehlergrenze ≦ 4%. S. BARYSCHNIKOW. B 151

Die thermodynamischen Eigenschaften von n-Propanol. J. F. Mathews und J. J. McKetta. (J. physic. Chem. **65.** 758—62. Mai 1961. Austin, Tex., Univ. of Texas, Dep. of Chem. Engng.; engl.) — Die spezif. Wärmen von *n-Propanol* im Gaszustand wurden zwischen 371,2 u. 451,2° K u. Drücken zwischen 1/3 u. 5/3 at, die latente Verdampfungswärme zwischen 343,9 u. 384,5° K gemessen. Die Vorstellung einer Bldg. von Dimeren u. Tetrameren wurde benutzt, um den Verlauf der spezif. Wärme des Dampfes in Abhängigkeit vom Druck wiederzugeben. Die idealen spezif. Wärmen wurden bestimmt: $C_p^0 = 7{,}365 + 4{,}400 \cdot 10^{-2}\,T + 5{,}507 \cdot 10^{-6}\,T^2$ cal/Mol·°K. Diese Werte wurden zusammen mit Mol.-Struktur- u. spektroskop. Daten, sowie Potentialschwellenwerten für CH_3- u. OH-Rotationsbanden benutzt, um die Höhe der trans-Schwelle für die C_2H_5-Gruppe (V_0 = 2310 cal/Mol) u. die Energiedifferenz zwischen Rotationstautomeren (ΔE_t = 850 cal/Mol) zu berechnen. Thermodynam. Eigg. für den idealen Gaszustand wurden für einige ausgewählte Temp. zwischen 0° u. 1000° K berechnet.

B. KREBS. B 156 □

Chemisch-thermodynamische Eigenschaften von Anilin. W. E. Hatton, D. L. Hildenbrand, G. C. Sinke und D. R. Stull. (J. chem. Engng. Data **7.** 229—31. April 1962. Midland, Mich., Dow Chem. Co., Thermal Labor.; engl.) — Aus experimentell ermittelten Werten für die Molwärme C_p im Bereich von 13,49—313,06° K [C_p (fl.) = 33,71 + 0,0409 T cal/Mol °K; T = Temp. °K], für die Schmelzwärme (2,519 ± 0,001 kcal/Mol; F. 267,13 ± 0,05° K), Verdampfungswärme bei 298,15° K [gemessen: 13,328 (kcal/Mol), auf Grund spektroskop. u. mol. Daten von EVANS (Spectrochim. Acta [London] **16.** [1960.] 428) berechnet 13,325; $Kp._{760}$ (berechnet) 457,55° K] u. für die Verbrennungswärme bei konst. Vol. [ΔH^0_{c298} (fl.) = −810,96 ± 0,24 kcal/Mol] wurde die Bldg.-Wärme von *Anilin* (I) zu ΔH^0_{f298} (fl.) = +7,47 ± 0,20 bei Verw. von Literaturwerten für die Bldg. von CO_2 u. W. sowie molale chem.-thermodynam. Eigg. von I als ideales Gas bzw. Fl. berechnet. Bei der Berechnung der Verdampfungswärmen wurde ein Wert von 3,43 kcal/Mol für die Energiebarriere der inneren Rotation zugrunde gelegt.

CH. ZECHEL. B 156 □

Bildungswärmen von Triphenylphosphin und Triphenylstibin. Karl-Heinz Birr. (Z. anorg. allg. Chem. **306.** 21—24. Sept. 1960. Braunschweig, TH, Inst. für anorg. Chem.; dt.) — Vgl. C. **1961.** 17115. — Die Verbrennungen von $(C_6H_5)_3P$ (I) u. $(C_6H_5)_3Sb$ (II) in O_2 unter Druck stellen keine einheitlichen Rkk. dar, sondern führen zu einer Mischung von H_3PO_4 u. H_3PO_3 bzw. Sb_2O_4 u. Sb_2O_3. Die gemessenen Verbrennungswärmen wurden deshalb für die Rkk. $(C_6H_5)_3P$ (fest) + 23 O_2 = H_3PO_4 (fest) + 18 CO_2 + 6 H_2O (fl.) bzw. $(C_6H_5)_3Sb$ (fest) + 22¾ O_2 = ½ Sb_2O_4 (fest) + 18 CO_2 + 7½ H_2O (fl.) zu 2458,4 ± 3 (kcal/Mol) bzw. 2389,6 ± 2,5 berechnet. Mittels des HESSschen Satzes wurden hieraus die Bldg.-Wärmen von I u. II nach den Rkk. $P_{(weiß)}$ + C (Graphit) + 7½ H_2 = I (fest) u. Sb (fest) + 18 C (Graphit) + 7½ H_2 = II (fest) zu −49,9 bzw. −68,3 berechnet. Aussagen über die atomare Bldg.-Energie von I u. II konnten noch nicht gemacht werden, da die Verdampfungswärmen der Verbb. noch nicht bekannt sind.

WOLFGANG KRÜGER. B 156 □

Thermische Größen von Cycloparaffinen. 4. Mitt. **Verbrennungswärmen von Cycloparaffinen mit 10—17 C-Atomen.** J. Coops, H. van Kamp, W. A. Lambregts, B. J. Visser und H. Dekker. (Recueil Trav. chim. Pays-Bas **79.** 1226—34. Nov. 1960. Amsterdam, Vrije Univ., Chem. Labor.; engl.) — 3. vgl. C. **1953.** 2587. — Nachst. Verbrennungswärmen ($-\Delta H_R$ in abs. kJ Mol^{-1}) entsprechend der Rk. C_nH_{2n} + 1,5n O_2 (Gas) → n CO_2 (Gas) + n-H_2O (Fl.) wurden bei 25° u. 1 at von fl. *Cyclodecan* (6586,2 ± 0,8), fl. *Cycloundecan* (7236,7 ± 1,1), festem *Cyclododecan* (7844,8 ± 1,3), fl. *Cyclotridecan* (8521,1 ± 1,5), *Cyclotetradecan* (in festem Zustand; ebenso die nachfolgenden KW-Stoffe) (9135,7 ± 1,3), *Cyclopentadecan* (9813,3 ± 1,6), *Cyclohexadecan* (10465,2 ± 1,9), *Cycloheptadecan* (11117,5 ± 2,0) bestimmt.

Versuche: *Cyclodecan*, F. 11,0°, nach PRELOG u. Mitarbeitern (Helv. chim. Acta **30.** [1947.] 1741) aus Sebacinsäuredimethylester (F. 26,6°) u. Red. des daraus durch Acyloin-Kondens. erhaltenen 2-Hydroxycyclodecanons [$Kp._{0,1}$ 80—93°; 67% (Ausbeute)]. — *Cycloundecan*, F. −21,7°, wie vorst. aus Undecan-1.11-disäuredimethylester (F. 18,9°) über 2-Hydroxycycloundecanon ($Kp._{0,1}$ 94—103°; 65%). — *Cyclododecan*, F. 60,7°, wie vorst. aus Dodecan-1.12-disäuredimethylester (F. 31,6°) über 2-Hydroxycyclododecanon ($Kp._{0,1}$ 103—109°; 89%). — *Cyclotridecan*, F. 24,9°, wie vorst. aus Brassylsäuredimethylester (F. 33,1°) über 2-Hydroxycyclotridecanon ($Kp._{0,1}$ 120—125°; 82%). — *Cyclotetradecan*, F. 55,6°, wie vorst. aus Tetradecan-1.14-disäuredimethylester (F. 43,2°) über 2-Hydroxycyclotetradecanon ($Kp._{0,1}$ 125—140°; 82%). — *Cyclopentadecan*, F. 64,3°, wie vorst. aus Pentadecan-1.15-disäuredimethylester (F. 44,0°) über 2-Hydroxycyclopentadecanon ($Kp._{0,05}$ 132—139°; 93%). — *Cyclohexadecan*, F. 62,1°, wie vorst. aus Hexadecan-1.16-disäuredimethylester (F. 52,2°) über 2-Hydroxycyclohexadecanon ($Kp._{0,05}$ 145—152°; 95%). — *Cycloheptadecan*, F. 65,2°, wie vorst. aus Heptadecan-1.17-disäuredimethylester (F. 52,8°) über 2-Hydroxycycloheptanon ($Kp._{0,05}$ 157—164°; 92%).

W. UNTZE. B 156 □

Die Beziehung zwischen Viscosität und Molekularstruktur. 3. Mitt. **Genaue Messungen der Temperaturabhängigkeit der Aktivierungsenergie des viscosen Fließens in Äthylenglykol.** Abdul Rauf und Mazhar Mahmood Qurashi. (Pakistan J. sci. ind. Res. **2.** 30—39. Jan. 1959. Karachi, Pakistan Council of Sci. and Industrial Res. Central-Labor.; engl.) — 2. vgl. Pakistan J. sci. ind. Res. **1.** [1958.] 197. — Vff. messen die Viscosität von *Äthylenglykol* zwischen 40 u. 120°. Die Ergebnisse wurden in E'/RT-Diagrammen dargestellt (E' = Aktivierungsenergie errechnet nach (E'/R)/1000 = $-T^2$ (Δln t/ΔT) 1000: t = Ausflußzeit des Viscosimeters). Die Temp.-Intervalle (ΔT) betrugen 2,5°. Man erhält eine Stufenkurve von 6 Stufen mit einer mittleren Stufenhöhe E'/R = 0,138 ± 0,009 in einem mittleren Temp.-Intervall von 11,2 ± 0,7°. Eine Analyse der Stufen führt zu dem Ergebnis, daß sich der horizontale Teil über 6 ± 1° erstreckt u. der Energiesprung in jeder Stufe 0,012 eV beträgt. W. WALTER. B 172□

Die Bindungsenergie der σ-Bindung. 1. Mitt. Allgemeine Theorie. Kiyosi O-Ohata. (J. physic. Soc. Japan **15.** 1048—56. Juni 1960. Tokyo, Tokyo Inst. of Technol., Phys. Dep.; engl.) — 4. vgl. C. **1962.** 10756. C. GOTTFRIED. B 182

Dynamische Gesichtspunkte des Bindungsalternierens in cyclischen Polyenen. Martin Gouterman und Georges Wagnière. (J. chem. Physics **36.** 1188—96. 1/3. 1962. Cambridge, Mass., Harvard Univ., Conant Chem. Labor.; engl.) — Vff. diskutieren die theoret. Formen der Potentialkurven für das Bindungsalternieren im Grundzustand u. in den angeregten Zuständen cycl. Polyene ($C_{18}H_{18}$, $C_{24}H_{24}$, $C_{30}H_{30}$) u. zeigen, daß das übliche MO-Modell eine ziemlich kleine Schwelle gegenüber dem Tunneleffekt zwischen zwei alternierenden Kernkonfigurationen liefert u. die Schwelle in den angeregten Zuständen verschwinden läßt. Wenn jedoch die Potentialkurven in den Grund- u. den angeregten Zuständen verschieden sind, sollten bestimmte Progressionen im Spektrum auftreten. Eine Analyse des Tieftemp.-Elektronenspektrums von $C_{18}H_{18}$ zeigt jedoch keinen derartigen Effekt. Es wird daher vermutet, daß der Erfolg der Theorie des Bindungsalternierens bei der Deutung verschiedener Erscheinungen daher rührt, daß die Elektronen weniger frei als bei üblichen Modellen sind. Dieser Effekt dürfte jedoch bei $C_{18}H_{18}$ von anderen Ursachen herrühren, da die Auswertung des Spektrums gegen die Annahme der Ggw. eines Bindungsalternierens in $C_{18}H_{18}$ spricht. D. JÖRCHEL. B 182□

Negative und positive Ionen des 1.6-Diphenylhexatriens. E. De Boer und P. H. Van Der Meij. (Proc. chem. Soc. [London] **1962.** 139—40. April. Amsterdam, Shell Internat. Res. Mij. N.V., Kon./Shell-Labor.; engl.) — Vff. gaben zu einer Lsg., die hauptsächlich zweifach negativ geladene Ionen (M^{2-}) des *1.6-Diphenylhexatriens* (M) enthielt, eine äquimol. Menge Butanol (ButOH), wobei die Farbe der Lsg. von Blau nach Orange wechselt. Das nach Zugabe von ButOH aufgenommene Spektrum zeigte das Auftreten einer neuen Bande nahe $2 \cdot 10^4$ cm^{-1} auf Kosten der von M^{2-}, was Vff. auf die Bldg. eines neuen Ions entsprechend der Gleichung M^{2-} + ButOH → MH^- + $ButOH^-$ zurückführen. Das von M^{2-} aufgenommene Proton in MH^- befindet sich an einem der Phenylgruppe benachbartem C-Atom. Auch bei in 96%ig. H_2SO_4 gelöstem M tritt eine der von MH^- ähnelnde Bande auf, die vermutlich auf ein Ion MH^+ zurückgeht. Vff. schließen daraus auf eine große Protonenaffinität von M. In einer frisch hergestellten Lsg. von M in 100%ig. H_2SO_4 wurde eine weitere Bande bei niederen Frequenzen beobachtet, die auf ein Ion M^{2+} schließen läßt; daneben treten weitere Verbb. auf. Die Bande von M^{2+} verschwindet rasch, während die Intensität der Bande von MH^+ entsprechend zunimmt. CH. ZECHEL. B 182□

Vom o-Terphenylenquecksilber zum 1-Phenyltribenzocycloheptatrienyl-Radikal. Georg Wittig, Erwin Hahn und Werner Tochtermann. (Chem. Ber. **95.** 431—42. 1962. Heidelberg, Univ., Inst. für org. Chem.; dt.) — Vgl. GRDENIĆ, C. **1960.** 742. — Die Bldg. von hexamerem o-Phenylen-Hg (**XII**) aus o-Dibrombenzol u. $LiHg_{10}$, $NaHg_{10}$ oder KHg_{10} in Ae. wird in Lsgm. größerer Polarität wie Tetrahydrofuran (THF) u. Glykoldimethyläther (GDM) zugunsten der Bldg. von *dimerem o-Terphenylen-Hg* (**I**) zurückgedrängt, wobei Biphenylen (**XIII**), Triphenylen (**II**) u. o-Terphenyl (**III**) sowie 2.2'-Dibromdiphenyl (**XIV**) u. 2.2''-Dibrom-o-terphenyl (**XV**) als Nebenprodd. entstehen. Ein entsprechender Rk.-Mechanismus wird vorgeschlagen; die Änderung der Ausbeuten in Abhängigkeit vom Lsgm. u. vom Alkalimetall ist tabellar. angegeben (vgl. HAHN, Dissertation, Heidelberg, Univ., [1960.]). IR-Spektrum sowie Rk. mit äthanol. HCl zu **III** u. mit Ag-Pulver beim Erhitzen zu **II** beweisen die Struktur von **I**. Mit Li in Ae. wird aus **I** *2.2''-Dilithium-o-terphenyl* (**IV**) erhalten, dessen Alkoholyse zu **III** u. dessen Carboxylierung zu *o-Terphenyl-o.o''-dicarbonsäure* führt. Mit $NiCl_2$ in Ae. liefert **IV** ebenso wie **III** bei Einw. von Li **II**. Mit Benzoesäureäthylester wird aus **IV** *1-Phenyl-2.3;4.5;6.7-tribenzocycloheptatrienol-(1)* (**V**) gewonnen, das sich in konz. H_2SO_4 dunkelgrün löst u. durch W. wieder ausgefällt wird, also anscheinend ein stabiles Carboniumion bildet. Andererseits läßt sich das aus **V** durch Red. erhältliche *1-Phenyl-2.3;4.5;6.7-tribenzocycloheptatrien* mit Li-organ. Agentien in Ae. zu einer roten Lsg. anionisieren, aus der der KW-Stoff durch Hydrolyse zurückgebildet wird. Mit $SOCl_2$ in Pyridin wird aus **V** farbloses *1-Chlor-1-phenyl-2.3;4.5;6.7-tribenzocycloheptatrien* dargestellt, das mit Naturkupfer C in sd. Bzl. zum *Bis-[1-phenyl-2.3;4.5;6.7-tribenzocycloheptatrienyl]* (**VI**) umgesetzt werden kann. **VI** dissoziiert beim Schmelzen u. in der

Campherschmelze zum roten *1-Phenyl-2.3;4.5;6.7-tribenzoheptatrienyl-Radikal* (**VII**). Infolgedessen konnte aus p-Benzochinon (**VIII**) u. **VI** in sd. Bzl. *Hydrochinon-bis-[1-phenyl-2.3;4.5;6.7-tribenzocycloheptatrienyl-(1)]-äther* (**IX**) erhalten werden, der sich bei 313—315° unter Abspaltung von **VIII** zersetzt u. mit konz. H_2SO_4 **V** (70%) liefert. **VII** (nicht jedoch **VI**) gibt bei Zimmer-Temp. ein eindeutiges ESR-Signal, das auf ein „eingefrorenes" Radikal mit einem ungepaarten Elektron hinweist. Die verzögerte Rekombination **VII** → **VI** führen Vff. auf die geringe statist. Wahrscheinlichkeit der erforderlichen C˙,C˙-Begegnung zurück. Die Dissoziation **VI** → **VII** u. daher auch die Bldg. von **IX** setzt erst bei 80° mit merklicher Geschw. ein. Als Grund für die demnach gegenüber Hexaphenyläthan erschwerte Radikaldissoziation von **IV** diskutieren Vff. ster. Hinderung durch die o-ständigen H-Atome der 4.5-Benzolringe. Entsprechend weisen bei *Bis-[1-phenyl-2.3;6.7-dibenzocycloheptatrienyl-(1)]* die Molgew.-Best. in Phenanthren u. Naphthalin, die gelbe Bzl.-Lsg. u. die bereits in der Kälte erfolgende Rk. mit **VII** zu *Hydrochinon-bis-[1-phenyl-2.3;6.7-dibenzocycloheptatrienyl-(1)]-äther* (**XI**) auf weitgehenden Radikalzerfall hin. **XI** zersetzt sich bei 244—245° unter Abspaltung von **VIII**; bei Säure-Einw. entsteht *1-Phenyl-2.3;6.7-dibenzocycloheptatrienol-(1)*. — *1.2;6.7-Dibenzpyren* wurde durch Rk. von o-Quaterphenyl mit Li in Ae. erhalten. Der Rk.-Mechanismus wird im Zusammenhang mit der Bldg. von **II** aus **III** bei Einw. von Li kurz diskutiert.

Versuche: *Dimeres o-Terphenylen-Hg* (**I**), $C_{36}H_{24}Hg_2$, F. 292—293° [Zers.; aus Dimethylformamid (DMF) mit 1 Mol DMF), a) aus o-Dibrombenzol u. $NaHg_{10}$ in GDM unter N_2; 36% (Ausbeute). Daneben **XII** [F. 323—325° (Zers.; aus DMF); 6%] sowie wenig **XIII** (F. 110—111°), **II** u. **III**; b) analog vorst. Darst. mit KHg_{10} in THF; 36%. Daneben **XII** (7%), **XIII** (4,5%), **II** (9,5%) sowie wenig **XIV** u. **XV** (nachgewiesen nach Rk. mit Butyl-Li als Diphenyl, F. 69—70°, bzw. **III**); c) präparative Darst. analog a); 42%. — *o-Terphenyl* (**III**), F. 58—59° (CH_3OH), a) aus **I** durch Einw. äthanol. HCl; 62%; b) aus **IV** durch Zers. mit CH_3OH; 63,5%. — *Triphenylen* (**II**), F. 195—196° (CH_3OH), aus **I** mit Ag-Pulver durch Erhitzen unter N_2 auf 280°; 79%. b) aus **IV** durch Einw. von $NiCl_2$ in Ae.; 61%; c) aus **III** durch Einw. von Li in Ae. unter N_2; 30%. — *2.2''-Dibrom-o-terphenyl* (**XV**), $C_{18}H_{12}Br_2$, F. 74—83° (CH_3OH), aus **I** durch Bromierung in Eisessig; 72%. — *1.2;6.7-Dibenzpyren*, F. 344—347° (Bzl.), aus 1,5 g o-Quaterphenyl durch Einw. von Li in Ae.; gelbe Rhomben; 35 mg (Ausbeute). Daneben vermutlich ein *Dihydrodibenzpyren* [F. 248—250° (Zers.); 40 mg]. — *2.2''-Dilithium-o-terphenyl* (**IV**), aus 2m Mol **I** u. ca. 80m Atom Li in 50 ml abs. Ae. unter N_2. — *o-Terphenyl-2.2''-dicarbonsäure*, $C_{20}H_{14}O_4$, F. 264—265° (Eisessig), durch Rk. von **IV**-Lsg. mit festem CO_2; 45%. Daneben **II** (7%). — *1-Phenyl-2.3;4.5;6.7-tribenzocycloheptatrienol-(1)* (**V**), $C_{25}H_{18}O$, F. 199—200° [Cyclohexan (CHX)], a) aus **IV** durch Rk. mit Benzoesäureäthylester; 52%. Daneben wenig **III**. — *1-Chlor-1-phenyl-2.3;4.5;6.7-tribenzocycloheptatrien*, $C_{25}H_{17}Cl$, F. 196—197,5° (CHX), aus **V** u. $SOCl_2$ mit wenig Pyridin; 90%. — *Bis-[1-phenyl-2.3;4.5;6.7-tribenzocycloheptatrienyl]* (**VI**), $C_{50}H_{34}$, F. 255—256,5° (korr.; unter N_2), aus vorst. Verb. durch Kochen in Bzl. mit Naturkupfer C unter N_2 u. Einengen der filtrierten Lsg.; 31%. — *Bis-[1-phenyl-2.3;4.5;6.7-tribenzocycloheptatrienyl]-peroxid*, $C_{50}H_{34}O_2$, F. 246—250° (Zers.), bei Darst. vorst. Verbb. mit Na-Amalgam u. Aufarbeitung an der Luft; 33%. — *Hydrochinon-bis-[1-phenyl-2.3;4.5;6.7-tribenzocycloheptatrienyl-(1)]-äther* (**IX**), $C_{56}H_{38}O_2$, F. 313 bis 315° (korr.; unter N_2; aus CHX), aus frisch dargestelltem **VI** u. **VIII** in sd. Bzl. unter N_2; 37%. — *1-Phenyl-2.3;4.5;6.7-tribenzocycloheptatrien*, $C_{25}H_{18}$, F. 191—193° (korr.; A.), aus **V** durch Red. mit rotem P u. J_2 in Eisessig; 73%. — *2.3;6.7-Dibenzocycloheptadienon-(1)*, $Kp._{0,15}$ 141—143°, aus Dibenzyl-o-carbonsäure durch Einw. von Polyphosphorsäure bei 120—125°; 85%. — *Bis-[1-phenyl-2.3;6.7-dibenzocycloheptatrienyl-(1)]*, $C_{42}H_{30}$, F. 187 bis 188,5° (unter N_2; aus Bzl.), aus vorst. Verb. über *1-Chlor-1-phenyl-2.3;6.7-dibenzocycloheptatrien* (**X**; 6 g) nach TREIBS u. KLINKHAMMER (C. **1954**. 2165) durch Schütteln mit Ag-Pulver u. Hg in 100 ml Bzl.; 0,8 g. — *Hydrochinon-bis-[1-phenyl-2.3;6.7-dibenzocycloheptatrienyl-(1)]-äther* (**XI**), $C_{48}H_{34}O_2$, F. 244—245° (Zers.; aus Bzl.), aus **X** durch Rk. mit Ag-Amalgam in Bzl. unter N_2 u. Zusatz von **VIII**; 29%. — *1-Phenyl-2.3;6.7-dibenzocycloheptatrienol-(1)*, F. 151—152° (korr.; aus PAe.), aus **XI** durch Zers. mit konz. H_2SO_4. CH. ZECHEL. B 182□

Die Kristallstruktur der niedrigeren n-Paraffine. 1. Mitt. **n-Octan.** N. Norman und H. Mathisen. (Acta chem. scand. **15**. 1747—54. 1961. Blindern-Oslo, Central Inst. for Ind. Res.; engl.) — Schwenk- u. WEISSENBERG-Aufnahmen an *n-Octan* (F. —56,5°) bei ca. —70° ergeben trikline Symmetrie u. die Zellendimensionen $a = 4,16 \pm 0,02$ (Å); $b = 4,75 \pm 0,02$; $c = 11,00 \pm 0,02$; $\alpha = 94,8 \pm 0,3°$; $\beta = 84,5 \pm 0,3°$; $\gamma = 105,1 \pm 0,3°$; Raumgruppe ist $P\bar{1}$; $Z = 1$. Die Struktur wurde mit Hilfe zweidimensionaler PATTER-

SON- u. FOURIER-Synth. bestimmt u. durch zweidimensionale Differenz-Synth. u. der Meth. der kleinsten Quadrate weiter verfeinert. Es ergeben sich die folgenden Parameter: $C_{(1)}$ (α =) 0,3037; (J =) 0,2447; (Z =) 0,3811; $C_{(2)}$: 0,1715; 0,0161; 0,2777; $C_{(3)}$: 0,1417; 0,1585; 0,1620; $C_{(4)}$: 0,0176; −0,0699; 0,0576; $H_{(1)}$: 0,325; 0,150; 0,449; $H_{(2)}$: 0,550; 0,380; 0,360; $H_{(3)}$: 0,117; 0,379; 0,390; $H_{(4)}$: 0,390; −0,126; 0,267; $H_{(5)}$: −0,083; −0,120; 0,297; $H_{(6)}$: 0,387; 0,293; 0,140; $H_{(7)}$: −0,033; 0,295; 0,166; $H_{(8)}$: 0,242; −0,223; 0,050; $H_{(4)}$: −0,235; −0,191; 0,075. Die n-Octan-Moll. liegen im Gitter in der ausgestreckten trans-Konfiguration, d. h., die Moll. sind eben. Der mittlere C—C-Abstand beträgt 1,53 ± 0,01 Å u. der mittlere C—C—C-Winkel 112,0 ± 0,5°.
C. GOTTFRIED. B 195

Die Kristallstruktur der niedrigeren n-Paraffine. 2. Mitt. **n-Hexan.** N. Norman und H. Mathisen. (Acta. chem. scand. **15.** 1755—60. 1961; engl.) — 1. vgl. vorst. Referat. — Schwenk- u. WEISSENBERG-Aufnahmen an *n-Hexan* bei ca. −115° ergaben trikline Symmetrie mit den Zellendimensionen a = **4,17** ± 0,02 (Å); b = **4,70** ± 0,02; c = **8,57** ± 0,02; α = 96,6 ± 0,3°; β = 87,2 ± 0,3°; γ = 105,0 ± 0,3°; Raumgruppe ist P $\bar{1}$; Z = 1. Die Struktur wurde mit der gleichen Meth. wie l. c. angegeben bestimmt. Die gefundenen Parameter sind: $C_{(1)}$ (x =) 0,2795; (y =) 0,2322; (Z =) 0,3482; $C_{(2)}$: 0,1366; −0,0065; 0,2153; $C_{(3)}$: 0,0723; 0,1180; 0,0664; $H_{(1)}$ (y =) 0,146; (z =) 0,428; ($H_{(2)}$, $H_{(3)}$): 0,356; 0,335; ($H_{(4)}$, $H_{(5)}$): −0,131; 0,223; ($H_{(6)}$, $H_{(7)}$): 0,248; 0,057. Auch in diesem Fall sind die Moll. eben; der mittlere C—C-Abstand beträgt 1,53 ± 0,01 Å u. der mittlere C—C—C-Winkel 113,9 ± 0,5°. C. GOTTFRIED. B 195

Bemerkungen zu den Strukturen von 1.2-Dichloräthan und von N_2O_2. William N. Lipscomb und Frederick E. Wang. (Acta crystallogr. [Copenhagen] **14.** 1100—01. 10/10. 1961. Cambridge, Mass., Harvard Univ., Dep. of Chem. u. Nashville, Tenn., Vanderbilt Univ., Dep. of Chem.; engl.) — Da Vff. einen Fehler in der Berechnung des C—Cl-Abstandes von *1.2-Dichloräthan* von REED u. LIPSCOMB (vgl. C. **1954.** 3660) festgestellt hatten, wurden die l. c. erhaltenen Ergebnisse mit Hilfe der Meth. der kleinsten Quadrate verfeinert. Hierbei ergaben sich für die Cl- u. C-Atome die folgenden Parameter: Cl (x =) 0,318 ± 0,001; (y =) 0,278 ± 0,001; (z =) 0,084 ± 0,001 u. für C: 0,099 ± 0,003; 0,003 ± 0,005 u. 0,94 ± 0,002. Die verbesserten Abstände sind C—Cl = 1,80 ± 0,02 Å; C—C = 1,55 ± 0,03 Å u. Cl—Cl = 4,22 ± 0,01 Å. Eine erneute Unters. der bereits von DULMAGE u. Mitarbeitern (vgl. C. **1956.** 6887) untersuchten Struktur von *N_2O_2* führt zu definitiven Schlußfolgerungen über die Mol.-Struktur in der statist. regellosen festen Phase. Danach ist statt eines rechteckigen Modells für das Mol. ein gleichseitiges trapezoides Modell vorzuziehen, in dem die 2 NO-Gruppen durch eine N—N-Bindung von ca. 2,18 Å verbunden sind; der entsprechende Abstand O—O ist 2,65 Å. Ferner ist der Ursprung in den Figuren der l. c. Arbeit in der Mitte der Figuren zu legen u. weiter sind in der Figur 2 die Zahlen 0,621 u. 0,601 bzw. 0,399 u. 0,379 zu vertauschen. C. GOTTFRIED. B 195

Die Elementarkörperdimensionen von Tricalciumcitrattetrahydrat. Edmunds M. Pogainis und Edwin H. Shaw jun. (Proc. South Dakota Acad. Sci. **36.** 56—59. 1/1. 1958. Vermillion, S. Dak., State Univ. of South Dakota; engl.) — Es wurden die Zellendimensionen von *Tricalciumcitrattetrahydrat* (I) gemessen, um festzustellen, ob I isomorph mit Hydroxylapatit (**II**), dem Hauptbestandteil der anorgan. Substanz im Knochen oder mit Kollagen (**III**) der Matrix des Knochens, ist. Pulveraufnahmen an **I** ergaben rhomb. Symmetrie u. die Zellendimensionen a = 30,84 (Å); b = 10,56; c = 5,92 u. Z = 4. Aus den bekannten Zellendimensionen von **II** u. **III** ergab sich zunächst, daß eine Isomorphie mit **II** nicht in Frage kommt. In bezug auf **III** besteht eine Ähnlichkeit zwischen dem a-Parameter von **I** u. dem c-Parameter von feuchtem **II** mit 30,0 Å.
C. GOTTFRIED. B 195

Strukturelle Konstanten der Monohalogenbenzole. D. E. Henshaw. (Acta crystallogr. [Copenhagen] **14.** 1080. 10/10. 1961. Nedlands, Western Australia, Univ. of Western Australia, Dep. of Phys.; engl.) — Vf. bestimmte röntgenograph. die Gitter-Konst. u. Raumgruppen von Einkristallen von *Fluor-* (**I**), *Chlor-* (**II**), *Brom-* (**III**) u. *Jodbenzol* (**IV**). Die FF. in dieser Reihenfolge sind −41,9; −45°; −30,6 u. −31,35°; die Aufnahme-Temp. in derselben Reihenfolge waren −65; −65; −52 u. −50°. **I** kristallisiert tetragonal mit a = 5,83 ± 0,05 (Å); c = 14,61 ± 0,07; Raumgruppe P 4_1 2_1 2 oder P 4_3 2_1 2; Z = **4. II** ist rhomb. mit a = 13,66 ± 0,06 (Å); b = 11,14 ± 0,06; c = 7,20 ± 0,10; Raumgruppe ist P b c n; Z = 8; **III** ebenfalls rhomb. mit a = 14,19 ± 0,06 (Å); b = 11,26 ± 0,06; c = 7,35 ± 0,10; Raumgruppe u. Z wie **II**; **IV** krist. ebenfalls rhomb. u. hat die Zellendimensionen a = 15,23 ± 0,06 (Å); b = 10,81 ± 0,06; c = 7,65 ± 0,06; Raumgruppe u. Z wie **II.** Für **I** wurden unter Zugrundelegung der ersten Raumgruppe die folgenden Parameter bestimmt: F (x =) 0,326; (y =) 0,326;

z =) 0; $C_{(1)}$: 0,485; 0,485; 0; $C_{(2)}$: 0,455; 0,674; 0,058; $C_{(3)}$: 0,627; 0,839; 0,058; $C_{(4)}$: 0,820; 0,820; 0. C. GOTTFRIED. B 195

Eine dreidimensionale Verfeinerung der Kristallstruktur von 4-Nitroanilin. Kenneth N. Trueblood, Elihu Goldish und Jerry Donohue. (Acta crystallogr. [Copenhagen] **14.** 1009—17. 10/10. 1961. Los Angeles, Calif., Univ. of California, Dep. of Chem. and Univ. of Southern California, Dep. of Chem.; engl.) — Vff. nehmen Bezug auf Struktur-Best. an *4-Nitroanilin* durch ABRAHAMS u. ROBERTSON (vgl. Acta crystallogr. [Copenhagen] **1.** [1948.] 252) u. durch DONOHUE u. TRUEBLOOD (vgl. C. **1958.** 967) u. berichten über eine dreidimensionale Verfeinerung der Struktur, wobei mit Hilfe der Meth. der kleinsten Quadrate Lage- u. Wärmeparameter für die C-, N- u. O-Atome u. Lageparameter für die H-Atome erhalten wurden. Die neu gefundenen Parameter sind: $C_{(1)}$ (x =) 0,7293; (y =) 0,4158; (z =) 0,5251; $C_{(2)}$: 0,6781; 0,3063; 0,6472; $C_{(3)}$: 0,5946; 0,4044; 0,7243; $C_{(4)}$: 0,5608; 0,6136; 0,6800; $C_{(5)}$: 0,6087; 0,7240; 0,5575; $C_{(6)}$: 0,6927; 0,6279; 0,4813; $N_{(1;\, NH_2)}$ 0,8127; 0,3219; 0,4502; $N_{(2;\, NO_2)}$: 0,4730; 0,7217; 0,7600; $O_{(1)}$: 0,4295; 0,6199; 0,8649; $O_{(2)}$: 0,4466; 0,9093; 0,7209; $H_{(1)}$: 0,695; 0,158; 0,673; $H_{(2)}$: 0,564; 0,353; 0,798; $H_{(3)}$: 0,591; 0,853; 0,535; $H_{(4)}$: 0,724; 0,695; 0,411; $H_{(5;\, NH_2)}$: 0,825; 0,168; 0,466; $H_{(6;\, NH_2)}$: 0,855; 0,374; 0,401. Die Zellendimensionen wurden ebenfalls neu bestimmt; sie sind a = 12,336 ± 0,008 (Å); b = 6,07 ± 0,02; c = 8,592 ± 0,005; β = 91,45° ± 0,05°; Raumgruppe C_{2h}^5—P 2_1/n; Z = 4. Die intramol. Abstände u. die Valenzwinkel sind tabellar. angegeben. Das Mol. hat sehr angenähert eine mit den C—N-Bindungen colineare zweizählige Achse. Die 2 N-Atome liegen ca. 0,02 Å außerhalb der Ebene des aromat. Ringes; der Winkel der Bindung $C_{(1)}$—$N_{(1)}$ zur Ringebene beträgt 0,7°, der der Bindung $C_{(2)}$—$N_{(2)}$ 0,4°. Diese beiden Gruppen (NH_2 u. NO_2) sind um die C—N-Bindungen um ca. 1,9 bzw. 16° verdreht. Auf Grund der gefundenen Mol.-Geometrie muß angenommen werden, daß ein kleiner, aber bezeichnender Beitrag einer chinoiden Resonanzform zur Struktur des Mol. vorhanden ist, obwohl die NH_2-Gruppe stärker mit dem aromat. Ring in Wechselwrkg. zu stehen scheint als die NO_2-Gruppe. Die NO_2-Gruppe zeigt eine ausgesprochene Torsionsschwingung mit einer mittleren Amplitude von ca. 14°. C. GOTTFRIED. B 195

Dimeres Cyclooctatetraen, F. 38,5°: Kristall-Molekularstruktur des Silbernitratadduktes. S. C. Nyburg und J. Hilton. (Chem. and Ind. **1957.** 1072—73. 3/8. Keele, Staffs., Univ. Coll. of North Staffordshire, Dep. of Chem.; engl.) — Vff. untersuchten das von JONES (vgl. C. **1954.** 3013) dargestellte *1 : 1-AgNO$_3$-Addukt des dimeren Cyclooctatetraens* röntgenographisch. Die Verb. krist. monoklin u. hat die Zellendimensionen a = 10,9 (Å); b = 7,4; c = 18,1; β = 114°; Raumgruppe ist P 2_1/C; Z = 4. Aus einer Elektronendichteprojektion parallel der X-Achse geht eindeutig hervor, daß die von REPPE u. Mitarbeitern (vgl. Liebigs Ann. Chem. **560.** [1948.] 1) vorgeschlagenen Molekularstrukturen nicht in Frage kommen können. Als Mol.-Struktur ergibt sich aus der Projektion die abgebildete Form.

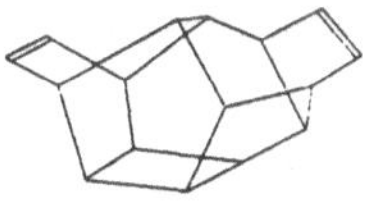

C. GOTTFRIED. B 195

Ein Versuch, die Strukturparameter von Kohlenwasserstoffen mit kondensierten Ringen unter Verwendung der Elektronenbeugungsmethode für Gasmoleküle zu bestimmen. A. Almenningen, O. Bastiansen und F. Dyvik. (Acta crystallogr. [Copenhagen] **14.** 1056—65. 10/10. 1961. Oslo, Univ., kjemiske inst. u. Trondheim, tekniske høgskole, Inst. for teoretisk Kjemi; engl.) — Vff. berichten über Verss. zur Best. der Strukturparameter von *Naphthalin* (**I**), *Anthracen* (**II**) u. *Coronen* (**III**) bei Verw. der Gastechnik. Die sich aus den radialen Verteilungskurven ergebenden Parameter wurden mit Hilfe der Meth. der kleinsten Quadrate verfeinert. Es wurde gefunden, daß die für **I** erhaltenen Strukturparameter angenähert die gleiche Genauigkeit haben wie die von in der Literatur beschriebenen röntgenkristallograph. Untersuchungen. Für **II** waren die Ergebnisse zweideutig u. es konnte kein einzelner Parametersatz angegeben werden. Für **III** ergab sich zwar ein eindeutiger Satz von C—C-Abständen, die Standardabweichungen waren jedoch so groß, daß wenigstens 2 der Abstände als ziemlich unsicher angesehen werden müssen. Bzgl. der Grenzen der Meth. wird angenommen, daß hierbei speziell die Genauigkeit der Messungen der Intensitätskurve von ausschlaggebender Bedeutung ist. C. GOTTFRIED. B 195

Die Struktur eines Dimeren eines Cyclobutadienderivats. Charles Fritchie jun. und Edward W. Hughes. (J. Amer. chem. Soc. **84.** 2257—58. 5/6. 1962. Pasadena, Calif., California Inst. of Technol., Gates and Crellin Labor. of Chem.; engl.) — Auf Grund von Röntgenfeinstruktur-Unterss. konnten Vff. das von KITAHARA u. Mitarbeiter (J. Amer. chem. Soc. **82.** [1960.] 3106) erhaltene Dimere ($C_{22}H_{15}F)_2$ des Fluortriphenylcyclobutadiens als *anti-1.2-Difluor-3.4.5.6.7.8-hexaphenyltricyclo-*[*4.2.0.0*$^{2.5}$]*-octadien-(3.7)* (**I**) identifizieren. Für den Winkel zwischen den Cyclobuten- u. dem Cyclobutanring

werden 112 ± 2° angegeben mit trans-Konfiguration in bezug auf den Cyclobutanring; ebenfalls trans-Stellung nehmen die F-Atome ein. Die farblosen, triklinen Kristalle besitzen ϱ = 1,254 g/cm³ (berechnet 1,246) u. 2 Moll. I pro Elementarzelle. Raumgruppe P1.
CH. ZECHEL. B 195□

Bisaminkomplexe von Boroniumionen. Die Reaktion von Jod mit Pyridinphenylboran. James E. Douglass. (J. Amer. chem. Soc. **84.** 121—22. 5/1. 1962. Lexington, Ky., Univ. of Kentucky, Dep. of Chem.; engl.) — In Ggw. von überschüssigem Pyridin (Py.) reagiert Dihydridophenylpyridinbor mit J_2 in Chlf.-Lsg. zu Pyridiniumjodid u. einer Verb., für die Vf. die Struktur von *Hydridophenyl-bis-[pyridin]-bor(III)jodid* [I; $C_{16}H_{16}BJN_2$, F. 199—202° (Zers.; aus Chlf./Pentan), luftempfindliche, weiße, krist. Verb.] mit 2 B—N-Bindungen vorschlägt. I reagiert mit J_2 lediglich unter Bldg. von J_3^-, dagegen mit $AgClO_4$ in Chlf.-Suspension zum entsprechenden *Perchlorat* [II; $C_{16}H_{16}BClN_2O_4$, F. 182—184° (Zers.; aus Aceton/Chlf.), Nadeln]. In II kann die Aminbindung nicht mit $HClO_4$ in nichtwss. Lsgm. titriert werden. Vf. stellt allg. fest, daß Bisamin-Komplexe von Boroniumionen unter verschiedensten Bedingungen entstehen u. einen sehr stabilen Strukturtyp darstellen. Vermutlich reagiert J_2 mit *Pyridinboran* u. Py. zu einem I-analogen Komplex; auch für den von GERRARD u. Mitarbeitern (C. **1961.** 13155) beschriebenen *2:1-Komplex* von *Py. mit Dibutylchlorboran* nimmt Vf. Salzstruktur analog I an.
CH. ZECHEL. B 223□

Basen-katalysierte Reaktionen. 17. Mitt. **Kinetik der durch Carbanionen katalysierten Isomerisierung von Butenen und Penten-(1).** Werner O. Haag und Herman Pines. (J. Amer. chem. Soc. **82.** 387—91. 20/1. 1960. Evanston, Ill., Northwestern Univ., Dep. of Chem., Ipatieff High Pressure and Catalyt. Labor.; engl.) — 16. vgl. C. **1962.** 18111; 18. vgl. **1961.** 6823. — Frühere Verss. zeigten die ausgezeichnete katalyt. u. stereospezif. Wrkg. von Na auf Al_2O_3- Träger auf die Isomerisierung von *Buten-(1)* (I; vgl. PINES u. HAAG, C. **1960.** 9161). Auch mit anderen bas. Katalysatoren wie Anthracen-Na, Na/SiO_2, Na/Na_2CO_3, Li/Al_2O_3 u. dispergiertes Na lassen sich n-Butene reversibel isomerisieren, wobei Li/Al_2O_3 am wirksamsten ist. Al_2O_3 allein besitzt keine katalyt. Wirksamkeit. Für die Isomerisierung der n-Butene an Na/Al_2O_3 wurden die einzelnen relativen Geschw.-Konst. bestimmt u. für das kinet. Syst. der drei reversiblen Konkurrenz-Rkk. zwischen den drei isomeren n-Butenen wurde die Rk.-Geschw.-Funktion aufgestellt. Bei der Isomerisierung von I wird das thermodynam. weniger stabile *cis-Buten-(2)* 4mal so schnell gebildet wie das *trans-Isomere.* In ähnlicher Weise führt die Isomerisierung von *Penten-(1)* an Na/Al_2O_3 zu einem Gleichgewichtsgemisch von n-Pentenen. An einem Katalysator mit 8% Na (auf Al_2O_3) ist das Gleichgewicht in 1 Std. eingestellt. Ein Katalysator mit nur 0,5% Na ist weniger wirksam. An Hand der kinet. Daten werden die Rk.-Mechanismen diskutiert.
K. LIENHARD. B 225□

Stereoisomerisierung der wandernden Gruppe bei der Beckmann-Umlagerung. Richard K. Hill und Orestes T. Chortyk. (J. Amer. chem. Soc. **84.** 1064—65. 20/3. 1962. Princeton, N.J., Princeton Univ., Frick Chem. Labor.; engl.) — Während die BECKMANN-Umlagerung von *9-Acetyl-cis-dekalinoxim* (I) mit p-Toluolsulfonylchlorid (II) in Pyridin unter Erhaltung der Konfiguration *N-[cis-Dekalyl-(9)]-acetamid* (*cis*-**III**) ergibt, wird mit konz. H_2SO_4 oder Polyphosphorsäure (PPS) *trans*-**III** erhalten. Die Stereoisomerisierung bei trans-**III** erfolgt durch Fragmentierung des protonierten I zu Acetonitril, das bei Behandlung von I mit PCl_5 nachgewiesen wird, u. ein Dekalylium-(9)-ion, die beide in einer 2. Stufe miteinander rekombinieren (vgl. RITTER u. MINIERI, J. Amer. chem. Soc. **70.** [1948.] 4045). Dabei ist trans-**III** kinet. begünstigt.

Versuche: *9-Acetyl-cis-dekalin,* $C_{12}H_{20}O$, Kp.$_1$ 84°, aus cis-Dekalin-9-carbonsäurechlorid u. Dimethyl-Cd. *Oxim* (I), $C_{12}H_{21}NO$, F. 107,5—108,5°. — *N-[cis-Dekalyl-(9)]-acetamid* (*cis*-**III**), F. 126°, aus I u. II in Pyridin bei Raum-Temp.; 92% (Ausbeute). *trans*-Verb., F. 183°, aus I u. konz. H_2SO_4 oder PPS bei Raumtemperatur.
A. TREDE. B 225□

Stereochemie der Bornyl- und Fenchyl-Umlagerungen in der Pinenreihe. Nedumparambil A. Abraham. (Ann. Chimie [13] **5.** 961—97. Juli/Aug. 1960. Paris, École Norm. Supér., Labor. de Chim.; franz.) — Vgl. VILKAS u. ABRAHAM, C. **1962.** 14520. — Vf. untersuchte die Stereochemie der WAGNER-MEERWEIN-Umlagerung von *trans-* u. *cis-Nopinol-2-essigsäure* (trans- u. cis-I) u. *cis-* u. *trans-Pinanol-(2)* (cis- u. trans-II). cis- u. trans-I wurden gewonnen aus Nopinon (III) durch REFORMATSKI-Synth. mit Bromessigsäureäthylester. Beim Erhitzen in Chinolin in Ggw. von p-Toluolsulfonsäure auf ca. 200—240° gibt trans-I unter Decarboxylierung u. Wasserabspaltung als Haupt-Prod. *α-Fenchen,* während unter den gleichen Bedingungen cis-I vorwiegend *ω-Camphencarbonsäure* (F. 121—124°) liefert, d. h. in beiden Fällen wandert in Übereinstimmung mit den Stereomerieregeln der WAGNER-MEERWEIN-Umlagerung das zum Hydroxyl trans-ständige C-Atom — im 1. Fall also $C_{(7)}$, im 2. Fall $C_{(6)}$. Verss. einer unabhängigen

Synth. von cis-I scheiterten, jedoch konnten einige unbekannte Derivv. der Pinan- u. Fenchanreihe erhalten werden. So führte Wasserabspaltung aus I-Äthylester mit $POCl_3$ nicht zum erwarteten β-Pinencarbonsäureäthylester (**IV**-Ätyhlester), sondern zu einem Gemisch aus *α-Pinencarbonsäureäthylester* u. *α-Fenchencarbonsäureäthylester* (**VIII**-Äthylester). Letzterer gab durch Epoxydierung mit p-Nitroperbenzoesäure *Epoxy-α-fenchencarbonsäureäthylester* (**V**), aus dem mit $LiAlH_4$ über das entsprechende *β-Glykol* durch dessen $KMnO_4$-Oxydation *α-Fenchencamphorolessigsäure* erhalten wurde. Auch die WITTIGsche Meth. blieb bei der Darst. von **IV**-Äthylester unbefriedigend. Dagegen konnte aus **III** u. Äthoxyacetylen-MgBr über *2-[Äthoxyäthinyl]-nopinol* (**IX**), durch dessen Kochen in CH_3OH **IV**-*Methylester* u. daraus analog **V** *Epoxy-β-pinencarbonsäuremethylester* erhalten werden, der durch $LiAlH_4$-Red. aber ein *Glykolgemisch* ($Kp._{0,5}$ 110—117°) lieferte, das 55% α-Glykole enthielt u. aus dem chromatograph. wenig einer *Verb. $C_{11}H_{20}O_2$ vom F. 144—145°* erhalten wurde, die weder mit cis- noch mit trans-2-[2-Hydroxyäthyl]-nopinol noch mit 2-[2-Hydroxyäthyl]-camphenilol ident. war. *2.10-Epoxypinan* (**VI**) reagierte mit Divinyl-Mg anstatt zum erwarteten tert. Alkohol zu *Vinylmyrtanol*. Malonester-Synth. mit **VI** lieferte zwar *Nopinol-[α-carboxypropionsäureäthylester]-γ-lacton*, dessen *Säurelacton* mit $Pb(CH_3COO)_4$ *Nopinol-α-acetoxypropionsäure-γ-lacton* gab, das durch $LiAlH_4$ zu *2-[2.3-Dihydroxypropyl]-nopinol* red. wurde, dessen Abbau mit $Pb(CH_3COO)_4$ oder Perjodsäure aber keine kristallisierbare Verb. ergab. — cis-**II** wurde gewonnen durch $LiAlH_4$-Red. von **VI**, trans-**II** aus **III** mit CH_3Li. Die Stereospezifität der WAGNER-MEERWEIN-Umlagerung der epimeren **II** ergibt sich aus der Solvolyse ihrer *p-Nitrobenzoate* (*PNB*) in Essigsäure-Acetanhydrid-Na-Acetat (a) bzw. wss. Aceton (1 : 9)-$NaHCO_3$ (b): Durch innere Umkehr liefert cis-**II**-PNB nach a) u. b) 10% (—)-*Bornyl-PNB*, trans-**II**-PNB nach b) 14% (+)-*Fenchyl-PNB*; den Hauptteil unter den Solvolyse-Prodd. bilden nicht umgelagerte Pinene (**VII**). In Ggw. von $HClO_4$ wird die Menge an Umlagerungs-Prodd. erheblich herabgesetzt. Für die Solvolyse der PNB in 90%ig. wss. Aceton bei 49,6° wurden folgende Geschw.-Konst. k_1[Liter^{-1}] gemessen: trans-**II**-: $8{,}43 \cdot 10^{-6}$ (10^{-2} Mol Anfangs-Konz.), $8{,}05 \cdot 10^{-6}$(10^{-4}); cis-**I**-: $2{,}76 \cdot 10^{-4}$ (10^{-2}), $3{,}22 \cdot 10^{-4}$ (10^{-4}). Die Solvolyse des zum Vgl. herangezogenen *1-Methylcyclohexyl-PNB* verlief unter den genannten Bedingungen zu langsam, um gemessen werden zu können. In Zusammenhang mit der bevorzugten Bldg. von α-**VII** bei der Hydrolyse von cis-**II**-PNB u. von β-**VII** aus trans-**II**-PNB schließt Vf., daß der cis-Ester die Konformation **A**, der trans-Ester analog als **B** vorliegt. Die für **I** beschriebene Decarboxylierung unter Wasserabspaltung, aber ohne Säurezusatz, läßt sich auf aus cycl. Ketonen durch REFORMATSKI-Synth. dargestellte, in α-Stellung nicht verzweigte *β-Hydroxysäuren* sowie deren *tert.-Butylester* (vgl. HAUSER u. PUTERBAUGH, C. **1950/54.** 2378 S) übertragen (vgl. auch WALLACH [1909]) u. führt zu folgenden exocycl. Methylencycloalkanen: *-pentan*, aus Cyclopentanon über a) die entsprechende β-Hydroxysäure, 16% (Ausbeute), b) deren tert.-Butylester, 62%; *-hexan*, aus Cyclohexanon, nach a) 57%, nach b) 51%; *-heptan*, aus Cycloheptanon, nach a) 48%, nach b) 40%; *-octan*, aus Cyclooctanon, nach a) 51%; nach b) 35%. Die Reinheit der KW-Stoffe schwankt zwischen 86 u. 98,8%.

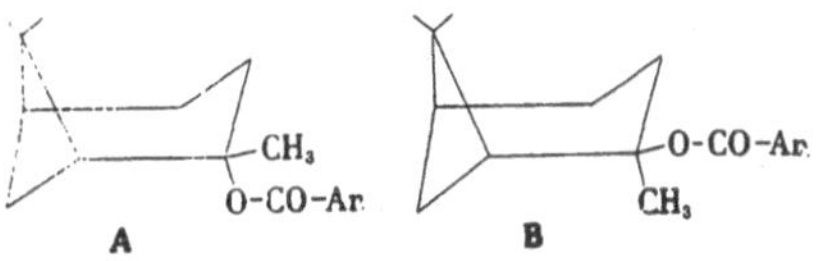

A **B**

Versuche ([α] = $[\alpha]_{578}$; Drehwerte in Chlf. bei c = 10): *Nopinon* (**III**), $Kp._{13}$ 85—86°, $n_D^{19,4}$ 1,4775, $D._4^{20}$ 0,9860, [α] + 20,22°, $[\alpha]_{436}$ + 75,98°, durch O_3-Spaltung von β-**VII** in CH_3OH bei —70° analog BAILEY (C. **1962.** 139); 70% (Ausbeute). *Semicarbazon*, F. 186—188°. — *Nopinolessigsäureäthylester* (**I**-Äthylester), $C_{13}H_{22}O_3$, $Kp._{0,1}$ 85—87°, aus 36 g **III** durch REFORMATSKI-Synth. mit 53,5 g Bromessigsäureäthylester u. 21,5 g Zn in Bzl., 1 std. Kochen u. Zers. mit NH_4Cl-Lsg.; $n_D^{19,6}$ 1,4766; $D._4^{18,6}$ 1,0428; [α] — 5,9°; 48 g. — *cis-Nopinolessigsäure* (cis-**I**), $C_{11}H_{18}O_3$, F. 121—123°, durch 2 std. Kochen von 10 g **I**-Äthylester mit CH_3OK u. fraktionierte Kristallisation aus PAe. Kp. 60 bis 70°); 0,74 g. *Methylester*, $Kp._{0,6}$ 81—82°, $n_D^{19,7}$ 1,4813, $D._4^{20}$ 1,0792, mit CH_2N_2, 3 std. Kochen mit C_2H_5ONa → 41% **III**. *trans-Nopinolessigsäure* (trans-**I**), F. 84 —85° (Prismen), [α] — 13,2°, aus der Mutterlauge von cis-**I**. *Methylester*, $Kp._{0,8}$ 85—86°, n_D^{16} 1,4823, $D._4^{18}$ 1,0690; 7,5 g. *Ketonspaltung* → 31% **III**. — *α-Pinencarbonsäure*, $C_{11}H_{16}O_2$, $Kp._{0,15}$ 103—105°, aus 40 g **I**-Äthylester mit $POCl_3$ in Pyridin durch Stehen über Nacht, 1 std. Kochen auf dem Wasserbad u. 4 std. Kochen von 26 g des erhaltenen Gemisches ungesätt. Ester ($C_{13}H_{20}O_2$; 30 g) mit 2 n K_2CO_3 in 50%ig. wss. CH_3OH; n_D^{22} 1,9440, [α] + 14,2° (c = 5 in A.); 6 g; daneben krist. eine *Säure $C_{11}H_{18}O_3$* [F. 138—139° (PAe.); 1,2 g]. Decarboxylierung liefert β-**VII**. — *α-Fenchencarbonsäure* (**VIII**), *Äthylester $C_{13}H_{20}O_2$*, $Kp._{0,1}$ 70—73°, aus dem neutralen Anteil der partiellen Verseifung; $n_D^{19,7}$

1,4990, [α] +118,2°; 7,5 g. *Freie Säure* (**VIII**), $C_{11}H_{16}O_2$, F. 174—175°, aus 2,5 g Äthylester durch 2std. Kochen mit äthanol. KOH; [α] +195,7°; 2 g. — *α-Fenchocamphoron*, $C_9H_{14}O$, F. 107—110°, Kp.$_{12}$ 87—90°, aus 8 g **VIII**-Äthylester in Chlf. durch Ozonolyse; [α] —41°; 2,5 g. *Semicarbazon*, $C_{10}H_{17}N_3O$, F. 217—220°, [α] +153° (c = 10 in CH_3COOH). — *Epoxy-α-fenchencarbonsäureäthylester* (**V**), $C_{13}H_{20}O_3$, Kp.$_{0,17}$ 90—91°, aus 10,5 g **VIII**-Äthylester u. 13 g p-Nitroperbenzoesäure in Chlf.-Bzl. (9 : 1) durch 48std. Rühren; $n_D^{27,8}$ 1,4750, [α] +34,6°. — *α-Fenchocamphorolessigsäure*, $C_{11}H_{18}O_3$, F. 138—140° (Bzl.-PAe.), aus **V** durch $LiAlH_4$-Red. zum entsprechenden *β-Glykol* (Kp.$_{0,04}$ 97—100°) u. dessen $KMnO_4$-Oxydation in Ggw. von K_2CO_3; [α] +23,4° (c = 10 in A.), Sublimation → **VIII**. — *2-[Äthoxyäthinyl]-nopinol* (**IX**), $C_{13}H_{20}O_2$, Kp.$_{0,25}$ 95—96°, durch Zusatz von 19 g Äthoxyacetylen in Bzl. zu einer Lsg. von C_2H_5MgBr in Ae., Zugabe von 22 g **III** in Ae., 4std. Kochen u. Zers. mit NH_4Cl-Lsg.; n_D^{18} 1,4963; $D._4^{15}$ 1,0146; [α] +6°; 23 g. — *β-Pinencarbonsäure* (**IV**), *Methylester*, $C_{12}H_{18}O_2$, Kp.$_{0,6}$ 72—73°, aus 3 g **IX** durch Zutropfen zu sd. CH_3OH u. 4std. Kochen; n_D^{20} 1,5012; $D._4^{18}$ 1,0128; [α] +38°; 2,3 g. *Freie Säure*, durch KOH-Verseifung; gibt bei therm. Decarboxylierung durch Erhitzen auf 200° 60% *β*-**VII**, 30% *α*-**VII** u. 10% *Limonen*. — *Epoxy-β-pinencarbonsäuremethylester*, $C_{12}H_{18}O_3$, Kp.$_{0,5}$ 83—84°, analog **V** aus **IV**-Methylester; n_D^{18} 1,4873; $D._4^{18}$ 1,0576; [α] +4,4°. *Freie Säure*, durch Kochen von 3,5 g mit einer Lsg., bestehend aus 0,46 g Na, 8 cm³ A. u. 2 cm³ H_2O. — *trans-Myrtanal*, Kp.$_{10}$ 86—89°, aus vorst. Säure durch Erhitzen auf 200° in Ggw. von Chinolin oder aus **VI** mit $ZnCl_2$ nach FAIDUTTI [1929]; n_D^{19} 1,4821; [α] +25,4°. *Semicarbazon*, F. 170—171°, [α] —6°. — *cis-2-[2-Hydroxyäthyl]-nopinol*, $C_{11}H_{20}O_2$, F. 91—92,5°; Nadeln aus Ae.-PAe., aus 1 g cis-**I** über den Methylester u. dessen Red. mit $LiAlH_4$ in Ae.; 0,7 g. — *trans-2-[2-Hydroxyäthyl]-nopinol*, $C_{11}H_{20}O_2$, F. 86—88°, aus trans-**I** analog vorst. Verb.; [α] +8,2°. — *2-[2-Hydroxyäthyl]-camphenilol*, $C_{11}H_{20}O_2$, F. 97—98°, aus *Camphenilolessigsäureäthylester* (aus Camphenilon durch REFORMATSKI-Synth.) analog vorst. Verb.; [α] —1,2° (c = 10 in A.). — *2.10-Epoxypinan* (**VI**), $C_{10}H_{16}O$, aus *β*-**VII** in Ae. mit Perbenzoesäure; n_D^{18} 1,4790; $D._4^{19}$ 0,9756; [α] +7,8°; 89%. — *Vinylmyrtanol*, $C_{12}H_{20}O$, Kp.$_{0,02}$ 48—50°, aus 30 g **VI** in Tetrahydrofuran (THF) durch Zutropfen einer Lsg. von *Divinyl-Mg* (aus 107 g $CH_2{=}CHBr$ u. Mg in THF, Ausfällen von $MgBr_2$ mit Dioxan u. Abzentrifugieren; 46%) unter N_2, 3std. Kochen u. Zers. mit wss. NH_4Cl; n_D^{16} 1,4990; $D._4^{18}$ 0,9788; [α] —27,6°; 28,7 g. CrO_3-Oxydation → *Pinanylvinylketon* (Kp.$_{0,15}$ 52—60°). — *Äthylmyrtanol*, $C_{12}H_{22}O$, Kp.$_{0,2}$ 66—69°, aus 5 g vorst. Verb. durch Hydrierung in Äthylacetat in Ggw. von ADAMS-Katalysator bei Raum-Temp. u. normalem Druck; $n_D^{16,5}$ 1,4912; $D._4^{20}$ 0,9794; [α] —18°; 4 g. — *Nopinol-[α-carboxypropionsäureäthylester]-γ-lacton*, $C_{15}H_{22}O_4$, Kp.$_{0,1}$ 137—140°, durch Zutropfen von 47,5 g **VI** zu einer sd. Lsg. von Na-Malonester in absol. A. u. Kochen über Nacht; $n_D^{16,5}$ 1,4880; $D._4^{19}$ 1,1012; [α] —12°. Kristallisiert partiell wahrscheinlich zum *Diastereoisomeren* (F. 108—111°; [α] —3,8°); 24 g. *Säurelacton*, $C_{13}H_{18}O_4$, F. 140—142° (Ae.-PAe.), aus 5 g Esterlacton durch Verseifung mit alkohol. KOH; [α] —12,8°; 4 g. — *Nopinol-α-acetoxypropionsäure-γ-lacton*, $C_{14}H_{20}O_4$, F. 117—119° (Ae.-PAe.), aus 5 g vorst. Säurelacton in sd. Toluol durch langsamen Zusatz von Pb·$(CH_3COO)_4$; 5 g. — *2-[2.3-Dihydroxypropyl]-nopinol*, $C_{12}H_{22}O_3$, F. 124—126°, aus 1,5 g vorst. Verb. durch red. mit $LiAlH_4$ in Ae. über Nacht; 1 g. — *cis-Pinanol-(2)* (*cis*-**II**), $C_{10}H_{18}O$, F. 78—79° (wss. CH_3OH), aus 50 g **VI** durch 12std. Kochen mit $LiAlH_4$ in Ae.; [α] —22°; 27 g. *p-Nitrobenzoat* (*PNB*), $C_{17}H_{21}NO_4$, F. 117—120°, nach Wiedererstarren F. 230—234° (Aceton), durch Zugabe von 5,1 g cis-**II** zu einer K-Suspension in Toluol u. portionsweisen Zusatz der noch heißen Lsg. zu 6,1 g p-Nitrobenzoylchlorid (**X**) in Bzl. u. Stehen über Nacht; 7,1 g. *Methyläther*, $C_{11}H_{20}O$, Kp.$_{11}$ 89—92°, durch Erhitzen des DNB auf 50° in absol. CH_3CH; [α] —47,2°. — *trans-Pinanol-(2)* (*trans*-**II**), $C_{10}H_{18}O$, F. 59—60°, durch Zutropfen von 27,6 g **III** in Ae. zu CH_3Li in Ae. bei —60°; 17 g. *PNB*, $C_{17}H_{21}NO_4$, F. 108—109°, nach Wiedererstarren (bei 120—122°) F. 230—232° (wss. CH_3OH); [α] —8,8°; 70%. — *1-Methylcyclohexyl-PNB*, $C_{14}H_{17}NO_4$, F. 113—114°, nach Wiedererstarren (bei 195°) F. 230—232° (PAe.), a) durch Zutropfen der äther. Lsg. von 34 g Cyclohexanon zu CH_3Li in Ae., 15 Min. lang Kochen u. Zusatz von **X**; 8 g; b) durch Zusatz von 5,7 g 1-Methylcyclohexanol (aus Cyclohexanon u. CH_3MgBr) zu einer Lsg. von p-Nitrobenzoesäure u. Tosylchlorid in Pyridin; 1,8 g. — (+)-*Fenchyl-PNB*, F. 108 bis 110°; [α] +16° (c = 10 in CS_2). — (—)-*Bornyl-PNB*, F. 135—136,5° (PAe.); [α] —34°. H.-J. KÖTZSCH. B 225□

Reaktionen des durch elektrische Entladung aktivierten Sauerstoffs mit Buten-(1). J. M. S. Jarvie und R. J. Cvetanović. (Canad. J. Chem. **37.** 529—40. März 1959. Ottawa, Canada, Nat. Res. Council, Div. of Appl. Chem.; engl.) — Die Rkk. des durch elektr. Entladungen aktivierten O_2 (Trägergas: He) mit *Buten-(1)* (**I**) werden unter verschiedenen Rk.-Bedingungen untersucht. In Analogie zur Rk. des durch photosensibilisierte Zers. von NO oder Photolyse von NO_2 erhaltenen O_2 werden *n-Butyr-*

aldehyd (**II**), *α-Butylenoxid* (**III**), kleinere Mengen *Methyläthylketon* (**IV**), *Acetaldehyd* (**V**) u. *Propionaldehyd* (**VI**), jedoch zum Unterschied von diesen Rkk. noch *A.*, *Methanol* (**VII**) u. unter bestimmten Bedingungen *α-Butylenozonid* u. *Formaldehyd* erhalten. Bei Durchsätzen von 2,54 ml O_2/min, 54 ml He/min u. 0,75 bzw. 40 ml **I**/min werden jeweils bei Gesamtdrücken von 6—6,5 mm maximale Ausbeuten an **II-VII** erhalten. Bei konst. Druck (3,5 mm), konst. **I**-Durchsatz (0,75 ml/min) u. variablem O_2/He-Verhältnis erreichen die Ausbeuten bei ca. 7% O_2 ein Maximum. In Abwesenheit von He, 0,8—25,6 ml O_2/min u. Steigerung des Gesamtdruckes von 0,19 auf 2,6 mm steigen die Mengen an **III**, **VI** u. in geringem Maße an **V** u. **IV**, während die Mengen an *A.* u. **VII** abnehmen; **II** wird unter diesen Bedingungen nicht gebildet. Bei konst. Gesamtdruck, konst. Durchsätzen an He u. **I** u. steigenden O_2-Partialdrücken werden im Bereich 0,1—0,2 mm O_2 maximale Ausbeuten erreicht; Haupt-Prodd. sind **II**, **III**, *A.* u. **VI**. Bei konst. Gesamtdruck, jedoch steigendem Partialdruck an **I**, steigen die Mengen von **II**, **III**, **IV** u. A. rasch auf einen Grenzwert an; im Gegensatz zum Rk.-Verlauf bei niedrigen **I**-Partialdrücken wird bei höheren kein W. gebildet. Die Rk.-Mechanismen werden diskutiert.

L. Lamza. B 225

Über hochungesättigte Fettsäurechloride und ihre Autoxydation. H. P. Kaufmann und E. Gulinsky. (Fette, Seifen, Anstrichmittel **64**. 599—601. Juli 1962. Münster, Dt. Inst. für Fettforsch.; dt.) — Die Synth. von *Linolen-*, *α-* u. *β-Eläostearin-* u. *α-Parinarsäurechlorid* erfolgt durch Rk. der Säuren mit Phosgen in Toluol oder Heptan in Ggw. von Pyridin in Ausbeuten bis zu 90%. Mit wss. NH_4OH bilden sie die entsprechenden *Säureamide*. Die Unterss. der Oxydations-Geschw. der Chloride u. Amide mit dem von Kaufmann (C. **1960**. 15259) beschriebenen Filmographen im Vgl. zu der der freien Säuren u. Methylester ergaben, daß die Autoxydations-Geschw. auf Grund des positivierenden (Chloride) bzw. negativierenden (Amide) Einfl. der COOH- Substituenten in der Reihe Chlorid > Methylester > freie Säure > Amide abnimmt. Bei den Eläostearinsäure-Derivv. hängt die Sauerstoffaufnahme außerdem noch von der ster. Konfiguration ab.

Versuche: *Linolensäure, Chlorid*, $C_{18}H_{29}ClO$, Kp.$_{0,01}$ 132—134°, F. <—20°, durch Versetzen von Linolensäure in abs. Toluol mit Phosgen in Toluol, tropfenweise Zugabe von Pyridin unter Rühren bei 80°, 1std. Kochen, Abfiltrieren von Pyridinhydrochlorid u. Eindampfen der Lsg. im Vakuum; n_D^{20} 1,4815; 80% (Ausbeute). *Amid*, F. 59° (A.). — *α-Eläostearinsäure, Chlorid*, $C_{18}H_{29}ClO$, Kp.$_{0,01}$ 148—150°, F. <—20°, analog aus α-Eläostearinsäure; n_D^{20} 1,5212; 86%. *Amid*, F. 88° (A.). — *β-Eläostearinsäure, Chlorid*, $C_{18}H_{29}ClO$, Kp.$_{0,01}$ 148—150°, F. +5°, analog aus β-Eläostearinsäure in Heptan; n_D^{21} 1,5235; 86%. *Amid*, F. 118—119° (A.). — *α-Parinarsäure, Chlorid*, $C_{18}H_{27}$·ClO, Kp.$_{0,01}$ 154—158°, F. —20°, analog aus α-Parinarsäure in Toluol; n_D^{20} 1,5154; 90%. *Amid*, F. 103° (A.).

H. Brämer. B 225

Untersuchungen über die Hydroxylierung von Phenylalanin durch Endiole. Wolfgang Klinger. (Wiss. Z. Friedrich-Schiller-Univ. Jena/Thür., math.-naturwiss. Reihe **9**. 545—47. 1959/60. Jena, Friedrich-Schiller-Univ.; dt.) — Die Hydroxylierung von *Phenylalanin* zu Dopa kann in bezug auf die katalysierende *Ascorbinsäure* (**I**) als eine Rk. nullter Ordnung verlaufen; **I** wird nicht zersetzt u. wirkt rein katalytisch. Bei anderen Vers.-Anordnungen werden Hydroxylierungsvorgänge auch nach Zerstörung von **I** beobachtet. Oxalsäure, L-Threonsäure u. Glykolsäure bewirken keine Hydroxylierung. Es wurden jedoch 3 aci-Reduktone noch unbekannter Natur als Spalt-Prodd. von **I** nachgewiesen, unter denen wahrscheinlich *Triosereduktion* vorkommt. Dieses bewirkt eine ebenso starke Hydroxylierung wie **I**; Äthendiol bewirkt dagegen eine nur sehr schwache Hydroxylierung.

W. Untze. B 225 □

Oxydative und oxydativ-hydrolytische Umwandlungen organischer Moleküle. 33. Mitt. **Bemerkungen zur Arbeit B. Eistert, G. Bock, E. Kosch und F. Spalink: „Die Redox-Disproportionierung von vic.-Polycarbonylverbindungen“.** M. M. Schemjakin. (Chem. Ber. **94**. 1697. 1/6. 1961. Moskau, Akad. der Wiss. der UdSSR, Inst. für Chem. der Naturstoffe; dt.) — 32. vgl. (Известия Академии Наук СССР, Отделение Химических Наук [Nachr. Akad. Wiss. UdSSR, Abt. chem. Wiss.] **1959**. 695; 28. vgl. C. **1959**. 17015). — Vf. nimmt zu dem von Eistert u. Mitarbeitern (C. **1961**. 15710) zur „Redox-Disproportionierung“ vic.-Tri- u. Polycarbonyl-Verbb. aufgestellten allg. Rk.-Schema Stellung: Ein analoges Schema sei bereits 1951 vom Vf. bei der Unters. der Redox- u. Hydrolysevorgänge beim *1.2.3.4-Tetraoxotetralin* angegeben worden, außerdem seien die in den letzten Jahren (vgl. Schemjakin u. Mitarbeiter, C. **1958**. 6787 u. C. **1958**. 12353) erschienenen Original- u. Literaturarbeiten nicht berücksichtigt worden.

Helmut Schäfer. B 225 □

Stellungnahme zu vorstehender Mitteilung von M. M. Schemjakin. Bernd Eistert. (Chem. Ber. **94**. 1698. 1/6. 1961. Saarbrücken, Univ. des Saarlandes, Inst. für org. Chem.; dt.) — Vgl. vorst. Referat. — Vf. nimmt zu der Mitt. von Schemjakin (l. c.) Stellung. Die dort zitierte Arbeit des Vf. sollte lediglich weitere Beiträge zur Kenntnis eines Rk.-Typs bringen, dem allgemeinere Bedeutung zukommt u. der bereits 1927 bzw. 1929 vom Vf. gemeinsam mit Arndt für den Fall des *2.2-Dichlor-6-methylthiochromandions-(3.4)* quant. aufgeklärt wurde. Es handelt sich zwar um eine Redox-Disproportionierung, jedoch ohne O_2-Zufuhr, weshalb die von Schemjakin u. a. gegebene Übersicht über oxydativ-hydrolyt. Spaltung von C—C-Bindungen nicht berücksichtigt u. auch leider übersehen wurde, daß von Schemjakin u. Mitarbeitern die Zinckesche Beobachtung [1899, 1900] aufgeklärt wurde, wonach beim Kochen von *1.2.3.4-Tetraketo-1.2.3.4-tetrahydronaphthalindihydrat*, Isonaphthazarin, daneben äquivalente Mengen Ninhydrin u. CO_2 entstehen. Helmut Schäfer. B 225 □

Untersuchung der Isotopen-Austauschreaktionen zwischen organischen Jodiden und Jodid-Ionen. F. Dutka und D. Gál. (Int. J. appl. Radiat. Isotopes **5**. 106—13. März 1959. Budapest, Hungarian Acad. of Sci., Res. Inst. for Soil Sci. and Agrochem., Isotope Labor.; engl.) — Vff. untersuchten kinet. den Isotopenaustausch zwischen $K^{131}J$ u. verschiedenen organ. Jodiden (*RJ*, R = *Äthyl, n-Propyl, n-Butyl, 2-Phenylpropyl, 4-Phenylbutyl*) in abs. A. bei 56°. Die Geschw.-Konst. der Rkk. u. ihre Abnahme mit steigender Kettenlänge sowie die entsprechende Zunahme der Aktivierungsenergien wurden bestimmt. H.-G. Floss. B 225 □

Substitutionsreaktion am Quecksilberatom, das mit einem gesättigten Kohlenstoffatom verbunden ist, mit Halogen. 1. Mitt. Reaktion von Benzylmercurichlorid mit Jod in Gegenwart von Jod-Ionen in Dioxan. I. P. Beletzkaja, O. A. Reutow und T. P. Gurjanowa. (Известия Академии Наук СССР, Отделение Химических Наук [Nachr. Akad. Wiss. UdSSR, Abt. chem. Wiss.] **1961**. 1589—95. Sept. Moskau, Univ.; russ.) — Es wurde die Kinetik der elektrophilen Substitution des Hg-Atoms in Benzylmercurichlorid durch Jod in Ggw. von CdJ_2 untersucht. Der Fortgang der Rk. wurde spektrophotometr. u. titrimetr. verfolgt, die kinet. Kurven werden angegeben. Die Rk. wurde in W.–Dioxan (30 : 70) in Ggw. von je 0,05 Mol/Liter der Komponenten bei 15, 20, 24 u. 25° ausgeführt. Die Geschw.-Konst. gehorchen der Gleichung für bimol. Reaktionen. Die Konst. der Arrheniusschen Gleichung wurden zu E = 10,8 kcal/Mol u. lg A = 7,7, die Aktivierungsentropie zu —23,3 cal/Mol Grad berechnet.
Helmut Schäfer. B 225

Der Einfluß des Lösungsmittels auf die Reaktionsgeschwindigkeit. 19. Mitt. **Abhängigkeit des Substituenteneffektes vom Lösungsmittel bei der alkalischen Hydrolyse o-substituierter Benzoesäureester.** Eero Tommila, Jaakko Paasivirta und Kari Setälä. (Suomen Kemistilehti B **33**. 187—89. 1960. Helsinki, Univ. of Helsinki, Dep. of Chem.; engl.) — 18. vgl. C. **1962**. 10041; 22. vgl. C. **1962**. 16989. — Die alkal. Hydrolyse o-subtituierter Benzoesäureäthylester $XC_6H_4COOC_2H_5$ (X = NH_2, CH_3, Cl, F) wurde in einer Reihe von Aceton–W.-Gemischen mit 400—700 ml W./Liter Lsgm. bei Temp. zwischen 15,00 u. 60,00° untersucht. Wie bei den m- u. p-substituierten Estern (vgl. l. c). hängt der Einfl. des Substituenten auf die Rk.-Geschw. vom Lsgm. ab: bei elektronenabstoßenden Substituenten (NH_2) nimmt mit abnehmendem Wasser-Geh. im Lsgm. die relative Rk.-Geschw. k_X/k_H ab, $\Delta E = E_X - E_H$ u. $\Delta \log A$ (= $A_X - A_H$) nehmen dabei zu. Bei elektronenanziehenden Substituenten (Cl, F) nimmt mit abnehmendem Wasser-Geh. im Lsgm. k_X/k_H zu, ΔE u. $\Delta \log A$ ab; X = CH_3 hat nur geringen Einfl. auf diese Größen. Infolge des Orthoeffektes ist $\Delta \log A$ in allen Fällen stark negativ, auch für X = F. Die Anfangskonzz. der Reaktanten haben keinen Einfl. auf die Rk.-Geschwindigkeit.
M. Schenk. B 225 □

Zwischenstufen bei Reaktionen von Carbonsäurederivaten. 9. Mitt. **Die konkurrierende alkalische Hydrolyse und der Sauerstoffisotopenaustausch einer Reihe p-substituierter Acetanilide.** Myron L. Bender und Robert J. Thomas. (J. Amer. chem. Soc. **83**. 4183—89. 6/11. 1961. Chicago, Ill., Illinois Inst. of Technol., Dep. of Chem.; Evanston, Ill., Northwestern Univ.; engl.) — 8. vgl. Suomen Kemistilehti B **33**. [1960.] 25; 7. vgl. C. **1958**. 11481. — Vff. verfolgten UV-spektroskop. die alkal. Hydrolyse von *m-Nitro-*, *p-Chlor-* (**I**), *p-Methoxy-* (**II**), *p-Methyl-* (**III**) u. *Acetanilid* (**IV**) bei 24,84° sowie auf massenspektroskop. Wege den gleichzeitig auftretenden O-Austausch, wofür $^{18}O_{(C=O)}$-markierte Verbb. benutzt wurden. Nach Biechler u. Taft (C. **1958**. 9732) entspricht die Kinetik der Hydrolyse dem Gesetz $v = (k_1[OH^-] + k_2[OH^-]^2)$ [Anilid]; da jedoch kein vollständiger O-Austausch beobachtet wurde, wird der von Biechler u. Taft gegebene Mechanismus wie folgt modifiziert: Anilid + $OH^- \underset{k_2}{\overset{k_1}{\rightleftharpoons}} CH_3C(OH)(O^-)NH \cdot C_6H_4X$ [**A**] $\underset{K_1}{\overset{OH^-}{\rightleftharpoons}} CH_3C(O^-)_2NHC_6H_4X$ (**B**); **A** $\xrightarrow{k_3}$ bzw. **B** $\xrightarrow{k_4}$ Produkte. Folgende Daten wurden bestimmt: für **I** k_h (in Std.$^{-1}$, Hydrolyse in Ggw. von 0,239 bzw. 0,957 m OH^-)

0,00729 bzw. 0,0385, k_{ex} (O-Austausch-Rk.) 0,0540 bzw. 0,185; **II** 0,00705 bzw. 0,0362, 0,0151 bzw. 0,0519; **III** 0,00589 bzw. 0,0311, 0,0177 bzw. 0,0689; **IV** 0,00650 bzw. 0,0341, 0,0301 bzw. 0,120. Die Substituenteneffekte auf k_h scheinen gering zu sein; $\varrho + 0,1$. Bei den geringen OH^--Konzz. verläuft die Hydrolyse weitgehend nach dem Prozeß 1. Ordnung bzgl. OH^-. Für diese Rk. ergibt sich eine lineare Beziehung zwischen dem Logarithmus des ^{18}O-Geh. des noch unveränderten Anilids u. dem Logarithmus des Ausmaßes der Hydrolyse. Zum Mechanismus der Rk. wird angenommen, daß **A** CH_3COOH u. $XC_6H_4NH^-$ (k_3) liefert, die rasch CH_3COO^- u. $XC_6H_4NH_2$ ergeben. Vff. konnten die k_1- u. k_2/k_3-Werte berechnen, aus den log k_1-Werten ergab sich ein ϱ-Wert von $+1,0$, aus den log k_2/k_3-Werten aber ein ϱ-Wert von $-1,0$. Offenbar heben sich also die beiden entgegengesetzten Substituenteneffekte auf. Zur Erklärung des ungewöhnlichen Substituenteneffektes bei der Rk. von **A** wird folgender Ablauf angenommen: **A** $\rightleftharpoons CH_3(O^-)_2 \cdot NH_2{}^+C_6H_4X \rightarrow CH_3COO^- + XC_6H_4NH_2$. Dieser Mechanismus erklärt auch die früher (l. c.) beobachteten Lsgm.-Effekte bei der alkal. Hydrolyse von Benzamid (**V**). Vff. postulieren, daß die Spaltung des tetraedr. Zwischenprod. der Hydrolyse eines Anilids oder Amids oder einer anderen Verb., die eine in W. extrem instabile anion. Gruppe enthält, zunächst unter Anlagerung von H^+ unter Bldg. eines dipolaren Ions abläuft, bevor die Bldg. der Prodd. erfolgt. Die mit ^{18}O-markierten Anilide wurden durch Einw. von ^{18}O-Acetylchlorid (**VI**; aus $H_2{}^{18}O$ u. unmarkiertem **VI** über die Säure u. Einw. von PCl_3) auf die Aniline in Pyridin unter Erwärmen u. mehrtägigem Stehen erhalten. Nach GINGER (unveröffentlicht) ist der Wert für k_h/k_{ex} für die alkal. Hydrolyse von n-Butyramid etwas höher als für **V** unter gleichen Bedingungen. B. GNAUCK. B 225 □

Zwischenstufen bei Reaktionen von Carbonsäurederivaten. 10. Mitt. **Die konkurrierende alkalische Hydrolyse und der Sauerstoffisotopenaustausch bei einer Reihe von p-substituierten Methylbenzoaten.** Myron L. Bender und Robert J. Thomas. (J. Amer. chem. Soc. **83.** 4189—93. 6/11. 1961; engl.) — 9. vgl. vorst. Referat. — Die k-Werte für die alkal. Hydrolyse (k_h) von *Benzoesäure-* (**I**), *p-Amino-* (**II**), *p-Methyl-* (**III**), *p-Chlor-* (**IV**) u. *p-Nitrobenzoesäuremethylester* (**V**) in Dioxan-W. (1:2) bei 24,7° wurden titrimetr. (**I—III**) bzw. UV-spektroskop. (**IV** u. **V**) bestimmt. Ferner untersuchten Vff. den O-Austausch (k_{ex}) bei den Rkk. der $^{18}O_{(C=O)}$-markierten Ester auf massenspektrograph. Wege. Folgende Daten wurden erhalten: **I** [10^3 k_h in Liter/Mol·s] 23,2, k_h/k_{ex} 5,2; **II** 1,14, 30; **III** 11,1, 11; **IV** 68, 6,3; **V** 700, 2,8. Die k_h-Daten erfüllen die HAMMETTsche Gleichung ($\varrho = +1,93$), analog gilt für die k_h/k_{ex}-Werte ein ϱ-Wert von $-0,70$, wobei allerdings **I** Abweichungen zeigte. Dieser Einfl. von p-Substituenten auf die k_h/k_{ex}-Werte ist nicht in Einklang mit dem früher (C. **1953.** **6651**) vorgeschlagenen Mechanismus. Es ist vielmehr anzunehmen, daß die Protonenübertragungs-Rkk. der tetraedr. Zwischenstufe $RC(O^-)(OH)OR$ (**A**) $\underset{k_5}{\overset{k_4}{\rightleftharpoons}}$ $RC(OH)_2OR$ $\underset{k_4}{\overset{k_5}{\rightleftharpoons}}$ $RC(OH)(O^-)OR$ (**B**), die wegen des O-Austauschs auftreten müssen, etwa ebenso langsam ablaufen, wie die Zers. (k_3) von **A** bzw. **B** in die Prodd. $RCOOH + CH_3O^-$; k_3 u. k_4 werden zu ca. 10^9 s^{-1} abgeschätzt, die Aktivierungsenergie E_3 zu ca. 6 kcal/Mol. Die ^{18}O-markierten Ester (außer **II**) wurden aus den markierten Säuren über die Säurechloride dargestellt. ^{18}O-**II** [F. 111° (wss. CH_3OH) erhielt man aus unmarkierter p-Aminobenzoesäure durch 60std. Kochen der Lsg. des Hydrochlorids in $H_2{}^{18}O$-haltigem CH_3OH in Ggw. von H_2SO_4. B. GNAUCK. B 225 □

Zwischenstufen bei Reaktionen von Carbonsäurederivaten. 11. Mitt. **Die konkurrierende alkalische Hydrolyse und der Sauerstoffisotopenaustausch von einigen Alkylbenzoaten und Lactonen.** Myron L. Bender, Hideo Matsui, Robert J. Thomas und Stephen W. Tobey. (J. Amer. chem. Soc. **83.** 4193—96. 6/11. 1961; engl.) — 10. vgl. vorst. Referat. — Vff. verfolgten titrimetr. die Kinetik der alkal. Hydrolyse (k_h) folgender Verbb. bei 24,8° u. untersuchten unter Verw. von mit $^{18}O_{(C=O)}$-markierten Substraten, ob ein konkurrierender O-Austausch (k_{ex}) zu verzeichnen ist: [in Dioxan (Dx)—W. 2:1] *p-Nitrobenzyl-* [10^3 k_h in Liter/Mol·s] 30,5; *p-Chlorbenzyl-* (**I**) 9,44, [k_h/k_{ex}] >150—180; *Benzyl-* 5,29, —; *p-Methoxybenzyl-* 3,83, >192; (in Dx—W. 1:2) *Methylbenzoat* (**II**) 23,2, 5,2; *Phthalid* (**III**) 144, >50; (in Dx—W. 1:1) **I** 18,3, >60; (in W.) *γ-Butyrolacton* 185 (bei 0,1°, konduktometr. bestimmt), >30; **III** 255, —. Für die kinet. Daten der p-substituierten Benzylbenzoate ergibt sich ein ϱ-Wert von $+0,91$ (in Dx—W. 2:1). Die Substituenteneffekte sind nur wenig kleiner als bei der Rk. substituierter Phenylester in W. (vgl. BRUICE u. MAYAHI, J. Amer. chem. Soc. **82.** [1960.] 3067), daher nehmen Vff. an, daß bei beiden Rkk. der Austritt des Alkylations keine Wrkg. auf die Kinetik hat. Es ergibt sich ferner, daß nur bei **II** ein nennenswerter O-Isotopenaustausch auftritt. Das überraschende Ausbleiben dieser Rk. bei der Hydrolyse der Benzylbenzoate, die sich kinet. ähnlich wie **II** verhalten, wird mit einer bevorzugten Umwandlung der tetraedr. Zwischenstufe zu solchen Prodd. erklärt, deren Bldg. zu einer Abnahme der durch die große Benzyloxygruppe verursachten ster. Spannung in der Zwischenstufe führt. Entgegen der Erwartung reagiert **III** nur 5mal schneller als **II**. Diese herabgesetzte Reaktivität von **III** wird auf eine Resonanzstabilisierung zurückgeführt, welche durch die koplanare Stellung der Carbonylgruppe mit dem Phenylring in **III** bedingt ist. — $^{18}O_{(C=O)}$-*γ-Butyrolacton*, Kp.$_{14}$ 85°, aus der unmarkierten Verb. durch 5tägige Einw. von $H_2{}^{18}O$ in Ggw. von H_2SO_4 bei 25°; n_D^{25} 1,4297. — $^{18}O_{(C=O)}$-*Phthalid* (**III**), F. 74,5—75,5° (wss. A.), durch 40std. Kochen von unmarkiertem **III** in $H_2{}^{18}O$-haltigem A. in Ggw. von H_2SO_4. — *p-Chlorbenzylalkohol*, F. 73,5—74°, nach Hawthorne u. Cram (C. **1954**. 11405); 70% Ausbeute. B. Gnauck. B 225 □

Transanulare Wechselwirkungen. 4. Mitt. Produkte und Geschwindigkeiten der Solvolyse von cis- und trans-Cyclodecen-(5)-yl-(1)-p-nitrobenzoat in wässerigem Aceton. Harlan L. Goering und William D. Closson. (J. Amer. chem. Soc. **83**. 3511—17. 20/8. 1961; engl.) — 3. vgl. C. **1962**. 18806. — Vff. erhielten in 90%ig. wss. Aceton für die Solvolyse nachst. p-Nitrobenzoate (PNB) folgende Geschw.-Konst. 1. Ordnung: *trans-Cyclodecen-(5)-yl-(1)-PNB* (trans-**I**), [k·10^6] 75,4 ± 0,2 [s^{-1}] (119,42°) 12,5 ± 0,1 (99,71°); cis-**I**, 0,23 ± 0,01 (118,59°; in Ggw. von 0,16·10^{-2} m Na-PNB); *Cyclodecyl-PNB* (**IV**; F. 114,5—115,0°; A.), 0,05 (geschätzte Obergrenze nach 7,4% Umsatz in 432 Std.; 118,59°, in Ggw. von 0,16·10^{-2} m Na-PNB); *α.γ-Dimethylallyl-PNB* (F. 53—54°), 6,74 ± 0,02 (119,41°); *trans.cis-Dekalyl-(1)-PNB* (**II**; F. 116,0—116,8°, wss. CH_3OH), 0,01 (geschätzte Obergrenze nach 2,4% Umsatz in 528 Std.; 119,41°). In 80%ig. wss. Aceton wurde für trans-**I** bei 99,71° k·10^6 zu 38,7 ± 0,05 bestimmt. Ggw. von 0,025 m Na-PNB oder p-Nitrobenzoesäure hat keinen merklichen Einfl. auf die Solvolysen-Geschw. von trans-**I**. Als Prodd. der Solvolyse von trans-**I** (in 90%ig. Aceton bei 100°, 188 Std.) wurden eine flüchtige Verb. (10—20% Ausbeute, nicht identifiziert), 60—69% trans.trans-Dekalol-(1) (PNB, F. 83,7—84,8°, PAe.) u. 15—18% **II** isoliert, dessen Verseifung zu einem bin. Gemisch aus 85% cis.trans- u. 15% trans.trans-Dekalol-(1) führte. Das für trans-**I** beobachtete Verhältnis der Umlagerung zur Solvolyse k_r/k_s beträgt in 90 (80)%ig. wss. Aceton bei 118,6° 0,226 ± 0,001 (0,170 ± 0,001) u. bei 99,6° 0,203 ± 0,002 (0,164 ± 0,001). k_r/k_s wird durch Ggw. von Na-PNB oder p-Nitrobenzoesäure nicht beeinflußt. Die zur Kontrolle ausgeführte Solvolyse von $^{18}O_{(CO)}$-*trans*-**I** zeigt, daß im resultierenden **II** $^2/_3$ des ^{18}O in der CO-Gruppe, $^1/_3$ im Alkyl-O wiedergefunden werden, die Umlagerung unter den gegebenen Bedingungen also intramol. verläuft. Die Solvolyse von cis-**I** (90%ig. wss. Aceton bei 120° in 545 Std. entsprechend 36% Umsatz) führte zu 33% cis.cis-Dekalol-(1) (**III**; Phenylurethan, F. 116 bis 117°, PAe.). Da cis-Cyclodecen-(5)-ol-(1) nach Erhitzen unter den Solvolysebedingungen unverändert zurückerhalten wird, muß **III** prim. Prod. sein u. während der Solvolyse Spaltung der Alkyl-O-Bindung erfolgen. Die relativ zu **IV** erhöhten Reaktivitäten von trans- u. cis-**I** zeigen an, daß ihre Ionisierungs-Geschw. durch transanulare Beteiligung der Doppelbindung beschleunigt wird. Außerdem sprechen die relativen anchimeren Beschleunigungen von trans- u. cis-**I** zusammen mit der im UV-Spektrum von trans-Cyclodecen-(5)-on beobachteten lösungsmittelabhängigen Bande (λ_{max} 214,5 mμ, ε 2300, in 2.2.3.3-Tetrafluorpropanol), die bei cis-Cyclodecen-(5)-on nicht auftritt, dafür, daß in trans-**I** die transanulare Wechselwrkg. zwischen der Doppelbindung u. $C_{(1)}$ durch stereoelektron. Faktoren mehr begünstigt wird als in cis-**I**. Ferner folgt aus den erhaltenen Prodd., daß die Cyclisierung zum Dekalyl-Syst. stereospezif. ist. Unklar bleibt die stereochem. Änderung an $C_{(1)}$. J. Richter. B 225 □

Eliminierungsreaktionen von α-halogenierten Ketonen. 7. Mitt. Kinetik einiger Dehydrobromierungsreaktionen von 1-Bromcyclohexylbiphenylyl-(4)-keton. Dennis N. Kevill, Patrick H. Hess, Peter W. Foster und Norman H. Cromwell. (J. Amer. chem. Soc. **84**. 983—89. 20/3. 1962. Lincoln, Nebr., Univ. of Nebraska, Avery Labor.; engl.) — 6. vgl. J. Amer. chem. Soc. **83**. [1961.] 3815; 4. vgl. C. **1962**. 443. — Auf titrimetr. Wege wurde die Kinetik der Rk. folgender Amine mit *1'-Bromcyclohexylbiphenylyl-(4)-keton* (**I**) zwischen 60 u. 90,6° untersucht: a) in Bzl.: *Piperidin* (**II**) [log A] 4,5, [E] 14,6 [kcal/Mol], *Morpholin* (**III**) 5,0, 17,4; b) in Acetonitril (An): **II** 6,2, 13,3, **II** 6,5, 15,3, *Tetraäthylammoniumbromid* (**IV**) 11,9, 22,9. Die Rkk. verlaufen nach der 2. Ordnung, je 1. Ordnung bzgl. **I** u. Zusatzstoff; bei der Rk. von **I** mit **III** in An tritt (geringfügig) eine kinet. Komponente 1. Ordnung auf (k_1 ca. 0,02 s^{-1} bei 90,6°). Die k_2-Werte der Rk. von **I** mit **III** in Bzl. nehmen während der Rk. etwas zu, was auf einen Mediumeffekt zurückgeführt wird. In Bzl. verlaufen die HBr-Eliminierungen zweifellos nach einem E2-Mechanismus unter Bldg. eines Nd. aus Aminhydrobromid, eine heterogene Katalyse wird aber nicht beobachtet. Das anomale Rk.-Vermögen von **III** im Vgl. zu **II** (unter Berücksichtigung der Basenstärken) wird damit erklärt, daß bei der Rk. von **III** in An die Rk. teilweise nach einem S_N2-Mechanismus abläuft, wobei sich die stärker nucleophilen Eigg. von **III** bemerkbar machen. Bei der Rk. von **I** in Ggw. von **IV** entstanden *Biphenylyl-(4)-cyclohexen-(1')-ylketon* (**V**) sowie *Biphenylyl-(4)-cyclohexylketon*. Offenbar

liegt im Prod.-Gemisch ein Gleichgewicht vor, das 77% **V** enthält. Die Rk. von **I** in An in Ggw. von Piperidiniumbromid (**IIa**; bei 90,6° k = 2,9) verläuft nach der kinet. Ordnung 1,5 (1. Ordnung bzgl. **I**, 0,5. Ordnung bzgl. **IIa**). Es wurde nachgewiesen, daß **I** bei 90,6° in Bzl. stabil ist, dagegen erfolgt in An eine langsame Rk. (k_1 ca. $3 \cdot 10^{-7}$ s^{-1}).
Versuche: *Biphenylyl-(4)-cyclohexen-(1')-ylketon* (**V**), F. 67—68° (Methanol), durch 276std. Erwärmen von **I** u. **II** in Bzl. auf 90,6°; 56% (Ausbeute). — *2'-Piperidinocyclohexylbiphenylyl-(4)-keton, Hydrochlorid*, $C_{24}H_{30}ClNO$, F. 192—195° (Zers.), durch 25tägiges Stehenlassen von 1,12 g **V** in **II** bei Raum-Temp.; 1,18 g (verunreinigt mit ca. 5% **IIa**). *Freie Base*, F. 120—123,5° (unrein). — *2'-Bromcyclohexylbiphenylyl-(4)-keton*, $C_{19}H_{19}BrO$, F. 124° (CCl_4–PAe.), durch Sättigen der Lsg. von **V** in Ae. mit HBr u. 48std. Stehenlassen; 65%. B. GNAUCK. B 225□

Die Addition von Äthylradikalen an Äthylen. F. W. Lampe und F. H. Field. (Canad. J. Chem. **37.** 995—98. Mai 1959. Baytown, Tex., Humble Oil and Refining Co., Res. and Dev. Div.; engl.) — Bei der Einw. von durch Photolyse aus Azoäthan hergestellten *Äthylradikalen* auf *Äthylen* entstanden N_2, C_2H_6, n-C_4H_{10} u. n-C_6H_{14} ohne nennenswerte Mengen von Octan oder höheren KW-Stoffen. Nur bei höchster Äthylenkonversion bei Umsetzungen bei 175° entstand etwas Butylen. Die Umwandlung von C_2H_4 lag bei 2—6%. Die Verss. wurden bei Temp. von 125—175° mit Vers.-Dauern von 15—70 Min. durchgeführt. Für die Addition von Äthylradikalen an C_2H_4 wurde eine Aktivierungsenergie E_4–½ E_3 von 5,5 kcal/Mol berechnet, $A_4/A_3^{1/2}$ beträgt $2{,}6 \cdot 10^{-9}$.
U. SCHÜSSLER. B 226□

Photoreaktion von Tetrachlorkohlenstoff mit Dioxan. G. A. Rasuwajew, N. Ss. Wassileisskaja, W. T. Bytschkow und A. Je. Makarjewa. (Журнал Общей Химии [J. allg. Chem.] **31** (**93**). 4057—58. Dez. 1961; russ.) — Nach 100std. Bestrahlung von 0,7 Mol CCl_4 u. 0,4 Mol Dioxan mit UV-Licht wurden erhalten: 0,1 Mol *HCl*; 1 mMol *Chlf.*; 5 mMol *Hexachloräthan* u. *2-Trichlormethyl-1.4-dioxan* ($C_5H_7Cl_3O_2$, F. 136—138°), dessen Struktur IR-analyt., durch positive Isonitril-Rk. u. Abbau zu Glyoxal-2.4-dinitrophenylhydrazon bewiesen wurde. Für die Rk. wird ein Radikalmechanismus angegeben. HELMUT SCHÄFER. B 226

Photoreaktionen metallorganischer Quecksilberverbindungen in Lösungen. 15. Mitt. **Photoreaktionen der Mercuri-bis-[p-benzoesäure] und ihres Dimethylesters.** Ju. A. Oldekop und S. B. Ideltschik. (Журнал Общей Химии [J. allg. Chem.] **30** (**92**). 2564—67. Aug. 1960. Inst. für physiko-org. Chem. der Akad. der Wiss. der BelorussSSR; russ.) — 14. vgl. C. **1955.** 1941. — Die Bestrahlung von p.p'-Mercuridibenzoesäure (**I**) in Methanol mit der Hg-Lampe liefert *Benzoesäure* (**II**; F. 119—120°), *Hg* u. *Formaldehyd* (**III**; *Dimedon-Deriv.*, F. 185—186°). **I**-Dimethylester geht analog in **II**-Methylester (n_D^{15} 1,5168), **III** u. Hg über. In CCl_4 werden bei der Photo-Rk. von **I**-Dimethylester *p-Carbomethoxyphenyl-HgCl* [F. 258—259° (Aceton)], *Hexachloräthan* (F. 183—184°), der *Methylester* der *p-Chlorbenzoesäure* [F. 235° (wss. Dioxan)] u. wenig $HgCl_2$ gebildet; die gleichen Verbb. findet man beim Arbeiten in Chloroform. **I** wird beim Bestrahlen in CCl_4 oder Chlf. nicht verändert. H.-E. TOUSSAINT. B 226□

Der Einfluß von Psoralen auf die Pigmentproduktion. 1. Mitt. **Der Einfluß ultravioletter Strahlung auf Psoralen.** Anand L. Misra, S. C. Agarwala und B. Mukerji. (J. sci. ind. Res. [New Delhi], Sect. C **20.** 339—41. Dez. 1961. Lucknow, India, Central Drug Res. Inst.; engl.) — Bei UV-Bestrahlung (Maximum 253,7 mμ) einer Suspension oder einer wss. alkohol. Lsg. von *Psoralen* (**I**) entstehen fluorescierende neue Prodd., die von **I** verschieden sind. P. GREGORZEWSKI. B 226□

Organische Verbindungen in Mikrowellenentladungen. Andrew Streitwieser jun. und Harold R. Ward. (J. Amer. chem. Soc. **84.** 1065—66. 20/3. 1962. Berkeley, Calif., Univ. of California, Dep. of Chem.; engl.) — Vff. untersuchen das Verh. von organ. Verbb., die in einem He, H_2 oder He–CH_4-Strom in einem Quarzrohr einer Mikrowellenentladung unterworfen werden: Bei *Toluol* (**I**) wird neben Teer-Prodd. unverändertes **I** (68—88%), Bzl. (37—75% des neben **I** erhaltenen Kondensates), Äthylbenzol (11—25%), m- u. p-Xylol (1%), Styrol (4—7%), Phenylacetylen (3—5%), aliphat. u. alicycl. Olefine (5—27%) u. andere Verbb. erhalten. Die Teer-Bldg. steigt mit zunehmender **I**-Konz., mit H_2 als Trägergas nimmt der Bzl.-Anteil stark zu. Biaryl- oder Bibenzyl-Verbb. werden nicht aufgefunden, deshalb scheinen Ion–Mol.-Rkk. bedeutender als Radikalkombinationen zu sein. A. TREDE. B 226□

Über das bestrahlte Benzo-[a]-pyren. 3. Mitt. **Bestrahlung in Gegenwart von Sauerstoff.** G. Milazzo, C. G. Casinovi und Maria A. Ciasca. (Rend. Ist. super. Sanità **23.** 1065—72. 1960. Roma, Ist. super. Sanità, Labor. di Chim.; Labor. di Chim. biol.; ital.) — 2. vgl. C. **1954.** 6461. — Eine Lsg. von *Benzo-[a]-pyren* in n-Hexan wird in Ggw. von O_2 mit γ-Strahlen aus ^{60}Co bestrahlt. Die Gesamtdosis beträgt $23 \cdot 10^6$ r.

Die Prodd. werden spektroskop. (UV u. sichtbares Spektrum), chromatograph. an Al_2O_3 u. papierchromatograph. untersucht. Der Vgl. der sichtbaren Spektren zeigt, daß von den 3 Prodd. 2 dem Benzo-[a]-pyren-1.6-chinon u. -3.6-chinon entsprechen. Vff. nehmen an, daß diese unter Einw. von O_2 gebildeten Chinone gegen γ-Strahlung resistent sind. Das dritte, nicht identifizierte Prod. ist gelb u. liegt in sehr kleiner Menge vor. R. K. MÜLLER. B 226□

Kinetik der durch Selendioxid katalysierten Hydroperoxidoxydation von Dimethylanilin in wässerigem Methanol. Yoshiro Ogata und Iwao Tabushi. (Bull. chem. Soc. Japan **32**. 215—20. März 1959. Sakyo-ku, Kyoto, Kyoto Univ., Fac. of Engng., Dep. of Ind. Chem.; engl.) — Die durch SeO_2 (I) katalysierte Oxydation von *Dimethylanilin* (III) mit H_2O_2 (II) wird bei 40—60° in 50—95%ig. wss. Methanol untersucht. Die Geschw. des Verbrauches von II im Rk.-Gemisch beträgt v = k [II]·[I]·[III] + k' [II]·[I]. Dabei scheint der 1. Summand der Rk.-Geschw. zwischen III u. einem aus I u. II rasch gebildeten Komplex (HO_2SeOOH), der 2. Summand der Rk. von III mit einem aus I u. II langsam entstehenden Komplex $\left(\begin{matrix} HO \\ HO \end{matrix} \rangle Se \langle \begin{matrix} O \\ \downarrow \\ O \end{matrix} \text{ oder } HO-\underset{\underset{O}{\downarrow}}{Se}-O-OH \right)$ zu entsprechen. Wird der Rk.-Lsg. $HClO_4$ zugesetzt, so nimmt die Geschw.-Konst. Pseudo-1.-Ordnung, bezogen auf II, zunächst zu, bei steigender Konz. jedoch ab. v nimmt bei Erhöhung des Wasser-Geh. des Lsgm. ab. Die Oxydation verläuft nicht über freie Radikale; in Ggw. von Acrylonitril findet keine Polymerisation statt. Die Aktivierungsenthalpie $\Delta H^{\neq}$ wurde zu 11,68 kcal/Mol (bei 40—60°), die -entropie $\Delta S^{\neq}$ zu 11,8 cal $Grad^{-1}$ Mol^{-1} (bei 50°) berechnet. L. LAMZA. B 227

Untersuchung der isomeren Umwandlungen von Alkylnaphthalinen. 1. Mitt. **Isomerisierung von Methylnaphthalinen.** N. N. Woroshzow jun. und W. A. Koptjug. (Журнал Общей Химии [J. allg. Chem.] **29** (**91**). 1541—45. Mai 1959. Moskau, Chem.-Technol. Mendelejew-Inst.; russ.) — Die katalyt. Isomerisierung von *1-* (I) u. *2-Methylnaphthalin* (I) an synthet. Alumosilicat (30% Al_2O_3, 65,5% SiO_2, 0,5% Fe_2O_3) bei 270—450° ist eine Gleichgewichts-Rk., deren Einstellung sich mit der Temp. wenig ändert (30% I u. 70% II). Als Nebenrk. tritt Disproportionierung zu Naphthalin u. Di- u. Polymethylnaphthalinen auf (bei 450° 24,3% Naphthalin). Bei tieferen Temp. sinkt der Naphthalinanteil im Katalysat, ebenso bei Erhöhung der Strömungsgeschw. des Monomethylnaphthalins. Die optimale Temp. für die Isomerisierung von I zu II beträgt 300—350°; z. B. beträgt die Ausbeute an II bei 320° u. einer Strömungsgeschw. von 140 g/h·Liter Katalysator 60%. — *1-Methylnaphthalin* (I), Kp. 241,5—243°, aus 1-Chlormethylnaphthalin über die Mg-organ. Verb.; n_D^{20} 1,6174; 71% (Ausbeute). — *2-Methylnaphthalin* (II), F. 34,5—35° (Methanol). — *Mol.-Verb. von* I *mit 2.4.7-Trinitrofluorenon,* F. 162,0—163,3° (Eisessig); orangefarbene Nadeln. — *Mol.-Verb. von* II *mit 1.3.5-Trinitrobenzol,* F. 123,0—123,7°; citronengelbe Nadeln. B. CELMS. B 227

C. Präparative organische Chemie. Naturstoffe

2.3-Dichlor-2-methylpentanal. Einwirkung einer Organomagnesiumverbindung. Daniel Haas. (Bull. Soc. chim. France **1962**. 73—74. Jan. Paris, École Norm. Sup., Labor. de Chim.; franz.) — Die Einw. von Äthyl-MgBr (I) auf 2.3-Dichlor-2-methylpentanal (II) führt zu einem schwer trennbaren Gemisch von Rk.-Prodd., aus dem 23% *4.5-Dichlor-4-methylheptanol-(3)* (III) isoliert werden können. Außerdem konnten *5-Chlor-4-methylheptanon-(3)* (IV) nachgewiesen u. unerwarteterweise *2.3-Dichlor-2-methylpentanol-(1)* (V), der durch reduktive Wrkg. des Mg entstanden ist, in unreinem Zustand isoliert werden. Von den 4 möglichen Diastereoisomeren von III konnte diejenige Form, welche sich mit KOH am wenigsten leicht in ein Epoxid überführen läßt, kristallin erhalten werden.

Versuche: *2.3-Dichlor-2-methylpentanal* (II), $Kp._{16}$ 71—73°, durch Einw. eines schwachen Cl_2-Stromes auf frisch dest. 2-Methylpenten-(2)-al in CH_2Cl_2 bei —10°; 80% (Ausbeute). — *4.5-Dichlor-4-methylheptanol-(3)* (III; *Diastereomerengemisch*), $Kp._{0,1}$ 50 bis 53°, durch portionsweises Einrühren einer 2n I-Lsg. in eine äther. Lsg. von II bei —10°; n_D^{20} 1,4781; $D._4^{20}$ 1,128; 23%. *Phenylurethan,* F. 91—92°; daneben *5-Chlor-4-methylheptanon-(3)* (IV; $Kp._{15}$ 80—86°) u. V ($Kp._{15}$ 86—91°), beide unrein. — *5-Chlor-4-methyl-3.4-epoxyheptan,* $Kp._{14}$ 72—75°, durch 20std. Behandlung von 10 g III mit 10 ml 50%ig. wss. KOH bei 40°; $D._4^{16}$ 0,9919; n_D^{16} 1,444; 3 g; daneben ein *Isomeres* von III, F. 50,5—52,5°. — *4-Methylhepten-(3)-on-(5), 2.4-Dinitrophenylhydrazon,* F. 147°, durch 48std. Erhitzen von 1 g IV mit 2 g LiCl in 15 ml Dimethylformamid auf 100°

unter N_2 u. Fällung mit BRADY-Reagens; orangerot; 0,4 g. — *2.3-Dichlor-2-methylpentansäure*, F. 72,5—73°, Kp.$_{0,5}$ 80—85°, a) durch portionsweises Zufügen von 5 g **V** zu 50 ml eines Gemisches aus rauchender u. konz. HNO_3 (1:1) u. 2std. Erwärmen auf 40—50°; 0,3 g; b) analog aus **II**; 70%; c) durch Einleiten eines Cl_2-Stromes in eine Lsg. von 2-Methylpenten-(2)-säure in CCl_4 bei —10°. — *2.3-Dichlor-2-methylpentanol-(1)* (**V**), unrein, Kp.$_{0,2}$ 30—40°, durch 50std. Erwärmen von 63 g **II** in 500 ml wasserfreiem Isopropanol in Ggw. von 70 g Al-Isopropylat unter Abdestillieren von Aceton. — Die charakterist. Banden der IR-Spektren sind angegeben.

GERHARD MÜLLER/Bitterfeld. 470 □

Tritium-markierte Zucker für Tracer-Untersuchungen. Anonym. (Lab. Pract. **9**. 252—54. April 1960; engl.) — Übersicht über die synthet. u. analyt. Arbeiten des NATIONAL BUREAU OF STANDARDS auf dem Gebiet der Tritium-markierten Zucker. — 9 Literaturangaben. U. DREHMANN. 480

Untersuchungen an mit Tritium markierten Verbindungen. 2. Mitt. **Darstellung von mit Tritium markierter Stearinsäure.** Yoshishige Sato, Teruhiko Meshi und Tadao Takahashi. (Bull. chem. Soc. Japan **34**. 167—69. Febr. 1961. Higashiyodogawa-ku, Osaka, Tanabe Seiyahn Co., Ltd., Kashima-cho, Osaka Res. Labor.; engl.) — 1. vgl. Jap. J. Pharm. Chem. [Yakugaku Kenkyu] **32** (5). [1960.] 317. — Die Darst. *T-markierter Stearinsäure* (**I**) erfolgte nach verschiedenen Meth.: a) durch 20 Min. lange Red. von Äthyllinoleat mit H–T-Gas (durch Elektrolyse von HTO) an PtO_2, Filtrieren, 3std. Kochen in methanol. KOH, Ansäuern u. Ausäthern; 90% (Ausbeute; spezif. Aktivität 0,9 μc/mg); b) durch 7tägiges Erhitzen von Stearinsäure (**II**) in Ggw. von KOH, Pt u. HTO im Rohr; 90% (6,2 μc/mg); c) durch 3 Min. lange Einw. elektr. Entladung auf **II** unter H–T-Gas in einer Zelle mit W-Elektroden bei 100 Torr; 100% (91,6 μc/g); d) durch 17std. Einw. eines Neutronenstroms ($2,5 \cdot 10^{11}$ n/cm² s) auf 2 g **II** u. 1 g Li_2CO_3, Aufnehmen in Ae. u. A. u. Hydrolyse; 0,6 g (ca. 5% T-Geh.). Die Herst. von **I** nach d) ist wegen des großen Anteils an Abbau-Prodd. ungünstig; bei den Verff. a)—c) wirkt sich hohe Aktivität des H–T-Gases günstig aus, ebenso wie längere Einw.-Dauer bei c).

W. UNTZE. 480 □

Untersuchungen an mit Tritium markierten Verbindungen. 4. Mitt. **Darstellung von mit Tritium markiertem Alanin durch elektrische Entladung.** Yoshishige Sato und Tadao Takahashi. (Bull. chem. Soc. Japan **34**. 169—70. Febr. 1961; engl.) — 3. vgl. Bull. chem. Soc. Japan **33**. [1960.] 1146; 2. vgl. vorst. Referat. — *T-markiertes Alanin* (**I**) von hoher spezif. Aktivität (4,4 μc/mg) entsteht durch 10 Min. langer Einw. elektr. Entladung (8000 V) auf ca. 50 mg α-Hydroxyiminopropionsäure (**II**) an Stelle von Alanin in H–T-Gas bei 40 Torr. 350 μg *T-markierte* **II** läßt sich mit Ae. abtrennen, der in Ae. unlösl. Rest enthält, chromatograph. aufgetrennt, neben 20 μg **I** noch je 2 μg *unidentifizierbarer Verbb.* der spezif. Aktivität 12,9 bzw. 17,2 μc/mg.

W. UNTZE. 480 □

Über die Bildung von Organoaluminiumverbindungen aus Enaminen. Darstellung von deuterierten Aminen. Jean Sansoulet und Zoltan Welvart. (Bull. Soc. chim. France **1962**. 77—80. Jan. Gif-sur-Yvette, C.N.R.S., Inst. de Chim. des Subst. Natur.; franz.) — $AlHCl_2$ bildet mit Enaminen *Organo-Al-Verbb.* (**A**), die sich durch Hydrolyse in *Amine* u. durch Einw. von O_2 in *Aminoalkohole* überführen lassen. Hydrolyse der **A** mit D_2O führt zu *deuterierten Aminen.* Der Rk.-Mechanismus wird diskutiert u. die Struktur der erhaltenen Verbb. sichergestellt. IR-Spektren s. Original.

Versuche: Die folgenden Amine werden durch portionsweises Zufügen einer äther. Lsg. von 0,02 Mol Enamin zu einer solchen von $AlHCl_2$ (aus 0,06 Mol $AlCl_3$ u. 0,02 Mol $LiAlH_4$) unter N_2 u. 1std. Erwärmen u. Zufügen von Äthylacetat/Ae. u. einer 10%ig. wss. Na_2CO_3-Lsg.; 60—80% (Ausbeute): *1-Piperidinobutan*, aus 1-Piperidino-buten-(1) (**I**). *Pikrat*, F. 134°. — *1-Piperidino-2-phenyläthan*, aus 1-Piperidino-2-phenyläthylen. *Pikrat*, F. 148°. — *Piperidinocyclohexan*, aus Piperidinocyclohexen-(1). *Pikrat*, F. 134°. — *Piperidinocyclopentan* (**II**), aus Piperidinocyclopenten-(1). *Pikrat*, F. 171°. — *1-Piperidinobutanol-(2)*, $C_9H_{19}NO$, Kp.$_{22}$ 98—99°, a) durch 8std. Einleiten eines trokkenen Luftstroms in ein wie vorst. bereitetes Rk.-Gemisch aus **I** u. Zufügen von 40%ig. NaOH; n_D^{25} 1,4608; 16%; daneben vermutlich ein Polykondens.-Prod. von **I**; b) durch Zufügen einer äther. Lsg. von 12,4 g Piperidinoacetonitril zu einer solchen von 0,135 Mol Diäthyl-Mg unter N_2, 24std. Stehen u. Red. des nach Zers. erhaltenen *1-Piperidino-butanons-(2)* (Kp.$_{22}$ 102—104°; n_D^{25} 1,4562; 58%) mit $LiAlH_4$; 9 g. *Hydrochlorid*, F. 200 bis 202° (Isopropylalkohol/Ae.). *Hydrochlorid des Acetats*, $C_{11}H_{21}NO_2 \cdot HCl$, F. 172—175° (Isopropylalkohol/Ae.). — *$D_{(2)}$-1-Piperidinocyclopentan*, $C_{10}H_{18}DN$, Kp.$_{22}$ 33°, durch portionsweises Zufügen von D_2O zu einer wie oben bereiteten Lsg. der Organo-Al-Verb. aus **II** unter intensiver Kühlung, 8std. Rühren, Zufügen von Äthylacetat/Ae. u. 10%ig.

wss. Na_2CO_3-Lsg.; 45%. — *1-Piperidino-1-cyancyclopentan*, $Kp._{1,5}$ 94°, durch längere Einw. von Cyclopentanon auf äquimol. Mengen Piperidinhydrochlorid u. NaCN in wss. Lsg.; n_D 1,4904; 60%. — *$D_{(1)}$-1-Piperidinocyclopentan*, durch Zufügen einer äther. Lsg. vorst. Verb. zu einer solchen von $LiAlD_4$ (aus $AlBr_3$ u. LiD nach WIBERG u. SCHMIDT, C. **1952**. 5059) u. Isolierung als *Pikrat*; 30%. GERHARD MÜLLER/Bitterfeld. 480 □

Synthese von $^{14}C_{(4)}$-3β-Hydroxy-Δ^5-androsten-17-on und $^{14}C_{(4)}$-3β-Hydroxy-Δ^5-pregnen-20-on. Zofia Tarasiejska Glazer und Marcel Gut. (J. org. Chemistry **26**. 4725—26. Nov. 1961. Shrewsbury, Mass., Worcester Found. for Exper. Biol.; engl.) — Androstendion u. Progesteron werden nach bekannten Meth. durch selektive Red. der 3-Ketofunktion u. Verschiebung der Doppelbindung in die 5.6-Stellung in *Dehydroepiandrosteron* (III) bzw. *Δ^5-Pregnenolon* (V) übergeführt. Hierzu werden die 17- bzw. 20-Semicarbazone der 3-Enolacetate mit $LiBH_4$ red., oder es wird das 3-Enolacetat mit $LiBH_4$ red., mit Digitonin behandelt u. die *Digitoninkomplex-Verb.* mit CrO_3/CH_3COOH oxydiert. Die entsprechenden ^{14}C-Verbb. werden analog aus $^{14}C_{(4)}$-Androstendion bzw. $^{14}C_{(4)}$-Progesteron erhalten. UV-Spektren s. Original.

Versuche: *Δ^4-Androsten-3.17-dion-3-enolacetat* (I), F. 125°, nach WESTPHAL (Ber. dtsch. chem. Ges. **70**. [1937.] 2128); 82% (Ausbeute). — *Δ^4-Androsten-3.17-dion-3-enolacetat-17-semicarbazon* (II), $C_{22}H_{31}N_3O_3$, F. 264—265°, aus 465 mg **I** in A. u. Pyridin durch 30 Min. langes Erhitzen mit 500 mg Semicarbazidhydrochlorid in W.; $[\alpha]_D^{24}$ −114° (c = 0,18; $HCCl_3$); Prismen aus CH_3OH; 492 mg. — *Dehydroepiandrosteron* [*3β-Hydroxy-Δ^5-androsten-17-on*; **III**], F. 139—141°, aus einer Lsg. von 374 mg **II** in CH_3OH u. Pyridin durch Zugabe von $NaBH_4$ in CH_3OH, 20std. Stehen bei Raum-Temp. u. anschließende Behandlung mit Brenztraubensäure; 117 mg; daneben durch Ae.-Extraktion normale Chromatographie an Al_2O_3 *Δ$^{3.5}$-Androstadien-17-on* (F. 87—89°; $[\alpha]_D^{24}$ −32° (c = 0,81; A.; 6%) u. *3α-Hydroxy-Δ^5-androsten-17-on*, F. 219—221°, $[\alpha]_D^{24}$ +1° (c = 1,1; A.); 9%. — *Progesteron-3-enolacetat-20-semicarbazon* (IV), $C_{21}H_{35}N_3O_3$, F. 250—280° (Zers.), aus Progesteron-3-enolacetat analog **II**; gelbe Kristalle; 63%. — *3β-Hydroxy-Δ^5-pregnen-20-on* (V), F. 185—187°, a) aus **IV** analog **III**; 26%; daneben aus den Mutterlaugen durch Chromatographie an Al_2O_3 4% *3β-Acetoxy-Δ^5-pregnen-20-on*, 6% *Progesteron* u. 5% *3α-Hydroxy-Δ^5-pregnen-20-on*; b) durch Zugabe von Δ^5-Pregnen-3β.20β-diol (durch $NaBH_4$-Red. von Progesteron-3-enolacetat) zu in heißem 90%ig. A. gelösten Digitonin, 18std. Stehen bei Raum-Temp., Zugabe von Essigsäure u. Oxydation mit CrO_3/Essigsäure; 47%. G. LEITHÄUSER. 480 □

Untersuchungen über die Stereospezifität einiger Darstellungsmethoden für Vinylbromide. Henri Sliwa und Pierre Maitte. (Bull. Soc. chim. France **1962**. 369—74. Febr. Paris, Fac. des Sci., Labor. de Chim.; franz.) — Vff. stellen einige *trans-* u. *cis-Formen* von *Alken-(2)-säuren* (**A**) nach bekannten Meth. dar, die gleichermaßen durch Dibromierung u. Abspaltung von HBr u. CO_2 ein Gemisch aus *cis-* u. *trans-Vinylbromiden* ergeben, in dem ersteres überwiegt. Über die Mg-organ. Verbb. wurden daraus einige *Alkenole* dargestellt, die im wesentlichen ebenfalls *cis*-Konfiguration besitzen, aber mit geringen Mengen der trans-Verb. verunreinigt sind. Die charakterist. Banden der IR-Spektren sind angegeben u. werden zur Konfigurations-Best. herangezogen. Bei den verzweigtkettigen **A** läßt sich eine sichere Entscheidung über die Konfiguration nicht treffen.

Versuche: trans-Alken-2-säuren (trans-**A**), durch KNOEVENAGEL-Synth.: *-Penten-*, $Kp._{19}$ 105—106°; $D._4^{23}$ 0,983; n_D^{23} 1,450; 66% (Ausbeute). — *-Hexen-*, $Kp._{11}$ 109°; F. 33°; 75%. — *-Nonen-*, $Kp._{14}$ 150°; $D._4^{21}$ 0,930; n_D^{21} 1,460; 80%. — Alkin-2-säuren, durch Carboxylierung der Mg-Verbb. der entsprechenden KW-Stoffe: *Heptin-*, $Kp._{19}$ 135°; $D._4^{21}$ 0,976; n_D^{21} 1,460; 60%. *Äthylester*, $Kp._{16}$ 97,5°; $D._4^{21}$ 0,917; n_D^{21} 1,444. — *Nonin-*, $Kp._{17}$ 153°; $D._4^{20}$ 0,949; n_D^{20} 1,462. *Äthylester*, $Kp._{17}$ 125°; $D._4^{21}$ 0,907; n_D^{21} 1,448. — cis-Alken-2-säureäthylester, durch Hydrierung vorst. Ester an Pd nach LINDLAR: *-Hepten-*, $Kp._{20}$ 80°; $D._4^{23}$ 0,888; n_D^{23} 1,434. — *-Nonen-*, $Kp._{15}$ 108°; $D._4^{21}$ 0,885; n_D^{21} 1,439. — cis-Alken-2-säuren (cis-**A**), durch Verseifung vorst. Ester: *-Hepten-*, $Kp._{16}$ 117°; $D._4^{22}$ 0,940; n_D^{22} 1,449. — *-Nonen-*, $Kp._{22}$ 149°; $D._4^{21}$ 0,912; n_D^{21} 1,445. — *2-Cyan-3-methylocten-(2)-säureäthylester*, $Kp._{16}$ 146—148°, durch 5std. Erhitzen einer Lsg. von Cyanessigsäureäthylester, Methyl-n-amylketon (I) u. Acetamid in Essigsäure unter langsamem Abdestillieren des Rk.-Wassers; 80%. — *3-Methylocten-(2)-säurenitril*, $Kp._{15}$ 97,5°, durch 5std. Kochen vorst. Verb. mit verd. H_2SO_4 in Essigsäure u. Decarboxylierung durch Dest.; $D._4^{21}$ 0,833; n_D^{21} 1,444; 27% neben 60% **I**. — *3-Methylocten-(2)-säureäthylester*, $Kp._{15}$ 101°, durch Behandlung vorst. Verb. mit gesätt. alkohol. HCl; $D._4^{23}$ 0,878; n_D^{23} 1,440; 50%. — *3-Methylocten-(2)-säure* (**II**), $Kp._{14}$ 136—137°, a) aus vorst. Verb. durch Verseifung; 87 bzw. 10% (bezogen auf eingesetztes **I**); b) durch REFORMATSKI-Synth. in Bzl./Toluol (1:1) 64%; $D._4^{22}$ 0,924; n_D^{22}

1,454. — Analog II nach b) wurden weiterhin dargestellt: *3-Methylhexen-(2)-säure*, Kp.$_{16}$ 116—117°; D.$_4^{21}$ 0,939; n_D^{21} 1,446; 50%. — *3.5-Dimethylhexen-(2)-säure*, Kp.$_{13}$ 115 bis 116°; D.$_4^{21}$ 0,936; n_D^{21} 1,415; 52%. — *3-Methylnonen-(2)-säure*, Kp.$_{16}$ 149—150°; D.$_4^{20}$ 0,926; n_D^{20} 1,457. — *3.7-Dimethyloctadien-(2.6)-säure*, Kp.$_{16}$ 145—146°; D.$_4^{22}$ 0,991; n_D^{22} 1,476. — 1-Bromalkene-(1), durch Bromieren der trans-**A** bei 0° in Chlf. unter UV-Bestrahlung bis zur bleibenden schwachen Färbung u. Kochen der entstandenen *α.β-Dibromalkansäuren* mit 15%ig. wss. Na_2CO_3-Lsg. (Meth. **B**) bzw. durch 4std. Kochen mit wasserfreiem Pyridin (Meth. **C**): *-buten-*, Kp. 60—61°, nach **C**; D.$_4^{21}$ 1,322; n_D^{21} 1,454; 15%. — *-penten-*, C_5H_9Br, Kp.$_{130}$ 70—71°, nach **B**; D.$_4^{21}$ 1,246; n_D^{21} 1,457. — *-octen-*, $C_8H_{15}Br$, Kp.$_{14}$ 72—73°, nach **B**; D.$_4^{20}$ 1,133; n_D^{20} 1,462; 25%. — Ebenso aus cis-**A**: *-hexen-*, Kp. 77—78°, nach **C**; D.$_4^{20}$ 1,218; n_D^{20} 1,459; 15%. — *-octen-*, Kp.$_{15}$ 73—74°, nach **C**; D.$_4^{20}$ 1,135; n_D^{20} 1,463; 15%. — Ebenso aus verzweigten **A**: *-2-methyl-penten-*, $C_6H_{11}Br$, Kp.$_{15}$ 37—38°, nach **B**; D.$_4^{16}$ 1,196; n_D^{16} 1,468; 56%. — *-2.4-dimethyl-penten-*, $C_7H_{13}Br$, Kp.$_{35}$ 58,5°, nach **B**; D.$_4^{20}$ 1,152; n_D^{20} 1,466; 40%. — *-2-methylhepten-*, $C_8H_{15}Br$, Kp.$_{16}$ 74°, nach **B**; D.$_4^{20}$ 1,125; n_D^{20} 1,472; 55%. — *-2-methylocten-*, $C_9H_{17}Br$, Kp.$_{20}$ 92—93°, nach **B**; D.$_4^{18}$ 1,103; n_D^{18} 1,470; 45%. — Alkin-(3)-ole-(2), durch Kondens. von Acetaldehyd mit den entsprechenden Alkinen: *Octin-*, Kp.$_{15}$ 84—85°; D.$_4^{21}$ 0,861; n_D^{21} 1,448; 64%. — *Decin-*, Kp.$_{15}$ 109—110°; D.$_4^{18}$ 0,862; n_D^{18} 1,453; 65%. — cis-Alken-(3)-ole-(2), durch Hydrierung vorst. Verbb. an LINDLAR-Pd unter Normaldruck: *-Octen-*, Kp.$_{21}$ 82°; D.$_4^{21}$ 0,8347; n_D^{21} 1,441; 89%. — *-Decen-*, Kp.$_{16}$ 106°; D.$_4^{22}$ 0,8319; n_D^{19} 1,445; 85%. — trans-Alken-(3)-ole-(2), durch Hydrierung vorvorst. Verbb. mit überschüssigem $LiAlH_4$ in Ae. unter N_2: *-Octen-*, Kp.$_{15}$ 82,5—83°, D.$_4^{20}$ 0,855; n_D^{20} 1,446; 66%. — *-Decen-*, Kp.$_{15}$ 106°; D.$_4^{17}$ 0,849; n_D^{17} 1,452; 86%. — Alken-(3)-ole-(2), durch Überführung der entsprechenden Bromalkene in Mg-organ. Verbb. u. Umsetzung mit Acetaldehyd: *4-Methylpenten-*, Kp.$_{36}$ 63°; D.$_4^{18}$ 0,837; n_D^{18} 1,440; 80%. — *4.6-Dimethylhepten-*, Kp.$_{14}$ 75—76°; D.$_4^{18}$ 0,838; n_D^{18} 1,447. — *Decen-*, Kp.$_{14}$ 100°; D.$_4^{17}$ 0,848; n_D^{17} 1,447. — Alken-(3)-ole-(1), durch Rk. der Mg-organ. Verbb. mit Äthylenoxid in Tetrahydrofuran unter Rückfluß: *Hexen-*, Kp.$_{14}$ 60°; D.$_4^{17}$ 0,9661; n_D^{17} 1,448; 60%. — *4-Methylpenten-*, Kp.$_{44}$ 81°; D.$_4^{16}$ 0,909; n_D^{16} 1,450; 75%; beide mit Bromäthanol verunreinigt. GERHARD MÜLLER/Bitterfeld. 520□

Bildung gemischter Äther durch Einwirkung von Sulfaten auf Alkohole. Germaine Lagrange, Pierre Mastagli und Georges Cheverry. (C. R. hebd. Séances Acad. Sci. **254.** 1821—22. 5/3. 1962. Paris, Inst. Catholique; franz.) — Beim Kochen von Dimethyl- (**I**) oder Diäthylsulfat (**II**) mit Alkoholen unter Abdest. der gebildeten Äther bis zum Kp. des W. entstehen in guten Ausbeuten überwiegend die gemischten, nur in geringen Mengen die symm. Äther. Zum Beispiel werden gebildet: aus **I** u. Propanol (**III**) *Methylpropyläther* [55,5% (Ausbeute)]; daneben *Dipropyläther* (5,6%); aus **I** u. Butanol (**IV**) *Methylbutyläther* (51%), daneben *Dibutyläther* (**V**), 10%); aus **I** u. Heptanol *Methylheptyläther* (54%); aus **II** u. **III** *Äthylpropyläther* (85%); aus **II** u. **IV** *Äthylbutyläther* (55%), daneben **V** (10%). EBERHARD RIEDEL. 560□

Beobachtungen an einigen Benzyliden-Derivaten von Kohlenhydraten. B. Dobinson, A. B. Foster und M. Stacey. (Tetrahedron Letters [London] **1959.** Nr. 1. 1—4. März. Birmingham, Univ., Chem. Dep.; engl.) — Die bei der Rk. von Benzaldehyd u. D-Perseit (D-Glycero-D-galaheptit) bzw. L-Perseit erhaltenen je 2 *1.3;5.7-Di-O-benzyliden-Derivv.* (vgl. NESS u. Mitarbeiter, J. Amer. chem. Soc. **70.** [1948.] 765) haben ident. IR-Spektren in Nujol u. KBr u. bestehen demnach offenbar aus 2 Paaren nicht diastereoisomerer polymorpher Formen. Die IR-Spektren der durch Rk. von $Mg(C_6H_5)_2$ mit Methyl-2.3-anhydro-4.6-O-benzyliden-α-D-allopyranosid erhaltenen 3 Formen des *Methyl-4.6-O-benzyliden-2-desoxy-2-phenyl-α-D-glucopyranosids* (vgl. RICHARDS, C. **1957.** 13659) zeigen, daß 2 davon verschiedene Verbb. sind; die 3. stellt ein Gemisch dieser beiden dar.

B.-G. BRODDA. 580□

Formamidinsulfinsäure als ein Reduktionsagens. 1. Mitt. Sheishi Takagi, Hisashi Tanaka und Akira Yokoyama. (Pharmac. Bull. [Tokyo] **5.** 615—16. Dez. 1957. Kyoto, Univ., Med. Fac., Inst. of Pharm.; engl.) — Die Red. von Diäthyl- (**I**), Dibenzyl-, Bis-[p-tolyl]- (**II**) u. Bis-[p-chlorphenyl]-disulfid mit Sulfinoformamidin (Formamidin-1-sulfinsäure) (**III**) in A., W., Pyridin oder Dimethylformamid (**IV**) in Ggw. von Alkali liefert die Alkalisalze der entsprechenden *Mercaptane* in guten Ausbeuten. **III** wird dabei zur Sulfoformamidin oxydiert, das unter diesen Bedingungen in Na_2SO_3, CO_2 u. NH_3 zerfällt. Dithiosalicylsäure konnte nicht red. werden.

Versuche: Alkalimercaptide: *-äthyl-*, durch Zugeben von 1 Mol **I** zu einer Lsg. von 1 Mol **III** in A. in Ggw. von 4 Mol Alkali u. 3—5std. Rühren bei 70—80° (Meth. **A**); 66% (Ausbeute). — *-benzyl-*; 81%. — *-p-tolyl-*, a) aus **II** nach **A**; 68%; b) aus **II** nach **A** in **IV**; 56%. — *-p-chlorphenyl-*; 79%. W. HAMPEL. 600□

Synthese von Vinylacetylenaldehydacetalen. W. B. Motschalin und N. G. Iwanowa. (Журнал Общей Химии [J. allg. Chem.] **31** (**93**). 3896—99. Dez. 1961. Moskau, Lomonossow-Inst. für chem. Feintechnol.; russ.) — Durch Kondens. von Orthoameisenester (**I**) mit Vinylacetylenen wurden nach verschiedenen Meth. *Diäthylacetale* von *Vinylacetylenaldehyden* dargestellt.

Versuche: *Penten-(4)-in-(2)-al-(1)-diäthylacetal*, $C_9H_{14}O_2$, Kp.$_{20}$ 85°; D.$_4^{20}$ 0,9040; n_D^{20} 1,4508; a) man erhitzt 55 g **I**, 14,4 g Vinylacetylen u. 1 g $ZnCl_2$ 2½ Std. im Rohr auf 150—170°; 10% (Ausbeute); nach b) (vgl. nachst. Verb.) 16,5%. *2.4-Dinitrophenylhydrazon*, $C_{11}H_8N_4O_4$, F. 119,5—120,5°. — *4-Methylpenten-(4)-in-(2)-(al-(1)-diäthylacetal*, $C_{10}H_{16}O_2$, Kp.$_{25}$ 98—99°; D.$_4^{20}$ 0,8910; n_D^{20} 1,4501; nach a) 16%; b) man gibt zu Äthyl-MgBr (11,3 g Mg, 73,2 g Äthylbromid, 100 ml Ae.) 22,2 g Isopropenylacetylen in 70 ml Ae., kocht 3 Std., gibt bei 0° 69,5 g **I** in 75 ml Ae. zu u. läßt über Nachtstehen; 46,5%. *2.4-Dinitrophenylhydrazon*, $C_{12}H_{10}N_4O_4$, F. 139,5°. — *4-tert.-Butylpenten-(4)-in-(2)-al-(1)-diäthylacetal*, $C_{13}H_{22}O_2$, Kp.$_{20}$ 115—117°; D.$_4^{20}$ 0,8820; n_D^{20} 1,4521; nach a) 46,2%; nach b) 45,5%. *2.4-Dinitrophenylhydrazon*, $C_{15}H_{16}N_4O_4$, F. 130,5. — *3-[Cyclopenten-(1)-yl-(1)]-propin-(2)-al-(1)-diäthylacetal*, $C_{12}H_{18}O_2$, Kp.$_2$ 97°, D.$_4^{20}$ 0,9561; n_D^{20} 1,4774; a) man erhitzt 9,2 g 1-Äthinylcyclopenten-(1), 14,8 g **I** u. 1,5 g $ZnCl_2$ ³/₄ Std. auf 125—155° unter Abdestillieren von 6 ml A.; 55%; nach b) 38%; nach c) (vgl. nachst. Verb.) 35%. *2.4-Dinitrophenylhydrazon*, $C_{14}H_{12}N_4O_4$, F. 150°. — *3-[Cyclohexen-(1)-yl-(1)]-propin-(2)-al-(1)-diäthylacetal*, $C_{13}H_{20}O_2$, Kp.$_3$ 118°; D.$_4^{20}$ 0,9572; n_D^{20} 1,4872; nach a) 53,2%; nach b) 70%; c) man erhitzt 18,6 g 1-Äthinylcyclohexanol-(1), 44,5 g **I** u. 1,5 g $ZnCl_2$ 2¹/₄ Std. auf 130—150° unter Abdestillieren von 34,5 ml A. u. Äthylformiat; 33%. *2.4-Dinitrophenylhydrazon*, $C_{15}H_{14}N_4O_4$, F. 157—158°. Helmut Schäfer. 670

Darstellung von Diketonen R—CO—(CH$_2$)$_n$—CO—R′ durch Einwirkung organischer Cadmiumverbindungen auf Ketosäurechloride: R—CO—(CH$_2$)$_n$—CO—Cl. Frank Tatibouët und Pierre Fréon. (C. R. hebd. Séances Acad. Sci. **248**. 3447—49. 15/6. 1959. Paris, Labor. de Chim.; franz.) — Die Säurechloride von Dicarbonsäuremonoäthylestern werden mit organ. Cd-Verbb. zu *Ketoestern* umgesetzt. Die β-Ketoester erhält man in Ausbeuten bis zu 20%; für δ- u. ε-*Ketoester* sind die Ausbeuten besser Letztere Verbb. liefern durch Verseifung u. Behandeln mit $SOCl_2$ *Ketosäurechloride* (**A**) als leicht zersetzliche Fll.: *5-Ketoheptansäurechlorid*, Kp.$_4$ 80°. — *6-Ketocaprylsäurechlorid*, Kp.$_2$ 95°, 45—60% (Ausbeute). — Durch Rk. der **A** mit organ. Cd-Verbb. erhält man *Diketone* in Ausbeuten von 60—80%: *n-Nonandion-(2.7)*, Kp.$_{15}$ 110°. *Disemicarbazon*, F. 200—201°. — *n-Dodecandion-(5.10)*, F. 47°. *Disemicarbazon*, F. 169°. — *n-Tetradecandion-(7.12)*, F. 56°. *Disemicarbazon*, F. 172°. — γ- oder δ-Ketocarbonsäurechloride liefern keine Diketone, sondern wahrscheinlich *chlorierte cycl. Lactone*.

J. Ruhnke. 720□

Darstellung von α-Oximinoalkoholen. Suzanne Samné und Pierre Fréon. (C. R. hebd. Séances Acad. Sci. **254**. 1643—45. 26/2. 1962. Paris, Fac. des Sci., Labor. de Chim. organ.; franz.) — α-Oximinoketone können durch 1—2std. Kochen mit KBH_4 in CH_3OH partiell red. werden zu den entsprechenden *α-Oximinoalkoholen*, die in konz. wss. $CuSO_4$- oder Cu-Acetat-Lsg. in W. unlösl. Cu-Salze geben.

Versuche: *1-Oximinopropanol-(2)*, *Cu-Salz*, $C_3H_5CuNO_2$, aus Oximinoaceton; 36% (Ausbeute). — *2-Oximinobutanol-(3)*, *Cu-Salz*, $C_4H_7CuNO_2$, aus Diacetylmonoxim; 90%. — *3-Oximino-n-octanol-(2)*, F. 62—63°; 50%. *Cu-Salz*, $C_8H_{15}CuNO_2$; 70%. — *3-Oximino-4-methylpentanol-(2)*, F. 93—94°; 45%. *Cu-Salz*, $C_6H_{11}CuNO_2$; 85%. — *1-Phenyl-2-oximinoäthanol*, F. 93—94°; 80%. *Cu-Salz*, $C_8H_7CuNO_2$; 40%. — *1-Phenyl-1-oximinopropanol-(2)*, F. 129—130°; 70%. *Cu-Salz*, $C_9H_9CuNO_2$; 40%. — *1-Phenyl-2-oximinopropanol-(1)*, F. 115—116°; 84%. *Cu-Salz*, $C_9H_9CuNO_2$; 90%.

Eberhard Riedel. 740□

Die Darstellung N-disubstituierter Formamide. M. B. Frankel, H. Feuer und J. Bank. (Tetrahedron Letters [London] **1959**. Nr. 7. 5—7. Juli. Azusa, Calif., Aerojet Corp. Res. Labor.; Lafayette, Ind., Purdue Univ., Dep. of Chem.; engl.) — Unter den Bedingungen der Carbylamin-Rk. gehen sek. Amine in *disubstituierte Formamide* über. Ein möglicher Rk.-Mechanismus ist angegeben. — Beispiele: *Dibutylformamid*, $C_9H_{19}NO$, Kp.$_{0,1}$ 63°, aus redest. Dibutylamin in Chlf. durch Zufügen von NaOH in Methanol u. 24std. Kochen; n_D^{25} 1,4419; 65,1% (Ausbeute). — *Diisobutylformamid*, analog aus Diisobutylamin; 35%. — *Diäthylformamid*, aus Diäthylamin; 40%.

B.-G. Brodda. 810□

Gewinnung von Trichloressigsäure aus Tetrachloräthylen. I. G. Chasskin, Ju. A. Ssergutschew, A. A. Proschkin, G. I. Wischnewskaja und D. F. Jaworski. (Медицинская Промышленность СССР [Med. Ind. UdSSR] **15**. Nr. 1. 39—42. Jan. 1961. Inst. für Gasverwertung der Akad. der Wiss. der UdSSR; russ.) — Für die

Oxydation von Tetrachloräthylen (I) durch HNO_3-H_2SO_4 wurden die optimalen Rk.-Bedingungen, bes. der Einfl. des Verhältnisses der Komponenten auf die Ausbeute an *Trichloressigsäure* (II) untersucht. — II, Kp. 190—195°, man gibt zu 60 g HNO_3 (D. 1,5) u. 45 g konz. H_2SO_4 bei 0° in 25 Min. 30 g I, rührt 2 Std. lang bei 10—15°, trennt *Trichloracetylchlorid* (Kp. 116—120°) ab u. erhitzt es mit 2,5 ml W. bei 50°, bis kein HCl mehr entweicht; 69,6% Ausbeute. HELMUT SCHÄFER. 810

Produkte der Reaktion von Adipodinitril mit Chlorwasserstoff und ihre Hydrolyse. Je. N. Silberman und A. Je. Kulikowa. (Журнал Общей Химии [J. allg. Chem.] **29** (**91**). 1694—99. Mai 1959; russ.) — Aus den äther. Lsgg. von Adipodinitril (I) fallen nach Einleiten von HCl u. Zugabe von W. beim Stehen Verbb. aus, die in Abhängigkeit vom Ausgangsverhältnis die Komponenten im Verhältnis 1:1:1 (II), 1:2:2 (III) u. 2:1:1 (IV) enthalten. **II** erwies sich als *ω-Cyanvaleriansäureimoniumhydrinchlorid* $[NC(CH_2)_4C(OH)=NH_2]^+Cl^-$, **III** als *Adipinsäurediimoniumhydrindichlorid* u. **IV** als eine *Mol.-Verb.* aus 1 Mol **II** u. 1 Mol **I**. Bei der Hydrolyse von **II** entsteht quant. *ω-Cyanvaleramid*, mit $NaNO_2$/konz. H_2SO_4 liefert **II** *ω-Cyanvaleriansäure*. **III** geht bei der Hydrolyse in *Adipindiamid* über, **IV** in äquimol. Mengen **I** u. *ω-Cyanvaleramid*. — 2 Mol HCl werden somit selektiv an **I** unter Bldg. von *ω-Cyanvaleriansäurechloridimoniumchlorid*, $[NC\cdot(CH_2)_4\cdot C(Cl)=NH_2]^+Cl^-$, addiert, u. erst dann erfolgt die Addition von 2 weiteren Mol HCl unter Bldg. von *Adipinsäuredichloriddiimoniumdichlorid*.

Versuche: *ω-Cyanvaleriansäureimoniumhydrinchlorid* (**II**), $C_6H_{11}ClN_2O$, F. 160 bis 165° (Zers.), erweicht bei 70—78°; man leitet in 10,8 g **I** in 20 ml Ae. bei 0° 7,3 g HCl ein, versetzt nach 4 Std. mit 1,8 g W. u. läßt 20 Std. lang stehen; sehr hygroskop.; 98—100% (Ausbeute). Liefert mit W. nach Neutralisieren mit Soda 98% *ω-Cyanvaleramid*, F. 67° (Ae.-Äthylacetat). — *ω-Cyanvaleriansäure*, Kp.$_8$ 176°, man löst 15 g **II** bei 0° in 100 g 90%ig. H_2SO_4, gibt tropfenweise 15 g $NaNO_2$ in 20 ml W. zu u. erhitzt auf 90°; 60%. — *Adipinsäurediimoniumhydrindichlorid* (**III**), $C_6H_{14}Cl_2N_2O_2$, F. 186 bis 195° (Zers.), analog aus 10,8 g **I**, 14,6 g HCl u. 3,6 g W. in 20 ml A.; 100%. Liefert in W. nach Neutralisieren mit Lauge 99% *Adipinamid*, F. 220°. — *Molekular-Verb. aus* **I** u. **II** (**IV**), $C_{12}H_{19}ClN_4O$, F. 115—130° (Zers.), erweicht bei 48—60°, aus 10,8 g **I**, 3,6 g HCl u. 0,9 g W.; 74%. Zersetzt sich beim Waschen mit Bzl. zu **I** u. **II**. Liefert mit wss. Soda 50% *ω-Cyanvaleramid* (F. 67°) u. 50% **I**. HELMUT SCHÄFER. 820□

Die sterischen Beziehungen zwischen Homoterpenylmethylketon, Terpenylsäure und Terebinsäure. Rune Sandberg. (Ark. Kemi **16**. Nr. 23. 255—65. 1960. Uppsala, Univ., Chem. Inst., Dep. of Org. Chem.; engl.) — Verss. von GIBSON u. SIMONSEN (J. chem. Soc. [London] **1929**. 305) führten zu der Annahme, daß beim oxydativen Abbau von (+)-*Δ³-Caren* (**I**) mit BECKMANNscher Mischung (**II**) nacheinander folgende Stufen durchlaufen werden: *2,2-Dimethyl-3-acetonylcyclopropylessigsäure* (**III**), (+)-*Homoterpenylmethylketon* [(+)-**IV**], *rac.-Terpenylsäure* (*rac.*-**V**) u., wie später FREDGA u. SIKSTRÖM (C. **1959**. 5783) feststellten, (—)-*Terebinsäure* [(—)-**VI**]. Vff. synthetisierten rac.-**V** u. spalteten diese mit (+)- u. (—)-*α-[Naphthyl-(2)]-äthylamin* [(+)- u. (—)-**VII**] in ihre opt. Antipoden. **V** liegt in der Lactonform vor, die in neutraler u. schwach saurer Lsg. sehr stabil ist. Die Racemisierungs-Geschw. der akt. Form hängt von der Ringöffnungstendenz ab, die z. B. in 3n H_2SO_4 mit etwa der Acidität von **II** beträchtlich ist (Halbwertszeit 75 Min.). **V** konnte mit **II** nicht oxydiert werden. Beim oxydativen Abbau von **I** mit **II** ist demnach **VI** nicht aus **V**, sondern vermutlich aus **III** entstanden. Es ist gelungen, (+)-**V** in neutraler Lsg. mit $KMnO_4$ in Ggw. von $AgNO_3$ ohne Racemisierung in (—)-**VI** überzuführen. Die Konfiguration von (—)-**VI** ist bekannt u. damit nun auch die von (+)-**V**. Das Glied **IV** zwischen **I** u. **V** wurde aus (+)-*Limonen* über dessen *Monohydrochlorid* u. *α-Terpineol* (**VIII**) synthetisiert. Mit $KMnO_4$ in verd. H_2SO_4 ließ sich (—)-**IV** in (—)-**V** überführen. Somit steht (+)-**I** ster. über (+)-**IV**, (+)-**V** mit (—)-**VI** in Beziehung u. ist konfigurativ eindeutig festgelegt. Endglied ist *D*(+)-*Isopropylbernsteinsäure*, die zu (—)-**VI** oxydiert werden kann. IR-Spektren von **IV** u. **VI** wurden zur Identifizierung aufgenommen.

Versuche: *β-Acetylglutarsäurediäthylester*, Kp.$_{10}$ 150—152°, aus *β*-Acetyltricarballylsäuretriäthylester in Ae./HCl durch 2tägiges Stehen, Aufnehmen des Rückstands in A./HCl u. 1tägiges Stehen; n_D^{20} 1,4405; 82% (Ausbeute). — *Terpenylsäureäthylester*, Kp.$_{0,05}$ 88—90°, F. 36—37° (Ae./PAe.), aus vorst. Verb. u. Methyl-MgJ in Ae.; 35%. — *rac.-Terpenylsäure* (*rac.*-**V**), F. 89—90° (Bzl.), *Hydrat*, F. 55—57° (W.), aus vorst. Verb. in 2n NaOH; 100%. (+)-*Terpenylsäure* [(+)-**V**], (+)-*α-[Naphthyl-(2)]-äthylamin* [(+)-**VII**]-*Salz*, aus rac.-**V** u. (+)-**VII** in W. u. mehrmaliges Umkristallisieren aus W.; $[\alpha]_D^{25}$ +56°. (+)-**V**, $C_8H_{12}O_4$, F. 92—94°, aus 9,4 g (+)-**V**-(+)-**VII** in verd. H_2SO_4 u. Extrahieren mit Essigester; $[\alpha]_D^{25}$ +56,3° (in W.), aus Ae./Essigester/PAe.; 2,5 g. — (—)-**V**-(—)-**VII**-*Salz*, aus (—)-**V** in Ae. mit (—)-**VII**; aus W. analog (+**V**-(+)-**VII**.

(—)-**V**, $C_8H_{12}O_4$, a) F. 92—94°, aus 9,8 g (—)-**V**-(—)-**VII**; $[\alpha]_D^{25}$ —56,5° (W.), —56,1° (A.), —62,0° (Essigester), —64,8° (Aceton); 2,7 g; b) aus 2 g (—)-**IV** u. $KMnO_4$ in 0,4m H_2SO_4 bei 50° (45 Min.); $[\alpha]_D^{25}$ —62,0° (Essigester); 0,16 g. — (—)-*Terebinsäure* [(—)-**VI**], F. 197—199° (Zers.; W.), aus 1,4 g (+)-**V** u. $KMnO_4$ in Ggw. von $AgNO_3$ in W. bei 90°; $[\alpha]_D^{25}$ —10,2° (Aceton); enthält 77% akt. Säure; 0,1 g. — (+)-*Limonenmonohydrochlorid*, $Kp._9$ 87—88°, aus (+)-Limonen u. HCl (93% der theoret. Menge) in CCl_4; n_D^{20} 1,4833; $[\alpha]_D^{25}$ +80,1° (A.); 74,1%. — (+)-α-*Terpineol* [(+)-**VIII**], $Kp._{10}$ 94—96°, aus vorst. Verb. in Ggw. von Ag_2O in W. bei 100°; $[\alpha]_D^{25}$ +85,7° (A.); 56,6%. *p-Nitrobenzoat*, F. 138—139°. — (—)-*Homoterpenylmethylketon* [(—)-**IV**], F. 42—45° (Ae.), aus 10 g (+)-**VIII** u. CrO_3 in Eisessig u. Essigsäureanhydrid; $[\alpha]_D^{25}$ —56,8° (A.); enthält 96% akt. Säure; 2 g; daneben 2 g einer *Fraktion vom F. 61—63°* (Ae.); $[\alpha]_D^{25}$ —4,2° (A.); (*2.4-Dinitrophenylhydrazon*, F. 163,5—164,5°). W. KIRSCHENLOHR. 850□

Struktur und Darstellung von α-Phenylhydrazonooxalessigsäurediäthylester. B. H. Arison, A. E. Erickson, N. R. Trenner und E. F. Schoenewaldt. (Chem. and Ind. **1958.** 1627—28. 6/12. Rahway, N.J., Merck & Co., Inc., Merck Sharp & Dohme Res. Labor.; engl.) — Die Hydrazonstruktur des aus Benzoldiazoniumchlorid (**I**) u. Na-Oxalessigsäurediäthylester (**II**) erhaltenen *α-Phenylhydrazonooxalessigsäurediäthylesters* (*Diketobernsteinsäurediäthylestermonophenylhydrazon*) wird durch Unters. des magnet. kernmagnet. Resonanzspektrums bestätigt. — *α-Phenylhydrazonooxalessigsäurediäthylester*, F. 73—75° (50%ig. A.), durch Suspendieren von 0,1 Mol **II** in der wss. Lsg. von 0,55 Mol Na-Acetat, Zugabe von A. bis zur Auflsg., 1 std. Eintropfen von 0,1 Mol **I**-Lsg. bei —5 bis 0° unter Rühren u. mehrstd. Stehen bei 5°; aus 50%ig. A. gelbe Nadeln; 72% (Rohausbeute). L. LAMZA. 870

Darstellung des Äthyl- und Butylesters der Acetessigsäure. N. N. Dychanow. (Медицинская Промышленность СССР [Med. Ind. UdSSR] **15.** Nr. 1. 42—45. Jan. 1961. Chem.-pharmazeut. Werk „Akrichin"; russ.) — Bei der Kondens. von Äthylacetat in Ggw. von techn. Na-Butylat entsteht ein Gemisch aus *Acetessigsäureäthylester* u. *-butylester*. Das Gemisch liefert mit Phenylhydrazin (**I**) wie reiner Acetessigester *1-Phenyl-3-methylpyrazolon-(5)*.

Versuche: Gemisch aus *Äthyl-* u. *Butylacetoacetat*: Man stellt aus 22,8 g NaOH u. Butanol techn. Na-Butylat dar, gibt 98 ml abs. Äthylacetat u. 140 ml abs. Toluol zu, kocht 2 Std. u. gießt auf 100 g Eis, 95 ml 33%ig. Essigsäure u. 120 ml 15%ig. HCl u. dest. [$Kp._{18}$ 78—107°; 65% (Ausbeute)] oder man trennt nach dem Kochen den A.-Butanol-Äthylacetatanteil ab, verd. mit 300 ml Toluol u. kühlt auf 2—5°; man erhält das Estergemisch in Form der Na-Derivv.; 60%. — *1-Phenyl-3-methylpyrazolon-(5)*, F. 125—127°, a) man gibt zu 32,44 g **I** in 500 ml W. 45 g Äthyl-Butylacetoacetat-Gemisch, bringt mit NH_4OH auf pH 6,3—6,5, rührt 2 Std. bei 20°, gibt 7,5 ml konz. $NaHSO_3$-Lsg. zu u. erhitzt 1½ Std. auf 95—98°; 90—91%; b) analog aus 54 g der Na-Derivv. in 150 ml W. u. 43,4 g **I**-Hydrochlorid in 350 ml W. bei 5—10°; 90—92%. HELMUT SCHÄFER. 870

Aralkyldithiocarbamate mit antimykotischer Wirkung. Paolo Malatesta und Giuseppe Migliaccio. (Ann. Chimica **48.** 770—75. Okt. 1958. Roma, Univ., Ist. di Chim. farmaceut. e tossicol.; ital.) — Aus Di-Na-N.N'-dibenzyl-N.N'-äthylen-bis-[dithiocarbamat] (**I**) wurde eine Reihe von *N.N'-Dibenzyl-N.N'-äthylen-bis-[dithiocarbaminsäureestern]* u. verschiedene Salze dargestellt.

Versuche: *N.N'-Dibenzyl-N.N'-äthylen-bis-[dithiocarbaminsäure]*, *Di-Na-Salz* (**I**), $C_{18}H_{18}N_2Na_2S_4$, F. 285°, aus N.N'-Dibenzyläthylendiamin, wss. NaOH u. CS_2; 97% (Ausbeute). *Di-Ag-Salz*, $C_{18}H_{18}Ag_2N_2S_4$, F. 142°, durch Umsetzen von **I** mit Ag-Salz-Lsg.; citronengelbes Pulver. *Zn-Salz*, $C_{18}H_{18}N_2S_4Zn$, F. ca. 340°, Pulver. *Cu-Salz*, $C_{18}H_{18}CuN_2S_4$, F. 256° (Zers.), schwarzes Pulver. *Hg-Salz*, $C_{18}H_{18}HgN_2S_4$, F. 162° (Zers.), grünlichgelbes Pulver. *Pb-Salz*, $C_{18}H_{18}N_2PbS_4$, F. 225° (Zers.), blaßgelbes Pulver. *Diphenacylester*, $C_{34}H_{32}N_2O_2S_4$, F. 165° (Chlf./Ae.), aus **I** u. Phenacylhalogenid; 70%. *Bis-[p-nitrobenzylester]*, $C_{32}H_{30}N_4O_4S_4$, F. 168° (Methylenchlorid/Ae.); 65%. *Dibenzylester*, $C_{32}H_{32}N_2S_4$, F. 171° (Chlf./Ae.); 85%. *Bis-[carbäthoxymethyl]-ester*, $C_{26}H_{32}N_2O_4S_4$, F. 149° (Methylenchlorid/Ae.); 98%. *Bis-[carbamoylmethyl]-ester*, $C_{22}H_{26}N_4O_2S_4$, F. 195°; 91%. *Bis-[cyanmethyl]-ester*, $C_{22}H_{22}N_4S_4$, F. 174° (Methylenchlorid/Ae.); 88%. *Diallylester*, $C_{24}H_{28}N_2S_4$, F. 102°, Knoblauchgeruch; 72%. *Bis-[β-hydroxyäthyl]-ester*, $C_{22}H_{28}N_2O_2S_4$, F. 113° (A./Ae.); 78%. *Bis-[β-hydroxypropyl]-ester*, $C_{24}H_{32}N_2O_2S_4$, F. 146° (abs. A.); 84%. — *N.N'-Dibenzyl-N.N'-äthylen-bis-[dithiocarbaminsäure-O-äthylkohlensäureanhydrid]*, $C_{24}H_{28}N_2O_4S_4$, F. 86—87°, aus **I** u. Chlorkohlensäureäthylester; aus Chlf./Ae. gelbe Kristalle; 51%. W. A. SCHÄFER. 880□

Aralkylglycinamide und -urethane mit möglicher anästhetischer Wirkung Paolo Malatesta und Giuseppe Migliaccio. (Ann. Chimica **48.** 776—82. Okt

1958. Roma, Univ., Ist. di Chim. farmaceut. e tossicol.; ital.) — Eine Reihe *N.N'-disubstituierter N.N'-Dibenzyläthylendiamine* mit möglicher anästhet. Wrkg. wird synthetisiert.

Versuche: N.N'-Dibenzyläthylendiamine: *N.N'-Bis-[chloracetyl]-* (I), $C_{20}H_{22}Cl_2N_2O_2$, F. 95° (A.), aus N.N'-Dibenzyläthylendiamin (II) u. Monochloracetylchlorid. — *N.N'-Bis-[dimethylaminoacetyl]-*, $C_{24}H_{34}N_4O_2$, F. 77° (A.), aus I u. Dimethylamin. — *N.N'-Bis-[diäthylaminoacetyl]-*, $C_{28}H_{42}N_4O_2$, Kp.$_{0,5}$ 158°, aus I u. Diäthylamin. *Diperchlorat*, F. 231—232°. — *N.N'-Bis-[morpholinoacetyl]-*, $C_{28}H_{38}N_4O_4$, F. 137—138°, aus I u. Morpholin. — *N.N'-Bis-[piperidinoacetyl]-*, $C_{30}H_{42}N_4O_2$, F. 109—110° (A.), aus Piperidin u. I. — *N.N'-Bis-[β-chloräthoxycarbonyl]-*, $C_{22}H_{26}Cl_2N_2O_4$, F. 77—78° (abs. A.), aus II u. Chlorameisensäure-β-chloräthylester. — *N.N'-Bis-[β-dimethylaminoäthoxycarbonyl]-*, $C_{26}H_{38}N_4O_4$, aus vorst. Verb. u. abs. Dimethylamin. *Dioxalat*, F. 142—143°. — *N.N'-Bis-[β-diäthylaminoäthoxycarbonyl]-*, $C_{30}H_{46}N_4O_4$. *Dioxalat*, F. 155°. — *N.N'-Bis-[β-morpholinoäthoxycarbonyl]-*, $C_{30}H_{42}N_4O_6$, F. 100—101° (A.). — *N.N'-Bis-[β-piperidinoäthoxycarbonyl]-*, $C_{32}H_{46}N_4O_4$, F. 90° (W./A.). W. A. SCHÄFER. 910□

Reinigung und Zersetzung der Carboxymethylsulfoniumverbindung von Methionin. A. Rogirst, Gisèle Préaux und R. Lontie. (Arch. int. Physiol. Biochim. **68.** 229. Jan. 1960. Louvain, Univ., Labor. de Biochim. II; franz.) — Bei der Bldg. der *Carboxymethylsulfonium-Verb.* (I) von *Methionin* (II) aus II u. Jodacetat in W. bei 37° entsteht ein Nebenprod. mit R_F von *Homoserin* (III), dessen Entstehung bei 4° völlig unterbleibt. Bei 22std. Erhitzen von I mit 6n HCl unter Rückfluß entsteht vorwiegend *S-Carboxymethylhomocystein.* Beim Erhitzen in W. oder 0,5n NaOH gibt I als einzige ninhydrinpositive Verb. III. K. MAIER. 950□

Racemat-Trennung von N-Benzyl-DL-asparaginsäure. Y. Liwschitz, A. I. Vincze und E. Nemes. (Bull. Res. Council Israel, Sect. A **9.** 49—51. April 1960. Jerusalem, Hebrew Univ., Dep. of org. Chem.; engl.) — Durch Bldg. diastereomerer Salze von *N-Benzyl-DL-asparaginsäure* (I) mit *Äthyl-L-leucinat* (II) oder *L-Leucinamid* (III) gelingt die Spaltung von I.

Versuche: *N-Benzyl-L-asparaginsäure*, $C_{11}H_{13}NO_4$, F. 209°, a) durch Lösen des II-Salzes in 10%ig. NaOH, Waschen mit Ae. u. Ansäuern mit HCl auf pH 3; $[\alpha]_D^{24}$ —33,4° (c = 0,12; 5%ig. $NaHCO_3$-Lsg.); 80% (Ausbeute); b) durch Lösen des III-Salzes in W., Ansäuern mit HCl auf pH 4 u. A.-Zusatz. II-*Salz, Hemihydrat*, $C_{19}H_{30}N_2O_6 \cdot {}^1/_2 H_2O$, F. 190° (Sintern ab ca. 90°; W.), durch Zugabe von II zu I in W., Erwärmen auf dem Wasserbad u. Stehen über Nacht; $[\alpha]_D^{20}$ —19,2° (c = 0,125; 5%ig. $NaHCO_3$-Lsg.); 51%. III-*Salz*, neben nachst. III-Salz; $[\alpha]_D^{25}$ —14° (c = 0,125; W.); 33,5%. — *L-Asparaginsäure*, $C_4H_7NO_4$, durch Hydrieren vorst. Verb. in Eisessig in Ggw. von 30%ig. $PdCl_2$/Kohle; $[\alpha]_D^{26}$ +23° (c = 0,1335; 1n HCl); 84%. — *N-Benzyl-D-asparaginsäure*, F. 209°, a) analog vorvorst. Verb. nach a) aus dem II-Salz; $[\alpha]_D^{24}$ +33,3° (c = 0,125; 5%ig. $NaHCO_3$-Lsg.); b) analog vorvorst. Verb. nach b) aus dem III-Salz; 98%. II-*Salz*, aus der Mutterlauge des vorvorst. II-Salzes; $[\alpha]_D^{27}$ +9,1° (c = 0,143; 5%ig. $NaHCO_3$-Lsg.). III-*Salz*, $C_{17}H_{27}N_3O_5$, F. 180—182° (Sintern ab ca. 115°), durch Erhitzen von I u. III in A. auf dem Wasserbad bis zur Lsg.; Nadelbüschel aus A.; $[\alpha]_D^{23}$ +26° (c = 0,125; W.); 60%. — *L-Leucinamid*, $C_6H_{14}N_2O$, F. 99—100° (Bzl.), a) aus II nach YANG u. RISING [1931]; $[\alpha]_D^{23}$ +6° (c = 0,25; W.); 90%; b) durch Lösen von II-Hydrochlorid in abs. CH_3OH, Sättigen mit NH_3, 4tägiges Schütteln bei Raum-Temp., Zugabe von NaOH bis pH 10, Eindampfen im Vakuum u. Extraktion mit heißem Chlf.; 54%.
E.-R. LOCHMANN. 950□

Über einige durch Aluminiumchlorid katalysierte Reaktionen von elementorganischen Verbindungen der 4. Gruppe. G. A. Rasuwajew, N. Ss. Wjasankin, O. Ss. Djatschkowskaja, I. G. Kisselewa und Ju. I. Dergunow. (Журнал Общей Химии [J. allg. Chem.] **31** (93). 4056. Dez. 1961. Gorki, Univ., Chem. Forschungsinst.; russ.) — Durch 4std. Erhitzen von Tetraäthylsilan, -stannan u. -german mit der äquimol. Menge Isopropylbromid(chlorid) in Ggw. von 2% $AlCl_3$ werden erhalten: *Triäthylbromstannan*, Kp.$_{15}$ 104—107°; n_D^{20} 1,5225; 70,4% (Ausbeute). — *Triäthylbromsilan*, Kp. 159—164°; n_D^{20} 1,4559; 93,1%. — *Triäthylbromgerman*. Kp. 187—191°; n_D^{20} 1,4862; 86,6%. — *Triäthylchlorgerman*, Kp. 173—177°; n_D^{20} 1,4650; 60%. — *Pentaäthylbromdisilan* (I), $C_{10}H_{25}BrSi_2$, Kp.$_2$ 88°; n_D^{20} 1,4860; 72,2%. — *Dekaäthyltetrasilan*, $C_{20}H_{50}Si_4$, Kp.$_1$ 164—170°, durch Behandeln von I mit feinverteiltem Na; n_D^{20} 1,5160; 20,2%. — Hexaäthyldisilan wird bei 235° in Ggw. von $AlCl_3$ zu Si u. *Tetraäthylsilan* disproportioniert. HELMUT SCHÄFER. 980

Reaktion von Dialkoxyoxophosphoransulfenylchloriden mit Enoläthern und -estern. J. Michalski und St. Musierowicz. (Chem. and Ind. **1959.** 565. 2/5.

Łódź, Poland, Techn. Univ., Politechnika, Dep. of Organ. Chem.; engl.) — Durch Zugabe von Diäthoxyoxophosphoransulfenylchlorid (I) zu Vinyläthyläther in Bzl. $< 5^0$ wird in 95%ig. Ausbeute *Thiophosphorsäurediäthyl-S-[2-äthoxy-2-chloräthyl]-ester* (II) als Öl erhalten, dessen Behandlung mit überschüssigem W. *Thiophosphorsäurediäthyl-S-[formylmethyl]-ester* (III; $Kp._{0,04}$ 82°; n_D^{25} 1,4708; 50%. *Semicarbazon*, F. 160°) liefert. Bei der Einw. von überschüssigem A. auf **II** wird das Acetal *Thiophosphorsäurediäthyl-S-[2.2-diäthoxyäthyl]-ester* (IV; $Kp._{0,06}$ 80°; n_D^{25} 1,4531; 75%) gebildet, das auch durch Kondens. von Chlorphosphorsäurediäthylester mit Na-2.2-Diäthoxyäthylmercaptid erhalten wird. **IV** liefert durch alkal. Hydrolyse *Mercaptoacetaldehyddiäthylacetal* ($Kp._{21}$ 72 bis 73°; n_D^{25} 1,4409; 40%. *2.4-Dinitrophenylthioäther*, F. 56°), durch saure Hydrolyse **III** (60%). — Analog **II** wird aus **I** u. Vinylacetat in ca. 100%ig. Ausbeute *Thiophosphorsäurediäthyl-S-[2-acetoxy-2-chloräthyl]-ester* (V) gebildet u. durch Erhitzen auf 100° in **III** (65%) übergeführt. Unter den flüchtigen Prodd. wurde *Acetylchlorid* (VI; Kp. 51 bis 53°. *Acetanilid*, F. 114—115°) nachgewiesen. Beim Behandeln von **V** mit der äquimol. Menge W. entsteht ebenfalls **III** (58%). — Durch Umsetzung von **I** mit Isopropenylacetat u. Erhitzen des erhaltenen instabilen *Thiophosphorsäurediäthyl-S-[2-chlor-2-acetoxypropyl]-esters* auf 80° wird neben **VI** *Thiophosphorsäurediäthyl-S-[acetylmethyl]-ester* ($Kp._{0,07}$ 82°; n_D^{25} 1,4685; 50%. *p-Nitrophenylhydrazon*, F. 92—93°) erhalten, das auch durch Kondens. von **I** mit Aceton in 50%ig. Ausbeute entsteht. L. LAMZA. 980

Derivate der tert.-Alkylguajacole von pharmakologischem Interesse. N. Dat-Xuong, N. P. Buu-Hoï und B. Khac-Diep. (Bull. Soc. chim. France **1962**. 35—37. Jan. Gif-sur-Yvette, Seine-et-Oise, Centre Nat. de la Rech. Scient., Inst. de Chim. des Subst. natur.; franz.) — Ausgehend von 4-tert.-Butyl- (I), 4-tert.-Amyl- (II) u. 4-tert.-Hexylguajacol stellen Vff. eine Reihe von Derivv. von pharmakodynam. Interesse dar.

Versuche: *4-tert.-Butylguajacolallyläther*, $C_{14}H_{20}O_2$, $Kp._{13}$ 149°, durch 7—8std. Kochen einer Lsg. von 28 g **I** u. 32 g Allylbromid in Ggw. von 65 g K_2CO_3 in 200 ml Aceton; blaßgelbe Fl.; n_D^{20} 1,5342; 22 g (Ausbeute). Gibt mit $FeCl_3$ keine Färbung. — *6-Allyl-4-tert.-butylguajacol*, $C_{14}H_{20}O_2$, $Kp._{13}$ 163°, durch 2std. Kochen einer Lsg. von 20 g vorst. Verb. in 50 ml frisch dest. Dimethylanilin; blaßgelbes Öl; n_D^{20} 1,5296; 11,5 g; positive Rk. mit $FeCl_3$. — *4-tert.-Amylguajacolallyläther*, $C_{15}H_{22}O_2$, $Kp._{13}$ 155°, analog vorvorst. Verb. mit 30 g **II**; blaßgelbes Öl; n_D^{22} 1,5185; 22 g. Gibt mit $FeCl_3$ keine Färbung. — *6-Allyl-4-tert.-amylguajacol*, $C_{15}H_{22}O_2$, $Kp._{13}$ 171°, analog vorvorst. Verb. aus 10 g vorst. Verb.; blaßgelbes Öl; n_D^{20} 1,5126; 7 g; gibt positive Rk. mit $FeCl_3$. — *6-Benzyl-4-tert.-butylguajacol*, $C_{18}H_{22}O_2$, $Kp._{22}$ 210°, durch Benzylierung von 20 g **I** mit Benzylchlorid in sd. Chlf. in Ggw. von $ZnCl_2$; viscoses, gelbes Öl; n_D^{22} 1,5728; 15 g; daneben 4 g eines hochviscosen *Öls*, $Kp._{21}$ 252—254°, vermutlich dibenzylierte Derivate. — Analog: *6-[p-Chlorbenzyl]-4-tert.-butylguajacol*, $C_{18}H_{21}ClO_2$, $Kp._{21}$ 236—238°, viscoses, blaßgelbes Öl; n_D^{20} 1,5802; 12 g; daneben sehr viscoses *Harz*, $Kp._{21}$ 263—265°. — *6-[2.4-Dichlorbenzyl]-4-tert.-butylguajacol*, $C_{18}H_{20}Cl_2O_2$, $Kp._{21}$ 255—257°, sehr viscoses, blaßgelbes Öl. — *6-[α-Naphthylmethyl]-4-tert.-butylguajacol*, $C_{22}H_{24}O_2$, $Kp._{21}$ 265°, aus 35 g **I** u. 30 g α-Clormethylnaphthalin in Ggw. von 5 g $ZnCl_2$; blaßgelbes, viscoses Öl, welches langsam fest wird; 11 g. — *6-[p-Brombenzyl]-4-tert.-amylguajacol*, $C_{19}H_{23}BrO_2$, $Kp._{23}$ 257—259°, aus 20 g p-Brombenzylbromid, 20 g **II** u. 5 g $ZnCl_2$; sehr viscoses, blaßgelbes Öl; n_D^{24} 1,5976; 12 g. — *6-[p-Methylbenzyl]-4-tert.-amylguajacol*, $C_{20}H_{26}O_2$, $Kp._{22}$ 246 bis 248°, aus 25 g **II**, 14 g p-Methylbenzylchlorid u. 5 g $ZnCl_2$; viscoses, blaßgelbes Öl; n_D^{24} 1,5661; 13 g neben 3 g einer blaßgelben, glasigen *Masse*, $Kp._{22}$ 296—300°. — *6-[3.4-Dichlorbenzyl]-4-tert.-amylguajacol*, $C_{19}H_{22}Cl_2O_2$, $Kp._{24}$ 267—268°, analog mit 3.4-Dichlorbenzylchlorid; sehr viscoses, blaßgelbes Öl. — *4-tert.-Butylguajacol-α-glyceryläther*, $C_{14}H_{22}O_4$, $Kp._{13}$ 208—209°, durch Rk. von 20 g **I** mit 3,5 g Na in 70 ml A., Zufügen von 12 g α-Monochlorhydrin u. mehrstd. Kochen; viscoses Öl; n_D^{22} 1,5321; 12,5 g. — *4-tert.-Butylguajacol-2.3-epoxypropyläther*, analog mit Epichlorhydrin; ziemlich dünnfl. Öl. — *4-tert.-Amylguajacol-α-glyceryläther*, $C_{15}H_{24}O_4$, $Kp._{13}$ 212—213°, analog aus 21 g **II**; viscoses Öl; n_D^{24} 1,5296; 14 g. — *4-tert.-Butylguajacolchloracetat* (III), $C_{13}H_{17}ClO_3$, $Kp._{13}$ 188—189°, durch 2std. Erwärmen einer Lsg. von 9 g **I** u. 7 g Chloracetylchlorid (IV) in 30 ml Toluol u. 10 ml Pyridin; dünnfl. Öl; n_D^{21} 1,5248; 9,2 g. — *4-tert.-Butylguajacoldiäthylaminoacetat*, $C_{17}H_{27}NO_3$, $Kp._{13}$ 204°, durch 3std. Kochen einer Lsg. von 12 g **III**, 10 g trockenem Diäthylamin u. 10 ml Pyridin in 50 ml wasserfreiem Bzl.; blaßgelbes Öl; n_D^{23} 1,5078; 7,8 g. *Hydrochlorid*, F. 179°, aus A./Ae. feine Nadeln. — Analog: *4-tert.-Butylguajacoldibutylaminoacetat*, $C_{21}H_{35}NO_3$, $Kp._{13}$ 219—220°, aus 12 g **III** u. 10 g wasserfreiem Dibutylamin; blaßgelbes, viscoses Öl; n_D^{25} 1,5093; 7,5 g. — *4-tert.-Butylguajacolpiperidinoacetat*, $C_{18}H_{27}NO_3$, $Kp._{13}$ 217—218°, aus 8 g wasserfreiem Piperidin u. 12 g **III**; blaßgelbes, viscoses Öl; n_D^{25} 1,5112; 8,5 g. — *4-tert.-Amylguajacolchloracetat*, analog **III** aus 20 g **II**, 14 g **IV** u. 30 ml Pyridin in 100 ml Toluol; viscoses Öl;

19 g. — Daraus durch Kondens. mit den entsprechenden Aminen 60—75% 4-tert.-Amylguajacolaminoacetate: *-N-N-diäthyl-*, $C_{18}H_{29}NO_3$, Kp.$_{13}$ 210°; viscoses, blaßgelbes Öl; n_D^{26} 1,5085. — *-N.N-dibutyl-*, Kp.$_{12}$ 221—222°; viscoses, gelbes Öl. — *-piperidino-*, $C_{19}H_{29}NO_3$, blaßgelbes, viscoses Öl; n_D^{26} 1,5226. — *-morpholino-*, $C_{18}H_{27}NO_4$, Kp.$_{13}$ 214—215°; fast farbloses, viscoses Öl; n_D^{26} 1,5241. — *4-tert.-Butylguajacolbenzoat*, $C_{18}H_{20}O_3$, Kp.$_{13}$ 221—222°, durch portionsweises Zufügen von 5—10 ml wasserfreiem Pyridin zu einer Lsg. von 10 g I u. 8,5 g Benzoylchlorid in 50 ml Toluol unter heftigem Rühren u. 1std. Erhitzen auf dem Wasserbad; blaßgelbes, viscoses Öl; n_D^{20} 1,5662; 11 g. — Analog folgende 4-tert.-Butylguajacolester: *o-Äthoxybenzoat*, Kp.$_{21}$ 267°, sehr viscoses, blaßgelbes Öl. — *o-Methoxybenzoat*, Kp.$_{21}$ 264—265°, sehr viscoses, gelbes Öl. — *3.4.5-Trimethoxybenzoat*, Kp.$_{13}$ 268°. — *Palmitat*, F. ca. 34°, Kp.$_{13}$ 238—239°, n_D^{36} 1,4901; viscoses Öl, welches leicht kristallisiert. — 4-tert.-Amylguajacolester: *Benzoat*, Kp.$_{13}$ 226—227°, dickfl., blaßgelbes Öl. — *α-Thenoat*, $C_{17}H_{20}O_3S$, Kp.$_{13}$ 229 bis 230°, n_D^{21} 1,5815. — 4-tert.-Hexylguajacolester: *Benzoat*, Kp.$_{13}$ 231—232°, blaßgelbes Öl. — *α-Thenoat*, $C_{18}H_{22}O_3S$, Kp.$_{13}$ 235—236°; n_D^{21} 1,5728. — *2.4-Dichlorbenzoat*, Kp.$_{13}$ 251—252°, $n_D^{20,5}$ 1,5778. — *γ-Äthyl-γ-cyclohexylbutyrat*, Kp.$_{13}$ 251—252°; n_D^{23} 1,5145. GERHARD MÜLLER/Bitterfeld. 1060□

Über das Tetrafluorhydrochinon. Léon Denivelle und René Chesneau. (C. R. hebd. Séances Acad. Sci. **254.** 1646—48. 26/2. 1962. Conservatoire des Arts et Métiers, Labor. de Chim. tinctoriale; franz.) — Hexafluorbenzol (0,3 Mol) bildet mit Äthylenglykol (0,725 Mol) in Ggw. von KOH bei 150° *1.4-Bis-[β-hydroxyäthoxy]-tetrafluorbenzol* [I, $C_{10}H_{10}F_4O_4$, Kp.$_{20}$ 225°; 26 g (Ausbeute); *Bis-[N-phenylurethan]*, $C_{24}H_{20}F_4N_2O_6$, F. 122°], das durch 6std. Kochen mit $AlCl_3$ in Bzl. *Tetrafluorhydrochinon* ($C_6H_2F_4O_2$, F. 161°, 3 g aus 6 g I) sowie etwas vermutlich durch Kondens. von Bzl. mit bei der Spaltung entstehendem Chlorhydrin gebildetes *1.2-Diphenyläthan* ($C_{14}H_{14}$, F. 51—52°) liefert. — IR-Spektren sind angegeben. EBERHARD RIEDEL. 1060□

Über einige Pflanzenwachstumsregulatoren. Julian Mirek. (Zeszyty naukowe Uniw. jagiellońskiego, Ser. Nauk mat.-przyrodniczych, Mat., Fizyka, Chem. **1957.** Nr. 3. 119—46. Kraków, Uniw. Jagiell., Kat. Chem. organ.; pol.) — Vgl. C. **1961.** 5402. — Es wird eine Analyse der bekannten Hypothesen der Wirksamkeit (Ak) von Wachstumssubstanzen durchgeführt. Vf. kommt zu dem Schluß, daß alle typ. Strukturmerkmale zusammen für die Ak verantwortlich sind u. nicht eine einzelne Gruppierung im Molekül. Elektronegative Substituenten am aromat. Kern der Benzoesäure, Phenoxyessigsäure oder Indolyl-(3)-essigsäure verstärken die Ak dieser Verbb. nur dann, wenn sie nicht zur Salz-Bldg. fähig sind. Vf. beschreibt die Synth. von kernsubstituierten *β-Phenoxyäthoxyessigsäuren* u. *4.4'-Methylen-bis-[phenoxyessigsäuren]*. Erstere werden aus substituierten β-Phenoxyäthanolen u. Bromessigsäureäthylester (I) erhalten. Im Verlauf dieser Unterss. wurde festgestellt, daß einige Na-Salze substituierter β-Phenoxyäthanole in Toluol lösl. sind. Vf. nimmt in diesen Fällen die Bldg. 5gliedriger Chelate aus 2 Moll. Alkohol u. Na^+ an. Die zweite Gruppe der dargestellten Verbb. wird durch Umsetzung von Derivv. des 4.4'-Dihydroxydiphenylmethans (II) mit Chloressigsäure (III) erhalten. Die Ggw. von Nitrogruppen stört die Kondensation. Von allen dargestellten Verbb. hat nur das *Na-Salz* der *β-[4-Chlorphenoxy]-äthoxyessigsäure* eine starke physiolog. Wirkung: Es hemmt das Wachstum von Erbsenkeimlingen.

Versuche: β-Phenoxyäthoxyessigsäuren, durch Rk. von je 0,2 Mol der β-Phenoxyäthanole u. I in Ggw. von Na in abs. Toluol in der Wärme u. Verseifung der Ester: *Unsubstituiert*, $C_{10}H_{12}O_4$, Kp.$_{16}$ 207°. *Na-Salz*, $C_{10}H_{11}NaO_4$, Blättchen (A.). *Äthylester*, $C_{12}H_{16}O_4$, Kp.$_{16}$ 177—178°. *Amid*, $C_{10}H_{13}NO_3$, F. 104—105° (Bzl.), aus dem Äthylester mit NH_4OH bei 50°. — *2-Methyl-*, $C_{11}H_{14}O_4$, Kp.$_8$ 202—204°. *Na-Salz*, $C_{11}H_{13}NaO_4$ (Blättchen). *Äthylester*, $C_{13}H_{18}O_4$, Kp.$_8$ 178—179°. *Amid*, $C_{11}H_{15}NO_3$, F. 56—58° (Prismen). — *3-Methyl-*, $C_{11}H_{14}O_4$, Kp.$_{16}$ 214—216°. *Na-Salz*, $C_{11}H_{13}NaO_4$ (Nadeln). *Äthylester*, $C_{13}H_{18}O_4$, Kp.$_{15}$ 181—183°. *Amid*, $C_{11}H_{15}NO_3$, F. 64—65° (Blättchen). — *4-Methyl-*, $C_{11}H_{14}O_4$, F. 54—56°. *Na-Salz*, $C_{11}H_{13}NaO_4$ (Blättchen). *Äthylester*, $C_{13}H_{18}O_4$, Kp.$_{16}$ 185 bis 186°. *Amid*, $C_{11}H_{15}NO_3$, F. 87—88° (Prismen). — *2-Chlor-*, $C_{10}H_{11}ClO_4$, Kp.$_{16}$ 224 bis 226°. *Na-Salz*, $C_{10}H_{10}NaClO_4$ (Blättchen). *Äthylester*, $C_{12}H_{15}ClO_4$, Kp.$_{16}$ 180—185°. *Amid*, $C_{10}H_{12}ClNO_3$, F. 66—67° (Prismen). — *4-Chlor-*, $C_{10}H_{11}ClO_4$, Kp.$_7$ 214—216°. *Na-Salz*, $C_{10}H_{10}NaClO_4$ (Blättchen). *Äthylester*, $C_{12}H_{15}ClO_4$, Kp.$_{11}$ 188—190°. *Amid*, $C_{10}H_{12}ClNO_3$, F. 98—99° (Prismen). — *4.4'-Methylen-bis-[phenoxyessigsäure]*, $C_{17}H_{16}O_6$, F. 101—102°, durch Schmelzen von 6 g **II** mit 8 g **III**, Lösen der Schmelze in wss. NaOH u. Ansäuern mit HCl; Nadeln aus verd. A.; 3,2 g (Ausbeute). *Dimethylester*, $C_{19}H_{20}O_6$, F. 65—66° (aus Methanol Blättchen). *Diäthylester*, $C_{21}H_{24}O_6$, F. 43—44° (aus A. Blättchen). *Diamid*, $C_{17}H_{18}N_2O_4$, F. 232—233° (Nadeln aus 50%ig. A.). — *4-[4'-Hydroxybenzyl]-phenoxyessigsäure, Monohydrat*, $C_{15}H_{14}O_4 \cdot H_2O$, F. 166—167°, aus der Mutterlauge vorst. Säure durch

Verdünnen mit W., Nadeln aus wss. A.; 1 g. *Methylester*, $C_{16}H_{16}O_4$, F. 119—120° (Blättchen aus Methanol). — *4.4'-Methylen-bis-[3-methylphenoxyessigsäure]*, $C_{19}H_{20}O_6$, F. 189 bis 190°, analog vorst. Verb. aus 5 g 3.3'-Dimethyl-4.4'-dihydroxydiphenylmethan u. 5 g III; Nadeln aus wss. A.; 4,6 g. *Dimethylester*, $C_{21}H_{24}O_6$, F. 79—80° (Nadeln aus Methanol). *Diäthylester*, $C_{23}H_{23}O_6$, F. 46—47° (Nadeln aus A.). *Diamid*, $C_{19}H_{22}N_2O_4$, F. 210—211° (Nadeln aus 50%ig. Essigsäure). — *4.4'-Methylen-bis-[3-chlorphenoxyessigsäure]*, $C_{17}H_{14}Cl_2O_6$, F. 211—212°, aus 6,5 g 3.3'-Dichlor-4.4'-dihydroxydiphenylmethan u. 6,5 g III; Nadeln aus wss. A.; 5,3 g. *Dimethylester*, $C_{19}H_{18}Cl_2O_6$, F. 93—94° (Nadeln aus Methanol). *Diäthylester*, $C_{21}H_{22}Cl_2O_6$, F. 69—70° (Nadeln aus A.). *Diamid*, $C_{17}H_{16}Cl_2N_2O_4$, F. 263—264° (Nadeln aus 80%ig. Essigsäure). — *4-[3'-Nitro-4'-hydroxybenzyl]-2-nitrophenoxyessigsäure*, $C_{15}H_{12}N_2O_8$, F. 146—147°, aus 10 g 3.3'-Dinitro-4.4'-dihydroxydiphenylmethan u. 9 g III; gelbe Blättchen aus wss. A.; 2,5 g. *Methylester*, $C_{16}H_{14}N_2O_8$, F. 89—90° (gelbe Säulen). F. URBAN. 1060□

Reduktion von Carbonylverbindungen mit Pyridinboran. R. Percy Barnes, Joseph H. Graham und Moddie D. Taylor. (J. org. Chemistry **23.** 1561—62. Okt. 1958. Washington, D.C., Howard Univ., Dep. of Chem.; engl.) — 10 Carbonyl-Verbb. (**C**) werden in Lsg. mit Pyridinboran (**I**, F. 11°) unter Bldg. der entsprechenden *Hydroxy-Verb.* reduziert. Die Komponenten werden entweder mehrere Std. gekocht oder **I** wird in die sd. Lsg. der **C** eingetropft. Die Rk.-Gemische werden entweder mit verd. HCl oder NaOH hydrolysiert.

Versuche: *Benzylalkohol*, a) durch Eintropfen von 0,067 Mol **I** in die sd. Lsg. von 0,19 Mol Benzaldehyd (**II**) in Bzl. unter N_2; insgesamt wird 4 Std. gekocht (Meth. **A**); 24% (Ausbeute); b) durch 5 Min. langes Erhitzen von 0,19 Mol **C** mit 0,15 Mol **I** ohne Lsgm.; 57,5%; c) durch 2½std. Kochen von je 0,041 Mol Benzoesäure u. **I** in Di-n-butyläther; 27,6%; d) nach **A** aus je 0,049 Mol Benzoylchlorid u. **I** in CCl_4; ½ Std.; 21,1%. — *p-Brombenzylalkohol*, a) durch ³/₄std. Kochen von 0,058 Mol **C** mit 0,019 Mol **I** in Diisopropyläther; 94%; b) nach **A** aus 0,81 Mol **C** u. 0,03 Mol in Bzl.; 1 Std.; 74%. — *p-Nitrobenzylalkohol*, nach **A** aus 0,033 Mol **C** u. 0,012 Mol **I** in Bzl.; ½ Std.; 76%. — *p-Chlorbenzylalkohol*, nach **A** aus 0,072 Mol **C** u. 0,028 Mol **I** in Toluol; 1¼ Std.; 74%. — *Zimtalkohol*, nach **A** aus je 0,055 Mol Zimtaldehyd (**III**) u. **I** in Bzl.; 1½ Std.; 84%. — *Phenylstyrolcarbinol*, nach **A** aus je 0,054 Mol Phenylstyrolketon (**IV**) u. **I** in Toluol; 4 Std.; 84%. — *Cyclohexanol*, nach **A** aus 0,24 Mol **C** u. 0,088 γ-Picolinboran in Bzl.; 2½ Std.; 25%. — *Diphenylcarbinol*, nach **A** aus je 0,066 Mol **C** in Toluol; 5 Std.; 83%. — *Stearylalkohol*, nach **A** aus 0,035 Mol Stearinsäure u. 0,036 Mol **I** in Toluol; 4 Std.; 40%. — *n-Butanol*, nach **A** aus 0,123 Mol Isobutyrylchlorid u. 0,096 Mol **I** in Chlf.; 3½ Std.; 27%. — Die Red. von p-Methoxybenzaldehyd (**V**), o-Hydroxybenzaldehyd nach **A** u. von **II, III, IV, V**, K-Benzoat, Benzoesäure-, p-Chlorbenzoesäureäthylester, Stearinsäure-n-butylester u. Essigsäure-n-propylphenylester mit oder ohne Lsgm. mit **I** gelingt nicht. L. LAMZA. 1070

Zur selektiven Oxydation von Benzylalkoholen. Erich Adler und Hans-Dieter Becker. (Acta chem. scand. **15.** 849—52. 1961. Göteborg, Chalmers TH, Inst. för organ. Kemi; dt.) — An einigen 3.4-Dimethoxyphenylcarbinolen wird gezeigt, daß bei Raum-Temp. in neutralem Lsgm. die selektive Oxydation der Benzylalkoholgruppe in Ggw. von akt. MnO_2 gelingt. 1-[3.4-Dimethoxyphenyl]-propandiol-(1.2) u. -triol-(1.2.3) unterliegen hierbei der Glykolspaltung.

Versuche: *Äthyl-3.4-dimethoxyphenylketon* (**I**), F. 60°, durch 15std. Schütteln von Äthyl-3.4-dimethoxyphenylcarbinol in Aceton mit MnO_2 unter N_2, Filtrieren u. Einengen; 90% (Ausbeute). — *Methyl-3.4-dimethoxyphenylketon* (**II**), aus Methyl-3.4-dimethoxyphenylcarbinol analog **I** in 3 Std.; 89%. — *Veratrumaldehyd*, analog **I**, a) aus 1-[3.4-Dimethoxyphenyl]-propandiol-(1.2) in 1 Std.; 98%; b) aus 1-[3.4-Dimethoxyphenyl]-propantriol-(1.2.3) in 17 Std.; 99%. — *1-[3.4-Dimethoxyphenyl]-propandion-(1.2)*, aus Acetyl-[3.4-dimethoxyphenyl]-carbinol analog **I** in 1 Std.; 91%. — *β-Hydroxypropioveratron* (**III**), aus 1-[3.4-Dimethoxyphenyl]-propandiol-(1.3) analog **I** in 5 Std.; 94%. — *α-[o-Methoxyphenoxy] propioveratron*, aus 1-[3.4-Dimethoxyphenyl]-2-[o-methoxyphenoxy]-propanol-(1) analog **I** in 5 Std.; 91%. — *α-[o-Methoxyphenoxy]-β-hydroxypropioveratron*, aus 1-[3.4-Dimethoxyphenyl]-2-[o-methoxyphenoxy]-propandiol-(1.3) analog **I** in 17 Std.; 91 %. — *Methyl-[3.4-dimethoxyphenyl]-carbinol*, $Kp._{5\cdot10^{-2}}$ 103°, durch Red. von **II** in A. mit $NaBH_4$ in 7 Std., Verdünnen mit W. u. Ausschütteln mit $CHCl_3$; 90%. — *Äthyl-[3.4-dimethoxyphenyl]-carbinol*, $C_{11}H_{16}O_3$, F. 35—36° (Ae./Hexan), analog vorst. Verb. aus **I** bei 60° in 24 Std., Ausschütteln mit Ae.; 90%. — *1-[3.4-Dimethoxyphenyl]-propandiol-(1.3)*, $C_{11}H_{16}O_4$, $Kp._{5\cdot10^{-2}}$ 150°, F. 58—59°, analog vorst. Verb. aus **III**; nach mehreren Monaten Tafeln aus Bzl. oder Diisopropyläther; 30%. H. KRAUSE. 1180□

Bromierung und Jodierung einiger p-Alkylbenzoesäuren. Abdallah M. Fleifel. (J. org. Chemistry **25.** 1024—25. Juni 1960. Giza, Cairo Univ., Fac. of Sci., Chem. Dep.;

engl.) — Die Bromierung u. Jodierung von p-Methyl- (I), p-Äthyl- (II) u. p-n-Propylbenzoesäure (III) in verd. HNO_3/Essigsäure bzw. konz. H_2SO_4 in Ggw. von $AgNO_3$ bzw. Ag_2SO_4 liefert die entsprechenden *3-halogensubstituierten Alkylbenzoesäuren* in guter Ausbeute. Die gleichen Verbb. entstehen aus den 3-Nitro-4-alkylbenzoesäuren durch Red. mit Sn u. konz. HCl zu den entsprechenden Aminen u. deren SANDMEYER-Rk. mit Cu_2Br_2 bzw. KJ.

Versuche: Benzoesäuren: *3-Brom-4-methyl-* (**IV**), $C_8H_7BrO_2$, a) F. 204° (A.), durch 2std. Rühren von 0,1 Mol **I** im Gemisch aus 66 ml konz. HNO_3, 300 ml Eisessig, 0,1 Mol $AgNO_3$ u. 100 ml W. u. Zugabe von 0,11 Mol Br_2 (Meth. **A**); 100% (Ausbeute); b) durch Bromierung von p-Nitrotoluol nach **A** zu *2-Brom-4-nitrotoluol* (100%) u. dessen Umwandlung über das Nitril in **IV** nach HIGGINBOTTOM u. Mitarbeiter [1937.]. — *3-Brom-4-äthyl-*, $C_9H_9BrO_2$, F. 165° (A.), a) nach **A** aus **II**; 100%; b) durch Red. von 0,1 Mol 3-Nitro-4-äthylbenzoesäure (**V**) mit Sn-Folie in konz. HCl, Diazotieren, 1std. Rühren mit Cu_2Br_2 in 48%ig. HBr bei Zimmer-Temp. u. Ansäuern (Meth. **B**). — *3-Brom-4-n-propyl-*, $C_{10}H_{11}BrO_2$, F. 89—90° (Bzl.-Ligroin), a) nach **A** aus **III**; 95%; b) aus 3-Nitro-4-n-propylbenzoesäure (**VI**) nach **B**. — *3-Jod-4-methyl-*, $C_8H_7JO_2$, F. 205—206° (A.), a) nach **A** aus **I** u. J_2; 100%; b) aus 3-Nitro-4-methylbenzoesäure nach **B** mit KJ. — *3-Jod-4-äthyl-*, $C_9H_9JO_2$, F. 191—192° (Bzl.), a) nach **A** aus **II**; 100%; b) nach **B** aus **V** u. KJ. — *3-Jod-4-n-propyl-*, $C_{10}H_{11}JO_2$, F. 232—233° (A.), a) nach **A** aus **III**; 100%; b) nach **B** aus **VI** u. KJ. W. HAMPEL. 1210□

Die Phenylierung von Estern durch Umsetzen mit Brombenzol und Natriumamid. William W. Leake und Robert Levine. (J. Amer. chem. Soc. **81**. 1627—30. 5/4. 1959. Pittsburgh, Pa., Univ., Dep. of Chem.; engl.) — Durch Phenylierung von Essigsäure-, Propionsäure- bzw. Malonsäureestern mit Brombenzol (**I**) u. überschüssigem $NaHN_2$ (**II**) in fl. NH_3 werden *Mono-* u. *Diphenylessig-* oder *-propionsäureester* bzw. *Phenylmalonsäureester* erhalten. Als Nebenprodd. entstehen *Anilin* (**VIII**), *N-Acylaniline* u. *Diphenylamin* (**XII**). Bei der Phenylierungs-Äthylierungs-Rk. der Malonester unter Zusatz von Äthylbromid zu obigem Rk.-Gemisch entsteht außerdem *N-Äthylanilin* (**XIII**). Malonsäuredimethylester (**XI**) ergibt bei dieser Rk. ein Gemisch aus *Phenylmalonsäuredimethylester* u. *Phenylmalonamid*.

Versuche: Essigsäureäthylester: *Phenyl-* (**III**), $Kp._{27,5}$ 123—128°, aus **II** in fl. NH_3 durch Zugeben von Essigester in 15 Min. unter Rühren, nach weiteren 15 Min. Zugabe von **I** in 10—15 Min., Stoppen der Rk. nach 10 Min. mit NH_4Cl, Gießen auf Eis u. Ansäuern mit konz. HCl (Meth. **A**); gibt mit 20%ig. wss. NaOH (Meth. **B**) *Phenylessigsäure* (**IV**, F. 76,4—77,6°); 41,7%; daneben 15,3% *Acetanilid* (**V**, F. 113,4—114,2°), 21,4% *Anilin* (**VIII**, $Kp._{58,5}$ 100—103°) u. 14,3% *Diphenylessigsäureäthylester* [F. 57—58° (95%ig. A.), auch aus **III**; gibt nach **B** *Diphenylessigsäure* (**VI**, F. 144,5—145,5°); 63%]; 41,7%. — *Phenylmethyl-*, $Kp_{35,1}$ 107—131°, aus Propionsäureäthylester nach **A**; gibt nach **B** 30% *α-Phenylpropionsäure* ($Kp._{5,3}$ 131—136°. *Amid*, F. 94,5—95,5°); >30%; daneben 28% *Propionylanilin* (**VII**, F. 104—104,8°). — Essigsäure-tert.-butylester: *Phenyl-*, $Kp._{12}$ 107—112°, aus Essigsäure-tert.-butylester nach **A** neben 16% *Diphenylessigsäure-tert.-butylester* (F. 80—81°; Spaltung mit p-Toluolsulfonsäure (Meth. **C**) liefert **VI**) u. 27% **V**; liefert nach **C IV**; 40%. — *Phenylmethyl-*, $C_{13}H_{18}O_2$, $Kp._{10,6}$ 104—109°, aus Propionsäure-tert.-butylester nach **A**; 38%; daneben 39% **VII**. — Malonsäurediäthylester: *Phenyl-* (**X**), $Kp._{1,5}$ 124—127°, aus **II**, Malonsäurediäthylester (**IX**) u. **I** nach **A**; 51%; daneben 18% **VIII**. — *Äthylphenyl-*, $Kp._{1,2}$ 120—125°, a) aus Äthylmalonsäurediäthylester nach **A**; 22%; daneben 9% **VIII** u. 6% *Diphenylamin* (**XII**, F. 55—56°); b) aus **IX** nach **A** durch Zufügen von Äthylbromid nach Zugabe von **I** (Meth. **D**) neben 11,2% **X** u. *N-Äthylanilin* (**XIII**, $Kp._{63,5}$ 126—131°. *N-Benzoyl-Deriv.*, F. 59,0—60,0°); gibt nach **C** *Äthylphenylmalonsäure* (F. 154,5—155,5°); 38,8%. — *Phenylmalonsäuredimethylester*, F. 51,2—52,2°, $Kp._5$ 131—133,5°, a) aus **XI** nach **D** neben 25,3% *Phenylmalonamid* (F. 230—233°) u. 21,4% **XIII**; 21,5%; b) aus **XI** nach **A** neben 17% **VIII** u. 3% **XII**; 37%. P. PFAENDER. 1220□

Thyroxinanaloga. 1. Mitt. Methylierte Thyroameisensäuren. Earle Van Heyningen. (J. org. Chemistry **26**. 3850—56. Okt. 1961. Indianapolis, Ind., Lilly Res. Labor.; engl.) — Zur Darst. *methylierter Thyroameisensäuren* (**A**) werden *4-Hydroxy-* (**III**) bzw. *4-Hydroxy-3-methylbenzoesäureäthylester* (**I**) (aus **III** durch MANNICH-Rk. u. anschließende Hydrogenolyse der Dimethylaminogruppe) mit substituierten p-Bromanisolen nach WALKER [1942] zu entsprechenden *4'-O-Methyl-***A** umgesetzt, deren Ätherspaltung mit HJ/Eisessig die gewünschten **A** ergibt. Die Meth. versagt bei 4-Hydroxy-3.5-dimethylbenzoesäureäthylester; die Darst. von *4-[4-Hydroxyphenoxy]-3.5-dimethylbenzoesäure* (**VIII**) gelingt bei Verw. von 4-Allyl-2.6-dimethylphenol (**IV**) bzw. 4-[2-Methallyl]-2.6-dimethylphenol, durch ULLMANN-Rk. mit p-Bromanisol (**V**) unter Verschiebung der

Doppelbindung zu *1-[4-Methoxyphenoxy]-2.6-dimethyl-4-propenyl-* bzw. *-4-[2-methylpropenyl]-benzol* (**VII**), Epoxydation mit Perameisensäure, Verseifen zum Glykol, Spaltung mit HJO_4 zum Aldehyd, Oxydation mit Ag_2O zur Carbonsäure u. Esterspaltung mit HJ. Jodierung dieser Verb. mit 1 Val J_2 unter N_2 führt zum *3'-Jod-Deriv.*, während mit 2 Val J_2 ohne N_2 ein J-haltiges, *polymeres Prod.* resultiert. Die Synth. von *4-[4-Hydroxy-3.5-dimethylphenoxy]-3.5-dimethylbenzoesäure* (**II**) gelingt nicht durch Verseifen des entsprechenden, durch Ätherspaltung des **II**-Methyläthernitrils (**X**) erhaltenen **II**-*Nitrils*; die Ätherspaltung des durch CO_2-Addition der GRINGNARD-Verb. von 4-[4-Methoxy-3.5-dimethylphenoxy]-3.5-dimethylphenylbromid (**XI**) erhaltenen **II**-*Methyläthers* führte unter Decarboxylierung zu *4-[2.6-Dimethylphenoxy]-2.6-dimethylphenol* (**XII**). **XI** reagiert mit HJ/Eisessig nicht zu 4-[4-Hydroxy-3.5-dimethylphenoxy]-3.5-dimethylphenylbromid (**XIV**), sondern ebenfalls zu **XII**. Analoges Verh. zeigt auch 4-Brom-2.6-dimethylanisol (**XV**); es wird mit HJ zu 2.6-Dimethylphenol (**VI**) gespalten. Dagegen werden o-Kresotinsäure u. 4-Methoxy-3.5-dimethylbenzoesäure bei der Spaltung mit HJ nicht decarboxyliert. **II** kann aus dem durch Bromieren von **XII** darstellbaren **XIV** durch Metallierung mit Li u. Rk. der Li-Verb. mit CO_2 synthetisiert werden.

Versuche: 4-Hydroxybenzoesäureäthylester: *3-Dimethylaminomethyl-*, $C_{12}H_{17}NO_3$, F. 64—66°, durch Zutropfen von 37%ig. wss. HCHO zu **III** u. 25%ig. Dimethylamin-Lsg. $<25°$ unter Rühren, Rühren bei Raum-Temp. über Nacht, 2std. Erhitzen auf 90°, Zugeben von NaCl, 20 Min. langes Rühren der heißen Lsg., Verdünnen mit W. u. Kühlen; Prismen aus PAe.; 51,6% (Ausbeute). — *3-Methyl-* (**I**), F. 98—100° (Bzl./PAe.), durch Hydrieren vorst. Verb. in A. an 5%ig. Pd/Kohle bei 50 lbs./sq.in., Eindampfen, Lösen in Ae., Waschen mit verd. HCl u. Eindampfen; 85%. — *3-Methyl-5-dimethylaminomethyl-*, $C_{13}H_{19}NO_3$, Kp.$_{1,2}$ 143°, analog vorvorst. Verb. aus **I**; n_D^{25} 1,5258; 69,5%. — *3.5-Dimethyl-*, $C_{11}H_{14}O_3$, F. 113—114° (abs. A.), durch Hydrieren vorst. Verb. analog **I** bei 40 lbs./sq.in.; 28,4%. — *2.6-Dimethyl-4-[2-methylallyl]-phenol*, $C_{12}H_{16}O$, Kp.$_{0,33}$ 84°, a) durch Zugeben von NaH in abs. Bzl. zu 2.6-Dimethylphenol (**VI**) in abs. Bzl., Kochen bis zum Ende der Rk., Zugeben von 2-Methallylchlorid unter Rühren, 8std. Kochen, nach Erkalten Gießen in W., Ansäuern, Benzolextraktion, Eindampfen im Vakuum, Zugeben von CLAISENschem Alkali (**C**), Waschen mit PAe., Ansäuern mit HCl, Ae.-Extraktion, Eindampfen u. Dest.; n_D^{25} 1,5322; 25,5%; b) durch CLAISEN-Umlagerung von [2-Methallyl]-2.6-dimethylphenyläther nach TARBELL u. KINCAID [1940]; 25,5%. — 1-[4-Methoxyphenoxy]-2.6-dimethylbenzole: *4-[2-Methylpropenyl]-* (**VII**), $C_{19}H_{22}O_2$, Kp.$_{0,43}$ 150—152°, durch Lösen vorst. Verb. in methanol. KOH, Eindampfen bei 100°; Zugeben von **V** u. Cu-Bronze, 45std. Erhitzen auf 220° unter N_2, Zugeben von PAe. u. **C**, Eindampfen des PAe.-Extraktes u. Dest. bei 0,55 Torr; n_D^{25} 1,5589; 14%. — *4-Propenyl-*, $C_{18}H_{20}O_2$, Kp.$_{0,7}$ 150—158°, analog **VII** aus **IV**; n_D^{25} 1,5774; 4,1%. — Benzoesäuren: *4-[4-Methoxyphenoxy]-3.5-dimethyl-*, $C_{16}H_{16}O_4$, F. 188° (A.), durch Zutropfen von 33%ig. H_2O_2 zu **VII** in 98—100%ig. HCOOH bei 25° unter Rühren, 24std. Rühren bei 40°, Eindampfen, Zugeben von Chlf., Waschen mit W., Eindampfen, 2std. Kochen des dunklen, viscosen Öls in äthanol. KOH, Eindampfen bei 100°, Zugeben von W., Ae.-Extraktion, Einengen im Vakuum, Lösen in A., Erwärmen auf 40°, Zugeben einer 20° warmen Lsg. von KJO_4 in 1n H_2SO_4 unter Rühren, nach Abscheidung eines Öls Zugeben gesätt. NH_4Cl-Lsg., Ae.-Extraktion, Eindampfen im Vakuum, Lösen des rohen Aldehyds in 95%ig. A., Zugeben von $AgNO_3$ in W., portionsweises Zugeben von verd. NaOH unter Rühren, Rühren über Nacht, Einleiten von CO_2, Extrahieren des schwarzen Nd. mit heißer 1n NaOH, Ansäuern von Filtrat u. Extrakt mit verd. HNO_3, Ae.-Extraktion des Nd. u. Eindampfen; 21,8%. — *4-[4-Hydroxyphenoxy]-3.5-dimethyl-* (**VIII**), $C_{15}H_{14}O_4$, F. 187,5—189,5°, durch 1½std. Kochen vorst. Verb. in Eisessig u. 57%ig. HJ, Verdünnen mit W. u. Kühlen; Nadeln aus 50%ig. CH_3COOH/W.; 81%. — *4-[4-Hydroxy-3-jodphenoxy]-3.5-dimethyl-*, $C_{15}H_{13}JO_4$, F. 187,5—188,5°, durch Zugeben einer J_2/KJ-Lsg. zu **VIII** in konz. wss. H_4OH unter N_2 unter Rühren, Verdampfen des NH_3 im Vakuum unter leichtem Erwärmen u. Ansäuern mit verd. HCl; Nadeln aus A./W.; 45,5%. — *4-[4-Methoxyphenoxy]-3-methyl-* (**IX**), $C_{15}H_{14}O_4$, F. 153° (Erweichen bei 147°; Eisessig), durch 12std. Erhitzen von **I**, **V**, K_2CO_3 u. Cu-Bronze auf 220°, Zugeben von W., Dampf-Dest. (→ **V**), Zugeben von 50%ig. NaOH zum Rückstand, ½std. Dampf-Dest., Verdünnen des Destillates mit W. u. Eis, Filtrieren u. Ansäuern mit 20%ig. Essigsäure; 25%. — *4-[4-Hydroxyphenoxy]-3-methyl-* (**XVI**), $C_{14}H_{12}O_4$, F. 150—151° (sd. W.), a) durch 4½std. Erhitzen von **IX** mit Pyridinhydrochlorid auf 200°, Zugeben von W. u. wenig HCl, Extrahieren mit Ae. u. Eindampfen; 98%; b) analog **VIII** aus **IX** in 2½ Std.; 88,5%. — *4-[4-Methoxy-3.5-dimethylphenoxy]-3-methyl-*, $C_{17}H_{18}O_4$, F. 165,5° (Essigsäure/W.), analog **IX** aus **I** u. **XV**; 35%. — *4-[4-Methoxy-3.5-dimethylphenoxy]-*, $C_{16}H_{16}O_4$, F. 146 bis 148° (Eisessig), analog vorst. Verb. aus **III**; rhomb. Prismen aus Eisessig; 39%. — *4-[4-Hydroxy-3.5-dimethylphenoxy]-3-methyl-*, $C_{16}H_{16}O_4$, F. 198,5—199°, analog **VIII** aus vorvorst. Verb.; Nadeln aus A./W.; 82,5%. — *4-[4-Hydroxy-3.5-dimethylphenoxy]-*, $C_{15}H_{14}O_4$, F. 175,5—176,5° (A./W.), analog **VIII** aus vorvorst. Verb.; 87%. — *4-[4-Hydroxy-3.5-dijodphenoxy]-3-methyl-*, $C_{14}H_{10}J_2O_4$, F. 228—231° (Zers. unter Bldg. violetter Dämpfe), durch Jodierung von **XVI** in NH_4OH mit 2 Val J_2/KJ-Lsg. bei 0°, Entfärbung mit $NaHSO_3$, Verdampfen des NH_3 im Vakuum, Ansäuern mit HCl, Lösen des Nd. in Aceton u. fraktionierte Fällung mit PAe.; blaßgelb, mikrokrist. aus Aceton, enthält ca. 8% *Monojodverbindung*. — *4-[4-Methoxy-3.5-dimethylphenoxy]-3.5-dimethyl-*, $C_{18}H_{20}O_4$, F. 160,5—161,5° (A./W.), durch Zugeben von CH_3J zu Mg in Ae. unter Rühren, Zutropfen, von **XI** [F. 73,5° (A.); Darst. nach BIELIG u. LÜTZEL, C. **1957.** 13958] in Ae. unter Rühren, 2std. Kochen unter Rühren, Gießen auf festes CO_2, Stehen über Nacht, Zers. mit verd. HCl, Ae.-Extraktion, Ausziehen des Ae. mit verd. NaOH u. Ansäuern mit verd. HCl; Nadeln; 92%. — *4-[2.6-Dimethylphenoxy]-2.6-dimethylphenol* (**XII**), $C_{16}H_{18}O_2$, F. 104,5 bis 106,5° (A./W.), a) durch 2½std. Kochen vorst. Verb. mit HJ/Eisessig (1 : 1) u. Gießen in W. u. wenig $NaHSO_3$; 64,5%; b) analog a) mit 48%ig. HBr statt HJ; 54%; c) durch 3std. Kochen des Methyläthers mit 57%ig. HJ/Eisessig (1 : 1) unter N_2, Verdünnen mit W., Ae.-Extraktion, Waschen mit $NaHCO_3$-Lsg. u. Eindampfen; 52,4%; d) analog c) aus **XI** in 2 Std., Gießen in W. u. Kühlen; 58,3%. — *4-[4-Hydroxy-3.5-dimethylphenoxy]-3.5-dimethylphenylbromid* (**XIV**), $C_{16}H_{17}BrO_2$, F. 101—103° (PAe.), durch portionsweises Zugeben von Br_2/Eisessig zu **XII** in Eisessig bei 20°, ½std. Rühren bei 15°, 1std. Stehen bei Raum-Temp. u. Gießen in W. + $NaHSO_3$; 74%. — 3.5-Dimethylbenzoesäuren: *4-[4-Hydroxy-3.5-dimethylphenoxy]-* (**II**), $C_{17}H_{18}O_4$, F. 187,5 bis 190,5° (A./W.), durch Zutropfen von n-Butylbromid in abs. Ae. zu Li in abs. Ae. unter N_2 bei —10°, ½std. Rühren bei 4°, Zutropfen zu vorst. Verb. in abs. Ae. unter Rühren bei Raum-Temp., ½std. Rühren, 2std. Stehen, Gießen auf festes CO_2 u. Ae., Stehen über Nacht, Zugeben von verd. HCl, Ae.-Extraktion, $NaHCO_3$-Extraktion des Ae.-Extraktes u. Ansäuern; 45%. *Nitril*, $C_{17}H_{17}NO_2$, F. 175—176,5° (A./W.), durch Kochen von **X** [F. 97°, Kp.$_{0,45}$ 167—170°, aus **XI** nach BIELIG u. LÜTZEL (l. c.); 75,5%] in 57%ig. HJ/Eisessig (1 : 1); 92%. — *4-Methoxy-*, $C_{10}H_{12}O_3$, F. 192—194° (A./W.), durch Zugeben von **XV**, Äthylenbromid u. Ae. zu Mg u. Ae., Zugeben von festem CO_2, Ansäuern mit verd. HCl, Chlf.-Extraktion, Extraktion der Chlf.-Lsg. mit Alkalien u. Ansäuern; 45,5%. — *4-Hydroxy-*, $C_9H_{10}O_3$, F. 224—225,5°; aus vorst. Verb. analog **VIII**; 82%. — *Polymeres Prod.*, $[C_{15}H_{11}JO_4]_n$, kein F. bis 295°; durch Zugeben von J_2/KJ zu **VIII** in konz. NH_4OH unter Rühren bei 10°, Verdampfen des NH_3 im Vakuum, Ansäuern mit verd. HCl, Lösen des Nd. in A. u. Eindampfen. — IR- u. UV-Maxima einiger Prodd. werden angegeben. R. SCHÖNFELDER. 1250□

Darstellung von Hydrazobenzol. (Laboratoriumsnotiz.) André Etienne und René Piat. (Bull. Soc. chim. France **1962.** 550. März. Paris, Conservatoire nat. des Arts et Métiers, Labor. de Chim. ind.; franz.) — Reines, krist., luftbeständiges *Hydrazobenzol* (F. 127,5°, Nadeln) wird aus Azobenzol durch Hydrierung in A. in Ggw. von 0,6%ig. Pd/Al_2O_3 (durch Red. von $PdCl_2$ in einer Al_2O_3-Suspension mit 30%ig. Formalin) in einer Ausbeute von 77% gewonnen. EBERHARD RIEDEL. 1310□

Synthese, chemische und physikalische Untersuchungen der phenoxymethylsiliciumorganischen Verbindungen. I. Nagy. (Periodica polytechn. [Budapest], chem. Ingenieurwes. **4.** 33—60. 1960. Moskau, Inst. für Metallorg. Verbb.; Budapest, Lehrstuhl für anorgan. Chem. des polytechn. Inst.; russ.) — Durch Kondens. von Chlormethyldimethylchlorsilan (**I**) mit Anilin u. anschließende Hydrolyse wird *1.3-Bis-[phenylaminomethyl]-tetramethyldisiloxan* (**II**) dargestellt. Die Kondens. von **I** oder 1.3-Bis-[chlormethyl]-tetramethyldisiloxan (**III**) mit Na-Phenolat (**IV**) liefert *1.3-Bis-[phenoxymethyl]-tetramethyldisiloxan* (**V**), wobei die besten Ausbeuten (30—40%) in A. erzielt werden. Nur Harze oder sehr geringe Ausbeuten an **V** werden erhalten, wenn **IV** mit **III** in Bzl. oder **IV** mit 1.3-Bis-[jodmethyl]-tetramethyldisiloxan in Dioxan oder A. umgesetzt werden. Aus Chlormethylmethyldiäthoxysilan (**VI**) u. **IV** wird *Phenoxymethylmethyldiäthoxysilan* dargestellt. — **V** ist gegenüber verd. Säure u. verd. Alkali bis 100° beständig u. wird durch 19%ig. Na-Äthylat vollständig unter Bldg. von *Anisol* gespalten. Durch Best. der viscosimetr. u. dielektr. Eigg. von **II**, **V** u. *Hexamethyldisiloxan* wird gezeigt, daß die Moll. von **II** die besten Kohäsions-Eigg. besitzen, jedoch eignet sich für techn. Zwecke **V** besser.

Versuche: *1.3-Bis-[phenylaminomethyl]-tetramethyldisiloxan* (**II**), Kp.$_{10}$ 234—238°, man gibt zu 390 g Anilin in ½ Std. 93 g **I**, erhitzt auf 120—140°, gibt bei 60° tropfenweise 200 ml W. u. 105 ml 50%ig. NaOH zu u. nimmt in Ae. auf; n_D^{20} 1,5361; 46% (Ausbeute). — *1.3-Bis-[phenoxymethyl]-tetramethyldisiloxan* (**V**), $C_{18}H_{26}Si_2O_3$, Kp.$_7$ 194—197°, n_D^{20} 1,5038; a) man gibt zu 16,1 g Na in 230 ml A. 70,5 g Phenol in 30 ml A., dann 57,8 g **III**. erhitzt 16 Std. auf 80° u. nimmt in Ae. auf; 30,5%; b) man gibt zu 27,6 g Na in 300 ml A, 112,8 g Phenol in 20 ml A., gibt in 20 Min. tropfenweise 71,5 g **I** zu, erhitzt 3 Std. auf

80°, hydrolysiert bei 60° mit 22 g NaOH in 200 ml W. u. nimmt in Ae. auf; 39,4%. — *Methylchlormethyldiäthoxysilan* (**VI**), Kp. 162—164°, durch 16std. Erhitzen von 163,5 g Methylchlormethyldichlorsilan in 95 g A.; 64,5%. — *Methylphenoxymethyldiäthoxysilan*, $Kp._7$ 118—122°, man gibt zu 175 ml A. 16,1 g Na u. 117 g Phenol, dann 117 g **VI** u. erhitzt 14 Std. auf 84°; n_D^{20} 1,4725; 34,6%. HELMUT SCHÄFER. 1380

Die Reaktion von Triphenylphosphinmethylenen mit Lithiumaluminiumhydrid. Martin Saunders und Grace Burchman. (Tetrahedron Letters [London] **1959.** Nr. 1. 8—9. März. New Haven, Conn., Yale Univ., Sterling Chem. Labor.; engl.) — Durch Rk. von Acetylmethylen-, Benzoylmethylen- bzw. α-[Isobutyryl]-isobutyrylmethylentriphenylphosphin mit überschüssigem $LiAlH_4$ in Ae./Tetrahydrofuran, Hydrolyse u. Oxydation beim Stehen an der Luft werden *Diphenylacetonylphosphinoxid*, $C_{15}H_{15}O_2P$, F. 127—129° [18% (Ausbeute)], *Diphenylphenacylphosphinoxid*, $C_{20}H_{17}O_2P$, F. 140—140,5° (42%) bzw. *3.3.5-Trimethyl-2-oxo-4-hydroxyhexyldiphenylphosphinoxid*, $C_{21}H_{27}O_3P$, F. 145 bis 147,5° (34%) erhalten. Die analoge Red. von Methylentriphenylphosphin führt zu einem fl. Prod., das nach Rk. mit CH_3J *Dimethyldiphenylphosphoniumjodid*, $C_{14}H_{16}JP$, F. 249,5 bis 251°, liefert. B.-G. BRODDA. 1380□

Arylaminolyse von Phenyldichlorphosphazosulfonarylen. W. I. Schewtschenko und W. T. Stratijenko. (Журнал Общей Химии [J. allg. Chem.] **29** (**91**). 3458—62. Okt. 1959. Dnepropetrowsk, Metallurg. Inst.; russ.) — Arylsulfonimidophenylphosphonsäuredichloride [$ArSO_2N{=}P(C_6H_5)Cl_2$; „Phenyldichlorphosphazosulfonaryle"] reagieren mit Anilin in Bzl. bereits bei Raum-Temp. unter Bldg. von *Arylsulfonimidophenylphosphonsäureanilidchloriden* (**A**), während *Arylsulfonimidophenylphosphonsäuredianilide* (**B**) erst bei einem 5fachen Überschuß an Anilin u. 8std. Kochen der benzol. Lsg. erhalten werden. Die Hydrolyse der **A** oder **B** führt in beiden Fällen zu *Arylsulfonamidophenylphosphonsäureaniliden*, die sich wie einbas. Säuren titrieren lassen. Ist der Arylrest in **B** eine o-Tolyl- oder α-Naphthylgruppe, so ist die Hydrolyse infolge Ausbildung von H-Brücken zwischen dem Arylrest u. einem O-Atom der Sulfonylgruppe erschwert.

Versuche: Sulfonimidophenylphosphonsäuredianilide (**B**): *Phenyl-*, $C_{24}H_{22}N_3O_2PS$, F. 191° (A.), durch 5—8std. Kochen von 0,003 Mol Phenylsulfonimidophenylphosphonsäuredichlorid (**I**) in 5 ml Bzl. mit 0,015 Mol Anilin u. Auswaschen des als Nebenprod. auftretenden *Phenylsulfonimidophenylphosphonsäureanilidchlorids* (**II**) aus dem Nd. mit W.; 85,6% (Ausbeute). — *o-Tolyl-*, $C_{25}H_{24}N_3O_2PS$, F. 196° (A.), analog vorst. Verb.; 71,2%. — *p-Tolyl-*, $C_{25}H_{24}N_3O_2PS$, F. 182° (A.); 70,6%. — *α-Naphthyl-*, $C_{28}H_{24}N_3O_2PS$, F. 207° (A.); 85,3%. — *β-Naphthyl-*, $C_{28}H_{24}N_3O_2PS$, F. 215° (A.); 88,3%. — *o-Nitrophenyl-*, $C_{24}H_{21}N_4O_4PS$, F. 212° (A.); 79,8%. — *m-Nitrophenyl-*, $C_{24}H_{21}N_4O_4PS$, F. 214° (A.); 79,8%. — *p-Nitrophenyl-*, $C_{24}H_{21}N_4O_4PS$, F. 176° (A.); 96,0%. — Sulfonamidophenylphosphonsäureanilide: *Phenyl-*, $C_{18}H_{17}N_2O_3PS$, F. 167° (A.), a) durch 2—3std. Kochen einer Lsg. von 0,002 Mol **I** in 10 ml Bzl. mit 0,04 Mol Anilin in 5 ml Bzl., Filtrieren, Eindampfen u. Hydrolysieren des Rückstands mit W.; 62,5%; b) durch 8std. Kochen von 0,001 Mol Phenylsulfonimidophenylphosphonsäuredianilid mit 25 ml 0,2 n wss.-äthanol. NaOH; 67,2%. — *α-Naphthyl-*, $C_{22}H_{19}N_2O_3PS$, F. 160° (A.), a) analog vorst. Verb. nach a); 72,0%; b) analog vorst. Verb. nach b) mit 2n wss.-äthanol. NaOH; 59,2%. — *o-Nitrophenyl-*, $C_{18}H_{16}N_3O_5PS$, F. 165° (A.), durch 2—3std. Kochen einer Lsg. von 0,002 Mol o-Nitrophenylsulfonimidophenylphosphonsäuredichlorid in 10 ml Bzl. mit 0,04 Mol Anilin in 5 ml Bzl. u. Hydrolysieren des Nd. mit W.; 63,5%. — *m-Nitrophenyl-*, $C_{18}H_{16}N_3O_5PS$, F. 169° (A.), analog; 80,2%. — *p-Nitrophenyl-*, $C_{18}H_{16}N_3O_5PS$, F. 166° (A.), analog; 79,3%. — *o-Tolyl-*, $C_{19}H_{19}N_2O_3PS$, F. 164° (A.), analog dem α-Naphthyl-Deriv. nach b); 37,0%. — *p-Toyl-*, $C_{19}H_{19}N_2O_3PS$, F. 160° (A.), analog dem Phenyl-Deriv. nach b); 59,4%. — *β-Naphthyl-*, $C_{22}H_{19}N_2O_3PS$, F. 164° (A.), analog vorst. Verb.; 47,3%. B. CELMS. 1380

Ammonolyse der Phenyldichlorphosphazosulfonaryle. W. I. Schewtschenko und W. T. Stratijenko. (Журнал Общей Химии [J. allg. Chem.] **29** (**91**). 3757—60. Nov. 1959. Dnepropetrowsk, Metallurg. Inst.; russ.) — Vgl. vorst. Referat. — Beim Einleiten von NH_3 in benzol. Lsgg. von Arylsulfonimidophenylphosphonsäuredichloriden (**I**; Phenyldichlorphosphazosulfonarylen) bilden sich unter starker Wärme-Entw. *Arylsulfonimidophenylphosphonsäurediamide* (**II**), die mit $AgNO_3$ in W. unlösl. *Ag-Salze* geben u. zum Unterschied von den leicht hydrolysierbaren Arylsulfonimidophosphorsäuretriamiden gegen W. auch bei längerem Kochen beständig sind. Beim Erwärmen der **II** mit 0,2n wss. NaOH tritt Hydrolyse ein unter Bldg. von *Arylsulfonamiden*, NH_3 u. des *Na-Salzes des* entsprechenden *Arylphosphonsäureamids*.

Versuche: Arylsulfonimidophenylphosphonsäurediamide (**II**): *Phenyl-*, $C_{12}H_{14}N_3O_2PS$, F. 151—152°, durch 1std. Einleiten von NH_3 in 0,01 Mol Phenylsulfonimidophenylphosphonsäuredichlorid in 40 ml abs. Bzl. bei <10—15°; 90,7% (Ausbeute). — *o-Tolyl-*, $C_{13}H_{16}N_3O_2PS$, F. 140—142°; 94,9%. — *p-Tolyl-*, $C_{13}H_{16}N_3O_2PS$,

F. 130—131°; 92,6%. — *p-Chlorphenyl-*, $C_{12}H_{13}ClN_3O_2PS$, F. 162—164°; 91,6%. — *α-Naphthyl-*, $C_{16}H_{16}N_3O_2PS$, F. 149—151°; 94,4%. — *β-Naphthyl-*, $C_{16}H_{16}N_3O_2PS$, F. 148 bis 152°; 97,2%. — *Phenylphosphonsäureamid, Na-Salz*, $C_6H_7NNaO_2P$, F. 164—165° (wss. A.; 1 : 1), durch 1/2std Erhitzen von 0,005 Mol **II** mit 25 ml 0,2n wss. NaOH, Filtrieren u. Eindampfen des Filtrats; Nadeln. B. Celms. 1380

Die Synthese einiger Derivate von Zimtsäure und ihre antifungicide Wirksamkeit. H. Wayne Schultz und Gail A. Wiese. (J. Amer. pharmac. Assoc., sci. Edit. **48.** 750—52. Dez. 1959. Iowa City, Iowa, State Univ. of Iowa, Coll. of Pharm.; engl.) — Verschiedene *Amide* von *o-Chlor-*, *p-Nitro-* u. unsubstituierter *Zimtsäure* werden dargestellt u. deren antifungicide Wirksamkeit in aceton. Lsg. (Konzz. 4, 2, 1 u. 0,5%) gegenüber *Microsporum canis* (MC), *Microsporum gypseum* (MG), *Trichophyton rubrum* (TR) u. *Trichophyton mentogrophytes* (TM) untersucht. *N-[4-Chlorphenyl]-2-chlorzimtsäureamid* besitzt gegenüber MG u. TR, *N-[3-Chlorphenyl]-zimtsäureamid* gegenüber MC u. TM die größte Aktivität. Der Vgl. mit Salicylanilid u. Undecylensäure zeigt, daß die meisten Zimtsäureamide in vitro geringe oder keine antifungicide Wirksamkeit besitzen.

Versuche: Zimtsäureamide: *N-[2-Chlorphenyl]-2-chlor-*, F. 170,5—171,5° (A.), durch langsame Zugabe von o-Chloranilin (**I**) in Pyridin zu o-Chlorcinnamoylchlorid, 3std. Kochen, Gießen in W. unter Rühren u. Kühlen (Meth. **A**); 54,1% (Ausbeute). — *N-[2-Chlorphenyl]-*, F. 137—138° (A.), nach **A**; 45,8%. — *N-[3-Chlorphenyl]-*, F. 125 bis 126° (A.), nach **A**; 27,9%. — *N-[4-Chlorphenyl]-*, F. 185—186° (A.), nach **A**; 59,4%. — *N-[2.4-Dichlorphenyl]-*, F. 162—164° (A.), nach **A**; 35,8%. — *N-[2.5-Dichlorphenyl]-*, F. 177—178° (A.), nach **A**; 22,2%. — *N-Benzothiazolyl-(2)-*, F. 245—246° (A./Aceton), nach **A**; 47,4%. — *N-Chinolyl-(3)-*, F. 217—218° (A.), nach **A**; 61,0%. — *N-[5-Chlorpyridyl-(2)]-*, F. 186—187° (A.), nach **A**; 59,2%. — *N-[2-Methyl-4-chlorphenyl]-*, F. 189 bis 190° (A.), nach **A**; 29,4%. — *N-[3-Chlorphenyl]-2-chlor-*, F. 162—163° (Bzl.), nach **A**; 77,4%. — *N-[4-Chlorphenyl]-2-chlor-*, F. 190—190,5° (Chlf.), nach **A**; 76,7%. — *N-[2.4-Dichlorphenyl]-2-chlor-*, F. 177—178° (CCl_4), nach **A**; 69,2%. — *N-[2.5-Dichlorphenyl]-2-chlor-*, F. 158—159° (CCl_4), nach **A**; 76,0%. — *N-Benzothiazolyl-(2)-2-chlor-*, F. 240 bis 241° (Methylcellosolve), nach **A**; 76,8(?)%. — *N-Chinolyl-(3)-2-chlor-*, F. 213—214,5° (A.), nach **A**; 62,2%. — *N-[5-Chlorpyridyl-(2)]-2-chlor-*, F. 231—232° (A.), nach **A**; 54,6%. — *N-[2-Methyl-4-chlorphenyl]-2-chlor-*, F. 291—292° (A.), nach **A**; 54,5%. — *N-[2-Chlorphenyl]-4-nitro-*, F. 220—221° (Methyläthylketon), durch Zutropfen von $SOCl_2$ in Bzl. zu p-Nitrozimtsäure in Bzl., 1 1/4std. Kochen, Eindampfen im Vakuum, Zugabe von **I** in Bzl. zu dem erhaltenen *Säurechlorid* (**II**), 1/2std. Kochen u. Eindampfen; 66,1%. — *N-[4-Chlorphenyl]-4-nitro-*, F. 226—227° (A./Aceton), durch Zutropfen von p-Chloranilin in Bzl./Ae. zu **II** in Bzl., 1std. Kochen, Eindampfen, Waschen mit 2%ig. HCl, mit W. 2%ig. Na_2CO_3 u. W. (Meth. **B**); 60,4%. — *N-[3-Chlorphenyl]-4-nitro-*, F. 196 bis 197,5° (A.), nach **B**; 68,9%. — *N-[2.4-Dichlorphenyl]-4-nitro-*, F. 226—227° (A.), nach **B**; 63,3%. — *N-[2.5-Dichlorphenyl]-4-nitro-*, F. 251—253° (Pyridin), nach **B**; 59,0%. — *N-Benzothiazolyl-(2)-4-nitro-*, F. 320—321° (Pyridin), nach **B**; 47,6%. — *N-Chinolyl-(3)-4-nitro-*, F. 313—314° (Pyridin), nach **B**; 51,6%. — *N-[5-Chlorpyridyl-(2)]-4-nitro-*, F. 262 bis 264° (Pyridin), nach **B**; 43,8%. — *N-[2-Methyl-4-chlorphenyl]-4-nitro-*, F. 260—261° (Pyridin/A.), nach **B**; 49,7%. K. Lange. 1610

Darstellung von Methylencyclobutanen. Pyrolyse von Acetaten und Methylxanthaten der Cyclobutylmethanole. Jean-Marie Conia und Jacques Goré. (C. R. hebd. Séances Acad. Sci. **254.** 3552—54. 14/5. 1962. Caen, Fac. des Sci.; franz.) — *Mono-* bzw. *Dimethylmethylencyclobutane* werden durch Pyrolyse der entsprechenden Cyclobutylmethanolacetate bei 480° bzw. der -xanthate bei 380° dargestellt. Die Rk. ist abhängig von der Stellung der Methylsubstituenten im Ring; teilweise tritt Ringöffnung u. Bldg. von Dienen ein. Die Acetate werden durch Red. der entsprechenden Säuren mit $LiAlH_4$ u. Umsetzung mit Acetylchlorid, die Xanthate aus den Cyclobutylmethanolen mit CS_2 u. CH_3J in Ggw. von K dargestellt.

Versuche: *Methylencyclobutan*, a) aus Cyclobutylmethanolacetat durch Erhitzen unter N_2 auf 480°; 70% (Ausbeute); b) aus *Cyclobutylmethanol-S-methylxanthat* ($C_7H_{12}OS_2$, Kp.$_{18}$ 128—129°, aus Cyclobutylmethanol mit CS_2 u. CH_3J in Ggw. von K; n_D^{23} 1,5451) bei 380°; 65%. — *3-Methylmethylencyclobutan*, C_6H_{10}, Kp.$_{760}$ 61°, a) aus *3-Methylcyclobutylmethanolacetat* ($C_8H_{14}O_2$, Kp.$_{15}$ 64°; n_D^{22} 1,4291) bei 480°; n_D^{22} 1,4151; 70%; b) aus *3-Methylcyclobutylmethanol-S-methylxanthat* [$C_8H_{14}OS_2$, Kp.$_{25}$ 138—139°, aus *3-Methylcyclobutylmethanol* ($C_6H_{12}O$, Kp.$_{15}$ 64°) wie vorst.; n_D^{23} 1,5451] bei 380°; 70%. — *3.3-Dimethylmethylencyclobutan*, C_7H_{12}, Kp.$_{720}$ 72°, aus *3.3-Dimethylcyclobutylmethanol-S-methylxanthat* [$C_9H_{16}OS_2$, Kp.$_{14}$ 135—137°, aus *3.3-Dimethylcyclobutylmethanol* ($C_7H_{14}O$, Kp.$_{37}$ 84°, durch $LiAlH_4$-Red. der Carbonsäure) wie vorst.; n_D^{19} 1,5330] bei 380°; aus *3.3-Dimethylcyclobutylmethanolacetat* ($C_9H_{16}O_2$, Kp.$_{18}$ 72°; n_D^{25} 1,4211) entsteht ein Gemisch von *Dien-KW-Stoffen.* — *2-Methylmethylencyclobutan*, C_6H_{10},

$Kp._{760}$ 59,5°, aus *2-Methylcyclobutylmethanol-S-methylxanthat* [$C_8H_{14}OS_2$, $Kp._{14}$ 131–132°, aus *2-Methylcyclobutylmethanol* ($C_6H_{12}O$, $Kp._{18}$ 66°, durch $LiAlH_4$-Red. der Carbonsäure; n_D^{20} 1,4410) wie vorst.; n_D^{23} 1,5451] bei 380°; 46,7%; daneben 23,3% eines *konjugierten Dien-KW-Stoffes*. H. GLEINIG. 1810□

Transanulare Wechselwirkungen. 3. Mitt. Synthesen und Konfigurationszuordnung im cis- und trans-Cyclodecen-(5)-yl-(1)-System. Harlan L. Goering, William D. Closson und Alfred C. Olson. (J. Amer. chem. Soc. **83.** 3507–11. 20/8. 1961. Madison, Wis., Univ., Dep. of Chem.; engl.) — 1. vgl. C. **1958.** 2685; 2. vgl. C. **1959.** 10856. — Es wurden bin. Gemische von *cis-* (cis-I) u. *trans-Cyclodecen-(5)-ol* (trans-I) auf 3 verschiedenen Wegen dargestellt. Zunächst wurde 6-Hydroxycyclodecanon in Trimethyl-[6-hydroxycyclodecyl]-ammoniumhydroxid übergeführt, dessen therm. Zers. ein Gemisch aus 70% cis- u. 30% trans-I lieferte (vgl. l. c.). Ferner wurde durch Red. von 6-Ketocyclodecanol (II)-Oxim mit Na u. n-Butylalkohol zu *6-Aminocyclodecanol* (wahrscheinlich Diastereomeren-Gemisch) nach COPE, COTTER u. ROLLER (vgl. C. **1955.** 11569) u. dessen Desaminierung mit HNO_2 (vgl. PRELOG, URECH, BOTHNER-BY u. WÜRSCH, C. **1956.** 14009) ein hauptsächlich aus cis-I bestehendes I-Gemisch erhalten. Schließlich wurde nach COPE u. HOLZMANN (vgl. C. **1951.** II. 2873) II-p-Toluolsulfonat mit Diäthylanilin in ein Gemisch von ca. 10% *Bicyclo-[5.3.0]-decanon-(2)* u. 90% *Cyclodecen-(5)-on* (III; cis–trans-Gemisch mit überweigend trans-Isomeren) übergeführt, das durch Red. mit $LiAlH_4$ u. nachfolgende Abtrennung mit wss. $AgNO_3$ von der gesätt. bicycl. Fraktion ein Gemisch (**A**) aus 15% cis-I u. 85% trans-I lieferte. In diesem Gemisch wurden die Alkohole in die *p-Nitrobenzoate* (PNB) übergeführt. Nach selektiver Solvolyse von trans-I–PNB wurde das nicht umgesetzte cis-PNB verseift. trans-I wurde aus **A** durch Verteilungschromatographie abgetrennt. Katalyt. Hydrierung sowohl des Gemisches der ungesätt. Ketone als auch von **A** an ADAMS-Pt zu *Cyclodecanol* sowie $KMnO_4$-Oxydation der ungesätt. Ketonfraktion zu *δ-Ketosebacinsäure* (F. 115,5–116,0°) beweisen die Stellung der Doppelbindung. Die trans-Konfiguration der Doppelbindung in trans-I wurde wie folgt festgelegt: cis-Hydroxylierung von trans-I–PNB mit OsO_4 in Tetrahydrofuran lieferte *5.6-Dihydroxycyclodecyl-PNB*, das durch Behandeln mit trockenem $CuSO_4$ in abs. Aceton in das *Acetonid* übergeführt wurde, das zum *Hydroxyacetonid* hydrolysiert u. durch $LiAlH_4$-Red. dessen p-Toluolsulfonats u. saure Hydrolyse des erhaltenen Acetonids in wss. CH_3OH in das bekannte *trans-Cyclodecandiol-(1.2)* umgewandelt wurde. CrO_3-Oxydation von cis-I lieferte cis-III, während trans-I ein Gemisch aus 80% trans-III u. 20% mindestens zweier nicht identifizierter Verbb. gab. trans-III lieferte weder das PNB noch das 2.4-Dinitrophenylhydrazon. Dieses anomale Verh. von trans-III ist möglicherweise die Folge transanularer Wechselwrkg. zwischen beiden Funktionen.

Versuche: *6-Ketocyclodecanol* (II), F. 70,5–71,5° (Ae.–PAe.), durch 1std. Kochen von 230 g 11-Oxabicyclo-[4.4.1]-undecyl-(1)-acetat mit KOH in 90%ig. wss. CH_3OH; 175 g (Ausbeute). — *cis-Cyclodecen-(5)-ol-(1)* (cis-I), $C_{10}H_{18}O$, F. 44,7–46,2° (Pentan), aus II-p-Toluolsulfonat nach COPE u. HOLZMAN (l. c.) über das Ketongemisch ($Kp._{17}$ 90 bis 105°; 99%; Kernfraktion $Kp._9$ 98,0–99,0°; n_D^{25} 1,4950–1,4951; 41%), dessen Red. mit $LiAlH_4$, Behandeln mit 10%ig. $AgNO_3$-Lsg., PAe.-Extraktion, Behandeln der wss. Phase mit NH_4OH, Überführen des erhaltenen Alkoholgemisches **A** (42%) in das PNB-Gemisch, 30std. Erhitzen in 90%ig. wss. Aceton auf 120° im Rohr u. 3std. Kochen des isolierten *cis-I-PNB* ($C_{17}H_{21}NO_4$, F. 154,5–155,0° aus Essigester–A.) mit KOH in wss. CH_3OH; 92%. *Phenylurethan*, F. 111,0–111,7°. *α-Naphthylurethan*, F. 138 bis 139°. — *trans-Cyclodecen-(5)-ol-(1)* (trans-I), $C_{10}H_{18}O$, $Kp._{20}$ 126°, aus dem Gemisch **A** durch Verteilungschromatographie mit wss. $AgNO_3$ auf Silica-Gel als stationärer Phase u. Bzl.–Ae.-Gemischen als Elutionsmittel; n_D^{25} 1,5028; 80%. *trans-PNB*, $C_{17}H_{21}NO_4$, F. 108,4–109,4° (PAe. 60–68°). *Phenylurethan*, F. 80,8–81,6° (PAe.). *α-Naphthylurethan*, $C_{21}H_{25}NO_2$, F. 124,6–125,6° (PAe.). — *cis-Cyclodecen-(5)-on-(1)* (cis-III), $C_{10}H_{16}O$, $Kp._{12}$ 100–103°, durch CrO_3-Oxydation in Aceton unter N_2 bei 5–10°; n_D^{25} 1,4943–1,4947; 68%. *2.4-Dinitrophenylhydrazon*, $C_{16}H_{20}O_4$, F. 177,5–179,0° (Zers.; Essigester–PAe.). *Semicarbazon*, $C_{11}H_{19}N_3O$, F. 210–211° (Zers.; A.). *Oxim*, $C_{10}H_{17}NO$, F. 110,0–110,6° (wss. A.). — *trans-Cyclodecen-(5)-on-(1)* (trans-III), $C_{10}H_{16}O$, durch Oxydation von trans-I wie vorst. u. Gaschromatographie an 1.2.3-Tris-[2-cyan-äthoxy]-propan/Celite bei 170°. *Semicarbazon*, $C_{11}H_{19}N_3O$, F. 179,5–180,5° (Acetonitril). J. RICHTER. 1860□

Jodoniumderivate von β-Diketonen. 1. Mitt. Reaktion von Dimedon mit Jodosobenzol. E. Gudrinijetze, O. Neiland und G. Wanag. (Журнал Общей Химии [J. allg. Chem.] **27** (**89**). 2737–40. Okt. 1957. Leningrad, Univ.; russ.) — 2. vgl. C. **1962.** 7865. — Die Rk. von Jodosobenzol (I) mit Dimedon (II) in wasserfreiem Medium liefert *Phenyldimedonyl-(2)-jodon* (III), das als Dehydrobetain des Phenyldimedonyl-(2)-jodonium (IV)-hydroxids aufzufassen ist. IV-*Hydroxid* entsteht bei der Rk. von I mit II in Ggw. von W. oder aus III durch Wasseraufnahme. III bildet mit HCl u. HNO_3 IV-*Chlorid* u. IV-*Nitrat*. IV-Chlorid zersetzt sich oberhalb des F. zu *Jodbenzol* u. *2-Chlordimedon*.

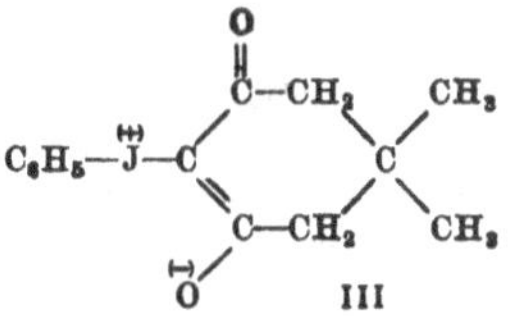

III

Versuche: *Phenyldimedonyl-(2)-jodon* (III), $C_{14}H_{15}JO_2$, F. 139° (Zers.; abs. A.), a) man läßt 1,5 g II u. 3,8 g Phenyljodiddifluorid in 25 ml Chlf. eindunsten; 79% (Ausbeute); b) man gibt zu 7 g II in 30 ml Chlf. langsam 11 g I, erhitzt zum Sieden, engt ein u. behandelt mit 100 ml Ae.; 73%; c) man kocht 5,6 g II u. 8,8 g I in 40 ml Aceton 1/4 Std., dampft 30 ml Aceton ab u. behandelt mit 40 ml 5% ig. KOH; Nadeln; 50%. — *Phenyldimedonyl-(2)-jodonium* (IV)-*hydroxid*, $C_{14}H_{17}JO_3$, F. 126—127° (Zers.; A.-Ae.), a) aus 1,4 g II u. 2,2 g I in 20 ml W. (1 Std. rühren); 66%; b) aus 2,8 g II, 0,8 g NaOH, 4,4 g I u. 30 ml W. (2 Tage lang rühren); Prismen; 83%. *Chlorid*, $C_{14}H_{16}ClJO_2$, F. 80° (Zers.; A.-Ae.), aus 0,684 g III in 10 ml Chlf. durch Zugabe von äther. HCl bei 0°; 88%. *Nitrat*, $C_{14}H_{16}JNO_5$, F. 89° (Zers.; A.-Bzn.), aus 0,34 g III in 3 ml Ae. durch Zugabe einiger Tropfen rauchender HNO_3 in 20 ml Ae.; Blättchen; 62%. — *2-Chlordimedon*, F. 160°, a) durch 3std. Erhitzen von IV-Chlorid auf 90—110°; 80%; b) durch Kochen von 3,42 g III in 30 ml W. u. 5 ml konz. HCl unter Abdestillieren von *Jodbenzol*; 70%. Helmut Schäfer. 1970

Ein Dihydroresorcinderivat. Ernest Wenkert, Liang H. Liu und William D. Fellows. (J. org. Chemistry **27.** 2278—80. Juni 1962. Ames, Iowa, Iowa State Univ., Dep. of Chem.; engl.) — Formylierung von 3-Äthoxycyclohexen-(2)-on gab das *6-Hydroxymethylen-Deriv.* (I), dessen *Enolacetat* unter Bedingungen einer katalyt. Hydrierung in *4-Äthoxy-2-hydroxytoluol* (II) umgewandelt wurde. II wurde auch durch Red. von 4-Äthoxysalicylaldehyd (III) mit Zn u. CH_3COOH erhalten. Der Vers. einer Wolff-Kishner-Red. von III-Semicarbazon gab neben II *4-Äthoxysalicylonitril*, das als *Acetat* isoliert werden konnte. UV-Maxima sind angegeben.

Versuche: *6-Hydroxymethylen-3-äthoxycyclohexen-(2)-on* (I), $C_9H_{12}O_3$, F. 93 bis 93,5° (wss A.), aus 12,9 g 3-Äthoxycyclohexen-(2)-on ($Kp._{0,1}$ 61—64°) u. $HCOOC_2H_5$ in Ggw. von C_2H_5ONa in Bzl. (22 Std. bei Raum-Temp. unter N_2); 8,0 g (Ausbeute). *Kupferchelat*, F. 185—187°. *Semicarbazon*, F. 203—204°. — *6-Isopropoxymethylen-3-äthoxycyclohexen-(2)-on*, $C_{12}H_{18}O_3$, F. 62,5—63,5° (PAe.), aus 5 g I u. Isopropyljodid in Ggw. von K_2CO_3 in sd. absol. Aceton (30 Std.) unter N_2; 4,5 g. — *6-Acetoxymethylen-3-äthoxycyclohexen-(2)-on*, $C_{11}H_{14}O_4$, F. 88—89°, Nadeln (wss. A.), aus 2 g I u. sd. Acetanhydrid/Pyridin unter N_2; 1,8 g. — *6-Hydroxymethyl-3-äthoxycyclohexen-(2)-on*, $C_9H_{14}O_3$, F. 72,5—73° (PAe./Ae.), aus 500 mg I u. H_2 an 5% ig. Pd-Kohle in Essigester; 200 mg. — *4-Äthoxysalicylaldehyd* (III) $C_9H_{10}O_3$ F. 34°, aus 3,0 g β-Resorcylaldehyd u. Diazoäthan in Ae.; 2,5 g. *Oxim*, F. 87—88°. *Semicarbazon*, $C_{10}H_{13}N_3O_3$, F. 208—209°, Platten (Essigester/Dimethylformamid). — *4-Äthoxy-2-hydroxytoluol* (II), $C_9H_{12}O_2$, F. 47—48°, Nadeln (Bzl.), a) aus 700 mg I-Enolacetat u. H_2 wie oben (190 mg); b) aus 700 mg III u. Zn in CH_3COOH unter Rühren; 365 mg neben 105 mg III zurück. — *4-Äthoxysalicylonitrilacetat*, $C_{11}H_{11}NO_3$, F. 72,5—73,5°, a) durch Erhitzen von 620 mg III-Semicarbazon u. KOH in Äthylenglykol (180°, dann 2 Std. bei 210°) u. Acetylierung des entstandenen Nitrils (25 mg neben 8 mg III); b) aus III-Oxim u. sd. Acetanhydrid (2 Std.) J. Rothe. 1980 □

1.4-Dihydrobenzoesäure, Darstellung und Eigenschaften. Hans Plieninger und Günter Ege (unter Mitarbeit von Friedrich Jung und Wolfgang Maier-Borst). (Chem. Ber. **94.** 2088—95. 18/8. 1961. Heidelberg, Univ., Inst. für Organ. Chem.; dt.) — Vgl. C. **1959.** 4121. — Durch Birch-Red. von Benzoesäure (I) wird *1.4-Dihydrobenzoesäure* (II; vgl. l.c.) dargestellt, die noch 3% I enthält. Die Reinigung von II ist schwierig, da teilweise Disproportionierung u. Isomerisierung erfolgt. IR- u. UV-Spektrum bestätigen die unkonjugierte Lage der Doppelbindungen in II. Bei der Luftoxydation gibt II (wahrscheinlich über *1-* oder *4-Hydroperoxy-1.4-dihydrobenzoesäure*) I, welche auch bei Rk. von II mit Chinon oder $KMnO_4$ entsteht. Über PtO_2 wird II vollständig zu *Hexahydrobenzoesäure* hydriert, während in Ggw. von Pd/Kohle oder Raney-Ni nur 70% der theoret. Menge H_2 aufgenommen werden, da wahrscheinlich Disproportionierung zu I u. *Tetrahydrobenzoesäure* erfolgt. Beim Kochen mit KOH lagert sich II in *3.4-Dihydrobenzoesäure* um, welche Maleinsäureanhydrid (III) addiert. In der Kälte addiert II nur 1 Mol Br_2, die Doppelbindung der erhaltenen *2.3-Dibromcyclohexen-(5)-carbonsäure-(1)* (IV) wird IR-spektroskop. nachgewiesen. Durch Neutralisieren von IV mit NaOH wird eine Monobrom-Verb. erhalten, die Vff. als *2-Brom-3-hydroxycyclohexen-(5)-carbonsäure-(1)*-

V

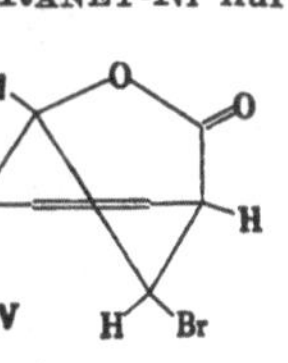

lacton (V) der angegebenen Struktur ansehen. In Ggw. von Fe_2O_3 läßt sich IV zu *2.3.5.6-Tetrabromcyclohexancarbonsäure* weiterbromieren. Durch Ozonspaltung von IV, Hydrieren, Decarboxylieren u. Cyclisieren wird *Cyclopenten-(1)-aldehyd-(1)* gebildet. Die Synth. weiterer II-*Derivv.* wird beschrieben. Es gelang nicht, ausgehend von 4-Hydroxybenzoesäure oder ihren Estern 1-substituierte Derivv. der 4-Keto-1.4-dihydrobenzoesäure darzustellen.

Versuche: *1.4-Dihydrobenzoesäure* (II), $C_7H_8O_2$, durch BIRCH-Red. von I (vgl. l.c); Öl (enthält 3% I); 88% (Ausbeute); gibt beim Durchleiten von Luft (auch in benzol. Lsg.) I; 4,5 g II geben bei 2tägiger Rk. mit Chinon in Dioxan bei 80° 3 g I; 2,6 g II (in 10%ig. $NaHCO_3$-Lsg.) geben mit 2,1%ig. $KMnO_4$-Lsg. 0,3 g I. *S-Benzylisothiuroniumsalz*, $C_8H_{10}N_2S \cdot C_7H_8O_2$, F. 148° (Methanol–W.). *Chlorid*, Kp.$_{15}$ 82°, durch 1std. Rk. von II mit $SOCl_2$ in Bzl. bei 55°; 50%. *Amid*, C_7H_9NO, F. 152–154° (W.), aus dem Chlorid mit 30%ig. NH_4OH bei 0°. *Anilid*, $C_{13}H_{13}NO$, F. 140–141°. *Methylester*, Kp.$_{15}$ 84° (enthält ca. 5% I-*Methylester*), aus II mit CH_2N_2 in Ae.; n_D^{25} 1,4823; 76%. *Äthylester*, $C_9H_{12}O_2$, Kp.$_{15}$ 91° (enthält 4% I-*Äthylester*), durch 24std. Rk. von II mit abs. A. in Ggw. von $CH_3 \cdot COCl$ bei 40°; n_D^{25} 1,4730; 78%. — *1.4-Dihydrobenzylalkohol*, $C_7H_{10}O$, Kp.$_{15}$ 85°, durch 1std. Red. von II-Methylester mit $LiAlH_4$ in sd. Ae. unter N_2 u. Zers. mit 4n HCl; n_D^{25} 1,5053; 75%. — *3.4-Dihydrobenzoesäure*, $C_7H_8O_2$, F. 26° (Cyclohexan), durch 2std. Kochen von II in 10%ig. KOH in Ggw. von Hydrochinon unter N_2 u. Ausäthern; 80%. — *2.3.5-Tricarboxybicyclo-[2.2.2]-octen-(5)*, $C_{11}H_{12}O_6 \cdot H_2O$, F. 241° (W.), durch 6std. Rk. vorst. Verb. mit III in abs. Bzl. bei 60° unter N_2; 40%. *Trimethylester*, F. 104° (Ae.–PAe.), mit CH_2N_2 in Methanol; 70%. — *2.3-Dibromcyclohexen-(5)-carbonsäure-(1)*, $C_7H_8Br_2O_2$, F. 106–108° (Ae.–PAe.), durch Zutropfen von Br_2 (in CCl_4) zu II in CCl_4; 52%; gibt mit CH_3COOK in Eisessig I (F. 121–122°). — *Cyclopenten-(1)-aldehyd-(1)*, durch Ozonisieren von IV in Methanol bei −75°, 3std. Hydrieren über 10%ig. Pd/Kohle, Filtrieren, Einengen u. Aufnehmen in 2n NaOH. *2.4-Dinitrophenylhydrazon*, $C_{12}H_{12}N_4O_4$, F. 205–210° (Zers.; Eisessig); orangefarben. — *2-Brom-3-hydroxycyclohexen-(5)-carbonsäure-(1)-lacton* (V), $C_7H_7BrO_2$, F. 50°, durch Zutropfen von 0,1n NaOH zu IV in W. bei 0° u. mehrstd. Stehen bei 20°; aus PAe. monokline Kristalle; 45%. — *2.3.5.6-Tetrabromcyclohexancarbonsäure*, $C_7H_8Br_4O_2$, F. 213° (Ae.–PAe.), durch Rk. von II mit Br_2 in Ggw. von Fe_2O_3 in CCl_4 bei 20°, Eindampfen u. Aufnehmen in abs. Ae.; 50%; gibt bei 2std. Kochen in 2n NaOH, Ansäuern mit HCl u. Ausäthern *o-Brombenzoesäure*, F. 150°, aus W. Nadeln.

W. HOFFMANN. 2010 □

Die Alkylierung der 1.4-Dihydrobenzoesäure. Fragmentierung der Alkylderivate. Hans Plieninger und Günter Ege. (Chem. Ber. **94**. 2095–2105. 18/8. 1961; dt.) — Vgl. vorst. Referat. — Bei der Einw. von 2 Mol KNH_2 auf 1.4-Dihydrobenzoesäure (I) in fl. NH_3 entsteht ein tiefgelbes mesomeristabilisiertes (negative Ladung an $C_{(1)}$ bzw. $C_{(3)}$) Dianion, welches mit Benzylchlorid oder p-Xylylendichlorid (II) ausschließlich an $C_{(1)}$ alkyliert wird. Mit Chloressigsäure (III) wird in langsamer Rk. *Cyclohexadien-(2.5)-carbonsäure-(1)-essigsäure-(1)* (IV) erhalten, daneben wird durch Einw. von KNH_2 auf III *Fumarsäure* gebildet. Durch Rk. von IV mit Anilin, p-Toluidin bzw. p-Nitranilin werden *N-Phenyl-* (V), *N-[p-Tolyl]-* bzw. *N-[p-Nitrophenyl]-cyclohexadien-(2.5)-carbonsäure-(1)-essigsäure-(1)-imid* dargestellt, mit Harnstoff reagiert IV zum unsubstituierten *Imid*. Das Anhydrid von IV gibt bei der Alkoholyse *Cyclohexadien-(2.5)-carbonsäure-(1)-essigsäure-äthylester-(1)*, der auch aus I u. III-Äthylester entsteht u. bei der Rk. mit Anilin *Cyclohexadien-(2.5)-carbonsäure-(1)-essigsäureanilid-(1)*, während die alkal. Spaltung von V zum *isomeren Monoanilid* führt. Durch Rk. von IV mit $(CH_3COO)_4Pb$ oder Pd/Kohle werden *Phenylessigsäure* u. CO_2 gebildet, beim Erhitzen von IV erfolgt dagegen Spaltung zu *Benzoesäure* u. *Essigsäure*. Zur Klärung des Rk.-Mechanismus wird die Fragmentierung von IV-Diäthylester (IVa) in 92%ig. D_2O durchgeführt u. festgestellt, daß nur der entstandene *Essigsäureäthylester* Spuren von D enthält. In Ggw. von Bromsuccinimid werden *Benzoesäureäthylester* (VI) u. *Bromessigsäureäthylester* gebildet. Beim Vers. der Kondens. von Oxalsäurediäthylester (VII) mit IVa werden nur VI u. *Oxalessigsäurediäthylester* erhalten. Die Ozonisierung von V führt nicht zum gewünschten N-Phenyl-α.α-diformylsuccinimid, sondern unter Abspaltung einer Formylgruppe zu einem Rohprod., das mit Piperidin bzw. Morpholin (Kondens.-Mittel beim Vers. der Rk. mit Aceton) *Piperidinomethylen-* bzw. *Morpholinomethylen-N-phenylsuccinimid* ergibt; analog liefern die Ozonspaltung von IVa u. anschließende Rk. mit Morpholin *Morpholinomethylenbernsteinsäurediäthylester*. Es gelang nicht, I mit Chlorbrenztraubensäure oder Brombrenztraubensäureäthylester umzusetzen. IR- u. UV-Spektren einiger Verbb. wurden zur Strukturdeutung herangezogen.

Versuche: *1-Benzylcyclohexadien-(2.5)-carbonsäure-(1)*, $C_{14}H_{14}O_2$, F. 76–77° (Ae.–PAe.), durch Zugabe von I (in Ae.) zu KNH_2 in fl. NH_3 bei −75° unter N_2, Zutropfen von äther. Benzylchlorid innerhalb 5 Min., Eindampfen, Aufnehmen in wss. NaOH, Entfernen von Benzylchlorid mit Ae., Ansäuern mit konz. HCl u. Ausäthern; 80% (Ausbeute). *S-Benzylisothiuroniumsalz*, $C_8H_{10}N_2S \cdot C_{14}H_{14}O_4$, F. 124—126° (Methanol-W.). — *ω.ω'-Bis-[1-carboxycyclohexadien-(2.5)-yl]-p-xylol*, $C_{22}H_{22}O_4$, F. 200—201° (Essigester), analog vorst. Verb. aus **I** u. **II** (statt Ausäthern Extrahieren mit Essigester); 35%; daneben eine in W. u. Ae. unlösl. gelbe *polymere Verb.*, wahrscheinlich [—C_6H_4(p)—CH=CH—]$_n$. — *Cyclohexadien-(2.5)-carbonsäure-(1)-essigsäure-(1)* (**IV**), $C_9H_{10}O_4$, F. 172—173°, durch Rk. von **I** mit **III** (in fl. NH_3) wie vorst., Hydrolyse mit wss. NH_4Cl, Ansäuern, Extrahieren mit Essigester, Zusetzen von Ae. u. PAe., Aufnehmen in W., Heißfiltrieren u. Animpfen; Prismen; 35% [daneben aus der wss. Mutterlauge 4 g *Fumarsäure* (aus 12,2 g **III**); entsteht auch analog ohne Ggw. von **I**; 14%]; gibt bei der Rk. mit $(CH_3COO)_4Pb$ in sd. Bzl. unter N_2 oder bei der Dehydrierung über Pd/Kohle in sd. Pseudocumol unter N_2 *Phenylessigsäure* [F. 65—70° (W.); 12 bzw. 22%; *S-Benzylisothiuroniumsalz*, F. 157—158° (W.-Methanol)] u. bei 1std. Erhitzen auf 180° *Benzoesäure* [F. 120—121° (W.); 30%]. *Ba-Salz*, $C_9H_8BaO_4$, aus **IV** mit $(CH_3COO)_2Ba$ in A.; 87%. *Diäthylester* (**IVa**), durch 2std. Rk. von **IV** in äthanol. HCl, Einengen, Ausäthern u. Einengen $<40°$; instabil $> -30°$; 90%. *Imid*, F. 167—168° (W.), aus **IV** u. Harnstoff bei 140°; 12%. *Anhydrid*, $C_9H_8O_3$, F. 91° (Ae.-n-Hexan), durch 2std. Kochen von **IV** in Acetylchlorid, Einengen u. Aufnehmen in Bzl.; 93%. *Monoäthylester* [*Cyclohexadien-(2.5)-carbonsäure-(1)-essigsäureäthylester-(1)*], $C_{11}H_{14}O_4$, F. 75—76°, (n-Hexan), a) durch 10std. Stehen des Anhydrids in abs. A. bei 20°; aus Ae. mit PAe. Nadeln; b) analog **IV** aus **I** u. **III**-Äthylester; 50%. — *Cyclohexancarbonsäure-(1)-essigsäure-(1)*, F. 131—132° (W.), durch Hydrieren von 0,2 g **IV** über PtO_2 in Eisessig; 0,1 g. — *Dimethylmaleinsäureanhydrid*, F. 90—93°, bei der Rk. von 10 g α-Chlorpropionsäure (in Ae.) mit KNH_2 in fl. NH_3 bei —75°; Plättchen; 0,25 g. — *Chlorbrenztraubensäure*, F. 82—88°, durch Zutropfen von SO_2Cl zu Brenztraubensäure bei 0° unter N_2, kurze Bestrahlung mit UV-Licht u. Eindampfen nach 2tägigem Stehen; aus Chlf. Plättchen; 86%. — Cyclohexadien-(2.5)-carbonsäure-(1)-essigsäure-(1)-imide: *N-Phenyl-* (**V**), $C_{15}H_{13}NO_2$, F. 161°, durch Rk. von **IV** mit Anilin (10 Min. bei 170—180°, 30 Min. bei 140°), Aufnehmen in Aceton, Filtrieren, Einengen u. Fällen mit W.; aus A. Nadeln; 70%. — *N-[p-Tolyl]-*, F. 153—154°, analog **V**; 48%. — *N-[p-Nitrophenyl]-*, F. 188°; 37%. — *Cyclohexadien-(2.5)-carbonsäure-(1)-essigsäureanilid-(1)*, $C_{15}H_{15}NO_3$, F. 167—169°, durch ½std. Erhitzen von **IV**-Anhydrid mit Anilin auf 60° Aufnehmen in Aceton u. Fällen mit W.; 80%. — *Cyclohexadien-(2.5)-carbonsäureanilid-(1)-essigsäure-(1)*, $C_{15}H_{15}NO_3$, F. 163—164° (Aceton-W.), durch Erhitzen von **V** in 1n NaOH auf 70°, Ansäuern u. Aufnehmen des erhaltenen Öls in Aceton; 75%. — *Benzoesäureäthylester* (**VI**), Kp.$_{0,05}$ 60—65°, Kp.$_{15}$ 95—109°, a) bei 10std. Erhitzen von 9 g **IVa** (Kp.$_{0,05}$ 80—85°, n_D^{20} 1,4753) in Dioxan/92%ig. D_2O auf 140°, Zugabe von Ae., Waschen mit W. u. Dest.; n_D^{20} 1,5020; 3 g [daneben 1,5 g **IVa** u. 0,3 g *Essigsäureäthylester* (Kp. 75°) mit $<0,5\%$ D_2O im Verbrennungswasser]; b) bei ³/₄std. Rk. von 4,8 g **IVa** mit N-Bromsuccinimid u. wenig Dibenzoylperoxid in sd. CCl_4, Filtrieren u. Dest.; 2,3 g; daneben *Bromessigsäureäthylester*, Kp. 150—165°, n_D^{20} 1,4531; 1,7 g. — *Oxalessigsäurediäthylester, 2.4-Dinitrophenylhydrazon*, F. 147° (A.), beim Zutropfen von **VII** (in Ae.) zu äther. C_2H_5OK bei 0° unter N_2, Zugabe von **IVa** (in Ae.) innerhalb 10 Min., 24std. Stehen, Zugabe von 2.4-Dinitrophenylhydrazin zu 1 g des erhaltenen *K-Enolats* (46%) in Eisessig u. mehrstd. Stehen; gelb; 1 g. — *Piperidinomethylen-N-phenylsuccinimid*, $C_{16}H_{18}N_2O_2$, F. 142° (Methanol), bei Ozonisierung von **V** in Essigester-Methanol bei —75°, Hydrieren über 5%ig. Pd/Kohle, Filtrieren, Einengen, Zugabe von Aceton u. Piperidinacetat, 5 Min. langem Kochen, Einengen u. Fällen mit W.; 60%. — *Morpholinomethylen-N-phenylsuccinimid*, $C_{15}H_{16}N_2O_3$, F. 189—190°, analog vorst. Verb. aus **V** u. Morpholinacetat; 66%. — *N-Phenyl-α-formylsuccinimid-2.4-dinitrophenylhydrazon*, F. 195—196°, durch Rk. vorst. oder vorvorst. Verb. mit 2.4-Dinitrophenylhydrazin in verd. HCl. — *Morpholinomethylenbernsteinsäurediäthylester*, $C_{13}H_{21}NO_5$, F. 60—62° (Ae.-n-Hexan), bei der Ozonisierung von **IVa** in Methanol bei —75°, Hydrieren über 5%ig. Pd/Kohle, Filtrieren, Eindampfen, Aufnehmen in Ae., Ausschütteln mit eiskalter verd. NaOH, Ansäuern der wss. Phase (pH 1), Zugeben von Morpholinacetat u. Bzl., 5 Min. langem Kochen, Versetzen mit W. u. Dest. der organ. Phase; 8%; entsteht auch durch Rk. von Formylbernsteinsäurediäthylester mit Morpholinacetat in Benzol.

W. HOFFMANN. 2010 □

Über die räumliche Orientierung der Dienkondensation und die Stereochemie der cyclischen Carbonsäuren. I. N. Nazarov, V. F. Kučerov, V. M. Andrejew und G. M. Segal. (Croat. chem. Acta **29**. 369—92. 1957. Zelinsky-Inst. für org. Chem. der Akad. der Wiss. der UdSSR; russ., Auszug: kroat.) — Durch Dien-Synth. von trans-1.2-Dimethylbutadien-(1.3) mit Maleinsäureanhydrid wurde die *cis.cis-Form* von *3.4-Dimethlycyclohexen-(4)-dicarbonsäure-(1.2)* (**I**)-*anhydrid* erhalten. Aus cis.cis-**I**-Anhydrid, cis.cis-I-2-Methylester bzw. cis–trans-I-2-Methylester wurden *cis–trans*-**I**, *trans.trans*-**I** bzw. *trans–cis*-**I** dargestellt. Die stereoisomeren I-Formen wurden als freie *Säuren, Anhydride, Di-* u. *Monomethylester* charakterisiert. trans.trans-I wurde zu *3.4-Dimethylcyclohexen-(3)-dicarbonsäure-(1.2)* isomerisiert. Die übrigen I-Formen wurden durch stereospezif. Lactonisierung in die *cis.cis-, cis–trans-* u. *trans–cis-Form* von *3.4-Dimethylcyclohexanol-(4)-dicarbonsäure-(1.2)-γ-lacton* (**II**) übergeführt, wodurch ihre Konfiguration u. Konformation bewiesen wurde. Durch Hydrierung der I- bzw. I-Derivv. u. stereospezif. Rkk. der Hydrierungs-Prodd. wurden 7 von 8 theoret. möglichen *Stereoisomeren* der *3.4-Dimethylcyclohexandicarbonsäure-(1.2)* (**III**) erhalten. Diese wurden in Form der *Säuren, Anhydride* u. *Methylester* charakterisiert. — Es wurde die räumliche Richtung der Oxydation von syn- u. anti-Δ^4-Oktalin-1-carbonsäure (**IV**), cis.cis-I-Anhydrid u. syn–cis-Δ^4-Oktalin-1.2-dicarbonsäureanhydrid (**V**) mit Peressigsäure (**VI**) u. OsO_4 untersucht.

Versuche: *3.4-Dimethylcyclohexen-(4)-dicarbonsäure-(1.2)* (**I**), *cis.cis-Form*, $C_{10}H_{14}O_4$ F. 172—173° (Zers.; W.), a) durch Verseifen der bei der Darst. von cis.cis-I-Anhydrid erhaltenen Mutterlaugen durch Kochen mit W.; b) durch Hydrolyse von cis.cis-I-Anhydrid. *Anhydrid*, F. 67—68° (Ae.-PAe., 1:2), man vermischt 56 g Maleinsäureanhydrid u. 51,5 g 1.2-Dimethylbutadien-(1.3) in 230 ml abs. Bzl. in Ggw. von wenig Pyrogallol u. kocht nach Abflauen der exothermen Rk. noch 4 Std.; 56,5 g (Ausbeute). *Dimethylester*, $C_{12}H_{18}O_4$, Kp.$_5$ 122—123°, aus cis.cis-I mit Diazomethan (**VII**); D.$_4^{20}$ 1,0987; n_D^{20} 1,4750. *2-Methylester*, $C_{11}H_{16}O_4$, F. 114—115° (Ae.-PAe. 1:1), aus 4,4 g cis.cis-I-Dimethylester mit 1,05 g KOH, 17 ml W. u. 51 ml Methanol (2 Std. kochen); 3,1 g. — *cis–trans*-**I**, $C_{10}H_{14}O_4$, F. 160—161° (W.), man erhitzt 23,9 g cis.cis-I-Anhydrid u. 1 ml Diäthylanilin (**IX**) 4 Std. lang unter N_2 auf 210—215°, dest. das entstandene cis–trans-I-Anhydrid (Kp.$_{35}$ 186 bis 188°; 21,7 g) ab u. hydrolysiert durch Kochen mit 45 ml W.; 60%. *Anhydrid*, $C_{10}H_{12}O_3$, F. 46—47° (PAe.), durch 1std. Kochen von cis–trans-I mit Acetylchlorid (**VIII**). *Dimethylester*, $C_{12}H_{18}O_4$, Kp.$_5$ 116—117°, aus cis–trans-I u. **VII**; D.$_4^{20}$ 1,0921; n_D^{20} 1,4730. *2-Methylester*, $C_{11}H_{16}O_4$, F. 112—113° (50%ig. Methanol), durch 2std. Kochen von 1,9 g cis–trans-I-Dimethylester, 0,45 g KOH, 7,5 ml W. u. 22,5 ml Methanol. — *trans.trans*-**I**, $C_{10}H_{14}O_4$, F. 149—150° (W.) man löst 2,8 g Na in 80 ml abs. Methanol, gibt 1,2 g cis.cis-I-2-Methylester zu, kocht 16 Std., dampft ein, nimmt in W. auf u. säuert mit HCl an; 0,9 g. *Anhydrid*, $C_{10}H_{12}O_3$, F. 100—101° (Ae.-PAe.), durch Kochen von trans.trans-I mit **VIII**. — *trans–cis*-**I**, $C_{10}H_{14}O_4$, F. 184—185°, durch 21std. Kochen von 0,6 g cis–trans-I-2-Methylester u. 1,4 g Na in 40 ml abs. A.; 0,4 g. *Anhydrid*, $C_{10}H_{12}O_3$, F. 100—101° (Ligroin), durch 1std. Kochen von *trans–cis*-I mit **VIII**. — *3.4-Dimethylcyclohexanol-(4)-dicarbonsäure-(1.2)-γ-lacton* (**II**), *cis.cis-Form*, $C_{10}H_{14}O_4$, F. 186—187° (W.), man erhitzt 5 g cis.cis-I u. 50 ml mit HCl gesätt. Eisessig 1 Std. auf 60°; 3,4 g. *Methylester*, $C_{11}H_{16}O_4$, F. 109—110° (70%ig. Methanol), aus cis.cis-II u. **VII**. — *trans–cis*-**II**, $C_{10}H_{14}O_4$, F. 154 bis 155° (W.-Aceton 4:1), aus 0,9 g trans–cis-I u. 10 ml Eisessig-HCl, 3 Std. bei 60°, dann den Rückstand 20 Min. lang mit 3 ml W. kochen; 0,55 g. *Methylester*, $C_{11}H_{16}O_4$, F. 57 bis 58° (PAe.-wenig Ae.), aus trans–cis-II u. **VII**. Die Isomerisierung von trans–cis-II durch Kochen mit Na-Methylat liefert in guter Ausbeute *cis.cis*-**II**. — *cis-trans*-**II**, $C_{10}H_{14}O_4$, F. 161—162° (W.), man erhitzt 2,5 g cis–trans-I in 25 ml mit HCl gesätt. Eisessig 3 Std. auf 60°, dampft ein, fällt mit 15 ml Ae. aus 2,15 g u. krist. aus W. um (→ nachst. δ-Lacton); die wss. Mutterlaugen dampft man ein, behandelt mit **VII** in Ae. u. verseift den erhaltenen *cis–trans*-**II**-*Methylester* (F. 63—65° durch Ausfrieren aus Ae.; 0,75 g) durch Kochen mit 10%ig. NaOH; 0,6 g. Daneben *3.4-Dimethylcyclohexanol-(4)-dicarbonsäure-(1.2)-δ-lacton*, ($C_{10}H_{14}O_4$, F. 199—200° aus 15% ig. wss. Aceton; 1,1 g) — *3.4-Dimethylcyclohexen-(3)-dicarbonsäure-(1.2)*, *trans.trans-Form* (?), $C_{10}H_{14}O_4$, F. 161—162° (W.), man erhitzt 2,2 g trans.trans-I in 30 ml mit HCl gesätt. Eisessig 2 Std. auf 60°, dampft ein u. kocht den Rückstand ½ Std. mit 4 ml W.; 0,7 g. — *3.4-Dimethylcyclohexandicarbonsäure-(1.2)* (**III**), *cis.cis.cis-Form*, $C_{10}H_{16}O_4$, F. 187—188° (Zers.; 50% ig. Aceton), a) durch 10 Min. langes Kochen von 1,0 g cis.cis.cis-III-Anhydrid in 3 ml W.; b) durch Hydrierung von 2,15 g cis.cis-I in 20 ml Methanol an Pt; 2,0 g. *Anhydrid*, $C_{10}H_{14}O_3$, Kp.$_5$ 145—146°, durch Hydrierung von 10 g cis.cis-I-Anhydrid in 100 ml abs. Bzl. an Pt; zähes Öl; D.$_4^{20}$ 1,1435; n_D^{20} 1,4835; 9,6 g. *1-Methylester*, $C_{11}H_{18}O_4$, F. 110—111° (60% ig. Methanol), durch 1std. Kochen von 5,9 g cis.cis.cis-III-Anhydrid u. 25 ml abs. Methanol; 4,25 g. *2-Methylester*, $C_{11}H_{18}O_4$, F. 77—78° (PAe.), durch Hydrierung von 3,1 g cis.cis-I-2-Methylester in 30 ml Methanol an PtO_2; 2,7 g. — *trans–cis.cis*-**III**, $C_{10}H_{16}O_4$, F. 183—184° (W.), durch 15std. Kochen von 1,5 g cis.cis.cis-III-1-Methylester mit 3,5 g Na in 100 ml abs. Methanol; 1,2 g. *Anhydrid*, $C_{10}H_{14}O_3$, F. 52—53°, durch Kochen von trans–cis.cis-III mit **VIII**. — *trans.trans–cis*-**III**, $C_{10}H_{16}O_4$, F. 175—176° (W.), durch 16std. Kochen von 1,7 g cis.cis.cis-III-2-Methylester mit 4,0 g Na in 115 ml abs. Methanol; 1,3 g. *Anhydrid*, $C_{10}H_{14}O_3$, F. 108—109° (Bzl.-PAe.). — *cis–trans–cis*-**III**, $C_{10}H_{16}O_4$, F. 175—176° (20% ig.

Aceton), durch Kochen von cis–trans–cis-**III**-Anhydrid mit W.; 100%. *Anhydrid*, $C_{10}H_{14}O_3$, F. 58—59° (Ae.-PAe.), man erhitzt 9,6 g cis.cis.cis-**III**-Anhydrid u. 0,25 ml **IX** 3 Std. unter N_2 auf 210—215° u. dest. im Vakuum; 5,1 g. — *cis.cis-trans*-**III**, $C_{10}H_{16}O_4$, F. 166 bis 167° (20% ig. Aceton), man kocht 2,0 g amalgamiertes Zn, 6 ml Methanol, 6 ml konz. HCl u. 0,9 g 3.4-Dimethylcyclohexanon-(5)-ol-(4)-dicarbonsäure-(1.2)-γ-lacton 6 Std., gibt 6 ml konz. HCl zu u. kocht 14 Std.; 0,25 g. *Dimethylester*, $C_{12}H_{20}O_4$, Kp.$_6$ 119—120° n_D^{20} 1,4580. — *cis-trans.trans*-**III**, $C_{10}H_{16}O_4$, F. 113—114° (10% ig. Aceton), durch Hydrolyse von cis–trans.trans-**III**-Anhydrid mit sd. Wasser. *Anhydrid*, $C_{10}H_{14}O_3$, F. 69 bis 70° (PAe.-wenig Ae.), durch Hydrierung von 7,3 g cis–trans-**III**-Anhydrid in 70 ml abs. Bzl. an PtO_2; 3,2 g. Daneben 0,35 g *cis-trans-cis*-**III**-*Anhydrid*, F. 57—58° u. nach Hydrolyse der Mutterlaugen 1,3 g *cis-trans-cis*-**III**, F. 173—175°. *Dimethylester*, $C_{12}H_{20}O_4$, Kp.$_{3,5}$ 108—109°, aus cis–trans.trans-**III** u. **VII**; $D._4^{20}$ 1,0722; n_D^{20} 1,4595. — *trans.trans.-trans*-**III**, $C_{10}H_{16}O_4$, F. 158—159° (W.), a) durch 17 std. Kochen von 1,3 g cis–trans.trans-**III**-Dimethylester mit 3 g Na in 85 ml abs. Methanol; 0,6 g; b) durch 18 std. Kochen von 0,45 g cis.cis–trans-**III**-Dimethylester mit 1 g Na in 30 ml abs. Methanol; 0,18 g. *Anhydrid* $C_{10}H_{14}O_3$, F. 95—96° (Ae. + wenig PAe.), aus trans.trans.trans-**III** u. **VIII**. — *4.4a-Oxido-dekalincarbonsäure-(1)* (**X**), *Form* **a**, $C_{11}H_{16}O_3$, F. 125—126° (Ae.), man gibt zu 5 g syn-**IV** in 40 ml abs. Chlf. bei —10° langsam 2,5 ml 90% ig. **VI** u. läßt über Nacht bei —10° stehen; 4,9 g. *Form* **b**, $C_{11}H_{16}O_3$, F. 136—137° (Ae.-PAe.), man oxydiert 5 g anti-**IV** mit **VI**; 3,9 g. — *4.4a-Dihydroxydekalincarbonsäure-(1)-γ-lacton* (**XI**-*γ-Lacton*), *Form* **a**, $C_{11}H_{16}O_3$, F. 90—91° (PAe.-Ae. 1:1), man läßt 2 g **Xa** in 10 ml mit HCl gesätt. Bzl. bei 20° über Nacht stehen; 1,8 g. *Acetat*, F. 129—130°. *Form* **b**, $C_{11}H_{16}O_3$, F. 133—134° (Aceton–Ae. 1:2), durch Hydrierung von 1 g nachst. Verb. in 20 ml Eisessig an PtO_2; 0,7 g *Acetat*, F. 126—127°. — *Dekalon-(4)-ol-(4a)-carbonsäure-(1)-γ-lacton* (**XII**-*γ-Lacton*), *Form* **a**, $C_{11}H_{14}O_3$, F. 108—110° (Aceton–Ae. 1:1), man gibt zu 5 g **XIa**-γ-Lacton in 70 ml Eisessig bei 50° 2,2 g CrO_3 in 140 ml Eisessig u. 3,5 ml W., rührt 2 Std., dampft ein, löst in W. u. extrahiert mit Bzl.; 4,5 g. *Semicarbazon*, F. 222—223°. — *4.4a-Dihydroxy-dekalincarbonsäure-(1)* (**XI**), *Form* **a**, *Hydrat*, $C_{11}H_{18}O_4 \cdot H_2O$, F. 177—178° (W.), man läßt 1,3 g syn-**IV** u. 2 g OsO_4 in 100 ml abs. Ae. 5 Tage lang bei 20° stehen, dampft ein, kocht mit 100 ml A., 14,5 g Na_2SO_3 u. 70 ml W. 4 Std., engt stark ein u. säuert mit HCl an; 1,2 g. *Form* **b**, $C_{11}H_{18}O_4$, F. 190—191° (Aceton), aus 1,3 g anti-**IV** u. OsO_4; 0,95 g. *Methylester*, flüssig. *Form* **c**, $C_{11}H_{18}O_4$, F. 180—181° (Aceton–Ae. 1:1), man kocht 0,7 g **Xb** in 10 ml Dioxan, 1 ml W. + 2 Tropfen H_2SO_4 u. dampft nach Neutralisieren im Vakuum ein; 0,35 g. *Methylester*, $C_{12}H_{20}O_4$, F. 125—126° (Ae.), aus **XIc** u. **VII**. — *Dekalon-(4)-carbonsäure-(1)* (**XII**), *Form* **a**, $C_{11}H_{16}O_3$, F. 136—137° (Ae.), durch Erhitzen von 0,6 g **XIa** mit wenig p-Toluolsulfonsäure im Vakuum auf 120°; 0,4 g. *Methylester*, $C_{12}H_{18}O_3$, F. 52—54° (PAe.) mit **VII**. *Methylestersemicarbazon*, F. 198—199° (Methanol). *Form* **b**, $C_{11}H_{16}O_3$, F. 85—86° (Ae.-PAe.), durch 10 std. Kochen von 0,3 g **XIIa** in 10 ml 15% ig. HCl; 0,2 g. *Methylester*, F. 90—91°, mit **VII**. — *3.4-Dimethyl-4.5-oxido-cyclohexandicarbonsäure-(1.2)* (**XIII**), *Anhydrid*, $C_{10}H_{12}O_4$, F. 141—142° (Aceton), man gibt zu 22,5 g cis.cis-**I**-Anhydrid in 150 ml Chlf. unter Kühlung 15 ml 82% ig. **VI**, läßt über Nacht bei 0° stehen, dampft ein u. krist. aus Aceton um; Plättchen; 11,7 g. Aus der Mutterlauge erhält man nach Verdünnen mit Ae. ein weiteres **XIII**-*Anhydrid*, $C_{10}H_{12}O_4$, F. 137—138° (Aceton); Nadeln; 6,1 g. — *3.4-Dimethyl-4.5-dihydroxycyclohexandicarbonsäure-(1.2)-γ-lacton*, $C_{10}H_{14}O_5$, F. 183° (Aceton), man gibt zu 1,4 g NaOH in 15 ml W. 3,5 g **XIII**-Anhydrid (F. 141—142°), säuert nach dem Auflösen an u. erhitzt die nach Stehen über Nacht ausgefallenen 2,9 g im Vakuum auf 120°; 2,8 g. *Methylester*, F. 90°. *Methylesteracetat*, F. 92°. — *3.4-Dimethylcyclohexanon-(5)-dicarbonsäure-(1.2)-γ-lacton*, $C_{10}H_{12}O_5$, F. 189—190° (Äthylacetat), man gibt zu 2,8 g vorst. γ-Lacton in 30 ml Eisessig bei 50° 1,2 g CrO_3 in 40 ml 90% ig. Essigsäure u. rührt 3 Std. lang; 1,2 g. — *3.4-Dimethyl-5-chlor-4-hydroxycyclohexandicarbonsäure-(1.2)*, Zers. ca. 120°, man löst 1,5 g **XIII**-Anhydrid (F. 137—138°) in 10 ml 10% ig. NaOH, säuert mit HCl an u. läßt über Nacht stehen; 1,1 g *γ-Lacton*, $C_{10}H_{13}ClO_4$, F. 173—174° (Aceton), durch 20 Min. langes Erhitzen der Säure auf 130°. — *4.4a-Oxidodekalindicarbonsäure-(1.2)-anhydrid*, *Form* **a**, $C_{12}H_{14}O_4$, F. 161—162° (Bzl.), man gibt zu 12 g syn–cis-**V** in 100 ml Chlf. unter Kühlung 5,8 ml 90% ig. **VI**, läßt über Nacht bei 0° stehen u. verreibt nach dem Verdampfen des Chlf. mit Ae.; 6,6 g. Aus der äther. Mutterlauge *Form* **b**, $C_{12}H_{14}O_4$, F. 82—83° (Ae.-Bzl.); 3,7 g.

HELMUT SCHÄFER. 2020

Prephensäure, Konfiguration und Stand der Synthese. H. Plieninger. (Angew. Chem. **74**. 423—28. 21/6. 1962. Heidelberg, Univ., Organ.-Chem. Inst.; dt.) — Übersicht. — 38 Literaturangaben. P. GOLINSKE. 2070☐

Außergewöhnliche Reaktivität der Äthylengruppe von Vinylferrocen bei der Addition schwacher Säuren. G. R. Buell, E. McEwen und J. Kleinberg. (Tetrahedron Letters [London] **1959**. Nr. 5. 16—18. Juni. Lawrence, Kans., Univ., Dep. of Chem.; engl.)—

Vinylferrocen (**I**) zeigt gegenüber schwach elektrophilen Agentien wie HN_3 u. Essigsäure, eine ungewöhnliche Reaktivität. 8,3 g **I** ergeben durch 3tägige Rk. mit 0,6n HN_3 in Bzl./abs. Essigsäure (1 : 1) bei Raum-Temp., Eindampfen, Aufnehmen in Skelly B u. Chromatographie an Al_2O_3 1 g *1-Ferrocenyläthylazid* (**II**, $C_{12}H_{13}FeN_3$; $D._{25}^{25}$ 1,348; n_D^{20} 1,6110), das durch katalyt. Hydrierung zu *1-Ferrocenyläthylamin*, durch Darst. aus 1-Ferrocenyläthanol (**III**) u. HN_3 u. durch das IR-Spektrum identifiziert wird, 0,3 g Acetylferrocen (**IV**), 3,1 g **III** u. 0,2 einer nicht identifizierten fl. Verbindung. **III** entsteht auch durch Rk. von **I** u. Essigsäure u. Hydrolyse an Al_2O_3. — Reines **II** geht beim Stehen teilweise in **IV** über. B.-G. Brodda. 2110□

Mögliche Bildung von Tetraphenylcyclobutadien. Alexandru T. Balaban. (Tetrahedron Letters [London] **1959**. Nr. 5. 14—15. Juni. Bukarest, Polytechn. Inst., Labor. of Organ. Chem.; engl.) — Es wird die Ansicht vertreten, daß die bei der Rk. von Diphenylacetylen u. 2.4-Dinitrobenzolsulfenylchlorid (vgl. Assony u. Kharasch, C. **1959**. 11549) neben 1.2.3-Triphenylazulen entstehende Verb. *Tetraphenylcyclobutadien* sein könnte. B.-G. Brodda. 2210□

Über die Kondensation von Acetalen mit Gallussäure; Untersuchung des mit Chloracetaldehyddiäthylacetal erhaltenen Produkts. Raymond Quelet, Colette Broquet und Marie-Françoise Touré. (C. R. hebd. Séances Acad. Sci. **254**. 1811 bis 1813. 5/3. 1962. Paris, Fac. des Sci., Labor. de Chim. organ. II; franz.) — Gallussäure wird mit Chloracetal unter Bldg. von *α.α-Bis-[2,3,4-trihydroxy-6-carboxyphenyl]-β-chloräthan* [$C_{16}H_{13}ClO_{10} \cdot H_2O$, F. 218° (W.), durch 72std. Rühren in Eisessig/konz. HCl/W.; 60% (Ausbeute)] kondensiert, das mit Dimethylsulfat in wss./methanol. NaOH bei 0° in *α.α-Bis-[2.3.4-trimethoxy-6-carboxyphenyl]-β-chloräthan*) **I**, $C_{22}H_{25}ClO_{10}$, F. 162°; 65%] übergeführt wird. Methylierung bei erhöhter Temp. bis ca. 50° liefert *3-[2.3.4-Trimethoxy-6-carboxyphenyl]-6.7-dimethoxy-4-carboxycumaran* ($C_{21}H_{22}O_{10}$, F. 87°). Dehydrochlorierung von **I** durch 3std. Kochen in 30%ig. alkohol. KOH führt zum *inneren Anhydrid des α.α-Bis-[2.3.4-trimethoxy-6-carboxyphenyl]-äthylens* (**II**, $C_{22}H_{22}O_9$, F. 192° (A./W.)], das durch Hydrolyse vermutlich in *α.α-Bis-[2-hydroxy-3.4-dimethoxy-6-carboxyphenyl]-äthylen* (F. 169°) übergeführt wird. Oxydation von **II** liefert *2.3.4.2'-3'.4'-Hexamethoxy-6-carboxybenzophenon* [$C_{20}H_{22}O_9$, F. 188°; *2.4-Dinitrophenylhydrazon-hydraziniumsalz*, $C_{32}H_{32}N_8O_{16}$, F. 212°]. Beim Kochen von **I** in Kolidin entsteht *α.β-Bis-[2.3.4-trimethoxy-6-carboxyphenyl]-äthylen* ($C_{22}H_{24}O_{10}$, F. 137°), das durch Hydrierung in *α.β-Bis-[2.3.4-trimethoxy-6-carboxyphenyl]-äthan* (F. 110°) übergeführt u. durch Ozonolyse zu *3.4.5-Trimethoxyphthalsäure* (F. 176°) gespalten wird. Eberhard Riedel. 2450□

2-Trifluormethylnaphthalin und seine Derivate. 2. Mitt. L. M. Jagupolski, Ju. A. Fialkow und P. A. Jufa. (Журнал Общей Химии [J. allg. Chem.] **31**(**93**). 3962—70. Dez. 1961. Inst. für org. Chem. der Akad. der Wiss. der UkrainSSR; russ.) — 1. vgl. C. **1960**. 10921. — 1-Hydroxy-4-chlor-2-naphthoesäure (**I**) wird durch PCl_5 bei 110° in *2-Trichlormethyl-4-chlornaphthyl-(1)-phosphorsäuredichlorid* übergeführt, das mit weiterem PCl_5 bei 180° im Rohr *1.4-Dichlor-2-trichlormethylnaphthalin* (**II**) gibt. **II** läßt sich auch direkt aus **I** mit überschüssigem PCl_5 darstellen; ebenso wird es aus 1-Hydroxy-4-nitro-2-naphthoesäure u. PCl_5 bei 140° erhalten. Durch Einw. von SbF_3 in der Hitze oder noch günstiger von HF wird **II** in *1.4-Dichlor-2-trifluormethylnaphthalin* umgewandelt, doch ließ sich dieses nicht mit W., NH_3 oder NaCN zur Rk. bringen. *1-Amino-4-chlor-2-trifluormethylnaphthalin* wird daher durch Chlorieren von 1-Amino-2-trifluormethylnaphthalin (**III**) mit SO_2Cl_2 dargestellt. Das Chlorid der 2-Trifluormethyl-1-naphthoesäure (**IV**) wird beim Erhitzen mit $AlCl_3$ zu *1.1.3.3-Tetrachlor-α.β-naphthalan* (**V**, *2'.2'.5'.5'-Tetrachlordihydrofurano-[3'.4'.1.2]-naphthalin* cyclisiert, das man auch aus 2'-Oxodihydrofurano-[3'.4':1.2]-naphthalin u. PCl_5 erhält. **V** reagiert mit Anilin zu einem Prod., das vermutlich *2'(5')-Oxo-5'(2')-phenyliminopyrrolidino-[3'.4':1.2]-naphthalin* darstellt. Durch Halogenaustausch ist aus **V** *1.1.3.3-Tetrafluor-α.β-naphthalan* (**VI**) zugänglich; ebenso wird aus 1.1.3.3-Tetrachlorphthalan mit HF allein *1.1.3.3-Tetrafluorphthalan* erhalten, ohne daß Isomerisierung zu o-Trichlormethylbenzoylchlorid eintritt. 1-Chlor-2-trifluormethylnaphthalin wird in alkal. Lsg. über Raney-Ni zu *β-Methylnaphthalin* hydriert.

Versuche: *2-Trichlormethyl-4-chlornaphthyl-(1)-phosphorsäuredichlorid*, $C_{11}H_5Cl_6 \cdot O_2P$, F. 83—85°, durch $1^1/_2$std. Erhitzen von **I** mit PCl_5 u. wenig $POCl_3$ auf 90—100°; 76% (Ausbeute). — *1.4-Dichlor-2-trichlormethylnaphthalin* (**II**), $C_{11}H_5Cl_5$, F. 103—104° (Bzl.-Methanol), a) durch 3std. Erhitzen vorst. Verb. mit PCl_5 im Rohr auf 180°; 56%; b) durch 2std. Erhitzen von **I** mit PCl_5 auf 130° unter Abdestillieren des gebildeten $POCl_3$ u. 3std. Erhitzen im Rohr auf 180°; 57%. — *1.4-Dichlor-2-trifluormethylnaphthalin*, $C_{11}H_5F_3Cl_2$, F. 75—76° (PAe.), a) durch 2std. Erhitzen von **II** mit SbF_3 auf 150°, Verdünnen mit HCl u. Ausäthern; 75% [daneben bisweilen *1.4-Dichlor-2-naphthoe-*

säurefluorid, $C_{11}H_5Cl_2FO$, F. 128—130°, aus PAe. Nadeln]; b) durch 8std. Erhitzen von **II** mit HF im Autoklaven auf 150°; 98%. — *1-Amino-2-trifluormethylnaphthalin* (**III**), *N.N-Diacetyl-Deriv.*, $C_{15}H_{12}F_3NO_2$, F. 109,5—111,5°, durch 1std. Erhitzen von **III** mit Essigsäureanhydrid u. wenig konz. H_2SO_4 auf dem Wasserbad, Gießen in W., Zusetzen von Na-Acetat, Erwärmen auf 80° u. Stehen über Nacht; aus wss. A. Nadeln; 75%. *N-Acetyl-Deriv.*, $C_{13}H_{10}F_3NO$, F. 192—194°, durch 3std. Kochen des vorst. Diacetyl-Deriv. in 20%ig. HCl; aus wss. A. Nadeln; 87%. — *1-Amino-4-chlor-2-trifluormethylnaphthalin*, $C_{11}H_7ClF_3N$, F. 57,5—59°, durch Zutropfen von SO_2Sl_2 zu **III** in CCl_4 u. kurzes Stehen; aus PAe. Nadeln; 79%. *Acetyl-Deriv.*, $C_{13}H_9ClF_3NO$, F. 198—199°, durch $^1/_2$std. Einleiten von Cl_2 in die Lsg. von **III**-Acetyl-Deriv. in Eisessig bei 100°; aus Bzl.-PAe. Prismen; 60%. *N.N-Diacetyl-Deriv.*, $C_{15}H_{11}ClF_3NO_2$, F. 131,5—132,5°, aus wss. A. Nadeln. — *1-Amino-4-brom-2-trifluormethylnaphthalin*, $C_{11}H_7BrF_3N$, F. 65 bis 66°, durch Zutropfen von Br_2 zu **III** in Eisessig, $^1/_2$std. Stehen u. Kochen des erhaltenen *N-Brom-Deriv.* (Zers. bei 168—170°) in Bzl. bis zur vollständigen Lsg.; aus wss. A. Nadeln; 79%. — *1-Chlor-2-trifluormethylnaphthalin*, F. 58—59°, durch 6std. Erhitzen von 1-Chlor-2-trichlormethylnaphthalin mit HF im Autoklaven auf 130°; 91%. — *β-Methylnaphthalin*, F. 35—36°, durch Hydrieren vorst. Verb. in wss.-alkohol. KOH über RANEY-Ni; 75%. *Pikrat*, F. 115—117°. — *1.1.3.3-Tetrachlor-α.β-naphthalan* (**V**), $C_{12}H_6Cl_4O$, F. 122—123°, aus PAe. Prismen, a) durch $^1/_2$std. Erhitzen von α.β-Naphthalid mit PCl_5 u. wenig $POCl_3$ auf 95—100°, 4 Std. lang auf 110—120° u. dann auf 140°; 58,5% ; b) durch 1std. Kochen von **IV**-Chlorid mit $AlCl_3$ in CS_2, Zers. mit HCl bei — 10°, Ausziehen mit Bzl., 1std. Einleiten von NH_3 u. Eindampfen; 61%. — *2'(5')-Oxo-5'(2')-phenyliminopyrrolidino-[3'.4':1.2]-naphthalin*, $C_{18}H_{12}N_2O$, F. 213—214° (Bzl.-PAe.), durch 5std. Kochen von **V** mit Anilin in Benzol. — *1.1.3.3-Tetrafluor-α.β-naphthalan* (**VI**), $C_{12}H_6F_4O$, F. 54—55°, aus PAe. Prismen, a) durch Erhitzen von **V** mit SbF_3 im Vakuum; 45% ; b) durch Zutropfen von **V** zu HF bei 0°, 1std. Stehen bei Raum-Temp., Eindampfen, Aufnehmen mit Bzl. u. 1std. Einleiten von NH_3; 92% [daneben *Naphthalin-1.2-dicarbonsäurediamid*, F. 262—264° (Zers.) bzw. 224—226°]; gibt mit Anilin in Bzl. *Naphthalin-1.2-dicarbonsäuredianilid*, $C_{24}H_{18}N_2O_2$, F. 221°. — *2-Trifluormethyl-1-naphthoesäure* (**IV**), *Chlorid*, F. 44° (PAe.). *Anilid*, $C_{18}H_{12}F_3NO$, F. 221°, aus A. Nadeln. — *1.1.3.3-Tetrafluorphthalan*, Kp. 150—152°, analog **VI** nach b); 70% ; daneben *Phthalsäurediamid*, F. 218—219°. H.-E. TOUSSAINT. 2700□

Einige Salze tetrasubstituierter Ammoniumbasen (Derivate von 2-Aminofluoren und 2.7-Diaminofluoren). T. Redulessku und Ss. Ss. Wassu. (Rev. Chim. [Bucarest] **3**. 261—65. 1958. Bukarest, Biochem. Inst. der Akad. der Rumän. Volksrepublik; russ.) — Zur pharmakol. Prüfung werden durch Rk. von 2-Amino- u. 2.7-Diaminofluoren mit Chloracetylchlorid *2-Chloracetamidofluoren* [F. 192—193° (Bzl.); 87% (Ausbeute)] u. *2.7-Bis-[chloracetamido]-fluoren* [F. 325° (Zers.; Nitrobenzol); 80%] dargestellt u. durch Kondens. mit Trimethyl-, Triäthylamin u. Pyridin in abs. A. oder Bzl. in die nachst. Verbb. übergeführt: *2-[Trimethylammonioacetamido]-*, *2-[triäthylammonioacetamido]-*, *2-[Pyridinioacetamido]-fluorenchlorid*, *2.7-Bis-[trimethylammonioacetamido]-*, *2.7-Bis-[triäthylammonioacetamido]-* u. *2.7-Bis-[pyridinioacetamido]-fluorendichlorid*. Außerdem wurden durch Methylierung von 2-Aminofluoren *Trimethyl-[fluorenyl-(2)]-ammoniumjodid* (F. 201—203°) u. *-chlorid* (F. 189—190°) erhalten. Die Verbb. fluoreszieren sehr schwach. HELMUT SCHÄFER. 2750

Eine neue durch Phosphorigsäureester ausgelöste C—C-Kondensation. Bildung eines 2:1-Adduktes bei der Reduktion von Acenaphthenchinon mit Trimethylphosphit. Fausto Ramirez und N. Ramanathan. (J. org. Chemistry **26**. 3041—42. Aug. 1961. Oyster Bay, N.Y., State Univ., Dep. of Chem.; engl.) — Das aus Acenaphthenchinon (**I**) u. Trimethylphosphit (**II**) gebildete krist. *2:1-Addukt* (**III**) lagert sich beim Erhitzen in CH_3OH um unter Bldg. von *Trimethylphosphat* u. des *Enollactons* (**A**). — **A** wird durch 1n NaOH in *Naphthalindicarbonsäure-(1.8)* u. *Acenaphthenon* gespalten. $NaOCH_3$ in CH_3OH führt **A** in ein *orangefarbenes Salz* (**B**) über, das beim Behandeln mit sd. Essigsäure **A** zurückbildet u. mit kalter Essigsäure eine gelbe Verb. liefert, der die Struktur des *1-Hydroxy-2-[8-methoxycarbonylnaphthoyl-(1)]-acenaphthylens* (**IV**) zuerteilt wird. **IV** geht beim Erhitzen mit Acetanhydrid in **A** u. beim Behandeln mit CH_2N_2 in seinen *1-Methyläther* (**V**) über. Der Rk.-Mechanismus wird diskutiert. Für **III**, **A**, **B**, **IV** u. **V** sind IR-Maxima, für **A** auch UV-Maxima angegeben.

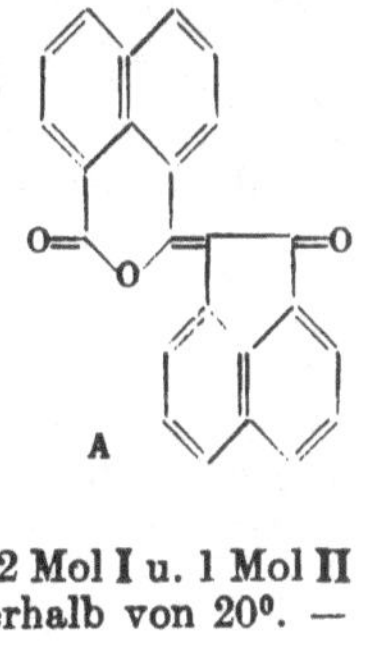

A

Versuche: *2:1-Addukt* (**III**), $C_{27}H_{21}O_7P$, durch 1std. Rühren von 2 Mol **I** u. 1 Mol **II** in CH_2Cl_2 bei 25° unter N_2 u. Entfernen des Lsgm. im Vakuum unterhalb von 20°. —

Enollacton (**A**), $C_{24}H_{12}O_3$, F. 275—276° (Toluol), a) durch 20—30 Min. langes Erhitzen von **III** mit CH_3OH u. Abkühlen; 90% (Ausbeute) [daneben aus dem methanol. Filtrat *Trimethylphosphat*]; b) durch Kochen von **B** mit Essigsäure; c) durch Kochen von **IV** mit Acetanhydrid. *Orangefarbenes Salz* (**B**), durch 15std. Aufbewahren von **A** mit $NaOCH_3$ in CH_3OH bei Raum-Temp. unter N_2. — *Naphthalindicarbonsäure-(1.8)* u. *Acenaphthenon*, durch 12—24std. Stehenlassen von **A** mit 1n NaOH bei Raum-Temp. unter N_2. — *1-Hydroxy-2-[8-methoxycarbonylnaphthoyl-(1)]-acenaphthylen* (**IV**), $C_{25}H_{16}O_4$, F. 204 bis 205° (Bzl.), aus **B** durch Rk. mit kalter Essigsäure; **IV** gibt mit $FeCl_3$ Grünfärbung. *1-Methyläther* (**V**), $C_{26}H_{18}O_4$, F. 220—221° (Äthylacetat), aus **IV** u. äther. CH_2N_2.
G. KOWOLLIK. 2750□

Addition von Acetylendicarbonsäuredimethylester an in meso-Stellung substituierte Anthracene, besonders an 9.10-Diphenylanthracen. Jean Rigaudy und Nguyen Kim Cuong. (C. R. hebd. Séances Acad. Sci. **253**. 1705—07. 16/10. 1961. Paris, École Supérieure de Phys. et de Chim. industrielles, Labor. de Chim. org.; franz.) — 9.10-Dimethylanthracen reagiert rasch mit Acetylendicarbonsäuredimethylester (**I**) zu *9.10-Dimethyl-9.10-endoäthylen-9.10-dihydroanthracen-11.12-dicarbonsäuredimethylester* ($C_{22}H_{20}O_4$, F. 188—189°, aus Methanol, 80% Ausbeute). Die Addition von **I** an 9-Phenyl-(**II**) u. an 9.10-Diphenylanthracen (**III**) erfolgt erst durch 10 Min. langes Erhitzen auf 190° in einer Ausbeute von 40—50%. Aus **II** entsteht *9-Phenyl-9.10-endoäthylen-9.10-dihydroanthracen-11.12-dicarbonsäuredimethylester* ($C_{26}H_{20}O_4$, F. 177—178°, aus Methanol) u. aus **III** *9.10-Diphenyl-1.4-endoäthylen-1.4-dihydroanthracen-11.12-dicarbonsäuredimethylester* (**IV**), $C_{32}H_{24}O_4$, F. 242°, Acetonitril). Die Annahme der Addition in 1.4-Stellung bei **III** ließ sich durch Vgl. des UV-Spektrums mit dem von 1.4-Diphenylnaphthalin u. durch die bei der Retrodienspaltung gebildeten Prodd. bestätigen. Bei der katalyt. Hydrierung von **IV** an Pd wird rasch ein Mol H_2 aufgenommen unter Bldg. der entsprechenden Endoäthan-Verb. ($C_{32}H_{26}O_4$, F. 221—222°, Essigester), die bei 260 bis 280° Äthylen abspaltet u. in *9.10-Diphenylanthracen-2.3-dicarbonsäuredimethylester* übergeht ($C_{30}H_{22}O_4$, F. 198—199°, blaßgelbe Blättchen aus Methanol). Methanol. KOH hydrolysiert zur *Dicarbonsäure* ($C_{28}H_{18}O_4$, F. 290—291°, gelbe, stark blaugrüne fluorescierende Prismen, aus Bzl./Essigester). Sublimation bei 300° oder Behandlung mit Essigsäureanhydrid führt zum entsprechenden *Anhydrid* ($C_{28}H_{16}O_3$, F. 382—383°, aus Bzl. gelbe Stäbchen, grün fluorescierend).
W. KIRSCHENLOHR. 2800□

Die Bicyclo-[2.2.1]-heptandiole-(2.5). J. Meinwald, J. K. Crandall und P. G. Gassman. (Tetrahedron [London] **18**. 815—20. Juli 1962. Ithaca, N.Y., Cornell Univ., Dep. of Chem.; engl.) — Zwei kürzlich beschriebene (HENBEST u. NICHOLLS, C. **1959**. 16995; TOIVONEN, C. **1962**. 13777) Synth.-Wege zum *Bicyclo-[2.2.1]-heptandiol-(2-exo-5-endo)* (**I**) führten zu eindeutig verschiedenen Produkten. Nacharbeitung der Verss. durch Vff. zeigte, daß HENBEST u. NICHOLLS im wesentlichen reines **I** erhalten hatten, während TOIVONENs Prod. ein Gemisch aus **I** u. seinem *2-exo-5-exo-Isomeren* (**II**) im Verhältnis 3:2 war. **I** u. **II** können zum entsprechenden *Diketon* (**III**) oxydiert werden, dessen Red. mit LiAl $(tert.-C_4H_9O)_3H$ (**L**) zu dem *2-endo-5-endo-Isomeren* führte.

Versuche: *5-exo-Acetoxybicyclo-[2.2.1]-heptanon-(2)*, $C_9H_{12}O_3$, $Kp._{1.2}$ 88—90°, a) aus Nortricyclanon u. CH_3COOH in Ggw. von $HClO_4$ (4 Std. bei 100°); 81% (Ausbeute); b) aus exo-Bicyclo-[2.2.1]-heptyl-(2)-acetat u. CrO_3 in CH_3COOH (Rühren, $1^1/_4$ Std. bei 100°; 12%); n_D^{24} 1,4742. *Semicarbazon*, $C_{10}H_{15}N_3O_3$, F. 205—206° (CH_3CN). — *Bicyclo-[2.2.1]-heptandiol-(2-exo-5-endo)* (**I**), F. 188—189° (Ae.), sublimiert, a) aus 5.6-exo-Epoxybicyclo-[2.2.1]-heptanol-(2) (dargestellt aus Bicyclo-[2.2.1]-hepten-(5)-ol-(2) u. Perbenzoesäure) u. $LiAlH_4$ in sd. Tetrahydrofuran (114 Std.; 59% roh), b) aus vorst. Verb. u. $LiAlH_4$ in Ae. (5 Std. langes Rühren; 47%). — *Bicyclo-[2.2.1]-heptandiol-(2-exo-5-exo)* (**II**), $C_7H_{12}O_2$, F. 183,5—184,5°, Platten (Ae./PAe.), sublimiert, nach TOIVONEN (l. c.), Trennung des Rohprod. durch Chromatographie; daneben **I**. — *Bicyclo-[2.2.1]-heptandion-(2.5)* (**III**), $C_7H_8O_2$, F. 141,5—143°, sublimiert, aus **I** bzw. **II** u. CrO_3 in Aceton; 56 bzw. 58%. — *Bicyclo-[2.2.1]-heptandiol-(2-endo-5-endo)*, $C_7H_{12}O_2$, F. 229—230° (Ae./PAe.), sublimiert, aus **III** u. **L** in Tetrahydrofuran (Rühren über Nacht); 80% roh. Gab mit CrO_3 in Aceton **III**.
J. ROTHE. 2950□

Cyclisierung von o-Aminoanilinomethylenmalonsäurediäthylester. K. S. Sardesai und S. V. Sunthankar. (J. sci. ind. Res. [New Delhi] Sect. B **18**. 158—61. April 1959. Bombay, Univ., Dep. of Chem. Technol.; engl.) — o-Aminoanilinomethylenmalonsäurediäthylester (**I**) gibt in sd. Diphenyläther oder bei der Vakuum-Dest. *Benzimidazol* (**II**) u. *Benzimidazolon*, in sd. 4n HCl wird nur **II** gebildet. Mit Acetanhydrid/H_2SO_4 liefert **I** das *N-Acetylderivat*. o-Hydroxyanilinomethylenmalonsäurediäthylester (**III**) gibt bei der therm. Cyclisierung *4.8-Dihydroxy-3-carbäthoxychinolin*; beim Kochen von **III** mit HCl erfolgt Spaltung zu *o-Aminophenol*.

Versuche: *o-Aminoanilinomethylenmalonsäurediäthylester* (I), $C_{14}H_{18}N_2O_4$, F. 92 bis 93°, durch 2std. Erhitzen von o-Phenylendiamin u. Äthoxymethylenmalonsäurediäthylester (IV) auf dem Wasserbad; aus Bzl./PAe. Platten; 93,5% (Ausbeute). *N-Acetyl-Deriv.*, $C_{16}H_{20}N_2O_5$, F. 154°, aus I u. Acetanhydrid bei Raum-Temp. (1/4 Std.); aus verd. A. Nadeln; 78,2%. — *Benzimidazol* (II), F. 171—172° (Bzl.), a) durch ½std. Kochen von I u. 4n HCl u. Neutralisieren mit NH_4OH; 81,5%; b) durch Dest. von I bei 0,1 Torr; 20%. — *Benzimidazolon*, $C_7H_6N_2O$, F. 311—312°, a) aus 1,3 g I in sd. Diphenyläther (7—8 Min.) u. Sublimation des Nd. bei 160—170°/0,4 Torr; 0,21 g; b) neben II nach b) aus der Fraktion vom $Kp._{0,1}$ 230—260°; aus A. gelbe Platten; 66,3%. — *o-Hydroxyanilinomethylenmalonsäurediäthylester* (III), $C_{14}H_{17}NO_5$, F. 144°, a) durch 1½std. Kochen von je 1 Mol IV u. o-Aminophenol in A.; aus verd. A. blaßbraune Platten; ca. 100%. — *o-Aminophenol*, F. 174° (Bzl.), aus 1,5 g III u. sd. 4n HCl (½ Std.); 0,54 g. — *4.8-Dihydroxy-3-carbäthoxychinolin*, $C_{12}H_{11}NO_4$, F. 239° (Bzl.). *Semihydrat*, $C_{12}H_{11}NO_4 \cdot ½ H_2O$, F. 240° (nach Sintern bei 234—236°), a) durch Dest. von III bei 2 Torr; 16,1%; b) aus III in sd. Diphenyläther (½ Std.); aus verd. A. blaßgelbe Nadeln; 40,7%.

F. HELLER. 3000□

Natürlich vorkommende Sauerstoffheterocyclen. 11. Mitt. **Veraguensin.** N. S. Crossley und Carl Djerassi. (J. chem. Soc. [London] **1962.** 1459—62. April. Stanford, Calif., Stanford Univ., Dep. of Chem.; engl.) — 10. vgl. C. **1962.** 2006. — Aus dem Holz von *Ocotea veraguensis* Mez. (**A**) wird eine neutrale Verb., *Veraguensin* (I, R = 3.4-Dimethoxyphenyl) isoliert, deren Konstit. durch Cyclisieren mit $HClO_4$ zu *2.3α-Dimethyl-6.7-dimethoxy-4β-[3.4-dimethoxyphenyl]-Δ¹-dialin* (*Cycloveraguensin*) u. dessen Dehydrierung zu *Dehydroguajaretsäuredimethyläther*, Ringöffnung von I mit Na/fl. NH_3 u. Cyclisieren des Rk.-Prod. zu (—)-*Galbulin* sowie Vgl. der kernmagnet. Resonanzspektren mit denen von Galgravin u. Galbelgin festgestellt wird. — UV-, IR- u. kernmagnet. Resonanz-Spektren vgl. Original.

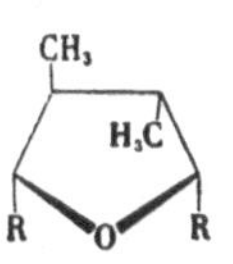

I

Versuche: *Veraguensin* (I), $C_{22}H_{28}O_5$, F. 126—129° (Ae.), durch Extrahieren von 1,2 kg Holzspänen von **A** mit sd. Hexan; $[\alpha]_D^{25}$ +34,2° (c = 1,10; Chlf.); 495 mg (Ausbeute). — *Cyclogalbelgin* (*Cycloveraguensin*), $C_{22}H_{26}O_4$, F. 100—101° (Ae.), a) durch ½std. Stehen von 175 mg I u. 60%ig. $HClO_4$ in Eisessig u. Gießen in 4%ig. NaOH; $[\alpha]_D^{28}$ +135,5° (c = 0,28; Chlf.); 105 mg; b) aus (—)-Galbelgin; $[\alpha]_D^{28}$ +132°. — *Dehydroguajaretsäuredimethyläther*, F. 178—179° (A.), durch Dehydrieren von 58 mg vorst. Verb. mit Pd-Kohle bei 200° (4 Min.); 11 mg. — (—)-*Galbulin*, F. 131—132° (CH_3OH), durch Zugeben von Na zu 150 mg I in Äthylenglykoldimethyläther/fl. NH_3, Zerlegen mit W./CH_3OH u. Dünnschichtchromatographie; $[\alpha]_D^{24,5}$ —8,8° (c = 0,795; Chlf.); 78 mg.

F. HELLER. 3061□

Reaktionen von Furanverbindungen. 18. Mitt. **Kernacetoxylierung.** G. Frank D'Alelio, Carl J. Williams jun. und Christopher L. Wilson. (J. org. Chemistry **25.** 1025—28. Juni 1960. Notre Dame, Ind., Univ., Dep. of Chem.; engl.) — 15. vgl. C. **1954.** 1241; 17. vgl. J. Amer. chem. Soc. **81.** [1959.] 2440. — Die Pyrolyse von 2.5-Diacetoxy-2.5-dihydrofuran (VI) ergibt in der Dampfphase bei 400—450° bis zu 40% *2-Acetoxyfuran* (I) neben *γ-Crotonolacton* (II), in einem hochsd. Lsgm. in Ggw. von Säuren bei 100° 80% I; in Ggw. von Basen wie Na-Acetat findet keine Pyrolyse statt, bei Abwesenheit eines hochsd. Lsgm. entsteht wegen Verharzung nur wenig II. Die Pyrolyse von I in Ggw. von 1 Val Essigsäure ergibt 68% Acetanhydrid (**AA**) u. 48% II. Analoge Resultate liefert die Rk. von I mit Br_2 in CCl_4, wobei *2-Brom-5-oxo-2.5-dihydrofuran* neben Acetylbromid gebildet wird. *2-Oxo-5-acetoxy-2.5-dihydrofuran* (V) entsteht aus I durch Einw. eines Oxydationsmittels (**OM**, Br_2 u. K-Acetat in Eisessig/**AA**) sowie aus I u. Pb(IV)-Acetat. Die Rk. von **OM** mit 2-Methylfuran (VIII) bei —20° ergibt wenig *2-Acetoxy-5-methylfuran* (IV), mit Furfurylacetat (IX) entstehen 1,6% *Furfuraldiacetat* (III) u. *Protoanemonin*, ein instabiles monomeres Lacton, das sich rasch zu 4,6% *Anemonin* polymerisiert. Analog gelingt die Isolierung von *2-Oxo-5-acetoxymethylen-2.5-dihydrofuran* u. *2-Oxo-5-methoxymethylen-2.5-dihydrofuran* aus Rkk. mit III bzw. Furfurylmethyläther (X) u. **OM**.

Versuche: *γ-Crotonolacton* (II), $Kp._4$ 56—70°, $Kp._{12}$ 85—95°, a) durch Erhitzen von VI in Ggw. von β-Naphthalinsulfonsäure (VII) auf 105° u. Dest.; 9% (Ausbeute); b) durch ½std. Erhitzen von 12,6 g I in Eisessig in Ggw. von VII auf 100°; 48%; daneben 6,9 g **AA**; n_D^{25} 1,4666, n_D^{20} 1,4680. — *2-Oxo-5-acetoxy-2.5-dihydrofuran* (V), $Kp._3$ 92—96°, durch Versetzen von I mit **OM** bei —20°, 1std. Rühren bei 0°, 10 Min. langes Erwärmen auf 80° u. Aufarbeiten; n_D^{20} 1,4596; 64%. — *2-Acetoxy-5-methylfuran* (IV), $C_7H_8O_3$, $Kp._{10}$ 72—73°, aus VIII analog V; 6,1%. — *3-Acetoxy-6-methyl-3.6-epoxy-Δ⁴-tetrahydrophthalsäureanhydrid*, $C_{11}H_{10}O_6$, F. 149,8—150°, durch 5 Min. lange Rk. von IV mit Maleinsäureanhydrid in Bzl.–PAe.; Nadeln. — *3-Acetoxy-6-methyl-3.6-epoxy-Δ^4-tetrahydrophthalsäuredinitril*, $C_{11}H_{10}N_2O_3$, F. 130—130,4°, aus **IV** u. Fumarsäuredinitril; Nadeln. — *Anemonin*, F. 142—142,5°, analog **V** aus **IX**; 4,9%. — *2-Oxo-5-acetoxymethylen-2.5-dihydrofuran*, $C_7H_6O_4$, aus **III** analog **V**, 24 std. Rühren mit CrO_3 u. Ausäthern; 24%. — *2-Oxo-5-methoxymethylen-2.5-dihydrofuran*, $C_6H_6O_3$, Kp.$_3$ 51—52°, aus **X** analog **V**; n_D^{20} 1,4743; 6,4%. W. HAMPEL. 3061 □

Reaktionen von Furanverbindungen. 19. Mitt. **Synthese von 2-Methoxyfuran und seiner 5-Methyl- und 5-Methoxymethylderivate.** G. Frank D'Alelio, Carl J. Williams jun. und Christopher L. Wilson. (J. org. Chemistry **25.** 1028—30. Juni 1960; engl.) — 18. vgl. vorst. Referat. — Bei der Pyrolyse von 2.5-Dimethoxy-2.5-dihydrofuran (**VI**) in einem hochsd. Lsgm. bei 220—250° in Ggw. von β-Naphthalinsulfonsäure (**VII**) entsteht durch Eliminierung von Methanol *2-Methoxyfuran*. Weitere Ausgangs-Verbb. *2.5-Dimethoxy-2.5-dihydro-2-methylfuran* (**I**) u. *2.5-Dimethoxy-2.5-dihydro-2-methoxymethylfuran* (**II**), werden durch elektrolyt. Oxydation (**EO**) von 2-Methylfuran (**VIII**) bzw. Furfurylmethyläther (**IX**) erhalten. Die Pyrolyse von **I** analog der von **VI** führt erst in Ggw. von wenig Eisessig zur Bldg. von *2-Methoxy-5-methylfuran* (**IV**). Die Pyrolyse von **II** erfordert starke Säure; so wird mit H_3PO_4 *2-Methoxy-5-methoxymethylfuran* (**V**) erhalten. DIELS-ALDER-Rk. von **IV** u. **II** mit Maleinsäureanhydrid (**MA**) ergibt *3-Methoxy-6-methyl-3.6-epoxy-Δ^4-tetrahydrophthalsäureanhydrid* (**III**) bzw. *3-Methoxy-6-methoxymethyl-3.6-epoxy-Δ^4-tetrahydrophthalsäureanhydrid.* Durch Einw. von verschiedenen Dehydratisierungsreagentien auf **III** entsteht *3-Methyl-6-methoxyphthalsäureanhydrid*, das auch durch Umkristallisieren von **III** aus Methanol gewonnen wird.

Versuche: *2.5-Dimethoxy-2.5-dihydrofuran* (**VI**), Kp. 159—165°, durch **EO** von Furan in Methanol in Ggw. von NH_4Br bei 6 A, 30 V u. 12°; n_D^{20} 1,4316; 72% (Ausbeute). — *2-Methoxyfuran*, Kp. 92—110°, durch Eintropfen von **VI** in Phthalsäuredibutylester u. **VII** bei 220—250° (Meth. **A**); n_D^{20} 1,4522; 50,8%. — *2.5-Dimethoxy-2.5-dihydro-2-methylfuran* (**I**), Kp.$_{55}$ 86—91°, durch **EO** von **VIII**; n_D^{20} 1,4304; 49%. — *2-Methoxy-5-methylfuran* (**IV**), $C_6H_8O_2$, Kp.$_{750}$ 136—137°, nach **A** aus **I** in Phthalsäuredioctylester (**X**)/Eisessig; n_D^{20} 1,4600; 28%. — *3-Methoxy-6-methyl-3.6-epoxy-Δ^4-tetrahydrophthalsäureanhydrid* (**III**), $C_{10}H_{10}O_5$, F. 133—135° (Bzl.), durch Rk. von **IV** mit **MA** in Bzl.–PAe.; 62%. — *3-Methoxy-6-methylphthalsäureanhydrid*, $C_{10}H_8O_4$, F. 186—188°, a) durch $^1/_4$ std. Erwärmen von **III** in Methanol u. 12 std. Stehen bei 5°; 75%; b) durch 10 Min. langes Erwärmen von **III** mit H_3PO_4 auf 25° u. Gießen in W.; 20%; Nadeln. — *2.5-Dimethoxy-2.5-dihydro-2-methoxymethylfuran* (**II**), Kp.$_9$ 90—94°, durch **EO** von **IX**; n_D^{18} 1,4412; 83%. — *2-Methoxy-5-methoxymethylfuran* (**V**), $C_7H_{10}O_3$, Kp.$_{60}$ 93—100°, nach **A** aus **II** in **X**–H_3PO_4; n_D^{21} 1,4620; 23%. — *3-Methoxy-6-methoxymethyl-3.6-epoxy-Δ^4-tetrahydrophthalsäureanhydrid*, $C_{11}H_{12}O_6$, F. 95—97° (Bzl.), durch Erwärmen von **V** mit **MA**; 14%. W. HAMPEL. 3061 □

Über die Struktur des angeblichen „Tetramethyl-(2.2.5.5)-dihydrofurofurans" aus 2.7-Dimethyloctadiin-(3.5)-diol-(2.7). Ferdinand Bohlmann. (Chem. Ber. **94.** 1104—06. 21/4. 1961. Berlin, TU, Organ.-chem. Inst.; dt.) — Die Rk. von 2.7-Dimethyloctadiin-(3.5)-diol-(2.7) (**I**) mit H_2SO_4 in Ggw. von $HgSO_4$ nach AUDIER (C. **1958.** 4146) liefert nicht 2.2.5.5-Tetramethyldihydrofuro-[3.2:b]-furan, sondern *3-Oxo-2.2-dimethyl-5-[2-methylpropenyl]-2.3-dihydrofuran* (**II**). Hierfür sprechen die von AUDIER (l c.) beschriebenen oxydativen Abbau-Rkk., das IR-Spektrum (Abb.), das UV-Spektrum u. die Ozonisierung in Essigester zu *Aceton* sowie die Synth. von **II**: Umsetzung von β-Methylcrotonaldehyd (**III**) mit Dimethyläthinylcarbinol (**V**) als GRIGNARD-Verb. gibt *2.7-Dimethylocten-(6)-in-(3)-diol-(2.5)*, das mit MnO_2 zur *5-Oxo-Verb.* (**IV**) oxydiert wird; durch Anlagerung von Diäthylamin u. Zers. wird **IV** in **II** übergeführt.

Versuche: *3-Oxo-2.2-dimethyl-5-[2-methylpropenyl]-2.3-dihydrofuran* (**II**), $C_{10}H_{14}O_2$, Kp.$_{12}$ 115°, a) nach AUDIER (l.c.) aus **I** u. $HgSO_4$ in verd. H_2SO_4, sowie Chromatographie an Kieselgel mit PAe./Ae.; λ_{max} 301 u. 239 mμ (ε = 17700, 8800; CH_3OH), 292 u. 234 mμ (Ae.); b) durch ½ std. Rk. von **IV** u. Diäthylamin in A., Zers. mit verd. H_2SO_4 u. Chromatographie an Kieselgel mit PAe./Äther. — *2.7-Dimethylocten-(6)-in-(3)-diol-(2.5)*, Kp.$_{0,1}$ 90°, durch 1 std. Kochen von **III** u. der GRIGNARD-Verb. aus **V** in Ae.; gelbliches Öl. — *2.7-Dimethylocten-(6)-in-(3)-on-(5)-ol-(2)* (**IV**), aus vorst. Diol mit akt. MnO_2 in Ae. in 4 Std. u. Chromatographie an Kieselgel. H. GLEINIG. 3061 □

Darstellung und Eigenschaften von 3-Formylthiothenol. Pierre Demerseman, Jean-Pierre Lechartier, Andrée Cheutin, Marie-Louise Desvoye und René Royer. (C. R. hebd. Séances Acad. Sci. **254.** 1652—54. 26/2. 1962. Paris, Fondat. Curie, Inst. du Radium, Labor. de Chimie organique; franz.) — *3-Formylthiothenol* [*3-Formyl-5-methyl-2-hydroxythiophen* (**I**), F. 112°, aus Bzl. ockerfarbene Nadeln; 47% (Ausbeute)] kann aus 5-Methyl-2-hydroxythiophen (**II**) nach REIMER-TIEMANN in Dimethylformamid in Ggw. von $POCl_3$ gewonnen werden. I gibt SCHIFF*sche Basen* mit Anilin (F. 165°, gelbe Nadeln) u. mit p-Nitranilin (F. 304°, rote Kristalle), jedoch kein Semi- oder Thiosemicarbazon. CLEMMENSEN-Red. von I führt unter Zers. zu H_2S. Mit Diäthylmalonat oder Acetessigsäureäthylester erfolgt keine Cumarin-Bldg., mit Phenacylbromid keine Kondensation. Die IR-Spektren von I u. II sind abgebildet.

EBERHARD RIEDEL. 3071 □

Untersuchungen auf dem Gebiet der thioindigoiden Farbstoffe. 6. Mitt. Äthoxy- und Äthoxynitroderivate des Thioindigos. N. Ss. Dokunichin und Ju. Je. Gerassimenko. (Журнал Общей Химии [J. allg. Chem.] **31** (93). 219—23. Jan. 1961. Wiss. Woroschilow-Forschungsinst. für organ. Zwischenprodd. u. Farbstoffe; russ.) — 5. vgl. C. **1962.** 14492. — Die durch Diazotieren u. Verkochen von S-[2-Carboxy-4-aminophenyl]-thioglykolsäure u. Alkylieren zugängliche *S-[2-Carboxy-4-äthoxyphenyl]-thioglykolsäure* wird durch Erhitzen mit Essigsäureanhydrid u. Na-Acetat zu *5-Äthoxy-3-hydroxythionaphthen* (I) cyclisiert, das mit p-Nitrosodimethylanilin zu *5-Äthoxythionaphthenchinon-2-[p-dimethylaminoanil]* reagiert. Die Oxydation von I führt zu *5.5'-Diäthoxy-*, die Kondens. mit Thionaphthenchinon-2-[p-dimethylaminoanil] (II) zu *5-Äthoxythioindigo.* Durch Rk. von I u. 6-Äthoxy-3-hydroxythionaphthen (III) mit 5- (IV) bzw. 6-Nitrothionaphthenchinon-2-[p-dimethylaminoanil] (V) werden die in 5.5'-, 5.6'-, 6.5'- u. 6.6'-Stellung äthoxynitrosubstituierten *Thioindigo-Derivv.* erhalten. Die λ_{max}-Werte der intensiv farbigen Verbb. werden mitgeteilt; teilweise tritt in den Spektren ein zweites Absorptionsmaximum bei etwas kürzeren Wellenlängen auf, das auf die entsprechende *cis*-Form zurückgeführt wird.

Versuche: *S-[2-Carboxy-4-aminophenyl]-thioglykolsäure,* F. 226—227° (W.), durch 1½std. Kochen von S-[2-Carboxy-4-nitrophenyl]-thioglykolsäure mit Fe-Spänen in 25%ig. NH_4OH u. Ansäuern mit Essigsäure; 70% (Ausbeute). — *S-[2-Carboxy-4-hydroxyphenyl]-thioglykolsäure,* $C_9H_8O_5S$, F. 197—199° (Zers.; W.), durch Diazotieren vorst. Verb. in verd. H_2SO_4 mit wss. $NaNO_2$ bei 15—20°, Zugeben von weiterer H_2SO_4 u. 6std. Kochen; 75,5%. — *S-[2-Carboxy-4-äthoxyphenyl]-thioglykolsäure,* F. 186—187°, durch 8std. Erhitzen vorst. Verb. mit p-Toluolsulfonsäureäthylester in wss. NaOH auf 70—80° u. Ansäuern; aus W. Nadeln; 56,5%. — *5-Äthoxy-3-hydroxythionaphthen* (I), $C_{10}H_{10}O_2S$, F. 104—105°, durch ½std. Kochen vorst. Verb. mit Essigsäureanhydrid u. Na-Acetat, Eindampfen, ½ std. Kochen mit wss. NaOH, Ansäuern u. Wasserdampf-Dest.; aus Hexan gelbliche Nadeln; 60,5%. *Acetat,* $C_{12}H_{12}O_3S$, F. 51,5—52,5° (A.). — *5-Äthoxythionaphthenchinon-2-[p-dimethylaminoanil],* $C_{18}H_{18}N_2O_2S$, F. 178 bis 179° (Chlorbenzol), durch 20std. Rühren von I mit p-Nitrosodimethylanilin in wss. NaOH, Erwärmen auf 70° u. Verdünnen mit W.; rot; 90,5%. — *6-Äthoxy-3-hydroxythionaphthen* (III), *Acetat,* $C_{12}H_{12}O_3S$, F. 59—60° (A.). — Thioindigo-Derivv.: *5.5'-Diäthoxy-,* $C_{20}H_{16}O_4S_2$, F. 294—297°, durch 1std. Rühren von I in wss. NaOH mit Na_2S_4 bei 80—90°; aus Nitrobenzol blauviolette Nadeln; λ_{max} 588 mμ; 92%. — *5-Äthoxy-,* $C_{18}H_{12}O_3S_2$, F. 235—238° (Nitrobenzol), durch 2std. Kochen von I mit II in Essigsäure; violett; λ_{max} 561 mμ; 88%. — *6-Äthoxy-,* $C_{18}H_{12}O_3S_2$, F. 262—265° (Nitrobenzol), analog aus III u. II; orangerot; λ_{max} 531 mμ; 94%. — *5-Äthoxy-5'-nitro-,* $C_{18}H_{11}\cdot NO_5S_2$, F. 285—290° (Zers.; Nitrobenzol), aus I u. IV; blauviolett; λ_{max} 562 mμ; 95%. — *5-Äthoxy-6'-nitro-,* $C_{18}H_{11}NO_5S_2$, F. 335—340° (Zers.; Nitrobenzol), aus I u. V; dunkelblau; λ_{max} 578 mμ; 85%. — *6-Äthoxy-5'-nitro-,* $C_{18}H_{11}NO_5S_2$, F. 345—350° (Zers.; Nitrobenzol), aus III u. IV; braun; λ_{max} 527 mμ; 91%. — *6-Äthoxy-6'-nitro-,* $C_{18}H_{11}NO_5S_2$, F. 350—355° (Zers.; Nitrobenzol), aus III u. V; braun; λ_{max} 549 mμ; 88%.

H.-E. TOUSSAINT. 3071 □

Eine neue Synthese von Tryptaminen. N. N. Ssuworow und W. Ss. Muraschewa. (Медицинская Промышленность СССР [Med. Ind. UdSSR] **15.** Nr. 1. 6—11. Jan. 1961. Chem.-Pharmazeut. Allunions-Ordshonikidse-Forschungsinst.; russ.) — Durch Kondens. von p-Methoxyphenylhydrazin (I) mit β-Formylpropionsäure (II) u. Cyclisierung des gebildeten *Phenylhydrazons* in A. wurde *[5-Methoxyindolyl-(3)]-essigsäure* (III)*-äthylester* dargestellt u. mit Hydrazinhydrat (IV) in III-*Hydrazid* übergeführt. Dieses wurde an RANEY-Ni zu III-*Amid* hydriert u. dieses mit $LiAlH_4$ zu *5-Methoxytryptamin* reduziert. Analog wurde eine Reihe weiterer *Tryptamine* sowie *ω-[Indolyl-(3)]-propylamin* u. *-butylamin* synthetisiert.

Versuche: *[5-Methoxyindolyl-(3)]-essigsäure* (III), *Hydrazid,* $C_{11}H_{13}N_3O_2$, F. 143 bis 145° (A.-W., 1 : 5), man läßt 3,84 g II u. 5,2 g I in 14 ml A. u. 0,26 ml Essigsäure 18 Std. lang im Dunkeln unter CO_2 stehen u. dampft im Vakuum unter N_2 ein; das erhaltene *p-Methoxyphenylhydrazon* (9,1 g) kocht man in 180 ml abs. A. 6 Std. mit 18g Sulfosalicylsäure, gießt in 1800 ml NaCl-Lsg., extrahiert mit Ae. u. erhält beim Eindampfen III-*Äthylester* (6,4 g; dunkles Öl); diesen kocht man 3 Std. mit 6,4 ml IV in 20 ml A., verd. heiß mit 20 ml W. u. krist. aus 12 ml A.-W. 1 : 5 um; 32,6% (Ausbeute, berechnet auf II). *Amid*, $C_{11}H_{12}N_2O_2$, F. 187,5—188,5°, man kocht 1,77 g III-Hydrazid, 177 ml A. u. 18 g RANEY-Ni 3 Std. u. engt ein; 82,5%. — *5-Methoxytryptamin*, man extrahiert 1 g III-Amid im Soxhlet durch Kochen von 100 ml Ae., der 2 g $LiAlH_4$ enthält, bis alles III-Amid gelöst ist, kocht weitere 2 Std. u. zersetzt bei 0° durch aufeinanderfolgende Zugabe von 10 ml abs. A., 2,4 g Seignette-Salz in 10 ml W., 20 ml konz. HCl in 16 ml W., 24 g Seignette-Salz u. 106 g Soda; man kocht noch ½ Std., extrahiert mit Ae. u. dampft ein; 0,96 g. *Hydrochlorid*, $C_{11}H_{15}ClN_2O$, F. 240—243° (Zers.), durch Lösen in abs. A. u. Fällen mit 55%ig. HCl in abs. A. u. Ae.; 79,5%. — Analog: *Indolyl-(3)-essigsäure, Hydrazid*, $C_{10}H_{11}N_3O$, F. 143—144°. *Amid*, $C_{10}H_{10}N_2O$, F. 153,5—154°. — *Tryptaminhydrochlorid*, $C_{10}H_{13}ClN_2$, F. 244,5—245,5°. — *β-[Indolyl-(3)]-propionsäure, Hydrazid*, $C_{11}H_{13}N_3O$, F. 142—144°. *Amid*, $C_{11}H_{12}N_2O$, F. 134,5—135°. — *γ-[Indolyl-(3)]-propylaminhydrochlorid*, $C_{11}H_{15}ClN_2$, F. 170—171,5°. — *γ-[Indolyl-(3)]-buttersäure, Hydrazid*, $C_{12}H_{15}N_3O$, F. 112—112,5°. *Amid*, $C_{12}H_{14}N_2O$, F. 117—118,5°. — *δ-[Indolyl-(3)]-butylaminhydrochlorid*, $C_{12}H_{17}ClN_2$, F. 217—218°. — *[5-Äthoxyindolyl-(3)]-essigsäure, Hydrazid*, $C_{12}H_{15}N_3O_2$, F. 168—170°. *Amid*, $C_{12}H_{14}N_2O_2$, F. 127—128°. — *5-Äthoxytryptaminhydrochlorid*, $C_{12}H_{17}ClN_2O$, F. 263°. — *[5-Propoxyindolyl-(3)]-essigsäure, Hydrazid*, $C_{13}H_{17}N_3O_2$, F. 152,5—153,5°. *Amid*, $C_{13}H_{16}N_2O_2$, F. 146,5—147°. — *5-Propoxytryptaminhydrochlorid*, $C_{13}H_{19}ClN_2O$ F. 256—257°. — *[5-Butoxyindolyl-(3)]-essigsäure, Hydrazid*, $C_{14}H_{19}N_3O_2$, F. 139—140,5°. *Amid*, $C_{14}H_{18}N_2O_2$, F. 155—155,5°. — *5-Butoxytryptaminhydrochlorid*, $C_{14}H_{21}ClN_2O$, F. 249—252°. — *[7-Methoxyindolyl-(3)]-essigsäure, Amid*, $C_{11}H_{12}N_2O_2$, F. 196—197,5°. — *7-Methoxytryptaminhydrochlorid*, $C_{11}H_{15}ClN_2O$, F. 208—209,5°. — *[5-Methylindolyl-(3)]-essigsäure, Hydrazid*, $C_{11}H_{13}N_3O$, F. 152—154°. *Amid*, $C_{11}H_{12}N_2O$, F. 184—186°. — *5-Methyltryptaminhydrochlorid*, $C_{11}H_{15}ClN_2$, F. 292 bis 295° (Zers.). — *[7-Methylindolyl-(3)]-essigsäure, Hydrazid*, $C_{11}H_{13}N_3O$, F. 157—159°. *Amid*, $C_{11}H_{12}N_2O$, F. 199,5—201°. — *7-Methyltryptaminhydrochlorid*, $C_{11}H_{15}ClN_2$, F. 208 bis 210°. — *[1-Benzylindolyl-(3)]-essigsäure, Hydrazid*, $C_{17}H_{17}N_3O$, F. 139,5—140°. *Amid*, $C_{17}H_{16}N_2O$, F. 152—153°. — *1-Benzyltryptaminhydrochlorid*, $C_{17}H_{19}ClN_2$, F. 179—180°. HELMUT SCHÄFER. 3081

Untersuchung von Pyrazolen. 13. Mitt. **Phosphorylierung von Pyrazolen.** I. I. Grandberg und A. N. Kosst. (Журнал Общей Химии [J. allg. Chem.] **31** (**93**). 129—31. Jan. 1961. Moskau, Univ.; russ.) — 12. vgl. C. **1961.** 12443. — 1-Phenyl-3-methylpyrazolon-(5) wird durch Erhitzen mit $POCl_3$ auf 200° allein in *1-Phenyl-3-methyl-5-chlorpyrazol* übergeführt, das sich auch unter noch schärferen Bedingungen nicht phosphorylieren ließ. Aus einigen anderen 1-Aryl(alkyl)-pyrazolen wurden mit $POCl_3$ im Autoklaven bei 180—190° mit mittlerer Ausbeute die *1-Aryl(alkyl)-pyrazolyl-(4)-phosphonsäuredichloride* erhalten, die man vorteilhaft ohne Reinisolierung in die *Dialkylester* umwandelt.

Versuche: *1.3.5-Trimethylpyrazolyl-(4)-phosphonsäure, Diäthylester*, $C_{10}H_{19}N_2O_3P$, Kp.$_{13}$ 173—176°, durch 12 std. Erhitzen von 1.3.5-Trimethylpyrazol mit $POCl_3$ im Autoklaven auf 180—195°, Verdünnen mit abs. A., Einengen, Zers. mit konz. NaOH u. Ausziehen mit Bzl.; $D._4^{20}$ 1,1255, n_D^{20} 1,4790; 40,6% (Ausbeute). *Di-n-propylester*, $C_{12}H_{23}$·N_2O_3P, Kp.$_{18}$ 198—200°, analog; $D._4^{20}$ 1,0840, n_D^{20} 1,4784; 31%. *Di-n-butylester*, $C_{14}H_{27}$·N_2O_3P, Kp.$_{18}$ 212—214°, $D._4^{20}$ 1,0621, n_D^{20} 1,4768; 44%. —*1-Phenyl-3.5-dimethylpyrazolyl-(4)-phosphonsäure-di-n-butylester*, $C_{19}H_{29}N_2O_3P$, Kp.$_{17}$ 253—254°, $D._4^{20}$ 1,0834, n_D^{20} 1,5190; 19%. — *1-Phenylpyrazolyl-(4)-phosphonsäure, Di-n-butylester*, $C_{17}H_{25}N_2$·O_3P, Kp.$_{20}$ 263—265°, $D._4^{20}$ 1,0851, n_D^{20} 1,5215; 14%. *n-Butylester*, $C_{13}H_{17}N_2O_3P$, F. 70—72° (PAe.), durch 1½ std. Kochen von 3 g des Diesters mit KOH in Propanol, Eindampfen u. Ansäuern mit HCl; 1,8 g. H.-E. TOUSSAINT. 3122 □

Untersuchung von Pyrazolen. 14. Mitt. Dehydrierung von Pyrazolinen mit funktionellen Substituenten im Pyrazolinring durch Schwefel. I. I. Grandberg, Wei-Py Din, A. N. Kosst und W. I. Koslowa. (Журнал Общей Химии [J. allg. Chem.] **31** (**93**). 544—48. Febr. 1961; russ.) — 13. vgl. vorst. Referat. — Bei der Dehydrierung von 1-Formyl-5-phenylpyrazolin (**I**) mit S wird der Acylrest abgespalten u. es fällt *3(5)-Phenylpyrazol* (**II**) an; der gleiche Verlauf der S-Dehydrierung wird bei anderen 1-Acylpyrazolinen mit Alkyl- oder Arylresten in 3-, 4- u./oder 5-Stellung beobachtet. Die Rk. verläuft im Falle der 1-Formylpyrazoline vermutlich über die Bldg. der *Pyrazolin-1-thiocarbonsäuren*; diese Annahme wird durch den Nachw. von *COS* im gasförmigen Prod. der S-Dehydrierung von **I** wahrscheinlich gemacht. Pyrazoline mit CN-, COOH- oder Acylsubstituenten an den C-Atomen des Pyrazolkerns lassen sich mit S nicht zu definierten Prodd. dehydrieren. Aus Pyrazolin-3.4-dicarbonsäurediäthylester wird beim Erhitzen mit S allein unter N_2-Abspaltung *Cyclopropan-1.2-dicarbonsäurediäthylester* gebildet.

Versuche: 5-Phenylpyrazoline: *1-Formyl-* (**I**), $C_{10}H_{10}N_2O$, F. 69—70° (Bzl.), durch Erhitzen von 5-Phenylpyrazolin mit 85%ig. Ameisensäure u. Vakuum-Dest.;

70% (Ausbeute). — *1-Acetyl-*, $C_{11}H_{12}N_2O$, $Kp._6$ 180—182°, F. 53—54° (Bzl.); 74,2%. — *1-Benzoyl-* (III), $C_{16}H_{14}N_2O$, F. 98—99° (Bzl.-PAe.); 81%. — *3(5)-Phenylpyrazol* (II), $Kp._{20}$ 200—204°, F. 76° (PAe.), a) durch 1½ std. Erhitzen von I mit S auf 180—230°; 53%; b) analog aus III; 51,5% neben *Benzoesäure*, F. 119—120° (W.). — *1-Acetyl-3.5-diphenylpyrazolin*, $C_{17}H_{16}N_2O$, F. 129—130° (Bzl.-PAe.); 82%. — *3.5-Diphenylpyrazol*, $Kp._{160}$ 317°, F. 204° (Methanol), analog II aus vorst. Verb.; 84%. — *4-Äthyl-5-isopropylpyrazol*, $Kp._{17}$ 137—141°, durch Kochen von 1-Formyl-4-äthyl-5-propylpyrazolin mit S bis zum Aufhöhren der H_2S-Entw.; $D._4^{20}$ 0,9397, n_D^{20} 1,4872; 50%. *Pikrat*, F. 133° (verd. A.). — *4-Isopropyl-5-isobutylpyrazol*, $Kp._{18}$ 144—148°, analog; $D._4^{20}$ 0,9064, n_D^{20} 1,4800; 34%. *Pikrat*, F. 71° (wss. A.). — *Pyrazolin-3.4-dicarbonsäurediäthylester*, $C_9H_{14}N_2O_4$, F. 87—88° (Ae.), durch 3 std. Stehen von Fumarsäurediäthylester mit CH_2N_2 in Ae.; 98%. — *Cyclopropan-1.2-dicarbonsäurediäthylester*, $Kp._{11}$ 107—108°, durch Erhitzen vorst. Verb. mit S auf 150—180° bis zum Aufhören der Gas-Entw.; $D._4^{20}$ 1,0570; 66%. H.-E. TOUSSAINT. 3122 □

Untersuchung von Pyrazolen. 15. Mitt. **Reaktionen von Pyrazolen mit Halogenverbindungen des Schwefels.** I. I. Grandberg. (Журнал Общей Химии [J. allg. Chem.] **31** (**93**). 548—54. Febr. 1961; russ.) — 14. vgl. vorst. Referat. — Die Rk. von 1.3.5-Trimethylpyrazol (I) mit S_2Cl_2 bei 100° liefert mit hoher Ausbeute *Bis-[1.3.5-trimethylpyrazolyl-(4)]-sulfid* (II); mit SCl_2 wird ebenfalls II neben *1.3.5-Trimethyl-4-chlorpyrazol* (III) gebildet. Führt man die Rk. von I mit S_2Cl_2 so durch, daß stets überschüssiges S_2Cl_2 vorliegt, so läßt sich in geringer Menge *1.3.5-Trimethylpyrazol-4-sulfenylchlorid* isolieren. $SOCl_2$ führt I unerwartet unter SO_2-Entw. ebenfalls in II u. III über. Ein Dipyrazolylsulfoxyd ließ sich auch aus I u. $SOCl_2$ in Ggw. von $AlCl_3$ nicht gewinnen; unter Kondens. von I ohne Beteiligung des $SOCl_2$ wird allein *Bis-[1.3.5-trimethylpyrazolyl-(4)]* erhalten.

Versuche: *Bis-[1.3.5-trimethylpyrazolyl-(4)]-sulfid* (II), $C_{12}H_{18}N_4S$, $Kp._{12}$ 216—219°, F. 139—140° (PAe.), a) durch Zutropfen von S_2Cl_2 zu I-Hydrochlorid bei 100°, 2 std. Erhitzen auf 100—110°, Gießen in verd. HCl, ¼ std. Kochen, Einengen, Alkalisieren u. Ausziehen mit Bzl.; 89% (Ausbeute); b) durch 4 std. Erhitzen von I-Hydrochlorid mit $SOCl_2$ auf dem Wasserbad, Gießen in W., Alkalisieren mit konz. NH_4OH u. Stehen über Nacht; 26% neben III; c) durch Zutropfen von SCl_2 zu I-Hydrochlorid u. 1 std. Erhitzen auf dem Wasserbad; 22% neben III. *Dipikrat*, $C_{12}H_{18}N_4S \cdot 2\,C_6H_3N_3O_7$, F. 160 bis 161° (A.). — *1.3.5-Trimethyl-4-chlorpyrazol* (III), $C_6H_9ClN_2$, $Kp._{31}$ 111—112°, durch Zutropfen von 30%ig. H_2O_2 zu I-Hydrochlorid in Essigsäure bei 90°, Alkalisieren mit NH_4OH u. Ausziehen mit Bzl.; $D._4^{20}$ 1,1401, n_D^{20} 1,4920; 57%. *Pikrat*, F. 142—143,5° (A.). — *Bis-[1.3.5-trimethylpyrazolyl-(4)]-sulfon*, $C_{12}H_{18}N_4O_2S$, F. 99—100° (W.), durch Oxydation von II in verd. Essigsäure mit $KMnO_4$; 96%. *Dipikrat*, $C_{12}H_{18}N_4O_2S \cdot 2\,C_6H_3 \cdot N_3O_7$, F. 104—105° (W.); wird durch Zn/Hg in sd. konz. HCl wieder red. zu II (80%). — *Bis-[1.3.5-trimethylpyrazolyl-(4)]*, $C_{12}H_{18}N_4$, $Kp._8$ 203—205°, F. 155—156° (Aceton), durch Zugeben von I zu $AlCl_3$ in CCl_4 bei 0—10°, Zutropfen von $SOCl_2$ bei −5°, 1 std. Rühren bei 10—15°, 6 Std. bei 20—25°, Zers. mit Eis, Alkalisieren mit NaOH u. Ausziehen mit Bzl.; 11%. *Dipikrat*, $C_{12}H_{18}N_4 \cdot 2\,C_6H_3N_3O_7$, F. 176—178° (Methanol). — *1.3.5-Trimethylpyrazol-4-sulfenylchlorid*, $C_6H_9ClN_2S$, $Kp._{37}$ 129—132°, F. 61—62° (PAe.), durch langsames Zugeben von I-Hydrochlorid zu S_2Cl_2 bei 100°, 1½ std. Erhitzen auf 100—110°, Einengen, ¼ std. Rühren mit W. bei 80°, Zugeben von wss. NaOH, 10 Min. langes Rühren bei 60—70° u. Ausäthern; 39%. *Pikrat*, $C_6H_9ClN_2S \cdot C_6H_3N_3O_7$, F. 71 bis 72° (A.). — *Bis-[1-phenyl-3.5-dimethylpyrazolyl-(4)]-sulfid*, $C_{22}H_{22}N_4S$, F. 132—133° (Bzl.-PAe.), analog II nach a); 61%. — *Bis-[1-phenyl-3.5-dimethylpyrazolyl-(4)]-sulfon*, $C_{22}H_{22}N_4O_2S$, F. 184—185° (Aceton), durch 6 std. Erhitzen von 1 g des vorst. Sulfids mit 30%ig. H_2O_2 in Essigsäure auf dem Wasserbad; 0,78 g. — *Bis-[1-phenylpyrazolyl-(4)]-sulfid*, $C_{18}H_{14}N_4S$, F. 153° (Aceton), analog II nach a) 57%, nach b) 11%. — *Bis-[1-phenylpyrazolyl-(4)]-sulfon*, $C_{18}H_{14}N_4O_2S$, F. 179° (A.), aus vorst. Sulfid mit H_2O_2 in Essigsäure; 88%. — *Bis-[1-n-Propyl-3.5-dimethylpyrazolyl-(4)]-sulfid*, $C_{16}H_{26}N_4S$, $Kp._{13}$ 225—230°, analog II nach a); 67%. *Dipikrat*, $C_{16}H_{26}N_4S \cdot 2\,C_6H_3N_3O_7$, F. 140—141° (Ae.). — *Bis-[1-äthyl-3.5-dimethylpyrazolyl-(4)]-sulfid*, $C_{14}H_{22}N_4S$, $Kp._{10}$ 202—205°, analog II nach a); n_D^{20} 1,5475; 68%. *Dipikrat*, $C_{14}H_{22}N_4S \cdot 2\,C_6H_3N_3O_7$, F. 134—135° (Ae.)
H.-E. TOUSSAINT. 3122 □

Untersuchung von Pyrazolen. 16. Mitt. **Dehydrierung von gem.-substituierten Pyrazolinen.** I. I. Grandberg, Wei-Py Din und A. N. Kosst. (Журнал Общей Химии [J. allg. Chem.] **31** (**93**). 941—48. März 1961; russ.) — 15. vgl. vorst. Referat. — Bei der Dehydrierung von 3.5.5-Trimethyl-Δ^2-pyrazolin (I) mit S in der Hitze tritt Wanderung einer CH_3-Gruppe unter Bldg. von *3.4.5-Trimethylpyrazol* (II) ein. Die S-Dehydrierung von 3.4.5-Trimethyl-5-äthyl-Δ^2-pyrazolin (III) verläuft unter Abspaltung des Äthylrestes ebenfalls zu II, das auch beim Erhitzen des aus Methyläthylketonazin u. Oxalsäure erhaltenen Prod. mit S erhalten wird; man nimmt danach an, daß dieses kein reines 3.5-Diäthyl-5-methyl-Δ^2-pyrazolin darstellt, sondern überwiegend aus III besteht. Neben II fällt bei der Dehydrierung von III eine *Verb.* $C_7H_{12}N_2$ nicht geklärter Struktur an, die sich auch nicht mit 3.4-Dimethyl-5-äthylpyrazol als ident. erwies. Eine ebenfalls unbekannte *Verb.* $C_{12}H_{18}N_2$ entsteht beim Erhitzen von 3.4-Tetramethylen-5.5-pentamethylen-Δ^2-pyrazolin (IV). 3-Cyclopentyl-4.5-tetramethylen-Δ^2-pyrazolin, das man aus Cyclohexenyl-(2)-cyclopentylketon u. Hydrazinhydrat (V) darstellt, wird zu *3-Cyclopentyl-4.5.6.7-tetrahydroindazol* dehydriert. Erhitzt man 5.5-Diphenyl-Δ^2-pyrazolin (VI) mit S, so tritt keine H_2S-, sondern N_2-Entw. u. Bldg. von *1.1-Diphenylcyclopropan* ein.

Versuche: *3.4.5-Trimethylpyrazol* (II), $C_6H_{10}N_2$, Kp.$_{10}$ 130—134°, F. 137° (Octan), a) durch 20std. Kochen von I mit S; 30% (Ausbeute); b) analog aus III; 29% [*Pikrat*, $C_6H_{10}N_2 \cdot C_6H_3N_3O_7$, F. 238° (A.)]; daneben *Verb.* $C_7H_{12}N_2$, Kp.$_8$ 114—115°; D.$_4^{20}$ 0,9481; n_D^{20} 1,4770; 10% [*Pikrat*, $C_7H_{12}N_2 \cdot C_6H_3N_3O_7$, F. 177° (A.). *Jodmethylat*, $C_8H_{15}JN_2$, F. 174° (Dichloräthan)]. — *3.5-Diäthyl-5-methyl-Δ^2-pyrazolin*, $C_8H_{16}N_2$, Kp.$_{751}$ 190—192°, durch 2std. Erhitzen von 3-Methylhepten-(3)-on-(5) mit V auf dem Wasserbad, Zugeben von 25%ig. H_2SO_4, Alkalisieren mit 40%ig. NaOH u. Ausäthern; D.$_4^{20}$ 0,8985; n_D^{20} 1,4600; 48%. *N-Phenylaminocarbonyl-Deriv.*, F. 80° (A.). — *3.4.5-Trimethyl-5-äthyl-Δ^2-pyrazolin* (III), $C_8H_{16}N_2$, Kp.$_8$ 80—81°, analog vorst. Verb. aus 4-Chlor-3.4-dimethylhexanon-(2); D.$_4^{20}$ 0,9054; n_D^{20} 1,4635; 61,1%. — *3.4-Dimethyl-5-äthylpyrazol*, $C_7H_{12}N_2$, Kp.$_{13}$ 134°, durch 3std. Kochen von 3-Methylhexandion-(2.4) mit V in A.; D.$_4^{20}$ 0,9707; n_D^{20} 1,4910; 34%. *Pikrat*, $C_7H_{12}N_2 \cdot C_6H_3N_3O_7$, F. 155—157° (Bzl.). — *Verb.* $C_{12}H_{18}N_2$, Kp.$_{22}$ 203—205°, durch Erhitzen von IV mit S bis zum Aufhören der H_2S-Entw.; D.$_4^{20}$ 1,1055; n_D^{20} 1,5287; 60% (daneben *2.2-Pentamethylenbicyclo-[4.1.0]-heptan*, Kp.$_{17}$ 107 bis 113°; 10,2%). *Pikrat*, $C_{12}H_{18}N_2 \cdot C_6H_3N_3O_7$, F. 136—137° (A.). *Pikrolonat*, F. 177 bis 179° (wss. A.). *Hydrochlorid*, $C_{12}H_{18}N_2 \cdot HCl$, F. 103°. *Acetyl-Deriv.*, $C_{14}H_{20}N_2O$, Kp.$_{70}$ 180—181°; D.$_4^{20}$ 1,0451; n_D^{20} 1,5171. — *Cyclohexenyl-(2)-cyclopentylketon*, Kp.$_{28}$ 150 bis 153°, durch 2std. Stehen von Cyclohexen mit Cyclopentancarbonsäurechlorid in Ggw. von $SnCl_4$ bei 0° u. Zers. mit verd. HCl; 54%. *2.4-Dinitrophenylhydrazon*, $C_{18}H_{22} \cdot N_4O_4$, F. 122° (A.). — *3-Cyclopentyl-4.5-tetramethylen-Δ^2-pyrazolin*, Kp.$_{16}$ 162—165°, durch 3std. Kochen vorst. Verb. mit V in Butanol; n_D^{20} 1,5175; 55%. *Pikrolonat*, $C_{12} \cdot H_{20}N_2 \cdot C_{10}H_8N_4O_5$, F. 180° (A.). — *3-Cyclopentyl-4.5.6.7-tetrahydroindazol*, Kp.$_{22}$ 190 bis 216°, durch Erhitzen vorst. Verb. mit S bis zum Aufhören der H_2S-Entw.; 50%. *Pikrat*, $C_{12}H_{18}N_2 \cdot C_6H_3N_3O_7$, F. 168° (A.). — *1.1-Diphenylcyclopropan*, Kp.$_{10}$ 132—134°, durch Erhitzen von VI mit S auf 150—160°; D.$_4^{20}$ 1,0293; n_D^{20} 1,5855; 50%.

H.-E. TOUSSAINT. 3122 □

Von acetylierten Hydantoinen abgeleitete Mannich-Basen. J. N. Coker und M. Fields. (J. org. Chemistry **27.** 2226—27. Juni 1962. Wilmington, Del., E. I. du Pont de Nemours & Co., Res. Div., Electrochem. Dep.; engl.) — 1-Acetylhydantoin (I) kondensiert sich nach MANNICH mit Formalin (II) u. Piperidin (III) oder Morpholin (IV) zu den entsprechenden MANNICH-Basen (A), die analog auch aus 1.3-Diacetylhydantoin (V) unter Abspaltung einer Acetylgruppe zugänglich sind. Die Umsetzung der A mit Indol (VI) ergibt *1-Acetyl-3-[β-indolylmethyl]-hydantoin*, welches bei alkal. Hydrolyse neben *Glycin* ein harziges Prod., das wahrscheinlich aus dem relativ instabilen β-Indolylmethylamin entsteht, liefert. Eine analoge MANNICH-Kondens. von II u. III oder IV mit Hydantoin, 3-Methylhydantoin, Hippursäure, Acetursäure, Acetamidoacetonitril, Phthalimidoacetonitril u. 2-Phenyloxazolon-(5) gelang nicht.

Versuche: 1-Acetylhydantoine: *3-Piperidinomethyl-* (VII), $C_{11}H_{17}N_3O_3$, F. 160 bis 161° (Essigester), a) durch Zugabe von 36,2%ig. II zu V in III, Kühlen auf 10—15° u. Waschen des Nd. mit PAe.; 98% (Ausbeute). — *3-Morpholinomethyl-*, $C_{10}H_{15}N_3O_4$, F. 154—155° (Essigester), analog VII aus V u. IV + II; 91%. — *3-[β-Indolylmethyl]-*, $C_{14}H_{13}N_3O_3$, F. 197—198°, a) durch 24std. Erhitzen von VII mit VI u. NaOH unter N_2 in abs. Xylol auf 135—145°, Kühlen, Waschen des Nd. mit PAe. u. SOXHLET-Extraktion mit Essigester; 32%; b) aus vorst. Verb. analog a). GISELA SCHREIBER. 3122 □

Imidazole. 1. Mitt. **Kupplungsreaktionen von 5-Diazoimidazolcarbonsäureamid-(4).** Y. Fulmer Shealy, Charles A. Krauth und John A. Montgomery. (J. org. Chemistry **27.** 2150—54. Juni 1962. Birmingham, Ala., Southern Res. Inst., Kettering-Meyer Labor.; engl.) — 5-Diazoimidazolcarbonsäureamid-(4) (I) kuppelt sich in wss. Medium mit Dimethylanilin (II) bei pH 4, mit β-Naphthol (III) bei pH 8. Mit prim. oder sek. Aminen bildet I entsprechende Triazene, die in wss. Lsg. bei pH 7 stabil sind. Bei Belichtung in Lsg. zersetzt sich dagegen z. B. *5-Dibutyltriazenoimidazolcarbonsäureamid-(4)* unter Bldg. von *2-Azahypoxanthin*; *5-[Methylphenyltriazeno]-imidazol* zerfällt bereits im Dunkeln in 0,1n HCl. — UV- u. IR-Maxima sind angegeben.

Versuche: Imidazolcarbonsäureamide-(4): *5-Diazo-* (I), $C_4H_3N_5O$, aus 5-Aminoimidazolcarbonsäureamid-(4)-hydrochlorid mit einem 20%ig. Überschuß von $NaNO_2$ (vgl. C. **1962**. 10448); gelbe Nadeln; 75% (Ausbeute). — *5-[p-Dimethylaminophenylazo]-*, $C_{12}H_{14}N_6O$, F. 280° (Zers.), aus I u. II durch 2std. Rühren in wss.-alkohol., mit HCl auf pH 4 eingestellter Lsg.; rote Kristalle aus Dimethylformamid; 61%. — *5-[2-Hydroxynaphthyl-(1)-azo]-*, $C_{14}H_{11}N_5O_2$, F. >300° (Schwarzfärbung <200°), aus I u. III in mit 1n NH_4OH auf pH 7,9 eingestelltem 50%ig. A. unter N_2 u. unter Lichtausschluß; rote Kristalle; 46%. — *5-Pyrrolidinoazo-*, $C_8H_{12}N_6O$, F. 254—258° (explosive Zers.), aus I u. Pyrrolidin durch mehrstd. Rühren in abs. CH_3OH unter Feuchtigkeitsausschluß u. N_2; orangefarbenes Kristallpulver; 75%. — Analog: *5-Piperidinoazo-*, $C_9H_{14}N_6O$, F. 248—252° (Zers.); hellgelbes Kristallpulver; 17%. — *5-Diäthyltriazeno-*, $C_8H_{14}N_6O$, F. 238—240° (explosive Zers.); gelbes Kristallpulver; 44%. — *5-[Di-n-octyltriazeno]-*, $C_{20}H_{38}N_6O$, F. 200—202° (Zers.); 33%. — *5-Dibenzyltriazeno-*, $C_{18}H_{18}N_6O$, F. 256—258° (Zers.); Nadeln; 52%. — *5-Dimethyltriazeno-*, $C_6H_{10}N_6O$, F. 250—255° (explosive Zers.); elfenbeinfarben; 47,5%. — *5-[3-Methyl-3-phenyltriazeno]-*, $C_{11}H_{12}N_6O$, F. 248—255° (Zers.); orangefarbene Nadeln; 72%. — *5-Dibutyltriazeno-*, $C_{12}H_{22}N_6O$, F. 195° (Zers.), aus I u. Dibutylamin durch mehrstd. Rühren bei Raum-Temp.; korallenfarbene Kristalle; 70%. — *2-Azahypoxanthin*, F. 201—204° (explosive Zers.), aus vorst. Verb. nach mehrtägigem Stehen in wss. A.; Kristalle; 38%. EBERHARD RIEDEL. 3122 □

Synthese von N-[Benzimidazolyl-(2)-methyl]-aminosäuren. Pharmakologisch wirksame Benzimidazole. 5. Mitt. W. Knobloch und F. Stahl. (Mber. dtsch. Akad. Wiss. Berlin **1**. 240—46. 1959. Berlin, Dt. Akad. der Wiss., Forschungsgemeinschaft, Inst. für Med. u. Biol.; Humboldt-Univ., Inst. für Pharmakol. u. Toxikol.; dt.) — 4. vgl. C. **1959**. 6462. — Dargestellt werden *N-Benzimidazolyl-(2)-methyl-* (**A**) u. *N-Benzimidazolyl-(2)-carbonylaminosäuren.* Die Synth. von **A** aus 2-Aminomethylbenzimidazol (I) oder dessen Tosyl-Verb. u. Halogencarbonsäuren oder deren Estern gelang wegen der Rk.-Trägheit von I nicht. Durch Rk. von 2-Chlormethylbenzimidazol (II) mit Aminosäuren werden uneinheitliche Prodd. erhalten, mit N-[p-Aminobenzoyl]-aminosäuren entstehen die entsprechenden *N'-Benzimidazolyl-(2)-methyl-Derivv.*, mit Aminosäureestern die entsprechenden *N-Benzimidazolyl-(2)-methylaminosäuren.* Glutaminsäurediäthylester (III) reagierte jedoch auch in Ggw. von Na-Acetat, Pyridin oder Triäthylamin nicht. Durch Behandlung von Benzimidazolyl-(2)-carbonsäure (IV) mit $SOCl_2$ entsteht *3.6-Diketo-bis-benzimidazo-[1'.2':1.2;1''.2'':4.5]-piperazin* (V). Aus V u. III wurde durch Erhitzen in Dioxan *N-[Benzimidazolyl-(2)-carbonyl]-L-glutaminsäurediäthylester* (VI) erhalten, der alkal. zur entsprechenden *Säure* (VII) verseift wurde. VII liefert beim Vers., es mit Acetanhydrid (VIII) in das Anhydrid umzuwandeln, das *1-Acetylderivat.* Die Darst. eines Isoglutathion-Deriv. aus S-Benzylisoglutathiondiäthylester u. V gelang nicht, vermutlich erfolgt bevorzugt eine Lactam-Bldg. zum Pyrrolidoncarbonsäurepeptid. S-Benzylcysteinylglycinäthylester (IX) reagiert mit 3.6-Diketo-5'.5''-dichlor-bis-benzimidazo-[1'.2':1.2;1''.2'';4.5]-piperazin (X) glatt zu *N-[5-Chlorbenzimidazolyl-(2)-carbonyl]-S-benzylcysteinylglycinäthylester,* der zur *freien Säure* (XI) verseift wird. Die Debenzylierung von XI mit Na in fl. NH_3 verläuft unübersichtlich, nach Reinigung über das *Hg-* u. *Cu-Salz* wurde eine *Verb. vom F. 260°* (*W.*) erhalten.

Versuche: *p-Aminohippursäureäthylester,* F. 94°, durch Sättigen von p-Aminohippursäure (XII) in alkohol. HCl mit HCl unter Kühlen; 77% (Ausbeute). — *N-[N-Benzimidazolyl-(2)-methyl-p-aminobenzoyl]-glycinäthylester, Hydrochlorid,* $C_{19}H_{20}N_4O_3 \cdot HCl$, F. 242°, durch 4std. Kochen vorst. Verb. mit II u. wenig KJ in A., Lösen des Nd. in heißem W., Fällen der *Base* (F. 220°; 57%) mit Na_2CO_3, Lösen in alkohol. HCl u. Fällen mit Äther. — *N-[N-Benzimidazolyl-(2)-methyl-p-aminobenzoyl]-glycinhydrochlorid,* $C_{17}H_{16}N_4O_3 \cdot HCl$, F. 270°, a) durch Lösen vorst. Base in heißem A., 2std. Stehen mit wss. NaOH bei Raum-Temp., Eindampfen im Vakuum auf ½ Vol. u. Fällen mit konz. HCl/W. (1 : 1); 70%; b) durch 12std. Kochen von XII u. II in A. u. Extrahieren des Nd. mit Na_2CO_3-Lsg.; daneben vorst. Ester. — *N-[p-Aminobenzoyl]-α-aminopropionsäureäthylester,* $C_{12}H_{16}N_2O_3$, F. 126°, durch 2std. Hydrieren der entsprechenden p-Nitrobenzoyl-Verbb. in A. in Ggw. von RANEY-Ni bei Raum-Temp.; 88%. — *N-[N-Benzimidazolyl-(2)-methyl-p-aminobenzoyl]-α-aminopropionsäureäthylester,* $C_{20}H_{22}N_4O_3$, F. 222°; 55%. *Freie Säure, Hydrochlorid,* $C_{18}H_{18}N_4O_3 \cdot HCl$, F. 243°; ca. 100%. — *N-Benzimidazolyl-(2)-methylglycinäthylester, Dihydrochlorid,* $C_{12}H_{15}N_3O_2 \cdot 2\,HCl$, F. 195° (Dioxan/A.), durch Zugabe von II zu Glycinäthylester in abs. A./abs. Ae. unter Kühlung, 6std. schwaches Erhitzen, 12std. Stehen bei Raum-Temp., Filtrieren, Verdünnen des Filtrats mit Ae. u. Sättigen mit HCl; 82%. *Freie Säure, Monohydrat,* $C_{10}H_{11}N_3O_2 \cdot H_2O$, F. 216°, durch Verseifen des Esters mit methanol. KOH; 73%. — *N-[5-Chlorbenzimidazolyl-(2)-*

methyl]-glycinäthylesterdihydrochlorid, $C_{12}H_{14}ClN_3O_2 \cdot 2$ HCl, F. 170°; 66%. — *N-Benzimidazolyl-(2)-methylglycylglycinäthylesterdihydrochlorid*, $C_{14}H_{18}N_4O_3 \cdot 2$ HCl, F. 190°; 64%. — *5(6)-Chlorbenzimidazolyl-(2)-carbonsäure*, F. 159°, durch Oxydation von 5(6)-Chlor-2-hydroxymethylbenzimidazol mit $KMnO_4$ im alkal. Medium; 45—60%. — *5'(6').5''(6'')-Dichlor-3.6-diketodibenzimidazo-[1'.2':1.2;1''.2'':4.5]-piperazin* **(X)**, F. >360° (Nitrobenzol), durch 8std. Kochen vorst. Carbonsäure mit $SOCl_2$, Kühlen u. Eintropfen in Eiswasser; 75—80%. — *N-Benzimidazolyl-(2)-carbonyl-L-glutaminsäurediäthylester* **(VI)**, $C_{17}H_{21}N_3O_5$, F. 113° (A./W.), durch Kochen von **III** mit **V** in Dioxan u. Verdünnen mit W.; 92,5%. *Freie Säure* **(VII)**, *Monohydrat*, $C_{13}H_{13}N_3O_5 \cdot H_2O$, F. 208°, durch 2std. Stehen des Esters in Methanol mit wss. KOH bei Raum-Temp., Verdünnen mit W., Ansäuern mit Essigsäure u. 12std. Stehen im Kühlschrank; 79%. — *N-[5(6)-Chlorbenzimidazolyl-(2)-carbonyl]-L-glutaminsäurediäthylester*, $C_{17}H_{20}ClN_3O_5$, F. 134°; 69%. *Freie Säure*, $C_{13}H_{12}ClN_3O_5$, F. 214°; Nadeln; 75%. — *N-Carbobenzoxy-S-benzylisoglutathion, Monoäthylester*, F. 166—168° (Dioxan/W.), durch Zugabe von N-Carbobenzoxy-L-glutaminsäureanhydrid zu S-Benzyl-L-cysteinylglycinäthylester **(IX)** in abs. Pyridin, 2std. Stehen bei Raum-Temp., Eindampfen im Vakuum u. Umfällen aus 0,1n NaOH mit HCl; 91%. *Diäthylester*, F. 123—126° (Essigester/PAe.), durch 20 Min. langes Kochen des Monoesters in 5%ig. alkohol. HCl u. mehrstd. Stehen bei Raum-Temp.; 84%. — *S-Benzylisoglutathiondiäthylester*, durch Lösen vorst. Verb. in 2n HBr in Eisessig, 25 Min. langes Erhitzen auf 50° unter Schütteln, Versetzen mit abs. Ae., 1 std. Kühlen auf —15°, Nachveresterung mit alkohol. HBr, Fällen mit Ae., Lösen des erhaltenen *Hydrobromids* in Eiswasser, Behandeln mit K_2CO_3 u. Extrahieren mit Essigester; schwachgelbliches Öl; 76%. — *N-5(6)-Chlorbenzimidazolyl-(2)-carbonyl-S-benzylcysteinylglycinäthylester*, $C_{22}H_{23}ClN_4O_4S$, F. 147—150° (Fällen aus Essigester mit PAe.), durch 12std. Kochen von **IX** u. **X** in Dioxan, Eindampfend im Vakuum, Lösen in abs. A. u. 12std. Stehen in der Kälte; 72,5%. *Freie Säure* **(XI)**, F. 170° (Essigester/PAe.), durch Versetzen des Esters in Dioxan mit 2n NaOH in der Kälte, mehrstd. Stehen bei Raum-Temp. u. Ansäuern mit Essigsäure; 87%. K. LANGE. 3122

Über Isothiazole. 1. Mitt. F. Hübenett, F. H. Flock und Hansdieter Hofmann. (Angew. Chem. **74.** 653. 21/8. 1962. Frankfurt/M., Forschungslabor. der Hans-J.-Zimmer-Verfahrenstechn.; dt.) — Durch Leiten von Propylen mit SO_2 u. NH_3 über Katalysatoren (z. B. aktiviertes Al_2O_3) oberhalb 200° entsteht *Isothiazol* (**I**, Kp. 114°; n_D^{20} 1,5308; $D._4^{20}$ 1,1706) nach $3\,C_3H_6 + 4\,SO_2 + 3\,NH_3 \rightarrow 3\,I + 8\,H_2O + H_2S$. Analog setzen sich Isobutylen zu *4-Methylisothiazol* (Kp. 147°; n_D^{20} 1,5239; $D._4^{20}$ 1,0872), Buten-(1) ebenso wie Buten-(2) zu Gemischen von *3-Methylisothiazol* (Kp. 134°; n_D^{20} 1,5180; $D._4^{20}$ 1,0924) u. *5-Methylisothiazol* (Kp. 145°; n_D^{20} 1,5215; $D._4^{20}$ 1,1010) um, die sich destillativ trennen lassen; Ausbeuten je nach Olefin 25—60%. **I** u. seine Methyl-Derivv. sind wasserhelle, neutrale Fll. mit guten Löseeigg. u. pyridinähnlichem Geruch. Sie sind mit allen gebräuchlichen Lsgm. außer W. mischbar. **I** ist wesentlich giftiger als Pyridin. J. ROTHE. 3142 □

Kondensation von 1.2-Mercaptoaminen mit α-Ketocarbonsäureestern. Ernst Biekert, Johann Sonnenbichler und Dieter Hoffmann. (Chem. Ber. **95.** 1466—69. 15/6. 1962. München, MPI für Biochem.; dt.) — Im Gegensatz zu o-Aminophenolen u. 1.2-Aminoalkoholen liefern o-Aminothiophenol (**I**) u. 2-Mercaptoäthylamin (**II**) bei der Kondens. mit α-Ketoestern in guten Ausbeuten ausschließlich *Benzthiazolin-* u. *Thiazolidin-Derivv.*, deren Konstit. IR-spektroskop. gesichert wird. Die gesuchten 1.4-Thiazinone-(2) bilden sich nicht.

Versuche: *2-Phenylbenzthiazolincarbonsäure-(2)-äthylester*, $C_{16}H_{15}NO_2S$, F. 99°, durch 1std. Erhitzen von **I** u. Phenylglyoxylsäureäthylester (**III**) auf 135° unter N_2 u. Trocknen im Vakuum über P_2O_5; gelbe Prismen aus Methanol; 84% (Ausbeute). — *2-Methylbenzthiazolincarbonsäure-(2)-äthylester* $C_{11}H_{13}NO_2S$, $Kp._2$ 114°, durch Erhitzen von **I** u. Brenztraubensäureäthylester (**IV**) auf 60°, Trocknen u. Chromatographie an Al_2O_3 in Bzl.; 77%. — *Benzthiazolincarbonsäure-(2)-essigsäure-(2)-diäthylester*, $C_{14}H_{17}NO_4S$, F. 52° (A.), durch Erwärmen von **I** u. Oxalessigester (**V**) auf 80° (20 Min.); 77%. — *2-Phenylthiazolidincarbonsäure-(2)-äthylester*, $C_{12}H_{15}NO_2S$, F. 51° (Bzn./Bzl.), durch 3std. Erhitzen von **II** in Xylol/Chlf./Eisessig mit **III** unter langsamem Abdestillieren des Lsgm. (zuletzt im Vakuum), Lösen des Rückstandes in Bzl., Kühlen auf 0°, Filtrieren u. Einengen; 90%. — *Thiazolidincarbonsäure-(2)-essigsäure-(2)-diäthylester*, $C_{10}H_{17}NO_4S$, $Kp._{0,3}$ 120°, analog aus **II** u. **V**; 85%. — *2 Methylthiazolidincarbonsäure-(2)-äthylester*, $C_7H_{13}NO_2S$, $Kp._{0,4}$ 87°, analog aus **II** u. **IV**; 72%. — *2-Methylthiazolidincarbonsäure-(2)*, $C_5H_9NO_2S$, F. 179° (Zers.; A./W. 4 : 1), a) neben vorst. Verb. als in Bzl. unlösl. Anteil; 10%; b) analog vorst. Verb. aus **II** u. Brenztraubensäure; 97%. G. FISCHER. 3142 □

Über einige neue saure Farbstoffe für Wolle. Giovanni Cordella. (Ricerca sci. **28.** 2271—73. Nov. 1958. Bologna, Univ., Ist. di chim. ind.; ital.) — Vf. berichtet über die Darst. einiger roter u. violetter saurer *Azofarbstoffe* (**A**), die durch Kupplung von R-Säure mit 1-Methyl-2-[p-aminophenyl]-benzimidazol (**I**) oder mit 2-[p-Aminophenyl]-benztriazol erhalten u. als *Ba-Salze* ($C_{24}H_{16}BaN_4O_7S_2$ bzw. $C_{22}H_{13}BaN_5O_7S_2$) isoliert u. gereinigt werden. Entsprechend isoliert man als *Ba-Salze* die **A** aus H-Säure u. **I** ($C_{24}H_{17}$·$BaN_5O_7S_2$) bzw. aus H-Säure u. 2-[p-Aminophenyl]-benztriazol-1-oxid ($C_{22}H_{14}BaN_6O_8S_2$). Für die **A** sind die UV-Maxima aufgeführt. Färbeverss. werden an gebeizter u. nicht gebeizter Wolle durchgeführt. Die Ergebnisse sind in einer Tabelle zusammengestellt.
C. GOTTFRIED. 3153

Ringisomerisierung bei Flavanonen. H. G. Krishnamurty und T. R. Seshadri. (J. sci. ind. Res. [New Delhi], Sect. B **18.** 151—58. April 1959. Delhi, Univ., Dep. of Chem.; engl.) — Das aus 5-Hydroxy-7-methoxyflavanon durch Kernoxydation (vgl. C. **1957.** 7926) oder durch Entmethylieren von 2'-Hydroxy-3'.4'.6'-trimethoxychalkon mit HBr erhaltene Prod. besitzt in Übereinstimmung mit den Verss. von CHOPIN (C. **1957.** 8499) die Konstit. des *5.8-Dihydroxy-7-methoxyflavanons* (**I**). Die Oxydation von **I** liefert *7-Methoxyflavanonchinon-(5.8)* u. die Methylierung mit einem großen Überschuß (30 Mol) an Dimethylsulfat (DMS) oder mit CH_2N_2 *5.7.8-Trimethoxyflavanon* (**II**), während mit 2 Mol DMS *5.6.7-Trimethoxyflavanon* entsteht. Entmethylierung von **II** mit $AlCl_3$/Dioxan gibt **I** u. *5-Hydroxy-7.8-dimethoxyflavanon* (**IV**). Durch K_2CO_3 in sd. Aceton wird **IV** in *5-Hydroxy-6.7-dimethoxyflavanon* umgelagert. Analog **I** wird das durch Kernoxydation von Naringenin-7.4'-dimethyläther dargestellte *5.8-Dihydroxy-7.4'-dimethoxyflavanon* (**V**; vgl. C. **1957.** 7926) mit CH_2N_2 zu *5-Hydroxy-7.8.4'-trimethoxyflavanon* u. mit überschüssigem DMS zu *5.7.8.4'-Tetramethoxyflavanon* methyliert. Für das von CHOPIN u. CHADENSON (C. **1959.** 803) erhaltene angebliche *5.6-Dihydroxyflavanon* wird die Konstit. des *5.8-Dihydroxyflavanons* (**VI**) durch unabhängige Synth. sowie Methylierung zu *5-Hydroxy-8-methoxyflavanon* (**VII**) sowie *5.8-Dimethoxyflavanon* (**III**) bewiesen. Durch K_2CO_3 in Aceton wird **VII** zu *5-Hydroxy-6-methoxyflavanon* umgelagert, **III** liefert bei weiterer Rk. mit DMS/K_2CO_3/Aceton *2'.3'.6'-Trimethoxychalkon*.

Versuche: *5.8-Dihydroxy-7-methoxyflavanon* (**I**), F. 248°, durch 2std. Erhitzen von 0,2 g **II** u. $AlCl_3$ in Dioxan auf 100°; aus Äthylacetat blaßgelbe Prismen; 40 mg (Ausbeute). — *5.7.8-Trimethoxyflavanon* (**II**), F. 158—159°, a) aus 0,1 g **I** u. CH_2N_2 in Ae./CH_3OH im Kühlschrank (72 Std.); 30 mg; b) durch 18std. Kochen von 0,21 g **I**, 30 Mol DMS u. K_2CO_3 in abs. Aceton; aus CH_3OH Nadeln; 120 mg. — *5-Hydroxy-7.8-dimethoxyflavanon* (**IV**), F. 98—100°, aus der Mutterlauge von **I**; aus CH_3OH Nadeln; 100 mg. — *5.6.7-Trimethoxyflavanon*, F. 159—160°, aus **I**, 2 Mol DMS u. K_2CO_3 in sd. Aceton u. 4std. Kochen des Prod. mit 4%ig. alkohol. H_2SO_4; aus CH_3OH Nadeln; gibt mit **II** F.-Depression. — *5-Hydroxy-6.7-dimethoxyflavanon*, F. 147—149°, aus 0,2 g **IV** u. K_2CO_3 in sd. abs. Aceton (15 Std.); aus Bzl./PAe. Platten; 100 mg. — *7-Methoxyflavanonchinon-(5.8)*, F. 206—207°, a) aus **I** u. Ag_2O in Dioxan; b) aus **II** u. HNO_3; aus Äthylacetat orangegelbe Platten. — *5-Hydroxy-7.8.4'-trimethoxyflavanon*, F. 135 bis 137° (Bzl./PAe.), aus 0,2 g **V** wie **II** nach a); 40 mg. — *5.7.8.4'-Tetramethoxyflavanon*, F. 152—153°, a) durch Cyclisieren nachst. Verb.; b) aus **V** wie **II** nach b); aus Äthylacetat/PAe. Nadeln. — *2'-Hydroxy-3'.4.4'.6'-tetramethoxychalkon*, F. 138—140°, neben vorst. Verb. nach b); aus CH_3OH tiefgelbe Prismen. — *5.8-Dihydroxyflavanon* (**VI**), F. 192—193°, aus 0,5 g 2'-Hydroxy-3'.6'-dimethoxychalkon u. HBr/Eisessig bei Raum-Temp. (2 Std.), dann auf dem Wasserbad (1 Std.); 0,2 g; b) durch Zugeben von $K_2S_2O_8$ zu 1 g 5-Hydroxyflavanon in verd. KOH/Pyridin u. Red. mit Na_2SO_3/HCl auf dem Wasserbad; aus Bzl. blaßgelbe Prismen; 150 mg. — *5-Hydroxy-8-methoxyflavanon* (**VII**), F. 125—126°, a) aus 0,1 g **VI** u. CH_2N_2 wie **II** nach a); 60 mg; b) aus 0,3 g **III** wie **I**; aus Bzl. blaßgelbe Platten; 0,2 g. — *5.8-Dimethoxyflavanon* (**III**), F. 158—160° (Bzl./PAe.), aus **VI** wie **II** nach b) (6 Std.). — *2'.3'.6'-Trimethoxychalkon*, F. 98° (Bzl./PAe.), aus **VI** wie **II** nach b) (12 Std.). — *5-Hydroxy-6-methoxyflavanon*, F. 138—140°, aus 80 mg **VII** u. K_2CO_3 in sd. Aceton (15 Std.); aus Bzl./Bzn. blaßgelbe Prismen; 50 mg.
F. HELLER. 3211 □

Isolierung von Scopoletin, Skimmin und Umbelliferon aus der Baumrinde von Skimmia laureola Hook. S. R. Bhattacharjee und D. K. Mullick. (J. Indian chem. Soc. **37.** 420—22. Juli 1960. Sibpur, Howrah, Bengal Engng. Coll., Dep. of Chem.; engl.) — Vff. isolierten aus 1 kg der mit PAe. entfetteten Baumrinde von *Skimmia laureola* durch 60std. Ausäthern (→ Extrakt **E**) u. 60std. Chlf.-Extraktion (→ Extrakt **C**) 0,035% *Scopoletin* (**I**), 0,50% *Skimmin* u. 0,04% *Umbelliferon* (**II**).

Versuche: *Skimmin*, $C_{15}H_{16}O_8$, F. 210° (Zers.), durch Perkolieren von 100 g vorbehandelter Rinde mit kaltem 60%ig. A.; hygroskop.; 0,5 g (Ausbeute). 6std. Hydrolyse mit 5%ig. H_2SO_4 → **II** u. *Glucose* (*Osazon*, F. 202—204°). — *Scopoletin* (**I**),

$C_{10}H_8O_4$, F. 202°, a) durch Einengen von **E**, Extrahieren mit 2n HCl u. Aufarbeiten; 0,05 g; b) durch Eindampfen von **C**, 2std. Kochen des Rückstandes mit Bzl. u. Extraktion der benzol. Lsg. mit 2n HCl; 0,3 g; Nadeln aus Äthylacetat. Neben **I** nach b) 0,005 g einer nicht identifizierten *Cumarin-Verb. von F. 186—188°*, Nadeln. — *Monomethylscopoletin*, $C_{11}H_{10}O_4$, F. 118°, aus **I** u. CH_2N_2; aus Methanol Nadeln. — *Umbelliferon* (**II**), $C_9H_6O_3$, F. 222—224°, neben **I**; Nadeln aus Äthylacetat; 0,4 g. *Methyläther*, $C_{10}H_8O_3$, F. 118—119°. H. MARSCHALL. 3211 □

Beitrag zur Untersuchung der Substitution im aromatischen Kern des Thiachromans mit Hilfe der Friedel-Crafts-Reaktion. Paul Cagniant und Denise Cagniant. (C. R. hebd. Séances Acad. Sci. **253.** 1702—04. 16/10. 1961. Strasbourg, Labor. des Hydrocarbures; franz.) — Die Acetylierung nach FRIEDEL-CRAFTS führt vom 6-Methyl- bzw. 8-Methylthiachroman (**I** bzw. **II**) zu den entsprechenden, in 8- bzw. 6-Stellung acetylierten Verbb., die nach WOLFF-KISHNER-MINLON zu *6-Methyl-8-äthyl-* bzw. *6-Äthyl-8-methylthiachroman* (**III** bzw. **IV**) red. werden. Die Stellung der Substituenten wird durch Vgl. der IR-Spektren der Verbb. **I—IV** u. 6.8-Dimethylthiachroman bestätigt. Zur Synth. von **II** wird die aus der Kondens. der Na-Salze des o-Methylthiophenols u. der β-Brompropionsäure erhaltene *β-[o-Toluylmercapto]-propionsäure* mit 90% Ausbeute zu *8-Methylthiachromanon-(4)* cyclisiert u. letzteres reduziert. Folgende Thiachromane wurden hergestellt: *6-Methyl-* (**I**), $C_{10}H_{12}S$, Kp.$_{13,5}$ 154°; $D._4^{22,5}$ 1,087; n_D^{20} 1,6004. — *8-Acetyl-6-methyl-*, $C_{12}H_{14}OS$, Kp.$_{17,5}$ 203°, F. 33° (PAe.). *Semicarbazon*, $C_{13}H_{17}N_3OS$, F. 194° (A.). *Oxim*, $C_{12}H_{15}NOS$, F. 136° (Bzl./PAe.). *2.4-Dinitrophenylhydrazon*, $C_{18}H_{18}\cdot N_4O_4S$, F. 216°, aus A./Bzl. rote Nadeln. — *8-Äthyl-6-methyl-* (**III**), $C_{12}H_{16}S$, Kp.$_{13,5}$ 165°; $D._4^{22}$ 1,086; $n_D^{18,5}$ 1,5915. — *8-Methyl-* (**II**), $C_{10}H_{12}S$, Kp.$_{14}$ 149°; $D._4^{21,2}$ 1,097; $n_D^{20,3}$ 1,6033. — *6-Acetyl-8-methyl-*, $C_{12}H_{14}OS$, Kp.$_{16}$ 198°, F. 68° (wss. A.). *Semicarbazon*, $C_{13}H_{17}N_3OS$, F. 207° (A.). *Oxim*, $C_{12}H_{15}NOS$, F. 156° (Bzl./PAe.). *2.4-Dinitrophenylhydrazon*, $C_{18}H_{18}N_4O_4S$, F. 235°, rote Kristalle aus Alkohol. — *6-Äthyl-8-methyl-* (**IV**), $C_{12}H_{16}S$, Kp.$_{13}$ 165,5°; $D._4^{24,5}$ 1,054; $n_D^{22,8}$ 1,5843. — *6.8-Dimethyl-*, $C_{11}H_{14}S$, Kp.$_{14}$ 159°, $D._4^{21,8}$. 1,087; n_D^{20} 1,5950. — *β-[o-Tolylmercapto]-propionsäure*, $C_{10}H_{12}O_2S$, F. 94—95; (Bzl.) *Amid*, $C_{10}H_{13}NOS$, F. 93,5—94°. — *8-Methylthiachromanon-(4)*, $C_{10}H_{10}OS$, Kp.$_{14}$ 171,5°, F. 65,5° (wss. A.). *Semicarbazon*, $C_{11}H_{13}N_3OS$, F. 244° (A.). *Oxim*, $C_{10}H_{11}\cdot NOS$, F. 139,5—140° (Bzl./PAe.). *2.4-Dinitrophenylhydrazon*, $C_{16}H_{14}N_4O_4S$, F. 245°, rote Kristalle aus Alkohol. W. KIRSCHENLOHR. 3221 □

Über Derivate des Pyridin-N-oxids. 21. Mitt. **Bromierung von Pyridin-N-oxid in rauchender Schwefelsäure.** M. van Ammers, H. J. den Hertog und B. Haase. (Tetrahedron [London] **18.** 227—32. Febr. 1962. Wageningen, Agric. Univ., Labor. of Org. Chem.; engl.) — 19. vgl. Recueil Trav. chim. Pays-Bas **80.** [1961.] 325; 18. vgl. C. **1960.** **4514.** — Bromierung von Pyridin-N-oxid (**I**) durch 10std. Erhitzen mit Br_2 in rauchender H_2SO_4 (65% SO_3-Geh.) auf 120° im Rohr liefert ein Gemisch (30% Gesamtausbeute) aus ca. 60(%) Mono-, 35 Di- u. 5 Tribrom-Derivv., z. B. 58 *3-Brom-* (**II**), 2 *2-Brom-* (**III**), 15 *3.4-Dibrom-*, 17 *2.5-Dibrom-*, 4 *2.3-Dibrom-*, je 1 *3.4.5-* u. *2.4.5-Tribrom-* u. 2 *2.3.6-Tribrompyridin-N-oxid.* Bei 20std. Bromierung in 90%ig. H_2SO_4 in Ggw. von Ag_2SO_4 bei 180° werden in geringerer Menge (12% Gesamtausbeute) *4-Brompyridin-N-oxid* (**IV**) u. **III** gebildet. Die Ergebnisse der Bromierungen von **I, II, III** u. **IV** in Schwefelsäuren mit verschiedenem SO_3-Geh. werden mit denen der Bromierung in Ggw. von Ag_2SO_4 tabellar. zusammengestellt u. verglichen. In keinem Fall wird 3.5-Dibrompyridin-N-oxid erhalten. Der mögliche Rk.-Mechanismus wird diskutiert. Die Verbb. werden durch 1std. Erhitzen mit Fe-Pulver in CH_3COOH bei 100° zu den entsprechenden *Brompyridinen* red. u. diese werden gaschromatograph. getrennt u. identifiziert. EBERHARD RIEDEL. 3231 □

Die geometrischen Isomeren des α-Sti bazols. Takumi Katsumoto. (Bull. chem. Soc. Japan **33.** 242—47. Febr. 1960. Nishinomiya-shi, Hyogo, Kwansei Gakuin Univ., Chem. Labor.; engl.) — Bei der Kondens. von Benzaldehyd (**I**) u. α-Picolin (**II**) mit $ZnCl_2$ entstehen 3% *cis-α-Stilbazol* neben der bekannten *trans-Verb.*; der tiefere F. u. das IR- u. UV-Spektrum ermöglichten den Nachw. der geometr. cis-Anordnung der beiden Kerne.

Versuche: *trans-α-Stilbazol*, $C_{13}H_{11}N$, F. 91°, durch 24std. Erhitzen von **I** u. **II** auf 200° im Autoklaven, saure u. alkal. Wasserdampf-Dest., Extrahieren des Rückstandes mit Chlf. u. Umkristallisieren aus A.; 60% (Ausbeute). — *cis-α-Stilbazol*, F. —50,0° aus der Mutterlauge vorst. Verb. durch Chromatographie an Al_2O_3 u. Eluieren mit Chlf.; 3%. — *cis-Stilben*, F. —54°, Kp.$_{10}$ 142°, aus cis-α-Phenylzimtsäure u. Reinigung analog vorst. Verb. (Meth. **A**). — *trans-Stilben*, F. 125°, aus Benzoin nach **A**. — *cis-α-Pyridostilben*, F. 48,5°, Kp.$_{15}$ 149°, nach KATSUMOTO (vgl. C. **1962.** 18772) (Meth. **B**). — *trans-α-Pyridostilben*, F. 121°, Kp.$_{15}$ 197°, nach **B**. W. SCHREIBER. 3231 □

Über die Darstellung von Alkoxy-2-styrylchinolin-N-oxiden. Gerhard Buchmann und Dieter Dirstein. (J. prakt. Chem. [4] **18.** 171—83. 1962. Merseburg, TH für Chem. Leuna-Merseburg, Inst. für organ. Chem.; dt.) — 2-Styrylchinolin (**I**) wurde zum *Chinaldinsäure-N-oxid* oxydiert u. zu *N.N-Dihalogen-2-styrylchinolinen* halogeniert. Aus diesen entstand mit alkohol. KOH **I** zurück, mit C_2H_5ONa das *N-Oxid* von **I**. Kondens. von Chinaldin-N-oxid mit Benzaldehyd gelang nicht, dagegen gab die Rk. von 4-Nitrochinaldin-N-oxid (**II**) mit aromat. Aldehyden gute Ausbeuten. Die Nitrogruppe wurde durch Chlor ersetzt u. dieses durch Alkoxygruppen substituiert. *trans-N.N-Dibrom-2-styrylchinolin* (**III**) wird durch Einw. von H_2O_2 in CH_3COOH teilweise in die *cis-Form* umgelagert, wie sich aus den IR-Spektren ergab. Fungistat. u. bakteriostat. Wrkg. von *2-Styryl-*, *2-[4-Methoxystyryl]-* u. *2-[4-Dimethylaminostyryl]-4-nitrochinolin-N-oxid* sind angegeben.

Versuche: *Chinaldinsäure-N-oxid*, aus **I** u. 30% ig. H_2O_2 in CH_3COOH (insgesamt 14 Std. bei 70—80°); 14,2% (Ausbeute). — *N.N-Dichlor-2-styrylchinolin*, $C_{17}H_{13}Cl_2N$, F. 110°, hellgelbes Pulver (A.), aus **I** u. Cl_2 in CH_3COOH; 65%. — *trans-N.N-Dibrom-2-styrylchinolin* (**III**), $C_{17}H_{13}Br_2N$, F. 167°, gelbe Nadeln (A.), aus **I** u. Br_2 in sd. 30% ig. HBr (80%) oder in CS_2. — *N.N-Dijod-2-styrylchinolin*, $C_{17}H_{13}J_2N$, F. 178°, grünlichschwarze Nadeln (CH_3COOH), aus **I** u. J_2 in CH_3COOH; 95%. — *cis-N.N-Dibrom-2-styrylchinolin*, $C_{17}H_{13}Br_2N$, F. 225°, gelbe Prismen (A.), durch 10std. Erhitzen von **III** mit 30% ig. H_2O_2 in CH_3COOH auf 90°, Zugabe von weiterem H_2O_2 u. weiteres 5std. Erhitzen auf 100°; 21,9%. — *2-Styrylchinolin-N-oxid*, $C_{17}H_{13}NO$, F. 115°, gelbbraune Spieße (A.), aus **III** u. alkohol. C_2H_5ONa (5std. Kochen); 22,2%. — *2-Styryl-4-nitrochinolin-N-oxid*, $C_{17}H_{12}N_2O_3$, F. 178°, orangefarbene Nadeln (Aceton), aus **II** u. Benzaldehyd in Toluol in Ggw. von Piperidin u. CH_3COOH (ca. 1—1½std. Erhitzen, bis die berechnete Wassermenge entfernt worden war); 58,1%. — *2-[4-Methoxystyryl]-4-nitrochinolin-N-oxid* (**IV**), $C_{18}H_{14}N_2O_4$, F. 173°, rote Nadeln (Aceton), aus **II** u. Anisaldehyd analog; 54,8%. — *2-[2-Hydroxy-3-methoxystyryl]-4-nitrochinolin-N-oxid*, $C_{18}H_{14}N_2O_5$, F. 218°, orangegelbe Blättchen (Eisessig/Dimethylformamid), aus **II** u. o-Vanillin analog; 53,2%. — *2-[4-Dimethylaminostyryl]-4-nitrochinolin-N-oxid*, $C_{19}H_{17}N_3O_3$, F. 182°, blauschwarze Blättchen (Toluol), aus **II** u. p-Dimethylaminobenzaldehyd analog; 73,0%. *Hydrochlorid*, hellgelb; Indicator-Wrkg.; Lsg. der Base dunkelrot. — *2-[4-Methoxystyryl]-4-chlorchinolin-N-oxidhydrochlorid*, $C_{18}H_{15}Cl_2NO_2$, F. 200°, orangerote Nadeln (A.), aus **IV** u. sd. alkohol. HCl (5 Std.); 69,3%. — *2-Styryl-4-methoxychinolin-N-oxid*, $C_{18}H_{15}NO_2$, F. 145°, gelbe Säulen (CH_3OH), aus 2-Styryl-4-chlorchinolin-N-oxidhydrochlorid (**V**) u. CH_3ONa in sd. CH_3OH (5 Std.); 80,3%. — *2-Styryl-4-äthoxychinolin-N-oxid*, $C_{19}H_{17}NO_2$, F. 137°, gelbe Nadeln (Aceton), aus **V** u. C_2H_5ONa in sd. A. analog; 60%. — *2-Styryl-4-n-propoxychinolin-N-oxid*, $C_{20}H_{19}NO_2$, F. 151°, gelbe Nadeln (Aceton), aus **V** u. C_3H_7ONa in C_3H_7OH analog; 41,7%. J. ROTHE. 3231□

Reaktionen von N-Acylcyclimmonium-Salzen mit nucleophilen Verbindungen. Henning von Dobeneck und Werner Goltzsche. (Chem. Ber. **95.** 1484—92. 15/6. 1962. München, TH, Organ.-chem. Inst.; dt.) — N-Acylcyclimmoniumsalze aus Pyridin (**I**), Chinolin (**II**), Lepidin (**III**), Isochinolin (**IV**) bzw. Phenanthridin (**V**) u. Benzoyl- (**VI**), Acetyl- (**VII**), Propionyl- (**VIII**), Tosyl- (**IX**) bzw. 2.4-Dinitrobenzoylchlorid (**X**) können sich mit nucleophilen Verbb., wie Indol (**XI**), 2-Methylindol (**XII**), Skatol (**XIII**), Cyanessigsäuremethylester (**XIV**), Malodinitril (**XV**), Benzylcyanid (**XVI**), Acetylaceton (**XVII**) u. Malonsäurediäthylester (**XVIII**) zu *Dihydroaddukten* (**A**) umsetzen, die durch Säure oder Lauge wieder zerlegt werden. α- oder γ-Picolin reagieren nicht. Bei den von **I** abgeleiteten **A** sind die CH-aciden Verbb. in 4-Stellung verknüpft; **II** wird in 2-Stellung, von **XVIII** jedoch in 4-Stellung angegriffen, **III** in 2-Stellung, **IV** in 1-Stellung. Die aus **I** u. **II** gebildeten **A** werden katalyt. leicht zu den entsprechenden *Piperidin-* bzw. *Tetrahydrochinolin-Derivv.* hydriert. Die aus **I** dargestellten **A** werden wegen der Instabilität des Dihydropyridin-Syst. im Gegensatz zu den anderen **A** leicht in die *aromat. Verbb.* übergeführt. Aus **I**, **VI** u. **XIII** bildet sich unmittelbar die aromat. Verbindung. N-Benzoylpyridiniumchlorid wird bei der Umsetzung mit 2 Mol **XIV** zu einem *unsymm. Azapolymethinfarbstoff* aufgespalten, der durch die Prodd. der Verseifung u. der therm. Zers. identifiziert wird. β- u. γ-Picolin reagieren analog. Der Mechanismus der Farbstoff-Bldg. wird beschrieben. N-Methylchinoliniumjodid (**XXV**) reagiert erst nach Zusatz von Alkoholat mit **XI**; bei der therm. Zers. des Prod. entsteht *2-[Indolyl-(3)]-chinolin.*

Versuche: *1-Benzoyl-4-[indolyl-(3)]-1.4-dihydropyridin* (**XIX**), $C_{20}H_{16}N_2O$, F. 127° (A./W.), durch Versetzen von 0,02 Mol **XI** in 0,5 Mol **I** mit 0,02 Mol **VI** unter Umschütteln, 1std. Stehen (**I**-*Hydrochlorid* fällt aus), Zers. mit W. u. 2n HCl, Ausäthern, Eindampfen u. Aufnehmen in wenig A.; 52,5% (Ausbeute). — *1-Acetyl-4-[indolyl-(3)]-1.4-dihydropyridin*, $C_{15}H_{14}N_2O$, F. 155°, analog aus **I**, **VII** u. **XI** in 15 Std.; 15,5%. — 1.2-Dihydrochinoline: *1-Acetyl-2-[cyancarbomethoxymethyl]-*, $C_{15}H_{14}N_2O_3$, F. 192°, aus **II**, **VII** u. **XIV** in 2 Tagen; 3%. — *1-Propionyl-2-[cyancarbomethoxymethyl]-*, $C_{16}H_{16}$-

N_2O_3, F. 169°, aus **II**, **VIII** u. **XIV** in 2 Tagen; 3%. — *1-Tosyl-2-[indolyl-(3)]-*, $C_{24}H_{20}$·N_2O_2S, F. 198°, aus **II**, **IX** u. **XI** in Bzl. in 3 Tagen; 44%. — *1-Acetyl-2-[indolyl-(3)]-* (**XX**), $C_{19}H_{16}N_2O$, F. 193°, aus **II**, **VII** u. **XI** in Bzl. in 3 Tagen; 56%. — *1-[2.4-Dinitrobenzoyl]-2-[indolyl-(3)]-*, $C_{24}H_{16}N_4O_5$, F. 248°, aus **II**, **X** u. **XI** in Bzl. in 15 Std.; 47%. — *1-Benzoyl-4-[dicarbäthoxymethyl]-* (**XXIV**), $C_{23}H_{23}NO_5$, F. 117° (A.), durch 5std. kräftiges Rühren von je 0,1 Mol **XVIII** u. **VI** u. 0,3 Mol **II**, 3 Monate langes Stehen, Zers. mit W. u. verd. HCl, Absaugen u. Trocknen; 17,8%. — 1-Benzoyl-1.2-dihydrochinoline: *2-[Indolyl-(3)]-* (**XXI**), $C_{24}H_{18}N_2O$, F. 201° (verd. A.), durch Versetzen von 0,05 Mol **XI** u. 0,115 Mol **II** in Bzl. mit 0,05 Mol **VI** in Bzl. unter Rühren, 15std. Stehen, Absaugen, Waschen mit Ae., verd. HCl u. W. u. Trocknen; 58%. — *2-[2-Methylindolyl-(3)]-*, $C_{25}H_{20}$·N_2O, F. 202°, aus **II**, **VI** u. **XII** in 2 Tagen; 62%. — *2-[3-Methylindolyl-(2)]-* (**XXII**), $C_{25}H_{20}N_2O$, F. 233°, aus **II**, **VI** u. **XIII** in 2 Tagen; 23%. — *2-Cyancarbomethoxymethyl-*, $C_{20}H_{16}N_2O_3$, F. 172°, aus **II**, **VI** u. **XIV** in 1 Tag; 18%. — *2-Dicyanmethyl-*, $C_{19}H_{13}N_3O$, F. 191°, aus **II**, **VI** u. **XV** in Bzl. in 1 Tag; 19%. — *2-[α-Cyanbenzyl]-*, $C_{24}H_{18}N_2O$, F. 192°, aus **II**, **VI** u. **XVI** in Bzl. in 1 Monat; 14%. — *2-[Diacetylmethyl]-* (**XXIII**), $C_{21}H_{19}NO_3$, F. 138°, aus **II**, **VI** u. **XVII** in 3 Tagen; 58%. — *1-Benzoyl-2-[cyancarbomethoxymethyl]-1.2-dihydrolepidin*, $C_{21}H_{18}N_2O_3$, F. 134°, aus **III**, **VI** u. **XIV** in 1 Tag; 9%. — *1-Benzoyl-2-[indolyl-(3)]-1.2-dihydrolepidin*, $C_{25}H_{20}N_2O$, F. 239°, aus **III**, **VI** u. **XI** in Bzl. in 12 Std.; 45%. — 2-Benzoyl-1.2-dihydroisochinoline: *1-[Cyancarbomethoxymethyl]-*, C_{20}·$H_{16}N_2O_3$, F. 115°, aus **IV**, **VI** u. **XIV** in 1 Tag; 43%. — *1-[Indolyl-(3)]-*, $C_{24}H_{18}N_2O$, aus **IV**, **VI** u. **XI** in Bzl. in 1 Tag; 82%. — *1-[3-Methylindolyl-(2)]-*, $C_{25}H_{20}N_2O$, F. 197°, aus **IV**, **VI** u. **XIII** in Bzl. in 1 Tag; 21%. — *1-[2-Methylindolyl-(3)]-*, $C_{25}H_{20}N_2O$, F. 193°, aus **IV**, **VI** u. **XII** in Bzl. in 1 Tag; 48%. — *1-[Dicarbäthoxymethyl]-*, $C_{23}H_{23}NO_5$, F. 87°, aus **IV**, **VI** u. **XVIII** in 1 Tag; 37%. — *10-Benzoyl-9-[indolyl-(3)]-9.10-dihydrophenanthridin*, $C_{28}H_{20}N_2O$, F. 209°, aus aus **V**, **VI** u. **XI** in Bzl. in 1 Tag; 67%. — *1-Benzoyl-4-[indolyl-(3)]-piperidin*, $C_{20}H_{20}N_2O$, F. 220—222°, durch 4std. Hydrieren von **XIX** in A. über PtO_2 nach ADAMS, Erwärmen, Filtrieren u. Abkühlen; 86%. — *1-Cyan-1-carbomethoxy-6-[α-(cyancarbomethoxymethylen)-benzylimino]-hexadien-(2.4)*, $C_{20}H_{17}N_3O_4$, Zers. bei ca. 200°, durch Zutropfen von 0,1 Mol **VI** zu 0,1 Mol **XIV** in 0,3 Mol **I** unter Rühren, Verrühren des dicken Breis nach 3 Tagen mit Ae. u. 2n HCl, Absaugen u. Waschen mit Ae. u. 2n HCl; orangerote Prismen aus **I**/Methanol; 72,5%. Zersetzt sich bei 190° im Hochvakuum unter Verkohlung u. Sublimation von *β-Imino-β-phenyl-α-cyanpropionsäuremethylester* (F. 182°). — 1.2.3.4-Tetrahydrochinoline: *1-Benzoyl-2-[indolyl-(3)]-*, F. 173°, durch Hydrieren von **XXI** analog der Hydrierung von **XIX**. — Analog: *1-Benzoyl-2-[3-methylindolyl-(2)]-*, F. 221°, aus **XXII**. — *1-Acetyl-2-[indolyl-(3)]-*, F. 168°, aus **XX**. — *1-Benzoyl-2-[diacetylmethyl]-*, F. 148°, aus **XXIII**. — *1-Benzoyl-4-[dicarbäthoxymethyl]-*, $C_{23}H_{25}NO_5$, F. 95°, durch 2std. Hydrieren von **XXIV** in A.; 87%. — *1.2.3.4-Tetrahydrochinolyl-(4)-essigsäure*, $C_{11}H_{13}NO_2$, F. 185°, durch 6std. Kochen von 3 g vorst. Verb. mit 30%ig. H_2SO_4, Absaugen der *Benzoesäure* (86%), Neutralisieren u. Ausäthern des Filtrats, Eindampfen u. mehrmalige Dest. bei 0,8 Torr; 1,1 g. — *Lepidinpikrat*, F. 207°, durch 20 Min. langes Erhitzen vorst. Verb. mit S auf 220°, Verrühren mit 2n HCl, Filtrieren, Alkalisieren, Ausäthern, Eindampfen, Aufnehmen in A. u. Zugabe von Pikrinsäure. — *1-Methyl-2-[indolyl-(3)]-chinoliniumjodid*, $C_{18}H_{15}JN_2$, Zers. bei ca. 285° (verd. A.), durch Zugabe von 0,1 g-Atom Na in Methanol zu je 0,1 Mol **XXV** u. **XI** in Methanol unter Rühren, 3std. Einengen, Neutralisieren mit Essigsäure, Abgießen der roten Lsg. vom dunklen Teer (**B**), Abkühlen der Lsg., Absaugen, Auskochen des Nd. mit **I** (3,8 g gelbe Nadeln) u. Auskochen von **B** mit **I** (1,5 g); 13,7%. — *2-[Indolyl-(3)]-chinolin*, $C_{17}H_{12}N_2$, F. 120°, u. nach Erstarren F. 180°, durch Überschichten vorst. Verb. in ausgezogenen Reagensgläsern mit Glaswolle, Erhitzen im Hochvakuum im Al-Block (in der Kühlfalle kondensiert *Methyljodid*), Extrahieren des erstarrten gelben Destillats ($Kp._{0,005}$ 250—270°) mit Methanol, Einengen, Versetzen mit 2n NaOH, Absaugen u. Trocknen; blaßgelbe Blättchen; 91,5%. *Pikrat*, $C_{17}H_{12}N_2·C_6H_3N_3O_7$, F. 245°. G. FISCHER. 3231□

Fluorderivate polycyclischer carcinogener Verbindungen. Ernst D. Bergmann, Jochanan Blum, Sarah Butanaro und Adam Heller. (Tetrahedron Letters [London] **1959.** Nr. 1. 15—18. März. Jerusalem, Hebrew Univ., Dep. of Org. Chem.; engl.) — Fluor-Derivv. carcinogener Polycyclen werden dargestellt. UV-Maxima (in Chlf.) sind angegeben. — *4-Fluor-α-naphthylamin* (**I**), *N-p-Tolyl-Deriv.*, F. 74—75°, $Kp._2$ 187—189°, durch Kondens. von **I** mit p-Toluidin in Ggw. von J_2. *N-m-Tolyl-Deriv.*, F. 53°, $Kp._{10}$ 208°, analog aus **I** u. m-Toluidin. — *3-Fluor-5.7-dimethyl-1.2-benzacridin*, $C_{19}H_{14}FN$, F. 174°, aus vorst. N-p-Tolyl-Deriv. durch Cyclisieren mit $ZnCl_2$ u. Acetanhydrid. *Pikrat*, F. 218—220° (Zers.). — *3-Fluor-5.8-dimethyl-1.2-benzacridin*, $C_{19}H_{14}FN$, F. 173—175°, analog vorst. Verb. aus vorvorst. N-m-Tolyl-Derivat. *Pikrat*, F. 210—213° (Zers.). — *o-[4-Fluor-α-naphthoyl]-benzoesäure*, F. 161° (Toluol), aus Phthalsäureanhydrid u. *4-Fluor-α* *naphthyl-MgBr* (aus 4-Fluor-1-bromnaphthalin, F. 36°, Kp.$_{0,8}$ 108°); 53% (Ausbeute). — *3-Methyl-3-[4-fluornaphthyl-(1)]-phthalid*, F. 140° (A.), aus vorst. Verb. u. CH_3MgBr. — *4-Fluor-1-[1-o-carboxyphenyläthyl]-naphthalin*, F. 170,5—171° (CH_3NO_2), durch Red. vorst. Verb. mit Zn u. HCl bzw. P u. HJ; 40% bzw. 100%. — *3-Fluor-9-methyl-1.2-benzanthron-(10)*, F. 130°, aus vorst. Verb. mit H_2SO_4; 88%. — *3-Fluor-9-methyl-1.2-benzanthracen*, $C_{19}H_{13}F$, F. 54° (A.), aus vorst. Verb. durch Red. mit Zn u. NaOH u. Dehydratisierung mit alkohol. HCl; 87%. — *3-Fluor-9.10-dimethyl-1.2-benzanthracen*, $C_{20}H_{15}F$, F. 94° (Cyclohexan), aus vorvorst. Verb. u. CH_3MgJ; 76%. B.-G. BRODDA. 3231□

Eine neue Synthese von 1- und 2-Aminophenazinen. A. Gray, G. Gaertner und F. G. Holliman. (Tetrahedron Letters [London] **1959**. Nr. 7. 24—26. Juli. Cape Town, South Africa, Univ., Dep. of Chem.; engl.) — Die Oxydation von 2.4'-Diamino-6-methoxy- bzw. 2.4'-Diaminodiphenylamin durch Kochen in Nitrobenzol ergibt 40% (Ausbeute) an *2-Amino-6-methoxy-* ($C_{13}H_{11}N_3O$, F. 278—281°) bzw. 50—60% *2-Aminophenazin* (**I**). 2.2'-Diaminodiphenylamin, das mit $FeCl_3$ quant. zu Phenazin (**II**) oxydiert wird, liefert mit Nitrobenzol 50% *1-Aminophenazin* (**III**). 2.4-Diamino- bzw. 2-Aminodiphenylamin geben nur 5% **I** bzw. Spuren von **II**. Mit 2.4-Diamino-4'-methoxydiphenylamin entsteht 64% *2-Amino-8-methoxyphenazin* ($C_{13}H_{11}N_3O$, F. 217—220°). 2.4-Diamino-2'-methoxydiphenylamin ergibt nur eine geringe Ausbeute an **I**. Der Mechanismus der Rk. wird erörtert. B.-G. BRODDA. 3272□

Synthesen von Bicyclen mit zwei Stickstoffatomen als Brückengliedern. M. Rink, S. Mehta und K. Grabowski. (Arch. Pharmaz. Ber. dtsch. pharmaz. Ges. **292/64**. 225—33. Mai 1959. Bonn, Univ., Pharmazeut. Inst.; dt.) — Piperidazin (**I**) reagiert mit Phthalsäureanhydrid (**II**) unter Bldg. von *1.4-Dioxo-2.3-tetramethylentetrahydrophthalazin* (**X**), mit Maleinsäureanhydrid (**III**) unter Bldg. von *4-[Piperidazyl-(1)]-4-oxo-Δ^2-butensäure*, die durch Einw. von Polyphosphorsäure zu *1.4-Dioxo-2.3-dehydro-10-azachinolizidin* cyclisiert wird. Aus **I** u. 1.3-Dibrompropan (**IV**) entsteht *9-Azaindolizidin*, aus **I** u. 1.4-Dichlorbutan (**V**) bildet sich *10-Azachinolizidin*, während aus **I** u. 1.5-Dibrompentan (**VI**) *1.5-Bis-[piperidazyl-(1)]-pentan* erhalten wird.

Versuche: *1.2-Dicarbäthoxy-1.2.3.6-tetrahydropyridazin* (**VII**), Kp.$_{0,02-0,03}$ 95—97°, aus Azodicarbonsäurediäthylester u. Butadien nach ALDER u. NIKLAS (C. **1954**. 7876); ca. 100% (Ausbeute). — *1.2-Dicarbäthoxy-4.5-dibrompiperidazin* (**VIII**), $C_{10}H_{16}Br_2N_2O_4$, F. 61—62°, aus **VII** nach ALDER u. NIKLAS (l. c.); fast 100%. — *4-Äthoxy-1.2-dicarbäthoxy-1.2.3.4-tetrahydropyridazin*, $C_{12}H_{20}N_2O_5$, Kp.$_{0,01-0,02}$ 92°, durch 7std. Kochen von **VIII** mit Na in A.; 89%. — *4-Äthoxy-1.2-dicarbäthoxypiperidazin*, Kp.$_{0,01-0,02}$ 115—116°, durch katalyt. Hydrierung vorst. Verb. in A. an PtO_2; ca. 100%. — *4-Isopropoxy-1.2-dicarbäthoxy-1.2.3.4-tetrahydropyridazin*, $C_{13}H_{22}N_2O_5$, Kp.$_{0,01-0,02}$ 92°, aus **VIII** u. Na in abs. Isopropanol; 81,3%. — *1.2-Dicarbäthoxypiperidazin* (**IX**), Kp.$_{0,01}$ 97—99°, durch 48std. Hydrieren von 120 g **VII** in Ggw. von PtO_2 in Methanol; ca. 100%. — *Piperidazin* (**I**), Kp.$_{15}$ 57—58°, durch 5std. Kochen von 120 g **IX** in alkohol. KOH; 67%; daneben 26,68% *1-Carbäthoxypiperidazin* (Kp.$_{0,05}$ 50—53°. *Hydrochlorid*, $C_7H_{15}ClN_2O_2$, F. 143 bis 144°; Nadeln). *Monoperchlorat*, $C_4H_{11}ClN_2O_4$, F. 185°, verfilzte Nädelchen aus Methanol. *Dibenzoyl-Deriv.*, $C_{18}H_{18}N_2O_2$, F. 131°, aus A. Nadeln. *Diacetyl-Deriv.*, F. 56—58°. *N-Methyljodmethylat*, $C_6H_{15}JN_2$, F. 204—205° (Aceton). *N.N'-Bis-[anilinocarbonyl]-Deriv.*, $C_{18}H_{20}N_4O_2$, F. 291° (A.). — *1.4-Dioxo-2.3-tetramethylentetrahydrophthalazin* (**X**), $C_{12}H_{12}N_2O_2$, F. 160° (W.), aus **I** u. **II** in sd. abs. A.; Nadeln; 55,75%; daneben 14,7% *1-[o-Carboxybenzoyl]-piperidazin* ($C_{12}H_{14}N_2O_3$; lagert sich beim Erhitzen unter Wasserabspaltung in **X** um). — *4-[Piperidazyl-(1)]-4-oxo-Δ^2-butensäure*, $C_8H_{12}N_2O_3$, F. 151 bis 152° (W.), aus **I** u. **III** in abs. A.; gelbe Nadeln. — *1.4-Dioxo-2.3-dehydro-10-azachinolizidin*, $C_8H_{10}N_2O_2$, F. 116—117°, aus vorst. Verb. durch Wasserentzug mit Polyphosphorsäure bei 80°; aus abs. Bzl. gelbe Kristalle; 53,2%. — *1.2-Dicarbäthoxydihydropyridazin*, Kp.$_{0,02-0,03}$ 107—109°, durch 3std. Kochen von **VIII** mit 2 Mol KOH in 95%ig. A.; 70,74%; gibt durch katalyt. Hydrieren (PtO_2) 60,6% **IX**. — *1-Carbäthoxy-1.2-dihydropyridazin*, $C_7H_{10}N_2O_2$, Kp.$_{0,02}$ 68—69°, F. 33—34°, aus **VIII** u. 4 Mol KOH in sd. abs. A.; 29,09%; hygroskop. Nadeln; gibt durch Hydrieren auf PtO_2 in A. 23,36% *1-Carbäthoxypiperidazin* (Kp.$_{0,05}$ 50—53°). — *10-Azachinolizidin* (*Piperidazo-[1.2:a]-piperidazin*), Kp.$_{14-15}$ 76—77°, aus **I** u. **V** in 5%ig. NaOH durch 24std. Erhitzen auf 80—85°; 23,36%. *Diperchlorat*, $C_8H_{18}Cl_2N_2O_8$, F. 229° (im zugeschmolzenen Röhrchen). *Monojodmethylat*, F. 251° (Aceton). — *9-Azaindolizidin* (*Pyrazolido-[1.2:a]-piperidazin*), Kp.$_{13}$ 66°, aus **I** u. **IV** in 5%ig. NaOH durch 6$^1/_2$std. Kochen; 32%. *Monojodmethylat*, $C_8H_{17}JN_2$, F. 262—263° (aus Aceton Nadeln). — *1.5-Bis-[piperidazyl-(1)]-pentan*, Kp.$_{13}$ 125°, aus **I** u. **VI** in 2%ig. NaOH durch 8std. Erhitzen auf 80°; 16,5% *Dihydrochlorid*, $C_{13}H_{30}Cl_2N_4$, F. 145—150° (Zers.). — *Hydrazindicarbonsäuredihydrazid*, $C_2H_8N_6O_2$, F. 265—267° (Zers.; A.), durch 5std. Kochen von **VII** mit $N_2H_4 \cdot H_2O$ in A. u.

einmonatiges Stehen. — *Δ^4-Tetrahydropyridazin*, Kp.$_{22}$ 72—75°, durch 3std. Kochen von **VII** mit alkohol. KOH; 70%; gibt beim Bromieren in Chlf. bei 5° *1.2.3.4-Tetrabrombutan* ($C_4H_6Br_4$, F. 116,5°; Nadeln). M. METZE. 3272□

Über 1.4-Oxazine. 6. Mitt. Reduktive Umwandlungen der Kondensationsprodukte aus Phenylglyoxylsäureester und 1.2-Aminoalkoholen zu Morpholonen-(2) und Dialkanolaminen. Ernst Biekert und Johann Sonnenbichler. (Chem. Ber. **95.** 1451—59. 15/6. 1962. München, MPI für Biochem.; dt.) — 5. vgl. Chem. Ber. **94.** [1961.] 2785. — Durch katalyt. Hydrierung der 3-Phenyl-5.6-dihydro-1.4-oxazinone-(2) (**A**) werden *N-unsubstituierte 3-Phenylmorpholone-(2)* (**B**) zugänglich. Im Falle des DL-5-Methyl-3.6-diphenyl-5.6-dihydro-1.4-oxazinons-(2) entstehen wegen der Einführung eines neuen Asymmetriezentrums 2 diastereomere Racemate. Am Beispiel des 6-Methyl-3-phenylmorpholons-(2) (**II**) wird die Tendenz der **B** zur Bldg. von *2.5-Dioxopiperazinen* nachgewiesen. Red. der **A** sowie des 5-Methyl-5-propyl-2-phenyl-2-carbäthoxyoxazolidins (**V**) mit $LiAlH_4$ führt in hohen Ausbeuten zu *Dialkanolaminen* (**C**). Die Red. der bei der **A**-Synth. als Nebenprod. anfallenden *Phenylglyoxylsäure-[2-hydroxyalkylamide]* (**D**) liefert isomere *Dialkanolamine* (**E**), die sich von den **C** nur durch die Stellung der Phenylgruppe unterscheiden. Bei der Red. von Phenylglyoxylsäure-[1-hydroxymethylpropylamid] (**III**) wird neben dem entsprechenden **E** durch partielle Red. gebildetes *Mandelsäure-[1-hydroxymethylpropylamid]* isoliert. Durch Dehydratisierung lassen sich die **C** u. **E** in substituierte *Morpholine* überführen.

Versuche: 3-Phenylmorpholone-(2) (**B**), durch Hydrierung der **A** in abs. Dioxan bei Normaldruck u. Raum-Temp. über Pd/C oder PtO_2-Katalysator nach ADAMS, Filtrieren u. Einengen bei 20° im Rotationsverdampfer: *Unsubstituiert* (**I**), $C_{10}H_{11}NO_2$, F. 86°, aus unsubstituiertem **A**; schuppenförmige Blättchen aus Bzl.; 99% (Ausbeute). — *6-Methyl-* (**II**), $C_{11}H_{13}NO_2$, F. 87° (Bzl./Bzn.); 92%. — *5.6-Dimethyl-*, 98%. *Hydrochlorid*, $C_{12}H_{15}NO_2 \cdot HCl$, F. 196° (Zers.; A./Essigester). — *5-Methyl-6-phenyl-*, $C_{17}H_{17}NO_2$, 2 diastereomere Racemate vom F. 112° (50%) bzw. 116° (Ae.), durch Hydrieren von 5-Methyl-3.6-diphenyl-5.6-dihydro-1.4-oxazinon-(2) in Essigester, Kristallisieren des Prod. aus Bzl./PAe. (1 : 4) u. fraktioniertes Kristallisieren aus Bzl./PAe. (1 : 4); insgesamt 80%. — *1.4-Bis-[2-hydroxypropyl]-2.5-dioxo-3.6-diphenylpiperazin*, $C_{22}H_{26}N_2O_4$, F. 233° (Diäthylenglykolmonoäthyläther/Bzl./Bzn.), aus **II** durch Erhitzen in Lösung. — [α-Hydroxymethylbenzyl]-amine (**C**): *[2-Hydroxyäthyl]-*, $C_{10}H_{15}NO_2$, F. 69—70° (Bzl.), durch Zutropfen von **I** in Ae. zur kräftig gerührten äther. Suspension von $LiAlH_4$ in $^1/_2$ Std., 3std. Kochen unter Rühren, langsames Zutropfen von W., $^1/_2$std. Rühren, Eindampfen, portionsweises Extrahieren des feingepulverten Rückstandes mit kaltem Dioxan, Eindampfen, Aufnehmen in heißem Bzl., Einengen u. (falls nötig) Chromatographie an Al_2O_3; 90%. — *[2-Hydroxypropyl]-*, $C_{11}H_{17}NO_2$, F. 111—112°, durch Red. von 3-Phenyl-6-methyl-5.6-dihydro-1.4-oxazinon-(2) wie vorst., Hydrolyse mit W., Zusatz von 15%ig. NaOH, mehrmaliges Extrahieren mit Ae., Waschen der äther. Phase mit wenig W. bis zur nahezu neutralen Rk., Trocknen u. Eindampfen oder (bei größeren Ansätzen) Extraktion wie vorst.; Nadeln aus Bzl.; 70%. — *[2-Hydroxy-1-methylpropyl]-* (**IV**), $C_{12}H_{19}NO_2$, F. 88° (Bzl.), analog vorst. Verb.; 90%. — *[2-Hydroxy-1.1-dimethyläthyl]-*, $C_{12}H_{19}NO_2$, F. 67° (Bzl.); 99%. — *[1-Hydroxymethylpropyl]-*, $C_{12}H_{19}NO_2$, F. 64° (Bzl.); 97%. — *[2-Hydroxy-2-methylpentyl]-*, $C_{14}H_{23}NO_2$, F. 62° (PAe.), aus **V**; 88%. — [2-Hydroxy-2-phenyläthyl]-amine (**E**): *[1-Hydroxymethylpropyl]-* (**VI**), $C_{12}H_{19}NO_2$, F. 115° (Bzl.), durch Zutropfen der Suspension von **III** in Ae. zur Suspension von $LiAlH_4$ in Ae. unter Rühren, 30std. Kochen, vorsichtiges Hydrolysieren mit W., Zugabe von 15%ig. NaOH, Ausäthern u. Waschen mit wenig W.; 66%; daneben (durch Extrahieren der wss., ausgeätherten Phase mit n-Butanol u. Eindampfen im Vakuum) *Mandelsäure-[1-hydroxymethylpropylamid]*, $C_{12}H_{17}NO_3$, F. 125° (Bzl./Methanol); 24%. — *[2-Hydroxy-1.1-dimethyläthyl]-*, $C_{12}H_{19}NO_2$, F. 139° (Bzl.), durch Zutropfen von Phenylglyoxylsäure-[2-hydroxy-1.1-dimethyläthylamid] in Dioxan zur gerührten äther. Suspension von $LiAlH_4$, 60std. Kochen, Hydrolyse mit W., Ausäthern, Waschen mit sehr wenig W., Trocknen u. Eindampfen; 65%. — *[2-Hydroxy-2-methylpentyl]-*, durch Zutropfen von Phenylglyoxylsäure-[2-hydroxy-2-methylpentylamid] in Tetrahydrofuran zur gerührten Suspension von $LiAlH_4$ in Tetrahydrofuran, 50std. Erhitzen auf 65°, Hydrolyse mit W., Absaugen, Eindampfen der Filtrate, Aufnehmen des Öls in Bzl. (heiß), Filtrieren u. Eindampfen; 80%. *Hydrochlorid*, $C_{14}H_{23}NO_2 \cdot HCl$, F. 169°. — *2.3-Dimethyl-5-phenylmorpholin-p-toluolsulfonat*, $C_{12}H_{17}NO \cdot C_7H_8O_3S$, F. 213° (PAe./Bzl./Methanol), durch 3std. Erwärmen von **IV** mit 80%ig. H_2SO_4 auf 160°, Verdünnen mit W., Alkalisieren mit konz. NaOH, Ausäthern, Waschen mit wenig W., Eindampfen, Lösen der *Base* (gelbliches Öl) in wenig Ae., Schütteln mit gesätt. äther. Lsg. von p-Toluolsulfonsäure u. Waschen des Nd. mit viel Ae.; 20%. — *3-Äthyl-6-phenylmorpholin, Hydrochlorid*, $C_{12}H_{17}NO \cdot HCl$, F. 172°, durch 5std. Erhitzen von **VI** mit 48%ig. HBr auf 120°, Verdünnen, Alkalisieren, Ausäthern, Eindampfen u. Einleiten von HCl in die abs. äther. Lsg. der Base; säulenförmige Kristalle; 52%. G. FISCHER. 3282□

Über 1.4-Oxazine. 7. Mitt. Oxydation des 5.6-Dihydro-1.4-oxazinon-(2)-Systems zu 1.4-Oxazinonen-(2). Ernst Biekert und Johann Sonnenbichler. (Chem. Ber. **95.** 1460—65. 15/6. 1962; dt.) — 6. vgl. vorst. Referat. — Durch Dehydrierung mit Chloranil (I) in Xylol lassen sich 5.6-Dihydro-1.4-oxazinone-(2) in den bisher unbekannten Typ der *1.4-Oxazinone-(2)* überführen. Dehydrierung mit HgO, CrO_3, SeO_2, Pd oder Pt gelingt nicht. Die Reinigung der Prodd. ist schwierig u. verlustreich. Das UV-, IR- u. KMR-spektroskop. Verh. der Verbb. sowie ihr Verh. bei Hydrierung u. Solvolyse werden beschrieben.

Versuche: *6-Methyl-3-phenyl-1.4-oxazinon-(2)* (**II**), $C_{11}H_9NO_2$, F. 80°, durch 50std. Kochen der entsprechenden 5.6-Dihydro-Verb. mit der äquivalenten Menge **I** in Xylol, Filtrieren, Einengen, Aufkochen mit Leichtbenzin, Heißfiltration, Eindampfen, Umkristallisieren aus wenig PAe., Sublimation (70°/0,08 Torr) u. mehrmalige Chromatographie an Kieselgel in Bzn./Bzl.; gelbe Nadeln; 22% (90%ig.) bzw. 13% (rein) (Ausbeute). — *5.6-Dimethyl-3-phenyl-1.4-oxazinon-(2)*, $C_{12}H_{11}NO_2$, F. 95°, durch 50std. Kochen der entsprechenden 5.6-Dihydro-Verb. mit **I** in Xylol, Filtrieren, Einengen, Aufkochen mit PAe., Heißfiltration, Eindampfen u. Chromatographie an Kieselgel in Bzl./Bzn.; blaßgelbe Kristalle aus PAe.; 20% (80%ig.) bzw. 15% (rein). — *3-Phenyl-1.4-oxazinon-(2)*, F. 52—54°, durch 11std. Kochen von 1,75 g der entsprechenden 5.6-Dihydro-Verb. mit **I** in Xylol, Einengen, Extraktion mit Bzl. u. Chromatographie an Kieselgel in Bzl.; Nadeln aus PAe.; 15 mg. — *6-Methyl-3-phenylmorpholon-(2)* (?), durch Hydrieren von **II** in Dioxan an PtO_2 nach ADAMS (6 Std./80 at, 12 Std./80 at, 36 Std./Normaldruck) u. Einengen im Gemisch von mindestens 6 Verbb., in dem seine Anwesenheit durch vergleichende Papier- u. Dünnschichtchromatographie in 3 verschiedenen Syst. wahrscheinlich gemacht wird. G. FISCHER. 3282□

Über Synthesen in der Reihe des Hexahydrophenthiazins. O. Hromatka, R. Klink, J. Augl und R. Kirchmayr. (Mh. Chem. **92.** 96—106. 1961. Wien, Univ., Inst. für Phys. Chem., Abt. für Techn. Chem.; dt.) — Vgl. HROMATKA u. Mitarbeiter, C. **1962.** 15960. — Bei der Umsetzung des durch Red. von o.o'-Dinitro-p.p'-dichlordiphenyldisulfid (**I**) mit Na_2S krist. erhältlichen *o-Amino-p-chlorthiophenols* (**II**) mit Cyclohexanon (**III**) entsteht *2.2-Pentamethylen-5-chlorbenzthiazolin* (**V**), dessen Konst. durch hydrolyt. Abspaltung von **III** bewiesen wird. Setzt man **II** mit 2-Chlorcyclohexanon (**IV**) um, so erhält man eine Verb. vom F. 168°, in der im Gegensatz zu der Annahme von FUJII (vgl. J. pharmac. Soc. Japan [Yakugaku Zasshi] **77.** [1957.] 352) nicht das 6-Chlortetrahydrophenthiazin, sondern das *6-Chlorhexahydrophenthiazin* (**VI**) vorliegt, das auch in einer bei 109—110,5° schmelzenden Modifikation (**VI a**) isoliert wird. Im Gegensatz zu **VI** liefert **V** in alkohol. Lsg. ein schwer lösl. *Ag-Salz.* Bei der Rk. von überschüssigem **II** mit **IV** erhält man neben **VI** eine Verb. $C_{18}H_{16}Cl_2N_2S_2$, in der möglicherweise das *N.N'-[Cyclohexenylen-(1.2)]-o.o'-diamino-p.p'-dichlordiphenyldisulfid* vorliegt, ferner eine in ihrer Konstit. noch nicht aufgeklärte *rote Verb.* $C_{12}H_{10}ClNOS$ (**VII**), bei Verw. von älterem **II** eine *gelbe Verb.* $C_{12}H_{12}ClNOS$, sowie *2-Methyl-5-chlorbenzthiazol.* Setzt man *o-Diäthylaminoäthylaminothiophenol*, das man seinerseits aus *o.o'-Bis-[diäthylaminoäthylamino]-diphenyldisulfid* (**VIII**) u. Na_2S darstellt, mit **IV** um, so erhält man *10-[β-Diäthylaminoäthyl]-1.2.3.4-tetrahydrophenthiazin.* **VIII** wird aus β-Diäthylaminoäthylchlorid (**IX**) u. o.o'-Diaminodiphenyldisulfid (**X**) gewonnen. Für **VI** u. **VII** sind IR-Banden angegeben.

Versuche: *o-Amino-p-chlorthiophenol* (**II**), C_6H_6ClNS, F. 44—46°, $Kp._1$ 100°, durch Schütteln von **I** mit der sd. wss. Lsg. von $Na_2S \cdot 9\,H_2O$, 3std. Kochen, Abkühlen der rotbraunen, filtrierten Lsg. auf 5°, Überschichten mit Ae., Einstellen mit 6n Essigsäure auf pH 7, Ae.-Extraktion, Einengen der Ae.-Phase u. Dest. des Rückstandes unter N_2; 55% (Ausbeute). — *2.2-Pentamethylen-5-chlorbenzthiazolin* (**V**), $C_{12}H_{14}ClNS$, F. 96° (A.), durch 1std. Erhitzen äquimol. Mengen **II** u. **III** auf dem Wasserbad unter N_2 u. Abkühlen; 94%. *Ag-Salz,* aus **V** in A. mit ammoniakal. $AgNO_3$-Lsg.; farblos. — *Cyclohexanon* (**III**), *2.4-Dinitrophenylhydrazon,* F. 163—164°, durch 5std. Erhitzen von **V** mit A. u. 2n HCl auf dem Wasserbad, Abdestillieren u. Zugabe von 2.4-Dinitrophenylhydrazin; 20,5%. — *6-Chlorhexahydrophenthiazin* (**VI**), $C_{12}H_{14}ClNS$, F. 168° (A.), durch Eintropfen der äthanol. Lsg. äquimol. Mengen **II** u. Na zu 10,3 g **IV** in sd. A. im N_2-Strom, 2std. Kochen, Einengen der vom NaCl abfiltrierten blauvioletten Lsg. im Vakuum, Extraktion des Rückstandes mit Ae., Dest. des Ae.-Rückstandes bei 0,5 Torr u. 140 bis 170° (Luftbad) u. Kristallisation des erstarrten Rk.-Prod. aus A.; 2,5 g. **VI a**, F. 109 bis 110,5° (A., Hexan), durch Eindampfen der Mutterlauge von **VI**, Aufnehmen des Rückstandes in Bzl., Chromatographie an Al_2O_3, Elution mit Hexan–Ae. (3 : 1), Einengen, Umkristallisieren aus A., Abfiltrieren von ausgeschiedenem **VI**, Eindampfen u. Kristallisation des Rückstandes aus A. u. aus Hexan; 50 mg. — *N.N'-[Cyclohexenylen-(1.2)]-o.o'-diamino-p.p'-dichlordiphenyldisulfid* (?), $C_{18}H_{16}Cl_2N_2S_2$, F. 215—216° (A.), durch Einrühren von 3,62 g **IV** in A. zu der sd. äthanol. Lsg. von 0,58 g Na u. 10,0 g **II** in A. unter N_2, 2$^1/_2$std. Kochen, Filtration der heißen Lsg. u. Kristallisation des Rückstandes aus A.; 3,0 g; daneben aus der Mutterlauge **VI**. — *Rote Verb.* $C_{12}H_{10}ClNOS$ (**VII**), F. 159 160° (A.; Nadeln), aus **II** u. **IV** analog **VI** neben **VI a** bei der Chromatographie an Al_2O_3 u. Elution mit Äthanol. — *Gelbe Verb.* $C_{12}H_{12}ClNOS$, F. 191,5° (Zers.; A.), aus 8,0 g durch längere Berührung mit Luft bereits gelb gefärbtem **II**, 1,15 g Na u. 6,6 g **IV** analog **VI** als in Ae. unlösl. Anteil; 2,4 g; daneben **VII**; 0,2 g. — *2-Methyl-5-chlorbenzthiazol*, C_8H_6ClNS, F. 69°, Kp.$_{0,5}$ 70—90° (Bad-Temp.), a) analog **VI** u. Lösen des in Ae. unlösl. Anteils in verd. NaOH, Ae.-Extraktion u. Destillation; b) als Nebenprod. von **VI** bei der Dest. im Hochvakuum als bei Kp.$_{0,5}$ 80—100° destillierende Fraktion. *Hydrochlorid*, $C_8H_6ClNS \cdot HCl$, F. 188—189° (im evakuierten Röhrchen). — *o.o'-Bis-[diäthylaminoäthyl-amino]-diphenyldisulfid* (**VIII**), durch 8std. Kochen u. Rühren von 5,0 g **IX**, 9,17 g **X** u. 10,0 g K_2CO_3 in Toluol u. Einengen der filtrierten Lsg.; Öl; 10,6 g. — *o-Diäthyl-aminoäthylaminothiophenol*, F. 101° (A.), durch 5std. Erhitzen von **VIII** mit wss. $Na_2S \cdot 9\,H_2O$, wiederholte Ae.-Extraktion der filtrierten Lsg. u. Eindampfen der Ae.-Lsg. unter N_2; 93%. — *10-[β-Diäthylaminoäthyl]-1.2.3.4-tetrahydrophenthiazin*, $C_{18}H_{26}N_2S$, Kp.$_{0,001}$ 135—140° (Bad-Temp.), durch 2std. Kochen von vorst. Verb., **IV** u. KOH in Ae., wiederholte Extraktion mit 10%ig. Essigsäure, Überschichten der filtrierten essigsauren Lsg. mit Ae., Zugabe von 20%ig. KOH, erschöpfende Extraktion mit Ae. u. Destillation. *Pikrolonat*, F. 210—212°. G. MEINHARDT. 3292□

Guanamine. 5. Mitt. **Chlormethylguanamine.** Seymour L. Shapiro, Elaine S. Isaacs, Vincent A. Parrino und Louis Freedman. (J. org. Chemistry **26.** 68—74. Jan. 1961. Yonkers, N.Y., U.S. Vitamin and Pharmac. Corp., Organ. Res. Labor.; engl.) — 4. vgl. C. **1962.** 6777. — 2.4-Diamino-6-halogenmethyl (bzw. α-halogen-äthyl)-symm.-triazine (**A**), deren NH_2-Gruppen in 2-Stellung durch Alkyl, Aryl, Aralkyl oder heterocycl., in 4-Stellung durch H oder CH_3 substituiert sind (**B**), scheiden aus NaJ/Aceton-Lsg. beim Erwärmen NaCl u. bei Verw. zusätzlicher Essigsäure („ASA-Reagens", vgl. SHAPIRO u. OVERBERGER, J. Amer. chem. Soc. **76.** [1954.] 97) J_2 aus. Bei nachfolgender Einw. von $NaHSO_3$ auf letztgenannte Lsgg. erfolgt bei vielen der genannten Verbb. Red. der Halogenalkyl- zur Alkylverb. (**D**); ohne Essigsäure erfolgt die Red. im Falle des *2-Amino-4-[β-phenäthylamino]-6-chlormethyl-symm.-triazins* (**V**); keine Red. erfolgt bei den entsprechenden *6-Dichlormethyl-* (oder *-Dibrommethyl-*, *-Dichlorfluormethyl-*, *-Trifluormethyl-*, — *α-Chloräthyl)-symm.-triazinen.* Mit 3-Hydroxy-pyridin entstehen aus den **B** Betaine. Da Phenacylhalogenide (**C**) u. bes. auch 1-Phenyl-5-chlormethyltetrazol (vgl. JACOBSON u. Mitarbeiter, C. **1955.** 7206) ähnliches Verh. zeigen, betrachten Vff. die **B** als **C**-Analoga u. erklären die Rk. mit „ASA-Reagens" wie die analoge Rk. des Pyridins (vgl. ZINGARO u. TOLBERG, C. **1960.** 15): Anlagerung von J_2 an das der CH_2Cl-Gruppe benachbarte, kation. Ring-N-Atom, Abspaltung von $Cl^{(+)}$ unter Entstehung eines Methylid-J_2-Komplexes, Protonierung des Methylids zur CH_3-Gruppe u. anschließende Dejodierung durch $NaHSO_3$ unter Bldg. von **D**. Die Darst. von **B** bzw. **D** erfolgt aus $N^1.N^5$-substituierten Biguaniden u. Fettsäureestern oder Acylchloriden bzw. deren α-Chlor-Derivv.; im Falle des *2-Amino-4-indolino-6-methyl-symm.-triazins* (**II**) entsteht dabei in größerer Menge *N-Carbamido-indolin*, was durch Hydrolyse des Biguanids erklärt wird.

Versuche: 5.5-Dimethylbiguanide (Darst. vgl. 2. Mitt. C. **1960.** 3196; 4. Mitt. l. c.): *1.1-Dimethyl-*, *Hydrochlorid*, $C_6H_{16}ClN_5$, F. 227—230° (Acetonitril); 40% (Ausbeute). — *1-Phenyl-*, *Hydrochlorid*, $C_{10}H_{16}ClN_5$, F. 257—258° (W.); 44%. — *1-[m-Chlorphenyl]-*, *Hydrochlorid*, $C_{10}H_{15}Cl_2N_5$, F. >250° (W.); 56%. — *1-[p-Chlorphenyl]-*, *Hydrochlorid*, $C_{10}H_{15}Cl_2N_5$, F. 239—241° (W.); 67%. — *1-[p-Aminosulfonylphenyl]-*, *Hydrochlorid*, $C_{10}H_{17}ClN_6O_2S$, F. 162—164° (W.); 52%. — *1-[Sulfophenyl]-*, *Hydrochlorid-hydrat*, $C_{10}H_{18}ClN_5O_4S$, F. 243—245° (W.). — *1-[m-Xylyl-(2)]-*, *freie Base*, $C_{12}H_{19}N_5$, F. 197—199° (Isopropanol). — *1-Indolino-3-dimethylamino-2-azapropandion-(1.3)-diimin*, *Hydrochlorid* (**III**), $C_{12}H_{18}ClN_5$, F. 243—245° (A./Hexan); 83%. — 2-Amino-6-chlor-methyl-symm.-triazine: *4-Indolino-* (**IV**), $C_{12}H_{12}ClN_5$, F. >300°, aus einer auf —40° gekühlten Lsg. von Na in CH_3OH durch sukzessives Zugeben von Chloressigester u. 1-Indolino-3-amino-2-azapropandion-(1.3)-diimin (**XVII**), 6std. Rühren (dabei Erwärmung bis 20°), Zugeben von methanol. HCl, 20std. Stehen bei 10° u. Suspendieren in W. bei pH 6; 57%. — *4-[β-Phenäthylamino]-* (**V**), $C_{12}H_{14}ClN_5$, F. 145—147° (Isopropanol), aus wss. β-Phenyläthylbiguanidhydrochlorid u. Acetonitril durch Zugeben von 10n NaOH bei 10°, $^1/_2$std. Zugeben von Chloracetylchlorid in Acetonitril unter Rühren u. Kühlen u. 2std. Weiterrühren (dabei Erwärmung auf 20°); 85%. — Analog: *4-Dimethylamino-* (**VI**), $C_6H_{10}Cl\,N_5$, F. 176—179° (Isopropanol); 57%. — *4-Allylamino-*, $C_7H_{10}ClN_5$, F. 125

bis 126° (Isopropanol); 52%. — *4-n-Butylamino-* (**XVIII**), $C_8H_{14}ClN_5$, F. 118—120° (Isopropanol); 32%. — *4-n-Amylamino-* (**VII**), $C_9H_{16}ClN_5$, F. 118—119° (Isopropanol); 39%. *Pikrat*, $C_{15}H_{19}ClN_8O_7$, F. 135—136° (Aceton/W.). — *4-Isoamylamino-* (**VIII**), $C_9H_{16}ClN_5$, F. 103—105° (Isopropanol); 37%. *Pikrat*, $C_{15}H_{19}ClN_8O_7$, F. 142—143° (Aceton/W.). — *4-Piperidino-* (**IX**), $C_9H_{14}ClN_5$, F. 160—162° (Isopropanol); 59%. — *4-Benzylmethylamino-* (**X**), $C_{12}H_{14}ClN_5$, F. 115—117° (Isopropanol); 60%. — *4-[p-Toluidino]-* (**XI**), $C_{11}H_{12}ClN_5$, F. 162—163° (Isopropanol); 61%. — *4-[p-Anisidino]-* (**XII**), $C_{11}H_{12}ClN_5O$, F. 185—189° (Isopropanol); 35%. — *4-[m-Chloranilino]-*, $C_{10}H_9Cl_2N_5$, F. 129—134° (Acetonitril); 23%. — *4-[p-Chloranilino]-* (**XIII**), $C_{10}H_9Cl_2N_5$, F. 185—187° (Isopropanol); 73%. — *4-[3.4-Xylidino]-*, $C_{12}H_{14}ClN_5$, F. 218° (Propanol); 13%. — *4-Tetrahydrochinolino-*, $C_{13}H_{14}ClN_5$, F. 135—147° (Acetonitril); 53%. — *4-Tetrahydroisochinolino-*, $C_{13}H_{14}ClN_5$, F. 178—180° (Propanol); 62%. — 2-Dimethylamino-6-chlormethyl-symm.-triazine: *4-Indolino-*, $C_{14}H_{16}ClN_5$, F. 135—136° (Acetonitril), durch Suspendieren von **III** in W./Acetonitril, Zugeben von 40% ig. wss. NaOH unter Rühren u. Kühlen auf 10°, 20 Min. langes Zugeben von Chloracetylchlorid/Acetonitril u. 1 std. Weiterrühren bei 20°; 58%. — *4-Dimethylamino-*, $C_8H_{14}ClN_5$, F. 65—67° (Acetonitril); 30%. — *4-Anilino-* (**XIV**), $C_{12}H_{14}ClN_5$, F. 105° (Methanol); 57%. — *4-[2.6-Xylidino]-*, $C_{14}H_{18}ClN_5$, F. 140 bis 141° (Isopropanol); 16%. *Pikrat*, $C_{20}H_{21}ClN_8O_7$, F. 165—167° (W.). — 2-Amino-6-[α-chloräthyl]-symm.-triazine: *4-[o-Bromanilino]-* (**XVI**), $C_{11}H_{11}BrClN_5$, F. 131 bis 133° (Acetonitril), durch Suspendieren von o-Bromphenylbiguanidhydrochlorid in Methanol, Zugeben von 25% ig. methanol. $NaOCH_3$ u. danach von α-Chlorpropionester, 48 std. Stehen u. Eingießen in W.; 40%. — *4-Dimethylamino-*, $C_7H_{12}ClN_5$, F. 159—160° (Acetonitril); 49%. — *4-[β-Phenyläthylamino]-*, $C_{13}H_{16}ClN_5$, F. 128—129° (Acetonitril); 66%. — *4-Anilino-*, $C_{11}H_{12}ClN_5$, F. 140—141° (Acetonitril); 62%. — *4-[o-Toluidino]-*, $C_{12}H_{14}ClN_5$, F. 155—157° (Acetonitril); 49%. — *4-[2.6-Xylidino]-*, $C_{13}H_{16}ClN_5$, F. 198 bis 200° (Acetonitril); 28%. — *4-[o-Chloranilino]-*, $C_{11}H_{11}Cl_2N_5$, F. 127—128° (Acetonitril); 30%. — *4-[m-Chloranilino]-*, $C_{11}H_{11}Cl_2N_5$, F. 51—54° (Acetonitril); 18%. — *4-[2-Methyl-5-chloranilino]-*, $C_{12}H_{13}Cl_2N_5$, F. 148—149° (Acetonitril); 40%. — *4-[m-(α-Hydroxyäthyl)-anilino]-*, $C_{13}H_{16}ClN_5O$, F. 141—143° (Acetonitril); 18%. — 2-Amino-6-methyl-symm.-triazine: *4-Dimethylamino-* (**XV**), $C_6H_{11}N_5$, F. 192—193° (Isopropanol), a) aus einer aceton. Lsg. von NaJ u. Essigsäure durch Zugeben einer aceton. Lsg. von **VI**, 10 Min. langes Stehen bis zum Ende der J_2-Ausscheidung, Zugeben einer wss. Lsg. von $NaHSO_3$ u. dann von NaOH bis zur Basizität; 40%; b) analog **II**; 39%. — *4-Indolino-* (**II**), $C_{12}H_{13}N_5$, F. 229—233° (Isopropanol), a) neben *N-Carbamidoindolin* aus **XVII**-Hydrochlorid in Acetonitril durch Zugeben von wss. NaOH bei 10° unter Kühlen, $^1/_2$ std. Zutropfen von Acetylchlorid/Acetonitril, 20 std. Stehen bei 20°, Eingießen in W. u. Filtrieren; 12%; b) aus **IV** analog **XV** nach a). — *4-n-Amylamino-* (**I**), $C_9H_{17}N_5$, F. 138—141° (Isopropanol), a) analog **XVI** aus n-Amylbiguanid u. Essigester; 69%; b) aus **VII** analog **XV** nach a). — *4-Isoamylamino-*, $C_9H_{17}N_5$, F. 134 bis 135° (Isopropanol), a) analog **I** nach a); 40%; b) aus **VIII** analog **XV** nach a); 39%. — *4-Allylamino-*, $C_7H_{11}N_5$, F. 117—119° (Isopropanol), analog **I** nach a); 44%. — *4-Piperidino-*, $C_9H_{15}N_5$, F. 192—193° (Isopropanol), a) aus **IX** analog **XV** nach a); b) analog **I** nach a); 73%. — *4-[p-Toluidino]-*, $C_{11}H_{13}N_5$, F. 211—213° (Isopropanol), a) aus **XI** analog **XV** nach a); b) analog **I** nach a); 21%. — *4-[p-Anisidino]-*, $C_{11}H_{13}N_5O$, F. 213 bis 214° (Isopropanol), a) aus **XII** analog **XV** nach a); b) analog **I** nach a); 14%. — *4-[p-Chloranilino]-*, $C_{10}H_{10}ClN_5$, F. 194—196° (Isopropanol), a) aus **XIII** analog **XV** nach a); b) analog **I** nach a); 15%. *Pikrat*, $C_{16}H_{13}ClN_8O_7$, F. 215—219° (W.). — *4-[β-Phenyläthylamino]-*, $C_{12}H_{15}N_5$, F. 145—147° (Isopropanol), a) aus **V** analog **XV** nach a); b) analog **I** nach a); 67%; c) wie b) ohne Essigsäure-Zusatz. *Pikrat*, $C_{18}H_{18}N_8O_7$, F. 240 bis 241° (W.). — *4-Benzylmethylamino-*, $C_{12}H_{15}N_5$, F. 134—136° (Isopropanol), a) aus **X** analog **XV** nach a); b) analog **I** nach a); 56%. *Pikrat*, $C_{18}H_{18}N_8O_7$, F. 196—171° (A.). — 2-Dimethylamino-6-methyl-symm.-triazine: *4-Anilino-*, $C_{12}H_{15}N_5$, F. 119 bis 120° (Isopropanol), aus **XIV** analog **XV** nach a); 37%. — *4-[2.6-Xylidino]-*, $C_{14}H_{19}N_5$, F. 196—199° (Isopropanol), analog **II** nach a); 22%. — *2-Amino-6-jodmethyl-4-[β-phenäthylamino]-symm.-triazin*, F. 149—153° (Acetonitril), aus aceton. Lsgg. von **V** u. NaJ durch 2 std. Stehen, Filtrieren (NaCl) u. Stehen des Filtrates; der entstehende orangefarbene Nd. färbt sich am Licht rotbraun, violett u. weiß; wird durch Verreiben mit W. farblos; 61%. — 3-Hydroxypyridiniumbetainhydrochloride: *N-{[2-Anilino-4-dimethylamino-symm.-triazinyl-(6)]-methyl}-*, $C_{17}H_{19}ClN_6O$, F. >250° (A.), durch 6 std. Kochen äquimol. Mengen von **XIV** u. 3-Hydroxypyridin in Isopropanol unter Rühren. — *N-{[2-Amino-4-(benzylmethylamino)-symm.-triazinyl-(6)]-methyl}-*, $C_{17}H_{19}ClN_6O$, F. 206 bis 208° (Acetonitril), analog vorst. Verb. aus **X**. — *N-{[2-Amino-4-n-amylamino-symm.-triazinyl-(6)]-methyl}-*, $C_{13}H_{19}ClN_6O$, F. 244—245° (Isopropanol), aus **XVIII**. — *N-Carbamidoindolin*, $C_9H_{10}N_2O$, F. 163—165° (W.), a) neben **II** nach a); 67%; b) aus Indolin in 6n HCl durch portionsweises Zugeben von KCNO in 20 Min. bei 30° unter Rühren u. nachfolgendes Verdünnen mit W.; 91%. — *p-Chloracetophenon*, Kp.$_{0,6}$ 46°, durch Red. von p-Chlorphenacylchlorid mit „ASA-Reagens" analog **XV** nach a); 64%. *2.4-Dinitrophenylhydrazon*, $C_{14}H_{11}ClN_4O_4$, F. 231—232° (A.). — *m-Nitroacetophenon*, F. 79 bis 80° (A.), analog vorst. Verb. aus m-Nitrophenacylchlorid; 55%. *2.4-Dinitrophenylhydrazon*, $C_{14}H_{11}N_5O_6$, F. 218—221° (A.). R. SCHÖNFELDER. 3313□

Guanamine. 6. Mitt. **Aminomethylguanamine.** Seymour L. Shapiro, Elaine S. Isaacs und Louis Freedman. (J. org. Chemistry **26.** 74—76. Jan. 1961; engl.) — 5. vgl. vorst. Referat. — Als Analoga des Megaphens werden Aminoguanamine aus Halogenmethylguanaminen u. entsprechenden Aminen in glatter Rk. dargestellt, wobei weder Transaminierung noch Bldg. tert. Amine beobachtet wurden. α-Chloräthylguanamin reagiert ebenfalls glatt. Pharmakolog. Unterss. ergeben bei einigen Prodd. tranquillisierende, entzündungshemmende u. analget. Wrkg.; *2-Amino-4-[m-chloranilino]-6-[äthanolaminomethyl]-symm.-triazin* zeigt Antihistamin-, *2-Amino-4-tetrahydroisochinolino-6-[(4-methylpiperazino)-methyl]-symm.-triazin* adrenalinpotenzierende Wirkung.

Versuche: *2-Dimethylamino-4-indolino-6-dimethylaminomethyl-symm.-triazin*, $C_{16}H_{22}N_6$, F. 119—120° (Essigester), durch ½std. Erhitzen von 2-Dimethylamino-4-indolino-6-chlormethyl-symm.-triazin mit Dimethylamin auf 100° im Autoklaven u. Eingießen in W.; 87% (Ausbeute). — Analog folgende 6-Dimethylaminomethyl-symm.-triazine: *2-Amino-4-indolino-*, $C_{14}H_{18}N_6$, F. 169—170° (A.); 24%. — *2-Amino-4-[m-chloranilino]-*, $C_{12}H_{15}ClN_6$, F. 73—75° (A.). — *2-Amino-4-indolino-6-[N-äthyl-N-äthanolaminomethyl]-symm.-triazin*, $C_{16}H_{22}N_6O$, F. 125—126° (Acetonitril), durch Erwärmen eines Gemisches von 2-Amino-4-indolino-6-chlormethyl-symm.-triazin u. N-Äthyl-N-äthanolamin bis zur Lsg., 5 Min. langes Erhitzen auf 100° (Bad-Temp.) u. Eingießen in W.; 76%. — Analog nachst. 2-Amino-4-[m-chloranilino]-symm.-triazine: *6-Äthanolaminomethyl-*, $C_{12}H_{15}ClN_6O$, F. 146—148° (Essigester); 59%. — *6-Diäthanolaminomethyl-*, $C_{14}H_{19}ClN_6O_2$, F. 114—115° (Essigester); 80%. — *6-[(4-Methylpiperazino)-methyl]-*, $C_{15}H_{20}ClN_7$, F. 210—212° (A.); 43%. — 2-Amino-4-tetrahydrochinolino-symm.-triazine: *6-Äthanolaminomethyl-*, $C_{15}H_{20}N_6O$, F. 138 bis 139° (Essigester); 45%. — *6-Diäthanolaminomethyl-*, $C_{17}H_{24}N_6O_2$, F. 103—105° (Essigester); 58%. — *6-Piperazinomethyl-*, $C_{17}H_{23}N_7$, F. 149—151° (Essigester); 47%. — *6-[(γ-Dimethylaminopropyl)-aminomethyl]-*, $C_{18}H_{27}N_7$, F. 126—128° (Essigester); 14%. — *2-Amino-4-tetrahydroisochinolino-6-[(4-methylpiperazino)-methyl]-symm.-triazin*, $C_{18}H_{25}N_7$, F. 148—150° (Essigester); 16%. — 2-Amino-4-indolino-symm.-triazine: *6-Äthanolaminomethyl-*, $C_{14}H_{18}N_6O$, F. 165—168° (Acetonitril); 43%. — *6-n-Amylaminomethyl-*, $C_{17}H_{24}N_6$, F. 131—134° (Acetonitril); 52%. — *6-Piperidinomethyl-*, $C_{17}H_{22}N_6$, F. 189 bis 191° (Isopropanol); 64%. — *6-Morpholinomethyl-*, $C_{16}H_{20}N_6O$, F. 178—180° (Acetonitril); 47%. — *6-[4-Methylpiperazinomethyl]-*, $C_{17}H_{23}N_7$, F. 216—220° (A.); 58%. — *6-[N-Hydroxyäthylpiperazinomethyl]-*, $C_{18}H_{25}N_7O$, F. 158—160° (Acetonitril); 50%. — *6-[β-Phenäthylaminomethyl]-*, $C_{20}H_{22}N_6$, F. 145—147° (Acetonitril); 46%. — *6-[(γ-Dimethylaminopropyl)-aminomethyl]-*, $C_{17}H_{25}N_7$, F. 106—119° (Methanol); 22%. — 2-Dimethylamino-4-indolino-symm.-triazine: *6-Äthanolaminomethyl-*, $C_{16}H_{22}N_6O$, F. 156—157° (Essigester); 61%. — *6-Diäthanolaminomethyl-*, $C_{18}H_{26}N_6O_2$, F. 93—94° (Essigester); 63%. — *6-Pyrrolidinomethyl-*, $C_{18}H_{24}N_6$, F. 229—234° (Essigester); 21%. — *6-[(4-Methylpiperazino)-methyl]-*, $C_{19}H_{27}N_7$, F. 105—107° (Essigester); 62%. — *2-Amino-4-[m-chloranilino]-6-pyrrolidinomethyl-symm.-triazin*, *Dihydrochloriddihydrat*, $C_{14}H_{23}Cl_3N_6O_2$, F. 185—188° (Isopropanol); 60%. *Freie Base*, $C_{14}H_{17}ClN_6$, F. 166—167° (Essigester), aus m-Chlorphenylbiguanid u. α-Pyrrolidinoessigsäureäthylester; 34%. *Dipikrat*, F. 188—189°. — *α-Pyrrolidinoessigsäureäthylester*, Kp.$_3$ 58—60°, aus Bromessigester u. Pyrrolidin (vgl. DRAKE u. MCELVAIN, [1934]); 63%. — *2-Amino-4-[β-phenäthyl]-amino-6-[α-(4-methylpiperazino)-äthyl]-symm.-triazin*, $C_{18}H_{27}N_7$, F. 162—163° (Acetonitril), durch ½std. Erhitzen eines Gemisches von 2-Amino-6-[α-chloräthyl]-4-[β-phenäthylamino]-symm.-triazin u. N-Methylpiperazin auf 100° (Bad-Temp.) u. 5tägiges Stehen bis zur Erstarrung; 70%. R. SCHÖNFELDER. 3313□

Darstellung und Hydrolyse von 1.3.2-Dioxaphospholanen und 1.3.2-Dioxaphosphorinanen. R. S. Edmundson und A. J. Lambie. (Chem. and Ind. **1959.** 1048—49. 15/8. Essex, Fisons Pest Control Ltd., near Saffron Walden, Chesterford Park Res. Station; engl.) — Durch Rk. von Propylenglykol mit $PSCl_3$ wird *2-Chlor-2-thiono-4-methyl-1.3.2-dioxaphospholan* als undestillierbares Öl gebildet, das bei der Umsetzung mit p-Nitrophenol in Ggw. von Triäthylamin öliges *2-[p-Nitrophenoxy]-2-thiono-4-methyl-1.3.2-dioxaphospholan* liefert. Analog wird aus Neopentylglykol (I) über *2-Chlor-2-thiono-5.5-dimethyl-* (F. 90,5—91,5°) das *2-[p-Nitrophenoxy]-2-thiono-5.5-dimethyl-1.3.2-dioxaphosphorinan* (F. 156—158°) erhalten. Bei der Rk. von P_2S_5 mit I in heißem Toluol werden *2-Mercapto-2-thiono-5.5-dimethyl-1.3.2-dioxaphosphorinan* (**II**; F. 80—81,5°) u.

mit Pinakon *2-Mercapto-2-thiono-4.4.5.5-tetramethyl-1.3.2-dioxaphospholan*, F. 67,5 bis 68,5°, erhalten. Durch Umsetzung der Alkalisalze von **II** mit N-substituierten Chloracetamiden in W. oder Aceton werden nachst. 2-Thiono-5.5-dimethyl-1.3.2-dioxaphosphorinane (**P**) dargestellt: *2-Carbamoylmethylmercapto-*, F. 96—98,5°. — *2-[N-Methylcarbamoyl]-methylmercapto-*, F. 136—137°. — *2-Morpholinocarbonylmethylmercapto-*, F. 122—123°. — Analog den **P** werden nachst. 2-Thiono-1.3.2-dioxaphospholane (**L**) erhalten: *2-[N-Methylcarbamoyl]-methylmercapto-4.5-dimethyl-*, F. 106 bis 108°, in Tetrahydrofuran (THF). — *2-Morpholinocarbonylmethylmercapto-4.5-dimethyl-*, F. 105—107°. — *2-[N-Methylcarbamoyl]-methylmercapto-4.4.5.5-tetramethyl-*, F. 105—106°. Alle cycl. Verbb. zeigen starke IR-Absorption im Bereich 920—940 cm^{-1}. Die **L** werden alkal. leicht unter Bldg. geradkettiger Ester hydrolysiert. Der Ring der **P** ist dagegen stabil, hier entsteht *2-Mercapto-2-oxo-5.5-dimethyl-1.3.2-dioxaphosphorinan*, das als *Cyclohexylammoniumsalz* charakterisiert wurde. L. LAMZA. 3354

Die Chemie der Chalcose, einer 3-O-Methyl-4.6-didesoxyhexose. Peter W. K. Woo, Henry W. Dion und Quentin R. Bartz. (J. Amer. chem. Soc. **83.** 3352—53. 15/8. 1961. Detroit, Mich., Davis & Comp., Res. Div.; engl.) — Die Methanolyse des *Chalcomycins* liefert krist. *Methylchalcosid* [$C_8H_{16}O_4$, F. 101,5—102, $[\alpha]_D^{22}$ —21° (c = 2,04, Chlf.)], das bei der wss. Hydrolyse in *Chalcose* (**I**) [$C_7H_{14}O_4$, F. 96—99°, $[\alpha]^{24}$ +120° 2 Min. → +97°, 10 Min. → +76° 3 Std., c = 1,5%; W.)] verwandelt wird. **I** red. FEHLINGsche Lsg. u. gibt Braunfärbung mit Anilinhydrophthalat auf dem Papierchromatogramm, es verbraucht pro Mol. 1 Mol. HJO_4 ohne HCHO-Bldg., nach Red. mit BH_4 werden bei der Oxydation 0,7 Mol. *HCHO* frei. Durch 3tägige Behandlung mit HBr (3°) entsteht *Des-O-methylchalcose* (**IV**), nach Oxydation von **IV** mit 2 Mol. HJO_4 (21 Std.) Nachw. von 1 Mol. *Säure* (*HCOOH?*) u. *Crotonaldehyd* (identifiziert als *2.4-Dinitrophenylhydrazon*). Die Oxydation von **I** mit HJO_4–Permanganat liefert ein *α-Methoxy-γ-valerolacton* (**II**) u. eine *α-Methoxy-γ-formyloxyvaleriansäure* (**III**) [$C_7H_{12}O_5$, F. 68—69°; Kristalle], die durch Behandlung mit 0,2n NaOH u. Ansäuern in **II** verwandelt wird. Die Red. von **III** mit $LiAlH_4$ liefert ein *Diol* (6 C) charakterisiert als *Bis-3.5-dinitrobenzoat* [$C_{20}H_{18}N_4O_{13}$, F. 124,5—127,5°]. Die Verteilung der Methyl- u. Methoxylsubstituenten von **III** ergibt sich aus den KMR-Spektren. Die Struktur von **II** zeigt die Synth. aus Diäthylmethoxymalonat u. Allylbromid, die über *Diäthylallylmethoxymalonat* [$C_{11}H_{18}O_5$, $Kp._{2,4}$ 106°, n_D^{24} 1,4362] durch Behandeln mit 50%ig. H_2SO_4 (100°) zu zwei diastereoisomeren *α-Methoxy-γ-valerolactonen*, $C_6H_{10}O_3$, führt, von denen eines das gleiche IR-Spektrum besitzt wie **II**. Damit sind die Strukturbeweise für **I**, **II** u. **III** erbracht.

H. ROSSOW. 3400 □

Katalyse der Acetylierungsreaktion von Zuckern mit einem Ionenaustauschharz. G. M. Christensen. (J. org. Chemistry **27.** 1442—43. April 1962. Duluth, Minn., Univ. of Minnesota, Dep. of Chem.; engl.) — Man erhält leicht u. in hoher Reinheit kristalline *Acetyl-Derivv.* von Zuckern, wenn man bei der Acetylierung mit Acetanhydrid (**I**) an Stelle der bisher zugesetzten Katalysatoren (Pyridin, H_2SO_4, $ZnCl_2$, $NaOOCCH_3$) den Ionenaustauscher Amberlite IR-120 (**II**) zusetzt.

Versuche: *Acetyl-2.3.4.6-tetraacetyl-α-D-glucopyranosid*, $C_{16}H_{22}O_{11}$, F. 97° (CH_3OH), durch 8½std. Erhitzen von D-Glucose u. **I** unter Zusatz von 2% (bes. auf Zucker) **II** auf 98—99°, Einengen im Vakuum, Eintragen in W., Isolierung des Sirups nach 12 Std., Lösen in Methanol u. Kristallisation bei —10°; $[\alpha]_D^{25}$ +148° (c = 10; $CHCl_3$); 58% (Ausbeute). — *Oktaacetylsaccharose*, $C_{28}H_{38}O_{19}$, F. 73,5° (A.), aus Saccharose, **I** u. **II** analog vorst. Verb.; $[\alpha]_D^{25}$ +60,65° (c = 0,1; $CHCl_3$); 44,2%. — *Acetyl-1.3.4.5-tetraacetyl-β-D-fructopyranosid*, $C_{16}H_{22}O_{11}$, F. 128—129° (Chlf.), aus D-Fructose, **I** u. **II** analog vorst. Verb.; $[\alpha]_D^{25}$ —80,1° (c = 1,5; Chlf.); 40,1%. G. TALSKY. 3400 □

Zur Darstellung der D-Galakturonsäure aus D-Galaktose. K. Täufel und W. Bock. (Nahrung **4.** 25—30. 1960. Berlin, Deutsche Akademie der Wissenschaften, Inst. für Ernährung in Potsdam-Rehbrücke; dt.) — Die von OHLE [1925] angegebene u. seither verschiedentlich abgewandelte Synth. aus D-Galaktose wird in der Arbeitsweise nach SELL u. Mitarbeitern [1938] herangezogen u. in einigen Operationen verbessert. Aus D-Galaktose u. Aceton entsteht *1.2;3.4-Di-O-isopropyliden-D-galaktose*, Oxydation der letzteren in alkal. Lsg. ergibt das *K-Salz* der *1.2;3.4-Di-O-isopropyliden-D-galakturonsäure*, aus der nach Freisetzung der Säure durch Erhitzung mit W. in CO_2-Atmosphäre das Aceton abgespalten wird; Eindampfen der Lsg. bis zur beginnenden Kristallisation u. Zugabe von Äthanol. Aus 90 g D-Galaktose entstehen 23—26 g chromatograph. reines *D-Glakturonsäurehydrat*, F. 159—160° (sintert ab 110°; Zers.). Das Präp. stellt ein Gemisch aus der *α-* u. *β-Form* der D-Galakturonsäure dar; L-Galaktose führt bei gleicher Arbeitsweise zur L-Galakturonsäure. K. TÄUFEL. 3400 □

Reaktionen von Zuckern in Gegenwart von Säuren: Eine papierchromatographische Untersuchung. Henri C. Silberman. (J. org. Chemistry **26.** 1967—69.

13/6. 1961. Decatur, Ill., A. E. Staley Manufacturing Co., Res. Labor.; engl.) — 3%ig. Lsgg. von *D-Glucose* (**I**), *D-Mannose* (**II**), *D-Galaktose* (**III**), *D-Fructose* (**IV**), *L-Sorbose* (**V**), *Maltose* (**VI**) u. *Saccharose* (**VII**) wurden $^1/_2$—2 Std. mit 0,05—4,0n HCl auf 98° erhitzt. Die hierbei gebildeten Rk.-Prodd. wurden papierchromatograph. untersucht. Weder bei den untersuchten Ketosen (**K**) noch bei den Aldosen (**A**) ließ sich die Bldg. von Anhydrozuckern beobachten, wohl aber bei **IV** u. **V** die Bldg. sehr geringer Mengen von *Diketonhexosedianhydriden.* Die **K** bildeten schneller *huminähnliche Prodd.* als die **A.** Die Bldg. von Furanringen trat nur bei **IV** u. **V** auf, die von *Reversions-Prodd.* nur bei den **A**, u. zwar mit abnehmender Tendenz bei **I, III** u. **II.** Die saure Hydrolyse der Disaccharide erfolgt verschieden schnell: **VII** wird sehr schnell hydrolysiert (keine Bldg. von Kondens.-Prodd.), **VI** langsamer (Bldg. von **I**-Kondens.-Prodd.). Die Papierchromatographie erfolgte absteigend auf WHATMAN 54 in n-Butanol/Essigsäure/Methanol/W. (517 : 100 : 217 : 166). Das getrocknete Papier wurde durch $AgNO_3$-Lsg. (2 g $AgNO_3$, 5 ml W., 500 ml Aceton) u. verd. alkohol. NaOH gezogen. Nach Dampfbehandlung wurde es in 2n NH_4OH getaucht, 3 Std. in fließendem W. gewaschen, in 1%ig. wss. NaHS-Lsg. getaucht, gewaschen u. getrocknet. Die schwarzen Flecken auf weißem Grund sind beständig. E. LODEMANN. 3400 □

Chromatographische Untersuchung der Aldose-Ketose-Umwandlung verschiedener Osen und reduzierender Disaccharide. Vergleich zwischen der Wirkung von Pyridin und Alkalien. Jean-Emile Courtois, Andrée de Grandchamp-Chaudun und M. Paulle Dizet. (Ann. pharmac. franç. **18.** 689—97. Okt. 1960. Paris, Fac. de Pharm. et Centre Nat. de la Rech. sci., Labor. de Chim. biol.; franz.) — Vff. untersuchen die Aldose-Ketose-Umwandlung verschiedener Zuckerarten [*D-Ribose* (**I**), *D-Xylose* (**II**) als Aldopentosen; *D-Glucose* (**III**), *D-Mannose* (**IV**), *D-Galaktose* (**V**) als Aldohexosen; *D-Fructose* (**VI**) als Ketohexose; *Maltose* (**VII**), *Lactose* (**VIII**), *Melibiose* (**IX**), *Turanose* (**X**), *Palatinose* (**XI**) als reduzierende Disaccharide; *Saccharose* (**XII**), *Trehalose* (**XIII**), *Raffinose* (**XIV**), *Melezitose* (**XV**) u. *Stachyose* (**XVI**) als nicht reduzierende Oligosaccharide] in alkal. Lsgg., u. zwar Boratpuffer (**A**, Na-Tetraborat/Na_2CO_3; pH 10,06; 20°); Phosphatpuffer (**B**, Na_2HPO_4/Na_2CO_3, pH 10,9, 20°); n/500 Na_2CO_3 (**C**, pH 11,0, 10°), n/6 $Ba(OH)_2$ (**D**, pH 12,0, 20°) u. abs. Pyridin auf papierchromatograph. Wege (Lsgm.: n-Butanol/Pyridin/W., 9 : 5 : 4; Reagens: β-Naphthylamin/Thymol/A./H_3PO_4 0,1 : 1 g/150 : 2 ml). Es zeigt sich, daß **D** sämtliche reduzierenden Zucker rasch angreift; **VI** wird am schnellsten (innerhalb von 18 Std.) in **III** u. **IV** umgewandelt, von denen **III** am beständigsten ist. **I, II, IV** u. **V** werden nach 18 Std. allmählich zersetzt. Auch Disaccharide mit **VI**-Resten (**X** u. **XI**) sind in **D** am unbeständigsten; **VII** wird teilweise in *Maltulose* übergeführt u. unterliegt einer partiellen Hydrolyse mit nachfolgendem Abbau; **VIII** liefert *Lactulose* u. wird z. T. in **III** u. **V** gespalten; **IX** wird nur wenig angegriffen. Die nicht reduzierenden Zucker weisen in **A, B, C** u. **D** eine weitgehende Beständigkeit auf; so erfolgt z. B. in **D** nach 8 Tagen auf **XIII, XV** u. **XVI** kein Angriff; **XII** wird nur geringfügig hydrolysiert, während **XIV** innerhalb von 48 Std. zersetzt wird. In **A** sind **III** u. **VI** beständiger als die übrigen Zuckerarten, die nach 3—24 Std. einer Umwandlung unterliegen; **XI** wird am stärksten angegriffen. **I** u. **II** zeigen in **B** nach 1 Std. Konversion u. werden nach 48 Std. zersetzt; **III** u. **VI** werden am wenigsten verändert. Von den reduzierenden Disacchariden weisen **XI** u. **VIII** nach 15 Min. Umwandlung auf; letztere liefert nach 7 Std. *Lactulose*, **V** u. **VI. VII** hydrolysiert unter Bldg. von **III; X** wird teilweise in **VI** u. dieser in **III** übergeführt; **IX** geht in die entsprechende Ketose (*Planteobiose*) über. In abs. Pyridin vollziehen sich die gleichen Rkk. wie in **B**, aber mit geringerer Geschwindigkeit. Abs. Pyridin ist ohne Einfl. auf sämtliche Zuckerarten u. greift nur **VI** u. **X** bei 115° (4 Std. Rückfluß) geringfügig an. In W./Pyridin-Gemischen (pH ca. 9) ist die Aldose-Ketose-Umwandlungs-Geschw. vom Wasser-Geh. abhängig u. zeigt in 70%ig. wss. Pyridin die höchsten Werte, auch nicht reduzierende Zuckerarten werden leicht hydrolysiert. Die Ergebnisse zeigen, daß **D** die stärkste Einw. auf die verschiedenen Zuckerarten besitzt, die z. T. unter Bldg. von Zuckersäure zersetzt werden. Abs. Pyridin läßt sich zur Trennung eines Zucker-Mineralsalz-Gemisches verwenden, da Saccharide darin ohne Epimerisierung in Lsg. gehen. P. FAHRNLAENDER. 3400 □

Untersuchungen über die Struktur des Gentiopikrosids. Luigi Canonica und Francesca Pelizzoni. (Gazz. chim. ital. **87.** 1251—72. Nov. 1957. Milano, Univ., Ist. per la Laurea in Chim. Ind.; ital.) — Hydrierung von Tetraacetylgentiopikrosid (**I**) an Pd-Kohle führt zu *α-Tetraacetyltetrahydrogentiopikrosid* (**II**) u. *β-Tetraacetyltetrahydrogentiopikrosid* (**III**). **II** u. **III** liefern bei Weiterhydrierung an Rh-Kohle *Tetraacetylhexahydrogentiopikrosid.* Saure Hydrolyse von **II** u. **III** führt zur Spaltung der aus **II** u. **III** zunächst entstehenden *Aglykone* in CO_2, *Aceton* u. noch nicht identifizierte Prodd., z. B. *Verb. F. 144°. Aceton* wird als *Aceton-2.4-dinitrophenylhydrazon* (**V**) isoliert. Als

Zwischenprodd. treten bei der Spaltung möglicherweise *Acetessigsäure* u. *Formylessigsäure* auf. Das aus **II** erhältliche *Aglykon* liefert bei der Oxydation mit CrO_3 neben *Essigsäure Propionsäure*; beide Verbb. werden als *p-Phenylphenacylester* identifiziert. UV-Spektr. vgl. Original.

Versuche: ([α]$_D$ in Chlf.): *α-Tetraacetyltetrahydrogentiopikrosid* (**II**), $C_{24}H_{32}O_{13}$, F. 208° (Essigester; Blättchen), durch Hydrierung von 4,99 g **I** in 300 ml Essigester an Pd-Kohle bei Raum-Temp., Einengen der filtrierten Lsg. im Vakuum auf ca. 150 ml, Einengen der nach 12std. Stehenlassen von Verunreinigungen abfiltrierten Lsg. auf 60 ml u. Aufbewahren zur Kristallisation; $[\alpha]_D^{20}$ −43,8° (c = 1,0); 3,1 g (Ausbeute). Durch 4std. Kochen von **II** mit 80%ig., wenig H_2SO_4 enthaltendem A., Ausfällen von überschüssiger H_2SO_4 mit $Ba(OH)_2$, Einengen der filtrierten Lsg. im Vakuum, Extraktion des Rückstandes mit CH_2Cl_2, Abdest. des CH_2Cl_2, Aufnehmen des als Rückstand erhaltenen, farblosen, viscosen *Aglykons* in A., Zugabe von wenig 2n Na_2CO_3-Lsg. u. von p-Nitrophenyldiazoniumchlorid (**IV**) tritt kirschrote Färbung ein. — *β-Tetraacetyltetrahydrogentiopikrosid* (**III**), F. 161° (Bzl.–Heptan), durch Eindampfen des Filtrats von **II** im Vakuum, Aufnehmen des Rückstandes in A., Einengen, Abfiltrieren, von wenig **II**, weiteres Einengen, Reinigung durch Chromatographie an Al_2O_3 u. Elution mit Bzl.–Chlf. (9 : 1); $[\alpha]_D^{20}$ −97,7° (c = 1,0); 1,39 g. **III** verhält sich bei der sauren Hydrolyse u. nachfolgender Behandlung mit **IV** analog **II**. **II** u. **III** liefern bei 10- bzw. 5–6std. Kochen mit 70%ig., 4% H_2SO_4 enthaltendem A. im N_2-Strom CO_2. — *Tetraacetylhexahydrogentiopikrosid*, $C_{23}H_{34}O_{13}$, F. 157° (Bzl.), a) durch 9std. Hydrierung von 902 mg **I** in CH_3OH an Pd-Kohle bei Raum-Temp. u. Einengen der filtrierten Lsg.; $[\alpha]_D^{20}$ −60° (c = 1,0); 750 mg; b) durch Hydrierung von **II** in CH_3OH an Rh-Kohle; 75%; c) analog b) aus **III**; 62%. — *Acetaldehyd-2.4-dinitrophenylhydrazon* (**VI**), F. 168° (A.), durch Einrühren von Formylessigsäureäthylester (Na-Salz) in die Lsg. von 2.4-Dinitrophenylhydrazin (**VII**) u. HCl in 70%ig. A., 30 Min. langes Kochen, Bzl.-Extraktion, 30 Min. langes Kochen des Bzl.-Rückstandes mit 5n HCl u. Neutralisation mit Na_2CO_3. — *Aceton-2.4-dinitrophenylhydrazon* (**V**), $C_9H_{10}N_4O_4$, F. 125° (Heptan), a) analog **VI** aus Acetessigester (Na-Salz); b) durch 30 Min. langes Kochen von 160 mg **II** mit **VII** in 80%ig., 4% H_2SO_4 enthaltendem A., Neutralisation mit NaOH, Einengen der Lsg. im Vakuum, Bzl.-Extraktion des abfiltrierten Nd., Einengen der Bzl.-Lsg. auf ein kleines Vol., Chromatographie an Al_2O_3, Elution von wenig *Verb. F. 144°* mit Bzl. u. weitere Elution mit Bzl.; 24 mg; c) analog b) aus **III** (daneben *Verb. F. 144°*), d) durch 8std. Kochen von **II** mit 4%ig. H_2SO_4, Neutralisation mit $Ba(OH)_2$, Dest. der filtrierten Lsg. u. Behandeln des Destillats mit **VII**. — *1-[2.4-Dinitrophenyl]-pyrazolon-(5)*, $C_9H_6N_4O_5$, F. 175° (Heptan), durch 2std. Kochen von **II** mit 80%ig., 4% H_2SO_4 enthaltendem CH_3OH, Neutralisation mit $Ba(OH)_2$, Abdest. eines Teils der filtrierten Lsg., kurzes Erhitzen des Destillats mit **VII** u. HCl, Ae.-Extraktion der mit W. versetzten Lsg., Aufnehmen des Ae.-Rückstandes in Bzl., Chromatographie an Al_2O_3, Elution mit Bzl., Einengen, Aufnehmen des Rückstandes in Heptan, Chromatographie an Al_2O_3 u. Elution mit Heptan; daneben **V**. — *Propionsäure-p-phenylphenacylester*, F. 102° (PAe.), durch Zugabe von $K_2Cr_2O_7$ zu der Suspension des aus **II** hergestellten *Aglykons* in 1n H_2SO_4, 1std. Kochen, Zugabe von weiterem $K_2Cr_2O_7$, 7std. Kochen, Abdest. eines Teiles der Lsg., Neutralisation des Destillats, Zugabe von äthanol. p-Phenylphenacylbromid zu der eingeengten Lsg., Lösen des Rk.-Prod. in Bzl., Chromatographie an Al_2O_3 u. Elution mit Bzl.; daneben durch weiteres Eluieren mit Bzl. *Essigsäure-p-phenylphenacylester*.

L. JOHANNSEN. 3450 □

Indicin: Das Hauptalkaloid von Heliotropium indicum L. A. R. Mattocks, R. Schoental, H. C. Crowley und C. C. J. Culvenor. (J. chem. Soc. [London] **1961**. 5400–03. Dez. Carshalton, Surrey, Toxicol. Res. Unit, Med. Res. Council Labor.; Melbourne, Australia, C.S.I.R.O. Chem. Res. Labor.; engl.) — Aus *Heliotropium indicum* wurde ein neues Pyrrolizidin-Alkaloid, *Indicin* (**I**), isoliert, das in der Pflanze als solches u. in Form seines N-Oxids vorliegt. Für **I** ergibt sich die Konstit. des mit der (—)-*Trachelanthinsäure* (**II**) veresterten *Retronecins* (**III**). Die Verseifung von **I** führt zu **II** u. **III**, die katalyt. Hydrierung in verd. HCl zu **I** u. *Retronecanol*.

Versuche: *Indicin* (**I**), $C_{15}H_{25}NO_5$, F. 97–98°, aus 11 kg Pflanzenmaterial durch Extraktion mit A., Adsorption an Dowex 50, Elution mit 0,8n NH_4OH, Red. mit Zn/H_2SO_4 u. Extraktion der alkalisierten Lsg. mit Chlf.; hexagonale Prismen aus PAe. oder Bzl.–Hexan; $[\alpha]_D^{20}$ +22,3° (c = 1,65; A.); 15,6 g (Rohausbeute). *Pikrolonat, Hydrat*, $C_{15}H_{25}NO_5 \cdot C_{10}H_8N_4O_5 \cdot H_2O$, aus 5 kg Pflanzenmaterial durch Extraktion mit Methanol, Red. des Rückstandes der Methanol-Lsg., Extraktion mit Chlf. u. Fällen mit Pikrolonsäure. *Hydrochlorid*, $C_{15}H_{25}NO_5 \cdot HCl$, F. 131–132°; aus A.–Ae. rechteckige Blättchen; $[\alpha]_D^{20}$ +11,25° (c = 4,54; A.). *Reineckat*, $C_{15}H_{26}NO_5[Cr(NH_3)_2(SCN)_4]$, F. 141 bis 142°; aus W. blaßrote Blättchen. *Pikrat, Benzolsolvat*, $C_{15}H_{25}NO_5 \cdot C_6H_3N_3O_7 \cdot C_6H_6$,

F. 90° (Bzl.), bei raschem Abkühlen der Mutterlauge. *Pikrat·0,62 C_6H_6*, F. 81—86°. *Pikrat, Hydrat*, F. 66—68°; aus W. Blättchen. *Methojodid*, $C_{16}H_{28}JNO_5$, F. 159—160°; aus A.-Ae. Blättchen; $[\alpha]_D^{20}$ +12,5° (c = 4,32; A.); bildet bei der alkal. Hydrolyse **II.** — *Indicin-N-oxid, Methanolsolvat*, $C_{15}H_{25}NO_6 \cdot CH_3OH$ (?), F. 130—131°, Zers. bei 165 bis 166°, aus **I** in A. durch 3tägiges Stehen mit 30%ig. H_2O_2; aus Methanol-Aceton zerfließliche Nadeln; $[\alpha]_D^{20}$ +34,0° (c = 7,0; A.). — (—)-*Trachelanthinsäure* (**II**), $C_7H_{14}O_4$, F. 94°, aus 1,2 g **I** durch 2std. Erhitzen mit 2n NaOH auf 100°, Ansäuern u. Extraktion mit Ae.; aus Bzl.-PAe. Rosetten; $[\alpha]_D^{20}$ —3,4°; 0,55 g. *Brucin-Salz*, $C_7H_{14}O_4 \cdot C_{23}H_{26}N_2O_4$, F. 197—198°; aus A. Nadeln. — *Retronecin* (**III**), $C_8H_{13}NO_2$, F. 118—119°, aus der wss. Phase vorst. Ae.-Extrakte durch Alkalisieren, Eindunsten zur Trockne, Extraktion mit A. u. Chromatographie an Deacidite FF; aus Aceton Prismen; 0,55 g. — *Retronecanol*, $C_8H_{15}NO$, F. 92—93°, aus **I** in verd. HCl durch katalyt. Hydrierung mit PtO_2, Extraktion mit Ae. (→ **II**), alkal. Stellen u. Chlf.-Extraktion; aus PAe. Prismen. *Pikrat*, F. 211—213°.

B. FÖHLISCH. 3500 □

Die Konfiguration von (—)-Tropasäure und ihrer natürlich vorkommenden Ester. G. Fodor und Gy. Csepreghy. (Tetrahedron Letters [London] **1959.** Nr. 7. 16—18. Juli. Budapest, Hung. Acad. of Sci., stereochem. Labor.; engl.) — dl-β-Chlorhydratropasäure (dl-**I**; aus Atropasäure) wird mit Kodein gespalten u. ergibt (—)-**I** [F. 62°; $[\alpha]_D^{20}$ —115° (c = 0,4; 96%ig. A.) *Kodeinsalz*, $C_{27}H_{30}ClNO_5$, F. 138° (Zers.) $[\alpha]_D^{20}$ —95° (c = 0,4; Methanol)]. Hydrogenolyse von (—)-**I** in Essigester an Pd-Kohle in Ggw. von $Ba(OH)_2$ ergibt *R*(—)-α-*Methylphenylessigsäure* (**II**), $C_9H_{10}O_2$, Kp.$_{1-2}$ 115°; $[\alpha]_D^{20}$ —76° (c = 0,794; 96%ig. A.). Wegen der Zusammenhänge zwischen (—)-**I** u. (—)-Tropasäure (**III**) u. zwischen (+)-**II** u. (+)-Alanin kommt **III** die S-Konfiguration zu u. entsprechend stellt (—)-Hyoscyamin S(—)-Tropasäuretropanol-(3α)-ester u. (—)-Hyoscin S(—)-Tropasäure-6β.7β-epoxytropanol-(3α)-ester dar. B.-G. BRODDA. 3500 □

Über die Struktur von Dioscorin. T. L. V. Ulbricht. (Tetrahedron Letters [London] **1959.** Nr. 1. 5—7. März. Cambridge, Univ., Chem. Labor.; engl.) — Durch Vgl. der CO-Banden in den IR-Spektren von 2-Oxotropan, des Abbau-Prod. von *Dioscorin* (**I**), u. Tropinon sowie 6-Hydroxytropinon wird die von AYER u. Mitarbeitern (C. **1960.** 16756) u. von JONES u. PINDER (C. **1962.** 18477) vorgeschlagene Struktur für **I** gestützt. B.-G. BRODDA. 3500 □

Alkaloide aus Aspidosperma australe Müll. Argov. Beziehungen zwischen Olivacin und u-Alkaloid C. Miguel A. Ondetti und Venancio Deulofeu. (Tetrahedron Letters [London] **1959.** Nr. 7. 1—4. Juli. Martinez, Buenos Aires, Argentinia, E. R. Squibb and Sons Argentina S. A., Labor. de Invest.; engl.) — Aus *A. australe* werden isoliert: *Olivacin* [**I**; $C_{17}H_{14}N_2$, F. 314—316° (Kofler); $[\alpha]_D^{29}$ ± 0°; *Methojodid*, F. 320° (Zers.; vgl. SCHMUTZ u. HUNZIKER, Pharmac. Acta Helvetiae **33.** [1958.] 341)] *u-Alkaloid C* [**II**; $C_{18}H_{20}N_2$, F. 243—246°; $[\alpha]_D^{22}$ +112° (Pyridin)] u. *Ulein* [$C_{18}H_{22}N_2$, F. 78—80° (Kofler) bzw. 118—121° (Capillare); $[\alpha]_D^{25}$ +11,5°; *Hydrochlorid*, F. 240—241°; *Methojodid*, F. 204—206° (vgl. SCHMUTZ u. HUNZIKER, C. **1959.** 4481 bzw. C. **1958.** 9221)]. Hydrierung von **I**-Methojodid in A. an red. PtO_2 ergibt das Racemat von **II** (F. 223 bis 225°), das auch in A. australe vorkommt, eine N-Methylgruppe sowie zwei C-Methylgruppen enthält u. dessen UV-Spektrum das Carbazol-Syst. anzeigt. Für das **I**-Grundgerüst wird die Indolo-[6.7 : b]-isochinolinstruktur vorgeschlagen; zur Erklärung der opt. Aktivität von **II** wird angenommen, daß mindestens eine der beiden C-Methylgruppen in **I** am Pyridinring steht, der bei der Hydrierung zu **II** red. wird.

B.-G. BRODDA. 3500 □

Konstitution von Fangchinolin. Chi-Yi Hsing und Ching-Hsiang Chang. (Scientia sinica **7.** 59—63. Jan. 1958. Peking, Univ., Dep. of Chem.; engl.) — Durch Oxydation von O-Äthylfangchinolin (**I**) mit $KMnO_4$ wird *2-Methoxy-5.4'-dicarboxydiphenyläther* erhalten. Die Spaltung von **I** mit Na/fl. NH_3 ergibt *d-1-[4-Hydroxybenzyl]-6-methoxy-7-hydroxy-N-methyl-1.2.3.4-tetrahydroisochinolin* (**II**) u. *1-[4-Methoxybenzyl]-6-methoxy-7-äthoxy-N-methyl-1.2.3.4-tetrahydroisochinolin* (**III**). Durch Oxydation von **III** oder **II**-7-O-Äthyläther nach SPÄTH u. EPSTEIN [1926] wird *1-Oxo-6-methoxy-7-äthoxy-N-methyl-1.2.3.4-tetrahydroisochinolin* erhalten. Obwohl Fangchinolin (**IV**) eine positive MILLON-Rk. gibt, die für 6-Hydroxyisochinoline charakterist. sein soll, sitzt in **IV** die freie OH-Gruppe in 7-Stellung an einem Isochinolinkern. Die von BLICK u. Mitarbeitern (J. chem. Soc. [London] **1949.** 2768) aufgestellte Struktur von Daphnandrin bedarf daher noch der Bestätigung durch weitere Untersuchungen.

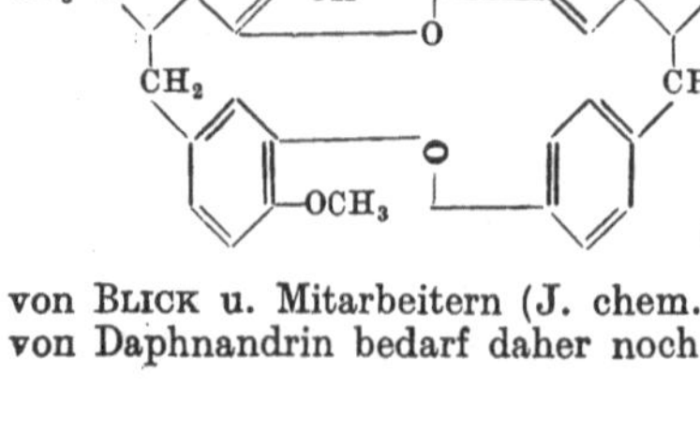

IV

Versuche: *Fangchinolinäthyläther* (I), F. 116—117°, durch Lösen von 10 g **IV** in heißem abs. A., Zugabe von Diazomethan in Ae. bei 0°, 2tägiges Stehen bei Raum-Temp., Eindampfen, Extrahieren mit verd. HCl, Alkalisieren mit NH_4OH u. Ausäthern; aus wss. A. Nadeln; 10 g (Ausbeute). *Pikrat*, F. 240—242° (Zers.). — *d-1-[4-Hydroxybenzyl]-6-methoxy-7-hydroxy-N-methyl-1.2.3.4-tetrahydroisochinolin* (II), *Hemihydrat*, C_{18}· $H_{21}NO_3$·½ H_2O, F. 139—140°, durch Zugabe von 2 g Na zu 3 g **I** in Toluol/fl. NH_3 bei —35° innerhalb von 3 Std., Abdunsten des NH_3 durch mehrstd. Stehen bei Raum-Temp., Zugabe von wenig W. u. Ausäthern, Neutralisieren der alkal. Lsg. mit HCl, Alkalisieren mit NH_3 u. Ausäthern; $[\alpha]_D^{17}$ +88,88° (c = 0,720; Chlf.); aus Methanol Nadeln; 1,30 g; daneben durch Extraktion der äther. Lsg. mit 5%ig. HCl, Alkalisieren der sauren Lsg. mit NaOH, Ausäthern u. Chromatographie des erhaltenen braunen Öls (1,48 g) in abs. Bzl. an Al_2O_3 *1-[4-Methoxybenzyl]-6-methoxy-7-äthoxy-N-methyl-1.2.3.4-tetrahydroisochinolin* (III; F. 55—56°. *Jodmethylat*, $C_{21}H_{27}NO_3$·CH_3J, F. 100—103°; aus abs. A. Prismen). — *1-Oxo-6-methoxy-7-äthoxy-N-methyl-1.2.3.4-tetrahydroisochinolin*, $C_{13}H_{17}NO_3$, F. 119—121°, a) durch Versetzen von 0,907 g **III** in verd. H_2SO_4 mit verd. KOH bis zur Trübung, Zutropfen von 1%ig. $KMnO_4$ unter Rühren, Lösen von MnO_2 durch Einleiten von SO_2, Zugabe von $NaHSO_3$ u. Extrahieren mit Ae.; aus Ae. Prismen; 0,263 g; b) durch Äthylieren von **II** mit Diazoäthan in Ae. u. anschließende Oxydation analog a). K. LANGE. 3500

Bestimmung der Peripherie des Annotinins. K. Wiesner, W. A. Ayer, L. R. Fowler und Z. Valenta. (Chem. and Ind. **1957**. 564—65. 4/5. Fredericton, Canada, Univ. of New Brunswick, Chem. Labor.; engl.) — Der aus Annotinin (I) erhaltene Ketoester $C_{17}H_{23}NO_4$ (II), F. 200° (vgl. VALENTA u. Mitarbeiter, C. **1957**. 8513) liefert beim Kochen mit SeO_2 in Dioxan 4 Prodd., die durch Chromatographie an Al_2O_3 getrennt werden: 1. *Verb.* $C_{17}H_{21}NO_4$ (III), F. 144—145°, 2. *Verb.* $C_{17}H_{21}NO_5$ (IV), F. 246,5—247°, 3. eine vermutlich mit **IV** epimere *Verb.* $C_{17}H_{21}NO_5$ (V), F. 212—213° u. 4. *Verb.* $C_{17}H_{19}NO_4$ (VI), F. 127—128°. Bei der Einw. von Br_2 in Eisessig auf **II** entsteht ein *Dibrom-Deriv.* $C_{17}H_{21}Br_2NO_4$, F. 163—163,5°, das durch Hydrolyse mit NaOH in Dioxan u. folgende Wiederveresterung der gebildeten Säure mit 60%ig. Ausbeute in **V** umgewandelt wird. Energ. Hydrierung von **VI** an PtO_2 in Essigsäure führt zu dem früher beschriebenen (l. c.) *Hydroxyester* $C_{17}H_{25}NO_4$, F. 166°. **III** wird durch $NaBH_4$ zu einem *Alkohol* $C_{17}H_{23}$·NO_4, F. 235—236°, red., der sich in sd. $NaOCH_3$-Lsg. leicht zu **II** isomerisiert. Beim Abbau von **V** mit Perjodat u. Permanganat entstehen Ameisensäure u. Bernsteinsäure. **II** bildet ein *Benzyliden-Deriv.*, $C_{24}H_{27}NO_4$, F. 212—213° sowie ein amorphes *Furfuryliden-Deriv.*, das bei der Einw. von Ozon u. Zers. des entstandenen *Ozonides* mit Essigsäure u. H_2O_2 eine amorphe *Säure* liefert, aus der durch Erhitzen auf 110—160° unter Abspaltung von CO_2 eine *Dicarbonsäure* $C_{15}H_{21}NO_5$, F. 304°, erhalten wird. UV-Maxima u. IR-Banden sind für die aufgeführten Verbb. angegeben. Auf Grund der vorst. Verss. werden für **I** u. **II** (Teilkonstit.) die aufgeführten Formeln vorgeschlagen. M. BOIT. 3500

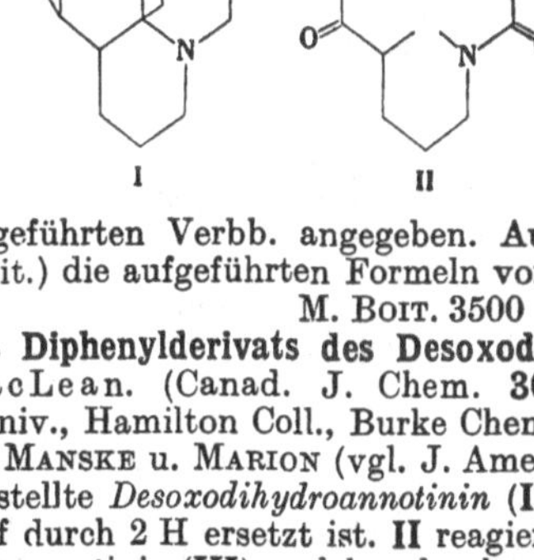

I II

Lycopodiumalkaloide. 6. Mitt. **Reaktionen des Diphenylderivats des Desoxodihydroannotinins.** E. E. Betts und David B. MacLean. (Canad. J. Chem. **36**. 473—79. März 1958. Hamilton, Ontario, McMaster Univ., Hamilton Coll., Burke Chem. Labor.; engl.) — 5. vgl. C. **1962**. 18479. — Das nach MANSKE u. MARION (vgl. J. Amer. chem. Soc. **69**. [1947.] 2126) aus Annotinin (I) hergestellte *Desoxodihydroannotinin* (II) unterscheidet sich von **I**, indem der Epoxidsauerstoff durch 2 H ersetzt ist. **II** reagiert mit Phenyl-Li unter Bldg. von *Diphenyldesoxodihydroannotinin* (III), welches durch sd. verd. HCl in eine *Anhydrobase* $C_{28}H_{33}NO$ umgewandelt wird. Diese Verb. zeigt im UV ein für 1.1-Diphenyläthylengruppierungen charakterist. Spektrum. Sie läßt sich jedoch weder katalyt. hydrieren noch oxydieren. **III** wird durch Al-Isopropylat in Ggw. von Cyclohexanon (VI) zum *Hydroxyketon* $C_{28}H_{33}NO_2$ (IV), durch CrO_3/Essigsäure zum *Dihydroxyketon* $C_{28}H_{33}NO_3$ (V) oxydiert, welches auf dem gleichen Wege auch aus **IV** zugänglich ist. **V** bildet bei der Alanat-Red. die *Trihydroxy-Verb.* $C_{28}H_{35}NO_3$, die ebenso wie **V** mit HJO_4 nicht reagiert. **V** verbraucht 3 Mol Pb-Tetraacetat; die Rk.-Prodd. konnten bisher nicht isoliert werden. IR-Unterss. lassen vermuten, daß die neue OH-Funktion in **IV** u. **V** in α-Stellung zur Ketogruppe lokalisiert ist. Bei der Oxydation von **III** mit K-tert.-Butylat u. **VI** in sd. Bzl. wird ein *Keton* $C_{28}H_{33}NO_2$ (VII), in sd. Toluol dagegen ein *Keton* $C_{15}H_{21}NO$ (VIII) gebildet. **VIII** entsteht auf dem gleichen Wege auch aus **IV** u. **VII**,

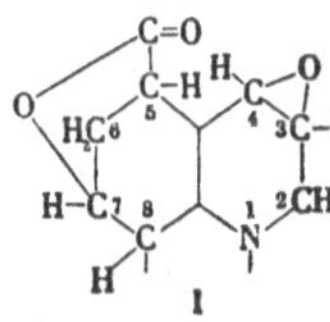

I

wobei unter sorgfältigen Rk.-Bedingungen erwartungsgemäß *Benzhydrol* oder (in Ggw. von Luft) *Benzophenon* als Nebenprod. erhalten wird. Diese Spaltungs-Rk. kann als eine Umkehr der MICHAEL-Rk. angesehen werden. **VII** wird auch aus **IV** durch Kochen mit $NaOC_2H_5$ erhalten. **IV** u. **VII** unterscheiden sich durch ihr Verh. gegenüber CrO_3; während **IV** sich in **V** umwandelt, wird **VII** nicht angegriffen. In **IV** u. **VII** liegen vermutlich 2 Isomere vor, die bzgl. der 8-Stellung epimer sind. Auf Grund ihrer Unterss. schlagen Vff. die obenst. Teilstruktur für **I** vor. UV-Maxima u. IR-Banden sind für die beschriebenen Verbb. angegeben.

Versuche ($[\alpha]_D$ in Chlf.): *Diphenyldesoxodihydroannotinin* (**III**), $C_{28}H_{35}NO_2$, F. 218 bis 220° (Aceton), durch 2std. Kochen von **II** in Ae. mit Phenyl-Li in Ae., Zers. mit Eis/HCl, Alkalisieren der abgetrennten HCl-Lsg. mit NH_4OH u. Ausäthern; $[\alpha]_D^{21}$ −106° (c = 1%); 75—80° (Ausbeute). — *Anhydrobase·Hydrochlorid* $C_{28}H_{33}NO \cdot HCl$, F. 295° (Zers.; CH_3OH–Aceton), durch 2std. Kochen von **III** in methanol. HCl, Eindampfen u. Aufnehmen des Rückstandes in Aceton. *Freie Base* $C_{28}H_{33}NO$, F. 189—190° (CH_3OH). — *Hydroxyketon* $C_{28}H_{33}NO_2$ (**IV**), F. 201° (Ae.), durch 1¼std. Kochen von 0,5 g **III**, 1,5 ml **VI** u. Al-Isopropylat in Toluol, Gießen auf Eis, Ausäthern, Ausziehen mit 10%ig. HCl, Alkalisieren mit NH_4OH u. Ausäthern; $[\alpha]_D^{21}$ +100,7° (c = 1%); 0,35 g. — *Dihydroxyketon* (**V**)·*Hydrochlorid* $C_{28}H_{33}NO_3 \cdot HCl \cdot H_2O$, F. 276° ($CH_3OH$), a) durch 10 Min. langes Erwärmen von **IV** in Eisessig mit CrO_3 auf 50—60°, Zers. mit CH_3OH, Eindampfen im Vakuum, Aufnehmen in W., Alkalisieren mit NH_4OH, Ausäthern, Abdampfen u. Behandeln mit methanol. HCl; 50%; b) aus **III** analog a). *Freie Base* $C_{28}H_{33}NO_3$, F. 208° (CH_3OH); $[\alpha]_D^{21}$ +43,0° (c = 1%); *Methojodid*, $C_{28}H_{33}NO_3 \cdot CH_3J$, F. 245° (Aceton), aus 0,20 g Base durch 2tägiges Aufbewahren bei Raum-Temp.; 0,05 g. — *Hydroxy-Verb.* $C_{28}H_{35}NO_2$, F. 209° (Ae.), durch 2½std. Kochen von 0,4 g **V** mit $LiAlH_4$, Zers. mit W. u. Aufarbeiten über das *Hydrochlorid* (F. 272°); 0,34 g. — *Keton* (**VIII**)·*Hydrochlorid* $C_{15}H_{21}NO \cdot HCl$, F. 261—262° (Aceton), a) durch 1std. Kochen von 0,2 g **III** in Toluol mit 1 cm³ **VI** u. 0,28 g K-tert.-Butylat, Zers. mit Eis, Ausziehen der Toluol-Lsg. mit HCl, Alkalisieren mit NH_4OH, Ausäthern, Eindampfen der Ae.-Lsg., Lösen des bas. Rückstandes (0,1 g) in Aceton u. Zufügen von HCl; b) analog a) aus **IV** im N_2-Strom [daneben als nichtbas. Anteil *Benzhydrol*, F. 70° (PAe.) bzw. beim Arbeiten im Luftstrom *Benzophenon*, das als *2.4-Dinitrophenylhydrazon* isoliert wird]. *Hydrobromid* $C_{15}H_{21}NO \cdot HBr$, F. 267—268° (Aceton–CH_3OH), — *Keton* $C_{28}H_{33}NO_2$ (**VII**), F. 223° (Ae.), a) analog **VIII** in sd. Bzl.; $[\alpha]_D^{21}$ −60,2° (c = 1%); 25%; b) durch 24std. Kochen von 0,13 g **IV** mit $NaOC_2H_5$ in A., Eindampfen im Vakuum, Zugabe von W., Ae.-Extraktion u. Einengen; 20 mg. H. LEHWALD. 3500□

Darstellung von hinsichtlich des N-Atoms stereoisomeren Kodeinderivaten. Károly Koczka und Gábor Bernáth. (Chem. and Ind. **1958.** 1401. 25/10. Szeged, Univ. of Szeged, Inst. of organ. Chem.; engl.) — Inhaltlich ident. mit der C. **1959.** 15354 referierten Arbeit. — Für *Kodein-N-benzylojodiddihydrat*, $C_{25}H_{28}JNO_3 \cdot 2\,H_2O$, wird die opt. Drehung zu $[\alpha]_D^{20}$ −58,3° angegeben. K. LANGE. 3500

Struktur und Synthese von Triacanthin. René Denayer, André Cavé und Robert Goutarel. (C. R. hebd. Séances Acad. Sci. **253.** 2994—96. 18/12. 1961. Bruxelles, Union Chim. Belge, Labor. de Rech.; Gif-sur-Yvette, C.N.R.S., Inst. de Chim. des Substances naturelles; franz.) — Umsetzung von 4.6-Diamino-5-formamidopyrimidin (**I**) mit NaH u. Alkylhalogeniden liefert *4.6-Diamino-5-[formylalkylamino]-pyrimidine*, die mit Formamid oder Diäthanolamin bei 200—220° zu *7-substituierten Adeninen* cyclisiert werden. Die direkte Alkylierung von **I** liefert *4-Amino-6-imino-5-formamido-1-* (bzw. *3*)-*alkyldihydropyrimidine*, die durch Cyclisierung in *3-substiuierte Adenine* übergeführt werden. *Triacanthin* ist ident. mit 3-[γ.γ-Dimethylallyl]-adenin.

Versuche: Adenine: *7-Methyl-*, $C_6H_7N_5$, F. 345°. — *7-Benzyl-*, $C_{12}H_{11}N_5$, F. 234°. — *7-Cyclopentyl-*, $C_{10}H_{13}N_5$, F. 242°. — *7-[γ.γ-Dimethylallyl]-*, $C_{10}H_{13}N_5$, F. 194°. — *3-Methyl-*, $C_6H_7N_5$, F. 302°. — *3-Benzyl-*, $C_{12}H_{11}N_5$, F. 273°. — *3-Cyclopentyl* (im Orig. „*Furfuryl*")-, $C_{10}H_{13}N_5$, F. 245°. — *3-[γ.γ-Dimethylallyl]-*, $C_{10}H_{13}N_5$, F. 230°. — Die UV-Spektren der Verbb. sind angegeben. H. GLEINIG. 3500□

Optische Spaltung bei der Totalsynthese von Reserpin. L. Novák, J. O. Jílek, B. Kakáč und M. Protiva. (Tetrahedron Letters [London] **1959.** Nr. 5. 10—13. Juni. Prag, Pharm. and Biochem. Res. Inst.; engl.) — Die Racematspaltung von *dl-8β-Hydroxy-3β.5β-oxido-3.4.4a.5.8.8a-hexahydronaphthalin-1-carbonsäure* (dl-**I**, $C_{11}H_{12}O_4$, F. 183 bis 184°), die durch alkal. Hydrolyse der Zwischenstufen *2α-Brom-* bzw. *2α-Methoxy-8β-hydroxy-3β.5β-oxido-1.2.3.4.4a.5.8.8a-oktahydronaphthalin-1β-carbonsäurelacton* (dl-**II**) der WOODWARDschen Reserpin-Synth. (Tetrahedron [London] **2.** [1958.] 1) erhalten wird, mit Brucin (**III**) liefert über (−)-**I**-*Brucinsalz* ($C_{34}H_{38}N_2O_8$, F. 185°, Nadeln, $[\alpha]_D^{20}$ −17° in W.; daneben (+)-**I**-*Brucinsalz*, F. 147—150°, $[\alpha]_D^{20}$ −20° in W.) (−)-**I** (F. 165°, $[\alpha]_D^{20}$ −22° in CH_3OH), deren Zugehörigkeit zur natürlichen Reihe durch Dehydratisierung mit

N.N'-Dicyclohexylcarbodiimid (**IV**) in Dioxan oder Acetanhydrid in Pyridin zum *Lacton von* (—)-**I** ($C_{11}H_{10}O_3$, F. 166°, $[\alpha]_D^{20}$ —16° in Chlf.) u. dessen Addition von CH_3OH in Ggw. von CH_3ONa unter Bldg. von (+)-**II** ($C_{12}H_{14}O_4$, F. 99°, $[\alpha]_D^{20}$ +49° in A.), das auch durch Methanolyse von **I**-Methylesteracetat ($C_{14}H_{16}O_5$, F. 90°) erhalten wird, u. das mit der von VELLUZ u. Mitarbeitern (Bull. Soc. chim. France **1958**. 673) beschriebenen Verb. vom F. 102° offenbar ident. ist, bewiesen wird. — In weiteren Verss. wurde rac.-5.8-Dihydroxy-1.4.4a.5.8.8a-hexahydronaphthalin-1-carbonsäure-γ-lacton (**V**; *Acetat*, F. 97—98°) in das *Hydrogensuccinat* ($C_{15}H_{16}O_6$, F. 142°), das *Hydrogenphthalat* (dl-**VI**, $C_{19}H_{16}O_6$, F. 215°) u. das (—)-*Menthoxyacetat* (**VII**) übergeführt, von denen sich dl-**VI** (mit **III**) in (+)-**VI** [$C_{19}H_{16}O_6$, F. 190—193°, $[\alpha]_D^{20}$ +57° (Chlf.); *Brucinsalz*, $C_{42}H_{42}N_2O_{10}$, F. 218—222°, $[\alpha]_D^{20}$ +5° (Chlf.)] u. **VII** in ein reines Diastereomeres ($C_{23}H_{32}O_5$, F. 128 bis 129°, $[\alpha]_D^{20}$ —36° in Chlf.) trennen lassen. Verss. zur Hydrolyse dieser Verb. u. von (+)-**VI** lieferten nur nichtkrist. Gemische. **V** wird durch Alkalien unter Verschiebung einer Doppelbindung zu *dl-5.8-Dihydroxy-3.4.4a.5.8.8a-hexahydronaphthalin-1-carbonsäure* (*Brucinsalzsesquihydrat*, $C_{34}H_{40}N_2O_8 \cdot 1^1/_2\, H_2O$, F. 143—147°, $[\alpha]_D^{20}$ —71° in 90% ig. CH_3OH) hydrolysiert, die mit **III** in die (—)-*Form* ($C_{11}H_{14}O_4$, F. 185°, $[\alpha]_D^{20}$ —162° in 90% ig. CH_3OH) gespalten u. mit **IV** zum *Lacton* ($C_{11}H_{12}O_3$, F. 123°; *Acetat*, F. 123 bis 124°) dehydratisiert werden kann; die Strukturen werden durch die IR- u. UV-Spektren gestützt. B.-G. BRODDA. 3500□

Untersuchungen in der Ajmalin-Reihe. Salimuzzaman Siddiqui, S. A. Warsi, M. Alauddin und Viqaruddin Ahmad. (Pakistan J. sci. ind. Res. **2**. 86—92. April/Juli 1959. Karachi, Pakistan Council of sci. and ind. Res., Central Labor.; engl.) — Untersucht wird die Rk. von Br_2 mit Ajmalin (**I**) u. verschiedenen **I**-Derivv. zur Aufklärung des Rk.-Mechanismus u. zur Klärung von Unstimmigkeiten hinsichtlich der Rkk. u. der chem. Charakteristika von **I**. Auf Grund der Rk. von BrCN mit Diacetylajmalin (**II**) u. Diacetylhexahydroajmalin (**III**) wird die Beziehung zwischen der Herzwirksamkeit von **I** u. der N-Stabilität der Carbinol–Amin-Struktur, die als cardiophore Gruppe im **I**-Mol. zu fungieren scheint, diskutiert. Durch Rk. von **I** mit Br_2 werden 3 isomere *Brom-Derivv.* erhalten; die Änderung des F. beim Umkristallisieren ist also nicht darauf zurückzuführen, daß das *Brom-Deriv. vom F. 298—300°* in wasserfreiem Zustand vorliegt. Bei der Behandlung von Methylajmalin (**VIII**) mit Br_2 u. anschließender Abspaltung von Br durch NH_3 wird infolge Enolisierung der Aldhydgruppen *Methylisoajmalin* gebildet. Aus dem Rk.-Gemisch von Hexahydroajmalin (**IV**) mit Br_2 wird nach Alkalisieren mit verd. Alkali **IV** unverändert zurückgewonnen. **III** reagiert nicht mit Br_2.

Versuche: *Dihydroajmalin* (**V**), F. 203—205°, a) durch Zugabe von $NaBH_4$ in W. zu 1 g **I** in A., Zutropfen von A. bis zur klaren Lsg., mehrstd. Stehen bei Raum-Temp., Zers. mit verd. Essigsäure, Eindampfen u. Anreiben mit NH_4OH u. Eis; aus Methanol Platten; 0,9 g (Ausbeute); b) analog aus Neoajmalin; die Isomerisierung durch 5std. Kochen mit methanol. KOH gelingt nicht. — *Dihydroisoajmalin*, F. 190—192°, durch Red. von Isoajmalin (**VII**) mit $NaBH_4$; aus verd. Methanol rechtwinklige Platten; 90%. — *Verb. vom F. 230°*, a) durch Lösen von **IV** in warmem A., Red. mit $NaBH_4$ u. Alkalisieren mit NH_4OH; aus verd. Methanol prismat. Säulen; b) durch 1std. Hydrieren von **V** in 50% ig. Essigsäure in Ggw. von ADAMS-Katalysator, Einengen im Vakuum u. Fällen aus verd. Methanol mit NH_4OH. — „*Wasserfreies*" *Bromajmalin* (**VI**), F. 298 bis 300° (Zers.), F. 235—239° (A.), durch Versetzen von **I** in abs. Chlf. mit 1,5% ig. Br_2-Lsg. in abs. Chlf. (> 1 Mol Br_2) u. Eindampfen im Vakuum bei Raumtemperatur. — *Bromajmalin*, F. 278—282° (178—182°?; Methanol), F. 230° (W.), F. 268—270° (Zers.; durch Kristallisation der Form vom F. 230° aus Methanol), durch Zutropfen von 1,7 Äquivalenten Br_2 in Chlf. zu **I** in Chlf. unter Kühlung, Eindampfen im Vakuum u. Extraktion des nicht umgesetzten **I** mit Essigester; aus Methanol kurze prismat. hexagonale Platten, aus W. Nadelaggregate. — *Monobromajmalin*, F. 182° (Zers.), durch Sättigen von **VI** (F. 239°) in abs. Essigester mit NH_3; aus Methanol feine Nadeln. — „*Wasserfreies*" *Bromisoajmalin*, F. 225—228° (Zers.), durch Zutropfen von Br_2 (> 1 Mol) in Chlf. zu **VII** in Chlf. unter Kühlung u. Eindampfen im Vakuum bei 25°; aus Methanol Platten. — *Verb. vom F. 220—222° (Zers.)*, durch 1std. Rk. von **V** in Chlf. mit 1 Mol Br_2 in der Kälte u. Eindampfen im Vakuum; gibt durch Behandlung in W. mit NH_4OH **V**. — *Verb. vom F. 290° (Zers.)*, durch Versetzen von **VIII** in Chlf. mit Br_2, Dekantieren u. Anreiben des Nd. mit Ae.; gibt durch Behandlung in Essigester mit NH_3 *Methylisoajmalin* [*Hydrojodid*, F. 198° (Zers.)]. — *Monoacetylcyanajmalin*, $C_{23}H_{27}N_3O_3$, F. 205—207°, durch Zutropfen von BrCN in Ae. zu 5 g **II** in Ae. u. wenig Essigester unter Kühlen, Anreiben des gelartigen Nd., 3std. Stehen in der Kälte, Abfiltrieren von 0,8 g *Monoacetylajmalinhydrobromid* [$C_{22}H_{28}N_2O_3 \cdot HBr$, F. 266° (Essigester/wenig A.), gibt durch Alkalisieren der wss. Lsg. mit NH_4OH *Monoacetylajmalin*, $C_{22}H_{28}N_2O_3$, F. 212—214° (verd. A.)] u. Eindunsten der äther. Lsg.; aus Essigester kurze prismat. Säulen u. hexagonale Platten; 5,0 g; daneben wenig einer *Verb. vom F. 194—196°* u. einer *Verb. vom F. 220—224°*. — *Isoajmalin* (**VII**), F. 256°, durch 50std. Kochen von 0,5 g vorst. Verb. mit 5%ig. methanol. KOH u. 48std. Stehen in der Kälte; aus Methanol kurze Säulen; 0,35 g. — *Monoacetylcyanhexahydroajmalin*, $C_{23}H_{33}N_3O_3$, F. 146—148°, durch Zutropfen von BrCN in abs. Ae. zu **III** in abs. Ae. unter Kühlung, 24std. Stehen in der Kälte u. Eindampfen der äther. Lsg.; aus Methanol Nadeln; daneben aus dem Ae.-unlösl. Rückstand *Monoacetylcyanhexahydroajmalinhydrobromid* (*Monohydrat*, $C_{23}H_{33}N_3O_3 \cdot HBr \cdot H_2O$, F. 256—257°, aus abs. A./Essigester Nadeln). — *Diacetylajmalin* (**II**), F. 192 bis 194°; hexagonale prismat. Säulen. — *Diacetylhexahydroajmalin* (**III**), *Perchlorat*, F. 190—192°; Nadeln; 70%. K. LANGE. 3500

Über einige Ester des Rubijervins. W. Poethke und M. Kuntze. (Planta med. [Stuttgart] **6.** 92—94. April 1958. Jena, Inst. für Pharm. u. Lebensmittelchem.; dt.) — Durch Umsetzung von *Rubijervin* (**I**) mit dem entsprechenden Säurechlorid wurden die folgenden *Ester* dargestellt (FF. unter Zers.): *Diacetat*, F. 161—163°; aus A. Nadeln. *Dipropionat*, F. 217—218°; aus Aceton Nadeln. *Di-dl-α-methylbutyrat* (**II**), FF. 195 bis 196° (aus Aceton Nadeln) u. 132—134° (aus Aceton Kristalle). — Analog: *Jervin, Dipropionat*, F. 121° (verd. Methanol). *Di-dl-α-methylbutyrat*, F. 174—176°; aus verd. Methanol Nadeln. — **II** zeigte eine stärkere blutdrucksenkende Wrkg. als **I**. B. MEHLIS. 3500

Untersuchungen von Terpenen. 7. Mitt. **Beitrag zur Chemie der Terpineol-Dehydratisierung.** James Verghese. (J. Indian chem. Soc. **37.** 260—66. Mai 1960. Vellore, N.Arcot, Christian Med. Coll., Chem. Dep.; engl.) — 6. vgl. J. sci. ind. Res. [New Delhi], Sect. B **18.** [1959.] 263; 3. vgl. C. **1962.** 12304. — Nach einem Überblick über entsprechende bisherige Verff. wird die Dehydratisierung von Terpineol (**I**; $Kp._{760}$ 217,5 bis 218,5°, $Kp._{100}$ 148—149°, n_D^{30} 1,4780, $D._{25}^{25}$ 0,9314) nach verschiedenen Meth. in fl. u. Gasphase untersucht, wobei an monocycl. Verbb. (M) *α-Terpinen* (**II**; *Maleinsäureanhydridaddukt*, F. 64—65°), *Limonen* (**III**; *Terpinhydrat*, F. 118°), *gesätt. KW-Stoffe* (G; Oxydation → *Terephthalsäure*; *Dimethylester*, F. 140—141°) u., außer nach d), *Terpinolen* (*Tetrabromid*, F. 116°) entstehen: a) 1std. Erhitzen mit $KHSO_4$ auf 190° → 80% M (15% **II**, 63% **III**, 5% G); b) 5std. Erwärmen mit wss. Oxalsäure auf 110° → 81% M (34% **II**, 20% **III**, 8,5% G); c) analog b) in 1/2 Std. → 34% M (17% **II**, 43% **III**); d) 7std. Erhitzen in Eisessig in Ggw. von H_2SO_4 → 11% M (3% **II**, Spuren an **III**, 48% G); e) 1std. Dest. über einige J_2-Kristalle → 70% M (44% **II**, 33% **III**, 13% G); f) 2std. Dest. über H_3BO_3 → 76% M (42% **II**, 29% **III**); g) Überleiten von **I** über γ-Al_2O_3 bei 400° → 83% M (15% **II**, 9% **III**, 10% G). Ein Mechanismus wird vorgeschlagen. W. UNTZE. 3600□

Darstellung der aktiven trans-Norpinsäuren. Marcel Delépine und Marcelle Harispe. (Ann. Chimie [13] **6.** 457—62. Mai/Juni 1961; franz.) — Ausführliche Mitt. zu der C. **1961.** 13928 referierten Arbeit. GISELA SCHREIBER. 3600□

Stereochemie von Desoxypodocarpsäureisomeren. Usha Ranjan Ghatak. (Tetrahedron Letters [London] **1959.** Nr. 1. 19—23. März Calcutta, Indian Assoc. for the Cultiv of Sci., Dep. of Org. Chem.; engl.) — Vgl. SAHA u. Mitarbeiter, Chem. and Ind. **1956.** 412 u. C. **1960.** 7498. — Die Synth. von *Desoxypodocarpsäure* (**I**; *trans-1.2.3.4.4a.9.10.10a-oktahydro-1.4a-dimethylphenanthren-1-carbonsäure*) u. dem Isomeren mit cis-Verknüpfung *cis-Desoxypodocarpsäure* (**II**) werden beschrieben. Die stereochem. Zusammenhänge folgen aus der Überführung von **I**-Methylester in *DL-Podocarpsäure* u. von **II**-Methylester in **I**-Methylester sowie dem Ergebnis der Oxydation der beiden Methylester mit CrO_3. — *2-[β-Phenäthyl]-3-methyl-3-carbomethoxycyclohexanon*, $C_{17}H_{22}O_3$, $Kp._{0,6}$ 178—180°, durch Rk. von 2-[β-Phenäthyl]-3-methylcyclohexen-(2)-on mit HCN, alkal. Hydrolyse des Prod. u. Verestern. *2.4-Dinitrophenylhydrazon*, $C_{23}H_{26}N_4O_6$, F. 163°, gelb. — *DL-Desoxypodocarpsäure* (**I**), $C_{17}H_{22}O_2$, F. 232—233°, durch Rk. vorst. Verb. mit CH_3MgJ, Dehydratisieren des entstandenen rohen Carbinols mit wasserfreier Oxalsäure in Toluol, 1 1/2std. Cyclisieren des rohen gelblichen fl. Gemisches ($Kp._{0,15}$ 150—160°) mit Polyphosphorsäure auf dem Dampfbad, Abtrennung des neutralen, fl. Prod. u. Kristallisation aus Essigester/Äthanol. *Methylester*, $C_{18}H_{24}O_2$, F. 131—132°, a) aus **I**; b) neben **II**-Methylester; c) durch Kochen von **III** u. geschmolzenem Na-Acetat in Acetanhydrid u. Hydrieren des rohen, gummiartigen Enolacetats in Ggw. von 10%ig. Pd/Kohle in CH_3COOH + wenig 60%ig. $HClO_4$. — *DL-cis-Desoxypodocarpsäure* (**II**), $C_{17}H_{22}O_2$, F. 206 bis 207°, a) aus der Mutterlauge von **I**; b) durch Hydrolyse des neben **I** erhaltenen neutralen Anteils mit 10%ig. butanol. KOH. *Methylester*, F. 84—85°. — **I** u. **II** bilden ein eutekt. Gemisch vom F. 190—192° u. werden in Ggw. von 10%ig. Pd/Kohle zu *1-Methylphenanthren* dehydriert. — *6-Acetyl-1-carbomethoxy-1.4a-dimethyl-1.2.3.4.4a.9.10.10a-oktahydrophenanthren*, $C_{20}H_{26}O_3$, F. 133—134° (CH_3OH), durch Rk. von **I**-Methylester mit CH_3COCl in Ggw. von $AlCl_3$ in Nitrobenzol, Isolierung als *Semicarbazon* u. dessen Zersetzung. *2.4-Dinitrophenylhydrazon*, $C_{26}H_{30}N_4O_6$, F. 234—235°, orangefarben. —

DL-Podocarpsäure, F. 266–268° (Essigester/PAe.), durch Hydrolyse des Methylesters mit 10%ig. glykol. KOH. *Methylester*, $C_{18}H_{24}O_3$, F. 193°, durch Hydrolyse des Acetyl-Deriv. mit äthanol. KOH; *Methylesteracetat*, $C_{20}H_{26}O_4$, F. 125–126°, durch Oxydation vorst. Verb. in Chlf. mit Perbenzoesäure. — *9-Keto-1.4a-dimethyl-1-carbomethoxy-1.2.3.4.4a.9.10.10a-oktahydrophenanthren*, $C_{18}H_{22}O_3$, F. 124–125° u. 146–147° (2 polymorphe Formen aus CH_3OH), durch Oxydation von I-Methylester in CH_3COOH mit CrO_3. *2.4-Dinitrophenylhydrazon*, $C_{24}H_{26}N_4O_6$, F. 219–220°, orangefarben. — *9.10-Diketo-1.4a-dimethyl-1-carbomethoxy-1.2.3.4.4a.9.10.10a-oktahydrophenanthren* (**III**), $C_{18}H_{20}O_4$, F. 129–130° (PAe./Bzl.), durch Oxydation von **II**-Methylester mit CrO_3 in CH_3COOH; hellgelb. B.-G. BRODDA. 3600□

Die Struktur von Diginin und Diginigenin. C. W. Shoppee, Ruth Lack und A. V. Robertson. (Proc. chem. Soc. [London] **1962.** 65–66. Febr. Sidney, N.S.W., Univ.; engl.) — *Diginin* (**I**) ist das *D*(+)-*Diginosid* des *Diginigenins* (**II**, $C_{21}H_{28}O_4$). Durch Massenspektroskopie wurde das Molgew. für **II** mit 344 bestätigt. Das Kernresonanzspektrum von **I** deutet auf 5 CH_3-Gruppen, von denen 2 angular sind. Die IR-Spektren von **I** u. **II** zeigen 2 CO-Gruppen (1735 bzw. 1712 cm^{-1}). Die Rotationsdispersionskurven ergeben folgende mol. Amplituden: für **I** –247°, für **II** –226°, für das **II**-Dihydroderiv. (**IIa**) –30° u. für das **II**-Tetrahydroderiv. (**IIb**) –34°. **II** ist also ein Δ^5-12α.20α-Epoxy-3β-hydroxy-14β.17α-pregnen-11.15-dion, **IIa** das entsprechende 3β.15α-Diol u. **IIb** das gesätt. 3β.15α-Diol. *Digifologenin* ist Δ^5-12α.20α-Epoxy-2β.3β-dihydroxy-14β.17α-pregnen-11.15-dion. G. TALSKY. 3650□

Steroiduntersuchungen. 8. Mitt. **Cholesterin in einigen Rotalgen.** Kyosuke Tsuda, Saburo Akagi und Yukichi Kishida. (Chem. pharmac. Bull. [Tokyo] **6.** 101–04. Febr. 1958. Tokyo, Univ., Inst. of Appl. Microbiol.; Takamine Res. Labor. Sankyo Co.; engl.) — 7. vgl. C. **1962.** 10481; 6. vgl. C. **1959.** 7479. — Das aus *Rhodoglossum pulcherum* isolierte Sterin erweist sich als *Cholesterin* (**I**). **I** wird auch in verschiedenen roten Seetangarten gefunden u. als *Dibromidacetat* identifiziert. Ein anderes Sterin, *Chalinasterin*, kann aus verschiedenen Algen neben **I** isoliert werden.

Versuche ($[\alpha]_D$ in Chlf.): *Cholesterin* (**I**), F. 147–148° (CH_3OH), aus getrocknetem *Rhodoglossum pulcherum*, *Gelidium subcostatum*, *Gelidium amansii*, *Pterocladia tenuis*, *Gelidium japonicum* oder *Acanthopeltis japonica* durch Extraktion mit sd. Bzl., 3std. Kochen des Bzl.-Rückstandes mit NaOH in CH_3OH–Bzl., Verdünnen der abgekühlten Lsg. mit CH_3OH, Extraktion des nicht verseifbaren Anteils mit Bzl., Eindampfen der Bzl.-Lsg., Aufkochen des Rückstandes mit CH_3OH u. Stehenlassen zur Kristallisation; $[\alpha]_D$ –40,0°. *Dibromid*, F. 112–114°; $[\alpha]_D$ –44,3°. *Acetat*, F. 114–114,5°; $[\alpha]$ –44,0°. *Dibromidacetat*, $C_{29}H_{48}Br_2O_2$, F. 113–114°; $[\alpha]_D$ –47,8°. *Benzoat*, F. 144–145,5°; $[\alpha]_D$ – 14,0°. — *Cholesten-3-on*, $C_{27}H_{44}O$, F. 84–86° (CH_3OH), durch Kochen von 2,65 g **I** mit 30 ml Cyclohexanon u. 90 ml Toluol bis 30 ml Toluol azeotrop abdestilliert sind, Eintropfen von 4 g Al-Isopropylat in Toluol, ½std. Kochen, Zugabe einer gesätt. wss. Lsg. von SEIGNETTE-Salz, Einleiten von Wasserdampf, Ae.-Extraktion des Rückstandes u. chromatograph. Reinigung des Ae.-Rückstandes an Al_2O_3; $[\alpha]_D$ +88°; 1,6 g. — *Cholestanolacetat*, F. 108–109°, aus **I**-Acetat durch Hydrierung an PtO_2 in A.–Eisessig (1 : 2). — *Cholestanol*, F. 142–143°; $[\alpha]_D$ + 23,5°. — *Chalinasterin*, F. 142–144°, neben **I** bei der Extraktion der gleichen Pflanzen, vornehmlich von *Acanthopeltis japonica* durch chromatograph. Trennung der *Sterylacetate* an Al_2O_3; $[\alpha]_D$ –44°. *Acetat*, F. 130 bis 132°; $[\alpha]_D$ –48,0°. *Benzoat*, F. 146–147°. WALTER SIMON. 3700□

Steroiduntersuchungen. 9. Mitt. **Sterine aus Meeresalgen.** Kyosuke Tsuda, Saburo Akagi, Yukichi Kishida, Ryoichi Hayatsu und Kiyoshi Sakai. (Chem. pharmac. Bull. [Tokyo] **6.** 724–27. Dez. 1958; dt.) — 8. vgl. vorst. Referat. — Aus 9 verschiedenen Rotalgen wird *Cholesterin* (**II**), aus 3 verschiedenen Braunalgen *Fucosterin* (**I**) isoliert. Zwei andere Braunalgen enthalten neben **I** *Sargasterin* [*20-Isofucosterin* (**III**); vgl. C. **1959.** 7479]. Die Feststellung von **III** neben **I** erfolgt durch Umwandlung des Steringemisches in die *Acetate* u. Behandeln des **I**–**III**-*Acetatgemisches* mit 1 Mol O_3, wobei aus **I**-*Acetat 24-Ketocholesterylacetat* u. aus **III**-*Acetat 24-Keto-20-isocholesterylacetat* gebildet wird, die man an Al_2O_3 chromatograph. trennen kann.

Versuche ($[\alpha]_D$ in Chlf.): *Rohsterine*, durch Bzl.-Extraktion der getrockneten Algen, Verseifung des öligen Bzl.-Rückstandes u. Umkristallisation des unverseifbaren Anteils aus CH_3OH. — *Cholesteryl-p-phenylazobenzoat* (**IV**), $C_{40}H_{54}N_2O_2$, F. 188 bis 189°, (Bzl.–A.; orangefarbene Nadeln), durch 2std. Kochen von *Rotalgensterin* mit p-Phenylazobenzoylchlorid in Pyridin, Zusatz von W., Absaugen des Rk.-Prod. u. chromatograph. Reinigung an SiO_2. — *Fucosteryl-p-phenylazobenzoat*, $C_{42}H_{56}N_2O_2$, F. 168–169° (Bzl.–A.; orangefarbene Plättchen), analog **IV** aus *Braunalgensterin*. — *Cholesterin* (**II**), F. 147–148° (CH_3OH), aus **IV** durch Verseifung; $[\alpha]_D$ –40,6°. *Acetat*, F. 114–115°; $[\alpha]_D$ –42°. *Benzoat*, F. 144–145°; $[\alpha]_D$ –14°.

— *Fucosterin* (I), F. 123—124°; $[\alpha]_D$ —38,5°. *Acetat*, F. 120—122°; $[\alpha]_D$ —42,1°. *Benzoat*, F. 118—119°; $[\alpha]_D$ — 18,5°. — *24-Ketocholesterylacetat*, F. 127—129°, durch Ozonisierung von 3 g *Sterinacetat* (F. 117—121°, durch Acetylierung von Rohsterinen aus Braunalgen der Gattung *Eisenia*) mit 1 Mol O_3 bei 15°, Chromatographie des Rk.-Prod. an Al_2O_3 u. Elution mit PAe.-Bzl. (1 : 3); 700 mg (Ausbeute); daneben *24-Keto-20-isocholesterylacetat*, F. 115—117°, durch Elution mit PAe.-Bzl. (1 : 5); 260 mg; daneben *Verb. vom F. 70—80°*, durch Elution mit PAe.-Bzl. (1 : 1); 40—50 mg; daneben *Verb. vom F. 135—138°*, durch Elution mit PAe.-Bzl. (1 : 1); 43 mg. WALTER SIMON. 3700

6-Methyl-3.5-cyclocholestan-6-ol-Epimere. Michael Davis, Sylvestre Julia und George H. R. Summers. (Bull. Soc. chim. France **1960.** 742—46. April. Swansea, Univ.; Paris, Univ., E.N.S.C.P.; franz.) — Vff. zeigen, daß die Rk. von CH_3MgJ mit 3.5-Cyclocholestan-6-on zu krist. *6β-Methyl-3.5-cyclocholestan-6α-ol* (I) führt, im Gegensatz zu SHIOTA (C. **1960.** 7179), der ein öliges Prod. fand. Durch Säuren wird I schnell in *3β-substituierte 6-Methyl-Δ^5-cholestene* umgewandelt. Zur Klärung der Stereochemie der alkohol. Gruppe in 6-Stellung untersuchten Vff. die Solvolyse-Prodd. des 6-Methylcholesteryltosylats: *6-Methylcholesterin* (IV), *6α-Methyl-3.5-cyclocholestan-6β-ol* (V) u. *6-Methyl-Δ^6-3α.5α-cyclocholesten* (III). UV-Spektren siehe Original.

Versuche: *6-Methylcholesteryltosylat* (II), $C_{35}H_{54}O_3S$, F. 129—134° (Zers.), aus IV u. p-Toluolsulfochlorid in Pyridin bei —10° durch Stehen über Nacht bei 0°, Gießen der roten Lsg. auf Eis, 90 Min. lange Kühlung auf —10° u. Extrahieren mit Ae./Pentan. — *Δ^6-3.5-Cyclocholesten*, nach RIEGEL, HAGER u. ZENITZ (J. Amer. chem. Soc. **68.** [1946.] 2562). — *6-Methyl-Δ^6-3α.5α-cyclocholesten* (III), $C_{28}H_{46}$, F. 58 bis 61° (Methanol), a) durch $^1/_2$std. Erhitzen von II mit $NaHCO_3$ in wss. Aceton, Extrahieren mit Ae., Chromatographieren an Al_2O_3 (WOELM) u. Eluieren mit PAe.; $[\alpha]_D$ —40° (Chlf.); daneben durch Eluieren mit Bzl./Ae. 103 mg IV; b) durch 3std. Erhitzen von 3 g II mit Na-Acetat in wss. Aceton, Chromatographieren an bas. Al_2O_3 (Spence, Typ H) u. Eluieren mit PAe. u. PAe./Bzl.; $[\alpha]_D$ —42°; daneben durch Eluieren mit Bzl. u. Bzl./Ae. *6α-Methyl-3.5-cyclocholestan-6β-ol* [V; $C_{28}H_{48}O$; $[\alpha]_D$ +38°, +35° (c = 2,2); Öl; 473 mg], durch Eluieren mit Ae. u. Ae./Methanol IV. — *6β-Methyl-3.5-cyclocholestan-6α-ol* (I), $C_{28}H_{48}O$, F. 92—94°, aus 3.5-Cyclocholestan-6-on u. CH_3MgJ in Ae. durch 3std. Erhitzen, Chromatographieren an bas. Al_2O_3 u. Eluieren mit PAe./Bzl., Bzl., Bzl./Ae. u. Ae.; $[\alpha]_D$ +41° (c = 1,3; Chlf.). — *6-Methylcholesterin* (IV), F. 140—141° (Methanol), a) durch Behandlung von I mit wenig konz. H_2SO_4 in Essigsäure bei 60—65°, Extrahieren mit Ae. u. 1std. Behandeln des Rückstandes mit 10%ig. äthanol. KOH; b) aus V u. p-Toluolsulfonsäure in wss. Dioxan durch 3std. Erhitzen; $[\alpha]_D$ —44°; aus Aceton. *Acetat*, F. 112,5—113,5°, a) aus III u. 1 Tropfen konz. H_2SO_4 in Essigsäure durch $^1/_2$std. Erhitzen; Kristalle aus Methanol (Meth. **A**); b) aus I nach **A**. — *6-Methylcholesterylchlorid*, $C_{28}H_{47}Cl$, F. 102—103°, a) aus V durch Erwärmen auf 40° mit 3 Tropfen konz. HCl in Aceton (Meth. **B**); $[\alpha]_D$ — 29° (c = 0,51; Chlf.); Kristalle aus Aceton; b) aus I analog **B**. *Bromid*, $C_{28}H_{47}Br$, F. 107—108° (Aceton), aus I u. HBr, $[\alpha]_D$ — 19° (c = 1,14; Chlf.). *Jodid*, $C_{28}H_{47}J$, F. 109—110°, aus V u. HJ; $[\alpha]_D$ — 5° (c = 0,94; Chlf.). *Fluorid*, $C_{28}H_{47}F$, F. 102—104°, aus I u. 40%ig. HF in Bzl. während 4 Std., Chromatographieren an bas. Al_2O_3 u. Eluieren mit PAe.; $[\alpha]_D$ — 56° (c = 1,78; Chlf.). — *6α-Methylcholestan-6β-ol-3-on* (VI), $C_{28}H_{48}O_2$, F. 189—190° aus 6α-Methylcholestan-3β.6β-diol u. CrO_3 in Essigsäure; Kristalle aus Methanol oder Petroläther. — *6α-Methylcholestan-3β.6β-diol*, F. 192—194°, aus VI u. $LiAlH_4$ in Tetrahydrofuran durch 3std. Erhitzen; Kristalle aus Aceton/Ligroin. GOTTFRIED SCHREIBER. 3700 □

Über das Zwischenprodukt einer Grignard-Reaktion. George I. Fujimoto und Kenneth D. Zwahlen. (J. org. Chemistry **25.** 445—47. März 1960. New York, N. Y., Yeshiva Univ., Einstein Coll. of Med.; engl.) — Für ein früher (vgl. J. Amer. chem. Soc. **73.** [1951.] 1856) erhaltenes Zwischenprod. der Umsetzung von GRIGNARD-Reagens mit 5-Hydroxy-3.5-seco-Δ^5-A-norcholesten-3-säurelacton (I) wird die Konst. *3ξ-Hydroxy-4.5-seco-3.6-cyclocholestan-5-on* (II) abgeleitet. Red. von II mit $LiAlH_4$ liefert *4.5-Seco-3.6-cyclocholestan-3.5-diol* (III), das sich nur in Ggw. von p-Toluolsulfonsäure unter gleichzeitiger Wasserabspaltung acetylieren läßt. Mit $SOCl_2$ wird aus III das *cycl. Sulfit* (IV) des *3β.5β-Dihydroxy-4.5-seco-3.6-cyclocholestans* erhalten. Weitere Hinweise auf die Konstit. von II ergeben sich aus IR- u. KMR-Daten.

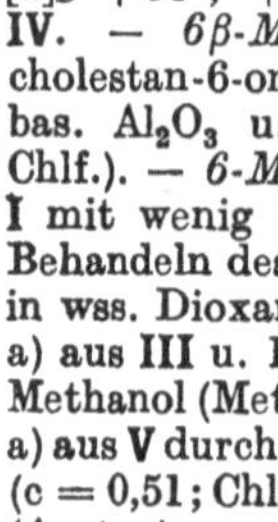

II

Versuche: *3ξ-Hydroxy-4.5-seco-3.6-cyclocholestan-5-on* (II), F. 176—178° (Aceton), aus I mit Dimethyl-Cd in sd. Bzl. (3 Std.) u. bei 20° (12 Std.), Hydrolyse mit verd. HCl u. Chromatographie; $[\alpha]_D$ + 14,5° (Chlf.); 29% (Ausbeute). — *4.5-Seco-3.6-cyclocholestan-3.5-diol* (III), $C_{27}H_{48}O_2$, F. 189—194° (Ae.-Aceton), aus II mit $LiAlH_4$

in Ae. u. Zers. mit W.; 53%. Keine Rk. mit Acetanhydrid–Pyridin. — *5-Acetoxy-4.5-seco-3.6-cyclo-Δ^2 (oder Δ^3)-cholesten*, $C_{29}H_{48}O_2$, F. 74,5—75,5° (Methanol), aus **III** mit p-Toluolsulfonsäure in Acetanhydrid–Bzl. bei 20° (12 Std.), Zugabe von Na-Acetat, Ae.-Extraktion u. Kristallisation aus Aceton bei —80°; 57%. — *Cycl. Sulfit* (**IV**) des *3β.5β-Dihydroxy-4.5-seco-3.6-cyclocholestans*, $C_{27}H_{46}O_3S$, F. 139—141,5° (Aceton), aus 1,2 g **III** mit $SOCl_2$ in Bzl. in Ggw. von Pyridin (20°, 2 Std.), durch Extraktion mit A. u. Chromatographieren; 0,13 g. Verseifung gibt **III** zurück. O.-A. NEUMÜLLER. 3700 □

6α-Trifluormethyl-17α-acetoxyprogesteron und einige ungesättigte Analoga. W. O. Godtfredsen und S. Vangedal. (Acta chem. scand. **15.** 1786. 1961. Copenhagen, Les Pharmaceut. Products; engl.) — Vff. beschreiben die Darst. von *6α-Trifluormethyl-17α-acetoxyprogesteron* (**I**) u. einigen ungesätt. Analoga, die gegenüber **I** eine gesteigerte Progesteron-Aktivität aufweisen.

Versuche: *6-Trifluormethyl-17α-acetoxyprogesteron-3-enoläthyläther*, $C_{26}H_{35}F_3O_4$, F. 184—186°, durch UV-Bestrahlung einer Lsg. von 17α-Acetoxyprogesteron-3-enoläthyläther in Trifluorjodmethan u. Pyridin bei Raum-Temp.; $[\alpha]_D^{20}$ —181° ($CHCl_3$); 66% (Ausbeute). — *6α-Trifluormethyl-17α-acetoxyprogesteron* (**I**), $C_{24}H_{31}F_3O_4$, F. 206—207°, durch säurekatalysierte Hydrolyse vorst. Verb.; $[\alpha]_D^{20}$ +30° ($CHCl_3$). *3-Cycloäthylenketal* (**II**), $C_{26}H_{35}F_3O_5$, F. 178—182°, aus **I** nach DAUBEN u. Mitarbeiter (vgl. C. **1956.** 2759); $[\alpha]_D^{20}$ +66° ($CHCl_3$). — *6α-Trifluormethyl-$\Delta^{1.4}$-pregnadien-17α-ol-3.20-dionacetat*, $C_{24}H_{29}F_3O_4$, F. 213—215°, durch Dehydrieren von **I** mit SeO_2; $[\alpha]_D^{20}$ —29° ($CHCl_3$). — *6-Trifluormethyl-$\Delta^{4.6}$-pregnadien-17α-ol-3.20-dionacetat*, $C_{24}H_{29}F_3O_4$, F. 233 bis 234°, durch Bromieren von **II** am $C_{(7)}$ mit N-Bromsuccinimid, Abspalten von HBr in kochendem Kollidin u. Hydrolyse des Ketals mit Methanol/H_2SO_4; $[\alpha]_D^{20}$ 0°.

GOTTFRIED SCHREIBER. 3750 □

Steroide und verwandte Produkte. 12. Mitt. **Die Synthese von 17α-Brom-11-dehydrocorticosteron.** R. Deghenghi und Ch. R. Engel. (J. Amer. chem. Soc. **82.** 3201—09. 20/6. 1960. London, Ontario, Univ. of Western Ontario, Collip Med. Res. Labor.; Quebec, Laval Univ., Dep. of Chem.; engl.) — 10. vgl. C. **1959.** 15366; 11. vgl. Canad. J. Chem. **37.** [1959.] 2031. — *17α-Brom-11-dehydrocorticosteron* (**I**, *Δ^4-17α-Brom-21-hydroxy-3.11.20-trioxopregnen*) wird aus 3α-Acetoxy-11.20-dioxopregnan [**II**, $C_{23}H_{34}O_4$, F. 128,5—130,5° (Ae.–Hexan), $[\alpha]_D^{22}$ +132° (c = 0,9; Chlf.)] synthetisiert. Aus **II** entsteht mit Isopropenylacetat (**XV**) *$\Delta^{17,20}$-3α.20-Diacetoxy-11-oxopregnen* (**IIa**) allein oder im Gemisch mit *Δ^{20}-3α.20-Diacetoxy-11-oxopregnen* (**IIb**), die mit einem Val Br_2 *17α-Brom-3α-acetoxy-11.20-dioxopregnan* ergeben. Bei der Kondens. von **II** mit Oxalsäuredimethylester (**XVI**) in Ggw. von Na-Methylat entsteht *3α-Hydroxy-11.20-dioxo-21-carboxycarbonylpregnan* (**XII**), aus dem mit J_2 u. durch Abspaltung des Oxalylrestes mit Alkali *21-Jod-3α-hydroxy-11.20-dioxopregnan* gebildet wird, das mit K-Acetat in Aceton *3α-Hydroxy-21-acetoxy-11.20-dioxopregnan* (**III**) ergibt. **III** wird als *Acetylverb.* charakterisiert u. ergibt ferner mit CrO_3 *21-Acetoxy-3.11.20-trioxopregnan* (**IV**). Durch Kochen mit **IV** mit Acetanhydrid (AA) in Ggw. von p-Toluolsulfonsäure (TS) u. anschließende Bromierung mit N-Bromsuccinimid (NBS) wird *4β-Brom-21-acetoxy-3.11.20-trioxopregnan* (**V**) gewonnen, das nach MCGUCKIN u. KENDALL (vgl. C. **1954.** 558) in *11-Dehydrocorticosteronacetat* (**VI**) übergeführt wird. Aus **IV** entsteht mit **XV** u. TS das krist. *Δ^3-3.21-Diacetoxy-11.20-dioxopregnen* (**VII**), das mit 2 Val Br_2 *2.4β-Dibrom-21-acetoxy-3.11.20-trioxopregnan* bildet. **V** wird erhalten durch direkte Bromierung von **IV** mit 1 Val Br_2 in Essigsäure oder aus **III** mit 4 Val NBS. Aus **V** entsteht bei höherer Temp. mit NBS *4β.17α-Dibrom-21-acetoxy-3.11.20-trioxopregnan* (**X**), aus dem beim Vers. der Einführung der Δ^4-Doppelbindung nach l. c. über das 3-Semicarbazon ein Gemisch entsteht, in dem chromatograph. *17α-Brom-11-dehydrocorticosteronacetat* (**XI**), **VI** u. eine dritte, nicht identifizierte Verb. nachgewiesen werden konnten. Bei der direkten Bromierung von 3α.21-Diacetoxy-11.20-dioxopregnan (**IIIa**) in Essigsäure bei 40—45° entsteht *17α-Brom-3α.21-diacetoxy-11.21-dioxopregnan* (**VIII**). Aus **VIII** bildet sich mit Pyridin *Δ^{16}-3α.21-Diacetoxy-11.20-dioxopregnen*, das zur gesätt. Verb. hydriert wird. Wird bei der direkten Bromierung von **III** ausgegangen, so entsteht *17α-Brom-3α-hydroxy-21-acetoxy-11.20-dioxopregnan* (**IX**), das durch Acetylierung in **VIII** übergeht. Oxydation von **IX** mit CrO_3 liefert *17α-Brom-21-acetoxy-3.11.20-trioxopregnan* (**XIII**), das in Essigsäure mit Br_2 **X** ergibt. **X** wird ferner erhalten aus **IX** mit 6 Val NBS, es ergibt mit Semicarbazid das *3-Semicarbazon*, das durch Hydrolyse mit verd. Essigsäure u. Brenztraubensäure (**XIV**) eine Mischung von *Δ^4-17α-Brom-21-acetoxy-3.11.20-trioxopregnen* (**XI**) u. **I** liefert. Das Gemisch wird unter N_2 anhydriert u. das erhaltene reine **XI** mit $HClO_4$ in Methanol hydrolysiert, wobei das reine krist., aber unstabile **I** entsteht.

Versuche: *$\Delta^{17,20}$-3α.20-Diacetoxy-11-oxopregnen* (**IIa**), $C_{25}H_{36}O_5$, F. 127—129° (Zers.), a) durch 1std. Kochen von **II** mit **XV** in Ggw. von konz. H_2SO_4, Eindampfen im Vakuum, 1std. Kochen u. Chromatographie mit PAe.–Bzl. an Al_2O_3; $[\alpha]_D^{22}$ +55° (Chlf.);

37% (Ausbeute); b) durch 10std. Dest. von 2 g **II**, 300 mg TS u. 40 ml **XV** durch eine Vigreux-Kolonne unter laufender Zugabe von **XV** u. Chromatographie an Silicagel u. Al_2O_3; 1,6 g; daneben wenig *Δ*[20]*-3α.20-Diacetoxy-11-oxopregnen* (**II b**); c) durch 2std. Kochen von **II** mit **XV** in Ggw. von wenig Sulfosalicylsäure; 80%; aus Aceton/Hexan Nadeln. — *17α-Brom-3α-acetoxy-11.20-dioxopregnan*, F. 156° (Zers.; A.), durch Rk. von **II a–II b** mit Br_2 in Methylenchlorid bei —10° u. Chromatographie an Silicagel mit Bzl.–Äthylacetat; $[\alpha]_D^{24}$ +10,6° (c = 0,94; Chlf.); 74%. — *3α-Hydroxy-11.20-dioxo-21-carboxycarbonylpregnan* (**XII**), $C_{23}H_{32}O_6$, F. 208—210° [Zers.; Tetrahydrofuran (THF)/Ae.], durch Stehen von 3,745 g **II** mit **XVI** u. Na-Methylat in Bzl. bei Zimmer-Temp. über Nacht, Eingießen in 2m H_3PO_4, Ausäthern u. Abtrennen über das K-Salz; $[\alpha]_D^{24}$ + 105° (c = 0,98; THF); 93%; daneben 200 mg *3α-Hydroxy-11.20-dioxopregnan*, F. 164—166°. — *21-Jod-3α-hydroxy-11.20-dioxopregnan*, F. 90°, durch 4¼std. Rk. von 48 g **XII** mit J_2 in Methanol in Ggw. von K-Acetat unter N_2 bei 0° u. Zugabe von Eiswasser; 41,5 g. — *3α-Hydroxy-21-acetoxy-11.20-dioxopregnan* (**III**), $C_{23}H_{34}O_5$, F. 137—138°, durch 1std. Kochen vorst. Verb. mit K-Acetat in abs. Aceton u. Einengen im Vakuum; $[\alpha]_D^{20}$ + 109° (c = 1,0; Chlf.); Prismen aus Ae.; 38,8%; *3α-0-Acetat* (**III a**), $C_{25}H_{36}O_6$, F. 106—108°, aus 5,86 g **III** durch Rk. mit AA in Pyridin bei Zimmer-Temp. u. Chromatographie an Al_2O_3 mit PAe.–Bzl.; aus Ae. Nadeln; 3,7 g. — *21-Acetoxy-3.11.20-trioxopregnan* (**IV**), $C_{23}H_{32}O_5$, F. 148—150°, durch 18std. Oxydation von **III** mit CrO_3 in 90%ig. Essigsäure bei 10°, Zugabe von wenig Methanol u. viel W. u. Ausäthern; $[\alpha]_D^{23}$ + 117° (c = 1,2; Chlf.); aus Ae. Prismen; 95%. — *4β-Brom-21-acetoxy-3.11.20-trioxopregnan* (**V**), $C_{23}H_{31}BrO_5$, F. 176 bis 178° (Zers.; Methylenchlorid/Ae.), a) durch 3std. Dest. von 0,8 g **IV** in Ggw. von TS u. AA unter laufender Ergänzung der AA, Eindampfen, Chromatographie an Silicagel in Bzl., Eindampfen u. 2std. Rk. mit NBS in tert.-Butanol im Dunkeln bei Zimmer-Temp.; 1 g; b) durch Bromierung von **IV** in Essigsäure in Ggw. von wenig HBr; 65,4%; c) durch 12std. Stehen von 1,486 g **III** mit NBS in tert.-Butanol–Methylenchlorid im Dunkeln u. 6 Min. Kochen; 1,79 g; $[\alpha]_D^{23}$ + 95° (c = 1,24; Chlf.); $[\alpha]_D^{26}$ + 102,5° (c = 1,0; Chlf.). — *11-Dehydrocorticosteronacetat* (**VI**), F. 168—170° (Methanol), a) aus **V** nach l.c. 40%; b) durch 8std. Kochen von 1,05 g **V** mit Pyridin, Acetylieren mit AA u. Chromatographie an Al_2O_3; 150 mg; c) durch 2std. Stehen von 439 mg **X** mit Semicarbazid in Methylenchlorid-tert.-Butanol, Eindampfen, Lösen in A., Fällen mit W., Absaugen, 20std. Stehen mit **XIV** in Essigsäure u. Chromatographie mit Bzl.–Äthylacetat an Silicagel; 60 mg; daneben 30 mg **XI**. — *Δ*[3]*-3.21-Diacetoxy-11.20-dioxopregnen* (**VII**), $C_{25}H_{34}O_6$, F. 127—129°, durch 17std. Kochen von **IV** mit **XV** in Ggw. von konz. H_2SO_4 u. Chromatographie an Al_2O_3; $[\alpha]_D^{26}$ + 112° (c = 0,97; Chlf.); 64%. — *4β.17α-Dibrom-21-acetoxy-3.11.20-trioxopregnan* (**X**), $C_{23}H_{30}Br_2O_5$, F. 160° (Zers.), a) durch 10 Min. Kochen von 1,06 g **V** mit NBS in CCl_4; 560 mg; b) durch Bromieren von **XIII** in Essigsäure in Ggw. von HBr; 77%; c) durch 12std. Stehen von 0,9 g **IX** mit NBS in Chlf.–tert. Butanol im Dunkeln u. 10 Min. Kochen; 1,293 g; $[\alpha]_D^{22}$ 26,9° (Chlf.). — *17α-Brom-3α.21-diacetoxy-11.20-dioxopregnan* (**VIII**), $C_{25}H_{35}BrO_6$, F. 146—148° (Zers.), a) durch Bromierung von 925 mg **IIIa** in Essigsäure in Ggw. von HBr u. Chromatographie an Al_2O_3; 400 mg; b) durch 17½std. Rk. von 240 mg **IX** mit AA in Pyridin; 293 mg; aus Ae./Methanol Nadeln. — *Δ*[16]*-3α.21-Diacetoxy-11.20-dioxopregnen*, durch 1std. Kochen von 520 mg **VIII** mit γ-Kollidin unter N_2, 18std. Stehen mit AA u. Chromatographie an Al_2O_3; 215 mg. Hydrieren an Pd/Kohle in A. → **IIIa**. — *17α-Brom-3α-hydroxy-21-acetoxy-11.20-dioxopregnan* (**IX**), $C_{23}H_{33}BrO_5$, F. 138—139,5°, a) durch Bromieren von **III** in Essigsäure/HBr; 57%; b) durch Bromieren von 1 g **III** in CCl_4 u. Chromatographie an Silicagel; 95 mg; aus Äthylacetat Nadeln; $[\alpha]_D^{22}$ + 4,3° (Chlf.). — *17α-Brom-21-acetoxy-3.11.20-trioxopregnan* (**XIII**), $C_{23}H_{31}BrO_5$, F. 149—150° (Zers.), durch 13½std. Oxydation von **IX** mit CrO_3 in Essigsäure bei 6° bis Zimmer-Temp. u. Chromatographie an Silicagel; aus Ae.–Hexan–Aceton Nadeln; 62%. — *Δ*[4]*-17α-Brom-21-acetoxy-3.11.20-trioxopregnen* (**XI**), $C_{23}H_{29}BrO_5$, F. 116—118° (Zers.), a) durch Überführen von **X** in sein *3-Semicarbazon* (96,5%), dessen 18½std. Stehen in verd. Essigsäure u. Wasserzusatz, Extrahieren mit Methylenchlorid u. Acetylieren mit AA in Pyridin; 74%; b) durch 20std. Stehen von 99 mg **I** u. AA in Pyridin im Dunkeln unter Ar; 60 mg; $[\alpha]_D^{23}$ + 93,7° (c = 0,546; Chlf.); aus Ae./Aceton/Hexan Nadeln. — *17α-Brom-11-dehydrocorticosteron* (**I**), $C_{21}H_{27}BrO_4$, F. 85° (Zers.), durch 21std. Stehen von 133 mg **XI** in Methanol in Ggw. von $HClO_4$, Wasserzusatz u. Extrahieren mit Methylenchlorid; aus Aceton/Hexan Nadeln; $[\alpha]_D^{22}$ + 85° (c = 0,807; Aceton); 55 mg. — *Δ*[4.16]*-21-Acetoxy-3.11-20-trioxopregnadien*, F. 175 bis 182°, durch 40 Min. Kochen von 315 mg **XI** mit Pyridin unter N_2, Ausäthern u. Chromatographie an Al_2O_3 u. Silicagel; 48 mg. W. HAMPEL. 3750□

Ätioanaloga des Prächalciferols. Léon Velluz, Gaston Amiard und Bernard Goffinet. (Bull. Soc. chim. France [5] **1957.** 882—86. Juli. Roussel-Uclaf, Serv. de rech.; franz.) — Bei der VU-Bestrahlung von *Δ*[5.7]-Androstadien-3β-ol (Ätioergosterin; **II**)

u. von $\Delta^{5.7}$-Androstadien-3β.17β-diol (17β-Hydroxyätioergosterin) entstehen die entsprechenden *Ätiopräcalciferolanaloga* (**A**), die durch therm. Isomerisierung in *Ätiocalciferole* übergehen, welche in Lsg. mit den **A** im Gleichgewicht vorliegen. Es handelt sich hierbei um das gleiche, nicht photochem. Gleichgewicht, das auch in der Reihe des Ergosterins u. 7-Dehydrocholesterins beobachtet wird. Der Mechanismus dieser Umlagerung wird diskutiert. Für die synthetisierten Verbb. werden die UV-Maxima angegeben. Für *17β-Hydroxyätiopräcalciferol* u. *17β-Hydroxyätiocalciferol* sind die IR-Spektren graph. wiedergegeben.

Versuche: *$\Delta^{5.7}$-Androstadien-3β-ol* (**II**), aus Δ^5-Androsten-3β-olacetat u. N-Bromsuccinimid, Dehydrobromierung mit Kollidin u. Verseifung (vgl. DE VRIES u. BACKER, C. **1955**. 4600); 30% (Ausbeute). — *Ätiocalciferol-3.5-dinitrobenzoat* (**I**), $C_{26}H_{30}N_2O_6$, F. ~ 140° (Zers.; Hexan), durch 1½std. Bestrahlung von **II** in Ae. unter N_2 u. Rühren bei 0°, Dest. unter vermindertem Druck mit Citraconsäureanhydrid, ½std. Kochen des in Bzl. aufgenommenen Rk.-Prod. unter N_2, Verseifen mit 10%ig. methanol. KOH bei Raum-Temp. während 30 Min., Einengen der mit W. gewaschenen Lsg., ½std. Erhitzen des in Bzl.–Pyridin gelösten Rk.-Prod. mit 3.5-Dinitrobenzoylchlorid in Bzl. auf 40°, Aufnehmen des erhaltenen Öls in Ae., Einengen der von **II**-*3.5-Dinitrobenzoat* abfiltrierten Lsg., Lösen des Rückstandes in Bzl.–PAe. (1 : 3), Chromatographie an Al_2O_3 u. Elution mit Bzl.–PAe. (1 : 1); gelbe Prismen; $[\alpha]_D^{20}$ +49° (c = 1%; Bzl.); 11%. **I** liefert bei der alkal. Verseifung in der Kälte *Ätiocalciferol* (**VI**). *3.5-Dinitrotoluylat* (**III**), $C_{27}H_{32}N_2O_6 \cdot \frac{1}{3} C_6H_6$, F. 97–98° u. 125° (Bzl.; gelbe Blättchen), aus rohem **VI** u. 3.5-Dinitrotoluylsäurechlorid u. chromatograph. Reinigung an Al_2O_3; $[\alpha]_D^{20}$ +71° (c = 2%; Bzl.). — *Ätiopräcalciferol-3.5-dinitrotoluylat* (**IV**), aus **III** durch 15std. Erhitzen in Bzl. auf 60°, Einengen, Aufnehmen in Ae., Abkühlen auf 0°, Abfiltrieren von **III**, Eindampfen zur Trockene bei 0°, Aufnehmen in A.–Ae. (1 : 1), 1std. Stehenlassen bei —10°, Abfiltrieren von weiterem **III**, Zugabe von W., Ae.- Extraktion, Eindampfen der Ae.-Phase, Aufnehmen in PAe., Chromatographie an Al_2O_3 u. Elution mit Bzl.–PAe. (1 : 4); $[\alpha]_D^{20}$ +30° (c = 2,4%; Bzl.); Öl. — *17β-Hydroxyätiocalciferol-bis-[3.5-dinitrobenzoat]* (**V**), $C_{33}H_{32}N_4O_{12}$, F. 155—160° (Bzl./Ae.), aus $\Delta^{5.7}$-Androstadien-3β.17β-diol analog **I**; gelbe Prismen; $[\alpha]_D^{20}$ —26° (c = 1%; Bzl.); 28%. — *17β-Hydroxyätiocalciferol*, $C_{19}H_{28}O_2 \cdot 0{,}9\ H_2O$, F. 110° (Zers.; wss. CH_3OH; Prismen), durch 4std. Verseifung vorst. Verb. mit methanol. KOH bei Raum-Temp.; $[\alpha]_D^{20}$ +41° (c = 1%; CH_3OH). — *17β-Hydroxyätiopräcalciferol-bis-[3.5-dinitrobenzoat]*, $C_{33}H_{32}N_4O_{12} \cdot \frac{1}{4} C_6H_6$, F. 171—172° (Bzl.; orangegelbe Prismen), aus **V** analog **IV**; $[\alpha]_D^{20}$ +72° (c = 0,5%; Bzl.); 12%; liefert bei der Verseifung mit methanol. KOH bei Raum-Temp. *17β-Hydroxyätiopräcalciferol*, $C_{19}H_{28}O_2$, F. 110° (Ae./Hexan; hexagonale Plättchen); $[\alpha]_D^{20}$ +8° (c = 0,5%; CH_3OH).

WALTER SIMON. 3800

Die Konstitution des Amidinomycins. Shoshirō Nakamura, Keiko Karasawa, Nobuo Tanaka, Hiroshi Yonehara und Hamao Umezawa. (J. Antibiotics [Tokyo], Ser. A **13**. 362—65. Sept. 1960. Tokyo, Univ. of Tokyo, Inst. of Appl. Microbiol.; engl.) — *Amidinomycin* (**I**)-*Sulfat* $[C_9H_{18}N_4O \cdot H_2SO_4$; $[\alpha]_D^{21}$ —3,9° (c = 3,0; W.), λ_{max} 211—212 mμ (W.)] gibt bei Hydrolyse in 6n HCl (110°, 3 Std.) 2 ninhydrinpositive Verbb.: 1. *L-3-Amino-1-carboxycyclopentan* [**II**; $C_6H_{11}NO_2$, F. 250—251° (Zers.); $[\alpha]_D^{11}$ —14,7° (c = 1; W.); *N-Acetylderiv.*, $C_8H_{13}NO_3$, F. 144—146°]. 2. *2-Guanyläthylamindihydrochlorid*, $C_3H_9N_3 \cdot 2\ HCl$, F. 164—167°; daneben etwas *β-Alanin*. In Verbindung mit den K-Werten ließ sich hieraus für **I** die Konstit. von *3-Aminocyclopentancarbonsäure-[2-guanyläthylamid]* ableiten. *2-Amino-1-carboxycyclopentan*, $C_6H_{11}NO_2 \cdot \frac{1}{2} H_2O$, F. 241—243° (Zers.), aus 2-Imino-1-carbäthoxycyclopentan durch Hydrieren mit PtO_2 in Essigsäure u. Hydrolyse; kub. Kristalle. **II**, $C_6H_{11}NO_2$, F. 240—241° (Zers.), aus 3-Hydroximino-1-carboxycyclopentan durch Hydrieren. K. MAIER. 3900□

2-Desoxystreptamin-Derivate. Heino A. Luts, Robert H. Sprague, Malon Dickerson und Lee C. Cheney. (J. pharmac. Sci. **50**. 328—31. April 1961. Syracuse, N.Y., Bristol Labor.; engl.) — Vff. stellen eine Anzahl N- u. O-substituierter *2-Desoxystreptamin* (**I**)-*Derivv.* zur biolog. Prüfung auf antibiot. Wirksamkeit dar. Als Ausgangs-Prodd. dient Pentaacetyl-2-desoxystreptamin, das durch Hydrolyse mit konz. NH_3-Lsg. in *N¹.N³-Diacetyl-2-desoxystreptamin* (**II**) u. entsprechende Einw. von Benzoylchlorid in das Benzoyl-Deriv. übergeführt wird. o-Methoxybenzaldehyd u. **I** ergibt die SCHIFFsche Base *N¹.N³-Bis-[o-methoxybenzyliden]-streptamin*; das aus **I** u. Benzaldehyd erhaltene *N¹.N³-Dibenzalderiv.* (**III**), das durch Kochen mit Essigsäureanhydrid in Pyridin in *N¹.N³-Dibenzyliden-4.5.6-tri-O-acetyl-2-desoxystreptamin* übergeht, liefert durch katalyt. Hydrierung die *N¹.N³-Dibenzylverb.* (**IV**). Durch Erhitzen von **II** mit Phenylisocyanat wird *N¹.N³-Diacetyl-4.5.6-tris-[phenylcarbamoyl]-2-desoxystreptamin* gewonnen. Ferner läßt sich durch Kochen von I mit p-Nitrobenzoylchlorid das *Tetra-p-nitrobenzoylderiv.* u. aus diesem durch katalyt. Hydrierung (RANEY-Ni) die *Tetra-p-aminobenzoylverb.* darstellen. **IV** liefert durch Kochen mit HCHO in Ggw. von HCOOH *$N^1.N^3$-Dibenzyl-$N^1.N^3$-dimethyl-2-desoxystreptamin* u. mit einem Überschuß an Phenylisocyanat *$N^1.N^3$-Dibenzyl-$N^1.N^3$-4.5.6-pentaphenylcarbamoyl-2-desoxystreptamin.* Weitere Derivv. lassen sich aus I durch Kondens. mit Isobutyraldehyd in A. u. nachfolgende katalyt. Hydrierung, durch Einw. von HCOOH u. HCHO (Molverhältnis 1 : 4) u. nachfolgende Acetylierung u. durch Behandlung mit 2-Methylisothioharnstoffsulfat gewinnen. Keines der Prodd. zeigte antibiot. Wirkung.

Versuche: 2-Desoxystreptamine: *$N^1.N^3$-Diacetyl-* (**II**), $C_{10}H_{18}N_2O_5$, F. 292 bis 293° (Methanol), durch Zugabe von NH_4OH zu Pentaacetyl-2-desoxystreptamin u. 1std. Erwärmen; 61% (Ausbeute). — *$N^1.N^3$-Dibenzoyl-*, $C_{20}H_{22}N_2O_5$, F. 292—300° (PAe.), durch 10 Min. langes Kochen von I mit Benzoylchlorid; 55%. — *$N^1.N^3$-Dibenzyliden-* (**III**), $C_{20}H_{22}N_2O_3$, F. 94—96° (PAe.), durch 10 Min. langes Kochen von I mit Benzaldehyd in Methanol u. 2std. Stehen bei Raum-Temp.; 84,2%. *4.5.6-Triacetylderiv.*, $C_{26}H_{28}N_2O_6$, F. 170—171° (Bzn./PAe.), durch 4std. Kochen mit Essigsäureanhydrid in abs. Pyridin; 66%. — *$N^1.N^3$-Dibenzyl-* (**IV**), $C_{20}H_{26}N_2O_3$, F. 145—147°, durch Red. von **III** in A. mit RANEY-Ni; 98%. — *$N^1.N^3$-Bis-[o-methoxybenzyliden]-*, $C_{22}H_{26}N_2O_5$, F. 186 bis 188° (PAe.), durch $^3/_4$std. Kochen von I mit o-Methoxybenzaldehyd in Methanol u. Gießen in Eiswasser; 84%. — *$N^1.N^3$-Diacetyl-4.5.6-tris-[phenylcarbamoyl]-*, $C_{31}H_{33}N_5O_8$, F. 293—295° (PAe.), durch 7 Min. langes Kochen von Phenylisocyanat mit $N^1.N^3$-Diacetyl-2-desoxystreptamin (**II**) in abs. Pyridin; 90%. — *$N^1.N^3$.4.6-Tetra-p-nitrobenzoyl-*, F. > 310°, durch 10 Min. langes Kochen von I mit p-Nitrobenzoylchlorid u. Pyridin; 30%. — *$N^1.N^3$.4.6-Tetra-[p-aminobenzoyl]-*, $C_{34}H_{34}N_6O_7$, F. 295—297° (Methanol), durch Red. vorst. Verb. mit H_2 über RANEY-Ni; 75%. — *$N^1.N^3$-Dibenzyl-$N^1.N^3$-dimethyl-*, $C_{22}H_{30}N_2O_3$, F. 51—52° (Ae.), durch 16std. Kochen von **IV** mit HCOH u. HCOOH u. Zugabe von konz. HCl (Meth. **A**); 65%. — *$N^1.N^3$-Dibenzyl-$N^1.N^3$.4.5.6-pentaphenylcarbamoyl-*, $C_{55}H_{51}N_7O_8$, F. 233—237° (PAe.), durch 10 Min. langes Kochen von **IV** mit Phenylisocyanat; 97%. — *$N^1.N^3$-Diisobutyl-, Dihydrochlorid*, $C_{14}H_{32}Cl_2N_2O_3$, F. 294—296° (Zers., Ae.), durch 1std. Kochen von I u. Isobutyraldehyd in abs. A., Red. mit H_2 über RANEY-Ni u. Zugabe von HCl in abs. A.; 66%. — *$N^1.N^1.N^3.N^3$-Tetramethyl-4.5.6-tri-O-acetyl-, Dihydrochlorid, Monohydrat*, $C_{16}H_{32}Cl_2N_2O_7$, F. 265—266°, durch 5std. Kochen von **V** mit Essigsäureanhydrid in abs. Pyridin; aus Aceton hellgraue Kristalle; 87%. — *$N^1.N^1.N^3.N^3$-Tetramethyl-, Dihydrochlorid, Dihydrat* (**V**), $C_{10}H_{28}Cl_2N_2O_5$, F. 263—265° (abs. A.), nach **A** mit **I**; 78%. — *$N^1.N^3$-Bis-[o-methoxybenzyl]-, Dihydrochlorid*, $C_{22}H_{32}Cl_2N_2O_5$, F. 213—215° (Ae.), durch Zugabe einer äthanol. HCl-Lsg. zu $N^1.N^3$-Bis-[o-methoxybenzyl]-2-desoxystreptamin in A.; 94%. — *$N^1.N^3$-Diguanyl-, Sulfat*, $C_8H_{20}N_6O_7S$, F. 165—170° (Aceton), durch Zugabe von I zu einer wss. Lsg. von 2-Methylisothioharnstoffsulfat während 24 Std. bei 70—75°, erneute Zugabe von 2-Methylisothioharnstoffsulfat u. 24 std. Erhitzen bei 70—75°; 13%. P. FAHRNLAENDER. 3900□

Eine Methode zur Trennung der Bestandteile von Pyrethrumextrakt. R. G. W. Spickett. (Chem. and Ind. **1957**. 561. 4/5. London, Colonial Prod. Labor.; engl.) — Gereinigter Pyrethrumextrakt kann in präparativem Maßstab durch Chromatographie aus 15—20% Äthylacetat enthaltendem Hexan an einem 4 : 1-Gemisch von Silicagel u. gebranntem Gips u. Elution mit dem gleichen Lsgm.-Gemisch in *Pyrethrin I, Pyrethrin II* u. geringe Mengen weiterer Faktoren aufgeteilt werden. Das durch Extraktion von Pyrethrumblüten mit Hexan erhältliche Oleoresin läßt sich nach dem gleichen Verf. zerlegen, wobei man mit Hexan, Hexan–Äthylacetat-Gemisch u. Äthylacetat eluiert. W. HAMPEL. 3950□

Secoisolariciresinol, ein neues Lignan aus Podocarpus spicatus. L. H. Briggs, R. C. Cambie und J. L. Hoare. (Tetrahedron Letters [London] **1959**. Nr. 4. 14—15. Mai. Auckland, New Zealand, Univ., Dep. of Chem.; engl.) — Extraktion des Kernholzes von P. spicatus ergibt neben Matairesinol (**I**) u. Conidendrin (**II**) ein weiteres Lignan mit 2 Methoxyl-, 2 phenol. u. 2 anderen OH-Gruppen. Wegen der Ähnlichkeit seines UV-Spektrums mit den UV-Spektren von **I, II** u. Isolariciresinol u. unter der Annahme des 4-Hydroxy-3-methoxy-Substitutionstyps wird es als *(—)-2.3-Bis-[4-hydroxy-3-methoxybenzyl]-butandiol-(1.4)* (*$C_{20}H_{26}O_6$; Secoisolariciresinol*) bezeichnet. Die Struktur wird durch Synth. aus dem Dibenzyl-Deriv. von (—)-I durch $LiAlH_4$-Red. u. Hydrogenolyse des entstehenden *Diols* bestätigt. Als abs. Konfiguration wird 2L.3D angenommen. Die Verb. ist ident. mit einem der Prodd. der Hydrierung von Pinoresinol (vgl. FREUDENBERG u. KNOF, C. **1959**. 2481). B.-G. BRODDA. 3950□

Die Struktur von Cypridina-Luciferin. Yoshimasa Hirata, Osamu Shimomura und Shoji Eguchi. (Tetrahedron Letters [London] **1959**. Nr. 5. 4—9. Juni. Nagoya,

Japan, Univ.; engl.) — Vgl. C. **1960.** 12726. — Für *Cypridina-Luciferin* (**I**), $C_{21}H_{28}N_6O_2$, wird die Struktur *4-[Butyl-(2)]-1-{β-[1-hydroxyindolyl-(3)]-vinyl}-2-[γ-guanidinopropyl]-imidazolon* vorgeschlagen. Dies folgt aus der Analyse, der Best. des Molgew. u. der pKa'-Werte u. einigen Rkk. von **I**-*Dihydrochlorid* bzw. des aus **I** mit 3 Mol H_2 in Ggw. von ADAMS-Katalysator erhältlichen *Hydroluciferins* (**II**), das nach dem UV-Spektrum, der positiven EHRLICH-Rk. u. der Hydrolyse zu *Tryptamin* (**IV**), der SAKAGUCHI-Rk., der sauren Hydrolyse in Ggw. von Luft-O_2 zu *γ-Guanidinobuttersäure* u. *Isoleucin* (**V**), der partiellen Hydrolyse mit $Ba(OH)_2$, Extraktion der Fraktion mit positiver Ninhydrin- u. EHRLICH-Rk. u. weiterer Hydrolyse dieser Fraktion zu **IV** + **V** durch $Ba(OH)_2$, der negativen Rk. mit HNO_2, der Rk. mit 2.4-Dinitrofluorbenzol, die nicht 2.4-Dinitrophenyl-isoleucin lieferte, der Instabilität von **II** sowie den pK_a'-Werten (5,2 u. 12 in 31%ig. CH_3OH) als *4-[Butyl-(2)]-1-[β-indolyl-(3)-äthyl]-2-[γ-guanidinopropyl]-imidazolidon* erkannt wird. **I**, das negative ADAMKIEWITZ- u. EHRLICH-Rk. gibt, in 33%ig. CH_3OH einen pK_a'-Wert von 8,3 besitzt, mit $Ba(OH)_2$ kein prim. aromat. Amin liefert u. zu *Glycin* hydrolysiert wird, liefert bei der Rk. mit H_2O_2/NH_4OH *Oxyluciferin C*, das nur nach Red. zu **V** hydrolysiert wird. B.-G. BRODDA. 3950 □

Nucleosidpolyphosphate. 10. Mitt. **Die Synthese und einige Reaktionen der Nucleosid-5'-morpholinophosphate und verwandter Verbindungen. Verbesserte Methoden für die Darstellung von Nucleosid-5'-polyphosphaten.** J. G. Moffatt und H. G. Khorana. (J. Amer. chem. Soc. **83.** 649—58. 5/2. 1961. Vancouver, Canada, Brit. Columbia Res. Council, Univ. of Brit. Columbia.) — 9. vgl. J. Amer. chem. Soc. **81.** [1959.] 4660. — Zur Synth. von Coenzym A benötigt man reaktionsfähige u. passend lösl. Amidophosphate (**A**). Die *Nucleosid-5'-morpholinophosphate* (**B**) besitzen die erwartete Eigenschaft. Setzt man Adenosin-5'-phosphat (AMP) mit je 5 Val Dicyclohexylcarbodiimid (**I**) u. Cyclohexylamin in 67%ig. wss. tert.-Butanol (**VII**) um, so erhält man das erwartete *Adenosin-5'-cyclohexylamidophosphat* in 80—90%ig. Ausbeute. Mit der stärkeren Base Piperidin (**II**) kann das **A** nur noch in 20%ig. Ausbeute erhalten werden, dagegen reagieren schwache Basen, wie p-Anisidin (**III**), vollständig aus. Die **A** der schwachen Basen zeigen geringe, die der starken gute Rk.-Fähigkeit. Der beste Kompromiß zwischen Ausbeute u. Rk.-Fähigkeit wird durch Verw. der **B** erzielt. Eine spektroskop. Unters. der Rk. von **I** mit **II**, **III** u. Morpholin (**IV**) bei 2000—2200 cm^{-1} zeigt, daß die Addition von **I** eine Funktion der Basizität des Amins ist. Das stark bas. Additions-Prod. inhibiert die Rk. des Nucleotids mit **I**, wie durch Zugabe von C-Morpholino-N.N'-dicyclohexylformamidin (**V**) zum Gemisch von **I** u. **IV** u. den dadurch entstehenden starken Ausbeuteverlusten bewiesen werden konnte. Um die Bldg. von **V** bei der Synth. der **B** zu verhindern, wird eine Lsg. von **I** in **VII** langsam zu einer sd. Lsg. von Nucleosid-5'-phosphat u. **IV** in **VII** getropft. Die **B** zeigen eine bedeutend stärkere Säureempfindlichkeit als die **A**, wie durch Versetzen mit 0,1n H_2SO_4 u. quant. Papierchromatographie nach verschiedenen Rk.-Zeiten bewiesen wurde. Bei der Umsetzung von Adenosin-5'-piperidinophosphat (**IX**), Adenosin-5'-morpholinophosphat (**X**) oder Adenosin-5'-p-anisidinophosphat (**XI**) mit Monophenylphosphat in abs. Pyridin zum *Pyrophosphat* zeigen **IX** u. **X** ungefähr gleiche Rk.-Zeit u. Zus. des Rk.-Prod., während **XI** wesentlich langsamer reagiert u. zu einer anderen Zus. führt. Auch hier erfolgte die Messung der Rk.-Geschw. durch Ausmessung der papierchromatograph. getrennten Rk.-Produkte. Zugabe von aliphat. Amin zu **IX** führte zur deutlichen Herabsetzung der Rk.-Geschw., die Zus. des Rk.-Prod. wurde aber nur wenig geändert. Es wird ein Mechanismus der Pyrophosphat-Bldg. diskutiert. — Zur Synth. von *Nucleosid-5'-triphosphaten* wird **B** in abs. Pyridin mit einem 10fachen Überschuß an Bis-[tri-n-butylammonium]-pyrophosphat umgesetzt. Aus **X** bilden sich dabei nach 2 Std. 29% *AMP*, 14% *Adenosin-5'-diphosphat* (*ADP*) u. 57% *Adenosin-5'-triphosphat* (*ATP*), nach 24 Std. 9% AMP, 76% ADP u. 15% ATP u. nach 48 Std. 18% AMP, 73% ADP u. 9 % ATP. Die ATP-Abnahme beruht auf der Instabilität dieser Verb. im Rk.-Medium. Nach mehreren Tagen können aus dem Rk.-Gemisch hauptsächlich Di- u. Tetraphosphat isoliert werden. Wasserfreie Lsgg. von **X** sind ziemlich stabil, nach 5 Monaten sind in Pyridin-Lsg. noch 73% **X** vorhanden. Zugabe stöchiometr. Mengen stärkerer Säure zur Lsg. von **X** in abs. Pyridin führt zur schnellen Bldg. von *$P^1.P^2$-Diadenosin-5'-morpholinopyrophosphat* (**XII**); geringere Säuremengen führen zu geringerem Umsatz, größere Mengen zur Bldg. von *$P^1.P^2$-Diadenosin-5'-pyrophosphat* (**XIII**). **XII** wurde durch rohes Klapperschlangengift zu *Adenosin* u. **X** abgebaut, mit 1n NaOH bei Raum-Temp. bilden sich nach 8 Std. *AMP* u. **X**, mit 1n HCl bei Raum-Temp. **XIII**. **X** reagiert nur mit relativ stark nucleophilen Stoffen, nicht z. B. mit Benzoat- oder Acetationen. Ebenso erfolgt mit p-Nitrophenol keine Rk., dagegen bildet sich mit 2.4-Dinitrophenol hauptsächlich *2.4-Dinitrophenyladenosin-5'-phosphat*, u. 2.4-Dinitrothiophenol wirkt katalyt. u. bildet **XII**. — Unter der katalyt. Wrkg. starker Säuren kann **X** mit 50 Val

Methanol in abs. Pyridin quant. in *Adenosin-5'-methylphosphat* verwandelt werden. Geringere Mengen Methanol führen zur teilweisen Bldg. von Verbb. vom Typ **XII**. R_F-Werte der dargestellten Verbb.: *AMP*: a) 0,08 (Isopropanol : konz. NH_4OH : W. = 7 : 1 : 2), b) 0,16 (A. : 1 m Ammoniumacetat = 5 : 2), c) 0,57 (Isobuttersäure : 1 m NH_4OH : 0,1 m Äthylendiamintetraessigsäure = 100 : 60 : 1,6); *Uridin-5'-phosphat*: a) 0,07, b) 0,22, c) 0,31; *Cytidin-5'-phosphat*: a) 0,06, b) 0,17, c) 0,51; *Guanosin-5'-phosphat*: a) 0,03, b) 0,10, c) 0,23; *Desoxycytidin-5'-phosphat*: a) 0,11, b) 0,25, c) 0,60; *Thymidin-5'-phosphat*: a) 0,15, b) 0,36, c) 0,52; **X**: a) 0,41, b) 0,53, c) 0,80; *Uridin-5'-morpholinophosphat*: a) 0,32, b) 0,58, c) 0,56; *Cytidin-5'-morpholinophosphat*: a) 0,35, b) 0,52, c) 0,70; *Guanosin-5'-morpholinophosphat*: a) 0,20, b) 0,45, c) 0,51; *Desoxycytidin-5'-morpholinophosphat*: a) 0,44, b) 0,59, c) 0,51; *Thymidin-5'-morpholinophosphat*: a) 0,50, b) 0,67, c) 0,77; **IX**: a) 0,49, b) 0,61, c) 0,81; **XI**: a) 0,40, b) 0,50, c) 0,84; *Monophenylphosphat*: a) 0,27, b) 0,45, c) 0,72; **XIII**: a) 0,09, b) 0,17, c) 0,53; *P^2-Phenyl-P^1-adenosin-5'-pyrophosphat*: a) 0,32, b) 0,47, c) 0,67; *P^1-Morpholino-P^1.P^2-diadenosin-5'-pyrophosphat*: a) 0,23, b) 0,35, c) 0,77; *Adenosin-5'-methylphosphat*: a) 0,37, b) 0,48, c) 0,67; *Adenosin-5'-[2.4-dinitrophenylphosphat]*: a) 0,53, b) 0,58, c) 0,75; *Cytidin-5'-diphosphat*: a) 0,03, b) 0,09, c) 0,34; *Uridin-5'-diphosphat*: a) 0,04, b) 0,12, c) 0,21; *ADP*: a) 0,03, b) 0,10, c) 0,46; *ATP*: a) 0,02, b) 0,05, c) 0,33; *Adenosin-5'-tetraphosphat*: a) 0,01, b) 0,02, c) 0,24.

Versuche: *C-Morpholino-N.N'-dicyclohexylformamidiniumadenosin-5'-morpholinophosphat* (**XIV**), $C_{31}H_{52}N_9O_8P$, durch Zutropfen einer Lsg. von 4 mMol **I** in 15 ml **VII** zu einer sd. Lsg. von 1 mMol AMP in 10 ml W., 10 ml **VII** u. 4 mMol **IV**, 7std. Erhitzen bis zur elektrophoret. Einheitlichkeit, Vervollständigung der Rk. durch Zugabe von jeweils 2 mMol **I** u. **IV** u. Erhitzen, Kühlen, Filtrieren, Abdampfen von **VII** aus dem Filtrat im Vakuum, Extrahieren mit Ae., Filtrieren, Abdampfen der wss. Phase im Vakuum bis zur Trockne, Lösen des glasigen Rückstandes in wenig Methanol, Einengen im Vakuum auf ca. 3 ml, Zugabe von 35 ml Ae. u. Behandeln des Öls mit frischem Ae. bis zur Kristallisation; 94% (Ausbeute). — Analog: *C-Morpholino-N.N'-dicyclohexylformamidiniumuridin-5'-morpholinophosphat*, $C_{30}H_{51}N_6O_{10}P$; 92%. — *C-Morpholino-N.N'-dicyclohexylformamidiniumcytidin-5'-morpholinophosphat, Trihydrat*, $C_{30}H_{52}N_7O_9P \cdot 3\,H_2O$; 95%. — *C-Morpholino-N.N'-dicyclohexylformamidiniumguanosin-5'-morpholinophosphat, Tetrahydrat*, $C_{31}H_{52}N_9O_9P \cdot 4\,H_2O$; 92%. — *C-Morpholino-N.N'-dicyclohexylformamidiniumthymidin-5'-morpholinophosphat, Monohydrat*, $C_{31}H_{53}N_6O_{10}P \cdot H_2O$; 93%. — *C-Morpholino-N.N'-dicyclohexylformamidiniumdesoxycytidin-5'-morpholinophosphat, Tetrahydrat*, $C_{30}H_{52}N_7O_8P \cdot 4\,H_2O$; 94%. — *C-Morpholino-N.N'-dicyclohexylformamidiniumadenosin-5'-piperidinophosphat, Pentahydrat*, $C_{32}H_{54}N_9O_7P \cdot 5\,H_2O$, analog **XIV**, Lösen des End-Prod. in W., Filtrieren durch Dowex-2 (Carbonatform), Waschen mit W., Eluieren mit Triäthylammoniumbicarbonat (**VI**)-Lsgg. steigender Konz. unter UV-Kontrolle, Eindampfen der Fraktion mit dem 1. Absorptionsmaximum zur Trockne, Herauslösen von noch vorhandenem **VI** mit wenig W., Lösen des Rückstandes in 10 ml Methanol, Zugabe von 0,6 mMol **V**, Eindampfen zur Trockne, Lösen in Methanol u. Eindampfen, Lösen in Methanol u. Fällen mit Ae.; 40%. — *N.N'-Dicyclohexyl-N''-p-methoxyphenylguanidiniumadenosin-5'-p-anisidinophosphat, Monohydrat*, $C_{37}H_{52}N_9O_8P \cdot H_2O$, durch 3std. Erhitzen von 1 mMol AMP, 2 ml W., 10 ml **VII**, 7 mMol **III** u. 5 mMol **I** im Wasserbad, Eindampfen im Vakuum, Lösen in 15 ml W., Extrahieren mit Ae., Filtrieren, Eindampfen der wss. Phase im Vakuum zur Trockne, Lösen in Methanol u. Fällen mit Ae.; 90%. — *C-Morpholino-N.N'-dicyclohexylformamidin* (**V**), $C_{17}H_{31}N_3O$, F. 105—105,5°, a) durch 4std. Erhitzen einer Lsg. von 20 mMol **I** u. 40 mMol dest. **IV** in 10 ml **VII**, Kühlen über Nacht, Absaugen der Kristalle, Waschen mit **VII** u. PAe. u. Umkristallisieren aus wss. Methanol; 89%; b) durch Zugabe von 0,5 ml 4n LiOH-Lsg. zu 0,44 mMol **XIV** in 1 ml W., Stehen bei 0°, Absaugen u. Umkristallisieren aus Methanol; 78%. — *Ca-P^1.P^2-Diadenosin-5'-morpholinopyrophosphat* (**XII**), *Pentahydrat*, $C_{24}H_{31}CaN_{11}O_{13}P_2 \cdot 5\,H_2O$, aus 0,2 mMol durch 3maliges Lösen in Pyridin u. Abdampfen getrocknetem **XIV** u. 0,06 ml einer 3,65n Lsg. von trocknem HCl in Dioxan, Zugabe weiterer 0,02 ml HCl/Dioxan nach 30 Min., nach weiteren 30 Min. Eindampfen zur Trockne, Lösen in 10 ml W., Zugabe von 0,1 ml konz. NH_4OH, Filtrieren durch DEAE-Cellulose (Carbonatform), Eluieren mit **VI**-Lsgg. linear steigender Konz., Eindampfen der mit ca. 0,009n **VI**-Lsg. erhaltenen Fraktion (λ_{max} 257 mμ) im Vakuum, Lösen in wenig Methanol enthaltendem A. u. Zugabe von 1n $CaCl_2$-Lsg. in A.; 50 mg. — *Tri-Li-cytidin-5'-diphosphat* (**XV**), *Trihydrat*, $C_9H_{12}Li_3N_3O_{11}P_2 \cdot 3\,H_2O$, durch Zusammengeben von 1 mMol trocknem C-Morpholino-N.N'-dicyclohexylformamidiniumcytidin-5'-morpholinophosphat in Pyridin u. 3 mMol Mono-[tri-n-butylammonium]-dihydrogenphosphat, das durch 3maliges Abdampfen seiner Pyridin-Lsg. getrocknet worden war, in Pyridin, 2maliges Abdampfen, Lösen in abs. Pyridin, 1std. Schütteln, 50std. Stehen,

Eindampfen im Vakuum, Lösen in 4 mMol Li-Acetat enthaltendem W., Zugabe von LiOH bis pH 12, ½ std. Stehen bei 0°, Absaugen, Einstellen auf pH 8 durch Zugabe von Dowex-50 (H^+-Form), Filtrieren, Fixieren an Dowex-2 (Cl^--Form), Eluieren mit LiCl steigender Konz. in HCl, Einstellen der 2. Fraktion mit einem Absorptionsmaximum bei 280 mμ auf pH 4,5 mit LiOH, Eindampfen im Vakuum, Rühren mit 10 ml Methanol u. Zugabe von 70 ml Aceton; 78%. — *Di-Li-uridin-5'-diphosphat, Monohydrat*, $C_9H_{12}\cdot Li_2N_2O_{12}P_2\cdot H_2O$, analog **XV**, aber Verw. von *Bis-[tri-n-butylammonium]-monohydrogenphosphat* (**VIII**), nach Fixieren an Dowex-2 u. Eluieren von Nebenprodd. mit 0,04n LiCl in 0,033n HCl durch Eluieren mit 0,1n LiCl in 0,003n HCl; 67%. — *Adenosin-5'-triphosphat* (*ATP*), durch Zusammengeben von 0,2 mMol **X** u. 1,0 mMol **VIII** in 6 ml Pyridin, nach 5 Std. Eindampfen zur Trockne, Filtrieren durch Dowex-2, fraktioniertes Eluieren mit LiCl, Einstellen der entsprechenden Fraktion auf pH 7,5 mit LiOH, Eindampfen u. Behandeln mit A. u. Aceton; 43%. Daneben 8% *AMP*, 36% *ADP* u. 2 % *Adenosin-5'-tetraphosphat*. — *Ca-Adenosin-5'-methylphosphat*, durch Zugabe von 0,4 mMol abs. Methanol u. 0,05 ml einer 4n Lsg. von trocknem HCl in Dioxan zu 0,2 m Mol trocknem **XIV**, Stehen über Nacht, Eindampfen, Lösen in A., Zugabe von 1m $CaCl_2$-Lsg. in A. u. von Aceton; 95%. — *2.4-Dinitrophenyladenosin-5'-phosphat*, durch Zugabe von 0,3 mMol 2.4-Dinitrophenol in Pyridin zu 0,1 mMol trocknem **XIV**, Eindampfen, Aufnehmen in 2 ml abs. Pyridin, nach 4 Std. Abdampfen, Lösen in W., Extrahieren mit Chlf., Einengen der wss. Phase im Vakuum u. Chromatographieren an WHATMAN 3 MM; 14 mg. G. SELTMANN. 3950 □

D. Makromolekulare Chemie

Intermolekulare Reaktionen in Lösungen von Polymeren. 1. Mitt. **Einfluß von sterischen Effekten auf den zweiten Virialkoeffizienten.** O. B. Ptitzyn und Ju. Je. Eisner. (Высокомолекулярные Соединения [Hochmolekulare Verbind.] **1.** 1200—06. Aug. 1959. Inst. für hochmol. Verbb. der Akad. der Wiss. der UdSSR; russ., Auszug: engl.) — Durch eine genauere Berücksichtigung des Einfl. von intramol. Vol.-Effekten auf den 2. Virial-Koeff. A_2 der Theorie von FLORY ergibt sich eine wesentliche Änderung der Theorie. In guten Lsgm. ist bei bestimmten Kettengrößen A_2 wesentlich größer, als nach der Theorie von CASASSA u. MARKOVITZ (C. **1960.** 731) anzunehmen wäre, die Abhängigkeit von A_2 vom Molgew. deutlich geringer. Die Theorie von FLORY, KRIGBAUM u. OROFINO (C. **1951.** I. 1315; C. **1958.** 1588) führt bei den gewöhnlich vorliegenden Werten des Entknäuelungs-Koeff. α zu A_2-Werten, die denjenigen der verbesserten Theorie nahekommen, jedoch zu größeren Abweichungen bei schlechten Lsgm. oder großen α-Werten, sie ergibt auch eine wesentlich geringere Molgew.-Abhängigkeit von A_2.
R. K. MÜLLER. 4000 □

Ausdehnung der Quellungstheorie von Flory-Rehner auf ein anisotropes System. Stephen D. Bruck. (J. Polymer Sci. **55.** S29—S31. Dez. 1961. Washington, D.C., Nat. Bur. of Stand., Text. Sect.; engl.) — Erweiterung der FLORY-REHNERschen Theorie der Quellung von hochmol. vernetzten Stoffen auf den Fall, daß infolge von Orientierungszuständen anisotrope Strukturen (z. B. bei vernetzten Fasern) vorliegen.
O. FUCHS. 4000 □

Darstellung von fast homodispersen Polymeren auf dem Polymerisationsweg unter Verwendung von Monomeren als Ausgangsmaterial. G. Martín Guzmán. (Rev. Ci. apl. **15.** 32—38. Jan./Febr. 1961. Patronato Juan de la Cierva de Investigación Técnica, Dep. de Plásticos; span.) — Übersicht über Arbeiten zur Gewinnung von prakt. homodispersen Polymeren direkt aus den Monomeren durch Polymerisation unter speziellen Bedingungen: durch Übertragen von Elektronen auf das Monomere; durch Regulieren des Starts u. des Abbruchs bei der Polymerisation in Emulsion; Anwendung des Duplikations-Verf. von HIBBERT. — 23 Literaturangaben. M. HAGEDORN. 4000 □

Deformationsabhängigkeit der Spannungsrelaxation von Polyäthylenen verschiedenen Kristallisationsgrades. G. W. Becker. (Kolloid-Z. **175.** 99—110. April 1961. Braunschweig, Physikal.-techn. Bundesanst.; dt.) — Das Spannungsrelaxations-Verh. von 4 *Polyäthylenen* (*Lupolen, Omni KA, Hostalen, Fortiflex*) verschiedenen Kristallisationsgrades wurde bei konst. Temp. (40,7°) in Abhängigkeit von der Deformation gemessen. Es zeigt sich, daß die Kurvenscharen der Spannung (σ) bis zu Deformationen (ε) von 10—20% (bei denen bereits Kaltverstreckung einsetzt) durch eine Beziehung der Form $\sigma(t, \varepsilon, c) = E_a(t, c)\cdot f[\varepsilon\cdot g(c)]$ (t = Zeit; c = Kristallisationsgrad, E_a = Elastizitätsmodul) wiedergegeben werden können. Es ist also in diesem Bereich die relative Zeitabhängigkeit der Spannung von der gewählten Deformation unabhängig. Unter der Annahme, daß ausschließlich die amorphe Phase für das Stoff-Verh. im Meßbereich maßgebend ist, wird in Anlehnung an die Theorie von MOONEY-RIVLIN eine Funktion abgeleitet, mit der das Deformations-Verh. gut beschrieben werden kann. Die auf Grund der BUECHEschen Modellvorstellung für partiell kristalline Stoffe mit mol. Kenngrößen verknüpften Parameter führen zu Werten für die Kristallitabmessungen, die mit röntgenograph. Meßwerten befriedigend übereinstimmen. W. BETCKE. 4010□

Einfluß der Bestrahlung auf den Schmelzindex von Polyäthylen. 2. Mitt. **Einfluß der anfänglichen Polyäthyleneigenschaften.** B. G. Harper. (J. appl. Polymer. Sci. **5.** 601—05. Sept./Okt. 1961. Freeport, Tex., Dow Chem. Co., Organ. Basic Res. Dep.; engl.) — 1. vgl. C. **1961.** 5813. — Vf. führte Verss. durch, um zu prüfen, ob der Einfl. einiger Eigg. des Ausgangsmaterials auf die Vernetzung von *Hochdruckpolyäthylen* bei Bestrahlung aus der Form der Schmelzindexkurven als Funktion der Bestrahlungsdosis abgelesen werden kann (Angabe von Gleichungen für diese Kurven). Die Anfangsneigung der Kurven hängt mit dem Anfangs-Molgew. u./oder der Anfangskristallinität zusammen. R. SCHÄFF. 4010□

Einfluß von Koronaentladungen auf Polyäthylen. L. R. Hougen. (Nature [London] **188.** 577—78. 12/11. 1960. Drontheim, TH von Norwegen, SINTEF, Engng. Res. Foundat.; engl.) — *n-Eikosan* (**I**) wurde in Ggw. von Luft 25—50 Std. einer Koronaentladung ausgesetzt, wobei es partiell oxydiert wurde. Nach dem Behandeln mit $LiAlH_4$ in Tetrahydrofuran u. der anschließenden Chromatographie bei 210° wurden n-Alkanole mit 8—19 C erhalten; besonders stark tritt n-Heptadecanol auf (Aufspaltung von **I** zwischen dem 3. u. 4. C-Atom, vermutlich nach einem Ionenmechanismus). In ähnlicher Weise wurde *Polyäthylen* behandelt. Zwecks Trennung der dabei entstandenen *Diole* wurden diese mit Trimethylchlorsilan in Pyridin in die entsprechenden *Bis-trimethylsilyläther* umgesetzt. Es wurden so bes. *Äthylenglykol-* u. *Trimethylenglykol-bis-[trimethylsilyl]-äther* erhalten. Daneben wurden bei der Entladung Kristalle von *Oxalsäure* isoliert. Ein Radikalionenmechanismus wird zur Deutung der Ergebnisse diskutiert. O. FUCHS. 4010□

Mechanische Dispersionen und Umwandlungserscheinungen bei semikristallinen Polymeren. Yasaku Wada. (J. physics. Soc. Japan **16.** 1226—34. Juni 1961. Tokyo, Univ., Fac. Engng., Dep. of Appl. Phys.; engl.) — Das dynam.-mechan. Verh. der 7 semikristallinen Polymerisate *Polyäthylen* (**I**), *Polypropylen* (**II**), *Polyäthylenterephthalat* (**III**), *Polytrifluorchloräthylen* (**IV**), *Polyamid* (**V**; *Nylon 6* u. *66*), *Polyurethan* (**VI**) u. *Polytetrafluoräthylen* (**VII**) wurde mit anderen Verhaltensweisen, wie dielektr., therm. u. magnet. Verh., in Beziehung gebracht u. die Umwandlungs- oder Dispersionsbereiche ohne Rücksicht auf die spezif. chem. Struktur dieser Polymerisate klassifiziert. Literaturdaten für die mechan. Dispersion wurden zusammengestellt, die Frequenzabhängigkeit der Temp. des Verlustfaktormaximums (Umwandlungsdiagramme) erörtert u. die prim. u. sek. Dispersionen in amorphen Bereichen identifiziert. Die Beziehung der mechan. zur dielektr. Dispersion, die dilatometr. bestimmte Umwandlungs-Temp. u. die Änderung der kernmagnet. Resonanzlinie mit der Temp. bei diesen Polymeren werden erörtert. Die Glasumwandlungs-Temp. wird durch den Kristallisationsgrad, den Orientierungsgrad, die Abkühlungs-Geschw. u. zahlreiche andere Faktoren beeinflußt u. ändert sich von Probe zu Probe etwa um 10° (Umwandlungsbereich in °K für **I** 220—250, **II** 230—260, **III** 340—360, **IV** 290—320, **V** 310—340, **VI** ca. 310, **VII** 150 bis 180). — 65 Literaturangaben. R. SCHÄFF. 4010□

Die physikalische Adsorption von Wasserstoff an Polyäthylen und Teflon. W. Thompson. (Physica [Utrecht] **26.** 890—916. Nov. 1960. Leiden, Holland, Kamerlingh Onnes Labor.; engl.) — Zwischen 14 u. 22° K u. Drücken von 0—20 μ Hg wurde die Adsorption von Parawasserstoff (**I**) u. normalem H_2 an *Polyäthylen* (**II**) u. *Teflon* (**III**) verfolgt. Aus den Adsorptionsisothermen wurde die differentielle Adsorptionswärme u. -entropie bestimmt u. die Oberflächengröße nach BRUNAUER-EMETT-TELLER durch Neonadsorptionsmessungen bei 14° K. Die maximale Oberflächenbedeckung ist monomol. oder geringer. Zwischen **I** u. H_2 gibt es keine Unterschiede, **II** ist ein etwas besserer Adsorbent als **III** (der Unterschied der differentiellen Adsorptionswärmen beträgt 4%). Dies stimmt mit der Berechnung des VAN DER WAALSschen Anziehungspotentials zwischen H_2 u. einer $-CH_2$- oder $-CF_2$-Gruppe überein. Die differentielle isoster. Adsorptionsenthalpie nimmt mit steigender Oberflächenbedeckung ab (800 bis 450 cal/Mol, geringe Temp.-Abhängigkeit, bes. bei **II**). Die Adsorptionsentropie steigt stark mit dem Bedeckungsgrad u. ist bei beiden Adsorbentien beträchtlich temperaturabhängig. Im Anhang wird eine Best.-Meth. der auftretenden großen thermomol. Druckdifferenzen gegeben. Sie beruht auf Messungen an miteinander verbundenen Rohren von sukzessiv abnehmendem Durchmesser u. auf Extrapolation auf den Durchmesser Null. Dann kann die Grenzbeziehung $P_1/P_2 = (T_1/T_2)^{1/2}$ angewendet werden.

H.-P. RETTIG. 4010□

Kernmagnetische Resonanz in Polyisobutylen. J. G. Powles und K. Luszczynski. (Physica [Utrecht] **25.** 455—71. Juni 1959. London, Univ. of London, Queen Mary Coll.; engl.) — Aus der Best. der Spin-Gitter (T_1)- u. Spin-Spin (T_2)-Relaxationszeiten für *Polyisobutylen* im Temp.-Bereich von 20—210° nach der Spinecho-Meth. ergeben sich ein Minimum für T_1 bei 50° u. 2 Minima für T_2 oberhalb 170°. Die Resultate werden als die Bewegung von 2 Ketten verschiedener Länge interpretiert.
H.-J. Eichhoff. 4010□

Copolymerisation von Butadien-(1.3) mit 2-Methyl-5-vinylpyridin. 1. Mitt. **Copolymerisationskonstanten und Zusammensetzung der Copolymeren.** W. L. Zailingold, M. I. Farberow und G. A. Bugrowa. (Высокомолекулярные Соеднииения [Hochmolekulare Verbind.] **1.** 415—19. März 1959. Jaroslawl, Technol. Inst.; russ., Auszug: engl.) — Bei der Copolymerisation von *Butadien-(1.3)* (**I**) mit *2-Methyl-5-vinylpyridin* (**II**) wird die Zus. der Copolymeren in Abhängigkeit von den Mol-Verhältnissen der Monomeren untersucht. Bei Zunahme des **II**-Anteils im Ausgangsgemisch nimmt die Polymerisations-Geschw. zu. Aus der Zus. werden die Copolymerisations-Konst. r ermittelt. Sie betragen für **I** $r_I = 1{,}32 \pm 0{,}01$, für **II** $r_{II} = 0{,}72 \pm 0{,}03$. Die danach berechneten Zus. stimmen mit den gefundenen gut überein. R. K. Müller. 4010□

Hydrid-Reduktionsmittel–Metallsalz der Gruppe VIII. Ein neues Katalysator-System für die Polymerisation von Acetylenen und verwandten Verbindungen. 1. Mitt. L. B. Luttinger. (J. org. Chemistry **27.** 1591—96. Mai 1962. Stanford, Conn., Amer. Cyanamid Co., Stamford Labor., Central Res. Div.; engl.) — Vf. beschreibt die Polymerisation (P) von *Acetylen* (**I**) u. einigen *Derivv.* von **I** in Ggw. eines Katalysator (K)-Syst. aus einem Hydrid-Red.-Mittel, $NaBH_4$ bzw. KBH_4, u. einem Metallsalz der 8. Gruppe, Bis-[tri-n-butylposhphin]-$NiCl_2$ (**II**), Bis-[tris-(2-cyanäthyl)-phosphin]-$NiCl_2$ (**III**) bzw. Bis-[tris-(2-cyanäthyl)-phosphin]-$NiBr_2$ (**IV**). — Bei der P von **I** entstehen hochmol., lineare Polymere, die in ihrem IR-Spektrum (der trans-Doppelbindung zuzuordnende starke Bande bei 1010 cm^{-1}) u. in ihren sonstigen Eigg. (braune bis schwarze Farbe, unlösl. in allen Lsgm.) fast ident. sind mit den von Natta (vgl. C. **1959.** 17192) beschriebenen Prodd. u. sich von Cupren vollkommen unterscheiden. Sie enthalten teilweise noch größere Mengen von Ni u. B im Mol-Verhältnis von ca. 2 : 1, welche durch Waschen mit HCl entfernt werden können. Bei der Extraktion des *Polyacetylens* mit nichtpolaren Lsgm. wird eine kleine Menge intensiv gelb bis rot gefärbten, niedermol. Materials entfernt; durch anschließende Extraktion mit Aceton werden beliebige Mengen einer gelben Lsg. erhalten, wobei sich das Polymere in der Farbe aufhellt u. die IR-Bande bei 1010 cm^{-1} verschwindet. Bei dieser Extraktion werden vermutlich die amorphen Bereiche des Polyacetylens durch Luftoxydation angegriffen. Die Extrakte enthalten nach dem Ergebnis der UV-spektroskop. Unters. konjugierte Polyene mit 3 bis ca. 12 Doppelbindungen. — Bei der P von **I**-Derivv. entstehen in Abhängigkeit vom Ausgangs-Prod. lineare u. aromat. Produkte. Wenn lineare Prodd. gebildet werden, z. B. bei der P von *Butin-(1)*, *Pentin-(1)* (**V**) u. *Heptin-(1)* (**VI**), so führt die P in den meisten Fällen zu Dimeren u. Trimeren u. nur in geringem Umfang auch zu Tetrameren u. höheren Homologen, z. B. bei der P von Butin-(1). Die P von *Phenylacetylen* ergibt Trimere, aus denen *1.3.5-* u. *1.2.4-Triphenylbenzol* zusammen mit einer unbekannten, wahrscheinlich linearen trimeren Verb. isoliert werden können. — Während *Heptadiin-(1.6)* nur dimerisiert, entsteht bei der P von *Octadiin-(1.7)* ein kautschukartiges, schwammähnliches *Hochpolymeres*, welches in allen Lsgm. unlösl. ist u. IR-Banden bei 975 u. 890 cm^{-1}, Andeutung von aromat. Struktur u. Doppelbindungen sowie eine scharfe Bande bei 2120 cm^{-1} ($-C{\equiv}CH$-Endgruppe) zeigt. — Propiolsäure u. Propargylchlorid polymerisieren mit dem oben beschriebenen K-Syst. nicht, *Propargylchlorid* reagiert dagegen mit Borhydrid unter Bldg. stöchiometr. Mengen von *Propin.* Während *Äthylpropiolat* in Ggw. von $NaBH_4$ dimerisiert, führt die Rk. in Ggw. des K-Syst. zur Bldg. aromat. Prodd., jedoch nicht zur Bldg. von Cyclooctatetraenderivaten. Die P von *Propargylalkohol* ergibt bei einem Vers. in einer beinahe explosiven Rk. in der Hauptsache substituierte Benzole (65% 1.3.5- u. 35% 1.2.4-Verb.), bei einem weiteren Vers. jedoch in der Hauptsache lineare Produkte. Die P von *3-Diäthylaminopropin-(1)* führt zu Dimeren u. Trimeren, die P von *Hexin-(3)* bei 100° nach den Ergebnissen der IR-Analyse u. a. zur Bldg. eines hydrierten linearen Dimeren, wahrscheinlich eines tetrasubstituierten Butadiens, u. eines aromat. Trimeren, *Hexaäthylbenzol.* Diphenylacetylen polymerisiert bei Raum-Temp. nicht, dagegen wird durch P bei 78° eine kleine Menge eines weißen, kristallinen Festkörpers (F. ca. 400°) erhalten, dessen IR-Spektrum mit dem von Hexaphenylbenzol vergleichbar ist. *Dijodacetylen* wird unter den üblichen Rk.-Bedingungen zersetzt. Die Copolymerisation (CP) von **V** u. **VI** ergibt neben 23% **VI**-Dimerem, 17% **V**-Trimerem, 1% **V**-Tetramerem u. 11% **VI**-Trimerem Trimere mit

2 **VI**- u. 1 **V**-Einheit (20%), Tetramere mit 2 **VI**- u. 2 **V**-Einheiten (3%) u. Tetramere mit 3 **VI**- u. 1 **V**-Einheit (2%). — Auch die P von Olefinen u. Diolefinen ist mit dem neuen K-Syst. durchführbar. Die P von *Äthylen* führt zu hochmol. *Polyäthylen*, die P von *Butadien* zu Di-, Tri-, Tetra- u. Polymeren, die P von *Allen* zu Trimeren u. Tetrameren, z. B. *Trimethylencyclohexan* u. *Tetramethylencyclooctan*. Bei der P von **VI** u. auch bei anderen P-Rkk., bei denen lineare Polymere erhalten werden, werden diese teilweise hydriert. Das Ausmaß der Hydrierung ist abhängig von der vorhandenen Borhydridmenge, vom Ausmaß der P u. vom benutzten Metallsalz. Vf. erklärt die Tatsache, daß bei der **VI**-P das Dimere u. das Tetramere in erheblich größerem Ausmaß hydriert wird als das Trimere, mit ster. Behinderung.

Versuche: *Bis-[tri-n-butylphosphin]-$NiCl_2$* (**II**), F. 47—48°, nach der Meth. von JENSEN (Z. anorg. Chem. **229**. [1936.] 265). — *Bis-[tris-(2-cyanäthyl)-phosphin]-$NiCl_2$* (**III**), $C_{18}H_{24}N_6P_2 \cdot NiCl_2$, F. 176—180°, durch Lösen von 13,2 g Tris-[2-cyanäthyl]-phosphin in Aceton u. Zufügen von 5,2 g $NiCl_2$ (wasserfrei), 2 std. Rühren der tiefweinrot gefärbten Lsg., Filtrieren u. Waschen der bläulich gefärbten Kristalle mit Aceton. — *Bis-[tris-(2-cyanäthyl)-phosphin]-$NiBr_2$* (**IV**), analog vorst. Verb.; grüner Festkörper. — Polymerisation: Bei den weniger flüchtigen **I**-Derivv. wurden diese zusammen mit dem Lsgm. mit vorgereinigtem N_2 10 Min. lang entlüftet u. dann das Red.-Mittel hinzugefügt; einige Min. danach wird das Metallsalz hinzugefügt u. das Rühren des Rk.-Gemisches während der ganzen Rk.-Zeit durch Einleiten des N_2-Stroms fortgesetzt; bei Verss. mit gasförmigem **I** bzw. **I**-Derivv. bei Normaldruck wird das Lsgm. vor dem Hinzufügen der beiden K-Komponenten mit dem Gas gesätt. u. die Sättigung während der ganzen Vers.-Zeit durch Einleiten eines schnellen Gasstroms aufrechterhalten; bei Verss. im Autoklaven wurde das Lsgm. im Autoklaven auf —70° gekühlt, die beiden K-Komponenten hinzugefügt u. **I** eingeleitet: *Polyacetylen*, a) durch 4¹/₄ std. Rk. einer gesätt. Lsg. von **I** in A. bei 25° in Ggw. von 0,9 Mol/kg $NaBH_4$ u. 0,019 Mol/kg **III**; 1 g (Ausbeute); b) durch 5½ std. Rk. einer gesätt. Lsg. von **I** in Acetonitril bei 25° in Ggw. von 0,44 Mol/kg $NaBH_4$ u. 0,016 Mol/kg **III**; 1 g; c) durch 6 std. Rk. einer gesätt. Lsg. von **I** in W. bei 25° in Ggw. von 0,19 Mol/kg KBH_4 u. 0,014 Mol/kg **III**; 0,2 g; d) durch 24 std. Rk. im Autoklaven bei einem Anfangsdruck von **I** von 35 lbs./sq.in. (Lsgm. A.) in Ggw. von 0,26 Mol/kg $NaBH_4$ u. 0,016 Mol/kg **IV**; 1 g. — *Polybutin-(1)*, durch 2½ std. Rk. von Butin-(1) in A. bei 25° in Ggw. von 0,044 Mol/kg $NaBH_4$ u. 0,010 Mol/kg **III**; während der Rk. wurden 20 cm³ Butin-(1) absorbiert; 40%, davon 69% *Trimeres*, 23% *Tetrameres*, 6% *Pentameres* u. 2% *Hexameres*. — *Polypentin-(1)*, durch 1 std. Rk. von Pentin-(1) (1,90 Mol/kg) in A. bei 25° in Ggw. von 0,307 Mol/kg $NaBH_4$ u. 0,090 Mol/kg $NiCl_2$; 40%, davon 26% *Dimeres*, 64% *Trimeres*, 9% *Tetrameres* u. 0,4% *Pentameres*. — *Polyphenylacetylen*, a) durch 4½ std. Rk. von Phenylacetylen (1,78 Mol/kg) in Acetonitril bei 25° in Ggw. von 0,33 Mol/kg $NaBH_4$ u. 0,011 Mol/kg **II**; 60%, davon 26% *Dimeres*, 24% *Trimeres* u. 21% *Tetrameres*; b) durch 5¹/₄ std. Rk. von Phenylacetylen (1,68 Mol/kg) in Acetonitril bei 25° in Ggw. von 0,031 Mol/kg $NaBH_4$ u. 0,000 22 Mol/kg **II**; ca. 50%. — *Polyheptadiin-(1.6)*, durch 4 std. Rk. von Heptadiin-(1.6) (1,61 Mol/kg) in Acetonitril bei 25° in Ggw. von 0,16 Mol/kg $NaBH_4$ u. 0,011 Mol/kg **II**; 15%. — *Polyoctadiin-(1.7)*, durch 1 std. Rk. von Octadiin-(1.7) (1,72 Mol/kg) in A. bei 25° in Ggw. von 0,26 Mol/kg $NaBH_4$ u. **III**; 90%. — *Poly-3-diäthylaminopropin-(1)*, durch 2 std. Rk. von 3-Diäthylaminopropin-(1) (1,57 Mol/kg) in A. bei 25° in Ggw. von 0,26 Mol/kg $NaBH_4$ u. 0,011 Mol/kg **III**; 62%. — *Polypropargylalkohol*, durch 10 Min. lange Rk. von Propargylalkohol (4,21 Mol/kg) in W. bei 25° in Ggw. von 0,25 Mol/kg KBH_4 u. 0,015 Mol/kg **III**; 70—90%, davon 19% *Tetrameres*; durch 10 Min. lange Rk. von Propargylalkohol (3,9 Mol/kg) in W. bei 25° in Ggw. von 0,053 Mol/kg KBH_4 u. 0,0028 Mol/kg **III** werden 26% substituierter Benzole erhalten (1.3.5- u. 1.2.4-Verb.). — *Polyhexin-(3)*, durch 3 std. Rk. von Hexin-(3) (1,86 Mol/kg) in Butanol bei 100° in Ggw. von 0,307 Mol/kg $NaBH_4$ u. 0,045 Mol/kg $NiCl_2$; 15%, davon 41% *Dimeres*, 58% *Trimeres* u. 1,5% *Tetrameres*. — P von Diphenylacetylen, durch 4 std. Rk. von Diphenylacetylen (1,07 Mol/kg) in Acetonitril bei 80° in Ggw. von 0,71 Mol/kg $NaBH_4$ u. 0,011 Mol/kg **III**; 1% (?). — *Polyheptin-(1)*, durch 5 std. Rk. von Heptin-(1) (1,80 Mol/kg) in A. bei 25° in Ggw. von 0,51 Mol/kg $NaBH_4$ u. 0,14 Mol/kg $NiCl_2$; 45%, davon 15% *Dimeres*, 73,5% *Trimeres* u. 10,5% *Tetrameres*. Alle Konz.-Angaben sind Anfangskonzentrationen.

JÜRGEN SICKFELD. 4010□

Der Einfluß der Bestrahlung auf das dielektrische Verhalten von Polyvinylchlorid. D. Kießling. (Kolloid-Z. **176**. 119—28. Juni 1961. Berlin, Dt. Akad. der Wiss., Inst. für Plastforsch.; Leipzig, Univ., Physikal. Inst.; dt.) — Zur Unters. der Änderungen der dielektr. Eigg. u. der makromol. Struktur, die *Polyvinylchlorid* (PVC) bei der Bestrahlung mit Röntgenlicht erleidet, wurden die DK u. der Verlustfaktor in Abhängigkeit von Temp. u. Strahlendosis gemessen, die Chlorabspaltung sowie das Löslichkeits- u. Quellverh. untersucht u. UV-spektrometr. Messungen durchgeführt. Als wichtigste Veränderung der PVC-Moll. als Folge der Bestrahlung wurde eine HCl-Abspaltung erkannt, die mit dem Entstehen makromol. Radikale u. ungesätt. Bindungen einhergeht u. Folge-Rkk. nach sich zieht, deren Charakter vom O_2-Geh. der Umgebung abhängt. Die Temp.-Kurve der DK wird in Richtung auf höhere Werte verschoben, die des dielektr. Verlustfaktors weist ein niedrigeres Maximum auf. Der Effekt der Strahlung wird durch Erhöhung der Strahlungsdosis u. der Temp. während der Bestrahlung vergrößert. Eine Schutzgasatmosphäre hat keinen wesentlichen Einfluß. Bei plastifiziertem PVC wird das Dispersionsgebiet nach höheren Temp. verlagert u. der DK-Sprung vergrößert. Das Einfriergebiet der Relaxation wird über einen breiteren Temp.-Bereich verschmiert. — Die Änderung des dielektr. Verh. durch Bestrahlung wird beim PVC im wesentlichen auf die HCl-Abspaltung, beim plastifizierten PVC vor allem auf eine Zunahme der zwischenmol. Kräfte (als Folge der Zerstörung von Weichmacher) u. der Vernetzung zurückgeführt. W. Betcke. 4010□

Einflüsse der Temperatur auf Polyvinylchlorid in Tetrahydrofuran-Lösung. René Gautron und Constant Wippler. (J. Chim. physique Physico-Chim. biol. **58.** 754—58. Juli/Aug. 1961. Antony/Seine, Cie. Saint-Gobain, Centre de Rech.; franz.) — Während nach Doty, Wagner u. Singer (J. physic. Chem. **51.** [1947.] 32) *Polyvinylchlorid* (PVC) in Dioxan, Methyläthylketon oder Cyclohexanon bei Raum-Temp. Mol.-Assoziation zeigt, die bei Erhöhung der Temp. verschwindet, erfolgt nach Vff. bei Lsgg. von PVC in Tetrahydrofuran (THF) die Bldg. von Assoziaten erst bei Erwärmung auf 60° u. ein Wiederverschwinden bei über 110°. Für die Verss. wird PVC mit einem Molgew. von 100000, das nur noch Spuren von Katalysator enthält, in frisch dest. THF in Ampullen gelöst, die in fl. N_2 gekühlt u. im Hochvakuum zugeschmolzen werden. Die Best. des Molgew. erfolgt nach verschiedenen Methoden. Im einzelnen werden in Kurven der Einfl. von Erhitzungsdauer, Temp. u. Konz. auf die Bldg. von Assoziaten u. deren Rückbildung auf das Ausgangs-Molgew. erläutert. Danach ist die Mol.-Vergrößerung am größten bei 60°, oberhalb 110° bildet sich das Ausgangs-Molgew. zurück; das Maß der Mol.-Vergrößerung wächst sowohl mit der Dauer des Erhitzens als auch mit der Konzentration. Von techn. Bedeutung ist, daß durch Erhitzen einer 30%ig. Lsg. ein teilweise unlösl. Prod. erhalten wird. Schließlich wird die Frage diskutiert, ob ein Ditetrahydrofurylperoxid, das sich bei 50° bilden kann, die Mol.-Vergrößerung einleitet. Als Ergebnis für die Praxis wird herausgestellt, daß Lsgg. von PVC in THF, die irgendwie wärmer als Raum-Temp. geworden sind, vor der Verarbeitung 15 Min. auf 115° gehalten werden sollen, damit sich das Ausgangs-Molgew. wieder einstellt. W. Rittler. 4010□

Über die Druckabhängigkeit der Relaxationserscheinungen in hochpolymeren Stoffen. Jan Koppelmann und Johannes Gießen. (Kolloid-Z. **175.** 97—99. April 1961. Braunschweig, Physikal.-techn. Bundesanst.; dt.) — Die Frequenzabhängigkeit des dielektr. Verlustfaktors u. der DK im Hauptdispersionsgebiet ($10—10^5$ Hz) wurden für *Polyvinylchlorid* bei 105° u. 1 bzw. 500 atm u. für *Polymethacrylsäuremethylester* bei 55,5, 81 u. 105° u. 1 bzw. 500 atm gemessen. Die Ergebnisse deuten auf eine Abhängigkeit der Aktivierungsenergie vom freien Vol. hin, die um so größer zu sein scheint, je mehr die die Relaxationserscheinungen verursachenden Rotationen von Atomgruppen durch die Nachbar-Moll. u. nicht durch die Atome des gleichen Mol. behindert werden. W. Betcke. 4010□

Darstellung hochmolekularer Verbindungen durch Polyrekombination. W. W. Korschak, Ss. L. Ssossin und M. W. Tschisstjakowa. (Высокомолекулярные Соединения [Hochmolekulare Verbind.] **1.** 937—45. Juli 1959. Inst. für elementorgan. Verbb. der Akad. der Wiss. der UdSSR; russ., Auszug: engl.) — Lineare hochmol. Prodd. können aus gesätt. Verbb. durch „Polyrekombination" von freien Radikalen des Lsgm. erhalten werden. So werden aus *p-Diisopropylbenzol* in benzol. Lsg. lineare *Polymere* vom Molgew. ca. 10000 erhalten. Analog verhalten sich u. a. *p-Xylol, Diisopropylketon, Diisopropylferrocen, Diphenyl* u. *p-Dichlorbenzol*, wobei als Initiator Di-tert.-butylperoxid verwendet u. ggf. in Ggw. von Methylbenzoat als Modifikator gearbeitet wird. Die Prodd. sind farblose oder gefärbte Pulver mit den Molgew. 800—8200 u. unterschiedlicher Löslichkeit. Die Rk. beruht auf einer mehrfachen Wiederholung der Entstehung u. Rekombination von Radikalen u. hat daher Stufencharakter, wodurch sie der Polykondens. ähnlich ist, sich aber von ihr durch das Fehlen des Kettenabbaus unterscheidet. Der Mechanismus der modifizierenden Wrkg. von Benzoesäure wird erörtert. R. K. Müller. 4010□

Über die Einwirkung von Magnesium auf p-Xylylendibromid. W. D. Jassnopolski und A. A. Medshidow. (Высокомолекулярные Соединения [Hochmolekulare Verbind.] **3.** 7—9. Jan. 1961. Inst. für petrochem. Prozesse der Akad. der Wiss. der

AserbaidshanSSR; russ., Auszug: engl.) — Bei der Rk. von Mg mit *p-Xylylendibromid* (I; 9,5 g Mg u. 54 g I in Bzl.-Ae., 5 Tage kochen) entsteht als Haupt-Prod. ein *Polymeres* der Zus. $BrMg[-CH_2C_6H_4CH_2-]_nMgBr$, das ein gelbes, nichtschm. u. unlösl. Pulver ist. n wurde zu 50 berechnet (mittleres Molgew. 5400). Als Nebenprod. bilden sich glänzende Kristalle (F. 86—97°, aus Tetralin), bei denen es sich wahrscheinlich um *1.4-Äthylenbenzol* handelt. HELMUT SCHÄFER. 4010

Über den Mechanismus der Polymerisation in Gegenwart organischer Alkalimetallverbindungen. Ju. L. Spirin, A. P. Gantmacher und Ss. Ss. Medwedew. (Высомолекулярные Соединения [Hochmolekulare Verbind.] **1.** 1258—65. Aug. 1959. Physikal.-chem. Karpow-Inst.; russ., Auszug: engl.) — Die Polymerisation von *Styrol* (I) u. *α-Methylstyrol* (II) wird in Ggw. von LiC_2H_5 in Bzl., Toluol (III) u. Lsgg. von $N(C_2H_5)_3$ in Bzl. u. III untersucht. Der Zusatz von $N(C_2H_5)_3$ beschleunigt die Polymerisation von I in III, mit der $N(C_2H_5)_3$-Konz. bis 0,16 Mol/Liter zunehmend. Die Aktivierungsenergie E beträgt in III ohne (bzw. mit) $N(C_2H_5)_3$ 16 (13,6) kcal/Mol, der präexponentielle Faktor A 5 (6,2)$\cdot 10^{10}$ Liter/Mol·s. In einer Lsg. von 5,6 (Mol/Liter) II u. 0,1 LiC_2H_5 wird bei 20° ein Polymerisationsgrad von 88% erreicht. Ein Zusatz von II zu I hat selbst beim Mol-Verhältnis 1 : 1 prakt. keinen Einfl. auf die Polymerisations-Geschw. in III. Im Syst. *Isopren–Butadien* ist der Isoprenanteil im Polymeren bei der Polymerisation in Ggw. von $NaC(C_6H_5)_3$ kleiner als in Ggw. von LiC_2H_5. Im Syst. I–II wird der II-Anteil in Ggw. von LiC_2H_5 durch Zusatz von Ae. oder von III oder bei Ersatz von LiC_2H_5 durch $NaC(C_6H_5)_3$ herabgesetzt. Bei der Erörterung des Mechanismus der Rkk. wird angenommen, daß Li^+ sich im Gegensatz zu Na^+ neben dem Carbanion am Wachstum der Polymerenkette beteiligt. R. K. MÜLLER. 4010 □

Synthese und Polymerisation von alkensubstituiertem Norbornylen. Henri G. G. Dekking. (J. Polymer Sci. **55.** 525—30. Dez. 1961. Summit, N.J., Celanese Corp. of America, Res. Labor.; engl.) — Wird das Gemisch aus 98,5 g Hexadien-(1.5), 79,2 g Cyclopentadien (I) u. 0,4 g Hydrochinon (II) 16 Std. auf 190° erhitzt, so entsteht *4-{Bicyclo-[2.2.1]-hepten-(2)-yl-(5)}-butylen* (III), $C_{11}H_{16}$, $Kp._{10}$ 63,5—66,5°, n_D^{25} 1,4780, Ausbeute 20%; Reinigung durch Destillation. Durch Erhitzen ($2^1/_2$ Std. bei 175°) von 183,5 g I, 367 g Allylchlorid u. 0,1 g II u. anschließende Dest. wird *2.5-Endomethylen-Δ^3-tetrahydrobenzylchlorid* (IV; $C_8H_{11}Cl$, $Kp._{11}$ 58—61°, n_D^{25} 1,4915; 60%) erhalten. Zur Darst. der GRIGNARD-Verb. (V) von IV mit $MgCl_2$ wurde zu der sd. Lsg. von $MgCl_2$ in Ae. im Laufe von 3 Std. die Lsg. von IV in Ae. gegeben; 99%. Die Umsetzung von V (2,47 Mol) mit Allylbromid (3 Mol) wurde in sd. Ae. vorgenommen (allmähliche Zugabe der V-Lsg.), wobei III in einer Ausbeute von 46% gewonnen wurde. III läßt sich in Cyclohexan bei 25° mit Tetradecyl-$LiAl/TiCl_4$ (0,2 Mol u. 2 mMol für 6 g III) teils unter Bruch des Sechsrings in Nachbarschaft der Doppelbindung, teils unter Polymerisation der Butylengruppe polymerisieren;

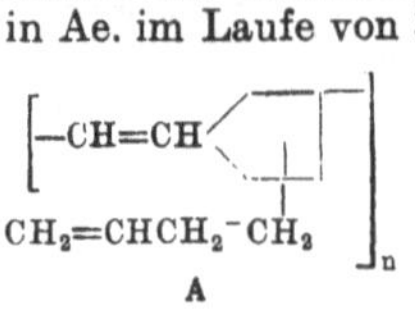

A

Abtrennen des *Polymerisats* (VI) durch Eingießen der Lsg. in ein $CH_3OH-HCl$-Gemisch. VI ist lösl. in Bzl. u. erweicht bei 150°; nach IR-Analyse enthält VI 41% A-Einheiten (Bruch des Sechsrings) u. 59% *Äthylen*-Einheiten mit *β-{Bicyclo-[2.2.1]-hepten-(2)-yl-(5)}-äthyl-Seitenketten* (Polymerisation der Butylengruppe). O. FUCHS. 4010 □

Lösungspolymerisation von Vinylacetat in Ketonen. Kiyokazu Imai und Yuziro Kazusa. (Chem. high Polymers [Tokyo] **16.** 176—79. 1959. Sakazu, Kurashiki, Okayama, Kurashiki Rayon Co., Res. Labor.; jap., Auszug: engl.) — Die Lösungspolymerisation von *Vinylacetat* wurde in Aceton, Methyläthylketon, Diäthylketon, Methylisopropylketon (I) u. Methylisobutylketon bei 60° durchgeführt. Die Monomer-Konz. wurde von 60—100% variiert. Das erhaltene *Polyvinylacetat* wurde zu *Polyvinylalkohol* (II) verseift. Der Carbonylendgruppen-Geh. wurde quant. bestimmt. Die Kettenübertragungs-Konst. der Ketone wurde aus dem Carbonylgruppen-Geh. berechnet bzw. aus dem Polymerisationsgrad von II geschätzt. Eine Übereinstimmung der Ergebnisse wurde für I gefunden. Die Einführung der Carbonylgruppe in das Kettenende von II ist nach den kinet. Unterss. der Polymerisation in Ketonen zu erwarten.

E. ANTON. 4010 □

Physikalische Untersuchungen an Preßkörpern aus Polyacrolein. Helmut Schilling. (Kolloid-Z. **175.** 110—19. April 1961. Hanau/M., Dt. Dunlop Gummi Co. A.G., Forsch.-Labor.; dt.) — Aus pulverförmigem *Polyacrolein* (I) u. *Polyacrylonitril* (II) wurden unter Anwendung von 800—18000 atm Preßkörper hergestellt. Die Körper werden mit zunehmendem Druck immer durchsichtiger u. sind beim Höchstdruck glasklar. Lsg.-Verss. in Dimethylformamid ergaben, daß bei II keine Vernetzung als Folge des Druckes auftritt, während bei I auf Grund seines Löslichkeits-Verh. in Dimethylsulfoxid (es ist bei Raum-Temp. unlösl., löst sich aber bei 180°) auf einen hohen Vernetzungsgrad geschlossen werden kann. Die Quellung von I in diesem Lsgm. bei Raum-Temp. ist um so größer, je größer der angewendete Preßdruck war, was auf eine Zunahme der Vernetzung mit wachsendem Druck schließen läßt u. im Gegensatz zu dem Verh. von gepreßtem II- oder Hartgummi-Pulver (das sehr leicht wieder zerfällt) steht. Ferner wurden die Temp.-Abhängigkeit des Torsionsmoduls u. des mechan. Verlustfaktors der Preßkörper untersucht u. ihre IR-Spektren aufgenommen. Die Ergebnisse werden diskutiert. W. BETCKE. 4010□

Polymere Acroleine. 18. Mitt. **Umsetzungen zwischen zwei Polymeren mit reaktionsfähigen Gruppen.** Rolf C. Schulz und Irmela Löflund. (Angew. Chem. **72.** 771—75. 7/11. 1960. Mainz, Univ., Organ. Chem. Inst.; dt.) — 17. vgl. C. **1961.** 12861. — Vff. geben einleitend eine Literaturübersicht über die Phasentrennung beim Mischen von Polymerlsgg. u. über die Salzbldg. zwischen Polyelektrolyten. Ausführlich wird die Rk. zwischen *Polyacrolein* (I) in wss. H_2SO_3-Lsg. mit makromol. Verbb., die OH-, SH-, NH_2- oder NH_2—NH-Gruppen enthalten u. die in wss. Lsg. oder als Gallerte oder in fester Form (Pulver, Folie u. dgl.) vorliegen können, unter Bldg. von vernetzten unlösl. Prodd. beschrieben. Eine farblose Fällung beim Mischen der in W. gelösten Stoffe tritt auf bei *Polyacrylsäurehydrazid, Polyäthylenimin, Polyvinylaminhydrochlorid, Polyvinylalkohol* (Bldg. einer farblosen Gallerte), *Gelatine* (**II**; schleimige Fällung), *Casein* (gelöst in n/10 NaOH, Bldg. einer Gallerte), *Serumalbumin, Katalase* (graue Fällung); keine Rk. findet statt mit *Agar-Agar* (**III**) u. Na-Alginat; bei *Insulin* ist eine Rk. unsicher; keine sichtbare Änderung ist bei den wss. Suspensionen von *Polykieselsäure, Cellulose* u. *Catgut* (**IV**) festzustellen; eine Gallerte aus **II** wird durch **I** an der Oberfläche trüb. Es handelt sich bei diesen Umsetzungen um die Folge einer chem. Rk. u. nicht um eine Phasentrennung infolge der eingangs genannten Unverträglichkeit der Polymeren mit **I**. Bei diesen Rkk. bleibt ein Teil der Aldehydgruppen in **I** unverändert [Nachw. z. B. mit fuchsinschwefliger Säure (**V**)]. Wird eine zylindr. Probe aus **III**-Gallerte in **I**-Lsg. gelegt, so diffundiert **I** ungehindert in die Probe ein (Nachw. mit **V**), da keine Rk. stattfindet. Dagegen wird eine zylindr. Probe von **II**-Gallerte bei der Rk. mit **I** an der Oberfläche undurchlässig für **I**; ähnlich verhält sich **IV**. Werden 100 g Hautpulver, wie es zur Gerbwert-Best. verwendet wird, mit **I** behandelt, so werden 35 g **I** aufgenommen. Die Schrumpfungs-Temp. von **IV**-Fäden steigt durch eine **I**-Einw. von 62 auf 72° an, entsprechend von 60 auf 69° bei Fäden aus *Kollagen*. O. FUCHS. 4010□

Untersuchung der Temperaturabhängigkeit der Trübung konzentrierter Lösungen von Polymethacrylsäure. Ju. Ss. Lipatow, P. I. Subow und Je. A. Andrjuschtschenko. (Высокомолекулярные Соединения [Hochmolekulare Verbind.] **1.** 425—31. März 1959. Physik.-chem. Karpow-Inst.; russ., Auszug: engl.) — Mittels nephelometr. Unterss. wird die Abhängigkeit der Lichtdurchlässigkeit von Lsgg. von *Polymethacrylsäure* (**I**) in W., 0,01n u. 0,1n HCl, Methanol (**II**) u. Gemischen von **II** mit Methyläthylketon (**III**) sowie in wss. Lsgg. mit Zusatz von NaCl u. Harnstoff untersucht. Eine starke Trübung tritt beim Erhitzen der wss. Lsgg. ein, sie ist, in Abhänigkeit von der **I**-Konz. u. dem gelösten Zusatz, von Gel-Bldg. begleitet. Die Gel-Bldg.-Wärmen sind in W. —11400 (cal/Mol), in 0,01n HCl —45500, in 0,01n NaCl-Lsg. —19700. Bei Zusatz von NaOH zu der wss. Lsg. bis zu 2% der zur Neutralisation erforderlichen Menge von 5m Harnstoff-Lsg. erfolgt kein Gelieren. Die Lsg. in **II** ist klar, in **II**–**III**-Gemischen trübt sich die Lsg. beim Erhitzen infolge Abnahme der Löslichkeit. Es wird angenommen, daß die Gel-Bldg. in den verschiedenen Lsgg. mit Löslichkeitsabnahmen u. mit Aggregationsprozessen zusammenhängt, die zwischen Moll. in verknäuelter Kugelform erfolgen. R. K. MÜLLER. 4010□

Über die Strukturbildung in konzentrierten Lösungen von Polymethacrylsäure. Ju. Ss. Lipatow und P. I. Subow. (Высокомолекулярные Соединения [Hochmolekulare Verbind.] **1.** 432—37. März 1959. Physik.-chem. Karpow-Inst.; russ., Auszug engl.) — Die spezif. Viscosität η_{sp} von Lsgg. von *Polymethacrylsäure* (**I**) in W. u. 0,01n HCl wird bei **I**-Konzz. von 1—8% u. 20 u. 60° untersucht. In beiden Lsgm. ändert sich mit steigender **I**-Konz. das Vorzeichen des Temp.-Koeff. von η_{sp}: von 6%ig. Konz. an ist η_{sp} bei 60° größer als bei 20°, bei 8%ig. Konz. tritt bei 60° Gel-Bldg. ein. In Methanol u. Methanol/Methyläthylketon nimmt η_{sp} mit steigender Temp. ab. In 8%ig. **I**-Lsg. in W. u. HCl ist η_{sp} größer als bei einer zu 25% neutralisierten wss. Lsg. von **I**. Die Gel-Bldg. wird mit der Abnahme der Löslichkeit von **I** beim Erhitzen erklärt, wobei für die **I**-Moll. ein verknäuelter, kugeliger Zustand anzunehmen ist.
R. K. MÜLLER. 4010□

Einwirkung der Polymeren von Acryl- und Methacrylsäure auf synthetische Fasern. Isidoro Ronzoni, Dario Grazioli und Corroda Donati. (Gazz. chim. ital. **89.** 2076—94. Sept. 1959. Milano, Soc. Montecatini, Ist. Ric. Applicaz. Resine; ital.) — Für die ausgeführten Reihen-Unterss. wurden 3 Typen von *Polyacrylsäure* (**I**)

u. von *Polymethacrylsäure* (II) verwendet. Die Darst. der Monomeren erfolgte durch Verseifung der Methylester mit stöchiometr. Mengen 30%ig. NaOH, Trennung der Säuren durch Neutralisation mit H_2SO_4-W. (1 : 4) u. Vakuum-Dest. (60 mm Hg) in Ggw. von Inhibitoren. Durch Polymerisation der Monomeren in wss. Lsg. in einem Glasreaktor mit Thermostaten bei 70—90° (Ölbad) unter langsamem Rühren (25 m/Min.) u. Einhaltung der Temp. des Gemisches durch regulierte Zufuhr des Monomeren wurden die tabellar. wiedergegebenen Polymeren erhalten: für I: *S 255* (Vers.-Nr.); 400000 (Molgew.); 16,5 (% Trockengew.); 7,120 (Viscosität cP); *S 261*; 330000; 22,3; 1,220; *S 260*; 250000; 18,9; 141; für II: *S 256*; 250000; 11,0; 800; *S 262*; 107000; 11,0; 148 u. *S 259*; 68000; 9,7 u. 27. Die Lsgg. der entsprechenden Polysäuren (PS) wurden auf eine Konz. von 3% verd. u. die *Polyamidfasern* (PF) vom Typ 6, 66 u. 11 5 Min. bei 40° imprägniert, wobei die zentrifugierte Materialmenge ca. 2% Restpolymeres hinterläßt. — Man erwärmt 5 g der imprägnierten PF mit 25 ml 0,1n NaOH-Lsg. u. 80 ml dest. W. 5 Min. bei 65°, titriert nach dem Abkühlen sogleich mit 0,1n H_2SO_4 unter Verw. von Phenolphthalein als Indicator u. erhält den %-Geh. der auf den PF abgeschiedenen Polymeren, trocknet das zentrifugierte Material, teilt in 6 Anteile, hält die Temp. bei 50, 75, 100, 125, 150 u. 175° 1 Std. im Ofen mit Luftumwälzung ein u. klimatisiert 24 Std. bei 20° u. 65% relativer Feuchtigkeit. Man läßt 10 g PF in 200 ml W. 10 Min. bei 80° stehen, filtriert über Glaswolle, wäscht mehrmals mit W. u. titriert die Lsg. mit 0,1n NaOH (Phenolphthalein). — Die Ergebnisse zeigen, daß das Molgew. auf den %-Geh. der auf den PF fixierten I u. II keinen Einfl. ausübt u. die fixierte Polymermenge bei Temp. bis 80° gering ist, während beachtliche Mengen am PF-Typ 11 fixiert werden. Die Konstit.-Formel der 3 Typen werden schemat. wiedergegeben u. das CH_2/CONH-Verhältnis 10 : 2; 10 : 2 u. 10 : 1 für den Typ 6, 66 u. 11 mit dem Geh. an fixierten PS von 94,5; 81,5 u. 50,4% verglichen. Die Verss. ermöglichten eine Bestätigung der chem. Wechselwrkg. zwischen PF u. PS, die für verschiedene PF unterschiedlich u. von grundlegender Bedeutung für die weitere Behandlung der Textilveredlung ist. G. Platzer. 4010□

Untersuchung der inneren Bewegungen bei einigen Acryl- und Methacrylgruppen-haltigen Hochpolymeren durch kernmagnetische Resonanz. Takao Kawai. (J. physic. Soc. Japan **16.** 1220—25. Juni 1961. Kyoto, Univ., Yoshida Coll.; engl.) — Bei einigen Polymeren untersuchte Vf. die inneren Bewegungen durch Messung der Spin-Gitter-Relaxationszeit T_1 u. deren Minima T_{1min} bei Protonenresonanz im Temp.-Bereich von fl. Luft bis ca. 300° durch kernmagnet. Resonanz bei 25 Mc/s. Bei Polymeren mit Acrylgruppen (*Polymethyl-*, *Polyäthyl-* u. *Polybutylacrylat*) werden 2 T_{1min} beobachtet, eines bei höherer Temp. infolge der Segmentbewegung u. eines bei niedriger Temp. infolge der inneren Bewegung der Alkylesterseitengruppen. Bei Polymeren mit Methacrylgruppen (*Polymethyl-*, *Polyäthyl-* u. *Polybutylmethacrylat*) treten 3 T_{1min} auf. Das 1. bei der höchsten Temp. entspricht der Segmentbewegung, das 2. bei mittlerer Temp. der inneren Bewegung der Methylgruppen in der Hauptkette u. der Alkylesterseitengruppen u. das 3. bei der niedrigsten Temp. der inneren Bewegung der Alkylesterseitengruppen allein. Man kann also die verschiedenen Arten innerer Bewegungen amorpher Polymerisate unterscheiden. Eine quant. Diskussion ist aber noch nicht möglich. R. Schäff. 4010□

Die Homopolymerisation von Maleinsäureanhydrid. John L. Lang, W. A. Pavelich und H. D. Clarey. (J. Polymer Sci. **55.** S 31—S 32. Dez. 1961. Monroeville, Pa., Koppers Res. Center; Merriam, Kans., Spencer Chem. Co.; Midland, Mich., Dow Chem. Co.; engl.) — Wird *Maleinsäureanhydrid* (I) in Bzl. oder in Essigsäureanhydrid als Lsgm. oder im geschmolzenen Zustand mit γ-Strahlen bestrahlt, so wird *Polymaleinsäureanhydrid* (II) erhalten mit $[\eta] = 0{,}044—0{,}17$ dl/g in Acetophenon; M_w beträgt 23000 für $[\eta] = 0{,}146$; Umsatz bis zu 90% bei einer Rk.-Zeit von 220 Std. u. einer Gesamtdosis von 43 Mrad. Wird I bei 70° 48 Std. mit 5% Dibenzoylperoxid erhitzt, so werden 33,6% II mit $[\eta] = 0{,}121$ erhalten. Auch durch UV-Bestrahlung in Ggw. von Diacetyl entsteht II. II ist lösl. in W., niederen Alkoholen, Ketonen u. Nitroparaffinen. Das *Mono-Na-Salz* des hydrolysierten II ist in W. lösl., während sich in Ggw. eines Na-Überschusses ein in W. unlösl. Koazervat bildet. O. Fuchs. 4010□

Röntgenstrukturuntersuchung des Polyesters aus Eikosandiol und Dekamethylendicarbonsäure. Ju. W. Mnjuch. (Журнал Физической Химии [J. physik. Chem. **33.** 2190—95. Okt. 1959. Inst. für elementorg. Verbb. der Akad. der Wiss. der UdSSR; russ., Auszug: engl.) — Vgl. C. **1959.** 17010. — Die Röntgenstruktur-Unters. des aus *Eikosandiol-(1.20)* u. *Dekamethylendicarbonsäure* erhaltenen *Polyesters* (I) ergibt rhomb. Struktur mit a = 7,407 ± 0,005, b = 4,975 ± 0,005, c = 2,513 ± 0,005 Å. Aus der Ähnlichkeit der Parameter mit denjenigen von Polyäthylen (II) folgt, daß in I die II-Packung erhalten geblieben ist („Pseudo-II-Struktur"). Die Berechnung der Querschnitte der Elektronendichte z = 1/4 u. z = 1/2 führt zu der Schlußfolgerung, daß die Drehung der Elementarzelle bei **I** sich von derjenigen bei **II** dadurch unterscheidet, daß sie das Eindringen eines O-Atoms in eine Struktur vom **II**-Typ ermöglicht. R. K. Müller. 4010□

Untersuchung der Polymeren des Diallylphthalats durch Infrarotspektrophotometrie. François Lalau-Keraly. (C. R. hebd. Séances Acad. Sci. **250.** 2697—99. 11/4. 1960. O.N.E.R.A., Direct. des Mat.; franz.) — Vgl. C. **1961.** 3339. — Auf IR-spektroskop. Wege untersuchte Vf. die Polymerisation von *Phthalsäurediallylester* (**I**) in Ggw. von tert.-Butylperbenzoat (**II**) bei 100—150° bzw. in Ggw. von Di-tert.-butylperoxid (**III**) bei 140—180°. Der Umsatz (NFP-Werte, vgl. Simpson, J. Soc. chem. Ind. **65.** [1946.] 107) beträgt in Ggw. von **II** (0,25%) bei 120° 91,7% bzw. bei 150° 60%, in Ggw. von **III** (1%) bei 140° 92,5% bzw. bei 180° 78%. Der Rest-Geh. (R.) an ungesätt. Bindungen nimmt unabhängig von der Rk.-Temp. u. von der Initiator-Konz. stetig u. in gleicher Weise ab. Zwischen 100 u. 150° entstehen also Polymere, deren Struktur unabhängig von der Polymerisations-Temp. ist. Der R. in der Primärkette beträgt 28,5%, der Geh. an Ringen 43%, wie schon l. c. in Ggw. von Dibenzoylperoxid gefunden worden war. Der R. nimmt zunächst sehr langsam ab, d. h. die im Polymeren enthaltenen ungesätt. Bindungen bleiben erhalten, die Vernetzung ist gering. Ab ca. 60%ig. Umsatz nimmt R. dagegen stärker ab, was auf eine Vernetzungs-Rk. der ungesätt. Bindungen in der Polymerkette mit monomerem **I** zurückgeführt wird. Diese Vernetzung ist in Ggw. von **III** anscheinend etwas stärker als in Ggw. von **II**. B. Gnauck. 4010□

Ein optisch aktives, strukturell homogenes Polyamid. C. G. Overberger und H. Jabloner. (J. Polymer Sci. **55.** S 32—S 33. Dez. 1961. Brooklyn, N.Y., Polytechn. Inst. of Brooklyn, Dep. of Chem.; engl.) — *D(—)-β-Methyl-ε-caprolactam* wurde in Ggw. von 1% W. 20 Std. auf 236° erhitzt, wobei mit einer Ausbeute von 52% das *Polymere*, F. 220—225°, mit $[\eta] = 0,30$ (in m-Kresol bei 30°) erhalten wurde. $[\alpha]_D^{25}$ beträgt +14,63 in wasserfreiem HCOOH u. geht in m-Kresol/Chlf.-Gemischen mit wachsendem Chlf.-Geh. durch ein Maximum (unterhalb 15 Vol.-% Chlf. unlösl.). O. Fuchs. 4010□

Über die Reaktivität der Amidgruppe von ε-Caprolactamderivaten. Naoya Ogata. (Bull. chem. Soc. Japan **32.** 813—19. Aug. 1959. Minato-Ku, Nagoya, Toyo Rayon Co., Ltd., Res. Dep.; engl.) — Vgl. Yumoto, Ida u. Ogata, C. **1960.** 16449. — Vf. bestimmte das Dipolmoment von *ε-Caprolactam* (**I**) zu 3,88 (D), *N-Methyl-* (**II**) 4,23 u. *γ-Methyl-ε-caprolactam* (**III**) 5,48 (in Bzl. bei 25°) u. verfolgte titrimetr. die Kinetik der Hydrolyse von **I** (in 1,0—2,0n H_2SO_4 zwischen 60 u. 100°), den *Di-*, *Tri-* u. *Tetra-Ringoligomeren* von **I** (in 3n H_2SO_4 bei 78 u. 100°) sowie von **II** (in 1,0—5,0n H_2SO_4 zwischen 80 u. 100°). Diese Rkk. verlaufen nach der 1. Ordnung, die k-Werte wachsen proportional der Konz. an H_2SO_4. **II** reagiert ca. 20mal langsamer als **I**; auch die Ringoligomeren hydrolysieren erheblich langsamer als **I**, doch nimmt die Rk.-Geschw. mit der Ringgröße zu. Die Aktivierungsenergie der Hydrolyse beträgt für **I** 20 bzw. für **II** 22 kcal/Mol. Ferner wurden die IR-Spektren (meist in KBr, angegeben zwischen 2 u. 15 μ) von **I**, den **I**-Oligomeren, *Poly-ε-capronamid*, dem Rk.-Prod. von HCl mit **I** bzw. **II** u. von fl. **II** aufgenommen. Da die Molpolarisation von **II** im Gegensatz zu der von **I** u. **III** nicht mit steigender Konz. abnimmt, sondern konst. bleibt, wird angenommen, daß bei **II** keine Assoziation auftritt. Die Amidbindung von **II** dürfte infolge von Resonanz einen erheblichen ion. Charakter besitzen. Die Stabilität des **I**-Dimeren bei der Hydrolyse wird auf starke intramol. H-Bindungen zurückgeführt, diese Verb. liegt nach den IR-Daten in trans-Konfiguration vor. B. Gnauck. 4010□

Spektrophotometrische Untersuchung der Verbindung Jod–Polyvinylpyrrolidon. Jean Néel und Bernard Sébille. (J. Chim. physique Physico-Chim. biol. **58.** 738—53. Juli/Aug. 1961. Paris, École Sup. de Phys. et de Chim.; franz.) — Durch Zugabe von *Polyvinylpyrrolidon* zu einer Jod–KJ-Lsg. wird deren Absorptionsspektrum so weit geändert, daß es unter bestimmten Bedingungen möglich ist, diesen Effekt als eine Funktion der gelösten Menge an Polymerem auszuwerten. Wie aus den spektrograph. Messungen, zu denen auch Lsgg. von N-Äthylpyrrolidon u. Jod in CCl_4 herangezogen wurden, hervorgeht, liegt offenbar eine Addition von J_3 an die ringgebundene >C=O-Gruppe vor. Es müssen folgende Bedingungen genau eingehalten werden: Die Jod–KJ-Lsg. (Lsg. I) enthält in 200 ml 1 g Jod u. 2 g KJ. Zum Verdünnen dient eine Lsg. von 0,5 Mol Essigsäure u. 0,5 Mol Na-Acetat, die mit W. auf 1000 ml aufgefüllt wird (Lsg. II). Kurz vor dem Vers. werden 15 ml der Lsg. I mit Lsg. II auf 1000 ml verdünnt. Von der Polyvinylpyrrolidon-Lsg., die ca. 1%ig. sein soll, werden einige Tropfen mit dem Gemisch aus Lsg. I u. Lsg. II versetzt u. gewogen. Eine Probe davon wird in einer Küvette von 1 cm Dicke bei 22° bei der Wellenlänge 420 mμ mit einem Spektrophotometer gemessen. Unter gleichen

Bedingungen wird eine Blindprobe gemessen. In der Formel für die gemessene opt. Dichte $D_{\cdot 420} = K_{420} \cdot l \cdot C$ bedeutet K_{420} die Konst. 35 200 $cm^2\,g^{-1}$, l die Länge der Küvette in cm u. C die Konz. an Polymeren in g pro cm^3. Aus ihr ist der Geh. der Lsg. an Polymerem zu errechnen. W. Rittler. 4010□

Spekrophotometrische Untersuchung der Verbindung Jod-Polyvinylpyrrolidon. Jean Néel und Bernard Sébille. (C. R. hebd. Séances Acad. Sci. **252.** 405—07. 16/1. 1961; franz.) — Vorl. Mitt. zu vorst. Referat. H. Czech. 4010□

Untersuchung der Kristallisationsfähigkeit von SKI-Vulkanisaten nach der Methode der adiabatischen Dehnung. M. P. Wotinow, Ss. A. Ssubbotin, W. W. Ssamoletowa, Ss. P. Kopytowskaja und Je. W. Kuwschinski. (Высокомолекулярные Соединения [Hochmolekulare Verbind.] **1.** 1016—20. Juli 1959. Allunions-Forsch.-Inst. für synthet. Kautschuk; russ., Auszug: engl.) — An Proben von ungefüllten *Li-Isopren-Kautschuk*-(SKI-)Vulkanisaten, die aus Kautschuk mit verschiedenem Mol-gew. unter verschiedenen Vulkanisationsbedingungen erhalten wurden, wird das Verh. bei im adiabat. Recken mit ca. 100% Dehnung/Sek. im Vgl. mit Naturkautschuk (I) untersucht. Eine niedrigermol. Probe mit $[\eta] = 1{,}8$ bleibt bei dem Reckungsgrad $\lambda = 10{,}8$ amorph, eine höhermol. Probe mit $[\eta] = 4{,}7$ beginnt bei $\lambda = 7$ zu kristallisieren. Der Kristallisationsgrad ist jedoch bei Gemischen gleicher Zus. kleiner als bei **I**, der schon bei $\lambda = 3$ zu kristallisieren beginnt. R. K. Müller. 4030□

Über die Theorie der Hochelastizität des Kautschuks. M. W. Wolkenstein, Ju. Ja. Gotlib und O. B. Ptitzyn. (Высокомолекулярные Соединение [Hochmolekulare Verbind.] **1.** 1056—62. Juli 1959. Inst. für hochmol. Verbb. der Akad. der Wiss. der UdSSR; russ., Auszug: engl.) — Die übliche Theorie der Hochelastizität kautschukartiger Polymerer beruht auf der Behandlung eines Netzes nicht miteinander reagierender Ketten, die einer Gaussschen Statistik unterworfen sind. Vff. stellen fest, daß die tatsächlich der Dehnung entgegenwirkende Kraft weniger von der Deformation abhängt, als sich aus dieser Theorie ergibt. Die Änderung der Energie der intermol. Wechselwrkg. wirkt der Deformation nicht entgegen, sondern fördert sie u. führt zur Entstehung einer stärker von der Deformation abhängigen zusätzlichen Kraft, die keinen Energie-, sondern einen Entropiecharakter hat u. mit der Abnahme der Zahl der Konfigurationen des Ketten-Syst. bei der Orientierung zusammenhängt. Eine Modell-Darst. des Polymeren aus einem Gemisch von Gaussschen Ketten u. starren geometr. anisotropen Bereichen (Paketen) zeigt, daß die zusätzliche Entropiekraft weniger von der Deformation abhängt als die aus der Netztheorie vorauszusehende Kraft. R. K. Müller. 4030□

Untersuchungen an Naturkautschuk. 2. Mitt. **Sol- und Gel-Kautschuk.** Bejoy Sankar Das und P. K. Choudhury. (Indian J. appl. Chem. **22.** 73—76. 1959. Calcutta, Univ. Calcutta, Dep. of Appl. Chem.; engl.) — 1. vgl. C. **1961.** 10207. — Vff. untersuchten die Änderung der sog. Sol- u. Gelfraktionen des *Naturkautschuks* (I) mit der Zeit u. Temp. u. bei Einw. von Luft u. UV-Licht. Am Ausgangs-Prod. wurden folgende Unterss. durchgeführt: Quant. Best. der Sol- u. Gelfraktionen in Ae. u. PAe. bei Einhaltung von verschiedenen Extraktionszeiten u. Best. der Fraktionen bei der Einw. von Sonnenlicht, Luft u. UV-Licht. Es wurde festgestellt, daß das I-Gel im wesentlichen vom Lsgm., der Konz. der Lsg. u. der Extraktionszeit abhängig ist. Die Ergebnisse, die bei der Einw. von UV-Licht u. bei höheren Temp. erhalten wurden, decken sich mit der Tatsache, daß bei der Alterung eine Depolymerisation u. ein oxydativer Abbau stattfinden, wobei die Gelfraktion erhöht u. der Solanteil verringert wird. Bei der Einw. von Sonnenlicht u. Luft tritt zuerst eine Verringerung u. anschließend eine Erhöhung der Gelfraktion auf. E. Anton. 4030□

Naturkautschuk als Packung elastisch deformierbarer sphärokolloider Makromoleküle. Th. G. F. Schoon. (Verh.-Ber. Kolloid-Ges. **18.** 122—31. 1958. Bogor, Indonesien, Inst. für Kautschuk-Forschung u. -Entwicklung; dt.) — Auf Grund elektronenmkr. Unterss. an *Naturkautschuk* betrachtet Vf. den Kautschuk als Packung sphärokoll. Makromoll. u. erörtert die Innenstruktur des sphär. Makromoleküls. — Diskussionsbemerkungen. R. Schäff. 4030□

Über das Auftreten von Zwischenverbindungen bei der durch organische Basen beschleunigten Vulkanisation des Naturkautschuks durch Schwefel. Walter Scheele und Martin Cherubim. (Verh.-Ber. Kolloid-Ges. **18.** 115—22. 1958. Hannover, TH, Kautschuk-Inst.; dt.) — Die Vulkanisation des *Naturkautschuks* durch S in Ggw. von Diphenylguanidin (I) wurde quant. untersucht, um das Auftreten von Zwischen-Verbb. festzustellen. Ohne ZnO ist die gefundene Abnahme der S-Konz. eine Rk. der Ordnung $n = 0{,}75$, während in Ggw. von ZnO oder Mercaptobenzthiazol u. ZnO $n = 1$ ist. Bei Zn-Dithiocarbamat ist $n = 0$. In Ggw. von I ist die Aktivierungsenergie der S-Abnahme 29 kcal/Mol im Vgl. zu 36 kcal/Mol ohne I. Bei der stufenweisen Erhöhung der

I-Konz. bei konst. S-Anfangs-Konz. wurde gefunden, daß die S-Abnahme-Geschw. prakt. linear bis zum Grenzwert bei ca. 3—4% I in der Kautschukmischung steigt. Es wird gezeigt, daß man den Gang der Geschw.-Konst. der S-Abnahme mit der I-Konz. mit der Annahme einer Zwischenstoffkatalyse (Zwischen-Verb. zwischen I u. S, vgl. Krebs, Gummi u. Asbest-Ztg. **8.** [1955.] 68) verständlich machen kann, daß aber die vorliegenden Unterss. zu einer eindeutigen Klärung noch nicht ausreichen. — Diskussionsbemerkungen. R. Schäff. 4030 □

Über die Vulkanisation des Naturkautschuks durch Schwefel in Gegenwart von Mercaptobenzothiazol. Otto Lorenz und Elisabeth Echte. (Verh.-Ber. Kolloid-Ges. **18.** 142—51. 1958. Hannover, TH, Kautschuk-Inst.; dt.) — Vgl. Scheele u. Mitarbeiter, C. **1958.** 14188 u. früher. — Der Einfl. der Konz. der Mischungsbestandteile [Mercaptobenzothiazol (I), S, Zn-Stearat (II) u. ZnO] der *Naturkautschuk*-Vulkanisation durch S in Ggw. von I auf die Kinetik der S-Konz.-Abnahme u. der zeitlichen Änderung der reziproken Gleichgewichtsquellung (1/Q) bei konst. Temp. wurde untersucht. Wie ohne II ist auch in Ggw. von II die S-Konz.-Abnahme bei allen Temp. eine Rk. 1. Ordnung; man beobachtet aber mit fallender Temp. steigende Induktionsperioden (z. B. bei 90° ca. 120 Min.; Aktivierungsenergie 19,5 kcal/Mol gegenüber 30,5 kcal/Mol in Abwesenheit von II). In Abwesenheit von I u. II erfolgt die S-Abnahme ebenfalls nach 1. Ordnung (Aktivierungsenergie 35,5 kcal/Mol). Neben der außerordentlichen Beschleunigung der S-Abnahme durch die Ggw. von II wird auch die Kinetik der Vernetzungs-Rk. (1/Q) durch II beeinflußt. Die Geschw.-Konst. der Vernetzungs-Rk. (Rk. 1. Ordnung, Aktivierungsenergie 20,5 kcal/Mol) ist etwa doppelt so groß wie die der S-Abnahme. Auch in Ggw. von II nimmt die I-Konz. während der Vulkanisation ab (maximal 18—22% der eingesetzten Menge bei allen Temp., Rk. 1. Ordnung). Durch den I-Geh. wird die Rk.-Ordnung (= 1) von S-Abnahme u. zeitlicher Änderung von 1/R nicht, deren Geschw. Konst. aber deutlich beeinflußt. Diese steigen so lange an, bis das mol. Verhältnis I/II ca. 4:1 erreicht hat. Der maximal erreichbare Vernetzungsgrad ist vom I-Geh. unabhängig. Zwischen der maximalen Geschw.-Konst der S-Abnahme u. der vorgegebenen II-Menge (bis über 10%) u. zwischen der maximalen Geschw.-Konst. der Vernetzung u. der Wurzel aus dem II-Geh. bestehen lineare Beziehungen. II wirkt wie ein Beschleuniger, diese beschleunigende Wrkg. ist aber an die gleichzeitige Anwesenheit von I gebunden. Der Vernetzungsgrad ist bei konst. S-Anfangs-Konz. eine Funktion des II-Gehaltes. Zwischen der Geschw.-Konst. der Vernetzung u. der Wurzel aus der reziproken S-Anfangs-Konz. bzw. zwischen 1/Q u. der Wurzel aus der S-Anfangs-Konz. besteht Proportionalität. Weder die Geschw.-Konst. der S-Abnahme noch die von 1/Q, noch der Vernetzungsgrad sind merklich von der vorgegebenen ZnO-Menge abhängig. In Abwesenheit von ZnO werden aber die Geschw.-Konst. der S-Abnahme u. 1/Q beträchtlich kleiner. Somit zeigt auch ZnO eine Rk.-Lenkung auf die Umsetzung des Kautschuks mit S. Für die gefundenen Zusammenhänge werden Gleichungen angegeben. — Diskussionsbemerkungen. R. Schäff. 4030 □

Depolymerisation der Cellulose auf saurem Wege. Guido Noto La Diega. (Chim. e Ind. [Milano] **41.** 539—47. Juni 1959. Palermo, Univ., Ist. di Chim. Appl.; Padova, Univ., Ist. di Impianti Chim.; ital.) — Es wird über Meth. der Best. des Polymerisationsgrades $\bar{P}$ (viscosimetr. u. chem. durch Depolymerisation mit verschiedenen Säuren unterschiedlicher Konzz. bei verschiedenen Temp.) von *Cellulosen* berichtet u. einige Arbeiten auf diesem Gebiet krit. besprochen. Die experimentell auf verschiedenen Wegen erhaltenen Werte werden auf Grund eigener Arbeiten u. der anderer Autoren mit den berechneten Werten verglichen u. auf die Schwierigkeiten einer genauen Best. des $\bar{P}$ bei Cellulosen hingewiesen. Eigene Unterss. konnten die Ergebnisse von Freudenberg [1936 u. früher] nicht bestätigen, was Vf. darauf zurückführt, daß bei den Arbeiten von Freudenberg der dimere Charakter des durch Säure depolymerisierten Cellulosemoleküls unberücksichtigt blieb u. so ein Teil der experimentell ermittelten Werte wegen anderer Berechnungsgrundlagen unterschiedlich ausfielen.
W. Anika. 4050

Die Anwesenheit von Monothiocarbonatsubstituenten in Cellulosexanthogenaten. D. A. Andrews, F. G. Hurtubise und H. Krässig. (Canad. J. Chem. **38.** 1381—94. Aug. 1960. Hawkesbury, Ontario, Canada, Ind. Cellulose Res.; engl.) — Der Nachw. von Monothiocarbonatsubstituenten in Viscose-Lsgg. wurde durch die IR-Spektren der bei saurer Hydrolyse von *Cellulosexanthogenat-Salzen* u. *Viscose* entweichenden Gase erbracht. Es wurde ein Vgl. der bei verschiedenen S-Best.-Meth. erhaltenen Ergebnisse mit den spektroskop. erhaltenen Daten durchgeführt. Quant. Unterss. waren nicht möglich, da COS, das für das Vorliegen von Monothiocarbonatsubstituenten charakterist. ist, auch bei der Zers. reiner Cellulosexanthogenate in geringen, aber wechselnden Mengen gebildet wird. Zur Durchführung der Verss. wurden z. T. nach bekannten Verff. dargestellt: *S-Methylcellulosexanthogenat* (aus Na-Cellulosexanthogenat u. CH_3J), *S-[Diäthylaminocarbonylmethyl]-cellulosexanthogenat*, *K-Cellulosexanthogenat*, *Cellulosedixanthogenat*, *K-Äthylxanthogenat*, *K-S-Äthylmonothiocarbonat*, *Na-Cellulosemonothiocarbonat* u. *S-[Diäthylaminocarbonylmethyl]-cellulosemonothiocarbonat*. F. Lang. 4050 □

Die Fraktionierung der Amylose nach ihrem Polymerisationsgrad. J. Holló und J. Szejtli. (Stärke **14.** 75—78. März 1962. Budapest, TU, Inst. für landwirtschaftl.-chem. Technol.; dt.) — Übersetzung der C. **1961.** 10209 referierten Arbeit. J. Seidemann. 4050 □

Eine Methode zur Fraktionierung von Alginaten. R. H. McDowell. (Chem. and Ind. **1958.** 1401—02. 25/10. London, Alginate Ind. Ltd.; engl.) — Durch Zugabe von $MnCl_2$-Lsg. (0,08 g Val/Liter) zu *Alginat*-Lsgg. (0,02 gVal/Liter) wird ein Teil (**A**) gefällt. Eine weitere Fraktion (**B**) wird durch höhere $MnCl_2$-Konzz. oder durch andere Salze ($CaCl_2$) gefällt. Die in der Kälte gebildeten Fällungen sind im allg. löslicher als die in der Hitze erhaltenen. Der Fällungstest der durch Auslaugen der Nd. mit Säure u. anschließendes Neutralisieren mit NaOH erhaltenen Alginat-Lsgg. (Konz. 0,02n) in W. oder 0,1n NaCl-Lsg. durch $CaCl_2$ zeigt, daß zur Fällung von **B** eine höhere $CaCl_2$-Konz. benötigt wird u. daß die Unterschiede der Ca–Na-Austausch-Koeff. weitgehend für die unterschiedlichen, zur Fällung benötigten Ca-Mengen verantwortlich sind. **B** besitzt eine geringere Viscosität als die Ausgangsalginat-Lsg. u. **A** u. hat daher vermutlich ein geringeres Molgewicht. K. Lange. 4050

Polymerisation von N-Carboxyanhydriden in Fluorwasserstoff. Decarbonylierung als Nebenreaktion. K. D. Kopple, L. A. Quarterman und J. J. Katz. (J. org. Chemistry **27.** 1062—64. 12/3. 1962. Chicago, Ill., Univ. of Chicago, Dep. of Chemistry; Argonne, Ill., Argonne Nat. Labor.; engl.) — Die Polymerisation von N-Carboxyanhydriden (NCA) in wasserfreiem HF läßt Prodd. von hohem Molgew. erwarten. Es sind jedoch nur kurze Kettenlängen ($n < 30$) erhalten worden. Die Unters. der bei der Rk. entstehenden gasförmigen Prodd. hat den Ablauf einer Neben-Rk. aufgedeckt, die die niedrigen Molgew. verursacht. Die Einw. von HF auf *L-Leucin-N-carboxyanhydrid* (**I**) bei Raum-Temp. ergibt außer dem erwarteten CO_2 5% *CO*. Das nichtflüchtige Rk.-Prod. enthält *Isovaleraldehyd*, der als *2.4-Dintrophenylhydrazon* charakterisiert wird. Von drei erwogenen Rk.-Wegen scheint die säurekatalysierte Decarbonylierung (DC) des Aminoacylfluorids, $\underline{RCH{-}COF\cdots(HF)_n\cdots H{-}\overset{+}{N}H_2} \rightarrow RCH{=}\overset{+}{N}H_2 + CO$, am wahrscheinlichsten. Bei der Behandlung von Leucylchloridhydrochlorid mit HF wird ebenfalls *CO* entwickelt. Vff. nehmen an, daß das gebildete *Imin* das Kettenwachstum abbricht, denn aus der CO-Ausbeute ergibt sich 1 Mol Imin neben 20 Moll. **I**, woraus eine Polyaminosäurenkettenlänge von 20—30 Einheiten resultiert. Im wss.-sauren Medium soll aus dem acylierten *Imin* der beobachtete *Aldehyd* entstehen. DC kann nicht in allen Fällen für niedriges Molgew. bei HF-katalysierten NCA-Polymerisationen verantwortlich sein. L-Glutaminsäure-γ-methylester-N-carboxyanhydrid ergibt in HF ohne CO-Entw. neben kleinen Mengen *3.6-Bis-[β-carboxyäthyl]-2.5-diketopiperazin* ein wasserlösl. *Polymeres* aus 5—6 Einheiten.

Versuche: **I** wurde bei 25° in wasserfreiem HF gelöst (3 Std. Rk.-Dauer); die Gaschromatographie der entwickelten Gase ergab 95% CO_2 u. 4,4—5,0% *CO*, nach Kondens. von CO_2 durch fl. Stickstoff resultierte ein Gas mit 85—95% CO. — *Isovaleraldehyd-2.4-dinitrophenylhydrazon*, F. 123°, aus 0,5 g rohem Polyleucin mit 3 ml Dinitrophenylhydrazin-Reagens (70°, 15 Min.) u. Umkristallisieren aus A.-W.; 8 mg (Ausbeute). — Leucylchloridhydrochlorid wurde bei 25° mit HF behandelt; nach 24 Std. wurden die Gase außer CO durch fl. N_2 kondensiert u. CO gaschromatograph. als rein befunden. — 2-Phenyloxazolon-(5) wurde in HF gelöst, eine Probe 2 Std. bei 25°, eine zweite 5 Std. bei 60° u. eine dritte 4 Std. bei 150° gehalten; es konnte kein CO ermittelt werden; nach Entfernung der flüchtigen Prodd. wurde im 3. Ansatz ein schwarzer Rückstand u. eine Spur *Benzoesäure* (F. 122°) erhalten. *Hippursäure*, aus dem 2. Ansatz durch Lösen des Rückstandes in Alkali u. Fällung mit Säure. — L-Glutaminsäure-γ-methylester-N-carboxyanhydrid wurde in HF gelöst u. bei 25° aufbewahrt: 95% CO_2 u. 0,25—0,5% CO; der von HF befreite Rückstand hatte das erwartete IR-Spektrum von *Poly-γ-methyl-L-glutamat*; Endgruppenanalysen durch Titration mit Natriummethylat in Dimethylformamid ergaben ein Äquivalent-Gew. von 820, über das *Dinitrophenyl-Deriv.* 1100. — *3.6-Bis-[carboxyäthyl]-2.5-diketopiperazin*, F. 154—157°, durch Verseifung des Rückstandes des ersten Ansatzes mit 2n Natronlauge (25°, 18 Std.), Ansäuern, Extraktion mit CH_2Cl_2 u. Umkristallisation aus Aceton–Äther. Walter Werner. 4070 □

Polypeptide. 29. Mitt. Synthetische histidinhaltige Polypeptide als Katalysatoren für die Hydrolyse von p-Nitrophenylacetat. E. Katchalski, G. D. Fasman, E. Simons,

E. R. Blout, F. R. N. Gurd und W. L. Koltun. (Arch. Biochem. Biophysics **88.** 361—65. Juni 1960. Boston, Mass., Children's Cancer Res. Foundation; New York, N.Y., Cornell Univ., Med. Coll., Dep. of Biochem.; engl.) — 28. vgl. C. **1961.** 10589. — *Poly-L-histidin* (I) u. *Copolymere* aus *L-Histidin* (II) u. *L-Serin*, *L-Asparaginsäure*, *L-Lysin* bzw. *L-Glutaminsäure* wurden synthetisiert u. hinsichtlich katalyt. Wrkg. auf die Hydrolyse von *p-Nitrophenylacetat* untersucht. Die katalyt. Aktivität wurde je bas. nichtion. II-Rest berechnet. Alle geprüften Polyaminosäuren zeigten Aktivität der gleichen Größenordnung wie I. Die Herst. der Polypeptide erfolgte durch Polymerisation a) der N-Carboxyanhydride (Mol-Verhältnis 1:1) in Dioxan mit Triäthylamin (III) als Initiator (Anhydrid/III = 50:1), b) von 1-Benzyl-L-histidinhydrochlorid-, γ-Benzyl-L-glutamat-, O-Acetyl-L-serin- u. N^{ε}-Carbobenzyloxy-L-lysin-N-carboxyanhydrid bei Raum-Temp. (24 Std.), Abfiltrieren von III·HCl u. Abspaltung der γ-Benzylester- u. Carbobenzyloxygruppen durch Einleiten von HBr in die 1%ig. Benzol-Lsg. des Copolymerisats. Die 1-Benzyl- u. O-Acetylgruppe wurde mit Na/fl.NH_3 entfernt. K. Maier. 4070□

Molekulare Wechselwirkungen bei β-Lactoglobulin. 5. Mitt. **Die Assoziation der genetischen Arten des β-Lactoglobulins unterhalb des isoelektrischen Punktes.** Serge N. Timasheff und Robert Townend. (J. Amer. chem. Soc. **83.** 464—69. 2/2. 1961. Philadelphia, Pa., East. Reg. Res. Labor.; engl.) — 4. vgl. C. **1961.** 14686. — Die Assoziations-Rkk. von *β-Lactoglobulin* (I)-*A* u. I-*B* wurden zwischen pH 3,7 u. pH 5,2 untersucht. Messungen mit Hilfe der Ultrazentrifuge, der Elektrophorese u. der Lichtstreuung haben gezeigt, daß sich in diesem pH-Bereich 90% von I-A tetramerisieren können. Das Maximum dieser Rk. liegt zwischen pH 4,40 u. 4,65. I-B bildet keine größeren Aggregate als das Dimere. In Gemischen von I-A u. I-B bilden sich gemischte Tetramere. Die früher angegebenen Gleichgew.-Konst. für diese Rk. wurden bestätigt. Durch direkte Fraktionierung ließ sich zeigen, daß ein Anteil von 10% von I-A unfähig ist, an der Tetramerisierung teilzunehmen. K. Heyns. 4070□

Molekulare Wechselwirkungen bei β-Lactoglobulin. 6. Mitt. **Die Dissoziation der genetischen Arten des β-Lactoglobulins im sauren pH-Bereich.** Serge N. Timasheff und Robert Townend. (J. Amer. chem. Soc. **83.** 470—73. 2/2. 1961. Philadelphia, Pa., East. Reg. Res. Labor.; engl.) — 5. vgl. vorst. Referat. — Messungen der Lichtstreuung u. Sedimentation unterhalb pH 3,5 ergaben, daß keine großen Unterschiede im Dissoziations-Verh. zwischen *β-Lactoglobulin* (I)-*A* u. I-*B* bestehen. — Messungen der Lichtstreuung bei pH 2,7 lieferten einen Unterschied in den freien Dissoziationsenergien von 0,6 kcal/Mol zwischen I-A u. I-B, u. zwar dissoziiert I-A leichter als I-B. Die Berechnung der freien Energie der Attraktion zwischen den beiden Mol.-Hälften ergab —9 bis —10 kcal/Mol im pH-Bereich von 1,6—3,5. K. Heyns. 4070□

Entfernung von Calcium und Relaxation in Actomyosin-Systemen. F. Ebashi und S. Ebashi. (Nature [London] **194.** 378—79. 28/4. 1962. Bunkyo-ku, Tokyo, Univ. of Tokyo, Fac. of Med., Dep. of Pharmacol.; engl.) — Vff. stützen die aus früheren Verss. (Ebashi, J. Biochemistry [Tokyo] **50.** [1961.] 77 u. 236) abgeleitete Ansicht, daß der natürliche Relaxationsfaktor für *Actomyosin* (I) u. Äthylendiamintetraessigsäure (II) nach dem gleichen Mechanismus unter komplexer Bindung der Ca^{2+} auf I einwirkt, durch Verss. mit dem chelatbildenden Harz *Dowex A_1*, das auf I die gleiche Wrkg. ausübt wie der natürliche Relaxationsfaktor bzw. II. W. Walter. 4070□

Houben-Weyl, *Methoden der organischen Chemie.* Vierte, völlig neu gestaltete Auflage. Herausgegeb. von **Eugen Müller,** Tübingen, unter besonderer Mitwirkung von **O. Bayer, H. Meerwein** u. **K. Ziegler.** Band XIV/1: *Makromolekulare Stoffe,* Teil 1, bearbeitet von **H. Bartl** u. a. mit 65 Abbildung. u. 177 Tabellen. Stuttgart: Georg Thieme Verlag 1961. (LXIV + 1360 S.) DM 287,—.
Der 1. Teil des 2 Teile umfassenden Bandes „Makromolekulare Stoffe" bringt, angefangen von einfachen Vorschriften zur Herst. von makromol. Verbb. bis zu physikal.-chem. Unterss. über den Rk.-Ablauf u. die Analytik das den Fachmann Interessierende. Als Besonderheit muß erwähnt werden, daß auch die Verff., die vorwiegend techn. Interesse haben, mit Einzelheiten der Verf.-Technik u. Beschreibung der Variationsmöglichkeiten mitgeteilt werden. Hervorgehoben werden muß ferner der 24 Seiten lange Artikel über Bemerkungen zur Nomenklatur u. Terminologie makromol. Stoffe. Die Vielfalt der behandelten Probleme kann hier auch nicht annähernd gewürdigt werden. Der Teil 1 berichtet über: Herst. makromol. Stoffe durch Polymerisation von Vinyl- u. Divinyl-Verbb. (App., Lsgm., die Auslösung von Polymerisationen, die Unterbrechung, Isolierung, Charakterisierung u. a. werden auf über 100 Seiten behandelt). — Allg. zur Polymerisation von Vinyl- u. Divinyl-Verbb. in heterogener Phase/Emulsions-, Perl-, Suspensions- u. Fällungspolymerisation (allg. Technik, Emulgatoren, die Auslösung, Erniedrigung des Molgew. durch Regler, Herst. konz. Latices u. a. werden auf über 400 Seiten abgehandelt). — Spezielle Polymerisations-Verff. für die wichtigsten Monomeren (Monoolefin-KW-Stoffe; Divinyl-Verbb., z. B. Butadien u. 2-Cl-Butadien; Styrol; Halogenolefine; Vinylacetate u. höhere Vinylester; Vinyläther, ungesätt. Nitrile; Acrylsäure u. Methacrylsäure u. deren Derivv.; α,β-ungesätt. Aldehyde u. Ketone; Vinylsulfonsäure u. Derivv.; N-Vinylpyrrolidon, N-Vinylcarbazol u. Vinylpyridine; Allyl-Verbb. u. Copolymerisationen von Vinyl-Verbb. mit CO u. von Vinyl-Verbb. u. ähnlichen mit SO_2. — Über 600 Seiten). Umfassende Literaturzitate sind jedem, auch dem speziellsten Thema beigegeben. Das 101 Seiten umfassende Autorenregister u. das 55 Seiten große Sachregister ermöglichen schnelle Orientierung u. erlauben sehr spezielle Fragestellung. Die Ausstattung entspricht ganz dem, was man vom „Houben-Weyl" gewöhnt ist. H. Czech

E. Biologische Chemie. Physiologie. Medizin

E_1. Allgemeine Biologie und Biochemie

Ein neues Ultrafiltrationsverfahren und dessen Anwendbarkeit auf Untersuchungen über die Bindung von Nucleotiden durch Proteine. Durchgang von ATP durch Cellophanmembranen in Gegenwart und Abwesenheit von Protein. W. Niemierko, W. Drabikowski und Hanna Strzelecka-Golaszewska. (Acta biochim. polon. **8.** 143—55. 1961. Warsaw, Neucki Inst. of Exp. Biol., Dep. of Biochem.; engl.) — Beschreibung eines Ultrafiltrations-Verf., bei dem mittels Zentrifugalkraft Lsgg. durch Membranen befördert werden (Erhöhung der Filtrations-Geschw. u. Filtration der gesamten Lsg.). Die Meth. eignet sich zur Unters. der Bindung von Nucleotiden u. anderen niedermol. Substanzen durch Proteine. Es wurden die gleichen Ergebnisse wie bei der Gleichgew.-Dialyse erhalten. Bei der Filtration von Adeninnucleotid-Lsgg. war die Konz. im Anfangsfiltrat kleiner als in der ursprünglichen Lsg. u. nahm während der Filtration zu. Diese „Retention" von Nucleotiden hing von der negativen Ladung der Nucleotid-Moll. ab. K. MAIER. 4100□

Untersuchung über den Mechanismus der biologischen Natrium-Kalium-Differenzierung. C. J. van Ost. (Kalium Sympos. [Bern] **1960.** 275—77. Alfort, France, Nat. Vet. Coll., Labor. of Physical Biochem.; engl.) — Beobachtungen über die Na/K-Spezifität von Modellen ergaben keine solche in Gleichgew.-Systemen. In Nichtgleichgew.-Syst. bestand bei Kombinationen von *Proteinen* (I) mit Detergentien (II) erhebliche Na/K-Spezifität, während I allein keine, II nur schwache zeigten. K. MAIER. 4102□

Einige Wirkungen von Colchicin auf Zellen von Chlamydomonas eugametos Moewus. N. D. Buffaloe. (Exp. Cell Res. **16.** 221—31. Febr. 1959. Conway, Ark., Arkansas State Teachers Coll., Dep. of Biol.; engl.) — Züchtung vegetativer *C. eugametos*-Zellen auf KNOP-Agar + 0,2% *Colchicin* (I) bewirkte erhebliche cytoplasmat. u. nucleare Effekte, die meist durch 10—14std. kontinuierliche Belichtung ausgelöst wurden. Bei 78 Std. Belichtung trat Zellvergrößerung ein (maximal 48 μ Durchmesser gegenüber 9—12 μ unbehandelter). Die Zellvergrößerung war von einer Zunahme der Kernmasse begleitet, wobei viele Kerne einen hohen Polyploidiegrad erreichten. Bei Übertragung vergrößerter Zellen mit polyploiden Kernen in I-freie Medien trat bei einem kleinen Anteil von Zellen ein Erholungsprozeß ein. Aus I-behandelten Zellen wurden keine stabilen polyploiden *C. eugametos*-Stämme isoliert. K. MAIER. 4130□

Über die Eigenschaft „Sorboseresistenz" des Coprinus-fimetarius-Mycels (Fr. et L.). Georges Prévost. (C. R. hebd. Séances Acad. Sci. **247.** 1897—99. 24/11. 1958. Gif-sur-Yvette, Seine-et-Oise, Labor. de Génét. physiol.; franz.) — Durch UV-Bestrahlung wurden aus Sorbose (I)-sensiblem (s) monokaryot. Mycel von *Coprinus fimetarius* (Fr. ex. L.) I-resistente Mycelien (r) gewonnen. Durch Kreuzung wurden dikaryot. Mycelien vom Typ sr, ss u. rr erhalten, deren I-Resistenz von dem Kernverhältnis s:r abhing. Umgekehrt konnte auch aus der Wachstumsgeschw. in Ggw. von 1,3% I auf das Verhältnis s:r der Kerne geschlossen werden, so daß sich die klass. Kernanalysen erübrigten. Aus der Randzone von sr-Mycelien waren in Ggw. von 1% I schnallenlose r-Hyphen isolierbar. W. SCHÖNBORN. 4130□

Eine neue Augenfarbemutation bei Calliphora erythrocephala Meig. Helmut Langer. (Nature [London] **194.** 111—12. 7/4. 1962. Munich, Univ., Zool. Inst.; engl.) — Aus einer Spontanmutante von *C. erythrocephala* mit rein weißer Augenfarbe (*c*, *chalky*) wurde ein reiner Stamm gezüchtet. Die Mutation kommt bei beiden Geschlechtern vor, ist rezessiv u. von *w* (*white*) unabhängig. Die Augen der Mutante enthalten keine der für Insektenaugen charakterist. Pigmente (*Ommochrome, Pteridine*). Die weiße Farbe ist physikal. Natur. K. MAIER. 4130□

Gleichzeitige Messung der Atmung und der Stärke der Protoplasmaströmung in Plasmodien von Myxomyceten. 3. Mitt. **Die Wirkung der Sauerstoffspannung.** Noburô Kamiya, Shigemi Abe und Hiromichi Nakajima. (Proc. Japan. Acad. **34.** 530—32. Okt. 1958. Osaka, Osaka Univ., Dep. of Biol., Fac. of Sci., and Labor. for Protein Res.; engl.) — 2. vgl. Proc. Japan. Acad. **33.** [1957.] 206. W. SCHÖNBORN. 4150□

Gleichzeitige Messung der Atmung und der Stärke der Protoplasmaströmung in Plasmodien von Myxomyceten. 4. Mitt. **Die Wirkung von Monojodessigsäure.** Shigemi Abe, Hiromichi Nakajima und Noburô Kamiya. (Proc. Jap. Acad. **34.** 697—99. Dez. 1958. Osaka, Osaka Univ., Fac. of Sci., Dep. of Biol., Labor. for Protein Res.; engl.) — 3. vgl. vorst. Referat. — An Plasmodien von *Physarum polycephalum* (100 mg) wurden in einem Doppelkammer-Syst. gleichzeitig die Bewegungsstärke u. die O_2-Aufnahme bestimmt. Zusatz von *Monojodessigsäure* (End-Konz. im Agar der Kammern $4 \cdot 10^{-4}$ m) ließ die Atmung unverändert, verminderte jedoch die Bewegungsstärke

der Plasmaströmung beträchtlich, so daß die Annahme erhärtet wird, daß die Plasmaströmung aus Gärungsvorgängen die notwendige Energie bezieht.
W. SCHÖNBORN. 4150□

Die Lokalisierung intracellulären Orthophosphats. Die Rolle der Nucleoli. C. J. Tandler. (Biochim. biophysica Acta [Amsterdam] **44.** 536–42. 18/11. 1960. Llavallol, Argentina, Inst. Fitotécnico de Santa Catalina; engl.) — Die Fraktion, die nach Pb-Acetat-Fixierung in den Nucleoli (Zwiebel-, Mais-, breite Bohnenwurzeln, *Nitella clavata*-Internodialzellen, Meerschweinchen- u. Kükenleber) ausfällt, wurde als intracelluläres *Pb-Orthophosphat* (I) identifiziert. Diese Ergebnisse stehen mit der wichtigen Rolle in Einklang, den der Kern, bes. der Nucleolus, im P-Stoffwechsel der Zelle spielt. Der in den Nucleoli vorhandene Anteil des Gesamt-I ist unbekannt. — 44 Literaturangaben.
K. MAIER. 4150□

Abbau von $^{14}C_{(2)}$-Glycin während der Papierchromatographie. A. K. Huggins und V. Moses. (Nature [London] **191.** 668–70. 12/8. 1961. Denmark Hill, King's Coll. Hosp. Med. School, Dep. of Chem. Pathol.; engl.) — Bei Arbeiten über den Zellstoffwechsel mit *$^{14}C_{(2)}$-Glycin* (I) wurde bei der papierchromatograph. Unters. unter Verw. des Lsgm.-Syst. Phenol/W. u. n-Butanol/Propionsäure/W. eine beträchtliche Zers. des I unter Bldg. anderer radioakt., aber ninhydrinnegativer Verbb. beobachtet. Vff. führten Unterss. über den Einfl. verschiedener Lsgm. u. die Reihenfolge ihrer Anwendung bei zweidimensionaler Papierchromatographie durch. Eine Vorbehandlung des Papiers mit Oxalsäure erwies sich als vorteilhaft.
E. MOISAR. 4150□

Der Einfluß des Alterns auf Desoxyribonucleasesystem, Körper- und Organgewicht und Gehalt der Zellen. Nathaniel B. Kurnick. (J. Lab. clin. Med. **58.** 934–35. Dez. 1961. Long Beach, Calif.; engl.) — Veränderungen im *Desoxyribonuclease* (I)-Syst. der Organe u. des Serums von Mäusen bei fortschreitender Alterung werden untersucht. Während der Geschlechtsreife erhöht sich die I-Aktivität in Thymus bzw. Milz um das 5–6- bzw. 3–4fache u. bleibt danach konstant. In Leber u. Nieren nimmt I beim Altern leicht zu, während die I-Aktivität im Knochenmark absinkt. Die *alkal.* I-Aktivität steigt in Leber bzw. Nieren etwa um das 3- bzw. 7fache während der Geschlechtsreife. Die Aktivität von *Serum-I-Inhibitor* fällt beim Altern in allen untersuchten Organen. Der *Desoxyribonucleinsäure*-Geh. pro Gewebeeinheit oder Zellkern bleibt jedoch während des Wachstums unverändert, das ausschließlich durch Zellvermehrung vor sich geht. Die *alkal.* I-Aktivität in Nieren bzw. Leber beträgt ca. $^1/_3$–$^1/_2$ bzw. $^1/_{10}$ der Aktivität von *saurer* I. Thymocyten weisen die niedrigste *saure* I-Aktivität pro Zelle auf. Die Änderungen der I-Aktivität beim Wachstum deuten auf eine prim. katabol. Rolle von I hin u. lassen hormonale Streuung vermuten.
G. KIRSTEN. 4150□

Die Wirkung der Pyrimidinnucleoside Thymidin, Cytidin und Uridin auf die morphologischen Eigenschaften in vitro gezüchteter Zellen. A. Necco. (Biochem. Pharmacol. **1.** 129–31. Okt. 1958. Milano. Farmitalia.) — Die Nucleoside *Thymidin, Cytidin* u. *Uridin* rufen in vitro im Nucleolus (Herzfibroblasten von Hühnerembryonen) Strukturveränderungen hervor, ohne den Mitosevorgang zu stören. Die Strukturänderungen sind reversibel u. verschwinden nach Entfernen der sie auslösenden Verbb. rasch wieder. Vermutlich besteht im Nucleolus ein Gleichgewicht zwischen Vorstufen (Nucleoside oder einfachere Verbb.) u. Nucleinsäuren.
K. MAIER. 4150□

Quantitative Untersuchungen des Einbaus von exogenem Thymidin und 5-Bromdesoxyuridin in Desoxyribonucleinsäure von Säugetierzellen in vitro. Joseph P. Kriss und László Révész. (Cancer Res. **21.** 1141–47. Okt. 1961. Stanford, Calif.; Stanford Univ., School of Med., Dep. of Med. and Radiol.; engl.) — Meth. für die Synth. von *5-^{82}Bromdesoxyuridin* (I) u. *^{3}H-5-Bromdesoxyuridin* (II) werden beschrieben. Der Einbau von *Thymidin* (III) u. *5-Bromdesoxyuridin* (IV; Einbau durch Verw. von I oder II u. Best. der ^{3}H- oder ^{82}Br-Aktivitäten) in die *Desoxyribonucleinsäure* (DNS) von Rattenknochenmarkszellen in vitro wurde durch die Konzz. von III oder IV in den Inkubations-Fll. beeinflußt. Bei äquivalenten Konzz. beider Substrate in den Lsgg. wird immer etwas mehr III als IV in die DNS eingebaut. Es wurden die Konzz. von III u. IV ermittelt, oberhalb derer kein weiterer Einbau der beiden Verbb. erfolgt. Relativ zu der angewandten III- oder IV-Menge wird bei den niedrigen Konzz. der höchste Anteil von III oder IV eingebaut. Die Geschw. des Einbaues von III u. IV in die DNS von EHRLICH-Ascitestumorzellen in vitro sind bei Beginn der Inkubationen maximal u. sinken dann laufend. Die gegenseitige Hemmung des Einbaues von III u. IV in DNS ist durch Konkurenz von III u. IV um Bindungsstellen desselben Enzyms bedingt. Dieses Enzym begrenzt die Geschw. des Eintrittes in die Zelle u. den darauffolgenden Einbau in DNS. Ggw. von *5-Fluoruracil* (V) in den Lsgg. verstärkt den Einbau von III u. IV.

Der Einbau von *Desoxyuridin*, der mit steigender **IV**-Konz. abnimmt, wird durch **V** noch etwas verringert (Markierung mit ^{3}H, Markierung von **III** außerdem mit ^{14}C).

Versuche: *5-^{82}Bromdesoxyuridin*, durch Bromierung von Desoxyuridin in Formamid analog der Meth. von MARKHAM zur Darst. von bromiertem Desoxycytidintriphosphat mit einer $^{82}Br_2$-Lsg. in CCl_4, die durch Dest. von NaBr-$^{82}Br_2$ erhalten wurde, Reinigung an Dowex 1-Cl, Unters. der Reinheit durch Papierchromatographie. — *^{3}H-5-Bromdesoxyuridin*, analog vorst. Präp. durch Bromierung von ^{3}H-Desoxyuridin, R_F bei Papierchromatographie wie bei vorst. Präp. ident. mit R_F von nichtmarkiertem **IV**. S. DITTMANN-MITZSCHERLICH. 4150□

Unterschiede im Nucleinsäurestoffwechsel zwischen normalen und leukämischen menschlichen Leukocyten. Richard J. Winzler. (Ann. New York Acad. Sci. **75**. 37—44. 13/10. 1958. Chicago, Ill., Univ. of Illinois Coll. of Med., Dep. of Biol. Chem.; engl.) — Das Problem des *Nucleinsäure*-Stoffwechsels von normalen u. leukäm. Leukocyten wird an der Aufnahme von ^{14}C-markierten Vorläufern [*^{14}C-Ameisensäure* (**I**), *$^{14}C_{(1)}$-Glykokoll*, *$^{14}C_{(2)}$-Glykokoll* (**II**), *$^{14}C_{(3)}$-Serin*, *$^{14}C_{(8)}$-Adenin*, *$^{14}C_{(8)}$-Guanin*, *$^{14}C_{(8)}$-Hypoxanthin*, *$^{14}C_{(2)}$-Orotsäure*, *$^{14}C_{(2)}$-Uracil* (**III**), *$^{14}C_{(2)}$-Thymin*] sowie am Einfl. von klin. wirksamen Substanzen [*A-methopterin* (**IX**), *Daraprim* (*Pyrimethamin*; **IV**), *Pteroylasparaginsäure*, *6-Mercaptopurin* (**V**), *6-Chlorpurin*, *Thioguanin*, *2.6-Diaminopurin*, *Purinribosid*, *5-Fluoruracil*, *5-Fluororotsäure*, *Azaserin* (**VI**), *Selencystin*, *Myleran* (**VII**), *Chlorambucil* (**VIII**)] auf die Aufnahme dieser Vorläufer untersucht. Es ergab sich, daß die Geschw. der Aufnahme von **I** in normale Leukocyten sowie in solche bei chron. lymphat. Leukämie (CLL), chron. granulocyt. Leukämie (CGL) bzw. akuter Leukämie in der genannten Reihenfolge zunimmt. Diese Reihenfolge gilt auch allg. für die anderen „Vorläufer", wobei **II** am schnellsten, **III** am langsamsten durch alle Zellarten aufgenommen wird. — Die Aufnahme von **I** wird durch Ggw. von chemotherapeut. Agentien in verschiedener Weise beeinflußt. Die meisten Agentien (z. B. **VII** u. **V**) sind ohne Einfl.; **IX** hat auf 3 Zellarten geringen Einfl., hemmt aber CGL-Zellen. Ähnlich wirken andere Folsäureantagonisten, wie **IV**. **VIII** hat wenig Einfl. auf CGL-Zellen, fördert jedoch die **I**-Aufnahme bei normalen u. noch stärker bei CLL-Zellen. **VI** hemmt die **I**-Aufnahme bei allen Zellarten, wobei die Wrkg. bei CLL etwas stärker als bei den anderen Zellarten ist. — Auf Grund der Isolierung der bei Aufnahme von „akt. **I**" in Leukocyten anfallenden kleinen Substanzmengen werden einige Unterschiede im Stoffwechsel diskutiert, ohne daß bisher genaue Zusammenhänge zwischen der Wrkg. von chemotherapeut. Agentien in vitro u. der klin. Wrkg. erhalten wurden. A. HESSE. 4160□

Einfluß von Acetylaminofluoren, Wachstumshormon, Testosteron und Hypothyreoidismus auf den Einbau von $^{14}C_{(2)}$-Uracil in die Leber-Ribonucleinsäure der Ratte. A. Cantarow, T. L. Williams, Irving Melnick und K. E. Paschkis. (Cancer Res. **18**. 818—21. Aug. 1958. Philadelphia, Pa., Jefferson Med. Coll.; engl.) — Ratten werden mit *$^{14}C_{(2)}$-Uracil* (**I**) behandelt, dessen Einbau in die *Ribonucleinsäure* (**II**) von regenerierender u. „präneoplast." Leber sowie von Acetylaminofluorenhepatomen an Hand des *Uridylsäure* : *Cytidylsäure*-Verhältnisses in **II** verfolgt wird. Unter dem Einfl. von *Testosteron* bzw. *Wachstumshormon* findet verstärkter Einbau von **I** nur in die **II** von normaler Leber statt, während *Thiouracil* einen gegenteiligen Effekt hat. Thyreoidektomie u. Vorbehandlung mit *^{131}J* hemmten die **I**-Aufnahme in **II** von präneoplast. Gewebe lediglich in vivo, während in vitro kein Unterschied zwischen neoplast. u. normalem Gewebe zu beobachten ist. O. A. NEUMÜLLER. 4160□

Ein chromatographischer Vergleich der Nucleinsäuren aus isologem neugeborenen, erwachsenen und neoplastischen Thymus. Kendric C. Smith und Henry S. Kaplan. (Cancer Res. **21**. 1148—53. Okt. 1961. Palo Alto, Calif.; Stanford Univ., School of Med., Dep. of Radiol.; engl.) — In Mäusen wurden durch Röntgenbestrahlung lymphoide Tumoren erzeugt. Aus diesen Mäusen sowie aus normalen Mäusen des gleichen Stammes wurden *Desoxyribonucleinsäure* u. *Ribonucleinsäure* (*RNS*) aus der Thymusdrüse isoliert u. an Cato-2 (Diäthylaminoäthyl-Deriv. von Stärke) chromatographiert. Eluierung mit linearem Gradienten u. auch diskontinuierlich mit steigender NaCl-Konz. u. alkal. pH-Wert. Die chromatograph. Verteilungsmuster sind dargestellt. Bereits vor Auftreten größerer Tumoren bildet sich ein Verteilungsmuster, das zwischen dem normaler u. neoplast. Tiere liegt. Das Verteilungsmuster der RNS neugeborener Mäuse ähnelt dem Muster der Thymus-RNS neoplast. Mäuse stark. Aus den Ergebnissen wird gefolgert, daß das veränderte Verteilungsmuster der Thymus-RNS der Mäuse mit Lymphosarkomen keine spezif. Eig. des neoplast. Zustandes, sondern Ausdruck des raschen Wachstums u./oder der Zellunreife ist. S. DITTMANN-MITZSCHERLICH. 4160□

Histologische Verteilung der Glutathionreduktase-Aktivität in soliden Mäuse-Tumor-Transplantaten und ein Vergleich mit Ascites-Tumoren und normalen Geweben.

Harry Malmgren und Bengt Sylvén. (Cancer Res. **20.** 204—11. Febr. 1960. Stockholm, Karolinska Inst., Radiumhemmet, Cancer Res. Div.; engl.) — Vgl. auch C. **1960.** 6527. — In Schnitten des Sarkoms 37, des HARDING-PASSEY-Melanoms u. eines Mammacarcinoms wurde die topograph. Verteilung der *Glutathionreduktase* (**I**)-Aktivität ermittelt. Es besteht keine Proportionalität zwischen der Zellzahl in den Schnitten u. der **I**-Aktivität. (In jungen, rasch wachsenden Zellen 4—6mal so hohe **I**-Aktivität wie in nicht mehr wachsenden älteren Zellen.) Die **I**-Aktivität normaler Mäuseleberzellen ist nur etwa halb so hoch wie die der vorst. soliden Tumoren, die **I**-Aktivität des EHRLICH-LANDSCHÜTZ- u. des EHRLICH-Ascitestumors sind im Vgl. zu den **I**-Aktivitäten der soliden Tumoren niedrig, in vitro gezüchtete Zellen des Stammes L haben etwa die gleiche **I**-Aktivität wie normale Mäusefibroblasten. S. DITTMANN-MITZSCHERLICH. 4160□

Zwei transplantierbare Mäuse-Hepatome, die mit einer Zunahme von metallbindendem β-Globulin (Transferrin) im Serum verbunden sind. J. Clausen, R. Rask-Nielsen, H. E. Christensen und T. Munkner. (Cancer Res. **20.** 178—83. Febr. 1960. Kopenhagen, Univ., Inst. of Biochem., Labor. for Rheumatic Res., Univ., Inst. of Pathol. Anatom.; Univ. Clinic, Dep. of Radiol., Isotope Labor.; engl.) — Während des Wachstums zweier transplantierbarer Linien von Mäusehepatomen wurden im Serum die Gesamtproteinmenge bestimmt u. die Proteine papier- u. immunelektrophoret. fraktioniert. Während die *γ-Globulin*-Fraktion bei den Mäusen mit Hepatomen unverändert ist, zeigen sich bei einer α- u. einigen *β-Globulin*-Fraktionen charakterist. Konz.-Erhöhungen. Durch Verw. von $^{59}FeCl_3$ u. Autoradiographie konnte gezeigt werden, daß die *β-2-I-Fraktion* von normalem u. hepatomösem Serum *^{59}Fe* bindet u. damit in Beziehung zu dem *Transferrin* (*Siderophilin*) von Serum des Menschen steht. S. DITTMANN-MITZSCHERLICH. 4160□

Chemische Mechanismen der Krebsinduktion. Alexander Haddow. (Roy. Inst. Chem., Lectures, Monogr. Rep. **1959.** Nr. 4. 1—20; engl.) — 4. P. F. Frankland Memorial Lecture. — 73 Literaturangaben. K. MAIER. 4160□

Zunahme der Trockensubstanz von Ehrlich-Ascites-Tumorzellen nach Behandlung mit Stickstofflost. Hun Lee, Victor Richards und Arthur Furst. (Cancer Res. **21.** 1108—12. Okt. 1961. San Francisco, Calif.; Presbyterian Med. Center, Surgery Dep.; engl.) — Mäuse erhielten EHRLICH-Ascitestumorzellen inokuliert u. 5 Tage später einmal 2,5 mg *Stickstofflost* pro kg. Während der ersten 8 Std. blieb der Trockensubstanz-Geh. der Tumorzellen konst., stieg dann aber, in der 8.—24. Std. beginnend, ca. 8 Tage lang mit ca. gleichbleibender Geschw. an, obwohl die mitot. Indices zwischen 3. Std. u. 6. Tag der Behandlung erniedrigt sind. Bei Kontrolltieren keine Veränderungen von Trockensubstanz oder mitot. Index. S. DITTMANN-MITZSCHERLICH. 4160□

Experimentelle chemotherapeutische Untersuchungen. 1. Mitt. **Chemische und stoffwechselmäßige Untersuchungen von Chlorochinlost.** Robert J. Rutman, William J. Steele und Charles C. Price. (Cancer Res. **21.** 1124—33. Okt. 1961. Philadelphia, Pa., Univ. of Pennsylvania, Dep. of Chem.; engl.) — Die Herst. von ^{3}H-markiertem *Chlorochinlost* (**I**; *7-Chlor-4-{1'-methyl-4'-[N.N-bis-(β-chloräthyl)-amino]-butylamino}-chinolin*) wird beschrieben: Bei Einw. von ^{3}H auf *7-Chlor-4-{1'-methyl-4'-[N.N-bis-(β-hydroxyäthyl)-amino]-butylamino}-chinolin* (**II**) u. Reinigung des Rk.-Prod. gehen 99% des eingebauten ^{3}H verloren. Deshalb wurde *^{3}H-4.7-Dichlorchinolin* durch Einw. von ^{3}H auf *4.7-Dichlorchinolin* hergestellt, mit *1-[N.N-bis-β-hydroxyäthyl)-amino]-4-aminopentan* (**III**) zu **II** umgesetzt, dieses quant. in **I** (als Dihydrochloridchlorformiat) umgewandelt. **I** läßt sich mit Peressigsäure in Eisessig in *Chlorochinlost-di-N-oxid* (**IV**) umwandeln, das dann ebenfalls ^{3}H-markiert ist u. als „Naponat“ (Rk. mit *Di-Na-Naphthalin-1.5-disulfonat*) isoliert werden kann. — Die Toxizität von *Stickstofflost* (**V**), *L-Phenylalaninlost* u. **I** gegenüber EHRLICH-Ascitestumorzellen in vitro wurde untersucht u. ist angegeben. **I** konnte wegen der hohen Giftigkeit nicht intraperitoneal als Dihydrochlorid bei Mäusen angewandt werden, als Salz der *Methylen-1.1-bis-[2-hydroxy-3-naphthoesäure]*, welches sehr schwer lösl. ist, kann es jedoch angewandt werden u. wirkt dann gegenüber EHRLICH- u. GARDNER-Tumorzellen etwa so stark wie **V**; gegenüber 5 anderen Ascitestumoren wirkt es jedoch bedeutend schwächer. Nach intraperitonealer Injektion von ^{3}H-**II**, ^{3}H-**I** u. ^{3}H-**IV** (letzteres als Naponat) in Mäuse wurde die ^{3}H-Aktivität von ausgeatmeter Luft u. Urin bestimmt, nach Injektion von ^{3}H-**I**, ^{3}H-**IV** u. ^{14}C-^{3}H-**V** in verschiedenen Dosen u. während verschiedener Zeiten in Mäuse wurden in Leber, Gehirn, Herz, Niere, Lunge, Muskel, Milz u. Hoden ebenfalls die ^{3}H- bzw. ^{14}C-Aktivitäten bestimmt; die Mengen sind in Tabellen angegeben. In vitro wurden Homogenate aus Gehirn von Mäusen mit $7 \cdot 10^{-5}$ m ^{3}H-**I**, Leberhomogenate mit $7 \cdot 10^{-5}$ u. $7 \cdot 10^{-4}$ m ^{3}H-**I**, *Ribonucleinsäure* mit $3 \cdot 10^{-2}$ m ^{3}H-**I**, *Serumalbumin* mit 10^{-4} m ^{3}H-**I** sowie *Desoxyribonucleinsäure* (*DNS*) mit 10^{-2} m ^{3}H-**I** u. anaerob mit 10^{-3} m ^{3}H-**I** inkubiert. Der ^{3}H-Einbau, der nach verschiedenen Zeiten ermittelt wurde, ist jeweils angegeben. Im letzten Vers. wurde die DNS nach den Inkubationen auch fraktioniert, u. die ^{3}H-Aktivitäten der einzelnen Fraktionen sind angegeben. — Aus den Verss. in vitro u. in vivo wird gefolgert, daß bei der Einw. von ^{3}H-I Alkylierung von Amino-N, heterocycl. N oder —SH-Gruppen unter Bldg. stabiler —N—C- oder —S—C-Bindungen eine größere Bedeutung besitzen als Bldg. von Estern mit —COOH- oder —PO_3H_2-Gruppen.

Versuche: *^{3}H-4.7-Dichlorchinolin*, durch Einw. von 12c ^{3}H auf 9,8 g 4.7-Dichlorchinolin, krist. aus Methanol–W., R_F-Werte der Verbb. s. Original. — *7-Chlor-4-{1'-methyl-4'-[N.N-bis-(β-hydroxyäthyl)-amino]-butylamino}-chinolin* (II), F. 127—129°, aus vorst. Verb. mit III nach JONES JUN., PRICE u. SEN (C. **1957.** 13652). — *7 Chlor-4-{1'-methyl-4'-[N.N-bis-(β-chloräthyl)-amino]-butylamino}-chinolin* (I; als *Chlorformiat*), F. 136—138° (bei 122—124° Bldg. fl. Kristalle), quant. aus vorst. Verb., *Dihydrochlorid*, F. 144—148°. — *Chlorochinlost-di-N-oxid* (IV), aus vorst. Verb. in Eisessig durch Zugabe eines schwachen Überschusses von 40%ig. Peressigsäure, Isolierung durch Eingießen der Rk.-Lsg. in kalte wss. Lsg. von Di-Na-Naphthalin-1.5-disulfonat, Reinigung des Salzes durch Fällen mit Ae. aus methanol. Lösung.

S. DITTMANN-MITZSCHERLICH. 4160□

Experimentelle chemotherapeutische Untersuchungen. 2. Mitt. **Die Reaktionen von Chlorochinlost und Stickstofflost mit Ehrlich-Zellen.** R. J. Rutman, W. J. Steele und C. C. Price. (Cancer Res. **21.** 1134—40. Okt. 1961; engl.) — 1. vgl. vorst. Referat. — Die Beziehung zwischen dem Ausmaß der Alkylierung von Zellbestandteilen (*Ribonucleinsäure* [*RNS*], *Desoxyribonucleinsäure* [*DNS*], *Protein*) u. der Red. des Wachstumsvermögens kann durch Inkubation von EHRLICH-Ascites-Tumorzellen mit markierten Stickstofflost-Verbb. untersucht werden. Verwendet wurden *^{3}H-Chlorochinlost* (I) u. *^{14}C-Stickstofflost* (II). I u. II alkylieren unter den makromol. Zellbestandteilen die Proteine am stärksten, die höchste spezif. Aufnahme von I u. II wird jedoch bei RNS beobachtet. DNS wird in vivo durch I stärker alkyliert als durch II. Bei gleichen Konzz. schädigt II die Zellen stärker, umgekehrt wird gleiche Zellschädigung festgestellt, wenn die Alkylierung der Zellbestandteile durch I 5mal stärker als die Alkylierung durch II ist. Diskussion der Ergebnisse, bes. im Hinblick auf den Unterschied zwischen Ausmaß der DNS-Alkylierung u. Ausmaß der Zellschädigung. S. DITTMANN-MITZSCHERLICH. 4160□

Eine Untersuchung der Beziehung zwischen der Geschwindigkeit des Äthylcarbamat (Urethan)-Abbaues und der Krebserzeugung durch Urethan. A. M. Kaye. (Cancer Res. **20.** 237—41. Febr. 1960. Rehovoth, Israel, Weizmann Inst. of Sci., Dep. of Exper. Biol.; engl.) — Vgl. auch C. **1961.** 3347 u. C. **1962.** 13425. — In Brei aus Leber, Lunge u. Haut von Mäusen ist ein Enzym-Syst. enthalten, das *$^{14}C_{(COOH)}$-Äthylcarbamat* (I) zu *$^{14}CO_2$* abbaut. Bei Verw. von Homologen des I in äquimol. Konz. hemmen *Propylcarbamat*, *Xanthogenamid*, *N-Hydroxyäthylcarbamat*, *Carbäthoxyasparaginsäure*, *N.N-Dimethyläthylcarbamat* u. *Allylcarbamat* den I-Abbau nicht, *Butylcarbamat*, *Monothiourethan* u. *β-Hydroxyäthylcarbamat* hemmen den I-Abbau nur um 16—18%. Die höchste Aktivität ist in Leberbrei enthalten, das pH-Optimum liegt bei ca. 9, unabhängig, ob Phosphat-, Tris- oder Glycin-Puffer verwendet wird. Zusätzliche Einw. von $4 \cdot 10^{-3}$ m Mg^{2+}, $5 \cdot 10^{-3}$ m *Adenosintriphosphat* oder gekochtem Leberbrei steigert den I-Abbau nicht weiter. Der Leberbreiüberstand (5 Min. bei 30000·g) von 6 Monate alten Mäusen ist mehrfach wirksamer als der Überstand des Breis 1—2 Wochen alter Mäuse. Der I-Abbau im Blut 6 Monate alter Mäuse ist ca. 1,5mal so schnell wie der I-Abbau im Blut 13 Tage alter Mäuse. Da außerdem durch eine Injektion von 0,1—0,3 mg I pro g Körpergewicht bei 13—15 Tage alten Mäusen durchschnittlich mehr Lungentumoren hervorgerufen werden als bei der gleichen Behandlung 47—55 Tage alter Mäuse, wird gefolgert, daß die Verweilzeit von I im Körper für die Tumorausbeute entscheidend ist.

S. DITTMANN-MITZSCHERLICH. 4160□

Verteilung und Stoffwechsel von $^{14}C_{(3')}$-3'-Methyl-4-dimethylaminoazobenzol in Leber und Gewebe von Ratten. David A. Salzberg. (Cancer Res. **18.** 768—75. Aug. 1958. Palo Alto, Calif., Med. Res. Found.; engl.) — *$^{14}C_{(3')}$-3'-Methyl-4-dimethylaminoazobenzol* wird an Ratten verfüttert, die zuvor die nichtmarkierte Verb. mit ihrer Nahrung aufgenommen hatten. Nach 24 bzw. 96 Std. werden die Tiere getötet u. die spezif. Aktivität in Geweben u. Körper-Fl. bestimmt. 55—76% des ^{14}C werden mit dem Harn, 12—22% mit dem Kot ausgeschieden, während das ausgeatmete CO_2 nicht akt. ist. Von den Organen enthalten nur Milz, Niere, Herz u. Depotfett vorübergehend ^{14}C. Ein geringer Teil der Aktivität findet sich in einer riboflavinähnlichen, aus Rattenleber isolierten Substanz. O.-A. NEUMÜLLER. 4160□

Wirkung von Adrenalektomie und Desoxycorticosteronen auf Leberenzyme und Protein der mit 3'-Methyl-4-dimethylaminoazobenzol gefütterten Ratten. John P. DaVanzo und W. J. Eversole. (Cancer Res. **18.** 796—801. Aug. 1958. Albuquerque,

N. Mex., Univ., Dep. of Biol.; engl.) — Die Bldg. von Lebertumoren bei mit *3'-Methyl-4-dimethylaminoazobenzol* gefütterten Ratten kann durch Totalexstirpation der Nebennieren unterbunden werden. Die dabei geschwächte Aktivität der Leber-*Succinoxydase* u. der *Glutaminsäuredehydrogenase* kann mit starken Gaben von *Desoxycorticosteron* (I) normalisiert werden. Behandlung mit I allein hat keinen Einfl. auf Cancerogenese u. Leberenzymaktivität. Der bei Tumortieren erniedrigte Protein-Geh. im Lebergewebe wird durch Kombination von Exstirpation u. I-Applikation ebenfalls normalisiert. Die Bedeutung von Nebennieren–Nebennierengewebe auf die Cancerogenese u. deren Hemmung wird diskutiert. O.-A. NEUMÜLLER. 4160□

Bedeutung der lokalen O_2-Spannung im Ehrlich-Ascites-Tumor für die Wirkung von 2.5-Bis-n-propoxy-3.6-bis-äthyleniminobenzochinon-(1.4) (Bayer E 39). Max Frimmer. (Naturwissenschaften **49.** 211. 1. Mai-Heft 1962. Gießen, Justus Liebig-Univ., Pharmakol. Inst.; dt.) — Ab 11. Tag nach Überimpfung von Ascitestumorzellen in Mäuse wurden 0,075—0,1 mg *2.5-Bis-n-propoxy-3.6-bis-äthyleniminobenzochinon-(1.4)* (I; *Bayer E 39*) pro Maus u. Tag intraperitoneal injiziert. Die I-behandelten Tiere überlebten höchstens 1 Woche u. hatten Ascites- oder solide Tumoren. Erhielten die Tiere dagegen nach jeder I-Injektion 30 min 4 atü O_2, so verloren sie innerhalb einer Woche $^1/_6$ ihres Körper-Gew. u. hatten doppelte Überlebensdauer. Ein großer Teil dieser Tiere war frei von Tumoren. Häufigste Todesursachen dieser Tiere waren Bauchfellentzündungen oder Folgen der O_2-Druckbehandlung. (Auch gesunde, tumorfreie Tiere waren an der I-4 atü O_2-Therapie gestorben.)
S. DITTMANN-MITZSCHERLICH. 4160□

Hemmung des Tumorwachstums in Mäusen durch eine Reihe von in 2-Stellung substituierten Mercaptopyrimidinen. James F. Holland, Robert Guthrie, Paul Sheehe und Howard Tieckelmann. (Cancer Res. **18.** 776—80. Aug. 1958. Buffalo, N.Y., Univ., Roswell Park Memor. Inst.; engl.) — Verschiedenartige Mäusetumoren werden mit substituierten 2-Mercaptopyrimidinen behandelt. Die cytostat. Wrkg. ist bes. ausgeprägt bei *2-Methylmercapto-4-amino-5-hydroxymethylpyrimidin* (*Methioprim*), in vermindertem Maße auch bei den entsprechenden *2-Äthylmercapto* (*Ethioprim*)- u. *2-Benzylmercapto* (*Benzylthioprim*)-Verbb. *2-Mercapto-4-amino-5-hydroxymethylpyrimidin* (*Thioprim*) selbst erweist sich als unwirksam. O. A. NEUMÜLLER. 4160□

Der Stoffwechsel von 4-Aminopyrazolo-(3.4:d)-pyrimidinen in normalen und neoplastischen Geweben. J. Frank Henderson und Irene G. Junga. (Cancer Res. **21.** 118—129. Jan. 1961. Menlo Park, Calif., Stanford Res. Inst., Dep. of Biol. Sci.; engl.) — Unterss. über den Stoffwechsel von *4-Aminopyrazolo-(3.4:d)-pyrimidin* (I) zeigen, daß bereits 1 Min. nach intraperitonealer Injektion von ^{14}C-I 90% der injizierten Menge aus der Peritoneal-Fl. verschwunden sind. I verschwindet ebenfalls schnell aus dem Serum nach i.v. Injektion, etwas weniger rasch aus den Blutzellen. Die Gewebeverteilung in tumortragenden Tieren ist ebenfalls stark zeitabhängig. Tumor, Leber u. Dünndarm zeigen eine mit der Zeit (1—60 Min.) zunehmende I-Anreicherung. Innerhalb von 24 Std. werden bei normalen Tieren 50% der injizierten I-Menge mit dem Harn ausgeschieden; bei Tumortieren liegt der entsprechende Wert bei 33%. Nach intraperitonealer I-Injektion werden folgende Stoffwechsel-Prodd. in verschiedenen Geweben chromatograph. identifiziert: I-*Ribosid, dessen Mono-, Di- u. Triphosphat, 4-Hydroxypyrazolo-(3.4:d)-pyrimidin* sowie 2 nichtidentifizierte Abbauprodukte. Tumorgewebe zeigt einen höheren Geh. an Stoffwechsel-Prodd. als normales Gewebe. Bei EHRLICH-Ascitescarcinomzellen erfolgt der I-Einbau in die Ribonucleinsäure 10mal stärker als in die Desoxyribonucleinsäure. I wird als Nucleotid eingebaut. — 35 Literaturangaben.
R. REISS. 4160□

Struktur-Wirksamkeitsbeziehungen einiger Diamin-bis-epoxide für die Leukämie der Maus. Koert Gerzon, James E. Cochran jun., Lawrence A. White, Rosmarie Monahan, Eriks V. Krumkalns, Robert E. Scroggs und Jack Mills. (J. med. pharmac. Chem. **1.** 223—43. Juni 1959. Indianapolis, Ind., Lilly Res. Labor.; engl.) — Vff. untersuchen die antileukäm. Wirksamkeit einiger N.N'-Bis-[2.3-epoxypropyl]-substituierter Bis-sek. Amine an der Maus. Die Gewinnung vorst. Verbb. erfolgt durch Kondens. der betreffenden Amine mit 2 Mol *Epichlorhydrin* (bzw. *β-Methylepichlorhydrin*) in A. (oder Methanol, 30—40°) u. Überführung der gebildeten Bischlorhydrine in die Bis-epoxide durch Behandlung mit Konz. NaOH. Sie lassen sich durch Dest. unter vermindertem Druck oder Umkristallisieren aus Ae. bei —50° reinigen. Die Strukturen der erhaltenen Verbb. werden durch alkal. Hydrolyse mit anschließender $NaJO_4$-Oxydation u. Best. der abgegebenen HCHO-Menge geprüft. Die festen Bisepoxide sind bei 0° beständig, unterliegen jedoch einer langsamen Polymerisation, während die fl. Prodd. öfter destilliert werden müssen. Sämtliche Verbb., mit Ausnahme von *4.4'-Bis-[piperidyläthan]-bis-epoxid* (I) sind genügend wasserlösl., um parenteral appliziert werden zu können. Bei der Herst. von *N.N'-Bis-[2.3-epoxy-n-propyl]-piperazin* (II) wird zuweilen die Bldg. einer racem. (oder Meso)-Form beobachtet, die einen höheren F. besitzt als die normale Verbindung. *N.N'-Dimethyläthylendiamin-bis-epoxid* besitzt eine hohe Polymerisations-Geschw. u. bildet außerdem ein quart. Alkoxid, das nach der Abbau-Rk. von Hofmann in ein Vinylamin übergeht. Die biolog. Aktivität zeigt folgende Korrelationen: $-CH_3$-Substitution am Piperazinring oder in der Seitenkette, die keine Veränderung der Basizität nach sich zieht, ergibt eine Verminderung der Wirksamkeit im Vgl. mit **II**. Eine Verstärkung der Basizität, wie sie infolge Ionisierung, z. B. in physiolog. Fll., eintritt, führt bei Verbb. mit offenen Seitenketten u. den Pyridinanaloga zu Wirksamkeitssteigerungen. Eine Ausnahme bildet **I**, das wegen seiner geringen Wasserlöslichkeit wenig wirksam ist. Aus Phosphorylierungs-Verss. an *Biperidylbisepoxid* (**III**), **II** u. *Diepoxybutan* (**IV**) geht hervor, daß die Epoxidgruppe in alkal. Lsg. gegenüber Anionen aktiviert wird. So nehmen **IV**, **II** u. **III** bei pH 7—8 (unter physiolog. Bedingungen) innerhalb von 24 Std. 13, 27 u. 60% PO_4^{3-} in Ggw. von K_2HPO_4 bzw. KH_2PO_4 oder Gemischen dieser Salze auf. Zwischen steigender biolog. Aktivität u. Rk.-Fähigkeit mit PO_4^{3-} besteht eine direkte Parallelität. **I**, das die gleiche Basizität wie **III** besitzt, wird trotz fehlender biolog. Wirksamkeit zu 63% phosphoryliert. Bei Erniedrigung der pH-Werte wird die Phosphorolyse von **IV** abgeschwächt, die von **II** u. **III** dagegen gesteigert. In Ggw. von **IV** werden also bei niedrigen pH-Werten wenig reaktive $H_2PO_4^-$ gebildet, während die beiden übrigen stärker bas. Verbb. eine erhöhte Rk.-Fähigkeit mit noch vorhandenen HPO_4^{2-} aufweisen. **II** u. **III** sind auch chemotherapeut. wirksam.

Versuche: *4.4'-Bipiperidylmethanhydrochlorid*, $C_{11}H_{22}N_2$, F. 250°, durch katalyt. Red. von 4.4'-Bipyridylmethan mit Pt-Oxid in wss. HCl; freie Base: F. 78°. — *1.2-Bis-[piperidyl-(4)]-äthan*, F. 112—113°; durch katalyt. Red. von 4.4'-Dipyridyläthylen. — *N.N-Bis-[2.3-epoxy-n-propyl]-methylamin*, $C_7H_{13}NO_2$, Kp.$_{7mm}$ 97—99°; n_D^{25} 1,4529; *Tris-[2.3-epoxy-n-propyl]-amin*, $C_9H_{15}NO_3$, Kp.$_{7mm}$ 158—160°; n_D^{25} 1,4727; *N.N'-Bis-[2.3-epoxy-n-proypl]-piperazin* (II), $C_{10}H_{18}N_2O_2$, F. 42—43°, 40% Ausbeute, DL_{50} 85 mg/kg (Maus, i. v.); „*Mesoisomer*": $C_{10}H_{18}N_2O_2$, F. 62—63°, DL_{50} 77. — *N.N'-Bis-[2.3-epoxy-n-propyl]-2.5-dimethylpiperazin*, $C_{12}H_{22}N_2O_2$, F. 82—83°, *N.N'-Bis-[2.3-epoxy-2-methyl-n-propyl]-piperazin*, $C_{12}H_{22}N_2O_2$, F. 83—85°; *4.4'-Bipiperidyl-N.N-bis-[2.3-epoxy-propan]* (III), $C_{16}H_{28}N_2O_2$, F. 96—98°; *4.4'-Bipiperidylmethan-bis-epoxid*, $C_{17}H_{30}N_2O_2$, F. 56—58°; *4.4'-Bipiperidyläthan-bis-epoxid* (I), $C_{18}H_{32}N_2O_2$, F. 86—88°; *N.N'-Dimethyläthylendiamin-bis-epoxid*, $C_{10}H_{20}N_2O_2$, unbeständig; unreines Prod., Kp.$_{0,1-0,5mm}$ 110°; n_D^{25} 1,4750; N.N'-Bis-[2.3-epoxipropyl]-N.N'-dimethyltrimethylendiamin, $C_{11}H_{22}N_2O_2$, n_D^{25} 1,4660 u. die analogen Verbb.: *-tetramethylendiamin*, $C_{12}H_{24}\cdot N_2O_2$, n_D^{25} 1,4662; *-hexamethylendiamin*, $C_{14}H_{28}N_2O_2$, n_D^{25} 1,4670; *-dimethylacetylendiamin*, $C_{12}H_{20}N_2O_2$, n_D^{25} 1,4858; *1.2.3.4-Diepoxybutan* (IV), n_D^{25} 1,4280; — Bischlorhydrin-Zwischenprodd.: *N.N'-Bis-[3-chlor-2-hydroxy-n-propyl]-piperazin*, $C_{10}H_{20}N_2O_2Cl$, F. 125—27°; *Dihydrochlorid*, $C_{10}H_{20}N_2O_2\cdot 2\,HCl$, F. 200—215°; *N.N'-Bis-[3-chlor-2-hydroxy-n-propyl]-4.4'-bipiperidyl*, $C_{16}H_{30}N_2O_2Cl$, F. 220° (Zers.); *Dihydrochlorid*, $C_{16}H_{30}\cdot N_2O_2Cl\cdot 2\,HCl$, F. 245—50°; *N.N'-Bis-[2.3-dihydroxy-n-propyl]-piperazin*, $C_{10}H_{22}N_2O_4$, F. 175—180°; aus Piperazin u. Glycid in A. *Dihydrochlorid*, $C_{10}H_{22}N_2O_4\cdot 2\,HCl$, F. 225°. — *N.N'-Bis-[β-hydroxyäthyl]-4.4'-bipiperidyldihydrochlorid*, $C_{14}H_{28}N_2O_2\cdot 2\,HCl$, F. 200 bis 225°; *N.N'-Bis-[β-chloräthyl]-4.4'-bipiperidyldihydrochlorid*, $C_{14}H_{26}N_2Cl_2\cdot 2\,HCl$; Braunfärbung bei 250°; nicht schmelzbar bis 285°. P. Fahrnlaender. 4160□

Der Einfluß von Dinitrophenol und Fettsäuren auf den ^{32}P-Stoffwechsel von Ehrlich-Ascites-Carcinom-Zellen. E. H. Creaser und P. G. Scholefield. (Cancer Res. **20**. 257—63. Febr. 1960. Montreal, Canada, McGill-Montreal Gen. Hosp. Res. Inst.) — In Ca^{2+}-freier Krebs-Ringer-Lsg. mit 10^{-2} m PO_4^{3-} wurde aerob der Einbau von ^{32}P aus $^{32}PO_4^{3-}$ in *Adenosinmonophosphat, Adenosindiphosphat* (*ADP*), *Adenosintriphosphat* (*ATP*), *Guanosintriphosphat* (*GTP*), *Uridintriphosphat* u. PO_4^{3-} von Ehrlich-Asciteszellen in Abwesenheit u. Ggw. von 10^{-2} m *Glucose* (**I**) untersucht. Der Einfl. von $5\cdot 10^{-5}$ m *2.4-Dinitrophenol* (**II**), 10^{-3} m *Decanoat* (**III**), 200 µg *Sarkomycin* (**IV**) pro ml, 100 µg *Pleuramycin* pro ml u. $2\cdot 10^{-2}$ m *Malonat* (**V**) auf den ^{32}P-Einbau in vorst. Fraktionen wurde bestimmt u. ist angegeben. Die Beeinflussung der Atmung, des ^{32}P-Einbaues in die (ADP + ATP)-Fraktion, der daraus berechenbaren oxydativen Phosphorylierung u. des anaeroben ^{32}P-Einbaues in die (ADP + ATP)-Fraktion u. in die Fraktion des gesamten Unlöslichen durch $5\cdot 10^{-5}$ m **II**, 10^{-3} m **III**, 200 µg **IV** pro ml u. $2\cdot 10^{-2}$ m **V** wurde ebenfalls untersucht. Die Abhängigkeit der $^{32}PO_4^{3-}$-, ATP-, ADP- u. GTP-Konz. von der **II**-Konz. (bis zu $1,5\cdot 10^{-4}$ m) u. der **III**-Konz. (bis zu $2\cdot 10^{-3}$ m) wurde ermittelt. — **II** u. **III** wirken in den Zellen als Entkoppler. Die Wrkg. von **II** u.

III ist sehr rasch: 5 Min. nach II- oder III-Zugabe sind die Zellen fast frei von ADP u ATP. Die II- u. III-Wrkg., Hemmung des ^{32}P-Einbaues in die (ADP + ATP)-Fraktion tritt aerob u. auch anaerob ein. Vff. nehmen an, daß II u. III als Entkoppler wirken u. zusätzlich die Adenosintriphosphataseaktivität steigern. Nach Zugabe von 10^{-2} m *Glucosamin* oder 10^{-2} m *2-Desoxyglucose* ist in Ggw. von $6,7 \cdot 10^{-4}$ m III, von $5 \cdot 10^{-5}$ m II oder in Abwesenheit von II u. III der ^{32}P-Einbau in die (ADP + ATP)-Fraktion der EHRLICH-Asciteszellen stark gehemmt. In Ggw. von 10^{-2} m I sind diese Wrkg. aufgehoben. S. DITTMANN-MITZSCHERLICH. 4160□

Untersuchungen über wachstumshemmende Styrylchinolinverbindungen und Analoge. 1. Mitt. **Atmungshemmung und glykolytische Aktivierung in normalen und neoplastischen Geweben durch das Antitumoragens 4-[4′-Dimethylaminostyryl]-chinolin.** P. Emmelot und C. J. Bos. (Biochem. Pharmacol. 1. 105—10. Okt. 1958. Amsterdam, The Netherlands Cancer Inst., Antoni von Leeuwenhock-Huis, Dep. of Biochem.; engl.) — Ein Vgl. der Wrkg.-Weise von *4-[4′-Dimethylaminostyryl]-chinolin* (I) u. *2.4-Dinitrophenol* (II) ergab, daß in den geprüften Konzz. II die Atmung von Lebermitochondrien oder Ascitestumorzellen nicht hemmt. Die Entkopplung der oxydativen Phosphorylierung durch II aktiviert den O_2-Verbrauch der Mitochondrien. Der Atmungshemmung nach Glucosezusatz zu Asciteszellen (umgekehrter PASTEUR-Effekt) wirkt II (10^{-4} m) entgegen. II-Konzz. $>10^{-4}$ m hemmen die Oxydation. Im Unterschied hierzu hemmt I unter allen Bedingungen Nicotinamidadenindinucleotid-gekoppelte mitochondriale Oxydationen. I verhält sich unter anaeroben Verhältnissen als ein Adenosintriphosphataseaktivator von ähnlicher Wirksamkeit wie II. Der PASTEUR-Effekt wird von I u. II aufgehoben. K. MAIER. 4160□

Vergleich der Verwertung von ^{14}C-Uracil, ^{14}C-6-Azauracil und deren ^{14}C-Riboside durch Sarkom-180-Zellen in Kultur. Richard Schindler und Arnold D. Welch. (Biochem. Pharmacol. 1. 132—36. Okt. 1958. New Haven, Conn., Yale Univ., School of Med., Dep. of Pharmacol.; engl.) — *$^{14}C_{(2)}$-6-Azauridin* (I), ein wirksamer Inhibitor der Vermehrung von Sarkom-180-Zellen in Kultur wird in den säurelösl. Extraktstoffen der Zellen gespeichert. *$^{14}C_{(2)}$-6-Azauracil* (II) ist als Wachstumsinhibitor dieser Zellen unwirksam u. wird extrem schlecht aufgenommen. *$^{14}C_{(2)}$-Uridin* (III) u. dessen *5′-Phosphat* wurden von den Tumorzellen gut aufgenommen, *$^{14}C_{(2)}$-Uracil* (IV) dagegen nur beschränkt verwertet. Hiernach beruht die unterschiedliche Hemmwrkg. von I u. II auf der relativen Fähigkeit dieser neoplast. Zellen zur Assimilation von III u. IV, von der wiederum das Vermögen zur Assimilation der Analogen abhängt. K. MAIER. 4160□

Untersuchungen über den Mechanismus der Wirkung von 6-Mercaptopurin bei sensitiver und resistenter Leukämie 1210 in vitro. Jack D. Davidson. (Cancer Res. 20. 225—32. Febr. 1960. Bethesda, Md.; National Cancer Inst., Clinical Pharmacol. and Exper. Therapeutics Serv.; engl.) — Gearbeitet wurde mit Zellen der Ascitesformen der Leukämie L 1210 in vitro. Nach Inkubation mit *$^{14}C_{(8)}$-Hypoxanthin* (I), *$^{14}C_{(2)}$-Glycin* (II) oder *$^{32}PO_4{}^{3-}$* in Ggw. oder Abwesenheit von *6-Mercaptopurin* (III) wurden *$^{32}PO_4{}^{3-}$* bestimmt, *Ribonucleinsäure* (*RNS*) u. *Desoxyribonucleinsäure* (*DNS*) isoliert, gespalten u. die ^{14}C-Aktivitäten in *Adenin* (IV) u. *Guanin* (V) ermittelt. $3 \cdot 10^{-4}$ bis $8 \cdot 10^{-4}$m III hemmt den Einbau von ^{14}C aus I u. II in IV aus RNS u. DNS, der Einbau in DNS-V wird durch III nicht beeinflußt, der Einbau in RNS-V wird in schwächerem Maße als der Einbau in IV erniedrigt. In einer gegenüber III resistenten Unterlinie der Leukämie L 1210 ist der I-Einbau bedeutend schwächer, u. III hemmt den I-Einbau in IV u. V bedeutend. Andererseits wird der II-Einbau in RNS- u. DNS-IV u. -V bei diesen Zellen durch III nicht beeinflußt. Aus den Ergebnissen wird gefolgert, daß III in Zellen der Leukämie L 1210 zu dem entsprechenden Ribotid umgewandelt wird u. daß dieses eine stoffwechselmäßige Hemmung der Umwandlung von *Inosinsäure* in *Adenylsäure* verursacht. III-resistente Zellen der Leukämie 1210 besitzen nur sehr begrenzte Kapazität zur Umwandlung von II u. I in Ribotide, was zur Konkurrenz zwischen III u. I führt, dadurch wird nicht genügend III-Ribotid gebildet, um die Adenylsäure-Bldg. blockieren zu können.
S. DITTMANN-MITZSCHERLICH. 4160□

Ein wahrscheinlicher Mechanismus als Erklärung für die Wirkung von Actinomycin auf nichtmaligne und maligne Zellen. Donald E. Rounds, Yuh H. Nakanishi und C. M. Pomerat. (Antibiotics and Chemotherapy 10. 597—603. Okt. 1960. Galveston, Texas, Univ., Med. Branch, Tissue Culture Labor., Dep. of Anatomy; engl.) — Beschrieben sind mikrospektrophotometr. Best. der Basophilie, der Nucleoli u. des FEULGEN-positiven Chromatinmaterials maligner HeLa-Zellen (a) u. nichtmaligner CHANG-Zellen (b), deren Kulturmedium 0,001 γ *Actinomycin D* (I)/ml enthielt. Der DNS-Geh. ist unverändert. Der RNS-Geh. fällt für b auf einen niedrigen Endwert, nimmt jedoch für a kontinuierlich bis zum Zelltod ab. Bei a u. b sind der mitot. Index u. die Zahl der Nucleoli sehr stark erniedrigt. Die normale Zahl der Nucleoli wird jedoch von b nach Beendigung der I-Einw. schneller erreicht. D. ZIEBARTH. 4160□

Vergleich der Wirkungen von Actinomycin II, III und IV auf mehrere Ascites-Tumoren von Mäusen. Leonora H. Pugh und Morris Solotorovsky. (Ann. New York Acad. Sci. **89.** 373—85. 5/10. 1960. New Brunswick, N.J., State Univ., Rutgers, Inst. of Microbiol.; engl.) — Untersucht wurde die cytostat. Aktivität von *Actinomycin II* (I), *III* (II) u. *IV* (III) gegen GARDNER-Lymphosarkom (a), Adenocarcinom S 3 A (b), EHRLICH LETTRÉ-hyperdiploides Carcinom (c) u. Sarkom 180 (d), bewertet wurde nach dem Anstieg der Überlebenszeit der behandelten Mäuse im Vgl. zu den Kontrolltieren. Von den eingesetzten Ascites–Tumoren-Syst. erwies sich a als empfindlichstes gegen die Actinomycine, wobei der therapeut. Index von I bei intraperitonealer (i.p.) Verabrechung höher war als der von II u. III. Mit den maximal verträglichen Dosen war III gegen alle 4 Tumoren wirksam, II gegen a u. b, I nur gegen a. Subkutan war die Aktivität von I u. III gegen a geringer als bei intraperitonealer Verabfolgung. Die maximale Wrkg. wurde mit den Actinomycinen erzielt, wenn bei intraperitonealer Applikation an 3 aufeinanderfolgenden Tagen die Gesamtdosis $^1/_{15}$ bis $^1/_{40}$ der DL_{50} betrug. W. KNÖBEL. 4160□

Biologische Untersuchungen von Actinomycin D. Charlotte L. Maddock, Giulio J. D'Angio, Sidney Farber und Alfred H. Handler. (Ann. New York Acad. Sci. **89.** 386—98. 5/10. 1960. Boston, Mass., Children's Cancer Res. Found. and Children's Hosp. Med. Center, Harvard Med. School, Dep. of Pathol. and Dep. of Radiol.; engl.) — *Actinomycin D* (I) zeigte tumorhemmende Wrkg. gegen viele transplantierbare, für „screening"-Zwecke verwendete Mäusetumoren u. gegen verschiedene heterologe Tumoren. Subkutane Verabfolgung von I bei der Maus ergab, im Vgl. zu intraperitonealer Verabfolgung, größere tumorhemmende Wrkg. u. geringere Toxizität. Histopatholog. Veränderungen bei der Maus durch tox. Dosen von I scheinen auf das hämatopoet. Syst., den Magen–Darm-Trakt u. die Gonaden begrenzt zu sein. Die Wrkg. von Röntgenstrahlen auf normales u. bösartiges Gewebe der Maus konnte durch Anwendung von I mehr als additiv gesteigert werden. *Calciumpantothenat* war nicht imstande, die tumorhemmende Wrkg. von I umzukehren. Hinsichtlich tox. u. tumorhemmender Eigg. schienen die verschiedenen geprüften I-Muster nicht übereinzustimmen.
W. KNÖBEL. 4160□

Untersuchungen über den Wirkungsmechanismus von Cytoxan zum Beweis der Aktivierung in vivo und in vitro. G. E. Foley, O. M. Friedman und B. P. Drolet. (Cancer Res. **21.** 57—63. Jan. 1961. Boston, Mass., Children's Hosp. Med. Center, Harvard Med. School, Dep. of Pathol; Children's Cancer Res. Found., Labor. of Microbiol. U. Waltham, Mass., Brandeis Univ., Dep. of Chem.; engl.) — Während *Cytoxan* (I) in vitro ohne Wrkg. auf das Wachstum menschlicher u. tier. normaler u. neoplast. Zellen ist, zeigt Rattenserum 15—30 Min. nach einmaliger intraperitonealer Injektion von I eine beachtliche inhibitor. Wrkg. in Zellkulturen. Ebenfalls wirksam sind Extrakte aus der Leber I-behandelter Ratten, nicht jedoch solche aus Milz u. Nieren. Die inhibitor. Wrkg. des Serums u. der Leberextrakte verschwindet nach kurzer Zeit. Wird I in vitro mit Homogenaten von normalen u. neoplast. Geweben inkubiert, so zeigen nur die Leberhomogenate anschließend eine inhibitor. Wrkg. gegenüber Zellkulturen. Die Unterss. beweisen, daß I eine Transportform darstellt, die vornehmlich in der Leber aktiviert wird.
R. REISS. 4160□

Ein klinisch der Adrenalcortikalinsuffizienz ähnliches Syndrom, das mit ausgedehnter Busulfan (Myleran)-Therapie assoziiert ist. Robert A. Kyle, Robert S. Schwartz, Herman L. Oliner und William Dameshek. (J. Lab. clin. Med. **58.** 935. Dez. 1961. Boston, Mass.; engl.) — Vff. beschreiben ein nach längerer *Busulfan* (I; *Myleran*)-Behandlung in Personen mit chron. granulocyt. Leukämie auftretendes Syndrom, das durch Hauthyperpigmentierung, Schwäche, Übelsein u. Gew.-Verlust charakterisiert ist. Das Syndrom tritt nach 1—5 Jahren u. Gesamtmengen von 0,820—5,710 g I auf. An gesunden Vers.-Personen ruft I keine Hauthyperpigmentierung hervor.
G. KIRSTEN. 4160□

Einige Untersuchungen mit Kinetinanalogen. Hans Lettré, Hubert Ballweg, Hideya Endo, Annelies Schleich und Wilhelmine Siebs. (Biochem. Pharmacol. **1.** 137—40. Okt. 1958. Heidelberg, Univ., Inst.for Cancer Res.; engl.) — Verbb. mit ähnlicher Konst. wie *Kinetin* (*6-Furylaminopurin*) wurden hinsichtlich der Wrkg. auf Gewebekulturen (Fibroblasten, HeLa-Stamm, YOSHIDA-Sarkomzellen) untersucht. *6-Puryltryptamin, 6-N-β-Indolyläthyladenin,* F. 241°, störte die Mitose normaler u. maligner tier. u. menschlicher Zellen, *6-Purylhistamin, 6-β-Imidazolyläthyladenin,* F. 256—257°, war nur für Tumorzellen cytotox., dagegen auf normale Fibroblasten ohne Wirkung.

6-N-α-Furylmethyladenin, 6-N-α-Thienylmethyladenin, 6-N-α-Pyridylmethyladenin, 6-N-Phenyl-, -methyl-, -äthyl-, -propyl-, -butyl-, -pentyl- u. *-heptyladenin, 6-N-Cetyladenin* u. *N-[β-(3.4.5-Trimethoxyphenyl)-äthyl]-adenin* waren unwirksam. K. MAIER. 4160 □

Über die therapeutische Verwendung von α-Methyl-Dopa beim Carcinoidsyndrom. U. C. Dubach und A. Blumberg. (Klin. Wschr. **39.** 973. 15/9. 1961. Basel, Med. Univ.-Klin.; dt.) — Die Hemmung der Serotonin-Synth. durch *α-Methyl-Dopa* (*α-Methyl-3.4-dihydroxy-DL-phenylalanin*) beim Carcinoidsyndrom ist nicht gesichert u. von einer therapeut. Anwendung wird abgeraten. P. GREGORZEWSKI. 4160 □

Wirkungen von Grewia populifolia-Extrakten auf die Entwicklung von Hühnerembryonen. S. K. Brahma und N. Kundu. (Nature [London] **191.** 506—07. 29/7. 1961. Calcutta, Chittaranjan Nat. Cancer Res. Centre, Dep. of Cell. Res. and Chemotherapy; engl.) — Injektion von *Grewia populifolia-Extrakten* (mit carcinolyt. Eigg.) in fertile Eier bewirkte eine Schädigung oder Zerstörung des Blastoderms, wenn die Konz. $24 \cdot 10^{-5}$ g/cm³ oder mehr betrug. Mitosen konnten noch nach 24 Std., nicht aber nach 48 Std. beobachtet werden. K. ZINGRAF. 4160 □

Untersuchungen über carcinostatische Substanzen. 22. Mitt. Eine Methode zur Auswertung antimitotischer Substanzen mittels in vitro kultivierter Yoshida-Sarkom-Zellen. Morizo Ishidate, Yoshio Sakurai, Hiroshi Imamura und Ayako Moriwaki. (Chem. pharmac. Bull. [Tokyo] **7.** 873—77. Dez. 1959. Tokyo, Pharmacol. Res. Found., Iatrochem. Inst.; engl.) — 21. vgl. Chem. pharm. Bull. [Tokyo] **7.** [1954.] 692. — Vff. beschreiben eine einfache Meth. zur Feststellung der carcinostat. Wrkg. durch Best. der nach Zugabe einer antimitot. Verb. zu in einfachen Medien kultivierten Zellen des YOSHIDA-Sarkoms nach 24, 48 u. 72 Std. auftretenden, als „Sekundäreffekt" bezeichneten zur Degeneration führenden cytolog. Veränderungen. Dadurch wird der auch durch andere tox. Substanzen auftretende „Primäreffekt" (Cytolyse) ausgeschieden. Als minimale, effektive Konz. (MEC) wird diejenige Menge bezeichnet, die einen gerade noch wahrnehmbaren Sekundäreffekt hervorruft; sie entspricht der minimalen effektiven Dosis im Rattentest nach YOSHIDA. Nachst. Werte der MEC (in γ/cm³) werden festgestellt: *N-Methyl-bis-[2-chloräthyl]-amin, Hydrochlorid,* 0,05, *Pikrat,* 0,096; *Triäthylenmelamin,* 0,01; *N.N.'N''-Triäthylenthiophosphoramid,* 0,095; *Carcinophilin,* 2,5 (Einheiten/cm³); *Mitomycin C,* 0,01. *6-Mercaptopurin, 8-Azaguanin, Glucosamin* u. *5-Fluoruracil* zeigten keinen cytolog. Effekt. F. HELLER. 4160 □

Experimentelle Auswertung möglicher Antikrebs-Substanzen. 6. Mitt. Anatomische Verteilung leukämischer Zellen und Versagen von Chemotherapie. Howard E. Skipper, Frank M. Schabel jun., Mary W. Trader und J. Richard Thomson. (Cancer Res. **21.** 1154—64. Okt. 1961. Birmingham, Ala.; Southern Res. Inst., Kettering-Meyer Labor.; engl.) — Es besteht eine direkte Beziehung zwischen der Anzahl von Zellen der Leukämie L 1210, die Inzuchtmäusen implantiert wurden, u. der Lebensdauer der Mäuse. Vff. beschreiben eine Meth. zur Ermittlung der Anzahl von L 1210-Zellen in Geweben u. Körper-Fl. von Mäusen, die auf vorst. Effekt beruht. In Abhängigkeit von der Zahl der intraperitoneal implantierten leukäm. Zellen können diese in kleiner Menge in verschiedenen Geweben u. Organen nach 3—24 Std. u. im Gehirn beträchtliche Mengen nach 2—4 Tagen nachgewiesen werden. Setzt man 24 Std. nach Implantation mit *A-methopterin* (I)-Therapie ein, so kann man das Eindringen der Zellen in das Gehirn verzögern, 7 Tage nach intraperitonealer L 1210-Injektion beginnende I-Therapie hat jedoch kaum noch Erfolg. Wenn nur 100—1000 L 1210-Zellen in das Gehirn oculiert werden u. intraperitoneale Chemotherapie 24 Std. später begonnen wird, wirken I, *6-Mercaptopurin, Cytoxan, Azaserin, 5-Fluoruracil, Mitomycin C, 8-Azaguanin, Actinobolin* u. *1-Methyl-1-nitroso-3-nitroguanidin* nicht heilend. Dagegen kann die Überlebensdauer der Tiere durch die Substanzen verlängert werden, wenn die Zellen intraperitoneal oder gespritzt wurden. Lediglich *N-Methyl-N-nitrosoharnstoff* verlängert die Überlebensdauer der Tiere bei intraperitonealer Anwendung schwach, auch wenn die Leukämiezellen intracerebral implantiert worden waren. — Aus den Ergebnissen wird gefolgert, daß etliche Heilmittel gegen Leukämie zwar in den Geweben hemmend wirken, der Zustand der Tiere jedoch nicht gebessert werden kann, wenn bereits Zellen der Leukämie in das Gehirn eingedrungen sind u. sich dort vermehren.
S. DITTMANN-MITZSCHERLICH. 4160 □

Chemotherapie und Chemopraxis des Krebses 1961. James F. Holland. (Cancer Res. **21.** 1086—99. Okt. 1961. Buffalo, N.Y., Roswell Park Mem. Inst.; engl.) — Übersicht über den Stand der Chemotherapie u. Chemopraxis (systemat. Verss. zur Behandlung von Krankheiten mit Verbb., die sich dann aber als unwirksam erweisen) der Krebskrankheiten im Jahre 1961. Besondere Berücksichtigung alter Arbeiten von P. EHRLICH. 103 Literaturangaben. — Mit folgenden Verbb. besteht bei bestimmten Arten von Krebs Aussicht auf Heilung: *Stickstofflost, Cyclophosphamid* (I), *Chlorambucil, Triäthylen-*

hiophosphoramid (**II**), *Myleran* (**III**), *Stilböstrol*, *Testosteronpropionat* (**IV**), *17-α-Hydroxyprogesteroncaproat*, *Prednison*, *Amethopterin* (**V**), *6-Mercaptopurin* (**VI**), *Fluoruracil* (**VII**), *Fluordesoxyuridin* (**VIII**), *Desacetylmethylcolchicin*, *Vinblastin*, *Actinomycin D* u. *o.p'-Dichlordiphenyldichloräthan*. Verschiedene Verss. anderer Autoren mit **V**, **VI**, (einzeln u. in Kombination), **II**, **VII**, **VIII**, **IV**, **I**, *Fluoxymesteron* u. *2-α-Methyldihydrotesteron* werden erwähnt u. besprochen. Es wird ein Rk.-Mechanismus erwähnt, in dessen Verlauf möglicherweise **III** zu 3-Hydroxytetrahydrothiophen-1.1-dioxid abgebaut wird u. dabei unter Rk. mit —SH-Gruppen von Cystein, Peptiden oder Proteinen deren Struktur verändern kann. Die Beziehung zwischen dem Stoffwechsel von **VI** u. der Funktion von Inosinpyrophosphorylase wird besprochen. Ein Schema für den Stoffwechselweg von *Orotidylsäure* wird gezeigt, in dem *Azauridylsäure* die Wrkg. von *Orotidyldecarboxylase* hemmt. Innerhalb eines Schemas des Stoffwechsels der Pyrimidinnucleotide wird die Stelle gezeigt, an der **VII**, **VIII** bzw. die anderen, in 5-Stellung chlorierten, bromierten oder jodierten Pyrimidinnucleotide angreifen, die als Pyrimidinantimetaboliten wirken.

S. DITTMANN-MITZSCHERLICH. 4160 □

Überlebenszeit-Analyse für die Auswertung von Behandlungen in der Krebs-Therapie. D. Kodlin. (Cancer Res. **21.** 1103—07. Okt. 1961. Pittsburgh, Pa., Univ. of Pittsburgh, Graduate School of Public Health, Dep. of Biostatistics; engl.) — Es wird ein statist. Modell zur Analyse der Ergebnisse von Verss. zur Krebstherapie entwickelt. Es gestattet die Abschätzung der größten Wahrscheinlichkeit folgender 3 Größen, die das Überleben bestimmen: durch die Krebskrankheit bedingten Tod, durch andere Ursachen bedingten Tod, Überleben. Die Rechentechnik wird an einem Zahlenbeispiel mit Ergebnissen von Therapie-Verss. gezeigt. S. DITTMANN-MITZSCHERLICH. 4160 □

E₂. Enzymologie. Gärung

Serumenzyme bei der Physiopathologie des Muskels. Jean-Claude Dreyfus, Georges Schapira und Fanny Schapira. (Ann. New York Acad. Sci. **75.** 235—49. 13/10. 1958. Paris, Hôpital des Enfants-Malades, Labor. de Recherches de Biochim. Méd.; engl.) — Übersicht. — 55 Literaturangaben. A. HESSE. 4210 □

Das Prinzip des Kreuzungsverfahrens bei der Papierelektrophorese und seine Anwendung zur Feststellung von Enzym-Substrat-Komplexen und von Antigen-Antikörper-Reaktionen. Shojiro Nakamura, Tsutomu Hosoda und Tsutomu Ueta. (Proc. Japan Acad. **34.** 742—46. Dez. 1958 Ube, Japan, Yamaguchi Med. School, Inst. for Med. Chem.; engl.) — Vgl. C. **1959.** 9970; C. **1961.** 6173; Hoppe Seyler's Z. physiol. Chem. **318.** [1960.] 115; C. **1961.** 16138. — Nach dem beschriebenen Verf. werden die beiden Substanzen, deren Rk. miteinander beobachtet werden soll, jeweils als schräge Linie auf dem Elektrophoresepapier so aufgetragen, daß sie einen Winkel von ca. 60° bilden. Bei der elektrophoret. Wanderung (eindimensionale Elektrophorese) überwandern sich die Linien infolge unterschiedlicher Wanderungsgeschwindigkeit. Erfolgt eine Rk. zwischen den Substanzen zu einem nur kurze Zeit stabilen Komplex, so entsteht eine Verschiebung in den Geraden in charakterist. Form infolge eines kurzen gemeinsamen Wanderweges. — Das Verf. wird an der Komplex-Bldg. zwischen *Methylenblau* u. *Bromphenolblau* (5 µl einer 0,3%ig. Farbstoff-Lsg. je cm; Veronalpuffer pH 8,6, Ionenstärke 0,05, 180 V, 4 mA, 240 Min.) demonstriert. Ebenfalls sichtbar gemacht werden konnten die Komplexe zwischen *Trypsin* u. *Casein*, *Chymotrypsin* u. *Casein*, *Ribonuclease* u. *Ribonucleinsäure* sowie zwischen Rinderserum u. seinem homologen Kaninchenantiserum. W. SCHÖNBORN. 4210 □

Cytochrome in den Mikrosomen der Nebennierenrinde. Klaus Krisch. (Nature [London] **193.** 982—83. 10/3. 1962. Gießen, Univ., Physiol.-Chem. Inst.; engl.) — Durch Zentrifugieren wurde aus dem Homogenat von Schweinenebennieren eine Mitochondrien (A)- sowie eine Mikrosomen (B)-Fraktion erhalten. Das Absorptionsspektrum von A war wenig charakterist. u. zeigte einen möglicherweise auf der Ggw. von *Cytochrom c* + c_1 beruhenden Kurvenverlauf. Das Spektrum der B-Fraktion zeigte die Ggw. von *Cytochrom* b_5 (**I**), das in Rinde u. Mark gefunden wurde. In der Rindernebenniere wurde in der B-Fraktion kein **I** gefunden, weder in der Rinde noch im Mark. Im Mark konnte im red. Zustand das *Cytochrom 559* (**II**) in der A- u. B-Fraktion nachgewiesen werden. **II** fand sich nicht in Herz, Niere, Pankreas oder Leber. J. BOELTER. 4210 □

Die Stimulierung der Photophosphorylierung in Chromatophoren von Rhodospirillum rubrum durch die Coenzyme Q_2 und Q_3. Harry Rudney. (J. biol. Chemistry **236.** PC 39—PC 40. Juli 1961. Cleveland, Ohio, Western Reserve Univ., School of Med., Dep. of Biochem.; engl.) — Die Unterss. wurden mit normalen u. mit *Diphenylamin* behandelten Chromatophoren von *Rhodospirillum rubrum* durchgeführt. *Coenzym* (Co)

Q_3 u. CoQ_3 haben etwa den gleichen Einfl. auf die Photophosphorylierung (Pp), geringe *Succinat*-Konzz. wirken hemmend, hohe stimulierend. CoQ_0, CoQ_6, CoQ_9, CoQ_{10} u. 2.3-Dimethyl-5.6-dimethoxy-1.4-benzochinon wirken nicht, ebenso *Naphthochinone*, wie Vitamin K_1 u. K_3. *Phenazinmethosulfat* (I) wirkt bei hohen u. niederen Succinat-Konzz. stimulierend auf die Pp, *Antimycin* hemmt die durch CoQ_3, nicht aber die durch I stimulierte Pp. E. LODEMANN. 4210□

Zeit-Verteilung-Untersuchung des in vivo-Einbaus von Selen in Cytochrom c der Ratte und dessen Umsatz. Kenneth P. McConnell und R. Duncan Dallam. (Nature [London] **193**. 746—48. 24/2. 1962. Louisville, Ky., Univ., School of Med., Veterans Admin. Hosp. and Biochem. Dep.; engl.) — Unterss. an ♀ Ratten zeigten, daß subkutan injiziertes ^{75}*Se* (H_2SeO_3) in das gesamte Körper-*Cytochrom c* (I) eingebaut wird. Die ^{75}*Se*-Konz. der Ratten schwankte abhängig von der Zeit, wobei einer relativ schnellen Aufnahme eine sich über 3 Wochen hinziehende langsame Abgabe anschloß. Für das junge Rattenweibchen ergab sich für I eine Halbwertszeit von 14 Std., Neutronenaktivierungsanalysen hochgereinigter Pferdeherz-I-Präpp. ergaben Ggw. weniger Zehntel μg stabilem *Se*/g I. K. MAIER. 4210□

Oxydationshemmende Aktivität von Mäuseleber- und Nierenextrakten. W. C. Quevedo jun. und J. E. Isherwood. (Experientia [Basel] **16**. 323—25. 15/7. 1961. Springville, N.Y., Roswell Park Mem. Inst., Biol. Station; engl.) — Wss. Leber- u. Nierenextrakte von Mäusen wirken hemmend auf die *L-3.4-Dihydroxyphenylalanin* (*DOPA*)-Autoxydation; beide Extrakte hemmten etwa in der gleichen Größenordnung u. ca. 3 mal stärker als die früher für Mäuse- u. Menschenhaut bestimmten Werte. Der *Hemmfaktor* besteht zum großen Teil aus Eiweiß u. konnte in einen SH-Gruppen-enthaltenden, hitzeempfindlichen Teil u. einen SH-Gruppen-freien, hitzestabilen Teil getrennt werden. U. TAUSENDFREUND. 4210□

Kompetitive Hemmung der Reduktion von Cytochrom c durch Xanthinoxydase mittels Myoglobins. Irwin Fridovich. (J. biol. Chemistry **237**. 584—86. Febr. 1962. Durham, N.C., Duke Univ., School of Med., Dep. of Biochem.; engl.) — Teilweise gereinigte *Cytochrom c* (I)-Präpp. (aus Pferdeherz) enthalten einen wirksamen kompetitiven Inhibitor der Red. von I (nicht von O_2) durch Milchxanthinoxydase u. Rattenleberaldehydoxydase. Der Inhibitor wurde als die Proteinkomponente *Globin* (II) des *Myoglobins* (III) identifiziert. Die I-Red. durch mehrere andere Enzyme blieb von III unbeeinflußt. K_m für I u. K_i für Pferdeherz-II ergaben sich in 0,0025m K-Phosphatpuffer, pH 7,8, zu $1{,}3 \cdot 10^{-6}$m u. $2{,}4 \cdot 10^{-8}$m. Eine 20fache Abnahme der Puffer-Konz. beeinflußte die Affinitäts-Konst. für I u. Pferdeherz-II kaum. Bei diesen niedrigen Puffer-Konzz. wurde Xanthinoxydase in den Ansätzen rasch irreversibel gehemmt (Schutz durch Rinderserumalbumin). Schweineherz-II hemmt die I-Red. deutlich schwächer als Pferdeherz-II. K. MAIER. 4210□

Katalase-Denaturierung durch Formamid und Harnstoff zum Nachweis des Molekülaufbaus aus Teilkomponenten. Tatsuya Samejima und Kazuo Shibata. (Arch. Biochem. Biophysics **93**. 407—12. Mai 1961. Tokyo, Inst. of Technol., Tokugawa Inst. for Biolog. Res.; engl.) — Die native *Katalase* aus Rinderleber scheint aus 6 Teilstücken zu bestehen, wie Denaturierungs-Verss. mit Formamid u. Harnstoff u. Sedimentations-Verss. zeigten. E. LÜCK. 4210□

Einfluß der Anpassung an Viomycin auf die Katalaseaktivität bei Escherichia coli. J. P. Shukla und R. K. Nigam. (Naturwissenschaften **49**. 135—36. 2. März-H. 1962. Kanpur, India, Nat., Sugar Inst., Dep. of Biochem.; engl.) — *Katalase* (I)-Wrkg. von *Escherichia coli* wird in vitro durch *Viomycin* (II) gehemmt, wobei die Hemmung mit steigender II-Konz. zunimmt. — Wird E. coli in Ggw. von II gezüchtet, so erfährt die I-Wrkg. eine Zunahme. Diese höhere I-Wrkg. geht wieder auf den Normalwert zurück, wenn die zunächst in Ggw. von II gezüchteten Bakterien 40 mal auf II-freiem Medium umgezüchtet werden. A. HESSE. 4210□

Myeloperoxydase. Julius Schultz. (Ann. New York Acad. Sci. **75**. 22—30. 13/10. 1958. Philadelphia, Pa., Hahnemann Med. Coll. and Hosp.; engl.) — *Myeloperoxydase*, die „grüne" Peroxydase (*Verdoperoxydase*), wird in größerer Menge aus experimentell erzeugtem Chlorom (einem leukäm. Tumor der Myeloidserie, der dem lymphoiden Tumor bei lymphat. Leukämie analog ist) gefunden u. konnte durch Fraktionieren nach AGNER [1941] krist. (hexagonale Platten mit starker roter Fluorescenz) erhalten werden. A. HESSE. 4210□

Vergleichende Differenzierung von Enzymen in Graswurzeln. 2. Mitt. **Peroxydase.** Charlotte J. Avers und Robert B. Grimm. (J. exp. Botany **10**. 341—44. Okt. 1959. Florida, Univ. of Miami, Botany Dep.; engl.) — Es wird über histochem. Unterss. der *Peroxydase* (I)-Aktivität in 7 Grasarten berichtet. Die engen Wechselbeziehungen zwischen Enzymdifferenzierung u. Zelltyp besagen, daß physiolog. Veränderungen lange vor der morpholog. Reifung des Gewebes auftreten. H. AMAN. 4210☐

Wirkungen von aliphatischen Alkoholen und Fettsäuren auf den Acetat-Stoffwechsel in Rattenleberschnitten. E. Majchrowicz und J. H. Quastel. (Canad. J. Biochem. Physiol. **39.** 1895—1909. Dez. 1961. Montreal, Quebec, McGill-Montreal General Hosp. Res. Inst.; engl.) — Durch Zusatz von nicht markiertem *Acetat* (**I**) wurde die Bldg. von $^{14}CO_2$ aus $^{14}C_{(1)}$-**I** verringert, jedoch war die Verringerung bei geringen Konzz. kleiner als die für Isotopenverdünnung berechnete. *A.* bewirkte ebenfalls eine Verringerung, die größer war als die bei einer Umwandlung von A. in **I** erwartete. A. scheint die **I**-Oxydation zu hemmen; das wird durch die Hemmwrkg. von n-Alkoholen auf die gesamte CO_2-Bldg. in Rattenleberschnitten bestätigt. Die Hemmwrkg. von A. erreicht bei 5 mm ein Maximum u. bleibt dann konst. bis zu 50 mm. Offenbar wird A. in niedrigen Konzz. rascher in Acetyl–Coenzym A (**II**) umgewandelt als **I** selbst. *n-Propanol* besitzt eine stärkere Hemmwrkg. als A., diese ist jedoch quant. ident. mit der einer äquivalenten Menge Propionat. Beide werden vermutlich rasch in Propionyl–Coenzym A (**III**; oder Methylmalonyl–Coenzym A) umgewandelt, welches der eigentliche Hemmstoff der **I**-Oxydation durch adsorptive Verdrängung von **II** ist. *n-Butanol, n-Pentanol* u. *n-Hexanol* besitzen eine genauso starke Hemmwrkg. wie äquivalente Mengen der entsprechenden Fettsäuren (**IV**) das zeigt, daß aliphat. Alkohole (**V**) u. **IV** in **III** oder **II** umgewandelt werden, die die $^{14}CO_2$-Bldg. aus $^{14}C_{(1)}$-**I** durch adsorptive Verdrängung oder Isotopenverdünnung hemmen. **IV** u. **V** mit einer geraden Anzahl von C-Atomen besitzen eine geringere Hemmwrkg. als solche mit einer ungeraden. A. hemmt den Einbau von ^{14}C aus $^{14}C_{(1)}$-**I** in **IV** in der Rattenleber etwa in der gleichen Stärke wie eine äquivalente Menge **I**. Glucose fördert die Synth. von **IV** aus **I** in der Leber am stärksten, Fructose weniger, Sorbit ist unwirksam. Die aliphat. **V** hemmen den Einbau von ^{14}C aus $^{14}C_{(1)}$-**I** in die Lipide u. Eiweißkörper der Leber, sowie die Ausscheidung oder Verwertung von **I** in Leberschnitten. K. ZINGRAF. 4210☐

Die Bestandteile des besonderen α-Glycerophosphatoxydase-Systems. Chin-Yung Wu. (Acta physiol. sinica **20.** 271—80. 1956. Shanghai, Acad. Sinica, Inst. of Physiol. and Biochem.; chin., Auszug: engl. S. 279.) — Vf. schließt aus den Ergebnissen seiner Unters., daß *Cytochrom b* an der Oxydation des *α-Glycerophosphates* im Kaninchenmuskel-Präp. nicht beteiligt ist. Die H- bzw. Elektronenübertragung im besonderen *α-Glycerophosphatoxydase*-Syst. müßte demnach wie folgt ablaufen: *L-α-Glycerophosphat* $\xrightarrow[\text{dehydrogenase}]{\text{L-α-Glycerophosphat-}}$ x → *Cytochrom c* → *Cytochrom a* u. a_3 → O_2. F. KRUSEN. 4210☐

Übersicht über einige Plättchenenzyme und ihre Funktionen: die Plättchen als Quelle der normalen sauren Glycerophosphatase des Serums. Marjorie B. Zucker und Jennie Borrelli. (Ann. New York Acad. Sci. **75.** 203—13. 13/10. 1958. New York, N.Y., Sloan-Kettering Inst. for Cancer Res.; engl.) — Übersicht. — 99 Literaturangaben. A. HESSE. 4210☐

Die Wirkungsweise der Milchsäuredehydrogenase des Herzmuskels. George W. Schwert. (Ann. New York Acad. Sci. **75.** 311—21. 13/10. 1958. Durham, N.C., Duke Univ. School of Med.; engl.) — Besprechung von Möglichkeiten der Rk.-Wege bei *Milchsäuredehydrogenase.* A. HESSE. 4210☐

Die Heterogenität von Milchsäuredehydrogenase und Äpfelsäuredehydrogenase. Elliot S. Vesell und A. G. Bearn. (Ann. New York Acad. Sci. **75.** 286—91. 13/10. 1958. New York, N.Y., Rockefeller Inst. for Med. Res.; engl.) — Bei Zonenelektrophorese an Stärke erweisen sich *Milchsäuredehydrogenase* (**I**) u. *Äpfelsäuredehydrogenase* (**II**) von menschlichem Serum u. von Hämolysat als elektrophoret. inhomogen. Die nähere Unters. ergibt, daß je 3 verschiedene **I** bzw. **II** vorliegen. A. HESSE. 4210☐

Die Mechanismen der Änderungen in der Aktivität von Milchsäuredehydrogenase in Körperflüssigkeiten. Felix Wróblewski. (Ann. New York Acad. Sci. **75.** 322—38. 13/10. 1958. New York, N.Y., Memorial Center for Cancer and Allied Diseases, Dep. of Med.; Sloan-Kettering Inst. for Cancer Res., Div. of Enzyme and Metabolic Studies; engl.) — Besprechung verschiedener Möglichkeiten für den Mechanismus der Änderungen, welche *Milchsäuredehydrogenase* (**I**) in Serum, Serumergüssen u. in Cerebrospinal-Fl. erfährt. Einander gleiche quant. Änderungen der **I** können aus verschiedenen Mechanismen oder Kombinationen von verschiedenen Erscheinungen resultieren; hierzu können andere Faktoren, wie Abbau der **I**, unbekannte Aktivatoren u./oder Inhibitoren beitragen. A. HESSE. 4210☐

DPN-abhängige Enzyme im Serum. Benno Hess. (Ann. New York Acad. Sci. **75.** 292—303. 13/10. 1958. Heidelberg, Univ., Med. Clin.; engl.) — Vf. gibt Normalwerte für den Geh. des Serums an *Milchsäuredehydrogenase* (**I**) u. *Äpfelsäuredehydrogenase* (**II**) an: 5,95 ± 1,5 E/ml bzw. 1,5 ± 0,8 E/ml. Unter patholog. Bedingungen (bes. bei perniciöser Anämie) erleiden diese sonst bemerkenswert konst. Werte erhebliche Änderungen. — Das pH-Optimum von **I** (= 8,0) kann bei Erkrankungen verschoben werden, z. B. auf 8,0—7,5 bei Tumoren, auf 8,25—8,5 bei Herzinfarkt, auf 8,5—9,0 bei perniciöser Anämie. Ferner werden bei **I** durch Erkrankungen die Substrataffinität, das elektrophoret. Verhalten u. die Hemmung durch Sulfit beeinflußt. A. HESSE. 4210□

Einige Unklarheiten beim Vergleich der Enzym-Gehalte des Serums. Laurens P. White. (Ann. New York Acad. Sci. **75.** 349—56. 13/10. 1958. San Francisco, Calif., Stanford Univ. School of Med., Dep. of Med.; engl.) — Abnormale Geh. an *Milchsäuredehydrogenase, Aldolase, Isocitronensäuredehydrogenase, Phosphohexoseisomerase* u. *Glutaminsäure–Oxalessigsäure-Transaminase* im Serum des Menschen können u. a. bewirkt werden durch: Nekrose von Geweben (Muskel, Leber, Tumor); Entzündung in Geweben mit oder ohne Nekrose; Fernwrkg. von bösartigen Tumoren auf Körpergewebe allg. u. bes. auf Muskel (wegen des Abbaues der normalen Gewebe zur Lieferung von Protein an den Tumor). A. HESSE. 4210□

Analytische Überlegungen hinsichtlich der Bestimmung von Serumenzymen. Ralph E. Thiers und Bert L. Vallee. (Ann. New York Acad. Sci. **75.** 214—26. 13/10. 1958. Boston, Mass., Harvard Med. School, Biophysics Res. Labor.; Peter Bent Brigham Hosp.; engl.) — Allg. Darlegungen u. Beschreibung einer Vers.-Anordnung, in der mit Hilfe eines „Coenzometer" genannten UV-Colorimeters eine Best. der *Milchsäuredehydrogenase* des Serums erfolgen kann. A. HESSE. 4210□

Erblicher enzymatischer Defekt in roten Blutkörperchen: Seine Beziehung zu gewissen von Arzneimitteln induzierten hämolytischen Anämien. Ruth T. Gross und Paul A. Marks. (Ann. New York Acad. Sci. **75.** 106—09. 13/10. 1958. San Francisco, Calif., Stanford Univ., School of Med.; New York, N.Y., Columbia Univ., Coll. of Physicians and Surgeons; engl.) — Fehlen von *Glucose-6-phosphatdehydrogenase* (**I**) ist ein erblicher Defekt, der mit gewissen, durch Arzneimittel induzierten hämolyt. Anämien vergesellschaftet ist. — Es besteht eine nahe Korrelation zwischen dem **I**-Spiegel u. der in vitro-Stabilität von red. Glutathion (**II**) ausgenommen bei Neugeborenen, bei denen eine vorübergehende Instabilität von **II** trotz hohem **I**-Spiegel besteht. — Der enzymat. Mangel scheint in Beziehung zu einem dominanten Gen zu stehen, das geschlechtsbedingt u. geschlechtsmodifiziert ist. A. HESSE. 4210□

Neuere Fortschritte in der Kenntnis der Hexosemonophosphat-„Weiche". Frank Dickens. (Ann. New York Acad. Sci. **75.** 71—94. 13/10. 1958. London Middlesex Hosp. Med. School, Courtauld Inst. of Biochem.; engl.) — Übersichtsbericht. — 73 Literaturangaben. A. HESSE. 4210□

Die Heptosebildung aus Hexosemonophosphaten: Betrachtungen über den möglichen Stoffwechselweg. A. Bonsignore, S. Pontremoli und E. Grazi. (Bull. Soc. Chim. biol. **40.** 1287—91. 20/10. 1958. Genova, Univ., Ist. di Chim. Biol.; franz.) — Vgl. C. **1959.** 5846. — Im 105000·*g*-Überstand von Rattenleberhomogenat ist ein multienzymat. Syst. enthalten, das nichtoxydativ *Heptose-7-phosphat* aus *Hexosemonophosphat* (**I**), ohne Zusatz spezif. Acceptoren, bildet. Das Syst. ist noch nach 40 Std. Dialyse wirksam u. erreicht zwischen der 4. u. 6. Std. den Gleichgewichtszustand, wobei je 2 μMol **I** 1 μMol Heptose, kleine Mengen von Triosephosphat u. nicht bestimmbare Spuren von Pentose entstehen. Die C-Bilanz ist, auf die Zeit Null bezogen, bei Erreichen des Gleichgewichts negativ. Ggw. von *Mannose-6-phosphat, Sedoheptulose-1.7-phosphat* u. *Fructose-1.6-phosphat* wurden ausgeschlossen. K. MAIER. 4210□

Organisation von glykolytischen Enzymen der roten Zellen: Phosphorübertragung in der Zellmembran. Grant R. Bartlett. (Ann. New York Acad. Sci. **75.** 110—14. 13/10. 1958. La Iolla, Calif., Scripps Clinic and Res. Found.; engl.) — Es wird eine Modellvorstellung erörtert, nach welcher eine Übertragung von *P* aus intracellulären *organ. Phosphaten* auf extracelluläres *anorgan. Phosphat* unter Mitwirkung von *Adenosintriphosphatase* bei roten Blutzellen denkbar ist. A. HESSE. 4210□

Untersuchungen über Aminooxydase: Einfluß von Chloripromazin und seinen Analogen. Hisashi Nakajima. (J. Biochemistry [Tokyo] **46.** 559—70. Mai 1959. Osaka, Univ. Med. School, Dep. of Neuropsychiatry; engl.) — *Monoaminooxydase* (**I**) aus Leber u. Niere wird durch *Chlorpromazin* (**II**), *Phenergan, Promazin, Dichlorpromazin, 3-Chlor-10-(piperidinoacetyl)-phenothiazin* u. *Chlorpromazinsulfoxid* gehemmt, wobei die Hemmwrkg. in der genannten Reihenfolge abnimmt. Die 50%ig. Hemmung durch **II** kann durch Cystein, Glutathion oder Flavinadeninnucleotid nicht aufgehoben werden. — **I** wird durch *Lysergsäurediäthylamid* zu 14% aktiviert. — Ähnliche Befunde werden mit *Diaminooxydase* erhalten. — **II** ist in vivo ohne Einfl. auf **I**. — **II** vermindert geringfügig

die von Gehirn-I katalysierte Bldg. von *5-Hydroxyindolylacetaldehyd* aus *Serotonin* (III). — In Homogenaten verschiedener Organe konnten III-Stoffwechselprodd. nachgewiesen werden; bei einem von ihnen scheint es sich um *N-Methylserotonin* zu handeln.
A. HESSE. 4210□

Die mehrfache Funktion der Thiooxydase. G. D. Aurbach und William B. Jakoby. (J. biol. Chemistry **237.** 565—68. Febr. 1962. Bethesda, Md., Nat. Inst. of Arthritis and Metabolic Diseases; engl.) — Aus Kultur-Lsg. von *Piricularia oryzae* durch Protaminsulfatbehandlung, Celitadsorption u. -elution, Acetonfällung, Pyrophosphatbehandlung u. Chromatographie an DEAE-Cellulose isolierte *Thiooxydase* (I) war nach dem Sedimentations-Verh. in der Ultrazentrifuge homogen (s_{25} 2,42 S). I katalysiert die Oxydation von *Brenzcatechin* u. *Resorcin* („*Metapolyphenoloxydase*") sowie von Thiolen mit Doppelbindungen, wie Thiophenol („*Thiooxydase*"). Behandlung mit SH-Inhibitoren hemmt I wenig oder überhaupt nicht. Katalase beeinflußte die I-Aktivität nicht. *Cyanid*, *α.α'-Dipyridyl* u. *8-Hydroxychinolin* hemmten teilweise, Äthylendiamintetraacetat nicht.
K. MAIER. 4210□

Die Verwendung von Oligomycin als Inhibitor der oxydativen Phosphorylierung. F. Huijing und E. C. Slater. (J. Biochemistry [Tokyo] **49.** 493—501. Juni 1961. Amsterdam, Univ. of Amsterdam, Labor. of Physiol. Chem.; engl.) — *Oligomycin* (I) kann als nützliches Reagens zur Unterscheidung zwischen nichtphosphorylierenden u. phosphorylierenden Abbauwegen sowie zwischen *Adenosintriphosphatasen* (*ATPase*) mitochondrialer u. nichtmitochondrialer Herkunft angesehen werden, da I (im Gegensatz zu *Antimycin*, dem Atemhemmer, u. *Dinitrophenol* (*DNP*), dem Entkoppler der oxydativen Phosphorylierung, ein echter Hemmstoff der oxydativen Phosphorylierung ist; vermutlich kann I auch zur Testung herangezogen werden, ob die energiereichen Intermediär-Prodd. der oxydativen Phosphorylierung direkt, ohne vorherige Umwandlung zu ATP zu energieverbrauchenden Rkk. verwertet werden können. I verbindet sich vermutlich mit (oder verhindert die Bldg.) einer energiereichen Substanz, die zwischen der DNP-empfindlichen energiereichen Verb. u. der endständigen Phosphat-Verb. in der Rk.-Folge zwischen Atemkette u. ATP liegt. Im einzelnen hemmte I die durch Rattenlebermitochondrien katalysierten oxydativen Phosphorylierungsvorgänge; I hemmte die Oxydation von Succinat oder Glutamat nicht; die mit der Oxydation von Ascorbinat zusammenhängende Phosphorylierung durch Rattenherzsarkosomen wurde durch I ohne Beeinflussung der O_2-Aufnahme völlig gehemmt; DNP, nicht jedoch Arsenat, schwächte die I-Hemmung ab; I hemmte die ATPase der Lebermitochondrien bei hohem pH in Abwesenheit von DNP u. die DNP-stimulierte ATPase unter alkal. u. neutralen Bedingungen, ferner die Mg^{2+}-stimulierte ATPase der nichtphosphorylierenden Mitochondrienfragmente.
U. TAUSENDFREUND. 4210□

Spezifität der Wirkung von Carnitin auf die Fettsäureoxydation durch den Herzmuskel. Irving B. Fritz, Eli Kaplan und Kenneth T. N. Yue. (Amer. J. Physiol. **202.** 117—21. Jan. 1962. Ann Arbor, Mich., Univ. of Michigan, Dep. of Physiol.; engl.) — *Carnitin* (*β-Hydroxy-γ-trimethylammoniumbutyrat*; I) in Konzz. von 10^{-5} m oder mehr steigerte die Oxydation von *Fettsäuren* durch eine Partikel-haltige Herzmuskelfraktion unter optimalen Inkubationsbedingungen auf ein Vielfaches, ohne dabei abgebaut zu werden. In Ggw. von I, nicht jedoch bei Fehlen desselben, bestand Abhängigkeit von Coenzym A. Eine ähnliche Wrkg. besaßen nur *Acetylcarnitin* u. *β-Hydroxy-γ-dimethylaminobutyrat* (*Norcarnitin*). Die Wrkg. wurde aufgehoben durch Beseitigung der OH-Gruppe an *β*-C, durch Ersatz der COOH-Gruppe durch eine Cyan-, Alkohol- oder Amid-Gruppierung oder durch Substitution des Trimethylammoniumanteils durch eine Aminogruppe.
K. ZINGRAF. 4210□

3β-Hydroxysterindehydrogenase aus Rattenleber. 1. Mitt. Aktivität und Fraktionierung von Rattenleberhomogenat. Kazumi Yamasaki, Fumio Noda und Kyutaro Shimizu. (Proc. Japan Acad. **34.** 548—52. Okt. 1958. Yonago, Tottori Univ. School of Med., Dep. of Biochem.; engl.) — In zellfreiem Rattenleberhomogenat wurde ein *Enzym* (I; oder Enzym-Syst.) nachgewiesen, das *7α-Hydroxycholesterin* (II) in Ggw. von Diphosphopyridinnucleotid ($2 \cdot 10^{-3}$ m) dehydrierte. Der Ansatz für den I-Vers. enthielt weiter $2 \cdot 10^{-2}$ m Nicotinsäureamid, $2 \cdot 10^{-3}$ m $MgSO_4$ u. Phosphatpuffer, pH 7,2, Temp. 38°. Die I-Aktivität wurde durch Zusatz grenzflächenakt. Stoffe wie Cholsäure u. a. Gallensäuren u. Solvase [Tween 400 + Tween 4000 (1 : 1)] erhöht als Folge einer Emulgierung von II. II wurde colorimetr. mit $FeCl_3$ bei 610 mμ bestimmt. II wurde aus dem Ansatz mit 15 Teilen A.–Ae.-Gemisch (3 : 1) in der Wärme extrahiert, der in 30 ml Ae. aufgenommene Trockenrückstand an einer Al_2O_3-Säule adsorbiert u. mit 15 ml Ae.–A.-Mischung (9 : 1) eluiert. Der Trockenrückstand des Eluats wurde in Chlf. aufgenommen. — I konnte durch $(NH_4)_2SO_4$-Fraktionierung im Bereich von 30—65% Sättigung angereichert werden. Es dehydrierte auch *7α-Hydroxycholesterin* u. *Cholesterin*, aber nicht Androsteron, Dehydroepiandrosteron, Pregnenolon u. 3α.7α.12α-Trihydroxycoprostan (Vers. im THUNBERG-App. mit 2.6-Dichlorphenolindophenol als H_2-Acceptor). Da weder 3α-Hydroxysteroide noch 3β-Hydroxysteroide der C_{19}- u. C_{21}-Reihe oxydiert werden, wird I als verschieden von der bakteriellen 3β-Hydroxysteroiddehydrogenase von TALATAY erachtet u. *3β-Hydroxysterindehydrogenase* (I) genannt. Es wird geschlossen, daß II durch I zu *Δ^4-7α-Hydroxy-3-ketocholesten* oxydiert wird, das ein Zwischenprod. der Epimerisation zu 3α.7α-Dihydroxykoprostan darstellt. Die 7α-Hydroxylgruppe des Sterins wird als bestimmend für die Epimerisation betrachtet. W. SCHÖNBORN. 4210□

3β-Hydroxysterindehydrogenase aus Rattenleber. 2. Mitt. **Reinigung, Spezifität und Hemmung.** Kazumi Yamasaki, Fumio Noda und Kyutaro Shimizu. (Proc. Japan Acad. **34.** 553—57. Okt. 1958. Yonago. Tottori Univ. School of Med., Dep. of Biochem.; engl.) — 1. vgl. vorst. Referat. — *3β-Hydroxysterindehydrogenase* (I) wurde gewonnen, indem Rattenlebern mit 0,25m Saccharose homogenisiert u. bei 80000·*g* 30 Min. zentrifugiert wurden. Im Überstehenden wurde durch Zufügen gesätt. $(NH_4)_2SO_4$-Lsg. (II) eine 30%ig. Sättigung eingestellt, vom Nd. abzentrifugiert u. I im Überstehenden durch Zugabe eines gleichen Vol. II ausgefällt. Der zentrifugierte Nd. von I wurde in kaltem W. gelöst u. nach Dialyse gegen W. mit $^1/_{10}$ Vol. 0,2m Phosphatpuffer, pH 6,2, versetzt u. zentrifugiert. Das Überstehende wurde mit Al_2O_3 behandelt u. auf pH 7,4 eingestellt. Das pH-Optimum von I lag in Tris- u. Phosphatpuffer zwischen 7,4 u. 8,5. Als Coenzym wirkten *Diphosphopyridinnucleotid* (III) u. *Triphosphopyridinnucleotid* gleich gut. Die Hemmung von I durch Schwermetallionen u. Jodacetat deutete auf Ggw. von Sulfhydrylgruppen in I. I oxydierte *3β-Hydroxysterine* (C_{27}) unabhängig von der Konfiguration der Bindung zwischen Ring A u. B wie *7α-Hydroxycholesterin* (Aktivität = 100), *Cholesterin* (60), *7-Oxocholesterin* (80), *Δ^4-Cholesten-3β-ol* (80), *Cholestanol* (90), *Koprostanol* (25), *Testosteron* (100) u. *Δ^5-3β-Hydroxycholenat* (190), aber nicht C_{19}- u. C_{21}-3β-Hydroxysteroide [Ausnahme *Δ^4-Androsten-3β.17β-diol* (175) wahrscheinlich an der 17β-Hydroxylgruppe] u. nicht 3α-Hydroxysteroide wie 3α.7α.12α-Trihydroxykoprostan, Pregnenolon, Dehydroepiandrosteron, Lithocholsäure u. Cholsäure. Die I-Aktivität wurde aus der Zunahme red. III bei 340 mμ bestimmt. Die I-Wrkg. war umkehrbar, wie durch Red. von Δ^4-Cholestenon u. Δ^5-Cholestenon in Ggw. von red. III gefunden wurde. *Cholestenon* wurde als Oxydations-Prod. von Cholesterin nach I-Einw. papierchromatograph. nach HANSEN u. DAM (Sprühreagens α-Naphthylaminphthalat) nachgewiesen. W. SCHÖNBORN. 4210□

Die Ribonucleaseaktivität in Plastiden. J. W. Szarkowski, T. Gołaszewski und M. Ombach. (Naturwissenschaften **49.** 135. 2. März-H. 1962. Warszawa, Poln. Akad. d. Wiss., Inst. für Biochemie u. Biophysik; Medizin. Akad., Inst. für Physiolog. Chem.; dt.) — Plastiden aus 12tägigen Keimlingen des Roggens (*Secale cereale*) zeigten im Homogenat *Ribonuclease*-Wrkg. (gemessen als μg P/mg Homogenatprotein in dem mit Uranylacetat in Trichloressigsäure-Lsg. nicht fällbaren Spaltprodd. bei Einw. auf Hefenucleinsäure). Der Geh. in Chloroplasten u. in den Plastiden von etiolierten Pflanzen war prakt. gleich. A. HESSE. 4210□

Pankreas-Ribonuclease in Harnstofflösung. E. A. Barnard. (Biochem. J. **83.** 14P—15P. April 1962. London, King's Coll., Zool. Dep.; engl.) — Die Entfaltung von *Ribonuclease* (I)-Moll. in 8m *Harnstoff* (II)-Lsg. verläuft bei 25° u. pH 7,4 mit einer Halbwertszeit von 180 Sek. u. ist von spektraler Blauverschiebung sowie Tyrosyl- u. Phenylalanylverschiebungen begleitet. Die Geschw. nimmt mit fallendem pH oder steigender Temp. stark zu. In 8m II-Lsg. stellt sich ein Gleichgewicht mit geringem Anteil an gefaltetem I ein. *Phosphate* verzögern den Vorgang entsprechend ihrer I-Affinität in W., wobei *Cytidin-2'-phosphat* am wirksamsten ist. Bei Gleichgewicht ist 1 Mol. Phosphat pro I-Mol. gebunden. Die Bindung ist bei pH 6 maximal u. nimmt mit steigender II-Konz. proportional der Entfaltungs-Geschw. ab. Andererseits bewirken Phosphate erneute I-Faltung bis zu maximal 90%, jedoch mit erheblich niedrigerer Geschwindigkeit. Die I-Aktivität in 8m II-Lsg. beträgt für *Cytidin-2'.3'-phosphat* bei 25° u. pH 7 nur 2% von der in W., in 4m II-Lsg. 25%, wobei die Hemmung wahrscheinlich durch die konkurrierende Wrkg. von 1 Mol. II verursacht wird. Der Mechanismus der Entfaltung u. erneuten I-Faltung wird diskutiert. Cycl. Phosphate, wie z. B. *Adenosin-2'.3'-phosphat*, sind schlechte Faltagentien. G. KIRSTEN. 4210□

Ribonuclease der Leber. Eric Reid und James T. Nodes. (Ann. New York Acad. Sci. **81.** 618—33. 4/9. 1959. London, Chester Beatty Res. Inst., Inst. of Cancer Res., Royal Cancer Hosp.; engl.) — *Alkal. Ribonuclease* (I) wirkt auf *Ribonucleinsäure* (II) unter Bldg. von cycl. *Pyrimidinnucleotiden* (III), welche nicht weiter angegriffen werden. *Saure Ribonuclease* (IV) liefert *Purin* u. III. Ferner wird *cycl. Adenylsäure* (V) angegriffen unter Bldg. von *2'-Adenylsäure*, während aus *cycl. Cytidylsäure* (VI) wahrscheinlich durch ein anderes Enzym *3'-Cytidylsäure* gebildet wird. I besitzt offenbar eine bimodale Verteilung innerhalb der Zelle, deren Deutung besprochen wird. IV (mit II oder V bestimmt) ist wohl in den Lysomen lokalisiert. Das **VI**-angreifende Enzym ist anders verteilt. **IV** kann während der Carcinogenese oder in bestimmten endokrinen Stadien zunehmen. Die Ergebnisse werden in bezug auf die Aktivität in den überstehenden Fraktionen u. die **II**-Spiegel in Zellfraktionen kurz besprochen. H. AMAN. 4210□

Die Verwendung von Desoxyribonuclease als Hilfsmittel zur Identifizierung primitiver weißer Blutkörperchen. Edward Gardner jun., Claude-Starr Wright und Bettie Z. Williams. (Blood **18.** 102—03. Juli 1961. Augusta, Ga., Med. Coll. of Georgia, Dep. of Med., Div. of Hematol.; engl.) — Die Wrkg. des Harns im Harnhydrolysetest (vgl. GARDNER u. Mitarbeiter, C. **1961.** 3050) zur Differenzierung primitiver weißer Blutkörperchen in Knochenmarks- u. Blutausstrichen kann durch Zugabe einer Standard-Lsg. von gereinigter *Desoxyribonuclease* (10 mg%-Lsg. in isoton. Na-Phosphat-Salz-Lsg., pH 7,4 verdoppelt werden). U. TAUSENDFREUND. 4210□

Oxydierte Pyridinnucleotide und Milchsäure im Hornhautgewebe von Kaninchen. Nina H. Morley und Andrew Toth. (Canad. J. Biochem. Physiol. **39.** 477—83. März 1961. Toronto, Ontario, Canada, Univ. of Toronto, Fac. of Med., Dep. of Ophthalmol.; engl.) — Die mittleren Konzz. oxydierter Pyridinnucleotide im Hornhautepithel u. -stroma von Kaninchen wurden in Trichloressigsäureextrakten aus abgeschabtem, gefrorenem Gewebe zu 637 ± 130 u. 58 ± 21 μg *Diphosphopyridinnucleotid*/g feuchtes Gewebe bestimmt. Die Epithel-Konz. war dem Geh. von Rattenleber- u. -retinaproben vergleichbar. Die mittlere *Milchsäure*-Konz. von Hornhautepithel u. -stroma betrug 996 ± 158 u. 771 ± 131 μg/g Gewebe. K. MAIER. 4210□

Synthese von Pyrimidindesoxyribosiddiphosphaten durch Enzyme von Escherichia coli. L. Elizabeth Bertani, Agneta Häggmark und Peter Reichard. (J. biol. Chemistry **236.** PC67—PC68. Okt. 1961. Stockholm, Karolinska Inst., Dep. of Chem.; engl.) — Zwei gereinigte Enzymfraktionen (Fr) A u. B wurden aus *Escherichia coli* gewonnen. Bei *Cytidinmonophosphat* als Substrat war die Ggw. beider Fr notwendig, bei *Cytidindiphosphat* genügte Fr B zur Bldg. von *Desoxycytidinphosphaten.* Es bestand ein Bedarf an *Adenosintriphosphat, Magnesiumchlorid* u. *red. Liposäure.* Fr B katalysierte auch die Bldg. von *Desoxyuridinphosphaten* aus *Uridindiphosphat.* Außerdem enthält Fr B ein Enzym, das die stöchiometr. Bldg. von *Desoxyuridinmonophosphat* u. *Pyrophosphat* aus *Desoxyuridintriphosphat* bewirkt. E. LODEMANN. 4210□

Imidazolytische Prozesse. 7. Mitt. **Biosynthese des Pyrosphosphats von 5'-Inosin- und 5'-Adenylsäure.** Spyridon G. A. Alivisatos, L. LaMantia, F. Ungar und B. L. Matijevitch. (J. biol. Chemistry **237.** 1212—19. April 1962. Chicago, Ill., Mount Sinai Med. Res. Foundation and Chicago Med. School, Hosp.; engl.) — 6. vgl. Biochim. biophysica Acta [Amsterdam] **58.** [1962.] 209; 4. vgl. C. **1962.** 8285. — Taubenleberextrakte enthalten Enzyme, die *Diphospho-[5-amino-4-carboxamidoimidazol]-nucleotid* (**I**) in *P^1-Inosyl-(5')-P^2-adenyl-(5')-pyrophosphat* (**II**) überführen, das auch durch chem. Formylierung mit Na-Formiat–HCOOH (98%ig)–Acetanhydrid u. alkal. Cyclisierung der 5-Amino-4-carboxamidoimidazolhälfte von **I** erhalten werden konnte. Die für chem. Formylierung u. spontane Entformylierung der 6-NH_2-Gruppe von 5'-Adenylsäure erforderlichen Bedingungen wurden untersucht. **II** wurde durch Chromatographie an Dowex-1 (Cl^--Form) rein erhalten. K. MAIER. 4210□

Natrium-Transport und Phosphoproteine. J. D. Judah und K. Ahmed. (Nature [London] **194.** 382. 28/4. 1962. Philadelphia, Pa., Wistar Inst.; engl.) — Vff. stellten fest, daß die Wrkg. von *Na^+*-Ionen auf den Umsatz der *Phosphoproteide* (**I**; untersucht an Leberschnitten, ohne Angabe der Tierspecies) stark durch die der RINGER-Lsg. hinzugefügte *Ca^{2+}*-Konz. beeinflußt wird: Ca^{2+}-Ionen hemmen sowohl den **I**-Umsatz als auch den von *Adenosintriphosphat* (*ATP*), u. Na^+ kehrt diesen Effekt um. Bei hohen Ca^{2+}-Konzz. verursacht *Li^+* eine merkliche Stimulierung des ATP-Umsatzes, wogegen kein Einfl. auf **I** festzustellen ist. Die Vers.-Ergebnisse der Vff. lassen erkennen, daß die **I** am Na^+-Transport beteiligt sind. Na^+-arme Syst. zeigen eine Herabsetzung des Umsatzes von **I**-P; Zugabe von Na^+, nicht aber von Li^+, *K^+* u. *Cholin,* kehrt diesen Effekt um. Das den Na^+-Transport hemmende *Strophanthin* verhindert die Wrkg. von Na^+-Ionen auf den **I**-Umsatz, ohne den von ATP zu beeinflussen. H. KOCKERT. 4210□

Nichtenzymatische Reaktion von Fluoroxalessigsäure mit Pyridinnucleotiden. E. Kun und H. G. Williams-Ashman. (Nature [London] **194.** 376. 28/4. 1962. San Francisco, Calif., Univ. of California, Med. Center, Dep. of Pharmacol. and Biochem.; engl.) — *Fluoroxalacetat* (**I**), ein starker Hemmer von Äpfelsäuredehydrogenase u. Glutaminsäure–Asparaginsäure-Transaminase, reagiert nichtenzymat. mit *Di-* u. *Triphosphopyridinnucleotid* zu fluorescierenden Additions-Verbb.; die Rk. erfolgt schnell bei pH 9—10 u. bei 25°. Oxalessigsäure reagiert unter diesen Bedingungen nicht. **I** reagiert

mit dem $C_{(4)}$ des Pyridinrings der Nucleotide. Es ist eine Rk. erster Ordnung. Unter den gleichen Bedingungen trat noch schnellere Rk. mit 3-Acetylpyridin- u. Thionicotinamidanalogen von Diphosphopyridinnucleotid ein, das 3-Pyridinaldehydanaloge reagierte dagegen langsamer. Die Herst. des Rohprod. kann durch Auflsg. von 30 μm Nucleotid u. 70 μm I in 2 ml W. u. Zufügen von n KOH-Lsg. bis pH 10,5—11,5 erfolgen.
W. HILLER. 4210□

Aktivität der alkalischen Phosphatase der Leukocyten bei der Ratte. William Curry Moloney. (Ann. New York Acad. Sci. **75.** 31—36. 13/10. 1958. Medford, Tufts Univ., Med. School, Hematology Labor.; Boston, Mass., Boston City Hosp.; engl.) — Peripheres Rattenblut enthält in den polymorphnuclearen Leukocyten eine kräftige *alkal. Phosphatase* (**I**). Die Aktivität der **I** nimmt bei Bestrahlen (400 r) des gesamten Körpers erheblich zu u. kehrt dann allmählich zu den Normalwerten zurück. Adrenalektomie bewirkt keine Abnahme der **I**, sondern eine Zunahme; später erfolgt Rückkehr zu Normalwerten. Auch bei adrenalektomierten Ratten erfolgt Zunahme der **I** nach Bestrahlen des ganzen Körpers mit 400 r. A. HESSE.. 4210□

Die Wirkung synthetischer Huminsäuren auf Phosphatasen. F. Scheffer, W. Ziechmann und W. Rochus. (Naturwissenschaften **49.** 131—32. 2. März-H. 1962. Göttingen, Univ., Agrikulturchem. u. bodenkundl. Inst.; dt.) — Synthet. *Huminsäure* (**I**) nach ZIECHMANN [1959] hemmt die Wrkg. der *sauren Phosphatase* (**II**; Kartoffel; Weizen) bei pH 5,3 bis zu 85—90%, erhöht dagegen die Wrkg. der *alkal. Phosphatase* (**III**; Kälberdarm) bei pH 9,2 bis um 70—75% über den Normalwert. 50%ig. Hemmung der **II** erfolgt bei **I**-Konzz. von ca. 0,0004%; 50%ig. Förderung der **III** wird durch ca. 0,2%ig. **I**-Lsgg. erzielt. Diese Wrkg. ist allein der **I** u. nicht etwa Resten des Ausgangsmaterials (Hydrochinon) zuzuschreiben. — Da die **I**-Wrkg. schon bei Mengen von 0,5 μg/Liter nachweisbar ist, kommt ihr ein wirkstoffartiger Charakter zu. A. HESSE. 4210□

^{18}O-Untersuchungen über den Mechanismus der Sulfatbildung und Phosphorylierung in Extrakten aus Thiobacillus thioparus. H. D. Peck jun. und M. P. Stulberg. (J. biol. Chemistry **237.** 1648—52. Mai 1962. Oak Ridge, Tenn., Oak Ridge Nat. Labor., Biol. Div.; engl.) — Unters. der *Thiosulfat* (**I**)-Oxydation durch zellfreie Extrakte aus *T. thioparus*, einem chemo-autotropen Bacterium, mittels ^{18}O-Verbb. ergab, daß während der **I** → Sulfat (**II**)-Oxydation ^{18}O von Orthophosphat (**III**) auf **II**, von **III** auf Adenosinmonophosphat (**IV**) u. von **IV** auf **II** übertragen wird. Die ^{18}O-Übertragung von **III** auf SO_4^{2-} benötigt *Adenosin-5'-phosphosulfat* (**V**)-*Reduktase, ADP-Sulfurylase* (**VI**) u. *Adenylsäurekinase*, neben katalyt. Mengen AMP. Die Befunde ergeben für Sulfit → **II**-Oxydation die Rk.-Folge: SO_3^{2-} + AMP → **V** + 2e, **V** + **III** → ADP + SO_4^{2-}, u. zeigen, daß bei der von **VI** katalysierten Rk. eine Spaltung der P—O-Bindung von **V** eintritt, während die S—O-Bindung von **II** intakt bleibt. K. MAIER. 4210□

Untersuchungen über die oxydative Phosphorylierung im normalen Herzen u. bei experimentell erzeugter Herzinsuffizienz von Meerschweinchen: ein Vergleich. G. W. E. Plaut und Menard M. Gertler. (Ann. New York Acad. Sci. **72.** 515—17. 6/2. 1959. New York, N.Y., New York Univ., Coll. of Med.; engl.) — Ein Vgl. der *oxydativen Phosphorylierung* (Energieerzeugung) der Herzmitochondrien digitalisierter normaler Meerschweinchen u. normaler unbehandelter Tiere ergab prakt. keine Unterschiede [Substrate: α-Ketoglutarat (**I**), Glutaminsäure, Acetat]. Die O_2-Aufnahme war in beiden Fällen fast gleich. Die Ausbeute der oxydativen Phosphorylierung von Herzmitochondrien normaler Tiere u. solcher mit experimentell erzeugter Stauungsinsuffizienz unterschied sich mit Glutamat als Substrat nicht. Diese Mitochondrien wiesen eine sehr geringe Adenosintriphosphataseaktivität auf, die aber durch 2.4-Dinitrophenolzusätze gesteigert werden konnte. Malonat wirkte auf die **I**-Oxydation sehr toxisch. K. MAIER. 4210□

Leberphosphorylase und Adrenalinhyperglykämie. William F. Perske, Donald C. Kvam und R. E. Parks jun. (Biochem. Pharmacol. **1.** 141—51. Okt. 1958. Madison, Wis., Univ. of Wisconsin, Med. School, Dep. of Toxicol. and Toxicol.; engl.) — Die Aktivitäten verschiedener Leberenzyme des Hexosestoffwechsels ergaben sich bei normalen Ratten zu: *Glucose-6-phosphatase*, 6,5 ± 0,34 (μMol reagierendes Substrat/min/g Leberfrisch-Gew., bei 30°); *Fructose-1.6-diphosphatase*, 5,0 ± 0,29; *Glucose-6-phosphatdehydrogenase*, 1,1 ± 0,14; *6-Phosphogluconsäuredehydrogenase*, 2,6 ± 0,44; *Fructokinase*, 4,5 ± 0,62; *Phosphorylase* (**I**), Glykogen: 12,3, Glucose-1-phosphat: 4,4. Die hohe relative **I**-Aktivität sowie die Reversibilität ergaben die Frage nach der Rolle der **I**-Aktivierung bei *Epinephrin* (**II**)-induzierter Hyperglykämie. Bei Verhinderung der Hyperglykämie durch Zufuhr von Dihydroergotamin oder Erzeugung durch **II**-Injektion war keine Veränderung der **I**-Aktivität feststellbar. Anscheinend bewirkt **II** neben **I**-Aktivierung Vorgänge, die die Glucose-Bldg. begünstigen oder einen anderen Weg des Glykogenabbaus aktivieren.
K. MAIER. 4210□

Inaktivierung von induzierbarer Enzymsynthese durch Röntgenstrahlen und der Einfluß von Sauerstoff und Glycerin. D. L. Dewey. (Nature [London] **194.** 158. 14/4. 1962. Northwood, Middlesex, Mount Vernon Hosp., Res. Unit in Radiobiol.; Brit. Empire Cancer Campaign; engl.) — Bei Bestrahlung einer *Pseudomonas*-Art (die ähnlich, aber nicht ident. mit *Ps. ichtyosmia* war) mit Röntgenstrahlen (1000—2200 r/min) wurde die Fähigkeit zur Induzierung der *Histidin-oxydierenden Enzyme* sowie die Fähigkeit zur Bldg. von Kolonien allmählich inaktiviert. Diese Empfindlichkeit wird durch Ggw. von O_2 verstärkt, durch Ggw. von *Glycerin* herabgesetzt. A. HESSE. 4210□

Die Enzymologie der Regelung durch Feedbackhemmung. John C. Gerhart und Arthur B. Pardee. (J. biol. Chemistry **237.** 891—96. März 1962. Berkeley, Calif., Univ. of California, Dep. of Biochem. and Virus Labor.; engl.) — Hochgereinigte *Asparagattranscarbamylase* (I; 4500 Einheiten/mg Protein) aus *Escherichia coli* wurde durch *Cytidintriphosphat* (II), *-diphosphat*, *-5'-phosphat*, *Cytidin* u. *Cytosin* mit abnehmender Stärke (86 → 0%) gehemmt. I ist wahrscheinlich der Feedbackinhibitor im Bacterium. Die II-Hemmung wurde durch hohe *Asparagat* (III)-Konzz. aufgehoben. In Ggw. von II nahm die III-Konz., bei der Halbsättigung von I eintrat, zu, wobei aber die Maximal-Geschw. V_{max} unverändert blieb. Hitze, Harnstoff oder Schwermetallionen veränderten I derart, daß keine II-Empfindlichkeit mehr bestand. Gleichzeitig nahm die I-Aktivität infolge selektiver Zerstörung des Inhibitorbindungsortes unter Verschiebung des pH-Optimums nach 8,5 15fach zu. V_{max} u. III-Konz., bei der Halbsättigung von I eintrat, änderten sich erheblich. Es wird angenommen, daß die I-Oberfläche einen Ort der Bindung des Feedbackinhibitors II besitzt, der vom akt. Zentrum verschieden ist, aber dessen Funktion offensichtlich beeinflußt. Wahrscheinlich erwerben Enzyme während der Evolution Feedbackzentren, da Bakterienmutanten mit solchen Zentren beim Wachstum im Vorteil sind. K. MAIER. 4210□

Zur Wirkungsweise von Citronensäure und definierten Derivaten bei der Autoxydation von Methyllinolat. K. Täufel und F. Linow. (Naturwissenschaften **49.** 257—58. 1. Juni-H. 1962; dt.) — Die Autoxydation von *Methyllinolat* (I) wurde bei 40° manometr. gemessen. Die oxydationshemmenden Wrkg. von 10^{-3} Mol *Benzoylcitronensäure* (II), 4,8·10^{-5} Mol *Nordihydroguajaretsäure* (III), II + III, 3,5—10^{-5} Mol *DL-α-Tocopherol* (IV) u. IV + II pro Mol I wurden bestimmt. Die Beeinflussung der O_2-Aufnahme von I-Lsg. durch III + *Citronensäuremonomethylester* (V), III + *Citronensäuredimethylester* (VI) u. III + *Citronensäuretrimethylester* (VII) sowie durch 5·10^{-6} Mol Cu^{2+} pro Mol Substrat, allein u. gemeinsam mit *Citronensäure*, II, V, VI u. VII, wurde ebenfalls untersucht. — Die freie Hydroxylgruppe der *Citronensäure* ist für ihre Wrkg. nicht entscheidend, mit zunehmender Veresterung der Hydroxylgruppen nimmt die oxydationshemmende Wrkg. der Citronensäure dagegen ab. S. DITTMANN-MITZSCHERLICH. 4210□

Bedeutung der Aldolasegehalte im Serum. John A. Sibley. (Ann. New York Acad. Sci. **75.** 339—48. 13/10. 1958. Ames, Iowa, McFarland Clin.; Iowa State Coll., Dep. of Veterinary Physiol.; engl.) — Übersichtsbericht mit 27 Literaturangaben. — Für das Verständnis der Bedeutung des Geh. an *Aldolase* (I) im Serum wird dann über Verss. berichtet, aus denen hervorgeht, daß für die Entfernung von I aus dem Blut der Ratte die Nierenausscheidung ein Faktor, jedoch nicht der einzige Faktor sein kann. A. HESSE. 4210□

Der stereochemische Mechanismus der Stärke-Hydrolyse durch α-Amylase. M. Halpern und J. Leibowitz. (Bull. Res. Council Israel, Sect. A **8A.** 41. Jan. 1959. Jerusalem, Hebrew Univ., Dep. of Biol. Chem.; engl.) — Mittels *schwerem W.* ($H_2{}^{18}O$) wurde festgestellt, daß auch *α-Amylase* die intersaccharid. Bindungen im Stärke-Mol. zwischen dem anomeren $C_{(1)}$ u. der O-Brücke spaltet. Die Hydrolyse ist aber nicht, wie im Falle der β-Amylase, begleitet von einer WALDENschen Umkehrung, die zwar nicht stattfinden kann ohne Spaltung der Bindung am anomeren C-Atom, aber nicht immer eine Folge dieser Spaltung ist. H. AMAN. 4210□

Weg des L-Xylose- und L-Lyxoseabbaus durch Aerobacter aerogenes. R. L. Anderson und W. A. Wood. (J. biol. Chemistry **237.** 296—303. Febr. 1962. East Lansing, Mich., Michigan State Univ., Dep. of Biochem.; engl.) — Unter Heranziehung eines Extraktes aus *Aerobacter aerogenes* wird der Abbau von *L-Xylose* (I) u. *L-Lyxose* (II) untersucht u. die Zwischenprodd. gefaßt. Aus I u. II entsteht durch Einw. der *Pentoseisomerase* *L-Xylulose* (III). In Ggw. von Adenosintriphosphat werden aus III *D-Xylulose-5-phosphat*, *Heptulose-* u. *Hexosephosphate* erhalten. Durch Phosphorylierung von III unter der Einw. einer gereinigten *Kinase* entstehen 70% L-Xylulosephosphat u. 30% L-Ribulose-5-phosphat. Es werden weiterhin aus dem Extrakt *L-Ribulose-5-phosphat-4-epimerase* u. eine *3-Epimerase* isoliert, die L-Xylulose-5-phosphat u. L-Ribulose-5-phosphat schließlich in D-Xylulose-5-phosphat überführen. Nach den Angaben der Vff. verläuft der Abbauweg über folgende Stufen: I, II → III → III-5-Phosphat → L-Ribulose-5-phosphat → D-Xylulose-5-phosphat. — 28 Literaturangaben. A. TÄUFEL. 4210□

Aminosäuren- und Energiebedarf für die Proteinsynthese im Rattenpankreasgewebe. R. N. Campagne und M. Gruber. (Biochim. biophysica Acta [Amsterdam] **55.** 353—60. 5/3. 1962. Groningen, Netherlands, Univ., Biochem. Labor.; engl.) — Pankreasstücke, nicht jedoch gemahlener Pankreas, der Ratte synthetisierten *Proteine* (I) sowie spezif. Enzyme, wie *Ribonuclease* (II) u. Proteasezymogene. Die I-Synth. hängt vom Vorhandensein essentieller Aminosäuren, bes. *Tryptophan* (III), im Medium ab. III ist auch für die Synth. von II erforderlich. Es bestehen enge Verknüpfungen zwischen der Synth. von Gesamt-I u. der Zunahme der spezif. I sowie einer gleichzeitigen Zunahme des O_2-Verbrauchs. K. ZINGRAF. 4210□

Einbau von $^{14}CO_2$ in die Aminosäuren der Taubenleber. M. Bettex-Galland und F. Leuthardt. (Helv. physiol. pharmacol. Acta **14.** Nr. 2. C6—C9. 1959. Zürich, Univ., Physiol.-Chem. Inst.; franz.) — Bei 20minütiger Inkubation von Taubenleberextrakten mit $^{14}CO_2$ lassen sich nach Fällung der Proteine mit Trichloressigsäure im Überstand papierchromatograph. ^{14}C-Aminosäuren (bes. *Asparaginsäure*; I) nachweisen. Die Inkubation wurde in isoton. Phosphatpuffer in Ggw. von ^{14}C-Carbonat, NH_3 u. katalyt. Konzz. an Glutaminsäure durchgeführt. Zur Unters. des Bldg.-Weges von I wurden dem Inkubationsgemisch entweder *Phosphoenolbrenztraubensäure* u. *Adenosindiphosphat* oder *Brenztraubensäure* u. *Glucose-6-phosphat* zugesetzt. Die Ergebnisse zeigen, daß der schnelle Einbau von $^{14}CO_2$ in I sowohl unter dem Einfl. des *Äpfelsäureenzym*-Syst. von OCHOA u. Mitarbeitern (J. biol. Chemistry **174.** [1948.] 979) als auch des *Oxalessigsäurecarboxylase*-Syst. von UTTER u. KURAHASHI (J. biol. Chemistry **207.** [1954.] 787) erfolgt. P. SCHWERDTFEGER. 4210□

Aminosäuren-Decarboxylase im menschlichen Gehirn. H. Ackermann und H. Langemann. (Helv. physiol. pharmacol. Acta **18.** Nr. 1. C5—C6. 1960. Zürich, Univ., Pharmakolog. Inst.; dt.) — Vff. bestimmten in menschlichem Gehirn (Sektionsmaterial) die *Aminosäuren-Decarboxylase* (I) mit *L-Dopa* (II), *DL-5-Hydroxytryptophan* (III) u. *L-Glutaminsäure* (IV) als Substrat durch manometr. Messung der abgespaltenen CO_2-Menge. Als Fermentquelle verwendeten Vff. das Überstehende eines Homogenats verschiedener Hirnteile, wie Cortex, Striatum, Thalamus, Hypothalamus, Cerebellum, Medulla oblongata. In einem Rk.-Ansatz (2 ml) waren als Substrat 4 μMol II u. IV oder 8 μMol III gelöst in Phosphatpuffer pH 6,9 oder 8,1 bei 37° in N_2-Atmosphäre enthalten. Die Aktivierung erfolgte durch Pyridoxalphosphat. In Rk. waren ca. 100 μMol Gewebestickstoff. Die I-Aktivitäten sind in μMol CO_2/mMol N ausgedrückt u. auf 60 Min. berechnet. Vff. fanden folgende Werte für II 0,2—3,5, III 2 u. IV 1. Die erhaltenen Werte sind, verglichen mit denjenigen anderer Organe beim Tier, sehr klein. G. BRATFISCH. 4210□

Der Einfluß von Puffern auf das pH-Optimum und der Einfluß von Phosphaten auf die Aktivität der Urease aus dem indischen Bohnenstrauch Cajanus cajan. R. L. Nath und T. K. Pradhan. (Enzymologia [Den Haag] **23.** 337—41. 15/11. 1961. Calcutta, School of Tropical Med., Dep. of Biochem.; engl.) — *Urease* (I) aus *Cajanus cajan* wirkt bei konst. Substrat-Konz. mit Acetatpuffer optimal bei pH 4,9, mit Phthalatpuffer bei pH 4,5, mit Succinatpuffer bei pH 4,8, mit Citratpuffer bei pH 5,0, mit Tris-Maleatpuffer bei pH 6,2, mit Citrat–Phosphatpuffer bei pH 7,4 u. mit Phosphat-(II)-puffer bei pH 7,6. Zusatz von II bei Acetatpuffer oder Tris-Maleatpuffer vermindert bei pH-Werten $<7,0$ die I-Wrkg. u. erhöht sie bei pH-Werten $>7,0$, während bei pH 7 kein Einfl. gefunden wird. — Vff. schließen, daß I vermutlich 2 akt. Zentren hat, von denen eines im sauren Gebiet, das andere im alkal. Gebiet optimale Wrkg. zeigt. II hemmt das erste Zentrum u. aktiviert das zweite. A. HESSE. 4210□

Über die Trennung der Tryptophansynthetase von Escherichia coli in zwei Proteinkomponenten. Irving P. Crawford und Charles Yanofsky. (Proc. nat. Acad. Sci. USA **44.** 1161—70. 15/12. 1958. Stanford, Calif., Stanford Univ., Dep. of Biol. Sci.; engl.) — Die früher (J. biol. Chemistry **224.** [1957.] 783) bei *Neurospora crassa* untersuchten Rkk.: (1) Indol + L-Serin → L-Tryptophan; (2) Indolglycerinphosphat ⇌ Indol + Triosephosphat; (3) Indolglycerinphosphat + L-Serin → L-Tryptophan + Triosephosphat, werden auch von *Escherichia coli* vermittelt. Dabei sind für alle 3 Rkk. 2 voneinander trennbare Proteinkomponenten „A" u. „B" erforderlich. Als Quelle für die *Tryptophansynthetase* (I) dienten die tryptophanautotrophen Mutanten T-3 u. T-8 von E. coli K-12. T-3 liefert bei Wachstum auf Anthranilsäure große I-Mengen. Die I wurde durch Vibration der lyophilisierten Zellen in Ggw. von Glaskugeln freigesetzt; nach Zentrifugieren (30 Min.; 20000·*g*) werden die Extrakte 3 Min. lang auf 58° erwärmt, dann zentrifugiert u. zur Ausfällung der Nucleinsäuren mit Streptomycinsulfat versetzt. Die nach Entfernen des Nd. erhaltene Lsg. wird bei pH 6,2—6,3 mit $(NH_4)_2SO_4$ fraktioniert, u. die Fraktionen mit 33—43% Sättigung werden schließlich dialysiert. Beim Chromatographieren an Diäthylaminoäthylcellulose wurden die Komponenten A u. B erhalten, deren Kombination für die I-Wrkg. verantwortlich ist. — Bei Verss. mit ^{32}P-Triosephosphat u. ^{14}C-Indol ergab sich keine Austausch-Rk.; offenbar ist die Aufnahme der Verbb. in *Indolglycerinphosphat* mit dessen Synth. verbunden. A. HESSE. 4210□

Eine pH-statische Methode zur Bestimmung von Arginase. Meir Rigbi. (Bull. Res. Council Israel, **9A.** 149—56. April 1960. Jerusalem, Hebrew Univ., Dep. of Biol. Chem.; engl.) — Die δ-NH_2-Gruppe von Ornithin ist schwächer bas. als die Guanidogruppe von *Arginin* (I), u. *Harnstoff* ist extrem schwach bas., so daß die *Arginase* (II)-Aktivität von einer H^+-Abgabe begleitet wird. Hieraus beruht eine pH-stat. Meth. der II-Best. durch die Geschw. des Alkalizusatzes in Ggw. großer Substratmengen. Ferner kann diese Meth. zur Best. kleiner Mengen L-I durch Messung des für vollständige Hydrolyse notwendigen Alkalizusatzes dienen. Potentiometr. Titrationskurven u. II-Aktivität zeigen, daß die Empfindlichkeit der Meth. bei pH ca. 10 am größten ist. K. MAIER. 4210□

γ-Hydroxyarginin, eine neue Guanidinverbindung aus einer Seegurke. 3. Mitt. **Wirkungen von Arginase und Arginindecarboxylase.** Yoshimasa Fujita. (J. Biochemistry [Tokyo] **49.** 468—71. Juni 1961. Fukuoka, Kyushu Univ., Fac. of Sci., Dep. of Chem.; engl.) — 2. vgl. Bull. Chem. Soc. Japan **33.** [1960.] 1379. — Vf. untersucht die Hydrolyse- u. Decarboxylierungs-Geschw. von *γ-Hydroxy-L-arginin* [I, *Monohydrochlorid*: F. 190—191° (Zers.), $[\alpha]_D^{23}$ +5,4° (c = 2, in 5n HCl)] in Ggw. von *Arginase* (II) bzw. *Arginindecarboxylase* (aus *Escherichia coli* 7020) u. vergleicht die berechneten Geschw.-Konst. mit denen des *L-Arginins* (III). II zeigt sowohl I als auch III gegenüber bei pH 9,2 ein Wrkg.-Optimum, wobei allerdings die Hydrolyse-Geschw. von I bei Konzz. von 0,005—0,05 m nur ca. 11% der des III ausmacht. Ähnlich beträgt die Decarboxylierungs-Geschw. für I bei Konzz. von 0,0015—0,003 m nur 16,5% der des III. Aus den Geschw.-Konst. der Hydrolyse u. Decarboxylierung werden nach LINEWEAVER-BURK die MICHAELIS-Konst. für beide Rkk. berechnet: Für I $1{,}6\cdot10^{-2}$ bzw. $7{,}6\cdot10^{-3}$ m, für III $5\cdot10^{-3}$ bzw. $4{,}1\cdot10^{-4}$ molar. H. LETTAU. 4210□

Colorimetrische Bestimmung der γ-Glutamyltranspeptidase-Aktivität in Humanserum und -Geweben mittels synthetischer Substrate. M. Orlowski und A. Szewczur. (Acta biochim. polon. **8.** 189—200. 1961. Wrocław, School of Med., 3. Med. Clin., and Polish Acad. of Sci., Inst. of Immunol. and Exp. Therapy, Dep. of Biochem.; engl.) — Beschreibung einer Meth. zur Best. von *γ-Glutamyltranspeptidase* (I)-Aktivität durch Colorimetrie des enzymat. aus *γ-L-Glutamyl-α-naphthylamid* abgespaltenen *α-Naphthylamins* (II). Als Transpeptidierungs-Prod. wurde *γ-L-Glutamyl-γ-L-glutamyl-α-naphthylamid* identifiziert. In Ggw. von Glycylglycin u. γ-L-Glutamyl-α-naphthylamid entstand als Hauptprod. *γ-Glutamylglycylglycin*. Die I-Aktivität in Seren normaler Personen war 27,2 E. (1E. = 1 μMol freigesetztes II/100 ml Serum nach 2 Std. Inkubation), die mittlere Aktivität im Urin 128 E. Die größte I-Aktivität fand sich in der Niere, während die von Pankreas, Leber u. Milz 8,3, 3,9 u. 1,5% davon betrug. Darm, Lunge, Hirn, Herz u. Skelettmuskel enthielten nur Spuren.

Versuche: *γ-L-Glutamyl-α-naphthylamid* (III), $C_{15}H_{16}N_2O_3$, F. 185°, aus Phthaloyl-L-glutaminsäureanhydrid (IV) u. II in trockenem Dioxan (45°, 30 Min.) u. Spaltung des Rk.-Prod. durch 2std. Kochen mit Phenylhydrazin–Triäthanolamin in A.; $[\alpha]_D^{20}$ +28° (3°, n HCl); 44% (Ausbeute). — *γ-DL-Verb.*, aus Phthaloyl-DL-glutaminsäureanhydrid. — *γ-L-Glutamyl-β-naphthylamid*, F. 205°, wie vorstehend. — *γ-L-Glutamyl-γ-L-glutamyl-α-naphthylamid*, $C_{20}H_{23}N_3O_6$, F. 183—184°, aus III u. IV in Eisessig (60°, 30 Min.) u. Spaltung mit Hydrazin in 0,5m Na_2CO_3 (2 Tage). K. MAIER. 4210□

Enzymatische Oxydation des Glutaminsäurehalbaldehyds zu Glutaminsäure bei Bacillus subtilis. J. M. Wiame, G. de Hauwer und Simone Messin. (Arch. int. Physiol. Biochim. **69.** 104—06. Febr. 1961. Bruxelles, Inst. de Rech. du C.E.R.I.A., et Univ., Labor. de Microbiol.; franz.) — *B. subtilis* führt *Arginin* nach Adaptation in *Glutaminsäure* (I) über, die dann als N-Quelle dient, während NH_3 nicht mehr verwertet wird. Die 3. Stufe dieser Rk.: *Glutaminsäure-γ-halbaldehyd* (II) + TPN^+ + $H_2O \rightarrow$ I + TPNH + H^+ wurde mittels eines Zellextrakts nachgewiesen. Sie verläuft prakt. irreversibel. Die Oxydation von TPNH wird von einem großen I-Überschuß nicht beeinflußt. *p-Chlormercuribenzoesäure* (10^{-4} m) hemmt die Dehydrogenase rasch. Ein großer I-Überschuß bzgl. II hemmt die Rk. teilweise. K. MAIER. 4210□

Decarboxylierung von γ-Hydroxyglutamat zu α-Hydroxy-γ-aminobutyrat im Rattenhirn. L. P. Bouthillier und Y. Binette. (Canad. J. Biochem. Physiol. **39.** 1930—33. Dez. 1961. Montreal, Univ. de Montréal, Fac. of Med., Dep. of Biochem.; engl.) — Im Hirn, aber nicht in der Leber von Ratten kommt eine *Decarboxylase* vor, welche *γ-Hydroxyglutamat* in *α-Hydroxy-γ-aminobutyrat* umwandelt; es konnte nicht geklärt werden, ob es sich dabei um Glutaminsäuredecarboxylase handelt.
K. Zingraf. 4210 □

Quantitative Histochemie des menschlichen Nierenapparats. Die mögliche Rolle von Enzymen bei der Protonen- und Ammoniakausscheidung. Hermann Mattenheimer, Victor E. Pollak, Robert C. Muehrcke und Robert M. Kark. (J. Lab. clin. Med. **58.** 941—42. Dez. 1961. Chicago, Ill.; engl.) — *Carboanhydrase* (**I**), *Glutaminoxalessigsäuretransaminase* (**II**), *Glutaminbrenztraubensäuretransaminase* (**III**), *Glutaminsäure-* (**IV**), *Milchsäure-* u. *Äpfelsäuredehydrogenase* (**V**) werden in gesunden u. mit verschiedenen krankhaften Zuständen behafteten Nieren bestimmt. In gesunden Nieren ist die **II**–**IV**-Aktivität in den Glomeruli niedrig. Anderweitig bestehen keine merkbaren Unterschiede. Bei tubulärer Acidose nimmt die **I**-Aktivität nicht ab, so daß **I**-Mangel nicht für ein Versagen der H^+-Ausscheidung verantwortlich ist. Die **V**-Aktivität steigt nach Gaben von NH_4Cl beträchtlich an, sinkt jedoch bei gewissen anderen Störungen ab, wobei ein Anstieg mit intracellulärer Acidose verknüpft zu sein scheint.
G. Kirsten. 4210 □

Biosynthese von Protein durch ein zellfreies bakterielles System. 2. Mitt. **Weitere Untersuchungen über das die Aufnahme von Aminosäuren bewirkende Enzym.** Mirko Beljanski und Severo Ochoa. (Proc. nat. Acad. Sci. USA **44.** 1157—61. 15/12. 1958. New York, N.Y., New York Univ. Coll. of Med., Dep. of Biochem.; engl.) — 1. vgl. Proc. nat. Acad. Sci. USA **44.** [1958.] 494. — Nachdem früher (l. c.) ein *Enzym* (**I**)-Syst. in *Alcaligenes faecalis, Azotobacter vinelandii* u. *Escherichia coli* nachgewiesen war, das die Aufnahme von *Aminosäuren* bei Biosynth. von *Protein* katalysiert, wurde **I** auch in der überstehenden Fraktion aus Rattenleber u. in dem aus dieser Fraktion bei pH 5,2 erhaltenem Nd. nachgewiesen. Dieses sog. „*pH 2-Enzym*" der Säugetiere kann vollständig durch **I** aus *A. faecalis* bei Aufnahme von ^{14}*C-Leucin* in das Protein der Rattenlebermikrosomen ersetzt werden; **I** ist also bei Bakterien- wie bei Säugetierzellen wirksam. — Hochgereinigte Präpp. aus *A. faecalis* katalysieren einen raschen, Mg^{2+}-abhängigen Austausch von radioakt. *Adenosindiphosphat* in *Adenosintriphosphat*; diese Aktivität scheint mit der **I**-Wrkg. verbunden zu sein. Hierzu ist bemerkenswert, daß *Glutathionsynthetase*, welche die Synth. eines typ. Peptides katalysiert, den gleichen Austausch vermittelt.
A. Hesse. 4210 □

Ein proteolytisches Enzym von Streptomyces griseus. 2. Mitt. **Eine verbesserte Methode zur Reinigung einer Protease aus Streptomyces griseus.** Masao Nomoto und Yoshiko Narahashi. (J. Biochemistry [Tokyo] **46.** 839—47. Juli 1959. Tokyo, Inst. of Physical and Chem. Res.; engl.) — 1. vgl. J. Biochemistry [Tokyo] **46.** [1959.] 653. — Die nach l.c. bei Kulturen von *Streptomyces griseus* neben *Streptomycin* (**I**) anfallende, bisher nicht beachtete *Protease*, die als „*Streptomyces-Protease G*" (**II**) bezeichnet wird, kann nach folgendem, bereits industriell (Kaken Chemical Co., Ltd.) verwendetem Verf. im Laufe der Herst. von **I** gewonnen u. gereinigt werden. Die vom Mycel befreite dunkelbraune Kultur-Fl. wird mittels $Ca_3(PO_4)_2$-Gel ($CaCl_2$ + Na_2HPO_4) bei pH 7,8 geklärt, worauf die nun gelbliche Fl. zusammen mit den Waschwässern zunächst mit Kaken-Harz C-1 (SP-7) u. dann mit Kaken-Harz C-1 (SP-3) behandelt wird. Bei der 1. Adsorption wird fast das gesamte **I** adsorbiert. Es kann zu 90% mittels 0,5n HCl wieder eluiert werden; 90% der **II** u. der größte Teil der färbenden Substanzen bleiben in der Restlösung. Bei der 2. Behandlung wird **II** (bei pH 6,2) adsorbiert. Die Waschwässer enthalten die färbenden Substanzen, verunreinigende Proteine u. kleine Mengen **II**. Aus dem Adsorbat wird **II** fast vollständig mittels 0,5m Boratpuffer (pH 9,2), der 0,5m KCl enthält, eluiert. Die 1. Fraktion des Eluates, welche 56% der **II** enthält, liefert in der l.c. beschriebenen Weise krist. **II** aus Acetonlösung.
A. Hesse. 4210 □

Der enzymatische Abbau von Hämatinverbindungen. 1. Mitt. **Teilreinigung und Natur des Enzyms.** Hiroshi Nakajima. (Proc. Japan Acad. **34.** 712—17. Dez. 1958. Fukuoka, Japan, Kyushu Univ., Fac. of Med., Dep. of Intern. Med.; engl.) — Rinderleber enthält ein Enzym, das Hämin in *Verdohämochrom* umwandelt. Das Apoenzym konnte aus Acetontrockenpulver durch Phosphatpuffer, pH 7,4, eluiert u. durch Fällung mit $(NH_4)_2SO_4$ zwischen 0,33 u. 0,66% Sättigung angereichert werden. Zur Wrkg. war ein Coferment notwendig, das als erhitztes zellfreies Leberhomogenat zugesetzt wurde. Das pH-Optimum lag bei 8,6. Erwärmen auf 80° für 5 Min. inaktivierte es vollständig. Die Umwandlung in Abhängigkeit von der Zeit konnte spektrophotometr. bei $\lambda = 650$ mμ

beobachtet werden. Die Abhängigkeit der Rk. von der Konz. des Enzyms u. des Substrates wurde verfolgt. Im Rk.-Ansatz war Pyridin notwendig.
W. SCHÖNBORN. 4210□

Untersuchungen über Plasmakallikrein und seine Beziehung zu Plasmin. Marion E. Webster und Jack V. Pierce. (J. Pharmakol. exp. Therapeut. **130.** 484—91. Dez. 1960. Bethesda, Md., Nat. Heart Inst., Labor. of Cardiovascular Physiol. and Labor. of Chem. of Nat. Prod.; engl.) — Vff. stellten fest, daß *Plasmin* (I; durch Aktivierung von *Plasminogen* [II] mit *Streptokinase*) u. mit Aceton aktiviertes *Plasmakallikrein* (III) im Hinblick auf ihre Hemmung durch verschiedene Inhibitoren (*Sojabohnentrypsin-* [IV], *Ovomucoid-* [V] u. *Pankreastrypsininhibitor* [VI]) einander ähnlich sind, obwohl Unterschiede zwischen den Anteilen der Inhibierung bestehen. Bei Trennung von II durch Fällung mit Euglobulin werden 2 *Kallikreinogen* (VII)-Fraktionen erhalten, von denen die eine mit II im Euglobulinanteil assoziiert, die andere im Überstehenden enthalten u. nicht ohne Aktivitätsverlust dialysierbar ist. Beide VII lassen sich durch Inhibitor-Rkk. nicht voneinander unterscheiden. VII der Euglobulinphase ist von seinem Inhibitor abtrennbar u. bildet nach Acetonaktivierung dialysebeständiges III. Kallikreine aus Pankreas u. Harn unterscheiden sich von III dadurch, daß die l. durch IV nicht inhibiert werden u. ihr Plasmainhibitor durch Erhitzen auf 56° zerstört wird. Obwohl VI einen schwächer wirksamen Hemmstoff als IV darstellt, inhibiert er acetonaktiviertes III. Das angenäherte Inhibierungsverhältnis mit IV, VI u. V beträgt bei III 1 : 10 : 100000; bei I dagegen 1 : 1 : 200 (*Trypsin*: 1,0 : 0,36 : 1,77). Ferner wird III zu 62% durch $3 \cdot 10^{-3}$ m *O.O-Bis-[2-chloräthyl]-O-[2-chlorvinyl]-phosphat* gehemmt, während diese Verb. auf I ohne Einfl. ist. Bei Acetonaktivierung von III findet keine I-Bldg. statt, da die als II-Aktivator wirksame Streptokinase nur geringe III-Mengen aktiviert, die durch IV inhibiert werden. V hemmt jedoch nicht die Acetonaktivierung von III; andererseits ist I nicht mit Aceton aktivierbar. Es zerstört wahrscheinlich die I-Inhibitoren, denn Streptokinase aktiviert II im Plasma nach Acetonbehandlung. Bei der Aufbewahrung menschlichen Plasmas (3—6 Tage, 4°, pH 8) sinkt der *Kallidinogen* (VIII)-Geh. ab. Die Zers. von VIII wird durch V nicht verhindert; auch in Ggw. von Streptokinase läßt sich die Verminderung der VIII-Konz. durch IV nicht aufhalten. Daraus geht hervor, daß I bzw. III nicht die für die Zerstörung von VIII verantwortlichen Proteasen darstellen.
P. FAHRNLAENDER. 4210□

Sulfinsäurederivate als biologische Acceptoren zweiwertigen Schwefels. Die Bildung von Alaninthiosulfonsäure und Thiotaurin aus Sulfinsäureverbindungen und dem äußeren Schwefelatom von Thiosulfat. J. M. Zgliczynski und Teresa Stelmaszýnska. (Acta biochim. polon. **8.** 123—30. 1961. Cracow, Med. Acad., Dep. of Physiol. Chem.; engl.) — Die Unters. der Rkk. zwischen *Cysteinsulfinsäure* (I) oder *Hypotaurin* (II) u. *Thiosulfat* (III) in Ggw. von Humanerythrocytenhämolysat ergab eine Katalyse durch die Erythrocyten. Die Rk.-Prodd. wurden chromatograph. identifiziert u. colorimetr. bestimmt. Aus I u. III entstand *Alaninthiosulfonsäure*, aus II u. III *Thiotaurin.* I wurde aus Cystin durch Oxydation mit KJ—30%ig. H_2O_2 in verd. HCl (12 Std., Raum-Temp.), Acetonfällung von Cystindisulfoxid (F. 195°), Dismutation desselben in m NH_4OH (1,5 Std., 30°) u. Trennung von HCl u. Spuren Cysteinsäure an Dowex-50 (H^+-Form) gebildet.
K. MAIER. 4210□

Die Wirkung einiger hyper- und hypocholesterämischer Heilmittel auf die Cholesterinbiosynthese durch Leberhomogenate. V. Scarselli und A. Fossati. (Experientia [Basel] **17.** 222. 15/5. 1961. Aberystwyth, Univ. Coll. of Wales, Dep. of Agricult. Biochem.; engl.) — Rattenleberhomogenate wurden mit *Triton WR 1339* bzw. *Phenyläthylessigsäure, Diphenyläthylessigsäure, 3-Methyl-4-phenylbuten-(3)-säure* oder *2-Methyl-4-phenylbuttersäure* inkubiert. Keine der Verbb. veränderte die Biosynth. des *Cholesterins.*
W. HILLER. 4210□

Wirkungen von 1.1'-Trimethylen-bis-[4-formylpyridiniumbromid]-dioxim (TMB4) auf die Cholinesteraseaktivität und den neuromuskulären Block nach Intoxikation mit Sarin und DFP. Joseph H. Fleisher, John Hansa, Paul J. Killos und Charles S. Harrison. (J. Pharmacol. exp. Therapeut. **130.** 461—68. Dez. 1960. Maryland, Army Chem. Center, U.S. Army Chem. Warfare Labor., Biochem. Res. Div.; engl.) — Vff. inkubieren isolierte Rattendiaphragma-Präpp. u. -Homogenate in TYRODE- bzw. RINGER-Lsg. unter aeroben Bedingungen mit 10^{-5} m *Diisopropylphosphorfluoridat* (I; *DFP*) u. bestimmen in Ggw. von *1.1'-Trimethylen-bis-[4-formylpyridinium-bromid]-dioxim* (II; *TMB 4*) die *Cholinesterase*-(III)-Aktivität auf biochem., sowie die Einw. auf die durch Stimulierung des phren. Nervs induzierten neuromuskulären Rkk. auf kymograph. Wege. Es zeigt sich, daß die durch I hervorgerufene neuromuskuläre Blockierung u. Inhibierung von III nach Zufuhr von $2{,}5 \cdot 10^{-6}$ m II innerhalb von 10 Min. antagonisiert werden, u. zwar in stärkerem Ausmaß bei intakten Diaphragmen-Präpp. als bei Homogenaten. Ratten, die nach i. m. Applikation von 4 mg *Atropin*/kg i. v. 39 µg *Sarin* (**IV**)/kg erhalten haben, weisen eine stark erniedrigte **III**-Aktivität (22,6% des normalen Wertes) im Blut auf. Sie steigt nach i. v. 25 mg **II**/kg auf 47% des Anfangswertes an. Auch im Diaphragma werden bei den mit **IV** behandelten Tieren nach **II**-Zufuhr erhöhte **III**-Geh. gefunden. Die **III**-Menge im Gehirn, die nach Intoxikation mit **IV** auf 3,5% des Normalwertes absinkt, wird dagegen durch **II** bzw. *Diacetylmonoxim* nicht oder nur wenig beeinflußt. Daraus geht hervor, daß quatern. Verbb. (Oxime) die Blut–Gehirnschranke nicht überschreiten. Die neuromuskuläre Rk. läßt sich bei mit **IV** inkubierten Diaphragmen-Präpp. durch Waschen mit TYRODE-Lsg. teilweise wiederherstellen. In Ggw. von **I** wird der irreversible neuromuskuläre Block nur durch $6 \cdot 10^{-8}$ m *d-Tubocurarin* wieder aufgehoben. Vff. schließen, daß **II** den durch Organophosphor-Verbb. (**I**) induzierten neuromuskulären Block in vivo u. in vitro infolge Reaktivierung der inhibierten **III**-Aktivität rückgängig macht. P. FAHRNLAENDER. 4210 □

Enzymatische Reduktion der Δ^7-Bindung von 7-Dehydrocholesterin. A. A. Kandutsch. (J. biol. Chemistry **237.** 358—62. Febr. 1962. Bar Harbor, Maine, Roscoe B. Jackson Memorial Labor.; engl.) — Vgl. C. **1962.** 7186. — Die Unters. des in Mäuseleber enthaltenen Enzym-Syst. (**I**), das die Δ^7-Bindung von *7-Dehydrocholesterin* unter Bldg. von *Cholesterin* als Hauptprod. red., zeigte, daß **I** in gewaschenen Mikrosomen u. in einer Kernfraktion enthalten ist. **I** benötigt *red. Triphosphopyridinnucleotid* (II_{red}), obgleich **II**, *Diphosphopyridinnucleotid* oder II_{red} ebenfalls etwas aktivierend wirken. Bei den meisten Verss. wurde die Mikrosomenaktivität durch Zusatz der lösl. Fraktion zusätzlich aktiviert. Testes u. Hirn enthalten **I** in der gleichen Größenordnung wie Leber. K. MAIER. 4210 □

Der in vitro-Einbau ^{32}P-markierter Phosphorsäureester von Glycerin, Cholin, Äthanolamin und Serin in Phospholipide von Meerschweinchengewebe. T. Chojnacki und T. Korzybski. (Acta biochim. polon. **8.** 111—22. 1961. Warsaw, Polish Acad. of Sci., Inst. of Biochem. and Biophysics, Dep. of Evolutional Biochem.; engl.) — Der Einbau von *^{32}P-Glycerophosphat* (**I**), *Phosphocholin* (**II**) u. *Phosphoäthanolamin* (**III**) in die *Phospholipide* von Meerschweinchenleber war mehrfach geringer, wenn das Gewebe 5 Min. lang in Trockeneis gelegt u. dann aufgetaut oder homogenisiert wurde. Homogenisierung bewirkt beim Substrat-*Phosphoserin* (**IV**) einen mehrfach größeren Einbau. Nach 3 std. Inkubation der Lebergewebefragmente mit den Substraten erfolgte eine weitgehende Entphosphorylierung von *^{32}P*-**IV** u. *^{32}P*-**I**, sowie eine geringe von *^{32}P*-**II** u. *^{32}P*-**III**. Von anderen Geweben bewirkte Nierengewebe annähernd vollständige Spaltung aller Ester. K. MAIER. 4210 □

Eine vereinfachte Arbeitsweise zur titrimetrischen Bestimmung der Lipaseaktivität in biologischen Proben. K. S. Scaria und D. N. Zutshi. (Naturwissenschaften **49.** 132. 2. März-H. 1962. Delhi [India], Metcalfe House, Defence Sci. Labor., Rad. Med. Div.; engl.) — *Lipase* (**I**) in Glycerinextrakten aus Pankreas (Pa.), Leber (L.) u. Niere (N.) von decapitierten Tauben wird titrimetr. nach FIORE u. NORD mit 0,28 ml Tributyrin u. einem kleinen Tropfen „Tween 80" (als Emulgator) in 10 ml dest. W. suspendiert bestimmt. Gegenüber der Verw. von Polyvinylalkohol (**II**) als Emulgator werden teilweise abweichende Werte erhalten, da **I** des Pa. durch **II** gehemmt wird. Die relativen Wrkg. in Tween 80 sind: Pa. $>$ N. $>$ L., wobei die Unterschiede zwischen Pa. u. N. nur gering sind. A. HESSE. 4210 □

Aktivierung von Taubenpankreaslipase durch Quecksilberchlorid. J. C. George und K. S. Scaria. (Current Sci. **28.** 120—21. März 1959. Baroda, India, M. S. Univ. of Baroda, Dep. of Zool., Labor. of Animal Physiol.; engl.) — Aus entfettetem Trockenpulver von Taubenpankreas wurde ein wss. Extrakt hergestellt (0,6—0,7 mg Protein/ml; keine S—H- oder —S—S-Gruppen, aber große Mengen an Fe enthaltend). Die *Lipase*-Aktivität des Extraktes wurde manometr. bestimmt (Substrat: Tributyrin). Dabei wurde festgestellt, daß 90—100 µg *$HgCl_2$*/0,5 ml Extrakt eine Aktivitätssteigerung von 600% bewirken. Mit steigenden Konzz. von $HgCl_2$ nimmt die Aktivität ab; bei einer Konz. von 10^{-2} m $HgCl_2$/0,5 ml Extrakt in 3 ml Rk.-Fl. Hemmung von 66%. *p-Chlormercuribenzoat* hemmt in allen Konzz., bei $2 \cdot 10^{-3}$ m völlig. Die Aktivierung der Taubenpankreaslipase durch $HgCl_2$ ist schwer zu erklären; vielleicht durch Bindung einiger im Extrakt schon vorhandener Inhibitoren. H. AMAN. 4210 □

Das Auftreten von Hydroxystearinsäure während der Umwandlung der Stearinsäure in Ölsäure durch Leber- und Hefepräparate. A. T. James und J. B. Marsh. (Biochim. biophysica Acta [Amsterdam] **57.** 170—71. 12/2. 1962. London, Mill Hill, Nat. Inst. for Med. Res.; engl.) — Um den Mechanismus der Biosynth. der *Ölsäure* zu erforschen, wurde *$^{14}C_{(1)}$-Stearinsäure* (**I**) mit Homogenaten von Rattenleber, mit Hefezellen u. mit zellfreien Hefeextrakten behandelt. Bei allen Verss. wurden 1—2% der **I** in eine Säure umgewandelt, die die chromatograph. Eigg. der *Hydroxystearinsäure* (**II**) aufwies. Nach Anreichern der **II** mittels Kolonnenchromatographie (Kieselsäuremethylester) konnte zwar erwiesen werden, daß ein Gemisch isomerer **II** vorliegt, es war aber nicht möglich, die einzelnen Komponenten zu identifizieren. L. Macher. 4210□

E_3. Mikrobiologie. Bakteriologie. Immunologie

Über die quantitative Bestimmung von Riboflavin und Isoriboflavin und über deren gegenseitige Beeinflussung im Wachstumstest an Lactobacillus casei und an Ratten. Ilse Antener und R. H. H. Richter. (Helv. physiol. pharmacol. Acta **18.** Nr. 1. C6—C7. 1960. Bern, Univ.-Frauenklin.; dt.) — Vff. bestimmten in 4 *Isoriboflavin* (**I**)-Präpp. möglicherweise vorhandene *Riboflavin* (**II**)-Verunreinigungen u. die Wrkg. von **I** u./oder **II** im Wachstumstest an *Lactobacillus casei* (L. c.). L. c. wächst nicht mit **I** allein u. benötigt **II.** In größeren Mengen stimuliert **I** die wachstumsfördernde Wrkg. kleinster Mengen **II.** Bei gleichzeitigem Vorhandensein etwas größerer, aber immer noch suboptimaler Mengen an **II** wirkt **I** etwas hemmend. Sowohl die stimulierende als auch die hemmende Wrkg. ist in engen Grenzen proportional der vorhandenen **I**-Menge. Die von Vff. erhaltenen Ergebnisse weisen auf die komplexen Beziehungen zwischen Metabolit u. Antimetabolit hin u. zeigen deutlich, wie wichtig die Reinheitsprüfung eines potentiellen Antimetaboliten sein kann. G. Bratfisch. 4310□

Zum Problem der Beziehung zwischen Gibberellin A und Trichomonas foetus. Chr. Petroff. (Naturwissenschaften **49.** 287. 2. Juni-H. 1962. Pleven, Bulgarien, Inst. für Vet. Bacteriol.; dt.) — Vf. untersuchte den Einfl. von *Gibberellin A* (**I**) auf die einzelligen Parasiten *Trichomonas foetus.* Die Parasiten wurden auf fl. Nährboden nach Goettler kultiviert (200 ml inakt. Pferdeserum, 20 g Traubenzucker, 10 g Pepton, 3 g NaCl, 2 g Na-Phosphat, 1000 ml W., 200000 I. E. Penicillin, 5 g Streptomycin). Die **I**-Konz. betrug 0—91 mg%. Bei 91 mg% **I** trat Verlangsamung der Bewegung, Verblassen des Plasmas u. als Folge verminderte Vermehrung ein. Bei 45 u. 18 mg% trat die Wrkg. später ein, sie ist am 3. Tag die gleiche wie bei 91 mg%. 9,1 u. 4,5 mg% zeigten keine Wirkung. W. Hiller. 4310□

Untersuchungen über die physiologische und morphologische Wirkung von Kupfer auf Mucor adventitius var. aurantiacus. Gertraud Mönch. (Arch. Mikrobiol. **30.** 231—55. 1958. Göttingen, Univ., Inst. für Mikrobiol.; dt.) — Vf. stellte fest, daß *Mucor adventitius* (M.) keine Phenoloxydase besitzt, die die Aminosäure zu melaninartigen Farbstoffen oxydiert. Der in der Autolyse gebildete Farbstoff ist ein Carotinoid. Weiter wurde bewiesen, daß M. zum Wachstum u. zur Sporen-Bldg. *Cu* in einer Konz. von niedriger als 1 γ/Liter braucht. Der Pilz weist bei Cu-Konzz. von über 55 γ/Liter erhöhte Empfindlichkeit auf, vor allem Schüttelkulturen waren dabei stark geschädigt; dies läßt auf eine Beeinflussung des Atmungs-Syst. schließen. Das aufgenommene Cu konnte histochem. nachgewiesen werden. M. bildet auf Agar bei hoher Cu-Konz. Riesenzellen. W. Lock. 4320□

Die Oxydation von Intermediärverbindungen des Tricarbonsäurecyclus durch einen Corynebacterium-erythrogenes-Stamm. R. G. Tucker. (J. gen. Microbiol. **23.** 267—82. Okt. 1960. Univ. of Oxford, Dep. of Biochem., Microbiol. Unit; engl.) — Gewaschene Suspensionen von *Corynebacterium erythrogenes* oxydieren Substanzen des Tricarbonsäurecyclus nur, wenn der Organismus bereits adaptiert ist. Die lag-Periode wird durch $(NH_4)_2SO_4$ verkürzt; durch *Chloramphenicol, 2.4-Dinitrophenol, Azid* oder erhöhte Temp. (37°) wird die Adaption verhindert. Extrakte unadaptierter Organismen reagieren mit *Succinat, Malat* u. *Fumarat.* P. Gregorzewski. 4320□

Die Bildung von Pyrrolin und Diaminopropan aus Spermidin durch Extrakte von Serratia marcescens. U. Bachrach. (Nature [London] **194.** 377—78. 28/4. 1962. Bethesda, Md., Nat. Inst. of Health, Nat. Inst. of Arthritis and Metabolic Dis., Labor. of Pharmacol. and Toxicol.; engl.) — Es konnte gezeigt werden, daß das natürliche Polyamin *Spermidin* durch rohe Extrakte von *Serratia marcescens* ebenso wie durch Suspensionen der Acetonfällung u. eine teilweise gereinigte *Enzym*-Präparation zu *Pyrrolin* (**I**) u. *1.3-Diaminopropan* (**II**) oxydiert wird. Dabei entsteht **I** vermutlich über *γ-Aminobutyraldehyd* aus dem C_4-Teil u. **II** aus dem C_3-Teil der Ausgangsverbindung. R. Ristow. 4320□

Carbonsäurestoffwechsel und dessen Beziehung zur Porphyrinbiosynthese bei Rhodopseudomonas spheroides unter hell-anaeroben Bedingungen. Goro Kikuchi, Shoichi Abe und Akira Muto. (J. Biochemistry [Tokyo] **49.** 570—77. Juni 1961. Sendai, Tohoku Univ., School of Med., Dep. of Biochem.; engl.) — Unter anaeroben

Bedingungen (zusätzliches Licht von starken Glühbirnen) gehen in *Rhodopseudomonas spheroides* offenbar photochem. gekoppelte Redoxvorgänge zwischen Säuren mit hohem Oxydationswert (*Fumarsäure, Äpfelsäure, Brenztraubensäure*) u. Säuren mit niedrigerem Oxydationswert (*Bernsteinsäure, Milchsäure*) vor sich. Als Ergebnis der gekoppelten Rkk. wird vermutlich die Bereitstellung von Succinyl-Coenzym A für das Porphyrin-Synth.-Syst. gesteigert, wodurch unter den genannten Bedingungen eine gesteigerte *Porphyrin*-Synth. möglich wäre. U. TAUSENDFREUND. 4320☐

Die Säuretoleranz von Azobacter. Tsu-Long Wang und Shiah-Wang Chen. (Scientia sinica **6.** 881—87. Okt. 1957. Shantung Univ., Dep. of Biol.; engl.) — Aus sauren Böden konnte in geringer Zahl *Azotobacter chroococcum* Beijerinck isoliert werden. Die Farbstoff-Bldg. wechselte mit der C-Quelle des Nährbodens (Glucose, Lactose, Maltose, Saccharose, Dextrin, Stärke, A., Mannit, Na-Benzoat) von farblos bis schwarz. Wachstum erfolgte von pH 4,8—9,5, gut von 5,1—6,5, optimal bei 7,2—7,4. Die N-Bindung betrug bei pH 7,2 10,7 mg/g Glucose, bei pH 5,1 33,77% davon, bei pH 4,8 prakt. null. W. SCHÖNBORN. 4320☐

Eine Methode zur Untersuchung der durch cellulolytische Pilze verursachten pH-Änderung in Cellulosesubstrat. C. S. Venkata Ram. (Current Sci. [Bangalore] **28.** 115—16. März 1959. Devarshola India, Tea Exp. Station; engl.) — Beschreibung eines Plattentestes, bei dem die Lysis reiner *Cellulose* durch *Fusarium culmorum* durch Best. der eintretenden pH-Änderung mit Hilfe von Indicator-Lsgg. verfolgt werden kann. P. HAJDU. 4320☐

Biogenese der Actinomycine. Edward Katz. (Ann. New York Acad. Sci. **89.** 304—22. 5/10. 1960. New Brunswick, N.J., State Univ., Rutgers Inst. of Microbiol.; engl.) — Die Synth. der natürlicherweise von *Streptomyces antibioticus* gebildeten *Actinomycin* (**I**)-Komponenten wurde durch Zusatz von *Hydroxyprolin* oder *Sarkosin* zum Medium gesteigert; neue **I**-Verbb. wurden synthetisiert durch Zusatz der Prolinanalogen *Piperidin-2-carbonsäure* oder *Azetidin-2-carbonsäure*. Die **I**-Bldg. wurde gehemmt durch *D-Valin* (**II**), *D-Alloisoleucin*, *D-Isoleucin* u. *α-Methyl-DL-valin* (**III**). *L-Valin* (**IV**) stimulierte die **I**-Synth. u. machte die durch **II** u. **III** verursachte Hemmung rückgängig. Die Unters.-Ergebnisse legen den Gedanken nahe, daß **IV** der Vorläufer von **II** in den **I**-Peptiden ist. Für die Ansicht, daß *Tryptophan* eine wichtige Rolle bei der Synth. des **I**-Chromophors spielt, wurden Beweise erhalten. W. KNÖBEL. 4340☐

Die Erzeugung von Actinomycinen durch gesteuerte Biosynthesen: Die F-Actinomycine. Günter Schmidt-Kastner. (Ann. New York Acad. Sci. **89.** 299—303. 5/10. 1960. Wuppertal-Elberfeld, Farbenfabriken Bayer A. G.; engl.) — Zusatz bestimmter Aminosäuren als Vorstufen zum Medium eines *Actinomycin* (**I**) produzierenden *Streptomyces*-Stammes führt durch Einfl. auf die Struktur der Peptidkette zur Bldg. neuer **I**-Gemische. Ein Beispiel dafür ist die Bldg. des *Actinomycin F* (**II**)-Gemisches durch Zusatz von *Sarkosin* (**III**) zum synthet. Medium von *Streptomyces BoP 476*, in dem ohne Zusatz von **III** das *Actinomycin C* (**IV**)-Gemisch, bestehend aus C_1, C_2 u. C_3, gebildet wird. In Ggw. von **III** wurde chromatograph. in dem komplexen **I**-Gemisch außer **IV** mit 3 Komponenten **II** mit 9 Komponenten festgestellt. Die Komponenten unterscheiden sich in ihrem *Valin-*, *Isoleucin-* u. *Prolin* (**V**)-Gehalt. Als Folge des Zusatzes von **III** scheint eine teilweise Veränderung des Vorläufers durch Substitution von **V** durch **III** stattzufinden. W. KNÖBEL. 4340☐

Wirkungsmechanismus von Actinomycin D in mikrobiologischen Systemen. Irving J. Slotnick. (Ann. New York Acad. Sci. **89.** 342—47. 5/10. 1960. Gainesville, Fla., Univ. of Florida, J. Hillis Miller Health Center; engl.) — *Actinomycin D* (**I**) hemmte in niedrigen Konzz., durch kein chem. Mittel umkehrbar, das Wachstum von *Bacillus subtilis* ATCC 6051 (B. s.). Bei *Saccharomyces cerevisiae* (S. c.) erfolgte Wachstumshemmung durch **I**, wenn *β-Alanin* (**II**) als wachstumsbegrenzendes Substrat in suboptimalen Konzz. im Medium enthalten war; bei optimalen **II**-Konzz. blieb noch mit 50 μg **I**/ml eine Hemmung aus. Diese trat aber mit **I** in Ggw. von *Pantothenat*, unabhängig von dessen Konz., ein. **I** hemmte z. T. den Eintritt von Glutamat in *Streptococcus faecalis* 8043 u. B. s., nicht aber in S. c., der Eintritt von *Lysin* war in keinem Fall durch **I** gehemmt. Bei Zusatz von **I** zu Kulturen von B. s. wurde eine Hemmung der Protein- u. Ribonucleinsäure-Synth., nicht aber der Desoxyribonucleinsäure-Synth. festgestellt. W. KNÖBEL. 4340☐

Bindung von Actinomycinen und Actinomycin-Derivaten an Desoxyribonucleinsäure. Werner Müller. (Naturwissenschaften **49.** 156—57. 1. April-H. 1962. Göttingen, Univ., Organ.-chem. Inst.; dt.) — Die Bindungsfähigkeit von *Actinomycin* (**I**) an partiell denaturierte *Desoxyribonucleinsäure* (*DNS*) (Hypochroismus 25%, T_m 89°) wird untersucht. Bakteriostat. wirksame **I** werden von der DNS gebunden, wobei eine bathochrome Verschiebung der **I**-Spektren beobachtet wird. Schwach wirksame **I**-Derivv. gehen erst nach völliger Hitzeinaktivierung der DNS eine Bindung mit dieser DNS ein. Unwirksame Derivv. werden auch von denaturierter DNS nicht mehr gebunden. Lediglich bei der cytostat. akt. Verb. *7-Aminoactinomycin* C_2 versagt das Kriterium. Die Unterschiede zwischen cytostat. u. bakteriostat. Wrkg. beruhen möglicherweise auf einer geringeren Durchlässigkeit der Bakterienzelle. L. TRÄGER. 4340□

Der Mechanismus der antibiotischen Wirkung von Aureomycin. 1. Mitt. **Wirkung auf die Atmung von Escherichia coli.** Yu Wang, Wilhelm Mann, Lung-Sen Chen, Yuan-Chu Yang und Da-Sen Wang. (Acta physiol. sinica **20**. 255—70. 1956. Shanghai, Acad. Sinica, Inst. of Organ. Chem.; chin., Auszug: engl.) — Auf *Escherichia coli* in Kulturmedien, die neben *Glucose* (**I**) *N-haltige Stoffe* (**II**) enthalten, wirkt *Aureomycin* (**III**) schon in Konzz. von 2,5 γ/ml atmungshemmend, während in Kulturen, die **I** u. Phosphatpuffer enthalten, **III** in Konzz. bis zu 100 γ/ml ohne Wrkg. bleibt. Weitere Verss. zeigten, daß die Atmung von *E. coli* in zunächst nur **I** enthaltenden Kulturen durch Zusatz von **II** erheblich gesteigert wird, diese Steigerung in Ggw. von **III** aber ausbleibt. Vff. schließen aus ihren Ergebnissen, daß **III** in den oxydativen Stoffwechsel der N-Substanzen eingreift, der der Zellteilung vorausgeht. F. KRUSEN. 4340□

Induzierte Steigerung der Resistenz von Entamoeba histolytica gegen Fumagillin. Mitsuru Nakamura. (Nature [London] **191**. 413—14. 22/7. 1961. Missoula, Montana State Univ., Dep. of Microbiol.; engl.) — 6 neu isolierte Stämme von *Entamoeba histolytica* zeigten große Unterschiede in ihrer Resistenz gegen *Fumagillin* (**I**): vollständige Hemmung erfolgte zwischen 0,01 μg u. 100 μg **I** je ml. Wenn die am wenigsten resistenten Stämme bei Ggw. von 0,001—0,01 μg **I** je ml kultiviert wurden, erwarben sie rasch eine hohe Resistenz gegen **I** u. wurden erst bei 75—100 μg **I** je ml völlig gehemmt. Die induzierte Resistenz blieb auch nach Kultur in **I**-freiem Medium erhalten.
F. RADLER. 4340□

Der Antagonismus zwischen Rhizoctonia solani Kühn und bestimmten Bodensaprophyten: Eine Laboratoriumsstudie. K. B. Deshpande. (Biol. Plantarum [Praha] **3**. 192—99. 1961. India, Hyderabad, Osmania Univ., Bot. Dep.; engl.) — Auf Kartoffel-Glucose-Agar oder auf Agar mit Glucose, Stärke, Cellulose oder Na-Carboxymethylcellulose als C-Quelle u. NH_4Cl oder $NaNO_3$ als N-Quelle, wurden mit Hilfe des Ringtests die Beziehungen zwischen Bodenpilzen untersucht. *Trichoderma viride* u. *Chaetomium cochlioides* inhibierten das Wachstum von *Rhizoctonia solani* am meisten bei der Temp. von 25 u. 30°, wobei T. viride bei niedrigem pH (4,3—6,2), C. cochlioides bei höherem pH (6,6—8,0) des Mediums aktiver war. Die cellulolyt. Aktivität war bei R. solani höher als bei dessen Antagonisten u. das auch bei Anwendung von NH_4Cl als N-Quelle. Für alle Arten war $NaNO_3$ die bessere Stickstoffquelle. Die Beziehungen zwischen *Penicillium clavariaeforme* u. Rhizoctonia solani waren weniger ausdrucksvoll als diejenigen bei den anderen Bodensaprophyten. Z. ŠESTÁK. 4350□

Die Isolierung der infektiösen Desoxyribonucleinsäure aus mit SE-Polyoma-infizierten Gewebekulturen. G. A. DiMayorca, B. E. Eddy, S. E. Stewart, W. S. Hunter, C. Friend und A. Bendich. (Proc. nat. Acad. Sci. USA **45**. 1805—08. Dez. 1959. New York, N.Y., Sloan-Kettering Inst. for Cancer Res.; engl.) — Vgl. C. **1961**. 10977. — Die Zellen einer SE-Polyoma infizierten Mäuseembryo-Gewebekultur wurden durch Frieren u. Auftauen aufgeschlossen. Das als „rohe Virussuspension" bezeichnete Material wurde nach zwei verschiedenen Verff. mit Phenol extrahiert. Das in der von Phenol mit Ae. befreiten wss. Phase vorhandene Aminosäurengemisch (AS) rief auf Gewebekulturen einen typ. cytopatholog. Effekt (E) hervor. Bei Hamstern entstanden nach AS-Injektion Tumoren. Wurde AS 15 Min. bei 20° mit Desoxyribonuclease (DRN-ase) inkubiert, blieben E u. Tumor-Bldg. aus. Ribonuclease (RN-ase) beeinflußte die Infektiosität des AS nicht. Keine nachweisbare Wrkg. hatten DRN-ase u. RN-ase auf die „rohe Virussuspension". E. FISCHOEDER. 4374□

Definition der störenden Wirkung des in vitro durch Xenaldial inaktivierten Virus A-PR8. A. R. Bianco und G. Mazzacca. (Boll. Soc. ital. Biol. sperim. **37**. 854—57. 15/9. 1961. Neapel, Univ., Ist. di Patol. Med. e Metodol. Clin.; ital.) — Die Unterss. wurden an Fragmenten der Chorion-Allantois-Membran des Hühnereies durchgeführt. Es zeigt sich, daß der in vitro durch *Xenaldial* (20%ig. Lsg.; 0,5 mg/ml u. 0,2 mg/ml) inaktivierte *Virus PR 8* gegenüber dem akt. *Virus A-PR 8* störend wirkt, so daß gegenüber nur mit akt. PR 8 infizierten Kulturen ein Unterschied von mehr als 2 logarithm. Einheiten der $TCID_{50}$ registriert wird; dieses Resultat wird nur unter ganz bestimmten experimentellen Bedingungen erzielt. F. KREN. 4374□

Über ein einfaches Verfahren zur Messung der Diffusionskonstanten von Viren und der spezifischen Plaqueerzeugung von Virus-Zell-Systemen. G. Hellwig und R. Thomssen. (Z. Naturforsch. **17b.** 29—34. Jan. 1962. Freiburg i. Br., Hyg. Inst.; dt.) — Vff. lassen auf eine angezüchtete Gewebekultur eine bestimmte Menge einer Virussuspension einwirken. Nach deren Entfernung bilden sich im Verlauf von einigen Tagen in der Gewebekultur kreisrunde Löcher (Plaques; Pl), die von degenerierten Zellen herrühren, auf denen während der Inkubationszeit Viren adsorbiert wurden. Bei nicht zu dichter Lage von Pl entspricht jedem Pl genau ein Virus, das zur Infektion geführt hat. Wenn die Inkubationszeit nur genügend groß war, ist also die Zahl von Pl gleich der Zahl infektionstüchtiger Viren, die sich zu Beginn der Inkubationszeit in dem Inoculum befunden haben. Bei nicht vollständiger Adsorption aller in dem Inoculum befindlichen Viren werden unter sonst gleichen Umständen um so mehr Viren adsorbiert, je größer die Diffusions-Konst. (Dk) der Viren ist. Dieser Umstand gestattet es, die DK von Pl zu messen. Die Zahl der Pl ist proportional der pro Zeit u. Flächeneinheit erfolgenden Zahl von Stößen der Viren auf die Gewebekultur (Stoßzahl proportional der Viren-Konz.). Bei nicht vollständiger Adsorption aller in dem Inoculum befindlichen Viren werden unter sonst gleichen Umständen um so mehr Viren adsorbiert, je größer die spezif. Pl-Erzeugung ist. Die Prüfung der hergeleiteten Gleichungen erfolgte mit Polioviren (Mahoney Typ I) u. deren auf andere Weise bestimmten Diffusionskonstante. Es ergab sich hinreichende Übereinstimmung. P. NACHTWEY. 4374□

Wirkung von Adenin und verwandten Verbindungen auf die Vermehrung des Encephalomyocarditis-Virus in der Gewebekultur. Iolanda E. Low und Monroe D. Eaton. (Proc. Soc. exp. Biol. Med. **109.** 82—85. Jan. 1962. Boston, Mass., Harvard Med. School, Dep. of Bacteriol. and Immunol.; engl.) — Durch 100—500 μg *Adenin*/ml konnte die Vermehrung von Encephalomyocarditis-Virus in Krebs-2-Zellen u. EHRLICH-Ascitestumor-Zellen, nicht aber in L-Zellen gehemmt werden. Die Ausbeute war etwa um den Faktor 100 geringer. Die Vermehrung eines Influenzastammes in L-Zellen sowie im Hühnerei wurde nicht gehemmt. Neben Adenin wurden Adenosin, Adenylsäure, ATP, Desoxyadenosin, Guanin, Guanosin geprüft, die jedoch bei nichttox. Konzz. ohne Einfl. waren. M. WIEDEMANN. 4374□

Die Wirkung von Cysteamin auf die Röntgenstrahlenempfindlichkeit von T2-Bakteriophagen während ihres Intracellularcyclus. H. Marcovich. (Z. Naturforsch. **17b.** 23—28. Jan. 1962. Paris, Inst. Pasteur; dt.) — Vf. studiert die Ereigniskette, die in einem mit Phagen infizierten Bakterienstamm durch Röntgenstrahlen eintritt. Er untersucht die Frage, ob etwa an Schutzmaßnahmen beteiligte Prozesse, — wie z. B. der Effekt, den *Cysteamin* (I) bei Bakterien durch die Sauerstoffverarmung des Mediums ausübt — mit Änderungen der Röntgenstrahlensensibilität eines Komplexes aus dem Phagen T 2 u. dem Bakterienstamm *Escherichia coli B* während der Latenzperiode zusammenhängen könnte. I setzt die Strahlenempfindlichkeit von T 2 im besten Falle um einen Dosis-Red.-Faktor 2,5 herab. Die Schutz-Wrkg. ist von der Konz. von I abhängig. Andererseits ist E. coli unter den gleichen Bedingungen stark geschützt; aber eine Vermehrung des Schutzes durch I in einem auf physikal. Wege sauerstofffrei gemachten Medium war nicht zu beobachten. Für eine mögliche Rk. zwischen T 2 u. I sind Anzeichen vorhanden. *Cystein* (II) wirkt in hoher Konz. (10^{-2}m) schützend auf T 2, jedoch in geringerem Maße als I. II bewirkt völlige Sauerstofffreiheit des Mediums. Dies zeigt, daß I, falls es infolge seiner Red.-Fähigkeit wirkt, dies offensichtlich nicht durch Sauerstoffentzug in dem die Phagen umgebenden Medium tun kann. Die Konstanz der Strahlenempfindlichkeit erklärt Vf. damit, daß die die genet. Information des Phagen tragende Struktur mit dem Material des Wirtes vor Beginn der DNS-Synth. reagiert. Dies würde die spezif. Empfindlichkeit nicht ändern oder aber bedeuten, daß diese Rk. sehr früh vor sich geht u. der Stoffwechselvorgänge nicht bedarf. P. NACHTWEY. 4374□

Eisen, organische Materie und andere begrenzende Faktoren der primären Produktivität eines Kalksees. Claire L. Schelske. (Science [Washington] **136.** 45—46. 6/4. 1962. Ann Arbor, Mich., Univ., Inst. for Fisheries Res.; engl.) — Die Produktivität eines Kalksees für *Phytoplankton* konnte durch *komplex gebundenes Fe* gesteigert werden, während Nährstoffe allein keine Steigerung bewirkten. Die Kombination beider ergab eine sehr erhebliche Steigerung. Die Rolle des Fe als ursprünglicher begrenzender Faktor ist dabei durch die Lage des Sees, die physikochem. Eigg. des W. u. die niedrige Produktivität des Sees bedingt. Es wird gezeigt, daß über die komplexe Bindung von Fe der Geh. eines Gewässers an organ. Substanz von erheblicher Bedeutung für die prim. Produktivität ist. R. RISTOW. 4380□

E_4. Pflanzenchemie. Pflanzenphysiologie. Pflanzenpathologie

Die hemmende Wirkung der Gibberellsäure-Behandlung bei der Jarowisation der Winterweizen im Kurztag. J. Krekule. (Naturwissenschaften **49.** 164–65. 1. April-H. 1962. Prag, Tschechoslowak. Akad. der Wiss., Biol. Inst.; dt.) — *Gibberellsäure* (I) ist bei nicht oder nur teilweise jarowisierten Wintergetreiden unwirksam. Bei Pflanzen mit kurzer Jarowisationszeit u. längerer Kurztags-Einw. setzt Behandlung mit I die beschleunigende Wrkg. des Kurztages herab. W. HILLER. 4404□

Anorganische Polyphosphate in Spinatblättern. Shigetoh Miyachi. (J. Biochemistry [Tokyo] **50.** 367–71. Okt. 1961. Tokyo, Inst. for Biol. Res.; Univ. of Tokyo, Inst. of Applied Microbiol.; engl.) — In der säureunlösl. Fraktion von Spinatblättern konnte Vf. labile *P*-Verbb. nachweisen. Die aus den Blättern erhaltene Nucleinsäurefraktion nach der Meth. OGUR u. ROSEN [Entfernung der Lipide aus dem Nd. durch Behandlung mit A. u. A.–Ae., Extrahieren der Ribonucleinsäure durch Inkubation des Materials für 46 Std. mit 10%ig. $HClO_4$ u. 2maliges Extrahieren mit 5%ig. $HClO_4$ bei 70°, Einstellen des pH auf 4, nach Zugabe von einer geringen Menge Pyrophosphat wird mit $Ba(NO_3)_2$ über Nacht stehengelassen] enthält eine oder mehrere labile Phosphorsäurekomponenten, die mit Toluidinblau positive metachromat. Rk. ergeben. Diese P-Verbb. wandern auf dem Papierchromatogramm nicht, was auf langkettige *Polyphosphate* hinweist. W. HILLER. 4420□

Zusammensetzung des Schleimes von Gloiopeltis furcata. Susumu Hirase, Choji Araki und Toshiya Itō. (Bull. chem. Soc. Japan **29.** 985–87. Dez. 1956. Matsugasaki, Kyoto, Kyoto Techn. Univ., Fac. of Ind. Arts, Inst. of Chem.; engl.) — Vgl. C. **1962.** 7548. — Aus 20 g *Gloiopeltis furcata*, Handels-Prod. „Funori", wurden durch Extraktion mit W. u. Filtration durch Celite-Aktivkohle mit A. 6,5 g Schleim ($[\alpha]_D^{15}$ −20,6°, 13,14% Asche mit 6,84% SO_4-Geh.) gefällt, die mit methanol. HCl hydrolysiert u. dann methyliert wurden. Die entsalzte Lsg. enthielt *3.6-Anhydrogalaktosedimethylacetal* (I), wie papierchromatograph. (Laufmittel n-Butanol–A.–W., 4:1:2, o-Aminophenol als Sprühreagens) nachgewiesen wurde. Durch Chromatographie an Filterpapierpuder mit n-Butanol-W. (6:1) wurden im Eluat **I** (290 mg) u. nach Entw. mit 80%ig. wss. Methanol als Mischung *Methyl-D-galaktosid* (**II**) u. *Methyl-L-galaktosid* (**III**; 456 mg) erhalten. **I** zeigte nach Reinigung in Aceton $[\alpha]_D^{37}$ −25,9° u. positive Rk. nach SELIWANOFF. Durch Hydrolyse wurde aus **I** *3.6-Anhydro-L-galaktose* erhalten, die FEHLINGsche Lsg. in der Kälte red. u. die als Phenylosazon identifiziert wurde. Aus der Mischung von **II** u. **III** krist. aus A. in der Kälte **II** aus. Aus der Mutterlauge wurde nach Hydrolyse *D-Galaktose* (**IV**) erhalten. Aus der Mutterlauge von **IV** wurde durch Extraktion mit A. u. Kristallisation *DL-Galaktose* gewonnen. Der Gloiopeltis-Schleim setzt sich danach aus *3.6-Anhydro-L-galaktose*, **IV** u. *L-Galaktose* (ca. 8:12:1 Teile) zusammen. W. SCHÖNBORN. 4420□

Der Gehalt an Sterin und Triterpen der Familie Labiaten. Harold J. Nicholas. (J. Amer. pharmac. Assoc., sci. Edit. **47.** 731–33. Okt. 1958. Kansas City, Kans., Univ. of Kansas Med. Cent., Dep. of Obstetr. and Gynecol.; engl.) — Zur Unters. wurde das trockene Pflanzenmaterial mit 95%ig. A. extrahiert, der eingeengte Extrakt mit 10%ig. KOH verseift u. nach Ansäuern mit Ae. extrahiert. Der Ae.-Extrakt wurde in stark saures Material (Ausschütteln mit 5%ig. $NaHCO_3$, Fraktion FA), in schwach saures Material (Ausschütteln mit 5%ig. KOH, Fraktion FB) u. in unverseifbares (NV) fraktioniert. Das NV wurde an Al_2O_3 aus Bzl. chromatographiert u. mit 2% A. in Bzl. eluiert (Fraktion FC). Aus FC wurde *β-Sitosterin* (**I**), krist. aus Aceton–Methanol, identifiziert als Acetat u. Benzoat sowie durch Sublimation *Sclareol* (**II**), krist. aus Methanol–Ligroin, erhalten. Das Lösl. von FB ergab nach Ansäuern im PAe.-unlösl. Teil *Oleanol* (**III**), krist. aus Methanol, identifiziert als Acetat u. *Acetylmethyl*-**III** sowie im Ligroinunlösl. nach Acetylieren u. Chromatographie an Al_2O_3 aus Bzl. u. Elution mit A. in Bzl. *Ursolsäure*-**II**-*acetat*, krist. aus Methanol, verseift zu *Ursolsäure II* (**IV**), krist. aus wss. A. u. identifiziert als *Methylester*. Aus dem Unlöslichen von FB, in abs. A. gelöst, wurde nach Ansäuern *Ursolsäure* (**V**), krist. aus A., identifiziert als Acetat u. Methylester, erhalten. Alle Verbb. wurden durch F., opt. Drehung u. z. T. Elementaranalyse charakterisiert. *Ocimum basilicum* enthielt **I, III** u. **IV**, ein weiteres Triterpen konnte nicht näher identifiziert werden. *Satureia hortensis* u. *Hyssopus officinalis* enthielten **I** u. **V**. — *Salvia sclarea* enthielt **II, III** u. **IV**. In *Carum carvi* wurde im NV eine *Substanz* (*F. 70–72°*), krist. aus Aceton–Methanol, $[\alpha]_D^{23}$ −50° ($CHCl_3$), aber kein **I**, in FB eine Substanz, die mit $SbCl_5$ Schwarzfärbung (Sterin, Diterpen?) gab, gefunden. Aus *Foeniculum vulgare* wurden in FC Kristalle mit unscharfem F. (109–125°) erhalten, acetyliert F. 124–125°, $[\alpha]_D^{18}$ −45° ($CHCl_3$), mit Reagens nach LIEBERMANN-BURCHARD Rotfärbung; FB ergab nach Ansäuern eine $SbCl_5$-positive wachsartige Substanz, aber kein saures Triterpen. Auf die mögliche Bedeutung der Befunde für die Systematik der Labiaten u. die Biosynth. der Verbb. wird hingewiesen. W. SCHÖNBORN. 4420□

Untersuchung über Steroide der Sojabohne. 1. Mitt. Abtrennung von γ-Sitosterin aus den rohen Sojaphosphatiden. Hung-Shuin Ting, Yu Wang, Wei-Yi Ting und Yao-Tseng Huang. (Acta chim. sinica **22.** 288—91. 1956. Inst. Organ. Chem.; chin., Auszug: engl.) — Eine Mischung von 200 g rohem *Sojalecithin* mit 800 g wasserfreiem Na_2SO_4 wird mit sd. Aceton wiederholt behandelt, bis die Auszüge blaßgelb erscheinen. Zur Verseifung werden die eingeengten Auszüge mit 1,1 Liter 95% A. + 270 ml 50% KOH 2 Std. auf dem Wasserbad verrührt. Nach dem Verdünnen mit A. hinterbleiben 3,9 g (2%) *Glucosteroide* (I), F. 268—270°, u. aus der Lsg. 0,41 g (0,2%) einer aus A. umkrist. Mischung freier *Steroide* (II). 6 g I ergeben nach Verseifung mit 300 ml abs. A. + 2 ml konz. H_2SO_4 nach 12 Std. u. Reinigung aus A. 3,15 g II-Mischung, F. 135—137°. 400 mg II werden in 40 ml Bzl. auf eine chromatograph. Säule (1,3 × 24,5 cm) mit 30 g Al_2O_3 (nach BROCKMANN; 9 Std. bei 180—190° aktiviert) gebracht u. durch Eluierung mit insgesamt 400 ml Bzl. folgende 3 Steroidfraktionen gewonnen, die durch F. u. UV-Spektren kontrolliert wurden: a) in den ersten 120 ml Eluat 20% (der gesamten II), F. 135—137°; b) aus 180 ml 55%, F. 137—139°, u. c) aus 100 ml 10,5%, F. 140—141°. Durch Wiederholung der Al_2O_3-Chromatographie mit den einzelnen Fraktionen (je 50 mg in 9 ml PAe.-Bzl., 2:1) wird *γ-Sitosterin*, $C_{29}H_{50}O$, F. 141—142°, u. $[\alpha]_D^{30}$ —42,8° (1%, Chlf.) gewonnen. — *Acetat*, $C_{31}H_{32}O_2$, F. 140—141°, $[\alpha]_D^{30}$ —48,6°. — *Benzoat*, $C_{36}H_{54}O_2$, F. 150—152°, $[\alpha]_D^{30}$ —20,6° (1%, Chlf.). L. SCHULER. 4420□

Die Bedeutung einiger Komponenten der Harzöle hinsichtlich ihrer Anziehung auf Harz-Scolytidae. Constantin Chararas. (C. R. hebd. Séances Acad. Sci. **247.** 1653—54. 10/11. 1958. Paris, Inst. nat. Agron., Labor. de Zool.; franz.) — *α-Pinen*, *β-Pinen* u. *Terpineol* wirkten in starken Konzz. abweisend, in Konzz. von 3—5, 2—3 bzw. 1—2% anlockend auf *Ips typographus* L., *Hylurgops palliatus* Gyll. u. *Dryocoetes autographus* Ratz. Nach Gewöhnung waren höhere Konzz. notwendig. In Ggw. von harzigem Holz war die Lockwrkg. der Substanzen zugunsten des Holzes vermindert, jedoch nicht mehr nach Extraktion des Holzes mit Aceton. *Abietinsäure*, *Lävopimarsäure* u. *Collophan* zeigten keine Wrkg., *n-Undecan*, *Campher* u. *Borneol* wirkten abweisend. Auf die Bedeutung dieser Lockwrkg. für den Befall gesunder u. kranker Bäume sowie die Wirtsspezifität wird hingewiesen. W. SCHÖNBORN. 4420□

Bestimmung des Anteiles der Wurzeln und des Schößlings am Nicotingehalt der Tabakpflanze. R. F. Dawson und Marie L. Solt. (Plant Physiol. **34.** 656—61. Nov. 1959. New York, N.Y., Columbia Univ., Dep. of Bot.; engl.) — In *Nicotiana tabacum* L. u. *N. rustica* L. wurde bei normalem Wachstum u. nach vorherigem Kappen (Kn) der Spitzen der Geh. an *Nicotin* (I) in dem Wurzeln (W) u. Schößlingen (Sch bestimmt. In normalen Pflanzen von *N. rustica* befindet sich nahezu das gesamte I in den Blättern (B). Nur 0,1% des I-Geh. in den Sch intakter Pflanzen wird in den Sch produziert. Durch Kn wird kein merklicher Unterschied gegenüber der Verteilung von I in den normalen Pflanzen erreicht. Bei intaktem *N. tabacum* werden 1—3% des in den Sch befindlichen I in den Sch produziert. Durch Kn wird dieser Anteil auf 3—8% erhöht. Nur 0,5% des in den B gefundenen I wird in den B produziert. Der Restanteil stammt aus den W der Pflanzen. Durch Kn werden 0,5—3% des in den B nachgewiesenen I auch dort gebildet. R. STRUFE. 4420

Mitteilung über das Wachs mehrerer Tillandsia-Species und der Ananas comosus (L.) Merr. Seldon D. Feurt und Lauretta E. Fox. (Science [Washington] **121** 42. 7/1. 1955. Gainesville, Fla., Univ. of Florida, Coll. of Pharmacy, Dep. of Pharmacogn and Pharmacol.; engl.) — Vgl. C. **1956.** 4786. — Neben den in verschiedenen *Tillandsia*-Species vorkommenden, bei 79—80° schm. Wachsen wird nun auch das von *Ananas comosus* (L.) Merr. untersucht. Es ist weicher, schmilzt bei 51° u. kann aus den Abfällen von Ananasfrüchten mit einer Ausbeute von 1,4% extrahiert werden. Seine Kennzahlen sind 232,4 (Verseifungszahl), 57,1 (SZ.), 175,3 (EZ.), 49,9 (JZ.), 59,5% Unverseifbares. Positive LIEBERMANN-BURCHARD-Rk. u. positiver Ausfall des Vaginalabstrichs von ovarektomierten Ratten zeigen die Ggw. einer östrogen wirksamen Substanz an. P. LOCH. 4420

Stickstoff-Mobilisierung in Erbsensämlingen. John M. Lawrence, Katherine M. Day und Janet E. Stephenson. (Plant Physiol. **34.** 668—74. Nov. 1959. Pullman, Wash., Washington State Univ., Dep. of Agric. Chem.; engl.) — *Pisum sativum* wurde mit NaOCl oberflächlich sterilisiert. Das Wachstum erfolgte in einem Inkubator bei 18°. Nach 1, 3 u. 5 Tagen wurden der Kotyledon-Anteil (KA) sowie die Spitzen u. Schäfte von Wurzeln (W) u. Schößlingen (Sch) abgetrennt. Man bestimmte darin den Gesamt-N, den in 70%ig. A. lösl. N, Amino-N, Amid-N, NH_3, Harnstoff, in A. lösl. u. unlösl. Peptide. Beim beginnenden Wachstum (Wa) nimmt der N-Geh. im KA ab u. in den wachsenden Teilen zu. Nicht proteingebundener N steigt während der ersten Tage des Wachstums an u. nimmt dann auf Kosten der W u. Sch ab. In den Erbsensämlingen beträgt der Amid-N-Anteil nur $^1/_3$—$^1/_6$ des Gesamt-N-Anteils. Peptide ließen sich nachweisen. Der Protein-Geh. der Spitzen von W u. Sch war am höchsten, während die Schäfte von W u. Sch den höchsten Anteil an Nichtprotein-N aufwiesen. R. STRUFE. 4455

Untersuchung über den Prolinstoffwechsel bei Topinambur. Henri Duranton und Monique Maille. (C. R. hebd. Séances Acad. Sci. **253.** 963—65. 7/8. 1961; franz.) — Es wird der Stoffwechsel von ^{14}*C-Prolin* (I) in 8tägigen in vitro-Verss. mit jungen Pflanzen, die aus Wurzelstecklingen unter asept. Bedingungen aufgezogen wurden, untersucht. Die Pflanzen entwickelten sich bei Dunkelheit (a) bzw. bei einer 12std. Photoperiode (b). Die Ergebnisse zeigen, daß I schnell in das *Protein* eingebaut bzw. zu anderen Moll. (bes. Zucker u. organ. Säuren) umgewandelt wird. Werden junge Topinamburschößlinge in Lsgg. mit ^{14}C-I gebracht, so läßt sich nach 5 Min. langem Kontakt (gefolgt von 6 Std. langem Kontakt mit W.) neben der ^{14}C-Aktivität der freien Aminosäuren bes. in der Proteinfraktion ^{14}C nachweisen. In Eiweiß ist 80% der ^{14}C-Aktivität in I lokalisiert. Unter den freien Aminosäuren findet sich ^{14}C-Aktivität neben I in *Glutaminsäure, Asparagin, Glutamin, Asparaginsäure* u. *Alanin* sowie in geringer Konz. in *Serin, Glycin, Arginin* u. *Hydroxyprolin.* Außerdem tritt ^{14}C-Aktivität in *Glucose, Fructose, Saccharose, Äpfelsäure, Citronensäure, Fumarsäure, Bernsteinsäure* u. *Malonsäure* auf. Im Gegensatz zum differenzierten Gewebe erfolgt bei undifferenziertem nur eine Speicherung von I. P. SCHWERDTFEGER. 4460□

Biosynthese von Hydrastin. J. R. Gear und I. D. Spenser. (Nature [London] **191.** 1393—95. 30/9. 1961. Hamilton, Ontario, McMaster Univ.; engl.) — *Hydrastis canadensis* L. wurde 8 bzw. 17 Tage in belüfteten Wasserkulturen in Ggw. von $^{14}C_{(2)}$-*DL-Tyrosin* (I), $^{14}C_{(2)}$-*DL-Phenylalanin* (II) oder ^{14}*C-D-Glucose* (III) aufgezogen. Die ^{14}C-Aktivität von II u. III wird nur in sehr geringem Umfang in die Alkaloide eingebaut. Das in Ggw. von I gebildete ^{14}*C-Hydrastin* (IV) wurde aus den Wurzeln extrahiert. Durch Oxydation zu Opiansäure u. Hydrastinin, HOFMANNschen Abbau zu Hydrastal, Oxydation zu 6-Vinylpiperonylsäure, Br-Decarboxylierung zu 6-Brom-α-hydroxyhomopiperonylbromid u. Oxydation zu 6-Brompiperonylsäure kann gezeigt werden, daß die ^{14}C-Aktivität prakt. nur in $C_{(1)}$ u. $C_{(3)}$ lokalisiert ist. Es kann daher die Bldg. von IV aus 2 Moll. I als gesichert angesehen werden. Bemerkenswert ist die unterschiedliche ^{14}C-Aktivität ($C_{(1)}$ 39%; $C_{(3)}$ 60%), deren mögliche Gründe diskutiert werden. P. SCHWERDTFEGER. 4460□

Die Biogenese der Lycopodiumalkaloide. Harold Conroy. (Tetrahedron Letters [London] **1960.** Nr. 10. 34—37. April. New Haven, Conn.; Yale Univ., Dep. of Chem.; engl.) — Vf. führt die biolog. Bldg. der Lycopodiumalkaloide *Annotinin, Selagin, Lycopodin, Lycodin* u. α- u. *β-Obscurin* auf *3.5.7-Triketooctansäure* (I) als biogenet. Vorstufe zurück. Aus zwei Mol I soll durch Aldol-Kondens. zwischen der C_7-Ketogruppe u. der $C_{4'}$-Methylengruppe *3.5.9-Trikcto-7-methyl-8-[1.3-diketo]-butylundecaen-(6)-disäure-(1.11)* als erste Stufe entstehen, aus der sich formelmäßig die vorst. Alkaloide ableiten lassen. G. TEEGE. 4460□

Autoxydationsreaktionen von lichtsensibilisiertem Chlorophyll. Nurul Absar Khan. (Pakistan J. sci. ind. Res. **1.** 258—64. Okt. 1958. Dacca, Tejgaon, Pakistan Council of Scientific Res., East Regional Labor.; engl.) — Vf. untersucht den Einfl. von Temp. u. organ. Lsgm., wie *Ae., PAe., Cyclohexan, n-Heptan, n-Decan, Dekalin, Mineralöl, Cyclohexen, Tetralin, Naphthalin, Methanol, Isooctan* u. *Aceton* sowie von *Methyloleat, Methyllinolat* u. *Äthylstearat* auf die Stabilität von *Chlorophyll* (I) u. auf die chlorophyllempfindliche Photooxydation. I besitzt in äther. Lsg. die größte Beständigkeit. — Die Verss. zeigen, daß die Doppelbindungen der ungesätt. Fettsäureester u. die α-Methylengruppen unter Licht-Einfl. mit I einen Komplex bilden, der mit dem oxydierenden I-O_2-Komplex unter Bldg. von H_2O_2 u. I reagiert. D. GROSS. 4460□

Die Wirkung einer γ-Bestrahlung auf die Fähigkeit isolierter Chloroplasten, Ferricyanid in Gegenwart von Licht zu reduzieren. Richard M. Roppel und William R. Meagher. (Nature [London] **193.** 893—94. 3/3. 1962. Columbus, Ohio, Battelle Memorial Inst.; engl.) — Gewaschene u. lyophilisierte Bohnenchloroplasten wurden mit ^{60}*Co* bestrahlt u. anschließend unter Licht gehalten. Die Inaktivierung folgte der Gleichung $a/a_0 = e^{-\alpha D}$ (a_0 = Anfangsaktivität, a = Restaktivität, α = logarithm. Abfall der Inaktivierung, D = Strahlendosis). Vff. folgern aus der logarithm. Form der Inaktivierungskurve, daß der Vorgang ein einfacher Stoßmechanismus ist. W. HILLER. 4460□

Die thermale Reaktion zwischen zwei Lichtreaktionen in der Photosynthese. C. P. Whittingham und P. M. Bishop. (Nature [London] **192.** 426—27. 4/11. 1961.

London, Queen Mary Coll., Bot. Dep.; engl.) — *Beta vulgaris*-Chloroplasten wurden einem kurzen Blitz (0,2 ms) u. nach einem Dunkelintervall einem langen Blitz (30 ms) ausgesetzt. Die größte photosynthet. Ausbeute wurde erhalten, wenn der kurze dem langen Blitz vorausging u. das Dunkelintervall 0,7 Sek. bei 25° betrug. Wurde die Temp. auf 4° gesenkt, so war die Ausbeute des langen Blitzes allein stark vermindert. Optimale Verhältnisse herrschten wieder, wenn die Dunkelperiode zwischen dem kurzen u. langen Blitz 20 Sek. betrug. Ähnliche Verhältnisse lagen für die O_2-Entw. der Chloroplasten aus Ferricyanid vor. Vff. schließen, daß eine thermale Dunkelrk. zwischen zwei photochem. Prozessen notwendig ist, um die Umbldg. von Prodd. des Prozesses 1 in Reaktanden des Prozesses 2 zu vollziehen. Wurde anstatt Ferricyanid 2.6-Dichlorphenolindophenol benutzt, so war die optimale Zeit der Dunkelrk. kürzer, sie lag bei 4° unter 5 Sekunden. Vff. schließen, daß der Mechanismus der Photosynth. aus 2 Licht-Rkk., die durch eine temp.-abhängige Dunkelrk. getrennt werden, besteht. Die Dunkelrk. wird beschleunigt, wenn keine Phosphorylierung zur Elektronenübertragung erforderlich ist, wie z. B. bei Dichlorphenolindophenol im Gegensatz zu Ferricyanid. W. HILLER. 4460

Atmung der Zuckerrübenblätter im Licht mit gleichzeitiger Photosynthese. A. Ss. Okanenko, D. M. Grodsinski und W. P. Batjuk. (Biol. Plantarum [Praha] **3.** 169—79. 1961. Kiew, Ukrain. Res. Inst. of Plant Physiol.; engl.) — Zuckerrübenblätter assimilierten einige Std. $^{14}CO_2$, dann wurden im Luftstrom gasometr. ihre Photo-Synth.- u. Atmungsintensitäten bestimmt. Die Blätter schieden noch 2 Tage nach dem Vers. im Licht $^{14}CO_2$ aus. Beim Überhitzen der Blätter in der Assimilationskammer wurde im Licht nur die Atmung bestimmt, u. zwar mit einer relativ hohen $^{14}CO_2$-Abgabe; die Blätter photosynthetisierten unter diesen Bedingungen auch, die gesamte CO_2-Bilanz war aber passiv. Z. ŠESTÁK. 4460☐

Über den Einfluß von Humusextrakt auf den Stickstoffstoffwechsel von Pflanzen. Denise Blanc. (C. R. hebd. Séances Acad. Sci. **247.** 1649—51. 10/11. 1958. Antibes, I.N.R.A., Station Agron.; franz.) — Sandkulturen von *Dactylis glomerata* L., var. S II, wurden 3 Wochen mit Nährlsg. (K 7, Ca 10, Mg 2, NO_3^- 15, H_3PO_4 2, SO_4^{2-} 2 mVal) gegossen, der dann für einen Teil der Gräser 2,8 mg Humusextrakt (I)/Liter zugegeben wurde. Die mit I behandelten Gräser zeigten 2 Wochen später keine Unterschiede in der vegetativen Entw. gegenüber den Kontrollen, aber einen um 11% erhöhten K^+-Geh. der Blätter sowie in Wurzeln u. Sproßteilen eine Vermehrung des *unlösl. N* auf Kosten des *lösl. N* (NH_4^+, NO_3^-, lösl. organ. N) bei unverändertem *Gesamt-N*-Gehalt.
W. SCHÖNBORN. 4470☐

Wirkungen von Pflanzennährstoffen auf die Aufnahme von Radiostrontium durch „Thatcher" Weizen. C. C. Lee. (Science [Washington] **133.** 1921—22. 16/6. 1961. Saskatoon, Saskatchewan, Univ., Dep. of Chem.; engl.) — Durch eine Behandlung des Bodens mit $(NH_4)H_2PO_4$, $CaCl_2$ u. KCl wird die Aufnahme von ^{85}Sr in Korn, Spreu, Stengel u. Blatt nicht verringert, durch 600 lbs. $CaHPO_4$/acre in allen Pflanzenteilen, durch 60 lbs. $CaHPO_4$/acre in Korn u. Spreu signifikant herabgesetzt.
H.-J. KOCH/Berlin. 4470☐

Biochemische Prüfungen als Mittel zur Unterscheidung zwischen Eisen- und Manganmangel in Citruspflanzen. A. Bar-Akiva. (Nature [London] **190.** 647—48. 13/5. 1961. Rehovot-Beit-Dagan, Israel, Nat. and Univ. Inst. of Agricult., Div. of Citriculture; engl.) — Auf Grund der papierchromatograph. Unters. der Zucker aus Blättern von Citruspflanzen nimmt bei *Fe*-Mangel der Geh. an *Hexosen* progressiv ab, bei ***Mn***-Mangel treten zusätzlich freie *Pentosen* auf. Gegenüber normalen Pflanzen ist der Geh. der Blätter verschiedener Varietäten an Pentosen bei Mn-Mangel stark erhöht, bei Fe-Mangel geringfügig erniedrigt. Die *Peroxydase*-Aktivität ist bei Mn-Mangel wesentlich stärker erniedrigt als bei Fe-Mangel. H.-J. KOCH/Berlin. 4470

Wachstumsstimulation durch hohe Konzentrationen an Indolyl-(3)-essigsäure. T. A. Truelsen. (Nature [London] **191.** 1410—11. 30/9. 1961. Copenhagen, Royal Veter. and Agric. Coll., Labor. of Plant Physiol.; Risø, Danish Atomic Energy Commission's Res. Establ.; engl.) — Bei den Unterss. wurde in der 1. Phase das Wachstum von Weizenkoleoptilen durch hohen osmot. Druck der Kultur-Fl. (0,24 m Saccharose oder Mannit) oder niedrige Temp. (ca. 3°) 2—4 Std. gehemmt, wobei gleichzeitig *Indolyl-(3)-essigsäure* (I) in verschiedener Konz. ($0—10^{-3}$ m) einwirkte. Danach erfolgte in der 2. Phase, nach Entfernung von I durch Waschen, das Wachstum in reiner Pufferlsg. bei 23° während 240 Min. bzw. 24 Stunden. Bei dieser Meth. wird eine Wachstumsstimulation bis zu I-Konzz. von 10^{-3} m beobachtet. Wird I erst in der 2. Phase zugesetzt, so liegt bei 20 std. Wachstum das Optimum der I-Konz. bei etwas unter 10^{-5} m. Es kann eine deutliche Wechselwrkg. von I, das in der 1. oder 2. Phase zugeführt wird, beobachtet werden. P. SCHWERDTFEGER. 4485☐

Umkehr des genetischen Zwergwuchses bei Tephrosia vogelii durch Gibberellin. James E. Irvine und Ruben H. Freyre. (Nature [London] **185.** 115. 9/1. 1960. Mayaguez, Puerto Rico, U.S. Dep. of Agric., Agric. Res. Serv., Federal Exp. Station; engl.) — Vff. stellten fest, daß *Gibberellsäure* (*K-Salz*; **I**; wss. Lsg., 100 ppm) eine Umkehr des genet. Zwergwuchses von *Tephrosia vogelii* Hook f. verursacht; diese Umkehr macht sich vorwiegend in einer Elongation der Internodien u. Blätter bemerkbar. Das normale Wachstum der Pflanzen setzt sich bei period. Behandlung mit **I** fort. — *Indolyl-(3)-essigsäure* (100 ppm) ist ohne Einfl. auf den genet. Zwergwuchs der Pflanze.
H. KOCKERT. 4485□

Gibberellin-induzierte Parthenocarpie bei Wein. Charlotte Pratt und Nelson J. Shaulis. (Proc. Amer. Soc. horticult. Sci. **77.** 322—30. Juni 1961. Geneva, N.Y., New York State Agric. Exp. Stat., Dep. of Pomology; engl.) — *Gibberellin* verursacht die Entw. von frühreifenden parthenocarp. Weinbeeren. P. GREGORZEWSKI. 4485□

Die Wirkung von Gibberellin auf verschiedene Pflanzengewebekulturen. Georges Netien. (C. R. hebd. Séances Acad. Sci. **247.** 1645—47. 10/11. 1958; franz.) — Die Wachstumsförderung von Pflanzengewebekulturen allein oder in Ggw. von $3 \cdot 10^{-7}$ mg Wuchsstoffen/Liter durch 1—50 mg *Gibberellin* (**I**)/Liter wurde an Hand der Gew.-Zunahme in 30—70 Tagen im Vgl. zu jeweils einer Kontrolle ohne **I** beobachtet. Die Gewebekulturen aus Krongallen, Brombeerstengeln u. Karotten (letztere in Ggw. von *Indolyl-(3)-essigsäure*) wurden um 7—48% gehemmt. Gefäßparenchym aus Topinamburknollen wurde in Ggw. von *α-Naphthylessigsäure* um 6—15% gefördert, blieb in Ggw. von *2.4-Dichlorphenoxyessigsäure* jedoch unbeeinflußt. Die unterschiedlichen Wrkg. werden auf natürlich vorkommende Substanzen mit **I**-Wrkg. in den Gewebekulturen zurückgeführt. W. SCHÖNBORN. 4485□

Die Überwindung der Wasserempfindlichkeit von Gerstensamen durch Behandlung mit Chemikalien. Gunnar Jansson. (Ark. Kemi **15.** Nr. 41. 439—50. 1960. Univ. of Stockholm, Inst. of Organ. Chem. and Biochem.; engl.) — Vgl. C. **1960.** 8038 u. C. **1961.** 10622. — Wassersensitive Gerste (WS; nur langsam keimende Gerste bei geringem Wasserüberschuß) wurde bei verschiedenen Temp. u. mit Chemikalien behandelt, um eine raschere Keimung zu erzielen. Behandlung vorgequollener Samen mit O_2 führt zu beschleunigter Keimung der WS. Bei Wasserüberschuß beeinflussen $HgCl_2$, *Na-Nitroprussid, Jodessigsäure, N-Äthylmaleinimid, Phenylquecksilberacetat, Na-Hypochlorit* u. *K-Ferricyanid* die Keimung günstig. Neutralisierte *Mercaptoessigsäure*-Lsg. hebt die günstige Wrkg. von K-Ferricyanid wieder auf. Die Keimprozente steigen durch diese Behandlung teilweise auf das 10fache. WS hatte ein Keimoptimum bei pH 3,5. Nicht-WS keimte im Bereich von pH 4,0—6,5 gleichmäßig. W. HILLER. 4485□

Beryllium und das Wachstum der Buschbohne. Evan M. Romney, James D. Childress und George V. Alexander. (Science [Washington] **135.** 786—87. 9/3. 1962. Los Angeles, Calif., Univ. of California, School of Med., Labor. of Nuclear Med. and Radiation Biol.; engl.) — Das Wachstum junger Buschbohnen (*Phaseolus vulgaris*, „Tendergreen") wurde durch den *Be*-Geh. (Konzz.: 0,5, 1,0, 2,0, 3,0, 5,0 ppm) der verwendeten Nährlsgg. gehemmt. Ein sichtbares prim. Symptom war das verminderte Wurzelwachstum. Höhere Be-Mengen führten zur Verkümmerung der Pflanzen. Trotzdem behielten die Blätter ihre normale Farbe. Be wird in den Wurzeln gespeichert. Tabellar. wird der Geh. an *Ca, Mg, P* u. *Be* in verschiedenen Pflanzenteilen in Abhängigkeit von der Be-Konz. der Nährlsgg. angegeben. H. BUSSE. 4495□

E₅. Tierchemie. Tierphysiologie. Tierpathologie

Beitrag zur Untersuchung des Zinks im Pankreas und zu seinem histochemischen Nachweis. Lucie Arvy. (C. R. Séances Soc. Biol. Filiales **153.** 1680—83. 1959, herausgeg. 18/3. 1960. Jony-en-Josas, C.N.R.Z., Labor. de Physiol.; franz.) — *Zn* im Pankreas, in den Erythrocyten u. Leukocyten von *Anas boschas L.* u. *Vipera aspis L.* kann mit *o-{2-[α-(2-Hydroxy-5-sulfophenylazo)-benzyliden]-hydrazino}-benzoesäure* in gepufferter Lsg. von pH 8—9,5 histochem. nachgewiesen werden (Blau- bzw. Graulilafärbung). K. ZINGRAF. 4520□

Freie Aminosäuren einiger Frischwasserfische aus dem Reservoir von Bhavanisagar. A. Sreenivasan und Freda Chandrasekaran. (J. sci. ind. Res. [New Delhi], Sect. C **20.** 191—92. Juni 1961. Bhavanisagar, Freshwater Biol. Station, Hydrol. Section; engl.) — Vff. bestimmten in 17 Species von Fischen aus dem Reservoir von Bhavanisagar den Geh. an freien Aminosäuren mittels Papierchromatographie. *Taurin* war in allen untersuchten Fischarten enthalten, *Prolin* in 7, *Cystin* nur bei 2 Räuberfischen (*Anguilla sp.* u. *Wallago attu*). Diese Unterss. zeigten, daß keine taxonom. Unterscheidungen mit Hilfe der freien Aminosäuren möglich sind. G. BRATFISCH. 4520□

Eine Funktion für Gewebemastzellen. Laurence R. Draper und Douglas E. Smith. (Science [Washington] **134.** 842. 22/9. 1961. Argonne, Ill., Argonne Nat. Labor., Div. of Biol. and Med. Res.; engl.) — Mastzellen (mit 5-Hydroxytryptamin-, Heparin- u. Hyaluronsäure-Geh.) üben offenbar eine Funktion bei der Hervorrufung von Entzündungen nach Antigen–Antikörper-Rkk. aus, da Eliminierung von Mastzellen aus den Peritonealgeweben von Ratten (durch Behandlung mit dest. W.) die Steigerung der Gefäßpermeabilität hemmt, welche normalerweise im Gefolge einer passiv induzierten Antigen–Antikörper-Rk. im Peritonealgewebe zu beobachten ist. U. TAUSENDFREUND. 4551 □

Nachweis einer unerwarteten Blutgruppenunverträglichkeit durch ^{51}Cr-markierte Erythrocyten. P. L. Adner und S. Sjölin. (Scand. J. clin. Lab. Invest. **9.** 265—69. 1957. Uppsala, Univ. Hosp., Dep. of Clin. Chem. and Dep. of Pediatrics; engl.) — 30 gesunde Erwachsene erhielten „verträgliche" ^{51}*Cr*-markierte Erythrocyten verschiedener gesunder erwachsener u. kindlicher Spender. In 8 Fällen wurden anomale Erythrocytenüberlebenskurven eines speziellen Typs beobachtet. Bei 2 von 4 eingehend untersuchten Fällen war ein Antikörper nachweisbar. K. MAIER. 4551 □

Untersuchungen über die Ernährung schwangerer und lactierender Frauen. 5. Mitt. **Untersuchung der Brustmilchbestandteile.** Fuji Inoue. (Jap. J. Nutrit. **18.** 334—39. Nov. 1960. Utsunomiya Univ.; jap., Auszug: engl.). — Der *Protein*-Geh. beträgt 1,42 g/100 g, der *Ca*-Geh. 25,7 mg/100 g. P. GREGORZEWSKI. 4555 □

Weitere Untersuchungen über die Lipide in der Euterlymphe und im Plasma von Vieh. G. V. Heyndrickx. (Quart. J. exp. Physiol. cognate med. Sci. **46.** 33—37. Jan. 1961. Ghent, State Agric. Univ.; engl.) — Vgl. C. **1962.** 3527. — Fettsäuren u. Phospholipide werden aus dem Blut durch die Milchdrüsen entfernt. Entsprechend ist die Konz. in der Lymphe vermindert. Im einzelnen wurden *Lecithin, Cephalin, Sphingomyelin, Glyceride* sowie freies u. verestertes *Cholesterin* bestimmt. L. LACHHEIN. 4555 □

Überempfindlichkeit gegen Diäthylstilböstrol. Sigfrid Fregert und Hans Rorsman. (Acta dermato-venereol. [Stockholm] **40.** 206—19. 1960. Lund, Univ., Dep. of Dermatol.; engl.) — Vff. beschreiben einen Fall von Überempfindlichkeit gegen *Diäthylstilböstrol.* In Hinblick auf eine Gruppensensibilisierung wurden folgende Verbb. mit positivem Resultat untersucht: *Dienöstrol, Hexöstrol, Bisphenol A, Diäthylstilböstrolmonophosphat, Diäthylstilböstrolmonobenzoat, Diäthylstilböstrolmonomethyläther, p-Benzylphenol, Hydrochinonmonobenzyläther, p-Hydroxybenzoesäurebenzylester, p-Allylphenol, Eugenol.* Folgende Verbb. zeigten keine Gruppensensibilisierung: *Östron, Östradiol, Dihydroxydiphenyl, Benzöstrol, Diäthylstilböstroldibenzoat, Diäthylstilböstroldiphosphat, Rosolsäure, Stilben, Benzophenon, Benzylbenzoat, Phloretin, 4-Hydroxyphenylacetylphloroglucin, Phenylsalicylat, Phenol, p-Kresol, Hydrochinon, p-Hydroxybenzoesäure, p-Hydroxyacetophenon, p-Hydroxypropiophenon, p-tert.-Amylphenol, Hydrochinonmonomethyläther, Propyl-p-hydroxybenzoat.* A. GUDE. 4559 □

Die östrogenen in vitro-Eigenschaften von Diäthylstilböstrol und Östradiol-verwandten Substanzen. Robert Glass, Janet Loring, Joyce Spencer und Claude Villee. (Endocrinology **68.** 327—33. Febr. 1961. Boston, Mass., Harvard Med. School, Dep. of Biol. Chem., and Boston Lying-in Hosp., Res. Labor.; engl.) — Die Unters. natürlicher u. synthet. Östrogene sowie deren Analoge auf Aktivierung oder Hemmung der östrogenabhängigen *Pyridinnucleotidtranshydrogenase* (I) der menschlichen Placenta ergab starke Aktivierung durch niedrige Konzz. von *Stilböstrol,* Hemmung durch Konzz. $>3\cdot10^{-6}$m, Hemmung durch *1.3-Bis-[p-hydroxyphenyl]-propan,* sowie Inaktivität von *Östrololacton, Testololacton* u. *Δ^1-Testololacton. Östronsulfat* aktiviert wie *Östron* oder *Östradiol* (II), II-*Disulfat* ist unwirksam u. wird erst nach Solvolyse aktiv. Die Thiolanalogen von I mit SH-Gruppe an Stelle von 17-OH werden von *Östradiol-17β-dehydrogenase* (III) nicht dehydriert u. aktivieren I nicht. Sie bilden wirksame III-Inhibitoren, wobei das β-Thiolanaloge wirksamer als die α-Verb. ist, sind aber nur schwache I-Inhibitoren. K. MAIER. 4559 □

Eine Untersuchung der Virilisierungswirkung von Progestogenen auf den weiblichen Rattenfötus. G. K. Suchowsky und K. Junkmann. (Endocrinology **68.** 341—49. Febr. 1961. Berlin, Schering A.G., Res. Labor.; engl.) — Die Prüfung progestogener Steroide hinsichtlich Virilisierungsaktivität gegenüber dem ♀ Rattenfötus während der Trächtigkeit, hinsichtlich androgener Aktivität auf Samenbläschen-Gew. kastrierter Ratten u. Hahnenkamm sowie Progestations-Wrkg. auf den Rattenuterus ergab: *17α-Hydroxyprogesteron* (I)-Derivv. (*Testosteron-17β-propionat,* I-*17α-acetat, -17α-caproat, 17α-Hydroxy-19-norprogesteron-17α-acetat* u. *-17α-caproat*) zeigen selbst in extrem hoher Dosierung keine Maskulinisierungs-Eigg.; Alkylierung kann virilisierende Wirksamkeit hervorrufen. *17α-Äthinyltestosteron* hat geringere Wrkg. als eines seiner Derivate. Von den geprüften *17α-Alkyl-19-nortestosteron*-Derivv. wirkt die *17α-Methyl*-Verb. am stärksten virilisierend, während die *17α-Äthinyl*-Verb. u. deren *17β-Acetat* merklich schwächer sind. *Δ^4-17α-Allylöstren-17β-ol* zeigt die schwächste Virilisierungswirkung. K. MAIER. 4559 □

17α-Hydroxyprogesteron, ein zu Salzverlust führendes Steroid. Beziehung zur congenitalen Nebennierenhyperplasie. David R. Jacobs, Josephine van der Poll, J. Lester Gabrilove und Louis J. Soffer. (J. clin. Endocrinol. Metabolism **21.** 909—22. Aug. 1961. New York, N.Y., Mount Sinai Hosp., Endocrine Res. Labor., Dep. of Med., Clinic, Dep. of Chem.; engl.) — Als Erklärung für den akt. Salzverlust, der oft bei congenitaler Nebennierenhyperplasie zu beobachten ist, bietet sich die Wrkg. von *17α-Hydroxyprogesteron* (I) als mögliches akt. Prinzip an. Bei normalen Personen mit intakter Nebennierenfunktion u. bei Patienten mit Nebennierenrindeninsuffizienz (unter Behandlung mit Desoxycorticosteronacetat) führte die tägliche Verabreichung von 500 mg nichtverestertem I zu exzessivem *NaCl*-Verlust; die Veränderungen der *K*-Ausscheidung waren nicht eindeutig. Die Elektrolytveränderungen gingen sofort nach Absetzen von I zurück. Da bei Patienten mit Nebenniereninsuffizienz I nur dann eine saliuret. Aktivität entfaltet, wenn ein salzretinierendes Steroid gegeben wird, scheint die saliuret. Wrkg. von I von dessen Ggw. abhängig zu sein. Vermutlich kommt es zu einer hemmenden Wrkg. auf die tubulären Wrkg. von *Desoxycorticosteron* u. *Aldosteron*.
U. TAUSENDFREUND. 4559 □

Einflüsse von Östradiol und Progesteron auf den Nucleinsäure- und Protein-Gehalt des Kaninchenuterus. Sam Brody und Axel Westman. (Acta endocrinol. [Copenhagen] **27.** 493—98. April 1958. Stockholm, Karolinska Sjukhuset, Dep. of Women's Diseases; engl.) — Kastrierte Kaninchen (K) erhielten 10 γ *Östradiolbenzoat* (I) bzw. 6 mg *Progesteron* (II) i.m. über 7 Tage. Anschließend wird der *Protein-* u. *RNS*-Geh. im Gesamtuterus (U) sowie im Myometrium u. Endometrium bestimmt. I bewirkt eine Erhöhung des Protein- u. RNS-Geh. im U-Gewebe, was als wachstumsstimulierende Funktion von I angesehen wird. Nach 7tägiger Behandlung war die Steigerung von Protein- u. RNS-Geh. am stärksten. In der Woche darauf folgte nur eine geringe Steigerung. II wirkt dagegen wachstumshemmend, indem es den Protein- u. RNS-Spiegel im U-Gewebe verringert. Diese Hemmung des Wachstums wird geringer, wenn den K vor der II-Verabfolgung I verabreicht wird. R. STRUFE. 4559

Wirkung von Glycyrrhetinsäure auf die Reaktion weiblicher Tiere auf exogene und endogene Sexualsteroide. Shirley D. Kraus. (Proc. Soc. exp. Biol. Med. **109.** 28—30. Jan. 1962. Brooklyn, N.Y., Long Island Univ., Brooklyn Coll. of Pharm., Res. Inst.; engl.) — *β-Glycyrrhetinsäure* (I) verringerte die Rk. des ♀ accessor. Fortpflanzungstraktes von Ratten auf exogenes *Östradiolbenzoat* (II), *Östron* u. *Östriol*. I wirkte antagonist. gegen die uterotrophe u. vaginalen Östrus auslösende Wrkg. von II bei ovarektomierten, nicht jedoch bei hypophysektomierten Ratten. Die Uterus-Wrkg. von Testosteron, Progesteron oder endogenen Sexualsteroiden wurde durch I nicht beeinflußt. Hohe Dosen von I erhöhten das Uterus-Gew. von unreifen parabiont. Empfängertieren, nicht jedoch von Tieren, denen Pferdegonadotropin verabreicht worden war.
K. ZINGRAF. 4559 □

Die Wirkung von intravenösem Östrogen auf Gewebe und Capillaren, gemessen an Koagulationstesten, intradermaler Hyaluronidase, Hyaluronidase-Seruminhibitor und pulmonaren Diffusionsuntersuchungen. Leo Wayne, Macie Coots, Helen I. Glueck, Gerald L. Baum, Louis Pecora und Louis Putnam. (J. Lab. clin. Med. **58.** 970. Dez. 1961. Cincinnati, Ohio; engl.) — Nach i.v. Injektion von 40 mg *Östrogen* (I) sinkt die Blutungszeit von 6,1 auf 4,6 Min. gegenüber 5,8—5,6 Min. bei Kontrollpersonen. Ein mittlerer Anstieg der Faktor V-Werte um 8,27% erfolgt innerhalb 1½ Std. nach I-Injektion. Gerinnungszeit, Thromboplastin-Bldg., Faktor VII u. Antithrombin-Best. bleiben unverändert. Intradermale *Hyaluronidase* (II)-Gaben stehen nur bei ♂ Vers.-Personen zur I-Wrkg. in Beziehung. II-Inhibitor im Serum erhöht sich um 19% innerhalb 1 Std. nach I-Injektion. Nach I-Gaben erfolgt ein Absinken der Diffusionskapazität der pulmonaren Capillaren. G. KIRSTEN. 4559 □

Durchströmungsversuche an der menschlichen Placenta. 2. Mitt. **Stoffwechsel von ^{14}C-17β-Östradiol mit und ohne Zufügung von menschlichem Choriongonadotropin.** Philip Troen. (J. clin. Endocrinol. Metabolism **21.** 895—908. Aug. 1961. Boston, Mass., Harvard Med. School, Dep. of Med.; Beth Israel Hosp., Dep. of Med.; Yamins Res. Labor.; engl.) — 1. vgl. J. clin. Invest. **37.** [1958.] 1516. — Es wird ein Beitrag zur Klärung des Entstehungsmechanismus von *Östriol* (I) geliefert. In der in vitro unter Zufügung von *^{14}C-17β-Östradiol* (II) durchströmten menschlichen Placenta konnte eine Konversion von II zu I nachgewiesen werden, jedoch nur wenn dem Perfusat *menschliches Choriongonadotropin* zugefügt worden war, so daß dieses eine Rolle bei der Placentaselbstregulierung zu spielen scheint. Außer ^{14}C-I (58—82%) konnten im Perfusat u. im Extrakt der durchströmten Placenta $^{14}C_{(2)}$-*Methoxyöstron* (0,7—2,0%) u. $^{14}C_{(16)}$-*Epiöstriol* (1%) nachgewiesen werden. U. TAUSENDFREUND. 4559 □

Wirkungen peroraler Verabreichung von Östrogenen auf die 17-Ketosteroid-ausscheidung bei virilisierten Frauen. Raymond C. Mellinger und Richmond W. Smith jun. (J. clin. Endocrinol. Metabolism **21.** 931—42. Aug. 1961. Detroit, Mich., Henry Ford Hosp., Div. of Endocrinol.; engl.) — Da der Ursprung des mit Hirsutismus, Menstruationsstörungen u. Unfruchtbarkeit einhergehenden Syndroms meist unklar ist, zumal nur ein Teil der Patientinnen mit dieser leichten Virilisierung sklerocyst. Ovarien (STEIN-LEVENTHAL-Syndrom) aufweisen, wurde die Wrkg. von *Östrogenen* u. von *Glucocorticoiden* auf die *17-Ketosteroid* (I)-Ausscheidung dieser Patientinnen untersucht. Nach peroraler Verabreichung von 1—1,5 mg Äthinylöstradiol/Tag oder 10—15 mg Diäthylstilböstrol/Tag, einer Dosierung, die zum fast völligen Verschwinden der *Gonadotropin*-Ausscheidung führt, konnte in den meisten Fällen eine signifikante u. anhaltende Verminderung der I-Ausscheidung erzielt werden. Da die Östrogentherapie auch in einem ovarektomierten Fall zur I-Ausscheidungsverminderung führte, in einem Fall, dessen Nebenniere durch Prednisontherapie funktionell ausgeschaltet worden war, was jedoch kaum Einfl. auf die I-Ausscheidung gewann, wird angenommen, daß zur Erzielung des Östrogeneffektes ein funktionstüchtiges Ovar nicht unbedingt erforderlich ist; wenn auch durch die Östrogentherapie die Androgensekretion des Ovars gehemmt zu werden scheint. Erforderlich dagegen ist zur Erzielung des Östrogeneffektes offenbar eine funktionstüchtige Nebennierenrinde. U. TAUSENDFREUND. 4559 □

Die Wirkung von Östradiol auf die Übertragungsgeschwindigkeit kleiner Moleküle in den Rattenuterus. Sumner M. Kalman, Margaret E. Lombrozo und Victor Lavis. (Science [Washington] **134.** 1372—73. 27/10. 1961. Palo Alto, Calif., Stanford Univ., School of Med., Dep. of Pharmacol.; engl.) — Ovariektomierte LONG EVANS-Ratten erhielten 1 Std. vor dem Tode 2 μg *Östradiol* (I) i.v. injiziert. Die Tiere wurden mit *Pentobarbital* (50 mg/kg intraperitoneal) anästhetisiert u. bekamen 0—10 Min. bzw. 3 Min. vor dem Tode 3—5 μc ^{14}C-*Harnstoff* (II) bzw. 3—5 μc ^{14}C-*Rohrzucker* (III) i.v. injiziert. Zum Zeitpunkt des Todes wurde eine Blutprobe durch Herzpunktur entnommen u. das Serum sowie der Uterus auf Radioaktivität untersucht. 5 Min. nach Injektion von II konnte kein klarer Unterschied zwischen dem Aktivitätsverhältnis (A-Wert) von Uterus/Serum in I-behandelten u. Kontrolltieren gefunden werden. 3 Min. nach Injektion von II oder III u. 1 Std. nach der von I wurde für die I-behandelten Tiere ein erheblich höherer A-Wert im Vgl. zu den Kontrolltieren gefunden. J. BOELTER. 4559 □

Östrogen-Ausscheidung im Harn von Milchkühen. E. P. Smith, R. K. Bergman und E. A. Keyes. (Proc. annu. Meeting, Western Divis., Amer. Dairy Sci. Assoc. **37.** 45—49. 15.—18. Juli 1956. Bozeman, Mont., State Coll., Dairy Ind. Dep.; engl.) — Bei Kühen wurde am Tage der Besamung sowie 7, 14 u. 21 Tage danach der *Östrogen*-Geh. im Harn ermittelt. Tiere, bei denen eine Empfängnis eingetreten war, zeigten Durchschnittswerte von 281,0, 266,9, 268,2 u. 305,2 γ *Östron* je 100 lb Körper-Gew.; die Mittelwerte bei Tieren, bei denen keine Empfängnis eingetreten war, waren 493,5, 465,0, 363,2 u. 456,6. F. KRUSEN. 4559 □

Die Ausscheidung der Pettenkofer-Chromogene durch gesunde Personen und Patienten mit verschiedenen endokrinen Störungen. Sara Borrell. (J. clin. Endocrinol. Metabolism **21.** 955—64. Aug. 1961. Madrid, C.S.I.C., Centro de Invest. Biol., Inst. de Endocrinol. Exper.; engl.) — Die Prüfung der Meth. von MUNSON u. Mitarbeiter [1948] zur Best. der Harnausscheidung von *Dehydroepiandrosteron* (I) bei Gesunden u. Patienten mit endokrinen Störungen unter Durchführung der PETTENKOFER-Rk. weist einen nach Digitoninfällung auftretenden Verlust der PETTENKOFER-Chromogene auf: Wäre die PETTENKOFER-Rk. lediglich für die als Chromogene von MUNSON identifizierten Ketosteroide (I u. seine beiden, bei heißer Säurehydrolyse sich bildenden Artefakte: Δ^5-3β-Chlorandrosteron u. $\Delta^{3,5}$-Androstadien-17-on) spezif., dann müßte die Summe der α- u. β-Fraktionen (als Prozentsatz, wie sie in der Ketofraktion gefunden werden) bei der ZIMMERMANN- u. der PETTENKOFER-Rk. gleich sein; jedoch konnte nach Fällung eine Wiedergewinnung von 96% für die ZIMMERMANN-Chromogene u. von nur 80% für die PETTENKOFER-Chromogene zustande gebracht werden. Die nach der Fällung auftretenden Verluste an PETTENKOFER-Chromogenen müßten demnach auf unspezif. chromogenem Material beruhen, das noch in den Harn-Ketoextrakten nach der Hydrolyse vorhanden ist. Es ist deshalb der Schluß zu ziehen, daß das PETTENKOFER-Chromogen zwar als Index für die Nebennierenaktivität gelten kann, daß es jedoch nicht die I-Ausscheidung im Harn repräsentiert, weshalb die MUNSON-Rk. nicht zur Best. von I herangezogen werden sollte. U. TAUSENDFREUND. 4559 □

Oxytocische Aktivität des Blutes bei gebärenden und lactierenden Frauen. R. W. Hawker, C. F. Walmsley, V. S. Roberts, J. K. Blackshaw und J. C. Downes. (J. clin. Endocrinol. Metabolism **21.** 985—95. Aug. 1961. Brisbane, Australia, Univ. of Queensland, Dep. of Physiol.; engl.) — Bei Best. der oxytoc. Aktivität im Blut gesunder schwangerer Frauen im letzten Trimester der Gravidität sowie von Frauen während der Entbindung wurden in beiden Gruppen die gleichen *Oxytocin* (**I**)-Spiegel nachgewiesen, während der Geh. des Blutes an *oxytoc. Substanz* (**II**; ein bisher nichtidentifizierter Faktor mit oxytoc. Aktivität, der nach Behandlung der Extrakte mit 0,01 u. 0,002m Na-Thioglykolat noch nachweisbar ist) in der frühen Entbindungsphase höher als während der Schwangerschaft war; die **II**-Konz. war in der frühen Entbindungsphase auch höher als in später Entbindungsphase. Es bestanden keine Unterschiede in der oxytoc. Aktivität aus Blutproben während u. zwischen Uteruskontraktionen u. bei primiparen oder multiparen Frauen (mögliche Beeinflussungen von K^+, 5-Hydroxytryptamin, Acetylcholin u. Plasmakinin wurden ausgeschaltet; die Ergebnisse wurden am isolierten Rattenuterus gewonnen). Es ist also anzunehmen, daß eher **II** als **I** an dem Mechanismus des Wehenbeginns beteiligt ist. In Blutproben 1—5 Monate lang lactierender Frauen fanden sich ebenso **II** u. **I**. Es konnte jedoch kein Unterschied in den Blutspiegeln der oxytoc. Aktivität von **II** u. **I** vor oder nach dem Stillen erkannt werden, immerhin waren alle diese Werte bei nährenden Frauen höher als bei nichtnährenden. Es ergab sich allerdings keine signifikante Differenz in den 3 Werten zwischen Blutproben von voll- oder teilstillenden Müttern, noch zeigten sich Unterschiede zwischen primiparen u. multiparen Frauen.

U. TAUSENDFREUND. 4560□

Freisetzung von antidiuretischem Hormon infolge Hypothalamus-Reizung beim Hund. H. S. Fang, H. M. Liu und S. C. Wang. (Amer. J. Physiol. **202.** 212—16. Febr. 1962. Taiwan, Nat. Taiwan Univ., Coll. of Med., Dep. of Physiol.; New York City, N.Y., Columbia Univ., Coll. of Physic. and Surg., Dep. of Pharmacol.; engl.) — Bei 94 von 111 Hunden traten nach elektr. Reizung des Hypothalamus antidiuret. Wrkg. ein. Die Wrkg. einer 20 Sek. langen Reizung mit 7 V bei 50 Hz entsprach der einer i.v. Anwendung von 2,5 Millieinheiten *Pitressin*/kg. *n-Äthylnortropinbenzhydryl-ätherhydrobromid* u. *Dibenzylin*, nicht jedoch Atropin oder d-Hyoscyamin, wirkten (antagonistisch.

K. ZINGRAF. 4560□

Vergleich einzelner Hypophysen-Gonadotropin-Präparate und Bezugsproben aus gesammeltem Urin. Raymond C. Mellinger, Jalileh Mansour und Richmond W. Smith jun. (J. Lab. clin. Med. **58.** 942—43. Dez. 1961. Detroit, Mich.; engl.) — Vff. bestätigen die Übereinstimmung zwischen *Gonadotropin* (**I**)-Extrakten aus Hypophysen bzw. gesammelten ♂ Urinproben bei Best. nach dem Mäuseuterustest. **I**-Extrakte aus zwischenmenstrualem Harn gebärfähiger Frauen weichen stark von den Bezugsproben ab, wobei zwischen prä- u. postmenstrualen Proben kein Unterschied besteht. Obwohl starke individuelle Unterschiede in den **I**-Extrakten im Vgl. zu einer bestimmten Bezugsprobe auftreten, sind die Dosiskurven normaler ♂ u. ♀ Vers.-Personen ähnlich, weichen jedoch stark von denen ♀ Personen mit stark ausgeprägten sek. ♂ Geschlechtsmerkmalen ab.

G. KIRSTEN. 4560□

Hypophysengonadotropine während des Ovulationscyclus des Hausgeflügels. Keith E. Kirkham. (Endocrinology **68.** 350—53. Febr. 1961. Cambridge, England, School of Agric.; engl.) — Die Unters. der gonadotropen Aktivität (Best. durch den Samenbläschen- u. Uterus-Gew.-Test bei der unreifen Maus u. durch den Ovulationstest bei der schwangeren Maus) der Hypophysen 8 Std. vor oder 2 Std. nach der Ovulation getöteter Legehennen ergab höhere Werte für die erste Gruppe. Wegen der relativ unspezif. Test-Meth. war keine Entscheidung möglich, ob es sich bei dem vor der Ovulation abgegebenen *Gonadotropin* um Follikelstimulierungshormon oder Luteinisierungshormon handelte.

K. MAIER. 4560□

Ausscheidung des Follikelreifungshormons und des Luteinisierungshormons während verschiedener Phasen des normalen Menstruationscyclus. Melvin L. Taymor. (J. clin. Endocrinol. Metabolism **21.** 976—84. Aug. 1961. Boston, Mass., Peter Bent Brigham Hosp., Gyn.-Endocrine Labor.; Harvard Med. School, Dep. of Gynec.; engl.) — Als Beitrag zur Klärung der Natur der *Gonadotropin*-Ausscheidung beim Menschen wurden im biolog. Vers. (an hypophysektomierten, noch nicht geschlechtsreifen ♂ Ratten; Vgl. zwischen Gew. von Testes u. ventraler Prostata nach Harnextrakt-Einfl.) die Extrakte von Harnen aus der Follikelphase u. dem genauen Intermenstruum untersucht. Da die Wrkg. des Intermenstruum-Harns mehr dem von hypophysärem Luteinisierungshormon u. die Wrkg. des Follikelphasen-Harns mehr dem von hypophysärem Follikelreifungshormon ähnelt, wird damit die langgehegte Anschauung unterstützt, daß der

Intermenstruumgipfel der Gonadotropin-Ausscheidung tatsächlich von einem relativen Überwiegen des *Luteinisierungshormons* über das *Follikelreifungshormon* begleitet ist, u. daß ein quant. Unterschied der Gonadotropin-Ausscheidung in den beiden Phasen besteht. U. TAUSENDFREUND. 4560□

Follikelstimulierendes Hormon und Interstitialzellen stimulierendes Hormon in Hypophyse und Plasma intakter und ovarektomierter Eiweißmangelratten. Herbert H. Strebnik, Marjorie M. Nelson und Miriam E. Simpson. (Endocrinology **68.** 317—26. Febr. 1961. Berkeley, Calif., Univ. of California, Dep. of Anatom.; engl.) — Eiweißarme Diät ruft bei ♀ Ratten eine mäßige Zunahme des Geh. der Hypophyse an *Follikelstimulierendem Hormon* (**I**)/g Hypophysenvorderlappen oder pro mg Gewebe hervor. Der Geh. der Hypophyse an *Interstitialzellenstimulierendem Hormon* (**II**) war pro Hypophyse unverändert, /mg Gewebe aber erhöht. Ovarektomie von Eiweißmangelratten steigerte weiterhin den Geh. an **I** u. **II**, erhöhte den Geh. an zirkulierendem **I** u. war in der Hypophyse von typ. Kastrationsveränderungen begleitet. Diese morpholog. u. physiolog. Veränderungen zeigen, daß die Hypophyse selbst bei völligem Fehlen von Nahrungsprotein die Fähigkeit zur Rk. auf Reize mit verstärkter Synth. u. Abgabe von Gonadotropinen beibehält. K. MAIER. 4560□

Die biologische Bestimmung von Luteinisierungshormon. Stanley Ellis. (Endocrinology **68.** 334—40. Febr. 1961. Atlanta, Ga., Emory Univ., Dep. of Biochem.; engl.) — Als Index der von Hypophysen-*Luteinisierungshormon* (**I**) hervorgerufenen Hyperämie diente die Zunahme des Geh. an mit ^{131}J-jodiertem *Serumalbumin* (**II**) unreifer Rattenovarien (i.v. Injektion eines **I**-Präp. u. nach 2 Std. 2 μc ^{131}J-**II**, Excision beider Ovarien nach 15 Min., Messung des ^{131}J-Geh.). Die Regressionsgleichung ist $Y = 1900 \log X + 2300$ (Präzissionsindex 0,14). Keines der Hypophysenhormone, ausgenommen Follikelstimulierungshormon (**III**), stört die Ovar-Rk. auf **I**. Große **III**-Mengen stören. Nach Behandlung von gereinigtem **III** mit 6m Harnstoff (24 Std., 40°) ist die **III**-Aktivität unverändert, jedoch sind 75% des verunreinigenden **I** inaktiviert. Gereinigtes **I** wird unter gleichen Bedingungen zu 98% inaktiviert. K. MAIER. 4560□

Bemerkungen über das Prinzip der biologischen Bestimmung des LH durch den Test der Entfernung der Ascorbinsäure aus den Ovarien. J. Barry, C. Girod und G. Lefranc. (C. R. Séances Soc. Biol. Filiales **156.** 56—58. 1962, herausgeg. 20/5. Algier, Fac. de Méd., Labor. d'Histol.; franz.) — Vff. unterziehen die Meth. von PARLOW (Federat. Proc. **17.** [1958.] 402) zur quant. Best. des *Luteinisierungshormons* (*LH*) — Entfernung der *Ascorbinsäure* (**I**) aus dem Eierstock von unreifen Ratten, die mit dem Serum von schwangeren Stuten u. dem menschlichen Choriongonadotropin vorbehandelt sind — einer krit. Prüfung u. verwenden andere Jungtiere, die auf hormonale Vorbehandlung empfindlicher ansprechen. Anstelle von elektr. Photometern benutzen sie das Photometer von PULFRICH mit einem Filter von 520 mμ. Ergebnisse: Nur in 42% der Messungen waren die Ergebnisse an **I** aus dem rechten u. linken Eierstock prakt. identisch. Nur 10—25% der Werte sind sich untereinander annähernd gleich. In 10—15% der Fälle sind zwischen beiden Werten Differenzen von 30—60% zu finden.
P. NACHTWEY. 4560□

Der Einfluß von Alter, Geschlecht und Jahreszeit auf den Gehalt der menschlichen Hypophyse an luteinisierendem Hormon. Robert J. Ryan. (J. Lab. clin. Med. **58.** 955—56. Dez. 1961. Chicago, Ill.; engl.) — Der Geh. an *luteinisierendem Hormon* (**I**) in menschlichen Hypophysen wird bestimmt, u. zwar in ♂ Drüsen der Altersgruppen von 13—16, 19—40 bzw. 50—88 Jahren zu 0,45, 1,48 bzw. 2,15, in ♀ Drüsen der Altersgruppen von 0,09—5, 24—36, 48 bzw. 58—86 Jahren zu 0,37, 2,47, 3,16 bzw. 6,32 mg **I**/g Frischgewebe. Der **I**-Geh. schwankt jahreszeitlich u. ist im Spätherbst bis Frühwinter am höchsten u. am niedrigsten während der Sommermonate. Der jahreszeitliche Höchstgeh. an **I** komplementiert das Maximum der Geburtenrate im Spätsommer. G. KIRSTEN. 4560□

Akute Wasserbelastung als diagnostischer Test bei ungenügendem ADH-Syndrom. Winfried Y. Lee, Howard A. Grumer, David Bronsky und Sheldon S. Waldstein. (J. Lab. clin. Med. **58.** 937. Dez. 1961. Chicago, Ill.; engl.) — Ungenügende Sekretion von *antidiuret. Hormon* (*ADH*) in Fällen von nicht feststellbarer Hyponaträmie läßt sich nachweisen, indem den Vers.-Personen Leitungswasser bzw. 5%ig. wss. Dextrose-Lsg. (20 ml/kg) peroral bzw. i.v. verabreicht wird u. danach Urin- u. Serumproben untersucht werden. Kontrollpersonen zeigen promptes Fallen der Urinosmolalität, Anstieg in der Ausräumung von freiem W. u. damit Eliminierung der Wasserbelastung (52—98% innerhalb von 3 Std.). Bei ungenügender ADH-Sekretion bleibt der Urin hyperton., freies W. wird nicht ausgeräumt u. nur 22—69% der Wasserbelastung werden innerhalb von 3 Std. eliminiert. I.v. Injektion von 250 mg *Diphenylhydantoinhydrochlorid* ergibt volle ADH-Wrkg. bei kranken Personen. G. KIRSTEN. 4560□

Reaktionsfähigkeit der fötalen Hypophyse auf Stressreize. Kann das mütterliche adrenocorticotrope Hormon die Placenta durchqueren. S. Milkovic und K. Milkovic. (Proc. Soc. exp. Biol. Med. **107**. 47—49. Mai 1961. Zagreb, Univ. of Zagreb, Fac. of Pharmacy, Dep. of Pharmacol.; Med. Fac., Dep. of Biol.; engl.) — Vgl. C. **1962**. 6476 u. 10893. — Es wird gezeigt, daß die Placenta (bei Ratten) für *adrenocorticotropes Hormon* (*ACTH*) der Mutter nicht durchlässig ist: Stressreize (operative Manipulationen oder Injektion von 20 μg *Epinephrin*) führten nur beim intakten Rattenfötus (22. Trächtigkeitstag), nicht jedoch beim decapitierten Fötus zu einer Verarmung der Nebennieren an *Ascorbinsäure*; diese Verarmung konnte beim decapitierten Fötus durch Injektion von ACTH (50 Millieinheiten) in den Fötus nachgeholt werden. U. TAUSENDFREUND. 4560□

Mucopolysaccharidzunahme in extraokularem Muskel, Skelettmuskel und Schilddrüse durch schilddrüsenstimulierendes Hormon. Alfred J. Bollet, William H. Beierwaltes, Ralph F. Knopp, Josip Matovinovic und Harold R. Clure. (J. Lab. clin. Med. **58**. 884—91. Dez. 1961. Charlottesville, Va., Univ. of Virginia, Med. School, Dep. of Preventive Med. and Internal Med.; Ann Arbor, Mich., Univ. of Michigan Med. Center, Dep. of Internal Med.; engl.) — Die Wrkg. von *Thyreotropin* (I) auf die *Mucopolysaccharid* (II)-Konz. von Muskeln u. Schilddrüse wird in Zusammenhang mit der Exophthalmuspathogenese an Hunden untersucht. In Tieren, denen ein Teil der Schilddrüse entfernt wurde, zeigt sich ein beträchtlicher **II**-Anstieg im verbliebenen Organrest, der nach der Carbazol-Meth. der Uronsäure-Best. (Meth. a) 191%, nach der Orcinol-Meth. (Meth. b) 141% ausmacht. Im Hals- bzw. extraokularen Muskel beträgt die **II**-Zunahme 145 bzw. 56% nach Meth. a u. 12 bzw. 50% nach Meth. b. Nach Gaben von **I** + *Thyroxin* (III) an Hunde ohne Schilddrüse steigt die **II**-Konz. im Halsmuskel um 90 bzw. 69% nach Meth. a bzw. b. **III** allein ist auch in der 3fachen Menge ohne Wirkung. G. KIRSTEN. 4560□

Die Brenzcatechinamine Adrenalin und Noradrenalin im Harn des Kindes. H. Zeisel und H. J. Kuschke. (Klin. Wschr. **37**. 1168—70. 15/11. 1959. Würzburg, Univ. Kinderklinik u. Med. Univ.-Klinik; dt.) — Die Ausscheidung von *Adrenalin* (I) nimmt mit dem Alter des Kindes zu. Das Neugeborene zeigt oft keine **I**-Ausscheidung. Der **I**-Anteil an der Gesamtbrenzcatechinausscheidung beträgt beim Säugling 11%, beim Kleinkind 13% u. beim Kind 20%. Auf das Körper-Gew. bezogen scheiden Säuglinge u. Kleinkinder 3—4mal mehr *Noradrenalin* aus als Kinder u. Jugendliche. W. HILLER. 4561□

Schwelleneffekt von subkutanem Adrenalin, Noradrenalin und Isoprenalin auf die Wasserdiurese bei Ratten. Regina M. Botting und Mary F. Lockett. (Arch. int. Physiol. Biochim. **69**. 36—45. Febr. 1961. London, Chelsea Coll. of Sci. and Technol., Dep. of Physiol. and Pharmacol.; engl.) — (—)-*Adrenalin* (I) übt bei subkutaner Injektion an Ratten in Dosen von 5—30 μg/100 g eine antidiuret. Wrkg. aus, die bei Dosisanstieg verringert wird u. zwischen 50 u. 200 μg einer diuret. Wrkg. Platz macht. Die **I**-Wrkg. wird durch Entfernung von Hypophysenhinterlappen, Nebennieren, durch partielle Hepatektomie oder Entfernung der afferenten Nerven am Injektionsort nicht beeinflußt u. ist deshalb in Veränderungen in der Niere selbst zu suchen; sie wird durch leicht hypnot. wirkende Dosen von *Pentobarbiton* u. *Urethan* u. durch *A*. gehemmt. 0,15—1,0 μg (±)-*Isoprenalin*/100 g üben eine antidiuret. u. 3—5 μg (—)-*Noradrenalin* pro 100 g eine diuret. Wrkg. aus; beide verändern ihren Wrkg.-Charakter nicht. U. TAUSENDFREUND. 4561□

Mikrobiologische Umwandlung von Cortison mit Hilfe der Mycobakterien B_5. 10. Mitt. Steroide. N. N. Ssuworow, W. M. Nowikowa, L. W. Ssokolowa und N. F. Kowylkina. (Медицинская Промышленность СССР [Med. Ind. UdSSR] **14**. Nr. 1. 22 bis 24. Jan. 1960. Chem.-Pharmazeut. Ordshonikidse-Allunions-Forsch.-Inst.; russ.) — *Cortison* wurde 48 Std. der Einw. einer Kultur von Mycobakterien B_5 in einem SOTON-Medium (pH 7,2; 36°) unter Durchleiten von Luft ausgesetzt. Dabei wurde ein einheitlicher unbekannter Stoff erhalten, der bei Chromatographie mit Formamid–Bzl. ein R_F = 0,3 (bezogen auf Cortison) besitzt. Als Derivv. wurden ein *2.4-Dinitrophenylhydrazon* [F. 181°] u. ein *Acetat* [F. 242—243° (A.); R_F = 1,45 (bezogen auf Cortisonacetat)] dargestellt. M. Windt. 4561□

Bindegewebe. 4. Mitt. Wirkung des Alters auf die chemische Hautreaktion gegenüber Nebennierenhormonen. P. Sethi, E. R. Ramey und J. C. Houck. (Proc. Soc. exp. Biol. Med. **108**. 74—77. Okt. 1961. Washington, D.C., Children's Hosp. Res. Found., Biochem. Res. Labor.; Georgetown Univ., Med. Center; engl.) — 3. vgl. Proc. Soc.

exp. Biol. Med. **105.** [1960.] 280. — *Hydrocortison* u. *Desoxycorticosteroid* (*Doca*) üben bei täglicher Verabreichung einen Einfl. auf die chem. Hautkomponenten der Ratte aus. Es kommt zur Verminderung des Geh. an Gesamt- u. unlösl. *Kollagen* der Haut; die Veränderung im Gesamt-*Hexosamin*-Geh. (Verminderung bei jungen, Vermehrung bei älteren Tieren) erwies sich als altersabhängig. Unterschiede in der Wrkg. der beiden Hormone zeigten sich nur beim Anstieg des *Hydroxyprolin/N*-Quotienten, der nur bei alten Tieren u. nur auf Doca anstieg. U. TAUSENDFREUND. 4561☐

Hemmung der durch Proteuslipopolysaccharide gesteigerten Leukocytenemigration in vitro durch antiinflammatorische Corticosteroide. B. Schär und R. Meier. (Experientia [Basel] **16.** 315—16. 15/7. 1961. Basel, Ciba AG., Pharmazeut. Abt., Forsch.-Labor.; dt.) — Die Wanderung von Leukocyten aus dem buffy coat von Hühnerblut wird durch *Cortison* (I) meist leicht gehemmt. I bewirkt jedoch (in Konzz. von 10^{-4} bis 10^{-6}) eine regelmäßige u. ausgeprägte Hemmung der durch *Proteuslipopolysaccharid* gesteigerten Auswanderung der Leukocyten; andere entzündungshemmend wirkende Steroide haben eine gleiche Wrkg. (am stärksten *Dexamethason*; *Dihydrocortison* ohne Wrkg.). Die Hemmung der gesteigerten Leukocytenemigration durch Corticoide in vitro kann als typ. Ausdruck der Wrkg. entzündungshemmender Steroide angesehen werden, ohne daß aber die entzündungshemmende Wrkg. auf die Leukocyten oder auf andere entzündliche Erscheinungen in vivo allein in einer Wrkg. dieses Charakters bestehen muß. U. TAUSENDFREUND. 4561☐

Einfluß von Leberschäden auf experimentelle Desoxycorticosteron-Hypertension in der Ratte. H. F. Loyke und J. S. Mackrell. (J. Lab. clin. Med. **58.** 871—75. Dez. 1961. Cleveland, Ohio, St. Vincent Charity Hosp., Res. Dep.; engl.) — *Desoxycorticosteron* (I)-Hypertension wird in ♂ Ratten durch Einpflanzen von I-*Acetat*-Pillen hervorgerufen, wobei der Blutdruck auf über 170 mm Hg-Säule ansteigt. Nach wiederholter Injektion von CCl_4 (0,15 ml/kg Körper-Gew.) tritt selbst nach 6monatiger Hypertension oder metacorticoider Hypertension eine Blutdrucksenkung um 49 mm Hg auf, wobei der *Serumglobulin*-Geh. der Vers.-Tiere ansteigt. Die beobachteten morpholog. Veränderungen werden diskutiert. G. KIRSTEN. 4561☐

Anhaltende Kontrolle von Cushing-Syndrom mittels „medizinischer Adrenalektomie", hervorgerufen durch Triparanol. Holbrooke S. Seltzer und James C. Melby. (J. Lab. clin. Med. **58.** 957. Dez. 1961. Dallas, Tex., and Little Rock., Ark.; engl.) — Die Verabfolgung von 2—4 g *Triparanol* (I; MER/29) pro Tag an Vers.-Personen mit CUSHING-Syndrom ermöglicht bis zur Dauer von 5 Monaten eine adrenocorticale Unterdrückung, wobei unmittelbare Wrkg. eintritt u. eine red. I-Dosis die Ausscheidung von *17-Hydroxycorticosteroiden* (IV) in normalen Grenzen hält. Die I-Wrkg. ist reversibel u. die IV-Ausscheidung erreicht nach Beendigung der I-Verabfolgung innerhalb 1 Woche ihren alten Wert. Zu Beginn der I-Verabfolgung sinkt der Serum-*Cholesterin* (II)-Geh. leicht ab. 26—43% des *Desmosterin* (III)-II-Komplexes im Serum bestehen aus III. G. KIRSTEN. 4561☐

Wirkung von Prednison auf die Hypercalciurie der Wilsonschen Krankheit (hepatolentikuläre Degeneration). Raymond V. Randall, Norman P. Goldstein, John B. Gross, John W. Rosevear und Warren F. McGuckin. (J. Lab. clin. Med. **58.** 951. Dez. 1961. Rochester, Minn.; engl.) — *Prednison*-Gaben führen bei Vers.-Personen mit WILSONscher Krankheit zu einem leichten Anstieg der *Ca*-Ausscheidung durch den Harn bei gleichzeitig erhöhter Ca-Resorption aus dem Verdauungstrakt. Dieser Effekt ist dem bei Sarcoidosie beobachteten entgegengesetzt. G. KIRSTEN. 4561☐

Radiojod-Gleichgewichtsuntersuchungen an Schilddrüse und Blut. Rosalind Pitt-Rivers und J. E. Rall. (Endocrinology **68.** 309—16. Febr. 1961. Bethesda, Md., Nat. Inst. of Arthritis and Metabolic Diseases, Clin. Endocrinol. Branch; engl.) — Die jodierten Aminosäuren von Schilddrüse u. Blut der Ratte wurden mittels einer Isotopengleichgewichts-Meth. untersucht. *Jodid*, *Monojodtyrosin*, *Dijodtyrosin*, *Thyroxin* (I) u. *3'.3.5-Trijodthyronin* (II) machen 13, 20, 46, 18 u. 3% des Schilddrüsen-*J* aus, I ca. 80% des Blut-*J*, II 3,5% u. die jodierten Tyrosine 0—4%. Diese Zahlen decken sich mit der Annahme, daß bei der Ratte I u. II je zur Hälfte zur gesamten physiolog. Aktivität der Schilddrüsenhormone beitragen. K. MAIER. 4562☐

Korrelation der Schilddrüsenfunktion mit der Sauerstoffaufnahme von Leukocyten des Menschen. W. D. Alexander und Sheenah K. Bisset. (Quart. J. exp. Physiol. cognate med. Sci. **46.** 46—49. Jan. 1961. Glasgow, Gardiner Inst. of Med. and Dep. of Biochem., Western Infirmary; engl.) — Der O_2-Verbrauch von Leukocyten steht in Korrelation zum Grundumsatz. Während der O_2-Verbrauch von euthyroiden Patienten 0,119 μMol/Std./10^7 Leukocyten beträgt, sind die Werte für hyperthyroide

Patienten 0,185 u. für myxödematöse Patienten 0,083. Bei Behandlung normalisieren sich die Werte entsprechend. L. LACHHEIN. 4562 □

Zustand der Schilddrüse und Glucoseoxydation durch das Blut. T. W. Redding und P. C. Johnson. (Proc. Soc. exp. Biol. Med. **109.** 153—56. Jan. 1962. Houston, Texas, Baylor Univ., Coll. of Med., Dep. of Med.; Methodist Hosp.; engl.) — Die Oxydation von *Glucose* (I) durch den Hexosemonophosphat-Nebenweg wurde durch Messung der Bldg. von $^{14}CO_2$ aus $^{14}C_{(1)}$-I, welches Methylenblau-behandeltem Blut zugesetzt wurde, untersucht. Im Blut von Patienten mit Thyreotoxikose u. von Trijodthyronin-behandelten Normalpersonen wurde eine signifikante Abnahme der Bldg. von $^{14}CO_2$ in den ersten Std. der Inkubation festgestellt. K. ZINGRAF. 4562 □

Behandlung von thyreotropem Exophthalmus mit Dextrothyroxin. Joseph H. Skom, Robert Dowben, David Shoch und Ralph E. Dolkart. (J. Lab. clin. Med. **58.** 958. Dez. 1961. Chicago, Ill.; engl.) — Vff. beschreiben therapeut. Verss. bei der Behandlung von thyreotropem Exophthalmus mit *D-Thyroxin*, das nur ca. die Hälfte der TSH-inhibierenden Wrkg. des *L-Isomeren* besitzt, jedoch in wesentlich größeren Dosen verabreicht werden kann. G. KIRSTEN. 4562 □

Schilddrüsenfunktion und Jodstoffwechsel bei der Larve eines Cyclostomen (Petromyzon planeri Bl.). Gaetano Salvatore, Italo Covelli, Luigi Sena und Jean Roche. (C. R. Séances Soc. Biol. Filiales **153.** 1686—92. 1959, herausgeg. 18/3. 1960. Naples, Univ., Stat. Zool. u. Inst. de Pathol. générale; franz.) — Larven von *Petromyzon planeri Bl.*, welche in W. mit Zusatz von $Na^{131}J$ eingetaucht wurden, banden $Na^{131}J$ im Endostyl u. synthetisierten markiertes *3-Monojodtyrosin, 3.5.3'-Trijodthyronin* (I) u. *L-Thyroxin* (II). Diese Hormone wurden durch die Gewebe gebunden, wobei I rascher abgebaut wurde als II. Die Funktion des Endostyls scheint der einer Schilddrüse zu entsprechen. K. ZINGRAF. 4562 □

Wirkung von Schilddrüsenhormon auf die Bahnen der Glucoseoxydation bei der intakten Ratte. Thomas Necheles, James Spratt, Elizabeth Ford und Ernest Beutler. (Proc. Soc. exp. Biol. Med. **109.** 114—15. Jan. 1962. Chicago, Ill., Argonne Cancer Res. Hosp.; Univ. of Chicago, Dep. of Med. and Pharmacol.; engl.) — Nach 7tägiger Verabreichung von 250 μg *3.3'.5'-Trijod-L-thyronin* war bei Ratten die Oxydations-Geschw. des $C_{(1)}$- u. $C_{(6)}$-Atoms von *Glucose* (I) in gleichem Maße erhöht, bei thyreoidektomierten Tieren dagegen war die Oxydation des $C_{(1)}$-Atoms stärker verringert als die des $C_{(6)}$-Atoms. Beim euthyreoiden Tier scheint die Oxydation des $C_{(1)}$-Atoms von I dem Einfl. der Schilddrüse unterworfen zu sein. K. ZINGRAF. 4562 □

Die Wirkung intravenöser Injektionen von Trijodthyroessigsäure und 1-Trijodthyronin auf den Sauerstoffverbrauch zirkulierender Leukocyten des Menschen. Sheenah K. Bisset und W. D. Alexander. (Quart. J. exp. Physiol. cognate med. Sci. **46.** 50—53. Jan. 1961. Glasgow, Gardiner Inst. of Med. and Dep. of Biochem., Western Infirmary; engl.) — Vgl. C. **1961.** 15090. — Sowohl *Trijodthyroessigsäure* als auch *1-Trijodthyronin* bewirkten nach i. v. Injektion bei myxödematösen Patienten bereits nach 30 Min. einen deutlichen Anstieg des O_2-Verbrauchs der Leukocyten. Der Grundumsatz erhöht sich wesentlich langsamer. L. LACHHEIN. 4562 □

Die Wirkung von Jodchlorhydroxychinolin, Dijodhydroxychinolin und Dichlorhydroxychinaldin auf die Radiojodaufnahme der Schilddrüse. H. Castenfors und A. M. Allgoth. (Scand. J. clin. Lab. Invest. **9.** 270—72. 1957. Stockholm, St. Eriks sjukhus, 2. Med. Dep.; engl.) — Eine vergleichende Unters. der Wrkg. von *Jodchlorhydroxychinolin* (I), *Dijodhydroxychinolin* (II) u. *Dichlorhydroxychinaldin* (III) auf die ^{131}J (trägerfrei)-Aufnahme der Schilddrüse bei 13 Patienten ergab eine Verminderung derselben auf subnormale Werte durch therapeut. I- u. II-Dosen. Die Hemmwrkg. von II war in 2 Fällen 2 Monate lang nach der Zufuhr feststellbar. Die Wrkg. beruht wahrscheinlich auf einer geringfügigen J-Abspaltung aus dem organ. Kern, da III die J-Aufnahme nicht beeinflußte. K. MAIER. 4562 □

Dosisempfindlichkeitsbeziehung für Pancreozymin in der Hundebauchspeicheldrüse. Nachweis von Receptorcentren. Armand Littman, Donald H. Hanscom und David Morowitz. (J. Lab. clin. Med. **58.** 939. Dez. 1961. Hines, Ill.; engl.) — Nach i. v. Dosen von *Pancreozymin* (I) zwischen 0,25—8,0 mg/kg Körpergewicht bei gleichzeitiger kontinuierlicher Infusion von *Secretin* in Salz-Lsg. werden bei Hunden Empfindlichkeitskurven für die Enzymausscheidung durch die Bauchspeicheldrüse (BS) bestimmt. Die beobachtete Empfindlichkeit ist nur bei niedrigen I-Dosen einheitlich u. steht bei höheren Dosen in keiner Beziehung zum resektierten BS-Anteil oder -Gewicht. Vff. postulieren sog. I-Receptorcentren in der BS, die bei höheren I-Dosen infolge „Sättigung" zu geringerer Empfindlichkeit führen können. G. KIRSTEN. 4564 □

Wirkung isotonischer Salzlösung auf den Stoffwechsel intravenöser Hexosen in gesunden Hunden. Harry F. Weisberg und Charlotte M. Kaplan. (J. Lab. clin.

Med. 58. 970—71. Dez. 1961. Chicago, Ill.; engl.) — Nach 5std. Infusion von 10% ig. *Hexose*-Lsg. [*Glucose* (I), *Fructose* (II) u. *Galaktose* in wechselnder Zus.] in dest. W. oder isoton. Salz-Lsg. (NaCl) in Mengen von 1,0 g/kg Körpergewicht/Std. zeigen sich Unterschiede im *Glykogen* (III)-Geh. der Leber. Der III-Geh. nach I-Infusion in NaCl beträgt nur 63% von dem nach I-Gaben in Wasser. II in NaCl führt zu III-Geh. von 153% gegenüber II in Wasser. Die niedrigsten III-Werte werden nach I in NaCl, II in W. u. I in W. gefunden, die höchsten nach *Invertzucker* in W. oder NaCl bzw. II in NaCl.
G. KIRSTEN. 4564□

Einfluß der Glutaminsäure auf den Gehalt an Ammoniak, Glutamin, Harnstoff, Zucker, Milchsäure und Acetonkörpern im Blut von depankreatisierten Hunden. N. B. Koslow. (Вопросы Медицинской Химии [Fragen med. Chem.] 8. 204—10. März/April 1962. Smolensk, Med. Inst., Lehrstuhl für Biochemie; russ., Auszug: engl.) — Bei Hunden erhöhte sich nach Pankreasektomie der Geh. an *Glucose* (I) 3,7 mal, *Milchsäure* (II) 1,2 mal, *Acetonkörper* (III) 13 mal, N 2,2 mal, *Glutamin* (IV) u. *Harnstoff* (V) geringfügig. Der *Harnzucker*-Geh. betrug 8—10%. *Glutaminsäure*-Injektion von 0,5 g/kg verringerte den Geh. an N um 21%, an III um 22%, an I um 40 mg%. Der Geh. an IV erhöhte sich um 53%, während der Geh. an II u. V unverändert blieb.
I. v. KLOCH-KORNITZ. 4564□

Thermoglykämische Reaktion und das adrenergische System bei Tauben. Sukhen Chaudhuri und D. P. Sadhu. (Quart. J. exp. Physiol. cognate med. Sci. 46. 8—12. Jan. 1961. Calcutta, Bengal Vet. Coll., Dep. of Physiol. and Nutrit; engl.) — Tauben wurden nach Kontrollmessungen bei 32° $2^1/_2$ Std. Temp. von 45 bzw. 48° ausgesetzt. Während Körper-Temp., Herzfrequenz, Erythrocytenzahl, Hämoglobin-Konz., Hämatokritwert, spezif. Gew. des Gesamtblutes u. des Plasmas u. die Plasmaprotein-Konz. durch die höhere Umgebungs-Temp. nicht beeinflußt werden, steigt der Blutzucker bei einer Exposition bei 45° auf 156,9 u. bei 48° auf 176,2 mg% gegenüber 117,2 mg% bei den Kontrollen. Durch *Ansolysen* u. *Ergotamintartrat* wird die thermoglykäm. Rk. unterdrückt.
L. LACHHEIN. 4564□

Die Veränderung des Glykogengehaltes in der Leber und in den Muskeln der an Kälte adaptierten und nichtadaptierten Tiere. L. A. Gussewa. (Вопросы Медицинской Химии [Fragen med. Chem.] 8. 199—204. März/April 1962. Moskau, Akad. der med. Wiss. der UdSSR, Inst. für Arbeitshygiene u. Prophylaxe, Labor. für industr. Mikroklima; russ., Auszug: engl.) — Die Adaption von weißen Mäusen an Kälte (2 Std. —5°, 11 Tage) fand im Winter nach 2, im Sommer nach 5 Tagen statt. Der *Glykogen*-Geh. in der Leber war bei adaptierten (a) u. nicht adaptierten Tieren (b) im Winter um 40% höher als im Sommer (40 bzw. 23 mg/g frisches Gewebe), in den Muskeln stabil. Er verringerte sich in der Leber bei Unterkühlung (—5°) in der 1. Std. bei a um 29%, bei b um 79%, in der 2. Std. bei a um 89%, bei b um 91%, in den Muskeln bei a u. b um 75 bzw. 68%.
I. v. KLOCH-KORNITZ. 4564□

Arterio-venöse Unterschiede im Blutzucker des Hundes. Einfluß von Glukagon. P. Lefebvre. (Arch. int. Physiol. Biochim. 70. 292—95. März 1962. Liège, Univ., Dép. de Clin. et de Pathol. Méd., Inst. de Méd.; franz.) — Der arterio-venöse Unterschied im *Blutzucker* des Hundes, gemessen in der Pfote, wurde durch 10 µg *Glukagon*/kg i. v. stärker vergrößert als durch 30 Min. lange i. v. Perfusion mit 5% ig. *Glucose*-Lösung.
K. ZINGRAF. 4564□

Glucosamin- und Acetylglucosamin-Toleranz im Menschen. Richard M. Levin, Norman N. Krieger und Richard J. Winzler. (J. Lab. clin. Med. 58. 927—32. Dez. 1961. Chicago, Ill., Univ. of Illinois, Coll. of Med., Dep. of Biol. Chem.; engl.) — Nach i. v. Verabfolgung von 12—20 g *Glucosaminhydrochlorid* (I) oder *N-Acetylglucosamin* (II) beträgt die Halbwertszeit für I bzw. II im Blutstrom 150 bzw. 220 Minuten (Kurven). Gleichzeitige Verabfolgung von 7 Einheiten *Insulin* hat keinen Einfl. auf das Verschwinden von II, erhöht jedoch leicht die Entfernung von I aus dem Blutkreislauf. Etwa 50% des I u. II werden innerhalb von 12 Std. unverändert mit dem Harn ausgeschieden. Das Schicksal der nicht ausgeschiedenen Anteile ist unbekannt. Mögliche Rkk. dieses Anteils werden diskutiert.
G. KIRSTEN. 4564□

Pathogenese der Hyperglykämie, hervorgerufen an Hunden durch ein Insulin-Antiserum. Takeshi Moriwaki und Jack R. Leonards. (J. Lab. clin. Med. 58. 945—46. Dez. 1961. Cleveland, Ohio; engl.) — Die Potenz eines in Meerschweinchen erzeugten *Insulin* (I)-Antiserums wird mittels verschiedener Meth. festgestellt. 30 ml des Antiserums, die ca. 60 I-Einheiten neutralisieren können, verursachen nach i. v. Verabfolgung bei Hunden allmählichen Anstieg des Blutzucker-Geh. (maximal 250 mg% nach $1^1/_2$ Std.) u. entsprechenden *Glucose* (II)-Ausstoß der Leber sowie Veränderungen in der peripheralen II-Nutzung. Normales Meerschweinchenserum ruft keinerlei Hyperglykämie oder Änderungen im hepat. II-Ausstoß hervor.
G. KIRSTEN. 4564□

Periodische Ödeme und reaktive Hypoglykämie. Jack H. Mostow, George J. Hamwi und Thomas G. Skillman. (J. Lab. clin. Med. **58.** 946. Dez. 1961. Columbus, Ohio; engl.) — Die Zusammenhänge zwischen period. Ödemen u. reakt. Hypoglykämie werden mittels Glucoseverträglichkeitstest an Hand des *Glucose*-Blutspiegels u. bzgl. weiterer Änderungen im Stoffwechsel untersucht. G. KIRSTEN. 4564□

Die Verteilung und Ausscheidung von Insulin bei Diabetikern und Nichtdiabetikern mit nephrotischem Syndrom. John R. Petersen und Norman H. Engbring. (J. Lab. clin. Med. **58.** 949. Dez. 1961. Milwaukee, Wis.; engl.) — 30 Min. nach Injektion von ^{131}*J-Insulin* (I) ist die im Blut mit Trichloressigsäure fällbare Radioaktivität am höchsten bei Diabetikern (a) u. am niedrigsten in nichtdiabet. nephrot. Vers.-Personen (b), fällt danach jedoch bei beiden nur langsam im Vgl. zu gesunden Personen ab. Auf diese Weise lassen sich I-bindende Proteine im Blut u. Harn von a nachweisen, dagegen solche mit nichtspezif. (?) I-bindenden Eigg. bei b nur im Harn. Die Harnausscheidung von I durch a u. b steht in direkter Beziehung zum Ausmaß der beobachteten Proteinurie, hält bis zu 10 Std. nach I-Zufuhr an u. tritt nicht bei nichtnephrot. Personen auf. Die klin. Aspekte dieser Ergebnisse werden diskutiert. G. KIRSTEN. 4564□

Die Wirkung von Insulin auf die Glucokinaseaktivität von Geweben von skorbutischen Meerschweinchen. Sachchidananda Banerjee und Pulak Kumar Ghosh. (J. Sci. ind. Res. [New Delhi], Sect. C **20.** 193—94. Juni 1961. Bikaner, Bikaner Med. Coll., Dep. of Physiol.; engl.) — Vff. bestimmten an normalen u. skorbut. Meerschweinchen die *Glucokinase* (I)-Aktivität in Leber, Skelettmuskel u. Hirn, u. untersuchten die Wrkg. einer verlängerten *Insulin* (II)-Behandlung auf die I-Aktivität der genannten Gewebe bei skorbut. Tieren. In Leber u. Skelettmuskel von skorbut. Tieren konnten Vff. einen markanten Abfall der I-Aktivität feststellen; nach Behandlung dieser Tiere mit II kehrte die I-Aktivität zum normalen Spiegel zurück. Die I-Aktivität im Hirn war bei Skorbut unbeeinflußt, so hatte hier II keine Wirkung. Vff. glauben, daß die unterdrückte I-Aktivität der untersuchten Gewebe einem Mangel an II zuzuschreiben ist. G. BRATFISCH. 4564□

Wirkung von l-Leucin auf den Insulineffekt im Plasma und auf die Glucoseaufnahme durch Zwerchfell und Fettgewebe. A. M. Castrillon, M. C. Garcia-Fernandez, R. R-Candela und J. L. R-Candela. (Proc. Soc. exp. Biol. Med. **109.** 172—74. Jan. 1962. Madrid, Spain, Inst. G. Marañon; engl.) — Bei Ratten bewirkte i. v. Injektion von *l-Leucin* (I) eine Zunahme der *Insulin*-Aktivität des Plasmas u. der *Glucose* (II)-Aufnahme durch das Zwerchfell u. das Fettgewebe. Die I-Aufnahme wird auch durch Zusatz von I zum KREBS-HENSELEIT-Puffer der Inkubations-Lsg. erhöht. K. ZINGRAF. 4564□

Herz- und Kreislaufreaktionen auf Insulin bei Fehlen einer Hypoglykämie. Santiago A. Pereda, John W. Eckstein und François M. Abboud. (Amer. J. Physiol. **202.** 249—52. Febr. 1962. Iowa City, Iowa, State Univ. of Iowa, Coll. of Med., Dep. of Int. Med., Cardiovasc. Res. Labor.; engl.) — Bei leicht narkotisierten, mit *Gallamin* behandelten Hunden mit Hypoglykämie bzw. ohne Hypoglykämie trat 2—9 Min. nach i. v. Injektion von *Insulin* (I) eine Zunahme des arteriellen Blutdrucks, des rechten Vorhofdrucks u. des Herzminuten-Vol. ein, die durch Glukagon nicht beeinflußt, durch *Phentolaminmethansulfonat*, *Trimethidiniummethosulfat* oder *Pentobarbital* dagegen aufgehoben wurde. I. v. unwirksame Dosen von I waren bei Injektion in die Arteria carotis wirksam. Die Ergebnisse lassen vermuten, daß I eine direkte Wirkung auf das Gehirn hat. K. ZINGRAF. 4564□

Untersuchung über den Wirkungsmechanismus der blutzuckersenkenden Arylsulfonylharnstoffe. H. C. Plattner. (Helv. med. Acta **26.** 829—59. Dez. 1959. Genève, Clin. univers. de Méd. intern.; franz.) — Die systemat. Analyse der Unterss. über die Wrkg. der *Sulfonylharnstoffe* (I) auf die gesamte Bauchspeicheldrüse, die A- u. B-Zellen der LANGERHANS-Inseln, die Leber, sowie auf die verschiedenen in die Glykoregulierung eingreifenden endokrinen Drüsen machen eine I-Stimulierung der B-Zellen sehr wahrscheinlich. Zahlreiche experimentelle Beobachtungen lassen sich aber nur durch eine weitere, sek. Wrkg. auf den Intermediärstoffwechsel, z. B. Hemmung der Glykoneogenese, deuten. — 104 Literaturangaben. K. MAIER. 4564□

Eine Untersuchung der Wirkung hypoglykämisch wirkender Biguanid- und Sulfonylharnstoffverbindungen auf die oxydative Phosphorylierung. A. B. Falcone, Rose L. Mao und Earl Shrago. (J. biol. Chemistry **237.** 904—09. März 1962. Madison, Wis., Veterans Admin. Hosp., Metabolic Res. Labor., and Univ. of Wisconsin, Med. School, Dep. of Med.; engl.) — *Phenäthylbiguanid*, *Decamethylendiguanidin*, *Amylbiguanid* u. *Isoamylbiguanid* hemmen die Oxydation von *L-Glutamat* (I), *DL-β-Hydroxybutyrat* (II) u. *Succinat* (III), jedoch bleiben die P/O-Werte aufrechterhalten. Die

Biguanide (**VI**) hemmten mitochondriale, durch den Einbau von *^{32}P-Orthophosphat* (**IV**) in *Adenosin-5'-triphosphat* (**V**) u. den Verlust von *^{18}O* aus Orthophosphat gemessene, Austauschreaktionen. Die Hemmung des *^{32}P*-**IV**–**V**-Austauschs durch KCN u. **VI** war additiv. Die Sulfonylharnstoff-Verbb. *1-Butyl-3-[p-tolylsulfonyl]-harnstoff* (*Tolbutamid*) u. *3-Amino-4-methylbenzolsulfonylcyclohexylharnstoff* (*Metahexamid*) hemmten die Oxydation von **I**, **II** oder **III** nicht. Die P/O-Werte waren erniedrigt. Die durch Einbau von *^{32}P*-**IV** in **V** u. Abnahme von **IV**-*^{18}O* gemessenen Austausch-Rkk. wurden von diesen Verbb. gehemmt. Bei der Hemmung der Austausch-Rkk. erfolgte eine erhebliche **V**-Hydrolyse. Zusatz von 2.4-Dinitrophenol (**VII**), Salicylat (**VIII**) oder eines Sulfonylharnstoffs hoben die von **VI** bewirkte Hemmung auf. **VI** hemmten die in Ggw. von **VII**, **VIII** oder Sulfonylharnstoff-Verbb. (**IX**) beobachtete Oxydation. **VI**-Zusatz verringerte die Geschw. der **V**-Hydrolyse in Ggw. von **VII** nicht. Es wird angenommen, daß **VI** durch Verhinderung der Rk. einer energiereichen, an der oxydativen Phosphorylierung beteiligten Zwischenverb. wirkt u. letztere in der Rk.-Folge zwischen Elektronentransport u. Ort der **VII**-Wrkg. liegt. Die Wrkg. von **VI** u. **IX** auf die oxydative Phosphorylierung ist möglicherweise für deren hypoglykäm. Effekt von Bedeutung. K. MAIER. 4564□

Verhinderung der ^{131}J-Insulin-Adsorption an Glas. Ralph Wiseman jun. und Barbara E. Baltz. (Endocrinology **68.** 354—56. Febr. 1961. Memphis, Tenn., VA Med. Teaching Group. Hosp., Radioisotope Serv.; engl.) — Menschliches *Serumalbumin* (**I**; Endkonz. 0,5 mg/ml) verhindert die Adsorption von *^{131}J-Insulin* (**II**) an Glasoberflächen. Nach 30 Min. langer Inkubation von **II** im Becherglas (Phosphatpuffer, pH 7,6, 37°) in Ggw. von **I** waren 95,8% **II** mit Trichloressigsäure fällbar. Wahrscheinlich eignet sich menschliches **I** zum Schutz von *^{131}J*-**II**-Standard-Lsgg. usw. K. MAIER. 4564□

Bedingungen, die die in vitro-Freisetzung von Histamin aus allergischem menschlichem Blut beeinflussen. Kenneth P. Mathews, Suzanne K. Knowlton und Carol L. Kline. (J. Lab. clin. Med. **58.** 940—41. Dez. 1961. Ann. Arbor, Mich.; engl.) — Die Plasma-*Diaminoxydase*-Aktivität sowie *Histamin* (**I**)-zerstörende Faktoren haben keinen Einfl. auf die **I**-Freisetzung aus menschlichem Blut, jedoch findet beträchtliche **I**-Freisetzung aus den Blutzellen statt, wenn diese mit TYRODE-Lsg. plasmafrei gewaschen werden. Der Effekt ist von der zugesetzten Antigenmenge abhängig u. verläuft rascher bei höherer Antikörperkonzentration. Mit teilweise gereinigten Pflanzenextrakten wie z. B. *Trifidin A* oder Pflanzenpollen u. Blut einer gerbsäureallerg. Vers.-Person werden **I**-Freisetzungskurven erhalten, deren Reproduzierbarkeit eine Unterscheidung zwischen Allergenmengen von bis zu 16% zuläßt u. sich somit günstig mit dem Hautreaktionstest vergleicht. G. KIRSTEN. 4569□

Beobachtungen über das Schicksal peroral verabreichten 4-Hydroxytryptophans beim Menschen. V. Erspamer und M. B. Nobili. (Experientia [Basel] **17.** 351—52. 15/8. 1961. Parma, Univ. di Parma, Ist. di Farmacol.; engl.) — Vgl. C. **1961.** 16514. — Nach peroraler Verabreichung von *4-Hydroxytryptophan* (**I**; bis zu 1 g führen zu keiner sichtbaren pharmakolog. Wrkg.) kann beim Menschen die Ausscheidung von *4-Hydroxyindolylessigsäure* (in einer Menge, die 10—12% der zugeführten **I**-Dosis entspricht) beobachtet werden; unverändertes **I** wird nur zu 1,3—2,2% der zugeführten **I**-Menge ausgeschieden; *4-Hydroxytryptamin* taucht in einer Menge von weniger als 1% der **I**-Dosis auf; daneben findet sich ein noch unbekannter Metabolit von **I** in großen Mengen, vermutlich ein Säurekonjugat, dessen Identifizierung noch aussteht.
U. TAUSENDFREUND. 4569□

Der Serotoningehalt im Blut bei Magenresezierten. E. Schmid, H. Kinzelmeier und I. Seng. (Experientia [Basel] **15.** 230—31. 15/6. 1959. Erlangen, Med. Univ. Klin.; dt.) — Der *Serotonin* (**I**)-Geh. des Blutes wurde bei 45 Magenoperierten im Alter von 32—70 Jahren bestimmt. Der Eingriff lag 10 Tage bis 34 Jahre zurück. Die **I**-Geh. des Blutes lagen bei 68 ± 10 mμg/ml, bei normalen Personen bei 127 ± 9. Der **I**-Geh. war nicht vom Alter u. von der Zeit, die seit der Operation vergangen war, abhängig. Der **I**-Geh. hatte keinen Einfl. auf die Blutstillung. W. HILLER. 4569□

Wirkung von intraartikulärem Serotonin und konkurrierender Amine auf Bindegewebsproliferation in den Gelenken von Kaninchen. Charley J. Smyth, Oren B. Gum und Paul K. Hamilton. (J. Lab. clin. Med. **58.** 958—59. Dez. 1961. Denver, Colo.; engl.) — Injektion von *Serotonin* (**I**), *Iproniazid* (**II**) u. *Isoniazid* (**III**) in die Kniegelenke von Kaninchen führt zur Vergrößerung dieser Organe infolge Proliferation des Fasergewebes. In Abhängigkeit von der Dosis erweist sich **II** wirksamer als **I** oder **III**, wobei noch ungeklärt ist, ob **II** direkt oder über den **I**-Stoffwechsel wirksam wird.
G. KIRSTEN. 4569□

Die Beziehungen des juxtaglomerulären Apparates zur Natriumretention bei experimenteller Nephrose. Louis Tobian, Sandra Perry und John Mork. (J. Lab. clin. Med. **58.** 963—64. Dez. 1961. Minneapolis, Minn.; engl.) — Die Beziehungen des juxtaglomerulären App. u. des damit assoziierten *Renins* (I) zur renalen *Na*-Verwertung werden untersucht. Durch Verabfolgung von *Aminonucleosid* an Ratten werden Asciten u. juxtaglomeruläre Granula hervorgerufen, deren Häufigkeit zueinander in Beziehung steht, jedoch keinerlei Einfl. auf den Serumkreatinin-Geh. haben oder N-Retention verursachen. Juxtaglomeruläre Hypergranularität in Ratten ist stets mit einem Anstieg an extrahierbarem I verbunden u. steht in direkter Beziehung zur renalen Na-Retention. G. KIRSTEN. 4569□

Erhaltung der Glandula prothoracia bei Insekten durch das Juvenil-Hormon. Lawrence I. Gilbert. (Nature [London] **193.** 1205—07. 24/3. 1962. Evanston, Ill., Northwestern Univ., Dep. of Biol. Sci.; engl.) — Es konnte erstmals der Beweis dafür erbracht werden, daß das *Juvenil-Hormon* bei Insekten eine bedeutende Rolle bei der Erhaltung der Glandula prothoracica spielt. Die Tatsache, daß durch hochgereinigte Konzentrate des Hormons die Drüse erhalten oder sogar stimuliert werden kann, deutet daraufhin daß entweder das Hormon selbst oder eine eng benachbarte Substanz das akt. Prinzip darstellt. U. TAUSENDFREUND. 4569□

Untersuchungen über die Regulierung der Eisenresorption. Gerald A. Mendel. (J. Lab. clin. Med. **58.** 943. Dez. 1961. Chicago, Ill.; engl.) — Hypertransfusierte Mäuse zeigen nach Behandeln mit *Erythropoietin* (I) einen Anstieg der *Fe*-Resorption proportional zur Bldg. roter Blutzellen infolge I-Wirkung. Wird durch ^{89}Sr das Blutbildungsvermögen der Tiere zerstört, tritt nach I-Gaben keine vermehrte Fe-Resorption auf. Die I-Wrkg. auf eine vermehrte Fe-Resorption hängt somit von einer Beschleunigung der Erythropoiese ab. G. KIRSTEN. 4572□

Die Sauerstoffempfindlichkeit des Cystins im Hämoglobin. C. C. Tsen und A. L. Tappel. (Arch. Biochem. Biophysics **75.** 243—49. Mai 1958. Davis, Calif., Univ., Dep. of Food Technol.; engl.) — Vff. untersuchen die direkte Oxydation des *Hämoglobins* (I) durch *mol. Sauerstoff* (II) in trockenem Zustand u. in Lösung. Am meisten sind *Cystein* u. *Histidin* II-labil. Die Sulfhydrylgruppen stellen sowohl in trockenem Zustand als auch in Lsg. die II-labilsten Gruppen dar. Weiter wurde der Einfl. des pH-Wertes, der Temp. u. des Wasser-Geh. auf die Oxydation des Trocken-I u. des pH-Wertes auf gelöstes I untersucht. P. TEICHGRÄBER. 4572□

Untersuchungen am Hämoglobin F eines Kranken mit fötalem Hämoglobin. W. A. Schroeder Phillip Sturgeon und William R. Bergren. (Nature [London] 1161—62. 24/3. 1962. Pasadena, Calif., California Inst. of Technol., Div. of Chem.; Univ. of South. California, Children's Hosp.; engl.) — Das Blut einer Vers.-Person enthielt 4% fötales *Hämoglobin*. Die F_{II}-Fraktion wurde chromatograph. isoliert, saures Hydrolysat wurde auf seine Zus. elektrophoret. analysiert. Eine zweite Fraktion erwies sich als säureresistent u. wurde mit Trypsin hydrolysiert. Die Verschiedenheit zwischen *A* u. *F Hämoglobin* wird als in den β- u. γ-Ketten liegend angenommen. Die Genetik dieser Bldg. wird diskutiert.

Versuche: Unter der Annahme eines Molgew. von 66000 wurden in der F_{II}-Fraktion des Hämoglobins folgende Aminosäurereste bestimmt u. mit Literaturwerten übereinstimmend gefunden: Alanin 66,7; Arginin 12,1; Asparagin 51,3; Cystein 4,5; Glutamin 34,6; Glycin 39,3; Histidin 33,7; Isoleucin 6,7; Leucin 72,5; Lysin 44,3; Methionin 7,5; Phenylalanin 30,2; Prolin 25,0; Serin 37,2; Threonin 35,8; Tyrosin 9,7; Valin 52,1. G. v. WALDEYER-HARTZ. 4572□

Veränderte Globulinbildung in menschlichen Megaloblasten bei Bebrüten mit Nucleoproteinen aus Sichelzellenanämie-Mark. Austin S. Weisberger. (J. Lab. clin. Med. **58.** 971—72. Dez. 1961. Cleveland, Ohio; engl.) — Das nach Bebrüten mit *Nucleoproteinen* (I) aus sichelzellenanäm. Mark in Megaloblasten erhaltene abnormale *Globulin* (II) enthält neu eingebaute Aminosäuren, wie aus Verss. mit ^{14}C-Leucin, Chromatographie an Carboxymethylcellulose u. Messung des gebildeten Hämoglobins hervorgeht. Analoge II-Bldg. wird in Reticulocyten festgestellt. Die I enthalten 5—10% *Ribonucleinsäure* (III), 5—10% *Protein* u. 80—90% *Desoxyribonucleinsäure* (IV). Nach Behandeln der I mit Ribonuclease tritt in den meisten Fällen keine II-Bldg. mehr auf. II-Bldg. unterbleibt auch teilweise, wenn die I nur mit *Desoxyribonuclease* (V) vorbehandelt wurden, was auf eine Konkurrenz zwischen IV u. III in der Bldg. abnormaler Peptide hindeutet, u. zwar über die durch V-Einw. gebildeten Polynucleotide. G. KIRSTEN. 4572□

Probleme bei der Kinetik der Reaktionen von Sauerstoff, Kohlenstoffmonoxid und Kohlendioxid in intakten Erythrocyten. F. J. W. Roughton und J. C. Rupp.

(Ann. New York Acad. Sci. **75.** 156—66. 13/10. 1958. Cambridge (England), Cambridge Univ., Dep. of Colloid Sci.; engl.) — Übersicht. — 22 Literaturangaben.
A. HESSE. 4573 □

Die Beziehung zwischen dem Phosphatstoffwechsel und dem Transport von Kationen durch die Zellwand im menschlichen Erythrocyten. Rhoda Blostein, David Rubinstein und Orville F. Denstedt. (Canad. J. Biochem. Physiol. **39.** 1879—94. Dez. 1961. Montreal, Quebec, McGill Univ., Dep. of Biochem.; engl.) — Die Geschw. des Durchtritts von Kationen durch die Zellwand des menschlichen Erythrocyten in der Richtung des entsprechenden Ionengradienten im Blut, welches in Ggw. von *Glucose* (I) bei 4° gehalten wurde, wird durch Zugabe von *Inosin* (II) trotz der dadurch eingeleiteten Bldg. von *Phosphatestern* (III), einschließlich Adenosintriphosphat, in den Erythrocyten nicht verringert; sie wird dagegen durch Zusatz von I oder *anorgan. Phosphat* oder durch Erhöhung der H^+-Konz. verzögert. Bei Wiedererwärmung des Blutes auf 37° ist die Geschw. der Bewegung der Kationen durch die Zellwand hindurch gegen die entsprechenden Gradienten am größten in Erythrocyten, die in Ggw. von II aufbewahrt oder inkubiert wurden, selbst wenn der Rest von II entfernt wurde. Die Wiederherstellung der Kationen-Zus. in aufbewahrten Erythrocyten bei 37° erfolgt durch II stärker als durch I u. in Ggw. von I stärker als bei Fehlen derselben. Arsenat hemmt den Transport von Kationen gegen den Gradienten. Die Fähigkeit der Erythrocyten, die Kationen-Zus. bei 37° wiederherzustellen, wird weitgehend durch die III-Zwischenprodd. bestimmt.
K. ZINGRAF. 4573 □

Stoffwechsel von Adenosintriphosphat in Erythrocyten des Kaninchens in vivo und in vitro. Bertram A. Lowy, Bracha Ramot und Irving M. London. (Ann. New York Acad. Sci. **75.** 148—55. 13/10. 1958. New York, Yeshiva Univ., Albert Einstein Coll. of Med., Dep. of Med. and Biochem.; Bronx Municipal Hosp. Center; engl.) — Vgl. C. **1961.** 9064. 13246. A. HESSE. 4573

Glutathion-Stabilität und Gehalt in Erythrocyten bei Nierenerkrankung. George B. Theil, Charles E. Brodine und Paul D. Doolan. (J. Lab. clin. Med. **58.** 736—42. Nov. 1961. Oakland, Calif., U.S. Naval Hosp., Med. Serv. and Clin. Invers. Center; engl.) — Bei Patienten mit verschiedenen akuten u. chron. Nierenerkrankungen wurde der red. *Glutathion* (I)-Geh. u. die I-Stabilität gegenüber Acetylphenylhydrazin bestimmt. Bei Patienten mit akuter Urämie waren I-Geh. u. -Stabilität signifikant gesenkt, bei chron. Erkrankungen war nur die I-Stabilität erniedrigt. Die *Glucose-6-phosphatdehydrogenase* (II) war signifikant erhöht. Die Ergebnisse beweisen keine Beziehung zwischen I-Geh. u. -Stabilität sowie II, denn man findet hohe Enzym-Werte mit normalem oder erniedrigtem I-Geh. u. gesenkter I-Stabilität. — 22 Literaturangaben. M. METZE. 4573 □

Sialsäure aus dem Blut der Neunaugen. Edwin H. Eylar, Russell F. Doolittle und Morton A. Madoff. (Nature [London] **193.** 1183—84. 24/3. 1962. Boston, Mass., Pratt Clin.; Havard Med. School, Dep. of Biol. Chem.; engl.) — Marine Neunaugen (*Petromyzon marinus*) enthalten in den Erythrocyten *Sialsäure* (I). Die Konz. wurde mit bis zu $90 \cdot 10^6$ Moll. pro Erythrocyt errechnet. Die Erythrocyten wurden bei 37°, pH 6,4, mit *Neuraminidase* (II) behandelt. 135 μg I wurden aus 1 ml Erythrocyten entlassen. Leukocyten enthielten 65 μg/ml. Papierchromatograph. wurde der Geh. an *N-Acetylneuraminsäure* zu 80—90% ermittelt. Elektrophoret. Messungen bei pH 6,4 u. 25° ergaben bei einer Ionenstärke von 0,072 eine Beweglichkeit der Erythrocyten bis zu $21{,}2 \cdot 10^{-5}$ cm²/V/sec. Nach Behandlung mit II sank die Beweglichkeit bis auf $5{,}7 \cdot 10^{-5}$ cm²/V/sec. Der I.P. stieg auf pH 4—4,5.
G. v. WALDEYER-HARTZ. 4573 □

Hemmung der Lysis der Reticulocyten durch Alkylpolyamine. J. R. Little. (Proc. Soc. exp. Biol. Med. **109.** 910—12. April 1962. Bethesda, Md., Clinical Center; Clin. Path. Dep., Hematol. Serv.; engl.) — Eine verzögerte Hämolyse, die während der Inkubation in phosphatgepufferten isoton. Lsgg. vorkommt, ist abhängig von der Reticulocyten (Rz)-Zahl. Die Lysis kommt nur in Rz.-reichem Blut vor. *Spermin* hemmt die verzögerte Hämolyse von Rz-reichem Blut, hat jedoch keinen Einfl. auf die nicht verzögerte Hämolyse. Gleiche Wrkg., jedoch in geringerem Maße, zeigen *Putrescin* u. *Spermidin*. Das Temp.-Optimum der Lysis ist 39°, sie wird bei 0° gehemmt. Zusatz von *Glucose* zur Inkubationsmischung hat keinen Einfluß. W. HILLER. 4573 □

Die Isolierung von γ-Globulinen mittels Zink- und Aluminiumsalzen. R. Krauze, K. Naimski und K. Zakrzewski. (Acta biochim. polon. **8.** 209—17. 1961. Warsaw, Serum and Vaccine Prod. Board, Res. Labor., and Inst. of Haematol., Dep. of Biochem.; engl.) — Es wurden die Isolierung menschlicher *γ-Globuline* (I) ohne Verw. organ. Lsgm. durch Herst. eines I-reichen Protein-Präp. durch *Zn-Acetat*-Fraktionierung, Abtrennen von Begleitproteinen durch *Al*-Salz-Fraktionierung u. I-Anreicherung durch Zn-Salz-Fraktionierung sowie der Einfl. von Zn^{2+}-Konz., Al^{3+}-Konz., Eiweiß-Konz., pH u. Ionenstärke untersucht. K. MAIER. 4574 □

Die Natur von Serumglobulinen unter isoelektrischen Bedingungen. Isolierung eines von Siderophilin unterschiedlichen β-1-Globulins und seine Beziehungen zum Plasminogen. Georges Sandor. (C. R. hebd. Séances Acad. Sci. **248.** 3361—62. 8/6. 1959.) — Die *Euglobuline*, die bei der Abtrennung des menschlichen Serums zwischen pH 7,5 u. pH 6,8 präcipitieren, sind aus *Pseudo-γ-globulinen* u. einem *β-1-Euglobulin* zusammengesetzt, das eine ebenso große Aktivität aufweist wie *Plasminogen*.
K. RUCKPAUL. 4574 □

Die Eiweißformel des Blutes bei Kranken mit unspezifischer Lungenpathologie. W. A. Ssimagina und W. W. Ssalina. (Терапевтический Архив [Therap. Arch.] **33.** Nr. 7. 68—73. Juli 1961. Orenburg, Med. Inst. Therapeut. Fakultätsklinik; russ.) — Patienten mit unspezif. Erkrankungen der Lungen zeigen im Blutserum bei Verringerung des Geh. an *Albumin* (I) u. Erhöhung des Geh. an *γ-Globulin* (II) u. häufiger Erhöhung des Geh. an β-II einen normalen Geh. an Gesamteiweiß. Bei Emphysem beobachtet man Verringerung der I u. Vermehrung von β- u. γ-II, bei chron. eitrigen Prozessen Vermehrung von α_2-, β- u. γ-II u. Abnahme von I, bei Bronchialasthma Zunahme von γ-II, bei häufigen Anfällen eine Abnahme von I. I. v. KLOCH-KORNITZ. 4574

Serumtransferrine im Genus Macaca. Speciesverteilung von neunzehn Phänotypen. Morris Goodman und Emily Poulik. (Nature [London] **191.** 1407—08. 30/9. 1961. Detroit, Mich., Wayne State Univ., Coll. of Med.; Lafayette Clin.; engl.) - Die Unters. des Fe-bindenden Proteins *Transferrin* (I) mittels ^{59}*Fe* u. vertikaler Stärkegelelektrophorese in Boratpuffer (Nachw. der Fe-bindenden Komponenten durch Autoradiographie) führt zum Nachw. von 19 I-Phänotypen bei Macaca-Species, von denen 16 allein in der Rhesusgruppe auftreten. Es wird ein Buchstabenschema zur Bezeichnung der verschiedenen Phänotypen vorgeschlagen. Die Häufigkeit der Verteilung der verschiedenen Mol.-Formen von I bei *Macaca mulatta*, *M. irus*, *M. nemestrina* u. *M. speciosa* wurde untersucht. P. SCHWERDTFEGER. 4574 □

Der Einfluß des Molekulargewichtes von kolloidalem Dextran auf die Lipide des menschlichen Serums. Z. Pučar und M. Keler-Bačoka. (Science [Washington] **134.** 1369—70. 27/10. 1961. Zagreb, Fac. of Med., Clinic for Internal Diseases Rebro, Inst. Rudjer Bosković; engl.) — 1 ml menschliches Serum wurde mit 0,5 ml einer *Dextran* (I)-Lsg. verschiedenen Molgew. (10000—500000) gemischt u. die Mischung sowie Serum allein der Papierelektrophorese (Veronalpuffer, pH 8,6) unterworfen. Sämtliche I-Serum-Mischungen zeigten eine I-*Lipid*-Fraktion, deren Intensität mit steigendem Molgew. von I zunahm, während die ursprünglich mit dem *β-Globulin* wandernde *Lipid*-Komponente in der Intensität abnahm u. bei einem I-Molgew. von 500000 nahezu verschwand. Die Intensitäten der A-Lipoproteinfraktion u. der Neutralfette blieben durch die verschiedenen I-Lsgg. in vitro unbeeinflußt. J. BOELTER. 4574 □

^{35}S-Schwefel als Markierung in Überlebensuntersuchungen an menschlichen Blutplättchen. Helen A. Vodopick und Ralph M. Kniseley. (J. Lab. clin. Med. **58.** 966—67. Dez. 1961. Iowa City, Iowa and Oak Ridge, Tenn.; engl.) — Menschliche Plasmaplättchen lassen sich durch i.v. Zufuhr von $Na_2{}^{35}SO_4$ dauerhaft durch stoffwechselbedingten Einbau von ^{35}S in die megakaryocyt. sulfatierten Mucopolysaccharide markieren. In leukäm. Vers.-Personen wird die Plättchenlebensdauer auf diese Weise zu 10 Tagen bestimmt u. sie betrug in einem bes. schweren Fall nur 7 Tage. Vorteile der ^{35}S-Markierung von Plasmaplättchen werden besprochen. G. KIRSTEN. 4574 □

Die Wirkung von Fettsäuren auf die Bildung von Thromben. William E. Connor und J. C. F. Poole. (Quart. J. exp. Physiol. cognate med. Sci. **46.** 1—7. Jan. 1961. Oxford, Univ., Dunn School of Pathol.; engl.) — Durch Einw. von unverzweigten, gesätt. Fettsäuren mit einer Kettenlänge von C_{16}—C_{26} auf Rattenblut in vitro wird in der App. nach CHANDLER die Thrombus-Bldg. beschleunigt u. es werden längere u. größere Thromben gebildet. Fettsäuren mit einer Kettenlänge von C_6—C_7 waren ebenso wie langkettige, ungesätt. Fettsäuren, *Ölsäure*, *Elaidinsäure*, *Ricinolsäure* u. *Arachidonsäure*, prakt. wirkungslos. L. LACHHEIN. 4574 □

Thromboplastin- und fibrinolytische Aktivität in Geweben des Auges. M. Pandolfi, S. Coccheri und T. Astrup. (Proc. Soc. exp. Biol. Med. **109.** 159—61. Jan. 1962. Washington, D.C., Washington Clinic, James F. Mitchell Found.; Copenhagen, Denmark, Carlsberg Found., Biol. Inst.; Univ. Hosp. Ophthalmol. Clin.; engl.) — Hohe *Thromboplastin*-Aktivität wurde in der Retina u. im Choroid der Augen von Menschen u. Schweinen nachgewiesen; in der Sklera, Cornea, Linse u. im Glaskörper war die Aktivität nur gering. Eine hohe fibrinolyt. Aktivität bestand im Choroid, eine niedrigere in der Sklera; keine Aktivität bestand in Cornea, Linse u. Glaskörper, während sich die Retina unregelmäßig verhielt (mittlere bis geringe Aktivität). K. ZINGRAF. 4574□

Phosphatide als Plättchenersatz bei der Blutkoagulierung. Irving Schulman, Zinet Currimbhoy, Carl H. Smith, Marian E. Erlandson, Julian B. Schorr, Eleanor Fort und Jacqueline Wehman. (Ann. New York Acad. Sci. **75.** 195—202. 13/10. 1958. New York, N.Y., New York Hosp.-Cornell Med. Center, Dep. of Pediatrics; engl.) — *Kephalin*, die in A. unlösl. Fraktion der Phospholipide der Sojabohnen, übt thromboplast. u. fibrinoplast. Wrkg. aus, die denen der Blutplättchen ähneln. Obwohl 4 von den 6 bekannten Funktionen der Plättchen fehlen, wird es für möglich gehalten, daß I eine therapeut. Bedeutung bei Thrombocytopenie erlangen kann. A. HESSE. 4574□

Ist Thrombin das einzige bei der Aktivierung von Prothrombin beteiligte Enzym? Walter H. Seegers. (Ann. New York Acad. Sci. **75.** 182—88. 13/10. 1958. Detroit, Mich., Wayne State Univ., Coll. of Med., Dep. of Physiol. and Pharmacol.; engl.) — Übersichtsbericht (*Thrombin* als Aktivator von *Prothrombin* u. andere Faktoren bei der Blutgerinnung, die nicht eindeutig als Enzyme anzusehen sind). A. HESSE. 4574□

Thrombin und seine Reaktion mit Fibrinogen. Harold A. Scheraga. (Ann. New York Acad. Sci. **75.** 189—94. 13/10. 1958. Ithaca, N.Y., Cornell Univ., Dep. of Chem.; engl.) — *Thrombin* (I) wirkt wie Trypsin hydrolyt. gegen Arginyl- u. Lysylester u. -peptidbindungen bei natürlichen u. synthet. Substraten. Bei *Fibrinogen* (II) als Substrat scheint die Wrkg. sich spezif. auf 2 Arginylglycinbindungen zu erstrecken, wobei Peptidmaterial freigesetzt u. Donatorgruppen „freigelegt" werden, welche für die anschließende Polymerisation erforderlich sind. I nimmt an den Polymerisationsstufen nicht teil. H-Brückenbindung zwischen polaren Seitenkettengruppen spielt eine wesentliche Rolle bei den verschiedenen Gleichgewichten in der II → Fibrin-Umwandlung. A. HESSE. 4574□

Einfluß von Natriumchlorid auf die orthostatische Proteinurie des Kaninchens. B. N. Halpern, P. Milliez, G. Lagrue und A. Brannelec. (C. R. Séances Soc. Biol. Filiales **153.** 1683—86. 1959, herausgeg. 18/3. 1960. Paris, Hôp. Broussais, Centre de Rech. allerg. de l'Ass. Claude Bernard, Centre de Rech. sur l'Hypertension artérielle; franz.) — Die orthostat. Proteinurie wird beim Kaninchen durch NaCl-Belastung verstärkt. Wenn die Verss. mehrere Wochen lang täglich durchgeführt werden, bleibt die Proteinurie erhalten, auch wenn das Tier nicht mehr aufgerichtet wird. Bei den ausgeschiedenen *Proteinen* handelt es sich vor allem um α_1- u. α_2-Globulin, der Anteil von Albumin übersteigt 30% nicht. K. ZINGRAF. 4577□

Die Wirkung von intravenöser Harnsäurezufuhr auf deren Konzentration in Plasma und Urin von Dalmatiner- und Nichtdalmatinerhunden. Howard Duncan, Khall G. Wakim und L. Emmerson Ward. (J. Lab. clin. Med. 876—83. Dez. 1961. Rochester, Minn., Mayo Clinic, Med. Rheumatol. and Physiol. Sec.; engl.) — Die Ausscheidung von *Harnsäure* (I) wird in Dalmatinern (a) u. anderen Hunden (b) untersucht. Während des Fastens ist die I-Konz. im Plasma höher bei a u. nach i.v. Injektion von 40—100 mg I/kg Körper-Gew. tritt bei a ausgedehntere Hyperuricämie auf, obwohl bei a ein wesentlich größerer Anteil an I ausgeschieden wird als bei b. Bei 40 mg I/kg treten bei keiner der Hunderassen Nierenschäden auf, wohl aber zeigen sich bei 100 mg I/kg bei a vorübergehende Nierenstörungen. a-Nieren scheinen besser zur I-Ausscheidung geeignet zu sein, obwohl der Leberuricasemechanismus in a nicht so wirksam zu sein scheint wie bei b. G. KIRSTEN. 4577□

Zum Stoffaustausch der Perilymphe des Innenohres. H. Wrba und L. Schreiner. (Naturwissenschaften **48.** 382. 1. Mai-H. 1961. München, Univ., Pathol. Inst., Klinik u. Poliklinik für Hals, Nasen, Ohren; dt.) — Die Herkunft der Perilymphe des Innenohres ist noch unklar. — Nach i.v. Injektion von 400 μc trägerfreiem ^{32}P findet sich innerhalb 3 Std. nachweisbare Aktivität in der Perilymphe des Kanincheninnenohres; die höchste Konz. akt. Substanz läßt sich dabei im Liquor nachweisen; nach 48 Std. ist in der Perilymphe die höchste Aktivitäts-Konz. vorhanden. Werden 100 μc ^{32}P in den Liquor cerebrospinalis (intralumbal) injiziert, so findet sich nach 5 Min. in der Perilymphe die gleiche Konz. an akt. Substanz wie im Liquor. Überraschend war, daß nach Zufuhr von ^{32}P durch das Innenohr der einen Seite die Konz. der Aktivität in der Perilymphe des anderen Ohres ca. 30mal höher liegt als die Aktivität entsprechender Blutserum- u. Liquormengen. Die Aktivität des strömenden Blutes ist nach 10 Min. gleich Null. U. TAUSENDFREUND. 4578□

Eine Normal-Säure-Faser-Methode zur Bewertung von Rauhfutter. D. I. H. Jones und G. ap Griffith. (Nature [London] **193.** 882—83. 3/3. 1962. Plas Gogerddan, Aberystwyth, Welsh Plant Breeding Stat.; engl.) — Vff. hydrolysierten verschiedene

Grasproben 3 Std. mit 5%ig. H_2SO_4. Die verlängerte Hydrolysezeit führte zu einer besseren Korrelation zwischen Normalsäure–Faser-Geh. u. Verdaulichkeit von Gräsern.
H. D. BOCK. 4585 □

Die Kaliumzufuhr in der menschlichen und tierischen Ernährung. W. Wöhlbier. (Kalium Sympos. [Bern] **1960.** 457—89. Stuttgart-Hohenheim, Landwirtschaftl. Hochsch., Inst. für Tierernährungslehre; dt.) — Übersicht. Mineralstoff (**I**)-Geh. von Futter- u. Nahrungsmitteln (K, Na, Ca, Mg, Cl, S, P); **I**-Geh. von Futterration (Rind, Schwein, Geflügel; Kostformen beim wachsenden u. erwachsenen Menschen); **I**-Gesamtaufnahme je Tag. K. MAIER. 4585 □

Der Einfluß von Phosphorbeilagen auf die Eierschalenzusammensetzung. T. A. Crowley, M. W. Pasvogel, A. R. Kemmerer, M. G. Vavich und A. A. Kurnick. (J. Nutrit. **73.** 33—37. Jan. 1961. Tucson, Arizona, Univ. of Arizona, Dep. of Poultry Sci. and Agric. Biochem.; engl.) — Der *Phosphor*-Geh. in den Eierschalen u. das Schalen-Gew. nehmen von März bis August allmählich ab. Bei Tieren die außer einer Grundnahrung noch 0,41% P extra erhalten, ist diese Abnahme geringer als bei den Kontrollen. Der Ca-Geh. bleibt relativ konst., ebenso der F^--Gehalt. P. GREGORZEWSKI. 4585 □

Proteinniveau und Überlebenszeit bei mit Salmonella gallinarum infizierten Küken. Charles H. Hill und Henry W. Garren. (J. Nutrit. **73.** 28—32. Jan. 1961. Raleigh, N.C., North Carolina State Coll., Dep. of Poultry Sci.; engl.) — Wenn Küken steigende Mengen *Protein* (10, 20 u. 30%) in Form von Sojamehl oder Casein erhalten, nimmt auch die Mortalität der *Salmonella-gallinarum*-Infektion zu, unabhängig vom Infektionsweg (oral oder i.m.) oder vom Energie-Geh. des Futters.
P. GREGORZEWSKI. 4585 □

Der Einfluß des Nahrungsfettes auf die Fettsäurenzusammensetzung der Leber, des ausgeweideten Körpers und der Milch von Ratten. Joyce L. Beare. (Canad. J. Biochem. Physiol. **39.** 1855—63. Dez. 1961. Ottawa, Canada, Dep. of Nat. Health and Welfare, Food and Drug Labor.; engl.) — Bei Verfütterung von *Maisöl*, *Rapsöl* (**I**), teilweise *hydriertem Heringsöl* oder *Margarine* fanden sich beträchtliche Mengen *Linolsäure* im ausgeweideten Körper, in der Leber u. in der Milch von Ratten. Der aus der Nahrung aufgenommene Anteil von C_{20}- u. C_{22}-Fettsäuren, welcher angelagert oder ausgeschieden wurde, war bei Verfütterung von **I** am höchsten. In der Leber fanden sich in jedem Fall *langkettige, mehrfach ungesätt. Fettsäuren* (**II**). Die **II** in der Milch spiegeln die **II**-Zus. des Futters am deutlichsten wieder. K. ZINGRAF. 4585 □

Der Einfluß von L-Carnitin auf den Gehalt an B-Vitaminen in der Skelettmuskulatur normaler und hyperthyreotischer Ratten. E. Strack, H. Aurich und W. Rotzsch. (Hoppe-Seyler's Z. physiol. Chem. **328.** 31—36. 1962. Leipzig, Univ., Physiol.-Chem. Inst.; dt.) — Es konnte die früher geäußerte Ansicht bekräftigt werden, daß *L-Carnitin* (**I**) thyreotox. Veränderungen im Tierkörper zu beeinflussen vermag. So wurde die durch Erbreinheit des Stammes u. gleiche Bedingungen auf statist. vergleichbarer Ebene gehaltene Konz. der Skelettmuskulatur von Ratten an *B-Vitaminen*, die unter dem Einfl. von *L-Thyroxin* (**II**) eine Erhöhung erfährt, durch **I** (14 Tage lang in 2tägigem Abstand 0,5 mg des freien Betains subkutan) erniedrigt. Bei gleichzeitiger Verabreichung von **II** u. **I** blieb der Geh. an B-Vitaminen im normalen Bereich. — Die Ergebnisse weisen möglicherweise auch darauf hin, wie Muskelleistungen im physiolog. Zustand beeinflußt werden. U. TAUSENDFREUND. 4587 □

Nachweis der Existenz neuer von Thiamin abgeleiteter Coenzyme. F. W. Leaver, Barbara Woody und H. Elrick. (J. Lab. clin. Med. **58.** 936. Dez. 1961. Denver, Colo.; engl.) — In Fütterungs-Verss. an Ratten mit einer suboptimalen *Thiamin* (**I**)-Kost u. *Sulfasuxidin* zeigt sich, daß bei Zusatz von **I**-Hydrolyse-Prodd. zum Futter, die durch Einw. von *Thiaminase* aus **I** erhalten werden, sowohl der *Thiazol*- als auch in geringerem Maße der *Pyrimidin*-Teil von **I** stoffwechselakt. sind u. für Gesundheit u. Wachstum von Ratten benötigt werden. Scheinbar sind diese **I**-Mol.-Teile als solche ebenfalls coenzymat. wirksam. G. KIRSTEN. 4587 □

Serum-Vitamin-B_6-Spiegel bei der normalen und der toxämischen Schwangerschaft. Nils Å. Diding und Stig E. J. Melander. (Acta obstetr. gynecol. scand. **40.** 252—61. 1961. Stockholm, Apotekens Kontrollabor.; Uppsala, Univ. Hosp., Dep. of Obstet. and Gyn.; engl.) — Der hohe *Vitamin-B_6*-Geh. der normalen schwed. Kost sowie die oft von Schwangeren genommenen Multivitamintabletten verbürgen offenbar bei Schwangerschaft einen ausreichend hohen *Pyridoxin*-Spiegel auch während der Gravidität. Vgl.-Unterss. zwischen normalen Frauen u. Männern sowie Frauen in den letzten Schwangerschaftsmonaten ließen (bei Verw. mikrobiolog. Meth. unter Zugrundelegung des pyridoxinauxotrophen *Escherichia coli*-Stammes als Testorganismus) mittlere Werte von 0,034 $\pm$ 0,034 bzw. 0,033 $\pm$ 0,034 μg/ml Serum für die beiden Testgruppen

erkennen; bei toxäm. Schwangerschaft betrugen die Werte 0,025 ± 0,035 µg/ml, so daß in derartigen Fällen bzw. bei Erbrechen u. nicht ausreichender Nahrungszufuhr eine Verabreichung von 10—15 mg Pyridoxin/Tag angezeigt erscheint.
U. TAUSENDFREUND. 4587☐

Weitere Untersuchungen über Vitamin-B_{12}-Mangel und Kohlenhydrat-Stoffwechsel. Carol Chang, Jeng M. Hsu, Robert L. Davis und Bacon F. Chow. (Arch. Biochem. Biophysics **93.** 251—54. Mai 1961. Baltimore, Md., Johns Hopkins Univ., School of Hyg. and Publ. Health, Dep. of Biochem.; Veterans Administr. Hosp.; engl.) — Der Quotient aus der Konz. von *Diphosphopyridinnucleotid* (**I**) u. red. **I** in der Leber der Ratte ist bei *Vitamin-B_{12}* (**II**)-Mangel in Korrelation zum Grad des Mangels erhöht. Eine Normalisierung erfolgt bei Gabe von **II** nur sehr langsam, daher scheint dieses das Coenzym nur sek. zu beeinflussen. Die Ursache für die Veränderung bei **II**-Mangel ist wohl z. T. bei der in diesem Zustand bestehenden Verringerung von red. Glutathion zu suchen. Ratten mit **II**-Mangel zeigen einen höheren Brenztraubensäure- u. Milchsäure-Geh. im Blut als normale Tiere. K. ZINGRAF. 4587☐

Chemische Partialsynthese nucleotidhaltiger Vitamin-B_{12}-Arten, ausgehend vom Cobyrinsäure-abcdeg-hexamid. W. Friedrich. (Int. Z. Vitaminforsch. [Bern] **31.** 344—45. 1961. Hamburg, Univ., Physiol.-Chem. Inst.; dt.) — Kurze Übersicht.
K. MAIER. 4587☐

Synthesewege zum Corrin-Ringsystem. A. W. Johnson. (Int. Z. Vitaminforsch. [Bern] **31.** 343. 1961. Nottingham, Univ.; engl.) — Kurze Übersicht. K. MAIER. 4587☐

Über die chemische Synthese einiger Zwischenprodukte der Biogenese der Cobamide. K. Bernhauer und F. Wagner. (Int. Z. Vitaminforsch. [Bern] **31.** 345—47. 1961. Stuttgart, TH, Lehrstuhl für Biochem.; dt.) — Die Rk. des gemischten Anhydrids aus Cobyrinsäure-abcdeg-hexamid u. Chlorameisensäureäthylester mit O-Phospho-DL-serin bzw. O-Phospho-DL-threonin (je als Bis-tributylammoniumsalz) liefert in guter Ausbeute *N-Cobyrinyl-abcdeg-hexamid-f-DL-serinphosphat* bzw. *N-Cobyrinyl-abcdeg-hexamid-f-DL-threoninphosphat* (**IV**), die gegen *E. coli* 113-3 wirksam sind. DL-Cobinamidphosphat (I) gibt mit Dicyclohexylcarbodiimid u. NH_3 *DL-Cobinamidphosphorsäureamid* (**II**), das gegen E. coli 113-3 akt. ist. **II** geht mit Guanosin-5'-phosphat (**III**) in o-Chlorphenol in *DL-Cobinamidpyrophosphatadenosin* über, wird aber vorteilhafter aus **I** u. **III** nach der Carbodiimid-Meth. hergestellt. Die Verb. ist biolog. akt. (E. coli). **IV** spielt offensichtlich keine Rolle als Zwischenprod. der Vitamin-B_{12}-Biosynthese.
K. MAIER. 4587☐

Untersuchungen über den Stoffwechsel des Fettgewebes. 8. Mitt. **Durch Biotinmangel bei Ratten hervorgerufene Veränderungen.** Michael N. Oxman und Eric G. Ball. (Arch. Biochem. Biophysics **95.** 99—105. Okt. 1961. Boston, Mass., Harvard Med. School, Dep. of Biol. Chem.; engl.) — *Insulin* steigert zwar die *Glucose* (**I**)-Aufnahme durch Fettgewebe sowohl von normalen als auch von *Biotin* (**II**)-Mangel Ratten u. von Ratten, deren **II**-Mangel durch **II**-Zufuhr wieder behoben wurde, jedoch werden beim **II**-Mangeltier 41% der **I**, statt normal 7%, zu Milchsäure umgewandelt; die damit einhergehende verminderte CO_2-Bldg. bei **II**-Mangeltieren weist auf verringerte Fettsäuresynthese. Durch eine einzige Injektion von 300 µg **II** wird das Stoffwechsel-Verh. rasch wieder normalisiert. U. TAUSENDFREUND. 4587☐

Einige Beobachtungen über die Stabilität Thiaminhydrochlorid enthaltenden Vitamin-A-Lösungen. M. C. Uprety und V. K. Mohan Rao. (J. Sci. ind. Res. [New Delhi], Sect. C **20.** 192—93. Juni 1961. Lucknow, Central Drug Res. Inst.; engl.) — Vff. untersuchten den Einfl. von pH auf *Vitamin B_1* (**I**; Thiaminhydrochlorid) u. *Vitamin A* (**II**) in verschiedenen Lsgm. wie Rohrzuckersirup–Glycerin (1 : 1), Sirup–W. (85 : 15) [Lsgm. a], 70%ig. Sorbit–Glycerin (1 : 1) u. Sorbit–Glycerin–W. (2 : 2 : 1) [Lsgm. b] über 4 Monate bei 37°. Die Konz. von **I** variierte von 0,5—3 mg/ml im pH-Bereich von 3—7, die Konz. von **II** betrug ca. 1470 I.E./ml. Es war bekannt, daß **II** in **I**-enthaltenden oralen Fll. beträchtlich abnehmen kann. Die optimalen pH-Werte für die Lagerung von **I** u. **II** (in % Retentionswert) waren im Lsgm. a 73,1 **II** (Palmitat), 82,0 **I** bei pH 4; 79,1 **II** (Acetat), 70,8 **I** bei pH 6. Im Lsgm. b 60,7 **II** (Palmitat), 80,0 **I** bei pH 6. Als Ergebnis sehen Vff., daß die Stabilität von **II** als Palmitat oder Acetat von der Natur des suspendierenden Mediums, vom pH des Präp. u. von der Konz. von **I** abhängt. G. BRATFISCH. 4587☐

Das Verteilungsmuster von ^{14}C-Ergocalciferol (Vitamin D_2) bei der Ratte und beim Rhesusaffen. A. Blumberg, H. Aebi, H. Hurni und G. Schönholzer. (Helv. physiol. pharmacol. Acta **18.** 56—71. 1960. Bern, Univ., Med.-chem. Inst. u. Dr. A. Wander A.G., Forschungs-Inst.; dt.) — Vff. untersuchten Verteilungsmuster u. Resorptionsverlauf von gleichförmig markiertem *^{14}C-Ergocalciferol* (**I**) an normalen u.

rachit. Ratten. 24 Std. nach oraler Belastung (ca. 0,3 mg/100 g) sind bei Mangeltieren in Blut u. Organen Aktivitäten zu finden, die die entsprechenden Werte der Kontrolltiere um das 1,3—2,1fache übertreffen. Die ^{14}C-Aktivität ist bereits nach 30 Min. in der Darmwand deutlich feststellbar u. erreicht nach ca. 8 Std. im Blut u. in der Leber einen Höchstwert. Das Verteilungsmuster für I beim Rhesusaffen ist demjenigen der normalen Ratte ähnlich. Bei den ca. 40% an ^{14}C-Aktivität, die innerhalb 24 Std. im Kot ausgeschieden werden, handelt es sich zum größten Teil um biolog. inakt. Metaboliten. G. BRATFISCH. 4587□

Über die verschiedene antinekrogene Wirkung von α-Tocopherol und γ-Tocopherol und über das Vorkommen von Tocopherolen in Erbsen. Hermann Fink, B. Knobel, M. Stein und J. Schneider. (Naturwissenschaften **49.** 134—35. 2. März-H. 1962. Köln, Univ., Inst. für Gärungswiss. u. Enzymchem., Abt. für Biochem. der Ernährung; dt.) — Vff. fanden in reifen gelben Erbsensamen überwiegend *γ-Tocopherol* (**I**) u. nur wenig α-**I**. β-, δ-, ε- u. γ-**I** wurden nicht gefunden. Bei Albinoratten zeigte γ-**I** eine viel geringere lebernekroseverhütende Wrkg. als α-**I**. Bei Victoriaerbsen nimmt im Verlaufe der Samenreife der Geh. an α-**I** ab u. der an γ-**I** zu. In bezug auf Leberschutz-Wrkg. sind grüne Erbsen wertvoller als gelbe. Obwohl gelbe Erbsen hohen Geh. an Gesamt-**I** aufweisen, kommt es bei Verfütterung zu alimentärer Lebernekrose, weil der Geh. an α-**I** gering ist. W. HILLER. 4587□

Selenomethionin als Antioxydans. H. S. Olcott, W. Duane Brown und J. Van der Veen. (Nature [London] **191.** 1201—02. 16/9. 1961. Berkeley, Calif., Univ. of California, Inst. of Marine Resources, Dep. of Nutrit. Sci.; engl.) — *Selenomethionin* (**I**) wirkte bei Konzz. >5 μ Mol/g in Schweineschmalz u. Triolein als Antioxydans. Andere Selenoaminosäuren, wie Selenocystein, Phenylselenoglycin, Selenohomocystein u. Phenylselenomethionin wirkten in relativ hohen Konzz. ebenfalls als Stabilisatoren. **I** vermag offensichtlich Peroxyde zu zersetzen. Ein stark ungesätt. Fischöl (Menhadenöl) wurde durch **I** nicht geschützt. Vor Eintritt des **I**-Schutzeffektes erfolgt erst eine gewisse Oxydation. Möglicherweise wirkt **I** erst nach Oxydation zu einem Derivat. Einige der beschriebenen tocopherolähnlichen physikal. Eigg. von *Se*-Verbb. hängen vielleicht mit ihrer Antioxydations-Wrkg. zusammen. K. MAIER. 4587□

Untersuchungen über die Resorption der Kohlenhydrate aus dem Verdauungstrakt des Kindes unter besonderer Berücksichtigung der Lactose. Masaatsu Matsui. (Kobe J. med. Sci. [Japan] **5.** 243—57. Dez. 1959. Kobe, Med. Coll., Dep. of Pediatrics; engl.) — Mit steigendem Zucker-Geh. nimmt die Verweilzeit von Milch in den einzelnen Teilen des Verdauungstraktes zu. Zu Kuhmilch zugesetzte *Lactose* (**I**) wird schneller resorbiert als die in Frauenmilch enthaltene **I**. Im Ileocoecalbereich scheint beim Kind ein Regulationsmechanismus zu bestehen, der verhindert, daß der **I**-Geh. des Darminhaltes 2,4% übersteigt. F. KRUSEN. 4594□

Eine Isotopenmethode zur Bestimmung der Fettresorption. W. I. Grischina, G. Je. Latzinik, D. Ss. Ssiwoschinski, Ju. F. Schtscherbak und Ss. E. Schnol. (Вопросы Медицинской Химии [Fragen med. Chem.] **8.** 214—17. März/April 1962. Moskau, Zentralinst. für Ärztefortbldg., Lehrstuhl für med. Radiolog. u. Lehrstuhl für Infektionskrankheiten; russ., Auszug: engl.) — Es wird eine Meth. mit markiertem Sonnenblumenöl (30—100 mc $Na^{131}J$/cm³) zur Best. der Fettresorption im Darm beschrieben, bei der 2 Scintillationsnetze Verw. finden, die so angeordnet sind, daß die Auszählungsergebnisse durch Menge u. Vol. der Faeces nicht beeinträchtigt werden. Die Unterss. wurden bei Dysenterie- u. Brucellosekranken nach Gaben von 5 cm³ Öl (700000 Impulse/Min.) durchgeführt. I. v. KLOCH-KORNITZ. 4594□

Fettausscheidung bei Hunden ohne Gallen- und Pankreassaft. Bennett J. Cohen. (Proc. Soc. exp. Biol. Med. **107.** 40—42. Mai 1961. Los Angeles, Calif., Univ. of California, Dep. of Physiol., Vivarium School of Med.; engl.) — Außer Galle u. Pankreassaft müssen beim Hund noch andere Mechanismen für einen Teil der Resorption des Nahrungsfettes sorgen, da bei Unterbindung des Zuflusses von *Pankreassaft Olivenöl* zu 50% nicht resorbiert wird u. bei Unterbindung auch des Zuflusses von *Gallen-Fl. Ölsäure* u. Olivenöl nur zu ca. 60% nicht resorbiert werden. U. TAUSENDFREUND. 4594□

Verteilung und Schicksal von Pankreasfermenten im Dünndarm der Ratte. Daniel Pelot und Morton I. Grossman. (Amer. J. Physiol. **202.** 285—88. Febr. 1962. Los Angeles, Calif., Veterans Admin. Center, Gastroenterol. Sect., Univ. of California, Dep. of Med. and Physiol.; engl.) — Bei intakten Ratten enthält die untere Hälfte des Dünndarms mehr *Trypsin* (**I**), *Chymotrypsin* (**II**) u. *Lipase* (**III**) als die obere; **I** wurde am langsamsten, **III** am schnellsten inaktiviert. Die Faeces enthielten meßbare Mengen von **I, II** u. **III**. Wenn der Pankreassaft aus dem Körper herausgeleitet wurde, nahmen **I, II** u. **III** im Dünndarm allmählich ab u. waren nach 16 Std. überhaupt nicht mehr nachweisbar. K. ZINGRAF. 4594□

Untersuchungen über die Resorption von Brillantschwarz BN aus dem Verdauungskanal der Ratte. Lech Piekarski. (Roczniki państwowego Zakładu Hig. **11.** 351—56. 1960. Warszawa, Akad. Med., Zakł. Bad. Środk. spożyw.; pol.) — In Verss. an Ratten wird eine wss. Lsg. von *Brillantschwarz BN* (**I**; ca. 0,05 g/ml) bis zu 2mal täglich in Mengen von je 0,5 ml mittels Sonde in den Magen eingeführt. Im Urin wird kein **I** gefunden, in den Faeces nach Extraktion mit W. u. Reinigen der Lsg. in einer Kolonne mit Cellulose 0,6% der zugeführten **I**-Menge. R. K. MÜLLER. 4594□

Ausscheidung von Tryptamin und Indolyl-(3)-essigsäure im Harn von Ratten mit Darmdivertikeln. Robert M. Donaldson jun. (Amer. J. Physiol. **202.** 289—92. Febr. 1962. Boston, Mass., Boston Univ. School of Med., Dep. of Med.; Boston Veterans Admin. Hosp.; engl.) — Durch Darmstauung infolge experimenteller Divertikel im Mitteldarm wurde bei der Ratte die Ausscheidung von *Indolyl-(3)-essigsäure* (**I**), nicht aber von *Tryptamin* (**II**), im Harn erhöht. Dagegen wurden in den Darmtaschen dieser Tiere beträchtliche Mengen **II** erzeugt. Wenn die Umwandlung von **II** zu **I** durch *Iproniazid* (**III**) maximal gehemmt wurde, schieden die Tiere ebenso viel **II** im Harn aus wie die Kontrollen. Die Monoaminoxydaseaktivität der Gewebe von Tieren mit Divertikeln war weder erhöht noch resistent gegen **III**. Die Ausscheidung von **I** oder **II** im Harn wurde durch direkte Injektion großer **II**-Dosen in die Darmtaschen nicht gesteigert. K. ZINGRAF. 4594□

Untersuchungen über Nahrungsmittel, die die Zunahme der Lactobacillen des Darmes stimulieren. 1. Mitt. **Vermehrung von Lactobacillen in Sojabohnensaft und einigen anderen Nahrungsmitteln.** S. Nagai. (Jap. J. Nutrit. **18.** 270—75. Nov. 1960. Nat. Inst. of Nutrition; jap., Auszug; engl.) — Die stärkste Vermehrung von *Lactobacillus acidophilus* erfolgt in Sojabohnensaft. Kuhmilch, Sojaaufguß, Tomatensaft u. Schweineleberaufguß sind die nächst wirkungsvollen Medien. P. GREGORZEWSKI. 4594□

Untersuchungen über Nahrungsmittel, die die Zunahme der Lactobacillen des Darmes stimulieren. 2. Mitt. **Ein Sojabohnenmedium zur Isolierung von Darmlactobacillen.** S. Nagai. (Jap. J. Nutrit. **18.** 276—80. Nov. 1960; jap., Auszug: engl.) — 1. vgl. vorst. Referat. — Sojabohnenaufguß-Agar eignet sich gut zur Abtrennung von *Lactobacillus acidophilus* von Enterokokken. P. GREGORZEWSKI. 4594□

Untersuchungen über Nahrungsmittel, die die Zunahme der Lactobacillen des Darmes stimulieren. 3. Mitt. **Einfluß von Sojabohnenaufguß- und Sojabohnensaftaufnahme auf die Vermehrung von Lactobacillus acidophilus.** 1. Mitt. **Ein Versuch zur Verabreichung an Albinoratten.** S. Nagai. (Jap. J. Nutrit. **18.** 281—87. Nov. 1960; jap., Auszug: engl.) — 2. vgl. vorst. Referat. — Nach Verabreichung von Sojabohnenaufguß stieg bei 3 von 4 Ratten die Zahl von *Lactobacillus acidophilus*, bei Verw. von Saft zeigte sich ein ähnliches Bild. Colibakterien werden nur geringfügig beeinflußt. P. GREGORZEWSKI. 4594□

Untersuchungen über Nahrungsmittel, die die Zunahme der Lactobacillen des Darmes stimulieren. 4. Mitt. **Einfluß von Sojabohnenaufguß- und Sojabohnensaftaufnahme auf die Vermehrung von Lactobacillus acidophilus.** 2. Mitt. **Untersuchung der Wirkung auf den Menschen.** S. Nagai. (Jap. J. Nutrit. **18.** 288—95. Nov. 1960; jap., Auszug: engl.) — 3. vgl. vorst. Referat. — Aufnahme von 500 ml 10%ig. Aufguß verstärkt die Vermehrung von *Lactobacillus acidophilus*. Bei Colibakterien zeigt sich eine abnehmende Tendenz. Sojabohnensaft zeigt keine Wirkung. P. GREGORZEWSKI. 4594□

Korrelation von intracellulärer Kaliumkonzentration mit dem extracellulären Elektrolytstoffwechsel während des Verlaufs dekompensierter Lebercirrhose. Alexander P. Remenchik, Peter J. Talso und Edward O. Willoughby. (J. Lab. clin. Med. **58.** 952. Dez. 1961. Hines, Ill.; engl.) — Aus der Menge des gesamten austauschbaren *K* sowie der Tritium- u. Radiosulfatspanne läßt sich bei Vers.-Personen mit dekompensierter Lebercirrhose die intracelluläre K-Konz. berechnen u. daraus eine Aussage über den K-, *Na*- u. HCO_3^--Spiegel u. das pH des Serums ableiten, während die umgekehrte Verfahrensweise nicht möglich ist. Der klin. Verlauf der Krankheit läuft der intracellulären K-Konz. parallel, wobei weniger schwere Fälle 100—125 mÄquivalente K/Liter aufweisen, bei $<$85 mÄquivalenten/Liter jedoch der Tod eintritt. G. KIRSTEN. 4596□

Unerläßliche exogene Faktoren des Calciumstoffwechsels. Paul Louis Fournier und Yvonne Dupuis. (C. R. hebd. Séances Acad. Sci. **254.** 3573—75. 14/5. 1962. Paris, Physiol. des Vitamins; franz.) — Trotz Zuführung einer Nahrung mit optimalem *Ca*-Geh. (580 mg/100 g) u. einem Ca/P-Verhältnis von 1,6 stellt sich bei Ratten unter Umständen ein Ca-Mangelsyndrom ein: Hypocalcämie mit bes. starkem Abfall des Geh.

an ionisiertem Ca u. dadurch bedingter Herabsetzung der Koagulationsfähigkeit des Blutes, tetan. Erscheinungen, Anzeichen von Rachitismus u. Hypertrophie der Nebenschilddrüsen. Eine Normalisierung des patholog. Zustandes tritt ein bei Gaben von *Vitamin D* sowie zahlreicher auswechselbarer Substanzen unterschiedlicher Struktur, die wahrscheinlich ebenfalls exogene Faktoren des Ca-Haushaltes darstellen: *Lactose, Inosit, Mannit, Glucosamin, Raffinose*, synthet. *L-Xylose*.

M. BLASCHETTE-HUTTINGER. 4596 □

Die Bindung von Calcium an Bence-Jones-Proteine. Kenneth R. Woods, Ralph L. Engle jun. und Charles W. Carr. (Proc. Soc. exp. Biol. Med. **106**. 652—54. März 1961. New York, Cornell Univ., Med. Coll., New York Hosp., Dep. of Med.; Minneapolis, Univ. of Minnesota, Med. School, Dep. of Physiol. Chem.; engl.) — Die Best. der Ca^{2+}-Aktivitäten durch potentiometr. Messungen unter Verw. selektiv permeabler Membranen aus sulfoniertem Polystyrolkollodium ergaben keine sehr starke Bindung von *Ca* an BENCE-JONES-*Eiweiß* (E.). Die häufig mit Plasmazellenproliferation verknüpfte Knochenzerstörung bei Patienten mit multiplem Myelom ist nicht auf eine direkte chem. Wechselwrkg. des Knochen-Ca mit E. zurückführbar. K. MAIER. 4596 □

Untersuchungen über den Mineralstoffwechsel. 3. Mitt. **Kupfer- und Eisenstoffwechsel bei Erwachsenen und Eisenresorption aus Leber und Austern.** K. Suzuki. (Jap. J. Nutrit. **18**. 255—60. Nov. 1960. Nat. Inst. of Nutrition; jap., Auszug: engl.) — 1. vgl. C. **1962**. 3535. — Bei normaler Diät werden von 3,3 mg aufgenommenem *Cu* 1 mg zurückbehalten, von 20 mg *Fe* 3 mg. Bei Leberdiät beträgt die Cu-Aufnahme 3,9 mg, die Retention 1,9; die Fe-Aufnahme 49 mg u. die Retention 2 mg. Bei Austerdiät 7,3 mg Cu u. 60 mg Fe, davon werden zurückgehalten 2,6 mg Cu u. 39 mg Fe.

P. GREGORZEWSKI. 4596 □

Untersuchungen über den Mineralstoffwechsel. 4. Mitt. **Kupfer- und Eisenstoffwechsel in der Kindheit.** K. Suzuki. (Jap. J. Nutrit. **18**. 340—45. Nov. 1960; jap., Auszug: engl.) — 3. vgl. vorst. Referat. — Die tägliche *Cu*-Aufnahme beträgt 3,2 mg, die Exkretion durch Urin u. Kot 0,1 bzw. 1,3 mg, die Retention pro kg 0,08 mg, für *Fe* lauten die entsprechenden Werte: 11,7; 0,5; 9,0; 0,11 mg. P. GREGORZEWSKI. 4596 □

Untersuchungen über den Mineralstoffwechsel. 5. Mitt. **Endogene Exkretion von Mineralen.** 1. Mitt. **Kupfer, Eisen, Mangan und Zink.** K. Suzuki. (Jap. J. Nutrit. **18**. 346—51. Nov. 1960; jap., Auszug: engl.) — 4. vgl. vorst. Referat. — Drei Erwachsene erhielten 2 Tage möglichst mineralfreie Diät. Die tägliche Exkretion betrug 0,7 mg *Cu*, 2,8 mg *Fe*, 1,0 mg *Mn* u. 1,6 mg *Zn*. P. GREGORZEWSKI. 4596 □

Untersuchungen über den Mineralstoffwechsel. 6. Mitt. **Endogene Exkretion von Mineralen.** 2. Mitt. **Kupfer, Eisen, Calcium.** K. Suzuki. (Jap. J. Nutrit. **18**. 352—56. Nov. 1960; jap., Auszug: engl.) — 5. vgl. vorst. Referat. — Unabhängig von der Mineralaufnahme beträgt die Ausscheidung pro Tag: 1,0 mg *Cu*, 1,0 mg *Fe*, 15 mg *Ca*.

P. GREGORZEWSKI. 4596 □

Untersuchungen über die Mineralausscheidung durch die Haut und den Kupfer- und Eisenstoffwechsel. 1. Mitt. **Untersuchung an erwachsenen Frauen im Sommer.** T. Hayakawa. (Jap. J. Nutrit. **18**. 305—19. Nov. 1960. Nat. Inst. of Nutrition; jap., Auszug: engl.) — Der tägliche Verlust beträgt 1,0 mg *Cu*, 3,5 mg *Fe*, 35 mg *Ca*, 15 mg *P*, 3,3 mg *Na* u. 2,3 mg *K*. Von täglich aufgenommenem 3,4 mg Cu werden 2,8 mg u. von 5,6 mg Fe werden 1,8 mg nicht wieder ausgeschieden. P. GREGORZEWSKI. 4596 □

Untersuchungen über die Mineralausscheidung durch die Haut und den Kupfer- und Eisenstoffwechsel. 2. Mitt. **Untersuchungen an erwachsenen Frauen im Frühjahr.** T. Hayakawa. (Jap. J. Nutrit. **18**. 320—25. Nov. 1960; jap., Auszug: engl.) — 1. vgl. vorst. Referat. — Die tägliche Ausscheidung mit dem Schweiß beträgt 0,7 mg *Cu*, 2,0 mg *Fe*, 34 mg *Ca* u. 42 mg *P*. Es bestätigt sich, daß ein großer Teil der Cu- u. Fe-Exkretion durch die Haut erfolgt. P. GREGORZEWSKI. 4596 □

Untersuchungen über die Mineralausscheidung durch die Haut und den Kupfer- und Eisenstoffwechsel. 3. Mitt. **Untersuchung an Kindern bis zu zehn Monaten.** T. Hayakawa. (Jap. J. Nutrit. **18**. 326—33. Nov. 1960; jap., Auszug: engl.) — 2. vgl. vorst. Referat. — Die Mineralausscheidung bei künstlich ernährten Säuglingen (35 bis 300 Tage alt) beträgt 0,6 mg *Cu*, 1,4 mg *Fe*, 22 mg *Ca* u. 31 mg *P*. Die tägliche Cu-Aufnahme beträgt 0,87 mg, die Retention 0,17 mg; für Fe wurden folgende Werte ermittelt: 7,2 bzw. 1,37 mg. Altersunterschiede werden nicht festgestellt. P. GREGORZEWSKI. 4596 □

Die Akkumulation von Milchsäure als eine Folge von Hypoxie-induzierten Mißbildungen im Hühnerembryo. Casimir T. Grabowski. (Science [Washington] **134**. 1359—60. 27/10. 1961. Coral Gables, Fla., Univ. of Miami, Dep. of Zool.; engl.). — 3 Tage alten Hühnerembryonen wurde eine Hypoxie verschiedenen Grades durch Einw. von Luft mit verschiedenen O_2-Konzz. gesetzt. Die Hypoxien führten zur Mißbldg. der Augen, des Schnabels, der Extremitäten, zu ausgedehnten Ödemen (starke Vol.-Zunahme) u. subkutanen Blasen an Kopf u. Körper. Zusätzlich bildeten sich Hämatome. Der pH des venösen Blutes blieb mit einer Ausnahme konstant. Der Geh. an *Milchsäure* (I) im Blut stieg von 50—150 µg/ml in Kontrolltieren auf 400—1300 µg/ml in auf die 10fache Größe angeschwollenen Embryonen. Die Injektion von I (0,01—0,03 ml einer 0,01%ig. I-Lsg.) in die Eidottermembran, die Amnionhöhle oder Subgerminalhöhle von 3 Tage alten Embryonen bzw. in die Allantoishöhle von 4 Tage alten Embryonen führte zu gleichen Erscheinungen mit 90%ig. Letalität bzw. 70% bei Injektion in die Allantoishöhle. Die Anhäufung von I als Folge einer verlängerten Anaerobiose ist für die Mißbldg. verantwortlich. J. BOELTER. 4596 □

Untersuchungen über den Pentosestoffwechsel bei normalen Personen und bei Patienten mit Pentosurie und Pentosurieveranlagung. Yuichi Kumahara, David S. Feingold, Irwin M. Freedberg und Howard H. Hiatt. (J. clin. Endocrinol. Metabolism **21.** 887—94. Aug. 1961. Boston, Mass., Harvard Med. School, Dep. of Med.; Beth Israel Hosp., Dep. of Med. Res.; engl.) — Es werden Ergebnisse vorgelegt, die zeigen, daß bei Pentosurie keine Störung der Nierentubulusfunktion vorliegt, sondern daß vielmehr eine Störung des Glucuronsäurestoffwechsels besteht. In Fällen mit Pentosurie übersteigt die endogene *L-Xylulose* (I)-Konz. den Wert von 1 mg/100 ml Serum; nach *Glucuronolacton* (II)-Verabreichung steigt der I-Spiegel um ein Vielfaches. Bei Personen ohne Pentosurie ist vor der II-Verabreichung meist kein I im Serum nachweisbar, erscheint jedoch nach Einnahme von II. Der Anstieg von Serum- u. Harnpentosewerten nach II-Verabreichung ist bei Patienten mit Pentosurieveranlagung höher als bei normalen Personen. In den Nierentubuli wird I bei normalen Personen u. bei Patienten mit Pentosurie kaum rückresorbiert. *TPN-Xylit* (I)-*dehydrogenase*, deren Mangel bei Pentosurie vermutlich die Ursache der Erkrankung ist, konnte in Leberbiopsieproben normaler Personen sowie in Niere u. Leber von Meerschweinchen u. Ratte nachgewiesen werden, nicht jedoch in leicht zugänglichen Geweben oder Ausscheidungen. — In den gleichen Geweben wurde auch *DPN-Xylit*(*D-Xylulose*)-*dehydrogenase*-Aktivität gefunden. U. TAUSENDFREUND. 4596 □

Änderungen des Aminstickstoffs von Erythrocyten nach experimenteller Muskelläsion von Küken. D. J. Bell und W. G. Siller. (Quart. J. exp. Physiol. cognate med. Sci. **46.** 22—32. Jan. 1961. Edinburgh, Poultra Res. Centre, Agric. Res. Council; engl.) — Injektion von Gelatine mit u. ohne *Adrenocorticotropem Hormon* in den Pectoralmuskel von Küken führt nach Abheilung der durch die Infiltration erzeugten Läsionen nicht zu einer Veränderung des Nichtprotein-N (NPN), wohl aber zu einer Erhöhung des Ninhydrinpositiven *Amino-N* (NAN). *Carboxymethylcellulose* (I) allein führt zu einer deutlichen Verminderung des NAN, während I in Kombination mit *Cortisonacetat* kaum Veränderung im NAN u. NAP-Geh. bewirkt. L. LACHHEIN. 4596 □

Abnormalitäten des Tryptophanstoffwechsels in einem Patienten mit Mißresorptionssyndrom. Charles R. Scriver. (J. Lab. clin. Med. **58.** 908—19. Dez. 1961. Montreal, Montreal Children's Hosp.; engl.) — In einem Fall von komplexem Mißresorptionssyndrom werden bes. nach zusätzlichen *DL-Tryptophan* (I)-Gaben mehrere Abnormalitäten im I-Stoffwechsel festgestellt. Ohne zusätzliches I tritt im 24-Std.-Harn übermäßige Ausscheidung von *Indolyl-Verbb.* (Ind) auf, u. zwar bes. von größeren Mengen an *Indican*, *Indolyl-(3)-essigsäure* (30 mg/Tag), *α-N-Indolyl-(3)-acetylglutamin*, *Indolyl-(3)-acetamid* u. *5-Hydroxyindolyl-(3)-essigsäure* (II; 20 mg/Tag). Neomycinsterilisation der Eingeweide vermindert die Ind-Ausscheidung, wobei jedoch die II-Menge noch 18 mg/Tag beträgt u. bei zusätzlichen I-Gaben von 35—75 mg/kg um weitere 100% ansteigt, während gesunde Kontrollpersonen keinen II-Anstieg zeigen. Außerdem steigt nach I-Belastung die Ausscheidung von *Xanthurensäure*, *Kynurenin* u. *3-Hydroxykynurenin*, die sich durch Gaben von *Pyridoxinhydrochlorid* vermindern läßt. Die Aminosäurenausscheidung durch den Harn ist dabei normal. Der mögliche Stoffwechselmechanismus von I unter normalen u. unter den vorst. geschilderten Umständen wird diskutiert. G. KIRSTEN. 4596 □

Untersuchungen über die Lipogenese in tierischen Geweben unter pathologischen Bedingungen. 1. Mitt. **Die Bildung der ungesättigten Fettsäure bei diabetischen und gefasteten Ratten.** Yoh Imai. (J. Biochemistry [Tokyo] **49.** 642—48. Juni 1961. Sapporo, Hokkaido Univ., School of Med., Dep. of Biochem.; engl.) — Es wird bestätigt, daß zur Bldg. langkettiger *ungesätt. Fettsäuren* bei Ratten O_2 erforderlich ist. O_2 stimuliert die Bldg. monoungesätt. Fettsäure aus Palmitat durch die Mikrosomen- u. Überstandsfraktion normaler Rattenleber. *Red. Triphosphopyridinnucleotid* (*TPNH*) ist für diesen Vorgang erforderlich. Bei alloxandiabet. Tieren ist die Bldg. gesätt. u. ungesätt. langkettiger Fettsäuren aus Acetat durch verschiedene Gewebe vermindert. Leber diabet.

u. 24 Std. gefasteter Tiere bildet weniger monoungesätt. Fettsäure aus Palmitat als normal; dies wird als Folge einer verminderten Verfügbarkeit von TPNH angesehen. U. TAUSENDFREUND. 4596 □

Untersuchungen über den Fettstoffwechsel von Mäusen nach Behandlung mit β-Hydroxy-γ-betainbuttersäure. William L. Miller und John J. Krake. (Proc. Soc. exp. Biol. Med. **109.** 215—18. Jan. 1962. Kalamazoo, Mich., Upjon Co., Dep. of Metabol. Dis.; engl.) — Bei hungernden Albinomäusen steigerte *DL-Carnitinhydrochlorid* (*β-Hydroxy-γ-betainbuttersäure*) die Oxydation von $^{14}C_{(1)}$-*Palmitinsäure* oder $^{14}C_{(1)}$-*Tripalmitin*, nicht aber die Gesamt-$^{14}CO_2$-Ausscheidung. Die Oxydation von $^{14}C_{(1)}$-*Ölsäure*, $^{14}C_{(1)}$-*Glycerin*, $^{14}C_{(1)}$-*Natriumbutyrat*, $^{14}C_{(2)}$-*Natriumacetat*, ^{14}C-*Glucose*, $^{14}C_{(2)}$-*Glycin* oder $^{14}C_{(1)}$-*DL-Leucin*, die Fettsäuren-Zus. der Nebenhodenfette nicht fettsüchtiger Mäuse oder der Fett-Geh. des Kadavers von Tieren mit Goldthioglucosefettsucht wurden nicht beeinflußt. K. ZINGRAF. 4596 □

Cholesterin-Stoffwechsel bei Atherosklerose und seine pharmakodynamische Beeinflussung. O. Kraupp. (Fette, Seifen, Anstrichmittel **63.** 819—27. Sept. 1961. Wien, Univ., Pharmakol. Inst.; dt.) — Übersicht über die Frage nach dem Kausalzusammenhang zwischen gestörtem *Cholesterin-* bzw. *Gesamtlipid*-Stoffwechsel u. Entstehung atheromatöser Gefäßveränderungen, sowie über die pharmakodynam. Wrkg., die sich u. a. auf die Hemmung der endogenen Cholesterin-Synth. u. die Verhinderung der Ablagerung in der Gefäßwand beziehen. — 128 Literaturangaben. U. TAUSENDFREUND. 4596 □

Quellen für Human-Plasmacholesterin. C. Bruce Taylor, Dorothy Patton, Helen Ellis und George E. Cox. (J. Lab. clin. Med. **58.** 963. Dez. 1961. Evanston u. Chicago, Ill.; engl.) — Verss. mit $^{14}C_{(4)}$-*Cholesterin* (I) zeigen, daß Verabfolgung I-reicher Nahrung die hepat. u. extrahepat. I-Synth. unterdrückt. In Hunden, die eine I-reiche Eigelbdiät erhalten, stammen mehr als 90% des Plasma-I aus der Nahrung. Verss. am Menschen deuten darauf hin, daß bei einer Zufuhr von 1 g I/Tag ca. $^1/_3$—$^1/_4$ des Plasma-I aus resorbiertem Nahrungs-I stammen. Bei höherer I-Zufuhr (1,4—10,4 g/Tag) wird nach 3—4 Wochen ein Maximalwert erreicht, der sich danach auf einen konst. I-Spiegel einstellt. Selbst bei nur 0,5 g Nahrungs-I/Tag stammt ein entsprechender Anteil des Plasma-I aus der Nahrung. G. KIRSTEN. 4596 □

Cholesterin-Resorption und -Abbau. K. D. Voigt und E. J. Klempien. (Fette, Seifen, Anstrichmittel **63.** 257—60. März 1961. Hamburg-Eppendorf, 2. Med. Univ.-Klin.; dt.) — Übersicht. — 22 Literaturangaben. K. MAIER. 4596 □

Wirkungen konjugierter Gallensäuren auf den in vivo-Stoffwechsel von Cholesterin bei der Maus. William T. Beher, William L. Anthony und Margaret E. Beher. (Proc. Soc. exp. Biol. Med. **107.** 49—51. Mai 1961. Detroit, Mich., Henry Ford Hosp., Edsel B. Ford Inst. for Med. Res.; engl.) — Es wurde der Einfl. *freier Gallensäuren* (I) u., um zu testen, ob Aminosäurenverarmung eine Rolle spielt, der Einfl. von *Glycin-* u. *Taurin-Konjugaten* der *Gallensäuren* auf den *Cholesterin* (II)-Stoffwechsel bei Mäusen untersucht. Die Wrkg. der I (*Cholsäure, Desoxycholsäure, Hyodesoxycholsäure*) u. der *Gallensäurekonjugate* (*Glykocholsäure, Na-Taurocholat, Glykodesoxycholsäure, Na-Taurodesoxycholat, Glykohyodesoxycholsäure*) war jedoch qual. ähnlich bzgl. des Leber-I-Geh. u. der in vivo-Synth. von ^{14}C-II, wenn auch in den einzelnen Gallensäurengruppen gewisse Unterschiede zu bemerken waren; die Wrkg. der I kommt nicht durch Inanspruchnahme der genannten Aminosäuren zustande. U. TAUSENDFREUND. 4596 □

Das Schicksal von ^{14}C-Dehydrocholsäure beim Meerschweinchen. Michio Ogura und Kazumi Yamasaki. (J. Biochemistry [Tokyo] **49.** 649—59. Juni 1961. Yonago, Tottori Univ., School of Med., Dep. of Biochem.; engl.) — Nach intraperitonealer Injektion von $^{14}C_{(24)}$-*Na-Dehydrocholat* konnten in den Ausscheidungs-Prodd. folgende ^{14}C-Gallensäuren gefunden werden: *Cholsäure* (I), *3α-* u. *3β-Hydroxy-7.12-diketocholansäuren* (diese beiden entstehen durch Red. der Test-Verb. in der Leber) u. *Dehydrocholsäure* im Harn; I, *Desoxycholsäure* (II) u. ein Isomeres von *3α-Hydroxy-12-ketocholansäure* (III) in der Blasengalle; I, das Stereoisomere von I, II u. III in Faeces u. Darminhalt; die Umbildung zu II kommt nicht durch die Tätigkeit des Leberenzym-Syst., sondern durch Darmorganismen zustande. U. TAUSENDFREUND. 4596 □

Einfluß der Milz auf einige Stoffwechselprozesse unter physiologischen und pathologischen Bedingungen. L. I. Geller. (Вопросы Медицинской Химии [Fragen med. Chem.] **8.** 155—62. März/April 1962. Ufa, Forschungsinst. für Hygiene u. Prophylaxe; russ., Auszug: engl.) — In Verss. mit Kaninchen u. Ratten führte Milzektomie zur Störung der *Tyrosin*-Oxydation u. *Phenol*-Bindung, Verringerung der Geschw. der Eiweißerneuerung, die nicht durch Veränderungen der Permeabilität des Lebergewebes für ^{35}S bedingt ist, Verringerung der Bldg. von *Prothrombin*, *Proconvertin* u. *Faktor V*,

Verstärkung der Antikoagulations-Wrkg. des *Dicumarins* u. Verringerung der Prokoagulations-Wrkg. von *Vitamin K* in der Leber. Die Stoffwechselstörungen bei Kaninchen mit experimenteller tox. Hepatitis (CCl_4 0,75 cm^3 oder *Bzl.* 1 cm^3/kg täglich, 3mal) wurden durch Splenektomie verstärkt, durch Diathermie der Milz stark verringert, während die Wrkg. von homologen u. heterogenen Milzextrakten nicht so ausgeprägt war. Die *Harnstoff*-Synth. in der Leber u. der Geh. an *Eiweiß* u. Eiweißfraktionen im Blutserum blieben unverändert. Experimentelle Splenopathie bei Ratten (2 cm^3 2,5%ig. *Methylcellulose* intraperitoneal) führte ebenfalls zur Stoffwechselstörung in der Leber. I. v. KLOCH-KORNITZ. 4596 □

Dynamische Aspekte des Fettgewebestoffwechsels. Eine Übersicht. Bernard Jeanrenaud. (Metabolism, clin. and exp. **10.** 535—81. Juli 1961. Geneva, Geneva Univ. Hosp.; engl.) — Übersicht. — 337 Literaturangaben. P. GREGORZEWSKI. 4596 □

Bestimmungen der Luftwegsreaktionen gegenüber physiologischen Reizen und Arzneimitteln. Michiyoshi Harasawa und Simon Rodbard. (J. Pharmacol. exp. Therapeut. **133.** 246—52. Aug. 1961. Buffalo, N.Y., Univ. of Buffalo, Chron. Dis. Res. Inst.; engl.) — Als wertvoll bei der quant. Best. von Schwankungen mit verfügbaren Luft-Vol. u. somit zur Registrierung der Einfl. physiolog. Bedingungen u. von Testsubstanzen, die das Ventilations-Vol. verändern, erweist sich eine App., bei der ein Cyclus (hier am narkotisierten Hund) von Druckinsufflation u. passiver Ausatmung infolge Verengerung oder Verschluß von Bronchien verkürzt bzw. durch Vermehrung des verfügbaren Vol. verlängert wird. Der Cyclus wurde durch *Serotonin-*, *Histamin-* oder *Acetylcholin*-Verabreichung dosisabhängig verkürzt (Folge einer Bronchoconstriction) u. durch *Aminophyllin, Tetraäthylammoniumchlorid* oder Vagotomie verlängert (Bronchodilatation); ohne Wrkg. blieben Hypoxien, Hypercapnie, Tachycardie, Verschluß von Pulmonararterien- oder -venenzweigen, rasche Infusion oder Entfernung von Fll. in den Kreislauf. U. TAUSENDFREUND. 4596 □

Die Muskelmembran als eine dynamische Struktur und ihre Permeabilität für Aldolase. Kenneth L. Zierler. (Ann. New York Acad. Sci. **75.** 227—34. 13/10. 1958. Baltimore, Md., Johns Hopkins Univ. and Hosp., Dep. of Med.; engl.) — Übersicht. — 13 Literaturangaben. A. HESSE. 4597 □

Tonomyosin aus Arterienmuskel. G. Hamoir und L. Laszt. (Nature [London] **193.** 682—84. 17/2. 1962. Liège, Univ., Labor. of General Biol.; engl.) — Bei der Ultrazentrifugierung [Ionenstärke I 0,35, neutrales pH, Ggw. von Adenosintriphosphat (ATP)] von *Tonoactomyosin* (I) aus der Muskelschicht von Rindercarotis treten eine *schnell*, wahrscheinlich *F-Actin*, u. eine *langsam sedimentierende Fraktion* [ähnlich wie *Skelettmuskelmyosin* (II) sedimentierend] auf. Die schnell sedimentierende, das „*Tonomyosin*" (III), wurde aus I-Lsg. (Phosphatpuffer, pH 7,1, I 0,35, 0,25 m NaCl, 0,2% ATP) durch $(NH_4)_2SO_4$-Fraktionierung bei 47—60% Sättigung gefällt (bei 43—47% I-Fällung). III unterscheidet sich von II durch Extrahierbarkeit bei niedriger Ionenstärke, Aussalzbereich, Aminosäure-Zus. (viel höherer Geh. an Glutaminsäure u. Amid-N), Ladung bei neutralem pH u. Thermostabilität. Die Bindung von Anionen u., in Abwesenheit von Mg, von ATP ist ebenfalls verschieden. K. MAIER. 4597 □

Weitere Untersuchungen über den Einfluß von Chlorid auf die Nierentubulusrückresorption von Bicarbonat beim Hund. Ch. Toussaint und P. Vereerstraeten. (Experientia [Basel] **17.** 80—81. 15/2. 1961. Bruxelles, Univ. libre de Bruxelles, Labor. de Méd. exp.; Fondation méd. Reine Elisabeth; engl.) — Das Ausmaß der durch Hyperchlorämie auf die tubuläre Rückresorption von *Bicarbonat* ausgeübten Hemmung beim Hund wird offenbar durch die Höhe der initialen Rückresorption von Bicarbonat bestimmt. Die Intensität der Cl^--Wrkg. nimmt von respirator. acidot. Tieren über normale zu *Acetazolamid*-behandelten Tieren hin ab. U. TAUSENDFREUND. 4597 □

Wirkung von Anregung und Hemmung der Bicarbonatrückresorption auf den Nierentubulustransport von Natrium und Chlorid beim Hund. Ch. Toussaint und P. Vereerstraeten. (Experientia [Basel] **17.** 81—82. 15/2. 1961. Bruxelles, Univ. libre de Bruxelles, Labor. de Méd. exp.; Fondation méd. Reine Elisabeth; engl.) — Vgl. vorst. Referat. — Es wird nachgewiesen, daß respirator. Acidose beim Hund die tubuläre Rückresorption von Na^+ u. Cl^- nicht signifikant beeinflußt; erst durch *Acetazolamid*-Behandlung kommt es zu einer Verminderung der Na^+- u. Cl^--Rückresorption. U. TAUSENDFREUND. 4597 □

Nierentubulustransport von Natrium während Natriumchlorid- und Natriumbicarbonat-Belastungen bei normalen Hunden. Ch. Toussaint und P. Vereerstraeten. (Experientia [Basel] **17.** 309—11. 15/7. 1961. Bruxelles, Univ. libre de Bruxelles, Labor. de Méd. exp.; Fondation méd. Reine Elisabeth; engl.) — Die Rückresorption von Na^+ durch die Nierentubuli ist als lineare Funktion der Natriämie bei *NaCl*-Infusionen anzusehen. Die Rückresorption bleibt jedoch bei *$NaHCO_3$*-Infusion konstant. Die Rückresorption von Na^+ geht über 2 Mechanismen vor sich: der mit der Bicarbonatrückresorption verbundene ist durch ein konst. T_m fixiert, der andere hängt von der Chlorämie ab u. überspielt bei NaCl-Infusion den ersten Mechanismus.

U. TAUSENDFREUND. 4597 □

Bedeutung von Änderungen in Extraktion und Verteilung von kolloidalem Chrom(III)-phosphat in leberkranken Patienten. J. G. Rankin, M. R. Playoust und R. W. Beal. (J. Lab. clin. Med. **58.** 920–26. Dez. 1961. Sydney, Royal Prince Alfred Hosp., Clin. Res. Unit; engl.) — Messung des Extraktionsvermögens der Leber für i.v. injiziertes *$Cr^{32}PO_4$* (I) ergibt eine Verminderung, die der Schwere der Leberdysfunktion entspricht. Bei nicht deutlich erkrankter Leber werden 82–100% des I in Leber u. Milz gefunden, wogegen bei Cirrhose nur 26–56% I in der Leber, daneben aber vorzugsweise im Knochenmark I-Ablagerungen festgestellt werden. Die Meth. ist geeignet, bei Leberschäden die Durchblutung dieses Organs zu untersuchen, wobei subkrit. Dosen außerdem zu einem starken Anstieg der phagocyt. Aktivität des Knochenmarks führen.

G. KIRSTEN. 4597 □

Bilirubin-Entfernung aus isolierter durchspülter Rattenleber. James F. O'Donnell, Marion F. Piller und Leon Schiff. (J. Lab. clin. Med. **58.** 947. Dez. 1961. Cincinnati, Ohio; engl.) — Nach 1std. Spülen isolierter u. mit *Bilirubin* (I) infundierter Rattenleber mit 80 ml Rattenblut u. 30 ml Salz-Lsg. wird der I-Geh. im Spülblut u. in der zugesetzten Gallen-Fl. bestimmt, um daraus den Gallenfluß u. die I-Entfernung aus der Leber zu berechnen. Eine normale isolierte Rattenleber kann maximal 0,21 g infundiertes I pro g Leber verarbeiten. G. KIRSTEN. 4597 □

Einige Modifikationen der Methode zur Bestimmung von Ammoniak in Hirn. Chin-Hua Hsü, Sheng-Ken Chang, Tsung-Han Yü znd Chin Chang. (Acta physiol. sinica **20.** 290–96. 1956. Shanghai, Acad. Sinica, Inst. of Physiol. and Biochem.; chin., Auszug: engl. S. 296.) — Um postmortale Veränderungen zu verhindern, genügt es, die Hirnsubstanz in ein Gemisch von festem CO_2 u. Aceton (statt in fl. Luft) zu bringen. Eine Modifikation der Mikrodiffusions-Meth. nach CONWAY wird beschrieben, durch die *NH_3* in Mengen von 0,05–0,5 μg bestimmt werden kann. Die Halbdiffusions-Meth. nach CONWAY wurde verbessert, um den Fehler durch Hydrolyse von Glutamin in alkal. Lsg. zu vermindern. In verschiedenen Teilen des Hirnes gesunder, erwachsener Ratten wurden 0,20–0,67 mg% NH_3–N gefunden. F. KRUSEN. 4598 □

Eine die Sauerstoffaufnahme beeinflussende Substanz im peripheren Nerven. Irving H. Heller und Sigurd Hesse. (Science [Washington] **133.** 1708–09. 26/5. 1961. Montreal, Quebec, Canada, Montreal Neurol. Inst., Donner Labor. of Exp. Neurochem.; McGill Univ., Dep. of Neurol. and Neurosurg.; engl.) — Im Rattenischiasnerv ist eine Substanz enthalten, die in das umgebende Medium diffundiert u. die Atmung eines frischen, nicht an dieser Substanz verarmten normalen Nerven stimuliert. Sowohl die Glucoseverwertung als auch die Steigerung der O_2-Aufnahme mit der elektr. Reizung des Nerven scheinen von der Ggw. dieser Substanz abhängig zu sein. Elektr. Reizung scheint den Wiedereintritt der aktivierenden Substanz in den Nerven vom Medium her zu fördern. U. TAUSENDFREUND. 4598 □

Rudolf Schenck, *Das Licht im Grundsystem des Kohlenhydratstoffwechsels.* Mit 19 Abbildungen in 28 Einzeldarstellungen und 16 Tabellen. Darmstadt: Dr. Dietrich Steinkopff Verlag. 1960. (XII + 136 S.) Brosch. DM 35,—; geb. DM 38,—.

Der „Beitrag zur Chemie des angeregten Wasserstoffes" behandelt u. a. Respiration, Assimilation, die WARBURGsche Schnellverbrennung, Energetik der Assimilationsvorgänge, Wrkg. der Lichtenergie, Chemie des angeregten H u. Lichtenergiegleichgewichte im Kohlenhydratstoffwechsel.

H. CZECH

E₆. Pharmakologie. Therapie. Toxikologie. Hygiene

Der Kupfergehalt in einigen Organen von strahlengeschädigten Tieren. G. A. Babenko. (Вопросы Медицинской Химии [Fragen med. Chem.] **8.** 134–39. März/April 1962. Stanislaw, Med. Inst., Lehrstuhl für biolog. Chem.; russ., Auszug: engl.) — Es wurde der *Cu*-Geh. in den verschiedenen Organen nach Röntgenbestrahlung bzw. i.v. Zufuhr von ^{32}P in letalen Dosen bei Hunden (a; 700 r bzw. 1 mc/kg), Kaninchen (b; 1000–1200 bzw. 1,75–2,0) u. Meerschweinchen (c; 800 r) bestimmt. Bei a zeigte sich Erhöhung des Cu-Geh. in Blut, Nieren, Milz, Lungen u. Knochen, Verminderung in der Leber, bei b Erniedrigung in Leber, Nieren u. Muskeln, Erhöhung in den Lungen nach ^{32}P-Zufuhr, bei c Verringerung in Leber, Nieren, Muskeln, Erhöhung in den Lungen. Die Störungen des Cu-Stoffwechsels treten schon in den ersten Std. nach der Bestrahlung auf u. sind von der Resistenz der verschiedenen Tierarten gegen Strahlenschädigungen abhängig. I. v. KLOCH-KORNITZ. 4601 □

Die Beeinflussung der Resorption von Radiocer aus einem intramuskulären Depot durch Diäthylentriaminpentaessigsäure. A. Catsch und H. Kiefer. (Experientia [Basel] **17.** 22—23. 15/1. 1961. Karlsruhe, Kernforschungszentrum, Inst. für Strahlenbiol. u. Strahlenmeßabt.; dt.) — Ratten-Verss. ergaben, daß die Resorption von ^{144}*Ce* aus der i.m. Injektionsstelle u. die Ausscheidung aus dem Körper durch *Diäthylentriamin-N.N.N'.N'.N''-pentaessigsäure* (I)-Zufuhr intraperitoneal erheblich gesteigert werden. Die *Ce*-Ablagerung in der Leber wird von I stärker herabgesetzt als die im Knochen. K. MAIER. 4601 □

Der Einschluß von ^{35}S-Methionin in den exokrinen Teil der Bauchspeicheldrüse bei Strahlenkrankheit. G. N. Woronin. (Доклады Академии Наук СССР [Ber. Akad. Wiss. UdSSR] **135.** 1247—49. 11/12. 1960. Inst. für exp. Med. der Akad. der med. Wiss. der UdSSR; russ.) — Histolog. u. autoradiograph. (^{35}S-Methionin) Unterss. an weißen Ratten ergaben, daß eine einmalige Röntgengesamtbestrahlung (1000 r) die Fermentsekretion der Bauchspeicheldrüse hemmt. Es handelt sich wahrscheinlich um eine direkte Beeinflussung der Mitochondrien der acinösen Drüsenzellen durch die ionisierende Strahlung. E. RENTZ. 4601 □

Der Einfluß einer Röntgenganzkörperbestrahlung auf den Gehalt von Sulfhydrylgruppen in den Geweben. L. I. Kortschak und T. A. Speranskaja. (Доклады Академии Наук СССР [Ber. Akad. Wiss. UdSSR] **135.** 1254—57. 11/12. 1960. Ssewertzow-Inst. für Tiermorphol. der Akad. der Wiss. der UdSSR; russ.) — Die Unters. der Homogenate von Milz, Gonaden u. Großhirn röntgenbestrahlter weißer Mäuse (700 r) ergab keine wesentliche Veränderung des Geh. an *SH*-Gruppen in den Geweben. Auch eine Steigerung der Strahlendosis (von 700 auf 5000 r) ergab keine Korrelation zwischen dem Geh. an SH-Gruppen in den Geweben u. dem Zustand der strahlenkranken Tiere. E. RENTZ. 4601 □

Die Veränderungen von Tyrosin, Tryptophan und Histidin unter der Einwirkung von ionisierender und Lichtbestrahlung. M. A. Kolomitschenko. (Український Біохімічний Журнал [Ukrain. biochem. J.] **34.** 217—29. 1962. Kiew, Inst. für Biochem. der Akad. der Wiss. der UkrainSSR; ukrain., Auszug: engl.) — In Verss. mit Lsgg. (0,05—0,2 mg/Liter) von *Tyrosin* (I), *Tryptophan* (II) u. *Histidin* (III) wurde die Änderung der Lichtabsorption im UV u. der Mengen von I, II oder III unter der Einw. der nachst. Strahlungsarten in Ggw. von Methylenblau (IV) untersucht: Röntgenstrahlen in der Dosis 20000 r (a); Kernstrahlen von 1500000 r (b); UV-Strahlen der Wellenlängen 2537 Å (c) u. 3600 Å (d); sichtbares Licht mit Maximum bei 5450 Å (e); IR-Strahlen mit Maximum bei 1,5—2,5 μ (f). Bei allen Verss. betrug die Strahlendosis 14,0 W·s/cm^2. Danach nimmt in Lsgg. von I, II u. III mit 0,2 mg/ml bei b deren Geh. um durchschnittlich 75% ab. Bei einem Geh. von 0,1 mg/ml nehmen in der a-Reihe II u. III um 33%, I um 11% ab. Bei e hängt die Abnahme von I, II oder III bei einem Geh. von 50 γ/ml von der Ggw. von IV, von der Energie des Photons u. von der Natur der Aminosäure ab. Bei c, d u. e verstärkt IV die Veränderung des Geh. an I, II oder III. Bei a oder b mit anschließendem e oder f erfolgt eine Photoregenerierung als Folge der antagonist. Wrkg. der verschiedenen Bestrahlungsarten, so daß der Geh. an I, II oder III zunimmt. Die Photoreaktivierung durch zusätzliche Bestrahlung ist am stärksten bei II, am schwächsten bei III. O. LEBTAG. 4601 □

Einfluß der Röntgenstrahlen auf den Lipidumsatz in der Leber des Hundes. T. Ja. Polossuchina, M. Ss. Walitowa, A. L. Djukowa, S. N. Kaipowa, N. I. Kurowskaja, M. I. Reschetnikowa und L. Ss. Ssulajewa. (Вопросы Медицинской Химии [Fragen med. Chem.] **8.** 192—98. März/April **1962.** Alma-Ata, Kasach. Med. Inst., Lehrstuhl für biol. Chem.; russ., Auszug: engl.) — Bei Hunden kam es nach Totalröntgenbestrahlung (500 r) in der Leber zum Anstieg (3. Tag 8540 mg%) u. nachfolgendem Abfall des *Neutralfettes* (I), Anstieg (7. Tag 1,61), Abfall (14. Tag 0,81) u. erneutem Anstieg (21. Tag 1,25) der *Ketonkörper* (II), Anstieg (14. Tag 4300) der *Phospholipide* (III), Anstieg (3. Tag 937; 476), Abfall (7. Tag 738; 360) u. erneutem Anstieg (14. Tag 912; 447) des *Gesamtcholesterins* (IV) u. der *Cholesterinester* (V) u. zum Abfall (3. Tag 3922) u. Anstieg (14. Tag 6160) des *Glykogens* (normal 5,300; 0,52; 3900; 853; 446; 4613 mg%). Im arteriellen Blutserum waren I, II, III, IV u. V am 3. Tag vermehrt, um sich bis zum 14. Tag zu vermindern u. zum 21. Tag wieder zu vermehren. Der Anteil der V an IV verringerte sich bei Strahlenkrankheit in der Leber von 55 auf 46%, im Blutserum von 66,4 auf 60,0%. I. v. KLOCH-KORNITZ. 4601 □

Einfluß der Kobaltoxide auf den Gehalt des Blutes an reduzierenden Stoffen und auf den Glykogengehalt der Rattenleber. E. N. Lewina und A. O. Loit. (Вопросы

Медицинской Химии [Fragen med. Chem.] **8.** 131—34. März/April 1962. Leningrad, Forschungsinst. für Arbeitshygiene u. Prophylaxe, Toxikolog. Labor.; russ., Auszug: engl.) — Subkutane *$Co(OH)_2$*-Injektionen (20 mg/kg täglich bis zu 40 Injektionen) führten bei Ratten zur 11—28%ig. Verringerung, während gleiche Dosen von *CoO* keinen Einfl. auf den Geh. an reduzierenden Stoffen im Blut (*Blutzucker*-Best. nach HAGEDORN-JENSEN) bewirkten. Der *Glykogen*-Geh. in der Leber verringerte sich nach $Co(OH)_2$-Injektionen stärker. Parallel mit den Veränderungen des *Kohlenhydrat*-Stoffwechsels zeigte sich verminderte Schilddrüsentätigkeit (Erhöhung des Grundumsatzes u. Verringerung der Aufnahme von radioakt. J). I. v. KLOCH-KORNITZ. 4606□

Über den Einfluß des Natriumthiosulfates auf den Umsatz der Adrenalstoffe im Organismus von Kaninchen in der Norm und bei experimenteller Nierenhypertonie. W. Ja. Kononenko. (Проблемы Эндокринологии и Гормонотерапии [Probleme Endokrinol. Hormontherap.] **8.** Nr. 2. 20—25. März/April 1962. Lugansk, Med. Inst., Lehrstuhl für Biochem.; Charkow, Med. Inst., Lehrstuhl für Biochem.; russ., Auszug: engl.) — Injektion von *$Na_2S_2O_3$* (**I**; 5mal 1 g/kg 20%ig. Lsg.) führte bei Kaninchen mit experimenteller Nierenhypertonie bei Verringerung des Blutdruckes zu häufigerem Auftreten von gebundenem *Adrenalin* (**II**) u. seltenerem Auftreten der adrenalinähnlichen Stoffe im Blut, Vermehrung des freien **II** u. Verminderung des gebundenen **II** in den Nebennieren. Bei gesunden Kaninchen rief **I**-Injektion keine Veränderungen im Blut, Vermehrung des freien u. Verminderung des gebundenen **II** in den Nebennieren hervor. Ihr Gew. vermehrte sich bei Hypertonie von 262 auf 444 mg. I. v. KLOCH-KORNITZ. 4606□

Toxizität einiger As-haltiger Holzschutzmittel für den gemeinen Hausbohrer Anobium punctatum de Geer. K. M. Harrow. (New Zealand J. Sci. **2.** 208—11. Juni 1959. Auckland, Dep. of Sci. and Ind. Res., Plant Diseases Div.; engl.) — Verss. mit *Boliden S 25* (Zn, Cu, Cr-Arsenat), *Tanalith C* (CuCr-Arsenat) u. *Tanalith U* (F, Cr-Arsenat–Phenol) zeigen, daß die Giftigkeit für *Anobium punctatum* nur vom As_2O_5-Geh. abhängt. Bei einem Geh. von 0,01% As_2O_5 (ofentrockenes Holz) überleben die Larven, während 0,018% sie vernichten. P. GREGORZEWSKI. 4607□

Die Wirkung von Begasungsmitteln auf Insekten. 3. Mitt. **Das Schicksal von Cyanwasserstoff in Sitophilus granarius (L).** E. J. Bond. (Canad. J. Biochem. Physiol. **39.** 1793—1802. Dez. 1961. London, Ontario, Canada Dep. of Agric., Res. Inst; engl.) — Nach Begasung mit $H^{14}CN$ wird ^{14}C in 3 Verbb. des Trichloressigsäureextraktes, in einer Verb. des hydrolysierten Proteins u. im Körperfett gefunden. Nur ein kleiner Anteil wurde als $^{14}CO_2$ ausgeschieden, dagegen wurde ein erheblicher Anteil in den Exkrementen gefunden, aus dessen wss. Fraktionen 9 radioakt. Verbb. isoliert wurden. Die eine von diesen, ein Polypeptid, enthielt etwa die Hälfte vom ^{14}C. Somit zeigt es sich, daß das untersuchte Insekt nicht nur Aminosäuren ausscheidet, sondern auch synthetisieren kann u. so HCN aus seinem Körper ausscheidet. L. MACHER. 4607□

Zur toxikologischen Kennzeichnung des neuen Insektofungicids Mercuran. W. Je. Balaschow. (Гигиена и Санитария [Hyg. u. Sanitätswes.] **25.** Nr. 1. 40—44. Jan. 1961. Kiew, Med. Inst., Lehrstuhl für Arbeitshyg.; russ., Auszug: engl.) — *Mercuran* (**I**), mechan. Gemisch von 2% Alkylmercurichlorid (**II**), 12% γ-Hexachlorcyclohexan (**III**) u. Talk oder Kaolin, **II** u. **III** wurden an weißen Mäusen, weißen Ratten u. Kaninchen bei akuter u. chron. Vergiftung durch Zufuhr per os, Einatmung oder subkutan untersucht. Bei der akuten Form wirkt **I** etwas schwächer als **II** u. **III** getrennt, die etwas antagonist. auf Blutdruck u. Atmung wirken. Bei chron. Behandlung ist **I** toxischer als **III**, jedoch erheblich weniger tox. als **II**. A. v. WILPERT. 4607

Toxikologische Aspekte von 2.2-Dichlorvinyldimethylphosphat bei Rindern, Pferden und weißen Ratten. Ralph L. Tracy, Jordan G. Woodcock und Saul Chodroff. (J. econ. Entomol. **53.** 593—601. Aug. 1960. New York, N.Y., Norda, Essential Oil and Chem. Co., Inc.; engl.) — *2.2-Dichlorvinyldimethylphosphat* (**I**) wird nach Unterss. bei Kühen, Pferden u. weißen Ratten im tier. Organismus völlig entgiftet u. nicht in den Geweben gespeichert. Frische Lebermazerate verschiedener Tiere entgiften **I** mit einer Geschw. von 500 μg **I**/g Leber. K. MAIER. 4607□

Vergleichende klinische Untersuchungen der Wirkungen von Disulfiram und Calciumcarbimid. Juan Marconi, Guido Solari und Sergio Gaete. (Quart. J. Stud. Alcohol **22.** 46—51. März 1961. Santiago, Chile, Univ., Clin. Psiquiátrica; engl.) — Gruppen von 11—12 hospitalisierten Alkoholikern erhielten nacheinander in verschiedener Reihenfolge in 20-Tage-Perioden 500 mg *Disulfiram* (**I**), 50 mg *Ca-Carbimid* (**II**; mit Citronensäure lösl. gemacht) oder Placebos. Nach 5 oder mehr Tagen jeder Periode erhielt jede Vers.-Person 0,25 oder 0,5 g/kg *A.* in Form von 10% A. enthaltendem Wein. Positive Ergebnisse wurden in den beiden **I**-Gruppen bei allen 23, in den **II**-Gruppen bei 20 u. in den Placebogruppen bei 7 Personen erzielt. Alarmierende Kreislaufsymptome traten bei **II** seltener als bei **I** auf. F. KRUSEN. 4607□

Beeinflussung der Durchlässigkeit von Blutcapillaren der Kaninchenhaut für Makromoleküle durch lokale chemische und physikalische Schädigungen des Gewebes. Max Frimmer und Friedrich Wilhelm Müller. (Naunyn-Schmiedebergs Arch. exp. Pathol. Pharmakol. **243.** 279—90. 1962. Gießen, Justus-Liebig-Univ., Pharmakol. Inst.; dt.) — Folgende Reizstoffe wurden in ihrem Einfl. auf die Permeationsrate von koll. *Gold* an der Kaninchenhaut getestet: *Arsenik* (**I**), *Cantharidin, Colchicin, Allylsenföl, N-Lost, Veratrinsulfat* (**II**), *Dionin, p-Benzochinon, 2-Methyl-1.4-naphthochinon, NaF, 2.4-Dinitrophenol, Dithiopropanol, Salyrgan* u. *Chlorpikrin.* Die meisten der entzündungserregenden Stoffe haben verhältnismäßig geringe Wrkg. auf die Permeation koll. Partikel durch die Wände der Blutcapillaren der Kaninchenhaut, wenn sie in noch sinnvoller Konz. angewendet werden. Nur durch eine extrem hohe Dosis **I** u. Bestrahlung mit UV-Licht wurden dem Bradykinin ähnliche Wrkg.-Quotienten erreicht. **II** hemmt die Permeation von koll. Au. *Formaldehyd* fördert deren Durchtritt weit weniger als die Bldg. des Ödems. Hypertone Lsgg. (lokal injiziert) fördern die Permeationsrate, hypotone haben nur geringe Wirkung. M. METZE. 4607□

Akute und subakute Toxizität von Aminohexosereduktonen. A. M. Ambrose, D. J. Robbins und F. DeEds. (Proc. Soc. exp. Biol. Med. **106.** 656—59. März 1961. Albany, Calif., Western Reg. Res. Labor.; engl.) — Die DL_{50}-Werte von *Dimethylaminohexosereduktion* (**I**) u. *Morpholinohexosereduktion* (**II**) waren bei der Maus (intraperitoneal) 300 u. 850 mg/kg, die von *Anhydro*-**I**, **I** u. *Anhydropiperidinohexosereduktion* (oral) 300, 400 u. 900 mg/kg, für **II** u. *Piperidinohexosereduktion* (**III**; oral) $>$ 1200 mg/kg. Intraperitoneale Einzelinjektionen u. orale Einzelgaben von **I** sowie längeres Verfüttern von **I** u. **III** riefen bei Ratten u. Mäusen typ. Symptome von Übererregbarkeit sowie Kopfbewegungen hervor. K. MAIER. 4607□

Beitrag zur Frage der experimentellen Depigmentierung. 1. Mitt. **Melanogenese.** R. Brun. (Parfümerie u. Kosmet. **41.** 475—79. Dez. 1961. Genève, Hôp. Cantonal, Univ.-Hautklinik; dt.) — Mitteilung von Tatsachen, die eine Weiterverfolgung des Problems der Depigmentierung auf chem. Wege (*p-Benzylhydrochinon*) erlauben, um so vielleicht auch auf eine etwas ungewöhnliche Art das Problem der Melanogenese selbst anfassen zu können. Es wird zuerst eine Übersicht über das Problem der Melanogenese mit Besprechung von Biologie u. Biochemie des *Melanins,* der *Tyrosinase* einschließlich der Chemie der Tyrosin–Tyrosinase-Rk., der Lokalisierung des Hautpigments, der Entstehung des Pigments, der Regulierung der Melanogenese, der Rolle der Sulfhydrylgruppen u. des Redoxpotentials sowie der Rolle der Hormone gegeben.
U. TAUSENDFREUND. 4607□

Toxizität der cyclischen Verbindung der β-Eläostearinsäure. Noboru Matsuo. (J. Biochemistry [Tokyo] **49.** 635—41. Juni 1961. Tokyo, Seikei Univ., Dep. of Chem.; engl.) — Vgl. C. **1962.** 5752. 12747. — Das durch $3^1/_2$std. Erhitzung eines Gemisches aus *β-Eläostearinsäure* (**I**) u. *Acrolein* (4 : 1 bei 130—145°) entstandene Prod., welches einen Cyclohexenring im Mol. aufweist, zeigt bei 10%ig. Verfütterung an Ratten deutliche Toxizität. Ebenfalls tox. ist eine cycl. Verb., die durch Erhitzen von **I** (180—185° für 5 Std., Vakuum-Dest., nach Lsg. in A. Fällung mit Harnstoff bei 50—55°) gewonnen werden kann. Die Ratten sterben jeweils innerhalb 4—7 Tagen nach vorherigem starkem Gew.-Verlust. **I** selbst erwies sich nicht als toxisch. U. TAUSENDFREUND. 4607□

Ergographische Untersuchung der stimulierenden Wirkung von Schizandra chinensis. Ignat Andreew und Widen Georgiew. (Изследвания Върху Жен-шена и Китайския Лимонник в България [Rech. Panax ginseng Schizandra chinensis Bulg.] **1958.** 165—76; bulg., Auszug: russ.) — Ein Perkolations-Präp. aus den getrockneten Früchten von *Schizandra chinensis* (aus Korea) mit 70%ig. A. 1 : 3 wurde auf seine Wrkg. auf die Arbeitsfähigkeit des Muskels (ergograph.) an 19 Personen untersucht. Gruppe 1 leistete Arbeit bis zur Erschöpfung, die Gruppe 2—4 abgestuft weniger. Bei allen Gruppen wurde durch 25 Tropfen des Präp. die Arbeitsfähigkeit des Muskels im Mittel um 49,2% erhöht; die Dauer der Wiederherst. betrug im Mittel $2^1/_2$ Stunden. Subjektive Reizerscheinungen wurden nur bei einigen Personen beobachtet.
K. RINTELEN. 4608□

Änderung der Chronaxie unter der Einwirkung von Schizandra chinensis vor und nach Muskeltätigkeit. Widen Georgiew und Ignat Andreew. (Изследвания Върху Жен-шена и Китайския Лимонник в България [Rech. Panax ginseng Schizandra chinensis Bulg.] **1958.** 177—89; bulg., Auszug: franz.) — Vgl. vorst. Referat. — Änderungen von Rheobase u. Chronaxie vor u. nach ergograph. registrierter Muskelarbeit wurden unter dem Einfl. einer einmaligen Gabe von 25 Tropfen eines Präp.

von *Schizandra chinensis* an 19 Personen untersucht. 20 Min. nach der Gabe des Präp. fiel die Rheobase im Mittel um 20,1%, die Chronaxie um 20,4% (ohne Muskelarbeit). Ermüdende Arbeit führte ohne Präp. zu Steigerung um 29,2 bzw. 93,1%. Bei unter Einw. des Präp. um 49,2% gesteigerter Arbeit betrug die Steigerung 63,3 bzw. 134,3%.
K. RINTELEN. 4608□

Die Gewinnung von Präparaten aus den Wurzeln von Panax Ginseng. Iwan Issaew. (Изследвания Върху Жен-шена и Китайския Лимонник в България [Rech. Panax ginseng Schizandra chinensis Bulg.] **1958.** 157—63; bulg., Auszug: dt.) — Es wurden 3 verschiedene Präpp. aus Ginseng-Wurzeln hergestellt. Das 1. Präp. wurde aus konservierter chines. Wurzel mit 70%ig., dann 40%ig. A. extrahiert. Der A.-Geh. betrug 34—36%, der Brechungs-Koeff. 1,3655, das spezif. Gew. 0,988—0,992, Trockenrückstand 23—24%, pH 5—6. Zwei weitere Präpp. wurden aus bulgar. Pflanzen (frische Wurzeln u. konservierte) erhalten. Einmal wurde mit 70%ig. A. bei Zimmer-Temp. u. dann mit 40%ig. A. bei 40° extrahiert. Das 3. Präp. wurde durch Maceration mit 95%ig. A. u. Extraktion mit 40%ig. A. hergestellt. K. RINTELEN. 4608□

Ulcusbehandlung mit Ginseng. Ignat Andreew. (Изследвания Върху Женшена и Китайския Лимонник в България [Rech. Panax ginseng Schizandra chinensis Bulg.] **1958.** 137—55; bulg., Auszug: franz.) — Bei 30 Ulcus-Kranken wurden klin. u. Labor.-Unterss. durchgeführt u. die subjektive u. objektive Besserung verfolgt. Die Patienten erhielten morgens u. mittags 15 Tropfen eines Extrakts aus rotem, konservierten Ginseng (vgl. vorst. Ref.), ohne jede andere Behandlung. Klin. Heilung wurde bei 28 Kranken festgestellt; die Geschwürsnischen verschwanden in 23 Fällen, wurden bei 3 deutlich rückgebildet, bei 4 blieben sie stationär. Allgemeinzustand, Sexualtrieb, Sehkraft, Vitalkapazität u. Blut-Bldg. wurden gebessert, das Gew. nahm zu.
K. RINTELEN. 4608□

Über die Pharmakodynamik von Ginseng (Panax Ginseng C. A. Mey). Wesselin Petkow. (Изследвания Върху Жен-шена и Китайския Лимонник в България [Rech. Panax ginseng Schizandra chinensis Bulg.] **1958.** 73—136. Sofia, Inst. für Ärztefortbildung, Lehrstuhl für Pharmakol. u. Toxikol., Labor. für Physiol. des höheren Nervensyst.; bulg., Auszug: dt.) — Vgl. vorst. Referat. — Die Präpp. von *Panax Ginseng* (**I**) verstärkten die Erregungs- u. Hemmungsprozesse in der Hirnrinde. **I** führte aber auch, je nach den typolog. Besonderheiten u. dem funktionellen Zustand des Nerven-Syst. der Tiere, nicht selten zum Schutzhemmungssyndrom. An Katzen u. Hunden wurde festgestellt, daß **I** etwas den Blutdruck senkt (nicht durch Vagotomie beeinflußbar, aber durch Atropinisierung aufzuheben). Die Narkose durch Amytal-Na oder andere Narkotica wurde durch **I** leicht verkürzt. Die Insulin-Wrkg. wurde etwas verstärkt, auch sonst kam es zu einigen Veränderungen im Kohlenhydratstoffwechsel. Schließlich wurden einige Veränderungen im peripheren weißen Blutbild festgestellt. Im großen ganzen waren die beobachteten Wrkg. für weitgehende Folgerungen nicht immer eindeutig oder deutlich genug. K. RINTELEN. 4608□

Untersuchungen über Medikamente zur Behandlung des Hochdrucks. 1. Mitt. **Die drucksenkende Wirkung der chinesischen Droge „Li-Lu" (Veratrum sp.).** Kuo-Chang Kin, Chi-Chiang Lin, Shu-Kai Chang und Kuang-Sheng Ting. (Acta physiol. sinica **20.** 233—45. 1956. Shanghai, Acad. Sinica, Inst. of Materia Med.; chin., Auszug: engl.) — Der alkohol. Extrakt aus Wurzeln von *Veratrum sp.* führt bei Injektion an anästhesierten Hunden in 1—4 Min. zu einem arteriellen Druckabfall um 20—60%, begleitet von Bradycardie u. Atemdepression. Nach 10—90 Min. ist der Ausgangsblutdruck meistens wieder erreicht. Bei Hunden mit experimentellem Hochdruck zeigten sowohl *Veratrin* als auch durch Magensonde verabreichtes *Veratrum* hypotensive Eigenschaften. F. KRUSEN. 4608□

Untersuchungen über Medikamente zur Behandlung des Hochdrucks. 2. Mitt. **Toxizität und experimentelle Therapie mit Eucommia ulmoides oliv.** Kuo-Chang Kin und Kuang-Sheng Ting. (Acta physiol. sinica **20.** 247—54. 1956. Shanghai, Acad. Sinica, Inst. of Materia Med.; chin., Auszug: engl.) — 1. vgl. vorst. Referat. — Bei Kaninchen, die durch Magensonde täglich 10 ml eines 35%ig. Dekoktes von *Eucommia* erhielten, wurden Degenerationserscheinungen der Nierentubuli beobachtet. Ähnliche Erscheinungen traten nach intraperitonealer Injektion des Dekoktes bei Ratten, Meerschweinchen u. Hunden auf. Verfütterung der Droge an Hunde ließ diese ruhig u. letharg. werden. Veränderungen an Herz, Leber u. Milz traten in keinem Fall auf. Bei hypertensiven Hunden hatte die Droge bei peroraler Applikation des Dekoktes keine zufriedenstellenden drucksenkenden Eigenschaften. F. KRUSEN. 4608□

Beeinflussung der Bromsulphalein-Clearance durch Sulfonamide beim Kaninchen. M. Piller. (Experientia [Basel] **16.** 321—23. 15/7. 1961. Basel, F. Hoffmann-La Roche & Co., Abt. für exp. Med.; dt.) — *Sulfonamide* (*Sulfisoxazol*, *Sulfasomidin*, *Sulfadimeth-*

oxin, Sulfaphenazol, Kombination von *N^1-[4-Isopropoxybenzoyl]-sulfanilamid* plus *Sulfamerazin* u. *Sulfamethoxypyridazin*) steigern beim Kaninchen die *Bromsulphalein*-Clearance um ungefähr das Doppelte. Entweder wird die Farbstoffaufnahme im Bereich der Leber erleichtert oder der Transport durch die Leberzellen hindurch wird irgendwie beschleunigt. Es wird vermutet, daß Sulfonamide die Farbstoff–Eiweiß-Bindung lockern; sie sind schon in niedrigen Dosen wirksam. U. TAUSENDFREUND. 4610□

Die Toxizität von Actinomycin D. Frederick S. Philips, Herbert S. Schwartz, Stephen S. Sternberg und Charlotte T. C. Tan. (Ann. New York Acad. Sci. **89.** 348—60. 5/10. 1960. New York, N.Y., Sloan-Kettering Inst. for Cancer Res., Div. of Exp. Chemotherapy; engl.) — Unterss., bes. an Ratten u. Hunden, z. T. an Mäusen, ergaben: *Actinomycin D* (I) verursacht an patholog. Wrkg. Läsionen an der Injektionsstelle, system. Läsionen im Knochenmark, in Lymphoidgeweben u. im Darmepithel. Die selektive Cytotoxizität von I im Knochenmark u. im Darmepithel u. die direkte Wrkg. auf die Lymphoidzellen ist der Wrkg. von ionisierenden Strahlen u. von N-Lost ähnlich. Die Überlebenszeit nach Verabreichung letaler Dosen von I ist beträchtlich kürzer als nach Verabfolgung vergleichbarer Dosen anderer tumorhemmender Mittel, die gleich schwere Schädigungen an Darm u. hämatopoet. Geweben verursachen. Als DL_{50}-Werte (mg/kg; einmalige Dosis) wurden ermittelt: Für die Maus intraperitoneal 0,76, subkutan 1,40 u. oral 13,0, für die Ratte i.v. 0,46, intraperitoneal 0,40, subkutan 0,80 u. oral 7,2. W. KNÖBEL. 4611□

Ergebnisse der Anwendung von Äthamid als Prolongator der Penicillinwirkung. Je. W. Ssergel. (Советская Медицина [Sowjet-Med.] **25.** Nr. 11. 103—06. Nov. 1961. Leningrad, 1. Med. Pawlow-Inst., Therapeut. Fakultätsklinik; russ., Auszug: engl.) — Gaben von 0,7—1,05 g *Äthamid* 30 Min. vor der *Penicillin* (I)-Injektion (i.m. 200000 bis 300000 I.E.) führten zur Erhöhung des I-Geh. im Blut bis zu 1,2 I.E. (nach 2 Std.) u. Verlängerung der Wrkg. des I bis zu 8 Std., so daß die Injektionen von I bei gleichem Heilerfolg auf 3—4 mal täglich red. werden konnten. I. v. KLOCH-KORNITZ. 4611□

Hämatologische Toxizität eines Chloramphenicol-Analogons. Leif G. Suhrland und Austin S. Weisberger. (J. Lab. clin. Med. **58.** 962—63. Dez. 1961. Cleveland, Ohio; engl.) — Das Anfangsstadium einer durch *Chloramphenicol* (I) verursachten erythropoiet. Depression läßt sich durch Best. der Veränderungen im Serum-*Fe*-Spiegel feststellen. Mittels dieser Meth. erweist sich ein durch Ersatz der NO_2-Gruppe durch eine CH_3S-Gruppe erhaltenes I-Analogon als hämatolog. wirksame Substanz, was erneut die Bedeutung der Substituenten in p-Stellung des I-Mol. für die erythropoiet. Toxizität dieser Verbindungsklasse unterstreicht. G. KIRSTEN. 4611□

Antiphlogistische und antipyretische Wirkung von Isoalloxazinderivaten. O. Büch, I. Molnár und Th. Wagner-Jauregg. (Helv. physiol. pharmacol. Acta **18.** Nr. 1. C 9—C 12. 1960. Zofingen, Siegfried A.G., Forsch.-Labor.; dt.) — Vff. untersuchten eine größere Anzahl von Isoalloxazin- (Flavin-) Derivv. auf antiphlogist. u. antipyret. Eigenschaften. Näher geprüft wurden *6.7-Dichlor-9-dimethylaminopropylisoalloxazin-hydrochlorid* (I; *Mo 177*) u. *6.7-Dichlor-9-[γ-diäthylamino-β-hydroxypropyl]-isoalloxazin-sulfat* (II; *Mo 242*). Vff. berichten über die mittleren Letaldosen an Maus u. Ratte für I, II u. *Phenylbutazon* (III). Beim Vgl. der i.v.- u. der subkutanen DL_{50} an der Maus fiel eine relativ hohe Toxizität der Flavin-Derivv. bei subkutaner Verabreichung auf, die der i.v. DL_{50} in einigen Fällen gleich kam. Bei peroraler Verabreichung waren die Flavin-Derivv. in hohem Maße nicht tox., antiphlogist. u. antipyret. inaktiv. Im intrakutanen Verträglichkeitstest am Meerschweinchen ergaben sich bei Verabreichung gleich wirksamer Dosen von III u. I oder II etwa gleich starke Hautreizungseffekte. G. BRATFISCH. 4615□

Hemmung des positiven Intermediärpotentials durch Chlorpromazin. William A. Krivoy und Donald C. Kroeger. (Proc. Soc. exp. Biol. Med. **109.** 30—32. Jan. 1962. Houston, Tex., Baylor Univ., Coll. of Med., Dep. of Pharmacol.; Univ. of Texas, Dental Branch, Dep. of Pharmacol.; engl.) — Nach i.v. Injektion von *Chlorpromazin* (I) wird das positive Intermediärpotential im Rückenmark der Katze zunächst für kurze Zeit erhöht (wahrscheinlich in Verbindung mit Blutdruckänderungen), dann aber für lange Zeit herabgesetzt (wahrscheinlich direkte Wrkg. von I auf das Rückenmark). K. ZINGRAF. 4620□

Das gefäßverengende Mittel Naphthizin. T. K. Trubitzyna. (Медицинская Промышленность СССР [Med. Ind. UdSSR] **14.** Nr. 12. 49—51. 1960. Allunions Chem.-pharmaz. Ordshonikidse-Forsch.-Inst.; russ.) — *Naphtizin* (I; Nitrat von 2-[α-Naphthylmethylen]-imidazolin) entwickelt eine starke u. anhaltende gewebeverengende Wirkung. Im Vers. an Meerschweinchen konnte die anästhesierende Wrkg. des Novocains durch I erheblich verstärkt u. verlängert werden. Die Inkubationszeit der Strychnin-Wrkg. bei Mäusen konnte mit Hilfe von **I** von 6 auf 15 Min. verlängert werden. Gleich anderen sympathomimet. Aminen wirkt **I** steigernd auf den arteriellen Blutdruck. Die glatte Muskulatur des Kaninchendarms wird durch **I** entspannt. In Tropfen verwendet, bessert **I** den Zustand bei akuten Rhinitiden, chron. Rhinitis u. Sinusitiden. **I** ist auch bei Conjunctivitiden, als Tropfen im Conjunctivalsack verwendet, wirksam. F. DU MANS. 4620□

Die Wirkung von LSD auf die Reaktionszeiten bei einer bedingten Fluchtreaktion und im Analgesietest. M. Taeschler, H. Weidmann und A. Cerletti. (Helv. physiol. pharmacol. Acta **18.** 43—49. 1960. Basel, Sandoz A.G., Pharmakolog. Labor.; dt.) — An Hand einer bedingten Flucht-Rk. bei der Ratte u. zweier Analgesieteste bei der Maus prüften Vff., inwieweit *Lysergsäurediäthylamid* (*LSD*) die Verarbeitung sensor. Reize im Zentralnerven-Syst. zu modifizieren vermag. Hierbei fanden Vff., daß LSD in kleinsten Dosen die Rk.-Zeiten der Vers.-Tiere in diesen Testen markant verkürzt. Diese LSD-Wrkg. kann als Folge einer Sensibilisierung zentralnervöser Strukturen für afferente Impulse aufgefaßt werden. G. BRATFISCH. 4620□

Aktivitäten der Exspirationskohlensäure, des ZNS und anderer Organe nach Gaben von ^{14}C-signiertem N-[γ-Dimethylaminopropyl]-iminodibenzyl (Psychopharmacon Tofranil) an Ratten und Hunde. Karl Bernhard und Hermann Beer. (Helv. physiol. pharmacol. Acta **20.** 114—21. 1962. Basel, Univ., Physiol.-chem. Inst.; dt.) — Bei Hunden u. Ratten war bereits 15 Min. nach oraler Verabreichung von *^{14}C-Tofranil* (**I**) die Hälfte desselben resorbiert. **I** wird rasch demethyliert. Im Zentralnerven-Syst. können höchstens 1—2% der angewandten Radioaktivität unverändert oder partiell verändert nachgewiesen werden. Am höchsten war die Aktivität unter den einzelnen Teilen des ZNS im Großhirn. K. ZINGRAF. 4622□

Beziehung zwischen Verbindung 48/80 sowie Stilbamidin mit Strandin. Alfred F. Harris, Abraham Saifer und Sheila K. Weintraub. (Proc. Soc. exp. Biol. Med. **107.** 35—40. Mai 1961. Brooklyn, N.Y., Jewish Chron. Dis. Hosp., Isaac Albert Res. Inst.; engl.) — Sowohl *Verb. 48/80* (**I**) als auch *Stilbamidin* (**II**) reagieren bei 6° direkt mit dem Hirngangliosid *Strandin* (**III**) unter Bldg. trüber Rk.-Produkte. Die Fluorescenz von **II** wird durch **III** ausgelöscht (abhängig von **III**-Konz.); **III** übt Wrkg. auf das UV-Spektrum von **II** aus. **I** verursacht eine Minderung der Trübung der **III**-Lysozym- u. **III**-Protamin-Syst., **III**-Zugabe kann im ersten Fall die Rk. rückgängig machen; ähnliche Ergebnisse erzielt **II** an **III**-Lysozym u. Poly-l-lysin-**III**; **II** bewirkt bei Protamin-**III** eine Vermehrung der Trübung. **I** u. **II** verringern die Metachromasie des Toluidinblau-O-**III**-Systems. **III** hemmt die Rk. zwischen Chondroitinsulfat bzw. Germanin u. **II**. U. TAUSENDFREUND. 4625□

Die Wirkung einiger Schlaf- und Narkosemittel bei röntgenbestrahlten Mäusen. D. Winne. (Naunyn-Schmiedebergs Arch. exp. Pathol. Pharmakol. **243.** 212—31. 1962. Göttingen, Max-Planck-Ges., Med. Forsch.-Anst., Pharmakol. Abt.; dt.) — Es wurde der Einfl. des Strahlensyndroms auf die Schlafzeit von Mäusen nach Gaben von *Chloralhydrat*, *Cyclobarbital* (*Phanodorm-Ca*), *Hexobarbital* (*Evipan-Na*), *Hydroxydion* (*Presuren*), *Methyprylon* (*Noludar*), *Pentobarbital* (*Nembutal*), *Thiopental* (*Pentothal-Na*), *Tribromäthanol* (*Avertin*) u. *Urethan* untersucht. Es zeigte sich, daß in Abhängigkeit von Narkosemittel u. den verschiedenen experimentellen Bedingungen die Schlafzeit nach einer Bestrahlung verändert ist. Die Veränderung zeigt eine Abhängigkeit von der Röntgendosis u. dem Zeitabstand von der Bestrahlung. Die Schlafzeitverlängerung wird im wesentlichen als Folge eines langsameren Abbaus der Pharmaca auf Grund des Strahlenschadens interpretiert. — Ca. 90 Literaturangaben. M. METZE. 4627□

Über den Einfluß von Barbituraten und Barbitursäure auf celluläre Potentiale und Kontraktionen des Meerschweinchenvorhofes. Paul Klärner. (Naunyn-Schmiedebergs Arch. exp. Pathol. Pharmakol. **243.** 269—78. 1962. Mainz, Univ., Pharmakol. Inst.; dt.) — Es wurden die Veränderungen der cellulären Potentiale u. des mechan. Verh. als Maß für eine Schädigung des isolierten Meerschweinchenvorhofes durch die zu prüfenden Substanzen untersucht. Dabei wurde die Abhängigkeit der qual. Veränderungen der Aktionspotentiale von der Barbituratdosis bestimmt, u. ebenso die quant. Relationen zu den negativ inotropen Wrkg. in Beziehung gesetzt. Verglichen wurden die Wrkg. eines N-methylierten Barbiturats (*Hexobarbital*), eines „einfachen" Barbiturats (*Pentobarbital*) u. seines S-Homologen (*Thiopental*) sowie eines Thiobarbiturats mit 2 S-Atomen (*Methitural*). Die narkot. unwirksame unsubstituierte *Barbitursäure* wurde in diesen Vgl. einbezogen. M. METZE. 4627□

Wirkung von Morphin und Meperidin auf die zentralen Atmungsmechanismen der Katze, die Wirkung von Levallorphan bei der antagonistischen Beeinflussung dieses Effekts. S. H. Ngai. (J. Pharmacol. exp. Theraeut. **131.** 91—99. Jan. 1961.

New York, N.Y., Columbia Univ., Coll. of Physic. and Surg., Dep. of Anesthesiol. and Pharmacol., and Presbyterian Hosp., Anesthesiol. Serv.; engl.) — Die Unterss. der Wrkg. von *Morphin* (I) u. *Meperidin* (II) auf die Atembewegungen u. die verschiedenen Komponenten der zentralen Atmungsmechanismen bei vagotomierten, enthirnten Katzen ergab eine Verminderung der Rk.-Fähigkeit der medullären Atmungszentren auf elektr. Reizung. I u. II scheinen vorzugsweise den Atmungsrhythmus zu dämpfen. Der Antagonist *Levallorphan* stellt hauptsächlich letzten wieder her.

K. MAIER. 4627 □

Die Wirkung von Chloreton auf die Oxydation reduzierter Cozymase durch Cytochrom c. M. Michaelis und S. Hashimoto. (Nature [London] **194.** 680—81. 19/5. 1962. Baltimore, Md., Univ. of Maryland, School of Med., Div. of Exp. Surg.; engl.) — Das Anästheticum *Chloreton* hemmt wie Na-Amytal erheblich *DPNH-Cytochrom c-Reduktase* (Rattenhirnhomogenat, Hundelebermitochondrien), d. h. die Oxydation von DPNH durch Cytochrom c. K. MAIER. 4627 □

Untersuchungen der Procain-Allergie unter Berücksichtigung von Urticaria nach der Behandlung mit Procain-Penicillin. Ake I. B. Fernström. (Acta dermato-venereol. [Stockholm] **40.** 175—205. 1960. Stockholm, Karolinska sjukhuset, Dep. of Dermatol. and Allergy Res. Labor.; engl.) — Literaturübersicht über Häufigkeit der *Procain*-Allergie u. ihre Erscheinungsformen nach direkter Hautberührung u. Injektion von *Procain.* Fälle von Gruppensensibilisierung mit *Procain* werden berichtet von folgenden Verbb.: *Adrenalin, Ahistan, Anästhesin, Apothesin, Butesin, Butyn, Corbasil, Diäthylaminoäthanol, Larocain, Marfanil, Monoglycerin-p-aminobenzoat, Nupercain, Hydroxyprocain, Panthesin, Panthocain, 4-Aminobenzoesäure, p-Phenylendiamin, 4.4'-Diaminostilben, Pellidol, Phenergan, Prontosil, Sulfadiazin, Sulfaguanidin, Sulfanilamid, Sulfanilsäure, Sulfathiazol, Tutocain.* — 94 Literaturhinweise. A. GUDE. 4627 □

Eine Analyse der Wirkung von pH, Procain-Kation, nichtionisiertem Procain und Procainäthylchlorid-Kation auf die Überleitungszeit im Herzen, Reizschwelle, Kontraktionsamplitude und die Beziehung dieser Parameter zur antiarrhythmischen Aktivität. Walter M. Baird und Harold F. Hardman. (J. Pharmacol. exp. Therapeut. **132.** 382—91. Juni 1961. Ann Arbor, Mich., Univ. of Michigan, Dep. of Pharmacol.; engl.) — Veränderung des *pH*-Wertes der Perfusions-Fl. zwischen 7,5 u. 9,0 ändert am Taubenherzen die Kontraktionsamplitude oder Reizschwelle nicht; die Geschw. der Überleitungszeit steigt jedoch mit Anstieg des pH. Zwischen der Konz. an *Procain-Kation* (I) u. der Erhöhung der Reizschwelle als auch der Verlängerung der Überleitungszeit besteht eine direkte Beziehung. Zwischen der Konz. an *nichtionisiertem Procain* u. der negativen inotropen Aktivität besteht ebenfalls eine direkte Beziehung. *Procainäthylchlorid* wirkt qual. wie I, ihm fehlt jedoch negativ inotrope Wrkg.; es kann die durch *Acetylstrophanthidin* am isolierten Kaninchenherzen hervorgerufene ventrikuläre Tachycardie antagonist. beeinflussen; es ist dabei halb so wirksam wie *Procainhydrochlorid.* Alle *Procain*-Wrkg. scheinen prim. zum I in Beziehung zu stehen.

U. TAUSENDFREUND. 4627 □

Antikonvulsive und toxikologische Eigenschaften einiger Benzilsäureamide und das physiologische Verhalten der N-Äthylderivate. James R. Albert, Gale C. Boxill und John H. Weikel jun. (J. Pharmacol. exp. Therapeut. **131.** 85—90. Jan. 1961. Evansville, Ind., Mead Johnson & Comp., Res. Labor.; engl.) — Die antikonvulsiven Eigg. u. Toxizitäten von *Benzilsäureamid* (I) u. N-substituierten Derivv. wurden bei Elektro- u. Cardiazolschock (Maus, Ratte) untersucht. Mäuse u. Ratten schieden ca. $^1/_3$ einer oralen *N-Äthyl*-I-Dosis in nicht bekannter Form im Harn aus. Einer der Metabolite wurde als I identifiziert. Geprüfte Verbb. (Maus): I, DL_{50}, 2800 (mg/kg, DT_{50}, 86,5 (mg/kg), DP_{50} (Elektrokrampf), 61,8 (mg/kg), DP_{50} (Cardiazolkrampf), 93,5 (mg/kg); Benzilsäureamide: *N-Methyl-*, 2560/122/69,9/300; *N-Äthyl-*, 2030/163/102,4/96,2; *N-Isopropyl-*, $>$3000/318/133/161; *N-n-Propyl-*, 1360/425/390/$>$500; *N-Isobutyl-*, $>$3000/1100/378/$>$500; *N-tert.-Butyl-*, 3000/2280/$>$1000/$>$1000; *N-Cyclohexyl-*, $>$3000/ $>$3000/$>$1000/$>$1000. K. MAIER. 4628 □

Der Einfluß von Dichlorisoproterenol und verwandten Verbindungen auf die durch Ouabain und Acetylstrophanthidin hervorgerufenen Herzarrhythmien. Benedict R. Lucchesi und Harold F. Hardman. (J. Pharmacol. exp. Therapeut. **132.** 372—81. Juni 1961. Ann Arbor, Mich., Univ. of Michigan, Dep. of Pharmacol.; engl.) — Es wird gezeigt, daß *Dichlorisoproterenol* (LILLY COMPOUND *20522*; 5 mg/Liter) den normalen Herzrhythmus (des durchströmten, isolierten Kaninchenherzens) auch nach Einw. tox. Dosen von *Acetylstrophanthidin* oder *Ouabain* wiederherstellen kann; gleiche Wrkg. läßt sich in vivo am Hund mit 5 mg/kg bei derartig ausgelösten Arrhythmien erzielen. Ebenso wirksam zeigten sich *2.5-Dichlorphenylisopropylaminoäthanol* (LILLY 20608; 5 mg/Liter),

2.5-Dichlorphenylisopropylamin (Lilly *29816*; 10 mg/Liter) u. *1-[2'.5'-Dichlorphenyl]-2-pyrrolidinoäthanolhydrochlorid* (Lilly *20636*; 15–20 mg/Liter). Die antiarrhythm. Wrkg. ist offenbar von der Blockierung β-adrenerg. Rezeptoren unabhängig. U. Tausendfreund. 4630□

Die Wirkung von Persantin auf Herzmuskel-Sarkosomen. G. Laudahn. (Experientia [Basel] **17.** 415–16. 15/9. 1961. Berlin-Wilmersdorf, Städt. Krankenhaus, Hauptlabor.; dt.) — *Persantin* (*2.6-Bis-[di-β-hydroxyäthylamino]-4.8-dipiperidinopyrimido-[5.4:d]-pyrimidin*) führt bei frisch isolierten Rinderherz-Sarkosomen bzw. Lebermitochondrien zu geringen bis signifikanten Erhöhungen der P/O-Quotienten (Succinat, β-Hydroxybutyrat u. Ketoglutarat/Malonat als Substrate); Konzz. ab 10^{-4}m hemmen die Phosphorylierung stärker als die Atmung. Bei geschädigten Sarkosomen wird bei unveränderter Atmung schon durch $1 \cdot 10^{-6}$ bis $5 \cdot 10^{-6}$m die Phosphataufnahme gesteigert u. der P/O-Quotient um ca. 84% erhöht; höhere Konzz. führen auch hier zu Hemmungen u. später Entkopplung von Atmung u. Phosphorylierung. Bei geschädigten Sarkosomen kommt es also zu besserer O_2-Verwertung über eine festere Koppelung von Atmung u. Phosphorylierung. Diese Beeinflussung der Sarkosomenfunktion ist möglicherweise die Ursache für die in vivo-Wirkung. U. Tausendfreund. 4630□

Material zur Erforschung des Wirkungsmechanismus von Ditrasin und Kürbiskörnerpräparaten gegenüber Ascariden und Cestoden. A. I. Krotow. (Медицинская Паразитология и Паразитарные Болезни [Med. Parasitol. parasit. Krankh.] **30** (**39**). 666–74. Nov./Dez. 1961. Minist. für Gesundheitswesen der UdSSR, Inst. für Malaria, med. Parasitolog. u. Helmintholog., Abt. für exp. Parasitolog.; russ., Auszug: engl.) — *Ditrasin* (**I**; 1 : 1000) u. 5–10%ig. Präpp. aus Kürbiskernen führten in vitro bei Ascariden u. Cestoden u. ihren Fragmenten zu Krampf- u. Depressionszuständen der Muskulatur, aber nicht zum Absterben der Parasiten. Die Nahrungsaufnahme wurde durch **I** verhindert. Die Wrkg. der Kürbis-Präpp. auf das M-cholinreakt. Syst. der Ascariden war stärker als die von **I** u. der Wrkg. von *Santonin* u. *Piperazin* analog. I. v. Kloch-Kornitz. 4649□

Über die Behandlung von Ankylostomiasekranken mit Piperazin. T. K. Shordanija, O. P. Senaischwili und O. Sch. Matikaschwili. (Медицинская Паразитология и Паразитарные Болезни [Med. Parasitol. parasit. Krankh.] **30** (**39**). 674. Nov./Dez. 1961. Minist. für Gesundheitswesen der GrusinSSR, Med. Wirssaladse-Inst. für Parasitolog. u. trop. Med.; russ.) — *Piperazin*-Therapie erwies sich nach 15–20 Tagen nur bei 5,3–8,5% von 197 Kranken mit Ankylostomiasis erfolgreich. I. v. Kloch-Kornitz. 4649□

Behandlung von Lupus erythèmatodes mit Bigumal. A. K. Jakubsson und Ss. M. Scherman. (Советская Медицина [Sowjet-Med.] **25.** Nr. 11. 144–46. Nov. 1961. Nowosibirsk, Med. Inst., Lehrstuhl für Hautkrankheiten, Städt. Venerolog. Abt.; russ.) — Bei 58 Kranken mit chron. Lupus erythematodes führte *Bigumal* (**I**)-Therapie (0,05 g per os, 2mal täglich, 10 Tage, 10 Tage Pause, 2–8 Kurse) je nach der Schwere u. Dauer der Erkrankung zu gutem Heilerfolg ohne Hautrötung. **I** ist nicht tox. u. kann längere Zeit u. bei Recidiven wiederholt angewandt werden. I. v. Kloch-Kornitz. 4661□

Analyse der akuten Kobaltvergiftung im Tierversuch. Ernst Wilhelm Bartelheimer. (Naunyn-Schmiedebergs Arch. exp. Pathol. Pharmakol. **243.** 237–53. 1962. Göttingen, Univ., Pharmakol. Inst.; dt.) — Am Beispiel des sehr reaktionsfähigen $CoCl_2$ wurde die Wirkungsweise (Stimulation von Atmung, Kreislaufregulation u. Magendarmtrakt; Einfl. auf Herzfrequenz u. Blutdruck bei niedrigen Dosen; bei letalen Dosen, 25–30 mg/kg: Atemlähmung, Herzversagen) des *Co* während der akuten Vergiftung an der Ratte u. Katze sowie an Organ-Präpp. analysiert u. seine mögliche Bedeutung als *Cyanid*-Antidot diskutiert. M. Metze. 4675□

Unterschiede der toxischen und cyanidantagonistischen Wirksamkeit von Kobaltchelat-Verbindungen (Co-Histidin und Co_2-EDTA). Ernst Wilhelm Bartelheimer. (Naunyn-Schmiedebergs Arch. exp. Pathol. Pharmakol. **243.** 254–68. 1962; dt.) — Vgl. vorst. Referat. — An Albinoratten u. isolierten Organ-Präpp. wurde die *Cyanid*-antagonist. u. tox. Wirksamkeit von *Co-Histidin* (I) u. *Co_2-EDTA* (**II**; Co-Äthylendiamintetraacetat-Komplex, in Form des Co-Salzes) mit mehreren Meth. vergleichend geprüft. **II** zeigte größere Wrkg.-Stärke u. größere Rk.-Fähigkeit auf Grund seines rascheren Wrkg.-Eintritts als **I**. Die Wrkg.-Unterschiede werden im Zusammenhang mit den chem. Eigg. von **I** u. **II** diskutiert (Co-Dissoziation für **I**: $K = 10^{-13}$, für **II**: $K = 10^{-16}$; da aber für die **II**-Wrkg. neben der Komplex-Konst. des anion. Co-Zentralatoms noch die Dissoziations-Konst. des peripheren Co-Kations in Frage kommt, besitzt **II** einen wesentlich größeren Dissoziationgrad u. ist demnach schneller wirksam als **I**). Auf die mögliche Bedeutung der Wrkg.-Unterschiede für die Therapie der *Blausäure*-Vergiftung wird hingewiesen. M. Metze. 4675□

F. Pharmazeutische Chemie. Desinfektion

Untersuchung der Stabilität von Herzglykosidtinkturen während einjähriger Aufbewahrung unter verschiedenen Bedingungen. Zenon Olszewski, Halina Bujar und Lesław Wendt. (Acta polon. pharmac. **18.** 423—33. 1961. Wrocław, Akad. Med., Kat. Farmac. stosow.; pol.) — Die Tinkturen von *Adonis vernalis* u. *Convallaria majalis* sind ohne Einbuße an Wirksamkeit 1 Jahr haltbar. Dagegen verlieren Tinkturen von *Digitalis purpurea* (I) u. *Digitalis lanata* im Jahr 16% ihrer Aktivität. Pufferung beeinflußt nicht den Abfall der Wirkung. Das langsame Ansteigen des pH während der Aufbewahrung der Tinkturen hat ebenfalls keinen Einfl. auf die Wirksamkeit der Präparate. Filtration der Tinkturen verändert nur bei der Tinktur aus I die Wirkung. Ein neuer Nd. entsteht auch bei Lagerung bei $+1^0$ nicht. Die Wirksamkeit der Tinkturen wurde nach Houghton u. Strauss an Fröschen untersucht. F. Urban. 4790□

Teilweise Zersetzung von Alkaloiden in Dekokten aus Ipecacuanha-Wurzeln in Gegenwart von Anistropfen. Władysław Wiśniewski und Stefan Jabłoński. (Acta polon. pharmac. **18.** 493—97. 1961. Warszawa, Akad. Med., Zakł. Farmac. stosow.; pol.) — In Dekokten aus Ipecacuanha-Wurzeln, die mit Zusatz von Anistropfen hergestellt werden, tritt neben Zers. der Alkaloide durch Red. (20% in 3 Tagen) auch Fällung ein. Der Gesamtverlust an Alkaloiden beträgt nach 3 Tagen 30%. Die Best. des Alkaloid-Geh. in gereinigten Proben wurden durch konduktometr. Titration mit 0,01n HCl durchgeführt. F. Urban. 4790□

Nicht zerbrechliches geschmolzenes Silbernitrat (Höllenstein). Giuseppina Scandellari. (Atti Accad. Sci. Ist. Bologna, Cl. Sci. fisische, Rend. [11] **3.** Nr. 1. 209—15. 1/5. 1956; ital.) — Vf. bespricht zuerst die Vorschriften der verschiedenen Pharmakopoen (Italien, Frankreich, Schweiz, Belgien, England, Deutschland u. USA) u. der internationalen Pharmakopoe zur Darst. von Höllenstein u. beschreibt eine neu entwickelte Meth., die darin besteht, daß ca. 5% reines AgCl zu geschmolzenem $AgNO_3$ gegeben werden. Der erhaltene Höllenstein ist sehr widerstandsfähig u. sehr wenig zerbrechlich. C. Gottfried. 4790

Treibgasaerosole für die Lokaltherapie und Oberflächenanästhesie. W. Kempe. (Parfum., Cosmét., Savons **5.** 236—43. Mai 1962. Frankfurt-Höchst, Farbwerke Hoechst A.G.; franz.) — Es wird auf die Vorzüge u. Anwendungsgebiete pharmazeut. Aerosolzubreitungen hingewiesen; ferner werden verschiedene Präpp., die für die Lokaltherapie u. Oberflächenanästhesie geeignet sind, besprochen. H. P. Fiedler. 4790□

Anwendung der Methoden des beschleunigten Alterns zur Beurteilung von Fettgrundlagen für pharmazeutische Zwecke. Zygmunt Gołucki und Melania Aniołowska. (Acta polon. pharmac. **18.** 509—14. 1961. Warszawa, Inst. Farmac.; pol.) — Die Empfindlichkeit von Ölen u. Fetten für pharmazeut. Zubereitungen (Rapsöl, Sonnenblumenöl, Glycerinmonostearat, Kakaoöl, Suppositorienmassen) gegen Autoxydation kann durch beschleunigte Alterung bestimmt werden. Am besten geeignet ist dabei gleichzeitiges Belüften, Erwärmen u. Bestrahlen der Probe mit UV-Licht. Um reproduzierbare Ergebnisse zu erhalten, ist ein gleichmäßiges Mischen der Probe notwendig. Zur Beurteilung der Autoxydationsempfindlichkeit sind die Peroxidzahl u. die SZ., nicht die JZ. geeignet. Die JZ. charakterisiert besser die Art des Fettes als die Art der Umwandlung bei der Alterung. — 21 Literaturangaben. F. Urban. 4792□

Neue Bewertungsmethoden für chirurgischen Gips. Henryk Chwiałkowski. (Acta polon. pharmac. **18.** 499—507. 1961. Łódź, Akad. Med., Kat. Farmac. stosow.; pol.) — Die Unters. der mechan. Eigg. des chirurg. Gipses wird auf medizin. Erfordernisse abgestimmt. F. Urban. 4794□

Neue Arzneimittel. Georg Otto. (Dtsch. Apotheker-Ztg. **97.** Nr. 40. Beilage: Neue Arzneimittel u. Spezialitäten **4.** Nr. 10. 49—52. 3/10. 1957; dt.) — *Ambolin* (Haury, BRD): Tabletten mit 400 (mg) Sulfanilylbutylcarbamid, 250 Cholinbitartrat. Antidiabeticum. — *Anatola* (Parke, Davis, USA): Ampullen mit 50000 I.E. Axerophthol, 16 (mg) Campher, 26 Eucalyptol, 33 Guajacol, 6 Jodoform. A-Hypovitaminosen. — *Bilargon* (Dr. Kettelhack, BRD): Dragees mit 50 (mg) 3.7.12-Triketocholansäure, 5 Khellin, 5 Diacetyldihydroxyphenylisatin, 3 Trypaflavin, 37 Menthol, 100 Benzylmandelat. Cholagogum. — *Chamacin* (Schumann, Berlin-West): Salbe mit Extr. Chamomillae, Extr. Hamamelidis, Extr. Echinaceae fluid., Rb-Jodid, Borsäure. Anaestheticum, Dermaticum. — *Depot-Solamin* (Dobbelmann, BRD): Ampullen mit 120 (mg) Ephedrinhydrochlorid, 4 Papaverin, 0,4 l-Hyoscyamin, 10 Butylbromallylbarbitursäure, 10 Äthylmethylbutylbarbitursäure; Suppositorien mit 13 Ephedrinhydrochlorid, 7,8 Papaverin, 0,052 l-Hyoscyamin, 31,4 Butylbromallylbarbitursäure, 8 Khelin. Antasthmaticum. — *Diae „Thilo“* (Dr. Thilo, BRD): Ampullen mit 5% Diäthylaminoäthanolhydrochlorid, 20% Traubenzucker; Suppositorien mit 400 mg Diäthylaminoäthanolhydrochlorid. Angioticum. — *Dona-Dolorsan* (OPFERMANN, BRD): Lsg. von 0,15 (%) Nicotinaldehyddimethylacetal, 0,15 Isonicotinaldehyddimethylacetal, 0.5 N-Methyl-nicotinaldehyddimethylacetaljodid. 0,81 Jod, 1,73 Campher, 0,66 Ol. Rosmarini, 5 NH_4·Br, 14,3 Benzylalkohol, 27,2 Isopropylalkohol, 36,6 Liquor Ammon. caust., 3,3 Menthol. Analgeticum. — *Dralinsa* (PÜSCHL, BRD): Granulat aus Sem. Lini, Folliculi Sennae, Sem. Sinapis, Ca-Lactat, Phenolphthalein. Laxans. — *Eficomp* (FIDES, BRD): Dragees mit Fucus vesiculos., Frangula, Extr. Rhei comp., Adonis. Gegen Adipositas. — *Emser Balsam* (BAHM & BASSLER, BRD): Salbe mit Emser Salz, Azulen, Menthol, Thymol, Campher, Adeps Lanae, Ol. Terebinth., Ol. Macidis, Ol. Eucalypti, Ol. Menthae pip., Ol. Cedri. Gegen Katarrhe der Atemwege. — *Ferro-Folgamma* (ANKERMANN, BRD): Kapseln mit 10 µg Cobalamin, 5 mg Folsäure, 100 mg $FeSO_4$. Antianämicum. — *Hexanicit* (BASTIAN, BRD): Tabletten mit 200 mg Mesoinosithexanicotinsäureester. Angioticum. — *Isomydron* (DR. HEINEN, BRD): Ampullen mit Streptomycin, Isonicotinsäurehydrazid, Actithiazin. Tuberkulostaticum. — *Kalypnon* (VEB CHEMISCHE FABRIK VON HEYDEN, DDR): Tabletten mit 250 mg Äthylcrotylbarbitursäure. Hypnoticum. — *Rutanol-Schmerzdragees* (RUTANOL, BRD): Dragees mit Phenacetin, Salicylamid, Bi-Subsalicylat, Coffeincitrat, Flor. Primulae, Herb. Rutae. Analgeticum. — *Schwöroven* (SCHWÖRER, BRD): Lsg. mit Arnica, Hamamelis, Aseculus, Carduus marianus, Echinacea, Lycopodium. Venotonicum. — *Thesit* (DESITIN, BRD): Gel mit 40 (mg) Thesit, 2 Neomycin, 1 Tyrothricin je g; Pastillen mit 5 Thesit, 2 Neomycin, 1 Tyrothycin. Antibioticum. — *Vasodestal* (KRUGMANN, BRD): Dragees mit 25 (mg) Theophyllin, 50 Nicotinylamino-α-phenylheptan, 10 Phenobarbital, 5 Pentaerythrittetranitrat, 0,03 Belladonna-Alkaloide, 1 Yohimbinhydrochlorid, 10 Rutin. Antihypertonicum. — *Viscoserpin* (LINDOPHARM, BRD): Dragees mit 0,75 (mg) Rauwolfia-Gesamtalkaloide, 5 Rutin, Crataegus, Viscum. Antihypertonicum. — *Vitonetten* (DR. KUTIAK, BRD): Kapseln mit 2000 I.E. Axerophthol, 200 I.E. Calciferol, 0,5 (mg) Thiaminhydrochlorid, 1 Riboflavin, 0,25 Pyrodoxinhydrochlorid, 0,5 Cobalamin, 6 Nicotinamid, 2 Ca-Pantothenat, 0,1 Folsäure, 15 Ascorbinsäure, 1 Tocopherol, 0,01 Biotin. Gegen Hypovitaminosen. K. GERECKE. 4800□

Zur Kenntnis der Stabilisierung von Vitamin A in Lösung. (Untersuchung über Pyrazolonderivate als „Schutz"stoffe.) 5. Mitt. **Über die Einwirkung von Oxydationsmitteln auf Pyrazolone.** Walther Awe und Rolf Pohlmann (Pharmaz. Zentralhalle Deutschland **99.** 275—80. Juni 1960. Braunschweig, TH, Inst. für Pharm. Technol.; dt.) — 4. vgl. Arch. Pharmaz. Ber. dtsch. pharmaz. Ges. **293/65.** [1960.] 489. — *1-Phenyl-3-methylpyrazolon-(5)* (I), *Antiyprin* (II), *Antipyrin-4-aldehyd* (III), *4-Hydroxy-antipyrin* (**IV**) u. *Pyramidon* (**V**) wurden in Triacetin bei 20 u. 60° hinsichtlich ihrer Fähigkeit, Vitamin A zu stabilisieren u. vor Oxydation zu schützen, untersucht. I zeigt keine Schutz-Wrkg., in der Reihe **II—V** ist eine ansteigende Wrkg. festzustellen. Vitamin A wurde spektrophotometr. bei 325 mµ bestimmt. H.-W. WACHE. 4808□

Über die Stabilität einiger Thiaminderivate in pharmazeutischen Zubereitungen. F. Dal Brollo, G. Polasek und S. Rigamonti. (Boll. chim. farmac. **98.** 259—66. Mai 1959. Milano, Farmitalia; ital.) — Von den Salzen des Thiamins sind für die Herst. von Ampullen-Lsg. das Hydrochlorid, für Suppositorien der Monophosphorsäureester u. für Tabletten das Mononitrat am besten geeignet. K. ZINGRAF. 4808□

Einfluß von Ultraviolettstrahlen auf die Haltbarkeit von Penicillin und Streptomycin. Henryk Nerlo und Jerzy Andrzejewski. (Acta polon. pharmac. **18.** 525—27. 1961. Lublin, Akad. Med., Zakł. Farmac. stosow.; pol.) — Die Inaktivierung von Penicillin u. Streptomycin durch UV-Licht einer Quarzlampe ist geringfügig u. von der Belichtungszeit u. dem Abstand von der Lampe abhängig. Bestrahlung im Abstand von 2—3 m hat prakt. keinen Einfl. mehr auf die Antibiotica. Die stärksten Änderungen treten in den ersten 30 Min. der Bestrahlung ein. F. URBAN. 4810□

Untersuchungen über die in der Apothekenpraxis angewandten Methoden zur Erniedrigung des mikrobiologischen Infektionsgrades von Heilmitteln. Adolf Fiebig, Izabella Barteczko und Irena Stechnij. (Acta polon. pharmac. **18.** 435—40. 1961. Gdańsk, Akad. Med., Zakł. Farmac. stosow; Państw. Sziptal Klin. Nr. 1; pol.) — Bei gewöhnlicher Bereitung von Augentropfen u. Salben enthalten alle Zubereitungen antibiot. resistente Staphylokokken u. z. T. auch Pseudomonas pyocyanea. Bei Verw. asept. Hilfsmittel werden dagegen 91% der Tropfen-Präpp. u. 73% der Salben steril erhalten. Hauptquelle der Infektion ist die Luft der Räume. F. URBAN. 4832□

Pharmazeutica. T. Uno. (Japan Analyst, annu. Rev. **1961.** 125 R—132 R; jap.) — Übersicht über die Meth. der Analyse von Arzneimitteln. — 291 Literaturangaben. E. KLEVER. 4880□

Anwendung von Mischindicatoren in der Arzneimittelkontrolle. 3. Mitt. **Bestimmung von löslichem Barbital und Phenobarbital.** M. Zahradníček, V. Benediktová und E. Michalcová. (Českoslov. Farmac. **10.** 130—32. April 1961. Brno,

Komeniusuniv., farmac. fak., kat. farmac. chem.; tschech.) — 2. vgl. C. **1960.** 16850. — Ein Mischindicator aus 1 Teil Methylrot (0,1%i. Lsg. in 95%ig. A.) u. 6 Teilen Bromkresolgrün (0,1%ig. Lsg. in 95%ig. A.) ergibt einen gut erkennbaren Farbumschlag von Grünblau über Grau nach Violett bei der titrimetr. Best. von lösl. Barbital u. Phenobarbital. — 24 Literaturangaben. E. VEVERA. 4880

Über die Anwendung der Gaschromatographie auf pharmazeutische und lebensmittelchemische Probleme. F. Moll. (Dtsch. Apotheker-Ztg. **101.** 1357—60. 19/10. 1961. Braunschweig, TH, Inst. pharm. Chem.; dt.) — Übersicht. — Behandelt werden das Prinzip der Gaschromatographie u. ausgewählte Analysenbeispiele (organ. Lsgm., äther. Öle, Arzneimittel, Aromen u. a.). — 29 Literaturangaben.
WINFRIED KRÜGER. 4880 □

Spektrofluorometrie und deren Anwendung in der pharmazeutischen Analytik. H. G. Leemann. (Schweiz. Apotheker-Ztg. **99.** 575—82. 29/7. 593—98. 5/8. 1961. Basel, Sandoz AG, Pharmazeut. Dep., Analyt. Abt.; dt.) — Übersicht. — Kurze Erläuterung der Theorie der Fluorescenzspektren u. Behandlung einiger ausgewählter Beispiele aus der pharmazeut.-analyt. Praxis zur Best. strukturell nahe verwandter Stoffe.
WINFRIED KRÜGER. 4880 □

Bestimmung von Bor in pharmazeutischen Präparaten mit colorimetrischen Methoden. Maria Rożyńska und Zofia Wójcik. (Acta polon. pharmac. **18.** 377—81. 1961. Warszawa, Inst. Leków; pol.) — Die Best. von B in pharmazeut. Präpp. erfolgt ohne Abtrennung colorimetr. nach Zusatz einer 0,1%ig. Lsg. von Carminsäure in konz. H_2SO_4 oder einer 0,1%ig. Carminlösung. Die gebildete Rotfärbung bleibt 4 Std. erhalten, die Best. mit dem PULFRICH-Photometer (Filter S 57) wird nach 1 Std. durchgeführt. Die optimale B-Konz. in der Probe soll um 200 μg/100 ml liegen. Zn^{2+}, Al^{3+}, Mg^{2+}, NH_4^+, Na^+, Silicate, PO_4^{3-}, F^-, Cl^-, Acetarsol, Chinosol, Weinsäure, Glucose, Stärke, Thymol, Glycerin, Paraffin, Phenazolin, Naphazolin u. Sulfathiazol stören die Best. nicht. F. URBAN. 4880 □

Vanillin in Platanthera bifolia (L.) Rich. Rubens Figurski und Zofia Michalska. (Acta polon. pharmac. **18. 479—84. 1961.** Warszawa, Akad. Med., Zakł. Botan. farmac.; pol.) — Im Absud des Krautes von *Platanthera bifolia* wurden Vanillin u. Äthylvanillin nachgewiesen. Die mit NH_3-haltigem n-Butanol auf WHATMAN-Nr. 1-Papier getrennten Substanzen haben die R_F-Werte 0,50 u. 0,70. F. URBAN. 4880 □

Analytische Untersuchungen über 4.2′.4′-Trimethoxychalkon. Celeste Cardini, C. Veneziani und A. Calò. (Rend. Ist. super. Sanità **24.** 741—47. 1961. Roma, Ist. Sup. di Sanità, Labor. di Chim.; ital.) — Vff. beschreiben das UV-spektrophotometr. Verh. des Cholereticums *4.2′.4′-Trimethoxychalkon* sowie seines 2.4-Dinitrophenylhydrazons, seine colorimetr. Best. nach WILSON [1939] sowie sein IR-Absorptionsspektrum zwischen 2 u. 15 μ. K. ZINGRAF. 4880 □

Bestimmung von Aturban und Doriden durch Titration in nichtwässerigem Medium. Henryk Ellert, Tadeusz Jasiński und Nina Galicka. (Acta polon. pharmac. **18.** 521—23. 1961. Gdańsk, Akad. Med., Kat. Chem. Leków; pol.) — α-Phenyl-α-diäthylaminoäthylglutarsäureimidhydrochlorid (Aturban) wird in Eisessig unter Zusatz von 10 ml 3%ig. Hg-Acetat-Lsg. mit einer 0,1n $HClO_4$-Lsg. in abs. Essigsäure titriert. Als Indicator dienen Kristallviolett, Malachitgrün oder Nilblau. Der Fehler der Best. beträgt $-1{,}2$ bis $+0{,}93$%. α-Phenyl-α-äthylglutarsäureimid (Doriden) wird dagegen in Äthylendiamin (neutralisiert mit Na-Methylat) oder in Pyridin mit einer 0,1n-Na-Methylat-Lsg. in abs. Methanol–Bzl. titriert. Als Indicator dient o-Nitroanilin oder Azoviolett. Der Fehler der Best. liegt bei $-0{,}79$ bis $+0{,}29$%. F. URBAN. 4880 □

Methode zur Bestimmung von Novocain in wässerigen, teilweise hydrolytisch zersetzten Lösungen. Władisław Wiśniewski und Zdzisław Furmańczyk. (Acta polon. pharmac. **18.** 415—21. 1961. Warszawa, Akad. Med., Zakł. Farmac. stosow; pol.) — *Novocain* (**I**) zersetzt sich in wss. Lsg. zu p-Aminobenzoesäure (**II**) u. Diäthylaminoäthanol (**III**). Die acidimetr. Best. von **I**-Präpp. erfaßt somit auch **III**, die bromometr. u. colorimetr. nach RICHTER auch **II**. **II** wird deshalb vor der bromometr. Titration mit Chlf. in Ggw. von NH_4OH extrahiert. Im Chlf.-Extrakt kann **II** colorimetr. nach RICHTER bestimmt werden. F. URBAN. 4880 □

Quantitative Arsenbestimmung in Osarsol. W. M. Schewerdjajewa und Ss. P. Bysstrow. (Аптечное Дело [Apothekenwesen] **9.** Nr. 3. 22—27. Mai/Juni 1960. Moskau, 1. Med. Ssetschenow-Inst., Pharmazeut. Fakultät; russ., Auszug: engl.) — Die As-Best. im *Osarsol* (**I**) nach dem 8. Sowjet. Arzneibuch zeigte eine Fehlergrenze von 3,13% u. eine Reproduzierbarkeit von 2,37%, die die maximal zulässigen Werte überschreiten. Nach ALIJEW (vgl. C. **1958.** 6915) erhält man bei der Titration mit Phenolphthalein als Indicator zu niedrige (86%), mit Bromphenolpurpur zu hohe (108%) Ergebnisse. Die bromatometr. Meth. garantiert eine Reproduzierbarkeit von 0,40% u. eine Genauigkeit von 0,60%. Es wird vorgeschlagen, I entsprechend der 8. Ausgabe zu mineralisieren, das As(V) mit Hydrazinsulfat zum As(III) zu reduzieren u. dann bromatometr. zu bestimmen. 1 ml 0,1n Bromid–Bromat-Lsg. entspricht 3,7455 mg As oder 13,756 mg Osarsol. Auf Grund ihrer guten Reproduzierbarkeit u. Genauigkeit wird diese Meth. für die 9. Sowjet. Pharmakopoe vorgeschlagen. G. Siewert. 4880□

Spektrophotometrische Bestimmung von Derivaten des Nitrofurfurols in Arzneimitteln. Włodzimierz Żyźyński. (Acta polon. pharmac. **18.** 365—70. 1961. Warszawa, Inst. Leków; pol.) — Nitrofurfurol-Derivv. werden in einer Puffer-Lsg. bei pH 10 spektrophotometr. bestimmt. Zur Auswertung werden die Extinktionen bei den Absorptionsmaxima 365 mμ (*Furazolidon*), 373 (*Nitrofurazon*) u. 386 bzw. 235 (*Nitrofurantoin*; I) benutzt. Die Extraktion der Verbb. aus den Präpp. erfolgt mit Äthylenglykol, bei I mit Äthanol. F. Urban. 4880□

Die Bestimmung von Diacetoxydiphenylpyridylmethan in einem zusammengesetzten Laxativum. S. Casadio und F. Sossi. (Boll. chim. farmac. **98.** 332—34. Juni 1959. Milaoo, Sigurtà Farmaceutici; ital.) — Beschreibung der potentiometr. Best. von Diacetoxydiphenylpyridylmethan in einem zusammengesetzten Laxativum unter Verw. von A. oder Chlf. als Lösungsmittel. K. Zingraf. 4880□

Untersuchung des Natriumcoffeinbenzoates und des Natriumcoffeinsalicylates nach der Methode der Papierchromatographie. A. T. Asstwatzaturjan. (Аптечное Дело [Apothekenwesen] **10.** Nr. 1. 21—24. Jan./Febr. 1961. Rostow/Don, Med. Inst. Lehrstuhl für Pharmakol.; russ.; Auszug: engl.) — Im Papierchromatogramm von *Na-Coffeinbenzoat* u. *Na-Coffeinsalicylat* mit n-Butanol–Essigsäure (10:1) werden *Coffein* (R_F 0,67) *Benzoesäure* (R_F 0,90), *Salicylsäure* (R_F 0,85) u. Na-Acetat (R_F 0,12) nachgewiesen. G. Siewert. 4880□

Identifikation von Antihistaminica für pharmazeutische und toxikologische Zwecke. J. Večerková und K. Kácl. (Českoslov. Farmac. **11.** 129—34. März 1962; tschech.) — Übersicht über die analyt. Best.-Meth. der Antihistaminica Chlorpromazin (**I**), Promazin (**II**), Phenergan (**III**), Deparkin (**IV**), Pacatal (**V**), Antihistamin (**VI**), Ambodryl (**VII**), Alfadryl (**VIII**), Theadryl (**IX**), Analergin (**X**), Pyribenzamin (**XI**), Benactyzin (**XII**) u. Vorschlag zweier neuer Syst. zur chromatograph. Best.; R_F-Werte bei Verw. des Syst. Kerosin/96%ig. A./W. (70:28:2) sowie des Syst. Formamid + Tetrachlormethan/Essigsäure (98:2) von den genannten Antihistaminica werden angegeben. Die Sichtbarmachung der Chromatogramme erfolgt mit konz. H_2SO_4, $PdCl_2$, $Ce(SO_4)_2$ u. Ehrlichs Reagens. — 58 Literaturangaben. H.-W. Wache. 4880□

Analysewerte einiger neuer synthetischer Diuretica. A. Calò, Celeste Cardini und A. Mariani. (Rend. Ist. super. Sanità **24.** 735—40. 1961. Roma, Ist. Sup. di Sanità Labor. di Chim. e Labor. di Biol.; ital.) — Beschreibung der papierelektrophoret. u. papierchromatograph. Trennung u. des UV-spektrophotometr. Nachw. von *3-Dichlormethyl-6-chlor-7-aminosulfonyl-3.4-dihydro-1.2.4-benzothiadiazin-1.1-dioxid* (Fluitran), *1-Oxo-3-[3'-aminosulfonyl-4'-chlorphenyl]-3-hydroxyisoindolin* (Hygroton), *4-Chlorbenzol-1.3-disulfonamid* u. *Diphenylmethan-4.4'-disulfonamid* (Nirexon). K. Zingraf. 4880□

Die Dünnschichtchromatographie als Schnellmethode zur Analyse von Arzneimitteln. J. Bäumler und S. Rippstein. (Pharmac. Acta Helvetiae **36.** 382—88. Juni 1961. Beilage zu: Schweiz. Apotheker-Ztg. Basel, Univ., Gerichtlich-med. Inst.; dt.) — Eine Anzahl Arzneimittel (Tabellen) wurden durch Dünnschichtchromatographie an Kieselgel G charakterisiert: Barbiturate u. Analoga (17 Stoffe), Chlf.–Aceton (9:1) als Fließmittel, UV-Licht, $HgNO_3$-Lsg. (Nachw.); Alkaloide u. bas. Arzneimittel (15 Stoffe), Methanol–Aceton–Triäthanolamin (1:1:0,03), UV-Licht, modifiziertes Dragendorff-Reagens; Opiumalkaloide u. synthet. Ersatzmittel (16 Stoffe), wie vorst.; Phenothiazine u. ähnlich wirkende Substanzen (12 Stoffe), wie vorst. u. mit $PdCl_2$-Lösung. Winfried Krüger. 4880□

Trennung von Arzneimittelgemischen durch Gegenstromverteilung. W. M. Baschilowa. (Аптечное Дело [Apothekenwesen] **10.** Nr. 5. 50—56. Sept./Okt. 1961; russ., Auszug: engl.) — Vf. hatte früher (Аптечное Дело [Apothekenwesen] **10.** [1961.] Nr. 3. 50) nachgewiesen, daß die Gegenstrom-Meth. die Trennung eines Gemisches von Papaverin u. Codein ermöglicht. Untersucht wurden nun folgende Gemische: *Dibazol–Papaverinhydrochlorid*; *Platyphyllinbitartrat–Papaverinhydrochlorid*, *Codein–Pyramidon.* Diese Stoffe lassen sich durch gewöhnliche chem. Meth. schwer trennen. Die Vollständigkeit der Trennung dieser Gemische wurde durch qual. Rkk. oder Papierchromatographie überprüft. Die Best. der Alkaloide u. anderer organ. Basen wurde durch Titration in nichtwss. Medien ermittelt. Dibazol u. Codein wurden mit einer HCl-Lsg. in Eisessig unter Zusatz von Kristallviolett als Indicator Pyramidon mit 0,1n HCl, Platyphyllin u. Papaverin mit 0,02n HCl in Ggw. desselben Indicators titriert. E. STEINBERG. 4880□

Photocolorimetrische Bestimmung des Dionins. N. A. Polotebnowa und P. Ju. Ljalikowa. (Аптечное Дело [Apothekenwesen] **10.** Nr. 1. 58—59. Jan./Febr. 1961; russ.) — Das Prod. der Behandlung von *Dionin* mit H_2SO_4 red. in alkal. Lsg. Siliciummolybdänwolframsäuren zu einem Blau, das sich für eine colorimetr. Best. verwenden läßt. Bes. geeignet ist der Komplex mit dem Verhältnis Mo:W = 8:4, dessen Herst. beschrieben wird. G. SIEWERT. 4880□

Hochfrequenztitration bei Anwendung eines Meßgefäßes vom Typ des Elektrolytkondensators. 1. Mitt. Bestimmung von Codein und Salicylsäure in wässerigem Medium. Kazimierz Kalinowski. (Acta polon. pharmac. **18.** 349—55. 1961. Łódź, Akad. Med., Zakł. Chem. farm.; pol.) — Salicylsäure wurde in wss. Lsg. mit Codein u. umgekehrt Codein mit Salicylsäure titriert. Die Genauigkeit der Hochfrequenztitration betrug bei Anwendung von 0,001m Lsgg. ±5%. Die Best. des Endpunktes erfolgte graph. aus der Vol.-Widerstandskurve. — 26 Literaturangaben. F. URBAN. 4880□

Anwendung der Papierionophorese bei der Trennung von Alkaloidgemischen. Irena Alwas, Jerzy Derlikowski, Alina-Barbara Narbutt-Mering, Edward Perkowski und Wanda Weglowska. (Acta polon. pharmac. **18.** 357—63. 1961. Warszawa, Inst. Leków; pol.) — Eine vollständige Trennung von Tropa- u. Opiumalkaloiden, sowie von Dolantin, Emetin, Lobelin, Spartein u. Pyramidon wird durch Ionophorese in 1%ig. $(NH_4)_2CO_3$-Lsg. (pH 7,8) auf WHATMAN Nr. 1-Papier erzielt. Die angewandte Spannung betrug 300 V (10 V/cm), die Dauer der Best. 3 Stunden. Die Konz. der Einzelbestandteile soll dabei pro Probe 20 μg nicht übersteigen. Atropin u. Hyoscyamin sowie Codein u. Dionin konnten nicht getrennt werden.
F. URBAN. 4880□

Über die Verwendung des Milchsaftes von Papaver orientale zur sicheren Feststellung der Provenienzen eines Opiums. Giuseppe Pruner. (Rend. Ist. super. Sanità **24.** 699—710. 1961. Roma, Ist. Sup. di Sanità, Labor. di Biol.; ital.) — Ein Extrakt des Milchsaftes von *Papaver orientale* wurde Opium (**I**)-Extrakten zugesetzt, um die rasche UV-spektrophotometr. Identifizierung von **I** aus dem Mittelmeerbereich (Griechenland, Jugoslawien, Türkei) sowie von ind. **I** vom Malva-Typ, der dem türk. **I** sehr ähnlich ist, zu erleichtern. K. ZINGRAF. 4880□

Bestimmungsmethoden für Morphin in Mohnköpfen und Zwischenphasen des Extraktionsprozesses, die in der Fabrik „Taninul Maramuresului" angewendet werden. N. Popovici, R. Simionovici, M. Sterescu, C. Titei, S. Arizan, N. Keim, M. Popa und V. Tamaş. (Rev. Chim. [Bucureşti] **9.** 337—39. Juni 1958; rum.)
K. LANGE. 4880

Trennung der Phosphorsäureester des Thiamins mit Hilfe der Papierchromatographie. Irena Wasilewska und Hanna Krepska. (Acta polon. pharmac. **18.** 371—76. 1961. Warszawa, Inst. Farmac.; pol.) — Bei Verw. von n-Propanol–W.–0,1m-Phosphatpuffer-Lsg. (pH 5) im Verhältnis 60:20:20 als bewegliche Phase wird eine vollständige u. schnelle Trennung der Thiaminphosphate, wie sie bei der Herst. von Cocarboxylase erhalten werden, erzielt. Die R_F-Werte sind 0,23 (Triphosphat), 0,32 (Diphosphat) u. 0,49 (Monophosphat). Bei Anwendung des Phosphatpuffers an Stelle des Acetatpuffers kann eine höhere Propanol-Konz. in der beweglichen Phase eingestellt werden. Damit ist die Hydrolyse der Ester während der Trennung gehemmt. Außerdem erübrigt sich eine Reinigung des WHATMAN-Nr. 1-Papiers vor der Bestimmung.
F. URBAN. 4880□

Fluorometrische Bestimmung des Vitamins B_2 im Neotimpanal. M. Bercovici. (Rev. Chim. [Bucureşti] **9.** 335—37. Juni 1958; rum.) K. LANGE. 4880

Anwendung von Barbitursäure und Thiobarbitursäure zur Beurteilung der Beständigkeit von Ascorbinsäurelösungen. Aleksandra Smoczkiewiczowa und Janina Grochmalicka. (Acta polon. pharmac. **18.** 515—19. 1961. Poznań, Akad. Med., Zakł. Chem. nieorgan. i anal.; pol.) — *Barbitursäure* (**I**) u. *Thiobarbitursäure* (**II**) geben mit den Oxydations-Prodd. der *Ascorbinsäure* (**III**) gelbrosa gefärbte Verbindungen. Die colorimetr. Best. der Oxydations-Prodd. mit **I** liefert stets höhere Werte als mit **II**. Mit steigendem pH der **III**-Lsg. nimmt der Geh. an Keto-Verbb. zu. In alten **III**-Lsgg. (67 Tage) wurden mit **I** 67% von **III** als Keto-Verbb. gefunden. F. URBAN. 4880□

Über die Bestimmung einiger Glucocorticosteroide in pharmazeutischen Zubereitungen. Georg Dultz. (Dtsch. Apotheker-Ztg. **101.** 1339—46. 19/10. 1961. Frankfurt/M., Farbwerke Hoechst AG., vormals Meister Lucius u. Brüning, Pharmazeut.

Untersuchungslabor.; dt.) — Vortrag. — Behandelt wird die Analytik von *Cortison, Hydrocortison, 9α-Fluorhydrocortison, Prednison, Prednisolon, Triamcinolon, Urbason, Dexamethason* u. *Delmeson*. Bes. berücksichtigt werden die papierchromatograph. Trennung, die Farb-Rkk. der Glucocorticosteroide (I) mit Triphenyltetrazoliumchlorid u. Isonicotinsäurehydrazid, sowie die durch UV-Licht u. anderem Einfl. hervorgerufenen u. bei der Analytik störenden Umwandlungen der I. — 36 Literaturangaben.
Winfried Krüger. 4880 □

Gleichzeitige Bestimmung von Gemischen aus Chlortetracyclin (Aureomycin) und Tetracyclin. Al. Sauciuc, W. Unterman, G. Caraculacu und R. Toma. (Rev. Chim. [Bucureşti] **9.** 339—41. Juni 1958; rum.) K. Lange. 4880

Über die Pyrogene. Tibor Vályi-Nagy und Barna Kelentey. (Pharmazie **14.** 245—53. Mai 1959. Debrecen, Univ., Pharmakol. Inst.; dt.) — Übersicht über Herkunft Chemie u. Entfernung der Pyrogene (I) sowie über die Prüfung auf I. Einzelheiten über die Ausführung eines biolog. Testes mit der Maus als Vers.-Tier werden mitgeteilt. — 24 Literaturangaben. P. Hajdú. 4880 □

Parmelee Pharmaceutical Co., übert. von: William C. Moeller und Ludwig A. Smith, Kansas City, Mo., V.St.A., **Herstellung von Kochsalztabletten** für arzneiliche Zwecke mit verringerter Auflösegeschw. im Magen–Darm-Kanal. Man preßt hochporöse, aber selbsttragende NaCl-Tabletten u. taucht diese in eine Lsg. eines filmbildenden Cellulose-Deriv., wobei man die Temp. der Tabletten um ca. 20 (°F) höher, z. B. 110°, hält als die Temp. der Lsg. (z. B. 90°), entfernt die Tabletten aus der Lsg., läßt abtropfen u. trocknet. Kontinuierlicher Prozeß. — Vorr., Zeichnungen. (**A. P. 2 955 982** vom 22/1. 1951, ausg. 11/10. 1960.) K. Koebke. 4767

Eastman Kodak Co., übert. von: George Y. Brokaw und William C. Lyman jun., Rochester, N.Y., V.St.A., **Arzneimittelträger,** der ein festes, im wesentlichen klares Gel darstellt, bestehend aus einer Fettsäureglycerinpartialester-Zus. mit $\leqq$75 (%) Monoglyceriden, die Fettsäurereste mit wenigstens 16 C-Atomen aufweisen, 10—90 W. u. $<$10 Glyceriden mit gesätt. Fettsäureresten von $>$11 C-Atomen. (**A. P. 2 976 251** vom 19/4. 1957, ausg. 21/3. 1961.) K. Koebke. 4787

Aktiebolaget Bofors (Erfinder: Bo Thuresson af Ekenstam, Bror Holger Frederik von Fieandt, Karlskoga, und Allan Rickard Benjamin Furendal), Bofors, Schweden, **Herstellung einer aus Kunststoff bestehenden Grundlage für Puder und Linimente,** dad. gek., daß man durch Emulsionspolymerisation eine kein Film-Bldg.-Vermögen besitzende Kunststoffdispersion herstellt, die Dispersion zur Trockne bringt u. die durch den Trockenprozeß agglomerierten kugeligen Kunststoffpartikel mechan. freilegt. (**Schwz. P. 358 193** vom 26/10. 1956, ausg. 30/12. 1961.) K. Koebke. 4787

Armour & Co., Chicago, Ill., V.St.A., **Herstellung einer stabilen, wässerigen Chymotrypsin-Lösung,** dad. gek., daß man der auf pH 3,5—6,0 eingestellten Lsg. als Stabilisator pro 1—10 mg Chymotrypsin im cm³ 0,5—10 Gew./Vol.-% sulfhydril- u. disulfidfreie Aminosäure, bes. Glycin, Methionin oder Valin, sowie ggf. noch 0,05—2 Gew. pro Vol.-% Ca-Acetat zusetzt. (**E. P. 866 423** vom 12/3. 1959, ausg. 26/4. 1961. A. Prior. 21/3. 1958.) W. Heyer. 4791

Charles C. Adams und Walter K. Cillett, Pasadena, Calif., V.St.A., **Sterilisieren von Catgut,** dad. gek., daß man es bei 45—60° einige bis 55 Min. mit fl. Äthylenoxid oder Äthylencarbonat behandelt u. das Sterilisiermittel entfernt. (**A. P. 2 977 182** vom 13/8. 1958, ausg. 28/3. 1961.) K. Koebke. 4795

Imperial Chemical Industries Ltd., London (Erfinder: Charles Walter Suckling, Widnes, und James Raventos, Manchester, Lancashire), England, **Herstellung von 1.1.1-Trifluor-2-brom-2-chloräthan** nach D. A. S. 1 018 853, dad. gek., daß 1.1.1-Trifluor-2-chloräthan u. Br im Molverhältnis 2:1 bis 5:1, bes. 2,5:1 bis 3,5:1, bei 480—530° umgesetzt werden, wobei die Rk.-Zone zweckmäßig soweit ausgedehnt ist, daß das gesamte Br verbraucht ist, bevor der Gasstrom die Rk.-Zone verläßt. Das als Neben-Prod. anfallende 1.1.1-Trifluor-2.2-dibrom-2-chloräthan wird zweckmäßig mit 1.1.1-Trifluor-2-chloräthan ebenfalls bei 480—530° umgesetzt. Das durch fraktionierte Dest. des Rk.-Prod. erhaltenen 1.1.1-Trifluor-2-brom-2-chloräthan ist eine farblose Fl., Kp. 50,2°, n_D^{20} 1,3700, $D.^{22}$ 1,86. — Ungiftiges *Atmungsanästhetikum.* (**D. A. S. 1 113 215** Kl. 12o vom 4/12. 1959, ausg. 31/8. 1961. **Zusatz zu D. A. S. 1 018 853; C. 1958. 14494.**) W. Gräger. 4807

Chem. pharmaz. Fabrik Dr. Hermann Thiemann G.m.b.H., Lünen/Westf. (Erfinder: Helmut Schäfer, Hamburg), **Salicylamid-O-essigsäureamide** der allg. Formel **I** (R_1 u. R_2 = H, ggf. substituierter Alkyl-, Aryl- oder Aralkylrest, R_2 auch

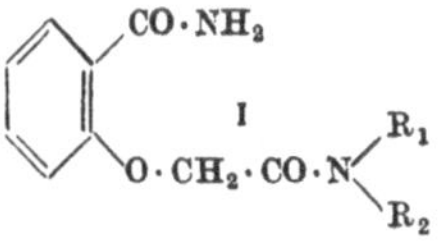

Carboxyalkylrest bzw. (falls R_1 = H oder Alkyl mit 1—6 C-Atomen) ein Stickstoffring mit 4—5 C-Atomen oder ein Rest der Formel $-R_3-N^2(R_4)R_5$, worin R_3 = ggf. verzweigter u./oder OH-gruppenhaltiger Alkylenrest mit 2—6 C-Atomen oder ein isocycl. Rest; R_4 u. R_5 = Alkylrest mit bis zu 6 C-Atomen, die (ebenso wie R_1 u. R_2 mit dem zugehörigen N-Atom) mit N^2 zu einem heterocycl. Ring geschlossen sein können) oder Salze dieser Verbb. erhält man durch innermol. Wasserabspaltung aus *Salicylamid-O-essigsäure* (**II**), bes. durch Erhitzen dieser Säure mit Acetylchlorid in Chlorbenzol, u. Weiterumsetzen des entstandenen *Salicylsäure-O-essigsäureimids* (**III**) in einem vorzugsweise wasserfreien Lsgm. bei Zimmer-Temp. oder erhöhten Temp. mit einer bas. oder amphoter reagierenden N-Verb. der Formel $HN(R_1)R_2$ u. ggf. Überführung der entstandenen Basen in ihre wasserlösl. Salze. — Durch Übergießen von feingepulverten 17,7 g **III** mit 100 cm^3 25%ig. wss. NH_3 u. 10 Min. Erhitzen der Mischung zum Sieden erhält man **II**, weiße Kristalle, F. 211—212°, in 90—95% Ausbeute. Die folgenden *Salicylamid-O-essigsäure-N-amide*, von denen lediglich der an das Essigsäure-N-atom gebundene Aminrest angegeben ist, werden aus **III** u. den jeweils entsprechenden Aminen hergestellt: *N-Diäthylamid*, glänzende Schuppen, F. 151—152°; *N-Piperidid*, F. 212—213°; *N-[β-Diäthylaminoäthyl]-amid*, verfilzte weiße Nadeln, F. 128—129°, *Hydrochlorid*, F. 145—146°; *N-[β-Piperidinoäthyl]-amid*, F. 125—126°, *Hydrochlorid*, F. 169°; *N-[γ-Diäthylamino-n-propyl]-amid*, F. 116—117°; *N-[δ-Diäthylamino-n-butyl]-amid*, F. 118—119°; *N-Carboxymethylamid*, verfilzte weiße Kristalle, F. 246° (Zers.); *N-Diäthanolamid*, F. 144—145°; *N-Anilid*, F. 191°; *N-Benzyl-N-methylamid*, F. 146°; *N-Pyridyl-(2)-amid*, F. 204°. — Die Prodd. dienen als *Heilmittel* oder als Lösungsvermittler für solche. (**D. A. S. 1 126 373** Kl. 12o vom 4/3. 1957, ausg. 29/3. 1962.) A. MOHR. 4807

Gebrüder Giulini G.m.b.H. (Erfinder: Walter Heigel und Werner Heinrich), Ludwigshafen/Rh., **Herstellung von 4-Chlor-6-aminobenzol-1.3-disulfonsäuredichlorid,** dad. gek., daß man 1 (Mol) m-Chloranilin mit 9 $ClSO_3H$ umsetzt u. nach Beendigung der Rk. $SOCl_2$ direkt auf das Rk.-Gemisch einwirken läßt. — Ausbeute 75,1%; F. 140—142° (Bzl.). — *Zwischenprod., bes. für Diuretica.* (**D. A. S. 1 131 223** Kl. 12q vom 4/3. 1961, ausg. 14/6. 1962.) O. MÜLLER-MEININGEN. 4807

Imperial Chemical Industries Ltd., London, England (Erfinder: Arthur Donald Ainley, Wilfred Archibald Sexton und Alan Taylor), **Herstellung von halogenhaltigen Brenztraubensäure-Derivaten.** Man trägt z. B. eine Lsg. von 480 (Teilen) Br_2 in 1000 CH_2Cl_2 (I) in eine Lsg. von 348 3.3-Dimethylbrenztraubensäure in 1500 I ein, erhitzt bis zur Beendigung der HBr-Entw. unter Rückfluß, entfernt I im Vakuum u. erhält durch Dest. *3-Brom-3.3-dimethylbrenztraubensäure*, $Kp._{0,5}$ 74—75°, F. 50°. — *3-Chlor-Verb.*, $Kp._{0,6}$ 64—65°; F. 37—38°. — Zwischenprodd. zur Herst. *von Therapeutica.* (**E. P. 871 198** vom 31/10. 1958, ausg. 21/6. 1961.)
O. MÜLLER-MEININGEN. 4807

Cilag-Chemie Akt.-Ges. (Erfinder: Robert Egli), Schaffhausen, Schweiz, **Herstellung von N-Arylsulfonyl-N'-alkylharnstoffen** durch Rk. eines Arylsulfonylharnstoffs mit einem Alkylamin, dad. gek., daß man ein mit W. nicht mischbares Lsgm. bzw. Verdünnungsmittel oder ein Gemisch solcher verwendet, das einen zwischen 80° u. nicht wesentlich über den Zers.-Punkt des zu bildenden Sulfonylharnstoffs liegenden Kp. aufweist, ein gewisses Lsg.-Vermögen für das Alkylaminsalz des Arylsulfonylharnstoffs u. für den gebildeten N-Arylsulfonyl-N'-alkylharnstoff u. ein möglichst geringes Lsg.-Vermögen für NH_3 besitzt. — p-Tosylharnstoff in Chlorbenzol u. CH_2Cl_2 werden mit n-Butylamin versetzt u. zum Sieden erhitzt, kühlt u. der gebildete N-p-Tosyl-N'-n-butylharnstoff mit 1n-NaOH ausgeschüttelt. Die Chlorbenzol-Lsg. wird noch 2 mal extrahiert, mit $2n H_2SO_4$ bis pH 9 abgestumpft u. über Carboraffin filtriert. Die reine Verb. hat einen F. von 127—128°. (**D. A. S. 1 121 042** Kl. 12o vom 14/4. 1961, ausg. 4/1. 1962. Schwz. Prior. 21/4. 1960. **Zusatz zu D. A. S. 1 114 804; C. 1962. 10190.**)
G. KÖNIG. 4807

Farbwerke Hoechst Akt.-Ges., vormals Meister Lucius & Brüning, Frankfurt/M. (Erfinder: Gustav Erhart, Bad Soden, Heinrich Ott, Eppstein, und Ernst Lindner, Frankfurt/M.), **Herz- und kreislaufwirksame wasserlösliche Alkalisalze von N-acylierten Diphenylmethanderivaten** der allg. Formel $(H_5C_6)_2 \cdot CH \cdot X \cdot N(R) \cdot CH(CH_3) \cdot CH_2 \cdot C_6H_5$ (X = gerad- oder verzweigtkettiger KW-Stoffrest mit höchstens 3 C-Atomen; R = Rest eines gerad- oder verzweigtkettigen Dicarbonsäuremonoalkalisalzes, dessen Alkylenkette durch die Gruppe —OCO— unterbrochen sein kann) erhält man durch Rk. von Aminen der vorst. allg. Formel, in der R = H, mit dem Anhydrid einer niedermol. gerad- oder verzweigtkettigen Dicarbonsäure u. anschließende

Neutralisation der freien Carbonsäure. Man kann auch zunächst den β-Hydroxybutyrylrest einführen, die β-Hydroxylgruppe mit einem Dicarbonsäureanhydrid verestern u. die freie COOH-Gruppe neutralisieren. — Man erhitzt z. B. ein Gemisch aus 4 g 2-[1'.1'-Diphenylpropyl-(3')-amino]-3-phenylpropan (I), F. 38—40°, Kp.$_{0,5}$ 195—198°, mit 10 cm³ Pyridin u. 4 g Bernsteinsäureanhydrid (II) 90 Min. auf dem Dampfbad, entfernt das Pyridin im Vakuum, wäscht den in Ae. aufgenommenen Rückstand mit verd. HCl u. W., extrahiert mit verd. Na_2CO_3-Lsg. u. säuert die wss. alkal. Lsg. mit verd. HCl an. Das abgeschiedene ölige *2-[1'.1'-Diphenylpropyl-(3')-succinylamino]-3-phenylpropan* wird dann mit wss. NaOH in das *Na-Salz* übergeführt. Man kann auch I durch Rk. mit Diketen in eine ölige Acetoacetyl-Verb. überführen, diese mit $NaBH_4$ reduzieren u. das entstandene farblose ölige 2-[1'.1'-Diphenylpropyl-(3')-β-hydroxybutyrylamino]-3-phenylpropan mittels II in Pridin in das *Na-Salz* des *Bernsteinsäurehalbesters* des *2-[1'.1'-Diphenylpropyl-(3')-β-hydroxybutyrylamino]-3-phenylpropans* überführen. (**D. A. S. 1 122 510** Kl. 12o vom 7/5. 1958, ausg. 25/1. 1962.) A. Mohr. 4807

Imperial Chemical Industries Ltd., London, England (Erfinder: Thomas Leigh), **Ferrocenderivate** der allg. Formel $R-C_5H_4-Fe-C_5H_4-R$, worin R einen $CH_3CH_2CH_2C(CH_3)_2$-, $CH_3CH_2C(CH_3)(C_2H_5)$-, $CH_3(CH_2)_3C(CH_3)(C_2H_5)$- oder einen $CH_2CH_2CH_2CH_2CH_2-C(CH_3)$-Rest (ringförmig verbunden) bedeutet, erhält man durch Rk. der entsprechenden tert. Alkylcyclopentadienylalkalimetall-Derivv. mit wasserfreien Fe-Halogeniden, bes. bei 0—25° u. in Ggw. eines Verdünnungsmittels, wie Tetrahydrofuran (I) oder Toluol. — Eine Suspension von 38 Teilen feinem Na in 500 I bei 20—30° setzt man mit 250 (1-Methyl-1-äthylpropyl)-cyclopentadien Kp.$_{4,0}$ 38° (erhalten aus Cyclopentadienyl–MgBr u. 1-Methyl-1-äthylpropylchlorid) um u. läßt die Na-Verb. bei 5—10° mit 110 $FeCl_3$ reagieren, wobei man bei der Aufarbeitung *1.1'-Bis-[1-methyläthylpropyl]-ferrocen*, F. 34° (aus A.) erhält. Weitere Verbb.: *1.1'-Bis-[1.1-dimethylbutyl]-ferrocen*, Kp.$_{0,3}$ 130°, F. 21°, *1.1-Dimethylbutylcyclopentadien*, Kp.$_{0,5}$ 25°, *1-Methyl-1-äthylamylcyclopentadien*, Kp.$_{0,5}$ 40°, *1.1'-Bis-[1-methyl-1-äthylamyl]-ferrocen*, tiefrotes Öl, *1-Methylcyclohexylcyclopentadien*, Kp.$_{0,5}$ 43°, *1.1'-Bis-[1-methylcyclohexyl]-ferrocen*, F. 67°. — *Blutbildende Mittel* für Menschen u. Tiere. (**E. P. 869 058** vom 16/12. 1959, ausg. 25/5. 1961. **Zusatz zu E. P. 828 965; C. 1961. 4451.**) J. Mühleisen. 4807

Farbwerke Hoechst Akt.-Ges., vormals Meister Lucius & Brüning, Frankfurt/M. (Erfinder: Leonhard Stein, Bad Soden, und Ernst Lindner, Frankfurt/M.), **Herstellung von Diphenylcarbinylestern.** Amino- oder Nitrobenzoesäuren werden mit Diphenyldialkylaminoalkylcarbinolen verestert u. ggf. Nitrogruppen zu Aminogruppen reduziert. — *p-Nitrobenzoesäure-1.1-diphenyl-2-piperidinopropylester* (I), F. 130—132° (Cyclohexan), aus 200 (g) 1.1-Diphenyl-2-piperidinopropanol-(1) (II) u. 63 p-Nitrobenzoylchlorid (III) in Ae.; 120 g (Ausbeute). — Analog: *1.1-Diphenyl-2-dimethylaminopropylester* (IV), F. 134—136° (Bzl./PAe.), aus 64 1.1-Diphenyl-2-dimethylaminopropanol-(1) u. 23,2 III; 40 g. — *1.1-Diphenyl-2-methyl-3-diäthylaminopropylesterhydrochlorid* (V), F. 162—164°, aus 26 1.1-Diphenyl-2-methyl-3-diäthylaminopropanol-(1) u. 9 III; 13 g. — *1.1-Diphenyl-2-pyrrolidinopropylester* (VI), F. 147—149°, aus 35 1.1-Diphenyl-2-pyrrolidinopropanol u. 11,5 III; 15 g. — *p-Aminobenzoesäure-1.1-diphenyl-2-piperidinopropylesterdihydrochlorid*, F. 186—188°, a) aus 120 I durch Hydrierung in CH_3OH in Ggw. von Pd; 75 g; b) aus II u. p-Aminobenzoylchlorid in Äther. — Analog: *1.1-Diphenyl-2-dimethylaminopropylesterdihydrochlorid*, F. 171 bis 173° (CH_3OH/Essigester), aus 18,5 IV; 14 g. — *1.1-Diphenyl-2-methyl-3-diäthylaminopropylesterdihydrochlorid*, F. 164—165°, aus V. — *1.1-Diphenyl-2-pyrrolidinopropylesterhydrochlorid*, F. 190—191° (CH_3OH/Essigester), aus 15 VI; 11,5 g. — *Pharmazeutica.* (**F. P. 1 200 539** vom 18/7. 1958, ausg. 22/12. 1959. D. Prior. 18/7. 1957. **D. A. S. 1 111 208** Kl. 12q vom 18/7. 1957, ausg. 20/7. 1961.) Eberhard Riedel. 4807

Badische Anilin- & Soda-Fabrik Akt.-Ges., Ludwigshafen/Rh. (Erfinder: Heinz August Staab, Heidelberg, und Martin Lüking, Wehrendorf, Kr. Herford), **Herstellung von Carbonsäurehydraziden,** dad. gek., daß man Carbonsäuren mit Hilfe von N.N'-Carbonyldiimidazolen, -dipyrazolen oder -ditriazolen mit Hydrazinen bei Raum-Temp. in indifferenten Lsgm., wie Tetrahydrofuran (I), Dimethylformamid, Bzl. oder Toluol, umsetzt. Man läßt z. B. eine Lsg. von 12,3 (Teilen) Isonicotinsäure in 100 I mit 16,5 N.N'-Carbonyldiimidazol (II) reagieren, setzt 7,5 Hydrazinhydrat (III) zu, dampft nach 3std. Rk. überschüssiges III u. das Lsgm. unter vermindertem Druck ab u. krist. den Rückstand aus A. um → *Isonicotinsäurehydrazid*, F. 163°; 80% (Ausbeute); analog aus 12,2 Benzoesäure, 16,5 II u. 7,5 III in 100 I usw. u. Umkristallisieren des Prod. in wenig W. → *Benzoesäurehydrazid*, F. 112°; 75%; aus 12,2 Benzoesäure in 100 I, 16,5 II u. 10,8 Phenylhydrazin u. Umkristallisieren des Prod. in A. → *β-Benzoylphenylhydrazin*, F. 168°; 70%; ferner Prodd. aus α-Methylphenylhydrazin bzw. aus Dicarbonsäuren, wie Malonsäure u. Phenylhydrazin → (cycl.) *1-Phenylamino-2.4-dioxoacetidine*. — *Bakteriostatica u. Antiphlogistica*. (**D. A. S. 1 098 002** Kl. 12q vom 22/4. 1959, ausg. 26/1. 1961.) G. Vogel. 4807

Farbenfabriken Bayer Akt.-Ges., Leverkusen (Erfinder: Hans Albert Offe und Manfred Federmann, Wuppertal), **Neutrales Piperazinsalz des Lävulinsäure-Cyanessigsäure-Hydrazons** läßt sich dadurch herstellen, daß man entweder das Lävulinsäure-Cyanessigsäure-Hydrazon mit Piperazin (I) oder I abgebenden Mitteln in alkohol. Lsg. umsetzt oder das neutrale I-Salz der Lävulinsäure in alkohol. Lsg. mit Cyanessigsäurehydrazid reagieren läßt. — F. 130—132° (Zers.). — *Mittel gegen Lungenwurminfektion*. (**D. A. S. 1 104 961** Kl. 12p vom 28/10. 1959, ausg. 20/4. 1961.) F. Obermeier. 4807

Chas. Pfizer & Co., Inc., Brooklyn (Erfinder: Henry Felix Hammer, Seaford), N.Y., V.St.A., **Herstellung eines schwerlöslichen und geschmacklosen Salzes des 1-[p-Chlorbenzhydryl]-4-[2'-hydroxyäthoxyäthyl]-piperazins** (I) gelingt dadurch, daß man entweder wss. Lsgg. von äquimol. Mengen eines neutralen I-Salzes u. eines neutralen Alkali- oder Erdalkalisalzes der Methylen-bis-[2-hydroxynaphthalin-3-carbonsäure] umsetzt oder äquimol. Mengen der freien Säure u. freien Base in Ggw. eines inerten, polaren, organ. Lsgm. oder dessen Gemisch mit W. reagieren läßt. — *Mittel gegen hohen Blutdruck*. (**D. A. S. 1 129 493** Kl. 12p vom 14/6. 1958, ausg. 17/5. 1962. A. Prior. 14/6. 1957.) F. Obermeier. 4807

Upjohn Co. (Erfinder: Jacob Szmuszkovicz und Richard Voorhees Heinzelman), Kalamazoo, Mich., V.St.A., **Dialkyl-4-alkoxybenzoesäureester des Reserpsäuremethylesters** der allg. Formel I (R = gleiche oder verschiedene Alkyle mit 1—6 C-Atomen) erhält man durch Rk. von Reserpsäuremethylester (II) mit Dialkyl-4-alkoxybenzoylhalogenid (erhältlich z. B. aus der Säure u. $SOCl_2$) in üblicher Weise. Die I werden in die Salze, wie Sulfate, Phosphate, Citrate, Maleinate, Succinate, Salicylate, α- u. β-Phenylpropionate, β-Cyclopentylpropionat, Hydrochlorid, -bromid, -jodid, Acetat, Propionat, Benzoat u. Phenylacetat übergeführt. — Aus 0,5 g II in 8 cm³ Pyridin u. 0,55 g 2.6-Dimethyl-4-n-propoxybenzoylchlorid zuerst unter Kühlung, dann bei Raum-Temp. → II-*2.6-Dimethyl-4-n-propoxybenzoat*, $C_{35}H_{44}N_2O_7$, aus Ae., F. 200—204°. Von II werden noch hergestellt: *2.6-Dimethyl-4-methoxybenzoesäureester*, amorphes, nicht leicht kristallisierbares, gelbes Pulver; *2-Methyl-6-äthyl-4-n-propoxybenzoesäureester*, $C_{36}H_{46}N_2O_7$, aus Methanol, F. 145—147°, im Vakuum; Sintern bei 119°; *3.5-Dipropyl-4-propoxybenzoesäureester*, F. 193—196°; *2-Äthyl-6-methyl-4-methoxybenzoesäureester*. — Die Verbb. zeigen nicht die Nebenwrkg. der bekannten Reserpsäureester; sie wirken *blutdrucksenkend* u. *beruhigend*, wobei das Verhältnis dieser beiden Wrkg. u. der therapeut. Index günstiger als beim Reserpin sind. — *Heilmittel*. — Vgl. A. P. 2 819 271; C. **1960**. 15145. (**D. A. S. 1 070 637** Kl. 12p vom 21/6. 1957, ausg. 10/12. 1959. A. Prior. 22/6. 1956 u. 5/4. 1957.) G. Krauss. 4807

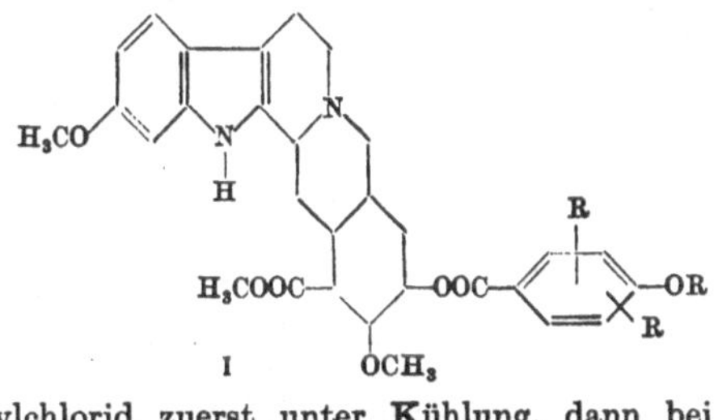

I

Schering Corp., Bloomfield, übert. von: Hershel L. Herzog, Mountain View, N.J., V.St.A., **16α-Hydroxyverbindungen der Pregnanreihe** erhält man durch Bebrütung einer entsprechenden 16-Desoxy-Verb. mit einer Kultur von *Actinomycetes ATCC 11 009* unter üblichen submersen u. aeroben Bedingungen. — Es wird die Herst. von *2-Methyl-9α-fluor-Δ⁴-pregnen-11β.16α.17α.21-tetrol-3.20-dion*, *2-Methyl-9α-fluor-16α-hydroxyprednisolon*, *12α-Fluor-Δ⁴-pregnen-11β.16α.17α.21-tetrol-3.20-dion* u. *12α-Fluor-16α-hydroxyprednisolon*, jedoch ohne Angabe physikal. Daten, beschrieben. — *Heilmittel* sowie *Zwischenprodd. zu deren Herstellung*. (**A. P. 2 979 517** vom 21/2. 1957, ausg. 11/4. 1961.) U. Sievers. 4809

Canadian Patents & Development Ltd., Ottawa, übert. von: Charles Robert Engel, London, Canada, **17α-Halogenverbindungen der Δ⁴-Pregnenreihe.** Man enolacetyliert z. B. 3β-Acetoxy-Δ⁵-pregnen-20-on mit Acetanhydrid in Ggw. von p-Toluolsulfonsäure u. bromiert anschließend mit Br_2 in Essigsäure → *5α.6β.17α-Tribrom-3β-acetoxyallopregnan-20-on* (I), F. 156—157°, welches sich durch Hydrolyse mit 1%ig. HCl in CH_2Cl_2 überführen läßt → *5α.6β.17α-Tribrom-3β-hydroxyallopregnan-20-on*, F. 121—123° (Zers.); daraus durch Oxydation mit CrO_3 in Essigsäure → *5α.6β.17α-Tribromallopregnan-3.20-dion*, F. 92—93° (Zers.), welches sich durch partielle Entbromierung mit NaJ in Aceton überführen läßt → *17α-Brom-Δ⁵-pregnen-3.20-dion* (II);

daraus durch Isomerisierung mit methanol. HCl → *17α-Bromprogesteron* (III), F. 162 bis 163°; $[\alpha]_D^{24}$ 20°. — Alternativ kann man I durch Rk. mit NaJ in Aceton überführen → *17α-Brom-3β-acetoxy-Δ⁵-pregnen-20-on*, F. 146—147°; *freier Alkohol*, F. 143,5 bis 144,5°, welcher sich durch CrO_3-Oxydation überführen läßt → II u. sodann durch Isomerisierung → III. — Analog läßt sich *17α-Brom-11-dehydrocorticosteron* herstellen. Physikal. Daten werden nicht angegeben. — *Heilmittel.* (**A. P. 2 986 572** vom 4/11. 1957, ausg. 30/5. 1961.) U. SIEVERS. 4809

Upjohn Co., Kalamazoo, übert. von: Raymond L. Pederson, Kalamazoo, und John C. Babcock, Portage Township, Mich., V.St.A., **4-Methylsteroide der Androstanreihe** erhält man durch Rk. von entsprechenden Δ^4-3-Ketonen mit einem sek. Amin u. anschließende Rk. des Enamins mit CH_3J (I). — Man setzt z. B. 17α-Methyl-11β-hydroxytestosteron (II) in Methanol mit Pyrrolidin um → II-*3-Pyrrolidylenamin*, F. 175—179°, welches sich durch Rk. mit I in Methanol überführen läßt → *4.17α-Dimethyl-11β-hydroxytestosteron* (III), F. 219—221°; $[\alpha]_D$ 120°; daraus durch katalyt. Hydrierung in Ggw. von Pd-Kohle u. in tert.-Butanol als Lsgm. → *4β.17α-Dimethyl-11β.17β-dihydroxyandrostan-3-on*, F. 200—201°; $[\alpha]_D$ 7°. — Alternativ läßt sich III durch Selendehydrierung überführen → *1-Dehydro-4.17α-dimethyl-11β-hydroxytestosteron*, F. 209—211°; $[\alpha]_D$ +51°. — *Heilmittel.* (**A. P. 2 990 416** vom 2/6. 1958, ausg. 27/6. 1961.) U. SIEVERS. 4809

American Cyanamid Co., New York, übert. von: Seymour Bernstein, Pearl River, und Robert H. Lenhard, Ridgefield Park, N.Y., V.St.A., **9-Substituierte Verbindungen der Δ^4-Androstenreihe.** Man setzt z. B. $\Delta^{4.9,11}$-Androstadien-3.17-dion in Dioxan–W. u. in Ggw. von $HClO_4$ mit N-Bromacetamid um → *Δ^4-Androsten-9α-brom-11β-ol-3.17-dion*, F. 171,5—172° (Zers.); $[\alpha]_D^{24}$ 190°, welches sich durch Rk. mit K-Acetat in abs. A. dehydrobromieren läßt → *Δ^4-Androsten-3.17-dion-9β.11β-epoxid*, F. 181—182°; $[\alpha]_D^{24}$ 38°; daraus durch Spaltung mit HCl in Chlf. → *Δ^4-Androsten-9α-chlor-11β-ol-3.17-dion*, F. 243,5—245,5° (Zers.); $[\alpha]_D^{25}$ 194°. — Analog: *Δ^4-Androsten-9α-fluor-11β-ol-3.17-dion*, F. 249,5—250°; $[\alpha]_D^{25}$ 184°. — *Δ^4-Androsten-9α.11β-diol-3.17-dion*, F. 248,5—250,5°. — *Heilmittel.* (**A. P. 2 990 415** vom 29/3. 1955, ausg. 27/6. 1961.) U. SIEVERS. 4809

Olin Mathieson Chemical Corp., New York, N.Y., übert. von: Josef Fried, Princeton, N.J., V.St.A., **12α-Halogenalkyl-12β-hydroxyverbindungen der Pregnanreihe** erhält man durch Rk. von z. B. 12-Methylenprogesteron mit N-Bromacetamid in Dioxan u. in Ggw. von $HClO_4$ → *12α-Brommethyl-12β-hydroxyprogesteron*, F. ca. 170° (Zers.); $[\alpha]_D^{23}$ +71°, weches sich durch Rk. mit K_2CO_3 in Methanol dehydrobromieren läßt → *Oxido-12-methylenprogesteron*, F. 145—146°; $[\alpha]_D^{23}$ 160°; daraus durch Epoxidspaltung mit HCl, HJ oder HF → *12α-Chlor(Jod- oder Fluor)-methyl-12β-hydroxyprogesteron.* — *Heilmittel.* (**A. P. 2 986 561** vom 23/10. 1959, ausg. 30/5. 1961.) U. SIEVERS. 4809

Schering Akt.-Ges., übert. von: Wolfgang Loechel, Helmer Richter und Martin Schenck, Berlin, **Rhodansteroide** erhält man durch Spaltung der entsprechenden vicinalen Epoxysteroide mit HSCN. — Man setzt z. B. 5α.6-Oxidocholestan-3β-ol in CH_2Cl_2 mit HSCN in Ae. um → *6β-Thiocyancholestan-3β.5α-diol*, F. 183 bis 184°; $[\alpha]_D^{23}$ −51,8°. — Analog: *9α-Thiocyan-11β-hydroxy-17α-methyltestosteron*, F. 148—149°; $[\alpha]_D^{23}$ +196°. — *9α-Thiocyanhydrocortison-21-acetat*, F. 165—167° (Zers.); $[\alpha]_D^{23}$ +162,2°. — *5-Thiocyanallopregnan-3β.6β-diol-20-on*, F. 161—162° (Zers.); $[\alpha]_D^{28}$ +14°. — *16β-Thiocyan-Δ⁵-pregnen-3β.17α-diol-20-on-3.17-diacetat*, F. 235,5—237°; $[\alpha]_D^{28}$ +18°. — *Zwischenprodd. zur Herst. von Heilmitteln.* (**A. P. 2 982 777** vom 15/4. 1958, ausg. 2/5. 1961.) U. SIEVERS. 4809

C. F. Boehringer & Söhne G.m.b.H., Mannheim (Erfinder: Peter Rieckmann, Mannheim, und Erich Haack, Heidelberg), **Herstellung therapeutisch wertvoller Sitosterin-Zubereitungen,** dad. gek., daß man handelsübliches, grobdispers vorliegendes Sitosterin in Ggw. ausreichender Mengen Füllstoffe auf eine Teilchengröße unterhalb 30 μ mahlt u. das Mahlgut in Anwesenheit von Gelatine in W. suspendiert, worauf man aus den so erhaltenen Suspensionen ggf. das W. ganz oder teilweise entfernt. (**D. A. S. 1 131 845** Kl. 30h vom 5/4. 1961, ausg. 20/6. 1962.) K. KOEBKE. 4809

Farbwerke Hoechst Akt.-Ges., vormals Meister Lucius & Brüning, Frankfurt/M. (Erfinder: Helmut Scherer, Bad Soden), **Herstellung von gleichmäßig dimensioniertem, mikrokristallinem Insulin,** dad. gek., daß man eine wss.-alkal. Insulin-Lsg., ggf. in Ggw. von bis zu 20% eines niedrig sd., wassermischbaren, organ. Lsgm., mit Tetrahydroxyäthyläthylendiamin, Triäthanolamin oder Trishydroxymethylaminomethan als Metallkomplexbildner u. einem die Insulinkristillisation fördernden Metallsalz, bes. einem Zn-Salz, versetzt, die Lsg. mit einer anorgan. oder organ. Säure, bes. unter raschem u. gleichmäßigem Durchmischen mit einer schwachen Säure, die mit der komplexbildenden bas. Substanz ein Puffergemisch genügender pH-Stabilität ergibt, oder einer Hydroxycarbonsäure, wie Glykolsäure, Äpfelsäure oder Citronensäure, auf einen pH-Wert von 5—6 einstellt u. zur Kristallisation bringt. (**D. A. S. 1 126 561** Kl. 30h vom 5/7. 1960, ausg. 29/3. 1962.) W. HEYER. 4809

Gyógyszeripari Kutató Intézet (Erfinder: Daniel Bagdy, Ilona Banga und Jos Baló), Budapest, Ungarn, **Gewinnung von elastolytischen Enzympräparaten.** Trockene Bauchspeicheldrüse wird in wss., saurem Medium mit einem organ. Lsgm., enthaltend organ. oder anorgan. Salze, extrahiert u. der erhaltene Extrakt von den unwirksamen Eiweißstoffen durch geringfügig gesteigerte Konz. des Lsgm. ausgefällt. Aus dem Filtrat fällt man durch Erhöhung der Konz. des Lsgm. die wirksamen Enzyme. Man kann den rohen wss. Auszug über akt. Na-Zeolith leiten, wobei die Enzyme adsorbiert werden, die anschließend mittels wss. A. oder Methanol eluiert u. durch Erhöhung der Konz. des Lsgm. ausgefällt werden. (**Ung. P. 144 525** vom 21/9. 1959 [1956? Der Referent], ausg. 15/8. 1959.) G. KÖNIG. 4809

Fondazione Emanuele Paterno, Giorgio Morpurgo und Giovanni Serlupé Crescenzi, Rom, Italien, **Herstellung von neuen Penicillinen** auf biolog. Wege unter Verw. von Chemikalien als Precursor, dad. gek., daß man Penicillium chrysogenum oder andere Penicillin erzeugende Stämme in Ggw. einer aliphat. Dicarbonsäure der allg. Formel $HO_2C-(CH_2)_n-CO_2H$, in der n = 0—15 ist, bei 25—30° während 96—120 Std. fermentiert. — Beispiele mit Adipin-, Pimelin- u. Korksäure, die zur Bldg. von 4-Carboxy-n-butyl-, 5-Carboxy-n-amyl- u. 6-Carboxy-n-hexylpenicillin führen. Tabelle über weitere Verbb. u. deren Aktivität. (**D. A. S. 1 119 465** Kl. 30h vom 30/3. 1960, ausg. 14/12. 1961. It. Prior. 31/3. 1959.) H. SCHINDLER. 4811

Gyógyszeripari Kutató Intézet (Erfinder: Paul Turi und Ladislaus Löwinger), Budapest, Ungarn, **Injektionsfähiges Tetracyclin** erhält man durch Mischen von Tetracyclinsalzen mit festem oder in sterilem W. gelöstem Na_3PO_4. Man kann die einzelnen Stoffe auch in getrennten Ampullen abfüllen u. unmittelbar vor Gebrauch die Injektions-Lsg. herstellen. (**Ung. P. 144 927** vom 23/1. 1956, ausg. 15/6. 1959.) G. KÖNIG. 4811

Chas. Pfizer & Co., Inc., Brooklyn (Erfinder: Ira Joseph Friedman, Hicksville, und Edward George Martin, East Northport), N.Y., V.St.A., **Isolierung und Reinigung von Bacitracin** (I) durch Adsorption aus einer wss. Lsg., dad. gek., daß der pH-Wert dieser I oder dessen lösl. Salz enthaltenden Lsg. auf ca. 3 bis ca. 7 eingestellt u. die Lsg. mit einem sulfonierten Mischpolymeren aus Styrol u. ca. 0,5 bis ca. 6 Gew.-% Divinylbenzol oder einem Salz des letzteren zusammengebracht wird. Das I-Adsorbat wird dann mit einer zum Eluieren von prakt. dem gesamten I aus dem Adsorbat ausreichenden Menge einer wss. Base, bes. einer 2%ig. wss. $NaHCO_3$-Lsg., mit einem pH-Wert von ca. 7,5 bis ca. 8,5 behandelt u. das I daraus gewonnen. — Beispiele mit I-Sulfat u. einer I enthaltenden Gär-Fl., die unfiltriert mit dem Adsorptionsmittel behandelt wird. Tabellen über die Adsorption u. den Divinylbenzolanteil in % sowie über die I-Menge in % adsorbiert bei pH-Werten von 3—8. (**D. A. S. 1 116 347** Kl. 30h vom 12/11. 1960, ausg. 2/11. 1961. A. Prior. 12/11. 1959.) H. SCHINDLER. 4811

Commercial Solvents Corp. (Erfinder: Roger L. Harned), Terre Haute, Ind., V.St.A., **Gewinnung von Cycloserin** (I) aus einer rohen, wss. Ca enthaltenden Lsg. durch Adsorption des I an einem stark sauren Kationenaustauscherharz (II), Eluieren des I vom II, Ausfällung des I aus dem Eluat als wasserunlösl. Salz u. Überführung dieses Salzes in freies I, dad. gek., daß der rohen wss. Lsg. des I Oxalsäure zugesetzt wird, worauf das Ca-Oxalat vor der Adsorption des I an dem II entfernt wird. (**D. A. S. 1 118 931** Kl. 30h vom 2/6. 1960, ausg. 7/12. 1961. A. Prior. 6/7. 1959.) H. SCHINDLER. 4811

Farbenfabriken Bayer Akt.-Ges., Leverkusen (Erfinder: Günter Schmidt-Kastner, Christian Hackmann und Johannes Schmid, Wuppertal), **Herstellung eines Actinomycin-U-Gemisches** auf üblichem biolog. Wege unter Verw. von Streptomyces umbrosus NRRL 2 F 91 oder dessen Mutanten u. unter Zusatz von Sojamehl als Stickstoffquelle zum Nährmedium, Gewinnung des Gemisches durch Adsorptions- u./oder Verteilungs-Verf. u. ggf. Isolierung von Actinomycin U_3 u./oder Actinomycin U_4. — Beispiel für Fermentation u. Isolierung sowie Reindarstellung. Tabellen über experimentelle Hemmung von Tumorwachstum durch U_3 u. U_4. Daten über die IR-Spektren u. Ringverteilungschromatographie. — Zeichnungen. (**D. A. S. 1 126 563** Kl. 30h vom 1/7. 1960, ausg. 29/3. 1962.) H. SCHINDLER. 4811

Farbwerke Hoechst Akt.-Ges., vormals Meister Lucius & Brüning (Erfinder: Josef Schmidt-Thomé, August Steigler, Liselotte Fries und Hans-Ludwig Weidenmüller), Frankfurt/M., **Herstellung des pilzwirksamen**

Antibioticums „G 83" auf üblichem biolog. Wege unter Verw. eines Stammes von Streptomyces coriofaciens ATCC 14 155 oder eines anderen gleichwertigen Mikroorganismus bzw. seiner Varianten oder Mutanten, Gewinnung des Antibioticums durch Extraktion der Kultur sowie seine Reindarstellung. Morpholog. u. physiolog. Eigg. des Mikroorganismus u. antibakterielles Wrkg.-Spektrum. — Tabellen. Vorkultur- u. Fermentationsbeispiele. *G 83*, Zers. bei >170°; $[\alpha]_D^{22}$ +136±19° (c = 0,1 in Dimethylformamid). Charakterist. UV- u. IR-Spektren. Aus Elementaranalyse errechnete Formel $(C_{21}H_{34}O_8N)_n$, Mindestmolgew. 438. Besondere Wrkg. gegen verschiedene Candida-stämme. (**D. A. S. 1 128 083** Kl. 30h vom 29/12. 1960, ausg. 19/4. 1962.)
H. SCHINDLER. 4811

Farmaceutici Italia Soc. An. (Erfinder: Federico Arcamone, Cesare Bertazzoli, Mario Ghione und Tullio Scotti), Mailand, Italien, **Herstellung und Gewinnung des Antibioticums F.I. 1600, Aminosydin,** auf üblichem biolog. Wege unter Verw. des Streptomyces-Krestomyceticus-Stammes N.C.I.B. Nr. 8995, Gewinnung aus der Gärlsg. durch Adsorption an ein festes Adsorbens, wie Kohle oder Ionenaustauscher, u. Elution u. ggf. Überführung in seine Salze. Morphologie u. Physiologie des Mikroorganismus. Fermentationsbeispiele. Chem. u. physikal. Eigg. von *Aminosydin*, dessen *Hydrochlorid* $[\alpha]_D^{25}$ 55° (c = 1% in W.) u. *Sulfat* $[\alpha]_D^{20}$ 51° (c = 1% in W.) hat. Tabellen über Vgl. mit ähnlichen Antibioticis, über bakteriostat. u. bactericide Konzz. u. pharmakolog. Eigg. des Antibioticums. Angaben über die charakterist. UV- u. IR-Spektren, Kurven. (**D. A. S. 1 117 824** Kl. 30h vom 30/3. 1960, ausg. 23/11. 1961. E. Prior. 31/3. 1959.) H. SCHINDLER. 4811

Life, Quito, Ecuador, **Herstellung von Arzneimittellösungen** unter Verw. von „Tween 80" (Polysorbat 80) u. Äthylurethan, Antipyrin, Äthylendiamin, Diäthylaminoäthanol, Diäthylamin, Piperazin oder Pyridin als Lsg.-Vermittler. Als Arzneistoffe werden z. B. genannt: Östrogen, Progesteron, Androgen, p-Diaminodiphenylsulfon, Salicylamid u. Procain-Penicillin G. (**Belg. P. 562 308** vom 12/11. 1957, ausg. 3/6. 1960. A. Prior. 17/3. 1954.) W. HEYER. 4815

American Cyanamid Co., New York, N.Y., V.St.A., **Herstellung von N-substituierten Trihalogenacetylpiperazinen.** 1-substituierte 4-Trihalogenacetylpiperazine (mit einem Alkyl-, Cycloalkyl-, Phenyl-, Mono- oder Dialkylphenyl-, Halogenphenyl-, Carbobenzoxy-, Carbalkoxy-, Arylalkyl- oder N-heterocycl. Rest in 1-Stellung) werden aus entsprechenden 1-substituierten Piperazinen durch Umsetzung mit einem Trihalogenacetylierungsmittel, bes. Trihalogenacetylhalogenid oder Trihalogenacetylanhydrid in inertem Lsgm., bes. Ae., PAe., Aceton, Bzl., Essigsäureäthylester, Dimethylformamid, bei —5 bis +100° gewonnen. — 4-Trifluoracetylpiperazine: *1-Phenyl-*, F. 66—68° (A.), aus 81 (g) 1-Phenylpiperazin in Bzl. durch 1std. Umsetzung mit 52 Trifluoressigsäureanhydrid (I) in Bzl./Ae. bei Raum-Temp.; 34 g (Ausbeute). — Analog: *1-Methyl-*, Kp.$_{11}$ 82—84°, aus 24 1-Methylpiperazin u. 25 I; n_D^{25} 1,4259. *Hydrochlorid*, F. 170—171° (n-Butanol). — *1-[p-Tolyl]-*, F. 70—71° (A.), aus 20 1-[p-Tolyl]-piperazin in Trifluoressigsäure (II) durch 2std. Erwärmen mit 25 I; 24,5 g. — *1-[2.6-Xylyl]-*, F. 77—78° (n-Butanol), aus 1-[2.6-Xylyl]-piperazin u. I durch 8std. Erhitzen. — *1-[m-Chlorphenyl]-*, F. 53—54° (A.), aus 39,6 1-[m-Chlorphenyl]-piperazin u. 23,1 I durch mehrstd. Stehen; 21,7 g. *Hydrochlorid*, F. 177—178° (CH_3OH). — *1-[p-Chlorphenyl]-*, F. 103,5—104,5° (A.), aus 40 1-[p-Chlorphenyl]-piperazin in II u. 50 I durch 2std. Umsetzung bei 70°; 42,5 g. — *1-Carbobenzoxy-*, F. 27,5—28,5°, aus 90 1-Carbobenzoxypiperazin u. 41 I; 35 g. — *1-Carbäthoxy-*, aus 63,3 1-Carbäthoxypiperazin u. 46,2 I nach 6tägigem Stehen; gelbes Öl; 44 g. — *1-Cyclohexyl-*, aus 33,6 1-Cyclohexylpiperazin u. 23,1 I nach mehrstd. Stehen; Fl.; 16,5 g. *Hydrochlorid*, F. 235—236° (n-Butanol). — *1-[Thiazolyl-(2)]-*, F. 72—74°, aus 33,8 1-[Thiazolyl-(2)]-piperazin in II u. 46,2 I durch 2std. Erwärmen; 18,3 g. — *1-[Pyrimidyl-(2)]-*, F. 78—80° (A.), aus 32,8 1-[Pyrimidyl-(2)]-piperazin u. 23,1 I nach mehrstd. Rk. bei Raum-Temp.; 12,8 g. — *1-[Pyridyl-(2)]-*, aus 32,6 1-[Pyridyl-(2)]-piperazin u. 23,1 I nach 2tägigem Stehen; gelbbraune Fl.; 23,7 g. *Hydrochlorid*, F. 154—156° (Essigester/A.). — *1-Carbomethoxy-*, aus 45 1-Carbomethoxypiperazin u. 36 I durch ½std. Rk. bei 5—20° u. mehrstd. Stehen; hellgelbes Öl; 29,6 g. — *1-Carboisobutoxy-*, F. 40—41° (A.), aus 74,4 1-Carboisobutoxypiperazin u. 46,2 I wie vorst.; 45 g. — *1-Benzyl-*, aus 52,8 Benzylpiperazin in II u. 70 I durch 3std. Erhitzen; blaßgelbes Öl; 48,6 g. *Hydrochlorid*, F. 232—233°. — *1-Äthyl-*, *Hydrochlorid*, F. 211,5—212,5° (n-Butanol), aus 26 1-Äthylpiperazin in II u. 52,5 I wie vorst.; 24 g. — *1-Propyl-*, *Hydrochlorid*, F. 195,2—196° (Butanol), aus 33 1-Propylpiperazin in II u. 65 I wie vorst.; 44,8 g. — *1-[p-Nitrophenyl]-*, F. 120,0—121,05° (A.), aus 41,4 1-[p-Nitrophenyl]-piperazin in II u. 46,2 I bei 2std. Erhitzen; gelbe Kristalle; 15,6 g. — *1-Phenyl-4-dichlorfluoracetylpiperazin*, F. 63,5—64° (A.), aus 32,4 1-Phenylpiperazin in Dichlorfluoressigsäure u. 60,4 Dichlorfluoressigsäureanhydrid durch 2std. Rk. bei 80°; 35 g. — *Tierarzneimittel*, bes. gegen Haemonchosis bei Schafen. (**Oe. P. 211 835** vom 7/4. 1959, ausg. 10/11. 1960. A. Prior. 7/4. 1958.) K. BITTMANN. 4815

Schering Akt.-Ges., Berlin (Erfinder: Hans Priewe, Berlin, Alexander Poljak, Offenbach/M., und Karl Junkmann, Berlin), **Röntgenkontrastmittel,** bes. peroral applizierbare, für die Cholecystographie, enthaltend als schattengebende Substanz kernjodierte 3.5-Diaminophenylpropionsäuren der Formel I, worin R ein aliphat. oder cycloaliphat. KW-Stoffrest mit 1—6 C-Atomen ist, in Form der freien Säuren oder deren Ester mit niederen Alkoholen oder deren nichttox. Salze mit anorgan. oder organ. Basen. (**D. A. S. 1 125 589** Kl. 30h vom 18/12. 1957, ausg. 15/3. 1962.)

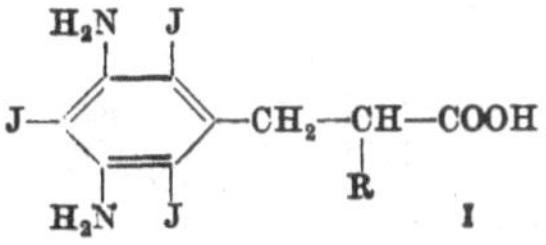

I

K. KOEBKE. 4825

Schering Akt.-Ges. (Erfinder: Hans Priewe, Heinrich Pfeiffer und Friedrich Elster), Berlin, **Röntgenkontrastmittel.** Es enthält als schattengebende Substanz (vgl. nebenst. Formel) (R_1 = H oder Alkanoylrest mit 1—3 C-Atomen, der beim Acetylrest zusätzlich mit einem 1—3 C-Atomen enthaltenden Alkylrest alkoxyliert sein kann; R_2 = Alkylrest mit 1—3 C-Atomen; Y = H oder Rest einer physiolog. vertretbaren anorgan. u./oder organ. Base). Bes. enthalten die Mittel Gemische aus 3.5-Bis-[alkoxyacetamino]-2.4.6-trijodbenzoesäure u. 3-Alkanoylamino-5-alkoxyacetamino-2.4.6-trijodbenzoesäure u./oder ihre Salze bzw. Gemische aus 3.5-Bis-[methoxyacetamino]-2.4.6-trijodbenzoesäure u. 3-Acetamino-5-methoxyacetamino-2.4.6-trijodbenzoesäure u./oder ihre Salze. (**D. A. S. 1 129 260** Kl. 30h vom 12/5. 1961, ausg. 10/5. 1962.) K. WOLK. 4825

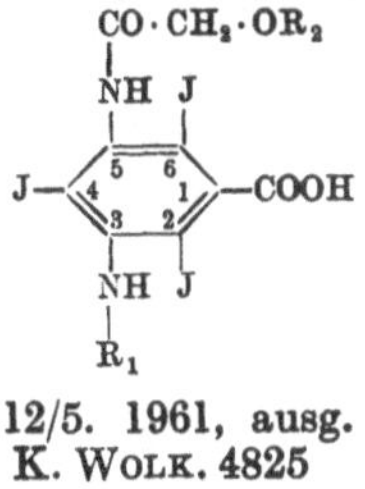

J. R. Geigy Akt.-Ges., Basel, Schweiz, **Desinfizierende und antiseptische Mittel** für *medizin. Zwecke*, für die *Behandlung von Textilien*, zur *Desinfektion von Räumen, Geräten u. Einrichtungsgegenständen* aus *Guanidin-Verbb.* der allg. Formel *R—NH—A—NH—C(NH₂)=NH*, worin A = aliphat. Rest, der durch α.β- oder α.γ-C-Atome mit den N-Atomen verbunden ist, oder ein durch α.β-C-Atome verbundener cycloaliphat. Rest, R = lipophile Gruppe mit 10—16 C-Atomen, z. B. *β-Decylaminoäthylguanidinhydrochlorid*, F. 111° (Zers.), *β-Dodecylaminoäthylguanidinhydrojodid*, F. 103—104°, oder *-sulfat*, *2-Dodecylaminocyclohexyl-(1)-guanidinhydrojodid*, *β-Tetradecylaminoäthylguanidinhydrochlorid*, F. 130°, *γ-Dodecylaminopropylguanidinhydrochlorid*, F. 137—138°, *p-Dodecylbenzylaminoäthylguanidinhydrojodid*. — Mit diesen Verbb. behandeltes Baumwollkaliko ist gegen Stockflecken-Bldg. u. Verrottung geschützt. (**Oe. P. 213 832** vom 19/6. 1959, ausg. 10/3. 1961. Schwz. Prior. 20/6. 1958.) M. F. MÜLLER. 4833

Chinoin Gyógyszer és Vegyészeti Termékek Gyára R. T., Budapest (Erfinder: Tibor Zsolnai, Debrecen, György Lugosi, Felsögöd, und György Csermely, Budapest), Ungarn, **Herstellung fungistatischer und/oder bakteriostatischer Verbindungen** der allg. Formel I (X = Halogen) aus Verbb. $OHC—C_6H_4—X$, z. B. Chlorbenzaldehyd. (**Ung. P. 149 812** vom 14/10. 1960, ausg. 20/3. 1962. **Zusatz zu Ung. P. 148 932; C. 1961. 14024.**) F. LANDSBERGER. 4833

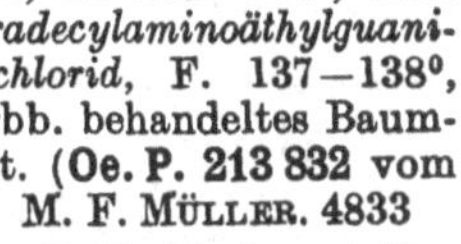

I

United States Rubber Co., New York, N.Y., V.St.A. (Erfinder: Lothar Martin, Harold Randolph Chipman und Charles William Gates, Elmira, Ontario, Canada), **Derivate polymerer Bis-thiuramdisulfide,** die sich zur *Bekämpfung von Mikroorganismen* eignen, erhält man, wenn man Bis-thiuramdisulfide der allg. Formel $(—S·CS·NH·R·NH·CS·S—)_n$ (I), worin R ein 2wertiger Alkylen-, Arylen- bzw. Cycloalkylenrest ist oder die Gruppierung $—CH_2·CH_2·N(CS·S—)·CH_2·CH_2—$ bedeutet u. n eine ganze Zahl ist, unter schwach bas. Bedingungen mit einem Alkalicyanid (II) im Mol-Verhältnis 1 : 0,5—1,5 behandelt. Man kann die Herst. von I mit deren Entschwefelung verbinden u. zu diesem Zweck II, ein entsprechendes Dithiocarbamat u. ein Oxydationsmittel gleichzeitig aufeinander einwirken lassen. — So erhält man durch Behandeln eines in W. u. Aceton suspendierten frischen Polyäthylenthiuramdisulfids mit einer wss. NaCN-Lsg. bei 25° unter ständiger Einstellung des pH auf einen Wert unter 8 ein unlösl. gelbes Rk.-Prod. vom Schmelzbereich 157—170° (Zers.), das in kaltem W. u. kalten organ. Lsgm. unlösl. u. bei Zimmer-Temp. unter normalen Lagerbedingungen stabil ist. — Vgl. auch F. P. 1 149 577; C. **1960.** 1985. (**D. A. S. 1 058 982** Kl. 12o vom 5/5. 1956, ausg. 11/6. 1959. **E. P. 816 341** vom 29/3. 1956, ausg. 8/7. 1959. **Belg. P. 547 413** vom 28/4. 1956, ausg. 6/11. 1959. Alle Can. Prior. 6/5. 1955.)

A. MOHR. 4833

N. V. Philips' Gloeilampenfabrieken, Eindhoven, Holland, *Herstellung optisch-aktiver 1-[3'.4'-Dihydroxyphenyl]-2-aminoäthanole.* (**Ind. P. 65 422** vom 1/10. 1958, ausg. 20/2. 1961. — C. **1962.** 8345 [F. P. 1 216 997].)

Parke, Davis & Co., Detroit, Mich., V.St.A., *Herstellung von N-Methyl-α-methyl-α-phenylsuccinimid.* (**Holl. P. 100 684** vom 19/11. 1956, ausg. 15/3. 1962. A. Prior. 20/12. 1955. — C. **1959.** 7887 [D. A. S. 1 044 085].)

Merck & Co., Inc., Rahway, N.J. (Erfinder: **Everett Maynard Schultz**, Ambler, Pa.), V.St.A., *5-Halogen-4-hydroxybenzol-1.3-disulfonylchloride.* (**Schwz. P. 361 569** vom 26/4. 1957, ausg. 15/6. 1962. A. Prior. 2/5. 1956. — C. **1962.** 1710 [E. P. 830 822].)

Siegfried Ltd. (Erfinder: **Richard von Capeller, Marc Haering, Hans Saner, Werner Surber** und **Theodor Wagner Jauregg**), *Aralkylcarbamate.* (**Aust. P. 230 632** vom 30/4. 1958, ausg. 3/11. 1960. D. Prior. 9/5. 1957. — C. **1961.** 16933 [E. P. 837 718].)

Bristol Laboratories, Inc., East Syracuse, N.Y., V.St.A. (Erfinder: **Y. G. Perron**), *Therapeutisch wirksame Benzoesäureanilidderivate.* (**Belg. P. 570 545** vom 21/8. 1958, ausg. 6/10. 1961. **A. Prior.** 22/8. 1957 u. 10/2. 1958. — C. **1962.** 221 [E. P. 837 266].)

F. Hoffmann-La Roche & Co. Akt.-Ges., Basel, Schweiz, *Herstellung von N[1].N[2]-Diisopropylcarbonsäurehydraziden.* (**Holl. P. 100 776** vom 29/10. 1958, ausg. 15/3. 1962. Schwz. Prior. 29/10. 1957. — C. **1962.** 7252 [Oe. P. 207 374].)

Dr. Karl Thomae G. m. b. H. (Erfinder: **Gerhard Ohnacker** und **August Kottler**), Biberach/Riss, *Herstellung quaternärer Salze von basischen Äthern endocyclisch substituierter Carbinole.* (**Schwz. P. 354 775** vom 12/4. 1955, ausg. 31/7. 1961. D. Prior. 14/4. 1954. — C. **1959.** 13575 [D. B. P. 955 595].)

Asta-Werke Akt.-Ges., Chemische Fabrik, Brackwede/Westfalen (Erfinder: **Herbert Arnold, Fritz Bourseaux**, Bielefeld, und **Norbert Brock**, Wadersloh), *Herstellung cyclischer Phosphorsäureesteramide.* (**Schwz. P. 361 279** vom 9/2. 1957, ausg. 30/5. 1962. D. Prior. 10/2. 1956. — C. **1960.** 3312 [D. A. S. 1 057 119].)

Badische Anilin- & Soda-Fabrik Akt.-Ges., Ludwigshafen/Rh. (Erfinder: **Otto Schlichting**, Esslingen, **Heinz Pachaly**, Limburgerhof/Pfalz, **Franz Westphal** und **August Amann**, Ludwigshafen/Rh.), *Hydroxy- und Polyhydroxyäther des Cyclooctandiols-(1.2).* (**Schwz. PP. 353 353** u. **353 354** vom 23/8. 1956, ausg. 31/5. 1961. D. Prior. 29/9. 1955. — C. **1958.** 12479 [D. A. S. 1 002 334].)

Sterling Drug, Inc., New York, N.Y., V.St.A., *Herstellung von 1.6.8-Triazabicyclo-[4.3.0]-nonanderivaten.* (**Holl. P. 100 943** vom 8/6. 1956, ausg. 16/4. 1962. A. Prior. 10/6. 1955. — C. **1960.** 4609 [A. P. 2 813 865].)

Parke, Davis & Co., Detroit, Mich., V.St.A., *Herstellung quaternärer Ammoniumbromide von Benzilsäureestern von 1-Alkyl-3-hydroxypyrrolidinen.* (**Holl. P. 99 767** vom 22/2. 1957, ausg. 15/11. 1961. E. Prior. 22/2. 1956 u. 30/1. 1957. — C. **1960.** 12774 [F. P. 1 172 666].)

J. R. Geigy Akt.-Ges., Basel, Schweiz, *In 4-Stellung bicyclisch substituierte 3.5-Dioxopyrazolidine.* (**Holl. P. 100 976** vom 22/3. 1957, ausg. 16/4. 1962. Schwz. Prior. 23/3. 1956. — C. **1961.** 5538 [E. P. 814 228].)

Sandoz Ltd., Basel, Schweiz, *Herstellung von 3.5-Diketopyrazolidinderivaten.* (**Ind. P. 65 194** vom 10/9. 1958, ausg. 20/2. 1961. E. Prior. 12/6. 1958. — C. **1961.** 940 [Oe. P. 203 492].)

Sandoz Ltd., Basel, Schweiz, *3.5-Diketopyrazolidinderivate.* (**Ind. P. 65 196** vom 10/9. 1958, ausg. 27/2. 1961. E. Prior. 18/6. 1958. — C. **1961.** 939 [Oe. P. 203 491].)

Crookes Laboratories Ltd., London, übert. von: **Francis Frederick Stephens**, Northolt Park, England, *2-Arylbenzthiazole.* (**A. P. 2 996 512** vom 1/11. 1957, ausg. 15/8. 1961. — C. **1962.** 4638 [D. A. S. 1 110 164].)

Crookes Laboratories Ltd., London, England (Erfinder: **Francis Frederick Stephens**), *2-Arylbenzthiazole.* (**E. P. 825 016** vom 2/11. 1956, ausg. 9/12. 1959. — C. **1962.** 4638 [D. A. S. 1 110 164].)

J. R. Geigy Akt.-Ges., Basel, Schweiz, *Herstellung von 4-Hydroxycumarinderivaten.* (**Holl. P. 100 970** vom 18/1. 1957, ausg. 16/4. 1962. Schwz. Prior. 20/1. 1956. — C. **1959.** 10668 [D. A. S. 1 047 788].)

Parke, Davis & Co., Detroit, Mich., V.St.A., *Herstellung phenylsubstituierter gesättigter heterocyclischer Basen.* (**Holl. P. 99 752** vom 20/2. 1959, ausg. 15/11. 1961. A. Prior. 7/3. 1958. — C. **1961.** 18418 [D. A. S. 1 108 691].)

Sterling Drug, Inc., New York, N.Y., V.St.A., *Herstellung analgetisch wirksamer 4-Phenyl-4-acyloxypiperidine.* (**Holl. P. 100 696** vom 29/3. 1957, ausg. 15/3. 1962. A. Prior. 2/4. 1956. — C. **1961.** 11430 [A. P. 2 880 211].)

Wellcome Foundation Ltd., London, England, *Herstellung von Chinolinderivaten.* (**Holl. P. 100 744** vom 21/3. 1958, ausg. 15/3. 1962. E. Prior. 22/3. 1957. — C. **1962.** 3553 [E. P. 834 300].)

Byk Gulden Lomberg, Chemische Fabrik G. m. b. H., Konstanz, übert. von: **Hugo Zellner**, Linz, Österreich, *Molekülverbindungen von Purinen.* (**A. P. 2 994 640** vom 24/2. 1958, ausg. 1/8. 1961. D. Prior. 22/2. 1957. — C. **1959.** 7228 [D. A. S. 1 041 051].)

Sandoz Akt.-Ges., Basel (Erfinder: **Ernst Jucker**, Binningen, **Ervin Rissi**, Basel, und **Rudolf Suess**, Rheinfelden), Schweiz, *Herstellung von in 7-Stellung substituierten Theophyllinderivaten.* (**Ung. P. 149 910** vom 18/11. 1959, ausg. 20/3. 1962. Schwz. Prior. 21/11. 1958. — C. **1962.** 9821 [D. A. S. 1 112 983].)

Union Chimique Belge Soc. An., übert. von: **Henri Morren**, Brüssel, Belgien, *Piperazinderivate.* (**A. P. 2 988 551** vom 26/7. 1955, ausg. 13/6. 1961. Belg. Prior. 30/7. 1954. — C. **1959.** 16423 [Belg. P. 530 796].)

Soc. des Usines Chimiques Rhône-Poulenc, Paris, übert. von: **Robert Michel Jacob**, Ablon-sur-Seine, und **Jacques Georges Robert**, Gentilly, Frankreich, *Piperazinylalkylphenthiazine.* (**A. P. 2 985 653** vom 3/6. 1959, ausg. 23/5. 1961. F. Prior. 10/6. 1958. — C. **1961.** 12564 [D. A. S. 1 095 283].)

Sandoz Akt.-Ges. (Erfinder: **Jany Renz, Jean Pierre Bourquin, Guido Gamboni** und **Gustav Schwarb**), *Herstellung optisch-aktiver Phenthiazinderivate.* (**Aust. P. 232 308** vom 9/7. 1958, ausg. 23/2. 1961. Schwz. Prior. 31/7., 6/12. 1957 u. 9/5. 1958. — C. **1961.** 10292 [Oe. PP. 205 034 u. 205 035].)

Ciba Ltd. (Erfinder: **Emil Schlittler**), *Reserpsäurediester.* (**Aust. P. 232 346** vom 7/11. 1958, ausg. 23/2. 1961. A. Prior. 14/11. 1957. — C. **1961.** 2373 [E. P. 837 949].)

Ciba Ltd. (Erfinder: **Emil Schlittler**), *Herstellung von Reserpsäureestern.* (**Aust. P. 232 349** vom 13/11. 1958, ausg. 23/2. 1961. A. Prior. 14/11. 1957 u. 7/7. 1958. — C. **1962.** 5024 [F. P. 1 214 357].)

Ciba Ltd. (Erfinder: **Emil Schlittler**), *Herstellung von Reserpsäurediestern.* (**Aust. P. 232 350** vom 13/11. 1958, ausg. 23/2. 1961. A. Prior. 14/11. 1957 u. 7/7. 1958. — C. **1962.** 7627 [F. P. 1 214 358].)

C. H. Boehringer Sohn, Ingelheim/Rh., *N-Allyl- und N-Propargylnormorphine.* (**E. P. 874 217** vom 28/10. 1959, ausg. 2/8. 1961. D. Prior. 30/10. 1958 u. 2/9. 1959. — C. **1962.** 14620 [D. A. S. 1 119 284] u. C. **1962.** 6143 [D. A. S. 1 114 199].)

C. H. Boehringer Sohn, Ingelheim/Rh., *Herstellung substituierter Morpholine.* (**Holl. P. 99 736** vom 1/7. 1953, ausg. 15/11. 1961. D. Prior. 1/7. 1952. — C. **1958.** 13856 [Oe. P. 186 641].)

A/S Sadolin & Holmblad, übert. von: **Niels Elming** und **Jörgen Tarmod Nielsen**, Kopenhagen, Dänemark, und **Niels Konrad Friedrich Wilhelm Clauson-Kaas**, Haifa, Israel, *Herstellung von Pyridoxin.* (**A. P. 2 839 539** vom 15/11. 1955, ausg. 17/6. 1958. E. Prior. 29/11. 1954. — C. **1961.** 7321 [E. P. 798 318].)

Hoffmann-La Roche Ltd., Montreal, Quebec, Canada, übert. von: **Robert F. Long**, Welwyn Garden City, Hertsfordshire, England, *Herstellung von Pyridoxalphosphat.* (**Can. P. 558 997** vom 19/1. 1955, ausg. 17/6. 1958. E. Prior. 3/2., 13/4. u. 17/12. 1954. — C. **1958.** 6341 [Oe. P. 190 641].)

E. Merck Akt.-Ges., übert. von: **Fritz v. Werder**, Darmstadt, *Herstellung von Dihydrovitaminen D_2.* (**A. P. 2 999 100** vom 2/12. 1957, ausg. 5/9. 1961. D. Prior. 7/12. 1956. — C. **1959.** 13265 [D. A. S. 1 038 037].)

N. V. Philips' Gloeilampenfabrieken, Eindhoven (Erfinder: **Pieter Westerhof**, Weesp), Holland, *Dihydrotachysterine.* (**Schwz. P. 358 795** vom 12/2. 1957, ausg. 31/1. 1962. Holl. Prior. 14/2. 1956. — C. **1959.** 12327 [D. A. S. 1 040 547].)

Ciba Ltd., Basel, Schweiz, *Herstellung von Polyhydrophenanthrenen.* (**Holl. P. 99 702** vom 24/1. 1958, ausg. 15/11. 1961. Schwz. Prior. 25/1. 1957. — C. **1960.** 12779 [D. A. S. 1 072 990].)

F. Hoffmann-La Roche & Co. Akt.-Ges., Basel, Schweiz, *Herstellung eines Dodekahydrophenanthrenderivates.* (**Holl. P. 99 708** vom 21/2. 1958, ausg. 15/11. 1961. A. Prior. 21/2. 1957. — C. **1961.** 4816 [D. A. S. 1 068 253].)

Chas. Pfizer & Co., Inc., Brooklyn, N.Y., V.St.A., *Herstellung therapeutisch wirksamer Steroide.* (**Holl. P. 100 759** vom 30/5. 1958, ausg. 15/3. 1962. A. Prior. 7/6. 1957. — C. **1961.** 2374 [A. P. 2 920 999].)

Ciba Ltd., Basel, Schweiz, *Herstellung von Ketosteroiden.* (**E. P. 879 872** vom 31/1. 1958, ausg. 11/10. 1961. Schwz. Prior. 25/2. u. 15/3. 1957. — C. **1962.** 3906 [A. P. 2 929 826].)

Upjohn Co., Dover, Del., V.St.A., *Herstellung therapeutisch wertvoller 6-Fluorsteroide.* (**Holl. P. 100 780** vom 26/11. 1958, ausg. 15/3. 1962. A. Prior. 29/11. 1957. — C. **1961.** 17303 [D. A. S. 1 089 380].)

Upjohn Co., übert. von: **Frank H. Lincoln, George B. Spero, William P. Schneider** und **John L. Thompson**, Kalamazoo, Mich., V.St.A., *Herstellung von 2.6-Dimethyl-21-fluorsteroiden der Pregnanreihe.* (**A. P. 2 993 061** vom 21/8. 1958, ausg. 18/7. 1961. — C. **1962.** 5397 [D. A. S. 1 111 180].)

Soc. Farmaceutici Italia (Erfinder: **Bruno Camerino** und **Renato Modelli**), Mailand, Italien, *Herstellung von 4-Chlor-3-keto-Δ^4-steroiden.* (**Oe. P. 219 205** vom 22/5. 1957, ausg. 10/1. 1962. It. Prior. 25/5. 1956. — C. **1959.** 8255 [D. A. S. 1 039 513].)

Farbwerke Hoechst Akt.-Ges., vormals Meister Lucius & Brüning, Frankfurt/M., *Herstellung von $\Delta^{1,4}$-Dien-3-ketonen der Steroidreihe.* (**Oe. P. 219 776** vom 16/6. 1956, ausg. 26/2. 1962. D. Prior. 18/6., 18/7. u. 12/10. 1955. — C. **1961.** 2721 [Belg. P. 548 765].)

Scherico Ltd., Luzern, Schweiz, *Herstellung von 3-Keto-$\Delta^{1,5}$-steroiden.* (**Holl. P. 99 760** vom 26/3. 1959, ausg. 15/11. 1961. A. Prior. 1/4. 1958. — C. **1961.** 15126 [D. A. S. 1 097 440].)

N. V. Philips' Gloeilampenfabrieken, Eindhoven, Holland, *3-Keto-$\Delta^{4,6}$-10α-methylsteroide.* (**Ind. P. 66 460** vom 19/1. 1959, ausg. 28/2. 1961. — C. **1961.** 7676 [D. A. S. 1 089 378].)

Merck & Co., Inc., Rahway (Erfinder: **Burton Grant Christensen**, Rahway, und **Ralph Franz Hirschmann**, Scotch Plains), N.J., V.St.A., *Herstellung von 17α-Hydroxy-20-keto-21-diazosteroiden der Pregnanreihe.* (**D. A. S. 1 102 146** Kl. 12o vom 14/1. 1959, ausg. 16/3. 1961. A. Prior. 27/1. 1958. — C. **1962.** 15699 [A. P. 2 933 494].)

Syntex Soc. An., übert. von: **Howard J. Ringold** und **George Rosenkranz**, Mexico, Mexico, *Herstellung von 4-Alkyl- und 4-Benzylderivaten von Δ^4-Pregnenverbindungen.* (**A. P. 2 981 743** vom 23/1. 1957, ausg. 25/4. 1961. Mexican. Prior. 26/1. 1956. — C. **1962.** 5774 [E. PP. 851 998 u. 852 288].)

Merck & Co., Inc., Rahway, N.J. (Erfinder: **John Martin Chemerda**, Metuchen, N.J., **James Frederick Fisher**, Williamsport, Pa., und **Roger James Tull**, Plainfield, N.J.), V.St.A., *Herstellung von niederen tert.-Alkylaminsalzen der 21-Phosphate von 3.20-Diketo-17α.21-dihydroxysteroiden der Δ^4-Pregnenreihe.* (**D. A. S. 1 086 696** Kl. 12o vom 17/11. 1958, ausg. 11/8. 1960. A. Prior. 20/11. 1957. — C. **1962.** 15699 [A. P. 2 939 873].)

Farmaceutici Italia Soc. An., Mailand, Italien, *Synthese von $\Delta^{1,4}$-Pregnadien-17α.21-diol-3.20-dion.* (**Holl. P. 99 755** vom 21/3. 1959, ausg. 15/11. 1961. E. Prior. 21/3. 1958. — C. **1962.** 226 [D. A. S. 1 100 628].)

Ciba Ltd., Basel, Schweiz, *Herstellung von Estern von 3.20-Dioxo-21-hydroxy-$\Delta^{1,4}$-pregnadienderivaten.* (**Holl. P. 100 925** vom 6/2. 1956, ausg. 16/4. 1962. Schwz. Prior. 7/2., 25/2. u. 21/7. 1955. — C. **1960.** 4290 [F. P. 1 167 558].)

British Drug Houses Ltd. (Erfinder: **Bernard Ellis, Vladimir Petrow, Martin Stansfield** und **Isobel Ann Stuart-Webb**), *17α-Alkinylverbindungen der Androstanreihe.* (**Aust. P. 230 634** vom 13/5. 1958, ausg. 3/11. 1960. E. Prior. 21/5. 1957. — C. **1961.** 16939 [E. P. 842 678].)

Syntex Soc. An., Mexico, Mexico, *Herstellung von 3-Alkoxy-19-nor-$\Delta^{2,5,10}$-androstadien-17-on.* (**Oe. P. 219 204** vom 12/2. 1957, ausg. 10/1. 1962. Mexican. Prior. 21/2. 1956. — C. **1959.** 11352 [D. A. S. 1 035 654].)

Upjohn Co., übert. von: **Alan H. Nathan, William P. Schneider** und **John A. Hogg**, Kalamazoo, Mich., V.St.A., *Herstellung von 2-Methyl-11-oxygenierten Progesteronen.* (**A. P. 2 989 550** vom 16/11. 1955, ausg. 20/6. 1961. — C. **1959.** 11667 [D. A. S. 1 041 955].)

Upjohn Co., Kalamazoo, Mich., übert. von: **Raymond L. Pederson**, Kalamazoo, **John C. Babcock**, Portage Township, und **John A. Hogg**, Kalamazoo, Mich., V.St.A., *Herstellung von 2-niedrig-Alkyl- und 2.17α-niedrig-Alkylderivaten des Testosterons und des 19-Nortestosterons.* (**A. P. 2 989 549** vom 16/11. 1955, ausg. 20/6. 1961. — C. **1960.** 17316 [E. P. 809 485].)

Aktiebolaget Leo, Hälsingborg, übert. von: **Ove Birger Fernö, Hans Jakob Fex, Torsten Ove Enok Linderot**, Hälsingborg, Schweden, **Ernst Thomas Rosenberg**, Orholm pr. Lyngby, Dänemark, und **Knut Bertil Högberg**, Hälsingborg, Schweden, *Antienzymatische Substanzen*. (**A. P. 3 008 951** vom 17/6. 1953, ausg. 14/11. 1961. Schwed. Prior. 17/6. 1952. — **C. 1961.** 9524 [Holl. P. 94 108].)

Soc. des Usines Chimiques Rhône-Poulenc (Erfinder: **Paul Jean Clément Buisson**), Paris, Frankreich, *Herstellung von Penicillinsalzen*. (**Schwz. P. 360 459** vom 11/7. 1957, ausg. 14/4. 1962. F. Prior. 3/10. 1956. — **C. 1960.** 5258 [D. A. S. 1 055 536].)

Soc. des Usines Chimiques Rhône-Poulenc, Paris (Erfinder: **Jean Verrier**, Boulogne, und **Léon Ninet**, Paris), Frankreich, *Herstellung von Spiramycin*. (**Schwz. P. 360 166** vom 29/4. 1957, ausg. 30/3. 1962. F. Prior. 30/5. 1956. — **C. 1959.** 5240 [D. A. S. 1 032 891].)

Olin Mathieson Chemical Corp., New York, N.Y., übert. von: **Richard Donovick**, Westfield, **Joseph F. Pagano**, Bound Brook, und **John Vandeputte**, Milltown, N.J., V.St.A., *Herstellung des Antibioticums Thiostrepton*. (**A. P. 2 982 689** vom 1/3. 1955, ausg. 2/5. 1961. — **C. 1957.** 10017 [D. A. S. 1 007 955].)

Ciba Akt.-Ges. (Erfinder: **Ernst Gäumann** und **Walter Voser**), *Gewinnung des Antibioticums Danubomycin*. (**Aust. P. 232 335** vom 2/10. 1958, ausg. 23/2. 1961. Schwz. Prior. 29/10. 1957. — **C. 1960.** 15497 [D. A. S. 1 070 781].)

Joachim Drescher, Berlin, *Herstellung von Vaccinen*. (**E. P. 876 027** vom 19/3. 1958, ausg. 30/8. 1961. D. Prior. 19/3. 1957. — **C. 1959.** 4248 [D. A. S. 1 041 647].)

Dr. Rentschler & Co., Laupheim, *Herstellung einer Vaccine gegen Poliomyelitis suum*. (**E. P. 886 949** vom 9/2. 1960, ausg. 10/1. 1962. D. Prior. 17/2. 1959. — **C. 1961.** 235 [D. A. S. 1 069 831].)

Farbenfabriken Bayer Akt.-Ges., Leverkusen, übert. von: **Alfred Distelmaier** und **Werner Schostan**, Wuppertal, *Röntgenkontrastmittel*. (**A. P. 3 021 260** vom 26/8. 1958, ausg. 13/2. 1962. D. Prior. 11/9. 1957. — **C. 1960.** 6596 [D. A. S. 1 063 759].)

Deutsche Gold- und Silber-Scheideanstalt vormals Roessler, Frankfurt/M., *Sterilisierung von Stoffen jeglicher Art*. (**Holl. P. 99 735** vom 15/10. 1958, ausg. 15/11. 1961. D. Prior. 25/10. 1957. — **C. 1959.** 13890 [D. A. S. 1 055 759].)

Rudolf Gewalt und **Erich Stein**, Wiesbaden, *Kalte Sterilisation mit baktericiden Gasen*. (**Holl. P. 100 697** vom 3/4. 1957, ausg. 15/3. 1962. D. Prior. 3/7. 1956. — **C. 1959.** 16737 [F. P. 1 174 185].)

Imperial Chemical Industries Ltd., London, England, *Herstellung von Salzen von Bis-biguaniden*. (**Holl. P. 100 987** vom 6/6. 1957, ausg. 16/4. 1962. E. Prior. 6/6. 1956. — **C. 1960.** 17214 [Oe. P. 200 156].)

Paul Niehans, Burier, Schweiz, *Therapeutisch wirksame Organpräparate*. (**E. P. 887 228** vom 25/4. 1958, ausg. 17/1. 1962. Schwz. Prior. 29/4. 1957. — **C. 1961.** 12567 [D. A. S. 1 096 548].)

G. Analyse. Laboratorium

Papiere für moderne chemische Analysenverfahren. A. Grüne. (Österr. Chemiker-Ztg. **62.** 74—81. März 1961. Dassel, C. Schleicher & Schüll; dt.) — Überblick über Filterpapiere, Reagenzpapiere, Papiere für die Elektrophorese u. Chromatographie. — 27 Literaturhinweise. CH. WEISKE. 5010☐

Fehler im Emissionsvermögen von Infrarot-Pyrometern in bezug auf die spektrale Ansprechbarkeit. P. M. Reynolds. (Brit. J. appl. Physics **12.** 401—05. Aug. 1961. London, Brit. Non. Ferrous Metals Res. Assoc.; engl.) — Vf. diskutiert die Fehler im Emissionsvermögen von totalen, partiellen u. monochromat. Strahlungspyrometern bei der Verw. im Temp.-Gebiet von 500—800° K. Die Pyrometerleistung gehorcht einem Potenzgesetz der abs. Temp. mit dem Exponenten n, der mit der Temp. u. der spektralen Ansprechbarkeit des Pyrometers veränderlich ist. Die Fehler im Emissionsvermögen nehmen mit steigendem n ab; n nimmt zu, wenn die spektrale Ansprechbarkeit des Pyrometers auf die kürzeren Wellenlängen des nahen IR-Bereichs beschränkt wird. Vf. behandelt bes. die Temp.-Best. von Materialien wie Al, deren Emissionsvermögen niedrig ist u. merklich mit den Oberflächen-Eigg. schwankt. G. M. NEUMANN. 5016☐

Ein Schmelzpunktapparat. P. Dale und G. Gamble. (School Sci. Rev. **42.** 522—23. Juni 1961. Amersham, D. Challoner's G.S.; engl.) — Beschreibung eines F.-App., der aus einem zylindr. Al-Block mit einer Bohrung besteht. Darin wird die von einem Gasbrenner erhitzte Schmelzprobe befestigt. W. WESLY. 5018

Einfache registrierende Thermowaage für Vakuum- und Druckuntersuchungen. J. G. Rabatin und C. S. Card. (Analytic. Chem. **31.** 1689—92. Okt. 1959. Cleveland, Ohio, Gen. Electric. Co., Chem. Prod. Plant, Advance Developm. Labor.; engl.) — Es wird eine registrierende Thermowaage beschrieben, die für Unterss. im Vakuum, bei 1 at u. für höhere Drücke der Gase CO_2, N_2, H_2S, CO, O_2 u. NH_3 geeignet ist u. auf dem Torsionsprinzip beruht. Sie besitzt bei Gewichtsänderungen von 100—200 mg eine maximale Empfindlichkeit von ± 0,2 mg. Eine vergleichende Unters. mit der Thermowaage von CHEVENARD wird durchgeführt. Mit dieser App. wird der therm. Abbau von $MnCO_3$ in Luft von 1 at u. in CO_2 von 13 at untersucht. WOLFGANG KRÜGER. 5022☐

Dichte Pumpen für die Kreislaufführung von Gasen. Roland Bibron und Murry Tamers. (Bull. Soc. chim. France **1961.** 959—60. Mai. Saclay, Centre d'Ét. Nucl., Serv. d'Électron. Phys.; franz.) — Beschreibung verschiedener Ausführungen einer einfachen Pumpe aus Glas, deren Kolben (∅ ca. 50 mm) aus einer Hg-Säule besteht u. die bei einem Arbeitsdruck von 0—1 at bis zu 1 Liter/min. fördern kann. A. BLASCHETTE. 5026 □

Untersuchung über das Vakuum- und Inertgas-Lichtbogenschmelzen. 1. Mitt. Versuchsherstellung eines Vakuum-Lichtbogenschmelzofens für Laboratorien. Shuzō Takeda, Naoki Nagai, Natsuo Yukawa und Fumio Hori. (Tetsu to Hagane [J. Iron Steel Inst. Japan] **47.** 1148—55. Aug. 1961; jap., Auszug: engl.) — Beschreibung eines Lichtbogenofens zum Schmelzen von leicht u. schwer schmelzbaren Metallen im Vakuum oder in einer Inertgas-Atmosphäre u. seiner Verw. zum Schmelzen von *Ti*, *Cr*, *Mo* u. *Stählen* mit Angabe der Arbeitsbedingungen u. der Eigg. der gewonnenen Stahlbarren. W. WESLY. 5028 □

Ein Röntgenverfahren zur Bestimmung der Dichten von Flüssigkeiten bei hohen Temperaturen und Drücken. N. A. Krohn und R. G. Wymer. (Analytic. Chem. **34.** 121—23. Jan. 1962. Oak Ridge, Tenn., Oak Ridge Nat. Labor.; engl.) — Zur Dichte-Best. einer Fl. bei hoher Temp. wird die Fl. in einem Autoklaven erhitzt u. die Lage der Phasengrenze fl.-dampfförmig röntgenograph. ermittelt. Die Dichte wird aus Vol. u. Gewicht der Fl. berechnet. Es wurden Dichte-Best. von wss. UO_2SO_4-Lsg. im Temp.-Bereich 20—300° durchgeführt. W. BETCKE. 5042 □

Automatische Brücke zur schnellen Registrierung der dielektrischen Parameter ε' und ε''. Robert Gabillard und Remy Polaert. (C. R. hebd. Séances Acad. Sci. **252.** 388—90. 16/1. 1961. Lille, Fac. des Sci., Labor. de Radioélectr. et Electron.; franz.). C. GOTTFRIED. 5048

Gerät zur Erzeugung von Lichtblitzen durch explodierende Metalldrähte. Jean Ripoche. (J. Physique Radium, Physique appl. Suppl. zu: J. Physique Radium **22.** Nr. 2. 48A—52A. Febr. 1961. Rennes, Fac. des Sci.; franz.) — Zur Unters. von photochem. Prozessen unter UV-Anregung wurde eine Blitzanlage konstruiert, bei der dünne Drähte durch 15 kV-Entladungen zur Explosion gebracht werden. Der zeitliche Verlauf der elektr. Entladung wird oscillograph. beobachtet; der Oscillograph ist dazu über eine Koaxialleitung angeschlossen, so daß die Helligkeit als Funktion der elektr. Parameter untersucht werden kann. Es werden Meßergebnisse an *Al-* u. *Fe/Ni/Cr*-Elektroden mitgeteilt. W. REUSSE. 5048 □

Rechenautomat zur Lösung von Problemen der Elektronenbestrahlung. E. H. Cornish. (J. sci. Instruments **38.** 82—85. März 1961. Harlow, Standard Telecomm. Labor. Ltd.; engl.) C. GOTTFRIED. 5048

Verfahren und Probleme der anorganischen Spurenanalyse. A. Claassen. (Chem. Weekbl. **58.** 33—38. 27/1. 1962. Eindhoven, N.V., Philips' Gloeilampenfabrieken, Natuurkundl. Labor.; niederl.) — Übersicht über die in der Spurenanalyse angewandten Verff. der Anreicherung, Fällung, Dest., Adsorption an Ionenaustauschern, der Best. auf colorimetr., spektrochem., radiochem., elektrochem. u. gaschromatograph. Wege u. die mit ihrer Ausführung verknüpften Schwierigkeiten, bes. die Reinigung der Reagentien u. die Ausführung der Blindprobe. — 22 Literaturangaben. W. WESLY. 5050 □

Ein Transistorverstärker zur Coulometrie bei kontrolliertem Potential. R. C. Propst. (Analytic. Chem. **34.** 588—89. April 1962. Aiken, S.C., E.I. du Pont de Nemours & Co., Savannah River Labor.; engl.) — Für coulometr. Titrationen bei kontrolliertem Potential wird ein Transistorverstärker entwickelt, der eine hohe Frequenzdurchlässigkeit besitzt u. beim Wechsel von Oxydations- u. Red.-Messungen nicht umgeschaltet werden muß. E. BEYERLE. 5054 □

Eine Methode zur Darstellung von Abdrücken von trocknen oder feuchten Oberflächen zur Untersuchung durch Lichtmikroskopie. Joan Sampson. (Nature [London] **191.** 932—33. 26/8. 1961. Oxford, Botany School; engl.) — Zur Darst. des Abdrucks wird zuerst monomerer Silicongummi „Siflo Dental Plastic“ mit der erforderlichen Menge eines Katalysators gemischt u. auf das zu untersuchende Material gegossen, auf dem er in ca. 5 Min. hart wird u. abgenommen werden kann. Dieser prim. Abdruck wird nach Reinigung flach liegend, mit der Eindruckoberfläche nach oben über P_2O_5 getrocknet. Über den vollkommen trocknen Primärabdruck wird nun „klarer“ Nagellack gegossen; nach ca. 10—15 Min. wird der nun harte sek. Abdruck abgetrennt u. zwischen 2 dünne u. polierte Objektträger gelegt. C. GOTTFRIED. 5056

Mikroskopie mit Röntgenstrahlen. Gaston Dupouy, Frantz Perrier und Pierre Verdier. (C. R. hebd. Séances Acad. Sci. **250.** 3083—88. 9/5. 1960. Toulouse, C.N.R.S., Labor. d'Optique électronique; franz.) — Beschreibung eines neu konstruierten Röntgenmikroskops, mit dem man auf den Aufnahmen eine Auflösung von $^3/_{10}\,\mu$ u. über tausendfache Vergrößerungen erreichen kann. C. GOTTFRIED. 5056

Eine einfache Oberflächenpotential-Methode zur Bestimmung der Oberflächen dünner Metallfilme. J. Pritchard. (Nature [London] **194.** 38—39. 7/4. 1962. London,

Queen Mary Coll., Dep. of Chem.; engl.) — An der Oberfläche eines auf ein Substrat bei -183^0 aufgedampften u. bei -78^0 bzw. 60^0 gesinterten Au-, Cu-, Ni- oder Pt-Films wird bei der Temp. der fl. Luft Xe adsorbiert. Dabei steigt das Oberflächenpotential bis zur Auffüllung einer monomol. Schicht. Aus dem Gas-Vol. u. dem Mol.-Durchmesser des Xe ergibt sich die Oberfläche des Metallfilms. Sie ist bei einem Cu-Film bei einer Sinter-Temp. von 60^0 wesentlich kleiner als bei einer von -78^0. Präadsorbierte Gase verfälschen das Ergebnis. Beim Pt wird ein sehr kleiner, wahrscheinlich durch Verunreinigungen beeinflußter Wert erhalten. W. BETCKE. 5060□

Neuere optische Analysengeräte. Peter Zoller. (Chem. Rdsch. [Solothurn] **14.** 261—63. 15/5. 1961. Zürich, Perkin-Elmer AG; dt.) — Bericht über Geräte der Perkin-Elmer AG für UV- u. IR-spektroskop. u. polarimetr. Untersuchungen. CH. WEISKE. 5063□

Eine Registriermethode zur Vermessung des Reliefs höchstebener Oberflächen. G. Koppelmann und K. Krebs. (Optik **18.** 349—57. Aug. 1961. Berlin, TU, II. Phys. Inst.; dt.) — Zur Ermittlung der Höhenverteilung höchstebener Oberflächen wird eine photoelektr. Meßmeth. entwickelt, deren wesentlicher Teil ein Druck-PÉROT-FABRY-Interferometer ist. Durch Verw. von Mehrstrahlinterferenzen unter bes. günstigen Bedingungen wird eine hohe Meßgenauigkeit ($\pm \lambda/1000$) bei großer Registrier-Geschw. erreicht. Ferner wird ein photograph. Verf. zur Messung der Abstandsverteilung als Schwärzungsverteilung beschrieben. W. BETCKE. 5063□

Zur Technologie des Pérot-Fabry-Interferometers. G. Koppelmann und K. Krebs. (Optik **18.** 358—72. Aug. 1961; dt.) — Vgl. vorst. Referat. — Mit Hilfe der photoelektr. Meßmeth. (l. c.) werden Ebenheit u. Parallelität von Interferometerspiegeln untersucht. Möglichkeiten zur Erzielung eines höheren Auflösungsvermögens durch Behebung von Mängeln in der Ebenheit u. der Justierung werden diskutiert. W. BETCKE. 5063□

Eine Vorrichtung für optische Messungen während der γ-Bestrahlung von Flüssigkeiten. S. Minc und Z. P. Zagórski. (Nature [London] **193.** 1290—91. 31/3. 1962. Warsaw, Inst. of Nucl. Res., Dep. of Radiation Chem.; engl.) — Es wird eine opt. Vorr. für Messungen an Lsgg. während der Einw. von γ-Strahlen beschrieben. Mit Hilfe dieser App. wurde die Selbstabsorption der bei der Bestrahlung gebildeten Komponenten gemessen. Es wurde eine lineare Abhängigkeit der Absorption von der Dosis erhalten. Außerdem wurden kinet. Unterss. über die Bldg. bestimmter Komplexe durchgeführt. E. SCHIEWER. 5063□

Schnellmethode zur Interpolation von Brechungsindexmessungen. Orestes N. Stavroudis und Loyd E. Sutton. (J. opt. Soc. America **51.** 368—70. März 1961. Washington, D.C., Nat. Bur of Standards; engl.) — Ausgehend von der SELLMEIER-Formel wird eine Schnellmeth. zur Entwicklung einer Interpolationsformel für den Brechungsindex in in Abhängigkeit von der Wellenlänge beschrieben. Obgleich die gewünschte Genauigkeit noch nicht erreicht wird, liefert sie einen Ausgangspunkt für eine kompliziertere Formel. H. LINDBERG. 5063□

Ein Spektrometer mit doppeltem Durchgang. T. K. McCubbin jun. (J. opt. Soc. America **51.** 887—89. Aug. 1961. Pa., Pennsylvania State Univ., Univ. Park, Phys. Dep.; engl.) — Diskussion eines aus zwei sphär. Spiegeln bestehenden opt. Syst. zur Erzielung eines doppelten Durchgangs in Gitter- u. Prismenspektrometern. Das Syst. ist leicht zu justieren u. vignettierungsfrei. H.-J. EICHHOFF. 5063□

Eichung eines Prismenspektrometers. W. G. Henry und M. R. Meharry. (J. opt. Soc. America **51.** 356—59. März 1961. Ottawa, Canada, Nat. Res. Council, Div. of Appl. Chem.; engl.) — Zur Eichung eines Prismenspektrometers werden eine numer. Meth. u. ein Programm für einen BENDIX G15D Digitalrechner beschrieben. Die Meth. ist auf jedes Prisma in jedem Wellenlängengebiet anwendbar, sofern eine genügende Anzahl von Eichpunkten zur Erreichung der geforderten Genauigkeit vorhanden ist. Sie wird auf ein Quarzglas-PERKIN-ELMER-Spektrometer Modell 99 angewandt. Absorptionsspitzen u. Emissionslinien im Wellenlängengebiet von 2300—26000 Å werden wiedergegeben. Die empir. MCKINNEY-FRIEDEL-Beziehung (1948) ist eine Näherung für eine allg. Beziehung. Ihre Gültigkeit wird diskutiert. H. LINDBERG. 5063□

Ein Spektrophotometer mit hoher Auflösung für das ferne Ultrarot (20—180 μ). Vincenzo Lorenzelli. (C. R. hebd. Séances Acad. Sci. **254.** 1017—19. 5/2. 1962. Paris, Sorbonne, Labor. Rech. Phys. Dep. I.R.; franz.) — Das Spektralphotometer, dessen Lichtquelle aus einer Hg-Hochdruckdampflampe besteht, dient zur Aufnahme von Gasspektren. Die Funktionen der Einzelteile des opt. Syst. werden an der Skizze des Strahlenganges erläutert. Ein Wasserdampf-Spektrum, das mit dem Gerät im Bereich von 50—180 μ aufgenommen worden ist, ist abgebildet. W. KUPFER. 5063□

Die Flammenspektrometrie als Verfahren der modernen chemischen Analyse. Joseph Fischer und Rudolf Kropp. (Glastechn. Ber. **33.** 380—87. Okt. 1960. Frankfurt a. M., Johann Wolfgang Goethe-Univ., Inst. für Anorgan. Chem. u. Metallges. AG, Analyt. Labor.; dt.) — Allg. Abhandlung über die flammenphotometr. Meth., Umreißung ihres Anwendungsbereichs u. ihrer Leistungsfähigkeit sowie Überblick über verschiedene Störeinfl. unter bes. Berücksichtigung des Problems der vollständigen Verdampfung von Alkali- u. Erdalkalichloriden. W. BETCKE. 5063 □

Ein Brenner mit mechanischer Zufuhr und vollständigem Verbrauch für Flammenphotometrie und Atom-Absorptionsspektroskopie. J. W. Robinson und R. J. Harris. (Analytica chim. Acta [Amsterdam] **26.** 439—45. Mai 1962. Baton Rouge, La., Humble Oil & Refin. Co., Baton Rouge Refinery, Esso Res. Labor.; engl.) — Beschreibung einer Einrichtung zur mechan., konst. Zufuhr von Lsg. bis zum restlosen Verbrauch zum Brenner bei der Flammenphotometrie u. Absorptionsspektroskopie. W. BETCKE. 5064 □

Nomenklatur und Klassifizierung der photometrischen Methoden der analytischen Chemie. Santiago A. Celsi. (Inform. Quím. analít. **15.** 94—102. Juli/Aug. 1961. Buenos Aires, Univ., Fac. de Farm. y Bioquím., Cátedra Quím. Analít. Cuan.; span.) Übersicht. K. HUSTE. 5064 □

Ein neuer Tastpolarograph. K. Kronenberger und W. Nickels. (Z. analyt. Chem. **186.** 79—86. 1962. Bremen, Abteilung MAT der Atlas-Werke AG; dt.) — Verbesserungen des neu entwickelten Tastpolarographen Selector V. Im Vgl. zu dem vorherigen Modell Selector D liefert das neue Gerät eine Punktfolge von Stromwerten, die nur noch von der Zellenspannung abhängen, während sich der Einschwingvorgang des Schreibers nicht auf den Meßwert auswirkt u. die den Meßwert bestimmende Tropfenoberfläche konst. ist. Bei der Messung von Diffusions-Koeff. ermöglicht die bei dem neuen Gerät anwendbare Intermittenz-Meth. eine Ausschaltung des Verarmungseffektes. Zur Aufnahme von Schnellpolarogrammen dient ein elektr. Impulsgeber, der gleichzeitig eine elektromagnet. Abschlagvorr. u. den Spannungsvorschub steuert. E. BEYERLE. 5066 □

Einige spezielle Anwendungen eines polarographischen Meßgerätes. S. Wolf. (Z. analyt. Chem. **186.** 87—92. 1962. Herisau, Schweiz, Metrohm AG, Phys.-chem. Labor.; dt.) — Mit Hilfe eines Zusatzgerätes, das die zu überlagernde Wechselspannung erzeugt, können mit dem Metrohm Polarecord E 261R Wechselstrompolarogramme aufgenommen werden, indem der entstehende Wechselstrom nach Gleichrichtung mit dem Potentiometerschreiber des Gerätes registriert wird. Der schnelle Papier- u. Spannungsvorschub ermöglicht polarograph. Aufnahmen nach der „anodic stripping"-Technik, mit der sich Metallionen-Konz. bis zu 10^{-9} m erfassen lassen. Dabei wird zur reproduzierbaren Erzeugung einzelner Hg-Tröpfchen eine Mikrokolbenbürette benutzt. In Verb. mit dem Metrohm-Konstantstromcoulometer E 211 kann der Polarocord für chronopotentiometr. Analysen sowie auch für automat. coulometr. Titrationen mit potentiometr. oder amperometr. Endpunkts-Best. verwendet werden. E. BEYERLE. 5066 □

Differentialpolarographie mit hoher Genauigkeit. H. I. Shalgosky und J. Watling. (Analytica chim. Acta [Amsterdam] **26.** 66—74. Jan. 1962. London, U.K.A.E.A. Res. Group, Chem. Div.; engl.) — Zur Verbesserung des von DAVIS u. SEABORN beschriebenen differentiellen Kathodenstrahlpolarographen wurde von Vff. ein neuer Polarographierstand entwickelt, der zur Vermeidung einer Einschleppung von Sauerstoff fest in einem Behälter mit sauerstofffreiem Gas montiert ist. Konstruktion u. spezielle Polarographiertechnik werden beschrieben. Die Varianz einer polarograph. Best. von 10^{-3} m Cd in 0,1 m KCl beträgt 0,04%. E. BEYERLE. 5066 □

Polarographie von Diäthyldithiocarbamat, einem Titriermittel unter Verwendung der rotierenden Quecksilberelektrode. Walter Stricks und S. K. Chakravarti. (Analytic. Chem. **34.** 508—13. April 1962. Milwaukee, Wis., Marquette Univ., Dep. of Chem.; engl.) — Das polarograph. Verh. von Diäthyldithiocarbamat (I) an der Hg-Tropfelektrode wird untersucht. Die anod. Oxydation von I in wss. Lsg. u. die Adsorption des Oxydations-Prod. am Hg-Tröpfchen führen zur Bldg. einer Vorstufe. Bei Konzz. $>10^{-4}$m ist der Grenzstrom nicht mehr der Konz. proportional, sondern höher. Die Vorstufe tritt ebenfalls in Äthanol u. bei Ggw. oberflächenakt. Stoffe auf, jedoch zeigt die Hauptstufe für den Konz.-Bereich $6{,}10^{-5}$—$2{,}10^{-3}$m Proportionalität. An einer rotierenden Hg-Tropfelektrode reicht der Proportionalitätsbereich in wss. Lsg. bis zur Konz. $5 \cdot 10^{-4}$m, so daß sie als Indikatorelektrode für die amperometr. Titration von Metallen mit I verwendet werden kann. Die Kombination des kathod. Diffusionsstromes u. der anod. Stufe von I ermöglicht bei kontrollierten pH-Bedingungen eine sehr genaue Titration zweier Metalle im Gemisch, wie z. B. Hg u. Pb, Cu u. Zn nebeneinander. E. BEYERLE. 5066 □

Spezifische und selektive organische Reagentien. Ronald Belcher. (Magyar tudományos Akad., kém. tudományok Osztályának Közleményei [Ung. Akad. Wiss., Ber. Abt. chem. Wiss.] **16.** 365—73. Nov. 1961. Birmingham, Univ., Dep. of Analyt. Chem.; ung.) — Eine Übersicht über Färbungsreagentien u. organ. Fällungsmittel. — 40 Literaturzitate. P. TOLNAY. 5072

Ammoniumsalz der N-β-Naphthylmalonamidsäure als ein Reagens zur quantitativen Bestimmung von Metallen. M. L. Bhambhani und H. D. Mathur. (Agra Univ. J. Res. **7.** 93—96. Jan. 1958. Agra, St. John's Coll., Chem. Dep.; engl.) — Das N-β-naphthylsubstituierte Monoamid der Malonsäure (NH_4-Salz, I) eignet sich zur Verw. als Fällungsreagens für die gravimetr. Best. von Cu^{2+}, Co^{2+}, Mn^{2+} u. Zn^{2+} sowie zur Zn-Mn-Trennung. Die Fällung wird bei Metall-Konzz. von 0,33n mit 5%ig. wss. I-Lsg., bei Cu in der Wärme (70°), bei Co, Mn u. Zn in der Kälte vorgenommen. Der Nd. wird 5 Min. lang auf dem Dampfbad digeriert u. bei 100—105° getrocknet. Bei der Behandlung des (Mn + Zn)-Nd. mit 25%ig. A. löst sich nur Mn, das so von Zn getrennt u. nach Abdampfen des A. erneut gefällt werden kann. W. BETCKE. 5072□

Bestimmung kleiner Mengen von Wasser und Wasserdampf mit Hilfe der hygrophotographischen Methode. Joseph Sivadjian und Francisco Corral. (Analytica chim. Acta [Amsterdam] **26.** 185—90. Febr. 1962. Paris, Inst. Pasteur; engl.) — Es wird ein genaues Verf. zur Standardisierung der hygrophotograph. Meth. zur Best. von Spuren von H_2O beschrieben. Zur Eichung der Meth. werden die bisher verwendeten NaBr-Lsgg. verschiedener Konz. u. somit verschiedenen Dampfdruckes durch reines H_2O ersetzt u. es wird eine Einwirkung verschieden großer Wasserdampfmengen auf die hygrophotograph. Platte durch verschieden lange Einwirkungsdauer erreicht. Die Menge des von der Platte absorbierten H_2O hängt bis zu einem Grenzwert (Sättigungszustand) linear von der Einwirkungsdauer ab. Mit der Meth. wird als Beispiel die in 87,25 Std. durch eine Polyäthylenfolie diffundierte H_2O-Menge zu 2,07 μg H_2O/mm^2 bestimmt. U. SKURNIA. 5074□

Ein Blitzlichtkolbenbomben-Calorimeter. Frederick M. Hornyak. (J. chem. Educat. **38.** 97—98. Febr. 1961. Tampa, Fla., Univ. of Tampa; engl.) — Zur Messung calor. Größen wird ein Blitzlichtkolben in einem Wasserbad als Calorimeter benutzt. Die Durchführung u. die dabei auftretenden Fehler werden an der Verbrennung von Al geschildert. D. HOENE. 5084□

Methode zur Übermittlung und Bestimmung konstanter Energiemengen in einem Calorimeter über einen großen Temperaturbereich. Kjell Rosengren. (Rev. sci. Instruments **32.** 1264—65. Nov. 1961. Lund, Univ., Thermochem. Labor.; engl.) — Es wird eine einfache, jedoch mit großer Präzision arbeitende Meth. für die Ermittlung des Wasserwertes von Calorimetern beschrieben. Die elektr. Energie kann mit einer Genauigkeit von 0,01% bestimmt werden. Das Schaltschema wird mitgeteilt. G. GATTOW. 5084□

Hydrostatisches Hochpräzisions- und Halbmikro-Calorimeter für Mischungswärmen von Flüssigkeiten. Ralph Anderson und J. M. Prausnitz. (Rev. sci. Instruments **32.** 1224—29. Nov. 1961. Berkeley, Calif., Univ. of California, Dep. of Chem. Engng.; engl.) — Vff. beschreiben ausführlich den Aufbau u. die Arbeitsweise eines hydrostat. Hochpräzisionscalorimeters, mit dem im Halbmikromaßstab mit einer Genauigkeit von 0,25% Mischungswärmen von Fll. bestimmt werden können. Die physikal. Eigg. nachstehender Verbb. wurden neu ermittelt: Bzl. (I) n^{25} 1,49790, $D._4^{25}$ 0,87370 g/cm³, Kp. 80,10°, Cyclohexan (II) 1,42350, 0,77386, 80,74°, Acetonitril (III) 1,34150, 0,77660, 81,58°, Bromäthan (IV) n^{20} 1,42385, $D._4^{20}$ 1,4595, Kp. 38,39°, u. die Mischungswärmen ΔH_m (cal/gm) folgender Syst. bestimmt (X = Molenbruch): II-I (bei 25°) 201,30 (X = 0,500 II), 201,35 (0,5010); III-I (bei 45°) 116,80 (X = 0,5562 III), 116,75 (0,5558), 113,80 (0,4873); IV-I (bei 25°) —15,97 (X = 0,4875 u. 0,4873 IV). G. GATTOW. 5084□

Eine neue polarographische Methode für die Mikrobestimmung von Chlorpikrin in der Luft. Ben Berck und John Solomon. (Analytic. Chem. **34.** 514—16. April 1962. Winnipeg, Canada Dep. of Agric. Res. Stat.; engl.) — Die polarograph. Best. von Chlorpikrin in der Luft dient zur Ermittlung der Toxizitätsgrenzen für verschiedene Bakterienarten u. erlaubt eine Genauigkeit von ±1,1 bis ±5% im Konz.-Bereich von $4,27 \cdot 10^{-3}$—$1,22 \cdot 10^{-5}$ m. Eine Lsg. von Chlorpikrin in 80%ig. Methanol u. HNO_3 sowie mit Gelatine oder Alkylarylpolyesteralkoholen als Maximadämpfer ist beständig. Zusätze der (auf Chlorpikrin bezogenen) 100fachen Menge CCl_4, CH_3Br, $C_2H_2Cl_2$, $C_2H_2Br_2$ u. $CHCl_3$ bleiben ohne Einw. auf die Stufen, während Arylnitril die polarograph. Best. stört. E. BEYERLE. 5088□

Bestimmung von Terephthalsäure in der Luft. M. D. Babina. (Гигиена и Санитария [Hyg. u. Sanitätswes.] **27.** Nr. 3. 50—51. März 1962. Inst. für Arbeitshyg. u. Berufskrankheiten der Akad. der med. Wiss. der UdSSR; russ.) — Die zu untersuchende Luftmenge wird mit einer Geschw. von 8—10 Liter/Min. durch einen „Perchlorvinylfilter FPP-15" durchgeleitet. Nach 2maligem Waschen des Filters mit je 5 ml 0,1n NaOH-Lsg. werden 5 ml des Auszuges auf 0° abgekühlt, mit 10%ig. HCl gegen Kongorot angesäuert u. mit 0,2 ml 1%ig. Gelatine-Lsg. versetzt. Nach 10—15 Min. wird die Lsg. nephelometr. untersucht. Als Standardverdünnungen werden 0—0,02%ig. *Terephthalsäure*-Lsgg. angewandt. Die Ggw. des Dimethylesters u. von Toluylsäure ist nicht störend. Die Empfindlichkeit der Rk. beträgt 0,2 mg. S. Baryschnikow. 5088

a) Elemente und anorganische Verbindungen

Verwendung von Ionenaustauscherharzen zur Abtrennung des Phosphatanions und des Chromkations. João Kobal jun. und Lyrio Sartorio. (Bol. Dep. Quím. **1958.** Nr. 10. 13—23. März. São Paulo, Univ., Esc. Politécn., Cad. de Quím. Analít.; port.) — Im allg. Analysengang kann PO_4^{3-} aus Lsgg., die Ni^{2+}, Co^{2+}, Mn^{2+}, Zn^{2+}, Fe^{2+}, Al^{3+}, Cr^{3+}, Ca^{2+}, Sr^{2+}, Ba^{2+}, Mg^{2+}, Na^+, K^+, NH_4^+ enthalten, mit Amberlite IR-120 abgetrennt werden. Da Cr^{3+} ebenfalls z. T. zurückgehalten wird, muß es vorher mit Na_2O_2 oxydiert u. mit Amberlite IR-410 abgetrennt werden.
R. K. Müller. 5106□

Die Bestimmung kleiner Fluormengen. 2. Mitt. Die Bestimmung von Fluor mit Zr-Eriochromcyanin-Lack ohne vorherige Abtrennung in stark mineralisierten Wässern. Roman Valach. (Talanta [London] **9.** 341—48. April 1962. Prag, Geolog. Zentralanst.; dt.) — 1. vgl. C. **1962.** 3919. — Es wird eine hochempfindliche photometr. Best.-Meth. für gerine Mengen F in mineralhaltigem W. beschrieben, die auf der Entfärbung des Zr-Eriochromcyaninfarblackes in 0,2n HCl beruht. Der störende Einfl. von SO_4^{2-} kann durch Ausfällung als $BaSO_4$ in schwach saurer Lsg. beseitigt werden, ohne daß BaF_2 mitgefällt wird. Ein relativ großer Überschuß an HCO_3^- u. SiO_3^{2-} stört die F-Best. nicht. Bei Ggw. von Al^{3+} muß nach der Sulfatfällung das gebildete $[AlF_6]^{3-}$ in alkal. Medium (pH 13) zerstört werden. Fe^{3+} stört durch Bldg. einer ähnlich gefärbten Fe(III)-Eriochromcyanin-Verb. u. muß daher als $Fe(OH)_3$ abgetrennt werden. PO_4^{3-} stört nicht bei niedriger Temp. u. raschem Zugeben der Reagens-Lsg. in saurem Medium. Der Fehler des Best.-Verf. beträgt für 2 mg F/Liter stark mineralhaltiges W. $\pm(1-2)\cdot 10^{-3}$%. K. Ohls. G 246□

Spektralbestimmung von Bor in wasserfreien Boraten. M. M. Koschelewa und T. I. Kusnetzowa. (Заводская Лаборатория [Betriebs-Lab.] **27.** 312—13. 1961. Ssamoilow-Forsch.-Inst. für Düngung u. Insektofungicide; russ.) — Vff. beschreiben eine spektralanalyt. Meth. zur Best. von 3,34—14% B in *Magnetit–Ascharit*-Erzen u. in *Ludwigit–Magnetit*-Erzen. Die Verflüchtigung von BeO, Sb-Oxid, Ni-Oxid u. SiO_2 wird durch Zusatz von NaCl oder Na_2CO_3, die von MgO u. ZnO durch Zusatz von Na_2CO_3 unterdrückt. Die Zerstörung des Kristallgitters der Mineralien geschieht durch roten Phosphor. Als Analysenlinie wird die des B bei 3497,73 Å genommen. Der B-Geh. kann einer Eichkurve entnommen werden. Die Genauigkeit der Meth. ist mit der der chem. Best. zu vergleichen. Zur Ausführung benötigt man nur die Hälfte der bei der chem. Best. erforderlichen Zeit. D. Hoene. G 258□

Spektrographische Schnellbestimmung von Borspuren in Graphit und Koks durch Einstreuen der Probe in den Lichtbogen. Julian Czakow und Teresa Steciak. (Chem. analit. [Warszawa] **3.** 3—8. 1958. Warszawa, PAN, Inst. Bad. jadr., Zakl. Chem. analit.; pol.) — Die feingemahlene Probe wird mit 3% V_2O_5 verrieben u. gleichmäßig durch einen Trichter in den Funken dosiert. Verwendet wird eine Cu-Siebelektrode. Der Primärstrom soll 25 V, 12 A haben. Ausgewertet wird das Linienpaar V 2520,30 Å u. B 2497,73 Å. Ein Fe-Geh. $>$0,1% stört die Auswertung. Kleinere Fe-Geh. werden durch die Ggw. von V_2O_5 bei der Anregung gedämpft. Erfaßt werden noch 0,3 ppm, maximal 10 ppm B. Die Genauigkeit der Best. von B beträgt in Graphit $\pm$11,5, in Koks $\pm$9,5%.
F. Urban. G 258□

Neuere Ergebnisse in der Spektralanalyse des Siliciums. Lajos Vecsernyés. (Magyar Kémiai Folyóirat [Ung. Z. Chem.] **66.** 513—16. Dez. 1960. Budapest, Távközlési Kutató Intézet; ung.) — Beschreibung von spektralanalyt. Meth. zur Best. der Spurenelemente *Au, Ba, Ca, Cu, Co, In, Mg, Ni, Pb, Sn* u. *Zn*, in *Si*, für den Konz.-Bereich $5\cdot10^{-7}$—$5\cdot10^{-3}$ g Metallverunreinigung/g Si. Ferner wurde die Wrkg. der Elektrodenhalterkühlung auf die Verdampfung der Komponenten untersucht sowie eine Elektrodenanordnung u. Kammer erprobt, welche die Anregung in verschiedenen Gasatmosphären ermöglichen. G. Halmi. G 261□

Photometrische Titration von Arsen(III) und Antimon(III) mit Chloramin T. Kin'ya Ogawa und Soichiro Musha. (Bull. Univ. Osaka Prefect., Ser. A **8.** 57—62. 1960. Osaka, Univ., Coll. of Engng., Dep. of Appl. Chem.; engl.) — Vff. beschreiben die Best. von As(III) u. Sb(III) mit Chloramin T durch photometr. Titration. Eine angesäuerte Probe, die Br^--Ionen enthält, wird mit Chloramin T titriert u. das entstehende Br_3^- als Indicator für die photometr. Endpunkt-Best. benutzt. Außerdem wird eine Meth. zur gleichzeitigen Best. von As(III) u. Sb(III) beschrieben. Sie beruht darauf, daß die Redoxpotentiale von As(III) u. Sb(III) sich in 6n HCl hinreichend voneinander unterscheiden, um zuerst As u. dann Sb quant. oxydieren zu können. Die Meßwerte sind bis auf 2% genau. Die Messung wird von Ni, Al, Zn, Co, Pb, Bi, Ge nicht gestört. Te gibt einen zweideutigen Endpunkt. Red.-Mittel stören natürlich. Arbeitsvorschrift: Bei der photometr. Titration mit 0,1n Chloramin-T-Lsg. wird die Probe-Lsg. mit 5 ml 50%ig. NaBr-Lsg. in der Titrationsküvette (Schichtdicke 3,3 cm) auf 50 ml verdünnt. Die HCl-Konz. soll 1,5—6 n betragen. Die Messung erfolgt bei 430 mμ. Die Ablesung nimmt man ca. 1 Min. nach Zugabe der Titrierlsg. vor. Die Endpunkt-Best. erfolgt graphisch. Titriert man mit 0,01n Chloramin-T-Lsg., so wird eine Quarzküvette (4,3 cm) verwendet, die Lsg. auf 80 ml verd. u. die Messung bei 310 mμ vorgenommen. Bei der gleichzeitigen Best. von As(III) u. Sb(III) wird wie oben verfahren, nur muß die End-Lsg. 6n an HCl sein. Dieter Heinrich. G 266□

Coulometrische Titration von Antimon bei kontrolliertem Potential. Louise B. Dunlap und W. D. Shults. (Analytic. Chem. **34.** 499—502. April 1962. Oak Ridge, Tenn., Oak Ridge Nat. Labor., Anal. Chem. Div.; engl.) — Vff. entwickeln 2 Meth. zur coulometr. Sb-Best.: 1. Red. von Sb(III) zu Sb(Hg) an einer Hg-Kathode bei —0,28 V (gemessen gegen die gesätt. Kalomelektrode) in 0,4 m Weinsäure u. 1m HCl. Vorhandenes Sb(V) läßt sich am besten mit $N_2H_4 \cdot H_2O$ zu Sb(III) reduzieren. 2. Red. von Sb(V) zu Sb(III) bei —0,21 V u. dieses weiter zu Sb(Hg) bei —0,35 V in 0,4m Weinsäure u. 6m HCl. Sb läßt sich sowohl als Summe als auch getrennt nach Oxydationsstufen bestimmen, mit einer Standardabweichung von 0,5% im 5-mg-Bereich. Große Mengen As, Pb, Sn, Fe, Ni u. U stören. E. Beyerle. G 266□

Gleichzeitige Bestimmung von Calcium, Magnesium und Sulfat in Gips mit Äthylendiamintetraessigsäure. Dharam Prakash und D. N. Tewari. (Z. analyt. Chem. **180.** 268—70. 1961. Lucknow, India, Uttar Pradesh, Directorate of Geol. and Mining; engl.) — Nach Lösen von 1 g Gips u. Verdünnen der Lsg. auf 500 ml werden aus aliquoten Teilen die Bestandteile wie folgt mit EDTA bestimmt: *Ca* gegen Murexid, *Ca + Mg* gegen Eriochromschwarz (I). SO_4^{2-} wird mit $BaCl_2$-Maßlsg. gefällt, deren Überschuß nach Zugabe einer gemessenen Mg-Standard-Lsg. mit EDTA gegen **I** zurückgemessen wird. E. Faulhaber. G 280□

Die Rücktitration mit Quecksilber(II)-nitrat in alkalischem Medium. — Volumetrische Analyse binärer Mischungen von Erdalkalien, Magnesium, Zink und Cadmium. H. Khalifa. (Analytica chim. Acta [Amsterdam] **18.** 310—14. April 1958. Vienna, Austria, Univ., 2. Chem. Inst.; engl.) — Zn, Cd u. Ca lassen sich durch EDTA-Rücktitration bei pH 8—11 bestimmen. Eine solche Rücktitration ist bei Mg, Ba u. Sr nur bei pH ca. 11 möglich, während bei pH 8—9 eine Austausch-Rk. zwischen Hg^{2+} u. dem Mg-, Ba- bzw. Sr-EDTA-Komplex stattfindet, so daß die gesamte EDTA zurücktitriert wird. Es ist also eine Best. von Zn, Cd oder Ca u. Mg oder Ba oder Sr durch EDTA-Rücktitration einmal bei pH 8—9 u. einmal bei pH 11 möglich. Die Best. wurden potentiometr. in NH_4NO_3/NH_3-gepufferten Lsgg. ausgeführt. W. Betcke. G 288□

Ein Simultanverfahren zur colorimetrischen Bestimmung von elf Elementen in Aluminium. M. C. Steele und L. J. England. (Metallurgia [Manchester] **59.** 153—56. Port Kemlla, N.S.W., Australia, Metal Manuf. Ltd.) — Die colorimetr. Best. von kleinen Mengen Fe, Cu, Si, Cr, Ni, Zn, Mn, Ti, V, Mg u. Pb in einer 1-g-Probe Al wird beschrieben. Die Probe wird in 20 ml NaOH (20%ig.) digeriert. Nach Zusatz von 20 ml einer H_2SO_4/HNO_3/W.-Mischung (5 : 1 : 5) wird bis zum Erreichen einer klaren Lsg. gekocht. Die Lsg. wird auf 100 ml aufgefüllt, von denen für die Best. jeweils 10 (bei Cr u. Ni 5) ml verwendet werden. — *Fe*: nach Zusatz von 10 ml 10%ig. NH_4SCN-Lsg. wird auf 100 ml verd. u. die Absorption bei 470 mμ gemessen. — *Cu*: nach Zusatz von 2 ml ca. 60%ig. Ammoniumcitrat-Lsg., 20 ml 1:3-NH_3-Lsg., 10 ml 0,5%ig. Gummiarabicum-Lsg. (I) u. 10 ml 0,2%ig. Dithiocarbamat-Lsg. wird auf 100 ml aufgefüllt u. die Absorption bei 440 mμ gemessen. Zn stört bis 0,1% nicht. — *Si*: die Lsg. wird mit 5 ml 10%ig. $(NH_4)_2 \cdot MoO_4$-Lsg. 1 Min. lang gekocht. Absorptionsmessung bei 340 mμ. — *Cr*: nach 2—3 Min. langem Kochen (nach Verdünnen auf 15 ml) mit 5 Tropfen gesätt. $KMnO_4$-Lsg. wird die Lsg. durch tropfenweisen Zusatz von konz. HCl entfärbt, dann auf 60 ml verd. mit 5 ml 0,1%ig. Diphenylcarbazid-Lsg. versetzt u. aufgefüllt. Absorptionsmessung bei

540 mμ. — *Ni*: die Lsg. wird mit 2 ml Citrat-Lsg., 75 ml W. u. 2 ml J/KJ-Lsg. (gesätt. an J) u. nach 15 Min. mit 15 ml 1% ig. Dimethylglyoxim-Lsg. in konz. NH_3 versetzt. Best. bei 430 oder 530 mμ nach 30 Minuten. — *Zn*: 50 ml der für die Cu-Best. bereiteten Lsg. werden mit 20 ml einer 0,1% ig. Lsg. von Dithizon in CCl_4 versetzt. Nach Auffüllung der CCl_4-Schicht auf 100 ml wird die Absorption bei 530 mμ gemessen. — *Mn*: die Lsg. wird mit 5 ml einer $HNO_3/H_2SO_4/H_3PO_4$/W.-Mischung (1 : 1 : 1 : 3) aufgekocht, nach Zusatz von 0,2 g KJO_4 noch 2 Min. lang gekocht u. auf 200 ml aufgefüllt. Die Absorption wird bei 520 mμ gemessen. — *Ti* u. *V*: die Lsg. wird nach Zusatz von 2 ml 30 % ig. H_2O_2 auf 25 ml aufgefüllt u. die Absorption bei 410 bzw. 400 mμ gemessen. — *Mg*: nach Zusatz von 25 ml 20% ig. Triäthanolamin-Lsg., 5 ml 20% ig. Citronensäure, 15 ml 0,02% ig. Titangelb-Lsg., 20 ml 0,5% ig. Gummiarabicum-Lsg. u. 15 ml 20% ig. NaOH-Lsg. wird aufgefüllt u. die Absorption bei 500 mμ gemessen. — *Pb*: nach Zusatz von 10 ml Citrat-Lsg., 10 ml konz. NH_3, 2 ml 10% ig. KCN-Lsg. u. 20 ml Dithizon-Lsg. wird 2mal in je 10 ml CCl_4 extrahiert u. dann die Absorption bei 520 mμ gemessen.
W. Betcke. G 294□

Quantitative Galliumbestimmung in Mikroproben mittels Graphitfunken. E. M. Murt und J. C. Bready. (Appl. Spectroscopy **15.** 1—3. 1961. Landsdale, Pa., Philco Corp., Lansdale Div.; engl.) — Es wird eine Meth. zur spektralanalyt. Best. von 0,1 bis 1,2% *Ga* in kleinen Proben (unter 0,4 mg) von In–Ga-Legg. beschrieben. Die Probe wird in 8n HCl unter Erwärmen auf 90—100° gelöst u. mit dest. W. bis zu einem Geh. von 0,1 mg Probe/ml Lsg. aufgefüllt. Die flachen Enden von 2 Graphitelektroden werden mit Apiezon-Lsg. in Ae. getränkt u. getrocknet. Dann werden 0,05 ml einer Lsg. mit 0,005 mg Mo/ml W. aufgetragen u. mit IR-Strahler eingetrocknet, anschließend ebenso 0,05 ml Probelösung. Zwischen den Elektroden wird ein Hochspannungsfunken (U = 8 kV, C = 0,005 μF, L = 0,6 mH) gezündet u. dessen Spektrum 20 Sek. lang mit einem Littrow-Quarzspektrographen aufgenommen. Aus den mikrophotometr. gemessenen Schwärzungen des Linienpaares Ga 2874,2/Mo 2879 Å werden mittels Schwärzungskurve relative Intensitäten erhalten, deren Verhältnis gegen die Konz. doppelt logarithm. aufgetragen die Eichgerade ergibt. Diese wird mit synthet. Lsgg. aufgestellt, die auch zur Berechnung des Variations-Koeff. (11% bei 1% Ga u. 22% bei 0,2% Ga) dienen.
R. Gerbatsch. G 295□

Spektrographische Hafniumanalyse. Eine „point-to-plane"-Methode. R. C. Brayer, R. F. O'Connell, A. S. Powell und R. H. Gale. (Appl. Spectroscopy **15.** 10—13. 1961. Windsor, Conn., Combustion Engng., Inc., Nucl. Div., Materials Dev. Labor.; engl.) — Vff. beschreiben eine Meth. zur spektralanalyt. Best. der Verunreinigungen in metall. Hf für Reaktorzwecke. Zwischen der mit 5%ig. HCl-Lsg. in A. gereinigten flachen Metalloberfläche u. einer Graphitgegenelektrode wird eine kondensierte Wechselstromentladung gezündet. Die Spektren werden nach 2 Sek. Vorfunkzeit 10 Sek. lang mit einem Jaco-3,4 m-Flachgitterspektrographen aufgenommen. Für die einzelnen Verunreinigungselemente werden folgende Analysenlinien (in Å), Bestimmbarkeitsbereiche (in ppm) u. Variations-Koeff. (in %) angegeben: Al 3082,2; 20—150; 7,9; Cu 3273,9; 5—150; 4,6; Fe 2994,4; 20—500; 18,4; Ti 3349,4; 10—100; 1,2; W 2944,4 bzw. 2896,4; 20—300 bzw. 30—500; 14,0; Zr 3270,6; 1—4%; 0,11. Als Vgl.-Linie dient Hf 2951,9 Å. Das Verdampfungs-Verh. der Verunreinigungen wurde durch Aufnahme mit bewegter Platte untersucht. Auf die statist. Prüfung des Verf. wird bes. eingegangen. Als Eichproben finden chem. bzw. auf Zr röntgenograph. analysierte Hf-Proben Verw., deren Homogenität speziell geprüft wird. R. Gerbatsch. G 323□

Untersuchung (und Bestimmung) des Thoriums. Reinaldo Vanossi. (An. Asoc. quím. argent. **47.** 214—36. Sept. 1960; span.) — Th wird colorimetr. in Mikro-, Semimikro- u. Makromengen mit einer Nachweisgrenze von 1,5—3,0 μg (Gesamt-Vol. 5—6 ml) bestimmt, wobei der Fehler 5—15% beträgt. In dem Analysengang werden zuerst alle destillierbaren u. extrahierbaren Elemente entfernt, dann wird mit Hydroxid, Oxalsäure u. Jodat gefällt u. anschließend Cu^{2+} mit Cupferron extrahiert. Die so erhaltene Lsg. wird colorimetr. gegen eine Vgl.-Lsg. mit Thorin (Na-Salz) bestimmt.
K. Huste. G 324□

Zur polarographischen Bestimmung von vierwertigem Germanium. N. Konopik (Z. analyt. Chem. **186.** 127—32. 1962. Wien, Univ., Inst. für Phys. Chem.; dt.) — Vf. beschreibt die analyt. geeignete Best. von Ge(IV) in nicht komplexbildendem Medium unter Verw. von $NaClO_4$ als Leitsalz mit u. ohne Zusatz von Glykokoll- u. Boratpuffern. Die Red.-Stufen liegen im Potentialbereich von —1,4 bis —1,7 V (bezogen auf die gesätt. Kalomelelektrode). Stufenhöhen u. Halbstufenpotentiale werden in Abhängigkeit vom pH, von der Ionenstärke, der Puffer-Konz. u. der Ge-Konz. untersucht. In neutralem bis schwach alkal. Medium läßt sich Ge(IV) im Konz.-Bereich von 10^{-2}—10^{-5} m bestimmen. Als Puffer ist Borsäure der Konz. 0,025—0,125 m ohne Einfl., während im Glykokollpuffer die Stufen schlecht ausgebildet sind. Die Ge-Stufe ist weitgehend von pH u. Ionenstärke unabhängig, im Gegensatz zum Verh. des komplex gebundenen Ge, z. B. als Brenzcatechingermaniumsäure. E. BEYERLE. G 326□

Anwendung der Anodic-stripping-Polarographie bei der Spurenbestimmung von Zinn. Sidney L. Phillips und Irving Shain. (Analytic. Chem. **34.** 262—65. Febr. 1962. Madison, Wis., Univ. of Wisconsin, Chem. Dep.; engl.) — Beschrieben wird die Anwendung der Stripping-Polarographie auf die quant. Spuren-Best. von Sn. Eine Vorelektrolyse bei —0,6 V (gegen die gesätt. Kalomelelektrode) in 1,2 m HCl über 5 Min. erweist sich am günstigsten zur Reduktion. Die Empfindlichkeit der Meth. wird am Beispiel einer 10^{-6} m Sn-Lsg. sowie bei Sn-Best. in Stahlsorten untersucht. Fe(III) wird mit Ascorbinsäure reduziert. Bei einer Sn-Konz. von 0,003% erscheint es notwendig, die Elektrode nach der Vorelektrolyse in eine andere Zelle zu überführen, wo die Oxydation in 0,1 m KCl u. 0,01 m HCl durchgeführt wird. Jedoch treten dabei Verluste durch Oxydation an der Luft ein. E. BEYERLE. G 327□

Analyse von Hauptbestandteilen in Legierungen auf Blei- und Zinnbasis durch Elektrolyse bei kontrolliertem Potential. B. Alfonsi. (Analytica chim. Acta [Amsterdam] **26.** 316—22. April 1962. Torino, Italy, Fiat, Res. and Control Labor.; engl.) — Die elektrolyt. Abscheidung u. Best. von *Cu, Pb* u. *Sn* bei kontrolliertem Potential nach vorausgegangener quant. Sb-Abscheidung wird an Hand von Testbeispielen beschrieben. E. BEYERLE. G 328□

Bestimmung von Spuren Blei in konzentrierter Phosphorsäure durch anodische Amalgamvoltametrie. H. Specker und H. Trüb. (Z. analyt. Chem. **186.** 123—27. 1962. Münster/Westfal. Wilhelms-Univ.; Dortmund, Inst. für Spektrochem. u. angew. Spektroskop.; dt.) — Mit Hilfe der anod. Amalgamvoltametrie ist es möglich, sehr kleine Mengen Pb u. andere Schwermetalle in konz. Phosphorsäure (D. 1,7) zu bestimmen. Als Reagenszusatz wird nur Pyridin verwendet, wodurch sich die Gefahr der Einschleppung von Verunreinigungen verringert. Arbeitsvorschrift: 5 ml H_3PO_4 u. 1 ml Pyridin auf 25 ml auffüllen, mit der Probe-Lsg. versetzen u. mit H_2 entlüften. Nach dem Einstellen eines Hg-Tropfens von definierter Oberfläche wird 3 Min. lang unter Rühren bei —0,8 V elektrolysiert. Nach 30 Sek. läßt man die Spannung zurücklaufen u. mißt beim Wiederauflösungsvorgang im E/i-Diagramm die Höhe des Strommaximums. Die Eichkurve verläuft linear. Die Varianz beträgt bei 1 ppm Pb 3,8%. Die Nachweisgrenze liegt bei ca. 0,01 ppm. E. BEYERLE. G 328□

Radiochemische Isolierungen. 1. Mitt. **Isolierung von Hafnium und Wolfram aus Produkten der Spaltung des Tantals.** M. Vobecký und A. Maštalka. (Collect. czechoslov. chem. Commun. **26.** 1716—19. 19/6. 1961. Řež bei Prag, Tschechoslowak. Akad. der Wiss., Inst. für Kernforsch.; dt.) — Hf-Radioisotope wurden aus Prodd. der Ta-Spaltung trägerfrei isoliert u. damit die Möglichkeit geschaffen, geeignete Quellen zur Messung der Konverisonselektronenspektren mit Hilfe magnet. Spektrometer zu gewinnen. Außerdem wird die Isolierung von W aus den Prodd. der Ta-Spaltung in radiochem. Reinheit beschrieben. V. RŮŽIČKA/Prag. G 337

Bestimmung von Uran in nahezu reinem Beryllium durch Neutronenaktivierung und Gammaspektrometrie. A. A. Smales, D. Mapper und A. P. Seyfang. (Analytica chim. Acta [Amsterdam] **25.** 587—97. Dez. 1961. Harwell, A.E.R.E., Chem. Div., Analyt. Chem. Branch; engl.) — Vff. beschreiben eine Meth. zur Best. von Spuren U in Be. Die Be-Proben werden in Polyäthylenbehältern $1^1/_2$-2 Std. lang mit 10^{12}n/cm²/Sek. bestrahlt. Nach 24std. „Abkühlen“ wird die γ-Strahlung von ^{239}Np mit einem Einkanal-γ-Spektrometer gemessen. In gleicher Weise aktivierte wss. Lsgg. von U (50 μg/ml) werden als Standard benutzt. Noch 1 ppm U in Proben von 0,5 g Be können bestimmt werden. Da ein Großteil der in der Probe erzeugten Radioaktivität von den Verunreinigungen herrührt, muß zur weiteren Steigerung der Empfindlichkeit eine radiochem. Abtrennung erfolgen. J. PETERS. G 339□

Potentiometrische Bestimmung kleiner Mengen Uran(VI) in Urandioxid. Jerzy Minczewski, Róża Przytycka und Łucja Kohman. (Chem. analit. [Warszawa] **3.** 27—32. 1958. Warszawa, PAN, Inst. Bad. jadr., Zakł. Chem. analit. i Technol. chem.; pol.) — UO_2 (4—5 g), das Spuren UO_3 enthält, wird in verd. HF gelöst, wobei sich UO_2F_2 u. UF_4 bildet. Nach Zusatz von 3 g H_3BO_3 wird die Lsg. auf 100 ml verd. u. eine aliquote Menge in Ggw. von 3 g Seignette-Salz (I) mit 0,05n $TiOSO_4$-Lsg. potentiometr. titriert. Die Titration wird unter CO_2-Atmosphäre bei 70° durchgeführt. Verw. von H_2SO_4 u. HF zum Lösen der Probe erhöht das Ergebnis. I vergrößert den Potentialsprung im Äquivalenzpunkt. Der Fehler der Best. beträgt $\pm$1,7%. F. URBAN. G 339□

Spektralanalyse von Eisenlegierungen, Chromkonzentraten und Chromoxid nach der Streumethode. N. M. Ssukrowzewa und W. W. Bugrina. (Заводская Лаборатория [Betriebs-Lab.] **27.** 314. 1961. Kljutschewsk, Werk für Eisenlegierungen; russ.) — Vff. beschreiben eine spektralanalyt. Meth. zur Best. von Verunreinigungen in Ferroniob (I), Chromoxid (II) u. Chromkonzentraten (III). Die gepulverte Probe wird über einen Vibrator durch einen Trichter zwischen die Kohleelektroden geschüttet, die für 10—15 Sek. erhitzt werden. Als günstigste Schüttmengen haben sich ergeben: I 70 (mg/Min.), II 100 u. III 30. Korngröße 200 mesh. Es werden bestimmt: In I Al (1—10%), Ti (1—10); Zr (0,5—2,5); in II FeO (0,01—0,20) u. in III SiO_2 (0,5—1,5) u. MgO (11,0—14,0). Die Analysen u. Vgl.-Linien werden angegeben. Die Meth. gestattet die Best. von 18 I- oder III-Proben oder 46 II-Proben während einer Schicht.
D. Hoene. G 354 □

Spektralanalyse von Eisenlegierungen und Chrom auf den Gehalt von Nichteisenmetallverunreinigungen. Ss. B. Schubina, A. B. Schajewitsch und Je. P. Bassowa. (Заводская Лаборатория [Betriebs-Lab.] **26.** 1364—66. 1960. Ural- Forsch.-Inst. für Schwarzmetalle; russ.) — Vff. beschreiben eine Meth. zur Best. von Pb ($1—3 \cdot 10^{-4}$), Sn ($1—3 \cdot 10^{-3}$), Sb ($10^{-2}—10^{-3}$), Bi ($3—5 \cdot 10^{-5}$), As ($1—3 \cdot 10^{-3}$), Zn ($1—3 \cdot 10^{-3}$) u. Cd ($3 \cdot 10^{-4}$) (in Klammern die Empfindlichkeit in %) in Cr sowie den Ferro-Legg. von Cr, Nb, V u. Mo. Die zerkleinerten Proben werden, z. T. unter Zusatz von S u. Graphitpulver, aus Graphitbecherelektroden im Wechselstrombogen von 15 bis 16 A verdampft u. die Spektren mit dem Spektrographen ISSP-28 mit direkter Spaltbeleuchtung aufgenommen (Belichtungszeit 50 Sek.). Die Auswertung erfolgt nach Absolutschwärzungen bzw. nach der Linienbreite. Der Variations-Koeff. beträgt für 3 Parallel-Best. 6—12%. Zur Eichproben-Herst. wird die reine Grundsubstanz mit Lsgg. entsprechender Salze getränkt, bei 80—90° getrocknet u. verrieben. Die Zubereitung der Lsgg. wird beschrieben. R. Gerbatsch. G 354 □

Abgabe des Wasserstoffs aus Eisen. Gunnar Wold. (Tidsskr. Kjemi, Bergves. Metallurgi **20.** 220—21. 18/11. 1960; norw.) — Zur H_2-Best. in Fe wird die Proportionalität zwischen Sprödigkeit u. H_2-Geh. verwendet. H_2 wird in zylindr. Stäbe kaltgewalzten Armcoeisens durch kathod. Beladung eingeführt. Die Stromdichte wird dabei niedrig gehalten, um eine permanente Sprödigkeit zu vermeiden. Die mit sinkendem H_2-Geh. abnehmende Sprödigkeit, gemessen mit einer Torsionsprüfmaschine, ist eine Funktion von Temp. u. Zeit. Verss., die Stäbe nach der kathod. Beladung in verschiedenen Medien aufzubewahren (trockene u. feuchte Luft, He, H_2, W., u. Chromsäure-Lsg.) zeigten, daß die H_2-Abgabe-Geschw. nicht von den Oberflächenverhältnissen abhängig ist.
F. Miksch. G 354 □

Spektralisotopische Methode zur Bestimmung von Wasserstoff in Metallen. A. N. Zaidel. (Spectrochim. Acta [London] **10.** 369—76. Febr. 1958. Leningrad, State Univ., Phys. Inst.; engl.) — Zur Best. von H in Metallen wird folgendes Verf. angewendet: Die Probe wird in ein 100—200 ml fassendes Quarzrohr gebracht, das dann evakuiert u. mit D_2 (10 mm Hg) gefüllt wird. Beim Erhitzen auf bestimmte, vom Metall abhängige Temp. stellt sich ein H-D-Isotopengleichgewicht ein, das sich spektroskop. ermitteln u. aus dem sich der H-Geh. des Metalls errechnen läßt. — Analysen wurden mit Fe, Al, Stahl, Zn, Ti u. Zr durchgeführt. W. Betcke. G 354 □

b) Organische Verbindungen

Ein Verfahren zur vollständigen und kontrollierten Oxydation organischer Substanzen mit Perchlorsäure. R. G. Monk. (Analyst **87.** 64—66. Jan. 1962. Aldermaston, Berks., U.K. Atomic Energy Authority, Atomic Weapons Res. Establ.; engl.) — Vf. beschreibt ein Verf. zur vollständigen u. kontrollierten Oxydation organ. Substanzen mit $HClO_4$, das bisher zur Oxydation von Cellulose (I) u. auch metallorgan. Verbb. verwendet wurde. Arbeitsvorschrift: Man löst 10 g I in 70 ml HNO_3 (D. 1,5) unter Erwärmen auf dem Wasserbad (die Temp. soll < 90° sein u. das Erwärmen ist sofort nach dem Auflösen von I zu unterbrechen) u. gibt diese Lsg. in kleinen Portionen zu 30 ml sd. 72%ig. $HClO_4$, wobei man nach jeder Zugabe so lange wartet, bis sich statt der gelben Nebel wieder weiße entwickeln (bei Auftreten von Stickoxiden muß unbedingt die Zugabe von I-Lsg. so lange unterbrochen werden, bis wieder weiße Nebel entstehen). Während der Oxydation muß oft weiteres $HClO_4$ zugesetzt werden, um Verluste auszugleichen. J. Kraetsch. 5350 □

Mikrobestimmung von Deuterium in organischen Substanzen. J. Horáček. (Collect. czechoslov. chem. Commun. **26.** 772—80. März 1961. Praha, Tschechoslow. Akad. Wiss., Inst. für org. Chem. u. Biochem.; dt.) — Vf. beschreibt eine einfache

Schnell-Meth. zur Mikro-Best. von *D* in organ. Verbindungen. Dazu wird die Probe in einer speziellen Mikro-App. im O_2-Strom verbrannt, das gebildete, von allen übrigen Verbrennungs-Prodd. befreite W. durch Ausfrieren abgeschieden u. der Geh. an D_2O mit der Tropfenfall-Meth. nach BARBOUR u. HAMILTON unter Verw. eines Thermostaten bestimmt. Das Verbrennungsrohr (Vr) aus Supremax-Glas (Länge 22 cm, Innendurchmesser 8,5 mm) wird am Ende mit einer 2 cm-Schicht von Ag-Watte (I), 3 cm-Schicht des Zers.-Prod. von $KMnO_4$ (II) u. beiderseits mit I-Stopfen abgedichteten 4 cm-Schichten des Zers.-Prod. von $AgMnO_4$ (III) nach KÖRBL gefüllt. Die ganze Füllung wird elektr. auf 500° erwärmt. Im Vorderteil des Vr befindet sich das mit Gasbrenner geheizte Pt-Schiffchen mit der Probe. O_2 wird durch Natronasbest u. Anhydron sowie durch Ausfrieren gereinigt u. mit einer Geschw. von 12 ml/min in das Vr eingeleitet. III dient als Verbrennungskatalysator; Halogene u. SO_2 werden an III u. II, As u. P an III, CO_2 u. N-Oxyde an II quant. festgehalten. II wird aus $KMnO_4$ durch Erwärmen kleiner Anteile auf ca. 200° bereitet; das Prod. wird noch 1 Std. im trockenen O_2-Strom auf 500° erwärmt, gepreßt u. zu einer Korngröße von 0,5—1 mm gemahlen. Die Absorptionsfähigkeit einer II-Füllung genügt für $\geq$ 100 mg NO_2. Da in II gleichzeitig CO_2 absorbiert wird, kann der C-Geh. in der Probe nicht bestimmt werden. Das gebildete D-haltige W. wird in einem reagenzglasförmigen, dem Vr angeschlossenen Ausfriergefäß (AG) kondensiert. Vor der Analyse werden im Vr einige mg der zu analysierenden Verb. verbrannt, um im Vr dasselbe Gleichgewichtsverhältnis H:D wie in der Probe zu erzielen. Zur Analyse wird so viel Substanz verwendet, daß 5—10 mg W. gebildet werden. Die Probe wird verbrannt, danach Vr geglüht u. O_2 noch 5 Min. lang durchgeleitet. Das im AG kondensierte W. wird gewogen, mit ca. 0,2 ml Standardwasser (spezif. Leitfähigkeit $\leq 10^{-6}\ \Omega^{-1}cm^{-1}$) verd., wiederum gewogen u. gut durchgemischt. Der Geh. an D wird durch die Ermittlung der Tropfenfallzeit der verd. Probe in Isobutylbenzoat (VI) bei 22,3 $\pm$ 0,001° in einer speziellen, aus einem Haupt- u. einem Hilfsthermostaten bestehenden Vorr. bestimmt. Zum Tropfenabmessen werden mit einem Schraubenquetschhahn versehene Pipetten aus dickwandigen Capillaren verwendet. Die erforderliche Eichkurve wird an Hand von KCl-Lsgg., deren Dichte 0—3,3 Gew.-% D_2O in W. entspricht, aufgestellt. VI bewährt sich bes. bei sehr kleinen D_2O-Geh., die in den stark verd. Proben vorkommen. Eine Analyse dauert 60—90 Minuten. Die Reproduzierbarkeit beträgt $\pm <$ 1 Atom-% D; ihr abs. Wert stimmt mit den massenspektrometr. Angaben gut überein. Im beschriebenen Vr werden bei der Analyse lediglich 34 μg D_2O festgehalten; die Dekontamination des Vr erfolgt durch die Verbrennung von 10—20 mg reiner, mit D nicht angereicherter Benzoesäure. K. KÁMEN/Prag. 5352

Die Analyse von Kohlenwasserstoffen nach der Methode der Gas-Flüssigkeit-Chromatographie. M. I. Dementjewa und T. I. Naumowa. (Химия и Технология Топлив и Масел [Chem. Technol. Brennstoffe Öle] **4.** Nr. 10. 44—48. Okt. 1959. Allunions-Forschungsinst. für Erdölchemie; russ.) — Die chromatograph. Unters. von KW-Stoffgasen erfolgt an Gemischen der Butan-Butylenfraktion mit Divinylzusätzen u. an KW-Stoffen von C_1—C_4, wobei als Trenn-Fl. Ester 2- u. 3wertiger Alkohole u. Fettsäuren dienen. Es erweist sich, daß Triäthylenglykol- u. Buttersäureester eine Trennung gesätt. u. ungesätt. KW-Stoffe von C_1—C_4 in ihre Komponenten mit Ausnahme des Äthans u. Äthylens sowie des Isobutylens u. Butylens, die gleichzeitig erscheinen, ermöglichen. Mit erhöhtem Molgew. der Säure tritt eine Verlängerung der Analysendauer u. Verschlechterung der Trennung ein. Als Trägergas dient He oder H_2, Dauer 7—8 Min., Temp. 20°. Mit 4 g Ester auf 10 g Kieselgur sind $>$500 Best. möglich. Vff. bringen Chromatogramme u. eine Beschreibung der Apparatur. ELSE HEINEMANN. G 500

Analytische Kontrolle der Erzeugung von Äthylenoxid durch direkte Oxydation von Äthylen. Ján Janda. (Chem. Zvesti **14.** 521—24. Juli 1960. Nováky, Výzk. ústav pre petrochém.; slowak.) — Aus den mit kontinuierlichen Analysatoren ermittelten Daten für C_2H_4 u. O_2, ggf. für C_2H_4 u. CO_2, werden Gleichungen zur Berechnung der Konversion u. der Selektivität bei der Oxydation des C_2H_4 zu Äthylenoxid abgeleitet. J. KOMENDA. G 560

Nachweis und Bestimmung von Thiolsulfinaten und Thiolsulfonaten. D. Barnard und E. R. Cole. (Analytica chim. Acta [Amsterdam] **20.** 540—47. Welwyn Garden City, Herts., Brit. Rubber Prod. Res. Assoc.; engl.) — Es werden eine papierchromatograph. Meth. zum Nachw. u. zur Trennung u. ein titrimetr. Verf. zur Best. von Thiolsulfinaten (R·SO·R·S·R', I) u. Thiolsulfonaten (R·SO_2·S·R', II) beschrieben. Nach der Meth. von LYNN, STEELE u. STAPLE (C. **1956.** 13514) wird das zur Papierchromatographie verwendete Papier mit Phenoxyäthanol vorbehandelt, als Lsgm. dient n-Heptan. Zur Entw. wird das Papier bei I 10 Sek. lang HCl- oder Br_2-Dämpfen ausgesetzt u. dann mit Jodstärke-Lsg. besprüht: blauviolette Flecke auf weißem Grund. Ebenso, aber weniger empfindlich, reagieren II, einige Sulfoxide, Mono- u. Disulfide. Zur Entw.

der II-Flecke wird das Papier in eine 2% ig. Lsg. von Thiophenol in Leichtpetroleum getaucht u. nach dem Trocknen mit Bromphenolblau (BPB)-Lsg. (pH 7) besprüht: gelbe Flecke auf blauem Grund; I stört nicht. — Die relativen R_F-Werte (bezogen auf $R_F = 1$ für R = R' = Phenyl) betragen für: (I) R = R' = p-Tolyl 1,4; p-Chlorphenyl 1,3; p-Methoxyphenyl 0,25; Äthyl 0,80; n-Butyl 1,72. — R(R') = Phenyl, R'(R) = p-Methoxyphenyl 0,60 bzw. 0,50. — $C_6H_5SO \cdot S \cdot C_6H_4 \cdot O \cdot C_6H_4 \cdot S \cdot SOC_6H_5$ 0,06. — (II), R = R' = p-Tolyl 1,3; p-Methoxyphenyl 0,22; Benzyl 0,60; Äthyl 0,84; n-Propyl 1,48; n-Butyl 1,97. — Aus KJ setzen I J_2 in Freiheit u. lassen sich jodometr. unter CO_2 titrieren. II geben in alkohol. Lsg. mit Thiophenol Sulfinsäure, die mit BPB als Indicator gegen NaOH-Lsg. titriert werden können. W. BETCKE. G 600 □

Halbmikromethode zur Bestimmung der Zusammensetzung von Fettsäuren durch Umkehrphasenchromatographie mit Konzentrationsgradienten. Rodoleo R. Brenner und Osvaldo Mercuri. (An. Asoc. quím. argent. **47.** 318—25. Dez. 1959. La Plata, Fac. de Cienc. Méd., Inst. de Fisiol., Cát. de Quím. Biol.; span.) — C_{12}—C_{24}- Fettsäuren lassen sich in Mengen von 1—40 mg mit fast quant. Ausbeute (98,8%) gut chromatograph. trennen. Die mit Hyflo-Super-Cel gefüllte Trennsäule (mit Dichlordimethylsilan u. Paraffin imprägniert) wird konst. auf 36° gehalten. Als Elutionsmittel dient Aceton (I), dessen Konz. arithmeth. steigt. Man erreicht dies durch sukzessiven Zusatz von 200 ml I (mit 20 mg% Paraffin u. 2 mg% Bromthymolblau) zu 200 ml eines I–W.-Gemisches (45:55). Die ganze App. wird unter N_2 gehalten. Die Säuren werden mit 0,01n KOH titriert. K. HUSTE. G 800 □

Halbmikrobestimmung der Neutralisationsäquivalente höherer Fettsäuren durch Titrationen im nichtwässerigen Medium. R. D. Tiwari, K. C. Srivastava und J. P. Sharma. (Z. analyt. Chem. **187.** 161—64. 1962. Allahabad, India, Univ. of Allahabad, Dep. of Chem.; engl.) — Vff. fanden, daß die Titration höherer Fettsäuren zur Best. der Neutralisationsäquivalente im Halbmikromaßstab in nichtwss. Medium (Methanol oder Bzl.) mit $KOCH_3$-Lsg. vorgenommen werden kann. Als Indicator eignet sich ein Gemisch 0,4% ig. methanol. Lsgg. von Phenolrot, Kresolrot u. Bromthymolblau im Verhältnis 3:1:1. Ist die Konz. der verwendeten $KOCH_3$-Lsg. geringer als 0,02n, empfiehlt es sich, die Probe in einem bekannten Vol. $KOCH_3$-Lsg. aufzulösen u. den Überschuß mit eingestellter Oxalsäure-Lsg. im gleichen Medium zurückzutitrieren, da der Farbumschlag Alkal. → Sauer schärfer ist. Vers.-Ergebnisse werden für Laurin-, Myristin-, Palmitin-, Elaidin-, Stearin-, Öl- u. Linolsäure mitgeteilt. GERHARD SCHULZE. G 810 □

Bestimmung des Grades der Nicht-Sättigung von langkettigen Fettsäuren durch Verteilungsgaschromatographie. A. T. James. (J. Chromatogr. [Amsterdam] **2.** 552—61. Sept. 1959. London, Nat. Inst. for Med. Res.; engl.) — Die Anzahl der Doppelbindungen u. C-Atome in Fettsäuren läßt sich gaschromatograph. durch Vgl. ihrer relativen Retentions-Voll. an einer polaren u. an einer nichtpolaren Trenn-Fl. ermitteln. Als nicht polare Phase wurde Apiezon-L-Fett (I), als polare Polyäthylenglykol (II) an Celit verwendet. Die Fettsäuren wurden in die Methylester übergeführt, als Lsgm. diente Bzn. oder Chlorbenzol, gearbeitet wurde bei 180° oder bei 197°. Beim Auftragen der log des relativen Retentions-Vol. in I gegen die in II ergeben sich Geraden, die mit wachsender Doppelbindungszahl in zunehmendem Maße nach rechts verschoben sind. Die Anzahl der C-Atome wird durch zu den Geraden senkrechte Parallelen markiert. Die differenzierende Wrkg. der polaren Phase beruht auf einer Anziehung zwischen den polarisierten Doppelbindungen der Säuren u. den Estergruppen des polymeren Glykols, durch die die Säuren zurückgehalten werden. Die Retentions-Voll. von 40 Fettsäuremethylestern sind tabellar. aufgeführt. Als Analysenbeispiel ist die Trennung eines menschlichen Fettsäuregemisches wiedergegeben. W. BETCKE. G 810 □

Bromkresolpurpur als Hilfsmittel bei der Lokalisierung von Aminosäuren auf absteigenden Papierchromatogrammen. Richard H. Mandl. (Contr. Boyce Thompson Inst. **19.** 461. Juli/Sept. 1958; engl.) — Bromkresolpurpur, Dibrom-o-kresolsulfonphthalein (I), eignet sich bei nachst. Syst. zur papierchromatograph. Markierung von Aminosäuren, da es in diesen ca. 10fach rascher als die Leucine wandert: n-Butanol/Essigsäure/W. (450:50:125); tert.-Butanol/HCOOH/W. (14:3:3); 88% ig. Phenol/W. (5:1); Butanol-(2)/1,5n Ammoniak (3:1); 88% ig. Phenol/0,01% Ammoniak (5:1); A./tert.-Butanol/58% ig. Ammoniak/W. (60:20:5:15). 1—10 µl 0,1% ig. äthanol. Lsg. von I werden an beiden Papierenden aufgebracht. K. MAIER. G 950 □

Zur Säulenchromatographie von Aminosäuren. 1. Mitt. Ein alternierender Fraktionssammler. E. Schwerdtfeger und M. Schmidt. (Z. Tierphysiol., Tierernähr., Futtermittelkunde **16.** 1—4. Febr. 1961. Rostock, Dt. Akad. der Landwirtschaftswiss. zu Berlin, Oskar-Kellner-Inst. für Tierernährung; dt.) — Vff. beschreiben den Aufbau u. die Wirkungsweise eines Fraktionssammlers für säulenchromatograph. Arbeiten, der es gestattet, abwechselnd kleine u. große Fraktionen aufzufangen. Für das Regelelement ist das Schaltschema wiedergegeben. J. Weiner. G 950□

Zur Säulenchromatographie von Aminosäuren. 2. Mitt. Die Korngrößenklassierung der Ionenaustauscherharze. E. Schwerdtfeger. (Z. Tierphysiol., Tierernähr., Futtermittelkunde **16.** 58—62. Febr. 1961; dt.) — 1. vgl. vorst. Referat. — Vf. berichtet über die Korngrößenklassierung von Ionenaustauscherharzen mit der Schlämm-App. nach Kopecky-Krauss u. zeigt an Beispielen der Trennung von Aminosäuren die Wirksamkeit. J. Weiner. G 950□

Zur Säulenchromatographie von Aminosäuren. 3. Mitt. Die säulenchromatographische Bestimmung von ε-Dinitrophenyllysin. E. Schwerdtfeger. (Z. Tierphysiol., Tierernähr., Futtermittelkunde **16.** 262—66. Okt. 1961; dt.) — 2. vgl. vorst. Referat. — Vf. beschreibt eine schnelle u. sichere Best. von ε-Dinitrophenyllysin (**I**) durch Säulenchromatographie an Polyamidpulver. Dazu wird das zu untersuchende Eiweißsubstrat in 8 ml 10%ig. $NaHCO_3$-Lsg. aufgeschlämmt, mit einer Lsg. von 0,3 ml 1-Fluor-2.4-dinitrobenzol in 12 ml 96%ig. A. versetzt u. das Gemisch 2 Std. lang bei Raum-Temp. geschüttelt. Dann vermischt man mit 50 ml Aceton u. 100 ml Ae., läßt absitzen, dekantiert die Lsg. u. verwirft sie. Der Rückstand wird 2mal mit je 50 ml Ae. extrahiert, kurz im Wasserbad erwärmt u. 16 Std. lang mit 250 ml 6n HCl unter Rückfluß zum Sieden erhitzt. Das Hydrolysat wird 3mal mit 100 ml Ae. ausgeäthert, evtl. filtriert, bis zur Sirupkonsistenz im Vakuum eingeengt u. mit 10%ig. wss. Isopropanol auf 25 ml aufgefüllt. 0,5—1 ml der Lsg. werden einer Säulenchromatographie im Polyamidpulver unterworfen. Nachdem das Hydrolysat vollständig von der Säule aufgenommen worden ist, wird 2mal mit je 1 ml 0,35m Citratpuffer-Lsg. (pH 5,28) nachgespült, dann die Säule mit Puffer-Lsg. gefüllt u. mit einer Fließ-Geschw. von 30 ml/Std. durchströmt. Die Extinktion des Eluats wird bei 440 mμ kontinuierlich gemessen. Zwischen dem Flächenwert der erhaltenen Kurve u. der Konz. von **I** besteht eine lineare Abhängigkeit. J. Weiner. G 950□

Die Trennung von o-, m- und p-Aminobenzoesäure mittels Papierelektrophorese. Maria Vietti-Michelina. (Rass. chim. **10.** Nr. 1. 13. Jan./Febr. 1958. Torino, Univ., Ist. di Merceol.; ital.) — Vf. beschreibt eine papierelektrophoret. Meth. zur Trennung von *o*- (**I**), *m*- (**II**) u. *p-Aminobenzoesäure* (**III**), bei der als Laufmittel eine 0,5%ig. wss. Essigsäure-Lsg. dient. Bei Betrachtung des Papierstreifens im UV-Licht fluorescieren **I** u. **II** hell- bzw. dunkelviolett, während **III** (nach Behandlung des Papierstreifens mit salzsaurer alkohol. α-Naphthylamin-Lsg.) grün fluoresciert. M. Winiker. G 1350

Photometrische Simultanbestimmung von Pyridin und Nicotin. E. Asmus und D. Papenfuss. (Z. analyt. Chem. **185.** 201—11. 1962. Berlin, TU, Lehrgebiet Analyt. Chem.; dt.) — Es wird eine empfindliche quant. Meth. zur Nebeneinander-Best. von Pyridin u. Nicotin angegeben. Die photometr. Best. beruht auf der Ausbldg. rotvioletter Polymethinfarbstoffe bei Einw. von Chloramin, KCN u. Barbitursäure auf die Basen. Ein sich intermediär bildender gelber Farbstoff, der sich vor Zugabe der Barbitursäure ausbildet, ist nicht zur Simultan-Best. geeignet, da er für beide Basen das gleiche Absorptionsmaximum zeigt. Die Kinetik der Farbstoff-Bldg. für die roten Farbkörper wurde eingehend untersucht. Auf Grund der Beobachtungen u. einer Analyse des isolierten Farbstoffs wird angenommen, daß der aus dem Pyridin entwickelte absorbierende Körper das mesomere Anion des Dibarbiturats des Glutacondialdehyds darstellt, während im Falle des Nicotins wahrscheinlich aus ster. Gründen nur das Monobarbiturat entsteht. Die Absorptionsbanden der beiden roten Farbstoffe liegen ca. 80 nm auseinander u. erlauben eine quant. Simultan-Best. beider Basen. Der Pyridin-Nachw. ist wesentlich empfindlicher. Arbeitsvorschrift: 1 ml der wss. Probe-Lsg. (die pro ml nicht mehr als 0,1 mg Pyridin u. 0,5 mg Nicotin enthält), 1 ml 1%ig. wss. KCN-Lsg. u. 5 ml 1%ig. wss. Chloramin-Lsg. hält man genau 5 Min. lang bei 25°, fügt dann eine Mischung aus 10 ml 1%ig. wss. Barbitursäure u. 25 ml Phosphatpuffer vom pH 6,5 zu, füllt mit W. auf 50 ml auf u. läßt genau 1 Std. lang stehen. Danach wird mit Filter Hg 578 (Pyridinwert) u. sofort anschließend mit Filter Cd 509 (Nicotinwert) photometriert. Bei der Auswertung muß der Nicotinwert entsprechend dem Pyridin-Geh. korr. werden. Das Mengenverhältnis Pyridin:Nicotin kann zwischen 9:1 u. 1:100 variieren, wobei für eine Best. 100 μg des Basengemisches benötigt werden. Der Fehler überschreitet 3% des Meßwerts nicht. D. Papenfuss. G 3231□

Eine polarophische Bestimmung von Vinylpyridinen. Michio Yoshida. (J. chem. Soc. Japan, ind. Chem. Sect. [Kôgyô Kagaku Zasshi] **63.** 893—94. Mai 1960. Sakai, Osakahuritu-Daigaku Kyôyôbu, Kagaku-Kyôsitu; jap., Auszug: engl. S. A 47.) — 2-Vinyl-5-äthylpyridin (**I**), 4-Vinylpyridin (**II**), 2-Vinylpyridin (**III**) u. 2-Methyl-

5-vinylpyridin (**IV**) können bei großer Verdünnung (10^{-4} bis 10^{-3} m/Liter) in der Puffer-Lsg. nach Britton-Robinson polarograph. bestimmt werden. Halbstufenpotential: **I**, −1,22 V (pH 5,6); **II**, −1,16 V (pH 5,6), **III**, −1,24 V (pH 5,6), **IV**, −1,70 V. **IV** kann auch in einer 0,2n LiCl-Lsg. bestimmt werden; Halbstufenpotential −1,73 V.

E. Maekawa. G 3231□

Anwendung der Chelatometrie. 15. Mitt. Volumetrische Bestimmung von 6-Purinthiol. Claude Hennart. (Talanta [London] **9.** 97−98. Febr. 1962. Seraincourt, Seine-et-Oise; franz.) — 14. vgl. Analytica chim. Acta [Amsterdam] **25.** [1961.] 201. — Vf. beschreibt ein chelatometr. Best.-Verf. für 6-Mercaptopurin (**I**), das auf der Bldg. eines Nd. von **I** mit Ag beruht, wobei zwei Ag-Atome (eines an der Imidazol-, das andere an der Thiolgruppe) angelagert werden. In ammoniakal. Lsg. wird **I** mit $AgNO_3$ gefällt u. der Ag^+-Überschuß nach dem Filtrieren mit EDTA in Ggw. von $K_2[Ni(CN)_4]$ (**II**) u. Murexid (**III**) zurücktitriert. Arbeitsvorschrift: Zu 50 mg der Unters.-Substanz, die in 10 ml W. u. 3 ml 10%ig. NH_4OH gelöst ist, gibt man 25 ml 0,05m $AgNO_3$-Lsg., rührt einige Min. lang, füllt mit W. auf 100 ml auf, rührt nochmals, filtriert, fügt zu 25 ml des Filtrats je 25 ml einer 0,025m **II**-Lsg. u. einer 10%ig. NH_4OH-Lsg. sowie einige Dezigramm von 1%ig. **III** u. titriert mit 0,01m EDTA-Lsg. bis zum Umschlag nach Violett.

H. Fries. G 3272□

Untersuchungen zur Identifizierung von Glykosiden des roten Fingerhuts auf Papierchromatogrammen. Bronisław Zapiór und Aleksandra Krówkówna. (Chem. analit. [Warszawa] **3.** 63−66. 1958. Kraków, Uniw. Jagielloński, Kat. Chem. ogóln.; pol.) — Nach der rundfilterpapierchromatograph. Trennung der Glykoside *Gitoxin*, *Digitoxin* u. *Digitoxigenin* mit Chlf./Methanol/W. (10:8:5) als stationärer Phase u. Chlf. als mobiler Phase wird das Rundfilter bei 105° getrocknet. Im UV-Licht erscheinen auf dem Papier deutlich fluorescierende Zonen, die durch HCl-Gas, saure $BiCl_3$-Lsg., Citronensäure oder H_3PO_4 noch stärker zum Leuchten gebracht werden können. Die Empfindlichkeit der Rk. mit H_3PO_4 gleicht der des Carr-Price-Reagens.

F. Urban. G 3450□

Identifizierung von Harzsäuren nach ihren Infrarotspektren. N. A. Borissewitsch, N. I. Makarewitsch, A. M. Prima, I. I. Bardyschew und Je. A. Tschertschess. (Известия Академии Наук СССР, Серия Физическая [Nachr. Akad. Wiss. UdSSR, physik. Ser.] **23.** 1219−21. Okt. 1959; russ.) — Die IR-Spektren von 4 Harzsäuren werden in CCl_4-Lsg. u. in Preßkörpern mit KBr untersucht u. in Abb. wiedergegeben. Die Spektren der *Abietinsäure* (**I**), *Lävopimarsäure* (**II**) u. *Dehydroabietinsäure* (**IV**) zeigen geringe Unterschiede im Gebiet der Frequenzen der Valenzschwingungen der CH-, CH_2- u. CH_3-Gruppen, das Spektrum von *Dextropimarsäure* (**III**) unterscheidet sich durch das Vorhandensein der Vinylgruppe. Die Banden 1685 u. 1282 (cm^{-1}) der C=O- u. COH-Gruppen sind prakt. nur an Intensität verschieden, ebenso die Bande 1544 bei **I**, **II** u. **IV**. Die starken Banden 1631 u. 1409 bei **III** hängen mit der Vinylgruppe zusammen, die Bande 1502 bei **IV** ist für den Benzolring charakterist., die Benzolbande 1600 scheint durch die Bande 1685 maskiert zu sein. Im Bereich 800−1100 liegen starke Banden vor: bei **I** 893, **II** 1007, 1024, **III** 905, **IV** 821.

R. K. Müller. G 3950□

Polymerenverteilung in Alkylpolyäthylenoxidkondensaten. Bestimmung von Monomeren bis Tetrameren. Mary Ellen Puthoff und J. H. Benedict. (Analytic. Chem. **33.** 1884−87. Dez. 1961. Cincinnati, Ohio, Procter and Gamble Co., Ivorydale Techn. Center; engl.) — Durch Chromatographie von p-Phenylazobenzoesäureestern oxäthylierter Fettalkohole (**I**; 1−4 Mol Ae. pro Mol Fettalkohol) an Al_2O_3-Säulen (2×28 cm) werden bei pH 3,5 die polymerhomologen **I** getrennt. Die einzelnen Komponenten werden durch Eluieren mit Lsgm. steigender Polarität (Gemische Bzl.–Ae.) gewonnen, die eluierten Mengen werden gravimetr. bestimmt. Die Einzelfraktionen werden über ihren O_2-Geh. u. die VZ. identifiziert. Die Zuverlässigkeit der Meth. wurde durch Vgl. mit Ergebnissen der Mol.-Dest. u. Gaschromatographie geprüft. Beachtenswert sind folgende Befunde: 1. Die techn. Prodd. enthalten viel mehr homologe Einzelkomponenten als erwartet. 2. Bei diesen niedrig oxäthylierten Prodd. liegt keine Verteilung vor, die der Gaussschen Fehlerkurve entspricht. 3. Der Anteil an nicht oxäthyliertem Fettalkohol ist sehr groß.

W. Kupfer. G 4010□

Elution von Proteinen aus Stärkegel in „Pevikon C-870". V. Bocci. (J. Chromatogr. [Amsterdam] **6.** 357−58. Okt. 1961. London, Nat. Inst. for Med. Res.; engl.) — Vf. überführt Proteinfraktionen aus der Stärkegelelektrophorese durch nochmalige Elektrophorese der Stärkegelsegmente mit der betreffenden Fraktion in engem Kontakt mit einer gleich großen Fläche Pevikon C-870 (**I**), wodurch eine völlige Abtrennung von Kohlenhydraten gelingt. Aus **I** lassen sich die Proteine mit Ausbeuten bis zu 99% wiedergewinnen.

M. Finke. G 4070□

Dünnschichtchromatographische Trennung von Nucleinsäure-Derivaten an Celluloseschichten. Kurt Randerath und Hansjürgen Struck. (J. Chromatogr. [Amsterdam] **6.** 365—67. Okt. 1961. Darmstadt, TH, Inst. für organ. Chem.; München, Chem.-pharm. Fabrik Adolf Klinge & Co.; dt.) — Meth. zur schnellen Adsorptionschromatographie von *Nucleinsäure-Derivv.* auf dünnen Celluloseschichten (MACHERY-NAGEL-Cellulosepulver 300). Trennung der Nucleobasen u. Nucleoside mit W., die der Nucleotide mit n-Butanol–Aceton–Eisessig–W.–5%ig. NH_3 (4,5:1,5:1:2:1) als Laufmittel. Bei Direktbeobachtung im UV-Licht Nachw.-Grenze für Adenin-Verbb. ca. 10^{-3} μMol, für Cytosin- u. Uracil-Verbb. etwas höher. Laufzeiten 30—60 Min. für 10 cm.
M. FINKE. G 4090□

Heinrich Schnitger, Marburg/Lahn, **Ermittlung der Fibrinbildung in Blutplasmalösungen und Messung der Blutgerinnungszeit,** dad. gek., daß an einer motor., gegenüber der Gerinnungsmischung bewegten Körperoberfläche im Augenblick der Gerinnung haftende Fibringerinnsel zur Intensitätsänderung eines auf eine Photozelle gerichteten Lichtstrahls oder als Leiter für einen elektr. Strom verwendet werden, um selbsttätig eine Zeitmeß-Vorr. zu steuern. (**D. A. S. 1 022 822** Kl. 421 vom 10/5. 1954, ausg. 16/1. 1958.) W. v. HUHN. 5727

Miles Laboratories, Inc. (Erfinder: Ernest C. Adams jun. und Alfred H. Free), Elkhart, Ind., V.St.A., **Bestimmung der Magenacidität,** dad. gek., daß der Vers.-Person ein Kationenaustauscher, der *2.6-Diamino-3-phenylazopyridin* (**I**) in komplexer Bindung enthält, oral eingegeben wird u. dann der in der Folge ausgeschiedene *Harn* auf Ggw. von **I** u. seinen Stoffwechsel-Prodd. untersucht wird. (**D. A. S. 1 045 129** Kl. 421 vom 20/4. 1955, ausg. 27/11. 1958.) W. v. HUHN. 5733

Felix Amelink, Rapid microchemical identification methods in pharmacy and toxicology. Sulfonamides, sulfones, barbiturates, hydantoins. Amsterdam: Nederlandse Universiteitspers. 1962. (VI + 122 S.) hfl. 25,—.

G. H. Beaven, Molecular spectroscopy. New York: Macmillan. 1962. (336 S. m. Abb.) $ 12,50.

Juraj Bercik, Messung der Leitfähigkeit und der Dielektrizitätskonstanten in der Chemischen Analyse. Prag: SVTL. 1962. (393 S. m. 18 Tab.) Kčs. 22,80.

Friedrich Cramer, Papierchromatographie. 5., verb. Aufl. Weinheim/Bergstr.: Verl. Chemie. 1962. (215 S. m. 91 Abb., 8 Taf. u. 109 Tab.) = Monographie Nr. 64 zu „Angewandte Chemie" und „Chemie Ingenieur-Technik". DM 21,—.

Hiroshi Fujita, Mathematical theory of sedimentation analysis. New York: Academic. 1962. (315 S. m. Abb.) $ 11,—.

John H. Knox, Gas chromatography. London: Methuen; New York: Wiley. 1962. (VIII + 126 S. m. Diagr.) 15 s.

Durward C. Layde, Experiments in qualitative analysis. Introduction to qualitative analysis. Boston: Allyn. 1962. (239 S. m. Abb.) $ 3,75.

I. Je. Lew, Carbidanalyse von Roheisen. Charkow: Metallurgisdat. 1962. (180 S. m. Abb.) 56 Kop. [russ.]

Ju. W. Linnik, Methode der kleinsten Quadrate und Grundlagen der mathematisch-statistischen Theorien der Bearbeitung von Beobachtungen. 2., überarb. Ausg. Moskau: Fismatgis. 1962. (345 S.) 1 Rbl. 25 Kop. [russ.]

C. Paquot, Les Méthodes analytiques des lipides simples. Paris: C.N.R.S. 1962. (282 S.) 18 NF.

K. Je. Wesselow, Astasierte Quarzgravimeter. Theorie der Geräte, ihre Einrichtung und Anwendung. Moskau: Gosstoptechisdat. 1961. (176 S. m. Abb.) 73 Kop. [russ.]

—, Analytische Chemie des Urans $^{238,233}_{92}U$. Moskau: Verl. der Akad. der Wiss. der UdSSR. 1962. (431 S. m. Abb.) 2 Rbl. 17 Kop. [russ.]

H. Angewandte Chemie

I. Allgemeine chemische Technologie

Theoretische Betrachtungen zur Konstruktion mehrstufiger Reaktoren. 1. Mitt. I. B. Ketteridge. (Brit. chem. Engng. **7.** 326—31. Mai 1962. Aust. Mineral Dev. Labor., Ind. Chem. Sec.; engl.) — Für die Konstruktion mehrstufiger Reaktoren wurde eine Meth. entwickelt, die für Syst. angewendet werden kann, in denen feste Teilchen mit meßbarer Geschw. mit einer fl. oder nichtfl. Substanz reagieren. Für die Oxydation u. Chlorierung von Ilmenit im Fließbett-Verf. wurden die Bedingungen ermittelt, die zu einem Umsetzungsgrad von mindestens 99,5% führen. Die Frequenz-Funktionen der Verweilzeit in gut durchmischten Reaktoren wurden für gleich- u. verschieden große Stufen abgeleitet. Nach der Diskussion der Rk.-Geschw. erfolgte die Berechnung des Wirkungsgrades. H. LIEBSCHER. 5802□

Berechnung eines mehrstufigen Ammoniak-Reaktors. K. Lucas und D. Gelbin. (Brit. chem. Engng. **7.** 336—39. Mai 1962. VEB Leuna-Werke, DDR; engl.) — Es wird eine Meth. zur Rekonstruktion von Reaktoren zur Ammoniak-Synth. beschrieben, die durch Übergang vom Rohrtyp zum Stufentyp mit Kaltgassteuerung höhere Ausbeuten ergibt. Unter Beibehaltung des alten Arbeitsdruckes, der Gas-Geschw. u. der Reaktordimensionen wurden die optimalen Bedingungen für die Verfahrensführung berechnet. H. Liebscher. 5802 □

Wärmeübergang in einem wassergekühlten Wärmeaustauscher mit Wandabstreifung. A. H. P. Skelland, D. R. Oliver und S. Tooke. (Brit. chem. Engng. **7.** 346—53. Mai 1962. Chicago, Ill., Inst. of Technol.; engl.) — Es wurden Unterss. an einem Wärmeaustauscher für Fll. durchgeführt, in dem der an der Wand haftende Fl.-Film durch rotierende Messer ständig abgehoben wurde. Als Medium wurden Glycerin, W. u. deren Mischungen eingesetzt. Die Abhängigkeit der Wärmeübergangszahl von der Reynoldsschen Zahl, der Prandtlschen Zahl, der Wellen-Geschw., dem Wellendurchmesser u. der Zahl der Messer, wurde ermittelt. Die Resultate unterscheiden sich von denen ammoniakgekühlter Wärmeaustauscher, u. es werden Erklärungen dafür gegeben. Für die Kühlung mit viscosen u. mit leicht beweglichen Fll. werden allg. Beziehungen aufgestellt. H. Liebscher. 5814 □

Konjugierte Wärmeübergangsprobleme. T. L. Perelman. (Int. J. Heat Mass Transfer **3.** 293—303. Dez. 1961. Minsk, BSSR, Inst. of Energetics of Acad. of Sci.; engl.) — Behandlung der einfachsten „konjugierten" Grenzwertprobleme des Wärmeübergangs, wobei die Wärmeleitungsgleichungen für den Körper mit Wärmequellen u. die ihn umströmende Fl. gleichzeitig gelöst werden. J. Martins. 5816 □

Der Einfluß eines magnetischen Feldes auf den Wärmeübergang durch freie Konvektion. E. M. Sparrow und R. D. Cess. (Int. J. Heat Mass Transfer **3.** 267—74. Dez. 1961. Minneapolis, Minn., Heat Transfer Labor.; Oyster Bay, N.Y., State Univ. of New York; engl.) — Die vorliegende theoret. Unters. zeigt, daß ein magnet. Feld einen starken Einfl. auf den Wärmeübergang (freie Konvektion) von fl. Metallen in der laminaren Grenzschicht an der senkrechten isothermen Platte ausübt, während der Einfl. auf andere Fll. nur gering ist. J. Martins. 5816 □

Geschwindigkeits- und Temperaturprofile am Wandschlitz. R. A. Seban und L. H. Back. (Int. J. Heat Mass Transfer **3.** 255—65. Dez. 1961. Berkeley, Calif., Univ., Inst. of Engng. Res.; engl.) — Durch tangentiales Einblasen von Luft sehr kleiner Freistrom-Geschw. in die turbulente Grenzschicht wurden angenähert die beim Schlitz auftretenden Verhältnisse erreicht. Die Meßdaten zeigten eine im wesentlichen gute Übereinstimmung mit dem von der Theorie geforderten Verhalten. Die Wärmeübergangdaten wurden dabei zweckmäßig auf die Colburn-Analogie abgestimmt. J. Martins. 5816 □

Flotation und Drücken von Quarz. W. A. Glembotzki. (Известия Академии Наук Казахской ССР, Серия Металлургии, Обогащения и Огнеупоров [Nachr. Akad. Wiss. KasachSSR, Metallurgie, Erzaufbereit. feuerfeste Mater.] **1960.** Nr. 2. 3—15; russ., Auszug: kasach.) — Vortrag. S. Baryschnikow. 5828

Eine allgemeine Betrachtung über Zeolith und andere Molekülsiebe. E. A. Scheuermann. (Chemiker-Ztg./Chem. Apparatur **85.** 767—73. 20/10. 1961. Stetten a. d. Filder; dt.) — Die Entw. der Zeolithe zum synthet. Molekularsieb sowie deren Struktur u. Herst. werden beschrieben. Viele Verw.-Möglichkeiten der Zeolithe (in allen Bereichen der Chemie) werden angegeben. Vgl. mit anderen Stoffen mit Molekülsieb-Eigg. werden angestellt. Membran- u. Ultrafilter sowie die Gel-Filtration werden besprochen. W. Hegenberg. 5830 □

Pfeilplatten-Wirbelgeneratoren zur Rührung. D. W. Bryer. (Brit. chem. Engng. **7.** 332—35. Mai 1962. Nat. Phys. Labor., Teddington, Middlesex; engl.) — Die Wirbel-Bldg. an einem mit pfeilförmigen Platten besetzten Rotor wurde mit Hilfe von Röntgenstrahlen sichtbar gemacht u. der Einfl. des Anstellwinkels u. des Pfeilwinkels auf Wirbelstärke u. -durchmesser untersucht. Die Wirksamkeit verschiedener Anordnungen der Pfeilplatten wird diskutiert u. Hinweise für eine techn. Anwendung werden gegeben. H. Liebscher. 5840 □

Ein Beitrag zur Methode der Staubniederschlagsmessung. Günter Jurksch. (Staub **21.** 473—75. 2/10. 1961. Karlsruhe, TH, Meteorolog. Inst.; dt.) — Der Ersatz des Drahtzylinders durch einen -ring als Vogelschutz verbessert die Ausströmung des Auffangtrichters im Wabolu-Trichter entsprechend einer Erhöhung der Regenwassermengen um ca. 13%. Die Erhöhung der Staubablagerung wird wahrscheinlich durch den Einfl. der Staubhaftung im Wabolu-Trichter beeinträchtigt. W. Wesly. 5850 □

Zur Physik der Staubabscheidung im Thermalpräzipitator. Ingo Westerboer. (Staub **21.** 466—73. 2/10. 1961. Münster, Univ., Inst. für Med. Phys.; dt.) — Die Strömungs- u. Temp.-Felder für den Thermalpräzipitator WALKENHORST werden beschrieben u. die Rechenergebnisse durch Messungen der Temp.-Verteilung auf der Heizbandoberfläche ergänzt. Für die Belegungsdichte in der Abscheidezone wird eine Gleichung abgeleitet. Die Einfl. von Randstörungen des Strömungs- u. Temp.-Feldes, der Teilchengröße, der Teilchen-Eigg. u. -Temp. auf die Belegungsdichte werden erörtert; man gewinnt die Bedingungen für ein geeignetes Testaerosol zur Prüfung des Ausdruckes für die Belegungsdichte. W. WESLY. 5850 □

Einfluß der elektrischen Aufladung auf die Koagulation von Staub. Hermann Schnitzler und Josef Somolyai. (Staub **21.** 241—46. 1/6. 1961. Essen, Bergbau-Forsch. G. m. b. H., Forsch.-Inst. des Steinkohlenbergbauvereins; dt.) — Ein Verf. zur Messung des Zusammenhanges zwischen elektr. Aufladung u. Koagulation einer Staubwolke bei konst. gehaltenen klimat. Bedingungen wird beschrieben. Gleichzeitig werden die Verteilung der Sink-Geschw. mit einer registrierenden elektr. Mikrowaage nach GAST u. mit einem Doppelkondensator u. zwei Elektrometerverstärkern der Ladungszustand des aufgewirbelten Staubes — getrennt nach positiven u. negativen Ladungen — bestimmt. Vorläufige qual. Ergebnisse werden mitgeteilt. J. EGGERT. 5850 □

Grundlagen und Probleme der thermoelektrischen Kälteerzeugung. Konrad Sagel. (VDI-Z. **104.** 325—34. 1/3. 1962. Frankfurt/Main, Metallges. AG., Metall-Labor.; dt.) — Es wird gezeigt, daß die thermoelektr. Kühlung der Verdichterkühlung nicht gleichwertig ist. Bei kleinen Kälteleistungen ermöglichen die Vorteile der PELTIER-Kühlung jedoch die Entw. neuartiger Geräte u. die Lösung techn. Aufgaben. Grundlagen u. Arbeitsweisen thermoelektr. Kühlaggregate werden beschrieben. — 9 Schrifttumhinweise. W. WESLY. 5858 □

Stoffaustausch durch laminare Grenzschichten. 6. Mitt. **Methoden zur Ermittlung des Wandgradienten (b_0'/B) für ähnliche Lösungen; neue Werte für den Druckgradienten Null der Hauptströmung.** H. L. Evans. (Int. J. Heat Mass Transfer **3.** 321—39. Dez. 1961. Ryde, NSW, Australia, Commonwealth Scientific and Industrial Res. Organis., Div. of Food Preservation; engl.) — 3. vgl. Int. J. Heat Mass Transfer **2.** [1961.] 321. — Es wird eine für beliebige Werte Pr/Sc gültige Formel zur exakten Berechnung des Wandgradienten (b_0'/B) der b-Grenzschicht entwickelt (b = Erhaltungs-Eig. des strömenden Mediums, s. 3. Mitt.; b_0' = Gradient von b im strömenden Medium an der Austauschfläche; B = Wert von b in der Hauptströmung). Die Lsgg. können mit Hand- u. elektron. Rechenmaschinen erhalten werden. Für große Pr/Sc-Werte wird gesondert eine Näherungs-Lsg. angegeben. Es folgt schließlich eine Tabelle mit neuen (b_0'/B)-Werten für den Druckgradienten 0 der Hauptströmung u. die Diskussion dieser Werte sowie des asymptot. Verh. einiger Funktionen in der b-Grenzschicht.
J. MARTINS. 5864 □

Die Molekulardestillation und ihre Anwendung. 1. Mitt. O. Pimazzoni. (Olii minerale, Grassi Saponi, Colori Vernici **37.** 237—57. Juni 1960; ital.) — Überblick über die theoret. Grundlagen der Mol.-Dest. (MD), die zur Ausführung erforderlichen App. (Pumpen, Meßinstrumente u. Zusatzgeräte) u. eine neue italien. Anlage, die aus einem mit Kondensator, fest eingebauten Verdampfern u. Rotor mit Drehscheibe für die Zufuhr ausgestatteten App. für die MD vom stat. Typ besteht. — Diagramme, Tabellen u. zahlreiche Abbildungen. — 22 Literaturangaben. G. PLATZER. 5864 □

Betrachtungen über das Entwerfen von Trennkolonnenböden und vergleichende Untersuchungen von Gemischen. 1. Mitt. J. R. Álvarez González. (Quím. e Ind. [Bilbao] **7.** 190—95. Sept./Okt. 1960. Madrid, Univ.; span.) — Überblick über die wichtigsten Eigg. der in der Dest.-Technik verwendeten Kolonnenböden u. Grundlagen zur Berechnung der Bödenzahl unter bes. Berücksichtigung von Glockenbödenkolonnen.
A. SANDER. 5864 □

Kristallisation — Beschreibung der Grundlagen. H. M. Schoen und J. Van Den Bogaerde. (Ind. Engng. Chem., int. Edit. **54.** Nr. 4. 57—60. 62. April 1962. Stamford, Conn., Amer. Cyanamid's Res. Labor., Radiation Applications, Inc.; engl.) — Jahresbericht für 1960. — 51 Literaturhinweise. F. ROSENDAHL. 5868 □

Trockner. 1. Mechanische und Konvektionstrockner. H. W. Fowler. (Manufact. Chemist **32.** 253—58. Juni 1961. Leicester Coll. of Technol. and Commerce, School of Pharm.; engl.) — Vf. behandelt die Theorie der Trocknung u. gibt einen Überblick über die Labor.- u. Technikums-App., wie sie für die pharmazeut. Industrie mit ihren kleinen u. oft wechselnden Produktionsansätzen wichtig sind, wie Zentrifugen-, Tunnel-, Dreh- u. Sprühtrockner. H. GIEHRING. 5874 □

Überlegungen über die Verwendung von Pumpen in chemischen Fabriken. Robert E. Gillmor. (Ind. Engng. Chem., int. Edit. **52.** 566—68. Juli 1960. Rochester,

N.Y., Eastman Kodak Co.; engl.) — Bei der Wahl der Pumpen müssen berücksichtigt werden: Art, Strömungs-Geschw. u. Eigg. des Fördergutes u. Aufstellungsort.
W. WESLY. 5880 □

Rücklaufpumpe für kleine Mengen. J. F. Shultz. (Ind. Engng. Chem., int. Edit. **54.** Nr. 4. 34—35. April 1962. Pittsburgh, Pa., Coal Res. Center, U. S. Bureau of Mines; engl.) — Es wird eine neu entwickelte Pumpe für die Zufuhr kleiner Substanzmengen in Reaktoren beschrieben. — Anwendungsbeispiel. F. ROSENDAHL. 5880 □

Probleme der industriellen Isotopenmeßtechnik. E. Schurz. (Isotopentechnik **1.** 136—37. 200—03. 1960/61. VEB Vakutronik Dresden; dt.) — Bemerkungen zur Einführung der Isotopenmeßtechnik in der Industrie u. ihrer Wirtschaftlichkeit; grundsätzliche Anforderungen an die verschiedenen Absolut- u. Kompensationsmeß-Verff.; eingehende Darst. eines Spannungskompensations-Verf. mit Abweichungsanzeige; Betrachtungen zur Entw.-Tendenz der neuen Meßtechnik. M. HAGEDORN. 5886 □

Automatische Regelung von Prozessen mit elektronischen Rechenmaschinen. Mogens Kümmel. (Kem. Maanedsbl. nord. Handelsbl. kem. Ind. **41.** 73—84. 1960; dän.) — Übersicht über die Grundlagen u. die Technik der Optimierung von chem. Prozessen mit Hilfe von elektron. Rechenmaschinen. Als Anwendungsbeispiel wird die Regelung bei der Härtung von Baumwollsamenöl beschrieben. R. K. MÜLLER. 5888 □

Messungen von Dichteschichtungen in isothermen Gassäulen in der Umgebung des kritischen Zustandes nach einem optischen Verfahren. H. W. Hahnemann. (VDI-Z. **104.** 324. März 1962. Düsseldorf; dt.) — Opt. Messungen der Änderungen der Dichte bei zunehmender Höhe in isothermen Gassäulen in der Nähe des krit. Zustandes zeigen, daß die hier auftretenden Dichteschichtungen eine Folge der Bldg. von Mol.-Haufen (Cluster) sind. W. WESLY. 5888 □

Anwendungsprobleme der Atomkernenergie in der chemischen Industrie. H. Krauch. (Chemiker-Ztg./Chem. Apparatur **84.** 523—27. 20/8. 1960. Heidelberg; dt.) — Angaben über Art u. Größe der freigesetzten Energien beim Verbrennungsvorgang u. bei der Kernspaltung; Wrkg. harter Kernstrahlung auf Materie; unter Heranziehen der Arbeiten von WIGNER u. DIENES; Eig.-Änderungen von Metallen, Kunststoffen, keram. Werkstoffen, Graphit u. a. bei Bestrahlung mit 10^5 bis 10^{12} rad; Beeinflussung chem. Rkk. am Beispiel des Verh. bestrahlten Graphits bei der Oxydation; Aktivierung durch Neutronen. M. HAGEDORN. 5894 □

Beseitigung radioaktiver Abfälle in der Größenordnung von Mikrocurie an ^{14}C. Victor E. Lavetter. (Amer. ind. Hyg. Assoc. J. **22.** 485—88. Dez. 1961. Detroit, Mich., Bur. of Ind. Hyg.; Detroit Dep. of Health; engl.) — Es wird ein kleiner Drehofen für die Verbrennung langlebiger radioakt. Substanz (^{14}C) in der Größenordnung von μc, dessen Verbrennungs-Prodd. bei Normaldruck u. -Temp. gasförmig sind, beschrieben. Proben der Rauchgase u. der mineral. Rückstände zeigten, daß dieses Syst. zur Beseitigung der radioakt. Abfälle ungefährlich ist. Die Rauchgase des entwickelten Ofens mischen sich mit denen eines großen städtischen Ofens, der einen 150 ft. hohen Schornstein mit vorgeschaltetem Flugasche-Naßabscheider hat. B. FRANZ. 5894 □

Das OECD-Halden-Reaktor-Projekt. J. P. Buclin. (Neue Techn. [Zürich] **4.** Nr. 4. 175—86. April 1962. Genève, Soc. Gén. pour l'Ind. u. Halden Reactor Project.; engl.) — Beschreibung des derzeitigen Standes der Arbeiten an einem Siede-Schwerwasserreaktor (Betrieb mit der 1. Core-Ladung u. verwendete Meß-Verff.) u. des zukünftigen Forschungsprogramms. W. WESLY. 5894 □

Der Stand von Silicium-Halbleiter-Kernteilchendetektoren. R. L. Williams und P. P. Webb. (Neue Techn. [Zürich] **4.** Nr. 4. 187—91. April 1962. Montreal, Canada, RCA Victor Res. Labor.; engl.) — Die derzeit erhältlichen Halbleiter-Strahlungsdetektoren u. ihre Leistungen werden beschrieben. Die Verw. von Ladungsverstärkern (charge amplifiers, die den Stromimpuls integrieren), gewährleistet die Erzielung höchster Auflösungen mit Si-Halbleiterdetektoren in einem driftfreien Syst., deren Betriebswerte erörtert werden. W. WESLY. 5894 □

Über die Stabilität der Strömung in Rohrsystemen, die von einer Emulsion Gas-Flüssigkeit durchflossen werden. Raymond Marchal. (C. R. hebd. Séances Acad. Sci. **254.** 2524—26. 2/4. 1962; franz.) — Theoret. Unters. der Instabilitätserscheinungen in Siedewasserreaktoren. Als verallgemeinerte MACH-Zahl wird der Quotient aus der Strömungs-Geschw. des fluiden Mediums (Emulsion Dampf-Fl.) u. der Fortpflanzungs-Geschw. geringer Erschütterungen in diesem Medium definiert. In zylindr. Rohren kann diese Größe den Wert 1 kaum überschreiten. Die Änderung der Strömungsart, z. B. vom allg. Sieden zur ruckweisen Strömung, hängt ebenfalls von diesem Effekt ab.
A. BLASCHETTE. 5894 □

Die Xenon-Vergiftung eines Reaktors und ihre Darstellung auf einer Phasenebene. A. Roch. (Neue Techn. [Zürich] **4.** Nr. 4. 191—97. April 1962. Lausanne, EPUL. Labor. d'Electronique; franz.) — Die Xe-Vergiftung eines Reaktors wird auf einer Phasenebene (J–Xe) mit logarithm. Koordinaten wiedergegeben. Mit Hilfe dieser Darst. kann der Reaktor optimal geführt werden u. eine Vergiftung vorausbestimmt werden.
W. WESLY. 5894 □

Soc. L'Avebene, Frankreich (Erfinder: Jacques Viez und Lucien Poucan), **Mechanisch und feuchtigkeitsbeständiges Bindemittel** aus einem zuckerhaltigen Grundstoff (I) u. einem beim Erhitzen sich zersetzenden, oxydierenden Zusatz, wie einem Phosphat, Arsenat oder Nitrat, bes. NH_4NO_3, der in Mengen von 6—10 (Gew.-%) mit **I** vermischt wird. Als **I** kommen Lsgg. von Aldosen, Pentosen, Hexosen u. dgl., bes. Ablaugen der Cellulose- oder Zuckerindustrie in Frage. Die Masse wird nach Vermischen mit körnigen oder faserigen Füllstoffen auf 200—275° erhitzt. (**F. P. 1 269 757** vom 7/7. 1960, ausg. 20/12. 1961.) HANS HOFFMANN. 5811

Ingenjorsfirman Fliesberg Aktiebolaget und Fritz Meyer, Stockholm, Schweden, **Lösen von Gasen in Flüssigkeiten, insbesondere in Wasser.** Das W. wird mit solcher Geschw. flach auf die Oberfläche der in einem Behälter befindlichen Fl. u. tangential zu dessen Achse geleitet, daß das W. Luft mitreißt u. die Fl. in Drehung versetzt, welche durch die am Boden des Behälters abgezogene Fl. nach unten gerichtet wird. — Abbildung. (**E. P. 836 294** vom 28/2. 1958, ausg. 1/6. 1960. Schwed. Prior. 6/3. u. 26/11. 1957.) H. BLACHETZKI. 5819

Toa Gosei Kagaku Kogyo Kabushiki Kaisha, Tokyo (Erfinder: Shigenari Suzuki, Aichi, und Chiuro Kimata, Nagoya), Japan, **Herstellung von Emulsionen der Acrylreihe.** Bei der Emulsionspolymerisation gibt man zu Acrylsäureestern oder deren Mischungen mit anderen Vinyl-Verbb. zunächst wasserlösl. Monomere oder deren wasserlösl. Polymere u. nichtion. Emulgiermittel u. zu der entstandenen Polymerisatemulsion anion. oder kation. Emulgiermittel. — Eine Mischung aus 100 (Teilen) Äthylacrylat, 4 Polyäthylenoxidstearoylester (mit 40 Mol Äthylenoxid), 2 Polyäthylenoxidlauroylester (mit 20 Mol Äthylenoxid), 2 Hydroxyäthylcellulose, 3 Acrylamid, 0,5 $K_2S_2O_8$ u. 200 W. hält man 7 Std. unter N_2 bei 70—80°, gibt dann Trimethylstearylammoniumchlorid (20 Teile pro Polymerisatharzanteil) zu u. mischt bei der *Appretierung von Fäden* Harnstoff- oder Melamin–HCHO-Harz u. kation. Hydrophobierungsmittel zu. Verw. der Emulsionen auch für *Pigmentdrucke.* (**Jap. A. S. 5992/1960** vom 16/10. 1957, ausg. 28/5. 1960.) M. PANKOW. 5825

Nippon Gosei Kagaku Kogyo Kabushiki Kaisha, Osaka (Erfinder: Atsuo Nakanishi und Akira Kageyama, Ikeda), Japan, **Herstellung einer stabilen, kolloidalen Dispersion** mit 20% Vinylacetat–Crotonsäure-Mischpolymerisat (**I**). Man mischt **I** in wss. Medium mit einer zur völligen Lsg. unzureichenden Menge Alkali, läßt das Prod. quellen u. dispergiert zu einem Koll., indem man unter Rühren auf 60° u. mehr erwärmt. — Man verrührt 40 (Teile) eines körnigen Mischpolymeren mit 3 (Mol) % Crotonsäure u. 115 W. zu einer Suspension, gibt 5,4 4,8%ig. NH_3-W. zu, worauf das Prod. rasch quillt. Man erwärmt unter Rühren 1 Std. lang auf 60—70° u. erhält nach Abkühlen eine 25%ig. Dispersions-Fl. mit 43 cP bei 30°, die längere Zeit ohne Bldg. eines Nd. haltbar ist. — *Imprägnier-* u. *Überzugsmittel.* (**Jap. A. S. 6134/1960** vom 30/12. 1957, ausg. 31/5. 1960.) M. PANKOW. 5825

Tokuyama Soda Kabushiki Kaisha (Erfinder: Koji Okami, Yukio Mizutani und Sumio Akiyama), Tokuyama, Japan, **Herstellung von Anionenaustauschermembranen.** Man formt eine viscose Lsg. aus einem wasserlösl., hochmol. Elektrolyten u. Polyvinylalkohol (**I**) zu einer Membran u. macht **I** durch Acetalisierung wasserunlöslich. — Eine Lsg. von je 1 Teil Polyäthylenimin u. **I** in 15 Std. gießt man zu einer Membran aus, trocknet 1 Std. lang bei 70° u. acetalisiert 2 Std. lang mit einer Fl. aus 20 (%) H_2SO_4, 25 Na_2SO_4 u. 5 HCHO bei 70—80°. (**Jap. A. S. 9436/1960** vom 27/12. 1957, ausg. 18/7. 1960.) M. PANKOW. 5827

Nova Beaucage Mines Ltd., Montreal, Canada, **Schwimmaufbereitung von Niobmineralien,** wie Pyrochlor u. Niocalit. Der wss. Dispersion von Nb-Mineralien wird Brenzcatechin (0,5—5 lbs./t) zugesetzt. Die Trübe wird umgerührt u. belüftet. Das Nb-Material wird als Schaum-Prod. gewonnen. (**E. P. 868 560** vom 14/12. 1959, ausg. 17/5. 1961. Can. Prior. 24/12. 1958.) W. HAUSWALD. 5829

Frank Keeve, San Francisco, Calif., V.St.A., **Absorption von Kohlenwasserstoffen aus Automobilauspuffgasen.** Es werden Körner verwendet, die u. a. 48—55% Mo_2O_5, 10—17% $(NH_4)_2SO_4$, 8—12% $CaCl_2$, 20—30% Citronensäure u. 3—7% $NaNO_3$ enthalten. Die Wirksamkeit der Mischung soll 1 Jahr anhalten. (**A. P. 2 970 886** vom 10/2. 1958, ausg. 7/2. 1961.) O. STEIL. 5849

Laboratoires du Docteur P. Zizine, Frankreich, **Herstellung von Wismutpolysilicat** mit sehr großer spezif. Oberfläche durch Umsetzen von NH_4-Polysilicat mit neutralem Bi-Nitrat in wss. Lsg. in Ggw. von Glycerin. Das End-Prod. hat die Zus. *15* $SiO_2 \cdot Bi_2O_3 \cdot n\ H_2O$. — *Adsorptionsmittel.* (**F. P. 1 215 798** vom 18/11. 1958, ausg. 20/4. 1960.) W. WITTHOLZ. 5849

Engelhard Industries, Inc., Newark, übert. von: Holger C. Andersen, Morristown, und Duane R. Steele, Newark, N.J., V.St.A., **Entfernen von Acetylen aus Luft.** Die komprimierte Luft wird bei 100—200° über einen vorwiegend aus *Pd* bestehenden Katalysator geleitet. (**A. P. 2 965 439** vom 9/9. 1957, ausg. 20/12. 1960.) G. FRITSCH. 5851

Constock Liquid Methane Corp., New York, N.Y., V.St.A., **Verflüssigen von Gasen, insbesondere Erdgas,** bei der das unter erhöhter Temp. u. Druck stehende Gas auf die Verflüssigungs-Temp. gekühlt u. das fl. Gas auf den für die Lagerung u. den Versand notwendigen Druck entspannt wird, dad. gek., daß ein Teil des entspannten u. fl. Gases einer plötzlichen Entspannung unterworfen u. in gasförmigem Zustand abgetrennt wird. — Zeichnung. — Vgl. D. A. S. 1 101 462; C. **1961.** 14414. (**Ind. P. 62 895** vom 21/1. 1958, ausg. 27/5. 1960.) C. LÜTTGEN. 5857

Bowen Corp., Cambridge, übert. von: Robert V. Kleinschmidt, Stoneham, Mass., V.St.A., **Eindampfen durch Brüdenkompression.** Der Brüden der einzelnen Eindampfstufen wird komprimiert u. zur Erhitzung der Fl. der gleichen Stufe verwandt. Die einzudampfende Fl. wird nach dem Gegenstromprinzip mittels der Brüdenkondensate vorgewärmt. (**A. P. 2 942 657** vom 28/5. 1957, ausg. 28/6. 1960.) G. FRITSCH. 5865

N. V. Philips' Gloeilampenfabrieken (Erfinder: Hendrikus Cornelius Nicholaas Van der Sanden und Hendrikes Johannes Veenendaal), **Trocknen nasser Gegenstände** aus Metall oder anderen Stoffen durch Behandeln mit einer wasserabweisenden Fl., die einen KW-Stoff (**I**), Kp. 50—370°, u. ein wasserunlösl. Salz einer Ammonium- oder Pyridinium-Verb. mit einer aliphat. KW-Stoff-Kette von 12—18 C-Atomen enthält, der in einem Gemisch von 9 (Teilen) **I** u. 1 Butanol (**II**) lösl. ist. — Beispiel: 90 Terpentin, 10 **II** u. 0,06 Cetylpyridiniumpolyphosphat. (**Aust. P. 229 397** vom 27/3. 1958, ausg. 11/8. 1960. Niederl. Prior. 30/3. 1957.) C. LÜTTGEN. 5875

British Petroleum Co. Ltd., London, England, **Schauglas-Flüssigkeit zur Standanzeige** von Schmierölen in Schmier-Syst., bestehend aus einer $Ca(NO_3)_2$-Lsg. (**I**) in einem Glycerin–W. Gemisch. — Beispiel: 50% ig **I.** (berechnet als wasserfreies $Ca(NO_3)_2$) in einem Gemisch von Glycerin: W. = 0,82:1. (**E. P. 857 017** vom 13/7. 1959, ausg. 29/12. 1960.) E. DREWS. 5887

Douglas Aircraft Co., Inc., Santa Monica, übert. von: Douglas H. Moreton, Pacific Palisades, Calif., V.St.A., **Feuerbeständige hydraulische Flüssigkeiten** bestehen aus Phosphat- oder Phosphonatestern, die 3 Phenyl-, Kresyl-, Xylyl- oder Alkylreste enthalten, aus 15—50 Halogenkohlenwasserstoffen, die von —20 bis 200° fl. sind u. aus Polyalkylmethacrylaten zur Erhöhung des Viscositätsindexes. — Beispiel: 65 (Vol.-%) Trikresylphosphat oder Dioctylphenylphosphonat, 30 Hexachlorbutadien, 5 Polyalkylmethacrylat „Acryloid HF 855". (**A. PP. 2 933 449** vom 21/9. 1956, ausg. 19/4. 1960 u. **2 934 501** vom 20/10. 1952, ausg. 26/4. 1960.) E. DREWS. 5893

Atomic Energy of Canada Ltd., Canada (Erfinder: Donald Edward McKenzie und William Lloyd Elsdon), **Aufbereitung von Kernbrennstoffen,** bes. von neutronenbestrahltem *U* u. Abtrennung des *Pu*, dad. gek., daß solches U in inerter Atmosphäre bei 1130—1300°, bes. bei 1200°, mit UCl_3 erhitzt wird. Dabei bilden sich $PuCl_3$ u. *Chloride der Verbrennungs-Prodd.*, während U in metall. Form von der Chloridphase extrahiert werden kann. (**F. P. 1 185 880** vom 8/11. 1957, ausg. 7/8. 1959. A. Prior. 8/11. 1956.) K. BAYER. 5895

United States Atomic Energy Commission, übert. von: Archie G. Buyers, Woodland Hills, Calif., V.St.A., **Aufbereitung von Reaktorbrennstoffen,** bes. von neutronenbestrahltem *U* u. Abtrennung der *Pu*. Das bestrahlte U wird in schmelzfl. Zustand mit UF_3 oder UF_4 in inerter Atmosphäre bei ca. 1300 ± 50° in Berührung gebracht, wobei das Mol-Verhältnis UF_4:U mindestens 0,06, bes. 0,2—1, ist, um Pu u. die Verbrennungs-Prodd. in einer Salzphase zu extrahieren. Die U-Phase ist im wesentlichen frei von Verunreinigungen. (**A. P. 2 892 701** vom 3/8. 1956, ausg. 30/6. 1959.) K. BAYER. 5895

Harry Bennett, Concise chemical and technical dictionary. 2nd. enlarged edit. New York: Chemical. 1962. (XXXIX + 1039 S.) $ 15,—.

Carroll Osburn Bennett and John Earle Myers, Momentum, heat and mass transfer. New York, London: McGraw-Hill. 1962. (XIII + 697 S. m. Tab. u. Diagr.) 5 £. 4 s. 6 d.

Wadie Fanous, Arabisch-deutsches technisches Wörterbuch. Kairo: Lehnert und Landrock; Wiesbaden: Harrassowitz. 1962. (967 S.) 8°. DM 24,—.

Leon Lapidus, Digital computation for chemical engineers. New York, London: McGraw-Hill. 1962. (XIII + 407 S. m. Tab. u. Diagr.) 89 s.

Emil Raymond Riegel, Industrial chemistry. 6th edit. New York: Reinhold; London: Chapman & Hall. 1962. (XII + 963 S. m. Abb., Tab. u. Diagr.) 8 £.

II. Betriebsschutz. Feuerschutz

Quantitative Analyse von in Gießereistaub enthaltenen einatembaren Quarzteilchen durch Röntgenbeugung. R. I. Higgins und P. Dewell. (B. C. I. R. A. Journal **9.** 117—25. Jan. 1961. B.C.I.R.A. Foundry Atmospheres Stat.; engl.) — Vff. beschreiben ein Verf. für Routineanalysen. Es wird eine Mikrofokus-Pulverkamera mit 57,3 mm Ø verwendet. Als Standardsubstanz dient CaF_2. Die Genauigkeit der Analyse ist abhängig von 1. Reproduzierbarkeit, 2. Teilchengröße, 3. Linienkoinzidenz von Graphit u. Glimmer. Der größte Fehler der Meth. beruht auf der ungenügenden Reproduzierbarkeit, die wahrscheinlich ihre Ursache in der Inhomogenität der Mischung Staubprobe–Standardsubstanz hat. H. Völz. 5932□

Eine neue Technik für die Beurteilung der Wirkung von Filtermasken. William A. Burgess, Leslie Silverman und Felix Stein. (Amer. ind. Hyg. Assoc. J. **22.** 422—29. Dez. 1961. Boston, Mass., Havard School of Public Health; engl.) — Für die Beurteilung von Schutzmasken gegen Stäube, Rauch u. Schwaden, die weit mehr tox. wirken als Blei, kann ein Uraninaerosol, mittlere geometr. Größe 0,20 Mikron, verwendet werden. Das Verf. wird beschrieben. Durch Fluorescenzuraninanalyse lassen sich Penetrationen bis herab auf 0,05% in 15 Min. ermitteln, wenn die Aerosol-Konz. 3 mg/m³ beträgt. B. Franz. 5936□

Methoden zur Erfassung der Stickoxidemissionen von Verbrennungsprozessen. Paul F. Woolrich. (Amer. ind. Hyg. Assoc. J. **22.** 481—84. Dez. 1961. Cincinnati, Ohio, Robert A. Taft San. Center, U. S. Public Health Serv.; engl.) — Die Stickoxid-Bldg. hängt von der Temp. des Verbrennungsprozesses ab, ferner von dem Brennstoffverbrauch. Die Beziehung zum Brennstoffverbrauch ergibt sich in der log–log-Darst. als linear. Es sind Gleichungen u. Nomogramme entwickelt worden, mit deren Hilfe die Stickoxidemission eines Verbrennungsprozesses in lb./h ermittelt werden kann. B. Franz. 5940□

Löschversuche mit Alkalihalogenverbindungen und Alkalioxalaten. M. Friedrich. (Chemiker-Ztg. — Chem. Apparatur **84.** 560—63. 5/9. 1960. Karlsruhe, TH, Forsch.-Stelle für Feuerlöschtechnik; dt.) — In einer besonderen Vers.-Anordnung wurden die kleinsten Mengen von Alkalihalogeniden bzw. -oxalaten ermittelt, die — in Form einer Pulverwolke oder als Klumpen — nötig waren, um definierte H_2-, CO- oder Leuchtgasflammen (5 cm Höhe; 1,7 cm Breite) zum Verlöschen zu bringen. Ferner wurden bei kristallwasserhaltigen Salzen bessere Lösch-Wrkg. als bei entsprechenden wasserfreien u. eine Zunahme der Löschkraft von den Fluor- zu den Jod-Verbb. gefunden. Die Löschpulver wirken nicht durch Halogenatome, die während des Löschens in Freiheit gesetzt werden, sondern durch Bldg. einer Staubwand, Abbruch der Rk.-Kette in der Flamme u. Zerstörung der zum Verbrennungsablauf nötigen Peroxide. Alkalioxalate gehen in gut löschende Carbonate über. H. Meiner. 5944□

Zahlenmäßige Verarbeitung radioaktiver Messungen mittels eines Digitalrechners. J. H. Schoofs und J. L. de Kerf. (Ind. chim. belge **26.** 1261—70. 1961. Antwerpen-Mortsel, Gevaert Photo-Producten, N. V. Fys. Labor.; fläm.) — Auswertung von Messungen der β-Radioaktivität der Atmosphäre mittels eines Digitalrechners. W. Wesly. 5948□

Farbwerke Hoechst Akt.-Ges., vormals Meister Lucius & Brüning, Frankfurt/M. (Erfinder: Ernst Otto Leupold, Hofheim/Taunus, und Hermann Zorn, Wien, Österreich), **Vinylphosphonsäure-bis-[β-chloräthylester] (I)** wird durch Rk. von β-Chloräthylphosphonsäure-bis-[β-chloräthylester] **(II)** in Ggw. von mindestens 1 Mol eines bas. reagierenden Salzes einer organ. Säure (Na-, K-, NH_4-Salze von Propion-, Butter- u. Isobuttersäure), bes. von Alkaliacetaten, als HCl-abspaltende Mittel bei Temp. von über 90°, wie 90—140°, bes. 110—130° ggf. in einem inerten organ. Lsgm. (Dioxan, o-Dichlorbenzol, Tetrahydronaphthalin). — 0,1 Mol **II** + 0,3 Mol CH_3COONa werden in 100 ml Dioxan 10 Std. lang gekocht. Nach dem Aufarbeiten wird in 75%ig. Ausbeute **I**, $Kp._{0,4}$ 110—112°, erhalten. — *Flammschutzmittel.* **(Schwz. P. 354 777** vom 11/2. 1957, ausg. 31/7. 1961.) A. Jahn. 5945

Theron G. Randolph, Human ecology and susceptibility to the chemical environment. Springfield (Ill.): Thomas. 1962. (148 S. m. Abb.) $ 6,50.

III. Elektrotechnik

Höhere Energieumwandlung. Eduard Justi. (Naturwissenschaften **48.** 537–48. 2. Aug.-H. 1961. Braunschweig, TH, Inst. für Techn. Phys.; dt.) — Übersicht über Sperrschichtphotozellen, thermoelektr. Stromerzeugung, Kühlung u. Heizung, thermion. u. magnetohydrodynam. Umwandlung von Wärme in Elektrizität, Brennstoffelemente, thermoelektr. u. -ion. Umwandlung von Atomwärme in Elektrizität, Energiespeicherung u. Photosynthese. — 40 Literaturangaben. A. Blaschette. 5950☐

Beziehung zwischen der Oberflächenkonzentration und der mittleren Leitfähigkeit von Diffusionsschichten in Germanium. D. B. Cuttriss. (Bell System techn. J. **40.** 509–21. März 1961; engl.) — Für die Dotierungsbemessung von Halbleiterbauelementen mit durch Eindiffusion hergestellten p–n-Innergrenzschichten ist es wertvoll, die mittlere Leitfähigkeit der Diffusionsschicht aus der Störstellen-Konz. an der Oberfläche u. der im Grundmaterial berechnen zu können. Es werden geeignete Beziehungen unter der Voraussetzung abgeleitet, daß das Material gleichmäßig u. mit nur 1 Störstellenträger dotiert wird. Die numer. Integration der Gleichungen mit aus Messungen an homogen dotiertem Material entnommenen Konst. für 4 verschiedene Störstellenverteilungsfunktionen in der Diffusionsschicht liefert für p- u. n-Dotierung u. verschiedene Grundmaterial-Störstellendichte Kurvenscharen, aus welchen die gesuchte Leitfähigkeit der Diffusionsschicht direkt abgelesen werden kann. H. Böhm. 5952☐

Beziehung zwischen elektrischem Widerstand und Ausdehnung von Widerstandsschichten. Susumu Aso. (J. electrochem. Soc. Japan [Overseas Edit.] **26.** E 123–E 125. 1958. Kawasaki, Nippon Electric Co., Ltd.; engl.) — Nach Ablösung von filmförmigen, aus Harz u. Ruß bestehenden Widerständen vom Glasträger u. Belastung bzw. Erwärmung werden die Beziehungen zwischen mechan. u. Wärmeausdehnung u. dem elektr. Widerstand R untersucht. In jedem Fall ist die Neigung der Auftragung der Zunahme von R (ΔR) gegen die Ausdehnung (Δl) ca. 1,4. Es gilt die Beziehung $\Delta R = k(\Delta l)^n$ (k, n Konst.). Die Beziehung ist ähnlich wie die für die Druckabhängigkeit von R bei Ruß. Haftet der Film fest auf dem Träger, so kann in bestimmten Fällen Vorzeichenumkehr des Temp.-Koeff. bei der therm. Ausdehnung eintreten. Haftfestigkeit, Art des Films, des Trägermaterials u. der Wärmeausdehnung des geschmolzenen Materials sind u. a. wichtige Faktoren für das Temp.-Verh. eines Widerstands. P. Frenzel. 5954☐

Schunck & Ebe G. m. b. H., Heuchelheim bei Gießen (Erfinder: Gerd Hinrichs und Friedrich Wilhelm Geck, Gießen), **Kunstkohle- und Graphitformen zum Herstellen von Halbleitern.** Für das Aufschmelzen oder die Wärmebehandlung von Halbleitern, wie Ge, werden wegen ihrer hohen Reinheit Hartkohleformkörper oder mit einer Hartkohleschicht überzogene Kohleformkörper, die durch pyrolyt. Nd. von Kohle aus sehr reinen KW-Stoffen hergestellt werden, verwendet. (**D. A. S. 1 127 785** Kl. 80b vom 6/5. 1960, ausg. 12/4. 1962.) G. Frikell. 5953

International Standard Electric Corp., New York, N.Y., V.St.A. (Erfinder: Bruno Dal Bianco und Plinio Campi, Mailand, Italien), **Behandlung von Kohlekörnern für Kohlemikrofone.** Zur Erzielung eines niedrigen Zusammenbackeffektes u. geringer Hygroskopizität werden dem Kohlepulver feinkörnige Halbleiter, wie Ge oder Si, zugefügt u. die Mischung bei 10^{-3} bis 10^{-5} mm Hg bis auf die Temp. des F. des Halbleiters erhitzt. Das Prod. bringt in Kohlemikrophonen einen Gewinn von 5–8 db gegenüber der Verw. von bisher üblichen Kohlekörnern. (**D. A. S. 1 129 412** Kl. 80b vom 26/8. 1959, ausg. 10/5. 1962. It. Prior. 27/8. 1958.) G. Frikell. 5953

Siemens & Halske Akt.-Ges., Berlin und München (Erfinder: Hans Heinrich Kocher, Gräfelfing), **Ziehen von einkristallinen Halbleitern aus Schmelzen.** Beim Ziehen von im wesentlichen einkristallinen Stäben aus Halbleitern, z. B. *Ge*, aus Schmelzen wird auf das aus der Schmelze herausgezogene noch fl. Material ein durch ringförmig u. in gleichem Abstand angeordnete Düsen ausströmendes Kühlgas, welches zugleich ein Schutzgas sein kann, nach Maßgabe der gewünschten Kühl-Wrkg. aufgeblasen. Eine entsprechende Vorr. wird beschrieben. — Abbildungen. (**D. A. S. 1 090 868** Kl. 40d vom 15/10. 1958, ausg. 13/10. 1960.) Hans Hoffmann. 5953

W. R. Grace & Co., New York, N.Y., übert. von: Paul M. Cook, Menlo Park, James B. Meikle, Palo Alto, und Bruce Graham, Los Altos, Calif., V.St.A., **Herstellung von plastischen Massen,** dad. gek., daß man in Polyäthylen geringe Mengen eines Vulkanisationsbeschleunigers u. eines Vulkanisiermittels, wie S, Se, Te oder Sulfonylhydrazid, bes. p.p'-Hydroxy-bis-(benzolsulfonylhydrazid) einmischt u. die Masse einer hochaktin., ionisierenden Bestrahlung von $\geqq 1\cdot 10^6$, bes. $1\cdot 10^6$–$1\cdot 10^8$, rep bei $\geqq 9 \cdot 10^5$ r/h aussetzt. Zur Herst. von Schaumkörpern mischt man die Schmelze mit einem gleichzeitig schaumerzeugenden Disulfonylhydrazid, gibt die Masse in eine Form, erhitzt auf eine Temp. > Zers.-Temp. des Sulfonylhydrazids u. bestrahlt die Masse in der Form. Herst. von verschäumten u. unverschäumten *Massen für therm. u. elektr. Isolation von Drähten u. Kabeln*, Anschlußstücken von elektr. Leitungen, mehrteiligen Geräten, wie Widerständen, Transformatoren, Kondensatoren, Dioden usw., Verpackungs- u. Konstruktionsmaterial. — Beispiele, Tabellen. (**A. P. 2 960 453** vom 6/9. 1955, ausg. 15/11. 1960.) G. VOGEL. 5957

Matsushita Denko Kabushiki Kaisha (Erfinder: Minoru Imoto, Keiun Ko, Taiichiro Tatsuki, Mitsuo Yameda und Kensaku Morii), Osaka, Japan, **Herstellung modifizierter Phenolharze.** Man setzt HCHO mit neutralen mehrkernigen aromat. KW-Stoffen (Naphthalin, Anthracen, Phenanthren, Acenaphthen, Fluoren Pyren, Perylen) um (Harz 1), kondensiert Harz 1 mit Phenolen (Phenol, Kresol, Xylenol, Alkylphenol, Arylphenol, Resorcin, Bisphenol A) oder deren Mischungen (Harz 2) u. Harz 2 mit HCHO in Ggw. saurer Katalysatoren (Harz 3), oder man erhitzt mit den genannten Phenolen u. HCHO erhaltene niedere Kondens.-Prodd. mit Harz 1 u. härtet die erhaltenen modifizierten Novolakharze mit Hexamethylentetramin. — Verw. der Harze für *elektr. Isolierungen.* — Je 1000 (g) Naphthalin u. 37%ig. Formalin werden mit 250 cm³ konz. H_2SO_4 5 Std. bei 100° erhitzt, wonach 1000 Bzl. zugesetzt werden u. im Scheidetrichter die wss. Schicht beseitigt u. bei 80° neutral gewaschen wird. Nach 10 Std. langem Stehen filtriert man Naphthalin ab u. entfernt durch Wasserdampf-Dest. Bzl. u. Naphthalin u. bei Unterdruck Wasser. Zu dem erhaltenen Harz gibt man die äquivalente oder größere Menge Phenol u. 0,1% p-Toluolsulfonsäure, erhitzt auf ca. 130°, wobei die Temp. allmählich auf 110° sinkt. Nach 90 Min. gibt man 1,5% 10%ig. HCl u. 0,5 Mol 37%ig. Formalin pro Phenol zu u. erhält nach 60—120 Min. ein festes Harz mit F. 80—90°. Zu 100 des Harzes gibt man 10 Hexamethylentetramin, 30 Kunstseidematerial u. 0,5 Stearinsäure u. walzt die Mischung aus. (**Jap. A. S. 8346/1960** vom 25/10. 1957, ausg. 1/7. 1960.) M. PANKOW. 5957

Radio Corp. of America, V.St.A. (Erfinder: Philip Keene Baltzer), **Keramischer ferromagnetischer Sinterkörper.** Die mol. Zus. des aus feinverteilten Ausgangsstoffen erstellten Sinterkörpers entspricht der allg. Formel $Li_xFe_{(2+x)(1-y-z)}Mn_{(1-2x)+(2+x)y}Al_{(2+x)z}O_4$, in der die Beziehung gilt: $x = 0{,}00—0{,}50$; $y = 0{,}005$ bis $0{,}20$; $z = 0{,}00—0{,}50$. — 12 Diagramme. (**F. P. 1 220 880** vom 26/12. 1958, ausg. 30/5. 1960. A. Prior. 31/12. 1957.) HANS HOFFMANN. 5959

Soc. Alsacienne de Constructions Mécaniques, Frankreich (Erfinder: Henry Brusset und Marie Thérèse Munier), **Herstellung von Wismuttellurid.** Te- u. Bi-Pulver werden innigst gemischt u. ca. 40 Std. bei 475° erhitzt. Die Fritte wird zu Pulver zerkleinert, kalt zu Formkörpern verpreßt u. diese werden ca. 15 Std. im Vakuum bei 520° unterhalb des F. des Bi_2Te_3 erhitzt. Man kann dem Pulver vor dem Verpressen Donatoren, wie Se, Te, Bi, Sb, Cu, Sn, S, Ag, Cd, Pb, in geringer Menge je nach Verw.-Zweck der Formkörper zusetzen. (**F. P. 1 202 400** vom 8/7. 1958, ausg. 11/1. 1960.) W. WITTHOLZ. 5971

British Thomson-Houston Co. Ltd., London, England (Erfinder: Robert Stirling Wells und James Thomson Anderson), **Leuchtstoff,** bestehend aus einer festen Lsg. von Zn- u. Ba-Silicaten, aktiviert mit Pb, wobei das Mol-Verhältnis von Zn- zu Ba-Silicat zwischen 4:1 u. 1:10 liegt. Bei Erregung mittels kurzer UV-Strahlen weist der Leuchtstoff eine Strahlung von 3000—3100 Å auf. (**E. P. 842 084** vom 17/11. 1955, ausg. 20/7. 1960.) K. DEMMLER. 5975

IV. Wasser. Abwasser

Über den Abbau von Natriumnitrit in offenen Kühlwasserkreisläufen. D. G. Lundgren und A. Krikszens. (Appl. Microbiol. **7.** 292—300. Sept. 1959. Syracuse, N.Y., Univ.; engl.) — Die Beziehungen zwischen der Anwesenheit von Nitrobacter als Verunreinigung im Kühlkreislauf u. seine Auswirkungen auf die Beständigkeit der Nitrite als Antioxydantien werden überprüft u. die zur Stabilisierung der Nitrite empfohlenen 51 Präpp. getestet. H.-E. KLOTTER. 6030□

Die Reinheitskontrolle von Kesselspeisewässern mit dem Interferometer und durch Hochfrequenzleitfähigkeitsmessung. G. Zieglgänsberger. (Zuckererzeugung **4.** 182—83. Juni 1960. Köthen; dt.) — Durch Messungen mit dem ZEISSschen Labor.-Interferometer können noch 2 mg/Liter Zucker im Kesselspeisewasser nachgewiesen werden (bei der bislang angewandten α-Naphtholprobe lag die Grenze bei 30 mg/Liter). Weiterhin wird die Reinheitsprüfung durch Hochfrequenzleitfähigkeitsmessung ausführlich beschrieben. H.-E. KLOTTER. 6030□

Wasserverunreinigungen durch Militärflugplätze. L. Welter und D. Briard. (Bull. mens., Centre belge Étude Doc. Eaux **1960.** 103—05. März. Cebedeau; franz.) — Beschreibung eines Verf. zur Aufbereitung der in militär. Flugplatzanlagen anfallenden brennbaren Abfallstoffe. H.-E. Klotter. 6034□

Der Einfluß der Detergentien auf die Wasserwirtschaft. Rudolf Krüger. (Seifen-Öle-Fette-Wachse **86.** 289—92. 11/5. 1960. Marl, Chem. Werke Hüls AG.; dt.) — Zusammenfassende Darst. der aus der Literatur bekannten Tatsachen über den Einfl. der Detergentien (bes. Tetrapropylenbenzolsulfonat) auf Abwasser u. Vorflutwasser. — 35 Literaturstellen. H.-E. Klotter. 6036□

Wiedergewinnung verwertbarer Feststoffe. Nicholas J. Lardieri. (Pulp Paper Mag. Canada **61.** Nr. 3. T186—T188. T194. März 1960. Nat. Council for Stream Improvement; engl.) — Besprechung der Verff. zur Klärung von W. durch Sedimentation, Kontakt mit Schlammschichten, Filtrieren u. Flotieren (mit Alaun). Anwendungsbeispiele für Abwässer aus Papierfabriken u. für die Bewältigung stoßweise auftretender größerer Mengen an Verunreinigungen. M. Hagedorn. 6040□

Natürliche Reinigung von fließendem Abwasser. S. C. Pillai, G. J. Mohanrao, A. V. S. Prabhakara Rao, C. A. Sastry, P. V. R. Subrahmanyam und C. V. Natarajan. (Current Sci. [Bangalore] **29.** 461—65. Dez. 1960. Bangalore, Dep. of Biochem., Indian Inst. of Sci.; engl.) — Das Abwasser der Stadt Bangalore hat keinen Vorfluter, es fließt in natürlichen Kanälen ab u. wird in der Landwirtschaft zum Bewässern gebraucht. Nach 5 Meilen ist es durch Selbstreinigung so klar, daß es zum Waschen benutzt wird. Ausführliche Tabellen über den biolog. Abbau in Abhängigkeit von der Entfernung vom Ort des Anfalles. H. Dorsch. 6044□

Messung der Toxizität organischer Verunreinigungen für marine Organismen. Donald W. Hood, Thomas W. Duke und Bernadette Stevenson. (J. Water Pollut. Control Federat. **32.** 982—93. Sept. 1960. College Stat., Tex., Agric. and mech. Coll.; engl.) — Best. der DL organ. Verunreinigungen u. der Beeinträchtigung der Photo-Synth. durch derartige Substanzen bei folgenden Organismen: *Cyprinodon variegatus, Fundulus similis, Palaemonetes, Artemia salina, Platymonas spec., Chlamydomonas spec. Mischococcus spec., Nitzschia closterium, Porphyridium cruentum.* H.-E. Klotter. 6044□

Verwertung des Abwasserschlamms. Russell O. Blosser. (Pulp Paper Mag. Canada **61.** Nr. 3. T195—T199. März 1960. National Council for Stream Improvement; engl.) — Es werden besprochen: Art des Anfalls, Ausbringens u. Transports des Abwasserschlamms (SL); Unterbringen des SL auf dem Land in eingedeichten Flächen oder auf Halden; Verwertung als Füllstoff, auch zusammen mit Flugasche; Abtransport auf dem W. u. Versenken; bakterieller Abbau; Wiedereinsatz, etwa für billige Pappen; Abfallverbrennen. M. Hagedorn. 6048□

¥ **Bestimmung nichtionogener oberflächenaktiver Substanzen in wässerigen Lösungen.** D. N. Lewtschenko, A. D. Chudjakowa und N. D. Gawrilowa. (Заводская Лаборатория [Betriebs-Lab.] **27.** 408—09. 1961. Allunions-Forsch.-Inst. für Verarbeitung von Erdöl u. Gas u. Herst. fl. Brennstoffe; russ.) — Die vorgeschlagene Best.-Meth. für nichtionogene Demulgatoren (Dm) in wss. Lsgg. bei Konzz. von 0,005—0,03% (untersucht wurden 0,0100—0,0200%ig. Lsgg. von „OP-7") beruht auf der Proportionalität zwischen der Oberflächenspannung (OS) der Lsg. u. ihrem Geh. an Dm. Für Lsgg. mit angegebener Dm-Konz. wird stalagmometr. ihre OS (in erg/cm²) bei 20° bestimmt u. eine entsprechende empir. Kurve aufgenommen. Aus der bekannten OS des zu untersuchenden Dm wird seine Konz. festgestellt. Die Fehlergrenze der Meth. beträgt —1,5 bis +7,0%. Die Meth. wurde an Abwässern erprobt. S. Baryschnikow. 6054

Untersuchungen über Mineralanalyse. 4. Mitt. **Bestimmung von Na-Ionen und K-Ionen in sauren Quellen durch Ionenaustauscherchromatographie und Flammenspektrophotometrie.** Yasushi Mashiko. (J. pharmac. Soc. Japan [Yakugakuzasshi] **76.** 1272—75. Nov. 1956. Tokyo, Hot Spring Center, Chem. Inst.; jap., Auszug: engl.)— 3. vgl. J. pharmac. Soc. Japan [Yakugakuzasshi] **76.** [1956.] 689. — Ein genau gemessenes Vol. des Quellwassers (z. B. Tentoku Kosen, pH 2,1), das ca. 3 mVal Kationen enthält, wird auf eine Säule (1→15 cm) mit Amberlite IR-120 gegeben, mit 0,5n HCl eluiert (die ersten 10 ml Eluat werden verworfen), u. das Eluat in 50- u. 100-ml-Meßkolben gesammelt. Die Gesamtmenge an Na^+ u. K^+ wird flammenspektrophotometr. bestimmt. Der Fehler beträgt —2 bis —5%. L. Schuler. 6058□

Untersuchung der organischen Geschmacks- und Geruchsstoffe des Missouri. DeVere W. Ryckman, Nathan C. Burbank und Edward Edgerley. (J. Amer. Water Works Assoc. **53.** 1392—1402. Nov. 1961; engl.) — W. wird über Kohle filtriert,

mit $CHCl_3$ extrahiert, dieses abgedampft, der Rückstand mit Ae. aufgenommen u. mit W. bzw. HCl bzw. Na_2CO_3 bzw. NaOH extrahiert. Die im Ae. bleibenden Neutralstoffe werden an Silicagel absorbiert u. nach Eluierung mit Isooctan bzw. Bzl. u. ähnlichen chromatograph. getrennt u. mittels IR-Spektroskopie bestimmt.
H. DORSCH. 6060□

Untersuchung der hemmenden Wirkung von Toluol beim Messen der biologischen Aktivität von Süßwassersediment. Ernő Szabó, Zsuzsa F. Kalkó und Lajos Felföldy. (Ann. Inst. biol. (Tihany) hung. Acad. Sci. **28.** 135—38. Dez. 1961; engl.) — Vff. stellten fest, daß die HOFMANNsche bodenenzymolog. Meth. entgegen der Kritik von CLAUS u. MECHSNER (C. **1962.** 8035) gut verwendbar ist. J. PLANK. 6064

Chemieprodukte K. G., Chemische Fabrik, Berlin, **Entsäuerung von Wasser** mittels geformten, MgO (**I**) u. ein zur Bldg. von Sorelzement befähigtes Mg-Salz (**II**) enthaltenden Filtermassen (**III**), dad. gek., daß der Geh. der **III** an **I** mehr als 84 Gew.-%, berechnet auf das Gesamt-Gew. von **I** u. **II**, beträgt. (**D. A. S. 1 132 502** Kl. 85b vom 15/5. 1953, ausg. 28/6. 1962.) H. BLACHETZKI. 6025

Esso Research and Engineering Co. (Erfinder: Edwin Richard Gilliland), **Verdampfen von flüchtigen Flüssigkeiten aus Salzlösungen** durch Inberührungbringen mit geschmolzenen Materialien, wie hochschm. Paraffinwachse, S, Naphthalin, Blei–Zinn-Legg., WOODsches oder ROSEsches Metall. Verw. z. B. zur *Gewinnung von entmineralisiertem W. aus Seewasser.* (**Aust. P. 228 569** vom 18/12. 1958, ausg. 30/6. 1960. A. Prior. 22/1. 1958.) K. DEMMLER. 6035

Emhart Mfg. Co., Hartford, Conn., und American Machine & Foundry Co., Inc., New York, N.Y., übert. von: William R. Williamson, Wethersfield, und Norman Fraser, Simsbury, Conn., V.St.A., **Vakuumverdampfer zur Gewinnung salzfreien Wassers.** Das heiße W. wird in den Verdampfungsraum (**I**) tangential eingeleitet, an einer zylindr. Trennwand entlang u. über deren oberen Rand in einen das konzentrierte Salzwasser aufnehmenden Ringraum geführt. Der aufsteigende Wasserdampf gelangt über eine Filterschicht zu dem den **I** durchsetzenden Kondensator. — Zeichnung. (**E. P. 851 130** vom 26/3. 1959, ausg. 12/10. 1960. A. Prior. 31/3. 1958. **A. P. 2 994 647** vom 31/3. 1958, ausg. 1/8. 1961.) H. BLACHETZKI. 6035

R. Wainer, Abwässer in der metallurgischen Industrie (metallverarbeitende und galvanische Betriebe). Moskau: Metallurgisdat. 1962. (123 S. m. Abb.) 50 Kop. [russ.]

V. Anorganische Industrie

Moderne Methoden der Gewinnung von Chlorwasserstoff und Salzsäure. Jerzy Synowiec. (Chemik [Warszawa] **13.** 285—91. Juli/Aug. 1960. Gliwice, Inst. Chemii Nieorganicznej; pol.) — Allg. Ausführungen. — 5 Literaturangaben.
M. WINIKER. H 247□

Mangan(II)-sulfat als Hilfe bei der Gewinnung von technisch reinem Kochsalz. C. S. Acharya und S. P. Tandon. (J. sci. ind. Res. [New Delhi], Sect. D **20.** 464—65. Dez. 1961. Bombay, Salt Dep. Labor.; engl.) — Durch Zusatz von 0,01 Gew.-% NaCl zu gesätt. NaCl-Sole erhält man NaCl-Kristalle mit 97,29 (%) NaCl, 0,35 $CaSO_4$, 0,13 $MgSO_4$, 0,21 $MgCl_2$, 0,01 Unlösl., 2,01 H_2O. W. WESLY. H 274□

Die Herstellung von Natriumsulfat und Magnesiumverbindungen durch komplexe Verwertung von Gips, Dolomit und Steinsalz. 1. Mitt. G. Budici, E. Şerban und V. Ionescu. (Rev. Chim. [Bucureşti] **10.** 559—62. Okt. 1959; rum.) — Vff. beschreiben eine Meth. zur Verw. von Gips–Steinsalz- u. Dolomitablagerungen zur Gewinnung von Na_2SO_4 u. MgO. H. GUISCHARD. H 282□

Naßmetallurgische Erzeugung von Urandioxid für Kernreaktor-Brennelemente. I. H. Warren und F. A. Forward. (Canad. Mining metallurg. Bull. **54.** 743—49. Okt. 1961. Vancouver, Canada, Univ. of British Columbia, Dep. of Mining and Metallurgy; engl.) — Die übliche Darst. von UO_2 führt nicht immer zu gleichmäßigen Ergebnissen. Es wurde nachgewiesen, daß man durch Behandlung von Urantrioxid u. Ammoniumdiuranat in wss. Aufschlämmung mit CO_2 u. H_2 bei erhöhter Temp. (z. B. 210°) zu einem sehr reinen UO_2 gelangt, dessen Eigg. durch die Vers.-Bedingungen beeinflußt werden können. Als Katalysatoren dienten Pt bzw. Ni, als Beschleuniger vorzugsweise Anthrachinon. Der Gesamtdruck im Autoklaven betrug bis zu 100 lbs./sq.in. Durch Pressen u. Sintern des UO_2 wurde eine Dichte von 10,6 g/cm³ erreicht bei Temp., die 200—300° unter den sonst nötigen lagen. — 14 Literaturangaben.
F. HOCHSTETTER. H 339□

Helge Vilhelm Tuxen-Meyer, Stockholm, Schweden, **Gewinnung von schwerem Wasser aus natürlichem Wasser durch Elektrolyse.** Der in einem Elektrolyse-App. entwickelte H_2 wird zu dem negativen Pol eines oder mehrerer galvan. Elemente u. O_2 zum positiven Pol geleitet, wodurch die Deuterium-Konz. im Elektrolyse-App. ständig steigt. Der Stromverlust wird durch eine zwischen Elektrolyse-App. u. galvan. Element geschaltete Stromquelle aufgebracht. — Abbildungen. (**Dän. P. 86 137** vom 10/7. 1954, ausg. 1/12. 1958.) K. H. Kähler. H 240

United States Atomic Energy Commission, übert. von: Thomas Ivan Taylor, Leonia, N.J., und William Spindel, New York, N.Y., V.St.A., **Anreicherung von ^{15}N.** Gasförmiges NO, enthaltend ^{15}N, wird in einer Austauschzone mit einer Fl., die eine Hydroxysäure oder ein Oxid des N (enthaltend ^{14}N) enthält, in Kontakt gebracht. In dieser Fl. soll ein Atomverhältnis von O/N >1 eingehalten werden (Anwendung von HNO_3, N_2O_3, N_2O_4), um in der fl. Phase eine Anreicherung von ^{15}N zu erreichen. Diese Fl. wird mit einem Red.-Mittel (SO_2) behandelt, wobei NO, angereichert an ^{15}N, erhalten wird. Ein Teil des angereicherten NO wird im Kreislauf geführt. (**A. P. 2 923 601** vom 22/11. 1955, ausg. 2/2. 1960. **E. P. 830 937** vom 10/9. 1956, ausg. 23/3. 1960. A. Prior. 22/11. 1955.) E. Miessgang. H 243

United States Atomic Energy Commission, übert. von: Robert F. McCullough, Glenview, Ill., V.St.A., **Gewinnung von Ammoniak und Schwefeldioxid** durch Zers. von $(NH_4)_2SO_4$. Man vermischt dabei $(NH_4)_2SO_4$ mit NiO, SrO oder ZnO u. erhitzt das Gemisch auf 300—500° unter Gewinnung von reinem NH_3. Den verbleibenden Rückstand erhitzt man dann auf 850—1200° unter Verflüchtigung der Oxide des Schwefels, die man durch Kondens. erhält. Das restliche Metalloxid führt man einem neuen Ansatz zu. (**A. P. 2 927 001** vom 30/6. 1958, ausg. 1/3. 1960.) H. Nebelsiek. H 253

Phillips Petroleum Co., Bartlesville, Okla., V.St.A., **Rußerzeugung.** Ein gasförmiger, verdampfter oder versprühter KW-Stoff u. ein inertes, O_2 enthaltendes Gas wird in einem Rußerzeugungsofen mittels eines Doppelinjektors eingeführt, der aus einem äußeren keram. Venturirohr mit einem zylindr. kürzeren Innenrohr für den KW-Stoff u. einem in dem Innenrohr gelagerten zylindr. Zuführungsrohr für das Gas besteht. — Zeichnungen. (**E. P. 834 457** vom 23/1. 1957, ausg. 11/5. 1960. A. Prior. 6/2. 1956.) K. Demmler. H 260

Bergwerksverband zur Verwertung von Schutzrechten der Kohlentechnik G. m. b. H., Deutschland, **Aktivieren von Kohle** mittels Wasserdampf u. einem Trägergas bei 800—1000° im Wirbelbett, wobei der Wasserdampf-Geh. $<0{,}65$ kg je m^3 Trägergas gehalten wird. Der Wasserdampf kann durch Einblasen von W. in die Rk.-Kammer, durch Verw. der Kammerabgase oder der überschüssigen Wärme der Rk.-Kammer erhalten werden. Zur Regelung der Konz. des Wasserdampfes werden die Kammerabgase in die Rk.-Kammer zurückgeleitet. (**F. P. 1 201 750** vom 19/8. 1958, ausg. 5/1. 1960. D. Prior. 19/8. 1957.) W. Wittholz. H 260

Pan American Petroleum Corp., übert. von: Willis A. Adcock und William C. Lake, Tulsa, Okla., V.St.A., **Herstellung von Kohlenstoffoxysulfid** aus S u. CO. Diese Rk.-Teilnehmer werden bei 950—1700° F unter Anwendung eines Atomverhältnisses S : O_2 von $\sim$0,18 : 1 bis $\sim$1 : 1 umgesetzt. Darst. der optimalen S_2/CO-Verhältnisse in Abhängigkeit von der Temperatur. — Verfahrensschema. (**A. P. 2 935 380** vom 1/5. 1953, ausg. 3/5. 1960.) E. Miessgang. H 260

Bianca Sepe, Neapel, Italien, **Gewinnung von Kaliumsalzen aus dem Meerwasser (I).** Man versetzt das **I** mit der dem Geh. an Mg entsprechenden Menge an CaO, filtriert u. fällt das K als *Phenylhexanitroanilin* (**II**)-Salz, aus welchem es mittels einer 15—50%ig. Säure gelöst wird, wobei das **II** ungelöst bleibt, in das wasserlösl. Ca-Salz übergeführt u. in den Prozeß zurückgegeben werden kann. **II**, F. 239°, erhält man durch Nitrieren von Tetranitro-o-diphenylamin oder durch Einw. von HNO_3 auf Methyldiphenylamin. (**It. P. 536 105** vom 23/7. 1953.) K. Koebke. H 275

Kaiser Aluminum & Chemical Corp., Oakland, Calif., übert. von: William F. van Loenen, Baton Rouge, La., V.St.A., **Tonerdegewinnung aus Bauxiten.** Um die beim Bauxitaufschluß an den Metallwänden der Aufschlußgefäße auftretenden Ablagerungen zu vermeiden oder deren Beseitigung zu erleichtern, überzieht man die Gefäßwände mit einem thermoplast. Harz, z. B. aus Polyäthylen, Polyfluoräthylen oder einem Kondens.-Prod. des Epichlorhydrins mit Bis-phenol. (**A. P. 2 930 677** vom 31/1. 1955, ausg. 29/3. 1960.) H. Nebelsiek. H 294

Kaiser Aluminum & Chemical Corp., Oakland, Calif., übert. von: Reginald F. Roberts jun., Baton Rouge, La., V.St.A., **Ausfällen von Tonerdehydrat** aus gesätt. Alkalialuminatlösungen. Man erhitzt einen Schlamm aus $Al(OH)_3$-Dampfkristallen, der außerdem Na-Oxalat enthält, auf 70—100° u. erzielt beim Zusatz dieses Schlammes zu der Aluminatlauge eine bes. schnelle u. vollständige Ausfällung. (**A. P. 2 935 376** vom 8/4. 1957, ausg. 3/5. 1960.) H. NEBELSIEK. H 294

United States Atomic Energy Commission, übert. von: Alan T. Gresky, Eugene O. Nurmi, Oak Ridge, Douglas L. Foster, Knoxville, Russell P. Wischow und Jouko E. Savolainen, Oak Ridge, Tenn., V.St.A., **Herstellung von zweibasischem Aluminiumnitrat** der annähernden Formel $Al_6(OH)_{13} \cdot (NO_3)_5$. Man löst Al in Ggw. geringer Mengen Hg in wss. $Al(NO_3)_3$-Lsg. (Verhältnis $NO_3 : Al = 5 : 6$) unter Herst. einer 7mol. Lösung. Diese gibt man zu einem Gemisch aus 5 (Vol.-Teilen) Methanol u. 6 Ae., dabei fällt das 2bas. Al-Nitrat aus. (**A. P. 2 931 706** vom 21/6. 1954, ausg. 5/4. 1960.) H. NEBELSIEK. H 294

Union Carbide Corp., V.St.A. (Erfinder: John Calvin Brantley, Edward Lewis Morehouse und Leo Parts), **Herstellung organischer Titanverbindungen** der allg. Formel $RTiX_{3-m}Y_m$ (R = Cyclopentadienylrest; X = Halogen; Y = Halogen oder Alkoxyrest; m = 0—3), z. B. *Cyclopentadienyl-Ti-Trichlorid*, *-Tribromid* u. *-Triäthoxyd*, $[(C_5H_5)TiOCl]_4$, dad. gek., daß man ein Organotitandihalogenid R_2TiX_2 mit Ti-Tetrahalogeniden oder Halogen bzw. Alkalicyclopentadienyl mit Ti-Tetrahalogeniden umsetzt. (**F. P. 1 220 992** vom 15/1. 1959, ausg. 30/5. 1960. A. Prior. 15/1. 1958.) S. BÖTTCHER. H 321

Thorium Ltd. (Erfinder: William Palmer Kemp und Kenneth William Ponting), **Gewinnung von Thoriumsalzen** durch Lsgm.-Extraktion aus Th- u. La-Nitrat-Lsgg., die z. B. aus Monoazitsand erhalten werden, dad. gek., daß man der Lsg. vor der Extraktion Fe(III)- oder Al-Ionen zusetzt, bes. in Form von $Fe(NO_3)_3$ oder $Al \cdot (NO_3)_3$, wobei man >1 g Fe- oder >0,5 Al-Ionen pro g Phosphat, gerechnet als P_2O_5, zugibt. (**Aust. P. 229 936** vom 12/3. 1958, ausg. 15/9. 1960.) C. LÜTTGEN. H 324

International Business Machines Corp., New York, N.Y., V.St.A., **Ausrichten von Germaniumkristallen,** z. B. auch von Keimkristallen. Der Kristall wird derart im Halter befestigt, daß bei Rotation um die Halterachse ein auf die [1 1 1]-Flächen fallender Lichtstrahl immer an die gleiche Stelle reflektiert wird. Diese [1 1 1]-Flächen (in Form von Dreiecken) werden ggf. durch Ätzen einer HF u. H_2O_2 enthaltenden Mischung sichtbar gemacht. — Abbildungen. (**E. P. 846 915** vom 28/12. 1956, ausg. 7/9. 1960. A. Prior. 30/12. 1955.) O. STEIL. H 326

Anaconda Co., übert. von: Alfred Immanuel Alf und Charles Ewald Taylor, Great Falls, Mont., V.St.A., **Gewinnung von Germaniumverbindungen** durch oxydierendes Rösten des Ge-haltigen Rohmaterials, bes. Zn-Konzentraten, u. anschließendes Auslaugen mit verd. H_2SO_4. In die erhaltene Lauge trägt man ein Fe(III)-Salz ein u. macht die Lsg. durch Zusatz von NaOH alkalisch. Dabei fallen die Hydroxide des Fe u. Ge aus. Beim Erhitzen des abgestimmten Nd. auf 70—100° in Ggw. von HCl dest. $GeCl_4$ ab, das man in wss. HCl absorbiert. Mit H_2S fällt man aus dieser Lsg. GeS_2, das beim Erhitzen in *GeO_2* übergeht. (**A. P. 2 929 677** vom 24/11. 1954, ausg. 22/3. 1960.) H. NEBELSIEK. H 326

Giulio Natta, Raffaele Ercoli und Fausto Calderazzo, Mailand, Italien, **Herstellung von Chromhexacarbonyl.** Man behandelt eine 2- oder 3wertige Cr-Verb., z. B. Chromacetat, in Pyridin, einem tert. Amin oder NH_4-Lsg. in Ggw. eines Katalysators, z. B. 1% J_2 u. 2% Co-Acetat, unter 200 at bei 80—200°, bes. 150°, ca. 24 Std. mit CO in Ggw. eines Red.-Mittels, z. B. Mg-Pulver. Das gebildete $Cr(CO)_6$ erhält man dann aus dem Rk.-Gemisch durch Sublimation oder Dampfdestillation. (**A. P. 2 940 832** vom 28/1. 1958, ausg. 14/6. 1960. It. Prior. 4/2. 1957.) H. NEBELSIEK. H 335

United States Atomic Energy Commission, Washington, D. C., V.St.A., **Gewinnung von Uran.** Man digeriert das U enthaltende Material mit HNO_3, laugt den entstandenen Schlamm mit einem mit W. nicht mischbaren organ. Lsgm., bes. Tributylphosphat + Kerosin im Vol.-Verhältnis 30—70, aus u. trennt die das in den fl. sowie festen Teilen des Schlammes vorhandene U enthaltende Extraktionsphase ab. (**Belg. P. 563 915** vom 13/1. 1958, ausg. 17/6. 1960.) K. DEMMLER. H 339

United States Atomic Energy Commission, übert. von: Donald F. Mastick, Napa, Calif., V.St.A., **Abtrennen von Plutonium** von seinen Verunreinigungen, bes. U(VI)-Verbindungen. Man löst unreines Plutonylnitrat in starker HNO_3, fügt HF hinzu, trennt den Nd. ab u. setzt dem Pu(VI)-Geh. entsprechend H_2O_2 zu. Dabei geht Pu(VI) in Pu(III) über. Durch mäßiges Erhitzen zerstört man das restliche H_2O_2, dann fällt man aus der Lsg. mit dem Pu(III)-Geh. entsprechender Menge HF *PuF_3* aus. (**A. P. 2 936 213** vom 12/6. 1947, ausg. 10/5. 1960.) H. NEBELSIEK. H 343

United States Atomic Energy Commission, übert. von: David M. Ritter und Robert P. S. Black, Oak Ridge, Tenn., V.St.A., **Gewinnung von Plutoniumverbindungen** bei der U(IV)-Oxalatfällung. Man löst den Oxalat-Nd. in wss. K_2CO_3-Lsg., fügt H_2O_2 zu, um U(IV) zu U(VI) zu oxydieren u. säuert die bisher alkal. Lsg. mit HCl, H_2SO_4 oder HNO_3 an. Dabei setzt man der Säure geringe Mengen U(IV)-Ionen zu, so daß U(IV)-Oxalat zusammen mit den geringen Mengen Pu ausfällt. Den Nd. arbeitet man in üblicher Weise auf. (**A. P. 2 933 369** vom 28/9. 1944, ausg. 19/4. 1960.) H. NEBELSIEK. H 343

N. V. Magneto-Chemie, Schiedam, Holland, **Herstellung von Eisenoxiden durch Elektrolyse** mit einer positiven Elektrode aus Fe in einer ein sich selbst regenerierendes Alkalisalz oder einen Elektrolyten mit größerer Affinität zu H als zu Fe enthaltenden Bad-Fl., in dem man während der Elektrolyse O_2 zuführt u. das gebildete Fe-Oxid durch weitere Oxydation oder Red. im gleichen oder besonderen Bad in die gewünschte Oxydationsstufe überführt. Zum Beispiel wird bei Verwendung einer 2%ig. NaBr-Lsg. u. bei einer Bad-Temp. von 65° unter Einblasen von Luft Fe_2O_3 mit magnet. Eigg. erhalten. (**Belg. P. 568 025** vom 24/5. 1958, ausg. 12/8. 1960. Holl. Prior. 7/1. 1955.) K. DEMMLER. H 354

Food Machinery & Chemical Corp., San José, Calif., V.St.A., *Herstellung von Wasserstoffperoxid.* (**E. P. 872 290** vom 30/9. 1957, ausg. 5/7. 1961. A. Prior. 24/10. 1956. — C. **1960.** 4314 [D. A. S. 1 063 581].)

Edogawa Kagaku Kogyo Kabushiki Kaisha, Tokyo, Japan, *Herstellung von Wasserstoffperoxid.* (**E. P. 875 189** vom 30/10. 1957, ausg. 16/8. 1961. Jap. Prior. 31/10. 1956. — C. **1962.** 1367 [F. P. 1 186 445].)

Farbenfabriken Bayer Akt.-Ges., Leverkusen (Erfinder: **Günter Henrich**, Opladen), *Gewinnung von Hydrazinhydrat.* (**Oe. P. 217 428** vom 22/9. 1959, ausg. 10/10. 1961. D. Prior. 13/10. 1958. — C. **1961.** 3443 [D. A. S. 1 087 119].)

Badische Anilin- & Soda-Fabrik Akt.-Ges., Ludwigshafen/Rh., *Unvollständige Verbrennung unverdampfliche Bestandteile enthaltender Öle mit O_2 zu CO und H_2.* (**E. P. 855 501** vom 29/8. 1957, ausg. 30/11. 1960. D. Prior. 8/9. 1956. — C. **1959.** 13912 [D. A. S. 1 023 016].)

Soc. An. des Manufactures des Glaces et Produits Chimiques de Saint Gobain, Chauny & Cirey, Paris, Frankreich, *Herstellung von Phosphorsäure.* (**Ind. P. 64 963** vom 26/8. 1958, ausg. 22/11. 1960. — C. **1961.** 14055 [F. P. 1 181 150].)

Struthers Wells Corp., V.St.A., *Herstellung von Phosphorsäure auf nassem Wege.* (**F. P. 1 230 060** vom 30/4. 1959, ausg. 13/9. 1960. — C. **1960.** 12804 [A. P. 2 897 053].)

United Kingdom Atomic Energy Authority, London (Erfinder: **Thomas Victor Healy**, Chilton, Harwell), England, *Gewinnung von radioaktivem Cäsium als Cäsiumsulfat oder -carbonat.* (**A. P. 2 980 503** vom 30/7. 1957, ausg. 18/4. 1961. E. Prior. 30/7. 1956. — C. **1962.** 1751 [D. A. S. 1 109 657].)

Wacker-Chemie G. m. b. H., Deutschland, *Herstellung von reaktionsträgem Calciumoxid.* (**F. P. 1 213 982** vom 5/1. 1959, ausg. 5/4. 1960. D. Prior. 3/6. 1958. — C. **1962.** 5806 [D. A. S. 1 112 003].)

Union Carbide Corp., New York, N.Y., V.St.A., *Gewinnung von Vanadinverbindungen.* (**Holl. P. 98 231** vom 18/2. 1957, ausg. 15/6. 1961. A. Prior. 24/2. 1956. — C. **1959.** 10372 [D. A. S. 1 040 517].)

VI. Silicatchemie. Baustoffe

Glastechnologie in Japan. Ikutaro Sawai. (Glass Technol. **2.** 243—47. Dez. 1961. Okayama Univ.; engl.) L. KÜHNERT. 6168□

Infrarot-Absorption und Glasstruktur. R. V. Adams. (Physics Chem. Glasses **2.** 101—10. Aug. 1961. Univ. of Sheffield, Dep. of Glass-Technol; engl.) — Die IR-Spektren von Gläsern aus reinem As_2O_3 u. Mischungen mit PbO bis zum Verhältnis 3 PbO·As_2O_3 werden in Kurven dargestellt. Aus dem Vgl. kann geschlossen werden, daß As_2O_3-Gruppen in Pyramidenform vorhanden sind u. daß es unwahrscheinlich ist, daß As^{3+} mit der Koordinationszahl 4 im Glaszustand vorhanden ist. Die IR-Spektroskopie gestattet festzustellen, ob die Koordinationszahl des Glasbildners mit dem O^{2-} im Glaszustand die gleiche ist wie im kristallinen Zustand. — 25 Literaturangaben.
L. KÜHNERT. 6168□

Mechanismus der chemischen Reaktion zwischen Silicatglas und angreifenden Agentien. 1. Mitt. **Elektrophile und nucleophile Mechanismen des Angriffs.** S. M. Budd. (Physics Chem. Glasses **2.** 111—14. Aug. 1961. London, United Glass Ltd., Group Res. Dep.; engl.) — Es wird eine Erläuterung der aus der organ. Chemie übernommenen Ausdrücke „elektrophile Reagentien“ (eR), die an Stellen mit Elektronenüberschuß, „nucleophile“ (nR), die an Elektronendefektstellen angreifen, gegeben u. die Vorstellung entwickelt, daß $H^+(H_3O^+)$ sowie HCl u. H_2SO_4 eR sind, die Silicatgläser über die negativ geladenen, keine Brücken bildenden O-Atome angreifen, wohingegen nR wie O^{2-} u. OH^- an den Si-Atomen des Netzwerkes angreifen.
L. KÜHNERT. 6168□

Mechanismus der chemischen Reaktion zwischen Silicatglas und angreifenden Agentien. 2. Mitt. **Chemisches Gleichgewicht an der Berührungsfläche Glas-Lösung.** S. M. Budd und J. Frackiewicz. (Physics Chem. Glasses **2.** 115—18. Aug. 1961;

engl.) — 1. vgl. vorst. Referat. — Zur Durchführung der Verss. wird Glas unter einer Lsg. von bekanntem pH zerkleinert u. dabei laufend pH-Messungen mit Methylenblau als Indicator durchgeführt. Die wirksame Oberfläche des Glases wird unter bestimmten Annahmen im Zusammenhang mit dem Zerkleinerungsgrad festgestellt. Bei einem Glas der Zus. 73,0 (%) SiO_2, 1,5 Al_2O_3, 11,1 CaO, 14,0 Na_2O ergibt sich ein Sättigungs-pH-Wert, der nach den durchgeführten Unterss. abhängig von der Zus. des Glases ist, aber für ein gegebenes Glas anscheinend nicht von der Konz. oder Art der positiven Ionen in der Lsg. abhängt, obgleich die zum Erreichen des Gleichgewichtes notwendige Glasoberfläche größer ist, wenn „Fremdionen" in der Lsg. vorhanden sind.

L. KÜHNERT. 6168□

Grundlagen der Glas-Metall-Verschmelzung. 5. Mitt. **Benetzbarkeit des Eisens durch geschmolzenes Natriumdisilicat.** Robert W. Cline, Richard M. Fulrath und Joseph A. Pask. (J. Amer. ceram. Soc. **44.** 423—28. 1/9. 1961. Berkeley, Univ. of Calif., Dep. of Mineral Technol., Ceram. Labor.; engl.) — 4. vgl. C. **1960.** 14487. — Es wird eine Vers.-Einrichtung beschrieben, in der Glastropfen von $Na_2O \cdot 2\ SiO_2$ hoher Temp. auf Platten aus Armco-Eisen u. Magnetit unter geeigneter Schutzgasatmosphäre auffallen, so daß die Kontaktwinkel (KW) gemessen werden können. Bei Fe tritt ein KW von 55 ± 2^0 bei geringer, bei Magnetit von 2 ± 1^0 bei guter Adhäsion auf. Bei zunehmender Oxydation der Fe-Oberfläche ergeben sich zunehmend geringere KW u. steigende Adhäsion. Wenn das Glas eine geringe Menge Fe gelöst u. dadurch das Metall angeätzt hat, tritt bei einem KW von 15—35° günstige Adhäsion auf. Ein dünner Oxidfilm hinderte die Verdampfung von Fe im Vakuum bei 1000° nicht.

L. KÜHNERT. 6168□

Grundlagen der Glas-Metall-Verschmelzung. 6. Mitt. **Reaktion zwischen metallischem Eisen und geschmolzenem Natrium-Disilicat.** Lucy G. Hagan und S. Frederick Ravitz. (J. Amer. ceram. Soc. **44.** 428—29. 1/9. 1961; engl.) — 5. vgl. vorst. Referat. — Um die Rkk. festzustellen, die bei den Benetzungs-Verss. auftreten, werden Mischungen von Na-Disilicat u. Fe-Pulver unter Vakuum auf Temp. von 900—1000° erhitzt, wobei sich ein glänzender Nd. an den Wänden des Rezipienten zeigte, der bei Luftzutritt verschwand u. sich bei der Unters. als Na mit geringen Mengen Fe erwies. Vers.-Bedingungen u. Ausführungen werden angegeben. Die Menge des ausgedampften Na entsprach dem Gewichtsverlust der Ausgangsmischung. L. KÜHNERT. 6168□

Grundlagen der Glas-Metall-Verschmelzung. 7. Mitt. **Benetzbarkeit von Eisen durch geschmolzenes, eisenoxidhaltiges Natriumdisilicat.** Robert B. Adams und Joseph A. Pask. (J. Amer. ceram. Soc. **44.** 430—33. 1/9. 1961; engl.) — 6. vgl. vorst. Referat. — Mit früher angegebener Vers.-Einrichtung werden Gläser auf Pt u. Fe im Vakuum aufgetropft u. Kontaktwinkel (KW) u. Adhäsion festgestellt. Es wird gezeigt, daß mit wachsendem Fe-Geh. (bis 44,4 Mol.-%) der KW von 55 auf 22° sinkt u. die Adhäsion in gleichem Umfang besser wird. An der Übergangsschicht Glas–Fe wurde das Fe unter Bldg. von Fayalit (Fe_2SO_4) angeätzt, um so stärker, je höher der Fe-Geh. war, wobei bes. die Korngrenzen in Mitleidenschaft gezogen wurden. — 11 Literaturangaben. L. KÜHNERT. 6168□

Fehlerfreie Glasunterlagen für dünne Permalloy-Schichten. A. F. Fray und S. Nielsen. (Brit. J. appl. Physics **12.** 603—08. Nov. 1961. Great Malvern, Worcs., Royal Radar Establ., Ministry of Aviation; engl.) — Wegen des Zusammenhanges der Oberflächenfehler von Glasunterlagen mit den magnet. Eigg. der auf ihnen aufgedampften Permalloyschichten werden Unterss. durchgeführt, diese Fehler festzustellen u. sie zu verkleinern. Danach werden die besten Glasoberflächen erhalten, wenn man im Vakuum geschmolzenes Glas aus dem fl. Zustand auf Raum-Temp. abschreckt.

H. FAHLENBRACH. 6168□

Feldspat. Dorijan Bauman. (Kem. u Ind. [Zagreb] **9.** Nr. 12. Staklo-Porculan-Keram. **2.** N47—N48. Dez. 1960. Zagreb, Jugomineral.; kroat.) — In einer Tabelle werden Analysen von 4 jugoslaw. u. 8 ausländ. Feldspatproben mitgeteilt. Abbau u. Verwertung der Welt-Vork. werden besprochen. R. K. MÜLLER. 6170□

Der Glasaustritt beim kontinuierlichen Cyclus der Hohlglasfabrikation. Milenko Radančević. (Kem. u Ind. [Zagreb] **9.** Nr. 12. Staklo-Porculan-Keram. **2.** SPK71 bis SPK74. Dez. 1960. Zagreb, Ghetaldus.; kroat.) — An Beispielen wird der Einfl. der Kühlbedingungen auf die Entstehung von Spannungen in kontinuierlich gezogenen Hohlgläsern gezeigt u. die Bedeutung der Konstruktion der Kühlöfen erläutert.

R. K. MÜLLER. 6172□

Erhöhung der Lebensdauer von Glasformen und Formausrüstungen. T. C. Leach. (Glass Technol. **2.** 135—39. Aug. 1961. London, Wail Colmonoy Ltd.; engl.) — Maschinenteile, die mit geschmolzenem Glas in Berührung kommen, erhalten durch Aufspritzen u. Einschmelzen einer Leg. aus 95—65 (%) Ni, 8—20 Cr, 2,0—2,75 B u. 8—10 Fe + Si + C, die den bearbeiteten Gläsern u. sonstigen Bedingungen angepaßt ist, eine wesentlich längere Lebensdauer. L. KÜHNERT. 6172□

Metallisierung von Glasbearbeitungsmaschinen und -formen. J. A. Fawcett. (Glass Technol. 2. 142—45. Aug. 1961. Chobham, METCO Ltd.; engl.) — Der Einsatz von Metallen in Pulverform zum Flammsprühen von Glasformen usw. wird behandelt. Für das Versprühen von schwerschmelzbaren Materialien, u. a. Al_2O_3, ZrO_2 u. Magnesiumzirkonat, wird ein *Plasmabrenner* beschrieben. L. KÜHNERT. 6172□

Diffusion von Metallen bei Glasformen. E. G. Weatherley. (Glass Technol. 2. 146—49. Aug. 1961. Isleworth, Metal Diffusions Ltd.; engl.) — Die Behandlung von Metalloberflächen durch Einw. von Metalldämpfen mit Hilfe z. B. von Halogen-Verbb. zur Vergütung von Glasformen mit Cr wird behandelt u. eine dafür geeignete Gußeisen-Zus. angegeben. L. KÜHNERT. 6172□

Oberflächenbehandlung von Glasformen. J. H. Edgington. (Glass Technol. 2. 140—41. Aug. 1961. Emhart Sweden AB; engl.) — Es werden eine Reihe von Problemen behandelt, die sich bei der Verw. von Siliconen u. Kolloidgraphit als Formenschmiere für Glasformen ergeben. L. KÜHNERT. 6172□

Automatisches Form-Feinschleifen. F. W. Armytage. (Glass Technol. 2. 130—32. Aug. 1961. Knottingley, Yorkshire, Armytage Bros. Ltd.; engl.) — Es werden die Meth. des Feinschleifens u. ihre Anwendung bei der Herst. der Glasformen behandelt u. auf das Ziehschleifen (Honen) hingewiesen, das bes. Vorteile im Hinblick auf die Automatisierung bietet. L. KÜHNERT. 6172□

Anomale Färbung von cerhaltigen Gläsern durch Gammastrahlen. Adli M. Bishay. (Physics Chem. Glasses 2. 169—75. Okt. 1961. Illinois, Argonne Nat. Labor., Remote Control Engng. Div.; engl.) — Gläser der Zus. 1,0 (Mol.-%) Al_2O_3, 2,5 B_2O_3 u. 1,5 BaO werden mit 0,5—5,0 Ce versetzt, reduzierend oder oxydierend in beschriebenem Vers.-Ofen geschmolzen u. mit ^{60}Co bestrahlt. Bei reduzierender Schmelze zeigt sich eine Absorptionsbande bei 650 mμ (1,9 eV) nach der Bestrahlung mit Gammastrahlen, die mit der Bestrahlungszeit breiter wird. Das C^{3+}-Ion ist die Ursache dafür, während der Effekt von Ce^{4+}-Ionen aufgehoben wird. Ein (Ce^{3+} + e)-Ion wird für die auftretenden Erscheinungen als Ursache angesehen u. eine Erklärung dafür vorgeschlagen. L. KÜHNERT. 6176□

Silberüberzüge auf Glas. Ivo Tomić. (Kem. u Ind. [Zagreb] 9. Nr. 12. Staklo-Porculan-Keram. 2. SPK75—SPK76. Dez. 1960; kroat.) — Da ammoniakal. Lsgg. von $AgNO_3$ beim Stehen oder Verdampfen explosives AgN_3 ausscheiden können, wird empfohlen, beim Versilbern von Glas (durch Red. mit salpetersaurer Zucker-Lsg.) als Vorrats-Lsg. (A) 20 g $AgNO_3$ u. 10 g KOH in 400 ml dest. W. u. (B) 2 g $AgNO_3$ in 30 ml dest. W. zu verwenden u. erst vor Gebrauch der Lsg. A wss. NH_3-Lsg. zuzugeben u. den $AgNO_3$-Geh. mit Lsg. B zu regulieren. Analog wird bei der Red. mit einer Lsg. von Rochellesalz oder CH_2O verfahren. R. K. MÜLLER. 6202□

Korrosion von feuerfesten Materialien durch geschmolzenes Glas. E. Vago und C. F. Griffith. (Glass Technol. 2. 238—41. Dez. 1961. Lathom, Lancs., Pilkington Brothers Ltd., Res. Labor.; engl.) — Es werden früher beschriebene Verss. mit stabförmigen Testkörpern aus verschiedenen feuerfesten Materialien miteinander verglichen u. festgestellt, daß beide Arten der Prüfung verschiedene Auswirkung auf die Probestäbe haben, daß aber beide zum gleichen Ergebnis führen, wenn sie zur Grundlage der Klassifizierung der verwendeten Materialien gemacht werden. L. KÜHNERT. 6218□

Korrosionsversuche zur Feststellung der Auflösung von Wannenbausteinen durch geschmolzenes Glas. Anonym. (Glass Technol. 2. 235—37. Dez. 1961. Soc. of Glass Technol., Refractories Comm.; engl.) — Es werden 3 Vers.-Anordnungen angegeben: 1. stat. Vers., bei dem ein stabförmiger Körper ohne Bewegung in die Schmelze eingetaucht wird, 2. ein eingetauchter Stab rotiert um seine Längsachse u. 3. ein Probetiegel aus dem zu untersuchenden Material wird mit dem geschmolzenen Glas gefüllt u. längere Zeit erhitzt. Die Korrosions-Wrkg. wird durch die Vol.-Abnahme der Probekörper gemessen. Dabei zeigen die Stab-Verss. vergleichbare Ergebnisse als Grundlage für die Gütecinstufung der feuerfesten Materialien. L. KÜHNERT. 6218□

Korrosion von feuerfesten Zirkonsteinen durch Glasschmelzen. 1. Mitt. **Die Wirkung der Porosität von feuerfesten Zirkonsteinen auf deren Widerstand gegen Korrosion durch geschmolzenes Calcium–Aluminium–Borsilicatglas.** E. Vago und C. F. Griffith. (Glass Technol. 2. 218—26. Dez. 1961. Lathom, Lancs., Pilkington Brothers Ltd., Res. Labor.; engl.) — Es werden ca. 25 Testkörper aus reinem Zirkon u. Mischungen mit anderen Materialien in einer App. auf den Angriff durch ein Glas von angegebener Zus. bei 1450° untersucht. Aus Tabelle u. graph. Darst. wird eine enge Beziehung zwischen der prozentualen Porosität u. dem entsprechenden Vol.-Verlust festgestellt, der mit längerer Vers.-Zeit linear ansteigt. Der Zusammenhang zwischen Porosität u. Gew.-Verlust war nicht eindeutig, was durch sehr kleine Poren bedingt ist. In einem Anhang werden die verwendeten App. eingehend beschrieben. L. KÜHNERT. 6218□

Korrosion von feuerfesten Zirkonsteinen durch Glasschmelzen. 2. Mitt. **Einfluß der Konzentration einer Lösung von Zirkonsilicat in einem Calcium–Aluminium-Borosilicatglas und einem Natrium–Kalk-Silicatglas auf das relative Ausmaß der Korrosion von feuerfesten Zirkonsteinen durch diese Gläser.** E. Vago und C. F. Griffith. (Glass Technol. **2.** 227–34. Dez. 1961; engl.) — 1. vgl. vorst. Referat. — Es wurde festgestellt, daß zirkonhaltige Feuerfestmaterialien von Gläsern weniger schnell angegriffen werden, wenn in diesen die Konz. von gelöstem Zr-Silicat anstieg. War diese Lsg. gesätt., so fand bei 1450° prakt. kein Angriff mehr statt. Das Ca–Al-Borosilicatglas ist bei einem Geh. von 12,6% $ZrSiO_4$ gesätt., das Na–Ca-Silicatglas bei 23,8%. Es scheint demnach, daß es sich beim korrodierenden Angriff um echte Lösungsvorgänge handelt. Vff. schlagen vor, feuerfestes Zirkonmaterial durch einen Überzug von angereichertem oder gesätt. $ZrSiO_4$ gegen die Korrosion zu schützen. L. KÜHNERT. 6218□

Korrosionsprüfungen feuerfester Steine mit Hilfe von Stäuben von glasbildenden Gemischbestandteilen. E. De Geyndt und P. Angenot. (Verres et Réfractaires **15.** 251–58. Sept./Okt. 1961. Centre d'Études des matériaux réfractaires du groupement G.D.D.; franz.) — Der Test besteht darin, daß nach der Arbeitsweise von BUSBY 4 an einer sich drehenden Säule befestigte Probestäbe gleicher Type, aber verschiedener Massemischung innerhalb eines Ofenraumes bei 1400° mit einer sog. LIBBY-OWENS-Glasmischung angeblasen u. Korrosion, Verglasung oder Ansätze gemessen werden. In einem 2. Test wird eine kreuzweise gelegte Säule aus 25 Schichten von Probestäben innerhalb eines Ofenschachtes bei 1400° von Heizgas durchströmt, dem das gleiche Staubgemisch durch Einblasen beigefügt wird. Es enthält 13,6 (%) Sand, 17,2 Feldspat, 13,0 Kalkstein, 40,0 Dolomit, 6,4 Soda, 9,8 Sulfat. Die üblicherweise oxidierende Atmosphäre der Heizgase kann bei dem 2. Test abwechselnd reduzierend u. oxydierend geführt werden. R. KAISER. 6218□

Eigenschaften des schnell abbindenden Zements. B. Voves. (Stavivo **38.** 362–64. Nov. 1960. Praha, VUSV; tschech.) — In Tabellen werden die physikal.-mechan. Eigg. schnell abbindender Zementproben u. ihre Änderungen im Verlauf des Abbindens mitgeteilt. Das Verh. dieser Zemente in vorgespanntem Beton wird besprochen. R. K. MÜLLER. 6222□

Verwendung von Sulfitablauge zur Herabsetzung des Wassergehalts im Zementrohschlamm. J. Kosina und A. Nutter. (Stavivo **38.** 83–86. März 1960. Lietavská Lúčka u. Banská Bystrica, Stredoslov. cementáreň n. p.; tschech.) — Eine Verflüssigung von Zementrohschlamm kann mit weniger W. erzielt werden, wenn dem Zementschlamm Sulfitablauge oder Abfallschlamm einer Papierfabrik zugesetzt wird. Schon Zusätze von 0,3–1,0% führen zu einer erheblichen Verminderung der Viscosität bei einem Wasser-Geh. von 30–34%. R. K. MÜLLER. 6222□

Die Differentialthermoanalyse von Quarz. Douglas K. Craig. (Amer. ind. Hyg. Assoc. J. **22.** 434–42. Dez. 1961. South Africa, Dustand Ventilation Div., Transvaal and Orange Free State Chamber of Mines Res. Labor.; engl.) — Vf. bespricht kurz die Literatur über die Differentialthermoanalyse (DTA) von Quarz u. diskutiert die Methode. Entwurf u. Bau eines neuen DTA-Gerätes werden beschrieben u. einige der mit diesem Gerät erzielten Ergebnisse mitgeteilt. — 27 Literaturangaben. B. FRANZ. 6244□

Polarographische Bestimmung der löslichen Salze in Ton. A. Cioară und L. Cariadi. (Rev. Chim. [Bucureşti] **9.** 342–44. Juni 1958; rum. — C. **1961.** 6644.) K. LANGE. 6248

Bestimmung der in Zementpasten vorkommenden Mengen von hydrolysiertem Kalk mit Hilfe von Röntgenstrahlen. Nicola Fratini und Giovanni Schippa. (Ric. sci. **30.** 2030–37. Dez. 1960. Roma, Univ., Fac. di ingegneria, Ist. di chim. appl. e ind.; ital.) — Zur Unters. gelangten 3 Zementproben, u. zwar 2 normale Portlandzemente u. ein Puozzolanzement. Die zunächst theoret. behandelte Probe besteht darin, daß man der zu untersuchenden Zementpaste als inneren Standard eine bestimmte Menge $Ca(OH)_2$ beimischt u. hierauf röntgenograph. die Intensitäten der Reflexe $2\vartheta \sim 18^0$ für den hydrolysierten Kalk u. $2\vartheta \sim 23^0$ für die Bezugskomponente mißt u. das Intensitätsverhältnis I_{18^0}/I_{23^0} gegen die Menge des zugesetzten $Ca(OH)_2$ aufträgt. Aus dem Schnittpunkt der erhaltenen Geraden mit der Ordinate, die die Abszisse bei zugesetztem $Ca(OH)_2 = 0$ schneidet, erhält man die in der Paste enthaltene Menge an $Ca(OH)_2$. Die Intensitätsmessungen wurden mit einem GEIGER-Zähler durchgeführt. C. GOTTFRIED. 6252

National Research Development Corp., London, England (Erfinder: John Geden North Braithwaite und William Donald Lawson), **Herstellung von dünnen Überzügen aus Bleiverbindungen mit Schwefel, Selen und Tellur** durch Aufdampfen der Pb-Verbb. im Vakuum auf eine Unterlage, z. B. aus Periklas, die auf mindestens 200° erhitzt wird. Das Verf. dient zur Herst. von *opt. Filtern* im IR-Gebiet. (**E. P. 849 341** vom 21/9. 1953, ausg. 28/9. 1960.) F. VIER. 6201

Kay Chemicals, Inc., Dallas, Tex., übert. von: Arthur R. Weinrich, Greensboro, N.C., V.St.A., **Herstellung von Silberspiegeln im Sprühverfahren.** Konz. wss. Lsgg. eines zu Ag reduzierbaren komplexen Salzes, wie einer ammoniakal. $AgNO_3$-Lsg., eines entsprechenden Red.-Mittels, wie einer Mischung aus Dextrose u. Formaldehyd, u. ggf. eines Alkalihydroxids, werden neben der ca. 10fachen Menge W. in getrennten Leitungen einer Mischkammer zugeführt u. durch eine Druckdrüse auf die zu versilbernden Flächen aufgesprüht. Zur Durchführung dieses Verf. geeignete Vorr. werden beschrieben. — Abbildungen. (**A. P. 2 963 383** vom 14/5. 1959, ausg. 6/12. 1960.) HANS HOFFMANN. 6203

Pechiney Comp. de Produits Chimiques et Électrométallurgiques, Frankreich (Erfinder: Louis Ruelle), **Herstellung hochfeuerfester Gegenstände** aus Carbiden, Boriden oder Nitriden feuerfester Metalle, wie W, Mo, Ta, Ti oder Zr. Die für diese Verbb. in Frage kommenden elementaren Ausgangsstoffe werden durch Pressen verformt u. in einem Arbeitsgang zur Rk. u. Sinterung gebracht. Im Falle der Herst. von Gegenständen, welche aus Carbiden oder Nitriden bestehen sollen, können die zur Rk. benötigten Metalloide als Gase zugeführt werden, wobei die Rk. so zu regeln ist, daß kein zu plötzlicher Temp.-Anstieg eintritt. Zweckmäßig wird hierbei von einem Metallkorn bis zu 10 mm ausgegangen. (**F. P. 1 216 522** vom 28/11. 1958, ausg. 26/4. 1960.) HANS HOFFMANN. 6219

István Balsay, Ferenc Ecker und József Pál, Budapest, Ungarn, **Zusammengesetzte feuerfeste Steine** für Decken u. Wände von metallurg. Öfen. Ein ring-, ellipsen-, vier- oder vieleckförmiger Kern aus Chrommagnesit mit 5—15 (%) Cr_2O_3 wird von einem 0,5—0,8 mm starken Blechmantel eines oxydierenden Metalls umgeben, der seinerseits von einer Chrommagnesitmasse mit 20—30 Cr_2O_3 umschlossen wird, die eine viereckige Endbegrenzung aufweist. Bei einem Druck von 1000 kg/cm² werden die Steine verpreßt u. bei 100—150° Temp. getrocknet. — 24 Zeichnungen. (**Ung. P. 146 959** vom 30/8. 1958, ausg. 31/5. 1960.) A. OLBRICH. 6219

Didier-Werke Akt.-Ges. (Erfinder: Walter König, Wiesbaden), **Reinigen von Chromerz** für die Herst. *feuerfester Erzeugnisse.* Das Verf. nach D. A. S. 1 087 065 wird dahin abgewandelt, daß dem Chromerz (I) CaF_2 zugesetzt wird, das beim Brennen CaO liefert. Es gelingt so, I mit hohem Geh. an SiO_2 für die Herst. feuerfester Erzeugnisse verwertbar zu machen, auch bei einer Korngröße $<0,2$ mm. (**D. A. S. 1 128 351** Kl. 80b vom 20/4. 1960, ausg. 19/4. 1962. **Zusatz zu D. A. S. 1 087 065; C. 1961. 5577.**) G. FRIKELL. 6219

Dyckerhoff Zementwerke Akt.-Ges., Deutschland (Erfinder: Heinrich zur Strassen), **Herstellung eines sulfatbeständigen hydraulischen Bindemittels.** Bei der Herst. eines in üblicher Weise erzeugten *Zementes* wird eine glasige Schlacke, bes. Hochofenschlacke, benutzt, die evtl. durch Zusatz von $Ca(OH)_2$ oder solches abspaltender Prodd. hydratisiert ist. — Vgl. D. A. S. 1 079 524; C. **1961.** 9564. (**F. P. 1 205 758** vom 15/10. 1958, ausg. 4/2. 1960. D. Prior. 25/10. 1957.) HANS HOFFMANN. 6223

Monsanto Chemicals Ltd., England, **Herstellung eines Betons mit besonderer Oberflächenwirkung.** Einer wss. breiigen Zementbetonmischung werden körnige thermoplast. Kunstharze beigemischt, die bes. aus einem Polymeren oder aus einem Mischpolymeren des Styrols bestehen. Zweckmäßig wird das Kunstharz vor dem Verformen der Masse zum Erhärten gebracht. Geeignete Mischungen bestehen aus 25—75 (Vol.-%) Zementbeton u. 75—25 Kunstharzgranalien. — Vgl. E. P. 826 582; C. **1961.** 626. (**F. P. 1 206 747** vom 6/5. 1958, ausg. 11/2. 1960. E. Prior. 7/5. 1957 u. 1/4. 1958.) HANS HOFFMANN. 6225

Union Chimique Belge Soc. An., Belgien, **Hydrophobieren von freien Kalk enthaltenden Baustoffen.** Zunächst wird der freie Kalk in den Baustoffen unschädlich gemacht, z. B. durch Behandeln mit kalkfällenden Mitteln, mit einer Siliconemulsion bzw. einer Siliconat-Lsg. oder mit einer Al-Stearat- oder Ölsäure-Lsg.; anschließend werden die Baustoffe zwecks Hydrophobierung mit einer organ. Si-Verb., z. B. einer Siliconemulsion oder -Lsg. überzogen. (**F. P. 1 182 227** vom 9/11. 1956, ausg. 23/6. 1959. Belg. Prior. 14/11. 1955.) HANS HOFFMANN. 6229

P. R. Eriksson, Dalboda, Schweden, **Herstellung von Zementziegeln.** Zu einer Mischung von Zement, Kies, Sand werden 50—80 Vol.-% grobe Holzspäne von ca. 1,5 bis 2 cm Länge zugesetzt, die in wss. Lsg. mit Carbidkalk vorbehandelt worden sind. Die Ziegel besitzen gute wärme- u. schallisolierende Eigenschaften. (**Schwed. P. 167 802** vom 28/3. 1953, ausg. 14/7. 1959.) K. H. Kähler. 6229

Magyar Állam (Erfinder: Karl Szepesi, Tiberius Keszei und Vilma Cziglina), Budapest, Ungarn, **Verwendung von Wasserglas zum Wasserabstoßendmachen verschieden zusammengesetzter Erdböden längs der Hauswände** erfolgt durch Einbringen von Wasserglas-Lsg. von 36° Bé in die zu behandelnden Erdschichten u. anschließendes Einblasen von reinem CO_2 oder mit solchen angereicherten Gasen (Rauchgasen) in die SiO_2-Schicht. (**Ung. P. 144 694** vom 15/12. 1955, ausg. 15/3. 1959.) G. König. 6233

P. P. Budnikow, A. Ss. Bereshnoi, I. A. Bulawin, G. P. Kalliga, G. W. Kukolew und **D. N. Poluboj arinow**, Technologie der keramischen und feuerfesten Erzeugnisse. Lehrbuch für Studenten der Fachrichtung „Technologie der Silicate". 3., überarb. u. vervollst. Ausg. Moskau: Gosstroiisdat. 1962. (708 S.) 1 Rbl. 79 Kop. [russ.]

N. A. Galuschko, Graphithaltige feuerfeste Stoffe. Moskau: Metallurgisdat. 1962. (110 S. m. Abb.) 34 Kop. [russ.]

N. N. Katschalow, Das Glas. Moskau: Verl. der Akad. der Wiss. der UdSSR. 1959. (465 S. m. Abb.) 6 Rbl. [russ.]

I. W. Krawtschenko, Treibende Zemente. Moskau: Gosstroiisdat. 1962. (120 S. m. Abb.) 43 Kop. [russ.]

John Douglas MacKenzie, ed., Modern aspects of the vitreous state. Vol. 2. London: Butterworths. 1962. (VII + 260 S. m. Abb., Taf. u. Diagr.) 60 s.

M. Ss. Merabischwili, Bentonittone. Natürliche Besonderheiten, physikochemische Eigenschaften, Anwendungsgebiete, Lagerstätten in der UdSSR. Moskau: Gossgeoltechisdat. 1962. (128 S. m. Abb.) 61 Kop. [russ.]

M. B. Schtschedrinski, A. W. Wolegow und **E. K. Mjuller**, Anreicherung von Asbesterzen. Moskau: Gossgortechisdat. 1962. (234 S. m. Abb.) 82 Kop. [russ.]

VII. Agrikulturchemie. Schädlingsbekämpfung

Über die Geschwindigkeit der Zersetzung von Kara-Tau-Phosphoriten durch Schwefelsäure. M. Je. Posin, B. A. Kopylew und A. Sseitmagsimow. (Журнал Прикладной Химии [J. angew. Chem.] **33.** 1969—76. Sept. 1960. Leningrad, Technol. Lensowjet-Inst.; russ.) — Die Zers.-Geschw. von *Kara-Tau-Phosphoriten* (I) mit 26,7 (%) P_2O_5, 42,7 CaO, 3,1 MgO, 7,8 CO_2, 2,2 R_2O_3, 2,4 F u. 12,1 unlösl. Rückstand durch 40,3—68,7%ig. H_2SO_4 (II; 100—110%-der theoret. notwendigen II wurden angewandt) wird erörtert. Durch 14tägige Behandlung des I mit 40,0- bzw. 66,2%ig. II werden 92,8 bis 96,6 bzw. 73—80% des I zersetzt. Es wird gezeigt, daß bei der I-Zers. mit 40%ig. II keine Kristallisation des prim. Ca-Phosphats stattfindet, selbst wenn ein Zers.-Grad des Prod. von 96—97% erreicht wird. Die Anwendung einer 50—55%ig. II bei der Verarbeitung von I auf Superphosphat ist unzweckmäßig (erhöhter Wasser- u. erniedrigter P_2O_5-Geh. des Fertig-Prod.). S. Baryschnikow. 6282

Die Aktivierung der natürlichen Phosphorite mit kleinen Zusätzen von H_3PO_4, HNO_3 und HCl. I. Dincu. (Rev. Chim. [Bucureşti] **10.** 621—24. Nov. 1959; rum.) Vf. berichtet über Gefäß-Verss., aus deren Ergebnissen hervorgeht, daß die Dünge-Wrkg. natürlicher Phosphorite durch partielle Solubilisierung mit H_3PO_4, HNO_3 u. HCl erheblich gesteigert werden kann. H. Guischard. 6282 □

Die Herstellung von defluorierten Thermophosphaten. E. Ionescu, Gh. Chiriță und L. Cristescu. (Rev. Chim. [Bucureşti] **10.** 572—77. Okt. 1959; rum.) — Vff. berichten über Erfahrungen, die bei der Herst. *entfluorierter Thermophosphate* (I) mittels einer Vers.-Anlage gewonnen wurden. Je nach Rohmaterial, Verhältnis der Mischung, Beschickung des Ofens, u. Dampfzuführung zum Ofen wurden I mit 20—34% assimilierbarem P_2O_5 erzielt, wobei das im Rohphosphat (II) enthaltene P_2O_5 zu 93—98% in die assimilierbare Form übergeführt u. das in II enthaltene F zu 95% entfernt wurden. H. Guischard. 6282 □

Herstellung von Magnesium-Thermophosphaten. E. Ionescu und A. Wohl. (Rev. Chim. [Bucureşti] **10.** 17—23. Jan. 1959; rum.) — Auf Grund von im Labor. mit verschiedenen Gemischen von Kola-Apatitkonzentrat, Serpentin, Sand u. Pyritasche erzielten Ergebnissen wurde ein Verf. zur Herst. von Magnesiumthermophosphaten mit möglichstem hohem Geh. an assimilierbarem P_2O_5 entwickelt. Verss. in einer großtechn. Anlage ergaben Prodd. mit einem Geh. von 17—18% assimilierbarem P_2O_5 u. 12% MgO. H. Guischard. 6282 □

Ammonisierung von salpetersauren Lösungen bei der Herstellung von Carbonat-Nitrophoska. F. G. Margoliss, T. W. Glasowa und O. N. Ssimonowa. (Химическая Промышленность [Chem. Ind.] **1961.** 85—89. Febr.; russ.) — Die Verdickung der HNO_3-Lsgg. von Rohphosphaten bei der Neutralisation mit NH_3 wird hauptsächlich auf die Ggw. von F zurückgeführt. Der Verdickungsgrad (VG) nimmt beim Erhitzen auf 60° in Ggw. von F zu, in Abwesenheit von F ab. Aus künstlichen Lsgg. von $Ca(NO_3)_2$ u. H_3PO_4 fällt beim Ammonisieren auf pH 5—6 wasserfreies $CaHPO_4$ aus; bei pH 8 nimmt der Geh. an assimilierbarem P_2O_5 auf 79% ab. In Ggw. von MgO ist auch bei pH 8 der ganze P_2O_5-Geh. des Nd. assimilierbar. Aus Lsgg. mit 0,8% F (als H_2SiF_6) ohne MgO entsteht beim Ammonisieren vor allem Fluorapatit; nur ca. 20% des P_2O_5 sind assimilierbar. Durch 0,3% F wird bei pH 5—6 die Hydratform von $CaHPO_4$ stabilisiert; ca. 50% des $CaHPO_4$ liegen als Dihydrat vor; die Gleichgewichtsphase bei 60° ist das Anhydrid; 70% des P_2O_5 sind assimilierbar. In Ggw. von 0,8% F u. 1% MgO sind ca. 60% des $CaHPO_4$ Dihydrat. Der VG kann durch Zusätze erhöht oder vermindert werden. R. K. MÜLLER. 6290 □

Ein Beispiel für die Rolle des Mikroklimas bei der Bodenentwicklung. Arthur W. Cooper. (Soil Sci. **90.** 109—20. Aug. 1960. Raleigh, N.C., North Carolina State Coll.; engl.) — An 2 Bodentypen (graubraune Podsol- u. lehmigsandige Glacialböden) wurden Profil-Unterss. an den Nord- u. Südseiten von Hügeln (ca. 60% Steigung) vorgenommen. Bei gleichem Makroklima unterschied sich das Mikroklima auf der Südseite von demjenigen der Nordseite durch höhere Lichtintensität, Luft- u. Boden-Temp., Verdunstung u. (dadurch bedingt) niedrigere Bodenfeuchtigkeit. Der A- u. der B-Horizont waren auf der Nordseite mächtiger als auf der Südseite. Der Ton-Geh. der B-Horizonte war im Süden gesichert höher, ebenso der Schluffgehalt. Dies wird auf die stärkere chem. u. biolog. Verwitterung infolge der höheren Temp. u. des häufigeren Wechsels von feucht u. trocken zurückgeführt. WILFRIED WERNER. 6304 □

Die Böden von Georgia. Joel Giddens, H. F. Perkins und R. L. Carter. (Soil Sci. **89.** 229—38. April 1960. Athens, Ga., Univ. of Georgia, Coll. Exp. Stat., Dep. of Agronomy; Tifton, Coastal Plain Exp. Stat.; engl.) — Vff. nehmen eine Einteilung in 8 Bodenprovinzen vor, in denen 12 Bodentypen mit 225 Serien unterschieden werden. Vorherrschend sind auf Grund des warmen, humiden Klimas rotgelbe podsolige Böden. In höheren Gebirgslagen kommen graubraune podsolige Böden vor. Rotbraune laterit. Böden finden sich in der unteren Hochebene u. der oberen Küstenebene. In der unteren u. mittleren Küstenebene sind schlecht drainierte Böden (Gleypodsole, humose Gleye, Planosole) verbreitet. Chem. u. mineralog. Unterss. ergaben, daß die Böden im allg. stark verwittert u. humusarm sind. Infolge ihres N-Mangels sind sie wenig fruchtbar. In den gut drainierten Böden dominiert Kaolin als Tonmineral, in den schlecht drainierten sehr oft Montmorillonit. WILFRIED WERNER. 6304 □

Salz- und Alkaliböden Spaniens. Alvin D. Ayers, A. Vaquez, J. de la Rubia, F. Blasco und Sabino Samplon. (Soil Sci. **90.** 133—38. Aug. 1960. Riverside, Calif., U. S. Salinity Labor.; Madrid, Min. de Agric., Inst. Nac. de Colonizacion; engl.) — Vff. geben eine Übersicht über die in Spanien vorkommenden Salz- u. Salzalkaliböden (Na-Sättigung $>$15%). Verbreitet sind diese Böden im Ebrotal sowie in Andalusien in den alten Meeresbecken u. in den Mündungsgebieten größerer Flüsse (Marismas). Die chem. Zus. dieser Böden, bes. die elektr. Leitfähigkeit u. der Ionen-Geh. des gesätt. Wasserextraktes, die Kationenaustauschkapazität u. das Na-Sorptionsverhältnis ($Na^+/\sqrt{Ca^{2+}+Mg^{2+}/2}$), ist angegeben. Weiter sind die elektr. Leitfähigkeit u. die chem. Zus. der wichtigsten Bewässerungswässer in einer Tabelle zusammengestellt. WILFRIED WERNER. 6304 □

Auswaschung von Salzböden im Irak. W. C. Hulsbos und J. H. Boumans. (Netherl. J. agric. Sci. **8.** 1—10. Febr. 1960; engl.) — Die Böden der unteren mesopotam. Ebene sind zum großen Teil ausgesprochene Salzböden: die elektr. Leitfähigkeit im gesätt. Bodenextrakt schwankt zwischen 37 u. 86 mmhos/cm. An Hand der Ergebnisse eines Bewässerungs-Vers. werden die Möglichkeiten zur Entsalzung dieser Böden erörtert. Es wird gefolgert, daß sogar bei intensiven Be- u. Entwässerungsmaßnahmen das Drain-Wasser u. das W. im Unterboden noch eine große Zeitspanne salzig bleiben. Vff. stellen eine Durchwaschungskurve auf, die es ermöglicht, bei Kenntnis des Salz-Geh. vor Einsetzen der Bewässerung die zur Erzielung eines jeden niedrigeren Salzspiegels erforderliche Wassermenge zu berechnen. Vff. vertreten die Auffassung, daß die Kenntnis der Menge des benötigten Bewässerungswassers neben der Kenntnis der Salztoleranz der anzubauenden Kulturen u. deren Düngerbedürfnis zur Aufstellung eines Bewässerungsplanes für diese Salzgebiete unumgänglich ist. WILFRIED WERNER. 6304 □

Verwendung stark salzhaltiger Wässer als Flockungsmittel und Quelle von zweiwertigen Kationen bei der Urbarmachung von Salzböden. R. C. Reeve und C. A. Bower. (Soil Sci. **90.** 139—44. Aug. 1960. Riverside, Calif., U. S. Salinity Labor.; engl.) — Vff. schlagen vor, bei der Urbarmachung von Na-Salzböden von der Gesetzmäßigkeit Gebrauch zu machen, daß aus Lsgg. mit Kationen verschiedener Wertigkeit bei Verdünnung die höherwertigen bevorzugt sorbiert werden (DONNAN), u. daß bei

Verw. von W. mit hohem Salz-Geh. die sonst häufige Permeabilitätsverschlechterung auf Grund der Flockungs-Wrkg. der Salze vermieden werden kann. In entsprechenden Verss. mit Bodensäulen eines kaliforn. Salzbodens (39%ig. Na-Sättigung) wurde zunächst stark salzhaltiges W. des Salton-Sees als Perkolationsmittel benutzt, das dann allmählich mit dem salzarmen W. des Colorado verd. wurde. Der Na-Sättigungsgrad wurde hierdurch auf 5% gesenkt. Im Vgl. zur Bewässerung mit reinem Flußwasser konnte bei Anwendung des Verdünnungs-Verf. die zur Bodenverbesserung benötigte Durchwaschungszeit um ein Mehrfaches verkürzt werden.

Wilfried Werner. 6304 □

Untersuchungen über den Gehalt und die Verteilung von Mangan in einigen Böden Ost-Pakistans. A. Q. M. B. Karim, M. Hussain und S. Choudhury. (Soil Sci. **90.** 129—32. Aug. 1960. Dacca, East Pakistan, Univ.; engl.) — Je 3 Profile der alluvialen, der laterit., der Küstensalzböden u. der Böden des Hügellandes von Ost-Pakistan wurden auf ihren Geh. an austauschbarem Mn, organ. C u. Gesamt-N sowie auf ihren pH-Wert u. ihre Korngrößen-Zus. untersucht. Die laterit. Böden, die im allg. stark sauer sind, wiesen in der Krume die höchsten Geh. an austauschbarem Mn auf (98,8—101,5 ppm); die Geh. der 3 anderen Bodengruppen waren wesentlich niedriger u. unterschieden sich nur wenig (31,2—36,6 ppm). Zwischen dem Geh. an austauschbarem Mn u. an organ. Substanz bestand eine enge Korrelation. Mit zunehmender Tiefe sank der Mn-Geh. ab, ebenso der Geh. an organ. Substanz. Wilfried Werner. 6304 □

Natives fixiertes Ammonium und Fixierung von zugegebenem Ammonium in einigen Böden von Wisconsin. L. M. Walsh und J. T. Murdock. (Soil Sci. **89.** 183—93. April 1960. Madison, Wis., Univ. of Wisconsin; engl.) — Method. Vorunterss. ergaben, daß das fixierte NH_4 aus Böden u. Tonmineralen mit einer Mischung von n-HF/n-HCl vollständig freigesetzt wird, vorausgesetzt, daß das Lsg.:Ton-Verhältnis 100:1 bzw. das Lsg.:Boden-Verhältnis 40:1 beträgt, u. die Probe 24 Std. geschüttelt wird. Das native fixierte NH_4 lag in Proben aus dem A- u. B-Horizont von 21 Brumizenen u. Parabraunerden zwischen 0,5 u. 1,0 mVal/100 g, wobei sich beide Bodentypen nur unwesentlich unterschieden. Unter feuchten Bedingungen fixierten die A-Horizonte bei einer Vorlage von 2 mVal NH_4/100 g im Mittel ca. 0,1 mVal. Die Fixierungskapazität der B-Horizonte war doppelt so hoch. Durch Einfrieren der Proben (—15°) wurde die NH_4-Fixierung etwa verdoppelt, durch Ofentrocknung (55°) nahezu verfünffacht. Durch Korrelationsberechnungen ließ sich nachweisen, daß das durch HF/HCl-Extraktion freigesetzte NH_4 ausschließlich anorgan. Ursprungs ist, daß das nach Trocknung verstärkt freigesetzte NH_4 der organ. Substanz entstammt u. nicht dem in den Tonmineralen fixierten nativen NH_4, u. daß die Parabraunerden, die Tonminerale enthalten, welche beim Trocknen K freisetzen, auch in der Lage sind, zugegebenes NH_4 zu fixieren. In den Brumizemen bestand eine signifikante negative Korrelation zwischen dem Geh. an austauschbarem K u. der Höhe der NH_4-Fixierung. Wilfried Werner. 6304 □

Der Einfluß von Kaliumzugaben auf die Nitrifikation von fixiertem Ammonium in Tonmineralen. L. F. Welch und A. D. Scott. (Soil Sci. **90.** 79—85. Aug. 1960. Ames, Iowa, Iowa Agric. and Home Econom. Exp. Stat.; engl.) — NH_4-gesätt. Proben von Montmorillonit, Illit u. 3 Vermiculiten wurden mit einer akt. Kultur von nitrifizierenden Bakterien versetzt u. ohne bzw. unter Zugabe steigender K-Konz. bis zu 28 Tagen bei Zimmer-Temp. inkubiert. Der nach dieser Zeit durch KOH-Dest. nicht freisetzbare NH_4–N wird als „fixiert“ angesehen, die Differenz zu den Ausgangswerten entspricht der nitrifizierten Menge an „fixiertem“ N. Die Vermiculite „fixierten“ ca. 95% des zugegebenen NH_4, Montmorillonit 51% u. Illit nur 6,6%. Ca 80—100% des fixierten NH_4 wurden bei Vermiculit im Medium ohne K-Zusatz nitrifiziert. Durch Zugabe steigender K-Mengen fiel der nitrifizierte Anteil stark ab. Die gleichen K-Zugaben zu reinen $(NH_4)_2SO_4$-Lsgg. beeinflußten dagegen die NH_4-Nitrifizierung nicht. Es ist daher anzunehmen, daß beim Vermiculit das zugeführte K die NH_4-Freisetzung blockiert u. damit auch dessen Nitrifizierung verhindert. Dagegen wurde beim Montmorillonit u. bes. beim Illit der nitrifizierbare NH_4-Anteil durch K nur unwesentlich verringert, was darauf hinweist, daß der nichtnitrifizierbare Anteil nicht durch K blockiert wird, sondern echt fixiert ist. Wilfried Werner. 6304 □

Untersuchungen über den Einfluß einer reduzierten Durchlüftung auf die Mineralisation des Stickstoffs im Boden. J. Livens. (Agricultura [Louvain] [2] **9.** 61—77. März 1961; franz.) — 9 Bodenproben (Kulturböden, Waldboden, gut drainierter Weideboden sowie verschiedene schlecht drainierte Weideböden) wurden dem Inkubationstest unterworfen. Während 6 Wochen wurden jeden zweiten Tag die Geh. an NH_3-N u. NO_3-N bestimmt. Es ließen sich hierbei mehr oder minder deutlich 2 Perioden unterscheiden. Die Anfangsperiode, die 8—12 Tage dauerte, war charakterisiert durch eine

vorübergehende Anhäufung von NH_3-N am 3. Tag u. eine Abnahme der Nitrat-Bldg. am 8. Tag. Die 2. Periode begann etwa am 8. Tag u. war durch eine verzögerte NO_3-Bldg. gekennzeichnet, die zuweilen in Denitrifizierung überging. Dieser Denitrifizierung kann jedoch wieder eine Nitrifizierung folgen. Es kann nicht als sicher angenommen werden, daß dieses Verschwinden des NO_3-N nur vom Grade der Durchlüftung der Böden abhängt.
C. GOTTFRIED. 6304

Gasförmige Stickstoffverluste aus Böden oder Lösungen, die Nitrit- und Ammoniumionen enthalten. Donald H. Smith und Francis E. Clark. (Soil Sci. **90.** 86—92. Aug. 1960; engl.) — In Verss. mit Modell-Lsgg. wurde die Rk. $NH_4^+ + NO_2^- \rightarrow N_2 + 2\,H_2O$ in NO-Atmosphäre durch saure Rk. u. steigende Konz. der Rk.-Partner gefördert; in neutralem oder alkal. Medium wurden dagegen nur noch Spuren von N_2 entwickelt. In NO-Atmosphäre wurde etwa das 3fache an N_2 freigesetzt wie in O_2-haltiger Atmosphäre. Dagegen wurde in Ggw. von O_2 die Umwandlung von NO_2 in NO_3 begünstigt. Im Vgl. zur N_2-Bldg. wurde hier das 3—4fache an NO_2 in NO_3 umgewandelt. In aeroben Böden verlief die NO_3-Bldg. noch schneller als in Modellösungen. Ebenso war nach Zusatz von NH_4^+ u. NO_2^- zu einem sauren Boden die N_2-Entw. stärker als in Lösung. Vff. sind jedoch der Meinung, daß für die N_2-Entw. im normalen Boden die Rk. zwischen NH_4^+ u. NO_2^- weniger bedeutsam ist als die NO_2-Red. durch andere Bodenkomponenten. WILFRIED WERNER. 6304□

Über die mineralische Ernährung von Sumpfreis (Oryzae sativa). 2. Mitt. Go Ban Hong und J. v. Schuylenborgh. (Netherl. J. agric. Sci. **8.** 305—16. Nov. 1960. Bogor, Univ. of Indonesia; Wageningen, Netherl. Agric. Univ.; engl.) — Vgl. C. **1960.** 2324. — Umfangreiche Reisdüngungs-Verss. auf einem sauren, Fe-armen Podsol (pH = 4,3; 3,3% Gesamt-Fe_2O_3) sowie einem neutralen, Fe-reichen Latosol (pH = 6,3; 10,2% Gesamt-Fe_2O_3) ergaben, daß NO_3-N auf dem sauren Boden höhere Reiserträge u. Mineralstoff-Geh. erbrachte als NH_4-N. Dies wird in erster Linie auf die mit der alkal. Rk. der Nitratdünger verbundenen Sekundäreffekte zurückgeführt: Freisetzung von fixiertem P, Unterdrückung der Sulfid-Bldg. u. so weiter. Auf dem neutralen Boden wurden dagegen höhere Erträge u. Mineralstoff-Geh. durch NH_4-N erzielt, bes. bei gleichzeitiger Kalkung. Dies wird auf den N-Verlust infolge Denitrifikation der Nitrate zurückgeführt. Zwischen der N/K-Relation im Stroh u. dem Reisertrag bestand eine deutliche Beziehung: Optimale Erträge wurden bei N/K = 1,25 erzielt. Niedrigere u. höhere Werte entsprechen verminderten Erträgen. WILFRIED WERNER. 6304□

Nährstoffversorgung von Blumenkohl durch Berieselung mit Quellwasser. Bishwajit Choudhury. (Sci. and Cult. [Calcutta] **25.** 691—92. Juni 1960. New Delhi, Indian Agric., Res. Inst., Div. of Horticulture; engl.) — Blumenkohlkulturen lieferten bei Berieselung mit einem N (0,000434 g NH_4-N u. 0,005516 g NO_3-N Liter)- u. K (0,40515 g K_2O Liter)reichen Quellwasser auf einem K (1,35%)- u. P (0,488% P_2O_5)-reichen Boden ohne Düngung > 10 Jahre lang gute Erträge. K. MAIER. 6304□

Einfluß von Gründüngung auf den Gehalt an Humus und Stickstoff im Rasen-Podsolboden. I. W. Tjurin und W. K. Michnowski. (Известия Академии Наук СССР, Серия Биологическая [Nachr. Akad. Wiss. UdSSR, Ser. biol.] **26.** 337—51. Mai/Juni 1961. Dokuschajew-Inst. für Bodenkunde der Akad. der Wiss. der UdSSR; russ., Auszug: engl.) — Eingepflügt während der Blüteperiode, kann die 1jährige Lupine eine Ertragssteigerung der nachfolgenden Kulturpflanzen bewirken, nicht immer aber die potentielle Fruchtbarkeit des Bodens erhöhen. Bessere Resultate werden beim Einpflügen der Lupine in der Phase der Korn-Bldg. erzielt. Hierbei erhält der Boden größere N-Mengen in der Grünmasse u. die N-Verluste aus dem Boden werden vermindert. Infolge der Verschiebung des Zeitpunktes für Einpflügen der Lupine entsteht aber die Notwendigkeit, Änderungen in den Fruchtfolgen vorzunehmen. Als weitere Maßnahme zur Erhöhung der Ausnutzung von N der Lupine wird empfohlen, mit der Lupine gleichzeitig auch bestimmte Mengen von Torf bzw. von strohhaltigem Material einzupflügen, wodurch eine Verlangsamung der Zers. der organ. Substanz im Boden hervorgerufen wird. Bei Aussaat der Süßlupine kann man die Grünmasse als Viehfutter verwenden, die Stoppeln einpflügen. M. GORDIENKO. 6304□

Einfluß der fossilen organischen Dünger auf den Ertrag der Baumwollpflanze. A. A. Gusseinow. (Известия Академии Наук Азербайджанской ССР, Серия Биологических и Медицинских Наук [Nachr. Akad. Wiss. AserbaidshanSSR, Ser. biol. med. Wiss.] **1961.** Nr. 1. 101—05; aserbaidshan., Auszug: russ.) — Kleine Beigaben von fossilen organ. Düngern (Bitumen, Brennschiefer, Erdöl, Abfälle der Erdölindustrie) zu Mineraldüngern wirken auf die Erträge der Kulturpflanzen günstig. In 3jährigen Verss. mit Baumwolle wurde eine bedeutende Ertragssteigerung von Rohbaumwolle erzielt, wobei man eine Intensivierung des Wachstums u. Erhöhung der Kapselmenge bei den Pflanzen beobachtete. Die im Verlauf der Vegetationsperiode durchgeführten Bodenanalysen zeigten, daß fossile Dünger der Festlegung des P_2O_5 von Superphosphat entgegenwirken. Analysen der pflanzlichen Masse ergaben gesteigerte Aufnahme von N u. P durch die Pflanzen. Außerdem wirkten fossile Dünger auf die Vermehrung des Azotobacters im Boden günstig. M. GORDIENKO. 6304☐

Das Verhalten von Zinksulfat bei Anwendung über das Blatt und über den Boden in einigen Böden New Jersey's. R. F. Leyden und S. J. Toth. (Soil Sci. **89.** 223—28. April 1960. New Brunswick, Rutgers Univ., New Jersey Agric. Exp. Stat.; engl.) — In Gefäß-Verss. mit Quarzsand bzw. einem sandigen Lehmboden u. 2 Schlufflehmböden, die mit $CaCO_3$ unterschiedlich stark aufgekalkt worden waren, wurde die Aufnahme u. Verteilung von ^{65}Zn aus $ZnSO_4$-Gaben über Boden u. Blatt durch Mais, Sojabohnen u. Tomaten untersucht. Bei Sojabohnen u. Tomaten wurde weniger Zn aus einer Blattdüngung als über die Wurzel aufgenommen, wogegen Mais mehr Zn bei einer Blattapplikation absorbierte. Durch Verdoppelung der Zufuhr sämtlicher Mikronährstoffe außer Zn wurde die Zn-Aufnahme über die Wurzel erhöht, über die Blätter nicht beeinflußt. Mit steigendem Boden-pH wurde die Zn-Aufnahme von Tomaten vermindert. Im allg. stieg hierbei die Aufnahme von nativem Boden-Zn an, die Aufnahme des Dünger-Zn fiel jedoch stark ab. Bei Steigerung der Zn-Düngung wurde die Aufnahme von nativem Zn vermindert. Bei $ZnSO_4$-Gaben von 50 u. 100 lbs./acre wurden durch 2 Tomatenernten weniger als 5% des Dünger-Zn ausgenutzt. Die Ausnutzungsquote nahm mit steigendem Boden-pH ab. Der Anteil des Dünger-Zn an der Gesamt-Zn-Aufnahme stieg mit zunehmender Erschöpfung des nativen Zn erheblich an. Das nicht entzogene Dünger-Zn befand sich in 2 Böden zu ca. 60—90% in säurelösl. (0,1 n HCl) Form, war in dem 3. Vers.-Boden dagegen größtenteils säureunlösl. (60—70%).

WILFRIED WERNER. 6304☐

Synthetische Reinigungsmittel in Abwasserschlamm. P. R. den Dulk. (Netherl. J. agric. Sci. **8.** 139—48. Mai 1960. Wageningen, Hortic. Adv. Serv.; engl.) — Die Wrkg. von synthet. Detergentien, die bei Abwasserverregnung oder bei Verw. von Abwasserschlamm als Düngemittel in den Boden gelangen, auf das Wachstum gärtner. Pflanzen wird vom Vf. in umfangreichen Gefäß-Verss. mit einem humusfreien Grobsand als Testboden u. Spinat, Endivie, Tomaten, Blumenkohl, Salat, Karotten, Bohnen u. Alpenveilchen als Testpflanzen untersucht. Bei allen Pflanzen mit Ausnahme von Alpenveilchen rief das mit Detergentien (*Alkylarylsulfonate*) versetzte Bewässerungswasser starke Wachstumsdepressionen hervor. Die Schädigungen werden auf Störungen des Wasserhaushaltes zurückgeführt. Schon bei Zufuhr geringer Wassermengen erwies sich der Boden als zu naß; andererseits war der Boden nicht in der Lage, das W. festzuhalten. Bei Zufuhr von Abwasserschlamm waren die Schädigungen geringer, da gleichzeitig sorptionsfähiges Material (Ton u. Humus) zugeführt wurde. — Vor der Anwendung von Abwasser, welches mikrobiolog. resistente Detergentien enthält, wird daher gewarnt. WILFRIED WERNER. 6304☐

Gemüseproduktion in erdeloser Kultur und die Inhaltsstoffe dieser Pflanzen. H. Döring. (Nahrung **5.** 347—52. 1961. Großbeeren, Inst. für Gartenbau; dt.) — Es werden die Vor- u. Nachteile der Produktion von Gemüse in erdeloser Kultur unter Glas beschrieben, wobei der Nährwert dieses Gemüses bes. berücksichtigt wird.

P. TEICHGRÄBER. 6304☐

Die Herbicide im Baumwollbau. J.-G. Pointel. (Agronom. tropicale **15.** 681—84. Nov./Dez. 1960; franz.) — Vgl. C. **1962.** 18607. — Bei der Unkrautbekämpfung in Baumwollkulturen bewährte sich erneut *Diuron*. M. WINIKER. 6312☐

Resultate der Erprobung von Herbiciden bei Baumwollaussaaten. W. P. Kondratjuk und M. A. Losowatskaja. (Хлопководство [Baumwoll-Wirtsch.] **11.** Nr. 2. 37—41. Febr. 1961; russ.) — Es wurden Verss. mit *Simazin* (**I**), *Phenuron* (**II**), *Diuron* (**III**) *Monuron* (**IV**), *Atrazin* (**V**) u. *Dichloralharnstoff* durchgeführt. Beim Einbringen nach der Baumwollsaat wurden Teilerfolge erzielt (Verminderung des Unkraut-Gew. um das 300—600fache, nach 2 Monaten völlige Vernichtung). Maissaaten wurden von den Herbiciden nicht angegriffen; hier waren bes. **I** u. **V** gut (je 3 kg/ha). Isopropyl-N-(3-Chlorphenyl)-carbamat, **II**, **III** u. **IV** wirken gut bei Baumwolle, sind jedoch gegen einige Unkräuter unwirksam. A. v. WILPERT. 6312☐

Neuere Entwicklungen und derzeitige Probleme der anorganischen analytischen Chemie. Düngemittel. K. D. Jacob. (Analytic. Chem. **31.** 1945—49. Dez. 1959. Beltsville, Md., U.S. Dep. of Agric., Soil and Water Conserv. Res. Div.; engl.) — Es wird ein Überblick mit vielen Literaturangaben über Meth. zur Analyse von Düngemitteln gegeben. Im einzelnen werden diskutiert: Die Entw. von Standard-Verff. u. Vgl.-Proben, die Best. von N, P, K, Ca, Mg, B, Cu, Zn, Mn, Mo, Cl u. Fe u. die Wirksamkeit der Düngemittel in bezug auf den Düngewert. H. PLUSKAL. 6322☐

Die Kalignost-Methode zur Bestimmung von Kalium in Mischdüngern. Giovanni Ceresa. (Ann. Sperimentaz. agrar. [N.S.] **14.** Nr. 6. Suppl. I—IX. 1960. Turin, Staz. chim.-agrar. sperim.; ital.) — Es werden die gravimetr. u. die maßanalyt. Best. von K in einfachen u. Mischdüngern mit der klass. Perchlorat-Meth. verglichen. Die *Kalignost*-Meth. von SCHALL (C. **1959.** 7901) lieferte gut reproduzierbare Ergebnisse. Sie ist bes. für Reihen-Unterss. geeignet. — 10 Literaturangaben. G. PLATZER. 6322□

Einige Bemerkungen zur Bestimmung der Phosphorsäure in Superphosphaten. Gh. Bănăţeanu und A. Şerbănescu. (Bul. Inst. Petrol. Gaze Geol. Bucureşti **6.** 199—203. 1960; rum., Auszug: engl.) — Der Geh. von Superphosphat (I)-Proben an assimilierbarem, in W. u. Citrat-Lsg. lösl., unlösl. u. gesamtem P_2O_5 wird mit u. ohne Dioxan gravimetr. u. nach der Meth. von COPAUX bestimmt (Tabelle). — Bei der Kontrolle der Umsetzung von Rohphosphaten mit H_2SO_4 zur I-Gewinnung muß vor den Best. die freie Säure beseitigt werden, um den Prozeß zum Stillstand zu bringen. R. K. MÜLLER. 6322□

Eine modifizierte Hittorf-Methode zur Messung der Überführungszahlen von Ionen in Böden und Tonpasten. J. Letey und A. Klute. (Soil Sci. **90.** 121—28. Aug. 1960. Urbana, Ill., Univ. of Illinois, Dep. of Agronomy; engl.) — Vff. modifizierten das HITTORF-Verf. zur Messung der Überführungszahl (Anteil des Stromtransportes durch ein Ion im Verhältnis zum Gesamttransport bei der Elektrolyse) derart, daß zwischen dem Kathoden- u. Anodenraum die mit der Meß-Lsg. vorher ins Gleichgewicht gebrachte Paste (Unterboden bzw. Tonmineral) zwischen 2 porösen Membranen eingeschlossen wird. Die benutzte App. wird eingehend beschrieben u. die Fehlerquellen des Verf. werden diskutiert. Die Überführungszahlen für K^+ fielen mit steigender K-Konz. der Außen-Lsg. ab. Bei gleichbleibender Konz. der Außen-Lsg. ist die K-Überführungszahl um so größer, je höher die Kationenaustauschkapazität des Pastenmaterials ist. Poren-Vol. u. -größe der Paste sowie die unterschiedliche Bindungsfestigkeit von K^+ u. W. werden für Unterschiede in den Überführungszahlen verantwortlich gemacht. WILFRIED WERNER. 6324□

Die Chemie des Comber-Testes. S. C. Chang und M. P. Feng. (Soil Sci. **89.** 219—22. April 1960. Taipei, Taiwan, Nat. Univ.; engl.) — Der Thiocyanattest von COMBER ist ein gebräuchlicher Schnelltest zur Best. von Bodenacidität u. Kalkbedarf. Der Test beruht auf der zunehmenden Fe-Löslichkeit bei sinkendem pH-Wert. Durch Rk. der freien Fe^{3+}-Ionen mit *KSCN* (I) entsteht der bekannte rote Komplex. Die Farbintensität hängt nach Vff. aber nicht nur vom lösl. Fe, sondern auch von der Menge des während der Rk.-Zeit aus den Fe-Verbb. des Bodens freigesetzten Fe ab. Unterhalb pH 3,0 erwies sich der Fe-I-Komplex als stabil u. pH-unabhängig. Er unterliegt jedoch mit zunehmendem pH der Hydrolyse, die bei pH 5,0 vollständig ist. Der Test ist demnach nur im pH-Bereich von 3—5 brauchbar. Infolge des Salzeffektes der I-Lsg. werden oft auch noch bei pH-Werten, die etwas über 5 liegen, geringe Anfärbungen erhalten. Wird die I statt in W. in Methanol gelöst, so lassen sich stärkere Farbintensitäten erzielen. Vermutlich ist der Fe-I-Komplex in Methanol stabiler. WILFRIED WERNER. 6324□

Eine Mikrobestimmung der Kationenaustauschkapazität und des Gesamtgehaltes an austauschbaren Basen. L. C. Blakemore und A. J. Metson. (Soil Sci. **89.** 202—08. April 1960. Wellington, New Zealand, Dep. of Scientif. and Ind. Res.; engl.) — Vff. beschreiben eine Meth. zur Best. der Kationenaustauscherkapazität (KAK) u. der gesamten austauschbaren Basen (AB) in sehr kleinen Boden- oder Tonmengen (ca. 20 mg). Die Probe wird in ein ca. 5 mm dickes Elutionsröhrchen eingewogen u. 4mal mit 0,5 ml n-NH_4-Acetat (I)-Lsg. eluiert. Das überschüssige I wird mit A. entfernt. Die NH_4-gesätt. Probe wird sodann in eine CONWAY-Mikrodiffusions-App. gebracht, mit 1 ml 50%ig. NaOH versetzt u. 4 Std. lang stehengelassen. Das in dieser Zeit freigesetzte, in 1%ig. H_3BO_3-Lsg. aufgefangene NH_3 wird mit 0,05n HCl unter Verw. einer Mikrobürette titriert. Die nach diesem Mikro-Verf. in 10 Böden ermittelte KAK stimmte befriedigend mit den nach der Mikro-Meth. (10 g) erhaltenen Werten überein. Zur AB-Best. wird das aufgefangene Eluat der I-Perkolation eingedampft u. bei 500° verascht. Die Asche wird mit 0,2 ml einer 0,05n HCl aufgenommen u. gegen Methylrot mit 0,05n NaOH zurücktitriert (Mikrobürette). Auch hier wurde eine befriedigende Übereinstimmung mit der Makro-Meth. gefunden. WILFRIED WERNER. 6324□

Das Wiederfinden von Ammoniumstickstoff aus Böden. B. J. Stojanovic und F. E. Broadbent. (Soil Sci. **90.** 93—97. Aug. 1960. Ithaca, N.Y., Cornell Univ.; engl.) — 25 g-Proben von 4 graubraunen Podsolböden u. einem kalkreichen Wiesenboden wurden mit W. oder einer NH_4-Lsg. (50 ppm N, bezogen auf den trockenen Boden) versetzt u. entweder unmittelbar danach oder nach Trocknen an der Luft oder im Ofen mit einer Na-Acetat–Essigsäure-Lsg. von pH 4,8 (**a**) oder einer n-KCl (in HCl)-Lsg. von pH 1 (**b**)

extrahiert. Aus den 4 sauren Podsolböden wurde mehr NH_4 wiedergefunden, wenn sie nach dem N-Zusatz getrocknet wurden. Der alkal. Boden verhielt sich umgekehrt. Bei Zusatz von NH_4Cl oder NH_4OH wurde ein etwas größerer NH_4-Anteil festgehalten als bei NH_4NO_3- oder $(NH_4)_2HPO_4$-Zusatz, was auf einen geringen Effekt der Anionen hindeutet. Bei Extraktion des feuchten Bodens ergaben beide Extraktions-Lsgg. gleiche Werte, wogegen bei trockenen Böden mit **a** etwas mehr NH_4 als mit **b** extrahiert wurde. Nach Zusatz von mit ^{15}N markierten NH_4-Lsgg. wurde eine wesentlich geringere Extraktionsquote ermittelt, als die Gesamt-NH_4-Dest. im Extrakt ergab (Isotopenverdünnung).
WILFRIED WERNER. 6324☐

Colorimetrische Bestimmung der organischen Substanz des Bodens. Eugene R. Perrier und Mildred Kellogg. (Soil Sci. **90.** 104—06. Aug. 1960. Corvallis, Ore., Oregon Agric. Exp. Stat.; engl.) — Das vorgeschlagene Verf. stellt eine Modifikation der nassen Veraschung der organ. Substanz mit Kaliumdichromat (**I**) in Ggw. von konz. H_2SO_4 dar. Die Interferenz der grünen Cr-Ionen wird durch Verdünnung ausgeschaltet u. der überschüssige **I** wird nicht wie üblich mit Ferrosulfat titriert, sondern mit *s-Diphenylcarbazid* (**II**) angefärbt u. bei 540 mμ colorimetr. bestimmt. Die Intensität der entstehenden violetten Farbe ist der Konz. der organ. Substanz proportional (BEERsches Gesetz). Als Beleganalysen sind die Ergebnisse von 36 verschiedenen Böden (organ. Substanz zwischen 0,45 u. 84,3%) angegeben, die eine gute Übereinstimmung mit den nach der Titrations-Meth. u. der trockenen Veraschung erhaltenen Ergebnissen zeigen. Die mögliche Interferenz größerer Konzz. an Mo, Hg, Fe u. V mit dem **II**-Reagens wird vermieden, wenn die Meß-Lsg. auf 0,2n H_2SO_4 eingestellt wird. Auch Neutralsalze in Konzz. bis zu 5% stören nicht.
WILFRIED WERNER. 6324☐

Farbenfabriken Bayer Akt.-Ges., Leverkusen (Erfinder: Rudolf Hiltmann, Hartmund Wollweber, Wuppertal, und Ludwig Eue, Köln), **Herstellung von selektiv herbicid wirksamen Harnstoffderivaten,** dad. gek., daß man bicycl. substituierte Amine der allg. Formel **A**, worin R u. R′ H oder einen niederen Alkylrest u. n = 0,1 oder 2 bedeuten u. wobei der bicycl. Kern eine Doppelbindung enthalten u./oder weitere Substituenten, wie Halogenatome oder niedere Alkylgruppen tragen kann, in an sich bekannter Weise entweder mit Alkylcarbaminsäurehalogeniden bzw. aliphat. Isocyanaten umsetzt oder mit $COCl_2$ zunächst in die entsprechenden Isocyanate überführt u. diese mit prim. oder sek. aliphat. Aminen reagieren läßt oder daß man die beiden NH_2-Gruppen des Harnstoffs durch stufenweise Rk. mit einem Bicycloheptylamin der obigen Formel u. einem prim. oder sek. aliphat. Amin durch entsprechend substituierte Aminogruppen ersetzt.

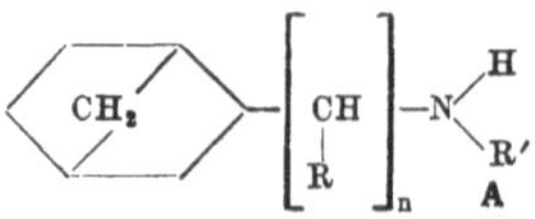

A

— 2-Bicyclo-[2.2.1]-heptylamin in Bzl., wird bei 20—30° mit N.N-Dimethylcarbaminsäurechlorid in Bzl. versetzt u. über Nacht gerührt, man saugt vom abgeschiedenen Nd. 2-Bicyclo-[2.2.1]-heptylaminhydrochlorid ab, wäscht das Filtrat mit verd. Salzsäure, Soda-Lsg. u. W. u. engt es im Vakuum ein. Der Rückstand ist *N-(2-Bicyclo-[2.2.1]-heptyl)-N′.N′-dimethylharnstoff*, F. aus Essigsäureäthylester 154,5 bis 155°. Es werden ferner hergestellt: *N-(2-Bicyclo-[2.2.1]-heptylmethyl)-N′.N′-dimethylharnstoff*, F. 127,5—128°; *-2-Bicyclo-(2.2.1)-heptylmethylaminhydrochlorid* wird bei 140° so lange mit $COCl_2$ behandelt, bis kein HCl entweicht. Man entfernt überschüssiges $COCl_2$ mittels N_2, dest. ggf. vorhandenes Lsgm. ab u. erhält *2-Bicyclo-(2.2.1)-heptylmethylisocyanat*, Kp.$_6$ 78—80°. Man löst dieses in Methylenchlorid u. leitet bei 40—50° so lange Dimethylamin (**I**) ein, bis das Isocyanat umgesetzt ist. Man erhält *N-(2-Bicyclo-[2.2.1]-heptylmethyl)-N′.N′-dimethylharnstoff*, F. nach dem Umlösen aus Essigsäureäthylester 127,5—128°. Auf die gleiche Weise erhält man: *2-Bicyclo-(2.2.1)-heptylisocyanat*, Kp.$_5$ 58 bis 60°, u. daraus mit **I** *N-(2-Bicyclo-[2.2.1]-heptyl)-N′.N′-dimethylharnstoff*, F. 154—155°. — *2-Bicyclo-[2.2.1]-5-heptenylmethylisocyanat*, Kp.$_5$ 72—74°, mit **I** ergeben *N-(2-Bicyclo-[2.2.1]-5-heptenylmethyl)-N′.N′-dimethylharnstoff*, F. 140—141°. — *β-(2-Bicyclo-[2.2.1]-heptyl)-äthylisocyanat*, Kp.$_5$ 91—92°, u. **I** ergeben *N-{β-(2-Bicyclo-[2.2.1]-heptyl)-äthyl}-N′.N′-dimethylharnstoff*, F. 84—85°; *β-(5- oder-6-Chlor-2-bicyclo-[2.2.1]-heptyl)-äthylisocyanat*, Kp.$_6$ 132—137°, u. **I** ergeben *N-[β-(5- oder-6-Chlor-2-bicyclo-[2.2.1]-heptyl]-N′.N′-dimethylharnstoff*, F. 69—70,5°. — *α-(2-Bicyclo-[2.2.1]-heptyl)-äthylisocyanat*, Kp.$_5$ 78°, u. **I** ergeben *N-[α-(2-Bicyclo-[2.2.1]-heptyl)-äthyl]-N′.N′-dimethylharnstoff*, F. 106—107°. — Aus Methylamin u. 2-(Bicyclo-(2.2.1)-heptylmethylisocyanat erhält man *N-(2-Bicyclo-[2.2.1]-heptylmethyl)-N′-methylharnstoff*, F. nach dem Umlösen aus Essigsäureäthylester–PAe., F. 108—109°. — *N-(2-Bicyclo-[2.2.1]-heptylmethyl)-N′-äthylharnstoff*, F. 83—84°; *-N′.N′-diäthylharnstoff*, F. 68—69°; *-N′.N′-tetramethylenharnstoff*, F. 138—139°; *-N′.N′-pentamethylenharnstoff*, F. 106—107°. Isobutylamin u. 2-Bicyclo-(2.2.1)-heptylmethylisocyanat ergeben *N-(2-Bicyclo-[2.2.1]-heptylmethyl)-N′-isobutylaminharnstoff*, F. 89—90°.

— Gemischt mit festen oder fl. Streckmitteln u. mit anderen Herbiciden werden die aufgeführten Stoffe ausgebracht. (**D. A. S. 1 081 453** Kl. 12o vom 15/1. 1959, ausg. 12/5. 1960.) G. KÖNIG. 6313

British Schering Ltd., London, England (Erfinder: Patrick Anthony McCrea und William Lake Norris), **2-Methyl-4-chlorphenoxyalkancarbonsäuren,** die als *Unkrautvernichtungsmittel* dienen, erhält man durch Chlorieren der Na-Salze der entsprechenden 2-Methylphenoxyalkancarbonsäuren mittels Cl in einem wss. Medium bei höchstens 40° in Ggw. von überschüssigem $NaHCO_3$. — In eine Lsg. von 90 g α-o-Toloxypropionsäure in 400 cm^3 NaOH-Lsg. von solcher Konz., daß ein pH von 7—8 eingestellt wird, die mit 52,5 g $NaHCO_3$ versetzt wurde, leitet man unter Rühren bei 20° innerhalb 2 Std. 35,5 g Cl ein, säuert mit verd. HCl an, löst den Nd. in Ae., extrahiert mit Soda-Lsg., säuert an u. erhält 88,5 g *α-2-Methyl-4-chlorphenoxypropionsäure,* F. 90 bis 91°. — Analog: *2-Methyl-4-chlorphenoxyessigsäure* aus o-Toloxyessigsäure. (**E. P. 855 504** vom 27/3. 1958, ausg. 30/11. 1960.) A. MOHR. 6313

Food Machinery & Chemical Corp., New York, N.Y., V.St.A., **Selektive herbicide Mischungen** enthalten Verbb. der allg. Formel **I**, wobei R = gesätt. Alkylgruppe mit 1—8 C-Atomen u. X u. Y Chlor- oder Methylgruppen. Die Verbb. werden erhalten durch Umsetzung des entsprechenden disubstituierten Anilins mit dem entsprechenden Säurehalogenid in Ggw. säurebindender Mittel u. werden als Emulsion oder Pulver angewandt. Wirksam sind bes. folgende 3-Chlor-4-methylanilide: *-2-Methylvaleriansäure-*, F. 74—77°. — *2-Methylpropionsäure-*, F. 147—148,3°. — *-2-Methylbuttersäure-*, F. 112—114°. — *2-Methylcapronsäure-*, F. 108—110,5°. — 3.4-Dichloranilide: *-2-Methylpropionsäure-*, F. 124—125°. — *2-Methylbuttersäure-*, F. 109—111°. — *2-Methylcapronsäure-*, F. 92,5—94°. — *2-Methylönanthsäure-*, F. 107—111°. — *2-Methylcaprylsäure-*, F. 90—94°. — *2-Methylcaprinsäure-*, $Kp._8$ 122—124°. — *2-Methylvaleriansäure-*, F. 106—107°. — *2-Methylvaleriansäure-3.4-dimethylanilid,* F. 76—77°. (**Oe. P. 211 603** vom 3/4. 1959, ausg. 25/10. 1960. A. Prior. 14/4. 1958.) L. GROSSNER. 6313

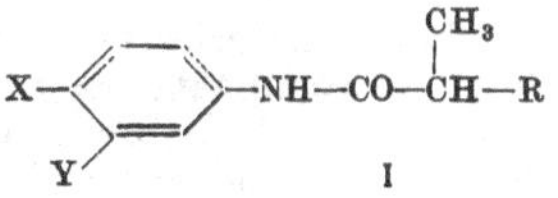

I

Olin Mathieson Chemical Corp., V.St.A. (Erfinder: Hansjuergen Schroeder und Christoph J. Grundmann), **Herstellung von 1.3.5-Triazinderivaten.** Zu D. A. S. 1 039 521; C. **1959.** 11710 u. A. PP. 2 832 778, 2 876 221 u. 2 880 207; C. **1961.** 635, sind folgende 1.3.5-Triazine zu ergänzen: *2.4-Bis-[trichlormethyl]-6-aziridino-*, F. 98—99°, *2.4-Bis-[dichlormethyl]-6-amino-*, F. 142°, *2.4-Bis-[chlormethyl]-6-amino-*, F. 105°, *-6-dimethylamino-*, F. 34°, u. *-6-aziridino-*, F. 60°, *2.4-Dimethyl-6-aziridino-*, F. 94°, u. *-6-amino-*, F. 170—171°, *2.4-Bis-[trichlormethyl]-6-diäthylamino-*, F. 52°, aus 2.4-Bis-[trichlor-, dichlor- bzw. chlormethyl]-6-chlor-1.3.5-triazin. (**F. P. 1 217 615** vom 21/8. 1956, ausg. 4/5. 1960. A. Prior. 22/8. u. 1/9. 1955.) S. BÖTTCHER. 6313

Farbwerke Hoechst Akt.-Ges., vormals Meister Lucius & Brüning, Frankfurt/M.-Höchst, **Herstellung von Carbonsäureestern des 4.6-Dinitro-2-[sek.-butyl]-phenols (I)** durch Umsetzung von I oder dessen Alkali- oder Erdalkalisalzen mit Carbonsäurehalogeniden R—COX oder -anhydriden R—C(:O)OC(:O)—R (R = unsubstituierter Fettsäurerest mit 1—8 C-Atomen, Nicotinsäurerest oder Rest des Kohlensäurediäthylesters; X = Halogenatom) in wasserfreiem Medium, wobei die Rk. von **I** mit Carbonsäurehalogeniden in Ggw. eines tert. Amins als Halogenwasserstoffacceptor u. mit Carbonsäureanhydriden in Ggw. katalyt. Mengen eines tert. Amins durchgeführt wird. — 120 (Gew.-Teile) **I**, 100 Propionsäureanhydrid u. 1 Pyridin werden 5 Std. lang auf 140—150° erhitzt, Propionsäure u. nicht umgesetztes Anhydrid im Vakuum bei 150° entfernt: 93,5% **I**-*Propionat,* gelbbraunes Öl. — Analog: **I**-*Acetat.* — Aus 51,5 Nicotinsäure, 130 $SOCl_2$, 120 **I** u. 80 Pyridin 60% **I**-*Nicotinat.* — Analog 91% **I**-*n-Valerianat.* — **I**-*n-Capronat.* — **I**-*n-Butyrat.* — **I**-*Acrylat.* — Aus 1 (Mol) I-Na u. 1 Chlorameisensäureäthylester 90% **I**-*Äthylcarbonat,* F. 36—38°. — *Herbicide.* (**Oe. P. 212 305** vom 23/12. 1958, ausg. 12/12. 1960. D. Prior. 27/12. 1957.) L. GROSSNER. 6313

Monsanto Chemicals Ltd., London, England, **Fungicides Mittel,** bestehend aus 1—15 (%) *Pentachlorphenol,* 30—80 phenolhaltiges Teeröl, bes. Kreosotöl, Kp. 230 bis 265°, oder Rohphenol, 5—25 eines alkal. oder Aminsalzes, bes. des Oleins, 5—40 W. u. evtl. 0,1—10 *Chlorphenoxyessigsäure* oder eines herbiciden Deriv. dieser Säure. (**Belg. P. 552 232** vom 30/10. 1956, ausg. 31/12. 1959. Jamaican. Prior. 28/2. 1955. Marokkan. Prior. 5/8. 1955.) C. LÜTTGEN. 6313

Dow Chemical Co., übert. von: Laurence A. Pursglove, Midland, Mich., V.St.A., **N-(2-Cyanäthyl)-amide** der allg. Formel $R\cdot X\cdot NH\cdot CH_2CH_2CN$ (R = gesätt. oder ungesätt. aliphat. KW-Stoffrest, Alkoxyalkyl, Aryloxyalkyl, Aryl, Halogenaryl, Nitroaryl, Alkoxyaryl, wobei die Alkylreste in den Substituenten bzw. Substituentengruppen jeweils 1—20 C-Atome u. die Arylreste jeweils 6—12 C-Atome enthalten sollen),

verwendbar als *Fungicide, Herbicide, Insekticide, Nematocide*, erhält man durch Abspaltung einer Cyanäthylgruppe aus Verbb. der allg. Formel $R \cdot X \cdot N \cdot (CH_2CH_2CN)_2$ in einem wss., inerten Lsgm. in Ggw. eines stark bas. Katalysators (Alkalihydroxyd, Alkalialkoholat) bei Rückfluß-Temp. nach $R \cdot X \cdot N(CH_2CH_2CN)_2 \rightarrow R \cdot X \cdot NH \cdot CH_2CH_2CN + CH_2{:}CHCN$. — Erhitzt man z. B. eine Lsg. von 52,3 g p-Chlor-N.N-bis-(2-cyanäthyl)-benzamid in ca. 400 ml abs. A. zum Sieden, gibt eine Alkoholat-Lsg. aus 0,2 g Na u. 20 ml abs. A. zu, erhitzt das Ganze 3 weitere Std. lang unter Rückfluß zum Sieden u. dampft den A. ab, so erhält man *p-Chlor-N-(2-cyanäthyl)-benzamid*, weiße Kristalle, F. 154—156°; Rohproduktausbaute etwa quantitativ. Analog entstehen: *N-(2-Cyanäthyl)-benzamid*, F. 94—95°; *o-Chlor-N-(2-cyanäthyl)-benzamid*, F. 80—82,5°; *p-Nitro-N-(2-cyanäthyl)-benzamid*, F. 154—155°; *N-(2-Cyanäthyl)-acetamid*, F. 65—65°; *N-(2-Cyanäthyl)-benzolsulfonamid*, F. 91—92,5°. (**A. P. 2 927 126** vom 16/10. 1957, ausg. 1/3. 1960.)
A. MOHR. 6313

Mallinckrodt Chemical Works, St. Louis, Mo., V.St.A., **Mittel gegen Nematoden**, gek. durch den Geh. einer aliphat. Säure mit 7—11 C-Atomen oder deren NH_4-Salzen. (**Belg. P. 544 335** vom 11/1. 1956, ausg. 25/9. 1959. A. Prior. 12/1. 1955.)
C. LÜTTGEN. 6313

Dow Chemical Co., übert. von: Edward J. Tabor, Midland, Mich., V.St.A., **Thionophosphorsäureester** der Formel $R \cdot O \cdot P({:}S)(OX)_2$ (X = niedermol. Alkyl; R = ggf. durch Cl, Br, Alkyl, Alkoxy, Phenyl, Benzyl oder Cyclohexyl substituiertes Phenyl), verwendbar als *Parasiticide*, erhält man durch Rk. des entsprechenden Thionophosphorsäure-O.O-diesterchlorids mit einem Gemisch aus wenigstens 1 Mol eines wss., wenigstens 10% ig. Alkalihydroxyds u. mindestens 1 Mol einer phenol. Verb. bei 40—70°. — Zu einem Gemisch aus 106 g NaOH, 424 g W. u. 494 g 2.4.5-Trichlorphenol gibt man unter Rühren bei 38—51° innerhalb 25 Min. 328 g $Cl \cdot P({:}S)(OCH_3)_2$, erhitzt das Ganze 25 Min. lang auf 60°, kühlt auf 45°, setzt unter Rühren 600 ml 5% ig. wss. NaOH zu u. läßt abkühlen. Es scheidet sich krist. *O.O-Dimethylthionophosphorsäure-O-2.4.5-trichlorphenylester*, F. 40°, ab, u. er wird in einer Ausbeute von 91% isoliert. Analog erhält man folgende *O-Ester* der *O.O-Dimethylthionophosphorsäure* in Form viscoser Öle: *2.4-Dichlorphenyl*, n_D^{25} 1,5496; *2-Chlor-4-tert.-butylphenyl*, n_D^{25} 1,5278; *β-Naphthyl*, n_D^{25} 1,5936. *O.O-Diäthylthionophosphorsäure-O-2.4.5-trichlorphenylester* wird analog als hellgelbe Fl. vom n_D^{25} 1,5449 erhalten. (**A. P. 2 928 864** vom 8/1. 1958, ausg. 15/3. 1960.)
A. MOHR. 6313

Herbert L. Sanders, Edward A. Knaggs und Marvin L. Nussbaum, Chicago, Ill., V.St.A., **Emulgiermittel** zur Herst. wss. *Emulsionen wasserunlösl., in der Landwirtschaft u. Viehzucht verwendeter Gifte*, bestehend aus einem Gemisch eines nichtion. höhermol. Äthers oder Thioäthers oder Carbonsäureesters eines Polyoxyäthylenglykols mit einem Molgew. von 200—6000, dessen lipophiler Rest 8—22 C-Atome aufweist, u. einer öllösl. Verb. der allg. Formel $[(Alk)_n{-}Ar{-}SO_3]_2M$, in der $(Alk)_n$ einen Alkylrest mit insgesamt 8—18 C-Atomen, n = 1—3, Ar einen evtl. durch eine CH_3- oder OH-Gruppe substituierten Naphthalinrest u. M ein Erdalkalimetall bedeuten, z. B. Polyglykoläther von Tallölfettsäuren, p-Isooctylphenol, Undecyl-p-hydroxyphenylketon usw. u. monohexadecyl-, myristyl-, laurylnaphthalin- oder naphtholsulfonsaurem Ca. Beide Komponenten werden im Verhältnis 1:9 bis 9:1 gemischt. (**A. P. 2 872 368** vom 3/5. 1954, ausg. 3/2. 1959.)
C. LÜTTGEN. 6313

Établissements et Laboratoires Georges Truffaut und **Isaak Pastac**, Versailles, Frankreich, *Herbicide Mittel zum Schutz von Leinsamen*. (**Belg. P. 561 449** vom 7/10. 1957, ausg. 20/5. 1960. F. Prior. 9/10. 1956. — C. **1960.** 13815 [F. P. 1 159 289].)

Badische Anilin- & Soda-Fabrik Akt.-Ges., Ludwigshafen/Rh. (Erfinder: **Gustav Steinbrunn**, Schwegenheim/Speyer, und **Adolf Fischer**, Mutterstadt), *Herbicid wirksame Phenoxyglycerindiester*. (**E. P. 845 632** vom 2/1. 1959, ausg. 24/8. 1960. D. Prior. 4/1. 1958. — C. **1959.** 13922 [D. A. S. 1 057 381].)

Soc. des Usines Chimiques Rhône-Poulenc, Paris, übert. von: **Jean Métivier**, Arpajon, und **Roger Boesch**, Paris, Frankreich, *Herstellung von 4-Chlor-2-hydroxymethylphenoxyessigsäure und deren Abkömmlingen*. (**A. P. 2 927 940** vom 19/2. 1958, ausg. 8/3. 1960. F. Prior. 9/6. 1956. — C. **1960.** 10029 [E. P. 813 367].)

Farbenfabriken Bayer Akt.-Ges., Leverkusen (Erfinder: **G. Schrader**), *Chloralmercaptale*. (**Belg. P. 561 908** vom 25/10. 1957, ausg. 20/5. 1960. D. Prior. 3/11. 1956. — C. **1960.** 10031 [D. A. S. 1 063 152].)

Soc. des Usines Chimiques Rhône-Poulenc, Paris, Frankreich, *Herstellung von Aryloxyalkoxyalkylcarbonsäuren und deren Abkömmlingen*. (**E. P. 843 883** vom 23/5. 1958, ausg. 10/8. 1960. F. Prior. 28/5. 1957. — C. **1961.** 5584 [F. P. 1 176 282].)

Food Machinery & Chemical Corp., New York, N.Y., V.St.A. (Erfinder: **J. R. Willard** und **J. F. Henahan**), *Schädlingsbekämpfungsmittel*. (**Belg. P. 559 258** vom 15/7. 1957, ausg. 8/4. 1960. A. Prior. 16/7. 1956. 9/4., 22/4. u. 23/4. 1957. — C. **1962.** 3241 [Aust. P. 227 930].)

Ruhrchemie Akt.-Ges., Oberhausen (Erfinder: **Hans Feichtinger**, Duisburg, und **Hans-Werner Linden**, Moers), *Insekticide*. (**Schwz. P. 349 994** vom 20/12. 1956, ausg. 31/12. 1960. D. Prior. 4/2. 1956. — C. **1960.** 9354 [Oe. P. 199 178].)

Rohm & Haas Co., Philadelphia, Pa., V.St.A., *Herstellung von quaternären Ammoniumverbindungen.* (**E. P. 839 573** vom 21/11. 1956, ausg. 29/6. 1960. A. Prior. 28/11. 1955. — C. **1962.** 1007 [A. P. 2 857 380].)

Montecatini Soc. Gen. per l'Industria Mineraria e Chimica, Mailand, Italien (Erfinder: **R. Fusco, G. Losco** und **G. Rossi**), *O.O-Dialkylthio- und -dithiophosphatoessigsäurealkyl- oder -arylmercaptomethylamide.* (**Belg. P. 568 265** vom 2/6. 1958, ausg. 12/8. 1960. It. Prior. 3/6. 1957. — C. **1962.** 3606 [F. P. 1 208 244].)

Farbenfabriken Bayer Akt.-Ges., Leverkusen (Erfinder: **Gerhard Schrader**, Opladen), *Phosphorsäuremercaptoalkylester und deren Derivate.* (**Schwz. P. 342 563** vom 17/11. 1955, ausg. 15/1. 1960. D. Prior. 4/12. 1954. — C. **1959.** 17391 [D. A. S. 1 032 247].)

Farbenfabriken Bayer Akt.-Ges., Leverkusen (Erfinder: **W. Lorenz** und **G. Schrader**), *Thiophosphorsäureester.* (**Belg. P. 568 696** vom 18/6. 1958, ausg. 18/11. 1960. **E. P. 825 477** vom 17/6. 1958, ausg. 16/12. 1959. Beide D. Prior. 24/6. 1957. — C. **1961.** 18105 [F. P. 1 198 263].)

J. Nebrera Escobar, Madrid, Spanien, *Desodorisierung von S-(1.2-Dicarbäthoxyäthyl)-O.O-dimethyldithiophosphat.* (**Belg. P. 568 838** vom 23/6. 1958, ausg. 2/12. 1960. Span. Prior. 6/6. 1958. — C. **1961.** 17363 [D. A. S. 1 107 661].)

J. Bärner, Bibliographie der Pflanzenschutz-Literatur. 1954. II. Teil. Herausgeg. von der Biologischen Bundesanstalt für Land- und Forstwirtschaft in Berlin. Berlin, Hamburg: Paul Parey. 1962. (XXXIII—XLI + 243 S.) DM 45,—.

Hans Fürst, Chemie und Pflanzenschutz. 3., vollständig überarb. Aufl. Leipzig: Deutscher Verl. für Grundstoffindustrie. 1962. (178 S. m. 18 Abb.) 8°. DM 13,—.

D. Keith Kevan, Soil animals. New York: Philosophical. 1962. (237 S. m. Abb.) $ 10.—.

—, 1. Internationale Arbeitstagung der Arbeitsgemeinschaft „Toxikologie von Pflanzenschutzmitteln" der Deutschen Akademie der Landwirtschaftswissenschaften zu Berlin vom 28. bis 30. November 1960 in Berlin. Berlin: Deutsche Akademie der Landwirtschaftswissenschaften. 1962. (159 S.) 8° = Deutsche Akademie der Landwirtschaftswissenschaften zu Berlin. Tagungsberichte. Nr. 42. DM 5,95.

VIII. Metallurgie. Korrosion

Moderne Metallphysik und Probleme der neuen Technik. Je. M. Ssawitzki. (Вестник Академии Наук СССР [Nachr. Akad. Wiss. UdSSR] **32.** Nr. 3. 24—34. März 1962; russ.) — Allg. Ausführungen über den neuesten Stand. S. BARYSCHNIKOW. 6350

Über die Differenzierung der Vorräte der Spurenelemente in den technisch ausgenutzten Vorkommen der Buntmetalle. W. N. Lekssin und L. W. Smirnjagin. (Горный Журнал [Berg-J.] **1960.** Nr. 3. 11—14. März. Inst. für Mineralog., Geochem. u. Kristallchem. der Seltenen Erden der Akad. der Wiss. der UdSSR; russ.) — Vff. empfehlen eine Meth. zur rationellen Best. der Vorräte an Spurenelementen: *Se, Te, In, Tl, Ga* u. *Ge.* Die qual. Best. in Grundmineralien industrieller polymetall. Lagerstätten u. die prozentuale Ausbringung in selektive Konzentrate u. Abfälle von verarbeiteten Erzen werden erörtert. S. BARYSCHNIKOW. 6354□

Über die komplexe Ausnutzung der Manganerze von Dshesdinsk. A. F. Litwinjuk. (Горный Журнал [Berg-J.] **1960.** Nr. 3. 9—11. März. Marganez, Dshesdinsk-Erzverwaltung; russ.) — Infolge der feinen Verteilung des *Braunits* in den *Mn*-Erzen erwies sich das gravitationsmagnet. Anreicherungs-Verf. als das zweckmäßigste. Die hohen Selbstkosten des hergestellten Konzentrats erfordern seine zusätzliche Verarbeitung für die Gewinnung des *Tl*, wofür sich die pyrometallurg. Meth. als die geeignetste erwies. (Ausbeute über 90% des vorhandenen Tl). Die Abfälle der Anreicherungsfabrik können als *Düngemittel* verwendet werden. S. BARYSCHNIKOW. 6360□

Bergwerksbetrieb und metallurgische Verfahren bei Rhodesia Broken Hill, früher, jetzt und in Zukunft. K. C. G. Heath. (Bull. Instn. Mining Metallurgy Nr. **658.** Trans. **70.** 681—736. Sept. 1961. Salisbury, Südrhodesien, Anglo American Corp. of South Africa Ltd.; engl.) — Nach einem Überblick über die geschichtliche Entw., die Geologie u. den Bergwerksbetrieb bei der Erzlagerstätte Broken Hill wird über den metallurg. Betrieb berichtet. Die *Pb*- u. *Zn*-Erze werden in einer *Ferrosilicium* enthaltenden Trübe durch Flotation getrennt. Die Pb-Erze werden in NEWNAM-Herden verarbeitet, die Zn-Erze geröstet, gelaugt u. der Zn-Elektrolyse zugeführt. Die Röstgase werden auf H_2SO_4 verarbeitet. F. VIER. 6360□

Einschätzung von Flotationsergebnissen. W. H. Andrews. (Int. Mineral Processing Congr., London **1960.** 1030—44. Broken Hill, Zinc Corp Ltd.; engl.) — Die an den Verff. von NIXON u. MOIR (Trans. Instn. Mining. Engr. **66.** [1956/57]; Bull. Instn. Mining Metallurgy **66.** [1957.] 453) bestehenden Zweifel werden beseitigt durch eine Überwachung der Labor.-Flotationsprüfung, die Anwendung des Verhältnisses des Gesamt-Metall-Geh. (*Pb* u. *Zn*) zum %-Geh. des Gesamt-Gew. u. eine Korrektur des Grades des Aufgabegutes. W. WESLY. 6362□

Analyse von hochmolekularen Oxydationsprodukten und ihre Flotationseigenschaften. N. A. Aleinikow und N. W. Afanassjewa. (Химия и Технология Топлив и Масел [Chem. Technol Brennstoffe Öle] **6.** Nr. 1. 61—67. Jan. 1961. Kola, Filiale der Akad. der Wiss. der UdSSR; russ.) — Die *Oxydations-Prodd. des Petrolatums* (I) Molgew. 450—742, die hochmol. kompliziert aufgebaute Säuren enthalten (SZ 152,1; EZ. 89,4), werden mit Tallölen als Flotationsreagentien für nichtsulfid. Erze: *Apatit, Ilmenit, Zirkon, Kassiterit* u. a. empfohlen. Vf. bringt Unters.-Meth. der Gruppen-Zus. der I, gibt eine analyt. Charakteristik derselben u. beschreibt Flotations-Verff., die bei Verw. von I mit einem Geh. von 4% Oxysäuren bei Apatit mit 21,55 (%) P_2O_5 eine Anreicherung bis 39,6 ergaben. ELSE HEINEMANN. 6362

Über die Adsorption von Xanthogenat an der Dreiphasengrenze beim Benetzen. Ss. I. Krochin. (Цветные Металлы [Nichteisenmetalle] **34.** Nr. 1. 19—26. Jan. 1961. Nordkaukas. Inst. für Bergbau u. Metallurgie; russ.) — Um die Adhäsion von Mineralteilchen auf der Oberfläche der Luftblasen bei der Flotation zu klären, wurde die Adsorption von *Xanthogenat* (I) längs der Dreiphasen-Benetzungsgrenze an *Galenit* (**II**) radiometr. untersucht. Als Vers.-Objekt dienten Schliffe aus **II**-Pulver, die mit Luftblasen kontaktierten, in **I**-Lsgg. in Ggw. von ^{35}S, oder Anschliffe von **II**-Stücken. Der Adsorptionsgrad von **I** wurde durch Messung der mittleren scheinbaren Strahlungsdichte ermittelt. In der Zone der Dreiphasen-Benetzungsgrenze wurde eine erhöhte Konz. von **I** beobachtet, wodurch ein Unterlaufen von W. unter die Luftblase vermieden u. die Adhäsion des Mineralteilchens auf der Luftblase gesteigert wird.
ELSE HEINEMANN. 6362

Die Aufbereitung eines südafrikanischen Chromerzes mit Hilfe des Flotationsverfahrens. Ludolf Frank. (Z. Erzbergbau Metallhüttenwes. **15.** 122—23. März 1962. Stolberg/Rhld.; dt.) — Durch Labor.-Verss. gelang es, das engverwachsene Roherz mit ca. 37% Cr_2O_3 nach vorhergehender Entschlämmung auf mindestens 44% Cr_2O_3 anzureichern. Dabei wurde *Resanol*, bestehend aus sulfonierten *Alkylaromaten* u. NH_4-*Seife*, als Flotationsreagens verwendet. — Diskussion. F. VIER. 6362□

Erhöhung des Grades der komplexen Ausnutzung der verarbeiteten Erze im Werk von Pyschma. Ss. I. Kropanew und W. W. Kljatschin. (Горный Журнал [Berg-J.] **1960.** Nr. 3. 8. März. Swerdlowsk, Uraler Forsch.-Inst. für mechan. Erzbearbeitung; russ.) — Durch ein neues Verf. werden neben dem aus Sulfiderzen gewonnenen *Cu-Konzentrat Co-Pyritkonzentrate* erhalten. Das zerkleinerte Erz (60% der Klasse bis 74 μ) wird sulfid. kollektiv flotiert. Nach der Nachzerkleinerung des Kollektivkonzentrats werden durch eine selektive Flotation die *Cu-* u. Pyrit-Prodd. getrennt. Aus den Fabrikabgängen wird trotz des niedrigen *Magnetit*-Geh. der Erze durch nasse magnet. Scheidung mit nachfolgender Reinigung hochwertiges Fe_3O_4-Konzentrat gewonnen; trotz der kleinen Ausbeute erwies sich seine Gewinnung als rentabel.
S. BARYSCHNIKOW. 6362□

Untersuchung des Hochofenbetriebes bei Einführung von flüssigem Brennstoff in das Gestell. Ju. Ss. Borissow und A. A. Fofanow. (Сталь [Stahl] **21.** 492—98. Juni 1961. Ural, Forsch.-Inst. für Fe-Metalle; russ.) — Die Einführung von 87—95 kg *Masut* je t Roheisen in das Hochofengestell durch die Windformen erhöht die Wind-Temp. um 35—50° u. bewirkt eine Feuchtigkeitsabnahme des Blaswindes um 4—5 g/ Nm^3. Außerdem wird der spezif. Koksverbrauch um 14,2—15,7% erniedrigt u. die Hochofenleistung um 6,1—8,8% gesteigert. Bei der Einführung von Masut durch die Blasformen des Hochofens wird die Oxydationszone im Ofen verkleinert, u. es entsteht eine Zirkulationszone, die zu einer Erhöhung der Auflockerung der Beschickungssäule führt. Die H_2-Anreicherung des Gases im Ofen verbessert hierbei die Bedingungen für den Ablauf der indirekten Red.-Vorgänge u. verbreitert den Bereich dieser Prozesse in Richtung auf niedrigere Ofenhorizonte. Die Einführung von Masut bewirkt ferner eine bessere Wärmeausnutzung im Hochofen. Der Nutz-Koeff. von C wurde bei den Unters.-Bedingungen infolge der erniedrigten Verbrennungswärme des C im Masut sowie infolge einer ungenügenden Ausnutzung der Red.-Fähigkeit des Gases im Ofenzentrum verschlechtert. H. HOCHSTEIN. 6370□

Niederdruck-Metallurgie. 1. Mitt. **Vakuum als eine inerte Atmosphäre.** 2. Mitt. **Die Reduktion von Oxiden durch Kohlenstoff.** A. S. Darling. (Metallurgia [Manchester] **62.** 139—42. Okt. 187—91. Nov. 263—67. Dez. 1960; **64.** 7—13. Juli. 71—75. Aug. 1961; engl.) — Es wird über Verunreinigungen während des Vakuumschmelzens von *Fe, Ni* u. *U*, über Entgasen, über Oxydations-Verff. im festen Zustand im Vakuum berichtet u. über die Red. von Oxiden mit C am Beispiel von *Cu, Mo* u. *Nb*. — 195 Literaturangaben. M. GEHLEN-KELLER. 6380

Bestimmung der spezifischen Oberfläche und des Eckigkeitskoeffizienten von Sandkörnern. Lech Lewandowski. (Przegląd Odlewnictwa **11.** 41—44. Febr. 1961; pol.) — Übersicht über die Best. der spezif. Oberfläche von Formsanden. Da die spezif. Oberfläche von der Sandkornform abhängt, muß auch der „Eckigkeits-Koeff." k bestimmt werden. Es wird eine einfache Meth. zu Berechnung von k aus der spezif. Oberfläche u. der theoret. berechneten Oberfläche bei gegebener Korngröße angegeben. F. URBAN. 6382 □

Faktoren, welche die Eigenschaften von Formgemischen beeinflussen. D. S. Williams. (Литейное Производство [Giesserei-Betr.] **1961.** Nr. 5. 36—40. Mai; russ.) — Bei der Unters. von aus *Quarzcnd*, *Bentonit* u. *W.* bestehenden Formgemischen wird festgestellt, daß die Druckfestigkeit der getrockneten u. grünen Gemische von der Orientierung der Bentonitteilchen zur Quarzkörneroberfläche abhängt. Die Festigkeit der Bentonitgemische nach einem Trocknen an Luft u. im Ofen wird mit der Vergrößerung der Ausgangsfeuchtigkeit des Gemisches erhöht. Je höher die Feuchtigkeit ist, desto dicker ist die Wasserschicht um die Quarzkörner; aber hierbei wird die mechan. Starrheit des W. mit der Entfernung von der Quarzkornoberfläche verringert. Bei einer Erwärmung auf 100° wird ein Teil des unbeweglichen W. in normal bewegliches umgewandelt u. die Orientierung der Bentonitteilchen wird verbessert. H. HOCHSTEIN. 6382 □

Einfluß der Aufbereitungstemperatur von synthetischen Formmassen auf ihre technologischen Eigenschaften. Janusz Szreniawski. (Przegląd Odlewnictwa **11.** 37—41. Febr. 1961; pol.) — Anwendung von warmem W. beim Anfeuchten von Formmassen verbessert nicht die Verteilung des Bindemittels zwischen den Sandkörnern. Die technolog. Eigg. synthet. Formmassen werden bei Verw. vorgewärmten Sandes u. Tones verschlechtert. F. URBAN. 6382 □

Kernherstellung in beheizten Kernkästen bei den Renault-Werken. P. Jasson. (Brit. Foundryman **54.** 309—19. Juli 1961. Renault Foundry Labor.; engl.) — C. **1961.** 277. — Vgl. auch B.C.I.R.A. Journal **8.** 553—66. Juli 1960. K. HILLINGER. 6382 □

Der Einfluß von Wismut-Formschlichte auf die Fehlerfreiheit, Struktur und Eigenschaften von Graugußstücken. M. J. Clifford. (B. C. I. R. A. Journal **9.** 377—81. Mai 1961; engl.) — Die Verw. einer *Te*-Formschlichte zur Vermeidung örtlicher Fehlerstellen in Graugußstücken bringt bestimmte deutliche Nachteile mit sich, die erläutert u. mit dem Einfl. einer *Bi*-Formschlichte verglichen werden, wobei festgestellt wird, daß Bi die gleiche Wrkg. besitzt, jedoch gleichzeitig weniger unerwünschte Einfl. ausübt. Die Verw. der Bi-Schlichte jedoch muß sehr sorgfältig überwacht werden, wenn die Struktur u. die Eigg. der Gußstücke nicht ernstlich beeinflußt werden sollen. H. HOCHSTEIN. 6382 □

Gießstrahlmarkierung mit radioaktivem Gold zur Untersuchung der Gießströmung beim Aufbau der Gleitbahnen von Gußeisenständern. Kurt Wüllenweber und Georg H. Pröpstl. (Gießerei **48.** 401—05. 13/7. 1961. Hakingen/Ruhr; dt.) K. HILLINGER. 6382 □

Einfluß der Raffination durch Filtrieren auf Durchfluß des Metalls in Anschnittkanälen. Andrzej Bydałek. (Przegląd Odlewnictwa **11.** 50—53. Febr. 1961; pol.) — Durch Filtrieren des fl. Metalls wird die Viscosität um 6—7% erniedrigt. Der innere Widerstand des fl. Metalls wird vermindert u. das Fließen im Anstichkanal erleichtert. Die Filtration wird in einem elektr. Gleichstromfeld durchgeführt. Dadurch werden nichtmetall. Einschlüsse beseitigt. F. URBAN. 6382 □

Temperaturbeanspruchbarkeit von mit Epoxidharz-Bindemitteln ausgebesserten Gußteilen. H.-E. Steinicke. (Fertigungstechn. u. Betr. **11.** 243—45. April 1961. Zentralinst. für Schweißtechnik, Halle/S.; dt.) — Die mit Epoxidharzen ausgebesserten Fehlerstellen können bis nahe der Zers.-Temp. des jeweiligen Harzes ausgebessert werden. Die Abdichtfunktion der Epoxidharzfüllung bleibt unter diesen Bedingungen auch bei mittleren u. hohen Drücken erhalten. Eventuelle Schrumpferscheinungen im Harz sind so gering, daß sie keinen Einfl. auf die Dichtigkeit haben. Liegen die Temp. an einer Wand des Werkstückes höher als die Zersetzungs-Temp. des Harzes, so kann leicht auf das Temp.-Verhalten in der Wand geschlossen u. damit die Möglichkeit der Abdichtung exakt beurteilt werden. K. HILLINGER. 6382 □

Einige wirtschaftliche Gesichtspunkte für das Schmelzen in der Gießerei. J. D. Hill. (Brit. Foundryman **54.** 440—47. Okt. 1961. Brit. Cast Iron Res. Assoc.; engl.) — Überblick über Besonderheiten beim Schmelzen im Kupolofen. — 13 Literaturangaben. K. HILLINGER. 6382 □

Verhindern des Zusammensinterns von Wirbelbetten bei der Reduktion von Eisenerzen. Hermann Schenck, Werner Wenzel und Hanns-Dieter Butzmann.

(Arch. Eisenhüttenwes. **33.** 211—16. April 1962. Aachen, Inst. für das Eisenhüttenwes. der Techn. Hochschule; dt.) — Die Sintererscheinungen sind eine der Hauptschwierigkeiten bei der Red. von Fe-Erzen in Wirbelbetten. Beim heterogenen Wirbelbett wird das Zusammensintern der anred. Erzteilchen durch zwischengelagerte inakt. Stoffe verhindert. Am günstigsten verhält sich dabei *Koks.* Verss. mit heterogenen Koks–Erz-Wirbelbetten ergeben, daß in solchen Wirbelbetten die Erz-Red. noch bei 1000° durchgeführt werden kann, ohne daß die Erzteilchen zusammensintern. Die stufenweise Behandlung des Erzes durch 3malige Red. in der Wirbelschicht, entsprechend 3 nacheinander geschalteten Red.-Stufen mit einer Gesamtwirbelbetthöhe von 240 cm, führte bei 900° mit CO als Red.- u. Trägergas zu einem Red.-Grad von 86%. — 31 Literaturangaben. H. HOCHSTEIN. 6390□

Aufbereitung des kleinkörnigen Erzes „Brand" aus Lubija zwecks Verarbeitung in Hochöfen. Vladimir Logomerac. (Kem. u Ind. [Zagreb] **9.** 163—69. Juli 1960. Sisak, Zeljezara; kroat.) — Das untersuchte kleinkörnige Erz mit 30—40 (%) *Fe*, 2—2,5 *Mn* u. 8—18 SiO_2 kann nach Sintern, Granulieren u. Brikettieren in Hochöfen auf Fe verarbeitet werden. Die einzelnen Arbeitsvorgänge werden erörtert. R. K. MÜLLER. 6390□

Direkte Reduktion von Eisenoxid durch festen Kohlenstoff im Vakuum. T. S. Yun. (Trans. Amer. Soc. Metals **54.** 129—42. März/Dez. 1961. Seoul, Korea, Nat. Univ.; engl.) — Fe_2O_3 wird durch festen C bei 700—1100° in einem hohen Vakuum direkt red.; der Einfl. der Temp. auf den Red.-Grad wird im angegebenen Temp.-Bereich ermittelt u. dabei die Möglichkeit der Erzeugung von *metall. Fe* aus Fe_2O_3 nur oberhalb von 900° festgestellt. Zu Beginn der direkten Red. von Fe_2O_3 wurden CO_2 u. CO gebildet. Es wird festgestellt, daß die Diffusion von Fe-Ionen innerhalb des Oxidkristalls mehr als die der C-Atome in das Fe_2O_3 hinein der geschwindigkeitsbestimmende Prozeß bei der Fe_2O_3-Red. ist. H. HOCHSTEIN. 6390□

Elektrochemische Eigenschaften von Kupolofenschlacken. W. A. Tschetschulin. (Литейное Производство [Giesserei-Betr.] **1962.** Nr. 3. 28—31. März; russ.) — Die Ergebnisse einer Elektrolyse u. von Polarisationsmessungen zeigen, daß die Potentialwerte der Ausscheidungen *Fe, Si* u. *Al* aus Kupolofenschlacken qual. dem nach $\Delta Z^0_{O_2}$ (Veränderung des isobaren Potentials bei der Oxid-Bldg., bezogen auf 1 Mol O_2) berechneten Werten entsprechen, wobei Fe den niedrigsten Wert für ε (Ausscheidungspotential) besitzt, was mit dem verhältnismäßig kleinen Abbrand bei der Schmelzung übereinstimmt. Die Möglichkeit einer Elektrolyse beweist den elektrochem. Charakter der Rk. des Gußeisens mit der Kupolofenschlacke. Eine bedeutende Rolle in dieser Rk. spielen die Fe^{2+}- u. Fe^{3+}-Ionen, die Vermittler in der Reihe der Redox-Rkk. sind. Dieselbe Bedeutung besitzen auch die Mn^{2+}- u. Mn^{3+}-Ionen. Die durch Verss. erhaltenen Werte weisen auf die grundsätzliche Möglichkeit einer lenkbaren elektrochem. Überführung spezif. Elemente aus der Schlacke in das Gußeisen u. umgekehrt hin, mit dem Ziele einer Raffinierung, Legierung oder Modifikation des Gußeisens im Vorherd oder in der Pfanne. H. HOCHSTEIN. 6390□

Die Anwendung der Ionentheorie auf metallurgische Schlacken unter besonderer Berücksichtigung der Sauerstoff- und Schwefelverteilung. Martin G. Frohberg. (Arch. Eisenhüttenwes. **32.** 597—606. Sept. 1961. Aachen, TH, Inst. für Eisenhüttenwes.; dt.) — Die Begriffe u. Gesetzmäßigkeiten zwecks Anwendung der Ionentheorie auf metallurg. fl. Schlacken werden erläutert. Hochbas. Schlacken mit <5% SiO_2 stellen nahezu ideale Ionen-Lsgg. dar, in denen die Aktivitäten der Ionen gleich ihren Ionenbrüchen sind. In sauren Schlacken ist auf Grund von Polymerisationserscheinungen mit verwickelteren Verhältnissen zu rechnen. Die Aufbauformen bas. u. saurer Schlacken gehen jedoch fließend ineinander über. Das derart entwickelte Aufbaumodell läßt auch in sauren Schlacken auf Grund von Polymerisationsgleichgewicht die Ggw. freier O-Ionen zu. Die Verteilung des *O* u. *S* zwischen fl. *Fe* u. fl. Schlacke wird durch Ionen-Rkk. erklärt. Nach der Rk.-Gleichung $[S] + (O)^{2-} = [O] + (S)^{2-}$ sind O- u. S-Verteilung eng miteinander verknüpft. Ausgehend von hochbas. Schlacken, wurde zunächst die Temp.-Abhängigkeit der S- u. O-Verteilung abgeleitet. Zunehmende Geh. an SiO_2 bewirken eine allmähliche Verringerung der Verteilungskoeffizienten. Diese Tatsache wird mit Ionenwechselwirkungen gedeutet, die sich in der Form von Aktivitäts-Koeff. (f) der Ionen ausdrücken lassen. Es wird gezeigt, daß die Prodd. ($f_{S^{2-}} \cdot f_{Fe^{2+}}$ u. $f_{O^{2-}} \cdot f_{Fe^{2+}}$) im gesamten Basizitätsbereich in erster Näherung jeweils gleich groß sind. Aus Messungen zur S-Verteilung zwischen C-gesätt. fl. Fe u. sauren $CaO–SiO_2$-Schlacken konnte die O-Ionen-Konz. der Schlacke berechnet werden. Bei 1600° u. einem Ca/SiO_2-Verhältnis von 1,0 erhält man einen O-Ionenbruch von $N_{O^{2-}} = 3 \cdot 10^{-4}$. — 50 Literaturangaben. H. HOCHSTEIN. 6390□

Zur Frage der Veränderung des Kohlenstoffgehaltes im magnesiumhaltigen Gußeisen. A. P. Rylnikow. (Литейное Производство [Giesserei-Betr.] **1961.** Nr. 5. 29—30. Mai; russ.) — Bei der Modifizierung von Gußeisen mit *Mg* wachsen die *C*-Verluste nicht nur mit der Zunahme der C-Geh. im Ausgangsgußeisen, sondern auch mit der Zunahme des *Si*-Gehaltes. Mg zeigt einen Einfl. auf den C-Verlust nur bei Konzz. bis 0,04%, d. h., bis zu der Grenze des Übergangs vom Graphit aus der lamellaren in die Kugelform. Eine weitere Erhöhung des Mg-Geh. von 0,04 auf 0,1% führt zu keiner wesentlichen Abnahme des C-Gehaltes. H. HOCHSTEIN. 6404 □

Der Einfluß von Restmagnesium auf die Form des Graphits. M. W. Woloschtschenko und A. I. Toropow. (Литейное Производство [Giesserei-Betr.] **1961.** Nr. 5. 30. Mai; russ.) — In Gußstücken mit Wandstärken von 20—80 mm, die nicht weiß erstarren, darf zur Gewährleistung der Erzeugung eines über den gesamten Querschnitt auftretenden Kugelgraphits der *Mg*-Geh. nicht unter 0,041—0,042% liegen. Die Technologie der Gußeisenmodifizierung muß eine befriedigende Aufnahme des Mg durch die Schmelze garantieren. Auch bei der Kristallisation der Gußstücke mit Bldg. einer metastabilen Struktur soll der Mg-Geh. nicht unter 0,035% gesenkt werden. Bei niedrigem Mg-Geh. besitzt der Graphit eine unregelmäßige kugelförmige oder Mischform, was für Teile, die einer Dauer- u. wiederholten Schlagbeanspruchung ausgesetzt sind, unzulässig ist. H. HOCHSTEIN. 6404 □

Die Bedeutung einer Prozeßüberwachung auf die Herstellung von schlackefreien Gußstücken aus Gußeisen mit Kugelgraphit. R. Barton und A. G. Fuller. (B.C.I.R.A. Journal **9.** 406—18. Mai 1961; engl.) — Durch Beobachtungen bei der industriellen Herst. von Gußstücken aus Gußeisen mit Kugelgraphit wird festgestellt, daß die Erzeugung schlackenfreier Gußstücke durch eine sorgfältige Überwachung der Schmelzbehandlung zu erreichen ist. Von größter Bedeutung hierbei sind der restliche *Mg*-Geh. im Gußeisen, der *C*-Äquivalentwert, die Gieß-Temp. u. die Ausbldg. des Steigersystems. Es werden besondere Maßnahmen zur Regelung dieser u. anderer, die Schlackentendenz von Gußeisen mit Kugelgraphit beeinflussender Faktoren gemacht. H. HOCHSTEIN. 6404 □

Einfluß von Kohlenstoff, Silicium und Phosphor auf die Zugfestigkeits- und Schlageigenschaften von ferritischem Schwarzkern-Tempergußeisen. C. T. Moore. (B.C.I.R.A. Journal **9.** 385—405. Mai 1961; engl.) — Der Einfl. von *C*, *Si* u. *P* auf die Zugfestigkeit von ferrit. Schwarzkerntemperguß wird untersucht u. die Einw. dieser Elemente auf die Kerbschlagzähigkeit sowie bes. auf die Versprödungsübergangs-Temp. ermittelt. Hierbei zeigt sich, daß die Zugfestigkeit durch eine Erhöhung des Si- oder des P-Geh. u. durch eine Senkung des C-Geh. verbessert wird. Eine Erhöung der Si- oder P-Geh. jedoch führt zu einer Verschlechterung der Schlag-Eigg., während eine Abnahme des C-Geh. einen geringen Einfl. auf die Schlagzähigkeit hat. Die beste Kombination der Schlag- u. Zug-Eigg. wird mit niedrigen P- u. C-Geh. bei mittleren oder hohen Si-Geh. erzielt. Eine subkrit. Abschreckung u. Anlaßbehandlung erniedrigt die Versprödungsübergangs-Temp. bei der Schlagprüfung des ferrit. Schwarzkerntempergusses bei Temp. tief unterhalb der Raum-Temp. u. verbessert die Zugfestigkeitseigenschaften. H. HOCHSTEIN. 6406 □

Zur Frage der Metalltemperatur bei der Vakuumlichtbogenschmelze. L. N. Beljantschikow, R. N. Grigorasch und A. W. Panow. (Известия Высших Учебных Заведений, Черная Металлургия [Hochschulnachr., Eisenmetallurgie] **1960.** Nr. 2. 32—38. Moskau, Stahl-Inst.; russ.) — Bei der Vakuumlichtbogenschmelzung von Stahl wird eine verhältnismäßig kleine Überhitzung des Stahles festgestellt. Die Bad-Temp. des schmelzfl. Stahles wird in der Hauptsache durch seine Schmelztemp. bestimmt. H. HOCHSTEIN. 6408 □

Einflüsse von Niob auf die Eigenschaften von mit Aluminium beruhigtem mittelhoch gekohltem Stahl. E. E. Fletcher, A. R. Elsea und E. C. Bain. (Trans. Amer. Soc. Metals **54.** 1—11. März/Dez. 1961. Diskussion: 697—702. Battelle Mem. Inst.; engl.) — Die Einfl. eines Zusatzes von 0,012; 0,09; 0,17 u. 0,35% *Nb* zu einem Stahl mit 0,35% *C* wird untersucht u. dabei werden die Veränderungen der Korngröße, Carbid-Lsg., Härtbarkeit u. Anlaß-Wrkg. festgestellt. Es zeigt sich, daß Nb einen starken Widerstand gegen Kornwachstum bei erhöhten Temp. schafft. Da *NbC* sehr langsam in Lsg. geht, war es nicht durchführbar 0,09% Nb u. darüber in Lsg. zu bringen. Für diejenigen Austenitisierungsbedingungen, welche keine Kornvergröberung hervorrufen, verringert ein wachsender Nb-Geh. die Härtbarkeit. Jedoch nimmt die Härtbarkeit mit wachsender Korngröße zu. Der Nb-Zusatz erhöht die Streckgrenze u. Zugfestigkeit ohne Abnahme der Dehnung oder Einschnürung. Die größte Festigkeit wurde bei einem Nb-Geh. von nur 0,012% erzielt. Bei der Unters. des Einfl. der Wärmebehandlung auf Nb-haltige Stähle wird festgestellt, daß Nb entweder die Kerbschlagzähigkeitsübergangs-Temp. erniedrigt oder darauf keinen wesentlichen Einfl. ausübt. H. HOCHSTEIN. 6408□

Reckalterung und Neutronenbestrahlung niedriggekohlter Siemens-Martin-Stähle. Friedrich Erdmann-Jesnitzer, Paskal Paskaleff und Harald Flach. (Neue Hütte **6.** 762—66. Dez. 1961. Freiberg, Inst. für Metallkunde u. Materialprüf. der Bergakad.; Rossendorf/Dresden, Zentr. Inst. für Kernphysik; dt.) — Die Anfälligkeit von niedriggekohlten S-M-Stählen gegenüber Reckalterung wird auf die Wrkg. von *Si* zurückgeführt, da Si sowohl die Wanderungsfähigkeit als auch die Löslichkeit von *N* u. *C* im *α-Fe* verringert u. daher den Ablauf des Alterungsvorgangs hemmt. Die Neutronenbestrahlung führt zu einer Abnahme der Zähigkeit u. der Duktilität, zu einer Zunahme der Härte, Streckgrenze, maximalen Belastung u. des elektr. Widerstandes. Strahlproben im Ausgangszustand weisen nach der Bestrahlung größere Änderungen in den Eigg. auf als diejenigen Proben, die einer Kaltverformung oder einer Wärmebehandlung unterzogen worden waren. Dabei werden mit zunehmender Verfestigung die durch Bestrahlung erreichten Änderungen geringer. Durch Anlassen der im normalisierten Zustand bestrahlten u. der unbestrahlten, jedoch plast. verformten Proben konnte ein vorzeitiger Rückgang der durch Bestrahlung erreichten Härte gegenüber der infolge Verformung eingetretenen festgestellt werden. Die alterungsähnlichen Erscheinungen sind nach Bestrahlung u. Anlassen im unberuhigten, d. h. Si-ärmeren, C-Stahl stärker ausgeprägt. Es wird vermutet, daß der Beweglichkeit der Verunreinigungselemente in diesem Zusammenhang eine relativ große Bedeutung zukommt. — 29 Literaturangaben. H. HOCHSTEIN. 6408□

Der Einfluß von δ-Ferrit–Carbid-Seigerungen auf die Eigenschaften von Chromstahl mit 12% Cr. Edward A. Loria. (Trans. Amer. Soc. Metals **54.** 31—49. März bis Dez. 1961. Diskussion: 705—19. Pittsburgh, Climax Molybdenum Co.; engl.) — Die Längs- u. Querzugfestigkeit an glatten u. gekerbten Proben, die Kerbschlagzähigkeit, die Zeitstandfestigkeit sowie die Ermüdung, die beiden letzten Eigg. ebenfalls an glatten u. gekerbten Proben bestimmt, wurden an dem nichtrostenden, martensit. Stahl *422* mit 0,22(%) *C*, 12,0 *Cr*, 1,0 *Mo*, 1,0 *W*, 0,70 *Ni*, 0,65 *Mn*, 0,35 *Si* ermittelt u. dabei die schädlichen Einfl. verschiedener Geh. an δ-Ferrit–Carbid-Seigerungen festgestellt. Durch bes. Ausgleich der Stahl-Zus. kann ein an δ-Ferrit freier Stahl in einer Blockgröße bis zu 26 in. Ø erhalten werden. Es wurde festgestellt, daß δ-Ferrit entweder frei von Ausscheidungen auftritt oder das Carbid $M_{23}C_6$ als Umhüllung zusammen mit überall verteilten Carbidteilchen enthält. Eine Erstarrungsseigerung in größeren Blöcken mit 36—55 in. Ø erzeugt massive Carbide sowie nichtmetall. u. massive Ferrit–Carbid-Seigerungen. Unter bestimmten Umständen enthalten die letzteren eine dem Perlit ähnliche Umhüllungsstruktur. H. HOCHSTEIN. 6410□

Der Einfluß von Mn auf die Eigenschaften von wärmebehandeltem Cr–Mo-Stahl. K. Kiyonaga. (Tetsu to Hagene [J. Iron Steel Inst. Japan] **42.** 874—75. Sept. 1956; jap.) J. LEHMBERG. 6410□

Einflüsse von Sulfiden auf die Eigenschaften von 3% Ni–Mo–V-Stahl bei hoher Temperatur. Jûro Watanabe. (Nippon Kinzoku Gakkai-Si [J. Japan Inst. Metals] **25.** 766—69. 1961; jap., Auszug: engl.) — Unterss. über die Einw. von *Sulfiden* auf die Festigkeit von mehreren Stählen mit 3(%) *Ni*, 0,45 *Mo*, 0,09 *V* u. 0,005, 0,015, 0,048 u. 0,090 *S* u. verschiedenen Schmiedegraden bei hoher Temp. zeigen, daß die Kriechbruchfestigkeit bei 500° von Sulfiden nicht beeinflußt wird; die zu Bruch gegangenen Stähle mit 0,048 u. 0,090% S weisen niedrige plast. Verformbarkeit auf. Sulfide haben die gleiche Einw. auf die Festigkeit gegen Wechselwärmebeanspruchung wie auf die Zugverformbarkeit. Für die Beziehung zwischen Rißtiefe u. Bruchverformbarkeit wird eine Gleichung angegeben. W. WESLY. 6410□

Nichtrostender Stahl für Schneidwerkzeuge. Masayoshi Tagaya und Kōzō Kishi. (Technol. Rep. Osaka Univ. **10.** 481—87. März 1960. Dep. of Metallurg.; engl.) — Es werden Unterss. über die günstigste chem. Zus., die Warmverarbeitung u. die Wärmebehandlung zur Herst. von nichtrostenden Schneidwerkzeugen mit guter Schneidfähigkeit u. hoher Haltbarkeit angestellt. Ferner wurde auch die spanabhebende Bearbeitbarkeit solcher Stähle geprüft u. dabei gefunden, daß nichtrostende Stähle mit hohen C-Geh. eine bessere Bearbeitbarkeit besitzen als die niedriggekohlten ferrit. nichtrostenden Stähle. H. HOCHSTEIN. 6410□

Nichtoxydierende austenitische Eisen–Nickel–Chrom-Legierungen. 2. Mitt. D. Iturrioz. (Metalurgia y Electr. **25.** Nr. 291. 91. 93. 95. 97. 99. 103. 104. Dez. 1961; span.) — Allg. Übersicht über Gefügeänderungen, mechan. Eigg. u. Korrosions-Verh. austenit. Cr–Ni-Stähle unter dem Einfl. therm. Behandlungen u. zusätzlicher Leg.-Elemente mit bes. Bezug auf den Sensibilisierungsmechanismus, Kornzerfall u. dessen analyt. Bestimmung. A. SANDER. 6410□

Hochlegierte Stähle in Kernenergieanlagen. J. Jägersberger. (Atomwirtschaft **6.** 154—57. März. 283—88. Mai 1961. Düsseldorf, Gebr. Böhler & Co. AG; dt.) — Vortrag. Überblick über Neutronenaktivierung u. Einfl. der Neutronenbestrahlung bes. auf die Festigkeits-Eigg. u. die Korrosion von hochlegierten Stählen. — 20 Literaturangaben.
M. GEHLEN-KELLER. 6410□

Blei-Kadmium-Nickel-Knetlegierungen. D. N. Williams, K. R. Grube und R. I. Jaffee. (Trans. Amer. Soc. Metals **54.** 96—105. März/Dez. 1961. Diskussion 740 bis 43. Columbus, Ohio, Battelle Mem. Inst.; engl.) — Eine *Pb*-Leg. mit 1,5% *Cd* u. 0,2% *Ni* wurde entwickelt, welche durch zwei getrennte Meth. verfestigt werden kann, nämlich durch Abschreckhärtung unter Bldg. von Mischkristallen u. durch Ausscheidungshärtung. Der Lsg.-Härtungszusatz, nämlich 1,5% Cd, verbessert die Zugfestigkeit u. die Festigkeit gegen Ermüdungsbruch bei langsamer Dehnungsgeschwindigkeit. Der Ausscheidungshärtungszusatz von 0,2% Ni verbessert die Kriechfestigkeit. Keiner dieser beiden Zusätze beeinträchtigt die Korrosionsbeständigkeit. H. HOCHSTEIN. 6430□

Der Einfluß der Schmelzbedingungen auf die Eigenschaften der Bronze Br. AMz 9—2. A. W. Kurdjumow und M. D. Teplitzki. (Литейное Производство [Giesserei-Betr.] **1961.** Nr. 12. 24—26; russ.) — Die Unterss. des Einfl. der Schmelzbedingungen auf die Eigg. der Bronze *AMz 9-2* zeigen, daß man zur Erhaltung einer Bronze mit der geringsten Verunreinigung durch nichtmetall. Einschlüsse, mit hohen mechan. Eigg. u. mit geringen Metallverlusten durch die Schlacke die Schmelze unter einer Flußmittelschicht aus *Kryolith* u. *Ca-* u. *Mg-Fluoriden* unter Zusatz der Gattierungskomponenten in der Reihenfolge: Cu-Vorlegierung (Cu—Mn)-Al führen muß. Bei einer Schmelzführung ohne Schutzdecke oder unter einer Schutzschicht aus Holzkohle darf man Al nicht vor Mn in die Cu-Schmelze einführen, um eine starke Verschmutzung der Bronze durch Oxideinschlüsse zu vermeiden. Bei einem Schmelzen der Bronze unter Verw. von Abfällen muß man zuerst Cu schmelzen, die notwendige Menge Mn oder Cu—Mn-Vorlegierung u. erst dann die Abfälle u. Al zusetzen. H. HOCHSTEIN. 6432□

Herabsetzung des Calciumgehalts der eutektischen Al—Si-Legierungen durch entsprechende Phosphorzusätze. E. Di Russo. (Alluminio **29.** 121—27. März 1960. Ist. Sperim. Metalli legger, Mem. Rapp. [10]. Nr. **240.** 3—9. 1960. Sep. Novara, Ist. sper. Metalli legg., Div. Ric.) — Überschüssige *Ca*-Mengen in 13% *Si* enthaltenden *Al—Si*-Legg. ließen sich durch Zugabe der 5fachen stöchiometr. Menge *P*, bezogen auf den Ca-Geh., auf 0,01% Ca unter Bldg. von Ca_3P_2 herabsetzen. Dies entspricht der zugelassenen Höchstmenge an Ca, welche die Eigg.-Normen der Legg. gewährleistet u. die nachfolgende regelmäßige Gefügemodifizierung durch metall. Na nicht beeinträchtigt.
A. SANDER. 6446□

Über die Entwicklung der hochfesten Aluminiumlegierungen. P. Brenner. (Aluminium **38.** 437—43. Juli 1962. Bonn; dt.) — Überblick über die Entw. der *AlCuMg*- u. der *AlZnMg*-Legierungen. — 39 Literaturangaben. M. GEHLEN-KELLER. 6446□

Einfluß von Sauerstoff auf die Eigenschaften von Zircaloy-2. L. S. Rubenstein, J. G. Goodwin und F. L. Shubert. (Trans. Amer. Soc. Metals **54.** 20—30. März/Dez. 1961. Diskussion: 702—05; engl.) — Die Ergebnisse eines Vers. zur Best. des Einfl. von 900—10000 ppm *O* auf die Zugfestigkeit, Härte, Warm- u. Kaltverarbeitbarkeit, Korrosionsbeständigkeit in 680°F heißem W. u. in 750°F heißem Dampf von 1500 lbs./sq.in. Druck sowie auf das Feingefüge u. die Phasenumwandlungen von *Zircaloy-2* mit ca. 1,45 (%) *Sn*, 0,12 *Fe*, 0,05 *Ni*, 0,10 *Cr*, Rest *Zr* werden mitgeteilt. Es wird gezeigt, daß O die 0,2%-Streckgrenze u. Zugfestigkeit erhöht, die Korrosionsbeständigkeit bei Geh. über 2000 ppm erniedrigt, die $\alpha \rightarrow \alpha + \beta$-Umwandlung erhöht u. einen starken Härtungseffekt zeigt, der linear mit der Quadratwurzel des O-Geh. zunimmt.
H. HOCHSTEIN. 6448□

Über eine Sorptionsauslaugung bei einigen hydrometallurgischen Prozessen. I. N. Plakssin, A. I. Ssinelnikowa und A. Ju. Beilin. (Доклады Академии Наук СССР [Ber. Akad. Wiss. UdSSR] **129.** 1359—61. 21/12. 1959. Krasnojarsk, Kalinin-Inst. für Buntmetalle; russ.) — Es wird eine neue Meth. der Sorptionsauslaugung (SA) von *Edelmetallen* beschrieben, die in der gleichzeitigen Auslaugung der Metalle aus den Erzen u. ihrer Sorption (S.) durch Ionenaustauschharze besteht. Für Verss. der S. von *Au* u. *Ag* aus Cyanittrüben verwendet man den schwachbas. Anionit *AN-18*, den starkbas. *AW-17* u. Harze der Korngröße 0,9—0,4 mm u. einem spezif. Vol. von 2,8 u. 3,32 ml/g. Es erwies sich, daß bei einer geringen Harzmenge (z. B. 0,180 g) 52,6 (%) Au u. nur 2,2 Ag, bei 0,72 g Harz dagegen 93,2 Au u. 59 Ag sorbiert werden, was durch die größere Affinität des $Au(CN)_2^-$ zum Harz im Vgl. zum $Ag(CN)_2^-$ verursacht wird. Die S. des Ag beginnt nach Erreichen des Verhältnisses Au : Ag = 1 : 1,5. Die SA ermöglicht im Gegensatz zur üblichen Cyanierungszeit von 24 Std. schon nach 8 Std. eine volle S. des Au, während nur 76,4% Ag sorbiert werden. ELSE HEINEMANN. 6458

Herstellung von Kupferpulver durch carbothermische Reduktion. A. V. Ramana Rao und A. A. Krishnan. (J. sci. ind. Res. [New Delhi], Sect. D **21**. 25—26. Jan. 1962. Bangalore, Indian Inst. of Sci., Dep. of Metallurgy; engl.) — Durch Red. von *Cu(I)*-u. *Cu(II)-Oxid* mit C wird *Cu*-Pulver mit einem Reinheitsgrad von 98,5—99,5% erhalten. Die Red.-Rückstände an Asche, C oder an Oxiden konnten weitgehend ausgewaschen werden. Die Red. wurde in N_2-Atmosphäre oder in Vakuum durchgeführt. Dabei wurde aus Cu_2O ein schwammiges Pulver erhalten, das sich leicht zerreiben läßt, selbst wenn die Red. bei Temp. von 800—900° durchgeführt wird. H. FAHLENBRACH. 6474□.

Untersuchungen über die Sinterfähigkeit austenitischer Chrom-Nickel-Stähle F. Eisenkolb. (Ber. dtsch. Akad. d. Wiss. Berlin **1**. 446—51. 1959. Dresden, Forsch.-Inst. für metall. Spezialwerkstoffe; dt.) — Das Sintern austenit. Cr-Ni-Stähle (0,05 bis 0,20 (%) *C*, 12—20 *Cr*, 8—20 *Ni*, 0,1—2 *Si* u. 0—3 Mo) ist durch die geringe Diffusion u. die schlechte Reduzierbarkeit von Cr-Oxiden erschwert. Daher sind hohe Sinter-Temp. oberhalb 1150° u. eine bes. gut gereinigte H_2-Atmosphäre notwendig. Außerdem sind sinterfördernde Zusätze von *P* u. *B* als Vorleg. mit *Fe* oder *Ni* oder auch in elementarer Form als fl. Phasen zu empfehlen. H. FAHLENBRACH. 6474□

Poröse Materialien mit Antiverschleißeigenschaften. A. D. Moschkow. (Вестник Машиностроения [Nachr. Maschinenbau] **41**. Nr. 10. 72—76. Okt. 1961; russ.) — Durch Druck- u. Wärmebehandlung unterhalb des F. von pulverförmigen Metallen oder Metall-Verbb. können Metalle mit bes. Werkstoff-Eigg. gewonnen werden, die mit den üblichen technolog. Prozessen nicht zu erreichen sind. Mit diesem Verf. ist eine wirtschaftliche Fertigungs-Meth. bei größter Maßhaltigkeit für hochbeanspruchbare Werkstücke möglich. Diese Sinterprodd. auf der Basis von *Fe*- oder *Cu*-Verbb. werden als Austausch für Bronzelager bei hohen Drehzahlen u. großen Lagerdrucken verwendet. Die Zusammenhänge zwischen der Verschleißfestigkeit u. der porösen Struktur unter Berücksichtigung von der Zus. der Legg. werden diskutiert. W.-D. HEUSSNER. 6474□

Verbesserung des Stirnabschreckversuches und seiner Anwendbarkeit für sehr genaue Untersuchungen. Heinz Borchers und Hans Schlicht. (Arch. Eisenhüttenwes. **32**. 637—43. Sept. 1961. München, TH, Inst. für Metallurgie u. Metallkunde; dt.) — Beschrieben wird eine Vorr. zur Durchführung von Stirnabschreck-Verss. an Stählen mit guter Wiederholbarkeit der Härtekurven. Aus Unterss. über den Einfl. von Glühdauer, Glühtemp., Art der Probenentnahme aus dem Ofen, Wartezeit u. Abschreckbedingungen auf die Stirnabschreckhärte zeigt sich eine Abhängigkeit der Abkühlungs-Geschw. u. damit der Härtewerte von der Härte-Temp. u. der Wartezeit zwischen Probenentnahme aus dem Ofen u. Beginn der Abschreckung. An verschiedenen Kühlmitteln wird nachgewiesen, daß unterschiedliches Abschreckvermögen die Abkühlungs-Geschw. der Stirnabschreckprobe in einem größeren Abstand von der Stirnfläche als 10 mm so gut wie nicht verändert, in kleineren Abständen jedoch von größerem Einfl. ist. Die Wiederholbarkeit der Härtekurven von Proben, die austenitisiert wurden, ist in starkem Maße von der Geschw. der Probenerwärmung abhängig. Die Anwendung längerer Glühzeiten bei entsprechend erniedrigter Glühtemp. wird empfohlen. Durch Anbringung von Röhren aus Al-Folie, die die abzuschreckende Probe konzentr. umgeben, wird der Bereich der Abkühlung zu geringeren Geschw. hin erweitert, so daß die Vorr. auch für tief einhärtende Stähle brauchbar ist. — 21 Literaturangaben.
H. HOCHSTEIN. 6480□

Untersuchungen der Deformation des Metallgitters von Eisen- und Kobaltlegierungen. 2. Mitt. T. Honma. (Denki-Seiko [Electr. Furnace Steel] **29**. 425—38. Nov. 1958.) J. LEHMBERG. 6480□

Meßverfahren zur Ermittlung der Sprengzähigkeit und das Verhalten von Metallen und Metallegierungen unter dem Einfluß einer Stoßwellenbeanspruchung. Eugen Schmidtmann, Dirk Springorum und Hermann Schenck. (Arch. Eisenhüttenwes. **33**. 241—50. April 1962. Aachen, TH, Inst. für Eisenhüttenw.; dt.) — Beschrieben wird ein Verf., mit dem die Ermittlung des Höchstdruckes u. der Druckminderung einer Stoßwelle innerhalb einer metall. Probe möglich ist. Hierzu wurde ein aus der Sprengstofftechnik bekanntes Impulspendel abgewandelt, um das Sprengzähigkeits-Verh. einiger Metalle u. Metall-Legg. aufzunehmen. Hierbei wurde festgestellt, daß die Sprengzähigkeit von ferrit. Stählen mit steigenden Ausgangsfestigkeiten zu geringeren Werten verschoben wird. Bei Überschreiten einer krit. Höchstfestigkeit wird die Probe in einzelne Bruchstücke zerlegt. Ein Einfl. der Gefügeausbldg. auf die Sprengzähigkeit wurde nicht beobachtet, da der Abstand der sich gegenseitig behindernden Gleitelemente im Gebiet der Mehrfachgleitung kleiner war als der der eingelagerten Carbide. Eine Alterungsbehandlung verschlechterte jedoch auf Grund der erhöhten Konz. an blockierten Versetzungen das Zähigkeits-Verh. bei einer explosiven Beanspruchung. Die Gitterstruktur der Werkstoffe hat bei der Stoßwellenbeanspruchung eine besondere Bedeutung. Die kub.-flächenzentrierten Werkstoffe Stahl *X2CrNi189*, *Cu* u. *Al* sowie das hexagonale Zn liegen in ihren Sprengzähigkeiten unter denen der kub. raumzentrierten Stähle gleicher Ausgangsfestigkeit. Bei Cu u. Al überwiegt der Einfl. der Zugfestigkeit auf das Formänderungsvermögen. Die Härtesteigerung dient als Maß für die bei den hohen Spannungen eingetretene Verfestigung. Metallograph. Gefügeaufnahmen geben über die Riß- u. Zwillungs-Bldg. Auskunft. Die Vers.-Ergebnisse werden mit Hilfe der Versetzungstheorie gedeutet. Im Vgl. zu stat. Verformungsvorgängen tritt eine verstärkte Mehrfachgleitung auf, die bei einer kleinen äußeren Formänderung eine hohe innere Verfestigung bedingt u. die Rißausbldg. begünstigt. H. HOCHSTEIN. 6480□

Schubverformung von Magnesium- und Zink-Einkristallen. W. L. Phillips jun. (Trans. Amer. Soc. Metals **54.** 50—64. März/Dez. 1961. Diskussion: 719—21. Wilmington, Del., E. I. du Pont de Nemours & Co.; engl.) — Spannung-Dehnung-Kurven wurden für Einkristalle aus *Mg* oder *Zn* in direktem Schub ermittelt. Es wurde dabei gefunden, daß diese Kurven von der Anfangsorientierung unabhängig u. auch nach großen Dehnungen wieder erhaltbar sind. Bei Mg zeigte sich, daß eine Spannungszunahme zur Fortsetzung der Dehnung erforderlich war, wenn die Gleitrichtung um 60 oder 120° verschoben wurde. Die Größe dieser Zunahme war der Vordehnung proportional u. von der Auswahl der 60°- oder 120°-Gleitrichtung unabhängig. Wenn die Schubrichtung umgekehrt wurde, begann das plast. Fließen bei einer viel niedrigeren Spannung als diese für die Gleitung in der ursprünglichen Richtung erforderlich war; ein Dauerverlust in der Kaltverfestigung, welche die fortgesetzte Dehnung begleitete, wurde beobachtet. Sowohl die Abnahme der Fließspannung als auch der dauernde Verlust an Kaltverfestigung waren der Vordehnung proportional. H. HOCHSTEIN. 6480□

Der Einfluß von Vorspannung und vom Anlassen auf den AISI Normstahl 4340. E. T. Stephenson und Morris Cohen. (Trans. Amer. Soc. Metals **54.** 72—83. Diskussion: 724—32. März/Dez. 1961. Bethlehem, Pa., Steel Co.; Cambridge, Mass., Massachusetts Inst. of Technol.; engl.) — Der Einfl. einer Vorspannung von 0—3% u. eines anschließenden Anlassens bei 70—1200° F vor der eigentlichen Prüfung auf die mechan Eigg. von gehärtetem u. angelassenem (400—1200° F) Stahl *AISI 4340* mit 0,40 (%) *C*, 0,76 *Mn*, 0,31 *Si*, 1,74 *Ni*, 0,82 *Cr*, 0,25 *Mo*, 0,07 *P*, 0,011 *S* wird ermittelt. Dabei zeigt sich, daß die Vorspannung eine Erhöhung der Festigkeit u. Abnahme der Formbarkeit beim Erreichen der Streckgrenze bewirkt. Mit der Erhöhung der Voranlaß-Temp. werden diese Einfl. erhöht, bis ein Maximum in der Festigkeit u. ein Minimum in der Formbarkeit erreicht wird. Bei diesem Stadium wird das Streckgrenzenverhältnis gleich 1, u. die stabile Dehnung (plast. Dehnung zur maximalen Beanspruchung) fällt auf Null, wenn auch die Gesamtdehnung noch feststellbar ist. Die Elektronenmikrographien zeigen, daß die Carbide im angelassenen Martensit gelöst sind u. durch die Vorspannung u. das Anlassen wieder ausgeschieden werden, wobei sie z. T. die beobachteten Veränderungen im mechan. Verh. des Stahles hervorrufen. Das gleichzeitige Verh. der Streckgrenze wird auf eine wirksame Hemmung von Versetzungen durch eine Neuverteilung des C u./oder der Carbide zurückgeführt. H. HOCHSTEIN. 6480□

Reckspannungs-Eigenschaften von Gußeisen und das Poissonsche Verhältnis bei Zug und Druck. G. N. J. Gilbert. (B.C.I.R.A. Journal **9.** 347—63. Mai 1961; engl.) — Reckspannungsangaben werden von Gußeisen mitgeteilt, welche die Veränderung der Längs- u. Seiten-Verformungen bei Zug- u. Druckbelastungen, auch bei Spannungswechseln erkennen lassen. Die Veränderung des üblichen Elastizitätsmoduls durch die Spannung u. die Abhängigkeit vom Verhältnis der Längsspannung zur seitlichen wiederherzustellenden Dehnung wird ermittelt. Das POISSONsche Verhältnis wird berechnet u. dessen Veränderung mit der Spannung sowohl für direkte Belastung als auch für Wechselbeanspruchung untersucht. Eine Hypothese zur Erklärung der besonderen Reckspannungs-Eigg. von Gußeisen in Begriffen der Vol.-Änderung unter Spannung der durch Graphit eingenommenen Räume wird erörtert. H. HOCHSTEIN. 6480□

Dauerfestigkeit und Korrosionsermüdung durch Drehbiegebeanspruchung der Aluminiumbronzen Xantal B und XM. G. Panseri, M. Leoni und L. Mori. (Alluminio **29.** 113—19. März; Ist. Sperim. Metalli leggeri, Mem. Rapp. [10] Nr. **239.** 3—9. 1960. Milano-Novara, Ist. sper. Metalli legg.) — Festigkeits-Best. der beiden komplexen Al-Bronzen *Xantal B* mit 81 (%) *Cu*, 11 *Al*, 4 *Fe*, 4 *Ni* u. *Xantal XM* mit 74 Cu, 8 Al, 12 *Mn*, 3 Fe, 2 Ni ergaben eine Ermüdungsgrenze von 34 kg/mm² für *B* u. 25,5 kg/mm² für *XM*. Beide Proben zeigten nach 12 tägiger Einw. einer wss. 3%ig. Lsg. von *NaCl* eine Abnahme der Drehbiegefestigkeit um ca. 40%. — 18 Abb. u. Diagramme. — 11 Literaturhinweise. A. SANDER. 6480□

Nachweis von Einschlüssen in Stahlblechen mit dem Ultraschallverfahren und durch Bestimmung der Kontraktionsarbeit. I. Egri, G. Sinay und M. Szemes. (Acta techn. Acad. Sci. hung. **38.** 297—318. 1962. Budapest, Central Measurement Res. Labor. u. Res. Inst. for Non-Ferrous Metals; engl.) — Für die kontinuierliche u. zerstörungsfreie Prüfung von Stahlblechen eignet sich das „Erstsignal"-Ultraschall-Verf.; für eine Stichprobenprüfung der Ergebnisse wird die Best. der Kontraktionsarbeit vorgeschlagen. W. WESLY. 6480 □

Gefügeuntersuchungen an verriffelten Schienen. Friedrich Karl Naumann. (Arch. Eisenhüttenwes. **32.** 617—26. Sept. 1961. Düsseldorf, MPI für Eisenforschung; dt.) — Metallograph. u. röntgenograph. Unterss. werden zur Ermittlung des Gefüges an der Lauffläche von im Betrieb verriffelten oder riffelfrei gebliebenen Schienen aus THOMAS- oder SIEMENS-MARTIN-Stahl durchgeführt. Hierbei wird eine Aufhärtung der Schienen durch Kaltverformungen festgestellt. Eine örtliche Martensit-Bldg. unter dem Laufspiegel riffelfreier Schienen wird durch eine Härtung durch N-Aufnahme begünstigt. H. HOCHSTEIN. 6482 □

Entwicklung des Gefüges von Ferrolegierungen durch Interferenz-Aufdampfschichten. Werner Pepperhoff. (Arch. Eisenhüttenwes. **32.** 651—53. 1 teils farbige Tafel. Sept. 1961. Duisburg-Huckingen, Mannesmann AG.; Forschungsinst.; dt.) — Die Gefüge-Entw. mit Hilfe von Interferenz-Aufdampfschichten wird am *Ferrochrom, Ferrovanadin, Ferrotitan, Ferrobor, Ferrosilicium, Silicochrom* u. *Ferromolybdän-Silicium* gezeigt. Das zur Unterscheidung verschiedenartiger Gefügebestandteile allg. anwendbare Verf. stellt deshalb eine Bereicherung der üblichen auflichtmkr. Verff. dar, weil es diesen gegenüber in folgender Hinsicht überlegen ist: 1. Alle im Gefüge vorkommenden Bestandteile werden, unabhängig von ihrer Zahl, gleichzeitig sichtbar gemacht; 2. bei Anwendung des Interferenz-Verf. werden die einzelnen Gefügebestandteile unmittelbar sichtbar gemacht; 3. die Abb.-Treue ist insofern besser gewährleistet, als die Größe u. Form kleiner Kristallite von der Stärke u. Dauer eines chem. Angriffs nicht beeinflußt werden. Die im polarisierten Licht beobachtbaren opt. Anisotropieeffekte erfahren durch aufgedampfte Interferenzschichten ebenfalls eine Verstärkung, die der Unterscheidung zwischen opt. isotropen u. anisotropen Gefügebestandteilen im Auflicht-Polarisationsmikroskop größere Sicherheit verleiht. H. HOCHSTEIN. 6482 □

Neue Methode zur Untersuchung der Auflösung der Carbidphase im Austenit bei Elektroerhitzung. A. W. Belotzki und W. N. Gridnew. (Известия Высших Учебных Заведений, Черная Металлургия [Hochschulnachr., Eisenmetallurgie] **1960.** Nr. 6. 95—102. Kiew, Polytechn. Inst.; russ.) — Zur Unters. der Auflsg. der Carbidphase bei der elektr. Erhitzung von Stahl wird eine neue komplexe Meth. angewendet, auf Grund derer eine Röntgenstrukturanalyse des unterkühlten Austenits ausgeführt wird. Zu diesem Zweck wird eine Hochtemp.-Röntgenkammer mit einem Dilatometer verwendet, die die opt. Aufschreibung der therm. u. dilatometr. Kurven von den der Röntgenstrukturanalyse unterworfenen Proben ermöglicht. Mit dieser Vorr. wird die Auflsg. der Carbide in Fe-C-Legg. bei kontinuierlicher Erhitzung mit einer Geschw. von 350°/s untersucht. Es wird nachgewiesen, daß eine vollständige Auflsg. der Carbide im Stahl *U8A* bei 880—890°, im Stahl *U12A* bei 920—930° u. im Stahl *U16* bei 1010 bis 1020° eintritt. H. HOCHSTEIN. 6484 □

Elektronenmikroskop, ein neues Werkzeug zur Untersuchung von Brüchen. Austin Phillips und Guy V. Bennett. (Metal Progr. **79.** Nr. 5. 97—102. Mai 1961. Santa Monica, Calif., Douglas Aircraft Co., Inc.; engl.) F. VIEP. 6484 □

Warmverarbeitung von Schnelldrehstahl. Richard F. Harvey. (Metal Treatment Drop Forging **28.** 421—22. Okt. 1961; engl.) — Die bekannte Meth., bei der Stahl in den metastabilen Zustand oberhalb der Temp. der Martensit-Bldg. u. unterhalb der Nase der Umwandlungskurve, wo sich leicht Perlit bildet, verarbeitet wird, läßt sich auf die Behandlung von Schnelldrehstähle übertragen, die zu diesem Zweck bei 12220° in einem Ofen 5 Min. lang austenitisiert, werden auf 540—480° abgekühlt u. in einer Presse in einer oder zwei Richtungen verformt. Es werden Angaben über die durch diese Behandlung mögliche Härtezunahme im Vgl. zu einer normalen Härtungsbehandlung gemacht. H. HOCHSTEIN. 6490 □

Einfluß der Oberflächenbeschaffenheit auf die Eigenschaften von Beryllium-Blech. W. V. Ward, N. I. Jacobson und C. O. Matthews. (Trans. Amer. Soc. Metals **54.** 84—95. Diskussion: 732—40. März/Dez. 1961. Los Angeles, Calif., International Nickel Co., Inc.; Sunnyvale, Lockheed Missiles and Space Div.; engl.) — Der Einfl. von verschiedenen Oberflächenbeschaffenheiten auf die mechan. Eigg. von *Be*-Blech wird nach verschiedenen Behandlungs-Verff. (Schleifen, gefräst, durch Stahlsandblasen bearbeitet, Ätzung) durch Zug-Verss. (bei Raum-Temp., bei erhöhten Temp. u. bei Temp.unter 0°), durch Kerbzugprüfungen, Ermüdungs- u. Kerbschlagzähigkeits-Verss. ermittelt. Die durch Ätzung von Oberflächen-Bearbeitungsfehlern befreiten Be-Blechproben

hatten die besten mechan. Eigenschaften. Die Verformbarkeit war in allen Fällen niedrig u. wurde durch die Ggw. von Kerben u. Vorzugsorientierungen im Blech begrenzt. Eine Erhitzung auf 205—315° bewirkte eine erhöhte Bildsamkeit. Die Dauerfestigkeit war der stat. Zugfestigkeit äquivalent u. wurde durch Ätzen verbessert. Restdruckspannungen waren an der Oberfläche der geschliffenen u. gefrästen Proben vorhanden.
H. HOCHSTEIN. 6490□

Zusammenhang zwischen dem Gasgehalt von Härtesalzbädern und der Entkohlung von Werkzeugstählen bei Badtemperaturen von 1000 bis 1100°. Siegfried Wilmes und Helmut Taxhet. (Arch. Eisenhüttenwes. **32.** 645—49. Sept. 1961. Düsseldorf, Edelstahlwerke Gebr. Böhler & Co., AG., Forschungsanst.; dt.) — Härtesalzbäder enthalten gelöste Gase. Zwischen dem Gas-Geh. u. der Entkohlung in Härtesalzbädern besteht ein eindeutiger Zusammenhang. Die Salzschmelzen enthalten CO_2, H_2 u. auch O_2. Je größer die Gasmenge im Salzbad ist, desto größer ist bei gleicher Gas-Zus. die Entkohlung. Die handelsüblichen Zusatzsalze zur Verminderung der Entkohlungs-Wrkg., die als wesentlichen Bestandteil ca. 4—5% *Si* enthalten, verkleinern ebenso wie C-Zusätze den Gas-Geh. der Bäder. Wird in Schmelzen, z. B. durch Aufheizen mit Hartkohle- oder Graphitelektroden, C eingebracht, so reagiert dieser darüber hinaus mit O_2 u. CO_2 teilweise zu CO, was zu einer Einschränkung der Entkohlung führt. Es wird aus Unters.-Ergebnissen gefolgert, daß die Entkohlungs-Rk. hauptsächlich über die Gasphase vor sich geht. H. HOCHSTEIN. 6492□

Wärmebehandlung von geschweißten Verbindungen aus der Legierung WT 6. Ss. M. Gurewitsch und W. F. Grabin. (Автоматическая Сварка [Automat. Schweissen] **15.** Nr. 2. 11—19. Febr. 1962. Paton-Inst. für Elektroschweißung, Akad. der Wiss. der UkrainSSR; russ.) — Untersucht wird der Einfl. einer Wärmebehandlung auf die Struktur u. die Eigg. von Schweißverbindungen der *Ti*-Leg. *WT6* (6% *Al*, 4% *V*, Rest *Ti*), wobei die Schweißverbindungen unter einem Flußmittel hergestellt wurden. Hierbei zeigt sich, daß eine Glühung bei Temp. bis zu 800° prakt. die Eigg. der Schweißnaht nicht beeinflußt. Jedoch wird sie von einer Veränderung der Nahtfeinstruktur begleitet. Eine Abschreckung der Schweißnähte von Temp. aus dem Zweiphasenbereich führt zu einem teilweisen Ersatz der α'-Phase durch die α-Phase, wodurch eine wesentliche Veränderung der Festigkeits-Eigg. nicht festgestellt wird. Die Abschreck-Temp. darf 850—900° nicht überschreiten. Eine Stufenwärmebehandlung verändert die mechan. Eigg. der Schweißnähte der *WT6*-Leg. gegenüber einer Wärmebehandlung bei nicht unterbrochener Abkühlung nicht wesentlich. Für die unter einem Flußmittel hergestellten Schweißverbindungen erweist sich die nachst. Wärmebehandlung als die günstigste: Abschrecken von 850—900° u. Alterung bei 500—550°, Dauer 10 Stunden. Hierdurch wird eine Festigkeit der Nähte von mindestens 120 kg/mm² bei zufriedenstellender Plastizität u. Zähigkeit erzielt. H. HOCHSTEIN. 6492□

Beobachtungen zur Wirkung von Magnetfeldern beim Lichtbogenschweißen. F. Erdmann-Jesnitzer, S. Schröder und J. Schubert. (Werkstatt u. Betrieb **94.** 506—08. Aug. 1961. Freiberg/Sa. u. Berlin; dt.) — Es ist unwahrscheinlich, daß das Magnetfeld eines Schweißlichtbogens die diamagnet. Gase u. Tropfen beeinflußt. Durch ein starkes, axiales Magnetfeld werden Änderungen des Werkstoffübergangs beobachtet, die durch Änderungen der Brennflecken-Temp. bedingt sein sollten. Auswrkg. auf Stromstärke, Spannung, Lichtbogenlänge, Abschmelzleistung u. Bogen-Temp. werden festgestellt. — 15 Literaturangaben. W. WESLY. 6506□

Temperaturen beim Schweißen von Werkstücken aus Grauguß mit der Lichtbogen- und Gasschmelzschweißung. Rudolf Kranke. (Schweisstechnik [Berlin] **12.** 225 bis 227. Mai 1962. VVB Automobilbau; dt.) — Die beim Schweißen von Graugußwerkstücken mit Lichtbogen u. bei der Gasschmelzschweißung erforderlichen Temp. werden ermittelt. W. WESLY. 6506□

Untersuchung des Abbrennprozesses beim Stumpfschweißen von Werkstücken aus Buntlegierungen. W. Ja. Chasow. (Сварочное Производство [Schweisstechn. Betr.] **1960.** Nr. 5. 7—11. Mai. Allunions-Forsch.-Inst. für Elektroschweißausrüstung; russ.) — Die Parameter der Schweiß-Verff. für eine Anzahl von Buntmetallen u. die Gesetzmäßigkeit des Abbrennprozesses wurden festgestellt. Beim Schweißen von Buntmetallen ist während des Verflüssigens eine verhältnismäßig geringe spezif. elektr. Leistung von nur 0,03—0,07 kVA/mm² erforderlich; beim Stauchen soll diese jedoch 0,14—0,43 kVA/mm² betragen. Die Größe des äquivalenten Kontaktwiderstands beim Schmelzen hängt unmittelbar nur von der Induktionsschweißmaschine u. der Anzahl der Pulsationen des Schweißstroms in der Zeiteinheit ab, die durch eine Reihe von Faktoren bestimmt wird, so z. B. durch die Sekundärspannung, Induktivität der Maschine u. durch die wärmephysikal. Eigg. des Schweißmaterials. H. HOCHSTEIN. 6506□

Die Verwendung von Wolfram im Pulver bei der Herstellung von Pulverdrähten für die automatische Auftragschweißung. N. A. Malzew. (Автоматическая Сварка [Automat. Schweissen] **14.** Nr. 6. 56—57. Juni 1961. Artemow, Werk „Zwetmet"; russ.) — Verss. über die Verw. von *W* im Pulver bei der Herst. von Pulverdrähten zur automat. Auftragschweißung verliefen positiv. Bei der metallograph. Unters. der Proben im aufgeschmolzenem Metall werden Einschlüsse aus reinem W nicht festgestellt. Die chem. Zus. der Auftragung bei Verw. des Pulverdrahts *4Ch2W8T* im CO_2-Gas betrug 0,46 (%) C, 0,8 Mn, 0,3 Si, 3,0 Cr, 9,9 W, 0,34 V u. 0,32 Ti. Für die Herst. des Pulverdrahts wird zweckmäßig W-Pulver der Marke G des Werkes „Elektro-Zink" (*WTU 5-12-59*) verwendet. H. HOCHSTEIN. 6506□

Automatisches Aufschweißen von manganreichem Austenitstahl G 13. Je. N. Morosowskaja. (Автоматическая Сварка [Automat. Schweissen] **14.** Nr. 3. 32—41. März 1961. Paton-Inst. für Elektroschweißung der Akad. der Wiss. der UkrainSSR; russ.) — Die Hauptursache für die Neigung des austenit. Mn-Hartstahls vom Typ *G 13* zur Riß-Bldg. bei der Auftragschweißung u. der normalen Schweißung ist die Entstehung transkristalliner, Si- u. P-haltiger Zwischenschichten. Ein Stahl mit 0,8—1,1 (%) C, 13—16 Mn, 0,030 P u. 0,5 Si neigt nicht zur Rißbildung. Die automat. Auftragschweißung unter Flußmittel des G 13 wird durch Verss. als durchführbar nachgewiesen. Entwickelt wird eine neue Pulverdrahtelektrode. Für die automat. Auftragschweißung wird als Flußmittel die Marke *AN-16* empfohlen, weil sie eine Entphosphorung des aufgeschmolzenen Metalls bewirkt. Bei einer mehrschichtigen automat. Auftragschweißung unter einem Flußmittel besitzt das aufgetragene Metall eine rein austenit. Struktur. Bei automat. Auftragung des *G 13* auf einen niedriggekohlten oder niedriglegierten Stahl bildet sich in der Bindungszone eine Metallzwischenschicht mit allmählich abnehmenden Geh. an C u. Mn von der Auftragung zum Grundmetall hin. Die Abmessungen dieser Schicht u. ihre Eigg. werden ermittelt. Bei einem Auftragen mit Zusatzelektrode bildet sich eine Bindungszone ohne spröde Zwischenschicht. H. HOCHSTEIN. 6506□

Ausarbeitung einer Technologie zur Elektroschlackenschweißung von Stahl 17 GCH 3 MFA. T. M. Slutzkaja und Ju. Ja. Kowalew. (Автоматическая Сварка [Automat. Schweissen] **15.** Nr. 2. 44—48. Febr. 1962. Paton-Inst. für Elektroschweißung der Akad. der Wiss. der UkrainSSR; russ.) — Bei der Elektroschlackenschweißung eines Stahles vom Typ *17GCh3MFA* wird bei Verw. eines Elektrodendrahtes der Marke *Ch5M* u. eines Flußmittels *AN-8* bei einem Anteil des Grundmetalls in der Naht von 50—55% die Erzielung einer von Rissen, Poren u. anderen Fehlern freien Schweißverbindung gewährleistet. Die Naht u. der Nahtbereich besitzen im Zustand nach der Schweißung eine Struktur aus nadelförmigem *Troostit* mit einer Härte von 380—400 H_v. Es wird empfohlen, unmittelbar nach dem Schweißen ohne vollständige Abkühlung der Schweiße ein hohes Anlassen oder eine Glühung unabhängig von der Endwärmebehandlung durchzuführen. Die Festigkeit, das Formänderungsvermögen u. die Zähigkeit der Metallnaht u. des Nahtbereiches nach einer Normalisierung u. einem Anlassen entsprechen den an sie gerichteten Anforderungen. Die Schweißnaht neigt nicht zu einer Warmversprödung bei längerer Haltezeit bei Temp. bis 370°. Eine Normalisierung u. ein hohes Anlassen gewährleisten eine gleichmäßige Struktur des Metalls der Schweißverbindung, die mit dem hohen *Cr*-Geh. in der Metallnaht u. im Grundmetall offenbar die hohe Beständigkeit der Schweißverbindung gegen H_2-Versprödung garantiert.
H. HOCHSTEIN. 6506□

Untersuchung der Alterungsprozesse von Schweißnähten von zweiphasigen Titanlegierungen. 2. Mitt. W. F. Grabin, Ss. M. Gurewitsch, W. A. Rafalowski und W. I. Trefilow. (Автоматическая Сварка [Automat. Schweissen] **14.** Nr. 6. 3—13. Juni 1961. Paton-Inst. für Elektroschweißung der Akad. der Wiss. der UkrainSSR u. Inst. für Metallphysik der Akad. der Wiss. der UkrainSSR; russ.) — 1. vgl. C. **1961.** 18859). — Die Vorgänge des Zerfalls der metastabilen β-Phase in den abgeschreckten Schweißnähten der Ti-Legg. *WT 6* sowie an den Ti-Legg. Nr. 1 u. 2 werden untersucht. Die Umwandlungskinetik dieser Phase bei der Alterung der abgeschreckten Schweißnähte der 2phasigen Ti-Legg. ist analog den Zerfallsvorgängen der β-Phase im Nahtmetall u. im Nahtbereich im Zustand nach der Schweißung. In den abgeschreckten Nähten verläuft der Alterungsprozeß intensiver als in denjenigen, die keiner voraufgegangenen Wärmebehandlung unterworfen sind. Die Zerfallsdiagramme der metastabilen β-Phase für die Legg. 1 u. 2 werden aufgestellt u. der Zerfallsmechanismus erläutert. Die Umwandlungs-Geschw. $\beta \rightarrow \omega$ bei der Alterung des Nahtmetalls hängt von der Temp. der voraufgegangenen Härtung ab. Eine Erniedrigung der Härte-Temp. der Schweißnähte bei der Leg. *WT 6* von 900 auf 800° führt zu einer Intensivierung des Alterungsprozesses. Bei den Legg. 1 u. 2 wird eine entgegengesetzte Abhängigkeit festgestellt. Im Zustand nach der Schweißung sowie auch nach der Härtung neigt das Nahtmetall von *WT 6* weniger zur Alterung als die Nähte der beiden Legg. Nr.1 u. 2. Die ω-Phase in den Schweißnähten, deren Bldg. mit den Alterungsprozessen zusammenhängt, besitzt das Aussehen runder u. bisweilen gestreckter Ausscheidungen mit Abmessungen von 300—500 bzw. 500—800 Å. Die Abschreckung u. das nachfolgende Daueraltern der Schweißnähte von *WT 6* gewährleisten eine Zerreißfestigkeit bis 120 kg/mm² bei ausreichender Bildsamkeit. H. HOCHSTEIN. 6506□

Der Einfluß einer längeren Erhitzung bei 350—600° auf die Kerbschlagzähigkeit von austenitisch-ferritischen Schweißnähten. Ss. W. Junger, M. P. Melnikow und W. I. Logwinow. (Автоматическая Сварка [Automat. Schweissen] **14.** Nr. 6. 14—20. Juni 1961. Stalingrad, Forsch.-Inst. der Technologie des Maschinenbaues; russ.) — Bei einer Dauererwärmung austenit.-ferrit Schweißnähte im Temp.-Bereich von 350—600° erniedrigt ein Ausgangs-Geh. des ferrit. Bestandteils wesentlich die Kerbschlagzähigkeit u. erhöht den Versprödungsgrad der Schweißverbindung. Im gesamten Bereich der Alterungs-Temp. von 350—600° tritt der Abfall der Kerbschlagzähigkeit in der Hauptsache während der ersten 1000 Std. auf; bei der weiteren Wärmbehandlung bis zu 2000 Std. gleicht sich die Schlagfestigkeit allmählich wieder an den Ausgangswert an, u. bei einem weiteren Halten bis 5000 Std. tritt eine merkliche Änderung nicht mehr ein. Bei den Alterungs-Temp. von 350—600° ist die Schlagfestigkeit im Vgl. zur Raum-Temp. wesentlich erhöht. Dies bezieht sich in gleichem Maße auch auf die Schweißnähte, in denen die Versprödung mit der Ausscheidung von Sekundärcarbiden u. der σ-Phase zusammenhängt. Auf den Versprödungsgrad der Schweißnaht während der Warmausalterung übt außer der Ferritmenge auch die Güte des Ferrits (Feinheit der Ferritverteilung in der Naht in Abhängigkeit vom Schweiß-Verf. sowie vom angewandten Leg.-Syst.) einen wesentlichen Einfl. aus. Im Falle der Verw. gleichartiger Schweißdrähte von austenit.-ferrit. Typ sind die automat. Schweißnähte hinsichtlich der Kerbschlagzähigkeit den Schweißnähten von Hand infolge des verringerten Ferritanteils in der Naht wesentlich überlegen. H. HOCHSTEIN. 6506□

Neue Erkenntnisse über Schweißnähte und Schweißverbindungen. K. L. Zeyen. (Werkstatt u. Betrieb **94.** 515—20. Aug. 1961. Zürich; dt.) — Fortschrittsbericht (Mitte 1959 bis Mitte 1960) über O, N u. H in Stählen u. Schweißen, Poren, Lunker u. Risse in Schweißnähten u. Schweißübergangszonen, Verzinkbarkeit u. Emaillierbarkeit, Gesundheitsgefahren beim Schweißen. — 28 Schrifttumshinweise. W. WESLY. 6506□

Die Reinigung der Oberfläche von kaltgewalztem Stahl mit Strahlen von wässerigen alkalischen Lösungen. M. I. Morchow, K. A. Jegorowa und I. M. Dawydowa. (Сталь [Stahl] **21.** 1054—56. Nov. 1961; russ.) — Von der Oberfläche eines kaltgewalzten, als Konservenverpackungsmaterial dienenden *Stahles* entfernen Strahlen wss. bas. Lsgg., bestehend aus 10 (g/Liter) *NaOH*, 5 Na_3PO_4 u. 3 des Emulgators *OP7*, mit einem Druck von 5 kg/cm² im Verlauf von 0,01 Sek. alles Schmier-Palmöl sowie den größten Teil der mit Öl vermischten festen Verschmutzungen. H. HOCHSTEIN. 6510□

Einige Versuche über die Feuertauchverzinkung kleiner Teile. C. J. Thwaites. (Metallurgia [Manchester] **64.** 117—25. Sept. 1961. Perivale, England, Tin Res. Inst.; engl.) — Ein Vgl. der Trommel- u. Tauchverzinkung kleiner Teile zeigt, daß das erstgenannte Verf. mit anschließendem Zentrifugieren den Vorzug allg. Anwendbarkeit hat. Gute Zurichtung erhält man bei einer mittleren Schichtdicke von 0,0003 in., wobei 75% der Charge Schichtdicken zwischen 0,00025 u. 0,00035 in. aufweisen u. Dicken $<$0,00015 in. fehlen. W. WESLY. 6522□

Oxydation flüssiger Bi-Sn- und Bi-Mg-Legierungen. Stefan Balicki. (Arch. Hutnictwa **6.** 9—21. 1 Tafel. 1961; pol.) — Fl. Legg. von *Bi* mit *Sn* u. 0,001—50% *Mg* wurden bei 500° 2 Std. oxydiert. Während die Oxydations-Geschw. von reinem Bi dem parabol. Gesetz gehorcht, wird bei techn. Bi (mit Spuren *Ag*, *Ni* u. *Cu*) das Gesetz im Anfangsstudium der Oxydation nicht streng befolgt. Sn bewirkt ab 0,1% einen Abfall der Oxydations-Geschw. von Bi. Der Abfall ist unabhängig von der Sn-Konzentration. Mg beschleunigt dagegen ab 0,1% die Oxydations-Geschw. von Bi proportional seinem Gehalt. Während das parabol. Gesetz bei der Oxydation von Bi-Sn erhalten bleibt, geht es bei Bi-Mg mit steigendem Mg-Geh. langsam in das lineare über. In beiden Leg.-Arten wird in der Zunderschicht neben Bi_2O_3 auch *SnO* bzw. *MgO* angetroffen. Die Zusatzmetalle beeinflussen die Oxydation von Bi nicht entsprechend der freien Energie ihrer Oxid-Bldg. oder entsprechend ihren Ionenradien, sondern über die Dichte ihrer Oxide, bei der O_2-Diffusion in das Innere des Metalls. — 16 Literaturangaben. F. URBAN. 6530□

Das selbstklebende Aluminiumfolienschild. H. Bock. (Aluminium **38.** 456—57. Juli 1962. Lahr (Schwarzwald); dt.) — Herst. eloxierter Al-Schilder.
M. GEHLEN-KELLER. 6530□

Die interkristalline Korrosion rostfreier Stähle. C. Edeleanu. (Chem. and Ind. **1958.** 1360—61. 18/10. Hinxton Hall, Essex, Tube Investment, Res. Labor.; engl.) — Die interkrist. Korrosion (IK) von rostfreiem Stahl wird als Folge einer Carbidausscheidung angesehen u. wird durch Wärmebehandlung oder Stabilisierung mit *Ti* oder *Nb* bekämpft. Mehrere Fälle von IK in stabilisierten Stählen werden beschrieben: IK trat auf in *ätzalkal. Lsgg.* bei hoher Temp., in 42% ig. $MgCl_2$-Lsg. (18-8-*Mo*-Stahl nach Lösungsbehandlung bei 1200°) u. in geschmolzenem *Chlorid.* Für die Ursachen werden Deutungen gegeben.
W. WESLY. 6538□

Korrosion in Salzwasserkühlsystemen. E. D. Dolan. (Corrosion Prevent. Control **6.** Nr. 8. Corrosion Engr. **1.** Nr. 5. II—X. Aug. 1959; engl.) — Untersucht werden die Korrosionserscheinungen in Kondenserrohren, in deren Innerem sich durch die Korrosion in Seewasser ein dünner Schutzfilm bildet. Die Wrkg. eines Kathodenschutzes u. von Überzügen wird erörtert. Durch Verss. wird festgestellt, daß die üblichen Stahlrohre durch *Zn*-Anoden in Verbindung mit einem Überzug aus *Epoxyharz,* der frei von Lsgm. ist, einen guten Korrosionsschutz erhalten. Bei Kühlwasserhauptleitungen hat sich gezeigt, daß Kathodenschutz mit Zn-Anoden unter zusätzlichem Strom gegebenenfalls mit *Anstrich* ausreichend ist. — 10 Literaturangaben.
F. VIER. 6538□

Antiverschleißeigenschaften der Strukturgruppenfraktion von Naphthaölen. G. W. Winogradow, W. W. Archarowa und M. D. Besborodko. (Известия Высших Учебных Заведений (Баку), Нефть и Газ [Hochschulnachr. (Baku), Erdöl Gas] **3.** Nr. 6. 81—87. 1960. Stalin-Kriegsakademie für Panzertruppen; russ.) — Die mit *Naphthen–Paraffin–KW-Stoffen* u. die mit *monocycl. aromat. KW-Stoffen* angereicherten Fraktionen wurden zur Entfernung der *Paraffin-KW-Stoffe* u. der cycl. KW-Stoffe mit langen, wenig verzweigten Alkylketten einer zusätzlichen adsorptiven Trennung über Aktivkohle unterworfen. Die Unters. der Strukturgruppen erfolgte in *Luft, Ar* u. O_2. Die Erhöhung der Oxydationsaktivität des Gasmediums (Übergang Ar–Luft u. O_2) führte bei den paraffin. KW-Stoffen infolge Bldg. spröder Oxydationsschichten auf der Oberfläche des Stahles bei P_A (achsiale Belastung) > P_K (krit. Verschleißbelastung) zur Erhöhung des Verschleißes. Bei schwer oxydierbaren aromat. KW-Stoffen verläuft dieser Prozeß langsamer. *S*-haltige Verbb. bewirken in den Gasmedien eine Verminderung des Verschleißes u. des Reibungs-Koeff. bei hoher Belastung.
ELSE HEINEMANN. 6546

Établissements Dingler, Hermann Schenck und Werner Wenzel, Deutschland, **Herstellung von agglomerisierten, vorreduzierten Mineralien,** z. B. *Fe-Erzen* mit 62% *Fe.* Das Mineral von einer Korngröße unter 0,5 mm wird mit bis zu 15% *Kohle* von gleicher Korngröße vermischt u. diese Mischung agglomerisiert (z. B. durch Pelletisieren). Die Agglomerate werden in bekannter Weise gefrittet. (**F. P. 1 231 715** vom 26/3. 1959, ausg. 3/10. 1960. D. Prior. 29/3. 1958.)
W. HAUSWALD. 6361

American Alcolac Corp., Baltimore, Md., übert. von: Robert P. Cox, Madison, Wis., V.St.A., **Aufbereitung von nichtmagnetischen, eisenhaltigen, oxidischen Erzen.** Zunächst wir das Erz zwecks Trennung der Fe-haltigen Oxide von der Gangart zerkleinert, dann mit einem chem. Red.-Mittel (z. B. Glucose, Fructose, Galactose, Lactose, Maltose, Glucoseacetat, Mannosestearat) behandelt, damit mindestens ein Teil der Oberflächen der Oxidteilchen red. wird. Nun wird das Erz einer Flotation oder einer magnet. Trennung unterworfen. (**A. P. 2 952 532** vom 19/8. 1957, ausg. 13/9. 1960.)
W. HAUSWALD. 6391

United Steel Co. Ltd., Sheffield, Yorkshire (Erfinder: Lewis Reeve und Brian Charles Blakey, Scunthorpe, Lincolnshire), England, **Aufbereiten von Eisenerz.** Das *Fe* des Erzes wird in eine $FeCl_2$-Lsg. umgewandelt, die Azidität der Lsg. verringert, wodurch *Al* oder *P* oder beide als *Hydroxid* oder *Phosphat* niedergeschlagen werden, die Lsg. von den unlösl. Stoffen getrennt u. das $FeCl_2$ in *FeO* oder Fe_2O_3 umgewandelt. (**D. A. S. 1 116 693** Kl. 18a vom 24/8. 1960, ausg. 9/11. 1961. E. Prior. 28/8. 1959 u. 8/4. 1960.)
N. NECKERMANN. 6391

Inland Steel Co., Chicago, Ill., V.St.A., **Reduktion von zerkleinertem Eisenerz.** Das Red.-Verf. wird in 3 Zonen durchgeführt: a) In einer Herdzone wird Brennstoff (Kohle) mit einem O_2-reichen Gas verbrannt, um das *Fe* von dem in einer Red.-Zone schon teilweise red. Fe-Erz unter gleichzeitiger Erzeugung von Verbrenungsgas zu trennen; b) in einer Umwandlungszone wird das aus der Herdzone kommende Gas zur Erhöhung des Red.-Vermögens mit zusätzlichem Brennstoff u. Gas behandelt; c) in einer Red.-Zone wird zerkleinertes Fe-Erz mit dem aus der Umwandlungszone kommenden

Gas teilweise red. u. nach der Herdzone geleitet. Das Gas soll mindestens 85% O_2 enthalten. In der Herdzone wird die Verbrennung so reguliert, daß ein 1595—1925° heißes Verbrennungsgas mit einem Verhältnis von CO_2 : CO = 0,7—3 entsteht. Das umgewandelte Gas soll ein CO : CO_2-Verhältnis $\geqq$ 7, ein H_2 : CO-Verhältnis $\leqq$ 1, bes. $\leqq$ 0,5, einen CO_2-Geh. $\leqq$ 10% u. eine Temp. von 480—985° aufweisen. Zweckmäßig beträgt der Fe-Geh. des unred. FeO 5—35 (Gew.-%), bes. 10—25, des gesamten Fe-Geh. der aus der Red.-Zone der Herdzone zugeführten Feststoffe. — Verf.-Diagramm. (**Oe. P. 214 464** vom 30/5. 1958, ausg. 10/4. 1961.) HANS HOFFMANN. 6391

Montanunion, Handelsges. m. b. H., Köln/Rh., **Gewinnung von Elektrolyteisen.** Als Elektrolyt wird eine bereits zur Elektrolyse gebrauchte, nahezu erschöpfte Fe-Salz-Lsg. verwendet, nachdem sie wieder angereichert worden ist, u. zwar entweder durch Zugabe von *Fe-Salzen*, durch Auflösung von Fe-Abfällen unter Zurückführung von *gasförmigen Säuren* wie *HCl*, durch Zugabe von red. u. filtrierten *Beizlsgg.* oder auf andere Weise. Der pH-Wert des Elektrolyten wird durch Zugabe von lösl. *Fluoriden* geregelt. Als Kathode wird ein vertikal angeordnetes vibrierendes endloses Band benutzt, von dem sich der Fe-Nd. leicht in Bandform ablösen läßt. Das abgezogene Band wird mit alkal. Lsgg. u. W. säurefrei gewaschen u. in Ggw. eines Schutzgases getrocknet. (**Port. P. 38 141** vom 2/3. 1961, Auszug veröff. 27/5. 1961. D. Prior. 3/3. 1960.) A. KALIX. 6395

Klöckner Werke Akt.-Ges., Duisburg (Erfinder: Johannes Kosmider, Herbert Neuhaus und Hermann Schenck), **Frischen von phosphorhaltigem Roheisen** unter Verw. von handelsüblich reinem O_2 nach E. P. 823 996, dad. gek., daß bei Durchführung des Frischprozesses in einem bes. geheizten Herdofen die direkte Berührung des Frischgases mit der Schmelze vermieden wird. Zweckmäßig wird dabei ein Schlackenbildner in feinpulvriger Form, bes. *Kalkstein*-Staub, dem Blasmittel zur Beschleunigung der Schlacken-Bldg. zugesetzt. (**E. P. 867 898** vom 28/5. 1959, ausg. 10/5. 1961. **Zusatz zu E. P. 823 996; C. 1961. 2784.**) H. HOCHSTEIN. 6401

Walter Ismer, Deutschland (Erfinder: Waldemar Graeper), **Verbesserung von Kupolofeneisen,** dad. gek., daß auf dem Kupolofenherd stat. fl. Gußeisen derart zurückbleibt, daß das aus der Schmelzzone tröpfelnde Eisen den Kupolofenherd nicht berührt, sondern oberhalb des stat. Fe-Bades in einen Behälter oder Vorherd abfließt. Das stat., auf dem Kupolofenherd befindliche Eisen von höherer Qualität wird abgezogen. (**F. P. 1 251 023** vom 11/3. 1960, ausg. 12/4. 1961. D. Prior. 11/3. 1959.) H. HOCHSTEIN. 6403

Meehanite Metal Corp., Clayton, Miss., V.St.A., **Herstellung von Gußeisen mit Kugelgraphit,** dad. gek., daß der Schmelze zunächst *Te* u. darauf als Graphitisierungsmittel eine *Mg–Si*-Leg. in einer Menge zugesetzt wird, die die Menge des wirksamen Te-Zusatzes um das 30—70fache übertrifft. Zweckmäßig besteht das Gußeisen mit Kugelgraphitausbildung aus 3,42 (%) *C*, 1,40 *Si*, 0,52 *Mn*, 0,06 *S*, 0,065 *Te*, Rest *Fe*. (**E. P. 866 742** vom 9/4. 1959, ausg. 26/4. 1961. A. Prior. 3/10. 1958. **F. P. 1 248 707** vom 11/1. 1960, ausg. 10/3. 1961.) H. HOCHSTEIN. 6405

Stolberger Zink Akt.-Ges. für Bergbau und Hüttenbetrieb (Erfinder: Erich Pelzel), Deutschland, **Zink-Legierungen** bestehen aus 0,1—10 (%) *Al*, 0,05 bis 1 *Cu*, 0,001—0,1 *Be*, Rest mindestens 99,99 % ig. *Zn*, wobei das Be ganz oder teilweise durch *Zr* oder *Hf* ersetzt sein kann. Es dürfen nicht zugegen sein *Cd*, *Alkali-* u. *Erdalkalimetalle*, *As*, *Sb*, *Sn*, *Si*, *P*, *C*, *B* u. *Metalle der Fe-Gruppe*. Die Legg. lassen sich gut vergießen u. haben keine nichtmetall. Einschlüsse. (**F. P. 1 248 301** vom 10/2. 1960, ausg. 3/3. 1961. D. Prior. 7/3. 1959.) C. GÖTZE. 6427

Handy & Harman, New York, N.Y., V.St.A., **Herstellung von nichtspröden und durch innere Oxydation gehärteten Legierungen.** Pulverförmiges *Ag*, *Cu*, *Ni* oder *Pd* wird mit 0,1—5% eines lösl. oxydierbaren Metalls, wie *Al*, *Be* oder *Mg*, vermischt u. in einem O_2 enthaltenden Gas so erhitzt, daß lediglich das lösbare Metall oxydiert wird u. sich mit der Grundmasse verbindet. Die Mischung wird darauf in der Hitze gepreßt u. bis zu mindestens 50% Querschnittsverminderung plast. verformt. (**E. P. 866 082** vom 31/3. 1959, ausg. 26/4. 1961. A. Prior. 18/7. 1958.) C. GÖTZE. 6475

E. I. du Pont de Nemours & Co., Wilmington, Del., V.St.A., **Molybdän-Titan-Legierungen** bestehen aus 14—65 (%) *Mo*, 1—12 *N*, 14—45 *Si* u. 15—59 *Ti*. Der N kann z. B. in Form von *Si-Nitrid* u. das Si als *Ti-Disilicid* eingefügt werden. Die Legg. werden auf pulvermetallurg. Wege hergestellt. Sie sind fest, hart, oxydations- u. kriechfest. — Zustandsdiagramm. (**E. P. 869 912** vom 6/11. 1959, ausg. 7/6. 1961. A. Prior. 10/11. 1958.) C. GÖTZE. 6475

John S. Nachtman, Washington, D.C., V.St.A., **Hitzebeständiger Werkstoff** besteht aus 75—95 (Gew.-Teilen) *Al* oder einer Al-Leg. u. 25—5 einer anorgan., oxidhaltigen Verb. von *Mg*, *Ti*, *V*, *Cr*, *Zr*, *La*, *Ce* u. *Pr* mit oder ohne das Al verfestigendes

Metall, wie *Fe, Mo, Ta, Nb, Mn, Ni, W, B* u. *Seltene Erden.* Der Werkstoff wird auf pulvermetallurg. Wege hergestellt. (**A. P. 2 840 891** vom 4/1. 1955, ausg. 1/7. 1958.) G. APEL. 6475

Birmingham Small Arms Co. Ltd., Birmingham, übert. von: Edward Bishop, Sheffield, England, **Pulvermetallurgische Herstellung von Gegenständen,** die mit Kanälen zur Durchleitung von fl. oder gasförmigen Kühlmitteln versehen sind, dad. gek., daß in einen Behälter, in dem der Form der Kanäle entsprechende metall. Einlagen angeordnet sind, sinterfähiges Metallpulver, z. B. aus *rostbeständigem Stahl,* eingebracht, eine erstarrungsfähige, gegenüber den Einlagen u. dem Metallpulver inerte Fl., z. B. *Bzl.,* zugegeben, das Ganze bei geringer Temp. bis zur Verfestigung erwärmt, dem Behälter entnommen, in eine Preßform gebracht, die erstarrte Fl. entfernt, der Rest gepreßt u. bei einer Temp. gesintert wird, die hoch genug ist, um das Metall der Einlagen zu schmelzen u. bes. im Vakuum zu verdampfen. So hergestellte Gegenstände können zur Herst. von *Gasturbinenschaufeln* verwendet werden. — Zeichnung. (**A. P. 2 918 368** vom 15/5. 1956, ausg. 22/12. 1959. E. Prior. 31/5. 1955.) G. APEL. 6475

Erich Fitzer, Wien, Österreich, **Sinterkörper** aus $MoSi_2$ (Heizleiter), der gleichzeitig an verschiedenen Stellen Arbeitstemp. >1600 u. $300-700^0$ ausgesetzt ist. Der *Si*-Geh. des Molybdänsilicids beträgt im Hochtemp.-Teil 34—35,5% u. in dem Teil, der $300-700^0$ ausgesetzt wird, 36—37%. Die Einstellung des Si-Geh. erfolgt durch Si-Abdampfung bzw. Silicierung eines $MoSi_2$-Körpers. (**Oe. P. 215 676** vom 4/6. 1956, ausg. 12/6. 1961.) O. KAYSER. 6477

United Kingdom Atomic Energy Authority, London, England (Erfinder: Alan Garlick), **Verschweißen von Zirkonium mit nichtrostendem Stahl oder Gußstahl.** Zum Lichtbogenschweißen unter Ar-Schutzgas werden Zwischenmetalle verwendet. Dabei wird dem Eisen *V* u. dem *Zr Nb* oder *Ti* hinzugefügt. (**E. P. 874 271** vom 3/6. 1958, ausg. 2/8. 1961.) W. HAUSWALD. 6507

Esab Ltd., Sillingham, England, **Schweißverbindungen für Stahlkonstruktionen,** wie Brücken, Türme, Großbehälter, Schiffshüllen. Die Schweißnaht wird geschmolzen aus einem Schweißstahl, der noch 0,5—125 Gew.-% *Cu, Ni* u. *Co* enthält. Der Gesamtgeh. von Ni u. Co soll dabei die Cu-Menge nicht übersteigen. Bei völliger Abwesenheit von Ni u. Co beträgt die Cu-Menge 0,8 Gew.-%. (**E. P. 870 967** vom 19/12. 1958, ausg. 21/6. 1961. Schwed. Prior. 21/12. 1957.) W. HAUSWALD. 6507

Werkzeugmaschinenfabrik Oerlikon Bührle & Co., Zürich-Oerlikon (Erfinder: Willy Welz, Glattbrugg), Schweiz, **Schweißmittel für die Unterpulverschweißung,** besteht aus einem mit einem Bindemittel agglomerisierten pulverförmigen Gemisch aus Al_2O_3 u. CaF_2 (z. B. 50 Al_2O_3 u. 50 CaF_2). Gute Schweißeigg. zeigt auch ein Pulver mit 45 Al_2O_3, 35 *Flußspat* u. 20 *Wollastonit.* (**Schwz. P. 357 610** vom 5/7. 1957, ausg. 30/11. 1961.) W. HAUSWALD. 6507

Josef Čabelka, Bratislava, und Stefan Horváth, Zahorska-Bystrica, Tschechoslowakei, **Herstellung von Schweißpulver für die Lichtbogenschweißung.** Als Ausgangsmaterial dient eine Mischung, die Oxide u. mindestens ein Metall u./oder mindestens eine Metall-Leg. enthält, u. das Metall u./oder die Leg. teilweise in Oxide umwandelt. Dabei soll der Anteil an Metall- u./oder Leg. des Ausgangsgemisches höchstens 65% betragen. Das Gemisch enthält bis zu 65 *Si-Leg.* oder bis zu 50 Si-freie Leg., bis zu 50 *Oxydationsmittel,* wie Metalloxid. Außerdem können *Fluor-Verbb.* eines Alkali- oder Erdalkalimetalls oder eines anderen Metalls vorhanden sein. Zweckmäßig liegt der *P*- u. *S*-Geh. jeweils unter 0,06. (**Schwz. P. 356 341** vom 6/12. 1954, ausg. 29/9. 1961. Tschech. Prior. 6/3. 1954.) W. HAUSWALD. 6507

Laboratorio Albon's, Mailand, Italien, **Reinigungs- und Poliermittel für Metalle,** bestehend aus 72 (%) eines pflanzlichen Pulvers (Spreu), 7 *Dodecylbenzol-* oder *Alkoholsulfonat,* 7 *Trichloräthylen* u. 14 *Wasser.* (**It. P. 533 947** vom 6/4. 1955.) K. KOEBKE. 6509

Pittsburgh Plate Glass Co., Pittsburgh, Pa. (Erfinder: William Worth Carlin, Corpus Christi, Tex.), V.St.A., **Bad zum chemischen Vernickeln** aus einer wss. Lsg. von *Ni-Salz* u. *Hypophosphit.* Es enthält als Beschleuniger ein *Alkalitetraborat* u. ggf. als Beschleuniger *Na-Citrat.* Die Temp. des Bades soll auf $80-100^0$, der pH-Wert zwischen 3 u. 9 gehalten werden. (**D. A. S. 1 127 682** Kl. 48b vom 21/6. 1957, ausg. 12/4. 1962. A. Prior. 21/6. 1956.) F. VIER. 6521

DEHYDAG Deutsche Hydrierwerke G. m. b. H., Düsseldorf (Erfinder: Gregor Michael und Wennemar Strauss, Düsseldorf), **Galvanische Nickelbäder,** gek. durch einen Geh. an Sulfonsäuregruppen enthaltenden Kondens.-Prodd. aus organ. Amiden u. Oxo-Verbb., ggf. mit einem Geh. an bekannten Netz- u. Glanzmitteln, bes. an organ. Sulfoncarbonimiden, als Stabilisierungsmittel gegen Badverunreinigungen in einer Menge von 0,5 mg bis 4 g/Liter, bes. 20—100 mg/Liter. — Beispiel: Ni-Bad vom WATTS-Typ, 2,5 (g/Liter) *N-Acetyltoluolsulfonamid*, 0,2 *Na-Dodecylsulfat*, 30 mg/Liter Kondens.-Prod. aus *Dicyandiamid, Melamin, dinaphthylmethandisulfonsaurem Na* u. *Formaldehyd*. Temp. 50—60°, Stromdichte 0,1—8 A/dm². (**D. A. S. 1 121 899** Kl. 48a vom 30/7. 1960, ausg. 11/1. 1962.) H. HÄNLE. 6521

Schering Akt.-Ges. (Erfinder: Hans-Günther Todt), Berlin, **Bad zum galvanischen Abscheiden hochglänzender Nickelüberzüge** mit einem Geh. an aliphat. oder aromat. Sulfonsäuren, Sulfamiden u./oder Sulfimiden als sek. Glanzbildner, dad. gek., daß es als prim. Glanzbildner eine oder mehrere Verbb. der nebenst. Formeln, worin R, R' = Halogen oder ein aliphat. Radikal mit 1—5 C-Atomen, x = 0—4, n = 1 oder 2, m = 1—3 sein können, enthält. Geeignet Verbb. sind: *1.2-Di-(2-pyridyl)-äthan, Äthylen-bis-[4-chlorpyridyl-(2)], 1.2-Di-(2-chinolyl)-äthylen, Äthylen-bis-[(4-formylchinolyl-(2)-N-methyl)jodid], Propylen-bis-(N-oxyäthylpyridinium-(4)-bromid)* usw. — Beispiel: 260 (g/Liter) $NiSO_4$, 50 $NiCl_2$, 40 H_3BO_3, 1 *benzaldehyd-o-sulfonsaures Na*, 1 *Dibenzoldisulfimid*, 0,007 *Äthylen-bis-(N-allylpyridinium-(2)-bromid)*; Temp. 50°, pH 4,0, Stromdichte 0,5—6,0 A/cm². (**D. A. S. 1 124 780** Kl. 48a vom 8/10. 1960, ausg. 1/3. 1962.) H. HÄNLE. 6521

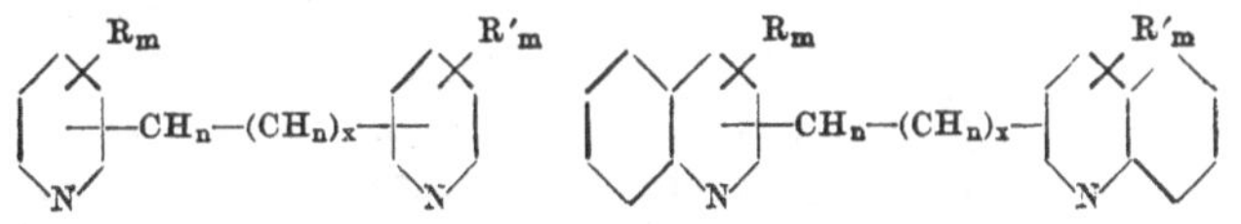

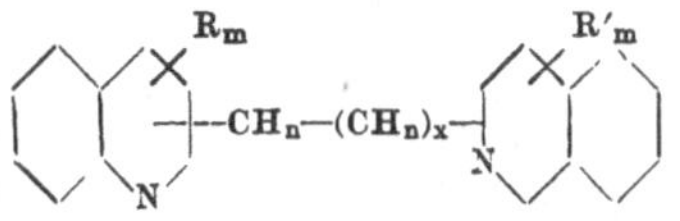

Hanson-Van Winkle-Munning Co., Matawan, N.J., V.St.A., **Glanzzusatz für galvanische Nickelbäder** besteht aus einem wasserlösl. Rk.-Prod. einer bas. katalysierten Rk. einer *α-Hydroxyacetylen*-Verb. mit einem *Epoxid*. Dieses besitzt nebenst. Strukturformel. In dieser sind Ra u. Rb H, die Alkyl-, Alkenyl-, einkernige Aryl- oder Aralkylgruppen, die noch weiter substituiert sein können. Rc u. Rd können H, Chlormethyl-, Carboxy-, Cyano-, einkernige Aryl-, Alkyl-, Alkenyl-, Alkoxy-, Alkenoxygruppen sein, wobei auch diese teilweise noch weiter substituiert sein können. Zum Beispiel wird das Rk.-Prod. von *2-Butin-1.4-diol* u. *Äthylenoxyd* verwendet: *1.4-Di-(hydroxypolyäthoxy)-2-butin*. (**E. P. 864 287** vom 6/7. 1959, ausg. 29/3. 1961. A. Prior. 22/7. 1958.) F. MARKHOFF. 6521

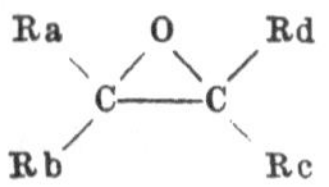

Sel-Rex Corp., Nutley (Erfinder: Edwin Cornell Rinker, Morristown), N.J., V.St.A., **Galvanische Abscheidung einer Gold-Silber-Legierung von besonderer Härte.** Das gemäß D. A. S. 1 055 315 aus einer Lsg. von $KAu(CN)_2$, KCN u. $KAg(CN)_2$ bestehende galvan. Bad wird bei einer Temp. zwischen 21 u. 50° betrieben. (**D. A. S. 1 120 238** Kl. 48a vom 25/7. 1960, ausg. 21/12. 1961. **Zusatz zu D. A. S. 1 055 315; C. 1960. 7333.**) F. MARKHOFF. 6527

LICENTIA Patent-Verwaltungs-G. m. b. H., Frankfurt/M. (Erfinder: Hans Rinösl, Warstein, Friedrich Seid, Rüthen, Sauerland, und Rigobert Schimmer, Belecke/Möhne), **Galvanisches Vergolden von Molybdänblech.** Vor dem Vergolden werden nach D. A. S. 1 095 615 zwei *Ni*-Schichten elektrolyt. aufgebracht, von denen die erste 0,2—0,6 μ, die zweite 0,05 μ Dicke aufweisen soll. Zum Aufbringen der *Au*-Schicht werden die Bleche mit 3 V Spannung in das galvan. Bad gehängt. Nach Entstehen einer haftenden u. zusammenhängenden Au-Schicht wird die Spannung auf 1 V herabgesetzt. (**D. A. S. 1 101 088** Kl. 48a vom 9/2. 1959, ausg. 2/3. 1961. **Zusatz zu D. A. S. 1 095 615; C. 1962. 13564.**) F. MARKHOFF. 6527

Esso Research and Engineering Co., V.St.A. (Erfinder: Donald F. Koenecke und Robert J. McDougall), **Überzugsmittel** zum kathod. Schutz von Gegenständen aus Eisen u. Stahl. Es enthält ein modifiziertes fl. Polymeres aus 60 bis 100 (Teilen) eines konjugierten *Diolefins* mit 4—6 C-Atomen u. 40—0 *Styrol* u. 0,5 bis 3,5 Gew.-% der Polymer-Verb. einer *P-Verb.*, die wenigstens 1 substituierbares saures H-Atom enthält, z. B. H_3PO_4. Die nichtmodifizierte Polymer-Verb. ist z. B. ein fl. Mischpolymerisat, das aus 80 (%) Butadien u. 20 Styrol erhalten wurde. Sie wird durch Blasen mit Luft oder durch Behandlung mit 0,01—2,5 Gew.-% Maleinsäureanhydrid modifiziert. Der mit dem Überzugsmittel hergestellte Überzug wird 8—15 Min. bei 190—216°, z. B. durch Einw. von heißen KW-Stoffverbrennungsgasen, gehärtet. Dem Überzugsmittel können Pigmente, z. B. TiO_2 oder Fe_2O_3, sowie *Wachse*, pflanzliche Sikkative u. Weichmachungsmittel in Form von natürlichem oder künstlichem *Kautschuk* zugesetzt werden. (**F. P. 1 245 039** vom 12/10. 1959, ausg. 27/1. 1961. A. Prior. 28/10. 1958.) M. F. MÜLLER. 6529

Acheson Industries, Inc., V.St.A. (Erfinder: Walter Delmar Janssens und Earl L. Youse), **Polytetrafluoräthylen enthaltende Überzugsmittel für Metallflächen** zur Erzeugung von haftfesten Überzugsfilmen. Das Mittel enthält 40—60 (%) *Polytetrafluoräthylen*, ferner einen *Celluloseäther* oder *-ester* sowie *Polyvinylbutyral* oder *-formal*. Man stellt eine Dispersion her unter Verw. eines Gemisches von W. u. einem organ. Lsgm., in welchem das Cellulose-Deriv. lösl. ist. — 43 (Teile) Nitrocellulose werden in 140 Butylacetat, 90 Äthylacetat, 11 Isopropanol u. 76 Toluol gelöst u. dann 50 einer 60%ig. wss. Suspension von Polytetrafluoräthylen („Teflon 30") zugegeben. Die erhaltene Dispersion wird auf Stahlplatten aufgespritzt u. trocknen gelassen. (**F. P. 1 235 803** vom 8/9. 1959, ausg. 9/11. 1960. A. Prior. 8/9. 1958.) M. F. MÜLLER. 6529

Koppers Co., Inc., V.St.A. (Erfinder: Stanley Edward Hmiel), **Herstellung von polymeren Dispersionen für Überzugszwecke,** welche bis zu 60 Gew.-% eines linearen *Polyäthylens* enthalten. Als Lsgm. dient W. im Gemisch mit einem Glykol u. ggf. einem Glykoläther u. Xylol. — 60 (g) eines linearen Polyäthylenpulvers, welches 0,05% *Ca-Stearat* als Antirostmittel enthält, werden in eine Dispersion eingetragen, die aus 120 W., 40 Hexylenglykol, 30 Propylenglykolmonomethyläther u. 0,5 eines Antirostmittels besteht. Man erhält eine stabile Dispersion, welche auf Metallflächen aufgetragen wird. — Diagramm. (**F. P. 1 235 708** vom 30/7. 1959, ausg. 9/11. 1960. A. Prior. 31/7. 1958.) M. F. MÜLLER. 6529

Polymer Corp., V.St.A. (Erfinder: Ronald Carl Croessant und Walter Robert Pascoe), **Überziehen von metallischen Oberflächen,** bes. Eisen, mit geschmolzenen festen Stoffen, z. B. mit einer polymeren *Cellulose*-Verb., einem *Polyäther*, einem *Epoxy*- oder *Polyäthylenharz*. Die durch Eintauchen in die geschmolzene Masse zu überziehende Fe-Oberfläche wird vorher mit einer dünnen Fe-Oxidschicht versehen, z. B. durch Erhitzen des Fe an der Luft bei 93—650° (ca. 10 Min. bis 7 Std.) oder durch Behandlung des Fe mit HNO_3, einer *Alkalibichromat*-Lsg. oder einem anderen Oxydationsmittel. Ggf. wird das Metall vor dem Eintauchen durch einen Sandstrahl aufgerauht u. dann mit der Oxidschicht, die gelb bis schwarz ist, z. B. mit einer *Magnetit*-Schicht, versehen. (**F. P. 1 239 960** vom 10/7. 1959, ausg. 9/12. 1960. A. Prior. 10/7. 1958.) M. F. MÜLLER. 6529

Detrex Chemical Industries, Inc., V.St.A., **Mittel zum Überziehen von Aluminium und seinen Legierungen** zum Schutz gegen atmosphär. Oxydation besteht aus einer gepufferten wss. Lsg. von Benzoesäure mit einem pH-Wert von 4,4 bis 5,5 der Lsg. kann ein Gemisch aus alkal. Di- u. Monohydrogenphosphaten zugesetzt werden u./oder Alkali- oder Ammoniumchromate oder -dichromate oder CrO_3. — Beispiele: 1. 91,8 (Gew.-%) NaH_2PO_4, 3,7 Na_2HPO_4, 2,5 *Benzoesäure*, 2,0 *Netzmittel*; 2. 82,6 NaH_2PO_4, 2,2 Na_2HPO_4, 13,7 $K_2Cr_2O_7$, 1,5 Benzoesäure. (**F. P. 1 234 285** vom 14/5. 1960, ausg. 17/8. 1960.) H. BAUR. 6529

Soc. des Électrodes et Réfractaires Savoie, Paris, übert. von: **Maurice Bonnot**, Vennissieux, Rhône, Frankreich, *Kathodenmaterial für die Al-Elektrolyse.* (**Can. P. 556 397** vom 26/5. 1953, ausg. 22/4. 1958. F. Prior. 6/6. 1952. — C. **1956**. 3991 [E. P. 724 738].)

Sintercast Corp. of America, Yonkers, übert. von: **Claus G. Goetzel**, Hastings-on-Hudson, N.Y., **Nicholas J. Grant**, Winchester, Mass., **Jack A. Yoblin**, Philadelphia, Pa., und **Leonard P. Skolnick**, New York, N.Y., V.St.A., *Verbesserung hitzebeständiger Metallprodukte.* (**Can. P. 559 409** vom 26/5. 1955, ausg. 24/6. 1958. A. Prior. 27/8. 1954. — C. **1960**. 7674 [A. P. 2 852 367].)

Union Carbide & Carbon Corp., New York, übert. von: **William G. Morrison jun.**, Niagara Falls, N.Y., V.St.A., *Lötdraht.* (**Can. P. 557 141** vom 4/6. 1956, ausg. 6/5. 1958. A. Prior. 19/7. 1955. — C. **1962**. 5464 [A. P. 2 897 106].)

Union Carbide & Carbon Corp, New York, übert. von: **William G. Morrison jun.**, Niagara Falls, N.Y. V.St.A., *Lötstab.* (**Can. P. 557 142** vom 7/6. 1956, ausg. 6/5. 1958. A. Prior. 19/7. 1955. — C. **1962**. 5464 [A. P. 2 847 338].)

Esso Research and Engineering Co., V.St.A. (Erfinder: **Donald F. Koenecke** und **Ober C. Slotterbeck**), *Schutzschicht gegen Pfahlmuscheln.* (**F. P. 1 191 201** vom 7/2. 1958, ausg. 19/10. 1959. A. Prior. 16/4. 1957. — C. **1962**. 5840 [Belg. P. 564 553].)

A. I. Beljajew, Metallurgie der leichten Metalle. 5. Aufl. Moskau: Metallurgisdat. 1962. (442 S. m. Abb.) 1 Rbl. 10 Kop. [russ.]

W. I. Borissow, Laboratoriumspraxis der Metallkunde und thermischen Behandlung. Moskau: Verl. der Hochschule. 1962. (152 S.) 26 Kop. [russ.]

W. Ss. Ssokolow, Die Defektoskopie der Materialien. Lehrbuch der gewerblichen Defektoskopie der Metalle. 2., überarb. Ausg. Moskau: Gossenergoisdat. 1961. (328 S.) 2 Rbl. 9 Kop. [russ.]

Ss. I. Tarabajew, Salzsäure-Methode in der Blei- und Zinkmetallurgie. Alma-Ata: Verl. der Akad. der Wiss. der KasachSSR. 1962. (196 S. m. Abb.) 90 Kop. [russ.]

Ss. M. Winarow, Flugzeugmetallkunde. Lehrbuch. Moskau: Maschgis. 1962. (220 S.) 85 Kop. [russ.]

—, Anwendung von Polymeren in der Antikorrosionstechnik. Moskau: Maschgis. 1962. (319 S. m. Abb.) 1 Rbl. 15 Kop. [russ.]

—, Handbuch der Wärmetechnik der Eisenmetallurgie. Moskau: Metallurgisdat. 1954. (782 S.) 2 Rbl. 94 Kop. [russ.]

IX. Organische Industrie

Anwendung von Filmkolonnen mit flach parallelem Einsatz für die Trennung von Produkten der Oxydation von Cyclohexan durch Rektifizierung. W. M. Olewski und W. R. Rutschinski. (Химическая Промышленность [Chem. Ind.] **1961.** 57—62. Jan.; russ.) — Vgl. C. **1962.** 8778. — Für die Trennung der Prodd. der Oxydation von Cyclohexan (I) mit Luft-O_2, die noch ca. 90% verd. I enthalten (Umsatz ca. 10%), eignet sich eine aus 4 Abschnitten mit je 4 „Paketen“ von Fe-Blechen bestehende stehende Kolonne, in die das Ausgangsgemisch an 3 Stellen eingeführt werden kann. Ihr hydraul. Widerstand nimmt bei Ansammlung von Fl. weniger stark zu als der von Glocken- u. Füllkörperkolonnen. Für die Berechnung ihres Wrkg.-Grades werden Kriteriengleichungen angegeben, nach denen die rechner. Ermittlung der optimalen Bedingungen möglich ist. Widerstand u. Wrkg.-Grad hängen vom Reynolds-Kriterium R_e für den Dampf ab. Bei der Rektifikation eines Gemisches von Cyclohexanon, Cyclohexanol u. einem „Öl x“ wird gute Betriebsstabilität festgestellt. R. K. Müller. 6582 □

Dehydrochlorierung von Dichloräthan im adiabatischen Reaktor. K. A. Tscherwinski, P. A. Ssuchopar und I. N. Sacharow. (Химическая Промышленность [Chem. Ind.] **1961.** 21—23. Jan.; russ.) — Die Umwandlung von *Dichloräthan* (I) in Vinylchlorid (II) durch therm. Zers. erfolgt zweckmäßig unter Verdünnung des I mit etwas CO_2 enthaltendem Wasserdampf in einer adiabat. App. mit grobdispersem Silicagel als Katalysator, das mit 2—3%ig. wss. Lsg. von Na_2SiF_6 + 1% KF getränkt ist. Die optimale Temp. ist 400—420°. Mit 1,5 kg I, 3,5 kg Wasserdampf u. 0,15 kg/Liter·h CO_2 wird II in einer Ausbeute von 96% erhalten. R. K. Müller. H 520 □

Über die Eigenschaften der Sulfate sekundärer aliphatischer Alkohole und ihre rationelle Anwendung. A. M. Karnauch und S. P. Deinechowskaja. (Маслобойно-Жировая Промышленность [Öl- u. Fett-Ind.] **27.** Nr. 5. 28—31. Mai 1961. Ukrain. Forschungsinst. für Milchind.; russ.) — Vgl. C. **1959.** 288. — Durch die theoret. Menge von H_2SO_4 werden bei 20—40° 25—55% normale sek. Alkohole (OH-Gruppen in allen Stellungen) verestert. Durch Verdoppelung der H_2SO_4-Menge wird die Veresterung sek. bzw. prim. Alkohole auf 65 bzw. 83% erhöht. Der Dehydratationsgrad der Alkohole erhöht sich mit steigender Temp. der Veresterung u. mit zunehmender Entfernung der OH-Gruppe vom Anfang der C-Kette. Alkylsulfate (I) mit einer Sulfatgruppe nahe der Mitte der C-Kette sind unbeständig u. hygroskop. (gute Benetzungsmittel). Die verschiedene Löslichkeit der I in verschiedenen Lsgm., die von der Stellung der SO_4-Gruppe abhängt, ermöglicht die Klassifizierung der I in 2 Gruppen: 1. prim. u. sek. I mit SO_4-Gruppe am Anfang der C-Kette (Waschmittel) u. 2. sek. I mit SO_4-Gruppe in der Mitte der Kette (Benetzungsmittel). S. Baryschnikow. H 550

Über die Gewinnung von Äthylenchlorhydrin aus Gasen mit einer geringen Konzentration von Äthylen. Je. A. Schilow. (Химическая Промышленность [Chem. Ind.] **1961.** 24—25. Jan.; russ.) — Die Angabe von Brodowitsch u. Mitarbeitern (C. **1962.** 8055), daß bei der Gewinnung von *Äthylenchlorhydrin* aus Äthylen u. Cl_2 die Verw. von verd. C_2H_4 zweckmäßig sei u. die Hydrolyse des Cl_2 eine Rolle spiele, wird bestritten. Die Zunahme der unerwünschten Bldg. von 1.2-Dichloräthan (I) bei der Sättigung von W. mit C_2H_4 u. Cl_2 beruht auf der Zunahme von Cl^- in der Lsg. u. der Flüchtigkeit von I; man kann für den herrschenden Druck die Verdünnung des C_2H_4 berechnen, bei der I in der Lsg. verbleibt. Eine Verdünnung des C_2H_4 mit Inertgas ist in jedem Falle unzweckmäßig. R. K. Müller. H 560 □

Die Gewinnung von Carbonsäuren aus Nebenprodukten der Petrolatumoxydation. L. P. Bondaretz. (Химия и Технология Топлив и Масел [Chem. Technol. Brennstoffe Öle] **6.** Nr. 4. 48—49. April 1961. Berdjansk, Vers.-Fabrik für Mineralöle; russ.) — Bei der Oxydation von Petrolatum mit Luft-O_2 bei 150° fallen im Skrubber der Anlage Carbonsäuren an, die hinsichtlich ihrer Qualität der amerikan. Marke *225 X* entsprechen. Aus den Vers.-Ergebnissen wird geschlossen, daß bei der Herst. von synthet. *Solidol* durch Anwendung dieser Carbonsäuren 20—25% der Fettsäuren ohne Qualitätsverminderung des Solidols eingespart werden könnten. H. V. Adolphi. H 800 □

Abhängigkeit der Zusammensetzung der „schwarzen“ Essigsäure von der Technologie der Gewinnung. W. P. Ssumarokow und S. M. Wolodutzkaja. (Гидролизная и Лесохимическая Промышленность [Hydrolysen- u. holzchem. Ind.] **14.** Nr. 5. 6—8. 1961; russ.) — Die Zus. der rohen Essigsäure ist bei den verschiedenen Betrieben uneinheitlich. Sie wird durch folgende Faktoren bedingt: Art der Gewinnung; Art des Lsgm. (Äthylacetat oder Ae.); mit oder ohne Dest. vor der Extraktion; Art des verwendeten Holzes. J. v. Schroeder. H 810 □

Reaktion der Natriumsalze von Naphthalinsulfonsäuren mit Alkalilösungen. Ss. M. Schein. (Химическая Промышленность [Chem. Ind.] **1961.** 109—12. Febr.; russ.) —

Vgl. C. **1960.** 9378. — Übersicht über die Darst. von Naphtholen durch Umsetzung von Na-Salzen der Mono- u. Disulfonsäuren des Naphthalins mit NaOH. — 38 Literaturangaben. R. K. MÜLLER. H 2700 □

Die Gewinnung von Furfurol bei Atmosphärendruck im überhitzten Dampf. Ss. G. Rykliss und D.M. Kolotilo. (Гидролизная и Лесохимическая Промышленность [Hydrolysen- u. holzchem. Ind.] **14.** Nr. 2. 3—5. 1961. Kiew, Polytechn. Inst.; russ.) — Die optimale Temp. der Bldg. von Furfurol beträgt bei Anwendung von 8%ig. HCl 160°, mit 4%ig. HCl ca. 180°. Die stärkste Umwandlung der Pentosane der angewandten Maisstrünke in Pentosen erhält man bei Verw. von HCl, die geringste mit $NaHSO_4$ als Katalysator. Die größte Menge Furfurol, bezogen auf Pentosen, erhält man unter Verw. von $NaHSO_4$ als Katalysator. Die Ausbeute an organ. Säuren beträgt ca. 50% des Furfurols. J. v. SCHROEDER. H 3061

Die Gewinnung von Furfurol aus Gerberlohe nach der Dnepropetrowsker Methode. W. G. Panassjuk, W. P. Pepka und L. W. Panassjuk. (Гидролизная и Лесохимическая Промышленность [Hydrolysen- u. holzchem. Ind.] **14.** Nr. 5. 8—9. 1961. Dnepropetrowsk, Ukrain. Forschungsinst. für plast. Massen; russ.) — Das Dnepropetrowsker Verf. sieht eine Hydrolyse der Eichenholzlohe mit 8% konz. HCl vor. In Betriebs-Verss. ergab das Verf. eine Ausbeute von 7% Furfurol aus unzerkleinertem u. 7,5% aus zerkleinertem Material u. ca. 10% flüchtigen Säuren.
J. v. SCHROEDER. H 3061 □

Untersuchung der Eindampfung von Xyloselösungen. Je. R. Leikin und Ss. L. Gutina. (Гидролизная и Лесохимическая Промышленность [Hydrolysen- u. holzchem. Ind.] **14.** Nr. 5. 11—12. 1961; russ.) — Beim Eindampfen von *Xylose*-Lsgg. bei höheren Temp. (62—92°) u. beim pH 7—3,2 wird Xylose nicht zersetzt. Zwecks Entfernung der flüchtigen Säuren muß bis mindestens 35% Trockensubstanz eingedampft werden. J. v. SCHROEDER. H 3400 □

Untersuchung des Prozesses der Äthylenpolymerisation nach der Methode der Mengenkorrelation. B. W. Wolter und Je. W. Markowa. (Химическая Промышленность [Chem. Ind.] **1961.** 262—64. April; russ.) — Die Leistung Q einer Anlage für die Äthylenpolymerisation hängt von der Temp. t, dem Druck p, der O_2-Konz. (O_2) u. dem C_2H_4-Durchsatz v ab. Vff. geben in Diagrammen die Korrelationsfelder der Abhängigkeit von Q von p, von $Q_1 = Q/f_1$ (p) von t, von $Q_2 = Q_1/f_2$ (t) von (O_2) u. von $Q_3 = Q_2/f_3$ (O_2) von v. Als allg. Gleichung ergibt sich $Q = 1{,}02\,(-211 + 0{,}33\,p - 1{,}16 \cdot 10^{-4}\,p^2)(0{,}013\,t - 1{,}46)(0{,}0077\,O_2 + 0{,}42)(0{,}00127\,v + 0{,}746)$ oder in vereinfachter Form $Q = 13 \cdot 10^{-3}\,(-211 + 0{,}33\,p - 1{,}16 \cdot 10^{-4}\,p^2)(t - 112)(O_2 + 55)(v + 587)$. In einer Tabelle werden die Zahlenwerte für verschiedene Bedingungen mitgeteilt.
R. K. MÜLLER. H 4010 □

Esso Research and Engineering Co., Elizabeth, N.J., übert. von: Sam Rice Bethea und Boyd Nixon Hill, Baytown, Tex., V.St.A., **Isomerisieren von Paraffin-Kohlenwasserstoffen,** wobei die Hydrocrackung unterdrückt wird. Ein Gemisch von n-Hexan u. 1—15 Vol.-% eines aromat. KW-Stoffs wird über einen Katalysator aus Pt auf Al_2O_3-Träger bei 600—900° F, 300—900 lbs./sq.in. u. einer Raumströmungs-Geschw. von 0,5—4 V/V/Std. in Ggw. von 300—3700 Standardkubikfuß H_2 je Barrel KW-Stoff-Gemisch geleitet. — Zeichnungen. (**A. P. 2 966 536** vom 22/7. 1958, ausg. 27/12. 1960.) E. KAHLES. H 510

Farbwerke Hoechst Akt.-Ges., vormals Meister Lucius & Brüning, Frankfurt/M. (Erfinder: Josef Hirschbeck und Freimut Lohöfer, Burgkirchen/Alz), **Entfernen von Kohlenoxid aus geringe Mengen desselben enthaltenden olefinhaltigen Gasen** erfolgt durch Waschen dieser Gase mit sauren, bes. salzsauren Lsgg., die nebeneinander Cu(I)- u. Cu(II)-Salze u. außerdem noch geringe Mengen von Salzen der Edelmetalle der 8. Gruppe des Period. Syst. enthalten. Das Gasgemisch wird im Gleich- oder Gegenstrom mit Lsgg., die 70—10% Cu(II) u. 30—90% Cu(I) u. außerdem noch 0,02—0,5 g eines Edelmetallsalzes [$PdCl_2$, $Pd(NO_3)_2$] enthalten, bes. bei normalem Druck u. Raum-Temp. bis 100° gewaschen. Auch bei höherem Druck u. höherer Temp. kann CO ausgewaschen werden. — Gereinigt wird z. B. ein Gasgemisch aus 92,4% C_2H_4 u. 4,4% CO im Gegenstrom bei 80°. (**D. A. S. 1 106 753** Kl. 12o vom 15/5. 1956, ausg. 18/5. 1961.) G. KRAUSS. H 520

Imperial Chemical Industries Ltd., London (Erfinder: Michael Staines Spencer und Dennis Albert Dowden, Norton-on-Tees, Durham), England, **Monoolefine** werden durch selektive Hydrierung von Diolefinen mit konjugierten Doppelbindungen mit H_2 bei 0—100°, bes. ca. 20° u. 1—100 at in Ggw. einer $[Co(CN)_5]^{3-}$-Ionen enthaltenden wss. oder alkohol.-wss. (CH_3OH, Glycerin) Lsg., in der das Mol-verhältnis von CN:Co, bes. 5:1 ist, um das Ausfallen von $Co(CN)_2$ zu verhindern, unter Ausschluß von Luft erhalten. Die Co-Cyanid-Lsg. wird vorher mit H_2 gesättigt. Die Lsg. wird im Gegenstrom zum H_2 geführt, das dann durch ein Gemisch aus Diolefin u. überschüssigem H_2 ersetzt wird. — Aus Butadien u. H_2 im Verhältnis 1 : 3 in Ggw. von 50 cm^3 einer Lsg., die 2,6 g KCN u. 0,95 g $CoCl_2 \cdot 6\,H_2O$ enthält, bei 1 at u. ca. 20° → *Buten-(1)* neben wenig *trans-* u. *cis-Buten-(2)*; Butadien war nicht mehr vorhanden. — Cyclopentadien → *Cyclopenten.* (**D. A. S. 1 114 183** Kl. 12o vom 17/12. 1959, ausg. 28/9. 1961. E. Prior. 17/12. 1958 u. 4/12. 1959.) G. KRAUSS. H 520

Sicedison S. p. A. (Erfinder: Antonio Ferri und Germano Patron), Mailand, Italien, **Stabilisieren von Trichloräthylen (I)** durch Zusatz von, bes. 0,01—1%, Propylenoxid oder 1- u./oder 2-Butylenoxid (Bu) u., bes. 0,001—1%, Essigester (E). Durch ein Gemisch von 0,01 (%) Pyridin, 0,3 Bu, 0,2 E u. 0,1 Isobutanol wird die Stabilität von **I** wesentlich erhöht. (**Schwz. P. 352 325** vom 22/11. 1957, ausg. 14/4. 1961. It. Prior. 23/11. 1956.) W. GRÄGER. H 520

Solvay & Cie. (Erfinder: Nestor Daras und André Ryckaert), Brüssel, Belgien, **Stabilisieren von Trichloräthylen, Perchloräthylen und ähnlichen Chlorkohlenwasserstoffen gegen Zersetzung.** Als Stabilisierungszusatz werden auf 1 Liter Chlor-KW-Stoff geringe Mengen eines Gemisches von einem oder mehreren prim. Pentanolen (n-prim. oder opt.-akt. Amylalkohol oder Isoamylalkohol), 0,1—10 (g), bes. 0,3—2, u. einer heterocycl. N-Base (α-Picolin, Pyridin, Morpholin), 0,05—0,5, bes. 0,1—0,2, verwendet, dem noch 0,005—0,02 eines Phenols (Phenol, Kresol, Thymol) zugesetzt werden können. (**D. A. S. 1 115 237** Kl. 12o vom 14/8. 1959, ausg. 19/10. 1961. Belg. Prior. 10/9. 1958.) W. GRÄGER. H 520

Montecatini Soc. Gen. per l'Industria Mineraria e Chimica (Erfinder: Saverio Ranucci und Pier Giorgio Gatti), Mailand, Italien, **Herstellung von Trichlorpropenen,** bes. von 1.3.3-Trichlorpropen-(1), dad. gek., daß Allylchlorid in einer einzigen Rk.-Stufe u. in Ggw. aller rückgeführten leichteren Rk.-Prodd. als die Trichlorpropene kontinuierlich chloriert wird, wobei die frischen u. rückgeführten Chlorolefine auf 300—450° vorgewärmt werden, bevor sie mit Cl_2 in einem Mischungsverhältnis von Chlorolefinen : Cl_2 = 3,5—6, bes. 3,8—5,9 bei 400—550°, bes. 470—490° mit einer Strömungs-Geschw. von 1000—3000, bes. 1050—2600 Liter/Std. zur Rk. gebracht werden. 70% Ausbeute bezogen auf Allylchlorid. — Vorrichtung. (**D. A. S. 1 111 170** Kl. 12o vom 28/3. 1960, ausg. 20/7. 1961. It. Prior. 31/3. 1959.) W. GRÄGER. H 520

Esso Research and Engineering Co., Elizabeth (Erfinder: Theodore J. Peters, Somerville, und Albert Gathman, Neptune), N.J., V.St.A., **Isoalkenfreie n-Alkene mit 4—6 C-Atomen enthaltende Kohlenwasserstoffe mit verringertem Schwefelgehalt.** Die n-Alkene, Isoalkene u. S-haltige Verunreinigungen enthaltenden KW-Stoffe mit 4—6 C-Atomen werden zuerst mit wss. Alkali gewaschen. Dann werden die Isoalkene mit 60—70% ig. H_2SO_4 bes. bei 10—50° u. 1—9 at durch Extraktion entfernt u. anschließend die isoalkenfreien KW-Stoffe mit einem wasserlösl. Glykol (Diäthylen-, Triäthylen-, Propylen-, Dipropylen-, Butylenglykol) gewaschen. — Es wird ein Gemisch, das aus 49,4% *Butan,* 34,2% *n-Butenen,* 14,3% *Isobutylen,* 0,01—0,2% S-Verunreinigungen u. ca. 2,1% KW-Stoffen mit 3 u. 5 C-Atomen besteht, gereinigt. Der S-Geh. beträgt z. B. vor der Wäsche 0,0123% u. nachher 0,0018%. — Verw. der gereinigten Olefine zur Herst. von *Alkoholen,* bes. *Butanol.* (**D. A. S. 1 112 062** Kl. 12o vom 16/12. 1958, ausg. 3/8. 1961. A. Prior. 30/1. 1958.) G. KRAUSS. H 520

Hanns Goldhahn, Radebeul, **Herstellung von Crotyl- und Methylallylchlorid** durch Rk. von HCl u. Butadien in äquimol. Mengen an auf 50—150° erwärmten oberflächenakt. Kontakten, z. B. Aktivkohle, u. Trennung durch Destillation. (**D. P. [DDR] 21 731** Kl. 12o vom 16/6. 1958, ausg. 15/8. 1961 [Wirtschaftspatent].) L. GROSSNER. H 520

Hans J. Zimmer Verfahrenstechnik (Erfinder: Norbert W. Luft, Frankfurt/M., Kurt Eßer, Gelnhausen, und Heinz Waider, Frankfurt/M.), **Herstellung von Dichlorbutenen** durch additive Gasphasenchlorierung von Butadien in Ggw. von O_2 oder O_2-haltigen Gasen bei 70—140°, dad. gek., daß dabei Strömungs-Geschw. von 1—20 m/s angewendet u. die fl. Rk.-Prodd. unmittelbar nach der Rk. durch Kühlung auskondensiert werden. Zweckmäßig wird durch zueinander senkrecht angeordnete Düsen ein Gasstrahl erzeugt, der in die gekühlte Zone führt, wobei dem Cl_2 0,1—50, bes. 1—10 Vol.-% O_2 beigemischt ist. Vorteilhaft wird die Rk. bei 80—100° durchgeführt. Die Bldg. von Nebenprodd. wird weitgehend vermieden u. die Ausbeute an *Dichlorbutenen* erhöht. (**D. A. S. 1 118 189** Kl. 12o vom 21/7. 1960, ausg. 30/11. 1961.) W. GRÄGER. H 520

Chemische Werke Lahr G. m. b. H. (Erfinder: Karl-Heinz Imhausen und Alfred Eckelmann), Lahr, Schwarzwald, **Herstellung von 1.4-Dibrombuten-(2)**

durch Rk. von Butadien-(1.3) mit Br_2, bes. in Ggw. von Lsgm. (Chlf.) u. bei tiefer Temp. (—16 bis —20°), dad. gek., daß man das Butadien-(1.3) in Ggw. einer bei der Aufarbeitung eines vorangegangenen Bromierungsansatzes angefallenen, das 1.2-Dibrombuten-(3) enthaltenden Kristallisationsmutterlauge bromiert, wobei man zweckmäßig ein Vol.-Verhältnis zwischen dem Butadien-(1.3) u. dem 1.2-Dibrombuten-(3) von ca. 3 : 1 oder 3 : 2 anwendet. Hierdurch wird die Ausbeute an reinem 1.4-Dibrombuten-(2), Kp. 52—53°, auf 90% u. mehr der Theorie, bezogen auf das eingesetzte Br_2, gesteigert. (**D. A. S. 1 119 848** Kl. 12o vom 11/2. 1960, ausg. 21/12. 1961.)
W. Gräger. H 520

Cellulose-Polymères et Dérivés CEPEDE Soc. An., Brüssel, Belgien, und RED-G. m. b. H., Hamburg (Erfinder: John Elian und Marcel Lepingle, Brüssel, Belgien), **Herstellung von 1.4-Dibrombuten-(2)**, wobei zunächst Butadien-(1.3) mit Br_2 in Ggw. eines inerten organ. Lsgm. zur Rk. gebracht, das erhaltene Gemisch von *1.2-Dibrombuten-(3)* (I) u. *1.4-Dibrombuten-(2)* (II) durch Erwärmen auf ca. 95° isomerisiert u. festes **II** durch Kühlen ausgeschieden wird, dad. gek., daß verbleibendes fl. **I** dem zu isomerisierenden Gemisch aus **I** u. **II** wieder zugeführt wird, bevor dieses Gemisch auf Isomerisierungs-Temp. erhitzt wird. Bes. vorteilhaft wird bei der Butadien/Br_2-Rk. mit einem Butadienüberschuß von 2—5% gearbeitet. **II** wird zur Herst. von linearen Polymeren verwendet. — Vorrichtung. — Vgl. auch A. P. 2 880 228; C. **1960.** 5003. (**D. A. S. 1 110 153** Kl. 12o vom 5/6. 1957, ausg. 6/7. 1961. F. Prior. 4/3. 1957.)
W. Gräger. H 520

British Hydrocarbon Chemicals Ltd. (Erfinder: Wilfred John Oldham), **Herstellung von konjugierten Diolefinen** durch katalyt. Rk. eines niederen Monoolefins der allg. Formel $R_1R_2C{=}CHR_3$ (R_1, R_2 u. R_3 = Alkylreste oder H, jedoch nicht alle H, wenigstens einer der Alkylreste soll ein Methylrest sein, Gesamtzahl der C-Atome = 3, 4, 5 oder 6) mit Form- oder Acetaldehyd bei erhöhter Temp., z. B. 300°, in der Dampfphase in einem Molverhältnis von Olefin : Aldehyd wenigstens 6 : 1. (**Aust. P. 228 590** vom 9/9. 1958, ausg. 20/6. 1960. E. Prior. 4/10. 1957 u. 7/5. 1958.)
K. Demmler. H 520

British Hydrocarbon Chemicals Ltd. (Erfinder: Wilfred John Oldham), **Herstellung konjugierter Diolefine** durch Rk. von einem niederen Olefin in der Dampfphase bei 150—400° mit CH_2O oder CH_3CHO in Ggw. eines üblichen Katalysators für das Cracken von Petroleum, der aus Kieselsäure u. Al_2O_3, Zr-, B- oder Ti-Oxid oder einem Oxid eines Metalls der Gruppe II A besteht, wobei im letzten Fall der Oxid-Geh. bei $<10\%$ liegt. Das Verf. eignet sich bes. zur Herst. von *Isopren* aus Isobutylen. (**Aust. P. 229 877** vom 18/6. 1958, ausg. 8/9. 1960. E. Prior. 10/7. 1957.)
C. Lüttgen. H 520

Friedrich John, Heinz Scharf, Schkopau, Günter Berger und Werner Preukschas, Halle, **Herstellung von Butadien aus Butylenglykol (I)** durch Dehydratisierung am H_3PO_4-Kontakt, dad. gek., daß zu **I** die bei der Butadien-Herst. anfallenden Nebenprodd., wie Allylcarbinol (**II**), Propylen u. die sog. Z-Fraktion in Mengen von 1—20% zugesetzt werden, wodurch sich die Ausbeute an *Butadien* um 2—3% erhöht u. die gesonderte Aufarbeitung von **II** entfällt. (**D. P. [DDR] 21 527** Kl. 12o vom 12/8. 1958, ausg. 28/6. 1961 [Wirtschaftspatent].) L. Grossner. H 520

Esso Research and Engineering Co., Elizabeth (Erfinder: Robert P. Cahn, Millburn), N.J., V.St.A., **Vorbehandlung butadienreicher Kohlenwasserstoffe**, die >2500 Teile C_2H_2 (**I**) je Million Teile KW-Stoff enthalten, mit Cu-Ammoniumacetat-Lsg. zur Entfernung von **I**, dad. gek., daß ein von **I** befreites Butadien in solcher Menge in den Kreislauf zurückgeführt wird, daß der **I**-Geh. in der gesamten zu behandelnden Menge auf <2500 Teile **I** je Million Teile KW-Stoffe herabgesetzt wird. Das zurückgeführte Butadien enthält <600 Teile **I**. Durch die Herabsetzung des **I**-Geh. werden Verstopfungen in den Leitungen vermieden. — Fließbild, Zeichnung. (**D. A. S. 1 115 235** Kl. 12o vom 29/3. 1960, ausg. 19/10. 1961. A. Prior. 1/5. 1959.) G. Krauss. H 520

Farbenfabriken Bayer Akt.-Ges. (Erfinder: Walter Krönig, Leverkusen, Arno Meckelburg, Bernhard Schleppinghoff, Dormagen, und Gerhard Scharfe, Leverkusen), **Entfernen von Butadien aus Kohlenwasserstoffgemischen**, die aus KW-Stoffen mit 4 C-Atomen bestehen, erfolgt durch deren selektive Hydrierung unter Abwärtsströmung in Ggw. von H_2 u. eines im Rk.-Raum fest angeordneten Hydrierungskatalysators (Pd u. Pt, bes. 0,1—4%, oder Metalle der 8. Gruppe des Period. Syst., wie Ni u. Co, bes. 2—15 bzw. 5—10% auf Trägern, wie Al_2O_3, SiO_2, Kohle, Silicate) bei 0-50, bes. 10—35°; der H_2-Druck wird so geregelt, daß nur Butadien hydriert u. möglichst wenig Butan gebildet wird. — Ein KW-Stoff-Gemisch aus Butan, Isobuten, n-Butan u. 5% Butadien enthält nach dem Hydrieren nur 0,05%

davon; der Butan-Geh. hat nur um 1,5% zugenommen. (**D. A. S. 1 112 729** Kl. 12o vom 2/12. 1959, ausg. 17/8. 1961.) G. KRAUSS. H 520

Badische Anilin- & Soda-Fabrik Akt.-Ges. (Erfinder: Manfred Minsinger), Ludwigshafen/Rh., **Herstellung von 2-Chlorbutadien-(1.3)**, dad. gek., daß Butadien-(1.3) mit Cl_2 im Molverhältnis von mindestens 1 : 1 bei erhöhten Temp. von mindestens 450°, bes. bei 460—520°, umgesetzt wird. Das erhaltene *2-Chlorbutadien-(1.3)*, Kp. 59°, ist zur Herst. von hochmol. Verbb. geeignet. (**D. A. S. 1 115 236** Kl. 12o vom 22/7. 1960, ausg. 19/10. 1961.) W. GRÄGER. H 520

Distillers Co. Ltd., Edinburgh, Schottland (Erfinder: Philip Aldwin Jenkins, Ashtead, Surrey, England), **Herstellung von 2-Chlorbutadien-(1.3)** durch Erhitzen von 3.4-Dichlorbuten-(1) mit einer wss. Alkali-Lsg. [NaOH, KOH u. auch $Ca(OH)_2$ oder $Ba(OH)_2$], dad. gek., daß die Rk. in Ggw. einer geringen Menge (0,1—5, bes. 0,1—1 Gew.-%) eines Mercaptids (Metall-Verbb. von Thiolen, wie Propyl-, Butyl-, Amyl-, Hexyl- oder Benzylmercaptan, Thiosalicylsäure, Thioglykolsäure, Trithiokohlensäure oder O-Alkyldithiokohlensäureester) oder einer unter den Rk.-Bedingungen darin umwandelbaren S-Verb. (Thioharnstoff oder CS_2) als Polymerisationsinhibitor durchgeführt wird. (**D. A. S. 1 109 668** Kl. 12o vom 24/11. 1958, ausg. 29/6. 1961. E. Prior. 28/11. 1957.) W. GRÄGER. H 520

Distillers Co. Ltd., Edinburgh (Erfinder: Stefan Kazimierz Lachowicz, North Cheam, Surrey), England, **Herstellung von 2-Chlorbutadien-(1.3)**, dad. gek., daß 3.4-Dichlorbuten-(1) mit wss. Alkali (NaOH, KOH) in Ggw. einer prakt. inerten mit W. nicht mischbaren, fl., organ. Verb. mit einem Kp. oberhalb des Kp. 68° von 1-Chlorbutadien-(1.3) [Xylol, Toluol, Tetra- oder Dekahydronaphthalin, Octan, PAe. (Kp. $>80°$), Dichlorbutan] bes. bei höherem Druck dehydrochloriert u. eine Überkopffraktion, die von 1-Chlorbutadien-(1.3) prakt. freies *2-Chlorbutadien-(1.3)* enthält, bes. in dem Maße seiner Bldg. u. bei einem Rückflußverhältnis von mindestens 5 : 1, bes. ca. 10 : 1, abdest. wird. Geeignet zur Herst. von *Polymerisaten.* (**D. A. S. 1 114 185** Kl. 12o vom 15/3. 1960, ausg. 28/9. 1961. E. Prior. 2/4. 1959.) W. GRÄGER. H 520

Gulf Research & Development Co. (Erfinder: Alfred Mathias Henke und Harry Chauncey Stauffer), **Reinigen von Isopren.** Um die darin vorhandenen geradkettigen Acetylenverunreinigungen herabzudrücken, wird rohes *Isopren* durch Molekularsiebe, die einen Kanaldurchmesser von 5 Å besitzen, geschickt. Zwecks Regenerierung der Siebe werden die adsorbierten Acetylene bei Temp. bis zu 1100°F abgetrennt. (**Aust. P. 226 604** vom 22/11. 1957, ausg. 25/2. 1960. A. Prior. 28/12. 1956.) H. NEBELSIEK. H 520

Monsanto Chemical Co., St. Louis, Mo., übert. von: John W. Andersen und Robert A. Heimsch, Dayton, Ohio, V.St.A., **Gewinnung von Alkoholen** aus Mischungen die nach dem Oxoprozeß mit anschließender Hydrierung erhalten werden, erfolgt durch Behandeln der Mischung mit einem trockenen SiO_2–Al_2O_3-Gel mit 40 bis 98 Gew.-% SiO_2, bezogen auf das Gel. Das Gel soll eine Oberfläche, gemessen nach dem GARDNER-COLEMAN-Öltest, von 50—150% aufweisen. Die Verunreinigungen werden von dem Gel aufgenommen, die Alkohole fallen als Filtrat an. (**A. P. 2 965 680** vom 3/7. 1957, ausg. 20/12. 1960.) G. KÖNIG. H 560

Metal & Thermit Corp., Rahway (Erfinder: Hugh Edwin Ramsden, Scotch Plains), N.J., V.St.A., **Herstellung von Alkoholen**, dad. gek., daß ein Organo-MgCl-Komplex der allg. Formel RMgCl·nQ, worin R einen ein- oder mehrwertigen, substituierten oder nicht substituierten Vinylrest oder einen aromat. oder heterocycl. Rest, n eine Zahl zwischen 1 u. 3 u. Q eine 5- oder 6-gliedrige nichtaromat., ein O-Atom im Ring enthaltende Ring-Verb. ist, in der mindestens ein dem O benachbartes C-Atom außer H keine Substituenten trägt u. in der, im Falle einer 6-gliedrigen Ring-Verb., das sich in bezug auf das O-Atom in 4-Stellung befindende Ringglied entweder ein C-Atom oder ein einen Substituenten tragendes N-Atom ist, wobei die vorhandenen Substituenten gegenüber den Ausgangs-Verbb. u. den erhaltenen Prodd. inert sind, mit einem Olefinoxid umgesetzt u. das Rk.-Prod. hydrolysiert wird. Der O in der Verb. Q muß für eine Elektronenabgabe verfügbar sein. — 1 (Mol) Äthylenoxid in Tetrahydrofuran wird bei ca. 50° mit Phenyl-MgCl in Tetrahydrofuran versetzt. Es wird gekocht bis ein grauer Schlamm entsteht. Es wird gekühlt u. mit verd. HCl hydrolysiert. Die organ. Schicht wird abgetrennt u. die wss. Schicht mit Ae. extrahiert. Die Ae.-Extrakte werden mit der organ. Schicht vereinigt. Bei der Dest. im Vakuum wird *β-Phenyläthylalkohol* erhalten. — Es werden ferner hergestellt: *β.β-Divinyläthanol*; *β-Phenyl-β-vinyläthanol*; *Phenyl-(äthoxy)$_6$-äthanol* (besitzt netzende Eigg.); *β-Methyl-β-phenyläthanol*; *3-Phenylbutanol-(2)*; *β.β-Diphenyläthanol*; *β-[p-Chlorphenyl]-äthanol*; *p-Chlorphenyläthoxyäthoxyäthanol*; *β-[p-Chlorphenyl]-n-propanol*; *3-[p-Chlorphenyl]-butanol-(2)*; *β-Vinyl-β-[p-chlorphenyl]-äthanol*; *β-Phenyl-β-[p-chlorphenyl]-äthanol*; *β-[o-Tolyl]-äthanol*; *3-[o-To-*

lyl]-butanol-(2); 2-[m-Tolyl]-propanol-(1); β-Phenyl-β-[m-tolyl]-äthanol; p-Tolyl-(äthoxy)$_6$-äthanol; β-p-Tolyl-β-vinyläthanol; β-p-Anisyläthanol; Mono-β-p-anisyläthyläther des Oktaäthylenglykols; 2-p-Phenetylpropanol-(1); 3-p-Phenetylbutanol-(2); Mono-β-polychlorphenyläthyläther des Hexaäthylenglykols; β-2-m-Xylyläthanol; β-Vinyl-β-2-m-xylyläthanol; Biphenylyläthanol; Trichlorbiphenylyläthyläther des Pentaäthylenglykols; Nonachlorbiphenylyläther des Pentaäthylenglykols; β-α-Naphthyläthanol; β-Vinyl-β-o-trifluormethylphenyläthanol; β-p-Dimethylaminophenyläthanol; β-p-Dimethylaminophenyläthylmonoäther des Hexaäthylenglykols; β-Vinyl-β-p-dimethylaminophenyläthanol; β-p-Diäthylaminophenyläthanol; β-p-Diäthylaminophenyläthylmonoäther des Hexaäthylenglykols; β-Vinyl-β-p-diäthylaminophenyläthanol; β-Chlortolyläthanol; β-Phenyl-β-chlorphenyläthanol; β-Chloranisylpropanol-(1); 3-Chloranisylbutanol-(2); β-Chlorphenetyläthanol; β-Äthyltetrachlorphenyläthanol; β-α Thienyläthylmonoäther des Hexaäthylenglykols; β-Vinyl-β-α-thienyläthanol; β-2-Pyridyläthanol; β-Vinyl-β-2-pyridyläthanol; β-Phenyl-β-2-pyridyläthanol; β-2-Furyläthanol; 2-[5-Chlor-2-thienyl]-propanol-(1); β-m-Fluorphenyläthanol; β-Polyfluorphenyläthanol; β-2-Benzothiazolyläthanol; β-2-Benzoxazolyläthanol; β-2-Methyl-5-benzothiazolyläthanol; β-2-Chinolyläthanol; 2-(6-Chinolyl)-propan-ol-(1); β-Phenyl-β-8-chinolyläthanol; β-(4.5.6-Trichlor-2-pyrimidyl)-äthanol; β-1-Cyclohexen-1-yl-äthanol; β-4-Methylpent-1-en-2-yl-äthanol; β-2-Propen-2-yl-äthanol; β-Vinyl-β-2-propen-2-yl-äthanol; β-Phenyl-β-2-propen-2-yl-äthanol; β-2-Buten-2-yl-äthanol; 3-Hexenol-(1); 4-Methyl-4-pentenol-(1); β-2-N-Methylpyrryläthanol; β-4-Vinylphenyläthanol; β-2-Thienyläthanol; 3-Vinylbutanol-(2). — Substituierte Phenyläthanole, die keine Halogene enthalten, sind *Riechstoffe*, aliphat. Alkohole mit einer Vinylgruppe besitzen Riechstoff-Eigg., Alkohole mit hohem Cl-Geh. sind *Insekticide* u. *Fungicide*. Alkohole mit mehreren Olefinoxidresten sind *Netzmittel*. Alkohole mit Vinylgruppen ergeben Polymerisations-Prodd. mit gelierenden Eigg. u. können als *Latexanstrichmittel* verwendet werden. (**Schwz. P. 354 065** vom 11/6. 1956, ausg. 30/6. 1961. A. Prior. 5/7. u. 28/11. 1955.) G. KÖNIG. H 570

Eastman Kodak Co., Rochester, N.Y., übert. von: Kent C. Brannock, Kingsport, Tenn., V.St.A., **2-Isobutyl-1.5-pentandiol** (I) erhält man bei der Hydrolyse von 2-Äthoxy-3-(1-äthoxy-2-methylpropyl)-tetrahydropyran mittels Essigsäure in Ggw. katalyt. Mengen einer Mineralsäure oder einer starken organ. Säure mit einer Ionisations-Konst. von mindestens $1 \cdot 10^{-2}$, wobei 2 isomere 5-Acetoxy-2-isobutenylvaleraldehyde erhalten werden, die hydriert 2-Isobutyl-1.5-pentandiolmonoacetat (**II**) ergeben. Bei der nachfolgenden Verseifung erhält man **I**, Kp.$_3$ 120°, Kp.$_4$ 132°, n_D^{20} 1,4578. Als Hydrolysekatalysator kommen in Betracht: p-Toluolsulfonsäure, H_2SO_4, $NaHSO_4$, H_3PO_4, Trifluor-, Trichloressigsäure. Die *Ester von* **I** *sind Plastifikatoren u. synthet. Schmiermittel.* (**A. P. 2 964 571** vom 2/11. 1959, ausg. 13/12. 1960.) G. KÖNIG. H 570

Farbwerke Hoechst Akt.-Ges., vormals Meister Lucius & Brüning, Frankfurt/M. (Erfinder: Karl Rehn, Hofheim/Taunus, Gerhard Theilig, Lorsbach/Taunus, und Heinz Mühlburger, Frankfurt/M.), **Herstellung von Aldehyden durch die Oxosynthese** durch ganz oder teilweises Vorerhitzen der umzusetzenden Stoffe u./oder des Kreislaufgases mittels der bei der Rk. entstehenden Wärme, indem man sie durch eine oder mehrere Zuleitungen in ein kontinuierlich durchströmtes Rk.-Gefäß entgegen der Strömungsrichtung in demselben leitet u. sie aus einer oder mehreren Öffnungen nahe des Anfangs der Rk.-Zone austreten läßt. — 5 Zeichnungen. (**D. A. S. 1 115 727** Kl. 12o vom 23/1. 1959, ausg. 26/10. 1961.) A. JAHN. H 670

E. I. du Pont de Nemours & Co. (Erfinder: John Oliver Punderson), **Dehydrierung von Alkoholen zu Aldehyden.** Die Alkohole, z. B. A., Propanol, Butanol, Benzylalkohol, Äthylenglykol, bes. aber Methanol, bringt man in einer oder mehreren Stufen auf die Rk.-Temp. von 550—750° u. schickt sie in der Dampfphase über einen Silberkatalysator, der 0,2—10% Cu enthält. Um bei den hohen Dehydrierungs-Temp. ein Sintern des Katalysators zu vermeiden, legiert man ihn noch mit 0,1—0,4% Mo, Mg, Cr, V oder vorteilhaft Si. Nach mehrfachen Durchgängen u. wiederholten Regenerationen des Katalysators durch 3—10 Min. lange Luftbehandlung bei der Dehydrierungs-Temp. wird die Wrkg. des Katalysators verbessert. (**Aust. P. 225 780** vom 10/12. 1957, ausg. 14/1. 1960. A. Prior. 25/2. 1957.) O. ROICK. H 670

Badische Anilin- & Soda-Fabrik Akt.-Ges. (Erfinder: Matthias Seefelder, Hans Weidinger und Heinz Eilingsfeld), Ludwigshafen/Rh., **Chlorameisensäureamidinchloride** der allg. Formel $R-N(R_1)-CCl=N^+(R_2)-R_3]Cl^-$ (R u. R_2 = H, Alkyl; R_1 u. R_3 = Alkyl, Cycloalkyl, einer der Reste $R-R_3$ kann auch Aryl sein; R u. R_1 sowie R_2 u. R_3 können jeweils mit dem N einen heterocycl. Ring bilden) erhält man durch Rk. von Harnstoffen der allg. Formel $R-N(R_1)-CO-N(R_2) \cdot R_3$, mit bes. überschüssigem $COCl_2$ unter Abspaltung von CO_2 bei —10 bis +50, bes. 0—20°, in Ggw. eines Verdünnungsmittels (Cyclohexan, Bzl., Toluol, Ae., Tetrahydrofuran) u. bes. eines Carbonsäureamids (Dimethyl-, Diäthylformamid, N.N-Dimethylacetamid, N-Methylpyrrolidon) als Beschleuniger der CO_2-Abspaltung. — Aus 120 (Teilen) $COCl_2$ in 200 Cyclohexan u. 110 Tetramethylharnstoff in 150 Cyclohexan bei 0°, dann weitere 5 Std. bei Raum-Temp. → $(CH_3)_2NCCl{=}N^+(CH_3)_2]Cl^-$, $C_5H_{12}Cl_2N_2$, F. 110—112°. — N.N-Dimethyl-N',N'-pentamethylenharnstoff → $(CH_3)_2NCCl{=}N^+{-}CH_2(CH_2)_3{-}CH_2]Cl^-$, $C_8H_{16}Cl_2N_2$, F. 144—145°. — N.N.N'-Trimethyl-N'-phenylharnstoff → $(CH_3)_2NCCl{=}N^+(CH_3){-}C_6H_5]Cl^-$, gelbliche Kristalle; F. 40—50°. — N.N'-Dipentamethylenharnstoff → $CH_2(CH_2)_3CH_2NCCl{=}N^+CH_2(CH_2)_3CH_2]Cl^-$, $C_{11}H_{20}Cl_2N_2$, F. 75—80°. — N.N'-Dicyclohexylharnstoff → $C_6H_{11}NHCCl{=}N^+HC_6H_{11}]Cl^-$, $C_{13}H_{24}Cl_2N_2$, F. 135—138° (Zers.). — N-Phenyl-N'-cyclohexylharnstoff → $C_6H_5NHCCl{=}N^+HC_6H_{11}]Cl^-$, $C_{13}H_{18}Cl_2N_2$, F. 148—150° (Zers.). — N.N-Dimethyl-N'-phenylharnstoff → $(CH_3)_2NCCl{=}N^+HC_6H_5]Cl^-$, $C_9H_{12}Cl_2N_2$, F. 155—158°. — *Zwischen-Prodd.* zur Herst. von *Farbstoffen*; *Pflanzenwuchsregler*; *Kondens.-Mittel zur Herst. von Peptiden.* (**D. A. S. 1 119 852** Kl. 12o vom 9/7. 1960, ausg. 21/12. 1961.) G. KRAUSS. H 810

Badische Anilin- & Soda-Fabrik Akt.-Ges. (Erfinder: Horst Pommer und Walter Stilz), Ludwigshafen/Rh., **α.β-Ungesättigte Nitrile** werden durch Rk. von Aldehyden oder Ketonen mit Verbb. der allg. Formel $R_3{-}P({=}O)(R_4){-}CH(R_5){-}[C(R_6){=}C(R_7)]_n{-}CN$ (R_3 = ein über O an P gebundenes Alkyl mit höchstens 4 C-Atomen; R_4 = ggf. über O an P gebundenes Alkyl mit höchstens 4 C-Atomen oder Phenyl, das Halogen oder Alkoxy enthalten kann, die bei der Rk. nicht reagieren; R_5, R_6 u. R_7 = H, Alkyl mit höchstens 4 C-Atomen; n = 1 oder 2) erhalten. — Nach dem anderen Verf. werden die Aldehyde oder Ketone mit einer Verb. der allg. Formel $RO{-}P({=}O)(R_1){-}CH(R_2){-}CN$ umgesetzt (R = Alkyl, Cycloalkyl, Aralkyl; R_1 u. R_2 = Alkyl, Cycloalkyl, Aralkyl, Aryl; R_2 = auch H). — Aus 110 (Teilen) γ-Brom-β-methylcrotonsäurenitril u. 130 Triäthylphosphit bei 140° unter Abdest. des entstehenden Äthylbromids, dann bei 180° u. anschließende Dest. im Vakuum → 108 *1-Cyan-2-methyl-Δ¹-propen-3-phosphonsäurediäthylester*, $Kp._{0,01}$ 105—107°; ölige Fl.; aus 24 davon in 50 $HCON(CH_3)_2$ u. 15 p-Dimethylaminobenzaldehyd in Ggw. von 20 30%ig. methanol. CH_3ONa → 17 *1-Cyan-2-methyl-4-[p-dimethylaminophenyl]-butadien-(1.3)*, F. 190—191°, aus Essigester gelbgrün fluorescierende Kristalle; 80% (Ausbeute). — β-Jonylidenacetaldehyd → *Vitamin A-säurenitril*, $Kp._{0,001}$ 170—180°, orangegelbes, dickes Öl; aus CH_3OH, F. 80—81°, λ_{max} 359 μ(A.); ε = 46900; 81%. — Aus Chloracetonitril + Phenyldiäthoxyphosphin → Cyanmethylphenylphosphinsäureäthylester, $Kp._{0,5}$ 162—164°; fahlgelbes, dickfl. Öl; daraus mit β-Jonon in $HCON(CH_3)_2$ in Ggw. von 30%ig. methanol. CH_3ONa → *β-Jonylidenacetonitril*, $Kp._{0,3}$ 111—112°; 87%. — Ferner können umgesetzt werden: 1-Cyan-1-methyl-$\Delta^{1,3}$-pentadien-5-phosphonsäurediäthylester, 1-Cyan-Δ^1-propenphenylphosphinsäure-(3)-äthylester, 1-Cyan-1-propen-p-tolylphosphinsäuremethylester, 1-Cyan-2.6-dimethyl-1.3.5-heptatrien-7-dimethylphosphonat, 1-Cyan-1.5-dimethylhepta-1.3.5-trien-7-dipropylphosphonat, 1-Cyanäthyl-p-tolylphosphinsäure-(1)-butylester, α-Cyanbenzyl-p-chlorphenylphosphinsäureäthylester u. 1-Cyanpropyl-p-methoxyphenylphosphinsäure-(1)-äthylester sowie γ-Brom-β-methylcrotonsäurenitril, ω-Brom-β-methylsorbinsäurenitril, γ-Bromcrotonsäurenitril, 1-Cyan-7-brom-2.6- oder -1.5-dimethylhepta-1.3.5-trien. — *Zwischen-Prodd.*, bes. zur Herst. von *Lebensmittelfarbstoffen*; *Heilmittel*; *Pigmentfarbstoffe*; *Stabilisierungsmittel* für *Kunststoffe*. (**D. A. SS. 1 116 652** u. **1 116 653** Kl. 12o vom 2/3. 1960, ausg. 9/11. 1961. **Zusatz zu D. A. S. 1 108 208; C. 1962. 10274.**) G. KRAUSS. H 810

C. H. Boehringer Sohn (Erfinder: Wilhelm Konz und Karl Zeile), Ingelheim/Rh., **Acrylsäureester** erhält man neben *Kohlenoxysulfid* u. *Alkylmercaptanen* (TSCHUGAEFF-Rk.) durch Auftropfen der Xanthogenate von Milchsäureestern entweder auf erhitzte Flächen, deren Oberfläche mit Glaspulver vergrößert sein kann, oder durch Eintropfen in inerte Lsgm. [Paraffinöl, Siliconöl, Diphyl (Gemisch aus Diphenyl u. Diphenyloxid), Dibutylphthalat, Ölsäure u. Ölsäurebutylester] von je 180—240°. — Aus 194 Teilen Carbomethoxyäthylxanthogensäuremethylester durch Eintropfen in 50 Ölsäurebutylester von 220° in Ggw. von 0,5 Hydrochinon unter gleichzeitigem Abdest. der Rk.-Prodd. → 56,4 Teile *COS*, Kp. —48°; 94% (Ausbeute); 44 Teile *Methylmercaptan*, Kp. 7,6°, 93,5%; u. 77 Teile *Acrylsäuremethylester*, Kp. 78—82°; 92%. — Carbäthoxyäthylxanthogensäureäthylester → *Acrylsäureäthylester*, Kp. 97—100°; 96%. — Carbisopropoxyäthylxanthogensäureäthylester → *Acrylsäureisopropylester*, Kp. 107—110°; 100%. — Carbobutoxyäthylxanthogensäureäthylester → *Acrylsäurebutylester*, Kp. 145 bis 147°; 91%. — Die Ausgangsstoffe erhält man durch Rk. der Milchsäureester mit CS_2 in Ggw. von Alkali. (**D. A. S. 1 120 444** Kl. 12o vom 2/10. 1956, ausg. 28/12. 1961.) G. KRAUSS. H 810

Unilever N. V., Rotterdam (Erfinder: Lukas Hans Rinter und Johannes Martinus van Schaik, Vlaardingen), Holland, **Hydrieren von ungesättigten Fettsäuren mit 10—24 C-Atomen** bzw. von solche enthaltenden techn. Fettsäuregemischen in der Dampfphase, dad. gek., daß die Hydrierung in Ggw. von Wasserdampf (I) stattfindet, wobei bes. 5—50 (Mol) I je 100 H_2 in dem H_2–I-Gemisch vorhanden sind. (**D. A. S. 1 120 053** Kl. 23d vom 22/1. 1960, ausg. 21/12. 1961. E. Prior. 23/1. 1959.) C. Lüttgen. H 810

VEB Chemische Werke Buna (Erfinder: Heino John und Albert May), Schkopau über Merseburg, **Herstellung von Kontaktträgern** durch Verfestigung von Si-, Ferrosilicium- oder SiC-Pulver oder einem Gemisch davon mit Wasserglas. — Verw. bei der katalyt. *Oxydation von Crotonaldehyd zu Maleinsäure.* (**Schwz. P. 356 112** vom 15/7. 1957, ausg. 29/9. 1961.) H. Roos. H 820

Union Chimique Belge Soc. An. (Erfinder: Albert Verheyden und Jean Colle), **Herstellung von farblosem Maleinsäureanhydrid** durch Dehydratisieren von Maleinsäure (I). Man leitet eine wss. Lsg. von I kontinuierlich in eine Dest.-Kolonne, in deren Kopf u. Boden Dämpfe von halogenierten Lsgm. (II) mit einem Kp. von $>145^0$, bes. Tetrachloräthan, eingeführt werden, wobei das Vol.-Verhältnis von II zur wss. Lsg. von I zwischen 0,85—1,15 gehalten wird. Das bin. Gemisch W.–II dest. ab, wird kondensiert u. II in die Kolonne zurückgeführt. Die Temp. im unteren Teil der Kolonne werden auf 160—185°, im mittleren Teil, wo I eingeführt wird, auf 115—125° u. am Kopf auf 100 bis 120° gehalten. Das am Fuß der Kolonne sich abscheidende Anhydrid wird durch fraktionierte Dest. gereinigt. — Zeichnung. (**Aust. P. 229 975** vom 10/12. 1958, ausg. 15/9. 1960. E. Prior. 12/12. 1957.) C. Lüttgen. H 820

Nopco Chemical Co. (Erfinder: Howard C. Klein), **Reinigen von rohem α-Hydroxy-$\beta.\beta$-dimethyl-γ-butyrolacton.** Man löst das Lacton (I) in einem mit W. nicht mischbaren Lsgm., bes. CH_2Cl_2, gibt wss. Alkali-Lsg., bes. NH_4OH, in genügender Menge zu, um das I in das Salz überzuführen, trennt die wss. Phase ab u. führt das Salz mit HCl in das freie I über, das im Vakuum dest. wird. Der Reinigungsvorgang wird mehrmals wiederholt. (**Aust. P. 229 974** vom 2/12. 1958, ausg. 15/9. 1960. A. Prior. 29/1. 1958.) C. Lüttgen. H 850

Československá Socialistická Republika (Erfinder: Josef Šmíd, Turnov, Jiří Varcl, Turnov, und Josef Kvapil, Záborči), Tschechoslowakei, **Ausbildung vollförmiger Einzelkristalle des Kaliumtartrats** aus stäbchenförmigen Kristallkeimen, wobei man die letzteren im Kristallisator ihrer Länge nach vertikal anordnet, wobei die positive Richtung der kristallograph. Achse (I) c nach unten gerichtet ist. Bei exzentr. Stellung des Kristallisationskeimes im Kristallisator ist die positive Richtung der I b radial zur Achse des Kristallisators ausgerichtet. (**Tschech. P. 98 595** vom 21/11. 1959, ausg. 15/2. 1961.) L. Macher. H 850

Lonza Elektrizitätswerke und Chemische Fabriken Akt.-Ges., Basel (Erfinder: Ernst Peterhans und Werner Zollinger, Visp), Schweiz, **Verfahren zur Herstellung von Harnstoff** aus CO_2 u. überschüssigem NH_3 bei erhöhten Temp., wobei man in der Absorptionsanlage als Wasch-Fl. Harnstoff enthaltende Lsgg. verwendet. Neben Harnstoff können noch $(NH_4)_2CO_3$ u. NH_3 in W. vorhanden sein. (**Schwz. P. 355 139** vom 6/3. 1957, ausg. 15/8. 1961.) G. König. H 880

Österreichische Stickstoffwerke Akt.-Ges. (Erfinder: Josef Flatz und Ferdinand Weinrotter), Linz, Österreich, **Herstellung von grobkristallinem Harnstoff** (I). Man fügt der I-Lsg., deren pH 2—6, bes. 3—4, beträgt, ein Kristallisationshilfsmittel in Mengen von 0,01—1% (bezogen auf die in der Lsg. enthaltene I-Menge) zu. Als Hilfsmittel kommen Melam, Thiazoline, Melamin, Cyamelid u. bzw. oder deren Erhitzungs-Prodd. bzw. deren Salze für sich oder im Gemisch miteinander in Betracht. Auch können die durch Erhitzen von Ammonrhodanid, Kaliumrhodanid, Kaliumcyanat, Guanidincarbonat oder Dicyandiamid allein oder in Kombination miteinander oder mit I oder dessen Erhitzungs-Prodd. erhaltenen Roh-Prodd. als Hilfsmittel verwendet werden. (**Oe. P. 215 443** vom 17/9. 1959, ausg. 12/6. 1961.) W. Wittholz. H 880

Österreichische Stickstoffwerke Akt.-Ges. (Erfinder: Kurt Allgeuer und Ferdinand Weinrotter), Linz, Österreich, **Lagerbeständiger, kristallisierter oder gekörnter Harnstoff** wird dadurch erhalten, daß eine wss. Harnstoff-Lsg. oder eine nahezu wasserfreie Schmelze mit einem in W. lösl. Harnstoff–Formaldehyd-Kondens.-Prod. in Mengen unter 5 Gew.-%, bes. 0,1—0,2 Gew.-%, innigst vermischt wird u. man das Gemisch auskristallisieren läßt oder das Schmelzgemisch versprüht bzw. granuliert. (**Oe. P. 214 462** vom 20/8. 1959, ausg. 10/4. 1961.) W. Wittholz. H 880

Badische Anilin- & Soda-Fabrik Akt.-Ges., Ludwigshafen/Rh. (Erfinder: Heinz Pohlemann, Ludwigshafen/Rh., Nikolaus von Kutepow, Karlsruhe-Rüppurt, Friedrich Schauder, Arthur Jahn, Ludwigshafen/Rh., und

Johann Jung, Limburgerhof), **Herstellung von α-Alkylalkylendiharnstoffen,** dad. gek., daß man 2-n-Octylundecandiamin-(1.11), 2-n-Nonyldecandiamin-(1.10) oder deren Gemische mit Harnstoff bei Rk.-Temp. 100—210° bis zum Nachlassen der NH_3-Entw. erhitzt. Vorteilhaft führt man die Rk. unter vermindertem Druck u./oder unter Durchleiten eines inerten Gases (N) durch. — *Zwischen-Prodd.* für die Herst. von Kunstharzen für die Lack- u. Textilindustrie u. *Stickstoffdüngemittel.* (**D. A. S. 1 112 974** Kl. 12o vom 29/4. 1959, ausg. 24/8. 1961.) G. KÖNIG. H 880

Imperial Chemical Industries Ltd., London, England, **Herstellung von Schwefelkohlenstoff** mit H_2S als Nebenprod. durch Umsetzen von dampfförmigen, mindestens 5—6 C-Atome im Mol. enthaltenden KW-Stoffen mit S-Dampf bei 700 bis 1300°, bes. 800—900°, in Ggw. von Katalysatoren, z. B. auf SiO_2-Gel oder Korund niedergeschlagenem K-Vanadat. (**Oe. P. 214 458** vom 11/11. 1959, ausg. 10/4. 1961. E. Prior. 12/11., 17/12. 1958 u. 30/10. 1959.) W. WITTHOLZ. H 880

Imperial Chemical Industries Ltd., London, England, **Herstellung von Schwefelkohlenstoff** u. H_2S als Nebenprod. durch Umsetzung vorgewärmter, dampfförmiger KW-Stoffe mit S in Dampfform unter Vermeidung einer Vermischung der Rk.-Teilnehmer vor dem Eintritt in die Rk.-Zone. Als KW-Stoffe kommen solche mit mindestens 5—6 C-Atomen im Mol., z. B. ein Petroleumdestillat mit der Durchschnittsformel C_6H_{14}, in Betracht, die bei atmosphär. Druck u. normaler Temp. fl. u. unter 200° im wesentlichen verdampft sind. Die Umsetzung erfolgt bei 680—1300° ohne Katalysatoren. (**Oe. P. 215 435** vom 16/12. 1959, ausg. 12/6. 1961. E. Prior. 17/12. 1958 u. 2/12. 1959.) W. WITTHOLZ. H 880

Československá Socialistická Republika (Erfinder: Dionýz Vrzgula, Ladislav Káčer und Ladislav Aujeský, Preßburg, und Karl Peško, Modra), Tschechoslowakei, **Kontinuierliche Erzeugung von Cyanaten der Alkalimetalle** mittels eines geheizten, sich drehenden (6 U/min) Zylinders (Ø 480·3000 mm) aus C-haltigem Stahl, in den man stündlich 46,4 (kg) K_2CO_3 + 68,8 Harnstoff zusammen mit 600—700° heißen Rauchgasen einführt u. die Schmelze mittels Schaufeln in Bewegung erhält. Die Abgase verlassen mit 400—500° den Zylinder, aus dessen Austrittsstelle stündlich 50 kg Cyanat mit 99% KCNO mit maximal 0,07% KCN u. 1% in W. unlösl. Rest abgehen. (**Tschech. P. 98 524** vom 12/8. 1959, ausg. 15/2. 1961.) L. MACHER. H 890

Henri Morren, Brüssel-Forest, Belgien, **Herstellung aminierter Ätherester.** Sek. Amine werden mit Äthverestern der allg. Formel R—COO—Alkyl—O—Alkyl-Halogen in einem inerten Lsgm. durch Erhitzen unter Rückfluß umgesetzt. — Beispiel: Aus Diäthylamin u. 1-Phenylcyclopentan-1-carbonsäure-2-chloräthoxyäthylester erhält man *1-Phenylcyclopentan-1-carbonsäure-2-(2'-diäthylaminoäthoxy)-äthylester,* $Kp._{0,01}$ 165 bis 170°. (**Schwz. P. 353 749** vom 12/1. 1957, ausg. 15/6. 1961.) A. KALIX. H 920

Rexolin Chemicals Aktiebolag, Hälsingborg, Schweden (Erfinder: John J. Singer, Westboro, Mass., und Mark Weisberg, Providence, R.I., V.St.A.), **Herstellung von Aminoacetonitrilen** aus CH_2O, HCN u. NH_3 oder Aminen, dad. gek., daß man äquimol. Mengen von CH_2O, bes. in Form eines Polymeren, z. B. Para-CH_2O, u. fl. oder gasförmiger HCN bei einem pH <3, bes. <1, mit NH_3 oder einem Amin (**I**) unter Aufrechterhaltung dieses pH, bes. durch H_2SO_4-Zusatz, bes. bei einer Temp. $<100°$, bes. bei 35—50°, so umsetzt, daß für jedes umzusetzende H-Atom des NH_3 oder **I** je 1 Mol CH_2O u. HCN verwendet wird, wobei man die Geschw. des NH_3- oder **I**-Zusatzes so regelt, daß diese Verbb. prakt. sofort vollständig reagieren. Als Ausgangs-Verbb. verwendet man bes. wasserfreies NH_3, Äthylendiamin (**III**) oder Diäthylentriamin. Das Verf. ist auch kontinuierlich durchführbar. — Beispiele zur Herst. von **III**-*N.N.N'.N'-Tetraacetonitril* u. von *Nitrilotriacetonitril.* Durch Verseifung der Endprodd. erhält man *Chelatisierungs- oder komplexbildende Verbindungen.* (**D. A. S. 1 112 081** Kl. 12q vom 23/10. 1957, ausg. 3/8. 1961. A. Prior. 25/10. 1956.) O. MÜLLER-MEININGEN. H 950

Kali-Chemie Akt.-Ges. (Erfinder: Herbert Jenkner), Hannover, **Herstellung von Organoborverbindungen.** Entspricht D. A. S. 1 028 120; C. **1958.** 13101, wobei jedoch hier die Rk. von Borsäureestern anstatt mit Al-Trialkylen oder deren Ätheraten auch mit Alkyl-Al-Halogeniden, wie Dialkyl-Al-Halogenid oder Alkyl-Al-Sesquihalogenid, durchgeführt werden kann. (**Schwz. P. 355 143** vom 4/3. 1957, ausg. 15/8. 1961. D. Prior. 31/3. 1956.) J. MÜHLEISEN. H 980

Monsanto Chemical Co., St. Louis, Mo., übert. von: Van R. Gaertner und Gail H. Birum, Dayton, Ohio, V.St.A., **Phosphonate** der allg. Formel $(QA)_2P$-$P(:A)—R'(R'')_2—SO_3M$, in der Q ein esterbildender Rest oder ein Metall, A gleich O oder S, M ein Metall der 1. u. 2. Gruppe des Period. Syst., R' ein KW-Stoffrest mit 3 bis 7 C-Atomen u. R'' gleich H oder ein KW-Stoffrest mit 1—12 C-Atomen ist, der keine C—C-Doppel- bzw. Dreifachbindung enthält, erhält man durch Rk. von Salzen des Phosphorigsäurediesters der allg. Formel $(QA)_2P$–AM mit Sultonen der allg. Formel

$(R'')_2\underline{R'-SO_2-O}$ bei niedriger Temp., ggf. in Ggw. von inerten Lösungsmitteln. Durch Rk. von γ-Propansulton in Bzl. mit Na-Dibutylphosphit in Toluol erhält man *3-(dibutoxyphosphono)-1-propansulfonsaures Na* $(C_4H_9O)_2P(:O)-(CH_2)_3-SO_3Na$. Ebenso erhält man aus: γ-Propansulton + Na-Bis-(butyloctyl)-phosphit → *3-[bis-(2-butyloctyl)-phosphono]-1-propansulfonsaures Na*; Butansulton + Na-Bis-(2-äthylhexyl)-phosphit → *4-[bis-(2-äthylhexoxy)-phosphono]-1-butansulfonsaures Na*; Hexadecansulton + Na-Diäthylphosphit → *4-(diäthoxyphosphono)-1-hexadecansulfonsaures Na*. — *Waschmittel, Netzmittel* u. *Insekticide*. (**A. P. 2 965 665** vom 31/7. 1956, ausg. 20/12. 1960.)
A. JAHN. H 980

VEB Leuna-Werke „Walter Ulbricht" (Erfinder: Rudolf Bemmann und Reinhold Buchner), **Entschwefeln von Phenolen** durch Behandlung mit Alkalicarbonat-Lsgg. unter Druck bei erhöhter Temperatur. Man erhält z. B. aus mitteldeutschen Braunkohlenteerdestillaten mit einem S-Geh. von 0,015% durch die angegebene Behandlung eine angenehm riechende Carbolsäure mit einem S-Geh. von nur 0,0036%, die leicht zu Cyclohexanol hydrierbar ist. (**Aust. P. 229 365** vom 3/2. 1958, ausg. 11/8. 1960.)
C. LÜTTGEN. H 1060

Československá Socialistická Republika (Erfinder: Rudolf Kubička und Zdeněk Kvapil, Litvinov), Tschechoslowakei, **Isomerisierung und Desalkylierung von Alkylphenolen** (I), die in verd. KW-Stoffen oder Teerfraktionen enthalten sind, durch wärmeaktivierte Katalysatoren (II) aus Al oder Tonerde, die Salze von Cr, Mn, Fe, Pt, Na, K, Ca, Sr, Mn, Mo u. W für sich oder kombiniert enthalten u. die nach Ausglühen ggf. in einer H_2-Atmosphäre nachträglich mit HF oder/u. HCl aktiviert werden. Der **II** kann auch erst nach der Säurebehandlung mit den angeführten Salzen gesätt. werden. Die **I** werden bei Drücken bis 320 at (optimal bei 150 at) isomerisiert bzw. desalkyliert. — Beispiel: Bei 600° geglühtes Al wurde mit K_2CO_3-Lsg. u. nach Trocknen in zweiter Stufe mit Mn-Acetat getränkt; der so erhaltene **II**, der 0,5% K_2O + 2% Mn aufwies, wurde mit 1%ig. Lsg. von HF aktiviert, so daß der getrocknete **II** 0,8% F enthielt; mit diesem **II** konnten mehrwertige Phenole unter gleichzeitiger Hydrogenierung mit Abfallgasen [70 (%) H_2 + 20 CH_4 + 10 N_2] zu einwertigen abgebaut werden. (**Tschech. P. 98 513** vom 22/6. 1959, ausg. 15/2. 1961.)
L. MACHER. H 1060

Union Carbide Corp. (Erfinder: Cal Yale Meyers), **Gewinnung von kristallinem 2.4.6-Trimethylolphenol (I)**. Ein Gemisch aus einem Alkali- oder Erdalkalisalz von 2.4.6-Trimethylolphenol, z. B. Na-, Ca- oder Ba-Trimethylolphenolat, mit einem inerten organ. Lsgm., z. B. abs. CH_3OH, wird hergestellt, wobei der pH-Wert auf 5—7 gehalten u. die Temp. auf 15—45° eingestellt wird: Anschließend wird durch die erhaltene Suspension wasserfreie HCl oder CO_2 geleitet, neutralisiert u. konzentriert. Nach Zusatz von wasserfreiem Aceton u. Ausfrieren wird krist. **I**, F. 84—85°, erhalten. (**Aust. P. 226 570** vom 1/7. 1958, ausg. 25/2. 1960. A. Prior. 29/7. 1957.) H. NEBELSIEK. H 1060

Shell Oil Co., New York, N.Y., übert. von: Robert W. Martin und Carl G. Schwarzer, Walnut Creek, Calif., V.St.A., **Herstellung von Äthern epoxydierter mehrwertiger Phenole** der allg. Formel $(RO)_nX$; wobei R = KW-Stoff-, vic.-epoxydierter KW-Stoff-, vic.-epoxydierter Alkoxyalkylrest, ggf. halogen- oder halogenhydroxysubstituiert, mit höchstens 12 C-Atomen; X = ggf. mehrwertiger Phenolrest; n = Anzahl der phenol. OH-Gruppen. (**A. P. 2 965 608** vom 10/12. 1956, ausg. 20/12. 1960.)
F. KOCH. H 1060

Monsanto Chemical Co., St. Louis, Mo., übert. von: Gail H. Birum, Dayton, Ohio, V.St.A., **Herstellung von Pentachlorbenzolsulfenylchlorid (I)**, C_6Cl_6S. Man leitet z. B. in ein Gemisch aus 250 cm³ CCl_4, 84,2 (g) Pentachlorthiophenol u. 0,2 J_2 bei normaler Temp., die bis auf 35° steigt, ca. 2½ Std. Cl_2 ein, bis das Rk.-Gemisch eine klare Lsg. bildet, u. erhält nach Abdestillieren des CCl_4 96 (100%) rohes **I**, aus Hexan orangefarbenes reines **I**, F. 104—106°. Die Verb. selbst wirkt *fungicid* u. *bakericid*. Infolge ihrer großen Rk.-Fähigkeit dient sie zur Herst. von *Pflanzenwuchsreglern*, *P-haltigen Insekticiden*, *Hochdruckschmiermittelzusätzen*, Kautschukmischungen, Bacteriostatica. (**A. P. 2 965 535** vom 5/12. 1955, ausg. 20/12. 1960.)

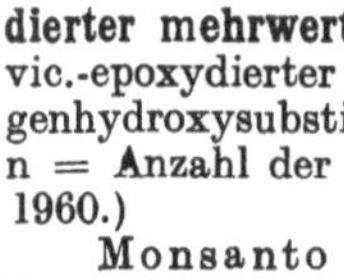

I

O. MÜLLER-MEININGEN. H 1090

Československá Socialistická Republika, Tschechoslowakei (Erfinder: Anna Elisabeth Martini, Berlin, Erich Brand, Dessau, Kurt Rieckhoff, Dessau, Günter Hinsdorf, Wolfen), **Trocknung von p-Acetaminobenzolsulfochlorid** (I), wobei das feuchte **I** unter Erwärmen in einem organ., mit W. nicht mischbaren Lsgm. gelöst wird, z. B. in Chlorbenzol; nach Abscheiden des W. isoliert man **I** durch Abkühlen der Lsg., Abnutschen der ausgeschiedenen Kristalle u. Verflüchtigung des Lösungsmittels. (**Tschech. P. 97 900** vom 18/9. 1959, ausg. 15/1. 1961.) L. MACHER. H 1090

Monsanto Chemical Co., St. Louis, Mo., übert. von: Erhard J. Prill und James C. Wygant, Dayton, Ohio, V.St.A., **Terephthalsäure** erhält man durch 3—20std. Erhitzen von Salzen der Benzoesäure, bes. des K-Salzes, in einer KW-Stoff-Atmosphäre auf 425—475°, bes. auf 445—455°, bei 400—4000 lbs./sq.in. u. Ansäuern des Rk.-Produkts. Als KW-Stoff wird z. B. Äthan verwendet. Man erhält Ausbeuten von ca. 50%. (**A. P. 2 965 674** vom 22/1. 1957, ausg. 20/12. 1960.) L. STADELMANN. H 1220

Monsanto Chemical Co. (Erfinder: Fred Apllegath, Raymond Amend Frany und Marion David Barnes), **Herstellung von unsymmetrisch substituierten Harnstoffen** durch Rk. bei 60—300°, bes. 85—160°, von CO, S u. einem Gemisch aus NH_3 oder einem prim. Amin, z. B. Chloranilin, mit einem sek. Amin, bei dem nicht mehr als ein an das sek. N-Atom gebundener Substituent durch das C-Atom eines aromat. Kernes gebunden ist. — Beispiele: *1-Äthyl-1-(p-chlorphenyl)-harnstoff*; *1.1-Dimethyl-3-phenylharnstoff*; *1-(4-Carboxyphenyl)-3.3-dimethylharnstoff*; *1.1-Dimethyl-3-(4-hydroxyphenyl)-harnstoff*; *1.1-Dimethyl-3-(4-dimethylaminophenyl)-harnstoff*; *1-(4-Carbäthoxyphenyl)-3.3-dimethylharnstoff*. (**Aust. P. 228 353** vom 23/12. 1957, ausg. 16/6. 1960.) K. DEMMLER. H 1280

Československá Socialistická Republika (Erfinder: Alois Nováček, Bad Teplitz, Bohumír Vondráček, Miroslav Ulrich und Franz Stejskal, Aussig), Tschechoslowakei, **Herstellung von Acetylsulfanilylthioharnstoff** (I) aus Acetylsulfanilylcyanamid (gemäß Original; II) oder aus einem seiner Salze, dad. gek., daß man II oder ein Salz desselben in wss. Lsg. beim Kp. des Rk.-Gemisches mit Thioharnstoff (III) reagieren läßt. — Beispiel: 216 (g) eines Salzes des **II**, 7,6 **III** u. 50 ml W. kocht man am Rückfluß 10 Std., setzt Aktivkohle hinzu, filtriert nach 10 Min., kühlt auf 15°, fällt mit HCl bei pH 1, filtriert u. wäscht mit Wasser. Ausbeute 250,5 g I = 92% der Theorie. (**Tschech. P. 97 976** vom 16/10. 1959, ausg. 15/1. 1961.) L. MACHER. H 1280

Inventa Akt.-Ges. für Forschung und Patentverwertung Luzern (Erfinder: Hans-Peter Meyer, Domat-Ems, und Johann Giesen, Haldenstein bei Chur), Schweiz, **Herstellung von Aminomethylbenzoesäuren** durch Rk. von Chlormethylbenzoesäure (I) mit NH_3 in wss. Lsg., bei normalem Druck u. Temp., dad. gek., daß man die Rk. mit einem großen, bes. mindestens 50fachen NH_3-Überschuß u. in Ggw. eines NH_4-Salzes, bes. von NH_4HCO_3, $(NH_4)_2CO_3$ (III) oder NH_4-Carbamat durchführt. Man läßt z. B. ein Gemisch aus 34,2 (= 0,2 Mol) p-I, 344 cm^3 30,3%ig. NH_3 (= 5,5 Mol), 3 **III** u. 62 cm^3 W. ca. 12 Std. stehen, filtriert u. dest. aus dem Filtrat NH_3 u. W. solange ab, bis die Lsg. ein Vol. von 230 cm^3 u. ein pH = 7,5 aufweist, kühlt auf 0° u. erhält hierbei 13,1 mit 20 cm^3 Eiswasser gewaschene u. bei 100° getrocknete *p-Aminomethylbenzoesäure* (**II**), F. 346° (Zers.; W.). Nach Einengen der Mutterlauge auf 70 cm^3 erhält man bei einem pH 4,5 die *Amino-di-p-methylbenzoesäure* $HN(CH_2—C_6H_4—COOH)_2$, F. 286—288°. Beim Einstellen des heißen Filtrats mit konz. NH_3 auf pH 7,5 8,1 **II** (Gesamtausbeute 70%), aus der Mutterlauge noch die Säure $N(CH_2—C_6H_5—COOH)_3$, F. 260—264°. — m-**II**, F. 215—218°. — (**Schwz. P. 357 075** vom 11/5. 1957, ausg. 15/11. 1961.) O. MÜLLER-MEININGEN. H 1350

Badische Anilin- & Soda-Fabrik Akt.-Ges. (Erfinder: Herbert Müller), Ludwigshafen/Rh., **Niedere, flüssige alicyclische Polymere**, bes. *Cyclododecatrien-(1.5.9)* (I), erhält man in Ausbeuten bis zu 87% durch cycl. Polymerisation von 1.3-Dienen (Butadien-(1.3), Isopren, 2.3-Dimethylbutadien-(1.3), Cyclohexadien-(1.3), Piperylen), vorteilhaft in Ggw. eines Lsgm. (aliphat., cycloaliphat., aromat., ggf. chlorierte KW-Stoffe, wie Pentan, Hexan, Cyclohexan, Bzl., Toluol, Xylol, Chlorbenzol, o-Dichlorbenzol) bei —50 bis +150° in Ggw. eines Katalysators, der aus CrO_3, Säure-Derivv., wie Säurechloriden oder -anhydriden (organ. oder anorgan. Säurechloride oder -anhydride, wie Acetylchlorid, Propionylchlorid, Buttersäurechlorid, Benzoesäurechlorid, Adipinsäurechlorid, PCl_3, $POCl_3$, $SOCl_2$, Essigsäure- Propionsäure- u. Glutarsäureanhydrid) u. Al-Alkylen (Dialkyl-Al-Hydride, wie Diisobutyl-, Dipropyl- oder Diäthyl-Al-Hydrid u. Al-Trialkyle, wie Al-Triisobutyl, -Tripropyl u. -Triäthyl) im Mol-Verhältnis 1:1:2 bis 3:3:8. — Neben I werden hergestellt: *Trimethyl*-I, $Kp._6$ 119—123°; n_D^{15} 1,5108, aus Isopren. — *Trimethyl*-I, $Kp._5$ 105°, n_D^{20} 1,4915, aus Piperylen. — Die Polymerisation des 2.3-Dimethylbutadiens liefert wahrscheinlich als Haupt-Prod. 2.3.6.7.10.11-Hexamethyldodecatetraen-(1.5.7.11), $Kp._6$ 134—140°; n_D^{20}1, 4977. — *Zwischenprodd.* zur Herst. von *Textil-* oder *Mineralölhilfsmitteln* oder *Lackgrundlagen*. (**D. A. S. 1 080 548** Kl. 12o vom 27/12. 1958, ausg. 28/4. 1960. **E. P. 872 348** vom 23/12. 1959, ausg. 5/7. 1961. D. Prior. 27/12. 1958.) R. HAUSS. H 1810

Studiengesellschaft Kohle m. b. H. (Erfinder: Günther Wilke), Mülheim/Ruhr, **Cyclododecatriene-(1.5.9)** neben anderen ringförmigen KW-Stoffen erhält man in Ausbeuten bis zu 94% durch Cyclopolymerisation von Butadien oder Isopren bei −20 bis +150°, bes. in Ggw. von Lsgm. (aliphat., aromat. oder halogenierte KW-Stoffe, wie Bzl., Toluol, Xylol, Chlorbenzol, Dichlorbenzol, Hexan) in Ggw. eines Katalysators, der aus Ti- oder Cr-Halogeniden u. Al-Hydrid oder Metallhydridkomplex-Verbb. [$LiAlH_4$, $Ca(AlH_4)_2$] besteht. — Mit besonderem Vorteil verwendet man feine Suspensionen von Hydriden der Metalle der I. u. II. Hauptgruppe des Perioden-Syst. mit $AlCl_3$ im Mol-Verhältnis 3—10:1 u. gibt anschließend das Schwermetallhalogenid zu. — Neben Cyclododecatrienen entstehen noch Cyclooctadien-(1.5), Vinylcyclohexen, Polybutadien u. Polyisopren. — Es werden bes. Cyclododecatrien-(1.5.9) (**I**; Gemisch aus z. B. 70% trans.trans.trans- u. 30% trans.trans.cis-Isomeren), $Kp._{10}$ 95—100° u. Trimethyl-I, $Kp._{12}$ 135°; n_D^{20} 1,5125, hergestellt. Der Vorteil des Verf. liegt darin, daß keine selbstentzündlichen Katalysatoren mehr verwendet werden müssen. — *Zwischenprodd.* zur Herst. von *Polyamiden* u. *Polyestern.* — Durch Epoxydierung, Hydrierung u. Oxydation mit HNO_3 erhält man aus den unsubstituierten Rk.-Prodd. *Dodecan-1.12-disäure.* (**D. A. S. 1 085 523** Kl. 12o vom 6/8. 1958, ausg. 21/7. 1960. **E. P. 860 377** vom 31/7. 1959, ausg. 1/2. 1961. D. Prior. 6/8. 1958.) R. HAUSS. H 1810

Soc. des Usines Chimiques Rhône-Poulenc, Paris (Erfinder: André Fournet, René Victor Julien Achard und Pierre Lafont, Lyon), Frankreich, **Cyclododecanol und Cyclododecanon,** Phenylurethan, F. 126,5—128°, bzw. Oxim, F. 131—131,5°, erhält man in Ausbeuten von 49,1—64,8%, bezogen auf eingesetztes Cyclododecan (**I**), bei Umsetzungsgraden von ca. 9,85—15,9% durch Oxydation von I in fl. Phase bei 90—150° in Ggw. von Schwermetallsalzen von Fett- oder Naphthensäuren, bes. von Co-2-Äthylhexanoat, mit O_2 oder einem O_2-haltigen Gas u. Trennen des Oxydationsgemisches durch Vakuumdestillation. — *Zwischenprodd.* zur Herst. von *Polyamiden* u. *Polyestern.* (**D. A. S. 1 111 177** Kl. 12o vom 26/7. 1960, ausg. 20/7. 1961. F. Prior. 31/7. 1959.) R. HAUSS. H 1960

Monsanto Chemical Co., St. Louis, Mo., übert. von: Van R. Gaertner, Dayton, Ohio, V.St.A., **Glycidyläther** der allg. Formel $RXCH_2\overset{C}{\overbrace{CH-CH_2}}$ (**I**), erhält man bei der Rk. eines Chlorhydrins der allg. Formel (**II**) $RXCH_2CH(Y)\cdot CH_2(Z)$, in Ggw. von W., von 1,0—1,5 Mol Äquivalenten der Hydroxide des K, Na oder Li, bezogen auf **II** u. von 10—100% Dimethylsulfoxid, bezogen auf **II**. Rk.-Temp. 10—80°. In **I** u. **II** bedeuten R verzweigte Alkylreste mit 8—18 C-Atomen oder durch Alkyle substituierte aromat. KW-Stoffreste, wobei die Alkylgruppen verzweigt sein u. 8—18 C-Atome aufweisen sollen, während die aromat. Gruppe 6—12 C-Atome besitzen soll. X ist O oder S, Y u. Z stellen verschiedene Substituenten, umfassend OH oder Cl, in 1,0 oder 1,5 molarer Äquivalenz bezogen auf II dar. — Eine Mischung von 104 g 1-Tridecyloxy-2-chlor-3-propanol u. 1-Tridecyloxy-3-chlor-2-propanol, 100 g Dimethylsulfoxid u. 40 g 40%ig. wss. NaOH werden 30 Min. bei höchstens 37° geschüttelt. Man filtriert, schichtet u. wäscht die obere ölige Schicht mit W. u. erhält *Tridecylglycidyläther,* $Kp._{0,2}$ 106—120°. Es werden ferner hergestellt: verzweigtkettiger *Decylglycidyläther,* $Kp._{0,5}$ 88—92°, n_D^{25} 1,4394; Dodecylthio-3-chlor-2-propanol → verzweigtkettiger *Dodecylglycidylthioäther,* $Kp._{0,1}$ 97—107°, n_D^{25} 1,4770; 1-(2-Butyloctyloxy)-3-chlor-2-propanol → *2-Butyloctylglycidyläther,* $Kp._{0,1}$ 98—114°; *2-Äthylhexylglycidyläther,* $Kp._{0,3}$ 60—61,5°, n_D^{25} 1,4325. I sind für landwirtschaftliche Zwecke geeignet. I mit Alkalisulfiten behandelt, ergibt *2-Hydroxy-3-tridecyloxy-1-propansulfonat,* ein *oberflächenakt. Mittel.* (**A. P. 2 965 652** vom 13/5. 1958, ausg. 20/12. 1960.) G. KÖNIG. H 3030

Distillers Co. Ltd., Edinburgh (Erfinder: Edwin George Edward Hawkins, Lower Kingswood, Surrey), England, **Herstellung von 2-Chlor-3.4-epoxybuten-(1),** Kp. 108—110°, n_D^{20} 1,4539, dad. gek., daß 1.2-Dichlor-3.4-epoxybutan mit einem Alkali (in geschmolzenem NaOH oder KOH oder in Ggw. eines fl. Verdünnungsmittels, wie Dioxan, Äthylenglykol, W. oder niedermol. aliphat. Alkohol oder deren Gemischen) dehydrochloriert u. das gebildete *2-Chlor-3.4-epoxybuten-(1)* aus dem Rk.-Gemisch abdest. wird. — Verwendbar zur Herst. von Polymerisaten. (**D. A. S. 1 107 658** Kl. 12o vom 12/11. 1958, ausg. 31/5. 1961. E. Prior. 14/11. 1957.)
W. GRÄGER. H 3030

Lepetit S. p. A. (Erfinder: Emilio Testa und Luigi Fontanella), **Herstellung von 3.3-substituierten 2-Azetidinonen** der allg. Formel **I**, in der R u. R′ gleich oder verschieden sein können u. für Phenyl-, Benzyl-, Cyclohexyl- oder Alkylgruppen mit 1—4 C-Atomen stehen, durch Hydrieren eines α.α-substituierten Cyanessigsäurealkylesters der allg. Formel **II**, in der R u. R′ die oben genannte Bedeutung haben, mit RANEY-Ni in einem inerten, wasserfreien, organ. Lsgm. unter einem Druck von 10—150 at bei 20—100°. Das dabei entstandene α.α-substituierte β-Aminopropionat kocht man unter Rückfluß mit konz. HCl u. verrührt die entstandene α.α-substituierte β-Aminopropionsäure mit einem Überschuß von PCl_5 in Acetylchlorid bei 0—20°. Das so gebildete α.α-substituierte β-Aminopropionylchlorid-hydrochlorid behandelt man dann bei Normaltemp. mit NH_4OH oder einem tert. Amin in Ggw. eines inerten, organ. Lösungsmittels. — Es werden folgende 2-Azetidinone hergestellt: *3-Phenyl-3-äthyl-*, F. 69—70°; *3.3-Diäthyl-*, Kp.$_4$ 115—120°; *3-Phenyl-3-methyl-*, F. 92—94°; *3.3-Diphenyl-*, F. 172—173°; *3-Phenyl-3-(2-methylpropyl)-*, F. 120—122°; *3-Phenyl-3-butyl-*, F. 65—66°. (**Aust. P. 226 375** vom 2/5. 1958, ausg. 11/2. 1960. E. Prior. 6/5. 1957.) H. NEBELSIEK. H 3040

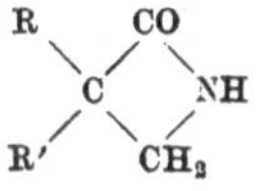
I

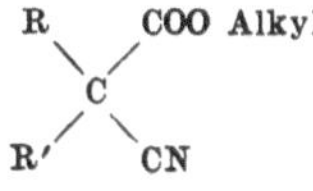
II

VEB Berlin-Chemie (Erfinder: Hans Geipel), Berlin, **Isolierung von l-Prolin (I), l-Hydroxyprolin (II) und l-Arginin** aus Gelatinehydrolysat (III), dad. gek., daß man das gesamte in III enthaltene Arginin als Flavianat entfernt, den nach dem Eindampfen des Filtrats erhaltenen Rückstand mit CH_3OH behandelt, nach Entfernung des Nd., die CH_3OH-Lsg. eindampft u. den Rückstand mit A. behandelt, wobei sich I löst, das z. B. als Pikrat isoliert werden kann, während man den in A. unlösl. Anteil in W. löst u. aus der Lsg. II als Pikrat isoliert. (**D. A. S. 1 119 871** Kl. 12q vom 20/5. 1960, ausg. 21/12. 1961. **Zusatz zu D. A. S. 1 114 822; C. 1962. 13 578.**) O. MÜLLER-MEININGEN. H 3081

Cassella Farbwerke Mainkur Akt.-Ges., Frankfurt/M. (Erfinder: Heinrich Ritter, Dörnigheim, und Erwin Herrmann, Frankfurt/M.), **Herstellung von 4-Hydroxycumarinen** der allg. Formel I in der R H, Alkyl-, Alkoxy- oder Arylrest u. R'H, Alkyl-, Alkoxy-, Aryl- oder einen ggf. substituierten Benzolrest bedeutet, durch Behandlung von Malonsäurediarylestern der allg. Formel II mit ringschließenden Mitteln, dad. gek., daß man als ringschließendes Mittel die aus hochprozentiger H_3PO_4 u. P_2O_5 entstehenden Gemische von Phosphorsäuren verwendet. — In 100 (Teile) einer 84% P_2O_5 enthaltenden Polyphosphorsäure werden 13,5 Malonsäurediphenylester eingetragen u. 1 Std. bei 170—180° gerührt. Man läßt abkühlen u. schüttet die noch 60° warme Rk.-Fl. in 250 W., wobei *4-Hydroxycumarin*, F. 212 bis 213°, erhalten wird. — Malonsäuredi-(p-tolyl)-ester → *4-Hydroxy-6-methylcumarin*, F. 240—241°. Es werden ferner entsprechend den Ausgangsstoffen hergestellt: *4-Hydroxy-8-methylcumarin*, F. 223—224°. — *4-Hydroxy-5.6-benzocumarin*, F. 280°. — *4-Hydroxy-6-methoxycumarin*, F. 261—262°. — *3-n-Butyl-4-hydroxycumarin*, F. 157°. — *3-Isopropyl-4-hydroxycumarin*, F. 171—172°. — *3-Isoamyl-4-hydroxycumarin*, F. 122°. — *3-n-Butyl-4-hydroxy-6-methylcumarin*, F. 158°. — *3-Isopropyl-4-hydroxy-6-methylcumarin*, F. 220 bis 221°. (**D. A. S. 1 096 915** Kl. 12q vom 10/12. 1959, ausg. 12/1. 1961.) G. KÖNIG. H 3211

I
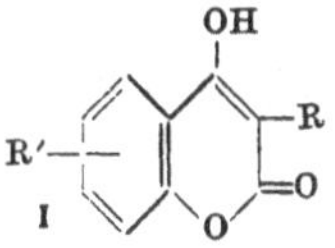

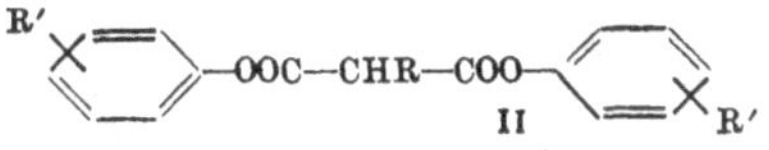
II

Phillips Petroleum Co., übert. von: Stanley D. Turk und Mack F. Potts, Bartlesville, Okla., V.St.A., **Stabilisierung von Vinylpyridinen,** wie 2-Methyl-5-vinylpyridin, dad. gek., daß man als Inhibitor für die Bldg. von Polymer-Prodd. ein Nitrosophenol der allg. Formel I, worin A = H oder ein Alkalimetall u. B = H oder eine Alkylgruppe mit bis zu 8 C-Atomen bedeutet, bes. 4-Nitrosophenol, 2-Methyl-4-nitrosophenol oder 2.3.5.6-Tetraäthyl-4-nitrosophenol, zusetzt. (**A. P. 2 965 645** vom 1/9. 1955, ausg. 20/12. 1960.) W. HEYER. H 3231

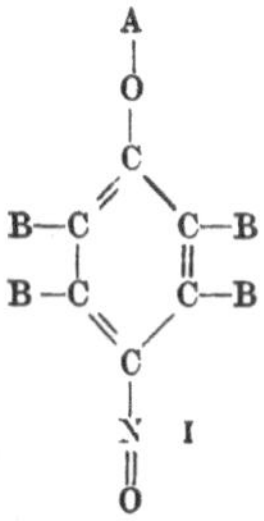
I

Lonza Elektrizitätswerke und Chemische Fabriken Akt.-Ges., Basel (Erfinder: Raymond Perren, Allschwil, und Wolfgang Moser, Visp), Schweiz, **Reinigen von Nicotinsäure,** dad. gek., daß man über Rohnicotinsäure, welche auf Temp. von 200—270° erhitzt wird, einen vorgewärmten, bei diesen Temp. gegenüber Nicotinsäure inerten Trägergasstrom, bes. Luft, N, H oder CO_2, leitet u. anschließend die vom Trägergas mitgenommene Nicotinsäure vom Trägergasstrom abtrennt, bes. durch Behandeln mit einem Lsgm. wie W. oder CH_3OH, in welchem die Nicotinsäure bei erhöhter Temp. lösl. ist u. Abkühlen der Lösung. (**Schwz. P. 352 332** vom 4/3. 1957, ausg. 14/4. 1961.) W. HEYER. H 3231

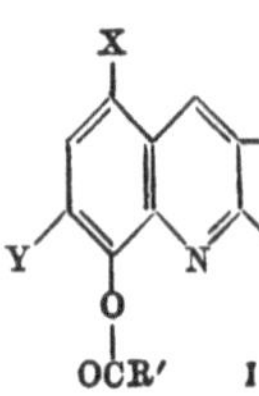

I

Sandoz Akt.-Ges. (Erfinder: Jany Renz, Jean Pierre Bourquin, Rudolf Griot und Erhard Schenker), Basel, Schweiz, **Herstellung von Estern der 5.7-Dihalogen-8-hydroxychinaldine** der allg. Formel I [R' = H, Alkyl- oder Phenylgruppe (die durch eine einwertige Gruppe substituiert sein kann); R'' = H oder CH_3; X u. Y = gleiche oder verschiedene Halogenatome] aus 5.7-Dihalogen-8-hydroxychinaldinen durch Rk. mit dem entsprechendem Säurechlorid oder Säureanhydrid oder deren Gemisch. (**Ung. P. 149 565** vom 20/12. 1960, ausg. 20/11. 1961. Schwz. Prior. 23/12. 1959.) F. LANDSBERGER. H 3231

Sandoz Akt.-Ges, Basel (Erfinder: Ernst Jucker, Binningen, Erwin Rissi, Basel, Rudolf Süess, Rheinfelden, Arnold Vogel, Basel, und Eberhard Wolff, Riehen), Schweiz, **Herstellung von [N-Isopropylpiperidyl-(4)]-hydrazin,** $Kp._{0,7}$ 75 bis 77°, dad. gek., daß man Benzoylhydrazin mit N-Isopropylpiperidon-(4) durch Erhitzen am Rückfluß in A. kondensiert, das erhaltene [N-Isopropylpiperidon-(4)]-benzoylhydrazon (F. 107—108°) in Eisessig u. Ggw. von Pt-Oxid bei Raum-Temp. katalyt. mit H_2 zum entsprechenden Benzoylhydrazin red. u. durch Erhitzen mit wss. HCl die Benzoylgruppe abspaltet. (**Schwz. P. 358 797** vom 24/10 1956, ausg. 31/1. 1962. **Zusatz zu Schwz. P. 351 268; C. 1962. 2834.**) W. HEYER. H 3231

Chinoin Gyógyszer és Vegyészeti Termékek Gyára (Erfinder: Rezső König, Zoltán Földi und János Spolarich, Budapest), Ungarn, **Herstellung von 3-Dichlormethyl-6-chlor-7-sulfamylbenzdihydro-1.2.4-thiadiazin-1.1-dioxid** aus 3 Trichlormethyl-6-chlor-7-sulfamylbenzdihydro-1.2.4-thiadiazin-1.1-dioxid durch Red. mit katalyt. erregtem H (Pd) oder mit H in statu nascendi (aus NH_3 u. Zn-Staub). (**Ung P. 149 890** vom 5/11. 1960, ausg. 20/4. 1962.) F. LANDSBERGER. H 3333

VEB Berlin-Chemie (Erfinder: Werner Wunderlich und Susanne Guter), Berlin, **Herstellung von 1-[p-Methoxybenzyl]-10-hydroxydekahydroisochinolin,** F. 152°, durch Kondens. von Cyclohexen-(1)-yläthylamin in verd. wss. Lsg. bei einem pH-Wert von ca. 3 mit p-Methoxyphenylglycidsäuremethylester unter Erwärmen auf 80—90°, dad. gek., daß ein cyclohexenylacetonitrilfreies Cyclohexen-(1)-yläthylamin verwendet wird u. die oben genannten Rk.-Bedingungen 120 Std. lang aufrechterhalten werden. — Zwischenprodukt. (**D. A. S. 1 109 688** Kl. 12p vom 22/10. 1957, ausg. 29/6. 1961.) W. HEYER. H 3231

Chinoin Gyógyszer és Vegyészeti Termékek Gyára (Erfinder: Kálmán Lányi, Zsuzsa Szabó und Frau János Császár), Budapest, Ungarn, **Herstellung von 1.4-disubstituierten Piperazinderivaten** der allg. Formel I, indem man ein Bis-[hydroxyäthyl]-amin der allg. Formel $HOCH_2CH_2N(R)\cdot CH_2CH_2OH$ mit Aminen der allg. Formel H_2N-R_1 bei 200 bis 300° reagieren läßt (R u. R_1 = gleiche oder verschiedene Alkyl-, Aralkyl-, Cycloalkyl- oder Arylgruppen). Die Amine können in Form ihrer Mineralsäuresalze verwendet werden.

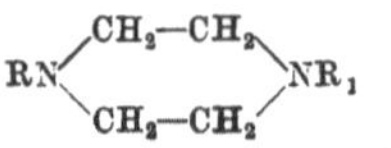

I

(**Ung. P. 149 661** vom 12/11. 1960, ausg. 20/12. 1961.) F. LANDSBERGER. H 3272

Schering Akt.-Ges., Berlin (Erfinder: Hans Meerwein, Marburg/Lahn), **Chinazoline** erhält man, wenn man Aryldiazoniumfluoborate der allg. Formel $[ArN_2]-BF_4$, worin Ar einen Arylrest mit mindestens einer freien o-Stellung zur Diazogruppe bedeutet, mit mindestens 2 Mol Säurenitrilen oder anderen Verbb., welche die CN-Gruppe enthalten, auf Temp. über 50° erhitzt u. aus den entstehenden Chinazoliniumfluoboraten die Chinazoline mit Laugen in Freiheit setzt. — Man trägt bei 50—70° 19,2 (g) (Diazoniumfluoborat = I) Benzol-I in 50 cm³ Benzonitril (**II**) allmählich ein, erwärmt kurz auf 80°, macht nach dem Erkalten mit verd. NaOH alkal. u. dest. das überschüssige **II** mit Wasserdampf ab. Man erhält *2.4-Diphenylchinazolin,* Kristalle aus A., F. 119—120°. In ähnlicher Weise können die folgenden Chinazoline erhalten werden: *2.4-Diphenyl-6-chlor-,* farblose Kristalle aus A., F. 184—185°, aus p-Chlorbenzol-I u. **II**; *2.4-Dimethylmercapto-6-methyl-,* aus p-Tolyl-I u. Methylrhodanid, farblose Nadeln aus A., F. 104—105°; *2.4-Dibenzyl-5.8-dimethyl-,* farblose Kristalle aus A., F. 98—99°, aus p-Xylyl-I u. Benzylcyanid. (**D. A. S. 1 109 180** Kl. 12p vom 16/4. 1953, ausg. 22/6. 1961. **Zusatz zu D. A. S. 1 074 047; C. 1961. 7755.**) O. ROICK. H 3272

Farbenfabriken Bayer Akt.-Ges., Leverkusen (Erfinder: Klaus Sasse, Köln, Richard Wegler, Leverkusen, und Günther Unterstenhöfer, Opladen), **2-Amino-3-mercaptochinoxaline** erhält man dadurch, daß man ggf. im Benzolkern substituierte 2.3-Dihalogenchinoxaline mit NH_3, einem prim. oder sek. Amin in 2-Amino-3-halogenchinoxaline überführt u. mit einem Mercaptan in Ggw. eines säurebindenden Mittels umsetzt oder mit Alkali- oder Alkalihydrogensulfiden in 2-Amino-3-mercaptochinoxaline umwandelt u. diese nachträglich in üblicher Weise alkyliert oder daß man ggf. im

Benzolkern substituierte 2.3-Dihalogenchinoxaline in Ggw. eines säurebindenden Mittels mit Mercaptanen zu 2-Halogen-3-alkylmercaptochinoxalinen umsetzt u. diese anschließend mit NH_3, einem prim. oder sek. Amin reagieren läßt oder daß man ggf. im Benzolkern substituierte 2.3-Dimercaptochinoxaline mit NH_3, einem prim. oder sek. Amin in 2-Amino-3-mercaptochinoxaline umwandelt u. diese in üblicher Weise alkyliert. — *Schädlingsbekämpfungsmittel* mit *insekticider, akarizider* u. z. T. *system.* Wrkg. u. *Mittel gegen Pilzerkrankungen der menschlichen Haut.* — Folgende Chinoxaline wurden hergestellt: *2-Methylamino-3-mercapto-*, F. 221—223°; *2-Amino-3-mercapto-*, F. >300°; *2-Äthylamino-3-mercapto-*, F. 201—203° (aus A.); *2-Allylamino-3-mercapto-*, F. 163° (aus CCl_4/Ligroin); *2-Dodecylamino-3-mercapto-*, F. 205—208° (A.); *2-Cyclohexylamino-3-mercapto-*, F. 227° (Bzl./Ligroin); *2-Benzylamino-3-mercapto-*, F. 202° (A.); *2-Carboxymethylamino-3-mercapto-*, F. ≈200° (Zers.; Essigester/Ligroin); *2-Hydroxyäthylamino-3-mercapto-*, F. 213° (A.); *2-Morpholino-3-mercapto-*, F. 134° (A.); *2-(3'-Diäthylaminopropylamino)-3-mercapto-*, Elementaranalyse; *2-Methylamino-3-methylmercapto-*, F. 82° (Ligroin); *2-Methylamino-3-äthylmercapto-*, gelbes Öl; *2-Methylamino-3-isopropylmercapto-*, F. 69° (Ligroin); *2-Methylamino-3-isobutylmercapto-*, gelbes Öl; *2-Methylamino-3-dodecylmercapto-*, F. 57°; (Ligroin); *2-Methylamino-3-allylmercapto-*, F. 40° (PAe.); *2-Methylamino-3-allyloxymethylmercapto-*, gelbes Öl; *2-Methylamino-3-carbäthoxymethylmercapto-*, F. 93° (A.); *2-Methylamino-3-benzylmercapto-*, F. 44° (PAe.); *2-Methylamino-3-p-chlorbenzylmercapto-*, F. 92° (Ligroin); *2-Methylamino-3-(äthylmercaptoäthylmercapto)-*, F. 59—60°; *2-Amino-3-methylmercapto-*, F. 167—168° (Butanol); *2-Allylamino-3-methylmercapto-*, gelbes Öl; *2-β-Hydroxyäthylamino-3-methylmercapto-*, F. 123° (A.); *2-Carboxymethylamino-3-methylmercapto-*, F. 194° (verd. A.); *2-Cyclohexylamino-3-methylmercapto-*, F. 80° (A.); *2-Benzylamino-3-methylmercapto-*, F. 98° (A.); *2-Morpholino-3-methylmercapto-*, gelbes Öl; *2-Äthylamino-3-carbäthoxymethylmercapto-*, F. 66°, (Ligroin); *2-Äthylamino-3-benzylmercapto-*, F. 77° (Ligroin); *2-Carboxymethylamino-3-benzylmercapto-*, F. 146° (verd. A.); *2-β-Hydroxyäthylamino-3-benzylmercapto-*, F. 102° (A.); *2-Benzylamino-3-allylmercapto-*, F. 61° (A.); *2-Benzylamino-3-carbäthoxymethylmercapto-*, F. 78° (A.); *2-Benzylamino-3-benzylmercapto-*, F. 97° (A.); *2-Benzylamino-3-isopropylmercapto-*, F. 115° (A.); *2-Amino-3-(diäthylaminoäthylmercapto)-*, F. 93—95° (Ligroin); *2-Methylamino-3-(diäthylaminoäthylmercapto)-*, Elementaranalyse; *2-(3'-Diäthylaminopropylamino)-3-methylmercapto-, Dihydrochlorid*, Elementaranalyse; *2-Dimethylamino-3-äthylmercapto-*, gelbes Öl; *6-Trifluormethyl-2-methylamino-3-isopropylmercapto-*, Öl; aus *2-Methylamino-3-mercapto-chinoxalin* u. *1.4-Trichorbutan 1.4-Bis-(2-methylamino-3-mercaptochinoxalyl)-butan*, F. 155° (Ligroin). (**D. A. S. 1 117 586** Kl. 12p vom 22/1. 1960, ausg. 23/11. 1961.) F. OBERMEIER. H 3272

Wellcome Foundation Ltd., London, England (Erfinder: George Herbert Hitchings und Elvira A. Falco, Tuckahoe, N.Y., V.St.A.), **Herstellung von 4.6-Dihydroxypyrazolo-(3.4:d)-pyrimidin.** Pyrazolo-3.4-dicarboxamid, F. 327° (Zers.), hergestellt aus Pyrazol-3.4-dicarbonsäure u. Thionylchlorid, dann NH_4OH, wird in einer einzigen Portion zu einer 0,4 mol. NaClO-Lsg. von 0° gegeben u. das Rk.-Gemisch 1 Std. ohne Umrühren stehengelassen. Dann wird mit 2n HCl angesäuert, der flockige Nd. abfiltriert u. aus heißem W. umkristallisiert, farblose Nadeln, F. >320°. Durch Einw. von P_2S_5 in einer unter Rückflußkühlung erhitzten Pyridin-Lsg. auf das Rk.-Prod. erhält man *4-Mercapto-6-hydroxy-1-pyrazolo-(3.4:d)-pyrimidin*, gelbe Lamellen, F. >360° u. *4.6-Dimercapto-1-pyrazolo-(3.4:d)-pyrimidin*, gelbes Pulver, F. >320°. Die Verbb. wirken *wachstumshindernd*, bes. auf Milchsäure erzeugende Bakterien. (**Schwz. P. 354 091** vom 9/8. 1956, ausg. 30/6. 1961. E. Prior. 10/8. 1955.) A. KALIX. H 3272

Goodyear Tire & Rubber Co. (Erfinder: Ronald Burns Spacht), **Antioxydationsmittel,** z. B. *für Kautschuk* oder *Gasolin*, sind Phenothiazoxy-Verbb. der allg. Zus. I (R = H, Na, K, NH_4 oder Alkyl mit 1—9 C-Atomen, R' = H oder Alkyl mit 1—4 C-Atomen u. x = 1—4). Man kann *Phenothiazoxybutylacetat*, Kristalle aus Methanol, F. 107°, durch zusammenschmelzen von p-Anilinophenoxybutylacetat u. S in Ggw. von Jod bei 170—200° erhalten In ähnlicher Weise kann *Phenothiazoxyessigsäure*, F. 188°, aus p-Anilinophenoxyessigsäure hergestellt werden. (**Aust. P. 225 788** vom 20/2. 1958, ausg. 14/1. 1960. A. Prior. 31/10. 1957.) O. ROICK. H 3292

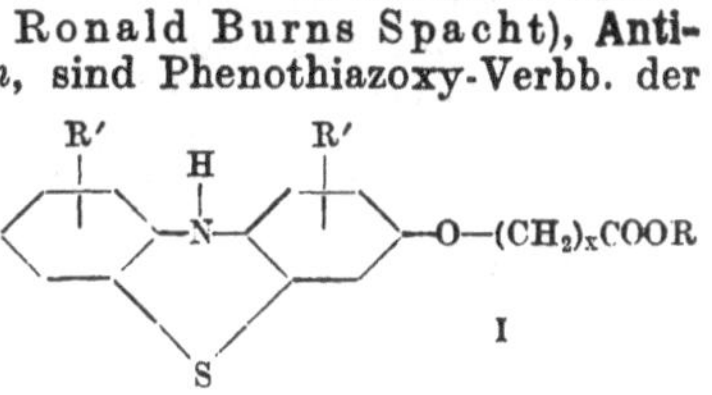

I

Sandoz Akt.-Ges. (Erfinder: Jany Renz, Jean Pierre Bourquin, Basel, Guido Gamboni, Neuallschwil, Valentin Theuss, Allschwil, Leo Ruesch, Basel), Schweiz, **Herstellung von 4-Azaphenothiazinen.** Verbb. der allg. Formel **I** erhält man durch Rkk. von 4-Azaphenothiazin (**II**) mit Verbb. vom Typus Halogen—A—R.

Hierbei ist A ein Alkylenrest mit 1 oder 2 C-Atomen u. R ein 1-Methylpyrrolidyl-(2)-, 1-Methylpyrrolidyl-(3)- oder 1-Methylpiperidyl-(2)-rest, das Halogen ist ein Br- oder Cl-Atom. Die Rkk. können entweder durch Zusammenschmelzen der Komponenten ausgeführt werden oder in Lsgm. bei normaler oder etwas erhöhter Temp. in Ggw. von alkal. Kondens.-Mitteln wie Alkalimetalle, -hydroxide, -amide oder Alkoholate. Aus dem Rk.-Gemisch werden die Rk.-Prodd. mit W. oder verd. Säuren extrahiert. — Beispiele: 10-[1′ Methylpiperidyl-(2′)-äthyl]-II, $Kp._{0,1}$ 188—190°, Hydrochlorid, F. 215 bis 216°, gelbes Pulver; 10-[1′-Methylpiperidyl-(2′)-methyl]-II, $Kp._{0,4}$ 197—199°, Hydrochlorid, F. 195—197°, gelbgraues Pulver; 10-[1′-Methylpyrrolidyl-(2′)-methyl]-II, $Kp._{0,05}$ 172—178°, Maleinat, F. 123—124°; 10-[1′-Methylpyrrolidyl-(3′)-methyl]-II, $Kp._{0,03}$ 181°; Hydrochlorid, F. 175—177°; 10-[1′-Methylpyrrolidyl-(2′)-äthyl]-II, $Kp._{0,05}$ 193—195°, Hydrochlorid, F. 254—256°. (**D. A. S. 1 119 283** Kl. 12p vom 24/9. 1960, ausg. 14/12. 1961. Schwz. Prior. 25/9. 1959 u. 4/1. 1960.) A. Kalix. H 3292

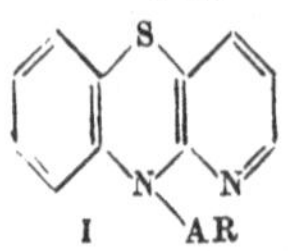

I

Ciba Akt.-Ges. (Erfinder: Cyril Grob und Oswald Schier), Basel, Schweiz, **Herstellung von 1-substituierten 1.5-Diazacyclooctanen.** 1.2-Trimethylenpyrazolidin wird mit einer Verb. vom Typ RX (wobei X eine reaktionsfähige Estergruppe ist) in eine 1.2-Trimethylenpyrazolidium-Verb. umgewandelt, diese mit nascierendem H_2 oder Metallhydriden red. u. ggf. eine im Rest R vorhandene freie oder verätherte OH-Gruppe in eine reaktionsfähige veresterte OH-Gruppe übergeführt. Diese wird ggf. in eine freie oder substituierte NH_2-Gruppe umgewandelt, u. die entstehenden 1.5-Diazacyclooctane der allg. Formel I werden ggf. in Salze, N-Oxide oder quatern. NH_4-Verbb. übergeführt. Hierbei ist R ein Alkylrest mit 1—22, bes. mit 1—12 C-Atomen, der durch eine freie, verätherte oder reaktionsfähig veresterte OH-Gruppe, eine freie oder substituierte NH_2-Gruppe oder Hydrazingruppe substituiert sein kann. R kann auch ein Aralkylrest sein, der nur in seinem aromat. Teil substituiert sein kann. X ist ein Halogenatom oder eine durch H_2SO_4 oder eine Sulfonsäure veresterte OH-Gruppe. Die Rk. mit RX wird in wasserfreiem organ. Lsgm., bes. Aceton, ausgeführt. Die Umwandlung der freien oder verätherten OH-Gruppen in reaktionsfähige Ester (in der 3. Verf.-Stufe) erfolgt durch starke Säuren, wie HBr oder Halogenide oder Anhydride von organ. Säuren; anschließend kann die Estergruppe durch Alkoxygruppen, freie oder substituierte NH_2-Gruppen oder Hydrazinoreste ersetzt werden. Zur Herst. der N-Oxide (in der letzten Verf.-Stufe) werden Lsgg. von H_2O_2 in W. oder W. + A. verwendet. — Beispiele: 1.5-Diazacyclooctane: 1-Äthyl-, Dihydrobromid, F. 211—213° (A.); 1-Methyl-, Dihydrobromid, F. 215—217° (A.); 1-[γ-Hydroxypropyl]-, Dihydrobromid, F. 203—204° (Zers.), aus Isopropanol; 1-[γ-Brompropyl]-, Dihydrobromid, F. 216—218° (Zers.; Aceton); 1-[γ-Phenoxypropyl]-, Dihydrobromid, F. 205—207° (A.); 1.1-Trimethylen-1.5-diazacyclooctanoniumbromid, F. 170—175°, aus A. + Ae.; 1-(γ-Diäthylaminopropyl)-, Kp. 166—169°, Trihydrobromid, F. 226—228° (Zers.); 1-(γ-Äthoxypropyl)-, $Kp._{14}$ 134—136°, Dihydrobromid, F. 204—205° (Zers.), aus A.; 1-(β-Hydroxyäthyl)-, $Kp._{14}$ 137—139°, Dihydrobromid-Monohydrat, F. 138 bis 140°, aus Isopropanol; 1-Lauryl-, Dihydrobromid, F. 226—228° (Zers.), aus A.; 1-(4′-Hydroxybutyl)-, Dihydrobromid, F. 166—168°, aus Isopropanol. — Geeignet zur Herst. von *pharmazeut.* Präpp. gegen neurolog. Krankheiten, von *Desinfektions-* u. *Schädlingsbekämpfungsmitteln*, sowie als *Zwischenprodukte.* (**D. A. S. 1 104 516** Kl. 12p vom 23/4. 1959, ausg. 13/4. 1961. Schwz. Prior. 30/4. 1958.) A. Kalix. H 3380

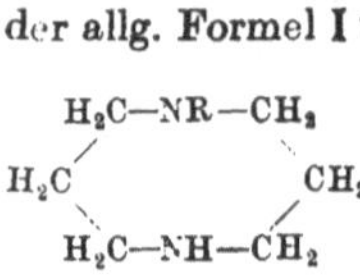

I

Imperial Chemical Industries Ltd., London (Erfinder: John Dewing und Roy John Sampson, Norton-on-Tees, Durham), England, **Herstellung von cyclischen, stickstoffhaltigen bororganischen Verbindungen** dad. gek., daß Diolefine, bes. linare konjugierte, mit sek. Aminoborinen umgesetzt werden. Zweckmäßig erfolgt die Rk. bei 100—200° u. einem Druck von 100—5000 at u. in Ggw. von Polymerisationsinhibitoren.

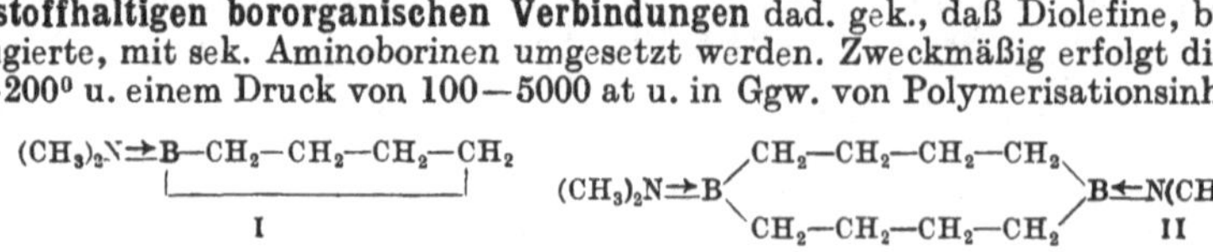

I II

— 6,4 (Teile) Dimethylaminoborin u. eine Lsg. von 6 Butadien u. 0,3 Hydrochinon in 30 Bzl. werden in einem Autoklav 14 Std. auf 150° erhitzt. Bei der fraktionierten Dest. bei 5 mm Hg erhält man eine Fraktion Nr. 1 mit Kp. 48—50°, Nr. 2 Kp. 80—110° u. Nr. 3 Kp. 110°. Für die Fraktion 1 wird die Struktur I u. für die Fraktion 2 die Struktur II angenommen. *Hydraul. Fll.* u. *Wärmeübertragungsmittel.* (**D. A. S. 1 118 200** Kl. 12o vom 4/10. 1960, ausg. 30/11. 1961. E. Prior. 5/10. 1959 u. 28/9. 1960.) J. Mühleisen. H 3390

E. F. Drew & Co., Inc., New York (Erfinder: Guy Knafo, Yonkers, N.Y., Robert Fuhrmann, Dover, Torben E. Nessby, Boonton, und Vigen K. Babayan, Livingston, N.J.), V.St.A., **Herstellung partieller Fettsäurreester von Zuckern** mit wenigstens 6 OH-Gruppen, dad. gek., daß konz. wss. alkal. Lsgg. der Zucker unter Beibehaltung der Alkalität bei Temp. < ca. 50° mit Chloriden höherer Fettsäuren umgesetzt werden. Als Fettsäurechloride kommen bes. die mit 8—22 C-Atomen im Mol. in Betracht. Das pH wird zwischen 8 u. 11 gehalten. Das aus einer Mischung von Zuckerestern u. Seife bestehende Rk.-Prod. kann als *Waschmittel*, zum *Einfetten* u. *Walken von Wolle* u. als *Emulgierhilfe* verwendet werden. (**D. A. S. 1 098 501** Kl. 12o vom 29/12. 1958, ausg. 2/2. 1961. **E. P. 858 440** vom 7/11. 1958, ausg. 11/1. 1961. Beide A. Prior. 28/1. 1958.) G. König. H 3400

Merck & Co., Inc., Rahway, übert. von: David F. Hinkley, Plainfield, und Bert Singleton, Elizabeth, N. J., V.St.A., *Dehydrocholsäure* erhält man durch Oxydation von Cholsäure mit überschüssigem Cl_2 in Äthylacetat–Eisessig u. in Ggw. von Na-Acetat u. W. bei 20°. Das rohe Oxydations-Prod. zeigt einen F. 225—231°; es kann chromatograph. aus Aceton-Lsg. über Aktivkohle gereinigt werden. (**A. P. 2 966 499** vom 9/4. 1958, ausg. 27/12. 1960.) U. Sievers. H 3700

X. Färberei. Organische Farbstoffe

Die Anwendung von Wasserstoffsuperoxid bei der Herstellung von Dickungsmitteln aus Stärke. G. I. Jakimow, A. S. Tschernomordik und A. P. Kusnetzowa. (Текстильная Промышленность [Textil-Ind.] **21.** Nr. 10. 62—63. Okt. **1961.** russ.) — Maisstärke gibt gute Verdickungsmittel für Druckfarben. Reis- u. Kartoffelstärke geben solche minderer Qualität, wenn nach einem gebräuchlichen Herst.-Verf. gearbeitet wird. Es wurden Rezepturen u. Verff. für diese beiden Stärkesorten ausgearbeitet, bei denen mittels H_2O_2 die Stärkemoll. aufgespalten werden. Die auf solche Art hergestellten Verdickungen eignen sich gut als Zusatzmittel zu Druckfarben u. Appreturen. Für 1000 Liter Verdickung benötigt man: 100 kg Stärke, 1—2 kg H_2O_2 (100%ig.), 6—8 kg Na-Silicat (14%ig.; auf Ätznatron bezogen). Zur Stärkemilch gibt man H_2O_2 u. nach einiger Zeit Na-Silicat. Alles wird gut gerührt, bei 90° während 45 Min. erwärmt u. dann abgekühlt. Für schwarze Anilinfarben muß die Verdickung mit Essigsäure neutralisiert werden. H. Bieber. 7006 □

Verbesserte Anfärbbarkeit von Polyacrylonitrilfasern durch Strahlungspfropfung mit Vinylpyrrolidon. Charles A. Levine und Teddy G. Traylor. (J. appl. Polymer Sci. **5.** 606—11. Sept./Okt. 1961. Pittsburgh, Calif., Dow Chem. Comp.; engl.) — Der Farbstoffacceptor *Vinylpyrrolidon* (I) wird durch Röntgen-, γ- u. Elektronen-Bestrahlung auf Polyacrylonitrilfasern aufgepfropft. Für die Rk. ist der Ausschluß von O_2 nötig. Anorgan. Sulfate u. Phosphate beschleunigen die Reaktion. Für die Pfropfung werden 2 Verff. entwickelt: das erste arbeitet bei 50° in einem Syst. Polymeres/wss. Monomeres mit Dosen von 10—60 krad bei Dosis-Geschw. von 3—27 krad/min, das zweite bei 50° mit 0,2—0,3 Mrad bei 0,5—90 Mrad/sec u. anschließender Hitze-Einw. zur Verlängerung der aufgepfropften Seitenketten. Als günstigste Bad-Konz. werden 10% I ermittelt. H. Giehring. 7016 □

Das Färben mit Küpenfarbstoffen nach dem sauren Leukoverfahren. Ss. Je. Abrossimowa und L. I. Oschmarina. (Текстильная Промышленность [Textil-Ind.] **21.** Nr. 10. 60—62. Okt. 1961; russ.) — Nach dem sauren Leuko-Verf. erzielt man eine gleichmäßigere Färbung des Leinengewebes, einen intensiveren Farbton u. eine bessere trockene Reibfestigkeit. Das Verf. besteht aus drei Arbeitsgängen: Herst. der Leukosäure u. Tränkung des Garnes oder Gewebes, Überführung in das bas. Salz der Leuko-Verb. u. zuletzt Oxydation auf der Faser. Die Küpe wird wie üblich unter Zusatz eines Dispersionsmittels als Schutzkoll. hergestellt. Essigsäure wird nur so viel zugesetzt, wie für die Neutralisation der Küpe notwendig ist. Die Leukosäure wird dann mit Ätznatron u. Hydrosulfit in das bas. Na-Salz übergeführt. Darauf folgt Oxydation, Spülung u. Bearbeitung mit Seifenlösung. Für helle Töne sind die Kosten des sauren Leuko-Verf. höher als die des basischen. Bei mittleren Farbtönen sind die Kosten etwa gleich. H. Bieber. 7020 □

Der Pigmentdruck. I. Ja. Stern, I. W. Fodiman und I. R. Gulinkina. (Текстильная Промышленность [Textil-Ind.] **21.** Nr. 10. 57—60. Okt. 1961; russ.) — Auf Grund von Verss. wurde ein Prod. für den Pigmentdruck ausgearbeitet, das folgende Bestandteile enthält: 20 Pigmentfarbstoffe von Weiß bis Schwarz; Bindemittel Methazin mit Latex SKS-65GP; Emulsionsverdicker aus Spiritus, W. u. Netzmittel OP-10; NH_4Cl als Katalysator; wss. NH_4OH-Lsg. als Stabilisator der Druckfarbe; wenn nötig noch Dibutylphthalat als Weichmacher; Siloxan-Präp. 783 als Schaumverhütungsmittel.

Die Herst. der Farben geschieht durch einfaches Vermischen. Das Drucken wird auf normalen Druckmaschinen oder mittels Siebdruck durchgeführt. Fixiert wird mit Dampf bei 102—110°. H. Bieber. 7022 □

Textildruck auf Polyesterfasern und deren Mischgeweben. B. Hantsch. (Fibre e Colori. **11.** 199—205. Juni 1961. Bad. Anilin- u. Soda-Fabrik; ital. — C. **1960.** 10070.) A. Sander. 7022 □

Badische Anilin- & Soda-Fabrik Akt.-Ges., Deutschland, **Färben von natürlichen und regenerierten Cellulosefasern** u. den daraus hergestellten Geweben. Auf die Fasern werden Metallkomplexfarbstoffe gleichzeitig mit härtbaren Substanzen aus Aminoplasten u./oder ihren Vorprodd. u. Aldehyden, bes. CH_2O entwickelnden Verbb. in Ggw. von Säuren (I) oder sauren Substanzen aufgebracht u. dann auf ca. 150° erhitzt. Der aufzutragenden Masse können Weichmachungsmittel, wasserabstoßende Mittel, sowie Egalisier-, Netz- u. Appreturmittel zugemischt werden. I sind organ. oder anorgan. Säuren, z B. Bor-, Phosphor-, Ameisen-, Essig-, Glykol-, Wein-, Chloressig-, Citronen-, Maleinsäure. Sauer reagierende Substanzen sind z. B. NH_4Cl, Diäthanolaminhydrochlorid. Weichmachungsmittel sind z. B. die Hydroxäthylierungs-Prodd. von Fettsäuren, Fettalkoholen oder höheren Fettsäureamiden, die Ester von höheren Fettsäuren, Fettalkoholsulfonate, Stearyläthyleniminharnstoff, Stearoylamidomethylpyridiniumchlorid. Netzmittel sind z. B. die Alkalisalze von Alkylnaphthalinsulfonsäuren u. von sulfoniertem Dioctylsuccinat. Appreturmittel sind die Ester u. Äther von Cellulosen u. Alginaten. Die synthet. Harze werden in Form von Lsgg. oder Dispersionen angewandt. Hierfür sind z. B. geeignet: Polyamide von Polyvinyläthern, von Polyvinylalkoholen, von Polyacrylsäuren oder ihren Estern sowie die entsprechenden Verbb. der Polymethacrylsäure. Außerdem sind als Harze genannt Polyvinylpropionat, Polyvinylpyrrolidon, sowie die Mischpolymerisate aus Vinylchlorid u. Acrylestern, Butadien, Styrol, Acrylonitril, asymm. Dichloräthylen, β-Chloralkylacrylestern, sowie aus Vinyl-β-chloräthyläthyläther u. Acrylamid, ferner Iso- u. Diisocyanate, Polyäthylenimine, Polyamide u. Kieselsäureester, Silicone. Vorprodd. der Aminoplaste sind Verbb., welche im Mol. wenigstens eine Gruppe $-X{=}C-NH(R)$, worin X = O, S oder NH u. R = H, Alkyl, Cycloalkyl oder Aryl enthalten, z. B. Harnstoff, Thioharnstoff, Dicyandiamid, Dicyandiamidin, Guanidin, Melamin. Diese Verbb. werden angewandt in Ggw. von Aldehyden oder CH_2O-bildenden Produkten, z. B. H_2O, Glyoxal, Acetaldehyd, Paraformaldehyd, Hexamethylentetramin. — Beispiel: Ein gebleichtes u. mercerisiertes Baumwollgewebe wird am Foulard mit einer Lsg. gefärbt, welche im Liter 20 (g) eines blauroten chromhaltigen Azofarbstoffes enthält, der aus diazotiertem 1-Hydroxy-2-amino-5-nitrobenzol, 1-Phenyl-3-methylpyrazolon-(5) u. 2-Hydroxybenzoesäure hergestellt wurde, ferner 90 Dimethyldimethylolharnstoff u. 4 $NH_4H_2PO_4$ enthält. Das abgequetschte u. bei 120° getrocknete Gewebe wird 4 Min. lang auf 150° erhitzt; es ist fest gefärbt u. reibfest. — Ein gebleichtes u. kaustifiziertes Baumwollgewebe wird mit einem Färbebad am Foulard behandelt, welches 20 eines roten Chromkomplexfarbstoffes, der aus diazotiertem 4-Chlor-2-amino-1-hydroxybenzol-6-sulfonsäure u. 1-[3'-Sulfophenyl]-3-methylpyrazolon-(5) erhalten wurde, sowie 100 Dimethylolglyoxalmonourein u. 5 $NH_4H_2PO_4$ im Liter enthält. Reibfeste Färbung. — Vgl. E. P. 843 720; C. **1962.** 2551. (**F. P. 1 203 567** vom 13/3. 1958, ausg. 20/1. 1960. D. Prior. 13/3. 1957.) M. F. Müller. 7021

Courtaulds Ltd., England, **Färben von wasserabweisenden Filmmaterial,** z. B. aus Cellulosetriacetat, Polymeren u. Mischpolymeren von Acrylonitril oder Polyäthylenterephthalat. Dem Färbebad wird ein Gemisch aus einem alkylierten Phenol (I), einer Seife u. einem mit W. mischbaren höhersd. (Kp. > 75°) Alkohol, z. B. Isopropylalkohol, zugesetzt. I ist z. B. Cyclohexylphenol oder ein Deriv. davon, z. B. Dimethylcyclohexylphenol, Octylphenol oder Octylkresol. Als Seife wird z. B. Cocosölseife verwendet. — Das Gemisch enthält 100 (Teile) Seife, 150—200 des substituierten Phenols, 60—200 W. u. 150—200 Alkohol. (**F. P. 1 202 580** vom 15/9. 1958, ausg. 12/1. 1960. E. Prior. 19/9. 1957.) M. F. Müller. 7021

Farbenfabriken Bayer Akt.-Ges., Deutschland (Erfinder: Winfried Kruckenberg und Konrad Weis), **Färben von Gebilden aus Polymeren und Copolymeren des Acrylonitrils.** In Abänderung des Verf. des Hauptpatents werden

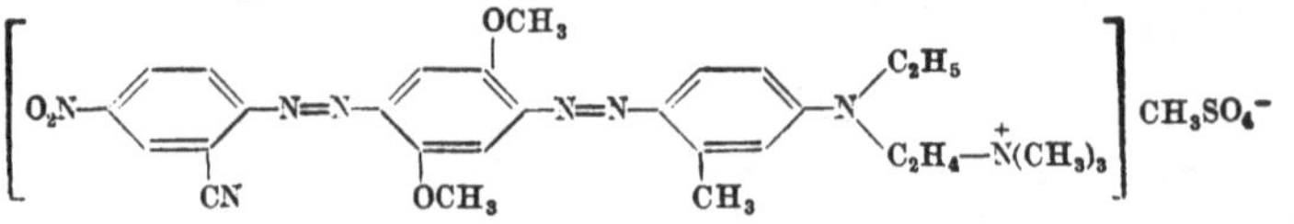

I

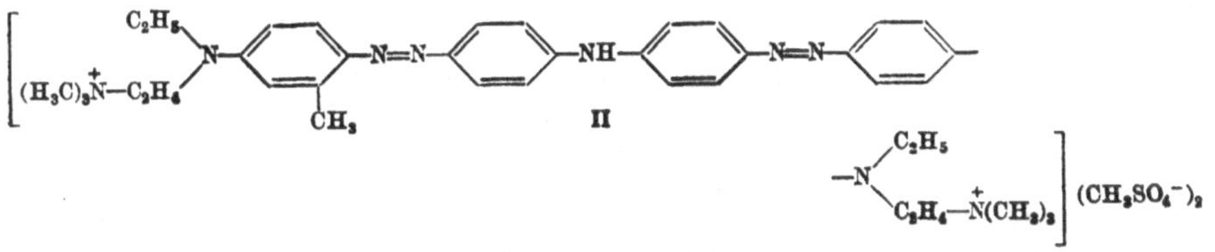

II

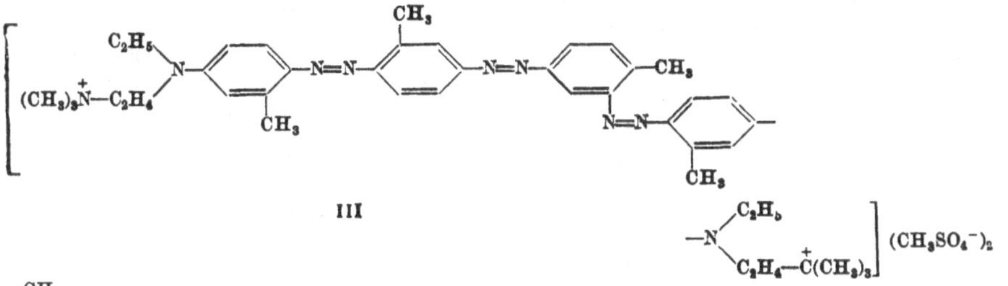

III

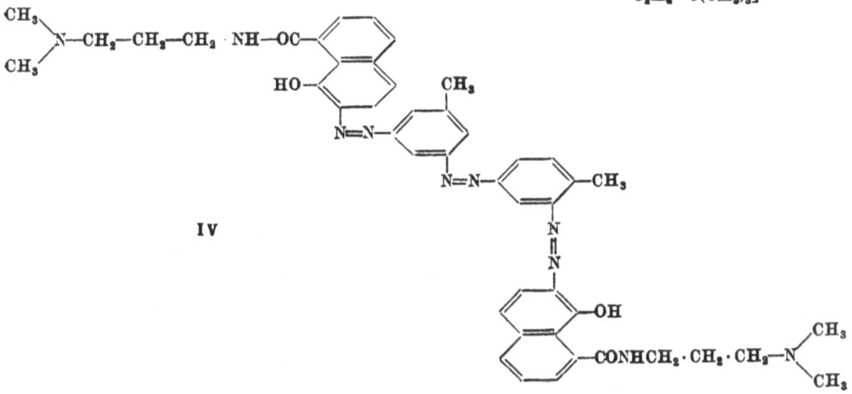

IV

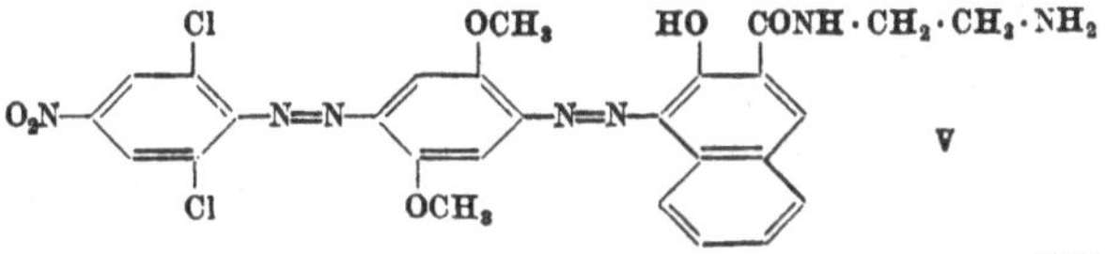

V

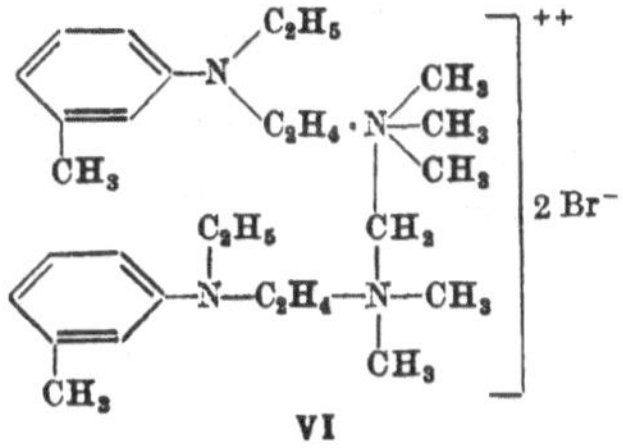

VI

Dis- u. Trisazofarbstoffe verwendet, welche keine Sulfonsäure- u. Carbonsäuregruppen enthalten u. an welche extern eine prim., sek., tert. oder quart. Aminogruppe gebunden ist, z. B. die Farbstoffe **I—VI.** (**F. P. 72 989** vom 27/2. 1958, ausg. 22/9. 1960. D. Prior. 4/3. 1957. **Zusatz zu F. P. 1 169 603; C. 1959. 16868.**)

M. F. MÜLLER. 7021

Badische Anilin- & Soda-Fabrik Akt.-Ges., Deutschland (Erfinder: Julius Eisele, Wilhelm Federkiel, Otto Trauth und Hans Weidinger), **Färben und Bedrucken von Gebilden aus nativer oder regenerierter Cellulose** unter Verw. von Farbstoffen, die erhalten werden durch Rk. von 1 Mol eines Anthrachinonfarbstoffes, der Sulfonsäure- u./oder Carbonsäuregruppen enthält u. welche in ihrem Mol. wenigstens eine prim. NH_2-Gruppe enthalten, mit einem Mol. einer

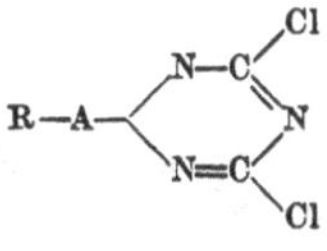

I

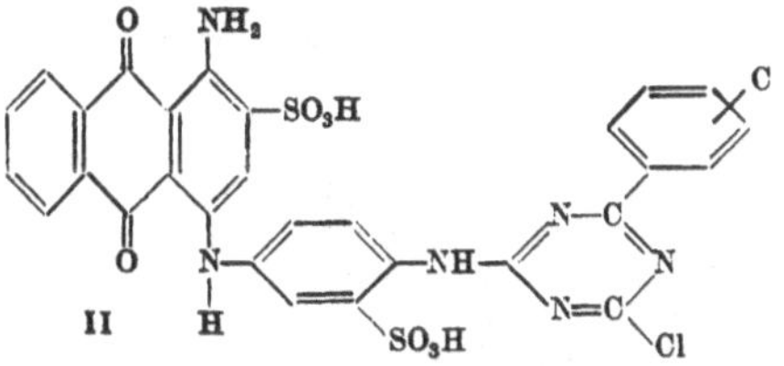

II

Verb. der Formel I, worin A = cycl. aromat. Rest u. R = einwertiger Rest. Dem Färbebad oder der Druckfarbe werden alkal. Mittel zugesetzt, oder die Färbungen werden einer Nachbehandlung mit alkal. Mitteln unterworfen, ferner einer therm. Behandlung bei 60—200°. Ein in Betracht kommender Farbstoff hat z. B. die Formel II. (**F. P. 1 203 404** vom 29/9. 1958, ausg. 18/1. 1960. D. Prior. 12/10. 1957.)

M. F. Müller. 7023

Imperial Chemical Industries Ltd., London (Erfinder: Harold Thompson Howard, Frank Hayhurst Slinger und James Wardleworth, Manchester), England, **Reaktive Nitrofarbstoffe** erhält man durch Rk. eines Halogen-1.3.5-triazins der Zus. I (B = Aryl, Alkyl, Halogen, Alk- oder Aryloxy, Alkyl- oder Arylmercapto, OH, SH, NH_2 oder substituierte Aminogruppe, A = Halogen) mit einer Verb. NO_2—D—N(X)—R (D = Naphthalin- oder Benzolgruppen, wobei das N-Atom in o-Stellung zur Nitrogruppe steht, X = H oder KW-Stoff-Rest, R = H oder mit N verbundener organ. Rest, wobei R unter Bldg. eines heterocycl. Ringes entweder mit X verbunden sein kann, wenn X ein KW-Stoff-Rest ist, oder an D in o-Stellung zum N-Atom gebunden sein kann) oder z. B. durch Rk. eines Nitrofarbstoffs NO_2—D—N(X)—R, der mindestens eine Gruppe der Zus. II enthält (Z = H oder KW-Stoff-Rest, A = Halogen) mit einem Amin oder einem Alkalimetallsalz eines Phenols. — Aus 2-Nitro-4'-aminodiphenylamin-3'.4-disulfonsäure (**IIa**) u. Cyanurchlorid (**III**) erhält man z. B. das Dichlortriazinylderiv., einen orangeroten Farbstoff, der Wolle (**B**) sehr licht- u. naßecht orangerot färbt. Ferner können Farbstoffe erhalten werden aus: **III** u. 2-Nitro-4'-methylaminodiphenylamin-3'.4-disulfonsäure, färbt **B** u. Baumwolle (**A**) gelb; **III** u. 4'-Amino-2.4-dinitrodiphenylamin (**IV**), färbt Polyamide (**V**) aus feiner wss. Suspension orange; **III** u. 2-Nitro-4'-amino-4-carbanilidodiphenylamin, färbt **V** orange; **III** u. 2.4-Dinitro-3'-aminodiphenylamin, färbt **V** orange; 2.4-Dichlor-6-methoxy-1.3.5-triazin (**VI**) u. 2.4-Dinitro-4'-aminodiphenylamino-3'-sulfonsäure, das Monochlortriazinylderiv. färbt **B** u. **A** orange; **VI** oder 2.4-Dichlor-6-phenoxy-1.3.5-triazin (**VII**) u. **IV** färben **V** orange. Wird der Farbstoff aus **III** u. **IV** mit Äthanolamin umgesetzt, so färbt das erhaltene Monochlortriazinylderiv. **V** ebenfalls orange. Auch der Farbstoff aus 2.4-Dichlor-6-phenyl-1.3.5-triazin (**VIII**) u. **IV** färbt **V** orange. Weitere Farbstoffe erhält man durch Rk. von: **VII** u. 2-Nitro-4-trifluormethylaminodiphenylamin, färbt gelb; **VII** u. 2'-Nitro-4'-amino-N-phenylmorpholin (F. 131 bis 132°, aus 4-Chlor-3-nitroacetanilid u. Morpholin), färbt gelb; **VII** u. 1-Nitro-8-aminoacridon, färbt orange; **III**, 6-Brom-1.5-dinitro-2-[4'-aminoanilino]-naphthalin (F. 198 bis 200°, erhältich aus 2.6-Dibrom-1.5-dinitronaphthalin u. p-Phenylendiamin) u. Äthanolamin, färbt **V** orangebraun; **III** u. 2-Nitrodiphenylamin-4-sulfon-β-aminoäthylamid, färbt gelb. **III** u. 2-Nitro-4-[β-hydroxyäthylaminosulfonyl]-4'-methylaminodiphenylamin-3'-sulfonsäure (**III** kann ersetzt werden durch **VI, VII, VIII**, 2.4.6-Tribrom-, 2.4-Dichlor-6-thiokresoxy- oder 2.4-Dichlor-6-phenylamino-1.3.5-triazin); **VI** u. **IIa**, färbt **A** u. **B** orange (**VI** kann ersetzt werden durch 6-Äthoxy-, -Butoxy-, -(β-Äthoxyäthoxy)- oder -Thiokresoxy-2.4-dichlor-1.3.5-triazin oder **VII**); **VII** u. 2-Nitro-4-trifluormethyl-4'-aminodiphenylamin-3'-sulfonsäure, färbt **A** u. **B** orange; **III** u. 2-Nitro-4-[β-hydroxyäthylaminosulfonyl-4'-[4''-aminoanilino]-diphenylamin-3'-sulfonsäure, färbt **A** braun. (**F. P. 1 182 307** vom 14/6. 1957, ausg. 24/6. 1959. **Belg. P. 558 390** vom 14/6. 1957, ausg. 25/3. 1960. **Schwz. P. 359 230** vom 14/6. 1957, ausg. 15/2. 1962. Alle E. Prior. 15/6. 1956 u. 13/5. 1957. **Niederl. P. 96 050** vom 14/6. 1957, ausg. 15/11. 1960. E. Prior. 15/6. 1956. **E. P. 838 338** vom 15/6. 1956, ausg. 22/6. 1960.) O. Roick. 7051

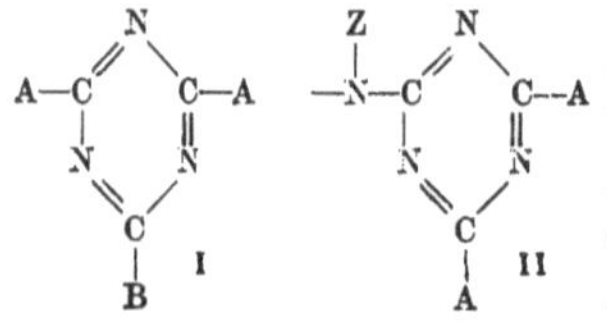

I II

Badische Anilin- & Soda-Fabrik Akt.-Ges., Deutschland, **Herstellung von metallhaltigen Azofarbstoffen** aus diazotierten aromat. Aminen der allg. Formel I (R_1 = OH-Gruppe oder in eine solche überführbarer Rest; R_2 = prim., sek. oder tert. Aminogruppe oder aliphat. oder araliphat. Rest) durch Kupplung mit phenol. oder enol. N-haltigen Verbb., welche keine Sulfonsäuregruppen enthalten u. in o-Stellung zur OH-Gruppe kuppeln, u. Bldg. von Metallkomplex-Verbb., in welchen ein Metallatom an 1 oder 2 Farbstoff-Moll. oder an 1 Farbstoff-Moll. u. 1 farbloses Mol. gebunden ist. Ggf. werden bei der Metallkomplex-Bldg. noch andere metallisierbare Azofarbstoffe mitverwendet. — 13,8 (Teile) 1-Amino-2-äthoxynaphthalin-6-sulfonsäuremethylamid werden diazotiert u. mit 8,7 1-Phenyl-3-methylpyrazolon-(5) in 125 1,6%ig. NaOH gekuppelt; 30 krist. Na-Acetat u. 250 Eis werden zugesetzt. Der orangegelbe, getrocknete Farbstoff wird mit 6 $CoCl_2$ in 250 Acetamid 6 Std. lang auf 130° erhitzt. Nach dem Eintragen in 2500 W. werden

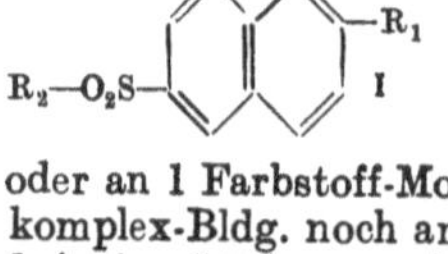

I

100 NaCl zugegeben, der Co-haltige Azofarbstoff wird abgesaugt u. bei 70° getrocknet. — Tabellen mit weiteren Beispielen. (**F. P. 1 205 292** vom 2/4. 1958, ausg. 2/2. 1960. D. Prior. 10/4. 1957.) M. F. MÜLLER. 7053

XIa. Farben. Anstriche. Lacke. Naturharze

Die Aerosole in der Anstrichmittel- und Lackindustrie. L. M. Garton. (Ind. Vernice **15.** 15—17. Jan. 1961; ital.) — Übersicht über Entw. u. Stand der Aerosoltechnik. A. SANDER. 7106

Heranziehen der Lärche zur Harzgewinnung. G. W. Nasarow. (Гидролизная и Лесохимическая Промышленность [Hydrolysen- u. holzchem. Ind.] **14.** Nr. 4. 11 bis 13. 1961; russ.) — Die Ausnutzung von nur 1% der Lärchenwälder kann die Kolophoniumproduktion um das doppelte erhöhen. Das Anzapfen der Bäume zur Harzgewinnung hat Vorzüge gegenüber dem Anbohren. J. v. SCHROEDER. 7140□

Erfahrungen beim Anzapfen der sibirischen Lärche. W. F. Bedenko. (Гидролизная и Лесохимическая Промышленность [Hydrolysen- u. holzchem. Ind.] **14.** Nr. 4. 13—14. 1961. Sibir. Forschungs-Inst. für Forstwirtschaft u. Holzverwertung; russ.) — Die Harzgewinnung durch Anzapfen der Lärchen ist möglich, da alle gesunden Bäume genügend Harz geben. Die Ausbeute betrug in der Saison 474,5 g je Baum. J. v. SCHROEDER. 7140□

Die Anwendung chemischer Einwirkungen bei der Harzgewinnung. M. A. Ssinelobow, Ss. A. Ssamoilowa und W. W. Sserochwosstow. (Гидролизная и Лесохимическая Промышленность [Hydrolysen- u. holzchem. Ind.] **14.** Nr. 4. 16—17. 1961. Techn.-Chem. Forschungs-Inst.; russ.) — Das Bestreichen der angezapften Stellen mit einer Paste aus Chlorkalk u. W. (1,5 : 1) erhöht die Harzausbeute. J. v. SCHROEDRE. 7140□

Resultate der Harzung unter Anwendung von Chlorkalk. W. P. Kamelin. (Гидролизная и Лесохимическая Промышленность [Hydrolysen- u. holzchem. Ind.] **14.** Nr. 4. 26—28. 1961. Trust „Kirchimlessag“; russ.) — Die Anwendung von Chlorkalk als Stimulator des Harzflusses gibt bei genauer Ausführung der Vorschriften eine höhere Ausbeute als mit H_2SO_4. J. v. SCHROEDER. 7140□

Die Harzung junger Kieferanpflanzungen. B. I. Gawrilow. (Гидролизная и Лесохимическая Промышленность [Hydrolysen- u. holzchem. Ind.] **14.** Nr. 4. 14—16. 1961. Charkow, Landwirtschaftl. Dokutschajew-Inst.; russ.) — Die Harzgewinnung aus Kiefern ist nicht auf die alten Bäume beschränkt; auch die jüngeren Bestände können herangezogen werden. J. v. SCHROEDER. 7140□

United Kingdom Chemicals Ltd., London, England (Erfinder: James Grieve King, Harold Hardy und Robert Randolph Henry Bursey), **Herstellung von Ruß.** Man leitet einen KW-Stoff in Form von Gas, Dampf oder atomisierter Fl. axial in eine zylindr. Rk.-Kammer ein, während das O_2-haltige, mit dem KW-Stoff durch Pyrolyse oder partielle Verbrennung in Rk. tretende Gas konzentr. zum KW-Stoff-Einleitungsrohr mittels eines dieses umgebenden Ringrohres dermaßen eingeführt wird, daß es direkt auf die Wandung der Rk.-Kammer prallt, ehe es sich in wesentlicher Menge mit dem KW-Stoff mischt. (**E. P. 855 802** vom 25/3. 1957, ausg. 7/12. 1960.) K. DEMMLER. 7093

Lindgens & Söhne, Deutschland, **Herstellung von Zinksulfid enthaltenden Pigmenten** durch Umsetzung von Zinksalzen mit wasserlösl. Sulfiden, z. B. BaS, in einer erwärmten wss. Suspension in saurem Medium, bes. bei pH 4. Die Ausgangs-Zn-Salze werden durch Zusatz von HCl, H_2SO_4 oder CH_3COOH in Lsg. gebracht. Andere Lsg.-Vermittler sind NH_4Cl, $(NH_4)_2CO_4$, NaCl u. $BaCl_2$ sowie NaOH u. KOH. — Calcinierte Lithopone wird in W. suspendiert u. mit HCl auf pH 4 eingestellt. Dazu wird eine BaS-Lsg. in geringem Überschuß gegeben. Der entstandene Nd. wird mit W. gewaschen, getrocknet u. gemahlen. (**F. P. 1 214 084** vom 22/1. 1959, ausg. 6/4. 1960. D. Prior. 8/2. 1958.) M. F. MÜLLER. 7093

Badische Anilin- & Soda-Fabrik Akt.-Ges., Ludwigshafen/Rh. (Erfinder: Max Bertl, Ludwigshafen/Rh., und Willy Braun, Heidelberg), **Pigmentfarbstoff.** *Perylen-3.4.9.10-tetracarbonsäure* (I) oder deren Säure-Derivv. kondensiert man mit *2-Aminopyridin* (II). Der Pigmentfarbstoff ist bes. zum Färben von Weichmacherhaltigem Polyvinylchlorid, von Polystyrol sowie für die Herst. von Lacken u. Druckfarben, zum Spinnfärben sowie zur Herst. von Druckpasten für das Pigmentdruck-Verf. geeignet. — 300 (Gew.-Teile) II erhitzt man auf ca. 100°, trägt in das geschmolzene Amin langsam unter Rühren 48 feingemahlenes I-Anhydrid ein u. erhitzt ca. 10 Std. auf

190—200°. Man erhält nach dem Ausfällen des Prod. mit A. u. Auskochen mit 1% ig. NaOH den Farbstoff, rote dünne Prismen, in den üblichen organ. Lsgm. sehr schwer lösl., in konz. H_2SO_4 kirschrot mit gelblichroter Fluorescenz lösl., zeichnet sich durch große Klarheit, Weichmacher-, Lsgm.- u. Lichtechtheit aus. (**D. A. S. 1 132 272** Kl. 22e vom 9/2. 1960, ausg. 28/6. 1962.) O. Roick. 7093

Gamma Gesellschaft für praktische Radiologie Hartmann & Futterknecht und Westo G. m. b. H. (Fabrik für Chemisch-Technische Erzeugnisse), Saarland, **Herstellung eines Leuchtproduktes,** welches angeregt wird durch Korpuskularstrahlen von geringer Durchdringungsfähigkeit. Das Prod. besteht aus 2 Komponenten, welche direkt in Kontakt miteinander stehen. Von diesen Komponenten sendet die eine die Strahlen aus u. die andere ist ein Leuchtphosphor oder eine Substanz, welche durch Korpuskularstrahlen von geringer Durchdringungskraft leuchtend gemacht wird. Das Prod. ist von granulierter Struktur. Jedes Korn besitzt einen Kern, der durch eine der Komponenten gebildet wird, z. B. von dem Leuchtphosphor, u. ist umgeben von einer Hülle aus der anderen Komponente. Die Strahlen aussendende Substanz besteht aus einer organ. transparenten oder durchscheinenden Verb., in deren Mol. wenigstens ein H-Atom durch T ersetzt ist. (**F. P. 1 211 902** vom 19/12. 1958, ausg. 18/3. 1960. D. Prior. 25/1. 1958.) M. F. Müller. 7093

Esso Research and Engineering Co., V.St.A. (Erfinder: Merilyn A. Tucker und Ober C. Slotterbeck), **Altern von Kohlenwasserstoffsiccativen und mit Luft geblasenen Kohlenwasserstoffölen,** bes. von Diolefinen, wie Butadien, u. polymerisierbaren Gemischen von Diolefinen mit Monomeren. — Ein Gemisch aus 80 (Teilen) Butadien-(1.3), 20 Styrol, 200 Varsol (KW-Stoff-Gemisch, Kp. 150—200°), 40 Dioxan, 0,2 Isopropanol u. 2 Na-Metall wird im Autoklaven bei 50° unter Rühren $4^1/_2$ Std. polymerisiert; danach wird das Polymerisat bei 110° mit Luft geblasen, bis der O_2-Geh. ca. 16% beträgt. Daneben wird ein Isocyanat-Umsetzungs-Prod. durch Rk. von äquimol. Mengen Trimethylolpropan u. Tolylendiisocyanat (80% 2.4-, 20% 2.6-Verb.) in Äthylacetat hergestellt. Dieses wird mit dem oxydierten Polymeröl gemischt, z. B. auf Stahlbleche aufgetragen u. an der Luft oder durch Erwärmen gealtert. — Vgl. D. A. S. 1 091 260; C. **1961.** 7765. (**F. P. 1 209 560** vom 14/8. 1958, ausg. 2/3. 1960. A. Prior. 29/8. 1957.) M. F. Müller. 7097

Soc. des Usines Chimiques Rhône-Poulenc, Frankreich, **Farbloser Überzugslack für Farbanstriche** als Schutzüberzug gegen Witterungs-Einfl., W., UV-Strahlen. Der Lack enthält 30—60% Organopolysiloxanharze, welche die Bindung —Si—Si— u. —Si—CH_2—Si— aufweisen u. worin R/Si im Verhältnis 1,2—1,6 u. 0,5—2,5% OH-Gruppen enthalten sind. Der Lack enthält ferner 10—25 (%) Orthokieselsäuremethyl- oder -äthylester in mono- oder polymerer Form, 1—15 Titansäureester u./oder deren in organ. Lsgm. lösl. Kondens.-Prodd., 1—20 eines in organ. Lsgm. lösl. organ. Zn-Salzes sowie die entsprechenden Lösungsmittel. — 346 (Gew.-Teile) eines Methylpolysiloxanharzes, worin CH_3/Si = 1,5, in Form einer 60% ig. Bzn.-Lsg. u. 387 eines Methylpolysiloxanharzes, worin CH_3/Si = 1,3, welches 3,2% OH-Gruppen enthält, in Form einer 60% ig. Toluol-Lsg., werden mit 128 Polymethylsilicat, worin OCH_3/Si = 3, u. 101 Zn-2-Äthylhexanoat in Form einer 8% Zn enthaltenden Bzn.-Lsg. gemischt. Die erhaltene Lsg. wird auf 80° erwärmt. Dazu werden 38 50% ig. Lsg. von Polybutyltitanat in Butylacetat gegeben, worauf 1 Std. weiter erhitzt wird. Man erhält eine klare u. wenig viscose Fl., welche keine Neigung zur Gel-Bldg. zeigt. (**F. P. 1 213 488** vom 5/8. 1958, ausg. 1/4. 1960.) M. F. Müller. 7107

General Tire & Rubber Co., V.St.A. (Erfinder: Edmund Russel Meincke), **Herstellung eines Acryllatex für Lacküberzüge** auf Außenflächen. Man geht aus von einem Mischpolymerisat einer Arylvinyl-Verb., wie Styrol, α-Methylstyrol oder Vinyltoluol, mit einem Alkylacrylat mit geringem Zusatz einer polymerisierbaren Verb. mit 2 olefin. Gruppen, z. B. Divinylbenzol, Divinylnaphthalin. — Beispiel: 40—60 (Gew.-Teile) eines polymerisierbaren Styrols u. 40—60 eines mischpolymerisierbaren Alkylacrylats, deren Alkylgruppe 6—12 C-Atome enthält, sowie 1—15 eines Stabilisierungsmittels, z. B. Methacrylsäure, u. 0,25—1 eines Divinylbenzols werden polymerisiert. Als Alkylacrylate sind z. B. genannt: 2-Äthylhexylacrylat, Allylacrylat. Äthallylmethacrylat, Glyceryldiacrylat, Glykoldiacrylat. Als weitere diolefin. Komponenten sind genannt Diallylphthalat, -maleat, -succinat, -oxalat, -malonat, -citrat, -fumarat, Diallylaceton, Divinyläther, Trivinylbenzol. (**F. P. 1 220 393** vom 24/2. 1959, ausg. 24/5. 1960. A. Prior. 3/3. 1958.) M. F. Müller. 7107

B. F. Goodrich Co., New York, N.Y., V.St.A. (Erfinder: Blake Orval Beard, Robert Park Davie und Karl Wilbur Patterson), **Stabilisieren von Vinyliden- oder Vinylhalogenidharzen.** Feine Teilchen von weniger als 5 μ aus den Polymeren mit wenigstens 90 Gew.-% der genannten Halogenide sind mit 0,1—5 Gew.-%

(des Harzes) Salzen von mindestens einer Carbonsäure mit 3—8 C-Atomen oder polymeren Polycarbonsäuren mit 3—8 C-Atomen oder Alkylenaminpolycarbonsäuren überzogen. Zu dem Zweck suspendiert oder dispergiert man das feinverteilte Polymere in geeignetem fl. Medium mit einem der gelösten oder dispergierten Salze u. trennt das Lsgm. ab. Als stabilisierende Salze kommen die von gesätt. oder ungesätt. Mono- oder Dicarbonsäuren, z. B. Propen-, Adipin-, Acryl-, Maleinsäure, β-Alanin, in Frage, bes. Alkalisalze von Croton-, Itacon-, Bernstein-, Citronen- oder Äthylendiamintetraessigsäure. Die Harze werden dann in die Plastisolform übergeführt. — 30—35% ig. Latex eines Vinylchloridemulsionspolymerisats mit Teilchen von 1—2 μ wird mit einer 25% ig. wss. Lsg. von Na-Polyacrylat gemischt, so daß 1% Polyacrylat auf das Harz kommen. Man sprühtrocknet den Latex zu einem Pulver, von dem 100 (Teile) mit 75 Dioctylphthalat gemischt werden. Aus der Mischung gießt man dünne *Folien*, die 4 Min. bei 177° geschmolzen werden. — Nach F. P. 1 184 249 kann man außerdem noch die licht- u. wärmestabilisierende Wrkg. durch Zusatz von 0,001—0,2 Gew.-% (des Harzes) an H_3PO_4 oder ihren Salzen verbessern. So kann man in obigem Beispiel neben dem Na-Polyacrylat noch 0,01% H_3PO_4 mit verwenden. (**Jap. A. S. 2191/1960** vom 11/10. 1957, ausg. 12/3. 1960. **F. P. 1 184 249** vom 11/10. 1957, ausg. 17/7. 1959. A. Prior. 12/10. 1956.)

M. PANKOW. 7107

S. Ss. **Didjukow**, Lack- und Farbenüberzüge. Handbuch. Moskau: Maschgis. 1962. (216 S. m. Abb.) 54 Kop. [russ.]

XIb. Plaste (Kunstharze. Plastische Massen)

Weichmacherstudien. 3. Mitt. **Neue Ergebnisse bei der Darstellung der Thiodiglykolsäure.** K. Thinius und W. Schwarz. (Plaste u. Kautschuk **8.** 396—98. Aug. 1961. Leipzig, Inst. für chem. Technol. der Plaste; dt.) — 2. vgl. C. **1962.** 12470. — Die von THE HALL Co. (A. P. 2 425 226) angegebenen Herst.-Meth. für Thiodiglykolsäure (I) aus Monochloressigsäure (II) u. Na_2S u. die Veresterung von I wurden verbessert (durch fraktionierte Kristallisation an Stelle von Extraktion kann reines I erhalten werden; durch ein Verdüsungs-Verf. zur Entwässerung der Umsetzungs-Fl. aus II u. Na_2S u. anschließende Veresterung des Salzgemisches aus I u. NaCl ohne Isolierung von I können I-Ester in guter Reinheit u. Ausbeute erhalten werden). Der Rk.-Ablauf wurde analyt. verfolgt. Die analyt. Best. von I u. eine Meth. zur Betriebskontrolle werden angegeben. R. SCHÄFF. 7170□

Weichmacherstudien. 4. Mitt. **Über die Homologen der Furylacrylsäure, ihre Darstellung und Eignung als Weichmacher.** K. Thinius und K. Friese. (Plaste u. Kautschuk **7.** 3—8. Jan. 1960.) — 3. vgl. vorst. Referat. — Vff. beschreiben die Bldg. von Furylmethacrylsäure (I) u. Furyläthacrylsäure (II) aus Furfurol, Propionsäureanhydrid u. Na-Propionat bzw. Buttersäureanhydrid u. Na-Butyrat nach der PERKIN-Synthese. Bei Einsatz von Isobuttersäure- u. Isovaleriansäureanhydrid decarboxylieren die entsprechend entstehenden Säuren. Partielle Hydrierung von I ergibt Furylisobuttersäure, von II erhält man α-Äthyl-β-[α-Furyl]-propionsäure. Ester von I u. II werden durch Schleppveresterung mit Wofatit X dargestellt. Totale Hydrierung der Ester mit RANEY-Ni verläuft in zwei Stufen über partielle Hydrierung. Die Verseifung der hydrierten Ester ergibt α-Methyl-β-[tetrahydrofuryl]-propionsäure u. α-Äthyl-β-[α-tetrahydrofuryl]-propionsäure. Die Ringspaltung von I u. II zu substituierten γ-Ketopimelinsäuren gelingt mit alkohol. HCl oder Thionylchlorid u. Wofatit X. Polymerisations-Verss. mit ion. Katalysatoren führen zu zähen, schwarzen Harzen durch Polykondens. der durch Ringspaltung gebildeten Verbindungen. Mit Benzoylperoxid oder Azodiisobutyronitril tritt weder Polymerisation von reinem I oder II ein noch erfolgt Mischpolymerisation von I oder II mit Styrol, Vinylacetat, Acrylonitril oder Methylmethacrylat. Vff. schlagen I u. II als Polymerisationsinhibitoren vor. Die Eignung der hergestellten Ester als Weichmacher für Triacetat u. Nitrocellulose wurde untersucht. Die größte Weichmacher-Wrkg. besitzen Ketopimelinsäureester. Die Flüchtigkeit der Weichmacher ist bei Nitrocellulose bedeutend geringer als bei Triacetat. — 12 Literaturangaben.

H. SANDNER. 7170□

Weichmacherstudien. 5. Mitt. **Dipolmessung an Chlorparaffinen.** Elisabeth Schröder. (Plaste u. Kautschuk **8.** 395—96. Aug. 1961. Inst. für chem. Technol. der Plaste; dt.) — 4. vgl. vorst. Referat. — Die Dipolmomente der Chlorparaffine mit verschiedener C-Zahl u. Cl-Geh. wurde ermittelt u. mit den bisherigen Erfahrungen über Verträglichkeit u. Wirksamkeit der Chlorparaffine als Weichmacher für Polyvinylchlorid in Beziehung gebracht. R. SCHÄFF. 7170□

Vakuumverformung. Übersicht über Fortschritte bei Materialien, Methoden und Anwendungen. R. W. Harwood. (Plastics **26.** Nr. 282. 49—52. April **1961.** Omega Plast. Ltd.; engl.) — Vgl. der Wirtschaftlichkeit des Vakuumverformungs-Verf. u. der Spritzgußverarbeitung. R. SCHÄFF. 7170□

Kunststoffe für die Verpackung. Alfred Lüscher. (Chem. Rdsch. [Solothurn] **14.** 677—80. 1/12. 1961; dt.) I. KOSCHITZKI. 7170

Kontrolle der Sprödigkeit von Polyäthylen hoher Dichte. T. S. Brazier und B. Maxwell. (Mod. Plastics **39.** Nr. 2. 125—32. 217—25. Okt. **1961.** Tacoma, Wash., General Plastics Mfg. Co., Chem. Div.; engl.) — Vff. untersuchten den Zusammenhang zwischen den Spritzgußbedingungen, der Dichte als Maß für die Kristallinität u. dem Spannungs-Dehnungs-Verh. von Polyäthylen hoher Dichte. Die kristallinen Anteile von gegossenen linearen Polyäthylen hängen von der Gieß-Temp. u. dem Druck während der Erkaltung der Schmelze ab. Steigender hydrostat. Verweildruck während der Kristallisation erniedrigt die Dichte, wenn nicht die Gieß-Temp. kompensiert wird. Änderungen der Kristallinität beeinflussen sowohl das Kurzzeit- als auch das Langzeit-Zugverhalten. Mit Hilfe der Änderung der Gußbedingungen kann bei verschiedenen Polyäthylentypen mit unterschiedlichem Molgew. sprödes oder duktiles Verh. beim Bruch erzeugt werden. So ist es durch genaue Kontrolle des Druckes u. der Gieß-Temp. während der Abkühlung auch bei linearem Polyäthylen mit niederem Molgew. möglich, Werkstoffe mit Langzeitbeständigkeit gegen Sprödbrüche (Spannungsrißkorrektur, therm. Spannungsrisse, stat. Ermüdungsbrüche) zu erhalten. — 15 Literaturhinweise. H.-J. TASCHOW. 7172□

Eine Hilfe für das Gießen von Polyäthylen hoher Dichte. Roger B. Staub. (Mod. Plastics **39.** Nr. 2. 110—13. 116—23. Okt. 1961. Bound Brook, N.J., Union Carbide Plastics Co., Dev. Dep.; engl.) — Vf. erörtert den Einfl. der Spritzgußbedingungen auf die Schrumpfung, das Verziehen, die Maßhaltigkeit, das Einfärben u. die physikal. Eigg. von Polyäthylen mit einem Schmelzindex 5 u. einer Dichte 0,96 g/ml. H.-J. TASCHOW. 7172□

Polyäthylen hoher Dichte zur Verpackung. E. Overgage. (Brit. Plastics **34.** 584—87. Nov. 1961. Barry, Brit. Resin Products Ltd.; engl.) W. WESLY. 7172□

Die Vulkanisation der chlorierten Äthylen-Propylen-Copolymeren. G. Crespi und M. Bruzzone. (Chim. e Ind. [Milano] **43.** 137—42. Febr. 1961; ital.) — Chlorierte Äthylen-Propylen-Copolymere lassen sich mit S-Verbb. vulkanisieren, wobei HCl abgespalten wird. B. SCHEIFELE. 7172□

„Fluon“ und „Melinex“. Zwei zähe Kunststoffe mit großen industriellen Verwendungsmöglichkeiten. Enid A. M. Bradford. (Plastverarbeiter **12.** 567—68. Dez. 1961; dt.) — Kurzer Überblick über Herst. u. Anwendung von *Fluon* (*Polytetrafluoräthylen*) u. *Melinex* (*Polyäthylenterephthalat*). M. WINIKER. 7172□

Buton, ein reines Kohlenwasserstoff-Harz für härtbare verstärkte Kunststoffe. Richard R. Morhard und Guido Strzelbicki-Sas. (Kunststoffe **51.** 751—55. Dez. 1961. Hamburg, Esso AG., Petrochem. Abt.; dt.) — Das Copolymerisat Buton aus 20% Styrol u. 80% Butadien (1.4- u. 1.2-Addition) wird beschrieben. Buton läßt sich wegen seiner freien Vinylgruppen allein oder mit vinylgruppenhaltigen Monomeren (z. B. Styrol oder Vinyltoluol) durch organ. Peroxide, vorzugsweise *Dicumylperoxid* (**I**) bzw. *Di-tert.-butylperoxid* (**II**), bei Temp. von 125—200° (günstigste Temp. 150—165°) härten. Der Katalysatoranteil soll 2—5% betragen. Durch die Auswahl geeigneter Katalysatoren (z. B. Benzoylperoxid, **I** u. **II**) läßt sich die Härtung bei niederen Temp. im B-Zustand abbrechen. Dieser ist durch gute KW-Stofflöslichkeit gekennzeichnet. Bei höherer Temp. wird die Vernetzung zu Ende geführt (C-Zustand). Die Schrumpfung vom A- zum C-Zustand beträgt ca. 8%, vom B- zum C-Zustand ca. 3%. Glasfaserlaminate mit Buton-Monomeren-Gemischen sollen nur mit vinylsilanisierten Glasfasern hergestellt werden, während bei der Verw. von Buton allein ein Zusatz von 0,5—0,75% Vinylsilanester (A-172) zum Harz genügt, um auf unbehandeltem Glas eine maximale Haftung zu gewährleisten. Prepregs werden am günstigsten mit Buton MDE-8 u. 4—5% **I** hergestellt. Die Haftung von Buton-Glasfaser-Laminaten u. Polyäthylen ist sehr hoch, so daß sich dadurch Vorteile bei der Herst. gedruckter Schaltungen ergeben. Buton-Glas-Roving-Rohre mit PVC-Polybutadien-Acrylonitril-Belag an Innenseite u. Oberfläche sind bes. resistent gegen Mineralöle, das gleiche Rohr mit Polyäthylenbeschichtung ist bes. chemikalienfest. Papierlaminate mit Buton zeigen ihre günstigsten Eigg., wenn das Papier mit einem in W. lösl. Phenol- oder Melaminharz vorimprägniert wird. Für Preßmassen werden Mischungen von ca. $^1/_3$ Buton MD-360, ca. $^1/_3$ Glasfasern u. $^1/_3$ Füllstoff vorgeschlagen. Bes. gute elektr. Werte gibt ein Gemisch von ca. 20% Buton MD-360 u. ca. 80% Quarzmehl (mit Vinylsilanester imprägniert). A. GUDE. 7172□

Polyvinylchlorid als Verpackungsmaterial. P. A. Vuilleumier. (Chem. Rdsch. [Solothurn] **14.** 680—84. 1/12. 1961; dt.) — Vf. beschreibt die Verarbeitungs-Eigg. u. die Beschaffenheit von Hart-PVC-Blasfolien im Vgl. mit Folien aus regenerierter Cellulose, Celluloseacetat, Hochdruckpolyäthylen u. beschreibt die für die Herst. dieser Blasfolien einzuhaltenden Arbeitsbedingungen u. Maschinen. I. KOSCHITZKI. 7172

Isotaktisches, optisch-aktives trans-Polypentadien-(1.4). G. Natta, L. Porri, A. Carbonaro und G. Lugli. (Chim. e Ind. [Milano] **43.** 529. Mai 1961. Mailand, Politecnico, Ist. di Chim. ind.; ital.) — Ergänzung zur Arbeit von NATTA, PORRI u. CORRADINI (vgl. C. **1958.** 2450). B. SCHEIFELE. 7172□

Penton, ein neuer Kunststoff. F. Klema. (Kunststoffe-Plastics [Solothurn] **8.** 152—54. 1961. Innsbruck; dt.) — Bericht über chem. Aufbau, techn. Eigg., Verarbeitung u. Anwendungsmöglichkeiten von Penton, einem Kunststoff auf Basis eines chlorierten Polyäthers. L. KEMPF. 7176

Epoxidharz — ein Kunststoff mit großer Zukunft. Alfred Wende. (Prakt. Chem. [Wien] **12.** 50. Febr. 1961. Zürich; dt.) — Über Herst. u. Anwendung von Epoxidharzen. J. LEHMBERG. 7176□

Epoxyharz überstand seine härteste Probe im Weltraum. W. B. Royall und R. W. Matlock. (Mod. Plastics **39.** Nr. 2. 100—01. 205. 210. Okt. 1961. Palo Alto, Calif. Western Dev. Labor., Philco Corp.; engl.) — Es wird über den Einsatz von glasfaserverstärkten Epoxyharz für die Hülle des amerikan. „Courier 1-B Satelliten" berichtet. Die Herst. der beiden Halbschalen im Gieß-Verf. u. die Konstruktion des Satelliten werden beschrieben. H.-J. TASCHOW. 7176□

Der Geliereffekt der Diamino- und Hydroxyaminosäuren auf ω-Aminosäuren und andere Monomere, die normalerweise zu nicht gelierenden Polyamiden führen. S. A. Szewczyk. (Ind. Plast. mod. **13.** 25—26. April 1961; franz.) — Vf. zeigt, daß Aminosäuren mit einer Iminfunktion in der Kette, wie N-Aminohexyl-11-aminoundecansäure u. Homologe, u. ω-Hydroxyaminosäuren, wie N-Hydroxyalkyl-ω-aminopolymethylencarbonsäure, in Mischung mit monomeren Verbb. ohne ein 3. Funktion, wie 11-Aminoundecansäure, Caprolactam u. monoadipinsaures Hexamethylendiammonium, zu gelierenden u. therm. härtenden gemischten Polyamiden u. Polyamid-Polyestern führen. Da die gemischten Polyamide in Lsgm.-Gemischen lösl. sind, können durch Gieß-Verf. transparente, farblose, zähe Filme hergestellt werden. Diese trifunktionellen Verbb. sind im Gegensatz zu den bifunktionellen Verbb. gel- u. filmbildend. R. SCHÄFF. 7180□

Nylon im Maschinenbau. J. L. Riley. (Kunststoffe-Plastics [Solothurn] **8.** 139—44. 1961. Imp. Chem. Ind. Ltd.; dt.) — Bericht über die Einsatzmöglichkeiten verschiedener Nylontypen zur Herst. von Maschinenteilen, bes. von Zahnrädern u. Lagern. L. KEMPF. 7180

Schaumstoffe auf Polyurethanbasis. H. Holzner. (Prakt. Chem. [Wien] **12.** 504—06. Nov. 1961. Wimpassing; dt.) W. WESLY. 7180□

Fortschritte auf dem Gebiet verstärkter Polyester. G. Tolley. (Mod. Plastics **38.** Nr. 7. 123—31. 192. 195—96. März 1961. Attingham, Nr. Shrewsbury, Shrops., Allied Ironfound. Ltd., Res. and Exp. Dep.; engl.) — 25 Literaturangaben. R. SCHÄFF. 7204□

Untersuchungen von Ultraviolett-Absorbern als Lichtschutzmittel für transparente, glasfaserarmierte Polyesterplatten. H. G. Bader. (Kunststoffe-Plastics [Solothurn] **8.** 135—38. 1961. Zürich, Scobalit AG.; dt.) — Bericht über systemat. Unterss. (Naturbewitterung, Fadeometerprüfung) von UV-Absorbern für Polyesterharze mit Diskussion der Ergebnisse. L. KEMPF. 7204

Balsa, ein herkömmlicher, idealer Trägerwerkstoff für Polyester. René Violas. (Ind. Plast. mod. **13.** Nr. 9. 27—32. Nov. 1961. Soc. Belco Balsa; franz.) — Balsa, das leichteste Holz („Korkholz"), eignet sich auf Grund seiner chem. Neutralität, Schwimmfähigkeit, Dauerhaftigkeit, Wärmeisolierung u. leichten Bearbeitbarkeit zur Herst. von Schichtpreßstoffen mit Polyestern. Die Herst., Eigg. u. Anwendung der Schichtpreßstoffe werden beschrieben. W. WESLY. 7204□

Untersuchung über den Formverlust von Schichtstoffen für Dekorationszwecke. W. E. Morris und J. M. Verdi. (Austral. Plastics Rubber J. **16.** Nr. 188. 13—19. März 1961. Allied Chem. Int., Plast. and Coal Chem. Div., Appl. Res. Labor.; engl.) — Das Problem des Verziehens von durch Hitze u. Druck hergestellten Schichtstoffen für Dekorationszwecke wird bzgl. der Verarbeitungs- u. Umgebungsfaktoren u. der verwendeten Phenolharztypen erörtert. Die unterschiedliche Schrumpfung der Melaminschicht u. des Phenolharzkernes bei Feuchtigkeitsänderung ist bes. kritisch. R. SCHÄFF. 7204□

Anwendungen von verstärkten Kunststoffen in der Raumfahrt. 3. Mitt. **Der Bau von Raumfahrzeugen.** G. J. Spies. (Plastica [Delft] **14.** 924–29. Okt. **1961**; niederl.) — 2. vgl. C. **1962.** 16861. W. WESLY. 7204□

Die Änderung der Bruchenergie von spröden plastischen Stoffen mit der Temperatur. N. L. Svensson. (Proc. physic. Soc. **77.** 876–84. 1/4. **1961.** Melbourne, Univ., Dep. of Mechan. Engng.; engl.) — Unter Bezugnahme auf analoge Verss. von BENBOW u. ROESLER (vgl. C. **1958.** 5014) beschreibt Vf. eine Meth. zur Best. der Bruchenergie von spröden plast. Stoffen, bei der die Form der Proben gegenüber BENBOW u. ROESLER geändert wurde, ferner die Fortpflanzung des Sprunges vom Zentrum der Probe erfolgte u. die Endbelastung meßbar war. Die Meth. wurde angewandt zur Best. der Änderung der Bruchenergie von *Polymethylmethacrylat* (Perspex) u. *Polystyrol* (Styron u. Sustrex) im Temp.-Bereich von 20–80°. Die bei Zimmer-Temp. durchgeführten Verss. zeigten gute Übereinstimmung mit von anderen erhaltenen Ergebnissen. C. GOTTFRIED. 7210

Das Hauptproblem der Prüfkörper bei Untersuchungen an Kunststoffen. M. A. Dobraczynski. (Ind. Plast. mod. **13.** 42–43. Jan./Febr. 37–42. März. 37–41. April 1961; franz.) — Der Einfl. der Proben-Herst. bei therm. härtenden u. thermoplast. Materialien auf die Vers.-Ergebnisse, bes. bei der Schlagzähigkeitsprüfung (Izod-, Charpy- u. Dynstat-Test) wurde untersucht. R. SCHÄFF. 7210□

Infrarotspektrum von Polyäthylen. D. L. Wood und J. P. Luongo. (Mod. Plastics **38.** Nr. 7. 132–44. 198. 201–09. März 1961. Murray Hill, N.J., Bell Telephone Labor.; engl.) — Die Möglichkeiten der IR-Spektralanalyse von Polyäthylen (Unters. der Kristallinität, Verzweigung u. Oxydation) werden ausführlich erörtert. — 42 Literaturangaben. R. SCHÄFF. 7210□

Kriechverhalten von druckverformtem Polyäthylen. G. R. Gohn und J. D. Cummings. (ASTM Bull. No. **247.** 64–68. Juli 1960. New York, N.Y., Bell Telephone Labor., Mechan. Testing Labor.; engl.) — Von druckverformtem (compression molded) Polyäthylen verschiedenen Molgew. mit Rußfüllung wurden Kriechkurven bei verschiedenen Zugbeanspruchungen (50–800 lbs./sq.in.) über 95000 Std. ermittelt. Diese u. frühere (Proc. Amer. Soc. Testing Mater. **49.** [1949.] 1139) Daten zeigen, daß Zeiten von mindestens 40000 Std. erforderlich sind, um konst. Kriech-Geschw. bei allen untersuchten Prüfspannungen (außer den niedrigsten) zu erreichen. Daraus kann gefolgert werden, daß Gleichungen zur Berechnung des Langzeit-Verh. aus Kurzzeit-Testen (1000–10000 Std.) mit einer konst. Kriech-Geschw. als einer der Parameter fehlerhafte Ergebnisse liefern. Die Kriechfestigkeit scheint bei abnehmendem Schmelzindex (Molgew.) besser zu werden. R. SCHÄFF. 7210□

Polyplastic, Paris, Frankreich, **Verbesserung der Eigenschaften von Polymeren** (Kautschuk, Vinylharze, Acrylharze, Polyolefine, Polyamide, Polyester, Polyurethane, Siliconharze, Cellulose, deren Derivv., Phenolharze, Äthoxylin-, Harnstoffharze, Kolophonium, Ambra, Kopal, Gummi) durch Behandlung mit O_3 < 130° zur Bldg. labiler Gruppen am Polymeren u. Zers. der Gruppen durch Erhitzen in Ggw. von Füll- u. Zusatzstoffen. Die Ozonisierung kann auch nur an der Oberfläche der Polymeren erfolgen. Die Zers. kann durch Verw. von Red.-Mitteln, wie Oxalsäure, Aminen, Phenolen, Alkoholen, Aldehyden, Ketonen u. reduzierenden Metallsalzen, beschleunigt werden. — 800 g Polyäthylen werden im Mischer bei Raum-Temp. mit 500 Liter/Std, O_2, der 2% O_3 enthält, behandelt. Zu 100 (Teilen) des Polymeren gibt man dann 25 Ruß bei 120° u. erhält ein Prod. mit besserer Zugfestigkeit. — Vgl. F. PP. 1 166 652 u. 1 166 653; C. **1960.** 8698. (**Oe. P. 212 570** vom 30/1. 1958, ausg. 27/12. 1960. F. Prior. 2/2. 1957.) M. PANKOW. 7171

Imperial Chemical Industries Ltd., London (Erfinder: Roxburgh Richmond Aitken und Herbert Gudgeon, Manchester), England, **Herstellung von Polymischestern** durch Kondens. von Glutarsäure (**I**) mit einer Mischung aus 20–65 Mol-% Hexandiol-(1.6) (**II**) u. 80–35 Mol-% Pentandiol-(1.5) (**III**). Verw. als *Weichmacher für Kunstharze* u. Grundierungsmittel, z. B. für Fäden. — 132 (Teile) **I**, 52 **II** u. 68 **III** werden unter CO_2 bei 230° bis SZ. 7 mg KOH/g u. 4 Std. bei 0,1 mm u. 230° gerührt, u. es wird ein > 12° fl. *Polyester* erhalten. (**Jap. A. S. 4795/1960** vom 12/9. 1957, ausg. 9/5. 1960.) M. PANKOW. 7171

E. I. du Pont de Nemours & Co., übert. von: Elmore Louis Martin und Arthur Livingston Barney, Wilmington, Del., V.St.A., **Photopolymerisierbares Element,** bestehend aus einem Träger, der mit einer Schicht von 3–250 mils Dicke überzogen ist, die besteht aus 0,01–5 (%) eines Polymerisationsinitiators, der < 85° nicht akt. ist u. durch aktin. Licht aktiviert wird, 10–60 einer polymerisierbaren ungesätt. Verb. mit Äthylenbindungen, Kp. > 100°, Molgew. < 1500, die auf je 300 Molgew. mindestens eine polymerisierbare Doppelbindung aufweist, bes. Polyäthylenglykoldiester der Acrylsäure, u. 10—60 eines in der Hauptsache linearen Cellulose-Deriv. (I) mit ≧ 50 Glucoseeinheiten in der Kette, das mindestens zu 10 in 1%ig. wss. NH_4OH lösl. ist, bes. Cellulosephosphate, -sulfate, -äther u. -carbonsäureester, enthaltend freie Carbon- oder Sulfonsäuregruppen, u. deren Alkali- u. NH_4-Salze. Der Substitutionsgrad der I soll 2,0—3,0 pro Glucoseeinheit, die Gesamtzahl der OH-Gruppen einschließlich der sauren OH-Gruppen soll 0,5—2,5 pro Glucoseeinheit betragen, u. die Zahl der Seitengruppen soll so hoch sein, daß das I in saurer Form ein Neutralisationsäquivalent von 200—700 aufweist. Als bes. brauchbare I werden beansprucht: Celluloseacetat/Hydrogenphthalat u. -maleat. — Zeichnungen. (**A. P. 2 927 022** vom 9/7. 1956, ausg. 1/3. 1960.) C. LÜTTGEN. 7171

Phillips Petroleum Co., Bartlesville, Okla., V.St.A., **Gewinnung von Polymeren**, bes. mit hoher Dichte, aus deren Lsgg. durch Blitzdest. dieser Lsg. in Ggw. eines Inertgases, bes. überhitztem Wasserdampf (I), bei kleineren Temp. als den FF. der Polymeren (II), so daß diese sich nicht verflüssigen. Dies wird dadurch erreicht, daß man die Lsgg. am Kopf einer Dest.-Vorr. in die im Gegenstrom z. B. I eingeblasen wird, einspritzt, wo das Lsgm. u. niedermol. Verbb. abdest. u. II zu schmelzen beginnen. Die II fallen in den unteren Teil der Vorr., wo sie mit I von niedrigerer Temp. unter ihren Erweichungspunkt gekühlt werden. — Zeichnung. (**E. P. 835 949** vom 13/8. 1957, ausg. 25/5. 1960. A. Prior. 20/8. 1956.) A. JAHN. 7171

Goodrich-Gulf Chemicals, Inc., Cleveland, Ohio, V.St.A., **Olefinpolymerisation.** Der aus einer organ. Al-Verb. u. einer Metall-Verb. eines Metalls der IV.—VI. Gruppe des Period. Syst. bestehende Katalysatorkomplex wird erst im Olefin-Rk.-Medium gebildet, indem zunächst das Monomere mit einer im inerten Rk.-Medium gelösten Komponente gemischt u. dann die andere zugesetzt wird. Nach einem Beispiel wird Äthylen mit $TiCl_4$ in n-Heptan 5 Min. bei 25° gehalten u. dann Triisobutyl-Al in Heptan, ggf. ebenfalls nach Vorbehandlung mit Äthylen, zugegeben u. dann bei 60° auspolymerisiert. Ausbeutesteigerung bis zu 30 Gew.-%. (**E. P. 837 457** vom 19/6. 1957, ausg. 15/6. 1960. A. Prior. 11/9. 1956.) H. SCHINDLER. 7173

N. V. de Bataafsche Petroleum Mij., Den Haag, Holland, **Polymerisation von Olefinen** in Ggw. von Lsgm. für das Polymere. Der Katalysator aus Oxiden des Cr(VI), des Al u. Si wird bei erhöhter Tamp. mit einem gesätt. aliphat., cycloalipaht. oder aliphat.-aromat. KW-Stoff ohne olefin. Bindungen behandelt. Man bringt dann Olefin u. Katalysator unter solchen Bedingungen zusammen, daß keine oder nur geringe Polymerisation erfolgt, wobei die Temp. niedriger ist als bei der Vorbehandlung des Katalysators, u. erhöht dann die Temp. zur Beschleunigung der Polymerisation. — Als Träger nimmt man einen Crack-Katalysator aus Al_2O_3 u. SiO_2, der bei 650° mit Wasserdampf enthaltender Luft behandelt war, gibt zu 30 g des Trägers 75 ml wss. H_2CrO_4 (1,442 g CrO_3), trocknet bei 120° u. erhitzt im Rohr 5 Std. lang bei 500° im Luftstrom, worauf 200 mg des Prod. bei 500° in dem Rohr eingeschlossen werden u. kalt in einen 300-ml-Autoklaven mit N_2-Füllung kommen. Man zerbricht das Rohr, gibt 100 ml Isooctan in den evakuierten Autoklaven, hält 30 Min. lang bei 80°, kühlt auf 30° u. drückt Äthylen bis 10 at ein. Man erhitzt dann in 3—7 Min. auf 70° u. in 23 Min. auf 70—120°, steigert auf 130° u. drückt allmählich Äthylen bis 30 at ein. 4 Std. nach dem ersten Einbringen des Äthylens wird die Polymerisation abgebrochen. (**Oe. P. 211 544** vom 24/11. 1958, ausg. 25/10. 1960. Holl. Prior. 25/11. u. 4/12. 1957.) M. PANKOW. 7173

Montecatini Soc. Gen. per l'Industria Mineraria e Chimica, Italien, und Karl Ziegler, Deutschland (Erfinder: Camillo Racagni), **Polymerisieren von Olefinen.** Hochmol. α-Olefine regelmäßiger Struktur erhält man, wenn man Lsgg. oder Suspensionen der α-Olefine in KW-Stoff-Lsgm. mit ZIEGLER-Katalysatoren kontinuierlich in bestimmten konst. Anteilen in ein oder mehrere in Reihe angeordnete Rk.-Gefäße gibt, Polymeres kontinuierlich abzieht u. Lsgm. u. Monomeres im Kreislauf zurückgibt. — Zeichnungen. (**F. P. 73 409** vom 21/3. 1958, ausg. 2/12. 1960. It. Prior. 22/3. 1957. **Zusatz zu F. P. 1 138 290; C. 1959. 10740.**) M. PANKOW. 7173

Phillips Petroleum Co., Bartlesville, Okla., V.St.A., **Kontinuierliche Polymerisation,** bes. von 1-Olefinen mit 2—8 C-Atomen in Ggw. von Cr-Oxid auf SiO_2, Al_2O_3 oder dgl. bei 100—500° F in inertem Lsgm., erfolgt in einer näher beschriebenen App. (Zeichnungen), indem das Monomere, Lsgm. u. Katalysator entsprechend der gleichmäßig abgezogenen Rk.-Wärme ständig zugeführt werden. Die Wärmeabfuhr kann durch ein Kühlmittel bewirkt werden, dessen Temp. u. Fließ-Geschw. von der eingestellten Rk.-Temp. gesteuert wird. In gleicher Weise wird der Katalysatorzusatz von der abgeführten Wärmemenge oder durch den Dampfdruck einer verdampfenden Kühlfl. gesteuert. (**E. P. 856 869** vom 19/7.1957, ausg. 21/12. 1960. A. Prior. 30/7. 1956.) H. SCHINDLER. 7173

Distillers Co. Ltd., Edinburgh, England (Erfinder: Alaric Louis Jeffrey Raum), **α-Olefinpolymerisation** erfolgt in inerter Fl. bei 40—150° u. in Ggw. eines metastabilen $TiCl_3$, das entweder aus $TiCl_4$ u. H_2 mittels stiller elektr. Entladung bei 10—40° oder mittels Al-Trialkyl oder AlCl-Dialkyl erhalten wird. Beispiele mit Äthylen, Propylen u. Buten-(1), in denen als weitere Red.-Mittel $LiBH_4$ neben $Al(C_2H_5)_3$ u. $AlCl(C_2H_5)_2$ angeführt sind. — Ausbeuteerhöhung, Tabelle. (**E. P. 827 464** vom 1/5. 1956, ausg. 3/2. 1960.) H. SCHINDLER. 7173

Montecatini Soc. Gen. per l'Industria Mineraria e Chimica, Mailand, Italien, und Karl Ziegler, Mühlheim/Ruhr (Erfinder: Camillo Racagni, Mailand, Italien), **Herstellung von hochmolekularen α-Olefinpolymeren.** Man führt α-Olefin (Propylen), eine Suspension des Katalysators (Verbb. von Metallen der Nebengruppe IV—VI des Period. Syst. u. Alkyl-Verbb. von Metallen der Gruppe I—III) sowie ein KW-Stoff-Lsgm. kontinuierlich u. in bestimmten Verhältnis in den Rk.-Raum (50—150°; 1—150 at), zieht Polymeres u. Monomeres ab u. führt Monomeres u. abgetrenntes Lsgm. wieder in den Prozeß zurück. — 2 Zeichnungen. (**Oe. P. 212 010** vom 21/3. 1958, ausg. 25/11. 1960. It. Prior. 22/3. 1957. **Zusatz zu Oe. P. 202 346; C. 1960. 2712.**) M. PANKOW. 7173

Montecatini Soc. Gen. per l'Industria Mineraria e Chimica (Erfinder: Carlo Longiave, Gian Francesco Croce und Renato Castelli), Mailand, Italien, **Polymerisieren von Diolefinen** mit den Rk.-Prodd. von Metallen der Gruppe VIII des Period. Syst. mit einer Organometall-Verb. MeR_mX_n (Me = Metall der Gruppe II oder III; R = Alkyl; n + m = Wertigkeit von Me; X = Halogen). Man erhält Polymere mit bis zu 98% cis-1.4-Struktur. — 2 g frisches RANEY-Co in 1000 ml abs. Bzl., 3,6 g $(C_2H_5)_2AlCl$ u. 150 g Butadien werden 12 Std. lang bei 20° im 3-Liter-Autoklaven gerührt. Das Polymere wird mit CH_3OH gefällt. (**F. P. 1 227 130** vom 15/6. 1959, ausg. 18/8. 1960. **Oe. P. 211 548** vom 17/6. 1959, ausg. 25/10. 1960. Beide It. Prior. 18/6. 1958.) M. PANKOW. 7173

Montecatini Soc. Gen. per l'Industria Mineraria e Chimica, Italien, und Karl Ziegler, Deutschland (Erfinder: Gerlando Marullo, Alessandro Baroni und Umberto Maffezzoni), **Polymerisieren ungesättigter Kohlenwasserstoffe** (Propylen, Buten-(1), Butadien) mit Katalysatoren, die durch Rk. einer Organometall-Verb. mit einer Verb. eines Übergangsmetalls in Ggw. eines Amins (CH_3NH_2, Anilin, Benzidin, Piperidin, Chinolin) erhalten werden. Die Polymerisation verläuft schneller ohne wesentliche Induktionszeit. — Man gibt 0,224 g Pyridin zu einer Suspension von 0,855 g $TiCl_3$ in 100 cm³ abs. Heptan, rührt 15—30 Min. lang, setzt 1,264 g $(C_2H_5)_3Al$ u. danach Propylen zu u. hält 4 Std. lang bei 6,5 at u. 75°. (**F. P. 1 223 391** vom 22/12. 1958, ausg. 16/6. 1960. It. Prior. 23/12. 1957.) M. PANKOW. 7173

Goodrich-Gulf Chemicals, Inc., Cleveland, Ohio, V.St.A., **Katalysatorkomplex für Olefinpolymerisation,** durch Mischen eines hydridfreien Alkyl–Al-halogenids (Alkyl C_{2-6}) mit $TiCl_4$ in inertem Lsgm. u. Gasen bei vorzugsweise nicht > 35°. Nach einem Beispiel wird Triisobutyl-Al, erhalten durch Rk. von aktiviertem Al mit Isobutylen, in Heptan oder Bzl. gelöst u. dem $TiCl_4$ zugegeben. Nach einiger Zeit entsteht ein Nd., der in dem Lsgm. resuspendiert wird, worauf Äthylen, ggf. nach Zusatz von $Al(C_2H_5)Br_2$ oder/u. $Al(C_2H_5)_2Br$, wie üblich polymerisiert wird. Weitere Beispiele mit Diisobutyl-AlCl-, Isobutyl-$AlCl_2$-, Tetrabutyl-Sn–$TiCl_4$-Rk.-Produkten. Die Polymerisate haben hohes Molgew., sind prakt. farblos u. leicht zu reinigen. (**E. P. 835 584** vom 9/1. 1957, ausg. 25/5. 1960. A. Prior. 18/1. 1956.) H. SCHINDLER. 7173

Union Carbide Corp., New York, N.Y., V.St.A. (Erfinder: Rudolph Ward Kluiber und Wayne Lee Carrick), **Katalysatorgemisch zur Äthylen-α-Olefinmischpolymerisation,** bestehend aus einem in KW-Stoffen lösl. Al-Halogenid, einer Organometall-Verb. des Zn, Cd, Hg, Ge, Sn, Pb, Sb oder Bi u. wenigstens einer Spur einer V-Verbindung. Als Äthylenkomponenten sind in den Beispielen Propylen, Buten-(1), Penten-(1), Hexen-(1), Hepten-(1) u. 4-Methylpenten-(1) genannt, die mit dem bevorzugten Katalysatorgemisch aus $AlCl_3$, Tetraphenyl-Sn u. VCl_4 mischpolymerisiert werden. Feste Produkte. (**E. P. 856 859** vom 27/7. 1959, ausg. 21/12. 1960. A. Prior. 31/7. 1958.) H. SCHINDLER. 7173

Hugh Wilma Boulton Reed und Peter Smith, Norton-on-Tees, England, **Katalysator für Äthylenpolymerisation,** bestehend aus einem Gemisch von $TiCl_4$ u. $Al(C_2H_5)_3$ im Mol.-Verhältnis 8,3—8,5 : 1, dem ca. 20 Gew.-%, bezogen auf $Al(C_2H_5)_3$, $Al(C_2H_5)Cl_2$ zugesetzt sind. Nach den Beispielen werden die Komponenten jede in Cyclohexan gelöst, bei 20° in den Autoklaven eingeführt u. dem Äthylen bis zu einem Druck von 6 atm eingeleitet. Der Zusatz von $Al(C_2H_5)Cl_2$ aktiviert das Katalysatorgemisch. (**A. P. 2 959 579** vom 19/12. 1955, ausg. 8/11. 1960. E. Prior. 15/4. 1955.) H. SCHINDLER. 7173

Distillers Co. Ltd., Edinburgh, England (Erfinder: Alaric Louis Jeffrey Raum), **Katalysatorgemisch für Äthylenpolymerisation,** bestehend aus Al, einem Ti- u./oder V-Di- oder Trihalogenid u. einem Halogen u./oder einer Verb. eines Halogens mit einem anderen Halogen oder als 3. Komponente einem oder mehreren Halogeniden des Cu, Ag oder Pb. Das Al : Ti- oder V-Halogenid soll 1 : 1—5 : 1 betragen, das Verhältnis von Al : Ti- oder V-Di- oder Trihalogenid : Cu-, Ag- oder Pb-Halogenid = 2—4 : 1 : 0,3—1. — Beispiele: Al, VCl_3 u. FCl Al, $TiCl_3$ u. J, Al, $TiCl_3$ u. JCl, Al, VCl_3 u. Cl, Al, $TiCl_2$ u. J, Al, $TiCl_3$ u. Br; Al, $TiCl_3$ u. $CuCl_2$, Al, $TiCl_3$ u. CuCl, Al, VCl_3 u. $CuCl_2$, Al, $TiCl_2$ u. $CuCl_2$, Al, $TiCl_3$ u. $PbCl_2$, Al, $TiCl_3$ u. AgCl, Al, $TiCl_3$ + VCl_3, $CuCl_2$ + CuBr + $CuBr_2$. Tabellen. Die Polymerisation wird bei 90—180°, bes. in Cyclohexan, durchgeführt u. gibt hochmol. im wesentlichen lineare Polyäthylene u. ggf. Äthylen-Propylen-Mischpolymerisate. (**E. PP. 849 132** vom 18/7. 1958, ausg. 21/9. 1960 u. **850 763** vom 2/8. 1958, ausg. 5/10. 1960.) H. SCHINDLER. 7173

General Electric Co., übert. von: Quintin P. Cole, Pittsfield, Mass., V.St.A., **Leichtverformbares Polyäthylen.** Man unterwirft z. B. durch Behandeln mit Dicumyl-, Benzoyl- oder Cumolhydroperoxid oder tert.-Butylperbenzoat vernetztes Polyäthylen bei $>80°$ >5 Min. lang der Einw. von Scherkräften, z. B. auf einem Walzenstuhl mit Differentialwalzen. Die erhaltenen Prodd. zeichnen sich durch verringerte Löslichkeit u. erhöhte Erweichungs-Temp. aus. (**A. P. 2 919 474** vom 27/1. 1956, ausg. 5/1. 1960.) C. LÜTTGEN. 7173

General Electric Co., übert. von: Moyer M. Safford, Schenectady, und Robert L. Myers, Ballston Lake, N.Y., V.St.A., **Härtbares Gemisch,** bestehend aus 5—95 (%) Polyäthylen u. polymerisiertem Butadien-(1.3) mit einem Geh. von ≥ 30 Polybutadien-(1.2). Die Härtung erfolgt durch ionisierende Bestrahlung mit hoher Energie, äquivalent $\geq 5 \cdot 10^4$ eV, in einer Dosis von $\geq 10^6$ r. — Zeichnung. (**A. P. 2 924 559** vom 27/3. 1956, ausg. 9/2. 1960.) C. LÜTTGEN. 7173

Western Electric Co., Inc., New York, N.Y., übert. von: George E. Henning, Baltimore, Md., V.St.A., **Masse zur Herstellung von Zellkörpern für elektrische Isolierung,** bestehend aus Polyäthylen (I) in Form von Körnern mit ca. 5/16″ Ø, die mit einer Schicht von mikrokristallinem Wachs (II), F. 152—156° F, in dünner Schicht überzogen sind, auf der 10—20% feinpulvriges Polystyrol (III) oder Polytetrafluoräthylen mit einer Teilchengröße entsprechend dem 60-Maschensieb aufgetragen sind. Die Herst. erfolgt, indem man z. B. auf 175° F erhitztes **I** mit **III** mischt u. zu dem Pulvergemisch das **II** in geschmolzener Form zugibt. Die Überführung der Masse in die Zellkörper erfolgt nach Zugabe eines üblichen Blähmittels. (**A. P. 2 945 827** vom 5/1. 1956, ausg. 19/7. 1960.) C. LÜTTGEN. 7173

Dow Chemical Co., übert. von: David A. Gordon und Gerald A. Clark, Midland, Mich., V.St.A., **Stabilisieren von Halogenäthylenpolymeren,** bes. Vinylidenchloridpolymerisate u. -mischpolymerisate, gegen die Einw. von Licht. Man setzt ihnen 1—10 (%) eines Hydroxybenzophenon-Deriv. der allg. Formeln **I** oder **II** zu, in denen X H, $-C_2H_5$ oder Cl, ein Y den Propenylrest, das andere Y H u. Y′ H oder den Benzoylrest bedeutet, bes. 2-Hydroxy-3-allyl-5-chlorbenzophenon u. 2-Hydroxy-4-propenyloxybenzophenonallyläther. (**A. PP. 2 904 529** vom 7/11. 1956, ausg. 15/9. 1959 u. **2 937 157** vom 7/11. 1956, ausg. 17/5. 1960.) C. LÜTTGEN. 7173

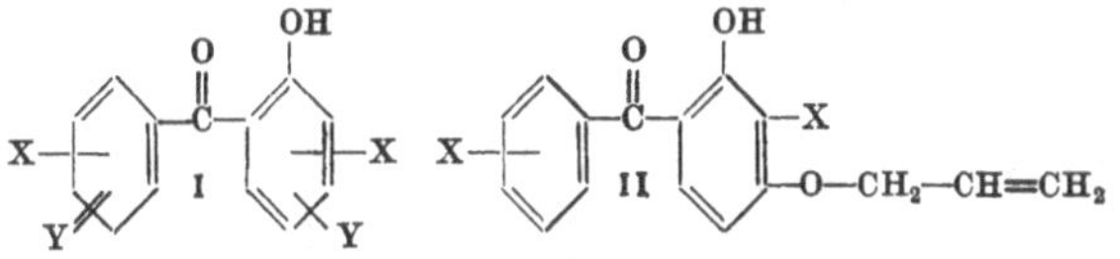

Dow Chemical Co., übert. von: William J. Raich, Midland, Mich., V.St.A., **Stabilisieren von Chloräthylenpolymerisaten** gegen den Einfl. von Licht durch Zusatz von 1—10% eines Esters der allg. Formel **I,** in der R einen Alkyl-, Phenyl- oder 2-Hydroxyphenylrest, X H oder CH_3, Y H u., wenn R einen anderen als den Hydroxyphenylrest bedeutet, OH u. Z H Halogen oder einen Alkylrest bedeutet, bes. *2.4-Dihydroxybenzophenon-4-monomethacrylat, 2.4-Dihydroxyacetophenon-4-* u. *2.4′-Dihydroxybenzophenon-4′-monoacrylat.* (**A. P. 2 938 883** vom 19/11. 1956, ausg. 31/5. 1960.) C. LÜTTGEN. 7173

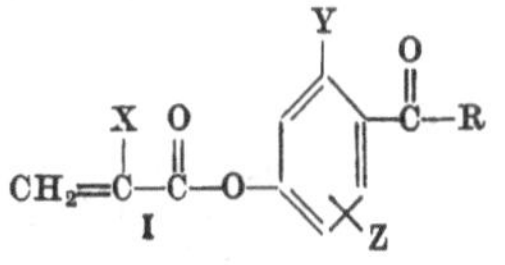

Dow Chemical Co., Midland, Mich., übert. von: George A. Klumb jun. und Charles E. Speer, Lake Jackson, Tex., V.St.A., **Reinigen von Polyäthylen oder Polypropylen,** das nach dem Ziegler-Verf. hergestellt wurde, dad. gek., daß man es zur Beseitigung der letzten Katalysatorreste in geschmolzenem Zustand bei 125—300° mit 1—10% 10—60%ig. wss. NH_4OH behandelt. (**A. P. 2 933 484** vom 20/11. 1956, ausg. 19/4. 1960.) C. LÜTTGEN. 7173

Hercules Powder Co., Wilmington, Del., V.St.A., **Vernetzen von Äthylen (I)-Propylen (II)-Mischpolymerisaten,** die $\leqq$ 70 Mol-% **II** u. mindestens noch einen ungesätt. KW-Stoff enthalten, dad. gek., daß man das Mischpolymerisat nach E. P. 838 963 in Ggw. von ca. 0,1—20% eines Peroxids der allg. Formel: $R_1—C(R_2R_3)—O—O—C(R_4R_5)—R_6$ erhitzt (R_1 u. R_6 = Arylreste; R_2, R_3, R_4, R_5 = H oder Alkylreste mit <4 C-Atomen). Man erhitzt bes. auf 132—190° in Ggw. von Bis-[α.α-dimethylbenzyl]-, Bis-[α.α-dimethyl-p-tert.-butylbenzyl]-, Bis-[α.α-dimethyl-p-isopropylbenzyl]-, Bis[-α.α-dimethyl-p-methylbenzyl]- oder Bis-[α-isopropylbenzyl]-peroxid (**III**) oder zahlreichen anderen Peroxiden. Als dritte Komponente für das Mischpolymerisat sind bes. Alloocimen, Vinylcyclohexan (**IV**), Dipenten, Myrcen u. Isopren genannt. Man mischt z. B. ein aus 49,5 (Mol-%) **I**, 49,5 **II** u. 1 **IV** mit Ziegler-Katalysatoren hergestelltes Mischpolymerisat (red. spezif. Viscosität ca. 3,6) mit 4 Gew.-% Bis-[α.α-dimethylbenzyl]-peroxid, vernetzt 20 Min. bei 320° F u. erhält eine Masse mit einer Zugfestigkeit von 145 lbs./sq.in., einer Dehnung von 550% u. einem Torsionsmodul (bei 100% Dehnung) von 100 für Formkörper u. Filme. — Nach E. P. **838 964** erhitzt man ein gleiches Mischpolymerisat oder festes Polyäthylen allein analog mit einer Verb. mit vorst. Formel, wobei R_1 = Arylrest, R_2, R_3, R_4 u. R_5 = H oder Alkylrest mit $\leqq$ 4 C-Atomen u. R_6 = H, Arylrest oder Alkylrest mit <4 C-Atomen, wobei die gleichen Peroxide verwendbar sind u. statt **III** noch Methyl-[α.α-dimethylbenzyl]-peroxid bes. genannt ist. — Beispiele, Tabellen. (**E. PP. 838 963** u. **838 964** vom 15/5. 1958, ausg. 22/6. 1960. Beide A. Prior. 20/5. 1957.) G. Vogel. 7173

Dow Chemical Co., übert. von: Gerald A. Clark, Midland, Mich., V.St.A., **Lichtstabile thermoplastische Vinylidenchloridpolymerisate und -mischpolymerisate** aus $\geqq$ 50 (%) Vinylidenchlorid, gek. durch einen Geh. von 0,5—6 2.4-Dihydroxy-3-allylbenzophenon, -3.4′-chlorbenzophenon oder -3-allyl-4′-äthylbenzophenon. (**A. P. 2 947 723** vom 7/11. 1956, ausg. 2/8. 1960.) C. Lüttgen. 7173

Shell Oil Co., Del., V.St.A., übert. von: Christiaan Pieter van Dijk, Franciscus Johannes Fredericus van der Plas und Adrianus de Keizer, Amsterdam, Holland, **Emulsionspolymerisation von Vinylchlorid** erfolgt auf kontinuierlichem Wege derart, daß zu einer wss. Lsg. von 0,25 (%) $K_2S_2O_8$, 0,25 $NaHCO_3$ u. 0,95 Na-Mersolat mit pH 8 eine wss. Emulsion von 30 (Teilen) Mersolat, 135 W., 1000 fl. Vinylchlorid, verd. mit einer Lsg. von 8 $K_2S_2O_8$ u. 8 $NaHCO_3$ in 3020 W., laufend zugegeben wird. Unter Rühren erfolgt bei 45° die Polymerisation. Unter Aufrechterhaltung der Temp. u. des spezif. Gew. der Dispersion von 1,067 wird das Polymere abgezogen. Es hat in 0,5%ig. Hexanon-Lsg. eine Viscosität von 3,40 bei 25°. Das Konz.-Verhältnis von Monomeren zu Polymeren soll im Rk.-Gemisch zwischen 0,12 u. 0,30 liegen. Keine Abscheidungen an den Wänden der Rk.-Behälter u. keine Zers. des Polymerisats. (**A. P. 2 934 529** vom 7/8. 1953, ausg. 26/4. 1960. Holl. Prior. 14/8. 1952.) H. Schindler. 7173

Farbwerke Hoechst Akt.-Ges., vormals Meister Lucius & Brüning, Frankfurt/M., **Katalysatorkombination zur Herstellung von (Misch-)Polymerisaten des Vinylchlorids,** bestehend aus einer Trialkyl-Al-Verb. (Alkyl C_{1-8}) u. einem Salz eines Metalles der Gruppen IVa—VIa des Period. Syst., wobei ein Lsgm. verwendet wird, das bei nicht >250° sd., z. B. Pentan, Hexan, Heptan oder KW-Stoffe der Fischer-Tropsch-Synthese. — Beispiele mit $TiCl_4$ u. $Al(C_2H_5)_3$, womit Polyvinylchloride mit einem Cl-Geh. von >50% erhalten werden. (**E. P. 856 913** vom 1/4. 1957, ausg. 21/12. 1960. D. Prior. 4/4. 1956.) H. Schindler. 7173

B. F. Goodrich Co., New York, N.Y., V.St.A., **Herstellung harter thermoplastischer Vinylhalogenidprodukte** durch Mischen z. B. von 88—92 (Gew.-Teilen) Polyvinylchlorid mit 8—12 eines linearen, nicht vernetzten, in Dimethylformamid lösl. Polyurethans. Letzteres soll das Rk.-Prod. eines Polyesters mit endständiger OH-Gruppe eines Glykols u. einer aliphat. Dicarbonsäure mit Molgew. 500—5000 mit einem aromat. Diisocyanat sein, z. B. eines Polytetramethylenätherglykols mit Adipinsäure u. p-Phenylendiisocyanat. Verbesserung der Schlag- u. Biegefestigkeit. Tabelle. (**E. P. 830 226** vom 23/1. 1957, ausg. 9/3. 1960. A. Prior. 30/1. 1956.) H. Schindler. 7173

General Aniline & Film Corp., New York, N.Y., übert. von: William A. Hosmer, Lee, Mass., und Albert C. Starke jun., Easton, Pa., V.St.A., **Polymethylvinyläther.** Gibt man zu ihrer wss. Lsg. ca. 20% J, z. B. als alkohol. Lsg., so erhält man ein kautschukartiges wasserlösl. Produkt. (**A. P. 2 927 914** vom 28/6. 1956, ausg. 8/3. 1960.) C. Lüttgen. 7173

Minnesota Mining & Mfg. Co., St. Paul, Minn., übert. von: Archibald N. Bolstad, Maplewood, und Francis J. Honn, Westfield, N.J., V.St.A., **Herstellung von**

harzartigen Mischpolymerisaten, die 74 (Mol-%) Trifluorchloräthylen u. 26 Vinylidenfluorid enthalten, ausgehend von einem Monomerengemisch 80 : 20, erfolgt bei 20° in Ggw. von 10 (Teilen) CCl_4 auf 100 der Monomeren während 7,5 Stunden. Im übrigen werden $(NH_4)_2S_2O_8$, $Na_2S_2O_3$ u. $FeSO_4$ als Katalysator-Syst. benutzt. Der Modifikator bewirkt die Löslichkeit der Endprodd. in aliphat. oder aromat. Estern, Alkoholen u. Ketonen sowie in Dichlorbenzotrifluorid. Die Lsgg. geben härtbare, flexible Überzüge für Metalle oder Textilien. Beispiele, Tabellen. (**A. P. 2 956 048** vom 18/3. 1955, ausg. 11/10. 1960.) H. SCHINDLER. 7173

Minnesota Mining & Mfg. Co., St. Paul, Minn., übert. von: Archibald N. Bolstad, Maplewood, und Francis J. Honn, Westfield, N.J., V.St.A., **Mischpolymerisate von Perfluorbutin-(2) und fluorierten Olefinen (I)** erhält man in Ggw. eines wasserlösl. Peroxykatalysators bei 5—100° u. pH 7—11. Als I sind 1-Chlor-1-fluoräthylen u. 1.1-Difluor-3-methylbutadien genannt. Bevorzugte Mengenverhältnisse sind 20—75 (Mol.-%) Perfluorbutin-(2) u. 80—25 I. — Form- u. Schichtkörper, Schutzüberzüge u. Klebemittel, elektr. Isoliermittel. (**A. P. 2 966 482** vom 1/3. 1956, ausg. 27/12. 1960.) H. SCHINDLER. 7173

Farbwerke Hoechst Akt.-Ges., vormals Meister Lucius & Brüning, Frankfurt/M., **Herstellung von ungesättigten Perfluorchlorparaffinen** von niederem Molgew. durch Polymerisieren eines Perfluorchlorolefins in Ggw. eines Katalysators (I) u. SO_2Cl_2 in Perchloräthylen als Lsgm., wobei anschließend SO_2Cl_2 mittels Dampf hydrolysiert wird. Als I wird z. B. Benzoylperoxid u. als Ausgangsstoff Trifluorchloräthylen, ggf. zusammen mit Perchloräthylen im Verhältnis von bes. 1 : 1—1 : 5 verwendet. Arbeits-Temp. —30 bis +250°. Beschreibung u. Zeichnung einer Vorrichtung. Das Verf. bewirkt keine Erhöhung des Cl-Geh. im Endprodukt. (**E. P. 837 764** vom 26/10. 1956, ausg. 15/6. 1960. D. Prior. 26/10. 1955.) H. SCHINDLER. 7173

Monsanto Canada Ltd., Ville la Salle, übert. von: Arthur F. McKay, Pointe Claire, und Ctirad Podesva, Montreal, Quebec, Canada, **Stabilisierte Phenol-Formaldehyd-Harze.** Man setzt der wss. alkal. Lsg. eines Resols zwecks größerer Stabilität ein aliphat. Polyamin zu. Fügt man dann noch CH_2O zu, so erhöht man die Härtungs-Geschw. beträchtlich. — Zum Beispiel löst man 755 (Gew.-Teile) Phenol in 900 37%ig. CH_2O-Lsg. u. gibt 285 50%ig. NaOH-Lsg. (I) zu. Man erhitzt 90 Min. am Rückfluß, versetzt mit 656 W. u. 181 I, kühlt auf 20° ab u. fügt zu 100 dieser Harz-Lsg. 2 Äthylendiamin, vor Gebrauch, z. B. Verkleben von Holzplatten, noch 8 Paraformaldehyd. (**A. P. 2 937 159** vom 23/12. 1957, ausg. 17/5. 1960.) K. SARRE. 7177

General Mills, Inc. (Erfinder: David Aelony), Minneapolis, Minn., V.St.A., **Abtrennung niedrigmolekularer Anteile aus Aryl- oder Alkylphenol-Formaldehyd-Harzen,** wobei der Alkylrest 1—8 C-Atome enthalten kann, dad. gek., daß man das die niedrigmol. Anteile enthaltende Harz unter Vakuum auf $>250°$ erhitzt, bis eine 30%ig. Lsg. dieses Harzes in Dimethylformamid eine Viscosität von 5—35 cSt. besitzt. Zur Kondens. verwendet man bes. p-tert.-Butylphenol. — Vgl. Aust. P. 210 810; C. **1960.** 7014. (**Schwz. P. 346 697** vom 5/3. 1956, ausg. 15/7. 1960.) K. SARRE. 7177

Standard Oil Co., Chicago, übert. von: Samuel Young jun., Park Forest, Ill., und Richard E. Van Strien, Griffith, Ind., V.St.A., **Alkydharze** erhält man durch Rk. von Äthylen-, Diäthylen-, Propylen-, Dipropylenglykol, Glycerin, Trimethyloläthan, Pentaerythrit, Dipentaerythrit, Sorbit oder Mannit, mit Isophthalsäure oder deren Mischungen mit Phthal-, Trimesin-, Trimellit- oder Hemimellitsäure oder deren Anhydriden bei 180—300° in Ggw. von 25—65 Vol.-% n-Butanol u. 75—35 eines fl. Benzol-KW-Stoffes (Äthylbenzol, Xylol). — Vgl. A. P. 2 954 354. (**A. P. 2 954 355** vom 28/5. 1957, ausg. 27/9. 1960.) F. KOCH. 7177

Dow Chemical Co., übert. von: Herbert B. Rickert, Midland, Mich., V.St.A., **Ölmodifizierte Alkydharze mit Graphitsäuren (I),** wobei ein fettes, trocknendes Öl mit 12—22 C-Atomen verwendet werden, sind z. B. hergestellt aus: 50 g W., 104 g I mit einem durchschnittlichen Molgew. von 284, 83 g 1.2-Butylenglykol, 140 g Leinöl u. 25 cm^3 Xylol. Die Komponenten läßt man bei 110—120° reagieren, bis das W. entfernt ist, worauf die Temp. auf 200—240° erhöht wird. (**A. P. 2 965 587** vom 16/8. 1957, ausg. 20/12. 1960.) F. KOCH. 7177

Columbia-Southern Chemical Corp., Pittsburgh, Pa., V.St.A., **Polycarbonate** werden hergestellt aus aliphat. oder cycloaliphat. 1.2-Epoxiden, CO_2 u. einer organ. Verb. mit wenigstens 2 akt. H-Atomen (mehrwertiger Alkohol oder Amin, Mercaptan, Alkylolamin, Carbonsäure) bei red. Druck u. einer Temp. von über 100°. (**E. P. 828 523** vom 26/9. 1957, ausg. 17/2. 1960. A. Prior. 5/10. 1956.) F. KOCH. 7177

Hudson Foam Plastics Corp., New York, N.Y., V.St.A., **Wachsartige Polyäther** mit einem Molgew. von mindestens 1270 u. einer OH-Zahl von weniger als 200 erhält man aus mehrwertigen Alkoholen [z. B. 2 Mol Pentandiol-(1.5)], Formaldehyd (2,2 Mol oder Paraformaldehyd), einer Säure (1 g H_2SO_4) durch 3std. Erhitzen auf 100°. (**E. P. 850 178** vom 19/3. 1957, ausg. 28/9. 1960. A. Prior. 23/3. 1956.)
F. KOCH. 7177

N. V. de Bataafsche Petroleum Mij., Den Haag, Holland, **Herstellung von Glycidylpolyäthern von Phenolen** (I) im kontinuierlichen Verfahren. Die Mischung aus Epichlorhydrin oder Glycerindichlorhydrin (II), einem Phenol (bes. 2.2-Bis-[4-hydroxyphenyl]-propan), einem aliphat. Keton mit weniger als 4 C-Atomen einerseits u. W. sowie Alkalihydrochlorid andererseits wird auf über 70° erhitzt. Das Verhältnis I : II ist dabei 1 : 5—1 : 20. — Schemata. (**E. P. 849 036** vom 2/10. 1958, ausg. 21/9. 1960. A. Prior. 4/10. 1957.) F. KOCH. 7177

Vereinigte Glanzstoff-Fabriken Akt.-Ges., Wuppertal, **Kontinuierliche Polykondensation von Dimethylterephthalat mit Äthylenglykol** erfolgt stufenweise, indem das Ausgangsgemisch zunächst auf 145—180°, in der 2. Stufe auf 170—197°, in der 3. Stufe auf 197—230° u. in der 4. Stufe unter Inertgas im Gegenstrom auf 230 bis 270° erhitzt wird. In den beiden letzten Stufen wird als Glykol abdest. u. dem Prozeß in der 2. Stufe wieder zugeführt. — Beispiel, Beschreibung u. Zeichnung der Apparatur. (**E. P. 832 088** vom 25/1. 1957, ausg. 6/4. 1960. D. Prior. 25/1. 1956.)
H. SCHINDLER. 7177

Eastman Kodak Co., Rochester, N.Y., übert. von: Roger M. Schulken jun. und Harmon Long, Kingsport, Tenn., V.St.A., **Formkörper aus Sulfon-Glykol-Terephthalat-Polymeren** (I), bes. Folien, werden nach der Formgebung auf über 200°, aber unter den F. erhitzt, gestreckt (bei einer Temp. zwischen 135 u. 190°) u. in Aceton gehärtet. I ist z. B. ein Polymerisat aus p.p'-Dicarboxydiphenylsulfon u. 2.2-Dimethylpropandiol-(1.3). (**A. P. 2 956 308** vom 21/5. 1958, ausg. 18/10. 1960.)
F. KOCH. 7177

Badische Anilin- & Soda-Fabrik Akt.-Ges., Ludwigshafen/Rh. (Erfinder: J. Lenz und H. Scheuermann), **Pulverförmige Aminoplast-Kondensationsprodukte** (Harnstoff, Melamin, Formaldehyd) erhält man durch Sprühtrocknen von Dispersionen, die zusätzlich Ester ungesätt. Säuren (bes. Acrylsäure) enthalten. Eine wss. 38%ig. Lsg. eines Harnstoffharzes in Mischung mit einer 50%ig. wss. Dispersion eines Mischpolymeren aus Butylacrylat u. Vinylacetat gibt beim Sprühtrocknen ein in W. leicht lösl. Pulver. (**Belg. P. 568 731** vom 19/6. 1958, ausg. 18/11. 1960. D. Prior. 3/7. 1957.)
F. KOCH. 7181

Imperial Chemical Industries Ltd. (Erfinder: Eric Arthur Packer und John Francis Wood), **Herstellung von elastischen, schaumförmigen Polymeren** durch Rk. eines *Polyisocyanats* mit einem *Polyäther* mit endständigen OH-Gruppen. Dem entstandenen Gemisch setzt man noch ein Alkylphenol–Äthylenoxid-Kondensat mit 4—30, bes. 6—15 (mol. Teilen) Äthylenoxid je 1 Alkylphenol, in Mengen von bis zu 20%, bes. 0,25—5,0% zu. — Man verrührt z. B. 1 Std. bei 105° 100 (Teile) Polyoxypropylenglykol vom Molgew. 2000 mit 0,2% Wasser-Geh. mit 40 eines 80:20-Gemisches von 2 : 4- u. 2 : 6-Isomeren von Toluoldiisocyanat. Nach dem Abkühlen auf 20° setzt man dem Gemisch einen Aktivator aus einem Gemisch aus 3 W., 1,5 eines Kondensats aus 1 (Mol) Octylphenol mit 8 Äthylenoxid, u. 1,5 N.N-Dimethylcyclohexylamin zu u. erhält einen elast. Zellkörper, Spezif. Gew. 0,04. (**Aust. P. 226 947** vom 26/2. 1959, ausg. 17/3. 1960. E. Prior. 26/2. 1958.) H. NEBELSIEK. 7181

Manufacture Française des Pneumatiques Michelin, Frankreich, **Polyurethanelastomere** erhält man durch Rk. von Vorpolymeren aus Polyestern, Polyäthern oder Polyesteramiden mit Molgew. 750—5000 u. Diisocyanaten im Überschuß (0,3—2% freie NCO-Gruppen) u. difunktionellen Vernetzern (Diole, Diamine, Aminoalkohole, Dicarbonsäuren oder analoge Verbb.) niederen Molekulargewichtes. Auf m Moll. Polyol des Vorpolymeren kommen m + 1 Moll. Diisocyanat; m = 1—10. Auf n Moll. Vernetzer kommen n + 1 Moll. Vorpolymeres; n = 1—10. (**F. P. 1 231 178** vom 9/4. 1959, ausg. 27/9. 1960.) E. DÖRFEL. 7181

Manufacture Française des Pneumatiques Michelin, Puy-de-Dôme, Frankreich, **Polyurethanelastomere** erhält man aus einem Gemisch aus polymeren Dihydroxyl-Verbb. (Polyester, Polyäther, Polyesteramide mit Molgew. 750—10000) durch Rk. mit Diisocyanaten (I) u. einer gegenüber I monofunktionellen, nichtaromat. ungesätt. Verb. der allg. Formel Z_1Z_2QH (Z_1, Z_2 = ungesätt. Rest, wie ggf. substituierter Vinyl-, Allylrest, Q = 3wertiges Atom, wie N, oder 3wertiger aliphat. Rest, H = Gruppe mit akt. H-Atom, wie —OH, —NH_2, —$CONH_2$, —COOH) oder gegenüber I difunktionellen ungesätt. Verbb. der allg. Formeln Z_1-QH_2 oder $(Z_1)(Z_2)QH_2$ [Allyloxypropandiol, Hexadien-(1.5)-diol-(3.4), Buten-(1)-diol-(3.4), Penten-(2)-diol-(4.5) u. Octadien-(2.6)-diol-(4.5)]. Die Vernetzung erfolgt ggf. in Anwesenheit von W., Diolen, Diaminen, Dicarbonsäuren, in Ggw. von organ. Peroxiden (Dicumylperoxid) bei Temp. $>100^0$. Die I können auch den übrigen Komponenten nachträglich zugefügt werden. (**F. P. 1 237 909** vom 26/6. 1959, ausg. 28/11. 1960.) E. Dörfel. 7181

Dunlop Rubber Australia Ltd. (Erfinder: Heinrich Nickel und Robert Schwab), **Herstellung baktericider Schaumkörper** aus Polyurethan, dad. gek., daß man in bekannter Weise einen Polyester u. ein Diisocyanat mit dem üblichen Aktivator unter Zusatz eines Baktericids, bes. dithiocarbaminsaurer Salze u./oder Mercaptobenzthiazol oder dessen Salze, verschäumt. (**Aust. P. 229 612** vom 14/10. 1957, ausg. 25/8. 1960.) C. Lüttgen. 7181

Imperial Chemical Industries Ltd., London (Erfinder: Eric Gee, Herbert Gudgeon und Kenneth Stephenson, Manchester), England, **Beschleuniger bei der Herstellung von Polyurethanschaumstoffen.** Zu dem Aust. P. 215 372; C. **1961.** 2114 ist nachzutragen: Als Beschleuniger werden tert. Amine mit voll substituierten Amid- oder Imidgruppen verwendet, z. B. N-[3-diäthylaminopropyl]-succinimid, -glutarimid, -phthalimid, 1-[3-diäthylaminopropil]-2-pyrrolidon, 1.3.5-Tris-[2-diäthylaminopropionyl]-hexahydro-symm.-triazin, N.N-Bis-[2-diäthylaminoäthyl]-acetamid. (**E. P. 852 138** vom 9/9. 1957, ausg. 26/10. 1960. **Zusatz zu E. P. 839 186; C. 1962. 7721.**) E. Dörfel. 7181

Continental Can Co., Inc. (Erfinder: Robert B. Mesrobian und Clayton I. Ammondson), V.St.A., **Polyamid–Polyäthylen-Massen** erhält man aus mindestens 20% Polyamid (**I**), mindestens 2% Polyäthylen (**II**), beide in geschmolzenem Zustand, bei ca. 260° unter Druck (mindestens 35 kg/cm²). **I** + **II** werden ggf. in Granulatform vermischt. — Herst. von *Fäden, Behältern* u. *Folien,* die für W., KW-Stoffe, äther. Öle u. Alkohole undurchlässig sind. (**F. P. 1 224 392** vom 20/3. 1959, ausg. 23/6. 1960. A. Prior. 28/8. 1958.) E. Dörfel. 7181

Imperial Chemical Industries Ltd., England, **Formbare Polyamidpulver** erhält man aus einem linearen Polyamid zusammen mit einem zweiten, das einen 5 bis 100° höheren F. als das erste hat u. weniger als 10% des Gesamtgewichtes der Polyamide ausmacht, durch Mischen im geschmolzenen Zustand (im Trommelmischer) u. Strangpressen bei einer über dem F. des höherschm. Polyamides liegenden Temperatur. (**F. P. 1 231 946** vom 11/7. 1959, ausg. 4/10. 1960. E. Prior. 11/7. 1958.) E. Dörfel. 7181

General Mills, Inc., Minneapolis, Minn., V.St.A., **Herstellung von bei Raumtemperatur flüssigen Polymeren** durch Rk. eines Polyamins der allg. Formel $(H(NH-CR^1R^2\cdot CR^3R_4)_nNH_2$, worin R^1, R^2, R^3 u. R^4 gleich oder verschieden sein können u. H oder eine Alkylgruppe mit < 5 C-Atomen u. $n = 1-6$ bedeuten, mit einer höheren Fettsäure (**I**) bei 285—315° in Ggw. von ditert. Butylperoxid. Als **I** sind Linol- u. Linolensäure sowie Soja-, Tung-, Perilla-, Baumwollsamen-, Mais-, Sonnenblumen, dehydratisiertes Ricinus- oder Tallöl genannt. Als Monomeren werden Äthylendiamin, Diäthylentriamin, Triäthylentetramin, Tetraäthylenpentamin- u. Di-propylentriamin eingesetzt (Tabellen). Die Endprodd. lassen sich mit Epoxidharzen zu bes. hitzewiderstandsfähigen Prodd. mit herabgesetzter Viscosität kombinieren. (**E. P. 847 028** vom 19/5. 1958, ausg. 7/9. 1960. A. Prior. 17/5. 1957.) H. Schindler. 7181

Ruhrchemie Akt.-Ges., Oberhausen, **Herstellung von schwefelhaltigen Polymerisaten von Äthylen und/oder Propylen.** Man läßt bei $> 50^0$ S_2Cl_2 auf Polyäthylen bzw. Polypropylen einwirken. Die Rk. kann ohne Verdünnungsmittel bei 80—150° durchgeführt werden oder durch Suspendieren des Polymerisates in einer Lsg. von S_2Cl_2 in einem chlorierten KW-Stoff bei $>100^0$. (**Holl. P. 98 904** vom 30/5. 1958, ausg. 15/8. 1961.) F. Böhm. 7185

Food Machinery & Chemical Corp., San Jose, Calif., übert. von: Frank P. Greenspan, Buffalo, und Rupert E. Light jun., Kenmore, N.Y., V.St.A., **Thermoplastische Mischpolymerisat–Polymercaptan-Harze** erhält man durch Epoxydieren von z. B. 70—30 Butadien–Styrol-Mischpolymerisaten bei 25—50° mit Perpelargonsäure, Peressigsäure oder Perbuttersäure u. Rk. der gelösten Prodd. mit z. B. Pentamethyldimercaptan, Nonamethylen- oder Decamethylendimercaptan. Aus den Endprod. hergestellte Filme sind biegsam, aber hart u. haften gut an Glas. — Vgl. E. P. 799 719; C. **1960.** 3714. (**A. P. 2 932 627** vom 13/6. 1956, ausg. 12/4. 1960.) H. Schindler. 7185

Dow Corning Corp., übert. von: Ronald L. Joyce, Midland, Mich., V.St.A., **Flammbeständige Organosiloxanschaumstoffe,** die bei normaler Temp. hergestellt werden können, enthalten außer den üblichen auch halogenhaltigen Verbb. u. bes. Sn-

Salzen von Carbonsäuren noch 5% oder mehr Br-Verb., z. B. $NiBr_2$, Pentabrombenzol, -äthylbenzol oder -toluol. (**A. P. 2 956 032** vom 2/6. 1958, ausg. 11/10. 1960.) F. KOCH. 7189

General Electric Co. (Erfinder: William Joseph Bobear), **Verbesserungen bei Polysiloxanen.** Man setzt dem Polysiloxan 0,05—10 Gew.-% eines organ. Carbonats zu u. härtet anschließend in der Hitze. Als Carbonate verwendet man: Propylencarbonat, Äthylencarbonat, Bis-[o-chlorphenyl]-carbonat, Di-n-butylcarbonat, Diäthylcarbonat u. andere. Durch den Carbonatzusatz wird die Struktur reduziert. (**Aust. P. 226 853** vom 21/8. 1958, ausg. 10/3. 1960. A. Prior. 26/8. 1957.) H. NEBELSIEK. 7189

Union Carbide Corp., New York, übert. von: Roscoe A. Pike, Grand Island, N.Y., V.St.A., **Übliche Stabilisatoren für Siloxanelastomere (I)**, gegen Hitzeabbau (Antioxydantien = hydroxylsubstituierte, aromat. Verb.) werden auf krist. (Zeolithe) Metallalbuminiumsilicate niedergeschlagen. Sie können so nicht mit den Härtern (Diacylperoxiden) reagieren. Als **I** kommen auch solche mit ungesätt. Gruppen in Frage. (**A. P. 2 953 543** vom 19/6. 1958, ausg. 20/9. 1960.) F. KOCH. 7189

Chemische Werke Albert (Erfinder: Felix Schlenker), Wiesbaden, **Künstliche Harze aus tautomer reagierenden organischen Verbindungen und Metallsulfaten** werden hergestellt, indem man aus NH_4Cl-haltigen wss. Lsgg. der Metallsulfate durch 2malige Zugabe einer ammoniakal. Lsg. einer tautomer reagierenden organ. Verb. Ndd. der Metall-Verbb. des Tautomeren erzeugt u. den Nd. mit mindestens 1 Mol desgleichen Tautomeren (auf 1 Mol Metall-Verb.) weiter umsetzt. Als Metallsulfat wird $MnSO_4$ verwendet. — 169 g $MnSO_4 \cdot H_2O$ werden in 400 W. gelöst, dann 100 NH_4Cl u. 350 W. zugesetzt u. schließlich 260 Acetessigester u. 136 NH_3 (25%ig.) zugegeben. 1 Mol des als Nd. erhaltenen Mn-Acetessigesters wird dann mit 2 Mol Acetessigester längere Zeit unter Rückfluß gekocht. Nach Entfernen des Lsgm. im Vakuum erhält man ein dunkelbraunes *kolophoniumartiges Harz.* (**D. A. S. 1 132 338** Kl. 39c vom 20/9. 1952, ausg. 28/6. 1962.) A. DANDL. 7199

General Electric Co., übert. von: Kenneth N. Mathes und Harry I. Morgan, Schenectady, N.Y., V.St.A., **Bestrahltes Polyäthylen und daraus erhältliche Produkte.** Man bestrahlt Polyäthylenplatten mit Elektronen hoher Energie in einer Stärke von $2 \cdot 10^6$—$20 \cdot 10^6$ r u. überzieht die Oberfläche z. B. durch Eintauchen in die Lsg. eines Lacks, der ein durch Kolophonium modifiziertes Rk.-Prod. eines mehrwertigen Alkohols (Äthylenglykol, Diäthylenglykol, Propylenglykol, Glycerin, Sorbitol, Pentaerithrit) mit einer mehrbas. Carbonsäure (Oxalsäure, Malonsäure, Bernsteinsäure, Adipinsäure, Azelainsäure, Phthalsäure, Tetrachlorphthalsäure), ferner ein durch ein Phenol–Aldehyd modifiziertes Kondens.-Prod. aus einem mehrwertigen Alkohol mit einer mehrbas. Carbonsäure u. ferner ein Phenol–Aldehyd-Kondens.-Prod. enthält. Das Trocknen des Lacks kann durch Metallsalze höherer Fettsäuren (Fe-, Pb-, Mn-Naphthenat) beschleunigt werden. Während das nicht überzogene bestrahlte Polyäthylen (**I**) beim 50std. Erhitzen auf 150° deutlich an Gew. verliert u. Abbauerscheinungen zeigt (nach 1000 Std. bei 150° 25% Gew.-Verlust), verliert das überzogene bestrahlte **I** nach 1000 Std. bei 150° nur 0,5% seines Gew. u. zeigt selbst nach 5500 Std. keine Veränderungen. Das **I** kann auch in Form beliebig geformter Gegenstände, bes. als mit **I** überzogene elektr. Leiter, bestrahlt werden. (**A. P. 2 929 744** vom 3/11. 1954, ausg. 22/3. 1960.) A. JAHN. 7205

Godfrey L. Cabot, Inc., Boston, Mass., V.St.A., **Herstellung von plastischen Massen,** dad. gek., daß man in ein überwiegend aus Äthylen bestehendes Monomeres bei einer Temp., bei der beim Mischen u. Kneten eine Bldg. von Polymeren oder Mischpolymeren nicht eintritt, $\geqq 5$ (Teile) eines neutralen bis alkal. Füllstoffs, bes. Ruß, u. $\geqq 0,5$ (beide auf 100 Polymer bezogen) eines organ. Peroxids der Formel: $R—O—O—R_1$ einmischt (R u. R_1 = einwertige α-Aryl-, bes. Phenyl-, substituierte Alkylreste). Es werden verwendet: Di-(α-phenylalkyl)-, Dicumyl-, Di-p-tert.-butylcumyl-, Di-(α-phenyläthyl)-, Di-(α-p-isopropylcumyl)-, Di-(α-p-nitrocumyl)-, α-Cumyl-α-p-tert.-butylcumyl-, α-Cumyl-α-p-xylyl-, α-Cumyl-α-diphenylmethyl-, α-Cumyl-α.α_1-naphthylmethyl- oder α-Cumyl-α-p-nitrocumylperoxid bzw. mehrere dieser Peroxide. — Erhöhung der Reißfestigkeit, Elastizität u. Formbeständigkeit bei hohen u. niedrigen Temperaturen. Herst. von Hochdruckmaterial, z. B. für Rohre. — Tabelle. (**E. P. 843 617** vom 3/7. 1957, ausg. 4/8. 1960. A. Prior. 12/7. u. 15/11. 1956.) G. VOGEL. 7205

Farbenfabriken Bayer Akt.-Ges., Leverkusen, **Herstellung von vernetzten Elastomeren,** dad. gek., daß man eine Mischung aus 100 (Teilen) eines linearen Mischpolymerisats aus Äthylen (**I**) u. 10—60% eines anderen monoäthylen. ungesätt. Monomeren mit 1 —CH-Gruppe im Mol., 1—10 einer mit dem Polymeren durch einen akt. Rest reaktionsfähigen Verb. u. 0,5—20 einer Verb. mit mindestens 2 äthylen. ungesätt. Gruppen auf 50—250° erhitzt. Das Prod. wird bes. aus einem in tert.-Butanol-Lsg. hergestellten Mischpolymerisat aus I u. Vinylacetat oder Propylen, Dicumylperoxid u. Triallylcyanurat oder -phosphat, z. B. aus 100 eines I-Vinylacetat (55 : 45)-Mischpolymerisats, 50 Ruß oder 15 hochakt. SiO_2, 1,2 Dicumylperoxid u. 3 Triallylcyanurat, durch 1 std. Erhitzen auf 151° bei 4 at hergestellt. Herst. von *licht-* u. *wetterfesten*, bes. *gummielast.*, *Prodd.*, wie Fl.-Behältern, flexiblen Rohren, elektr. Kabelisolierungen, Korrosionsschutzüberzügen, Außenlagen von weißen Autoreifen, Textilüberzügen, Regenkleidung u. Zelten. — Mengenbeispiele, Tabellen. (**E. P. 853 640** vom 30/1. 1959, ausg. 9/11. 1960. D. Prior. 30/1. u. 3/6. 1958.) G. VOGEL. 7205

Polymer Corp., übert. von: William J. Davis, Reading, Pa., V.St.A., **Füllstoffe enthaltende Polytetrafluoräthylene** durch Dispersion der Komponenten in W., A., Aceton oder Naphtha. Das Polymere (I) soll nicht gesintert sein u. in koll. Form vorliegen. Dann wird das I auf dem Füllstoff (II) niedergeschlagen u. durch Erhitzen gesintert. Zusammen mit ungesintertem festem I kann die Masse verpreßt u. schließlich zusammengesintert werden. Als II sind Metall- u. Glaspulver genannt, die bis zu 90% im Fertigprod. zugegen sein können. — Mengenbeispiele. (**A. P. 2 961 712** vom 10/7. 1957, ausg. 29/11. 1960.) H. SCHINDLER. 7205

United States Rubber Co., New York, N.Y., V.St.A., **Härten von fluorhaltigen Elastomeren,** wie gummiartigen Vinylidenfluorid (I)–Hexafluorpropylen (II)-oder I–Chlortrifluoräthylen-Mischpolymerisaten in Ggw. eines Amins, dad. gek., daß man das Elastomere einer mindestens 4 (bis 33) % NH_3 enthaltenden Atmosphäre aussetzt. — Man mischt z. B. 100 (Teile) I–II (4 : 1-Mol.)-Mischpolymerisat (D. 1,85) mit 20 Ruß, 5 MgO u. 1,25 Hexamethylendiamincarbamat bei 120—150° F, erhitzt die auf 160° F vorgewärmte Masse nach einem Zeitplan auf 276° F, kühlt, entspannt u. erhöht den Druck während 1 Std. auf 45 lbs./sq.in. unter Zufuhr von 8 Vol.-% NH_3, hält diesen Druck 4 Std., kühlt u. entspannt (Gesamtzeit 5½ Std.). — Herst. von *Geräten* u. *Rohren* für Lsgm. u. andere Chemikalien, Benzinbehältern usw. mit hoher Zugfestigkeit u. kurzer Vulkanisationszeit. — Beispiele, Tabellen. (**E. P. 855 240** vom 19/3. 1959, ausg. 30/11. 1960. A. Prior. 19/3. 1958.) G. VOGEL. 7205

E. I. du Pont de Nemours & Co., Wilmington, Del., V.St.A., **Mischung aus mindestens zwei thermoplastischen gesättigten Polymeren,** wovon mindestens eine zu jeder der nachst. definierten Gruppen A u. B gehört, u. 5—75% (auf die Summe der Polymeren bezogen) feinverteilter Kieselsäurepartikel. Die Polymeren der Gruppe A, wozu bes. Polymerisate von n-Butyl-, Äthyl- oder Methylacrylat u. Äthylen–Vinylacetat- oder Äthylacrylat–Acrylonitril-Mischpolymerisate gehören, besitzen mehrere, ROOC-, HO-, ROCO- oder $X-SO_2$-Reste enthaltende Seitenketten, die an nicht benachbarten C-Atomen der Hauptkette sitzen (R = ggf. substituierter Alkyl-, Aryl- oder Aralkylrest; X = Halogen) die Polymeren der Gruppe B bestehen aus Mono- oder Diolefinpolymerisaten oder Naturkautschuk, bes. Polyäthylen, Polyisobutylen oder Polypropylen. Die Kieselsäure-Verb. besitzt eine maximale Partikelgröße von 0,001—0,1 in., eine Oberfläche von $\geqq 100\ m^2/g$ u. an der Oberfläche der Partikel OH-Gruppen, die mit den Resten der Seitenketten der Polymeren A kondensiert sind. Die Masse wird ggf. durch Erhitzen mit Benzylperoxid oder dgl. weiter vernetzt. — Man knetet z. B. 50 (Teile) Äthylen–Vinylacetat-Mischpolymerisat, 50 Polyisobutylen u. 82 Kieselsäurehydrat („Cab-O-Sil") 7—20 Min. bei 130—140° u. preßt die Masse ca. 10 Min. bei 120° zu transparenten Platten. — Herst. von *Schichten, Filmen, Fäden, Stäben, Rohren, Überzügen* u. Artikeln für Polsterei, Vorhänge, Wand-, Tisch- u. Fußbodenbelag, Regen- u. Babykleidung, Bandagen, Wäschebeutel, Handtaschen, Kofferbezügen, Segeltuch, aufblasbares Spielzeug, Schuhsohlen u. -absätze, Leuchtschichten für Dekoration u. Polizeikleidung. — Beispiele, Festigkeitstabellen. (**E. P. 857 507** vom 3/2. 1959, ausg. 29/12. 1960. A. Prior. 3/2. 1958.) G. VOGEL. 7205

Russel Bliss Akin, Acetal resins. New York: Reinhold; London: Chapman & Hall. 1962. (XI + 178 S. m. Taf. u. Abb.) 50 s.

XII. Kautschuk

Copolymerisation von Butadien und Isopren mit Kobaltdiacetylacetonat-Aluminiumdiäthylmonochlorid-Katalysatoren in Toluol. I. Pasquon, L. Porri, A. Zambelli und F. Ciampelli. (Chim. e Ind. [Milano] **43.** 509—12. Mai 1961. Mailand, Politecnico, Ist. di Chim. ind.; ital.) — Die Copolymerisation wurde in Toluol-Lsg. zwischen —20 u. +55° untersucht. B. SCHEIFELE. 7224□

Chemie des Rußes bei der Kautschukverstärkung. C. W. Sweitzer, K. A. Burgess und F. Lyon. (Rubber Chem. Technol. **34.** 709—28. Juli/Sept. 1961. Princeton,

N.J., Columbian Carbon Co., Res.Labor.; engl.) — Der Einfl. der funktionellen O-Gruppen u. der Oberflächenaktivität von Ruß auf die Kautschukverstärkung wurde untersucht. Die Entfernung des chem. gebundenen O von Channel- u. Furnace-Ruß ohne Änderung der darunterliegenden Oberfläche hat nur geringen Einfl. auf die Verstärkerwirkung. Wenn dagegen die C-Oberfläche durch Wärmebehandlung in einen Zustand niedrigerer Energie übergeführt wurde, beobachtet man eine deutliche Abnahme des Verstärkereffekts des Rußes. Verschiedene Arten von funktionellen O-Gruppen auf der C-Oberfläche zeigen ähnlichen Einfl. auf die Kautschukeigenschaften. R. SCHÄFF. 7226□

Chemismus der Verstärkung. 4. Mitt. **Modellsystem aus Ruß, Squalen, Tetramethylthiuramdisulfid und Laurex.** Merton L. Studebaker und Lester G. Nabors. (Rubber Age [New York] **85.** 984—86. Sept. 1959. Akron, Ohio, Phillips Chem. Co., Rubber Chem. Div.; engl.) — 3. vgl. C. **1961.** 14853. — Ein Modell-Syst., bestehend aus 50 (Gew.-Teilen) Ruß verschiedener Typen, 100 Squalen, 3,5 Tetramethylthiuramdisulfid u. 20 Zn-Laurat (Laurex) wurde 1 Std. auf 150° erhitzt, 30 Tage mit Toluol extrahiert u. der Rückstand 48 Std. bei 148° im Vakuum getrocknet. An dem durch Extraktion aus den Mischungen entfernten Ruß wurden N_2, Gesamt-S, anorgan. Sulfid-S u. Zn analysiert. Es wurde gefunden, daß beträchtliche Zn-Mengen, u. zwar weit mehr als dem ZnS entspricht, auf dem Ruß verblieben sind. Diese Ruße wurden daher anschließend 7 Tage mit Eisessig behandelt u. erneut auf N_2, S, Zn u. anorgan. Sulfid-S analysiert. Aus den Befunden wird gefolgert, daß N u. S in Form von Dimethylthiocarbamylradikalen an Ruß addiert sind, d. h. diese Radikale reagieren mit dem Ruß oder sind auf oder nahe der Rußoberfläche lokalisiert. R. SCHÄFF. 7226□

Untersuchung von Kautschukmischungen mit aktiviertem Calciumcarbonat 2. Mitt. H. Hasegawa, Y. Furusawa und Y. Shiraki. (J. Soc. Rubber Ind. Japan **31.** 969—82. 1958. Shiraishi Kogyo Co. Ltd., Res. Labor.; jap., Auszug: engl.) — 1. vgl. C. **1959.** 1959. — Der Einfl. von aktiviertem $CaCO_3$ (gefälltes $CaCO_3$ mit Teilchengrößen unter 0,08 μ, nachbehandelt mit bestimmten organ. Verbb.) als Füllstoff in Styrol-Butadien-Kautschuk-Mischungen auf deren physikal. Eigg. wurde untersucht. Die Eigg. der Oberflächenbehandlungsmittel zeigen einen deutlichen Einfl. auf die Verstärker-Wrkg. des $CaCO_3$ (Calmos A u. Hakuenka DD waren die besten $CaCO_3$-Typen). Solche. Kautschukmischungen weisen verbesserte technolog. Eigg. im Vgl. zu anderen hellen Füllstoffen auf. R. SCHÄFF. 7226□

Die Wahl optimaler Vulkanisationsbedingungen der Naturkautschukmischungen. B. J. Oblethorpe und F. L. Connors. (Austral. Plastics Rubber J. **16.** Nr. 188. 37—39. März 1961. New South Wales, Kensington, Univ., Polymer Sci.; engl.) — Die Bewertung optimaler Vernetzung einer Kautschukmischung beruht normalerweise auf den Zugfestigkeits-Dehnungs-Daten einer Vulkanisationsreihe, wobei im allg. nur eine Zeit-Temp.-Kombination für das Optimum erhalten wird. Vff. weisen darauf hin, daß die optimale Vulkanisationsbedingung als Zeitspanne für jede Temp.-Bedingung angegeben werden sollte. R. SCHÄFF. 7228□

Der Einfluß der Temperatur auf die Luftalterung von Kautschukvulkanisaten. A. E. Juve und M. G. Schoch jun. (Mater Res. Standards **1.** 542—45. Juli 1961. Brechsville, Ohio, B. F. Goodrich Co., Techn. Serv. Res.; Buffalo, N.Y., Hewitt Robins. Rubber Div.; engl.) — Durch Luftalterung ändern sich Vulkanisate aus Nitrilkautschuk, Neopren u. GR-S bei Zimmer-Temp. bis 150° in gleicher Weise (Diagramme der mechan. Eigg.); die scheinbare Aktivierungsenergie (SAE) beträgt 19000 ± 2000 (cal/Mol). Bei Naturkautschuk ist der Bereich der Schädigungen enger, die SAE beträgt 20000—25000, in einem Fall 28450. Die Möglichkeit, die Ergebnisse beschleunigter Alterungsprüfungen für andere Temp. zu extrapolieren, hängt davon ab, ob Prüf- u. gesuchte Temp. im gleichen Schädigungsbereich liegen u. ob die Temp.-Abhängigkeit der die Geschw. hemmenden Rk. bekannt ist. W. WESLY. 7230□

Phillips Petroleum Co., Bartlesville, Okla., V.St.A., **Butadien-(1.3)-Polymerisate** erhält man durch Polymerisation von Butadien-(1.3) in Ggw. eines Katalysators aus einem Al-Hydrid der Formel $MAlH_4$, worin M = Li, Na, K, Rb oder Cs, u. $TiCl_4$ bei 0—150° in inertem Rk.-Medium. Beim Verhältnis $LiAlH_4/TiCl_4$ = 1,4 erhält man 44,5% trans-1.4-, 29% cis-1.4- u. 26,5% 1.2-Struktur, beim Verhältnis 1,77 4,5% trans-1.4-, 15,0% cis-1.4- u. 80,5% 1.2-Struktur im Polymerisat. (**E. P. 848 064** vom 17/10. 1956, ausg. 14/9. 1960. A. Prior. 30/4. 1956.) L. STADELMANN. 7225

Esso Research and Engineering Co., V.St.A. (Erfinder: Albert M. Gessler), **Verbesserung der Eigenschaften von Ruß,** bes. für die Herst. von vulkanisiertem *Butylkautschuk*, durch intensive Vermahlung in einer Kugelmühle in Ggw. von Luft u. O_2 bei Temp. zwischen 0 u. 200°, bes. 20—100°. Man geht z. B. aus von einem Ofenruß oder therm. Ruß, dessen pH-Wert über 6 liegt. Von dem verbesserten Ruß werden auf

100 (Teile) Butylkautschuk 10—150 Ruß verwendet. Ebenso wird chlorierter Butylkautschuk mit 0,5—3% Cl-Geh. mit dem Ruß behandelt. (**F. P. 1 208 293** vom 3/6. 1958, ausg. 23/2. 1960. A. Prior. 3/6. 1957.) M. F. MÜLLER. 7227

Imperial Chemical Industries Ltd., London, England (Erfinder: James Davidson und Walter Peace), **Herstellung von Pellets und Granalien aus organischen Kautschukzusätzen** (Vulkanisationsbeschleunigern oder -verzögerern, Antioxydantien) durch Mischen mit einem Bindemittel u. Formen von Teilen, dad. gek., daß man als Bindemittel ein Polymeres einer Verb. der allg. Formel: $CH_2{=}C(H){-}OR$ verwendet (R = H, KW-Stoff- oder Acylrest). — Man mischt z. B. 40 (Teile) einer 50%ig. wss. Polyvinylacetatemulsion mit 1350 einer wss., 77% Zn-Diäthyldithiocarbamat enthaltenden Paste, die man nach dem Extruder in Stabform trocknet. Ggf. setzt man der Masse noch ein Netzmittel zu. — Mengenbeispiele. (**E. P. 856 312** vom 21/5. 1958, ausg. 14/12. 1960.) G. VOGEL. 7229

Montecatini Soc. Gen. per l'Industria Mineraria e Chimica (Erfinder: Giovanni Di Drusco), Mailand, Italien, **Vulkanisation von sulfochlorierten, praktisch amorphen α-Olefin-Mischpolymeren** durch Erhitzen unter Druck in Ggw. von Vulkanisationsbeschleunigern, Alterungsschutzmitteln, Metalloxiden u. einem oder mehreren organ. Peroxiden. — Man mischt 100 (Gew.-Teile) sulfochloriertes Äthylen–Propylen-Mischpolymerisat (Molgew. 50000; Cl-Geh. 7,9 Gew.-%) bei 30° mit 40 PbO, 3 Mercaptobenzothiazol, 2,5 hydriertem Harz „Staybelite" u. 4 Benzoylperoxid 20 Min. u. erhitzt in der Presse 30 Min. auf 160°. (**F. P. 1 202 570** vom 15/9. 1958, ausg. 12/1. 1960. **Jap. A. S. 1836/1960** vom 5/9. 1958, ausg. 8/3. 1960. Beide It. Prior. 18/9. 1957.) M. PANKOW. 7229

Columbian Carbon Co., New York, N.Y., V.St.A. (Erfinder: Harold Anthes Braendle), **Herstellung von Ruß-Kautschuk-Mischungen.** Eine ggf. mit NH_4-Seife als Stabilisiermittel hergestellte wss. Rußdispersion wird mit Kautschukmilch oder Polymerisatlatex, die NH_4-Seife u. überschüssiges NH_3 als Stabilisator enthalten, gemischt, u. die Mischung wird unterhalb einer nachteilig wirkenden Temp. so hoch erhitzt, das überschüssiges NH_3 entfernt, die NH_4-Seife zersetzt u. dadurch die Emulsion koaguliert wird. — Man verrührt 1 (Teil) Ruß, 11 W. u. 2% (des Rußes) NH_4-Resinat (I) u. gibt zu einer Emulsion, die man durch Emulsionspolymerisation von Butadien u. Styrol in Ggw. von I als Emulgator erhalten hat u. die man mit 3 NH_3 (pro 100 Polymeres) versetzt hat. Bei raschem Erhitzen auf 80° entweicht NH_3 u. die Mischung koaguliert. — Zeichnung. (**F. P. 1 206 092** vom 7/5. 1958, ausg. 8/2. 1960. **Jap. A. S. 5083/1960** vom 21/4. 1958, ausg. 13/5. 1960. Beide A. Prior. 29/5. 1957.) M. PANKOW. 7231

Esso Research and Engineering Co., Elizabeth, N.J., V.St.A. (Erfinder: Francis P. Baldwin, Alfred L. Miller und Samuel B. Robinson), **Verbesserung der Haftung von Fasermaterial an Butylkautschuk** (I). Man behandelt das Fasermaterial mit einer Dispersion von halogeniertem I mit wenigstens 0,5 Gew.-% gebundenem Halogen, mischt es in I ein u. vulkanisiert diesen. Außer dem halogenierten I kann man noch Phenol–Aldehyd-Harz aus 2wertigem Phenol zusetzen. — Man leitet in eine Lsg. von 75,1 (kg) I in 688 Bzl. bei 20° 2,2 Cl_2, rührt die Lsg. 10 Min., wäscht mehrmals u. gibt 0,2% (des I) Alterungsschutzmittel zu der 10%ig. Benzol-Lsg., die, mit Polyoxyäthylendispergiermittel (Sterox A.J.) u. etwas Zn-Stearat in W. dispergiert, bei 88—99° vom Bzl. befreit wird. Man gewinnt so durch Filtrieren Chlor-I. 100 Teile dieses Prod. gibt man als 20%ig. Hexan-Lsg. in 100 W., das 5 Polyoxyäthylentridecylsulfat-Na, 1 Polyoxyäthylenoctylphenol u. 1 NaH_2PO_4 enthält, kocht 10 Min. im Homogenisator u. entfernt das Hexan. Man verd. den Latex auf 20—30%, gibt dazu eine Lsg. eines Phenol–Formaldehyds aus einer Mischung von 15 Latexfeststoff, 2,2 Resorcin, 3,5 37%ig. HCHO u. 79,3 W., stellt auf pH 8,3 u. läßt 16 Std. stehen, taucht Kunstseidereifencord in den Latex, trocknet 5 Min. bei 121° u. baut aus dem Cord mit Butylkautschuk eine Karkasse auf. (**F. P. 1 178 707** vom 9/7. 1957, ausg. 14/5. 1959. **Jap. A. S. 6639/1960** vom 6/7. 1957, ausg. 7/6. 1960. Beide A. Prior. 9/7. 1956 u. 26/6. 1957.) M. PANKOW. 7231

XIII. Ätherische Öle. Parfümerie. Kosmetik

Die Gewinnung ätherischer Öle in Marokko. 4. Mitt. **Rosen-, Lavendel- und Lavandinöle und ein weiterer Beitrag über das Geraniumöl.** Steffen Arctander. (Riv. ital. Essenze, Profumi, Piante officin., Olii veget., Saponi **43.** 494—96. Nov. 1961 ital.) — 3. vgl. Soap, Perfum, Cosmet. **34.** [1961.] 261. — Bericht über die Gewinnung von Rosen-, Lavendel- u. Lavandinölen in Marokko (Tiddas). Die von anderen Geraniumölen abweichende Kopfnote des in Marokko gewonnenen Öls ist im wesentlichen von ökolog. Faktoren u. von der Art der Gewinnung abhängig. H. P. FIEDLER. 7262□

Zusammensetzung des ätherischen Öles von Citrus. Horton E. Swisher. (Drug Cosmet. Ind. **90.** 415—16. April 1962. Ontario, Calif., Sunkist Growers Res. and Dev. Labor.; engl.) — Vergleichende Betrachtung der Zus. der äther. Öle von Citronen u. Orangen. G. LOSSNER. 7262□

Bedeutung der Gegenwart von p-Menthadienolen in ätherischen Ölen. Y.-R. Naves. (Parfum., Cosmét., Savons **5.** 220—24. Mai 1962. Vernier-Genève, Givaudan S.A.; franz.) — Vf. berichtet über das Vork. u. die mögliche Entstehung der in äther. Ölen enthaltenen Alkohole $C_{10}H_{14}O$, $C_{10}H_{18}O$, $C_{10}H_{20}O$ u. vor allem der $C_{10}H_{16}O$-Alkohole. Bes. wird auf eigene Arbeiten über die Bldg. von Isopiperitenolen u. auf die Erweiterung der Kenntnisse über die Chemie der Terpensubstanzen durch weitere Unterss. auf diesem Gebiet hingewiesen. — 20 Literaturangaben. H. P. FIEDLER. 7262□

Saccharose-Ester und Saccharose-Glyceride in Form von kosmetischen Cremes und Milchen. Paolo Rovesti. (Soap, Perfum. Cosmet. **35.** 139—44. Febr. 1962. Milan, Inst. for Res. on Vegetable Deriv.; engl.) — Die Verw. von Saccharoseestern (SE) u. Saccharoseglyceriden (SG) als emulgierende nichtion. Substanzen in Schönheitsmilch, Tages-, Nacht- u. Reinigungscremes sowie Zahnpasten wird besprochen. Besonders hervorgehoben wird, daß SE u. SG sehr gut von der Haut resorbiert werden, hautaffin sind u. daß sie keine Nebenwrkg. hervorrufen. SE u. SG sind verträglich mit anderen akt. Stoffen, mit Antisepticis u. Konservierungsmitteln. Tabellen mit Angaben über FF., Kpp., Dichte, Farbe, Löslichkeit in W., 4%ig. H_2SO_4, 4%ig. NaOH, 4%ig. Na_2SO_4, 4%ig. $AlCl_3$ u. verschiedenen nichtwss. Lsgm., Oberflächenspannung, Netzkraft, reinigende Wrkg. u. HLB-Werte werden gegeben. K. HINTERAUER. 7284□

Saccharose-Ester und Saccharose-Glyceride. Weitere Verwendung für Kosmetik und Parfümerie. René Colson. (Soap, Perfum. Cosmet. **35.** 145—47. Febr. 1962; engl.) — Die Verw. von Saccharoseestern (SE) u. Saccharoseglyceriden (SG) zur Herst. von Shampoons, Zahnpasten, Reinigungscremes, Reinigungsmilchen, Rasiercremes, Reinigungspasten, Make-up-Cremes, Rouge u. Lippenstiften, Sonnenschutzmittel, Lotions, Haarpflege-Prodd. u. wasserlösl. Parfüms wird kurz beschrieben. SE u. SG sind sowohl als kosmet. Grundkörper als auch als oberflächenakt. Substanzen verwendbar. Die Unschädlichkeit von SE u. SG wird besonders hervorgehoben. Einige Rezeptvorschläge werden gemacht. K. HINTERAUER. 7284□

Die Aktivbestandteile des in der Kosmetik verwendeten Lattichsaftes. J. Perroncito. (Parfum., Cosmét., Savons **5.** 228—29. Mai 1962. Pavia, Univ., Fac. de Chim.; franz.) — Es werden die Eigg. u. Inhaltsstoffe des aus *Lactuca*-Arten gewonnenen Milchsaftes, *Lactucarium* (**I**) genannt, aufgeführt u. Wrkg. u. Anwendung des **I** beschrieben. Die beruhigende u. hypnot. Wrkg. des **I**, die mit Vorteil auch in der Kosmetik ausgewertet werden kann, läßt die Vermutung zu, daß **I** eine dem Azulen ähnliche Wrkg. ausübt. H. P. FIEDLER. 7284□

Die kosmetische Verwendung des Lattichsaftes. Bruno Bigi. (Parfum., Cosmét., Savons **5.** 229—31. Mai 1962. Milano, Esperis S. A.; franz.) — Orientierende Verss., die mit einer *Lactucarium* (**I**) u. im Vgl. zu einer Azulen enthaltenden Emulsion durchgeführt wurden, lassen eine gewisse euderm. Wrkg. des **I** erkennen u. im übrigen vermuten, daß **I** vornehmlich die Entw. des Bindegewebes fördert. H. P. FIEDLER. 7284□

Wasserstoffbindung und Kaltwelle. Gavern T. Walker. (Seifen-Öle-Fette-Wachse **88.** 364—65. 6/6. 1962; dt.) — Überblick über die Bedeutung der Wasserstoffbindungen bei der Haarverformung (Kaltwelle). J. SEIDEMANN. 7284□

Plastikbehälter für Kosmetika und Parfüms in Aerosolform. P. Sherwood. (Parfum., Cosmét., Savons **5.** 248—49. Mai 1962; franz.) — Acetalharze, bes. *Delrin*, sind zur Herst. von Plastikbehältern, die für die Aerosolabfüllung verwendet werden können, geeignet. H. P. FIEDLER. 7284□

Ein Test auf Chalkone in Citronenöl. W. L. Stanley. (J. Assoc. off. agric. Chemists **44.** 546—48. Aug. 1961. Pasadena, Calif., Fruit and Vegetable Chem. Labor.; engl.) — Kaltgepreßtes Citronenöl (**I**) zeigt im UV ein Absorptionsmaximum bei 300 bis 327 mμ, das im wesentlichen dem Vorhandensein substituierter Cumarine u. Psoralene zuzuschreiben ist. In eigenen chromatograph. Unterss. kann gezeigt werden, daß der in **I** enthaltene, das charakterist. UV-Spektrum liefernde Anteil im wesentlichen aus *4'-Hydroxychalkon* (**II**) besteht. Um Chalkone, bes. **II**, in **I** nachzuweisen, wird nachfolgende Meth. vorgeschlagen: Mit einer in 0,01 ml kalibrierten 0,1-ml-Pipette werden 0,02—0,05 ml **I** auf einen mit Kieselsäure in näher angegebener Weise überzogenen Papierstreifen gegeben; Startpunkt ca. 2 cm oberhalb des unteren Endes des Streifens. Der Streifen wird in ein Standard-6″-Reagensglas, das 1 ml Lsgm. (25 Vol.-% Äthylacetat in Hexan, über Na_2SO_4 getrocknet) enthält, eingesetzt. Ist das Lsgm. bis ca.

10 cm über den Startpunkt angestiegen, wird der Streifen entnommen u. nach dem Verdunsten des Lsgm. HCl-Dämpfen ausgesetzt. In Ggw. von **II** treten bei R_F 0,30—0,36 hellrot gefärbte Flecken auf (R_F von **II** 0,36). H. P. FIEDLER. 7286□

Dragoco Spezialfabrik konz. Riech- u. Aromastoffe Gerberding & Co. G. m. b. H. (Erfinder: Günther Ohloff), Holzminden, **Herstellung von Lactonen der 1.1-Dimethyloktahydronaphthalin-Reihe,** dad. gek., daß man die durch Dien-Synth. aus Myrcen u. unsymm. substituierten dienophilen Verbb. erhaltenen Addukte bzw. deren Cyclisierungs-Prodd. der allg. Formeln **I** bzw. **II**, in denen R_1 = OH

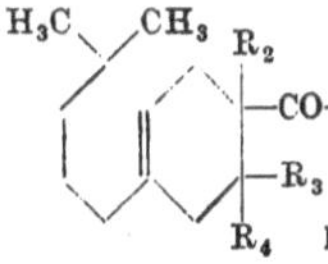
I

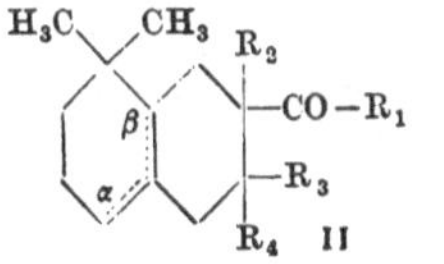
II

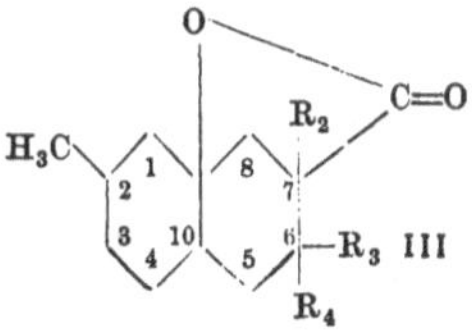
III

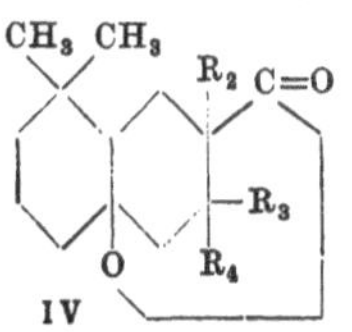
IV

oder OCH_3 u. R_2—R_4 = H oder Methylreste bedeuten, mit Hilfe wss. H_2SO_4 bzw. Gemischen aus wss. bzw. konz. H_2SO_4 u. Ameisensäure bzw. Essigsäure bei 65—100° behandelt. — Einem Gemisch aus 1750 g 100%ig. Ameisensäure u. 92 g konz. H_2SO_4 werden 1000 g Myrcen–Methylacrylsäuremethylester-Addukt der allg. Formel **I** (R_1 = OCH_3; R_2 = CH_3; R_3 + R_4 = H) zugetropft u. bei 65° 1 Std. gerührt. Man gießt auf Eis, wäscht mit W. u. $NaHCO_3$ neutral, verseift mit 10%ig. methanol. KOH u. fällt durch H_2SO_4 die Carboxylverbindung. Man löst den Nd. in Bzl., wäscht das Sulfat u. extrahiert die sauren Bestandteile mit kalter (0°) 2%ig. KOH oder 10%ig. $NaHCO_3$ bei Normaltemperatur. Die sauren Anteile werden durch Mineralsäuren aus ihren Alkalisalzen gefällt u. mittels Lsgm. isoliert. Sie kristallisieren als 1.1.7-Trimethyl-7-carboxy-Δ^9-oktahydronaphthalin, F. 63°. Die vom Alkali nicht erfaßten Anteile bestehen aus einem Gemisch der γ- u. δ-*Lactone* der Formeln **III** u. **IV** (R_2 = CH_3; R_3 + R_4 = H), Kp.$_{2,5}$ 130—140°; $D._4^{20}$ 1,043—1,053; n_D^{20} 1,493—1,496. — 1.1.7-Trimethyl-7-carbomethoxy-Δ^4-oktahydronaphthalin (**II**; R_1 = OCH_3; R_2 = CH_3; R_3 + R_4 = H) ergibt mit Ameisen- u. Schwefelsäure γ- + δ-*Lactone*, Kp.$_{2,5}$ 132—138°; $D._4^{20}$ 1,0516; n_D^{20} 1,495. — Myrcen–Crotonsäure-Addukt (**I**; R_1 = OH; R_2 + R_3 = H; R_4 = CH_3), F. 63—64°, ergibt mit den Säuren behandelt 1.1.6-Trimethyl-7-carboxy-Δ^9-oktahydronaphthalin (**II**; R_1 = OH; R_2 + R_3 = H; R_4 = CH_3), F. 112°, u. ein *Lactongemisch* (**III** + **IV**; R_2 + R_3 = H; R_4 = CH_3), Kp.$_3$ 132—140°; $D._4^{20}$ 1,066; n_D^{20} 1,501. — Neben 1.1-Dimethyl-7-carboxy-Δ^4-oktahydronaphthalin (**II**; R_1 = OH, R_2—R_4 = H), F. 88° entstehen **III** u. **IV**; R_2—R_4 = H, Kp.$_5$ 128 bis 136°; $D._4^{20}$ 1,064; n_D^{20} 1,503. — Myrcen–Methacrylsäure-Addukt (**I**; R_1 = OH; R_2 = CH_3; R_3 + R_4 = H) mit 67%ig. H_2SO_4 2 Std. bei 70° behandelt, ergibt wie vorst. aufbereitet, neben Spuren von 1.1.7-Trimethyl-7-carboxy-Δ^9-oktahydronaphthalin (**II**, R_1 = OH; R_2 = CH_3; R_3 + R_4 = H), *Lactone* (**III** + **IV**; R_2 = CH_3; R_3 + R_4 = H), Kp.$_3$ 133—141°; $D._4^{20}$ 1,0510; n_D^{20} 1,495. Lactone **III** u. **IV** trennt man durch Dest., da γ-Lacton **III** niedriger siedet als δ-Lacton **IV**. — Herst. neuer *Riechstoffe*. (**D. A. S. 1 057 108** Kl. 12o vom 4/5. 1957, ausg. 14/5. 1959.) G. KÖNIG. 7277

Yugen Kaisha Suzuki-Shinobu Sohonsha, Mizuochicho, Shizuoka-shi, Japan (Erfinder: Tsuneshi Suzuki), **Aerosol-Präparat zur Reinigung und Pflege des Gesichts.** Es besteht aus einer Öl-in-Wasser-Emulsion, die 0,1—0,2% Scordinin (**I**), erhalten aus Allium Scorodoprasum L., das eine glutathionartige Wrkg. auf den Metabolismus der Hautzellen ausübt, 0,01% 1.3-Bis-[4-heptyl-1-jod-5-methylthiazolyl-(2)]-5-[1-heptyl-5-methylthiazolyl-(2)]-pentamethin (**II**) sowie 3—12% Treibmittel enthält. — Beispiel: 7 (g) Stearinsäure, 4 Stearoylmonoglycerid, 2 Isopropylmyristat, 1 Triäthanolamin, 100 W., 0,02 ml Parfüm. Zu dieser Emulsion fügt man eine Lsg. von 0,2 (g) **I** u. 0,02 **II** in 10 W.; 100 g des Gemisches werden mit 12 Dichlortetrafluormethan in eine Aerosolflasche abgefüllt. (**E. P. 874 627** vom 9/6. 1959, ausg. 10/8. 1961.) E. PETERSEN. 7285

Leo J. Novak, Commonwealth Engineering Co. of Ohio, Dayton, Ohio, und Joseph T. Tyree, Chicago, Ill., V.St.A., **Hochschmelzende Fettsäureester des Dextrans** (**I**) erhält man bei der Rk. des **I** mit veresterbaren Derivv. der Fettsäuren in Ggw. eines Säureacceptors oder Bindemittels u. eines Katalysators, wie Mg-Perchlorat, bei Temp., welche die fl. Phase des Rk.-Mediums gewährleisten (50—100°). Die Ggw. eines Lsgm. für den Dextranester, wie Xylol, Toluol, Dioxan, ist vorteilhaft. Man versetzt die Rk.-Lsg. mit W., trennt die wss. Schicht ab u. versetzt den Rückstand mit einem den Dextranester lösenden Lsgm., z. B. Chlf., u. fällt den Ester mit einem den Dextranester nicht lösenden Mittel, z. B. aliphat. Alkohole. Die Ester sind gegen W. u. wss. Seifen-Lsgg. beständig, daher als Bestandteil für *kosmet. Präpp.* verwendbar. Besonders eignen sich die *Stearin-* oder *Palmitinsäureester*. (**A. P. 2 954 372** vom 16/11. 1956, ausg. 27/9. 1960.) G. König. 7285

Robert Maurin, Frankreich, **Verwendung des Extraktes von einzelligen Algen**, z. B. aus der Klasse Chlorella, für die Behandlung der Kopfhaut, bes. zur Massage. Als Wirkstoffe sind darin enthalten: Glutaminsäure, Alanin, γ-Aminobuttersäure, ungesätt. Fettsäuren mit 14—20 C-Atomen, Sterine u. Vitamine (Vitamin B_1 mit einer geringen Menge Vitamin C). (**F. P. 1 232 906** vom 17/10. 1955, ausg. 12/10. 1960.) M. F. Müller. 7285

Soc. des Usines Chimiques Rhône-Poulenc, Paris, Frankreich, *Herstellung von 4-Cyclohexylbuten-2-al.* (**Holl. P. 100 777** vom 30/10. 1958, ausg. 15/3. 1962. F. Prior. 31/10. 1957. — C. **1962.** 328 [D. A. S. 1 102 716].)

Soc. Monsavon-l'Oréal (Erfinder: **Roger Charle** und **Charles Pigerol**), *Färben von nichtlebendem Haar.* (**Aust. P. 230 625** vom 3/2. 1958, ausg. 3/11. 1960. F. Prior. 2/2. 1957. — C. **1959.** 11425 [F. P. 1 166 172].)

Soc. Monsavon-l'Oréal (Erfinder: **Roger Charle, Gregoire Kalopissis** und **Giuliana Ghilardi**), *Haarfärbemittel.* (**Aust. P. 230 623** vom 21/1. 1958, ausg. 3/11. 1960. F. Prior. 22/1. 1957. — C. **1959.** 13960 [F. P. 1 165 247].)

XIV. Zucker. Kohlenhydrate. Stärke

Untersuchung der Eigenschaften der Zuckerrübensorten 1961. János Zana. (Cukoripar [Zuckerindustrie, Budapest] **15.** 88—93. März 1962. Budapest, Zuckerind. Forsch. Inst.; ung.) — Hinsichtlich der technolog. Eigg. u. Leistungsfähigkeit bewährten sich die Polyploidhybride, bes. Beta-Poly 3 u. 4; die diploiden Sorten waren von aufallend geringer Leistung. J. Plank. 7406

Die Pollensterilität und ihre Bedeutung für die Züchtung von Hybridrübensorten. Lajos Magassy. (Cukoripar [Zuckerindustrie, Budapest] **15.** 65—67. März 1962. Sopronhorpács, Pflanzenveredlungsforsch.-Inst.; ung.) — Infolge der Blütenstruktur der Zuckerrübe ist eine Kastration im großen Umfang unmöglich, eine vollkommene Hybridisation ist nur durch Anwendung eines pollensterilen Kreuzungspartners erreichbar. In dieser Weise wurden leistungsfähige Hybridsorten gezüchtet. J. Plank. 7406

Entfärbung von Zuckersäften mittels Ionenaustauscher. Vilmosné Gryllus. (Cukoripar [Zuckerindustrie, Budapest] **15.** 23—31. Jan. 1962. Budapest, Zuckerind. Forsch.-Inst.; ung.) — In Labor.-Verss. wurden die optimalen Bedingungen der Entfärbung von Zuckersäften u. Regenerierung der Austauscher festgelegt. Die Adsorption der Farbstoffe erfolgt in neutralem oder saurem Medium, die Desorption in alkal., wobei ein Teil der Lauge zur Regenerierung des Anionenaustauschers dient. Um die Laugenmenge zu vermindern, wird dieser Prozeß in 2 Phasen ausgeführt. Die Einstellung des p**H**-Wertes ist wichtig, da niedriges p**H** die Bldg. von Invertzucker fördert. Bei 50° wird der p**H**-Wert der Zucker-Lsg. auf 7,5—8,0 eingestellt, er sinkt während der Entfärbung auf 4,5—6. Wofatit L 150 hat sich als Anionenaustauscher bewährt. Auf Grund des günstigen Ergebnisses der Verss. wurde das Verf. im Großbetrieb eingeführt. J. Plank. 7412

Beziehung zwischen dem Wärme- und Massenaustausch beim Verkochen von Füllmassen. W. D. Popow und I. G. Bashal. (Известия Высших Учебных Заведений, Пищевая Технология [Hochschulnachr., Nahrungsmittel-Technol.] **1961.** Nr. 1. 101—05. Kiew, Technolog. Inst. für Lebensmittelind., Lehrstuhl für Spezialapp.; russ.) — Auf Grund theoret. Überlegungen wird festgestellt, daß beim Eindampfen von Zuckerkristalle enthaltenden Füllmassen die Mengen des zugegebenen Sirups u. des auskristallisierten Zuckers in direkter Beziehung zur Menge des eingedampften W. stehen, bzw. von den Bedingungen der Wärmeübergabe abhängig sind. Der Geh. an Zucker u. W. in der interkrist. Melasse bleibt während des gesamten Eindampfens prakt. konstant. S. Baryschnikow. 7414

Verfahren zur Verminderung der Melasseproduktion. V. Sazavsky. (Ind. saccarif. ital. **54.** 133—47. Mai/Juni 1961; ital.) — Der Einfl. des Zucker-Geh. der Rüben, der Reinheit des Dicksaftes u. der Melasse wird mittels der Menge der anfallenden Melasse berechnet u. tabellar. wiedergegeben. Ebenso werden analoge Verhältnisse in bezug auf den Asche-Geh. (Tabellen) mitgeteilt. Es ist empfehlenswert, die geschmolzenen Niederprodd. (NP) vor der Scheidung u. Saturation des Saftes zurückzuführen, wodurch die Zuckerausbeute ansteigt u. der Anfall an Melasse abnimmt. Das Verf. von Silin (1958) u. die Verw. des Nomogramms, das die Verhältnisse zwischen Viscosität, Konz. u. Temp. darstellt, werden mitgeteilt. G. Platzer. 7414□

Papierchromatographische Studien zur Saccharosespaltung in neutraler, alkalischer und saurer Lösung. R. Weidenhagen und C. Stelzig. (Zucker 12. 244—57. 1/6. 1959. Neuoffstein (Pfalz), Zentrallabor der Südd. Zucker AG; dt.) — *Saccharose* (I) wurde im Autoklaven (100 at) in neutraler, saurer u. alkal. Lsg. auf 100—140° erhitzt u. die pH-Werte in einer INGOLD-Hochtemp.-Glaselektrode gemessen. Die chromatograph. Trennung der Spaltprodd. zeigte, daß sowohl in neutraler als auch in saurer u. alkal. Lsg. die Hydrolyse der I die erste Zers.-Rk. ist. In neutraler Lsg. wurde bei 100° nach längerem Erhitzen eine geringe Invertzucker-Bldg. beobachtet, bei 110° ist nach 3 Std. bereits die gesamte I invertiert, so daß die krit. Temp. im Gebiet zwischen 100 u. 110° angenommen werden muß. Bei weiterem Erhitzen wurde der Invertzucker durch Sprengung der C-Kette über Glycerinaldehyd, Dihydroxyaceton u. Methylglyoxal zu Milchsäure abgebaut, unter deren Einw. die noch intakten Hexoseketten *Hydroxymethylfurfurol* (I) bilden. II trat im sauren Gebiet sofort auf u. wurde im hochalkal. Gebiet nicht gefunden, da hier die Hexosen sofort bis zur Milchsäure zersetzt wurden. Bei Verss. mit Glucose u. Fructose erwies sich die Aldose als weitaus säurebeständiger als die Ketose. Bei 135° (pH 2,5) wurde Glucose kaum angegriffen, während Fructose unter starker II-Bldg. rasch zersetzt wurde. H. ROSSOW. 7442□

Herstellung reiner Maltose auf säulenchromatographischem Wege. K. Täufel und H. Ruttloff. (Ernährungsforschung 6. 579—83. 1961. Potsdam-Rehbrücke, Inst. für Ernährung; dt.) — Handelsübliche *Maltose* ist meist durch andere Saccharide mehr oder weniger stark verunreinigt. Diese Begleitsubstanzen lassen sich auf chromatograph. Wege (Säulenchromatographie mit Kohle + Celite zu gleichen Teilen) bis zur papierchromatograph. Einheitlichkeit entfernen. Ausbeute 60—65%. M. ULMANN. 7444□

Über den Wirkungsgrad der Klassierung. Tsch. K. Kurotschitzki. (Сахарная Промышленность [Zucker-Ind.] 35. Nr. 11. 50—54. Nov. 1961. Moskau, Zentr. Forschungsinst. der Stärke- u. Stärkesirupind.; russ.) — Am Beispiel der Klassierung von Suspensionen leitet Vf. einige Formeln zur Ermittlung des Wrkg.-Grades des Klassierungsvorgangs ab. Es werden die Wrkg.-Grade einiger in der Stärkeindustrie verwendeten Klassierungsmaschinen bzw. -geräte angegeben (Abtrennung des Maiskeimes durch Hydrocyclone, Auswaschung der Stärke aus dem Kartoffelreibsel durch Strahlsiebe u. a.). Auf Grund des Wrkg.-Grades ist es möglich, die Qualität der Klassierungsmaschinen bzw. -geräte sowie die Effektivität der gewählten Arbeitsbedingungen zu beurteilen. Die zur Ermittlung des Wrkg.-Grades des Klassierungsvorgangs abgeleiteten Formeln lassen sich auf Hydrocyclone, Zentrifugen, Separatoren u. eine Reihe anderer App. anwenden. S. AUGUSTAT. 7448□

Erfahrungen hinsichtlich der kontinuierlichen Stärkeverzuckerung bei der Stärkesirupproduktion. Ss. F. Krawtschenko. (Сахарная Промышленность [Zucker-Ind.] 35. Nr. 5. 55—61. Mai 1961. Beslan, Zweigst. des Zentr. Forschungsinst. der Stärke- u. Stärkesirupind.; russ.) — Vf. bespricht die Nachteile der diskontinuierlichen Stärkeverzuckerung u. geht dann auf die Hauptschwierigkeit des diskontinuierlichen Verf., nämlich die richtige Führung des Verkleisterungsprozesses, ausführlich ein. Beim Erhitzen der angesäuerten Maisstärkemilch (Dichte = 25° Bx) unter energ. Rühren kommt es bei 67—68° zu einem scharfen Viscositätssprung. Bei weiterer Temp.-Erhöhung steigt die Viscosität des Kleisters um einen geringen Wert an, bis sie bei 87—89° scharf abfällt. Zwischen 68 u. 88° („Temp.-Intervall der vollständigen Verkleisterung") muß die Erhitzung gleichmäßig u. genügend energ. erfolgen, da sich andernfalls verkleisterte Stärkeklumpen bilden, die die Hydrolyse ungleichmäßig gestalten u. zu höherer Viscosität sowie schlechterer Filtrierbarkeit der Sirupe führen. An Hand von schemat. Zeichnungen bespricht Vf. eine KINGMA- u. eine KRØYER-Anlage für die kontinuierliche Stärkehydrolyse u. beschreibt dann (ebenfalls an Hand von Zeichnungen) die im Jahre 1956 im Maiskombinat Beslan gebaute kontinuierliche Konvertierungsanlage sowie deren inzwischen verbesserte Form. Mit letzterer wurden 1960 an 60 Arbeitstagen ca. 14500 t hochqualitativen Stärkesirups produziert. S. AUGUSTAT. 7448□

Der Reinheitsquotient im Zuckerhaus. Gábor Vavrinecz. (Cukoripar [Zuckerind., Budapest] 15. 68—77. März 1962. Budapest, Zuckerindustrie Forsch.-Inst.; ung.) — Die große Bedeutung des Reinheitsquotienten bei der Zuckererzeugung erfordert dessen genaue Bestimmung. In Kenntnis der Fehlerquellen werden deren Einfl. auf die Betriebsberechnungen erörtert. Um die Genauigkeit zu erhöhen, modifizierte Vf. die STANEKsche Meth., wodurch diese der CURINschen gleichkommt, falls zu dieser das Z-Prisma des Eintauchrefraktometers verwendet wird. J. PLANK. 7470

Über die analytische Untersuchung der Extraktion von Zucker aus Rübenschnitzeln. W. M. Lyssjanski. (Известия Высших Учебных Заведений, Пищевая

Технология [Hochschulnachr., Nahrungsmittel-Technol.] **1961.** Nr. 1. 80—95. Kiew, Technolog. Inst. für Lebensmittelind., Lehrstuhl für Prozesse u. App.; russ.) — Krit. Erörterung der verschiedenen Theorien u. Gleichungen für die Extraktion von Zucker aus den Rübenschnitzeln. S. BARYSCHNIKOW. 7474

International Minerals & Chemical Corp., New York, N.Y., übert. von: **Jacob W. Sietsema**, Northbrook, und **William C. Trotter**, Evanston, Ill., V.St.A., *Durch Alkaliphosphate modifizierte Stärke.* (A. P. 2 993 041 vom 31/1. 1957, ausg. 18/7. 1961. — C. **1960.** 675 [D. A. S. 1 055 470].)

XV. Gärungsindustrie

Degeneration und reversibler Verlust der Gärkraft bei Hefe. C. A. Masschelein, J. Dupont, C. Jeunehomme und A. Devreux. (J. Inst. Brewing **66** ([N. S.] **57**). 502—08. Nov./Dez. 1960. Brüssel, Serv. Ferment. Centre d'Enseignement et de Rech. Ind. Aliment.; engl.) — 7std. Züchtungen in glucosehaltigem Phosphatpuffer führen zu einem Verlust der Gärkraft der Hefe um 60%. In einem glucosefreien Phosphatpuffer ist der Verlust der Gärkraft nur vorübergehend u. das Maximum der Gärkraft wird nach 50 Min. in Ggw. von Glucose erreicht. Die Stabilität der Gärkraft ist abhängig von der Zus. der Aminosäuren in der Würze. Vff. charakterisieren den Begriff der Degeneration als eine nicht erbliche Veränderung, die sich in einem Verlust der Gärkraft äußert. K.-U. RIEDEL. 7506 □

Säureinaktivierung der Amylasen in melanoidinhaltigen Medien. N. A. Sherebzow. (Известия Высших Учебных Заведений (Краснодар), Пищевая Технология [Hochschulnachr. (Krasnodar), Nahrungsmittel-Technol.] **1961.** Nr. 3. 34—39. Grodno, Landwirtsch. Inst., Lehrstuhl für Biochem. der Pflanzen u. Technol. der landwirtsch. Prodd.; russ.) — Die Inaktivierung der *β-Amylase* (I) durch H^+ erfolgt durch unmittelbare Einw. auf **I** u. durch Einw. auf die Melanoidine (**II**). Die **II** erhöhen die Stabilität der **I** im pH-Bereich 5,0—7,0, inaktivieren dagegen **I** beim pH 4,0—4,5. Die Inaktivierung der *α-Amylase* (**III**) wird durch **II** nicht beeinflußt; die Inaktivierung von **III** ist das Resultat der unmittelbaren Einw. der H^+ auf **III**. Maischen aus defektem Getreide zeigen bei der Vergärung ein höheres Inaktivierungsvermögen gegenüber **I** als Maischen aus normalem Getreide. S. BARYSCHNIKOW. 7508

Inaktivieren sich die Amylasen des Malzes bei der Vergärung von Getreide–Melasse-Maischen? W. A. Witkowskaja und A. G. Sabrodski. (Известия Высших Учебных Заведений (Краснодар), Пищевая Технология [Hochschulnachr. (Krasnodar), Nahrungsmittel-Technol.] **1961.** Nr. 3. 40—47. Ukrain. Forsch.-Inst. für Alkohol-, Likör- u. Wodkaind., Labor. für Alkohol- u. Hefeind.; russ.) — Eine Zugabe von Zuckerrübenmelasse zur Malzmilch u. zur Getreide–Kartoffel-Maische, die mit Hefe vergärt wird, übt keinen Einfl. auf die Aktivität der α- u. β-Amylase des Roggen- u. Hirsemalzes u. auf das Verzuckerungsvermögen aus. Der pH-Wert des Mediums u. die Temp. sollen dabei die Werte von 5,3—5,5 bzw. 30—40° nicht überschreiten.
S. BARYSCHNIKOW. 7536

Bedeutung der Bildung von Hydroxymethylfurfurol und von Melanoidinen bei der Zersetzung des Zuckers. W. P. Ssotskaja und W. A. Smirnow. (Известия Высших Учебных Заведений (Краснодар), Пичевая Технология [Hochschulnachr. (Krasnodar), Nahrungsmittel-Technol.] **1961.** Nr. 3. 22—33. Leningrad, Technol. Inst. für Lebensmittelind., Lehrstuhl fürTechnol. des Alkohols; russ.) — Als Hauptprod. der Zers. von *Monosacchariden* bei der Erwärmung ihrer Lsgg. (pH 2—7) entsteht *Hydroxymethylfurfurol*. Die Ggw. von Aminosäuren (bes. von Glykokoll; Bldg. von Melanoidinen) erhöht die Bldg. der Zers.-Prodd. um 15—50%. Von den nicht hydrolysierten Disacchariden beteiligt sich die Maltose z. T. am Zers.-Prozeß (pH >4,2), während die Saccharose inakt. bleibt. Bei der therm. Behandlung von Zucker-Lsgg. sind zur Erhaltung von Hexosen u. Pentosen pH-Werte von 3,5 bzw. 2,8 die zweckmäßigsten. Die prakt. Anwendung der Unters.-Ergebnisse bei der Herst. von A. aus hydrolysierten stärkehaltigen Rohprodd. wird erörtert. S. BARYSCHNIKOW. 7536

Vergärung der konzentrierten Melassemaische. A. G. Sabrodski, T. P. Wassko und W. F. Pogrebnaja. (Известия Высших Учебных Заведений (Краснодар), Пищевая Технология [Hochschulnachr. (Krasnodar), Nahrungsmittel-Technol.] **1961.** Nr. 3. 82—92. Ukrain. Forsch.-Inst. für Alkohol-, Likör- u. Wodkaind., Labor. für Alkohol- u. Hefeind.; russ.) — In Ggw. der festen Phase (Preßkuchen) verläuft die Gärung der Melassemaische bei 28,5° normal. Die vergorene Melasse enthält 10,5—11,0 Vol.-% Melasse. Das Verf. ermöglicht es, die Produktivität der Gär- u. Rektifikationsabteilungen von Branntweinbrennereien bzw. den Dampfverbrauch bei der Dest. der Melasse um 15—20% zu erniedrigen. Die bei der Gärung von Melasse mit 3—4% Preßkuchen gewonnene Schlempe enthält 14—15% Trockensubstanz (7,5—8,5% beim üblichen Gärungs-Verf.). S. Baryschnikow. 7536

Wirkung von Tetracyclin bei der alkoholischen Gärung von Melassemost. Vorl. Mitt. Eugênio Aquarone. (Bol. Dep. Quím. **1958.** Nr. 11. 49—52. Juni. São Paulo, Univ., Esc. Politécn.; port.) — Vgl. C. **1960.** 2720. — Wie Penicillin wirkt auch Tetracyclin bei der Gärung von Melassemost der Entw. von Leuconostoc u. damit dem Auftreten von unerwünschten Neben-Rkk. entgegen. Der optimale Zusatz beträgt 5—15 mg/Liter. R. K. Müller. 7536□

Über die Bilanz der Kopfbeimengungen bei der Alkoholrektifikation. G. L. Wissnewskaja, A. Ss. Jegorow, A. I. Skirstymonski und A. G. Matjuscha. (Известия Высших Учебных Заведений (Краснодар), Пищевая Технология [Hochschulnachr. (Krasnodar), Nahrungsmittel-Technol.] **1961.** Nr. 3. 143—46. Ukrain. Forsch.-Inst. für Alkohol-, Likör- u. Wodakaind.; russ.) — Auf Grund experimenteller Angaben wird festgestellt, daß die Bilanz der Kopfbeimengungen der Reinigungs- u. Rektifikationskolonnen einer Maische-Dest.-App. indirekter Wirkungsweise Unterschiede von 30—40% aufweist. Diese Nichtübereinstimmung wird durch Verluste von Kopfbeimengungen mit den Abgasen des Kondensators der Reinigungskolonne u. durch die Verseifung der Ester durch die in die Rektifikationskolonne eingeführten Alkalien verursacht. S. Baryschnikow. 7536

Brauen in Deutschland und Dänemark. A. J. Mayfield. (J. Inst. Brewing **66** ([N. S.] **57**). **494**—501. Nov./Dez. 1960. London, Spitalfields, Buxton & Co. Ltd.; engl.) — Moderne Meth. des Mälzens u. Brauens in Dänemark u. Deutschland werden verglichen. Die Herst. von Malz u. die Auswahl der Hefen für die Herst. von Lagerbier werden bes. diskutiert. K.-U. Riedel. 7544□

Bieraroma. 1. Mitt. **Flüchtige Gärungsprodukte. Eine Übersicht.** R. Stevens. (J. Inst. Brewing **66** ([N. S.] **57**). 453—71. Nov./Dez. 1960. Nutfield, Surrey, Brewing Ind. Res. Found.; engl.) — Übersicht über die den Geschmack des Bieres beeinflussenden flüchtigen Gärungsbestandteile. Die in der Fuselölfraktion enthaltenen flüchtigen Bestandteile, wie höhere Alkohole, Säuren, Ester, Ketone, Aldehyde, Phenole u. Phenolbasen werden detailliert aufgeführt u. ihre Bedeutung diskutiert. Die Analysen-Meth. zur Best. der einzelnen Stoffe werden eingehend beschrieben. Weiter wird auf qual. u. quant. Unterschiede der Fuselöl-Zus. in Bieren, Weinen u. Spirituosen hingewiesen. Auf die Bedeutung der nicht in der Fuselölfraktion enthaltenen flüchtigen Gärungsbestandteile Acetoin, Butandiol-(2.3), Diacetyl u. einige S-haltige Substanzen wird hingewiesen. — 243 Literaturangaben. K.-U. Riedel. 7550□

Bieraroma. 2. Mitt. **Fuselölgehalt einiger britischer Biere.** J. R. Hudson und R. Stevens. (J. Inst. Brewing **66** ([N. S.] **57**). 471—74. Nov./Dez. 1960; engl.) — 1. vgl. vorst. Referat. — Die Fuselöle (I) aus obergärigen engl. Bieren bestehen hauptsächlich aus Isoamyl-, opt.-akt. Amyl- u. Isobutylalkohol. Es wurden die I-Mengen in 63 verschiedenen Bieren untersucht. Die quant. Best. der I erfolgte colorimetr. nach einer modifizierten Komarowsky-Methode. Die obergärigen Biere enthalten allg. mehr I (39 bis 232 ppm) als Lagerbiere (43—53 ppm). Biere, die nach kontinuierlichen Gär-Verff. hergestellt wurden, unterschieden sich im I-Geh. nicht wesentlich von nach traditionellen Meth. hergestellten Bieren. Zwischen dem I-Geh. u. dem Extrakt-Geh. konnte keine Beziehung gefunden werden. K.-U. Riedel. 7550□

Bieraroma. 3. Mitt. **β-Phenyläthanol.** R. Stevens. (J. Inst. Brewing **67** ([N.S.] **58**). 329—31. 1961; engl.) — 2. vgl. vorst. Referat. — β-Phenyläthylalkohol (I) als die höchst sd. flüchtige Komponente des Bieres verleiht ihm gleich 2- u. 3-Methylbutanol, 2-Methylpropanol u. Spuren von n-Propanol ein bestimmtes Aroma. Neben geringen Mengen von Methylnonylketon (II) konnte I unter den Dest.-Prodd. des Bieres mittels IR-Spektrum nachgewiesen werden. I ist ein Bestandteil des Rosenöls u. der Pomeranzenblüte. Mittels Gaschromatographie unter Verw. von Apiezon M als stationärer Phase bei 170° u. N_2 als mobiler Phase konnten in verschiedenen Bieren 8—15 mg/Liter I bzw. 1,0 bis 3,0 mg/Liter II nachgewiesen werden. Da in Würze keine nennenswerten Mengen an I u. II gefunden wurden, entstehen sie hauptsächlich durch Gärung. L. Macher. 7550□

Schnellbestimmung der Zusammensetzung von Anstellhefe. J. S. Hough. (J. Inst. Brewing **66** ([N. S.] **57**). 475—76. Nov./Dez. 1960. Nutfield, Surrey, Brewing Ind. Res. Found.; engl.) — Für Routine-Unterss. zur Best. der Zus. u. Größenordnung der Heferassen in Anstellhefe erweiterte Vf. die von Gilliland [1959] beschriebene Objektträger-Meth. zur Best. der Lebensfähigkeit von Hefe. Das Verf. dauert gewöhnlich nur 18 Std. u. erfordert nur geringen apparativen Aufwand. K.-U. Riedel. 7592□

Untersuchungen über Phytin. 1. Mitt. **Die Inosit-Phosphate.** I. A. Preece, H. J. Grav und A. T. Wadham. (J. Inst. Brewing **66** ([N. S.] **57**). 487—94. Nov./Dez.

1960. Edinburgh, Heriot-Watt Coll.; engl.) — Aus Na-Phytat wurden mehrere Inosit-Phosphorsäureester (II) von großer Reinheit hergestellt, die als Vgl.-Substanzen für papierchromatograph. Unterss. dienten. Mit Hilfe dieser Vgl.-Substanzen gelang es Vff., aus Gerstenextrakten Hexa-, Tetra- u. Tri-II zu identifizieren. Aus Malzextrakt konnte neben den vorst. II auch noch Di-II nachgewiesen werden. In wasserhaltigen Autolysaten aus Gerstenmehl wurden Tetra-, Tri-, Di- u. Mono-II gefunden. Die Menge der gebildeten niederen Ester wird dadurch stark beeinflußt, daß Phytinsäure nur langsam abgebaut wird. K.-U. RIEDEL. 7598☐

Die chemische Bestimmung von Alkohol in Wein und Destillaten durch Dichromat. James F. Guymon und Edward A. Crowell. (J. Assoc. off. agric. Chemists **42.** 393—98. Mai 1959. Davis, Calif., Univ., Dep. of Viticult. Enol.; engl.) — Die Genauigkeit der A.-Best. auf chem. Wege durch Oxydation mit Dichromat nach der modifizierten Meth. von FLANZY u. Mitarbeitern [1955] wurde durch Vgl. mit der densimetr. Meth. (Spindel oder Pyknometer) geprüft u. dabei gute Übereinstimmung gefunden. R. RISTOW. 7606☐

Lüneburger Kronenbrauerei Akt.-Ges. zu Lüneburg, Lüneburg, *Herstellung von Bier.* (**Niederl. P. 100 624** vom 22/4. 1954, ausg. 15/3. 1962. D. Prior. 27/4. u. 24/7. 1953. — C. **1959.** 9076 [A. P. 2 830 904].)

Kyowa Hakko Kogyo Kabushiki Kaisha, Tokyo, Japan, *Herstellung von l-Lysin durch Gärung.* (**Ind. P. 66 405** vom 13/1. 1959, ausg. 20/1. 1961. — C. **1961.** 1267 [E. P. 851 396].)

XVI. Nahrungs-, Genuß- und Futtermittel

Die Beschaffenheit der inländischen Getreideernte 1960. E. Timm und Ch. Nernst. (Müllerei **14.** 262—65. Mai 1961. — C. **1962.** 5882; dt.) M. WINIKER. 7664☐

Biochemische und Backeigenschaften des Mehls aus mit γ-Strahlen von ^{60}Co behandeltem Weizen. N. W. Romenski, A. D. Tschmyr, A. M. Kaljushnaja und M. F. Musyka. (Известия Высших Учебных Заведений (Краснодар), Пищевая Технология [Hochschulnachr. (Krasnodar), Nahrungsmittel-Technol.] **1961.** Nr. 6. 28—32. Odessa, Technol. Inst., Lehrstuhl für Biochem. u. Getreidekunde; russ.) — Die proteolyt. Aktivität des Mehles aus mit γ-Strahlen von ^{60}Co behandeltem Weizen erniedrigt sich, die diastat. Aktivität erhöht sich mit steigender Intensität der Bestrahlung. Eine Bestrahlung mit 0,5—1,0 Mr eines mit Eurygaster befallenen Weizens erhöht die Back-Eigg. des Mehles von 72%ig. Ausmahlung, sowie die Dehnbarkeit u. die Elastizität des aus ihm bereiteten Teiges. Intensivere Bestrahlungen erniedrigen die Back-Eigg. des aus normalem bzw. aus defektem Weizen bereiteten Mehles. S. BARYSCHNIKOW. 7670

Polyäthylen-Verpackung bei der Kaltlagerung. Nicolaisen-Scupin. (Kälte **13.** 473—75. Sept. 552—59. Okt. 1960. Wehrda; dt.) — Vf. übermittelt einen Überblick über den derzeitigen Stand der Kenntnisse bzgl. der Auswrkg. von *Polyäthylen*-Verpackungen auf Obst u. Gemüse bei der Kaltlagerung. — 66 Literaturangaben. M. WINIKER. 7690☐

Vergleich der Wirkung von Raumtemperatur- und Kühllagerung auf die Qualität von konservierten Früchten und Gemüsen. Aaron L. Brody und Karakian Bedrosian. (Food Technol. **15.** 367—70. Aug. 1961. St. Joseph, Mich., Whirlpool Corp., Res. Labor.; engl.) — 26 handelsübliche Konserven von Früchten u. Gemüsen wurden bei 75—80° F u. bei 34—36° F während eines Jahres gelagert u. monatlich organolept. auf Geschmack u. Farbe geprüft; daneben wurden Farbe u. Ascorbinsäure-Geh. gemessen. 11 Prodd., hauptsächlich Fruchtsäfte, hielten sich bei 34—36° F bedeutend besser als bei 75—80° F. 12 Prodd., hauptsächlich Früchte, zeigten keinen wesentlichen Unterschied. Tomatensaft hielt sich bei 75—80° F besser als bei 34—36° F. K. SCHLEICH. 7706☐

Mikrobiologische Veränderungen der Frucht- und Gemüsesäfte. W. Andrae. (Lebensmittel-Ind. **8.** 119—20. April. 148—49. 155. Mai 1961. Zwickau, Bezirks-Hygiene-Inst., Abt. Lebensmittelchem. u. Chem.; dt.) — Allg. Ausführungen. — 18 Literaturangaben. M. WINIKER. 7706☐

Durch Wasserstoffperoxid bewirkte Oxydation von Ascorbinsäure in Fruchtsäften. Annie Tom Chang und Edward Ross. (J. Sci. Agric. **12.** 701—05. Okt. 1961. Honolulu, Univ., Coll. of Trop. Agric., Dep. of Food Proc. and Utilis.; engl.) — Die Oxydation von *Ascorbinsäure* (I) durch H_2O_2 wird durch mehrere Fruchtsäfte katalyt. beschleunigt, wie Passionsfrucht-, Orangen-, Ananas-, Papayasaft u. Guavenmus, Cocosnuß-Prodd. u. Apfelsaft. Für die Beziehung zwischen dem Logarithmus der Saftverdünnung u. der Anfangs-Rk. wird eine Gleichung abgeleitet. Obwohl die Fruchtsäfte die Aktivität der FENTONschen Rk. mit I als Substrat vermindern, braucht die oxydierende Wrkg. der Säfte keine FENTONsche Rk. zu sein. Cocosnußmilch hat die höchste, Passionsfruchtsaft die zweithöchste, inhibierende Wrkg., deren Verlauf erörtert wird. W. WESLY. 7706□

Polnische Methode der Tabakfermentation — ihre Vorteile und Nachteile. Tadeusz Celiński. (Przemysł Spożywczy **15.** Nr. 7. 18—21. Juli 1961. Warszawa; pol.) — Die beschriebene Meth. der Fermentation von Tabak beruht ausschließlich auf natürlichen Prozessen unter Einhaltung optimaler Temp. u. Feuchtigkeit. Die Tabakblätter können ohne Rücksicht auf die Erntezeit u. ihren Wasser-Geh. verarbeitet werden. Der Durchsatz in der Vorr. ist hoch, die Qualität ausgeglichen. F. URBAN. 7734□

Eine orientierende Untersuchung des Aromas von Fleischextrakt. A. E. Bender und P. E. Ballance. (J. Sci. Food Agric. **12.** 683—87. Okt. 1961. London, Bovril Ltd., Res. Dep.; engl.) — Durch Gas-Fl.-Chromatographie wird aus Rindfleischextrakt eine flüchtige Fraktion erhalten, in der nachgewiesen werden: Methyl- u. Äthylmercaptan, Acetaldehyd, Dimethylsulfid, Aceton, Äthylmethylketon, Methanol, A., H_2S, Propionaldehyd, Isobutyraldehyd u. Isovaleraldehyd. W. WESLY. 7750□

Die wissenschaftlichen Grundlagen der Desinfektion. Helmut Damm. (Schweiz. Milchztg., wiss. Beil. **86.** Nr. 20. 545—52. 8/3. 1960. Düsseldorf, Henkel & Cie. GmbH., Mikrobiol. Abt.; dt.) — Grundlegende Ausführungen über die Desinfektion im Molkereibetrieb. — 18 Literaturangaben. M. WINIKER. 7756□

Versuche zur Inaktivierung von Coli aerogenes-Bakterien in der Milch mit mittleren oder kleinen Dosen ionisierender Strahlung. M. Dłużewski und E. Pijanowski. (Przemysł Spożywczy **15.** Nr. 7. 7—13. Juli 1961. Warszawa, SGGW, Kat. Przem. Roln.-spoż.; pol.) — Rohmilch u. sterilisierte Milch mit Zusatz von Coli aerogenes wurde mit Röntgenstrahlen behandelt. Schon bei 40—50 krad geht die Zahl der Bakterien in der Rohmilch auf 1%, in der sterilisierten Milch auf 0,03% der Anfangs-Konz. zurück. In der Milch schon vorhandene „arteigene" Bakterien sind gegen Strahlung resistenter als zugesetzte Bakterien. F. URBAN. 7756□

Bestimmung einiger Vitamine der B-Gruppe in der Milch mit mikrobiologischen Methoden. Krystyna Myszkowska. (Chem. analit. [Warszawa] **5.** 637—43. 1960. Warszawa, Inst. Leków, Zakł. Bad. Organoprep. i Witamin; pol.) — *Thiamin* (I), *Riboflavin* (II), *Pantothensäure* (III) u. *Niacin* (IV) wurden in Kuh- u. Frauenmilch (fl. u. in Pulverform) mikrobiolog. bestimmt. III u. IV wurden mit Hilfe von Lactobacillus arabinosus 17-5, I mit L. fermenti 36 u. II mit L. casei ermittelt. Als Grundnähr-Lsg. diente Caseinhydrolysat mit photolysiertem Pepton u. wss. Hefeextrakt. Die entfetteten Milchproben wurden durch Säurehydrolyse oder enzymat. aufgeschlossen. Gefunden wurden in fl. Kuhmilch 40—49 (μg/100 g) I, 141—205 II, 186—240 III u. 60—100 IV, im Milchpulver 240 I, 760—850 II, 1560—2100 III u. 770—890 IV. In fl. Frauenmilch waren vorhanden 6—10 I, 36—52 II, 115—130 III u. 72—100 IV, im Pulver 65 I, 207 II, 0 III u. 800 IV. F. URBAN. 7756□

Lagerung und Verpackung von Milchpulver. W. G. Wearmouth. (Chem. Products chem. News [N. S.] **24.** 512—15. Dez. 1961; engl.) — Vgl. C. **1961.** 2823. — Allg. Ausführungen. — 10 Literaturangaben. E. LÜCK. 7756□

Phasenveränderungen des Milchfettes bei den Prozessen der Buttergewinnung. G. W. Twerdochleb. (Известия Высших Учебных Заведений (Краснодар), Пищевая Технология [Hochschulnachr. (Krasnodar), Nahrungsmittel-Technol] **1960.** Nr. 2. 41 bis 48. Leningrad, Technolog. Inst. für Kälteind.; russ.) — Es werden dilatometr. u. pyrometr. Unterss. von Milchfett bei verschiedenen therm. Bedingungen der Sahnereifung u. Butterfertigung durchgeführt. Eine Temp.-Erniedrigung bei der Reifung führt zum Auskristallisieren des Fettes in der leichtschm. α- u. teilweise in der γ-Form, eine Temp.-Erhöhung fördert die Bldg. der beständigen β' u. β-Form. Zur Erreichung einer Butter guter Konsistenz muß ein kombiniertes Sahnereifungs-Verf. mit verkürzter Reifungsdauer angwendet werden, dessen therm. Bedingungen nach der chem. Zus. des Fettes gewählt werden. Die festgestellte unterschiedliche Butterkonsistenz bei Verw. verschiedener Fertigungs-Verff. kann auf Grund der Phasenumwandlung des Milchfettes erklärt werden. Durch Tiefkühlung der Sahne im Butterfertiger mit anschließender Temp.-Erhöhung auf 15—18° soll eine vollständige Fettkristallisation erfolgen u. so eine wärmebeständige u. plast. Butterkonsistenz gewährleistet sein. H.-P. PIETSCH. 7758□

Die Resistenz einiger Bakterien beim Kochprozeß zur Cottagekäseherstellung. E. B. Collins. (J. Dairy Sci. **44.** 1989—96. Nov. 1961. Davis, Univ. of California, Dep. of Food Sci. and Technol.; engl.) — Vf. untersucht die Hitzeresistenz ausgesuchter Stämme von *Pseudomonas fragi*, *Escherichia coli*, *Streptococcus cremoris* u. *Streptococcus lactis* zur Abschätzung von 7 heute üblichen u. 1 hypothet. Kochmethode. An Hand der Ergebnisse (Tabellen u. Kurven) über die Zeit–Temp.-Abhängigkeit der Letalität hält Vf. eine Maximaltemp. für den Kochprozeß von mindestens 130° F u. eine Haltezeit von mindestens 18 Min. bei 130° F für unerläßlich. P. TEICHGRÄBER. 7760 □

Die Reinigung von Kupferkesseln mit verschiedenen Putzmitteln und deren Einfluß auf den Kupfergehalt des Emmentalerkäses. E. Flückiger und H. Hänni. (Schweiz. Milchztg., wiss. Beil. **86.** Nr. 44. 553—56. 31/5. 1960. Liebefeld-Bern, Eidg. Milchwirtschaftl. Versuchsanst.; dt.) — Labor.-Verss. über den Einfl. der Behandlung von *Cu*-Blechen mit verschiedenen Putzmitteln berechtigen zu dem Schluß, daß blanke Bleche weniger Cu an Milch abgeben als mit einer Oxydhaut überzogene. Dem Putzen auf Glanz kommt somit nicht nur ästhet. Bedeutung zu. Bei der Unters. des Einfl. verschiedener handelsüblicher Putzmittel (keine genaueren Angaben) auf den Cu-Geh. von Käse ergab sich, daß der Cu-Geh. von in mit Sand geputzten Kesseln hergestelltem Käse nicht wesentlich von dem Cu-Geh. von Käse abwich, der in mit handelsüblichen Putzmitteln gereinigten Kesseln hergestellt worden war. M. WINIKER. 7760 □

Probleme bei der Schmelzkäseherstellung. Albert Meyer. (Dtsch. Molkerei-Ztg. **82.** 1115—17. 3/8. 1156—59. 10/8. 1190—92. 17/8. 1961. Ludwigshafen/Rh.; dt.) — Behandelt werden: das Kleben des Schmelzkäses an der Folie, das Überkremen, das Ausfetten u. das Sandigwerden. M. WINIKER. 7760 □

Einfluß der Zerkleinerung auf die Atmungsveränderungen von Weidepflanzen beim Trocknen. Beulah Simpson. (J. Sci. Agric. **12.** 706—12. Okt. 1961. Highett, Australien, Commonw. Sci. and Ind. Res. Organ. Fodder Conserv. Stat.; engl.) — Unterss. über den Einfl. der Zerkleinerung auf die Atmungsveränderungen von Weidepflanzen (Klee, Luzerne u. Raygras) beim Trocknen zeigen, daß die Zerkleinerung die Atmung oft fördert; jedoch ist die Vermehrung nicht der Schadensgröße proportional. Die Zerkleinerung erhöht die Trocknungs-Geschw., so daß die Atmung der zerkleinerten Pflanzen rascher als die der unzerkleinerten Proben aufhört. W. WESLY. 7782 □

Die Umwandlungen der Stickstoffverbindungen in Silagen. M. A. Ter-Karapetjan und E. Ch. Asarjan. (Известия Академии Наук Армянской ССР, Биологические Науки [Nachr. Akad. Wiss. ArmenSSR, biol. Wiss.] **14.** Nr. 10. 3—13. Okt. 1961. Forsch.-Inst. für Viehzucht u. Veterinärwes. des Ministeriums für Landw. der Armen. SSR; russ., Auszug: armen.) — Vff. behandeln den Geh. an in A. lösl. N-Verbb. (I) in Maiskolben, Rübenkraut, Mais- u. Hafergrünmasse u. wildwachsenden Pflanzen des Sewanbeckens. Es wird gezeigt, daß die Hauptmenge der in der Silage entstandenen I (Spalt-Prodd. der natürlichen Proteine der Rohstoffe) 3—5 Tage nach der Beschickung des Silos entsteht; 7—15 Tage nach der Beschickung ist die Spaltung der Proteine prakt. beendet. Bei der Konservierung von Grünfutter mit Hilfe von SO_2 bzw. $K_2S_2O_5$ besteht kein direkter Zusammenhang zwischen der Zers.-Dynamik der Proteine u. den Gärungsprozessen. Die Möglichkeit des Zerfalls der I während der Säuerung, z. B. die Bldg. von γ-Aminobuttersäure aus der Glutaminsäure der Luzerne, wird gezeigt. Als Zers.-Merkmal der Zellstruktur durch die Fermente können Hydroxyprolin, Tyrosin, Valin, Methionin, Phenylalanin u. Leucin in der alkohollösl. Fraktion der Luzerne-Silage angenommen werden. S. BARYSCHNIKOW. 7782

Chemische Konservierung von Futtergetreide hoher Feuchtigkeit. M. T. Taranow, T. Ss. Melnikowa, A. K. Markow, L. N. Akssenowa, I. N. Sajarko, I. Ss. Anikejew und W. Ss. Priputnew. (Земледелие [Ackerbau] **8.** Nr. 9. 53—57. Sept. 1960; russ.) — Für die Konservierung von Gerste u. Hafer wird *Na-Pyrosulfit* (I) angewandt. I zersetzt sich allmählich bei der Aufbewahrung. Die Zers.-Prodd. dringen durch die Schale in das Korn u. vernichten dort die schädlichen Mikroorganismen (Schimmel). Die Desulfitierung des Kornes schreitet mit der Zeit langsam u. von selbst fort. Der Rest-Geh. an SO_2 kann 0,001—0,04 betragen. Die Verluste der Futtergetreide an Trockensubstanz u. Protein sind gering. In Fütterungs-Verss. mit Pferden u. Kühen hat sich die I-Behandlung von Getreidekorn als unschädlich erwiesen.
C. KOZÁK. 7782 □

Hydroxyprolin-Gehalt von Samenmehlen und Aminosäurenverteilung in Kernen, Samenhäutchen und Perikarp. C. H. Vanetten, R. W. Miller, F. R. Earle, I. A. Wolff und Quentin Jones. (J. agric. Food Chem. **9.** 433—35. Nov./Dez. 1961. Peoria, Ill., North. Utilization Res. and Dev. Div.; Beltsville, Md., Crops Res. Div.; engl.) — 63 von 99 untersuchten Samenmehlen (Lsgm.-Extraktion, Säurehydrolyse) vieler Pflanzen enthielten 0,1—5,7 g Hydroxyprolin (I) je 16 g N. Einige aus den Kernen gewonnene Mehle waren I-frei; andere aus Samenhäutchen oder Perikarp stammende Proben wiesen 3,1—10 g I je 16 g N auf. Aus den Samenhäutchen von Iris germanica wurde l-I isoliert u. identifiziert. W. WESLY. 7786 □

Proteinbestimmung in Lebensmitteln nach Kjeldahl ohne Anwendung der Destillation. M. P. Bolotow. (Вопросы Питания [Fragen der Ernähr.] **21.** Nr. 3.

14—17. Mai/Juni 1962. Irkutsk, Med. Inst., Lehrstuhl für Ernährungshygiene; russ., Auszug: engl.) — Nach einer modifizierten KJELDAHL-Meth. wird der Protein-Geh. der zu untersuchenden Substanz ohne Dest. bestimmt. Die Meth. beruht auf einer beschleunigten Mineralisation unter Verw. einer minimalen Menge von $H_2SO_4 + H_2O_2$ u. der Best. des N-Geh. nach der Veränderung der Alkalität der zu untersuchenden Lsg. nach Entfernung von NH_3 durch Kochen im offenen Kolben. Die Genauigkeit der Best. entspricht der unveränderten KJELDAHL-Methode. S. BARYSCHNIKOW. 7788

Verbesserung der quantitativen Eiweißbestimmung nach der Biuretreaktion. T. I. Wlassowa. (Селекция и Семеноводство [Selekt. u. Samenzucht] **27.** Nr 1. 70—71. Jan./Febr. 1962. Forsch.-Inst. für Landwirtschaft u. Viehzucht der westlichen Gebiete der UkrainSSR; russ.) — Allg. Ausführungen über die photocolorimetr. Eiweiß-Best. in Lebensmitteln nach der Biuretreaktion. Die vom Vf. verbesserte Eiweiß-Best. nach A. D. JERMAKOW u. a. ([Meth. der biochem. Unters. von Pflanzen] (russ.) 1952) ermöglicht es, den Eiweiß-Geh. in verschiedenen Pflanzen-Prodd. mit derselben Genauigkeit wie nach dem BARNSTEIN-KJELDAHL-Verf. zu bestimmen. S. BARYSCHNIKOW. 7788

Die Anwendung des Kathodenstrahlen-Polarographen in der Lebensmittelanalyse. J. S. Hetman. (Lab. Pract. **9.** 563—67. Aug. 1960. Camberley, Surrey, South. Analytical Ltd.; engl.) — Mit Hilfe eines Kathodenstrahlenpolarographen werden *Cu, Pb* u. *Zn* nach Veraschung der zu untersuchenden Lebensmittel in einem Elektrolyten mit 0,2m Weinsäure u. 0,1m HNO_3 gleichzeitig bestimmt, wobei gut geformte, reproduzierbare Wellen mit Spitzenpotentialen für Cu bei —0,25, Pb bei —0,6 (Kathod. Red.) u. Zn bei 1,2 V (anod. Oxydation) erhalten werden. Vitamin C wird in einer Phosphatpuffer-Lsg. (pH = 8) unter Bldg. einer anod. Welle mit Spitzenpotential bei +0,1 V oxydiert. Saccharin ist unter Bldg. einer Welle mit Spitzenpotential bei —1,25 V reduzierbar. Sulfite sind in saurer Lsg. oxydierbar, wobei sich eine Doppelwelle mit Spitzenpotentialen bei —0,25 u. —0,15 V ergibt. W. WESLY. 7788□

Neuere Kenntnisse auf dem Gebiete der Refraktometrie. Gábor Vavrinecz. (Élelmezési Ipar [Lebensmittel-Ind.] **16.** 21—24. Jan. 1962.) — Es werden die Eigg. der auf dem Gebiet der Lebensmittelindustrie gebräuchlichen Refraktometer, bes. der Präzisions(Eintauch)-Refraktometer, ferner die verschiedenen Prismen, die Rolle der Temp., Empfindlichkeit u. die Meth. der Eichung besprochen. Die mitgeteilten Tabellen erleichtern die Anwendung der Refraktometer. K. GÄRTNER. 7788

Theorie und Praxis der Roggenbeurteilung. I. Lemmerzahl. (Brot u. Gebäck **14.** 194—98. Okt. 1960. Ulm; dt.) — Allg. Ausführungen. — 14 Literaturangaben. EBERHARD MÜLLER. 7796□

Bestimmung von Niacin in Getreide. J. A. Campbell und O. Pelletier. (J. Assoc. off. agric. Chemists **44.** 431—36. Aug. 1961. Ottawa, Dep. of Nat. Health and Welfare, Food and Drug Labor.; engl.) — Ein Vgl. des offiziellen amerikan. Verf. zur Best. von *Niacin* (I) in Getreide (Hydrolyse der Probe mit verd. H_2SO_4, Rk. von I mit CNBr in Ggw. von Sulfanilsäure bei Raum-Temp., Best. der Farbstärke bei 450 mμ) mit der von PELLETIER u. CAMPBELL (C. **1962.** 1451) vorgeschlagenen Arbeitsweise (Hydrolyse der Probe mit $Ca(OH)_2$, Rk. mit CNBr in der Kälte, Best. der Farbstärke bei 470 mμ) ergibt eine größere Genauigkeit des letztgenannten Verfahrens. W. WESLY. 7796□

Bestimmung des Gehalts an Eiprodukten in Mehl-, Konditorei- und Broterzeugnissen. A. W. Milski und A. Ja. Gaidukowitsch. (Хлебопекарная и Кондиторская Промышленность [Brot- u. Konditorei-Ind.] **6.** Nr. 6. 5—7. Juni 1962. Ukrain. Forsch.-Inst. für Lebensmittelind.; russ.) — Die Meth. beruht auf der Extrahierung des Cholesterins (I) aus der zu untersuchenden Probe (10 g) mit einem Gemisch von A. u. Bzl. (1 : 1; Soxhlet-App.), der Auflösung des I in 5 ml Aceton, seiner Fällung als Steroldigitonin (II) durch Zugabe von 5—6 ml 0,5%ig. Digitonin-Lsg., dem Waschen des Nd. mit W., Aceton, Ae. u. Chlf. u. dem Trocknen des II bei 105° u. Wägen. Der I-Geh. von Eiern, Weizenmehl, Margarine, Butter, frischer u. konservierter Milch, Hefe, Kakaopulver u. verschiedenen Nußkernen wird angegeben. Die Meth. ermöglicht die Geh.-Best. von Ei-Prodd. in Mehl-, Konditorei- u. Broterzeugnissen mit einer Fehlergrenze von 19%. S. BARYSCHNIKOW. 7798

Gerät zur Bestimmung der Luftmenge in Lebensmitteln. W. W. Kossatschewa. (Известия Высших Учебных Заведений (Краснодар), Пищевая Технология [Hochschulnachr. (Krasnodar), Nahrungsmittel-Technol] **1961.** Nr. 6. 141—44. Krasnodar, Forsch.-Inst. für Lebensmittelind.; russ.) — Beschreibung der Konstruktion u. Arbeitsweise einer Labor.-App., die es ermöglicht, die volumetr. Best. der Luftmenge in Prodd. der Tomatenverarbeitung (Fl., Pürees, Pasten u. Pulpen) bei Temp. des Prod. von 25—45° in 10—15 Min. durchzuführen. S. BARYSCHNIKOW. 7808

Prüfung der Konsistenz von Fondant-Artikeln. László Ravasz und Péter Székely. (Élelmiszervizsgálati Közlemények [Lebensmittelanalyt. Mitt.] **8.** 28—33. Febr. 1962. Budapest, Kommerz. Qualitätskontroll-Inst.; ung.) — Zur Unters. eignet sich das HÖPPLERsche Konsistometer. Das Meßverf. wird ausführlich beschrieben. K. GÄRTNER. 7816

Neue Methoden zur Untersuchung von Bohnenkaffee-Ersatzmitteln, Mischungen und deren Aufgüssen. Ilona Gál. (Élelmiszervizsgálati Közlemények [Lebensmittelanalyt. Mitt.] **5.** 177—94. 1959. Budapest, Hauptstädt. chem. Inst.; ung.) — Inhaltlich ident. mit der C. **1960.** 16291 referierten Arbeit. J. PLANK. 7828□

Malachitgrün-Prüfung auf Anwesenheit von Sulfit in Fleisch. Emanuel Kaplan. (J. Assoc. off. agric. Chemists **44.** 485—87. Aug. 1961. Baltimore, Md., Baltimore City Health, Dep., Bur. of Labor.; engl.) — Man mischt gemahlenes Fleisch mit einer wss. Malachitgrün-Lsg., die sich in Ggw. von Sulfit entfärbt. KNO_3, $NaNO_3$, Rohrzucker, NaCl, Dextrose u. Ascorbinsäure stören nicht. Bei pH >3 u. <11 wird der Farbstoff entfärbt. W. WESLY. 7850□

Bestimmung der Frische von Fleisch mittels Verteilungschromatographie auf Papier. A. D. Awschalumowa. (Вопросы Питания [Fragen d. Ernähr.] **21.** Nr. 3. 22—28. Mai/Juni 1962. Moskau, Veterinär-Akad. Lehrstuhl für veterinär-sanitäre Expertise; russ.) — Die mit Hilfe der Verteilungschromatographie auf Papier durchgeführte Geh.-Best. von Aminosäuren (*Lysin, Histidin, Arginin, Asparagin-* u. *Glutaminsäure, Serin, Glycin, Threonin, Alanin, Tyrosin, Valin, Methionin, Phenylalanin* u. *Leucin*) in 0—5 Tage bei 18—20° gelagertem Rindfleisch ermöglicht es, die Frische des Fleisches mit prakt. genügender Genauigkeit festzustellen. S. BARYSCHNIKOW. 7850

Chemische Kennwerte der Zersetzung von Seebarsch. Fred Hillig, L. R. Shelton jun. und J. H. Loughrey. (J. Assoc. off. agric. Chem. **44.** 488—93. Aug. 1961. Washington, D. C., Dep. of Health, Education, and Welfare, Food and Drug Admin.; engl.) — Tabellar. Zusammenstellung der bei der fortschreitenden Zers. von Seebarsch ermittelten Werte (Temp., flüchtige Säuren, Ameisensäure, Essigsäure, flüchtige Basen, flüchtige Amine, Trimethylamin, organolept. Beurteilung). W. WESLY. 7852□

Chemische Kennwerte der Zersetzung von Pollock und Weißfisch. Fred Hillig, L. R. Shelton jun., J. H. Loughrey und Sammie Bethea. (J. Assoc. off. agric. Chem. **44.** 499—507. Aug. 1961. Washington, D. C., Dep. of Health, Education, and Welfare, Food and Drug Admin.; engl.) — Tabellar. Zusammenstellung der bei der fortschreitenden Zers. von Pollock u. Weißfisch ermittelten Werte (Temp., flüchtige Säuren, Ameisensäure, Essigsäure, flüchtige Basen, flüchtige Amine, Trimethylamin, organolept. Beurteilung). W. WESLY. 7852□

Schnellverfahren zur Bestimmung von Pyoverdin in Eiern. R. Paul Elliott. (J. Assoc. off. agric. Chem. **44.** 493—99. Aug. 1961. Albany, Calif., Western Reg. Res. Labor.; engl.) — Das vom Vf. (C. **1960.** 16292) beschriebene Verf. wird wie folgt abgeändert: Man versetzt die schaumfreie Probe mit A. unter Rühren, zentrifugiert, versetzt eine aliquote Menge der überstehenden Fl. mit Chlf., schüttelt, kühlt im A.-CO_2 Bad ab, läßt tauen, verwirft das Chlf., gibt eine aliquote Menge der Fl. in Chlf., läßt 10 Min. stehen, verwirft das Chlf., klärt die Emulsion durch Einleiten von Luft, versetzt die Lsg. mit Puffer-Lsg. (pH = 1), mißt die Fluorescenz u. drückt den Geh. an Pyoverdin in mg Riboflavin je 100 g Eier aus. Die Eichung erfolgt mit Riboflavinlösung. W. WESLY. 7854□

Der Einfluß von Euterkrankheiten auf die Entfärbungszeit der Milch in der Methylenblauprobe. H. Baumgartner. (Schweiz. Milchztg., wiss. Beil. **86.** Nr. 44. 557—60. 31/5. 1960; dt.) — Vf. stellte fest, daß in krankhaft veränderter Milch mit zunehmenden Krankheitserscheinungen häufiger ein reduzierendes Syst. wirksam wird, welches einen raschen Abfall des Redoxpotentials u. damit eine kurze Entfärbungszeit bei der Methylenblauprobe bewirkt. Dadurch wird der prakt. Wert der Red.-Probe leicht eingeschränkt. M. WINIKER. 7856□

Kryoskopie von Milch: Gemeinschaftsvergleich des Fiske- und Hortvet-Kryoskops. W. F. Shipe. (J. Assoc. off. agric. Chemists **44.** 438—44. Aug. 1961. Ithaca, N.Y., Cornell Univ., Dep. of Dairy and Food Sci; engl.) — Die in mehreren Labor. ausgeführten Best. des Gefrierpunktes von Salz-Lsgg., Saccharose (I)-Lsgg. u. Vollmilch zeigen, daß das FISKE- u. das HORTVET-Kryoskop vergleichbare Werte liefern. Lsgg. mit 0,6892 bzw. 1,0206 g NaCl je 100 g W. sind Lsgg. von 7 bzw. 10% I äquivalent. Die Verw. des FISKE-Kryoskops neben dem HORTVET-Kryoskop wird zur Best. des Gefrierpunktes von Milch empfohlen. Salz-Lsgg. sind neben I-Lsgg. als Standard brauchbar. W. WESLY. 7856□

Photometrische Eiweißbestimmung in Milch. A. D. Gololobow. (Вопросы Питания [Fragen d. Ernähr.] **21.** Nr. 3. 17—22. Mai/Juni 1962. Moskau, Zentr. Chem.-

Analyt. Labor. des Allunions-Forsch.-Inst. für Viehzucht; russ., Auszug: engl.) — 1 ml Milch u. 9 ml 2%ig. NaOH-Lsg. werden 5—10 Min. lang stehengelassen. 1 ml der entstandenen Lsg. u. 1 ml HNO_3 (1,43) werden auf dem Wasserbad 5 Min. lang erwärmt (citronengelbe Färbung der Lsg.). Nach Abkühlung werden 3 ml konz. NH_3-Lsg. u. 5 ml W. zugefügt, die Lsg. filtriert, das Filtrat mit W. auf 10 ml aufgefüllt u. photocolorimetriert (Lichtfilter mit optimaler Lichtabsorption bei 430 mμ). Die Berechnung des Protein-Geh. erfolgt nach der Eichkurve bzw. nach einer aufgenommenen Standardextinktionsskala. Die Fehlergrenze der Meth. beträgt $\pm 2\%$. S. BARYSCHNIKOW. 7856

Einfluß von Isolierung und Kristallisation auf die elektrophoretische Beweglichkeit von β-Lactoglobulin bei der Papierelektrophorese. M. J. Pallansch und C. A. Anderson jun. (J. Dairy Sci. **44.** 1973—79. Nov. 1961. Washington, D. C., USDA, Eastern Utilization Res. and Dev. Div., Dairy Prod. Labor.; engl.) — Vff. untersuchten die Frage, ob kristallisiertes β-Lactoglobulin (I) bei der Isolierung im Vgl. mit in natürlicher Umgebung (Molke) befindlichem I elektrophoret. feststellbare Veränderungen erleidet. Die Elektrophorese-App. von KUNKEL u. TISELIUS [1951] wurde deshalb so modifiziert (Abb.), daß mit Spannungen bis zu 720 V gearbeitet u. elektroosmot. Effekte weitgehend ausgeschaltet werden konnten. I sowie ein durch Ultrazentrifugation gewonnenes Molkenproteinkonzentrat wurden auf WHATMAN Nr. 1-Papierstreifen 1—6 Std. elektrophoretisiert u. mit Bromphenolblau angefärbt. Als Lsgm. zur Elektrophorese diente „proteinfreie Molke", die durch Dialyse von 200 ml dest. W. gegen 40 l Magermilch gewonnen wurde, um das W. mit allen in der Milch außer den Proteinen vorkommenden Stoffen anzureichern. Die Verss. zeigten, daß isoliertes krist. I, in seine natürliche Umgebung zurückgebracht, keine Veränderung seiner elektrophoret. Beweglichkeit erfährt. Bei Zusatz von Gesamtcasein tritt lediglich eine geringe Abnahme der I-Beweglichkeit ein. WINFRIED KRÜGER. 7856 □

Nachweis von Alginaten in Milchprodukten. Jean Pien. (Lait **39.** 605—09. Nov./Dez. 1959; franz. — C. **1962.** 18678.) M. WINIKER. 7856

Phosphatanalyse mit dem Molybdat-Vanadat-Reagens nach Kjeldahlaufschluß von Futtermitteln. G. Pulss. (Landwirtsch. Forsch. **14.** 38—42. 1961. Kiel, Univ., Inst. für Tierphysiol. u. Tierernährungslehre; dt.) — Man schließt die Futtermittelprobe mit H_2SO_4 im KJELDAHL-Kolben auf, versetzt einen aliquoten Teil mit einem Gemisch von NH_4-Molybdat u. -Vanadat u. H_2SO_4 u. bestimmt die Stärke der entstehenden Färbung photometr. bei 436 mμ. Das einfache u. genaue Verf. ist unempfindlich gegen alle prakt. vorkommenden Störungen. W. WESLY. 7866 □

F. Hoffmann-La Roche & Co. Akt.-Ges., Basel, Schweiz, **Herstellung neuer Polyenverbindungen,** die als *Farbstoffe für Nahrungsmittel* oder als Ausgangsstoffe für die Synth. von Carotinoidpigmenten verwendbar sind. Entweder kondensiert man C_2H_2 durch metallorgan. Rk. mit 8-[2'.6'.6'-Trimethyl-cyclohexen-(1')-yl]-2.6-dimethyl-octatrien-(2.4.6)-al-(1) [β-C_{19}-Aldehyd] (in fl. NH_3 mit einem Alkali- oder Erdalkaliacetylid) u. kondensiert das hierbei erhaltene 10-[2'.6'.6'-Trimethyl-cyclohexen-(1')-yl]-4.8-dimethyl-decatrien-(4.6.8)-in-(1)-ol-(3) mit 2 Mol Alkyl-Mg-Halogenid oder Phenyl-Li u. weiter mit einem Mol 3-Acyloxy- oder 3-Alkoxy-2-methyl-propen-(2)-al-(1) [3-Benzoyloxy-2-methylpropen-(2)-al-(1), F. 79—80°; 3-Acetoxy-2-methylpropenal, $Kp._{10}$ 75—77°; 3-Isopropoxy-methylpropenal, $Kp._{13}$ 83°, n_D^{21} 1,4745 oder 3-Äthoxy-methylpropenal, $Kp._{13}$ 78—80°, n_D^{24} 1,4755], oder man kondensiert C_2H_2 erst mit einem 3-Acyloxy- oder 3-Alkoxy-2-methyl-propen-(2)-al-(1) u. dann das hierbei erhaltene 1-Acyloxy- oder 1-Alkoxy-2-methyl-3-hydroxy-penten-(1)-in-(4) mit dem β-C_{19}-Aldehyd. Durch Behandlung des hierbei erhaltenen entsprechend 1-acylierten oder 1-alkylierten 13-[2'.6'.6'-Trimethyl-cyclohexen-(1')-yl]-2.7.11-trimethyl-1.3.6-trihydroxytridecatetraen-(1.7.9.11)-in-(4) mit einer Säure (Essigsäure, alkohol. HCl oder p-Toluolsulfonsäure) erhält man 13-[2.'6'.6'-Trimethyl-cyclohexen-(1')-yl]-2.7.11-trimethyltridecapentaen-(2.6.8.10.12)-in-(4)-al-(1) (4.5-Dehydro-β-apo-4-carotinal). (**E. P. 845 819** vom 28/8. 1958, ausg. 24/8. 1960. Schwz. Prior. 18/10. 1957.) W. GRÄGER. 7639

F. Hoffmann-La Roche & Co. Akt.-Ges., Basel, Schweiz, **Herstellung von Penteninverbindungen,** bes. von 1-Alkoxy-2-methyl-3-hydroxypenten-(1)-inen-(4), vorzugsweise der Isopropoxyverbindung. Man kondensiert z. B. 3-Isopropoxy-2-methylpropen-(2)-al-(1) in fl. NH_3 mit einem Alkali-(bes. Li-) oder Erdalkaliacetylid u. erhält das *1-Isopropoxy-2-methyl-3-hydroxypenten-(1)-in-(4)*-Zwischenprodd. zur Herst. von 4.5-Dehydro-β-apo-4-carotinal (vgl. E. P. 845 819; s. vorst. Referat). (**E. P. 845 820** vom 28/8. 1958, ausg. 24/8. 1960. Schwz. Prior. 18/10. 1957.) W. GRÄGER. 7639

F. Hoffmann-La Roche & Co. Akt.-Ges., Basel, Schweiz, **Polyenaldehyde und Polyeninaldehyde** erhält man durch Acetalisieren eines Aldehyds der Formel I (n = ganze Zahl von 1—6; R = abwechselnd CH_3 u. H, von links nach rechts mit CH_3 beginnend), anschließende Kondens. mit einem Propen-(2)-yl-(3)-alkyläther, falls n geradzahlig ist, bzw. mit einem Vinylalkyläther, falls n ungeradzahlig ist, in Ggw. eines sauren Kondens.-Mittels ($ZnCl_2$) u. Behandeln mit einem sauren Mittel. — 18 g 13-[2'.6'.6'-Trimethylcyclohexen-(1')-yl-(1')]-2.7.11-trimethyltridecapentaen-(2.6.8.10.12)-in-(4)-al-(1) werden in 17 ml Orthoameisensäureäthylester suspendiert; die Mischung wird mehrere Std. bei Raum-Temp. mit einer Lsg. von 0,24 ml H_3PO_4 u. einer Spur p-Toluolsulfonsäure in 8 ml abs. A. gerührt. Nach Lösen des Nd. läßt man die Mischung 15 Std. lang stehen, gibt 1,5 ml Pyridin zu, während man mit Eis kühlt u. extrahiert die Mischung nach Zugabe von 50 ml 5%ig. $NaHCO_3$-Lsg. mit Petroläther. Nach dem Aufarbeiten erhält man 21,7 g 13-[2'.6'.6'-Trimethylcyclohexen-(1')-yl-(1')]-2.7.11-trimethyl-1.1-diäthoxytridecapentaen-(2.6.8.10.12)-in-(4), gelbes Öl, zu welchem man 4 ml einer 10%ig. Lsg. von $ZnCl_2$ in Essigsäureäthylester u. dann 4,27 g Vinyläthyläther unter Rühren bei —30° gibt. Nach 15std. Stehen der Rk.-Mischung gibt man 5 g Na-Acetat in 50 ml Essigsäureäthylester zu u. erhitzt das Gemisch 4 Std. lang auf 95—100°. Man erhält 13 g 15-[2'.6'.6'-Trimethylcyclohexen-(1')-yl-(1')]-4.9.13-trimethylpentadecahexaen-(2.4.8.10.12.14)-in-(6)-al-(1), orangerote Platten, F. 122°, Absorptionsmaximum (**II**) 417 bis 418 mμ (PAe.). — Ebenso erhält man: {III bedeutet [2'.6'.6'-Trimethylcyclohexen-(1')-yl-(1')]} *17-III-2.6.11.15-Tetramethylheptadecaheptaen-(2.4.6.10.12.14.16)-in-(8)-al-(1)*, glänzende rote Platten, F. 130,5°; II 431—432 mμ (PAe.); *19-III-4.8.13.17-Tetramethylnonadecaoctaen-(2.4.6.8.12.14.16.18)-in-(10)-al-(1)*, rote Platten, F. 146—147°; II 447 mμ ($E^{1\%}_{1cm}$ 2070; PAe.); *21-III-2.6.10.15.19-Pentamethylheneicosanonaen-(2.4.6.8.10.14.16.18.20)-in-(12)-al-(1)*, rote Platten, F. 177—178° (Bzl.); II 458 mμ ($E^{1\%}_{1cm}$ 2295; PAe.); *23-III-4.8.12.17.21-Pentamethyltricosadecaen-(2.4.6.8.10.12.16.18.20.22)-in-(14)-al-(1)*, dunkelrote Platten (Bzl.), F. 170—171°; II 469 mμ ($E^{1\%}_{1cm}$ 2570; PAe.); *25-III-2.6.10.14.19.23-Hexamethylpentacosaundecaen-(2.4.6.8.10.12.14.18.20.22.24)-in-(16)-al-(1)*, dunkelrote Platten, F. 178—180° (Bzl.); II 480 mμ (E^{1}_{1cm} 2700; PAe.); *all-trans-15-III-4.9.13-Trimethylpentadecaheptaen-(2.4.6.8.10.12.14)-al-(1)*, II 436 mμ (E^{1}_{1cm} 2160; PAe.). — *Lebensmittelfarbstoffe.* (**E. P. 850 501** vom 28/8. 1958, ausg. 5/10. 1960. Schwz. Prior. 18/10. 1957.) A. JAHN. 7639

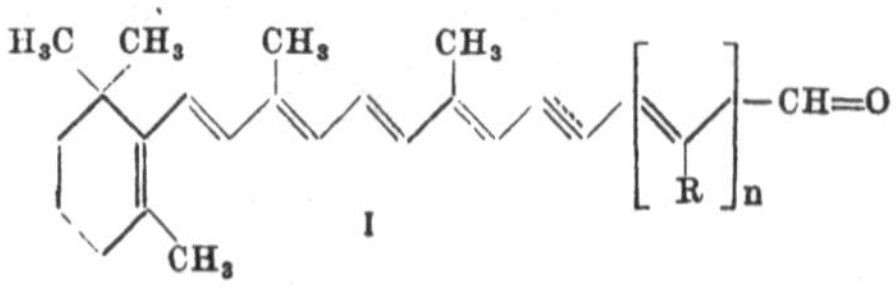

I

Soc. A. T. O. M. Soc. An., Bouches-du-Rhône, Frankreich, **Herstellung von Pflanzenpulvern und ihrer natürlichen Farbstoffe in Pulverform.** Das Pflanzenmaterial, z. B. Knollen, Rüben, Spinat, Erd- oder Blaubeeren, wird nach dem Waschen zerschnitten u. durch vorsichtiges weiteres Zerkleinern zu einem feinen Brei geformt, der sowohl die Pflanzensäfte als auch die Farbstoffe enthält. Die Masse wird bei 60—110° sterilisiert u. ergibt durch Zerstäubungstrocknung ein Pulver von langer Haltbarkeit. — Das Pflanzengut wird gewaschen, in Stücke geschnitten u. der Saft ausgepreßt. Er wird mit Hefe, z. B. Bäckerhefe, versetzt, wobei durch die alkohol. Gärung eine erhebliche Vermehrung der natürlichen Farbstoffe erfolgt. Der Saft wird $>$ 60° sterilisiert u. sofort zentrifugiert. Man kann durch Zusatz von Zucker auf ein jeweils gleiches Farbvermögen einstellen. Der Saft wird dann durch Zerstäubung zu einem Pulver getrocknet, welches in inerter Atmosphäre haltbar ist. — Die Prodd. können für *Ernährungs-* u. *pharmazeut. Zwecke* verwendet werden. (**F. PP. 1 233 255** u. **1 233 256** vom 3/8. 1959, ausg. 12/10. 1960.) W. HEYNE. 7661

George Jerzy Malecki, V.St.A., **Konservierung von grünen Gemüsen,** dad. gek., daß das in üblicher Weise ausgelesene u. gereinigte Gemüse, z. B. grüne Bohnen, ca. 5—10 Min. bei ca. 93° mit der Lsg. eines Ca-Salzes behandelt u. daß der pH-Wert der Lsg. stets zwischen 7,5 u. 9 gehalten wird. Als Ca-Salze kommen hierfür in Betracht: $CaCl_2$, Ca-Glycinat, Ca-Lysinat. Die Konserven-Fl. erhält ferner Zusätze an Puffersubstanzen, um den pH-Wert in der Dose zwischen 8,5 u. 10,5 zu halten, z. B. Alkali- oder Erdalkalisalze des Lysins, Methionins oder Glycins, ferner als reduzierende Stoffe Alkali- oder Erdalkalisalze der Ascorbin-, schwefeligen u. phosphorigen Säure. Die eingedosten Gemüse werden in üblicher Weise bei höherer Temp. im Autoklaven sterilisiert. Das so behandelte Gut soll eine Lagerfähigkeit von 12 Monaten haben, ohne Farbe u. Geschmack zu verändern. (**F. P. 1 228 620** vom 11/6. 1959, ausg. 31/8. 1960. A. Prior. 11/6. 1958.) W. HEYNE. 7691

Armour & Co. (Erfinder: Havard Lawrence Keil, Robert Francis Hagen und Robert William Flaws), **Verbessern des Aussehens von Fleisch-**

und Wurstwaren bzgl. Farbe, Glanz, Glätte usw. durch Aufbringen eines Überzugs aus einem Komplex aus Gelatine u. polymeren Metaphosphaten, z. B. Na-Hexametaphosphat. (**Aust. P. 228 469** vom 23/4. 1958. ausg. 23/6. 1960.) K. DEMMLER. 7751

Farbwerke Hoechst Akt.-Ges., vormals Meister Lucius & Brüning, Frankfurt/M., *Beständiges Na-Sorbat aus Sorbinsäure.* (**Belg. P. 566 562** vom 8/4. 1958, ausg. 29/7. 1960. D. Prior. 6/4. 1957. — C. **1959.** 10094 [D. A. S. 1 045 390].)

Howard Bliss Klevens, Pittsburgh, Pa., V.St.A., *Trennung eiweißartiger Stoffe.* (**Holl. P. 99 583** vom 14/9. 1955, ausg. 15/11. 1961. A. Prior. 15/9. 1954. — C. **1959.** 3329 [F. P. 1 141 446].)

Unilever Ltd., Port Sunlight, Chester, England (Erfinder: **Charles Watt Schroeder**), *Trockengemüse.* (**E. P. 874 752** vom 4/7. 1958, ausg. 10/8. 1961. — C. **1960.** 16974 [F. P. 1 209 316].)

Cowper Henderson Chalmers, Bacteria in relation to the milk supply. 4th edit. London: Edward Arnold. 1962. (VIII + 309 S. m. Abb., Tab. u. Diagr.) 30 s.

Max Gärtner a Andrej Šepitka, Kontrola výroby kyseliny mliečnej. (Kontrolle der Produktion von Milchsäure.) Praha: SAV. 1962. (256 S. m. 51 Abb.) ca. Kčs. 32,—.

XVII. Fette. Seifen. Wasch- u. Reinigungsmittel. Wachse. Bohnermassen usw.

Über die Autoxydation emulgierter Fette. M. Loncin und D. Jacqmain (unter Mitarbeit von J. Labarrère und J. Lefèbvre.) (Fette, Seifen, Anstrichmittel **61.** 1055—58. Okt. 1959. Brüssel, Centre d'Enseignem. et de Rech. des Ind. Aliment. et Chim.; dt.) — Die Geschw. der Autoxydation emulgierter Fette, die vor allem vom Schwermetall-Geh. der Fettphase, bes. von dem an Cu, abhängig ist, wurde untersucht. Die Überführung des Cu in die Wasserphase unter Ausnutzung der komplexbildenden Wrkg. einfacher Aminosäuren (z. B. Alanin, Glykokoll) bewirkt eine Stabilisierung des Fettes. Prakt. Verss. mit Trockenmilch ergaben eine Erhöhung der Lagerfähigkeit um das 3—4fache, während die Stabilisierung bei Butter weniger ausgeprägt ist. H.-P. RETTIG. 7878 □

Biochemische Umwandlungen bei der Lagerung von Sonnenblumensamen in Kohlendioxid und in der Luft. W. M. Kopeikowski und N. W. Trubitzyn. (Известия Высших Учебных Заведений (Кразнодар), Пищевая Технология [Hochschulnachr. (Krasnodar), Nahrungsmittel-Technol.] **1961.** Nr. 3. 7—14. Krasnodar, Inst. für Lebensmittel-Ind., Lehrstuhl für Technol. der Fette; russ.) — Vff. erörtern die biochem. Umwandlungen in Sonnenblumensamen, die in einer Atmosphäre von 12,5 bis 25% Luftfeuchtigkeit u. 6,5—10,0% CO_2 aufbewahrt wurden, sowie die Einw. feuchter u. CO_2-haltiger Atmosphäre auf die Pilzflora des gelagerten Produktes. Das Aufbewahren von Samen in CO_2 unterdrückt das Schimmeln u. die Selbsterwärmung, verringert (längere Aufbewahrung, feuchtes Gas) die Keimfähigkeit, ermöglicht aber ein Nachreifen. S. BARYSCHNIKOW. 7894

Anwendung von Dichloräthan zur Begasung von Sonnenblumensamen. M. I. Rjasanzewa. (Известия Высших Учебных Заведений (Краснодар), Пищевая Технология [Hochschulnachr. (Krasnodar), Nahrungsmittel-Technol.] **1961.** Nr. 3. 15—21. Krasnodar, Inst. für Lebensmittelind., Lehrstuhl für Technol. der Fettgewinnung; russ.) — Eine 7—8 tägige Begasung von Sonnenblumensamen mit 300 g/m³ *Dichloräthan* erniedrigt den Mikrobenbefall u. die Atmungsintensität der Samen u. beseitigt ihre Selbsterwärmung. Die technolog. Eigg. der Samen u. der aus ihnen hergestellten Prodd. (Öl, Ölkuchen) werden durch die Behandlung nicht beeinflußt. Die passive Entgasung der begasten Samen erfolgt (bei 10°) nach 2—3 Monaten. S. BARYSCHNIKOW. 7894

Über die Intensivierung der Extraktion von Pflanzenölen. W. I. Sserdjuk. (Известия Высших Учебных Заведений, Пищевая Технология [Hochschulnachr., Nahrungsmittel-Technol.] **1961.** Nr. 1. 111—116. Krasnodar, Inst. für Lebensmittelind., Lehrstuhl für Prozesse u. App.; russ.) — Aus der Analyse der Gleichungen der Massenübertragung ist ersichtlich, daß durch Erhöhung der Temp. des Lsgm. bei der Extrahierung von Pflanzenölen eine Intensivierung des Extraktionsprozesses erreicht werden kann. Dieses theoret. Prinzip wird durch Labor.- bzw. Betriebs-Verss. prakt. bestätigt. S. BARYSCHNIKOW. 7894

Untersuchung des grünen Farbstoffes in fettem Fruchtöl von Pimpinella anisum L. G. Rankoff, A. Popoff und D. Tschobanoff. (Доклады Болгарской Академии Наук [C. R. Acad. bulg. Sci.] **11.** Nr. 1. 33—36. Jan./Febr. 1958. Chem. Inst. der Bulgar. Akad. der Wiss.; dt., Auszug: russ.) — Die grüne Farbe des fetten Öls von *Pimpinella anisum* (u. vermutlich die von anderen Umbelliferenfruchtölen) ist durch die Ggw. von Chlorophyll (nicht aber von Azulenen) bedingt. Bei der Extraktion der zweckmäßig vor ihrer völligen Reife geernteten Früchte geht das Chlorophyll zusammen mit dem Öl in das Lsgm. über. Durch Ggw. von Cu im Extraktions-App. (kupferne Extraktions-App. bzw. Zusatz von Cu-Spänen) wird die grüne Färbung des gewonnenen Öls vertieft. S. BARYSCHNIKOW. 7894

Zur Frage der Umesterung von Waltran. G. M. Pawlow und W. G. Orobei. (Известия Высших Учебных Заведений, Пищевая Технология [Hochschulnachr., Nahrungsmittel-Technol.] **1961.** Nr. 1. 45—49. Krasnodar, Inst. für Lebensmittelind., Lehrstuhl für Technol. der Fettverarbeitung; russ.) — Beschreibung einer Meth. zur Ausscheidung der gesätt. Triglyceride (I) des Waltrans (II) durch Kristallisation aus PAe. u. eines Verf. der II-Umesterung. Durch gesteuerte Umesterung des II (Na-Methylatsuspension in Xylol als Katalysator) kann sein Geh. an I von 0,235 auf 6,04% erhöht werden; die SZ. des verarbeiteten Fettes wird dabei um 30% erhöht. S. BARYSCHNIKOW. 7898

Über den Einfluß der Gewinnungsverfahren auf die Qualität von Fischleberölen. Hans-Jürgen Papenfuß. (Lebensmittel-Ind. **7.** 550—53. Nov. 1960. Rostock, VE Fischkombinat; dt.) — Vf. untersuchte drei Verff. zur Herst. von Fischleberölen, Gefrier-Verf. (A), Vakuum-Verf. (B) u. Faßsiede-Verf. (C) u. verglich die hierbei erhaltenen Prodd. in bezug auf SZ., VZ, JZ, LEA-Zahl u. Vitamin A-Geh. unmittelbar nach der Herst. u. nach 2—3 monatiger Lagerung. Die Unterss. ergaben, daß A Leberöle lieferte, die eine fast doppelt so hohe SZ. hatten u. deren LEA-Zahl während der Lagerung wesentlich schneller anstieg als die nach B u. C hergestellten Produkte. VZ, JZ u. Vitamin A-Geh. zeigte keine Unterschiede. E. WIEHR. 7898□

Einfluß einiger Faktoren der Hydrierung des Sojaöls auf die Bildung von Stellungsisomeren der ungesättigten Fettsäuren. G. M. Pawlow und W. I. Poddubny. (Известия Высших Учебных Заведений (Краснодар), Пищевая Технология [Hochschulnachr. (Krasnodar), Nahrungsmittel-Technol.] **1961.** Nr. 3. 68—71. Krasnodar, Inst. für Lebensmittelind., Lehrstuhl für Technol. der Fette; russ.) — Der Einfl. des Verhältnisses Katalysator/Öl u. der Strömungs-Geschw. von H_2 bei der Hydrierung des Sojaöls wird erörtert. Vff. zeigen die Einw. dieser Faktoren auf den Geh. des hydrierten Prod. an festen Isoölsäuren (I) u. auf ihre Struktur, sowie auf die Veränderung der Struktur der fl. ungesätt. I. S. BARYSCHNIKOW. 7902

Reinigung des Soapstocks vom Lösungsmittel. U. I. Trossko und A. L. Markman. (Известия Высших Учебных Заведений (Краснодар), Пищевая Технология [Hochschulnachr. (Krasnodar), Nahrungsmittel-Technol.] **1961.** Nr. 3. 72—76. Mittelasiat. Polytechn. Inst., Lehrstuhl für Technol. der Pflanzenöle; russ.) — Es wird ein Verf. zur kontinuierlichen Dest. von Bzn. aus feinzerstäubtem Soapstock vorgeschlagen. Die Konstruktion u. die Arbeitsweise der heizbaren Kolonne (Dest.-Raum) u. des Zerstäubers werden beschrieben. Der behandelte Soapstock enthielt 0,02—0,20% Benzin. S. BARYSCHNIKOW. 7910

Fettsäurealkylolamide und -amidsulfate. (Waschrohstoffe 4. Mitt.). H. Manneck. (Seifen-Öle-Fette-Wachse **85.** 77—79. 18/2. 1959; dt.) — 3. vgl. C. **1962.** 10311. — Ergänzend zu den früheren Mitt. wird eine tabellar. Zusammenstellung über die für die Waschmittel-Herst. wichtigsten Fettsäuremono-, dialkylolamide u. -amidsulfate mit Handelsbezeichnung, chem. Konstit., Konsistenz, Geh. an Aktivsubstanz, F. u. Hinweise zu deren Herst. u. Verw. gegeben. H. SPOHN. 7912□

Öle und Fette. S. Asahara und K. Yamashita. (Japan Analyst **1961.** 115R bis 120R; jap.) — Übersicht über die analyt. Meth. zur Best. von Ölen u. Fetten. — 230 Literaturangaben. E. KLEVER. 7932□

Rheologische Messungen an gemischten synthetischen Reinigungsmitteln und die Erkennung von einzelnen Komponenten mittels des verbesserten Brabender Plastographen. Hans E. Tschakert. (Soap, Perfum. Cosmet. **35.** 151—57. Febr. 1962; engl.) — Der BRABENDER Plastograph u. seine Anwendung zur Unters. von Reinigungsmitteln u. zur Erkennung von einzelnen Komponenten werden beschrieben. K. HINTERAUER. 7942□

Monsanto Chemical Co., St.Louis, Mo., übert. von: Edward S. Blake, Dayton, Ohio, V.St.A., **Glycerinäther** (I) der Formel $ROCH_2-CH(OC_2H_4)_x-(OH)-CH_2OR'$, erhält man bei der Anlagerung von Äthylenoxid an 1.3-Glycerindialkyläther möglichst unter Ausschluß von O_2 (Luft) in Ggw. eines alkal. Katalysators bei 70—200° u. normalem oder erhöhtem Druck. In I bedeuten R u. R' Alkylreste mit 6—16 C-Atomen in gerader Kette u. x = 10—20. — 1.3-Bis-[2-äthylhexyl]-äther erhitzt man mit NaOH auf 115°, treibt mit N_2 die Luft aus dem Rk.-Gefäß u. leitet 5 (Mol) Äthylenoxid auf 1 des Glycerinäthers ein. Man erhält I mit 5 $(-OC_2H_4)$-Gruppen. — *Netz- u. Reinigungsmittel.* (**A.P. 2 932 670** vom 16/9. 1957, ausg. 12/4. 1960.) G. KÖNIG. 7913

Daiichi Kogyo Seiyaku Kabushiki Kaisha (Erfinder: Mitsu Konishi und Seiichi Hirao), Kyoto, Japan, **Herstellung von Mischpolyalkylenglykoläthern,** die mit Oxymethylengruppen vernetzt sind. Man läßt auf Polyalkylenglykole in Ggw. von Halogenwasserstoffsäure HCHO einwirken u. kondensiert die erhaltenen Mono- oder Di-[halomethyl]-äther mit Mono- oder Di-Na-Glykolaten von Polyalkylenglykolen mit anderem C-Geh. als die vorher verwendeten Glykole. — 100 (g) Polypropylenglykol (Molgew. ca. 2000) werden mit 1,6 Paraformaldehyd u. 5,6 35%ig. HCl 1—2 Std. bei 40 bis 50° gerührt. Ferner werden 75 Polyäthylenglykol (Molgew. 1500) u. 1,2 Na bis zur Lsg. des Na auf 140° erhitzt. Nach Abkühlen gibt man das mit Paraformaldehyd hergestellte Rk.-Prod. langsam zu, erhitzt auf 100—120° u. kühlt ab, wenn die Alkalität gleich bleibt, filtriert NaCl ab u. erhält ca. 150 Rk.-Produkt. Verw. der Stoffe als *Netz-*, *Emulgier-*, *Wasch-* oder *Dispergiermittel.* (**Jap. A. S. 8949/1960** vom 22/5. 1958, ausg. 11/7. 1960.)
M. PANKOW. 7913

Rohm & Haas Co., übert. von: Fred E. Boettner, Philadelphia, Pa., V.St.A., **Herstellung von hochmolekularen Verbindungen** der allg. Formel I, worin x eine ganze Zahl von 6—12, n eine solche von 8—80, A einen Alkylenrest mit 2—4 u. R einen Alkylrest mit 3—18 C-Atomen bedeuten. Man setzt in einer 1. Stufe ein Alkylphenol, dessen Alkylrest 3—18 C-Atome aufweist, mit Trioxan unter Rückfluß in einem inerten organ. Lsgm. in Ggw. einer organ. Sulfonsäure als Katalysator um, entfernt diesen dann durch Auswaschen mit Alkali u. setzt das Polymerisat nach Entfernen des Lsgm. in einer 2. Stufe mit 8—80 Mol eines 2—4 C-Atome aufweisenden Alkylenoxids, wie Äthylen-bis-butylenoxid oder deren Gemischen, in Ggw. eines Alkalimetallhydroxids weiter um. — *Oberflächenakt. Stoffe.* (**A. P. 2 930 778** vom 27/3. 1956, ausg. 29/3. 1960.) J. MÜHLEISEN. 7913

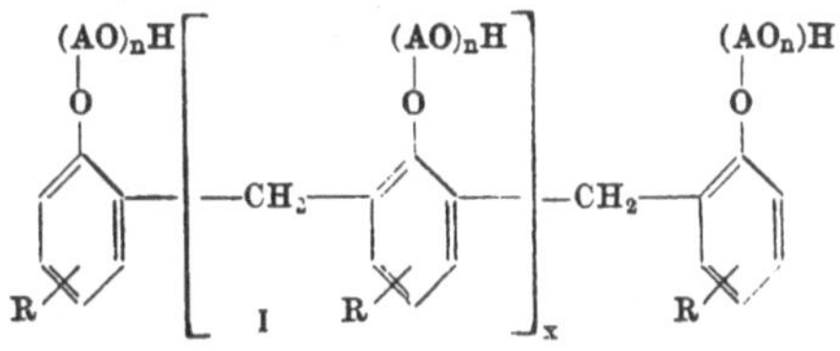

Rohm & Haas Co., Philadelphia, Pa., übert. von: Warren D. Niederhauser, Huntsville, Ala., V.St.A., **Oberflächenaktive Monoester von Polyäthylenoxiden** erhält man aus den bei der Herst. von Sebacinsäure aus Ricinusöl durch Alkalibehandlung erhaltenen nichtflüchtigen sauren Rückständen durch Rk. mit Äthylenoxid (I) in Ggw. von Katalysatoren bei 110—220°, wobei man bei Verw. von 5—9 Mol I auf 1 Carboxygruppe der Rückstände *öllösl. Emulgatoren*, bei Verw. von 10—25 Mol wasserlösl. *Dispergier-*, *Netz-* u. *Emulgiermittel* erhält. — In einem Druckgefäß werden 221 Teile eines wie oben erhaltenen Rückstandes mit einer SZ. von 150 u. 1 g KOH unter N_2 mit 304 I während 4 Std. bei 180—200° umgesetzt. Nach Entfernen flüchtiger Stoffe bei Unterdruck erhält man ein klares, rotes, in W. lösl. Öl, das 11 I-Reste pro Carboxylgruppe u. eine SZ. von 0 aufweist. (**A. P. 2 969 388** vom 24/1. 1957, ausg. 24/1. 1961.)
J. MÜHLEISEN. 7913

Chemische Fabrik G. Zimmerli Akt.-Ges. (Erfinder: Rolf Schneider), Aarburg, Schweiz, **Herstellung oberflächenaktiver Derivate des Trimethyloläthans (I),** dad. gek., daß man I mit gesätt. oder ungesätt. Fettsäuren, in Ggw. bes. von Zn-Staub Erdalkalien oder fettsauren Alkalisalzen als Katalysator, partiell verestert (z. B. 1 Mol I je Mol Säure) u. den Ester anschließend mit einem Alkylenoxid katalyt. veräthert. — Man erhitzt z. B. ein Gemisch aus 200 (g) I u. 451 Stearinsäure unter Zusatz von wenig NaOH u. Abdestillieren des Rk.-Wassers ca. 1 Std. auf 180°, filtriert warm u. erhält ca. 95% I-*Monostearinsäureester* (III), F. 43—46°; SZ. <1; VZ. 157. — Je 71,4 dieser Verb. werden in Ggw. von Na, K, NaOH, KOH oder Na_2CO_3 als Katalysator mit jeweils 8,8, 17,6, 26,4, 35,2, 44, 52,8, 61,6, 70,4, 79,2 u. 88 Äthylenoxid (II) umgesetzt. Die erhaltenen Addukte mit 1—3 Mol II sind fest, mit 4—8 Mol halbfest, mit 9 u. mehr II flüssig. — Weitere II-Rk.-Prodd. mit: I-*Laurinsäureester* (F. 34°; VZ. 186°) mit 1—10 Mol II sind flüssig. — I-*Myristinsäureester* (F. 40—44°; VZ. 173) mit 1—10 (Mol) II: flüssig. — I-*Ölsäureester* (JZ. 73,5; VZ. 147) mit 1—10 II: flüssig. — Die Rk.-Prodd. von III mit 1—10 Propylenoxid sind fl. bis halbfest. — Die Prodd. dienen als *Emulgatoren*, bes. zur Herst. von „Öl-in-W."-Emulsionen. (**Schwz. P. 356 755** vom 29/3. 1957, ausg. 31/10. 1961.) O. MÜLLER-MEININGEN. 7913

Dr. Th. Böhme K. G., Chemische Fabrik, Gartenberg über Wolfratshausen (Erfinder: Fritz Dambacher, Icking, und Konrad Hörig, Gartenberg), Obb., **Herstellung von oberflächenaktiven Cyanursäurederivaten.** Aliphat., alicycl. oder aromat. Carbonsäureureide bzw. Carbonsäurebiuretide werden mehrere Std. auf 120 bis 200° erhitzt, wobei unter Abspaltung von H_2O, NH_3 u. HCN in der Hauptsache acylierte Cyanursäure- u. Isocyanursäure-Derivv. als braune wachsartige Stoffe mit FF. von 60—75° entstehen. Sie sind in organ. Fll. klar, in W. koll. löslich. Die wss. Lsgg.

zeigen große Oberflächenaktivität, geringes Schaumvermögen u. hohe Beständigkeit gegen Elektrolytzusatz, sie reagieren weder mit kationakt., noch mit anionakt. Stoffen. — Beispiele: aus Cocosfettsäureureiden lassen sich nach Erhitzen $N^2.N^4.N^6$-Triacyl- u. $N^2.N^4.N^6$-Hexaacylcyanursäuretriamide mit den allg. Formeln I u. II isolieren. Hierbei sind R_1—R_6 die entsprechenden Acylreste. Ferner wurden dargestellt die therm. Umsetzungs-Prodd. von Ölsäure- u. Naphthoesäurebiuretid. Diese eignen sich bes. zur Flotation von Meeressalzen. (**D. A. S. 1 124 956** Kl. 12p vom 10/8. 1959, ausg. 8/3. 1962.) A. Kalix. 7913

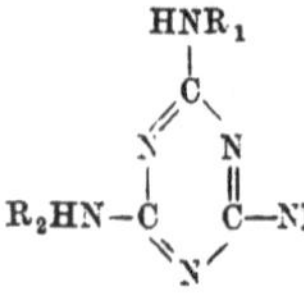

I

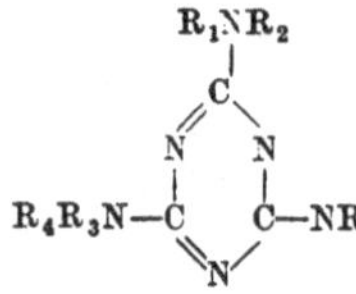

II

Unilever Ltd., Port Sunlight, England, *Hydrieren ungesättigter Fettsäuren.* (**Ind. P. 65 402** vom 30/9. 1958, ausg. 7/7. 1960. E. Prior. 15/10. 1957. — C. **1961.** 698 [D. A. S. 1 082 362].)

Unilever N. V., Rotterdam, Holland (Erfinder: **Louis Coetzer**, Rynfield, Süd-Afrika, und **Edward Anthony Wainwright**, Hull, England), *Herstellung von Seife.* (**Holl. P. 99 788** vom 16/6. 1955, ausg. 15/11. 1961. E. Prior. 16/6. 1954. — C. **1958.** 1177 [D. B. P. 953 004].)

Unilever N. V., Rotterdam, Holland (Erfinder: **Joachim Schulz** und **Erich Lischka**, Emmerich), *Hydrolytische Fettspaltung.* (**Schwz. P. 361 351** vom 8/5. 1957, ausg. 30/5. 1962. D. Prior. 12/5. 1956. — C. **1958.** 11692 [D. A. S. 1 011 554].)

Henkel & Cie. Akt.-Ges., Pratteln, Schweiz, *Herstellung von geformten Perboraten.* (**Holl. P. 100 955** vom 25/9. 1956, ausg. 16/4. 1962. D. Prior. 4/11. 1955. — C. **1959.** 12412 [D. A. S. 1 052 372].)

Th. Goldschmidt Akt.-Ges., Essen, *Herstellung stückförmiger desinfizierender Reinigungsmittel.* (**E. P. 877 873** vom 9/11. 1959, ausg. 20/9. 1961. D. Prior. 27/11. 1958. — C. **1961.** 9640 [D. A. S. 1 097 071].)

XVIIIa. Holz. Cellulose. Zellstoff. Papier. Papierdruck. Celluloid. Linoleum

Der Einfluß relativer Feuchtigkeit auf die Kristallinität von Cellulose. Olli Ant-Wuorinen und Asko Visapää. (Paperi ja Puu **42.** 515—17. 30/10. 1960. Helsinki, State Inst. for Techn. Res.; engl. — C. **1961.** 15776.) E. Borchers. 7954 □

Strukturveränderungen und „Passivierung" von Cellulosefasern bei der Raffination. G. Centola, D. Borruso und P. Morutzi. (Ind. Carta **14.** 119—33. Okt. 1960. Milano, Staz. sperim. per la Cellulosa, Carta e Fibre tessil. veget. edartific.; ital.) — Die Behandlung mit alkal. Lsgg. kann „Passivierung" von Cellulose (**I**)-Fasern gegen einige Umwandlungen, u. a. die Raffination (Mahlen), verursachen. Es wird untersucht, ob die Abnahme der Mahlgeschw. von Zellstoff (**II**) auf strukturelle Veränderungen oder auf die alkal. Extraktion von verschiedenen in den Fasern anwesenden Hemicellulosen (**III**), Erscheinungen, die gleichzeitig bei der Behandlung mit NaOH-Lsgg. auftreten, zurückzuführen ist. 2 Proben von **II** werden mit geringen Mengen NaOH bei unterschiedlichen Konzz. behandelt, um strukturelle Veränderungen ohne erhebliche Änderung in der chem. Zus. zu bewirken; diese Veränderungen der Struktur werden mit Röntgenstrahlen u. die chem. Zus. mittels Standard-Meth. zur Best. von α-**I** u. Pentosanen verfolgt. Behandlung durch Raffination u. Messungen des Wasserretentionswertes (WRV), des Raffinationsgrades (der Zunahme der spezif. Oberfläche) °SR nach Schopper-Riegler u. der Zerreißfestigkeit vervollständigen die laufende Kontrolle dieser Untersuchung. Untersucht werden Baumwollinters u. mit Sulfat gebleichte **I** von Pinustypen. Die Struktur der Fasern hat entscheidenden Einfl. auf das Verh. bei der Raffination, maßgebend ist aber der Einfl. von Mol.-Umwandlungen, die während des Überganges von natürlichem zu mercerisiertem **I** auftreten, auf die Passivierung. Hingegen scheint die Endfraktion von **III** nicht ausschlaggebend zu sein. Tatsächlich nehmen die Raffinations-Geschw. von **I** u. die Zerreißfestigkeit der Bogen ab, sobald **III** extrahiert u. die Mercerisierung vollendet ist, wobei die Passivierung den Maximalwert erreicht. Die mit der Mercerisierung fortschreitende Passivierung ist einer größeren Kohäsion zwischen den konzentr. Schichten der Fasern u. zwischen den Faserelementen (Fibrillen) zuzuschreiben. Diese Kohäsion ist proportional der Stärke u. Einheitlichkeit der Faserquellung während der Behandlung in bezug auf die maximale Eindringung des Rk.-Mittels in die krist. Bereiche, d. h. proportional dem Maximalwert des Mercerisierungsgrades. Die WRV-Werte bestätigen beim Variieren der NaOH-Konzz. von unbehandeltem u. raffiniertem **II** diese Hypothese. Die Bedeutung von **III** als Rk.-Beschleuniger, die als Schutzkoll. wirken u. eine feste Aggregation der Fibrillen verhindern können, wird eingehend besprochen. G. Platzer. 7954 □

Konzentrationsgradienten in Grenzschichten strömender Fasersuspensionen. Börje Steenberg und Douglas Wahren. (Svensk Papperstidn. **63.** 347—55. 15/6. 1961. Stockholm, Kungl. Tekn. Högskolan; engl.) — Die Grenzschicht-Bldg. strömender Fasersuspensionen wird bzgl. vorwiegender Anreicherung kleiner Fibrillen an der Innenwand von Rohren mathemat. begründet u. eine Anordnung zur Messung der Geschw. u. scheinbaren Konz. eines Faserfiltrates beschrieben. Dabei wird eine Suspension von auf 25° SCHOPPER-RIEGLER gemahlenem Kraftzellstoff durch Siebgewebe gepumpt u. dabei der Filtrationswiderstand sowie die Verteilung der Fraktionen nach Faserlängen ermittelt. E. BORCHERS. 7956□

Kontinuierliches Kochen von Sulfatzellstoff. Demeter Prelovšek. (Kem. u Ind. [Zagreb] **9.** 241—46. Okt. 1960. Ljubljana; slowen.) — Beschreibung verschiedener Verff. u. Vgl. ihrer Ergebnisse. R. K. MÜLLER. 7960□

Neutraler Sulfit-Halbzellstoff aus Tabakstengeln. Mladen Bravar und Boris Lipič. (Kem. u Ind. [Zagreb] **9.** 247—50. Okt. 1960. Zagreb, Tehnol. fak., Zav. za org. kem. tehnol.; Videm-Krško, Tov. cel. in pap. „Duro Salaj"; kroat.) — Aus *Tabakstengeln* wird nach dem Neutral-Sulfit-Verf. Halbzellstoff mit guten mechan. Eigg. in einer Ausbeute von 65% gewonnen. Die Kochlauge enthält 21,7 (g/Liter) Na_2SO_3 u. 4,4 Na_2CO_3 u. wird bei abs. trockenem Material im Verhältnis 1:4 verwendet; Vorheizung des Kochgutes auf 170° bei 8 at (2 Std.) ist ratsam. Ein noch besserer Halbzellstoff wird, allerdings nur in 49%ig. Ausbeute, erhalten, wenn die Lauge 43,4 Na_2SO_3 u. 4,4 Na_2CO_3 enthält. R. K. MÜLLER. 7962□

Nutzbarmachen von Knoten und Siebrückständen bei halbgebleichtem Kraft-Sulfatzellstoff. T. C. Bannister, J. K. Dyer, J. N. Swartz und F. E. Woods. (Tappi **40.** 725—28. Sept. 1957. Calhoun, Tenn.; Bowaters Carolina Corp. u. Bowaters Southern Paper Corp.; engl.) — Statt *Knoten* u. *Siebrückstände* erneut zu kochen, werden diese in Fabriken für gebleichte *Kraftzellstoff* (Z)-Sorten durch Mahlen der Knoten u. Änderungen beim Sieben so aufbereitet, daß sie die Siebe passieren u. zusammen mit dem Z mit Cl_2 unter gründlichem Mischen gebleicht werden können. Bei Zugabe kleinerer Mengen werden dann Festigkeit u. Reinheit des Z nicht gemindert. Der Verbrauch an Bleichmitteln wird nicht wesentlich erhöht, obwohl die Abfälle unaufgeschlossenes Holz sind, wie ihr Lignin-Geh. ergibt. Auch der Geh. an Schmutz kann bei entsprechender Betriebsführung in vernünftigen Grenzen gehalten werden. Die Tappi-$KMnO_4$-Zahl von Z wird je nach Menge der zugegebenen Rückstände etwas größer. M. HAGEDORN. 7966□

Zur Kenntnis des Alkalilignins. 3. Mitt. V. Prey und O. Szabolcs. (Holzforschung **12.** 175—78. Dez. 1958. Wien, TH, Inst. für Organ. Chem.; dt.) — 2. vgl. C. **1958.** 7485. — Zur Prüfung der Frage, ob unter den Bedingungen des Holzaufschlusses oder der Ligninisolierung im Holz vorhandene Kohlenhydrate über hydroaromat. Verbb. (Shikimisäure, Dehydrochinasäure u. a.) durch Dehydratisierung in aromat. Hydroxysäuren übergehen, wird versucht, einige geeignet erscheinende Kohlenhydrate zu synthetisieren u. diese in aromat. Verbb. überzuführen. Eine Synth. von 2-Keto-3-desoxyheptonsäure durch Kondens. von Xylose mit Nitroacetonitril als erster Zwischenstufe u. von 5.6-Didesoxyhepturonsäure durch Rk. von Malonester mit 1.2-Isopropyliden-5-jodxylose bzw. 1.2-Isopropyliden-5-tosylxylose gelang nicht. Nur *6-Desoxyhepturonsäure* (**I**) konnte erfolgreich (Ausbeute 23%) durch Tosylester-Synth. nach GREWE u. ROCKSTROH (C. **1953.** 8088) synthetisiert werden. Durch intramol. Aldolkondens. mittels Amberlite IRA 400 oder NaH_2PO_4 entstehen aus I in geringen Mengen *Pentahydroxycyclohexancarbonsäure* (**II**; sauer, reduzierend; R_F 0,31) u. *Tetrahydroxycyclohexencarbonsäure* (**III**; sauer, nicht reduzierend; R_F 0,45), die papierchromatograph. getrennt bzw. durch Säulenverdrängungschromatographie präparativ gewonnen werden; durch Alkalibehandlung wird aus **II** ebenfalls **III** erhalten, die mit Trihydroxycyclohexanoncarbonsäure tautomer ist u. in dieser Form reduzierend wirkt. Als Hauptmenge entsteht ein schwarzes Kondens.-Prod. (**IV**), das im Vgl. zu **II** 3 H_2O weniger enthält; unlösl. in W., wenig lösl. in A., lösl. in Alkali; wird aus diesen mit Mineralsäuren ausgefällt; ist mit starken Mineralsäuren nicht hydrolysierbar; geht bei Alkalischmelze in *p-Hydroxybenzoesäure* (F. 215°) über. **IV** entsteht auch therm. durch Eindampfen von **II** u. **III** mit Mineralsäuren sowie durch Behandeln mit bas. Stoffen. H. KOBLITZ. 7966□

Das Verhalten von Lignin während der Alkoholbehandlung ohne Mineralsäurekatalysator bei hohen Temperaturen. D. E. Bland, G. Billek, K. Gruber und K. Kratzl. (Holzforschung **13.** 6—8. April 1959. Wien, Univ., I. Chem. Inst.; Österr. Holzforsch.-Inst.; engl.) — Behandeln von Fichtenholz mit *A.* bei 150° führt zur Herauslsg. eines *Lignins* (**I**) mit 5—6% Äthoxyl. Ein Teil dieses Äthoxyls ist mit sehr verd. Alkali/Säure abspaltbar. Ähnlich verhält sich **I** bei Verw. von CH_3OH, das zur Unterscheidung von den natürlich vorkommenden Methoxylgruppen mit ^{14}C markiert ist. Schließlich reagiert Guajacylglycerin-β-guajacyläther (**II**) in der gleichen Weise. Da nicht alle $^{14}CH_3$-Gruppen mit HJ abspaltbar sind, wird eine teilweise $C-CH_3$-Bindung der eingeführten CH_3-Gruppe angenommen. Die Verss., bes. die mit **II**, unterstützen die Auffassung ADLERS, daß die Alkylierung von **I** an einer Benzylalkoholgruppe stattfindet.

Somit ist die „Extraktion" von I durch einen Alkohol mit einem chem. Angriff verbunden, u. es entsteht ein verändertes I. H. Koblitz. 7966□

Messung des Quellungsgrades von Zellstoff: Wasserretentionswert. D. Borruso und G. Ceragioli. (Ind. Carta **14**. 95–113. Aug./Sept. 1960. Milano, Staz. sperim. per la Cellulosa, Carta e Fibre tessil. veget. ed artific.; ital.) — Auf Grund der neuesten Verss. zur raschen Best. des Wasserretentionswertes (WR) durch Zentrifugieren wird eine Vers.-Meth. beschrieben. Es werden die maßgebenden Veränderlichen wie Zentrifugenbeschleunigung (ZB), Zentrifugierzeit u. Gew. der zu untersuchenden Zellstoffprobe gründlich kontrolliert. Der WR ist stark von der ZB abhängig, was die Gültigkeit von WR als abs. Maß des spezif. Quellungs-Vol. in Frage stellt u. keine Ersatz-Best. für andere weniger signifikante u. für mehr empir. Best. darstellt, aber ein neues Maß bildet, dessen Bedeutung beim Prozeß zur Papier-Herst. bes. wichtig ist. Auf einfache u. rasche Weise kann so die tatsächliche Kapazität der zu „hydratisierenden" Cellulose gemessen werden. Obgleich die erhaltenen Werte keine abs. sind, wird der prakt. Wert der Meßmeth. nicht beeinträchtigt. Die Best. von WR wird auf eine Reihe von lang- u. kurzfaserigen Zellstoffen ausgedehnt. Die erzielten Daten werden mit den Eigg. der Zug- u. Zerreißfestigkeit u. mit dem Dispersionsvermögen der entsprechenden Papierbogen in Beziehung gebracht. G. Platzer. 8006□

American Cyanamid Co., New York, N.Y., V.St.A., **Fettdichtes und wasserdampfdichtes Papier.** Das Papier wird mit einem nichtflüchtigen KW-Stoff (F. >200°F wie Paraffinwachs, imprägniert u. auf einer Seite mit einem harten, glänzenden fettbeständigen Überzug eines Polymeren mit einem Molgew. über 50000 beschichtet, das aus einem Copolymerisat von Acrylnitril u. Äthylacrylat im Verhältnis 25:75 bis 40:60 besteht. (**E. P. 845 848** vom 23/3. 1959, ausg. 24/8. 1960. A. Prior. 25/3. 1958.) P. Mayer. 7987

General Electric Co., Schenectady, N.Y., V.St.A., **Klebstoffabweisendmachen von Celluloseschichten.** Papier oder ein anderes cellulosehaltiges Material wird mit einer Lsg. behandelt, die 1. ein lineares Polydimethylsiloxan mit endständigen silicongebundenen Hydroxylgruppen, 2. ein Polyalkylsilicat u. 3. Dibutylzinndilaurat oder Dibutylzinndiacetat enthält. Das so behandelte Material haftet nicht an Teer, Asphalt, Pech, synthet. Kautschuk u. dergleichen. (**E. P. 848 312** vom 4/3. 1959, ausg. 14/9. 1960. A. Prior. 26/3. 1958.) P. Mayer. 7987

Minnesota Mining & Mfg. Co., St. Paul, Minn., V.St.A., **Überziehen von dünnem porösen Papier mit thermoplastischen Überzügen.** Das poröse ungestrichene Papier wird auf einer Seite mit einem oleophoben fluorkohlenwasserstoffhaltigem Streichmittel (Chromkomplex einer Fluorkohlenwasserstoffmonocarbonsäure) gestrichen, bis die behandelte Seite des Papiers, aber nicht die unbehandelte Seite glycerinabweisend geworden ist. Dann wird auf die unbehandelte Seite ein Überzug eines wasserunlösl. thermoplast. Materials in geschmolzener Form aufgetragen. Das thermoplast. Material (Wachs) kann nicht auf die andere Seite durchschlagen. (**E. P. 850 818** vom 3/1. 1957, ausg. 5/10. 1960. A. Prior. 13/1. 1956.) P. Mayer. 7987

Maurice Charles Abel Milloux, Paris, Frankreich, **Herstellung von anticancerogenem Zigarettenpapier.** Zigarettenpapier wird mit einem reinen Ätherextrakt eines chlorophyllhaltigen vegetabil. Materials (Alfagras) behandelt. Das Auftreten von Benzpyrenkohlenwasserstoffen im Zigarettenrauch wird dadurch verhindert. (**E. P. 850 854** vom 13/6. 1958, ausg. 12/10. 1960.) P. Mayer. 7987

Clarence Hart Campbell, Singapur, Indien, **Herstellung von bituminösem Faserschichtmaterial.** Natürlicher Vermiculit wird auf über 100° erhitzt u. zu ca. 50% dem Bitumen beigefügt, mit dem Faserstoffschichten getränkt werden. Das Material ist weniger entflammbar u. besser schallisolierend. (**E. P. 851 522** vom 3/10. 1956, ausg. 19/10. 1960.) P. Mayer. 7987

Columbia Ribbon & Carbon Mfg. Co., Inc., New York, N.Y., V.St.A. (Erfinder: Arnold Tickner, London, England), **Herstellung von Flachdruckfolien.** Auf wasserfestes Papier wird eine Schicht aus Alkali- oder Ammonium–Stärke-Glykolat aufgetragen, die bis zu 5% Füllstoffe, z. B. Kaolin u. bis zu 2% koll. Bindemittel, bes. Gelatine, enthalten kann. Die Schicht wird dann durch Einw. von wss. Lsgg. von Schwermetallsalzen „gehärtet", bes. mit einer solchen, die ein Gemisch aus 3% $CuSO_4$, 1% $Al_2(SO_4)_3$, ½% $FeCl_3$ u. ½% CrO_3 enthält. Dann wird das zu vervielfältigende Original durch Schreiben oder Zeichnen mit Fettfarbe oder photomechan., z. B. mit Hilfe einer Bichromatgelatineschicht aufgetragen. Gefeuchtet wird mit einer wss. Lsg. von Phosphaten (ggf. unter Zusatz von Gummi arabicum u. Puffersubstanzen), deren pH-Wert auf 3,5—4,5 eingestellt ist; dann sind 5000 Abdrucke möglich. (**E. P. 852 468** vom 14/1. 1957, ausg. 26/10. 1960.) A. KALIX. 7989

Jarnhs Elektriska A/B, Stockholm, Schweden, **Druckplatte für Adressiermaschinen,** bestehend aus einer Grundplatte aus Leichtmetall, Fe, Zn oder Kunststoff mit einer dünnen Schicht aus für X-Strahlen wenig durchlässigem Material, z. B. Pb-Folie von 0,06—0,1 mm Dicke oder eine mit feinverteiltem Pb, PbO oder Pb_2O_3 durchsetzte Kunststoffolie. (**E. P. 847 870** vom 11/4. 1958, ausg. 14/9. 1960. Schwed. Prior. 15/2. 1958.) K. DEMMLER. 7989

Imperial Chemical Industries Ltd., London, England (Erfinder: Philip Cowey Johnson und Eric Arthur Packer), **Druckereiwalzen** mit elast. Oberfläche aus Polyurethanen, die aus einem Polyester u. Polyisocyanat erhalten werden. Der Polyester z. B. Mischpolykondensat aus Diäthylenglykol u. Pentaerythritadipat hat einen Säuregrad < 3 mg KOH je g u. eine Viscosität von 50—150 Poise bei 25°. (**E. P. 852 590** vom 9/8. 1957, ausg. 26/10. 1960.) K. KITTLER. 7989

Gerhard Elis Fabian Ruben, Filipstad, Schweden, **Farbschicht für hektographische Druckverfahren.** Die Schicht enthält eine gefärbte Substanz, die in der Vervielfältigungs-Fl. lösl. ist u. wenigstens ein chem. gebundenes metall. oder nichtmetall. Element mit einem Atomgew. von wenigstens 52 aufweist, z. B. Cu-Äthylacetoacetat, Cu-Phenolsulfonat, Fe-2.4-Pentadion, Ni-Dimethylglyoxim, Co-Linoleat, Co-Propionat, Ni-Jodid. (**E. P. 847 398** vom 16/9. 1957, ausg. 7/9. 1960.) K. DEMMLER. 7991

Feldmühle Papier- und Zellstoffwerke Akt.-Ges., Düsseldorf, **Herstellung eines licht- und dampfundurchlässigen Verpackungsmaterials.** Eine Schicht aus Pergamentpapier oder Pergamin oder regenerierter Cellulose mit dichter Oberfläche wird ein- oder beidseitig mit einer wss. Dispersion eines nichtmetall. Pigments (35—65% des Überzugs-Gew.) u. eines Bindemittels, welches ein synthet. Harz (Harnstoff–Aldehyd, Melamin–Aldehyd) enthält, überzogen u. zur Aushärtung des Harzes erwärmt. (**E. P. 847 489** vom 2/10. 1956, ausg. 7/9. 1960. D. Prior. 13/10. 1955 u. 23/5. 1956.) P. MAYER. 7993

XVIIIb. Textilfasern

Phosphatester als oberflächenaktive Hilfsmittel in textilen Verarbeitungsprozessen. C. A. Bergman und J. J. Robinson. (Amer. Dyestuff Reporter **51.** Nr. 4. 17—20. 56. 19/2. 1962. Gen. Aniline & Film Co.; engl.) — Die Arbeit behandelt eine im wesentlichen anion. Gruppe von Surfactants, die auf Estern der Phosphorsäure beruhen. Sie können als Alkylphenoxy- oder Alkoxypolyäthylenoxyphosphate klassiert werden. Ihre Vielseitigkeit beruht auf den chem. Typen, die hergestellt u. den unterschiedlichen Eigg., die durch chem. Modifizierung erhalten werden können. Der Einsatz der Prodd. als Netz-, Emulgier-, Reinigungs- u. Schmälzmittel sowie als Antistatica u. Weichmacher wird erörtert. L. JENTGEN. 8028 □

Antibakterielle Ausrüstungen. D. D. Gagliardi. (Amer. Dyestuff Reporter **51.** P 49—P 58. 22/1. 1962. East Greenwich, R.I., Gagliardi Res. Corp.; engl.) — Es wird versucht, die Technologie dieser verhältnismäßig neuen Ausrüstungsmittel auf eine bessere wissenschaftliche Grundlage zu stellen. Die Wrkg. auf Textilien wird auf ihre biochem., physik.-chem. u. organ.-chem. Seite hin untersucht. Es wird gezeigt, daß dauerhafte derartige Ausrüstungen auf 6 Arten erzeugt werden können: Faser-Rk., Thermofixieren bakterienbeständiger Harze, Koordinationspolymere, ion. Bindung, Harzbindung u. durch ein Regenerationsprinzip. Die Notwendigkeit von Prüfmeth. für Endverw.-Zwecke zur Erzielung einer besseren Übereinstimmung von Labor.-Meth. u. tatsächlichem Verhalten wird betont. L. JENTGEN. 8032 □

Die Auswirkung der Arbeitsvorgänge beim Schlichten auf die Kraft–Dehnungseigenschaften des Fasermaterials. H. Stein. (Z. ges. Textilind. **63.** 1036—45. Dez. 1961. Inst. für text. Meßtechnik Mönchengladbach e. V.; dt.) — Die Arbeit befaßt sich bes. mit der Auswirkung von Zugbeanspruchungen, denen das Fadenmaterial beim Benetzen mit dem Schlichtemittel u. beim anschließenden Trocknen unterworfen ist. Auszugsweise wird das Ergebnis von Unterss. behandelt u. gezeigt, daß sich unter bestimmten Voraussetzungen die Kraft–Dehnungs-Charakteristiken erheblich verändern. Es ist deshalb wichtig, die auf der Schlichtmaschine durchzuführenden Behandlungsvorgänge weitgehend unter Kontrolle zu halten. L. JENTGEN. 8040 □

Der Einfluß der ungesättigten Gruppe auf die Bewetterung chemisch modifizierter Baumwolle. Ricardo H. Wade, Carl Hamalainen und Albert S. Cooper jun. (Amer. Dyestuff Reporter **51.** Nr. 2. 25—28. 22/1. 1962. New Orleans, La., Southern Reg. Res. Labor.; engl.) — Celluloseesterfasern mit reakt. ungesätt. Gruppen, wie z. B. die Ester der Zimt-, Croton- u. Sorbinsäure, gehen eine photochem. Rk. ein, die den Abbau durch Bewetterung beschleunigt. Eine Einteilung dieser Ester in gesätt. u. ungesätt. auf Grund ihrer Bewetterungs-Eigg. ist mit 95% ig. Zuverlässigkeit statist. gültig. L. JENTGEN. 8044□

Wirkung verschiedener Entschlichtungsverfahren auf die Eigenschaften verschiedener Gewebe. Hartley W. Eastwood. (Amer. Dyestuff Reporter **51.** P62 bis P63. 22/1. 1962. New Jersey, Shell Chem. Co.; engl.) — Die zum Test verwendeten Baumwollgewebe u. Verff. werden angeführt. Es zeigt sich, daß Enzyme die wirksamsten Entschlichtungsmittel sind, gefolgt von H_2SO_4, wenn keine vollkommene Entschlichtung erforderlich ist. Außerdem wird festgestellt, daß für hohe Weißgrade u. Absorption Entschlichten nicht notwendig ist. Es tritt weder ein Festigkeitsverlust noch ein übermäßig hoher Aschen-Geh. auf. L. JENTGEN. 8044□

Stabilisierung der Keratinstruktur durch eingebautes Wasser. J. E. Algie und I. C. Watt. (Nature [London] **193.** 972—73. 10/3. 1962. Ryde, Sydney; Commonwealth Sci. and Ind. Res. Organ., Wool Res. Labor., Div. of Textile Phys.; engl.) — Die Anwesenheit von unter bestimmten Feuchtungsbedingungen in das Keratingerüst der Wolle eingebauten W. (WE) wird aus folgenden Beobachtungen geschlossen: In Gegensatz zu Wolle mit normal adsorbiertem W. ändert sich die elektr. Leitfähigkeit beim Trocknen von WE-Fasern im Vakuum nicht u. die Geschw. der Wiederaufnahme von W. durch trockene Fasern ist bei WE kleiner; die mechan. Steifigkeit von WE ist höher u. die Trocknungs-Geschw. im Vakuum bei 80° wird durch eingebautes W. nicht beeinflußt. Die Ablösungs- (Desorptions-)energie (AE) für die Trennung des W. von Wolle erreicht 16,8 kcal/Mol. Da die AE für eingebautes W. höher liegen muß u. ihre Größe durch H-Bindungen, wie vorgeschlagen, nicht befriedigend erklärt werden kann, wird für WE die Ausbildung zusätzlicher Querbindungen u. von Kreatin-W.-Kristalliten angenommen. M. HAGEDORN. 8060□

Reaktionen zwischen Tetrakis-[hydroxymethyl]-phosphoniumchlorid (THPC) und Wollkeratin. H. Zahn und A. Vassiliadis. (J. Soc. Dyers Colourists **78.** 234—35. Mai 1962. Aachen, TH, Dt. Wollforsch.-Inst.; Athens, Greece, Univ. of Athens, Dep. of Ind. Chem.; engl.) — Für die Vernetzung bei der Behandlung von Wollfasern mit THPC werden 2 Hypothesen aufgestellt: Rk. funktioneller Gruppen von benachbarten Ketten des Keratins u. Spaltung der Disulfidbindung u. Bldg. einer Lanthionbindung. Beide Theorien werden durch Analysen gestützt. — Diskussionsbeitrag von WHEWELL, WOODHOUSE u. BAJPAI. L. JENTGEN. 8060□

Eigenschaften und Verwendung von Fäden aus Polyäthylen hoher Dichte. C. Riekkert. (Ind. Plast. mod. **14.** Nr. 4. 13—15. Mai 1962. Rhodiaceta, Dep. Nylon-Tergal; franz.) — Polyäthylen mit D. 0,96 u. Schmelzindex 0,2—1,5 kann aus der Schmelze von 280° mit einer Geschw. von 250 m/min zu Fäden extrudiert werden. Die Fäden haben bei 4,5 g/Denier eine Zugfestigkeit von $35 kg/mm^2$ bei 30% Dehnung. Die physiolog., chem. u. therm. Eigg. der Fäden entsprechen denen des Granulates. Anwendungsbeispiele werden gegeben. H.-G. MOSLÉ. 8080□

Isotaktische Polypropylenfasern. V. Cappuccio, A. Coen, F. Bertinotti und W. Conti (Chim. e Ind. [Milano] **44.** 463—73. Mai 1962; ital.) — Über das rheolog. Verh. von geschmolzenem Polypropylen, über die Kristallinität u. Orientierung des gesponnenen Fadens u. deren Einfl. auf den Streckprozeß sowie über einige charakterist. Eigg. der Polypropylenfasern wird berichtet. Von letzteren interessiert bes. der Widerstand gegen den Abrieb, das viscoelast. Verh. u. die Zähigkeit. In einer großen Anzahl von Diagrammen werden die gewonnenen Ergebnisse dargestellt. W. RENKER. 8080□

Analytische Probleme, die durch die chemische Modifizierung von Fasern aufgeworfen werden. David M. Cates. (Analytic. Chem. **34.** 25A—32A. April 1962. Raleigh, N.C., North Carolina State Coll., School of Chem., Dep. of Text. Chem.; engl.) — Am Beispiel der Knitterfestausrüstung von Baumwollgeweben mit Dimethyloläthylenharnstoff wird erläutert, welche analyt. Probleme — Best. der Vernetzungsstellen u. des Vernetzungsgrades, Geruchs-Bldg. u. Chlorretention — die chem. Modifizierung von Fasern aufwirft. W. KUPFER. 8096□

Messung von statischer Elektrizität auf Geweben. Jack Turer und J. K. Smith. (Amer. Dyestuff Reporter **51.** Nr. 2. 21—24. 22/1. 1962. New York, N.Y., Sonneborn Chem. and Refining Corp., Text. Chem. Div.; engl.) — Eine App. zum Messen der Widerstände von mit antistat. Mitteln behandelten Geweben, wodurch die Wrkg. dieser Mittel beurteilt werden kann, wird beschrieben. Das Prinzip besteht in der Messung des Widerstands des Prüflings durch die Entladung eines gegebenen Potentials in einem Kondensator. Die Anwendung der App. u. ihre Vorzüge werden an Hand typ. Labor.-Ergebnisse erläutert. L. JENTGEN. 8096□

Bewetterung von Textilien. Eine Methode zur Eichung von Strahlenquellen. F. J. Rizzo. (Amer. Dyestuff Reporter **51.** P124—P131. 19/2. 1962. Natick, Mass.,

U. S. Army, QM Res. and Engng. Command; engl.) — Unter den vielen äußeren Faktoren, die den Abbau herbeiführen, ist die Strahlungsenergie bei weitem vorherrschend. Bei der Wahl eines Eich-Syst. muß berücksichtigt werden, daß es fähig sein muß, Stärke u. spektrale Eigg. der Strahlung zu messen. Es wird die Verw. einer $^1/_8$''-Polymethylmethacrylat-Platte, gefärbt mit CI Solvent Yellow **34**, erörtert, mit der der Grad der gesamten Strahlungsenergie ohne Rücksicht auf den verwendeten App. festgestellt werden kann, wodurch die gemeinsame Unters. des relativen Verh. von Geweben aus verschiedenen Fasern in verschiedenen Labor. ermöglicht wird.
L. JENTGEN. 8096□

Quantitative Bestimmung von Harzausrüstungen auf Geweben. W. Armfield. (J. Soc. Dyers Colourists **78.** 233. Mai 1962. Droylsden, Manchester, Courtaulds Ltd., Res. Labor.; engl.) — Die meisten Meth. zur quant. Best. von Harnstoff–Formaldehyd-Harzausrüstungen auf Cellulosegeweben sind in unabgeänderter Form für andere Harzausrüstungen nicht brauchbar. Es wird eine Meth. beschrieben, die auf saurer Extraktion beruht u. auch alle lösl. Nichtharzmaterialien entfernt, aber unverändert auf viele Gewebe anwendbar ist, die verschiedenartige Formaldehydharze, allein oder in Verbindung mit anderen Harzen enthalten. L. JENTGEN. 8098□

Wertbestimmung neuer Knitterfestmittel im Laboratorium durch statistische Methoden. Gerald R. Ferrante. (Amer. Dyestuff Reporter **51.** P59—P61. 22/1. 1962. New Jersey, Shell Chem. Co.; engl.) — Durch statist. Meth. werden maximale Auskünfte aus einer Mindestzahl von Werten erhalten. In der vorliegenden Unters. wird durch ein solches Verf. die Zahl der Verss. von 625 auf 31 vermindert. Die Aufgabe ist, die optimalen Anwendungsbedingungen für ein Vers.- Knitterfestharz zu finden. Der Einfl. bestimmter Arbeitsvorgänge auf Knittererholung, Festigkeit u. Weißgrad wird untersucht u. die Ergebnisse werden erläutert. L. JENTGEN. 8098□

Feststellung und Beurteilung des antibakteriellen Verhaltens von ausgerüsteten Geweben. Ethel McNeil. (Amer. Dyestuff Reporter **51.** P121—P124. 19/2. 1962. United States Dep. of Agric., Agric. Res. Serv., Clothing and House Res. Div.; engl.) — Auf die Bedeutung u. Entw. antibakterieller Ausrüstungen wird hingewiesen u. eine Labor.-Meth. zur Best. derartiger Ausrüstungen, die von der AATCC entwickelt wurde, wird beschrieben. L. JENTGEN. 8098□

Über eine Schnellmethode zur quantitativen Bestimmung von Flachs-/Hanf-Mischungen. M. Stratmann und A. Nettesheim. (Z. ges. Textilind. **63.** 1025—28. Dez. 1961. Krefeld, Textiling.-Schule, Faserstofflabor.; dt.) — Eine Meth. zur quant. Best. von Flachs u. Hanf in Mischgarnen wird angegeben. Dabei wird nach Zeichnen von Korkschnitten, auf denen Flachs- u. Hanfbündel unterschieden werden können, mit Hilfe einer mkr. Zeicheneinrichtung der Flächenanteil der beiden Komponenten durch Auswägen oder Ausplanimetrieren bestimmt. L. JENTGEN. 8104□

Colon Trust, Vaduz, Liechtenstein, **Herstellung eines Stärkeaufschließungsmittels für Appretur- und Schlichteprozesse,** welches alkali- u. oberflächenakt. ist. Ein Alkalihydroxid u. $Al(OH)_3$ wird mit einer Lsg. von NH_3 oder eines NH_4-Salzes gemischt, worauf ein wasserlösl. Fettalkoholsulfonat zugegeben wird. — Beispiel: 80 (g) NaOH werden in 300 W. gelöst, dazu wird eine frisch hergestellte Suspension von $Al(OH)_3$ gegeben. Nach Zusatz von 600 W. werden 150 25%ig. NH_3-Lsg. zugefügt u. eine Lsg. von 100 Fettalkoholsulfonat in 350 W. zugegeben. Die erhaltene Lsg. gibt eine Ersparnis an Stärke von 35—40%. (**Oe. P. 215 394** vom 27/10. 1959, ausg. 25/5. 1961. Schwz. Prior. 27/10. 1958.) M. F. MÜLLER. 8031

Farbwerke Hoechst Akt.-Ges., vormals Meister Lucius & Brüning, Frankfurt/M., **Textilausrüstungsmittel** zur Erzeugung von No-iron-Ausrüstung aus HCHO-Vorkondensaten von Kohlensäureestern oder -amiden mit freien NH_2-Gruppen oder deren Methyläthern zusammen mit hoch- oder vollverätherten Penta- oder Hexamethylolmelaminen. Die Behandlungsmittel besitzen ein nur sehr geringes Chlorrückhaltevermögen u. sind z. B. 1:1-Gemische von Hexamethylolmelaminhexamethyläther mit Dimethylolharnstoffdimethyläther oder Diglykolbismethylolurethan oder Triglykolbismethylolurethan. (**Oe. P. 215 949** vom 26/2. 1960, ausg. 26/6. 1961. D. Prior. 28/2. 1959.) M. F. MÜLLER. 8033

Wolf-Dietrich Köhler, Bad Blankenburg, Günter Herold, Rudolstadt, und Hans Bendl, Münchenbernsdorf, **Schmälzen von textilen Faserstoffen.** Man behandelt das Fasergut mit der Emulsion eines niedermol. Siloxans, z. B. mit einem Dimethylpolysiloxangemisch, bis zu einer Auflage von 0,08—0,5%, die auf der Faser verbleibt. (**D. P. [DDR] 21 769** Kl. 29b vom 16/4. 1958, ausg. 15/8. 1961 [Wirtschaftspatent].) M. PANKOW. 8033

Otto Zwoboda, Wien, Österreich, **Herstellung von Fasermatten,** welche ein stärkeres Staubrückhaltevermögen besitzen u. in welchen die Faserdichte über den gesamten oder zumindest einen großen Teil des Querschnittes stetig zu- oder abnimmt. Ein loses u. teilweise aus plastifizierbaren Fasern bestehendes Faservlies wird gleichförmig mit einem Weichmacher imprägniert, anschließend wird Heißluft, deren Temp. mindestens 5° oberhalb des Kp. der verwendeten Imprägnier-Lsg. liegt, durch das imprägnierte Flächengebilde geleitet. Als Weichmacher wird Trikresylphosphat verwendet, ggf. im Gemisch mit Sb_2O_3. — 2 Abbildungen. (**Oe. P. 213 908** vom 2/11. 1959, ausg. 10/3. 1961. D. Prior. 8/11. 1958.) M. F. MÜLLER. 8037

Commonwealth Scientific & Industrial Research Organization (Erfinder: Alan Robert Haly), **Erhöhen der Schrumpffestigkeit von Wolle und Wollwaren** durch Bestrahlen mit UV-Licht, z. B. 20 Min. lang mit einer 3-kW-Hg-Dampflampe in 10 Zoll Abstand. Durch die Behandlung wird gleichzeitig die Färbbarkeit der Wolle (I) erhöht, so daß durch Mischen verschieden intensiv bestrahlter I gemischtgefärbte Prodd. in einem Färbevorgang hergestellt werden können. (**Aust. P. 229 835** vom 4/6. 1957, ausg. 8/9. 1960.) C. LÜTTGEN. 8061

Atanazy Boryniec, Marian Sobolewski, Emil Kraul und Jan Klekot, Lódź, Polen, **Herstellung von Viscose** durch aufeinanderfolgende Behandlung von Cellulose mit CS_2 u. dann mit Natronlauge, dad. gek., daß der CS_2 als alkalifreie wss. Emulsion zugesetzt wird. Vorteilhaft verwendet man eine mit Ultraschall behandelte Emulsion. (**D. A. S. 1 118 182** Kl. 12o vom 22/2. 1958, ausg. 30/11. 1961. Poln. Prior. 27/3. 1957.) G. KÖNIG. 8075

Joseph Bancroft & Sons Co. (Erfinder: Leo Walter Rainard), Wilmington, Del., V.St.A., **Herstellung gekräuselter regenerierter Cellulosetextilfasern.** Man imprägniert die Fasern vor oder beim Aufenthalt in einer Kräuselzone mit einem Kunstharz, führt dann einen Härtungskatalysator für das Kunstharz ein u. erhitzt, wobei das Kunstharz auf der Faser u. damit die Kräuselung vor dem Austritt der Faser aus der Kräuselungszone fixiert wird. — So nimmt man für Reyon z. B. ein Imprägniermittel aus 9,07 (kg) methyliertem Methylolmelamin, 14,51 Dimethylolharnstoff, 9,07 kation. Weichmacher, z. B. symm. Di-[2-stearamidoäthyl]-harnstoffmonoacetat, u. W. bis zu 378 Liter. Als Katalysator kann man eine 70%ig. Lsg. von $MgCl_2 \cdot 6\,H_2O$ verwenden. — Vorrichtung. (**Oe. P. 214 567** vom 28/2. 1957, ausg. 10/4. 1961. A. Prior. 7/3. 1956.) M. PANKOW. 8075

Helmut Brünig, Saalfeld, Wilfried Hannes, Rudolstadt, Hans-Karl Hopf, Bad Blankenburg, und Adolf Wirant, Rudolstadt, **Herstellung von Viscosefäden beziehungsweise -fasern nach dem Düsenspinnverfahren** unter Vermeidung der Entstehung bändchenförmiger Fasern. Viscose mit der Reife von $\geqq 40$ NZ_5 wird in ein Fällbad mit höchstens 110 g H_2SO_4/Liter u. einem Salz-Geh. von mindestens 340 g Na_2SO_4/Liter gesponnen. Der NZ_5- Reifegrad wird so bestimmt: In ein Becherglas von 9 cm Höhe u. 4,5 cm Ø wiegt man 10 g Viscose, verd. mit 20 ml 18%ig. Harnstoff-Lsg., gibt aus der Bürette 10%ig. NH_4Cl-Lsg. mit 1 Tropfen/Sek. zu. Die bis zur einsetzenden Trübung der Viscose verbrauchte NH_4Cl-Lsg. mal 2 ergibt NZ_5. — Viscose mit 5,5% NaOH, 7,5% Cellulose u. NZ_5 40 wird in ein Bad mit 100 g H_2SO_4/Liter, 350 g Na_2SO_4/Liter u. 10 g $ZnSO_4$/Liter von 47° versponnen bei einer Fällstrecke von 55 cm. (**D. P. [DDR] 21 373** Kl. 29b vom 12/3. 1959, ausg. 27/5. 1961 [Wirtschaftspatent].) M. PANKOW. 8075

Imperial Chemical Industries Ltd. (Erfinder: William Colwill), **Verformen von synthetischen Garnen** durch Imprägnieren der Garne mit einer neutralen, wss. Lsg. eines teilweise hydrolysierten Polyacrylnitrils oder Polyalkylacrylats, worin die Alkylgruppe 1—4 C-Atome enthält, einem Netzmittel u. einer Paraffinwachsemulsion. — Man löst z. B. 0,1 (Teile) einer sulfonierten Ölsäure u. 5 eines zu 85% hydrolysierten Polyäthylacrylats in 95 W. bei 40°, mit dieser Lsg. behandelt man Polyäthylenterephthalatkettgarn bei 20° u. trocknet es bei 90° mit Heißluft. Man erhält so einen Nd. von 3,5% Feststoffen auf dem Garn. (**Aust. P. 226 398** vom 26/8. 1958, ausg. 11/2. 1960.) H. NEBELSIEK. 8081

Montecatini Soc. Gen. per l'Industria Mineraria e Chimica (Erfinder: Domenico Maragliano), **Herstellung von Stapelfasern** durch Verspinnen von geschmolzenem hochkristallinem Polypropylen, intrinsic Viscosität 0,3—2, im Gemisch mit einem Epoxidharz oder einem Polyamid, gleichzeitiges Strecken u. Fetten der erhaltenen Fadenbündel mit einem Schmälzöl u. einem antistat. Mittel bei 60—150° u. Schneiden auf die gewünschte Länge. (**Aust. P. 229 799** vom 7/1. 1958, ausg. 1/9. 1960. It. Prior. 10/1. 1957. **Ind. P. 62 760** vom 6/1. 1958, ausg. 3/5. 1960.) C. LÜTTGEN. 8081

Montecatini Soc. Gen. per l'Industria Mineraria e Chimica (Erfinder: Piero Giustimani, Giulio Natta, Giorgio Mazzanti und Giovanni Crespi), Mailand, Italien, **Herstellung von Mischpolymeren und Fasern daraus** aus einer Mischung von linearen α-Olefinpolymeren (**A**) u. darin gelösten, geschmolzenen inearen Polymeren (**B**) aus solchen Monomeren, die polare, N-haltige Gruppen tragen. **A** ist z. B. ein isotakt. Polymeres von Propylen/Styrol; **B** ist ein isotakt. Vinylpyridinpolymeres (z. B. aus 2-Vinylpyridin, 5-Äthyl-2-vinylpyridin oder Butenylpyridin). Die Mischungen enthalten 2—30%, bes. 2—10% **B.** (**Ung. P. 149 500** vom 1/8. 1960, ausg. 20/10. 1961. It. Prior. 3/8. 1959.) F. LANDSBERGER. 8081

Karl Weisbrod, Dessau, und Eberhard Martens, Bitterfeld, **Herstellung von wasserlöslichen Fäden aus Polyvinylalkohol (I).** Man spinnt die **I**-Lsg. (z. B. 16%ig.) in W. von z. B. 55° in ein Bad von 40%ig. $(NH_4)_2SO_4$ von 55° u. wäscht in einem Bad mit 60%ig. Ammoniumacetat-Lsg. u. einem solchen mit 40%ig. Ammoniumacetat-Lsg., trocknet u. verstreckt dabei, führt durch eine 0,5%ig. **I**-Lsg. zur Verbesserung des Fadenschlusses u. trocknet erneut. (**D. P. [DDR] 21 061** Kl. 29b vom 3/2. 1958, ausg. 7/4. 1961 [Wirtschaftspatent].) M. PANKOW. 8081

Courtaulds Ltd. (Erfinder: Wilhelm Georg Schmidt), **Herstellung spinnfähiger Lösungen von Polymeren oder Mischpolymeren von Acrylnitril.** Inhaltlich ident. mit D. A. S. 1 067 214; C. **1960.** 12883. (**Aust. P. 225 832** vom 22/2. 1957, ausg. 14/1. 1960. E. Prior. 11/5. u. 21/6. 1956.) O. ROICK. 8081

Courtaulds Ltd. (Erfinder: Vera Isabella Furness), **Herstellung von verspinnbaren Lösungen von Polyacrylnitril.** Man löst Acrylnitril evtl. zusammen mit anderen mischpolymerisierbaren Monomeren, in einer konz. Lsg. eines anorgan. Thiocyanats u. polymerisiert in Ggw. einer Azoverb. gemäß Aust. P. 225 832 bei einem pH-Wert von 6—8 u. in Ggw. eines reduzierenden Mittels, das zur Azoverb. inert ist, z. B. Thioharnstoffdioxid, CH_2O, $NaHSO_3$, CH_2O-Sulfoxylat. Als Azoverb. kommt bes. Azobis-isobutyronitril in Frage. (**Aust. P. 227 958** vom 22/10. 1957, ausg. 26/5. 1960. E. Prior. 16/11. 1956. **Zusatz zu Aust. P. 225 832; s. vorst. Ref.**) C. LÜTTGEN. 8081

Volker Gröbe und Klaus Meyer, Teltow-Seehof, **Herstellung von Fasern oder Fäden aus Polyacrylnitrillösungen** in Dimethylformamid (**I**). Man verspinnt in Bäder aus Chlf., die 10—70% (des Vol. der Bad-Fl.) **I** enthalten. Die Fäden sind frei von Capillaren u. zeigen homogenen, nierenförmigen Querschnitt. — 150 g Polyacrylnitril, in 850 ml **I** gelöst, werden bei 20° in ein Bad aus 70% Chlf. u. 30 % **I** gesponnen. (**D. P. [DDR] 21 000** Kl. 29b vom 14/2. 1959, ausg. 6/3. 1961 [Wirtschaftspatent].) M. PANKOW. 8081

Kurt Lange, Wolfen, György Dutka und Laszlo Dutka, Dessau, **Verspinnen von Polyacrylnitrillösungen.** Die Lsg. enthält HCHO u./oder dessen Derivv. sowie Harnstoff u./oder dessen Derivv., u. nach dem Verspinnen kondensiert man diese Stoffe durch Erhitzen. — Eine Lsg. von 1275 (g) Dimethylformamid, 225 Polyacrylnitril, 10,12 Harnstoff, 0,25 Paraformaldehyd u. 4,5 Oxalsäure wird zu Fäden versponnen, die auf 170—180° erhitzt u. dabei teilweise gestreckt werden. Die Faser ist weiß, weich, matt u. gut gekräuselt. (**D. P. [DDR] 21 371** Kl. 29b vom 3/3. 1959, ausg. 27/5. 1961 [Wirtschaftspatent].) M. PANKOW. 8081

Lonza Elektrizitätswerke und Chemische Fabriken Akt.-Ges., Basel, Schweiz (Erfinder: Paul Halbig und Camille Nordmann), **Waschen von Polyacrylnitrilfäden.** Man verspinnt Lsgg. von Polyacrylnitril mit mindestens 85% Acrylnitril in wss. 52%ig. HNO_3 in ein Fällbad mit $<50\%$ HNO_3-Geh. u. wäscht die aus dem Fällbad kommenden Fäden mit so viel W., daß man damit das in das Fällbad mit versponnene Lsgm. auf Fällbad-Konz. verdünnt. Diese verhältnismäßig kleine Wassermenge genügt, um die HNO_3 aus dem Faden auszuwaschen. Spinn- u. Waschvorrichtung. (**Oe. P. 213 546** vom 20/5. 1959, ausg. 27/2. 1961. **F. P. 1 226 284** vom 4/6. 1959, ausg. 11/7. 1960. Beide Schwz. Prior. 6/8. 1958.) M. PANKOW. 8081

Montecatini Soc. Gen. per l'Industria Mineraria e Chimica (Erfinder: Cornelio Caldo), Mailand, Italien, **Herstellung von Kunststoffbändern, -fasern und sonstigen Formstücken** aus *Polyacrylnitril* u. Acrylnitril-Copolymeren, indem zur Spinn-Lsg. (Dimethylformamid) 1—20% aus Epichlorhydrin u. mehreren, 3—30 C-Atome enthaltenden aliphat. Aminen (Dodecylamin) durch Kondens. hergestellte bas. Verbb. zugegeben werden. Ggf. können diese Kondens.-Prodd. mit mehrwertigen Aminen (Äthylendiamin, Hexamethylendiamin usw.) weiter kondensiert werden. Bei Herst. von Fasern werden diese vor dem Strecken mit Formaldehyd oder Diepoxy-Verbb. behandelt. (**Ung. P. 149 624** vom 18/10. 1960, ausg. 20/12. 1961. It. Prior. 22/10. 1959.) F. LANDSBERGER. 8081

Karl Schmauder, Rudolstadt, und Ernst Heilmann, Bad Blankenburg, **Herstellung von Polyacrylnitrilfäden, -fasern und anderen Formgebilden.** Die aus

Lsgg. gesponnenen Fäden werden kalt gestreckt u. nach der Trocknung in Sattdampf unter Druck, z. B. bei 120—140°, gehalten: Gute Verteilbarkeit u. besserer Griff des Fadens. (**D. P.** [**DDR**] **21 246** Kl. 29b vom 2/1. 1959, ausg. 15/5. 1961 [Wirtschaftspatent].) M. PANKOW. 8081

Werner Roth, Bad Blankenburg, und Franz Runge, Halle, **Verbesserung der Bauschelastizität von Polyamidfasern.** Die Fasern werden mit einer wss. Lsg. einer Verb. $(XC_6H_4SO_2)_2NH$ (X = Halogen in beliebiger Stellung am Ring) behandelt u. weiterverarbeitet. — Man behandelt Polyamidfaser 5 Min. im Flottenverhältnis 1:30 mit einer sd. 1%ig. Lsg. von 4.4'-Dihydroxy-3.5.3'.5'-tetrachlordiphenyldisulfimid. — Ferner sind 3.4.5.3'.4'.5'-Hexachlordiphenyldisulfimid u. 2.3.5.6.2'.3'.5'.6'-Oktachloridphenyldisulfimid genannt. (**D. P.** [**DDR**] **21 776** Kl. 29b vom 6/7. 1959, ausg. 16/8. 1961 [Wirtschaftspatent].) M. PANKOW. 8081

Hermann Wenderoth, Rudolstadt, **Herstellung von Polyamidfäden mit hoher Schrumpffähigkeit.** Man verwendet zur Herst. der Fäden ein polymeres ε-Aminocaprolactam, das 0,5—10% Methyllactam enthält. (**D. P.** [**DDR**] **21 379** Kl. 29b vom 25/3. 1959, ausg. 27/5. 1961 [Wirtschaftspatent].) M. PANKOW. 8081

Ciba Akt.-Ges., Basel, Schweiz, **Herstellung optisch aufgehellter Polyamidformkörper.** Den Ausgangsstoffen für die Polyamid-Herst. oder den Polyamiden setzt man vor der Verformung in W. schwer lösl. Metallsalze der Formel **I** zu (A_1—A_4

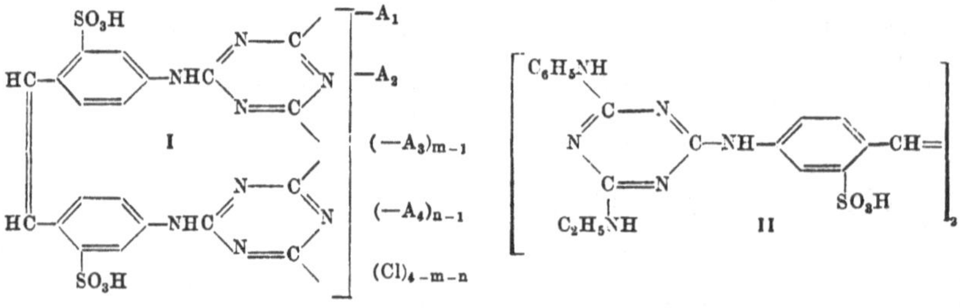

= Reste prim. oder sek. Amine; m u. n = 1 oder 2). So verwendet man z. B. die neutralen Ca- oder Ba-Salze der Verb. **II**, die mit Polyamidschnitzeln gemischt werden, worauf man die Mischung nach Zusatz von TiO_2 aus der Schmelze verspinnt. (**Oe. P. 215 063** vom 12/2. 1960, ausg. 10/5. 1961. Schwz. Prior. 13/2. 1959.) M. PANKOW. 8081

XIX. Brennstoffe. Erdöl. Mineralöle

Das Mahlen von Kohle für Verkokungszwecke. 4. Mitt. Einfluß der Mahlfeinheit auf die Koksqualität. Vl. Charvát und B. Kedroň. (Paliva **38.** 234—37. 1958. Úst. pro výzk. a využití tuhých a plynných paliv; tschech.) — 3. vgl. Paliva **38.** [1958.] 192. — Bei Vormahlung von Kohlen vor dem Verkoken nimmt die Festigkeit u. die Abriebfestigkeit des erhaltenen Kokses mit der Mahlfeinheit stark zu. Mittels eines neuen Mühlentyps gelingt es, die Kohle derart auf 0—80 mm Korngröße in jeder Stufe zu mahlen, daß maximal 10% der Körner >3 mm Korngröße haben. Auch für Hüttenkoks ist die Vormahlung vorteilhaft. R. K. MÜLLER. 8134□

Der Temperatureinfluß auf das Quellvermögen von Tonen. K. F. Shigatsch, I. B. Adel und W. D. Gorodnow. (Известия Высших Учебных Заведений (Баку), Нефть и Газ [Hochschulnachr. (Baku), Erdöl Gas] **4.** Nr. 5. 23—29. 1961. Moskau, Gubkin-Inst. für Erdölchemie u. Gasind.; russ.) — Der *Quellungsgrad* (Qg) wird nach der Formel $K_1 = (K_2 \cdot Q/v_0) + 1$ berechnet, worin K_2 = Koeff. des von 1 g Ton (Argillit, Ton aus Terekli u. Uritzk) aufgenommenen W., Q = Einwaage in g, V_0 = Vol. der Tonteilchen vor dem Versuch. Wenn die Vol.-Veränderung des Tones beim Quellen linear von der Anfangsporosität abhängt, dann muß auch die beim Quellen aufgenommene Fl.-Menge davon abhängen. Diese Annahme wird durch Experimente bestätigt. Daraus geht hervor, daß die sog. Feuchtigkeit der Tone der den Qg charakterisierende Faktor ist. Weiterhin wird festgestellt, daß sich mit Erhöhung der Temp. der Qg sowie die Quellungsdauer nach der linearen Abhängigkeit verringern. Da bei Bohrlöchern von 5000—7000 m Tiefe mit hohen Temp. das Verh. der Tone äußerst wichtig ist, wurde der Qg derselben untersucht. ELSE HEINEMANN. 8190

Einführen von dimetallischen Polyphosphaten in ölliefernde Horizonte von Ölquellen zum Auflockern von kleinen Ablagerungen. Aleck B. Featherston. (Proc.

Oklahoma Acad. Sci. **39.** 136—41. 1959. Duncan, Halli Burton Oil Well Cementing Comp.; engl.) — Um Ablagerungen im Ölhorizont, im Bohrloch u. in den Rohrleitungen aufzulösen, werden diese mit Polyphosphaten behandelt, wodurch auf billige Weise verhindert wird, daß die Ölquellen ganz versiegen. Na–Ca- u. Na–Mg-Polyphosphate haben sich bes. gut bewährt. Labor.- u. Feld-Verss. stimmen überein.

F. ROSENDAHL. 8190□

Untersuchung der gleichzeitigen Wirkung von Zusätzen von Sulfonaten und Metall-Dialkyldithiophosphaten. P. I. Ssanin, A. B. Wipper, W. W. Scher und S. A. Kleimenowa. (Химия и Технология Топлив и Масел [Chem. Technol. Brennstoffe Öle] **6.** Nr. 11. 19—23. Nov. 1961. Inst. für chem. Erdölsynth. der Akad. der Wiss. der UdSSR; russ.) — Untersucht werden die Zusätze *DF-I* (Ba-Dialkyldithiophosphat) u. *DF-II* (Zn-Dialkyldithiophosphat) sowie die Reinigungskomponente des Zusatzes *AsNJJ-5* (Ba-Sulfonat; **I**) u. der Zusatz *SB-3* (Ba-Salz der Sulfonsäure aus der Sulfurierung von Dieselkraftstoff) u. deren Einfl. auf das Öl *DS-8*, das ein Gemisch aus 86% Destillat u. 14% der Endkomponente eines S-haltigen Erdöls darstellt. DF-I u. DF-II haben im Gegensatz zu den **I** eine bessere Stabilität gegen Oxydation u. Korrosion u. wirken demulgierend. Die **I** verfügen über bessere Reinigungseigenschaften. In bezug auf Verschleißfestigkeit ist DF-II bes. effektiv. DF-I u. DF-II verringern in Zusammen-Wrkg. mit **I** die Bldg. unlösl. Prodd. im Öl u. verbessern die Reinigungseigenschaften. Die demulgierende Wrkg. **I**-haltiger Öle mit 1% DF-I oder DF-II wird bedeutend erhöht. Durch Erhöhung der Konz. des DF-I bis 2% wird die Demulgierung weiterhin verbessert, was für DF-II nicht zutrifft. Durch einen Geh. von 1—2% DF-I u. DF-II im Öl mit 3% **I** wird eine bedeutend bessere Wrkg. erzielt als durch eine Erhöhung der Konz. des **I**. ELSE HEINEMANN. 8190

Zur Frage einer primären Behandlung von Erdöl mit Ammoniaklösung. A. A. Agajew. (Известия Высших Учебных Заведений, Нефть и Газ [Hochschulnachr., Erdöl, Gas] **4.** Nr. 4. 53—56. 1961. Aserbaidshan. Asisbekow-Inst. für Erdöl u. Chemie; russ.) — Untersucht wird, ob die bei der Verarbeitung von Erdöl wegen ihrer korrosiven Eigg. unerwünschten *Naphthensäuren* (**I**) durch eine Vorbehandlung des Rohöls mit *NH_3*-Lsgg. abgetrennt werden können. Graph. wird der beim Behandeln mit NH_3 erzielte Restsäure-Geh. in Abhängigkeit von Temp., NH_3-Konz., Behandlungszeit u. Cyclenzahl angegeben. — Durch Behandeln mit alkohol. NH_3 lassen sich **I** weitgehend vom Erdöl abtrennen. Das NH_3 wird durch relativ gelindes Erhitzen regeneriert. Die **I** lassen sich aus der wss.-alkohol. Lsg. vollständig isolieren. Die verbleibende Mutterlauge kann wieder eingesetzt werden. HELMUT SCHÄFER. 8192□

Untersuchung des Abtrennungsprozesses von Isoamylenen aus der Fraktion C_5 von Gasen des thermischen und katalytischen Crackens von Erdöl. A. G. Liakumowitsch, N. W. Sacharowa und L. R. Smagina. (Химия и Технология Топлив и Масел [Chem. Technol. Brennstoffe Öle] **6.** Nr. 11. 14—18. Nov. 1961; russ.) — Die Ausscheidung der *Isoamylene* (**I**) mit einer Konz. von 99% aus der Fraktion C_5 wird untersucht. Optimal erfolgt diese bei einer Temp. von 0°, die bei intensivem Mischen bis 10° erhöht werden kann. Für das Abtrennen der **I** aus der Isoamylsulfonsäure (**II**) durch Extraktion mit n-Heptan beträgt die optimale Temp. 40°. Eine Veränderung des Vol.-Verhältnisses des Lsgm. zur **II** bis 1:1 hat eine unvollständige Extraktion der **I** zur Folge. Eine vorausgegangene Extraktion der Alkane ermöglicht das Ausscheiden der **I** mit einer Konz. von 99%. Die Fraktion C_5 muß nach der Extraktion in das Syst. zurückgeleitet werden, wobei ca. 20% der **I** in die Rezirkulation eintreten. Bei der Bldg. der **II** erfolgt eine Polymerisation der **I** (3—4%). Verss. ergeben, daß statt n-Heptan auch Bzn., Kp. 80—120°, als Lsgm. angewendet werden kann. Es können also durch selektive Extraktion mit H_2SO_4 (65% ig.) u. Behandlung der gesätt. **II** mit n-Heptan 99% ig. **I** aus der Fraktion C_5 der Gase, die 15—17% **I** enthalten, ausgeschieden werden. ELSE HEINEMANN. 8196

Verteilung von Metallverunreinigungen auf Crackbeschleunigern. J. E. McEvoy, T. H. Milliken und G. A. Mills. (Ind. Engng. Chem. **49.** 865—68. Mai 1957. Marcus Hook, Pa., Houdry Process Corp.; engl.) — Während des Crackens setzt sich das Metall hauptsächlich am Rande des Beschleunigers ab, u. die Menge nimmt nach der Mitte zu ab. Die Verteilung ist dabei unabhängig vom Gesamt-Geh. des Beschleunigers. Da das Eindringen in die Tiefe einen konst. Wert hat, ist die Größe der Beschleunigerteilchen von entscheidendem Wert bei der Crackanlage, weil durch den an der Oberfläche eintretenden Abrieb ein geringerer Metall-Geh. vorhanden ist, als wenn das Metall gleichmäßig über den ganzen Beschleuniger verteilt wäre. F. ROSENDAHL. 8196□

Die Farbstabilität von Leuchtkerosin, das durch Hydrierung von Erdölfraktionen gewonnen wurde. I. Je. Drabkina, B. F. Syrjanow und D. B. Oretschkin.

(Химия и Технология Топлив и Масел [Chem. Techn. Brennstoffe Öle] **6.** Nr. 10. 12—16. Okt. 1961; russ.) — Ein Qualitätsmerkmal des *Kerosins* (I), das auf Grund der Analyse des frischgewonnenen Prod. Schlüsse über dessen Lagerungsstabilität zuläßt, wird erörtert. Als Ursache für die Farbveränderung u. die Bldg. von Bodensätzen bei der Lagerung von I werden O-, N- u. S-Verbb. angesehen. Das gesuchte Qualitätsmerkmal wurde in der Hydrierungstiefe des I, gemessen an dem Geh. an sulfurierten KW-Stoffen, gefunden. Die zuweilen auftretenden schlechten Farb-Eigg. des bei 300 at über WS_2-Katalysator hydrierten I werden auf Verschmutzung von I mit dem Ausgangsrohstoff zurückgeführt. H. V. ADOLPHI. 8200□

Das katalytische Reformieren von Naphthenkohlenwasserstoffen von Benzinfraktionen in aromatische über einem Katalysator mit 0,1—0,3% Nickel. Ja. M. Pauschkin, T. P. Wischnjakowa und W. G. Tschernuchina. (Известия Высших Учебных Заведений (Баку), Нефть и Газ [Hochschulnachr. (Baku), Erdöl, Gas] **4.** Nr. 5. 69—73. 1961. Moskau, Gubkin-Inst. für Erdölchemie u. Gasind.; russ.) — Das Reformieren erfolgt an Benzinfraktionen mit Kp. 70—140°; $D._4^{20}$ 0,7320; Molgew. 110; 4,5 (%) Aromaten; 45,5 Naphthenen; 50 Paraffinen. Der Katalysator (Kat) besteht aus der bei 700° erhaltenen γ-Form des Al_2O_3, das mit $Ni(NO_3)_2 \cdot 6\,H_2O$ bis zur erforderlichen Konz. behandelt wird. Es erweist sich, daß der Kat mit 0,1—0,2% Ni im Al_2O_3 die Dehydrierung der Naphthene fördert, was eine Erhöhung des Aromaten-Geh. bis 21—31% zur Folge hat. Ein Ni-Geh. von 0,5—1% auf Al_2O_3 oder Al-Silicatbasis bewirkt nur eine schwache Hydrierung, während bei 0,3% Ni die Ausbeute am günstigsten liegt. Ein Kat mit 0,1—0,3 Ni bleibt 10—12 Std. akt., wonach eine Regenerierung im Luftstrom bei 400—500° erfolgen muß. Ni gleicht in seiner Aktivität dem Pt, ist jedoch wesentlich billiger. Spektralanalyt. wurde in den Katalysatfraktionen östlicher Bzn., Kp. 100—110°, *Toluol* u. *Äthylbenzol* 0,7:1, u. bei 110—135° *Äthylbenzol*, *m-Xylol* u. *p-Xylol* 1:1,2:0,5 nachgewiesen. ELSE HEINEMANN. 8200

Der Einfluß von Schwefel auf die Aktivität und Selektivität von Platinkatalysatoren für Reforming. N. R. Burssian und G. N. Massljanski. (Химия и Технология Топлив и Масел [Chem. Technol. Brennstoffe Öle] **6.** Nr. 10. 6—9. Okt. 1961. Allunions Forsch.-Inst. für Prozesse der Erdölchem.; russ.) — Auf Grund von Verss. des Reformierens der Benzinfraktion 80—180° bei 40 at mit S-Geh. von 0,01—0,27% wird gezeigt, daß der Desaktivierungsgrad des Katalysators mit steigendem S-Geh. des Rohstoffs wächst u. die Oktanzahl u. der Aromaten-Geh. von Bzn. zurückgehen. Die Gasausbeute wird größer, u. der H_2-Anfall verkleinert sich. Die Reinigung des Kreislaufgases vom H_2S wirkt diesen Tendenzen entgegen u. erhöht die Stabilität des Pt-Katalysators. Vers.-Anordnungen u. -Ergebnisse werden mitgeteilt. H. V. ADOLPHI. 8200□

Die Herstellung von synthetischen Schmierölen aus Produkten der Oxydation von Osek-Suatsker Kerosin. Ss. Ss. Altman, P. G. Guschanskaja und L. F. Ssytschewa. (Химия и Технология Топлив и Масел [Chem. Technol. Brennstoffe Öle] **6.** Nr. 10. 22—24. Okt. 1961. Schaumjan-Werk für Mineralöle; russ.) — Aus Paraffinen der Fraktion 200—340°, aus den Extrakten der Entparaffinierung von Dieselölen mit Harnstoff u. aus dem entaromatisierten Kerosin des Osek-Suatsker Erdöls können durch Oxydation niedrigmol. Säuren gewonnen werden, die wiederum als Ausgangs-Prodd. für die Herst. von synthet., in weiten Bereichen temperaturfesten Ölen dienen. H. V. ADOLPHI. 8220□

Perspektiven der Verbesserung der Eigenschaften von Ölen aus Bakuer Erdölwerken. R. G. Ismailow und L. W. Iwanowa. (Химия и Технология Топлив и Масел (Chem. Technol. Brennstoffe Öle] **6.** Nr. 10. 1—5. Okt. 1961. Volkswirtschaftsrat der AserbaidshanSSR; russ.) — Die techn. Möglichkeiten der Qualitätsverbesserung von Dieselölen, Autoölen u. Hydraulikölen der Bakuer Erdölwerke, die auf Grund der Qualitätsunterschiede zwischen den Bakuer u. den östlichen Erdölen notwendig wird, werden gezeigt. Das soll durch Qualitätsverbesserung der Grundstoffe durch Anwendung der modernsten Gewinnungs-Verf. u. durch Ausarbeitung von neuen, wirksameren Schmierölzusätzen erreicht werden. Vergleichende Vers.-Ergebnisse der Prüfung von Ölen in Motoren sind angegeben. H. V. ADOLPHI. 8220□

Schmierölzusätze: Ein Überblick. Mohan Lal Khanna und Joginder Singh Ahluwalia. (J. sci. ind. Res. [New Delhi], Sect. A **18.** 260—67. Juni 1959. New Delhi, Nat. Phys. Labor.; engl.) — Übersicht; Oxydations-Korrosions-Inhibitoren, Dispersionsdetergentien, Fließpunktdepressantien, Viscositätsindexverbesserer, Rostschutzmittel, Antischaummittel, Farbstoffe u. andere Spezialzusätze. — 18 Literaturangaben. P. GREGORZEWSKI. 8220□

Untersuchung von antikorrosiven Zusätzen zu Rückstandsheizölen, die Vanadium und Schwefel enthalten. W. G. Nikolajewa, A. Ja. Duchnina, B. I. Komarow

und G. I. Lewinsson. (Химия и Технология Топлив и Масел [Chem. Technol. Brennstoffe Öle] **6.** Nr. 10. 17—22. Okt. 1961. Allunions Forsch.-Inst. für Verarbeitung von Erdöl u. Erdgas u. Produktion synthet. Kraft- u. Treibstoffe; russ.) — In Verss. wird die Wrkg. von Zusätzen zu *S*- u. *V*-haltigen Rückstandsölen (2,5—2,8 u. 0,003 bis 0,020%) auf deren Korrosions-Verh. gegen Stahl- u. Edelstahlsorten im Hinblick auf deren Einsatz in Gasturbinen getestet. Als wirkungsvollster Zusatz wurde eine wss. Lsg. von $MgSO_4$ gefunden, die die Korrosion bei einigen Stahlsorten auf ca. 30% verringert. Die Vers.-Anordnung u. -Ergebnisse werden mitgeteilt.
H. V. ADOLPHI. 8220□

Ein Vergleich der Methoden zur Bestimmung der korrodierenden Wirkung von Motorenölen. L. F. Tschernjawskaja und I. F. Foit. (Химия и Технология Топлив и Масел [Chem. Technol. Brennstoffe Öle] **6.** Nr. 4. 70—72. April 1961. Inst. für chem. Erdölsynth. der Akad. der Wiss. der USSR; russ.) — Zwei Best.-Meth. der korrodierenden Wrkg. von Motorenölen nach GOST werden beurteilt u. miteinander verglichen. Die Meth. nach *GOST 8245-56* ist besser u. gestattet die Charakterisierung der tatsächlichen Korrosivität sowie die vergleichende Beurteilung der Wrkg. von Antikorrosionszusätzen. H. V. ADOLPHI. 8220□

Untersuchung von Zusätzen zu Erdölen als Schutz gegen Verschleiß von Stahl. G. W. Winogradow, Ju. Ja. Podolski und Je. Ss. Schepelewa. (Известия Высших Учебных Заведений, Нафть и Газ [Hochschulnachr., Erdöl, Gas] **4.** Nr. 4. 63—67. 1961. Stalin-Akad. für Panzertruppen; russ.) — Eine Meth. zur Bewertung der Wirksamkeit von Zusätzen zu Schmierölen gegen den Verschleiß von Metallen bei Reibung wird angegeben (Vierkugel-Reibungsmaschine). Es wird auf den Unterschied in der Wrkg. von *S*-, *Cl*- u. *P*-organ. Verbb. aufmerksam gemacht (Dibenzyldisulfid, 1-Trichlor-5-methylpentan, Methylphosphinsäuredibutylester). Reibungs- u. Verschleiß-Koeff. werden in Abhängigkeit von der Belastung graph. dargestellt. Die Meth. beruht auf einer kontinuierlichen Veränderung der Gleit-Geschw. in einem breiten Intervall.
HELMUT SCHÄFER. 8220□

Untersuchung der Oxydierbarkeit von Ölen in dünnen Schichten nach einer photoelektrischen Methode. Ss. P. Berensson. (Химия и Технология Топлив и Масел [Chem. Technol. Brennstoffe Öle] **6.** Nr. 11. 64—66. Nov. 1961; russ.) Der auf eine Ölschicht gerichtete Lichtstrahl einer bekannten Intensität erfährt in Abhängigkeit von den im Öl gebildeten Oxydations-Prodd. Veränderungen, die mit Hilfe eines Mikroamperemeters oder Oszillographen ermittelt werden können. Diese Meth. ermöglicht auch die Unters. von Ölen mit *Antioxydationszusätzen* (Jonol). Die optimale Konz. dieser Zusätze wird für das Öl *MK-22* mit 0,75% ermittelt. Die Unters. der Kinetik der Oxydation von Ölen mit solchen Zusätzen gestattet auch die Best. von deren Wirksamkeit. Es zeigt sich, daß Jonol die Oxydation nur hemmt, jedoch den Prozeß in Abhängigkeit vom Temp.-Ablauf nicht beeinflußt. ELSE HEINEMANN. 8242

Spektrographische Bestimmung kleiner Mengen Germaniumdioxid in Braunkohlenaschen. Zbigniew Gregorowicz. (Chem. analit. [Warszawa] **3.** 777—82. 1958. Gliwice, Politechn. Śląska, Kat. Chem. nieorgan.; pol.) — GeO_2 läßt sich in der Braunkohlenasche mit einem Quarzspektrographen mittlerer Dispersion bis herab zu 0,0003% bestimmen, wenn als obere Elektrode Cu, als untere Kohle u. als äußerer Standard Cu mit 0,1% Ni (Vgl.-Linie Ni 3050,82 Å) verwendet werden. Zur Anregung genügt ein Wechselstromlichtbogen mit 4 A Stromstärke. F. URBAN. 8244□

Polarographische Bestimmung von Germanium in der Steinkohlenasche. Maria Węçlewska und Gertruda Popanda. (Chem. analit. [Warszawa] **3.** 889—91. 1958. Katowice, Główny Inst. Górn.; pol.) — Die Asche (0,5 g) wird mit NaOH u. Na_2O_2 geschmolzen, die Schmelze mit wenig W. gelöst, die Lsg. mit H_2SO_4 neutralisiert u. dann soviel konz. HCl-Lsg. zugegeben, daß ein azeotropes HCl-W.-Gemisch entsteht. Aus dieser Lsg. wird $GeCl_4$ in eine mit NH_4OH gefüllte Vorlage abdestilliert. Das auf pH 6 gebrachte Destillat wird unter Anwendung einer Grundelektrolyt-Lsg. mit Komplexon III u. einem Phosphatpuffer (pH 7,8) u. unter Zusatz von Gummi arabicum polarographiert. Erfaßt werden noch 0,5 μg Ge/ml entsprechend 0,006—0,004% Ge in der Asche. Die Ergebnisse stimmen mit spektrograph. u. spektrophotometr. Werten gut überein.
F. URBAN. 8246□

Die Bestimmung der Kohlenwasserstoffzusammensetzung von Gasen mit Hilfe von Chinolin. W. G. Sisin und T. Ss. Iwanowa. (Химия и Технология Топлив и Масел [Chem. Technol. Brennstoffe Öle] **6.** Nr. 4. 68—70. April 1961. Erdöl-Forsch.-Inst. der BaschkirSSR; russ.) — Durch Test-Verss. zur chromatograph. Vollanalyse von KW-Stoff-Gasgemischen mit verschiedenen Fll. als ruhender Phase (Chromatograph des Baschkir. Erdöl-Forschungsinstituts) wird festgestellt, daß *Chinolin* (α-, β-Benzopyridin, C_9H_7N) sowohl hinsichtlich seiner Trenn-Wrkg. als auch seiner Wirtschaftlichkeit als optimal bezeichnet werden kann. H. V. ADOLPHI. 8250□

Methoden zur Erlangung von Gleichgewichtsdaten bei der Flash-Verdampfung von Erdölgemischen. Milivoj Maretić. (Nafta [Zagreb] **7.** 17—23. Jan. 1956. Zagreb, Inst. za Naftu.) — Die bekannten Meth. nach ASTM u. TBP zur Erlangung von Gleichgewichtsdaten bei der Flash-Verdampfung aus Dest.-Kurven werden diskutiert. F. ROSENDAHL. 8252□

Verbrennungsamperometrische Titration von Halogenspuren in Petroleumprodukten. Lawrence J. Cali, J. West Loveland und Dorothy G. Partikian. (Analytic. Chem. **30.** Nr. 1. 74—77. Jan. 1958. Marcus Hook, Pa., Sun Oil Co.; engl.) — Eine empfindliche Best.-Meth. für Halogenspuren in Erdöl-KW-Stoffen wird beschrieben, wobei die Analysenprobe durch Hindurchsaugen durch die H_2/O_2-Flamme eines Zerstäuberbrenners verbrannt wird, die Verbrennungs-Prodd. durch ein gekühltes, mit 0,1n Na_2CO_3 gefülltes Absorptionsgefäß geleitet werden u. das gebildete NaCl amperometr. mit 0,01n $AgNO_3$ titriert wird. Die Genauigkeit der Meth. wird an $ClCH_2CH_2Cl$ u. CCl_4 enthaltendem Bzl. demonstriert: Durchschnittliche Abweichungen a) vom bekannten Wert 0,6 ppm, b) bei Analysen gleicher Proben 0,3 ppm. — Das Verbrennungs- u. Absorptions-Syst., die Verbrennungskammer u. die Titrationszelle sind schemat. abgebildet. A. LETTAU. 8252□

Bestimmung von Spurenelementen in Erdölaschen. Jadwiga Złotnicka. (Chem. analit. [Warszawa] **3.** 776. 1958. Kraków, Inst. Naft., Zakł. Geochem.; pol.) — Die spektrograph. Gesamtanalyse der Erdölasche u. das Auftreten oder Fehlen der Elemente Zn u. Sn werden zur geolog. Charakterisierung des Erdöl-Vork. herangezogen. In den Erdölaschen werden maximal 29 Elemente nachgewiesen. F. URBAN. 8252□

Die Zusammensetzung der Alkohole, die bei der Oxydation von Paraffinen unter technischen Bedingungen erhalten werden. N. K. Mankowskaja, G. B. Melusowa und S. A. Prochorowa. (Химия и Технология Топлив и Масел [Chem. Technol. Brennstoffe Öle] **6.** Nr. 11. 42—46. Nov. 1961; russ.) — Der Geh. an prim. u. sek. Alkoholen (**I**) in den Oxydations-Prodd. der Paraffine wird mit Hilfe der Absorptionsspektren der *Alkylnitrite* bei einer Wellenlänge von 334, 382,5 u. 392,5 mμ mit dem Spektrophotometer *SF-4* bestimmt. Bei der Bldg. dieser **I** besteht sowohl bei Verw. von *Mn* als Katalysator (11% sek. **I**), als auch von H_3BO_3 (7% prim. **I**) kein wesentlicher Unterschied. Bei der Dest. der **I** aus den unverseifbaren Substanzen erfolgt jedoch eine bedeutende Anreicherung der prim. **I** (75%) im Verhältnis zu den sek. (8%). ELSE HEINEMANN. 8262

Maschinenfabrik Buckau R. Wolf Akt.-Ges. (Erfinder: Hermann Hullen), **Brikettierung von Koks.** Koks, den man aus bituminöser Kohle mit hohem Gas-Geh. oder aus harter Braunkohle durch Vergasen erhält, mischt man mit zerkleinerter u. vorerwärmter Rohkohle u. brikettiert ohne Binder. Hierbei wird der Koks sofort nach dem Verlassen der Vergasungsanlage unter Ausschluß von Luft einem Koksbrecher zugeführt u. mit der Rohkohle gemischt. — Zeichnung. (**Aust. P. 225 798** vom 22/4. 1958, ausg. 14/1. 1960. D. Prior. 27/4. 1957.) O. ROICK. 8137

Texaco, Inc., übert. von: Harold V. Atwell, Beacon, N.Y., V.St.A., **Herstellung von Synthesegas aus festen Brennstoffen.** Die feinverteilten Brennstoffe werden mit O_2-haltigem Gas bei über 2200° F partiell verbrannt. Dabei wird die Kohle in einem Dampfstrom eingeführt, der sich mit dem O_2-Strom in relativen Verhältnissen mischt, um einen Strom der Rk.-Teilnehmer zu bilden, dessen Geschw. die der Flammenfortsetzung überschreitet. Diese Mischung (Kohle + Dampf) wird axial (ebenso wie der O_2) in das obere Ende der Rk.-Zone eingeleitet. Der Einlaßquerschnitt erweitert sich graduell nach unten, wodurch die Geschw. der Rk.-Teilnehmer abnimmt u. dann unterhalb der Fortpflanzungs-Geschw. der Flamme liegt. Im Einlaßteil entsteht eine instabile Flamme. In der Rk.-Zone (frei von Gitterwerk oder Katalysatoren) wird zur besseren Vermischung der Rk.-Teilnehmer eine Resonanzschwingung von 50 bis 500 Cyclen/s aufrecht erhalten. Die gebildeten Gase nebst Asche werden zentral am unteren Ende der Rk.-Zone abgezogen. (**A. P. 2 963 354** vom 27/6. 1956, ausg. 6/12. 1960.) W. HAUSWALD. 8149

Bergwerksverband G. m. b. H., Essen (Erfinder: Wolfgang Michael Gietl, Göppingen, und Georg Huck, Dortmund), **Entfernen von Blausäure aus Koksofengasen** oder Kokereiwässern durch Verw. ammoniakal. Lsgg. von Xanthanwasserstoff. Das gebildete Ammonrhodanid wird anschließend mit H_2SO_4 unter Ausfällen des Xanthanwasserstoffs u. Abtreiben der gasförmigen HCN zersetzt. (**D.A.S. 1 118 175** Kl. 12k vom 11/11. 1959, ausg. 30/11. 1961.) H. NEBELSIEK. 8173

Union Oil Co. of California, Los Angeles, übert. von: Roland F. Deering, Whittier, Calif., V.St.A., **Schwelen von Ölschiefer.** Dieser wird aufwärts durch eine Vorbereitungszone, eine Vorerhitzungszone u. eine Spülzone geführt. Von oben nach unten wird ein heißes Spülgas durch die Spülzone, Vorerhitzungszone u. Vorbereitungszone geleitet. Aus der Spülzone werden die ausgetriebenen KW-Stoffe u. das Spülgas abgezogen. Desgleichen werden aus den beiden anderen Zonen die Prodd. abgezogen. Die abgezogenen KW-Stoffe u. das Spülgas werden der Trennzone zugeleitet u. dort die gasförmigen Prodd. von den fl. Anteilen getrennt. Die verbrauchten Ölschieferteilchen werden oben aus der Spülzone abgeführt. Ein Teil des Gases aus der Trennzone wird in die Verbrennungszone geführt u. dort mit O-haltigem Gas verbrannt u. dadurch ein 1. heißes Rücklaufgas gebildet. Ein 2. Teil des Gases wird in den verbrauchten Ölschiefer in der Kühlzone von unten eingeführt u. ein 2. heißes Rücklaufgas erhalten. Die beiden heißen Rücklaufgasströme werden zusammen in die Spülzone geführt. — Zeichnung. (**A. P. 2 966 446** vom 4/6. 1956, ausg. 27/12. 1960.) E. KAHLES. 8181

Sespe Laboratories, Ventura, übert. von: Raymond W. Hoeppel, Oak View, Calif., V.St.A., **Bohrflüssigkeit zum gleichzeitigen Aufbrechen (fracturing) der öl- oder gasführenden Formation.** Die Fl. besteht aus einem asphaltfreiem Öl, in das ca. 0,5—5 Gew.-% ungesätt. aliphat. Säuren mit mindestens 8 C-Atomen, ca. 1 bis 60 W. u. ca. 1—5 Erdalkalien u. ein wasserlösl. Salz eines 3wertigen Schwermetalls (ca. 20—400 Milliäquivalente/Liter der Gesamtmischung) eindispergiert sind. (**A. P. 2 965 566** vom 13/8. 1956, ausg. 20/12. 1960.) W. HAUSWALD. 8191

Texaco, Inc., übert. von: Karl C. ten Brink, Houston, Tex., V.St.A., **Wässerige Bohrflüssigkeit** mit relativ niedrigem Wasserverlust. Sie enthält neben dem üblichen dispergierten Bohrton noch 0,2—25 Gew.-% eines mit Öl benetzten Bentonits. Vorzugsweise wird dem in W. dispergierten Bentonit Pb-Acetat zugesetzt. Der Bentonit wird dann abgefiltert, getrocknet u. hierauf mit Öl benetzt. An Stelle von Pb-Acetat kann auch ein Harzaminacetat verwendet werden. (**A. P. 2 960 465** vom 30/7. 1957, ausg. 15/11. 1960.) W. HAUSWALD. 8191

Dow Chemical Co., Midland, Mich., übert. von: Arthur Park, Tulsa, Okla., V.St.A., **Behandlung der bei einer Bohrung durchstoßenen tonhaltigen Erdformation.** Durch die Bohrung wird in die Formation eine wss. Fl. eingeführt, die einen pH-Wert zwischen 5,5 u. 11,0 besitzt u. 0,005—0,1 g wasserlösl. Cellulose-Derivv. je 100 ml enthält, z. B. Celluloseäther, Carboxymethylhydroxyäthylcellulose, Carboxyalkylhydroxyalkylcellulose. Diese Zusätze dienen zur Verringerung der Schwellung des silikathaltigen Materials. — Anwendung bei Öl, Gas usw. führenden Erdschichten. (**A. P. 2 961 400** vom 7/4. 1958, ausg. 22/11. 1960.) W. HAUSWALD. 8191

Phillips Petroleum Co., übert. von: Francis J. Shell, Bartlesville, Okla., V.St.A., **Zementierung von Bohrungen, die Salzformationen durchdringen.** Als Zementierungsmittel wird hydraul. Naturzement, der mit 30—70 Kieselgur vermischt ist, benutzt zusammen mit einer NaCl-Menge, die zur Absättigung des W. ausreicht. Kieselgur besitzt die Eig., einen im wesentlichen sich nicht setzenden Schlamm zu bilden. Für eine trockene Mischung von Naturzement u. Kieselsäure — wie oben — werden 140 bis 360 Gew.-% W. u. eine über die Sättigung hinausgehende Menge an HCl benötigt. Der Bohrfl. können noch Mittel zugegeben werden, die die Verdickungszeiten des Zementes verringern u. die Verluste an W. herabsetzen, wie Alkalisilikate u. Cellulose-Verbindungen. (**A. P. 2 961 044** vom 17/6. 1957, ausg. 22/11. 1960.) W. HAUSWALD. 8191

Esso Research and Engineering Co. (Erfinder: Donald Danley MacLaren und John Weikart), **Entfernen von stickstoffhaltigen Verbindungen aus Kohlenwasserstoffölen,** wie z. B. Schieferöl u. Santa Maria-Rohölen, durch Hydrieren bei 900—1000° unter einem Druck von 800—1200 p.s.i in Ggw. eines mit HF behandelten Co-Mo-Katalysators, wobei ein bestimmtes Verhältnis von Öl: H_2 gemäß beigegebenem Diagramm eingehalten werden muß. — Zeichnung. (**Aust. P. 229 933** vom 25/2. 1958, ausg. 15/9. 1960. A. Prior. 24/5. 1957.) C. LÜTTGEN. 8195

British Petroleum Co. Ltd. (Erfinder: Alfred Champagnat, Yves Edouard Rollin und Charles Jean Rouit), **Entschwefeln von Mineralöldestillaten** mit einem Kp. von 60—250°, dad. gek., daß man das Destillat bei erhöhter Temp. in Ggw. von einem gegenüber S unempfindlichen Katalysator mit H_2 behandelt, den gebildeten H_2S in üblicher Weise, z. B. durch Waschen mit NaOH oder Dampf-Dest., abtrennt u. das entschwefelte Öl, dessen S-Geh. nur noch ca. 0,002% beträgt, katalyt. in Ggw. von Ni-Katalysatoren hydriert. (**Aust. P. 229 844** vom 20/2. 1958, ausg. 8/9. 1960. F. Prior. 25/3. 1957.) C. LÜTTGEN. 8195

Universal Oil Products Co., Des Plaines, übert. von: William K. T. Gleim, Island Lake, und Peter Urban, Northbrook, Ill., V.St.A., **Oxydation**

einer Mercaptoverbindung zum Disulfid durch Behandlung mit einem Oxydationsmittel (Luft) in Ggw. eines Porphyrins als Katalysator (V-Porphyrinsulfonat, -carboxylat, Co-Tetraphenylporphyrinsulfonat oder die entsprechenden Mn-, Cr-, Mg-, Zn-, Ni-, Sn-, Bi-, Sb-, Ti-, Th-, Cu-, Mo-, Pd-, Ag- u. Hg-Salze. (**A. P. 2 966 453** vom 13/3. 1959, ausg. 27/12. 1960.) P. UNGER. 8195

D-X-Sunray Oil Co., übert. von: Victor L. Brant, Tulsa, Okla., V.St.A., **Behandlung von Säureschlamm** (I) aus der H_2SO_4-Raffination von KW-Stoffen, der nicht zur Gewinnung der Säure verwendet wurde. Man mischt den I mit einem größeren Vol. eines KW-Stoffes, dessen Temp. (ca. 450° F) genügend hoch gehalten wird, um die in I enthaltene Säure augenblicklich zu zersetzen, wobei gleichzeitig ein Abstreifgas durch die Mischung geleitet wird. — Vorr., Zeichnung. (**A. P. 2 965 558** vom 14/8. 1957, ausg. 20/12. 1960.) P. UNGER. 8195

Esso Research and Engineering Co., Elizabeth, N.J., übert. von: Christian Andreas Hansen jun., Baytown, Tex., V.St.A., **Regenerierung und Wiederverwendung eines molybdänhaltigen Katalysators,** der durch Kohlenstoffablagerungen von 5—10% seines Gewichtes inaktiviert wurde. Nachdem eine Mischung von H_2 u. einer Erdölfraktion mit dem Katalysator 1— ca. 6 Monate lang kontaktiert wurde, beträgt die H_2-Menge 200—2000 SCF/BBl bei einer Raum-Geschw. 0,25—10 V/V/h. Man unterbricht den Kontakt des Katalysators mit der Erdölfraktion u. setzt aber den Kontakt mit H_2 noch ca. 1 Std. fort, um alle fl. Reste der Erdölfraktion vom Kontakt zu entfernen. Anschließend behandelt man den Katalysator 2 Std. mit Dampf u. erhöht Menge u. Temp. des Dampfes dabei bis auf ca. 850°. Dann brennt man das kohlige Material von dem Katalysator bei nicht mehr als 1000° ab, indem man dem Dampf bis zu 1 Mol.-% freien O_2 zugibt. Dann stellt man den O_2-Zusatz ein u. setzt die Dampfbehandlung des Katalysators noch ca. 30 Min. fort. Den abgebrannten Katalysator behandelt man mit H_2 u. red. dessen Temp. auf ca. 450—750°. Anschließend kann der Katalysator wieder 1—6 Monate unter Hydrofinierungsbedingungen u. unter einer wesentlichen Verminderung des Druckabfalls mit einer Mischung aus H_2 u. der Erdölfraktion in Berührung gebracht werden. Die H_2-Behandlung führt man unter 150—225 lbs./sq.in., das Ausdämpfen u. Abbrennen unter 10—50 lbs./sq.in. durch. — Zeichnung. (**A. P. 2 963 425** vom 27/8. 1958, ausg. 6/12. 1960.) P. UNGER. 8197

Esso Research and Engineering Co., übert. von: George M. Kramer, Plainfield, N.J., V.St.A., **Alkylieren von Paraffinen** zur Herst. von *Schwerbenzin hoher Octanzahl,* welches aus Isoparaffinen mit 5—7 C-Atomen besteht. Eine geringere Menge von Paraffinen mit 6—18 C-Atomen wird bei $< 140°$ F in Ggw. von $AlBr_3$, einem Alkylhalogenid mit 2—8 C-Atomen u. Alkylsulfonsäuren, Metallsalzen von Alkylsulfonsäuren, Metallstearaten oder quatern. Alkylammoniumhalogeniden mit einer größeren Menge von Butanen oder Pentanen umgesetzt. — Zeichnung. (**A. P. 2 965 693** vom 31/12. 1958, ausg. 20/12. 1960.) E. KAHLES. 8201

Esso Research and Engineering Co., übert. von: Alan Schriesheim, Fords, George R. Gilbert, Elizabeth, und John E. McCormick, Roselle Park, N.J., V.St.A., **Alkylieren von Paraffinen zur Herstellung von hochoctanigem Schwerbenzin.** Paraffin-KW-Stoffe mit 6—18 C-Atomen werden zusammen mit einem größeren Anteil an leichteren KW-Stoffen, wie Butanen oder Pentanen, wobei das Verhältnis der leichteren zu den höheren KW-Stoffen 3 : 1 bis 20 : 1 beträgt, bei 30—140° in Ggw. von $AlBr_3$ auf einem Träger aus Mo-Oxiden, Co-, Ni- oder Fe-Molybdat zur Rk. gebracht. — Zeichnung. (**A. P. 2 966 535** vom 22/8. 1958, ausg. 27/12. 1960.) E. KAHLES. 8201

Esso Research and Engineering Co., übert. von: Hugh Erwin Stanley, Peter Haynes Watkins, Richard Franklin Stringer und Michael Francis McDonald sen., Baton Rouge, La., V.St.A., **Erhöhung der Octanzahl von Erdölbenzinen** erfolgt durch Isomerisierung von C_5—C_7-Paraffinen in höher verzweigte Isomere. Man trennt eine C_5/C_6-Fraktion u. eine C_7-Fraktion von dem Lsgm. ab, isomerisiert die zuerstgenannte in fl. Zustand u. in Ggw. von $AlBr_3$ als Katalysator. Durch Regelung der Isomerisierungsbedingungen, wie Verweilzeit, Temp. u. zugeführte Menge, wird ein Prod. mit höchstens 85% Isohexan, bezogen auf die C_6-Paraffine, erhalten. Die Mischung aus der teilweise isomerisierten Fraktion u. dem Katalysator wird in Ggw. eines Verhinderers für die Naphthenspaltung u. mindestens eines Teils der C_7-Fraktion nochmals isomerisiert. — Vorr., Zeichnung. (**A. P. 2 965 694** vom 12/5. 1959, ausg. 20/12. 1960.) P. UNGER. 8201

Phillips Petroleum Co., übert. von: Paul H. Johnson und King L. Mills jun., Bartlesville, Okla., V.St.A., **Isomerisieren von n-Paraffinen** des *Leichtbenzin*-Siedebereichs. Hierzu wird ein Isomerisierungskatalysator verwendet, der durch Behandlung einer Al-Base mit einem Fluorid, Imprägnieren mit Co-Molybdat, Trocknen u. Entwässern sowie Sulfidieren mit einer organ. S-Verb. u. Regenerierung mit einem Gemisch aus Luft u. N_2 bei 900—1500° F hergestellt wurde. (**A. P. 2 963 527** vom 13/9. 1957, ausg. 6/12. 1960.) E. KAHLES. 8201

Pure Oil Co., Chicago, übert. von: Elmer L. Miller, Cary, und Hillis O. Folkins, Crystal Lake, Ill., V.St.A., **Verbesserung von katalytischem Kreislauföl,** Kp. 435—629° F, zur Herst. von KW-Stoffen mit dem Kp. des Bzn. erfolgt durch hydrierende Crackung mit H_2 bei 700—800° F u. ca. 700 psig. in Ggw. eines Katalysators, bestehend aus 5,0—6,3 (Gew.-%) W-Oxid u. 14,0 Mo-Oxid auf SiO_2-Al_2O_3 als Träger, der aus ca. 5 SiO_2 u. ca. 95 Al_2O_3 besteht. Man erhält einen KW-Stoff mit vermindertem Olefin-Geh. u. einem höheren spezif. Gewicht. (**A. P. 2 964 463** vom 10/12. 1956, ausg. 13/12. 1960.) P. UNGER. 8201

British Petroleum Co. Ltd. (Erfinder: John Arthur Edgar Moy, Peter Thomas White und Kenneth Shephard Cuddington), **Herstellung von Benzin mit hoher Octanzahl,** dad. gek., daß man eine Petroleumfraktion mit niederer Octanzahl, bestehend aus oder enthaltend „straightrun"-Material, dessen größerer Teil einen Kp. von $<$ 100° besitzt, bei 480—575° u. einem Druck von $\leq$ 50 psi. mit einer Fließgeschw. von 0,1—1 v/v·Std. über einen Dehydrier- u. Dehydrocyclisier-Katalysator aus Chromoxid auf Al_2O_3 leitet. Man erhält ein Prod. mit einer Octanzahl von mindestens 90. (**Aust. P. 229 732** vom 27/3. 1958, ausg. 1/9. 1960. E. Prior. 29/3. 1957.) C. LÜTTGEN. 8205

Standard Oil Co., Chicago, Ill., übert. von: Ralph W. Myerholtz jun., Highland, Ind., V.St.A., **Kohlenwasserstoffgel.** Einem fl. KW-Stoff werden 0,5 bis 5 Gew.-% eines polymeren ungesätt. KW-Stoffes u. ein Gelbildner in Form dispergierter Alkalimetalle u. lösl. KW-Stoff-Komplex-Verbb. von mehrkernigen aromat. KW-Stoffen zugesetzt u. die Mischung bei einer Temp. bis zu 100° verrührt. Der KW-Stoff enthält z. B. 0,1—10 Dimethyläther des Äthylenglykols. Der Alkalimetallkomplex ist z. B. Na-Komplex des Biphenyls. Das erhaltene Gel kann als Brennstoff, Schmiermittel, als Druckstoff für militär. Zwecke, u. als Hydraulik-Fl., z. B. als hydraul. Mittel zum Aufbrechen von ölführenden Formationen zwecks Steigerung der Ölproduktion, dienen. (**A. P. 2 966 401** vom 22/7. 1958, ausg. 27/12. 1960.) W. HAUSWALD. 8211

Gulf Research & Development Co., Pittsburgh, übert. von: Roderick S. Spindt, Allison Park, und Donald R. Stevens, Wilkinsburg, Pa., V.St.A., **Mineralschmieröle** enthalten zur Verhinderung der Lack-Bldg. 1—10 (Gew.-%) Hydraziniumphenolate, -alkylphenolate, Phenol- oder Alkylphenolsalze von Alkylhydrazinen, in welchen das Alkylhydrazin 1—2 Alkylreste enthält u. die Alkylreste aller Verbb. 1—18 C-Atome enthalten. — Beispiele: Hydraziniumnonylphenolat, Dimethylhydraziniumnonylphenolat. (**A. P. 2 966 462** vom 29/11. 1955, ausg. 27/12. 1960.) E. DREWS. 8221

Douglas Aircraft Co., Inc. (Erfinder: Douglas H. Moreton), **Hydraulische Schmierflüssigkeit,** bestehend aus *Tetraalkylorthosilicat* oder *Hexaalkoxydisiloxan*, gek. durch den Geh. an einem Weichmacher (**I**) für „Buna-N", um das durch die Si-Verbb. bewirkte Schrumpfen der Dichtungen des hydraul. Syst. zu verhindern. Als **I** kommen bes. in Frage: Pentaerythrit-tetra-n-caproat (**II**), Phosphatester, Dialkylester zweibas. Säuren, Kondensate von Monoalkohol, Glykol u. Dicarbonsäuren. — Beispiel: 15 (%) **II** u. 85 Hexa-(2-äthylhexoxy)-disiloxan. (**Aust. P. 229 194** vom 13/11. 1957, ausg. 4/8. 1960. **Zusatz zu Aust. P. 168 131; C. 1962. 1475.**) C. LÜTTGEN. 8221

Standard Oil Co., Cleveland, übert. von: Everett C. Hughes, Shaker Heights, und Harvey E. Alford, Amherst, Ohio, V.St.A., **Zusätze zu Mineralschmierölen** zur Verhinderung von Schlammabscheidungen bei tiefen Temp. bestehen aus 20—60 (Gew.-Teilen) Ba-Octadecylsulfonat, 10—30 Ba-Carbonat, 15—45 Zn-Octyldithiophosphat u. 2—16 öllösl. Polyoxyalkylenen (**I**) der allg. Formel $RO-[(CHR')_nO]_y-R''$ (R u. R'' = H, Alkyl-, Acylreste mit 4—20 C-Atomen, R' = H oder C_{1-5}-Alkylreste, n 1—4, y = Zahl der Einheiten zur Herst. des Molgew. 50—5000). — Beispiel für **I**: Monobutyl-poly-1.2-oxypropylenglykol, Viscosität 385 S.U.S./100° (Flexol B 400). (**A. P. 2 964 473** vom 24/12. 1956, ausg. 13/12. 1960.) E. DREWS. 8221

Standard Oil Co., Cleveland, übert. von: Harvey E. Alford, Amherst, Ohio, V.St.A., **Schmierölzusätze** zur Verhinderung von Schlammabscheidungen bei tiefen Temp. sind Gemische aus 20—60 (Gew.-Teilen) Ba-Octadecylsulfonat, 10—30 Ba-Carbonat, 15—45 Zn-Octyldithiophosphat u. 8—70 Disulfiden RSSR (R = C_{3-18}-Alkyl), z. B. Di-n-butyl- oder Dibenzyldisulfid. (**A. P. 2 964 474** vom 31/12. 1956, ausg. 13/12. 1960.) E. DREWS. 8221

Universal Oil Products Co., Des Plaines, übert. von: Henryk A. Cyba, Chicago, Ill., V.St.A., **Stabilisatoren für Schmieröle** sind Gemische aus 5–95 (Gew.-%) 4.4'-Diaminodiphenyläther u. 95–5 2.4'-Diaminodiphenyläther. — Beispiel: Zusatz von 0,3 einer Mischung aus 70 N.N'-Diisopropyl-4.4'- u. 30 N.N'-Diisopropyl-2.4'-diaminodiphenyläther. (**A. P. 2 964 479** vom 7/3. 1958, ausg. 13/12. 1960.) E. DREWS. 8221

Peter B. Marsden, Cambridge, und Gregor Berstein, Roxbury, Mass., V.St.A., **Schmierfette** auf Mineralölbasis enthalten als Verdicker Gemische aus 20–80 (Gew.-%) koll. Silica-Aerogel u. 80–20 koll. pyrogenes Al, erhalten durch Flammenhydrolyse von $AlCl_3$. (**A. P. 2 965 568** vom 29/5. 1957, ausg. 20/12. 1960.) E. DREWS. 8223

Socony Mobil Oil Co., Inc., **Herstellung von Schmierfetten.** Man erzeugt in einem öligen Trägermittel, z. B. in einem Mineralöl, eine Fettseife, z. B. aus LiOH, CaO, Hydrostearin- u. Stearinsäure, versprüht das Gemisch unterhalb seiner Lösungs-Temp. in feine Tropfen u. kühlt die Tröpfchen sofort unter Bldg. von Fett. (**Aust. P. 228 428** vom 25/9. 1958, ausg. 23/6. 1960.) K. DEMMLER. 8223

Hercules Powder Co., Wilmington, Del., übert. von: Harry D. McNeil jun., Kennett Square, Pa., V.St.A., **Synthetische Schmiermittel,** bestehend aus 85–99 (Gew.-%) Pentaerythritoltetraester von Fettsäuren mit 5–10 C-Atomen oder Fettsäuregemischen mit 2–12 C-Atomen, wobei das Gemisch im Mittel eine Kettenlänge von 5–10 C-Atomen aufweist u. 15–1 Diestern von 5.5'-Dimethyloldioxan-(1,3) mit C_{2-18}-Fettsäuren. (**A. P. 2 961 406** vom 23/4. 1959, ausg. 22/11. 1960.) E. DREWS. 8223

Imperial Chemical Industries Ltd. (Erfinder: Peter William Brett Semmens), **Schmiermittel,** bestehend aus quatern. kondensierten NH_4-Phosphaten, die auf 100–300° wenigstens ½ Std. erhitzt, gekühlt u. in einem Trägerstoff, bes. in KW-Stoff-Ölen, dispergiert worden sind. — Beispiele: Cetylpyridiniumpolyphosphat u. Cetyltrimethylammoniumpolyphosphat. (**Aust. P. 228 283** vom 12/11. 1958, ausg. 9/6. 1960.) K. DEMMLER. 8223

Sun Oil Co., übert. von: James L. Lauer, Philadelphia, Pa., V.St.A., **Schmiermittel und Treibstoffe** für Verbrennungsmaschinen mit Funkenzündung auf Schmieröl- bzw. Gasolinbasis enthalten zur Vermeidung von Abscheidungen in den Verbrennungskammern eine Mischung aus mindestens 80 (Mol.-%) Pyridin, Chinolin oder deren Gemische u. bis 20 Cu-Chromit oder-Acetat. (**A. P. 2 962 439** vom 7/12. 1956, ausg. 29/11. 1960.) E. DREWS. 8223

XX. Schieß- und Sprengstoffe. Zündmittel

Treibstoffe für Raketen. E. W. Lindeijer. (Ingenieur ['sGravenhage] **73.** Ch 37–Ch 52. 9/6. Ch 53–Ch 68. 23/6. 1961. Technol. Labor. RVO-T.N.O.; holl.) — Übersicht über die möglichen Bestandteile homogener u. zusammengesetzter Raketentreibstoffe, ihre Herst. u. Prüfung, den Einfl. von Brennkammerdruck, Temp., Art der Treibstoffladung auf die Schubzeit, die Struktur der brennenden Oberfläche, die erosive u. Resonanzverbrennung, die erforderlichen chem., physikal. u. ballist. Eigg. fl. Treibstoffe, ihre Lagerfähigkeit, Entzündbarkeit, Verbrennungs-Geschw. u. instabile Verbrennung u. ihre Vor- u. Nachteile im Vgl. mit festen Treibstoffen. — 126 Literaturhinweise. W. WESLY. 8310□

XXI. Leder. Gerbstoffe

Beitrag zur Kenntnis der Gerbstoffextraktion aus der Rinde der schwarzen Akazie in Bottichen bei atmosphärischem Druck. Saviniano de Castro Marques. (Rev. brasil. Quím. **49.** 54–92. Jan. 1960. Inst. Tecnol. do Rio Grande do Sul; port). — Vgl. C. **1962.** 9217. — Bei der Gerbstoffextraktion aus der Rinde der schwarzen Akazie wird der Einfl. der Kontaktdauer u. der Temp. auf die Gerbstoffausbeute untersucht. Bei 70–80° beträgt die optimale Dauer 2–4 Std., in der Kälte das 2–3fache. R. K. MÜLLER. 8336□

Über die Wirkung von Neutral-Salzen auf den Chrom-Komplex in Chrom-Gerblösungen. Spektro-photometrische Untersuchungen. 11. Mitt. D. Ramaswamy und Y. Nayudamma. (Proc. Sympos. Chem. Co-ordinat. Compounds, Agra, India **1959.** Nr. 3. 296–300. 1960. Madras, Cent. Leather Res. Inst.; engl.) — 10. vgl. J. Leather Techn. Assoc. India **4.** [1956.] 51. — Beim Zufügen von neutralen Salz-Lsgg. (NaCl, Na_2SO_4) zu bas. Cr-Gerb-Lsgg. (Cr-Perchlorat-, Cr-Alaun-Lsgg. mit 33⅓% Basizität durch Zugabe von NaOH) findet eine Veränderung des Cr-Komplexes statt durch Eindringen des Ions des zugefügten Salzes in die innere Koordinationssphäre des Cr-Atoms u. Austausch mit dem dort fixierten Liganden. Es wird ein innerer Sphärenkomplex mit

stärkerer u. ein äußerer mit schwächerer Resistenz gegen diese Verdrängung unterschieden. Die Veränderung des Cr-Komplexes während des Alterns (0—24 Std.) nach Zufügen der Salz-Lsg. zur bas. Cr-Lsg. wird an Hand graph. Darst. der Absorptionswerte im UV-Gebiet (220—230 mμ) verfolgt. Das Maximum ist nach 1 Std. erreicht.
A. BEUTHER. 8336□

Behandlung von Rindbox mit Adiprene L-100. G. A. Baseden. (Leather Manufacturer **78.** 60—65. März 1961. Wilmington, Del., Du Pont de Nemours & Co; engl.) — Vf. beschreibt die Eigg. von *Adiprene L-100*, einem linearem Urethanpolymeren, sowie dessen Anwendung in der Zurichtung von Kuh-Flankenleder zur Verbesserung der Beständigkeit des Leders gegenüber dem Abstoßen u. der Narbenfaltung.
H. G. FRÖHLICH. 8340□

Untersuchungen von mit Acrolein gegerbtem Leder. Rino Airoldi. (Rass. chim. **13.** 9—12. Jan./Febr. 1961. Torino, Univ., Ist. di Merceol.; ital.) — Nach der Besprechung früherer Arbeiten über die Ledergerbung mit Acrolein u. die strukturelle Bindung des Aldehyds an das Kollagenpeptid beschreibt Vf. seine zum Zweck der Strukturklärung mit dem Elektronenmikroskop gemachten Aufnahmen von Fibrillen der Flur- u. Fleischseite einiger mit Acrolein gegerbter Lederproben (Kalb). Zum Vgl. werden entsprechende Mikroaufnahmen von mit Kabeljauöl behandeltem Leder gezeigt.
A. BEUTHER. 8340□

Das chromatographische Verhalten der löslichen Kollagenanteile. Zdeněk Deyl und Jan Rosmus. (Kožařství **12.** 127—30. Mai 1962. Praha, Ustredni výzk. úst. potrav. prům.; tschech.) — Bei der Papierchromatographie der lösl. Kollagenanteile dienen mehrere Gemische von aliphat. Alkoholen, bes. n-Amyl- u. Isobutylalkohol, mit W. u. Essigsäure als mobile Phase. Papierchromatograph. lassen sich 3 Fraktionen isolieren zum Unterschied von den an der Ultrazentrifuge u. mittels Ionenaustauscherchromatographie ausgeführten Analysen. Die Ursache unterschiedlicher Ergebnisse ist mehr in den Verteilungsmöglichkeiten bei den angewandten Verff. als in einer Zers. des Kollagens zu suchen. W. WESLY. 8362□

Sauer katalysierte Brenzcatechin-Formaldehydkondensation. Formaldehydbestimmung in Anwesenheit zweiwertiger Phenole. Ferdinand Langmaier. (Kožařství **12.** 140—43. Mai 1962. Gottwaldov, Výzk. úst. kožedělný; tschech.) — Eine Übersicht über die Verff. zur Best. von Formaldehyd in Ggw. 2-wertiger Phenole des Brenzcatechintyps zeigt die Überlegenheit des $NH_2OH \cdot HCl$-Titrierverfahrens. — 116 Literaturhinweise. W. WESLY. 8364□

Österreichische Kunststoffwerke Heinrich Schmidberger Akt.-Ges., Wien, Österreich, **Kunstlederartiges Material** aus einem aus synthet. Fäden, bes. aus Polyamid- oder Polyesterfäden, gebildeten Gewebe, das beiderseitig unter Verw. von Haftvermittlern, wie monomerem Caprolactam u. di- bzw. trimerisierten Fettsäureamiden, mit einem durch die Gewebemaschen hindurchgreifenden Kunststoff beschichtet ist, wobei die das Gewebe bildenden Fäden eine Einstellung von 8:8 bis 4:4 aufweisen u. zur Haftverbesserung des Gewebes an die maschendeckende Kunststoffschicht aus Phenolharz mit PVC-Harz ein mehrschichtiger Auftrag aus PVC-Paste vorgesehen ist. Durch Zusätze von Hirschhornsalz ist eine poröse, atmungsakt. Ausführung möglich. (**Oe. P. 219 556** vom 4/9. 1959, ausg. 12/2. 1962.) H. MELTZER. 8353

Balatum N. V., Huizen, Holland, **Herstellung eines lederartigen Materials** aus gebundenen Faservliesen durch Behandlung mit Bindemitteln, bes. mit Dispersionen gelierbarer, thermoplast. Kunstharze, z. B. Polymerisaten des Vinylchlorids, die auch gefärbt sein können, wobei zur Gelierung des Kunstharzes erwärmt u. gepreßt wird u. eine oder mehrere Lagen des Faservlieses mit den Bindemitteln über die volle Materialdicke durchtränkt werden. Man erhält poröse, für Luft u. Wasserdampf, aber nicht für W. durchlässige Gebilde, die lederartig, knitter-, zug- u. einreißfest sind. Zusatz von Wachsen oder Siloxanölen erhöht die wasserabstoßenden Eigenschaften. (**Oe. P. 219 003** vom 15/4. 1959, ausg. 10/1. 1962. Holl. Prior. 13/5. 1958.) H. MELTZER. 8353

E. I. du Pont de Nemours & Co., Wilmington, Del., übert. von: James S. Proctor, Grand Island, N.Y., V.St.A., **Herstellen von wasserdampfdurchlässigem, flexiblem Ledereresatz.** Eine Matte aus nicht verwebten Fasern aus Polyhexamethylenadipamid u. ein Polyvinylchloridplastisol in Polyvinylchlorid werden in der Weise zusammengebracht, daß die Fasern in dem Polyvinylchlorid eingebettet sind. Dann erhitzt man unter Druck, um die Fasern miteinander zu verbinden. Temp. 150—200°, Druck 50—1500 lbs./sq.in. Auch das Abkühlen erfolgt unter Druck. Die eine Seite des entstandenen Prod. wird mit einer Polyvinylchloridschicht überzogen. Dann werden Überzug u. Unterlage mit Nadeln von 1—10 mils ∅ mit Perforationen versehen (300—30000 pro sq.in.). Schließlich wird die so behandelte Matte um 10—50% gestreckt. Bei dem Verf. soll das Verhältnis Polyvinylchlorid zu Fasern zwischen 30:70 u. 70:30 liegen. — Abbildung. (**A. P. 2 994 617** vom 5/11. 1956, ausg. 1/8. 1961.) F. MARKHOFF. 8353

United States Rubber Co., New York, N.Y., V.St.A., **Lederartige thermoplastische Schichten** erhält man durch Mischen von 50—65 (Teilen) eines harten, thermoplast. Polyvinylchloridharzes oder eines Mischpolymerisates aus Vinylchlorid u. geringeren Mengen eines anderen Monoolefins mit 50—35 eines elastomeren Harzes aus einer größeren Menge eines Mischpolymerisats aus einer größeren Menge einer vinylaromat. Verb. u. einer geringeren Menge Acrylsäurenitril (**I**) im Gemisch mit einer geringeren Menge eines Mischpolymerisats aus einer größeren Menge von, ggf. substituiertem, Butadien u. einer geringeren Menge **I** u. 40—80 eines Weichmachers, der 16—60 Butylbenzylphthalat (**II**) (auf 100 Harzbestandteile) enthält. — Die Schicht besteht z. B. aus 24 eines Gemisches aus 70 Styrol-**I**- u. 30 Butadien-**I**-Mischpolymerisat, 40 eines Gemisches aus einem aus Styrol u. **I** in Polybutadienlatex hergestellten Emulsionsmischpolymerisat u. einem gesondert hergestellten Styrol-**I**-Mischpolymerisat, 15 Polyvinylchlorid, 15 **II** u. 2 eines Ba-Cd-Salzes einer organ. Säure. — Herst. von *Auto-* u. *Stuhlpolstern* mit hoher Formbeständigkeit bei 325° F u. Schrumpffestigkeit bei 190° F. — Mischungs- u. Festigkeitstabellen. (**E. P. 859 703** vom 30/10. 1959, ausg. 25/1. 1961. A. Prior. 19/12. 1958.) G. VOGEL. 8353

American Cyanamid Co., New York, N.Y., übert. von: Nicholas R. Segro, Glenbrook, und John H. Daniel jun., Old Greenwich, Conn., V.St.A., **Herstellung von chemisch modifiziertem Papier.** Eine wss. Cellulosefasersuspension wird mit 100—900% Äthylacrylat, Propylacrylat oder Butylacrylat bei pH <3,5 in Ggw. eines Ce-Salzes, das in wenigstens einer Rk.-Komponente lösl. ist, umgesetzt. — Verw. als *Lederersatz.* (**A. P. 2 955 015** vom 5/6. 1957, ausg. 4/10. 1960.) P. MAYER. 8353

Ledoga S. p. A. (Erfinder: **Renato Allegrini**), Mailand, Italien, *Gewinnung von Cu-freien Gerbextrakten.* (**Schwz. P. 361 082** vom 13/6. 1957, ausg. 15/5. 1962. **It. Prior.** 4/7. 1956. — C. **1960.** 7732 [F. P. 1 177 086].)

Böhme Fettchemie G. m. b. H., Düsseldorf, übert. von: **Jürgen Plapper, Rudi Heyden,** Düsseldorf, und **Gerhard Böhme,** Leichlingen, *Gerbverfahren.* (**A. P. 3 023 073** vom 15/6. 1955, ausg. 27/2. 1962. D. Prior. 19/6. 1954. — C. **1958.** 6718 [Oe. P. 189 740].)

Farbenfabriken Bayer Akt.-Ges., Leverkusen (Erfinder: **M. Meister, W. Luck** und **G. Mauthe**), *Herstellung von Leder.* (**Belg. P. 570 903** vom 3/9. 1958, ausg. 1/12. 1961. D. Prior. 12/9. 1957. — C. **1962.** 2605 [F. P. 1 201 979].)

XXIV. Photographie

Lyman Chalkley, Prince Georges County, Md., V.St.A., **Lichtempfindliche Schichten.** Die Schichten bestehen aus einem Gemisch eines Aminotriarylmethanfarbstoffcyanids (**I**) u. einem aliphat. Carbonsäureamid (**II**) der allg. Formel $RCON(R_1)\cdot(R_2)$ ohne weitere Zusätze. Hierbei ist R ein H-Atom oder ein aliphat. Rest u. R_1 u. R_2 sind H-Atome oder Alkylreste mit 1—2 C-Atomen. — Beispiele für **I**: die Cyanide von Malachit- u. Brillantgrün, Fuchsin, Rosanilin, Kristall-, Formyl- u. Säureviolett, Xylol- u. Patentblau usw. Beispiele für **II**: Formamid, sowie das Methyl-, Dimethyl- u. Diäthyl-Deriv. davon; Acetamid, das Methyl-, Dimethyl- u. Diäthyl-Deriv. davon; Butyr-, Propion-, Valer- u. Stearamid. Die maximale spektrale Empfindlichkeit der Gemische liegt zwischen 3000 u. 3650 A., sie kann durch kurzes Erhitzen (<1 Sek.) derselben oder der Schichten auf 100—110° erhöht werden. Zur Herst. der letzteren wird eine Lsg. der **I** in **II** [Konz. nicht angegeben. D. Ref.] verwendet. Es lassen sich dabei auch phototrope Kombinationen herstellen. — Verw. für die *Dosimetrie von UV- u. Sonnenstrahlung.* (**A. P. 2 936 235** vom 27/3. 1957, ausg. 10/5. 1960.) A. KALIX. 8601

Agfa Akt.-Ges., Leverkusen (Erfinder: Johannes Götze, Erich Böckly, Köln, und Karl Lohmer, Leverkusen), **Steigerung der Eigenempfindlichkeit Farbkomponenten enthaltender photographischer Halogensilberemulsionen.** Man setzt solchen Emulsionen als Sensibilisatoren Farbstoffe der allg. Formel **I** zu: Hierin ist R ein Alkylrest, der durch eine Säuregruppe substituiert sein kann, u. R′ ein Alkyl- oder Cycloalkylrest. Die gelblichen Farbstoffe mit einem Absorptionsmaximum bei ca. 400—440 mμ in A. zeigen ein Sensibilisierungsmaximum bei ca. 465 mμ. (**D. A. S. 1 131 991** Kl. 57b vom 12/5. 1961, ausg. 20/6. 1962.) E. FUCHS. 8601

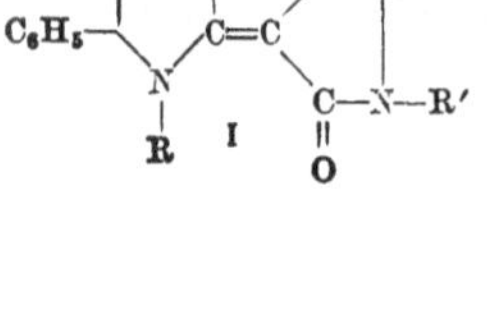

Oskar Holbe, Dresden, **Herstellung von photographischem Material** mit guter Bild-Wrkg. unter Verw. einer Halogensilberemulsion oder einer Gelatine-Lsg. der Übergußschicht, welcher Formaldehyd u. Harnstoff zugegeben werden. Ggf. werden der Übergußschicht Harnstoff u. der Emulsion Formaldehyd zugesetzt. — Zu 1 kg Bromsilberemulsion harter Gradation werden, nachdem alle Gießzusätze hinzugegeben worden sind, 5 ml 5%ig. wss. Formaldehyd-Lsg. u. 50 ml 2%ig. wss. Harnstoff-Lsg. gegeben. Nach dem Vergießen auf Barytpapier wird eine 2—3%ig. Gelatine-Lsg. als Schutzschicht aufgetragen. Nach einer ½—1jährigen natürlichen Ablagerung zeigt das Papier eine wesentlich bessere Schwärzung u. Brillanz, als ein Photopapier ohne die angeführten Zusätze. (**D. P.** [**DDR**] **21 682** Kl. 57b vom 2/1. 1959, ausg. 7/8. 1961 [Wirtschaftspatent].)
M. F. MÜLLER. 8603

E. I. du Pont de Nemours & Co., übert. von: Elmore Louis Martin, Wilmington, Del., V.St.A., **Photopolymerisierbare Mischung** besteht aus 1. einer kleinen Menge eines Additionspolymerisationskatalysators (I), der beim Bestrahlen mit actin. Licht wirksam wird, 2. für die Additionspolymerisation geeignetes Olefin mit bes. mehreren Doppelbindungen, einem Kp. > 100°, dem Molgew. 100—1500 u. 3. Celluloseälkyläther u. Celluloseester ungesätt., aliphat. Monocarbonsäuren u. deren Mischungen mit mindestens 50 Glucoseeinheiten im Molekül. Beispiele für **I**: *Diacetyl, Benzil, Benzoin, Pivaloin, Benzoinmethyl-* oder *-äthyläther, α-Methylbenzoin, α-Allylbenzoin, α-Phenylbenzoin*. — Zu einer Lsg. aus 3,5 (Teilen) Methylcellulose der (Viscosität 25 cps in 2%ig. wss. Lsg. bei 20°) in 35 W. gibt man 0,05 Benzoinmethyläther, 0,001 Hydrochinon u. eine Lsg. aus 1,5 1.3-Bis-(methylacrylamido)-propanol-(2) in 35 Methanol, bringt diese Lsg. in dünner Schicht auf eine Glasplatte u. verdampft das Lsgm. im Dunkeln. Darauf legt man eine Schablone, in der die abzubildenden Buchstaben ausgespart sind, u. unter die Glasplatte eine Schicht, die das Entstehen von Lichthöfen verhindert. Dann belichtet man die Platte 7½ Min. lang mit einer 275 W-Hg-Lampe im Abstand von 12—14 inch u. löst die nicht belichteten Stellen 3 Min. lang im Dunkeln mit W. von 25—30° ab. Man erhält ein gut stehendes, scharfes, kratzfestes, für den Druck geeignetes, getreues Abbild. — Abbildungen. (**A. P. 2 927 023** vom 27/8. 1956, ausg. 1/3. 1960.) A. JAHN. 8603

Eastman Kodak Co., übert. von: Gale F. Nadeau und Walter R. White, Rochester, N.Y., V.St.A., **Haftschichten auf molekular orientierten Polyesterfilmen.** Die Oberfläche der Filme wird 1 Sek. bis 10 Min. lang mit einer sauren oder alkal. wss. Lsg. eines starken anorgan. Oxydationsmittels (I) bei 50—175° F behandelt, dann wird sofort eine Schicht eines Mischpolymerisats (II), bes. eines solchen aus Vinyl- u. Vinylidenchlorid aufgetragen; beide Arbeitsgänge können auch durch Anwendung eines Lsg.-Gemisches von **I** + **II** vereinigt werden. Soll dann noch eine Halogensilbergelatineemulsion aufgetragen werden, so empfiehlt sich die Anbringung einer Zwischenschicht aus Gelatine. Alle anderen Arten von Hilfsschichten, bes. gefärbte u. pigmenthaltige, können unmittelbar auf **II** (nach der Trocknung) aufgegossen werden. Beispiele für **I**: 1—10%ig. Lsgg. von $KMnO_4$, $K_2Cr_2O_7$, $NaClO_3$, 15—95%ig. Lsgg. von: HNO_3, $HClO_3$, $HClO_4$, $HBrO_4$; Beispiele für **II**: mindestens 35, vorzugsweise 60—96% Mischpolymerisat aus Vinyl- u. Vinylidenchlorid, den Rest bildet eine monomere ungesätt., polymerisierbare Carbonsäure mit Äthylengruppen, z. B. Itacon-, Citracon-, Malein-, Fumar-, Acryl- u. α-Methacrylsäure, sowie deren Anhydride u. Halbester mit niedrigmol. Alkylgruppen. — Verw. in der *Photographie.* (**A. P. 2 943 937** vom 12/6. 1956, ausg. 5/7. 1960.)
A. KALIX. 8603

Československá Socialistická Republika (Erfinder: Jaromír Šturm, Königgrätz), Tschechoslowakei, **Übersensibilisierung photographischer Halogensilber-Emulsionen** die mit 9-Alkylcarbocyanin oder -2'-cyanin sensibilisiert wurden, durch die Anwendung von Basen des Benzotriazols oder einfacher Triazole der allg. Formel **I** (R = Alkyl, Hydroxyalkyl, Aralkyl, Aryl, Carbomethoxymethyl, Carbäthoxymethyl,

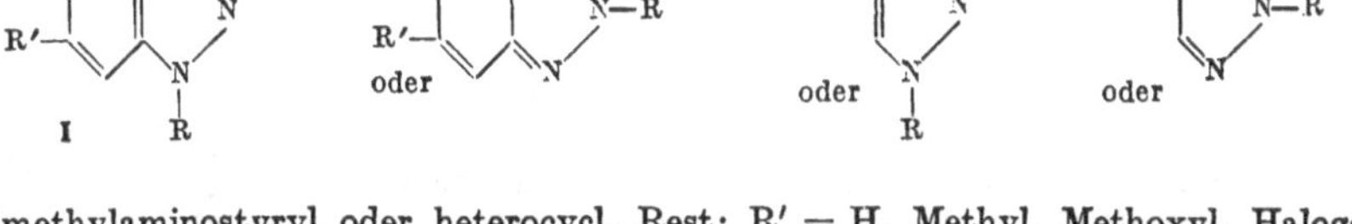

I

p-Dimethylaminostyryl oder heterocycl. Rest; R' = H, Methyl, Methoxyl, Halogen; R'' = Methyl). — Beispiel: 3.3'-Diäthyl-9-methylthiocarbocyaninbromid in einer Menge von 20 mg je kg Halogensilberemulsion ergibt ein Sensibilisierungsmaximum von 590 mμ.

Durch Zusatz von 0,2 g 1-Methylbenzotriazol zum Sensibilisierungsfarbstoff erhält man ein weiteres Maximum bei 625 mμ. (**Tschech. P. 98 762** vom 28/11. 1957, ausg. 15/3. 1961.)
L. MACHER. 8605

Ernst-Joachim Poppe, Wolfen, und Wilhelm Treibs, Leipzig, **Herstellung von Azulenpolymethinfarbstoffen** der allg. Formel **I** (R_1 = Alkylgruppe; X = Säurerest; Z = die zur Vervollständigung eines heterocycl. Ring-Syst. notwendigen Atome;

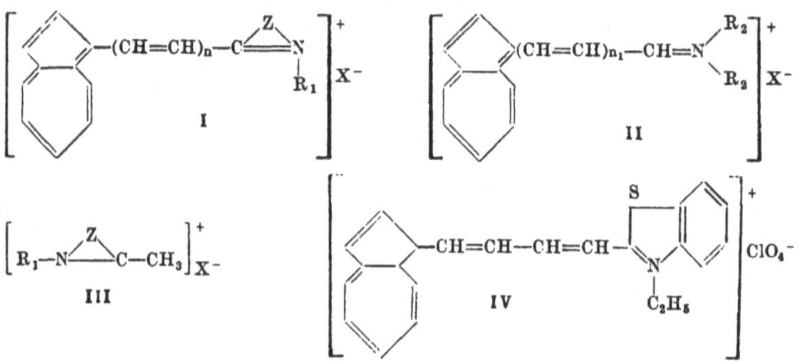

n = 2 oder 3) aus Azulenpolyen-Verbb. der allg. Formel **II** (R_2 = Alkylgruppe, R_3 = Arylrest, oder R_2 u. R_3 bedeuten zusammen Glieder eines heterocycl. Ring-Syst.; n_1 = 1 oder 2) u. quatern. Salzen heterocycl. Basen der allg. Formel **III**. Die erhaltenen Farbstoffe werden aus wss. Lsg. als schwerlösl. Salze gefällt. — 400 mg 1-[Azulenyl-(1)]-propen-(1)-tetrahydrochinolid-(3)-perchlorat werden mit 350 mg 2-Methyl-3-äthylbenzthiazolium-p-toluolsulfonat gemischt, in 20 ml Methanol gelöst u. mit 0,5 ml Triäthylamin versetzt. Durch kurzes Erhitzen entsteht eine blauviolette Lsg., die mit 25 ml einer 20% ig. $NaClO_4$-Lsg. u. viel W. versetzt wird: Farbstoff **IV**, F. 185—190°. (**D. P. [DDR] 21 314** Kl. 22e vom 31/10. 1958, ausg. 23/5. 1961 [Wirtschaftspatent].)
M. F. MÜLLER. 8605

Ernst-Joachim Poppe, Wolfen, und Wilhelm Treibs, Leipzig, **Herstellung von Azulenstyrylfarbstoffen** der allg. Formel **I** (R = Alkylgruppe; X = Säurerest; Z = die zur Vervollständigung eines heterocycl. Ring-Syst. notwendigen Atome). Eine 2-Formylmethylen-Verb. **II** wird mit äquimol. Mengen eines Azulens in Ggw. von $POCl_3$

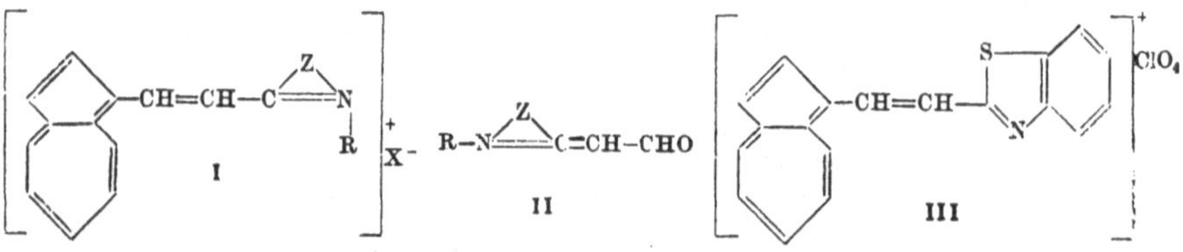

in einem Lsgm., wie Dioxan oder Tetrahydrofuran, bei Zimmer-Temp. umgesetzt. Der entstandene Farbstoff fällt als schwerlösl. Salz aus wss. Lsg. aus. Z. B. verwendet man ein substituiertes Azulen, das mindestens eine reaktionsfähige Stelle in 1- oder 3-Stellung besitzt u. das keine die elektrophile Rk. verhindernden Substituenten enthält. — Beispiel: 0,64 (g) Azulen u. 1,02 N-Äthylbenzthiazolin-2-methylen-ω-aldehyd werden in 30 ml Tetrahydrofuran gelöst u. bei Raum-Temp. mit 0,77 frisch dest. $POCl_3$ versetzt. Es entsteht ein eintensiv rote Lsg., aus der der *Farbstoff* mit 40 ml 20% ig. $NaOCl_4$-Lsg. als *Perchlorat* gefällt wird. Der getrocknete Farbstoff **III** wird aus Methanol kristallisiert. — 5 weitere Beispiele. (**D. P. [DDR] 21 338** Kl. 22e vom 29/10. 1958, ausg. 23/5. 1961 [Wirtschaftspatent].)
M. F. MÜLLER. 8605

Bör-, Cipö-és Szörmeipar Kutató Intézet (Erfinder: Friedrich Brugger, Marianne Szécsi und Paul Móricz), Budapest, Ungarn, **Lichtempfindliche Polyamide** erhält man durch Zugabe einer wss. Lsg. von Salzen des 6wertigen Cr zu einer alkohol. Lsg. des Polyamids. (**Ung. P. 144 890** vom 7/10. 1955, ausg. 31/5. 1959.)
G. KÖNIG. 8605

Imperial Chemical Industries Ltd., London, England (Erfinder: Edward George Gazzard), **Herstellung von Halogensilberemulsionen.** Die disperse Phase (**I**) besteht aus einer wss. Gelatine-Lsg., die Halogensilber enthält, die kontinuierliche Phase aus einem wasserunlösl., aber wasserdurchlässigen Celluloseäther, gelöst in einem mit W. nicht vollständig mischbaren Lsgm. u. einem Zusatz eines Fettsäureesters (II) von Sorbitan. In dieser bekannten Kombination erhält I einen Zusatz eines Polyoxyäthylen-Deriv. von **II**, bes. bei der Herst. von Mischkornemulsionen. Beispiele für II-Derivv.: Polyoxyäthylensorbitanmonooleat, -monolaurat u. -monostearat, Dosierung: ca. 0,3 Teile auf 40 I. Diese Zusätze verbessern die Durchlässigkeit der belichteten Schichten für die photograph. Bäder. (**E. P. 829 704** vom 13/2. 1957, ausg. 2/3. 1960. **Zusatz zu E. P. 718 404; C. 1958. 7328.**) A. KALIX. 8611

Eastman Kodak Co., übert. von: John W. Gates jun. und Paul E. Miller, Rochester, N.Y., V.St.A., **Herstellung von Koagulations-Emulsionen.** Halogensilberemulsionen, die zur Herbeiführung bestimmter photograph. Eigg. Zusätze von Salzen von Schwermetallen (z. B. Fe, Cr, Ni, Cd usw.) erhalten müssen, die auf Gelatine koagulierend wirken, werden mit Gelatine-Derivv. (I) angesetzt, die erst bei pH-Werten von 3,0—4,5 koagulieren. Die I bestehen aus Rk.-Prodd. von Gelatinephthalat mit Anhydriden von niedrigmol. Fettsäuren in einer Menge, daß die I 3—10% Acylreste enthalten. Wenn die damit hergestellten Emulsionen koaguliert u. ausgewaschen sind, können sie durch Einstellung des pH-Wertes wieder peptisiert werden. (**A. P. 2 956 880** vom 4/1. 1957, ausg. 18/10. 1960.) A. KALIX. 8611

Emil Joachim Birr und Werner Walther, Wolfen, Kr. Bitterfeld, **Härten von photographischen Gelatineschichten** unter Verw. von Substanzen, die im Mol. mindestens 2 mit Gelatine reagierende, chem. verschiedenen Klassen angehörende Gruppen, wie Aldehyd-, Methansulfonyl- oder Vinylgruppen in Verb. mit einer Carbonyl- oder Sulfonylgruppe, Äthylenoxid-, Äthylenimin- oder Chlorhydringruppen mit der Hydroxy- u. Chlorgruppe an benachbarten C-Atomen enthalten. Solche Substanzen sind z. B. Methansulfonylglycid, O.O'-Methansulfonylepoxypropylglykol, Acrylsäure-β-hydroxy-γ-chlorpropylester, 1-Methansulfosäure-2-acrylsäureglykolester, Epoxypropylacrylat, Pentadienal-(5)-acrylat, Acrylsäureepoxypropoxyäthylester, 5-Epoxypropoxypentadienal-(1), 5-Methansulfoxypentadienal-(1), Äthylglycidyl-[β-hydroxy-γ-chlorpropyl]-phosphat, Glycidylaldehyd. (**D. P. [DDR] 21 288** Kl. 57b vom 20/2. 1959, ausg. 15/5. 1961 [Wirtschaftspatent].) M. F. MÜLLER. 8611

Emil Joachim Birr und Werner Walther, Wolfen, **Härten von photographischen Leim- und Gelatineschichten** mit Hilfe von Substanzen, die mindestens 2 Epoxidgruppen enthalten, dad. gek., daß solche Substanzen verwendet werden, die als Bindeglied zwischen den Epoxidgruppen einen organ. aromat. Rest besitzen, bes. solche Substanzen, die der Formel $(Z)_p-X$ entsprechen, worin $Z = -\overset{O}{CH_2-CH}-(CH_2)_n-O_m-$ u. X = aromat. Rest einer Dicarbon-, Disulfon- oder Disulfinsäure oder eines Dihydroxybenzols ist. Die Epoxidgruppen befinden sich bes. in o- oder m-Stellung; m u. n = 0 oder 1, p = 2 oder 3. Verbb. dieser Art sind z. B. m-Benzoldisulfonsäure-, o-Benzolsulfocarbonsäure-, Phthalsäurediglycidester, Resorcyldiglycidäther, Chlorhydrochinonglycidäther. (**D. P. [DDR] 21 758** Kl. 57b vom 12/1. 1959, ausg. 15/8. 1961 [Wirtschaftspatent]. **Zusatz zu D. P. [DDR] 20 377; C. 1961. 14164.**) M. F. MÜLLER. 8611

General Aniline & Film Corp., New York, N.Y., übert. von: Fritz Dersch und Millet R. de Angelus, Binghamton, N.Y., V.St.A., **Stabilisatoren für Halogensilberschichten** sind Carboxyalkyläthylpyridyl- oder -chinolylthioäther, in denen sich die Thioäthergruppe (I) in 2- oder 4-Stellung zum Ring-N-Atom befindet, sowie ihre Ester u. Salze. Hierbei hat I die allg. Formel $-CH(CH_3)-S-(CH_2)_n-COOR$. In dieser ist n = 1, 2 oder 3 u. R ein H-Atom, eine Alkyl-, Hydroxyalkyl-, Carboxyalkyl-, Aralkyl-, Aryl-, Carboxyaryl-, Sulfoaryl- oder NH_4-Gruppe oder ein K-, Na- oder Ag-Atom. Herst. durch Rk. der entsprechenden Vinylpyridine oder -chinoline in Ggw. von polymerisationsverbindenden Zusätzen mit niedrigmol., aliphat. Mercaptocarbonsäure bei 40—60°. — Beispiele: α-(2-Pyridyläthyl)-mercaptoessigsäure, ihre K-, Na-, Ag- u. NH_4-Salze; α-(4-Pyridyläthyl)-mercaptoessigsäure, ihre Methyl-, Phenyl- u. Benzylester; β-(α-[2- oder -4-]-Pyridyläthylmercapto)-propionsäure, ihre Na- u. NH_4-Salze; α-(2- oder -4-)-Chinolyläthylmercaptoessigsäure, Na- u. K-Salze, Methyl-, Butyl- u. Benzylester; β- oder γ-(α-2-Chinolyläthylmercapto)-propion- u. -buttersäure. Die Verbb. können der Halogensilber- oder einer ihr benachbarten Hilfsschicht oder mit gleicher Wrkg. auch den Behandlungsbädern zugesetzt werden. Dosierung: Auf 0,6 Mol Halogensilber 1—100 mg als Reifungs- u. 10—100 mg als Gießzusatz. (**A. P. 2 948 615** vom 13/3. 1958, ausg. 9/8. 1960.) A. KALIX. 8611

Celanese Corp. of America, New York, N.Y., übert. von: Joseph Jaffe, Roselle Park, und Alfred Schneider, Belleville, N.J., V.St.A., **Haftschicht für Gelatine-Emulsionen auf Cellulosetriacetatfilmen.** Auf Celluloseacetatfilme, deren Acetat-Geh. (berechnet als Essigsäure) mindestens 58% u. deren Dicke 0,003 bis 0,0075 in. beträgt, wird zunächst eine Lsg. von Celluloseacetat (I) mit einem Acetyl-Geh. von 52—56° aufgetragen u. bei 35—40° getrocknet. Als Lsgm. wird ein Gemisch aus Methylenchlorid u. Methanol im Verhältnis 90: 10 bis 80: 20 mit einem Acetonzusatz von 25—100 Teilen Aceton auf 100 Gemisch verwendet, Konz.: 1,5—2,5%, Auftrags-Temp. 20—25°, Dicke der (getrockneten) Schicht 0,0001—0,0003 inches. Auf diese Unterschicht wird eine zweite aufgetragen, die aus einem Gemisch von Gelatine (II) u. I mit dem gleichen Acetyl-Geh. wie in der ersten Schicht besteht. Hierzu wird II zunächst mit etwas W. gequollen, dann in Essig-, Phthal- oder Salicylsäure gelöst u. mit 10—30 (Teilen) Methanol auf 1 II versetzt. Zu 1 (Teil) dieser Lsg. werden 4—5 einer Lsg. von I in Aceton u. Methanol 50: 50 bis 70: 30 gegeben, das Gemisch bei 20—30° gelöst u. bei 40—50° vergossen, u. zwar in einer Menge von 0,06—0,10 g/squ.foot. (**A. P. 2 939 806** vom 16/4. 1956, ausg. 7/6. 1960.) A. KALIX. 8613

James R. Jennes jun., Southampton, Pa., V.St.A., **Neutrales Filter für Ultraviolett und Infrarot.** Das Filter soll das sichtbare Spektrum zwischen dem nahen UV u. dem nahen IR im wesentlichen durchlassen (ca. 50%) u. UV u. IR dämpfen. Es besteht aus einer transparenten Kunststoffolie, die in der Masse feinverteiltes Metall enthält, dessen Teilchen erheblich größer sind als die größte Wellenlänge der in Frage kommenden Strahlen. Als Kunststoff eignet sich bes. Polytrifluorchloräthylen, das in Pulverform zu 2—12% seiner Masse mit Metallpulver vermischt u. geschmolzen wird. Bei entsprechender Metall-Konz. können auch die Strahlen des gesamten Spektrums von UV u. IR stark gedämpft werden. (**A. P. 2 954 349** vom 14/8. 1956, ausg. 27/9. 1960.) E. FUCHS. 8613

Richard Piwonka und Kurt Martin, Radebeul, **Herstellung von Röntgen-Verstärkerfolien** hoher Verbrauchsfestigkeit mit einem wasserlösl. Leuchtstoffbinder. Als Schutzhäutchen werden Ester oder Äther verwendet, die durch eine wss. Leuchtstoff-Gelatine-Suspension eine geringe Hydrolyse erfahren. Die Ester oder Äther können auch als Bindeschicht zwischen einem beliebigen Schutzhäutchen u. der Leuchtstoffschicht verwendet werden. Übliche Kombinationen sind z. B. Acetylcellulose als Schutzhäutchen u. Nitrocellulose als Binder, Acetylcellulose oder Nitrocellulose als Häutchen u. Gelatine als Binder. (**D. P. [DDR] 21 483** Kl. 57b vom 30/1. 1957, ausg. 27/6. 1961 [Wirtschaftspatent].) M. F. MÜLLER. 8613

Agfa Akt.-Ges. (Erfinder: Ehrhard Helmig), Leverkusen, **Tonwertkorrektur von Aufnahmen und Kopien auf Direktpositivmaterial.** Man verwendet zur Herst. mindestens eines der zu den korrekturbedüftigen Halbtonbildern gehörigen Korrekturbilder ebenfalls direkt positiv arbeitende, lichtempfindliche Schichten, wobei die Korrekturbilder gleichzeitig mit den korrekturbedürftigen Halbtonbildern oder zeitlich nach ihnen hergestellt werden. Für die Herst. des korrekturbedürftigen Halbtonbildes u. mindestens einer Tonwertmaske können lichtempfindliche Schichten auf je einem separaten Träger verwendet werden. (**D. A. S. 1 130 696** Kl. 57b vom 27/5. 1959, ausg. 30/5. 1962.) E. FUCHS. 8625

Kalle Akt.-Ges., Wiesbaden (Erfinder: Helmut Hoegl, Genf, Schweiz, und Heinz Schlesinger, Wiesbaden), **Photoleiterschichten für Elektrophotographie.** Die Schichten bestehen ganz oder teilweise aus einem oder mehreren Polymerisaten u./oder Mischpolymerisaten von N-substituierten Acrylsäure- u./oder α-Alkylacrylsäureamid, wobei sie noch opt. Sensibilisatoren u./oder Aktivatoren bzw. andere Zusatzstoffe enthalten können. Diese Polymerisate entstehen z. B. durch Rk. von Acrylsäurechlorid oder α-alkylsubstituiertem Acrylsäurechlorid mit GRIGNARD-Verbb. von sek. Aminen wobei dann die Bldg. der Säureamide unter Polymerisation verläuft. (**D. A. S. 1 131 988** Kl. 57b vom 30/5. 1959, ausg. 20/6. 1962.) E. FUCHS. 8625

Kalle Akt.-Ges. (Erfinder: Kurt Jöns, Günter Haas und Erich Blume), Wiesbaden, **Entwicklung latenter elektrostatischer Bilder.** Das belichtete Material führt man durch einen aus einem Transportband u. einem Leitelement gebildeten Kanal, mit dem elektrostat. Bild dem Leitelement zugekehrt, in eine das Entw.-Mittel enthaltende Mulde, die aus einer an den Enden Scheiben tragenden Welle u. einem durch Leitwalzen geführten endlosen Band gebildet wird, so daß nur die das latente Bild tragende Seite des Elektrokopiermaterials mit dem Entwickler in Berührung kommt. — 2 Abbildungen. (**D. A. S. 1 128 742** Kl. 57b vom 21/2. 1959, ausg. 26/4. 1962.) E. FUCHS. 8625

Agfa Akt.-Ges. (Erfinder: Gerhard Kuhn), Leverkusen, **Herstellung von subtraktiven Mehrfarbenbildern auf Mehrschichtenmaterialien.** Alle Schichten werden hinter einem Gelbfilter angeordnet, dessen spektrales Absorptionsgebiet im Bereich der Eigenempfindlichkeit der verwendeten Emulsionen liegt u. dessen Dichte im sichtbaren blauen Spektralgebiet zwischen 420 u. 500 mμ mindestens 0,3 beträgt, wobei die Schichten so angeordnet sind, daß die die Bildschärfe bestimmenden Schichten Purpur u./oder Blaugrün als erstere hinter dem Filter folgen. Auf dem Schichtträger befindet sich eine hochempfindliche blauempfindliche Emulsionsschicht für das Gelbbild, darauf eine rotempfindliche Emulsionsschicht für das Blaugrünbild, die mindestens um den Faktor 4 unempfindlicher ist als die blauempfindliche Schicht, darauf eine grünempfindliche Schicht für das Purpurbild mit demselben Empfindlichkeitsfaktor gegenüber der blauempfindlichen Schicht u. darüber die Gelbfilterschicht obiger Eigg. u. Dichte. Man erhält auf diese Weise schärfere Bilder. (**D. A. S. 1 128 291** Kl. 57b vom 24/9. 1960, ausg. 19/4. 1962.) E. FUCHS. 8631

Agfa Akt.-Ges., Leverkusen (Erfinder: Hans Schellenberger, Leverkusen, Walter Püschel, Köln, Karl Löffler, Leverkusen, Willibald Pelz, Opladen, und Karl-Heinz Menzel, Köln), **Herstellung photographischer Farbbilder mit Hilfe der Farbentwicklung.** Die Entw. wird in Ggw. von Farbkupplern durchgeführt, in denen ein oder mehrere H-Atome in einem aromat. Rest durch einen oder mehrere Trifluormethylreste substituiert sind, wobei diffusionsverhindernde Alkylreste mit 4—18 C-Atomen anwesend sein können. Geeignet sind bes. Farbpuffer auf Acetanilid-, Pyrazolon-, Cyanaceto-, Indazolon- u. Phenolbasis, z. B. *1-(2'-Trifluormethyl-4'-chlorphenyl)-3-(4''-hexadecoylaminophenyl)-pyrazolon-(5)*. Die erhaltenen Bilder sind beständiger gegen Licht u. Wärme. (**D. A. S. 1 116 534** Kl. 57b vom 20/5. 1960, ausg. 2/11. 1961.) E. FUCHS. 8631

Franz Noack, Berlin, **Herstellung von positiven subtraktiven Mehrfarbenfilmen unter Verwendung des Beizverfahrens.** Beim Farbbeizen der schwarz-weiß entwickelten Ag-Bilder wird der Beizvorgang in eine Vor- u. in eine Nachbeize aufgeteilt u. die Einfärbung zwischen den beiden Beizungen durchgeführt. Man erhält hierdurch eine erhöhte Konturenschärfe. (**D. A. S. 1 119 665** Kl. 57b vom 3/8. 1960, ausg. 14/12. 1961.) E. FUCHS. 8631

Agfa Akt.-Ges., Leverkusen (Erfinder: Ehrhard Hellmig, Leverkusen, und Rudolf Burkhardt, Berlin-Tempelhof), **Herstellung von Anaglyphenbildern mit verbesserter Raumbildwahrnehmung.** Man kopiert die Anaglyphenhalbbilder auf ein Material, das aus 2 spektral verschieden empfindlichen, übereinander angeordneten Schichten besteht, in denen die Halbbilder in 2 opt. trennbare Farben, bes. in Rot u. Blau, z. B. durch farbige Entw. erzeugt werden. Mindestens eines der beiden Anaglyphenbilder wird in der Kopiervorlage u./oder im Kopiermaterial mit einem Maskenbild, d. h. mit einem dem Anaglyphenhalbbild zugeordneten Farbbild von entgegengesetzter Gradation kombiniert. (**D. A. S. 1 106 602** Kl. 57b vom 24/3. 1960, ausg. 10/5. 1961.) E. FUCHS. 8631

Agfa Akt.-Ges., Leverkusen (Erfinder: Heinz Berger, Leverkusen, und Hans Berghaus, Köln), **Gradationsbeeinflussung von farbenphotographischem Kopiermaterial.** Beim Kopieren eines Mehrfarbenbildes auf ein subtraktives Mehrfarbenmaterial nimmt man während oder nach der Kopierbelichtung ohne Zwischenschaltung der Vorlage eine diffuse Zusatzbelichtung vor, wobei man für die Bildbelichtung die für die Neutralstellung des Bildes erforderliche Kopierfilterung verwendet, für die Zusatzbelichtung aber die Kopierfilterung, die der Neutralstellung des Kopiermaterials allein entspricht. (**D. A. S. 1 127 713** Kl. 57b vom 3/9. 1959, ausg. 12/4. 1962.) E. FUCHS. 8631

Polaroid Corp., übert. von: Edwin H. Land, Cambridge, Elkan R. Blout, Belmont, und Howard C. Haas, Arlington, Mass., V.St.A., **Nachbehandlung von Bildern, die nach dem Silbersalzdiffusionsverfahren hergestellt sind.** Die übertragenen Bilder werden mit einer wss. Lsg. behandelt, die ein mit W. mischbares leichtflüchtiges organ. Lsgm. (**I**), ein filmbildendes wasserunlösl. Polymerisat (**II**) u. eine schwache Base (**III**) enthält, wobei **I** + **II** das Lsgm. für **III** bilden. Als **I** werden niedrigmol. Alkohole u. Ketone verwendet, als **III** bes. NH_3. Zweckmäßig wird der Lsg. noch ein Schwermetallsalz zugesetzt, das ein schwach gefärbtes unlösl. Sulfid bildet, wie z. B. die Acetate u. Nitrate von Zn, Mn oder Cd. **II** soll zwecks Neutralisierung des im Bild enthaltenen Entwickleralkalis saure Rk. besitzen u. dazu freie COOH- u. Carbonsäureanhydridgruppen enthalten, sowie eine C=C-Bindung im monomeren Molekül. Man verwendet dazu bes. Mischpolymerisate aus Maleinsäureanhydrid, Croton-, Acryl- u. Methacrylsäure einerseits u. Vinylacetat oder Alkylacrylaten andererseits. — Beispiel: 50—70 (Teile) W., 30—50 **I**, 10—25 **II**, NH_3 bis zur vollständigen Auflösung von **II** umgesetzt. (**A. P. 2 956 877** vom 4/10. 1956, ausg. 18/10. 1960.) A. KALIX. 8631

Thos. & Geo. M. Stone, Inc., Newark, übert. von: Robert W. Stirling, Plainfield, N.J., V.St.A., **Herstellung eines Tiefdruckkontaktrasters.** Ein Gravurraster mit undurchsichtigen in 90° gekreuzten Linien wird mit der Emulsionsseite eines lichtempfindlichen Films in Berührung gebracht. Im Abstand von dem Gravurraster wird ein negativer Punktraster so aufgestellt, daß dessen Öffnungen mit den quadrat. Feldern des Gravurrasters in gleicher Linie stehen. Belichtet wird mit diffuser Lichtquelle. Der entwickelte Film zeigt einen Kontaktraster mit lichtdurchlässigen Linien, u. jedes Quadrat besitzt ein gedecktes Zentrum, dessen Dichte nach den Linien zu gleichmäßig abnimmt. — Zeichnungen. (**A. P. 2 961 315** vom 25/8. 1955, ausg. 22/11. 1960.) K. KITTLER. 8633

Tibor Reich Designs Ltd., Alderminster, England, **Photographisches Verfahren zur Herstellung von Dekorationsmustern.** Von natürlichen Gegenständen (Blumen, Blätter usw.) werden verschiedene Aufnahmen hergestellt, z. B. ein scharfes u. ein unscharfes, ein vergrößertes u. verkleinertes, ein Schwarzweiß- u. ein Farbbild, ein seitenverkehrtes u. seitenrichtiges Bild, Bildausschnitte usw. Von den Aufnahmen macht man Negative u. Positive auf durchsichtigen Trägern u. diese werden in beliebiger Anordnung auf einer Glasplatte so nebeneinander montiert, daß ein abstraktes Muster entsteht, das nach einem der üblichen Verf. vervielfältigt werden kann. (**E. P. 836 193** vom 9/2. 1956, ausg. 1/6. 1960.) A. KALIX. 8635

A. B. Dick Co., V.St.A., **Klischee für die photolithographische Reproduktion,** welches nicht lichtempfindlich ist. Es besitzt eine weite Belichtungsspanne u. eine weite Sensibilität des Spektrums. Das Klischee besteht aus einem Al- oder Zn- oder Cu-Metallblatt, das mehrere Schichten trägt. Die erste aufgetragene Schicht besteht aus Pb-Acetat u. die folgenden Schichten aus K-Thiocyanat u. Na_2S. — Beispiel: Eine Al-Folie, die durch Bürsten, Sandstrahlen, anod. Behandlung u. Gravieren eine lithograph. Oberfläche enthält, wird mit einer Lsg. überzogen, welche 15 (Teile) KCNS u. 30 Na_2S in 80 W. enthält. Das Auftragen der Lsg. geschieht z. B. durch Aufspritzen oder Aufstreichen, worauf die Al-Oberfläche mit Walzen geglättet u. der Überzug ca. 10—30 Sek. an der Luft getrocknet wird. Dieser erste Überzug wird mit einem weiteren Überzug versehen durch Auftragen einer 10%ig. wss. Pb-Acetat-Lsg. u. Trocknen (10—30 Sek. an der Luft). Das so erhaltene Metallblatt ist nicht lichtempfindlich. Es läßt sich in großer Zahl stapeln u. verpacken, um danach zur Herst. von *photolithograph. Klischees* verwendet zu werden. — 8 Abbildungen. (**F. P. 1 202 284** vom 12/3. 1958, ausg. 8/1. 1960.) M. F. MÜLLER. 8645

Polychrome Corp., Yonkers, übert. von: Ibert Mellan, Bayside, und Robert Gumbinner, Tarrytown, N.Y., V.St.A., **Lichtempfindliche Flachdruckplatte.** Eine Metallplatte wird mit wss. Lsg. von H_3PO_4 oder Oxalsäure entfettet, dann mit wss. Lsg. von K_2ZrF_6 bei erhöhter Temp. wasserannehmend gemacht u. mit einer wss. Lsg. einer lichtempfindlichen Diazo-Verb. behandelt. (**A. P. 2 946 683** vom 29/12. 1958, ausg. 26/7. 1960.) K. KITTLER. 8645

Ditto, Inc., übert. von: Raymond P. Seven, Delavan, und James J. Miyashiro, Lake Geneva, Wis., V.St.A., **Lichtempfindliches Material für die Herstellung von Flachdruckformen.** Auf einem Träger (I), der entweder selbst oleophil ist, oder der eine oleophile Hilfsschicht (II) enthält, befindet sich eine Schicht **III**, die bei Belichtung wasserunlösl. wird. — Beispiele für **I**: Al-, Zn- u. Stahlplatten, Kunststoffe, soweit sie gegenüber W. u. der mechan. Beanspruchung in der Druckpresse dimensionsbeständig sind, stark mit Harzen gefüllte Papiere usw. — Beispiele für **II**: Koll., die in Ggw. von Bichromaten, Diazosulfonaten oder Aziden durch Licht-Einw. gehärtet worden sind. Die **III** bestehen aus einer Kombination von Koll. (**IV**) u. lichtempfindlichen Verbb. (**V**), die bei Licht-Einw. wasserunlösl., aber nicht oleophil werden. — Beispiele für **IV**: Proteine, Pektine, Alginsäure u. Derivv., Polyvinylalkohol u. Pyrrolidon, Methyl-, Hydroxyalkyl- u. Carboxyalkylcellulosen, Stärke, Gummi arabicum, Kohlenhydrate, Dextrane usw. — Beispiele für **V**: Diazonium-Verbb., Diazosulfonate, Diazoamino- u. Azid-Verbb., alle mit einem Molgew. $>225^0$. Die angestrebte Wrkg. von **III** tritt jedoch nur bei dem richtigen Mengenverhältnis von **IV** : **V** ein. Dieses muß 20 : 1 bis 110 : 1 sein, das optimale Verhältnis muß für jede Kombination ausprobiert werden. Die **III** werden aus wss. Lsg. vergossen, mit Warmluft getrocknet, bildmäßig belichtet u. mit W. ausgewaschen. Sie sind dann als Positivdruckplatten verwendbar. (**A. P. 2 937 085** vom 11/1. 1954, ausg. 17/5. 1960. A. KALIX. 8645

Haloid Xerox, Inc., übert. von: Joseph F. Rosenthal, Rochester, N.Y., V.St.A., **Ladungsumkehr bei latenten xerographischen Bildern.** Zur Erzeugung einer völlig homogenen negativen Umladung eines positiven Ladungsbildes wird eine Coronaelektrode verwendet, die aus einem V2A-Stahldraht (I) von 0,0035 in. Ø besteht. Dieser befindet sich in einem viereckigen Kasten (II) aus leitendem Material, dessen 4 Wände $^{3}/_{48}$ in. Abstand von I haben. Genau gegenüber I befindet sich in II ein Schlitz. I u. II sind voneinander isoliert u. werden beide negativ aufgeladen, u. zwar II stärker als I, wobei die Ladungsdifferenz so bemessen wird, daß gerade keine Funken-Bldg. eintritt. Dann wird die Kombination von I u. II mit einer Geschw. von 2½ in./s. über das positive Ladungsbild hinwegbewegt. (**A. P. 2 856 533** vom 3/1. 1956, ausg. 14/10. 1958.) H. KALIX. 8645

Time, Inc. (Erfinder: Robert M. Leekley und Robert L. Sorensen), **Lichtempfindliche Druckplatten,** bestehend aus einem lösl. linearen Polyamid mit einem Geh. an einer ungesätt., durch Licht polymerisierbaren Verb. der allg. Formel $CH_2{=}C{-}CO(R)NHX{-}Q$ (I), in der Q die Gruppe $-CONHCH_2CH{=}CH_2$ oder $-NHC\cdot OC(R'){=}CH_2$, X einen $C_1{-}C_{10}$-Alkylenrest u. R u. R' H oder eine C_1–C_5-Alkylgruppe bedeutet, z. B. *2-Acrylamino-N.N'-diallylglutaramid, 5-Acrylamino-N-allylcapronamid, N.N'-Hexamethylen-bis-acryl-* oder *-methacrylamid.* Außerdem kann ein Photoinitiator vorhanden sein, z. B. Benzophenon. (**Aust. P. 227 485** vom 21/4. 1958, ausg. 14/4. 1960. A. Prior. 22/4. 1957. **Zusatz zu Aust. P. 206 143; C. 1960. 5704.**) C. LÜTTGEN. 8645

Kalle Akt.-Ges. (Erfinder: Fritz Uhlig, Fritz Endermann und Wilhelm Neugebauer), Wiesbaden, **Kopierschichten für Druckformen,** gek. durch einen Geh. an mindestens einem lichtempfindlichen Ester aus einer *6-Diazo-5-oxo-5.6-dihydronaphthalinsulfonsäure* (im Original: Naphthochinon-(1.2)-diazidsulfonsäure) u. einer durch OH-Gruppen substituierten aromat. Verb., die das Tropolon-Syst. enthält, bes. Purpurogallin oder seine Substitutions-Prodd. u. ggf. durch einen Geh. an alkalilösl. Harzen. (**D. A. S. 1 124 817** Kl. 57d vom 14/1. 1959, ausg. 1/3. 1962.) C. KITTLER. 8645

Kodak-Pathé, Frankreich, **Photographisches Material mit besonderer Fläche für die Beschriftung.** An die lichtempfindliche Fläche (I) angeschlossen ist eine solche (II), die ein Material enthält, das durch leichten Druck, wie er z. B. durch einen Schreibstift ausgeübt wird, gut sichtbare Veränderungen erfährt. I u. II können sich auf dem gleichen oder auf verschiedenen Trägern befinden, die im letztgenannten Falle fest miteinander verbunden sind. II besteht z. B. aus einer der bekannten Durchschreibkombinationen, bei der durch Schreibdruck auf transparentem Papier dunkelfarbige Zeichen erzeugt werden oder einer opaken Kunstharzdispersion, die an den Druckstellen klar durchsichtig wird. (**F. P. 1 213 851** vom 30/10. 1958, ausg. 5/4. 1960.) A. KALIX. 8647

Oscar D. Lantz, Prairie Village, Kans., V.St.A. **Korrekturlösung für Blaupausen.** Die Lsg. enthält das übliche Red.-Mittel $K_2C_2O_4$, erfindungsgemäß ist darin außerdem ein weißes oder farbiges Pigment suspendiert, z. B. $PbSO_4$, $PbCrO_4$. — Beispiel: Eine Lsg. von 25 (Teilen) $K_2C_2O_4 \cdot H_2O$, 0,2 Na-Benzoat, 0,2 Tartrazin u. 7,5 Gummi arabicum wird mit einer Suspension von 7,2 $BaSO_4$, 3,6 $PbSO_4$ u. 12,0 $PbCrO_4$ gemischt. (**A. P. 2 931 724** vom 22/10. 1956, ausg. 5/4. 1960.) A. KALIX. 8647

Horizons, Inc., Cleveland, übert. von: Malon H. Dickerson, Garfield Heights, Ohio, V.St.A., **Herstellung von Berliner Blau-Bildern.** Eine Al-Platte wird in an sich bekannter Weise anod. oxydiert u. durch 5 Sek. lange Einw. einer 30%ig. Lsg. von Ferriammoniumcitrat, -oxalat oder -tartrat sensibilisiert. Nach einer Warmlufttrocknung wird die Platte unter einer Vorlage belichtet. Das Bild wird zunächst mit einer verd. K-Ferrocyanid-Lsg. entwickelt u. dann mit einer 0,15%ig. Lsg. von H_2O_2. Fixiert wird durch 30 Min. langes Kochen in dest. Wasser. (**A. P. 2 935 403** vom 25/4. 1958, ausg. 3/5. 1960.) A. KALIX. 8647

Ozalid Co. Ltd., London, und Eric Parry, Ilford, England, **Lichtempfindliche Materialien, besonders für die Diazotypie.** Der bes. aus Polyäthylenterephthalat bestehende Träger für die lichtempindliche Schicht wird z. B. durch ein Sandstrahlgebläse aufgerauht u. mit einer Schicht eines Styrol–Maleinsäure-Mischpolymerisates überzogen, die die lichtempfindlichen Substanzen (bes. Diazo-Verbb.) bereits enthalten kann, oder auf die die letzteren nachträglich aufgebracht werden. (**E. P. 847 241** vom 22/11. 1956, ausg. 7/9. 1960.) E. FUCHS. 8647

Robert Herrmann Franke, London, und Humphrey Desmond Murray, Christies, England, **Vorstrich- und Sensibilisierungsmischung für Diazotypiematerial.** Als Vorstrichmaterial werden an sich dafür bekannte Stoffe wie Al_2O_3, SiO_2, Al-Silicat oder Stärke benutzt. Der wss. Suspension dieser Stoffe wird erfindungsgemäß eine wss.

Emulsion von Polyvinylacetat in einer Menge zugesetzt, daß die getrocknete Schicht stärker als 0,015 μ wird. Die Suspension wird mit einer Sensibilisierungs-Lsg. üblicher Zus. gemischt u. auf Papier aufgetragen. Dann wird 5—20 Sek. bei 60—90° getrocknet. (**E. P. 841 131** vom 4/2. 1955, ausg. 13/7. 1960.) A. KALIX. 8647

Haloid Xerox, Inc., Rochester, übert. von: Roland M. Schaffert, Vestal, N.Y., V.St.A., **Photoleitfähiges Material für die Xerographie.** Auf einem leitfähigen Träger aus Metall, metallisiertem Papier oder Kunststoff oder leitfähigem Glas befindet sich eine mindestens 0,1 μ starke Schicht aus glasigem Se (I), darüber eine 0,5—10 μ starke Schicht aus einem rotempfindlichen photoleitfähigen Stoff (II) u. auf II wieder eine Schicht aus I, die mindestens 1 μ stark ist. Beispiele für II: Sulfide, Selenide oder Telluride von As, Sb, Bi, Cd, Ga, In, Pb u. Hg oder deren Gemische auch mit I. Bevorzugt verwendet werden: TeSe, As_2Se_3, GaS_3, Sb_2S_3 u. HgS. Das Material, das bei Vorhandensein von durchsichtigen Trägern von beiden Seiten belichtet werden kann, ist bes. empfindlich gegen Strahlung von $\lambda > 600$ mμ. (**A. P. 2 962 376** vom 14/5. 1958, ausg. 29/11. 1960.) A. KALIX. 8647

Photoceramics Corp., Long Island City, übert. von: Max Famely, Linden, N.J., und George F. Leyonmark, Huntington, N.Y., V.St.A., **Photographische Bilderzeugung auf keramischem Material.** Auf ein starkes Papier als vorübergehender Träger wird eine Schicht aus Gelatine (I) gegossen, die ein dunkles, I nicht härtendes Pigment enthält. Nach ihrer Trocknung wird darauf eine zweite I-Schicht mit so hohem Geh. an $K_2Cr_2O_7$ gegossen, daß eine größere Menge $K_2Cr_2O_7$ in die Oberflächenzonen der Pigmentschicht eindiffundiert. Nach der Trocknung wird die Schichtkombination zuerst bildmäßig belichtet, dann noch einmal kurz ohne Vorlage, um die (pigmentfreie) Oberschicht vollständig durchzuhärten. Nach Anfeuchtung wird das Papier mit der Schichtseite auf stark poröses keram. Material gepreßt, durch Einw. von warmem W. von den Schichten abgelöst, diese in der üblichen Weise zu einem Relief entwickelt, dasselbe auf seiner Keramikunterlage getrocknet, mit einer Glasurschicht versehen u. eingebrannt. (**A. P. 2 947 626** vom 8/11. 1954, ausg. 2/8. 1960.) A. KALIX. 8647

Radio Corp. of America, New York, N.Y., V.St.A. (Erfinder: Meyer Louis Sugarman jun.), **Xerographisches Verfahren zur Herstellung von Flachdruckfolien.** Als Folienmaterial wird Papier benutzt, als photoleitendes Material ZnO, als Entwickler ein Gemisch aus einem leichtschmelzbaren Kunstharzpulver u. einem stark hydrophoben Pigment, bes. Fe-Pulver mit einer Korngröße von 0,001 bis 0,020″. Das Bild wird in der üblichen Weise kopiert, entwickelt u. fixiert. Dann werden die bildfreien Flächenteile hydrophiliert, wozu wss. 5—15%ig. Lsgg. von Salzen zweiwertiger Metalle verwendet werden, z. B. die Acetate, Formiate, Nitrate u. Halogenide von Ba, Ca, Sr, Mg, Zn, Cd, Ni, Co, Cu u. Fe. Nachdem diese Lsgg. einige Zeit eingewirkt haben, kann von der Folie dirket oder im Offset-Verf. gedruckt werden. (**E. P. 837 545** vom 30/8. 1955, ausg. 15/6. 1960.) A. KALIX. 8647

REDAKTIONSSCHLUSS: 11. Oktober 1962

Herausgeber: Prof. Dr. Heinrich Bertsch, Berlin, u. Prof. Dr. Dr. h. c. Wilhelm Klemm, Münster. Chefredakteure und verantwortlich für den Inhalt: Dr. Eugen Klever, Berlin W 30, Geisbergstraße 39, Fernsprecher: 249541, u. Dr. Willi Barz, Berlin N 4, Schiffbauerdamm 19, Fernsprecher: 425571.

©

Verlag: Akademie-Verlag GmbH, Berlin W 8, Leipziger Str. 3—4 (Fernsprecher: 220441, Telex-Nr. 011773, Postscheckkonto Berlin 35021), und Verlag Chemie, GmbH, Weinheim/Bergstr. (Fernsprecher: Weinheim 3635 [Sammelnummer]; Fernschreiber: 0465516 chemieverlwhn; Postscheckkonten: Frankfurt/M. 145314 u. Berlin [West] 7430). Bestellnummer: 1007/133. Das Chemische Zentralblatt erscheint wöchentlich. Preis des Jahrganges einschl. Autoren-, Patent-, Sach- u. Formelregister: DM 1200,—; einseitig bedruckte Ausgabe: DM 1350,—. Abgabe der Zeitschrift nur mit sämtlichen Registern. Abbestellungen nur bis spätestens 6 Wochen vor Ablauf des Kalenderjahres.

Satz u. Druck: VEB Leipziger Druckhaus, Leipzig, III/18/203. XII. 62.
Veröffentlicht unter der Lizenznummer ZLN 5002 des Ministeriums für Kultur, Hauptverwaltung Verlagswesen.
Printed in Germany.

FSC
www.fsc.org
MIX
Papier | Fördert
gute Waldnutzung
FSC® C083411

Kolibri 360 GmbH
Ferdinand-Jühlke-Straße 7
99095 Erfurt, Deutschland
produktsicherheit@kolibri360.de